Girolamo Cardano

De Subtilitate

Von der Feinheit der Welt und des Denkens

Leseausgabe nach der englischen kritischen Ausgabe
von John M. Forrester

ins Deutsche übertragen von Martin Regenbrecht

Regenbrecht Verlag

FSC
www.fsc.org
MIX
Papier aus verantwortungsvollen Quellen
Paper from responsible sources
FSC® C105338

www.regenbrecht-verlag.de
ISBN: 978-3-948741-099

Leseausgabe nach der englischen kritischen Ausgabe
»The *De Subtilitate* of Girolamo Cardano«, hrsg. von John M. Forrester (2013).
Ins Deutsche übertragen von Martin Regenbrecht, unter ausführlicher Berücksichtigung des lateinischen Originals

Dieses Buch wurde in der Schriftart Cardo gesetzt. (Wegen der Namensähnlichkeit mit Cardano und der Herkunft der Schrift konnte es keine andere sein.) Cardo entstand ab 2002 auf Basis der De Aetna-Type aus dem Jahr 1496. Die Schrift ist nach dem Buch *De Aetna* von Pietro Bembo benannt, in dem sie erstmals verwendet wurde. Die De Aetna-Type war im 16. Jh. ebenfalls Grundlage der Garamond.

Herstellung: BoD – Books on Demand, Norderstedt

HIERONYMI CAR-
DANI MEDIOLANENSIS MEDICI
DE SVBTILITATE LIBRI XXI.

Ab authore plus quàm mille locis illuſtrati, nonnullis
etiam cum additionibus.

*Addita inſuper Apologia aduerſus calumniatorem, qua
uis horum librorum aperitur.*

AVTHORIS CARMEN.

Non me terra teget, cœlo ſed raptus in alto
Illuſtris uiuam docta per ora uirûm:
Quicquid uenturis ſpectabit Phœbus in annis,
Cardanos noſcet, nomen & uſq; meum.

BASILEÆ.

*Cum gratia & priuilegio Cæſareæ
maieſtatis.*

Innentitel der Ausgabe von 1560, der 3., stark erweiterten Auflage, die Cardano selbst besorgt hat.

Authoris Carmen: Lied des Autors
Die Erde wird mich nicht bedecken, sondern ich werde in den Himmel emporgehoben werden
und in den gelehrten Mündern der Menschen in Ehren leben.
Was auch immer Phoebus in den kommenden Jahren betrachten wird,
wird den Cardano und meinen Namen für immer kennen.

Vorwort zur deutschen Ausgabe

von Martin Regenbrecht

Anfang des Jahres 2022 nahm ich zufällig Schopenhauers *Aphorismen zur Lebensweisheit* zur Hand und stolperte gleich auf der ersten Seite über den Satz:

> »Als in ähnlicher Absicht, wie gegenwärtige Aphorismen, abgefasst, ist mir nur das sehr lesenswerte Buch des Cardanus *De Utilitate Ex Adversis Capienda* erinnerlich.«

Cardanus? Der Name sagte mir gar nichts. Aber der entsprechende Wikipedia-Eintrag machte neugierig auf mehr: Girolamo Cardano (1501–1573), »einer der letzten großen Universalgelehrten der Renaissance«, Verfasser von weit über 100 Büchern, damals europaweit berühmt. Er war Arzt, Gelehrter, bedeutender Mathematiker, hat Bücher über Medizin, Astronomie, Traumdeutung, Spieltheorie, Naturphilosophie, Astrologie u.v.m. geschrieben. Nach ihm ist die Kardanwelle benannt, die kardanische Aufhängung und neuerdings auch eine Kryptowährung.

So begann ich nach dem von Schopenhauer empfohlenen Text zu suchen, vielleicht existierte eine alte Ausgabe, die ich neu veröffentlichen könnte. Doch ich fand lediglich eine Jahrhunderte alte Version des lateinischen Originals im Internet. Der Umfang: fast 1000 Seiten! Eine deutsche Übersetzung hat es nie gegeben. Auch nicht in einer anderen Sprache.

Die Suche nach weiteren Werken Cardanos ergab: Nur ein einziges ist je auf Deutsch erschienen: *Des Girolamo Cardano von Mailand (Bürgers von Bologna) eigene Lebensbeschreibung,* übertragen und eingeleitet von Hermann Hefele, Jena, 1914. Der Originaltitel ist deutlich knapper: *De Propria Vita*, etwa 1570 entstanden.[1] Immer wieder tauchte bei meinen Recherchen der Titel *De Subtilitate* auf, es zeigte sich, dass dies als Cardanos Hauptwerk gilt. Davon existierte immerhin eine Ausgabe in einer modernen Sprache: *The »De Subtilitate« of Girolamo Cardano, edited by John M. Forrester. With an introduction by John Henry and John M. Forrester*. Eine kritische englische Ausgabe aus dem Jahr 2013. Zwei Bände, über 1000 Seiten. Das bedeutete erst einmal: Ende der Suche. Schopenhauers Empfehlung konnte ich nicht folgen, zu aufwendig. – Aber nach einigen Tagen hatte ich plötzlich eine etwas verrückte Idee: Zwar ist es nicht möglich, das von Schopenhauer empfohlene Buch herauszubringen. Aber wie wäre es mit *De Subtilitate*? Wie wär's, wenn ich die englische Ausgabe ins Deutsche übersetze? Denn sie hat einen modernen Buchsatz, also müsste eine OCR, die einen Scan in Text umwandelt, gute Ergebnisse erzielen. Und das könnte man mithilfe von DeepL grob vorab übersetzen. Trotz der technischen Hilfen wäre es ein Mammutprojekt.

De Subtilitate – Von der Feinheit der Welt und des Denkens

Was ist *De Subtilitate* für ein Buch, worum geht es? Cardano verspricht in der Widmung nichts Geringeres als »die vollständige Darstellung des Universums in einem Band«. Er fügt hinzu, »dass der, der das hier Geschrie-

[1] 2022 im Regenbrecht Verlag neu aufgelegt unter dem Titel »Leben des Girolamo Cardano von ihm selbst geschrieben«.

bene begreift, eine vollkommene und vollständige Kenntnis sämtlichen Wissens haben wird«. Damit nicht genug, er sagt, es sei »ein Buch, in dem allein das Große, Schwierigste und Schönste verfolgt werden soll«. Und der Zugang, der Schlüssel zu alldem liegt für ihn in der subtilitas, in der Subtilität.

De Subtilitate ist ein phantastischer Bilderbogen, der das gesamte Wissen des 16. Jahrhunderts darzustellen versucht. Es liefert eine Fülle an Gedanken über den grundlegenden Aufbau der Welt, über den Kosmos, die Elemente, Tiere, Pflanzen, Metalle, Gesteine. Dazu behandelt es eine riesige Anzahl von alltäglichen, teilweise skurrilen Themen, beispielsweise: Wie groß ist ein Regenbogen? Welche Arten von Giften gibt es? Wie hebt man gesunkene Schiffe? Welche Heilpflanzen verwenden Tiere, wenn sie krank sind? Welcher Edelstein schützt am besten vor Unfällen? Warum gibt es eigentlich keine giftigen Vögel? Warum gibt es so viele verschiedene menschliche Sprachen? Wie entlarvt man Scharlatane und Betrüger? Es geht um Brückenbau, Geheimschriften, die Haltbarmachung von Lebensmitteln, um die Existenz von Gespenstern; er liefert zahlreiche Rezepte für Farben, Schnaps, für Cremes zur Pflege der Lippen oder zur Luststeigerung – die Anzahl der Themen ist gewaltig. Dabei zeigt sich Cardano hin und wieder als etwas abergläubisch, trotz seines beständigen Bemühens, alle Erscheinungen, gerade auch die rätselhaften, auf natürliche Ursachen zurückzuführen. Und ab und zu geht seine Leidenschaft für die Mathematik mit ihm durch, dann schreibt er seitenlange Beweise zu geometrischen Problemstellungen.

Einige Zeitgenossen kritisierten an dem Buch, dass es neben den großen Fragen über den Aufbau der Welt so viele kleine, unbedeutend erscheinende Themen behandelt. Aber aus heutiger Perspektive ist das hier dargestellte Alltagswissen vermutlich viel interessanter als die zum größten Teil völlig überholten naturphilosophischen Ausführungen.

De Subtilitate erlebte zahlreiche Neuauflagen bis hin zu einer umfangreichen Gesamtausgabe von Cardanos Werken knapp hundert Jahre nach seinem Tod. Nicht nur Schopenhauer schätzte Cardano, auch beispielsweise von Lessing oder Goethe ist dies bezeugt. Doch im Laufe der Zeit ist er in Vergessenheit geraten, so weit, dass heute fast niemand mehr seinen Namen kennt. Zu Unrecht, wie Forrester schreibt, sein Werk sei wie ein »riesiger blühender Garten«, in dem wir wie kleine Raupen nur winzige Bereiche erkunden können.

> »Schließlich haben wir zu bemerken, dass bei Cardan eine natürlichere Art, die Wissenschaften zu behandeln, hervortritt. Er betrachtet sie überall in Verbindung mit sich selbst, seiner Persönlichkeit, seinem Lebensgange, und so spricht aus seinen Werken eine Natürlichkeit und Lebendigkeit, die uns anzieht, anregt, erfrischt und in Tätigkeit setzt. Es ist nicht der Doktor im langen Kleide, der uns vom Katheder herab belehrt; es ist der Mensch, der umherwandelt, aufmerkt, erstaunt, von Freude und Schmerz ergriffen wird und uns davon eine leidenschaftliche Mitteilung aufdringt.«
>
> Goethe, *Farbenlehre*

Schwierigkeiten der Übersetzung

Es ist zugegeben an manchen Stellen etwas mühsam, Cardano zu verstehen, die beiden Übersetzer Cardanos (Forrester für *De Subtilitate* und Hermann Hefele für Cardanos Autobiografie) sind sich darin einig, dass er ein miserables und häufig schlicht unverständliches Latein schrieb.[2] Das mag der Grund

[2] Auch Lessing schreibt 1754 in seiner Verteidigungsschrift Cardanos (s.u., S. 10): »Das Latein des Cardan ist so schlecht«, dass er die Passagen, auf die er sich bezieht, auf Deutsch wiedergibt.

dafür sein, dass das Werk in den über viereinhalb Jahrhunderten seit seiner Entstehung weder auf Deutsch noch in einer anderen modernen Sprache erschienen ist. Umso verdienstvoller ist die einzige Ausnahme, die Ausgabe von Forrester.

Forrester hat zahlreiche Fußnoten gesetzt, die beispielsweise lauten: »Sense unclear« oder »Meaning obscure« oder »The thought is confused and the syntax unclear«. Einen Satz von Forrester ins Deutsche zu übersetzen, den er selbst sinnlos findet, bringt natürlich wenig. Daher war es notwendig, sehr ausführlich auch das lateinische Original heranzuziehen (es ist in mehreren Versionen online zugänglich, besonders gut ist: http://echo.mpiwg-berlin.mpg.de/MPIWG:9ZWK0SW9). So habe ich akribisch fast Satz für Satz verglichen und wo es nötig war versucht, etwas Konsistentes, Sinnvolles herauszufinden oder in manchen Fällen gar zu konstruieren. An etlichen Stellen bin ich auf diese Weise von Forresters Lösung abgewichen. Dabei mag es auch zu Missverständnissen und Fehlern gekommen sein (Korrekturen und Verbesserungsvorschläge nimmt der Verlag sehr gern entgegen!). Letztlich blieben zahlreiche Stellen, an denen ich Forrester nur zustimmen konnte: meaning obscure.

> »Dabei halten wir es mit Aristoteles, der es bei so schwierigen Fragen für ausreichend hält, wenn wir die absurdesten Fehler vermeiden.«
>
> Cardano, *De Subtilitate*, S. 246

Bei der Übersetzung ins Deutsche war es die ganze Zeit notwendig zu bedenken, dass das, was ich da mache, ein komplexer hermeneutischer Zugang ist: Es handelt sich um die Übersetzung einer Übersetzung. Forrester hat zwar jeden Satz mit aller wissenschaftlichen Sorgfalt übersetzt, dennoch notwendigerweise stets interpretierend. Und die deutsche Übersetzung der englischen Ausgabe interpretiert wiederum Satz für Satz, in der Hoffnung, die Intention Forresters und vor allem Cardanos zu treffen.[3]

Es kommt hinzu, dass das Buch weit über 400 Jahre alt ist. Viele Worte und Begriffe verstehen wir heute völlig anders. Ihnen liegen Subtexte zugrunde, grundlegende Konzepte darüber, wie die Welt gesehen und verstanden wird. Ein Beispiel: An einer Stelle kommt die Formulierung »in concavo lunae« vor. Forrester schreibt »in the concavity of the moon«. Selbst wenn man die Worte versteht, weiß man noch nicht, was gemeint ist. Gedanklicher Hintergrund ist die von Aristoteles stammende und von Ptolemäus perfektionierte Beschreibung der Struktur des Kosmos: Er ist zweigeteilt in sublunar und translunar. Nur in der sublunaren Welt, diesseits des Mondes, gelten die Naturgesetze, existieren die vier Elemente Feuer, Wasser, Luft und Erde. In der Welt jenseits der Sphäre des Mondes existiert nur noch das, was Aristoteles Äther nennt, die quinta essentia, die fünfte Essenz. Erst wenn man sich dies bei der Formulierung »in concavo lunae« vor Augen hält, kann man anfangen darüber nachzudenken, ob diesseits oder jenseits der Mondsphäre gemeint ist.

[3] Eine spannende Reflexion über die Möglichkeit oder Unmöglichkeit der Überwindung der Verständnisschwierigkeiten zwischen den Zeiten und Kulturen liefert eine der großartigen Erzählungen von Jorge Luis Borges: »Averroes auf der Suche«. (Averroes taucht auch öfters in *De Subtilitate* auf, daher erwähne ich die Geschichte.) In dieser Erzählung versucht Averroes, ein bedeutender arabischer Gelehrter des Mittelalters, ein bestimmtes Konzept aus der Antike zu verstehen, was ihm aber trotz aller Bemühungen nicht gelingt. Es bleibt ihm fremd. Doch endet die Geschichte nicht einfach mit der Feststellung einer unüberwindlichen räumlichen und zeitlichen Kluft: Der Erzähler reflektiert schließlich darüber, wie er es sich anmaßen kann, etwas über einen arabischen Gelehrten aus dem Mittelalter zu schreiben.

Ein anderes Beispiel: der recht häufig vorkommende Begriff »concoctio«. Das Wort tritt als Substantiv, Adjektiv und Verbform auf. Forrester übersetzt es ins Englische mit »concoction« oder »concocted«, auf Deutsch kann man leider nicht entsprechend verfahren. Der Begriff verweist auf ein komplexes Konzept der über zwei Jahrtausende in Europa vorherrschenden Viersäftelehre oder Humoralpathologie, die in der Hippokratischen und Galenischen Medizin ihren Ursprung hat. »Concoctio« bedeutet wörtlich »zusammenkochen«, aber es wird auch mit Verdauung, Gebräu, Zusammengebrautes übersetzt, es geht dabei nicht um eine mechanische oder chemische Verbindung, sondern um einen teils biologischen Prozess.

Aber auch bei einfacheren Begriffen gab es oft Schwierigkeiten, etwa bei den Bezeichnungen von Tieren, Pflanzen oder Mineralien. Das liegt unter anderem daran, dass viele dieser Benennungen damals noch nicht normiert waren, Carl von Linné lebte ja erst lange nach Cardano. Selbst Forrester mit seinem großen universitären Netzwerk an Fachwissen, auf das er zugreifen konnte, musste bei den Benennungen öfters ungenau bleiben. Eine eindeutige Zuordnung war ebenfalls bei zahlreichen geografischen Namen nicht möglich.

> »Doch lassen wir dies und freuen wir uns der blühenden Wiese unseres Lebens.«
> Cardano, Autobiografie

Insgesamt bietet *De Subtilitate* neben manchmal etwas zähen Passagen eine gewaltige Menge an verständlichen, konkreten und oft überaus staunenswerten Überlegungen. Man könnte vielleicht sagen: Cardanos Buch ist wie eine Mischung aus Aristoteles, einem modernen Ratgeber und einer TerraX-Dokumentation. Oder auch wie eine riesige Wunderkammer des Wissens.

Kritiker

Cardano war ein streitbarer Mensch, er war überaus prozessfreudig und machte sich zahlreiche Feinde. Das bekennt er recht freimütig in seiner Autobiografie (wie überhaupt diese Autobiografie herausragend ist in ihrer schonungslosen Offenheit eines Menschen sich selbst gegenüber). Ein zu späteren Zeiten erhobener Vorwurf lautete, er sei Okkultist, auch für Forrester ist diese Zuschreibung selbstverständlich. In *De Subtilitate* allerdings bemüht sich Cardano beständig, alle Erscheinungen, gerade auch die rätselhaften, auf natürliche Ursachen zurückzuführen. Über Erasmus von Rotterdam hebt er lobend hervor, er sei fast frei von Aberglauben (»minimè superstitioso«). An zahllosen Stellen äußert er sich kritisch gegenüber Leuten, die von Geistererscheinungen, Dämonen oder dergleichen sprechen. Wenn ihm seriös erscheinende Leute über solche Dinge berichten, nimmt er diese Berichte ernst, aber er schließt sich ihnen nicht an. Er glaubte an Horoskope, Schutzgeister und Engel, war nicht frei von Aberglauben, aber er war wie es scheint in dieser Hinsicht weitaus fortschrittlicher als die meisten seiner Zeitgenossen.

Vielleicht war Cardano aus aufgeklärter Perspektive in einigen Punkten zu okkultistisch, aus religiöser Sicht hingegen teilweise zu aufgeklärt. Ein Satz in der ersten Auflage von *De Subtilitate* führte zu langanhaltendem Streit: 1754, also über zweihundert Jahre danach, veröffentlichte Lessing eine Schrift mit dem Titel »Rettung des Hieronymus Cardanus«. Darin geht es darum, dass Cardano im elften Buch beim Vergleich der Weltreligionen zu dem Urteil kommt, dass jeder selbst entscheiden solle, welche Religion den Sieg davontrage. Diese Passage findet sich zwar nicht mehr in der zweiten und dritten Auflage, aber es wurde von christlicher Seite für sehr lange Zeit als Skandal angesehen, dass jemand es wagte, die Gleichwertigkeit der Religionen auch nur anzudeuten. Eine solche Haltung zu verteidigen, passt wiederum gut zum Autor des »Nathan«. Lessings Verteidigungsschrift steht zugleich dafür, dass Cardano zu dieser Zeit zwar umstritten, aber offenbar noch sehr prominent und relevant war.

Das Ende der Renaissance – ein Leben in einer Zeit des Umbruchs

Cardano ist ein bedeutender Vertreter der Renaissance, die zu den faszinierendsten Epochen der europäischen Geschichte gehört. Es war die Zeit der Kunst und der Kultur, die zuvor alles dominierende Religion rückte in den Hintergrund, der Mensch trat ins Zentrum der Aufmerksamkeit. Das Konzept der Individualität entstand, verkörpert durch die Künstler und Genies dieser Zeit. Die in der Malerei damals neu entwickelte Zentralperspektive versinnbildlicht diese Veränderung: Alles war von nun an auf den einen Menschen, auf die einzelne Person ausgerichtet. Es war die Zeit, in der schließlich auch der Fortschritt erfunden wurde, das wissenschaftliche Denken: Statt wie zuvor ausschließlich auf die Autoritäten Bibel und antike Autoren zu schauen, versuchte man nun die Welt durch Erfahrung und Experimente zu begreifen. Cardano ist für diesen Umbruch ein sehr gutes Beispiel: Einerseits ist für ihn Aristoteles noch die größte Autorität (oft ist er für ihn einfach nur »der Philosoph«), andererseits stellt er bereits viele seiner Ansichten in Frage und vertraut lieber auf seine eigenen Erfahrungen und zahllosen Experimente.

Cardano lebte, wie wir heute, in einer Zeit des Umbruchs: Erst seit wenigen Jahrzehnten war die Neue Welt bekannt, beinahe täglich brachten die Seefahrer neue Waren, neue Pflanzen, neue Tiere, neues Wissen nach Europa. Zugleich hatten der Kaiser des Heiligen Römischen Reiches, Karl V., und der französische König Franz I. Norditalien zum Schauplatz ihrer kriegerischen Auseinandersetzungen gewählt, ihre Truppen plünderten und verwüsteten das Land und die Städte. Immer wieder brachen Pestepidemien aus. Wirtschaftlich ging es bergab, nicht nur durch Krieg und Pest: Der Welthandel verlagerte sich zunehmend, weg vom Handel über das Mittelmeer und den Orient mit Städten wie Venedig als zentraler Schaltstelle, hin zum Handel über den Atlantik mit Spanien und Portugal als Drehpunkten. Die italienischen Städte, Fürsten und Mäzene verloren dadurch an Macht und Reichtum, es bedeutete zumindest in Norditalien das Ende der Renaissance.

Von diesen Ereignissen war Cardano unmittelbar betroffen. Viele Menschen aus seiner nächsten Umgebung starben an der Pest, für seine Tätigkeit als Professor an der Universität Pavia erhielt er niemals auch nur einen Cent – die Universität hatte einfach kein Geld, die Zeiten waren schlecht. Zeitweise hielt er sich daher mit Würfeln und anderen Glücksspielen über Wasser. Er nahm dies zum Anlass, die historisch erste mathematische Wahrscheinlichkeits- und Spieltheorie zu entwickeln. Später machte er Karriere als Arzt, wurde berühmt und seine Heilkunst war an europäischen Königshöfen begehrt. Im Alter von 70 Jahren wurde er von der Inquisition angeklagt und inhaftiert, den Grund der Anklage erfuhr er nicht. Die Folge war ein Publikations- und Lehrverbot. Zugleich gewährte ihm der Papst eine Rente und bestand darauf, dass Cardano nach Rom umzog und sich in seiner Nähe aufhielt. In dieser letzten Zeit seines Lebens schrieb er seine Autobiografie.

Zwei weitere Namen seien kurz genannt, die für die Umbrüche dieser Zeit stehen: Cardanos Zeitgenossen Luther und Kopernikus begannen gerade erst ihre Wirkung zu entfalten, beide kommen in dem Buch vor, wenn auch nur am Rande.

De Subtilitate ist, wie es scheint, der Versuch Cardanos, angesichts der Umbrüche seiner Zeit eine Gesamtschau zu wagen, alles Weltwissen unter einem Buchdeckel, unter einer Zentralperspektive zu vereinen, bevor mit der Neuzeit eine Spezialisierung, eine

Fragmentierung, eine Explosion des Wissens anbricht. Das Buch selbst ist ein Beleg dafür: Die dritte von Cardano selbst besorgte Auflage von 1560 ist doppelt so umfangreich wie die erste Auflage zehn Jahre zuvor.

Es bleibt vielleicht noch die Frage, was denn der Titel *De Subtilitate* bedeutet, den ich für die deutsche Ausgabe erweitert habe um den Untertitel »Von der Feinheit der Welt und des Denkens«. Die Frage ist nicht leicht zu beantworten. Forrester schreibt: »Das Bemühen, die subtilitas in den Dingen zu erfassen, führt zu einer erhöhten subtilitas in der Person, die sich darum bemüht.« Cardano selbst sagt dazu:

> »Denn in erster Linie trägt die Subtilität zur gesamten Naturerkenntnis bei, zur Kenntnis schwieriger und zur Aufdeckung dunkler Dinge, und sie hilft bis zu einem gewissen Grad bei der Auslegung aller Bücher. Sie lehrt die Stärken der technischen Fertigkeiten und zeigt einige neuartige Aspekte, die zu kennen hilfreich ist, auch von dem, was einen bedeutenden Beitrag zur Ansammlung von Reichtum leistet. Sie unterscheidet die Wahrheit zwischen den alten schwerwiegenden Ungewissheiten, zum Beispiel in der Chemie. Sie zeigt auch die erstaunlichen Werke der Natur und des technischen Könnens. Und sie stellt alte praktische Entdeckungen wieder her, die durch den Lauf der Zeit oder durch Kriege in Vergessenheit geraten sind. Sie lehrt auch, wie die für die Sinne sichtbaren Wunder zustande kommen, und zwar in allen Fällen.«
> (S. 44)

Zu dieser Ausgabe

Die deutsche Version ist eine Übersetzung der Forrester-Ausgabe (die inzwischen auch online verfügbar ist) unter ausführlicher Berücksichtigung des lateinischen Originals. Es handelt sich um eine ungekürzte Leseausgabe, auf die Übersetzung des sehr reichhaltigen kritischen Apparats Forresters wurde weitgehend verzichtet, die Zahl der Fußnoten auf ein Minimum reduziert.

Dank

Ich danke den Erben von John M. Forrester für ihre Erlaubnis, das Werk ihres Vaters ins Deutsche zu übersetzen und zu veröffentlichen; ich danke John Henry für seine Erlaubnis, auch das von ihm mitverfasste Vorwort zu veröffentlichen.

Vorwort zur englischen Ausgabe

Danksagung

Der Übersetzer (J.M.F.) hätte seine Arbeit niemals ohne den fortdauernden Beitrag, die Zusammenarbeit, die Kritik und die Ermutigung seines Mitarbeiters John Henry vollenden können. Viel zu verdanken ist auch den Bibliothekaren der Sondersammlungen der Bibliothek der Universität Edinburgh für die Erledigung zahlloser Anfragen und den Mitarbeitern der National Library of Scotland und der Bibliothek des Royal College of Physicians of Edinburgh für geduldige Beratung. Die Interpretation der mathematischen Passagen von *De Subtilitate* stellt anspruchsvolle und gelegentlich unüberwindbare Probleme dar. Dr. Jacqueline Stedall vom Queen's College, Universität Oxford, leistete dabei unschätzbare Hilfe, ebenso wie Professor Alex Craik von der Universität St. Andrews, Schottland. Professor Elizabeth M. Craik von derselben Universität half mit Verweisen auf frühe griechische medizinische Werke, und Dr. Iain M. Beavan von der Universitätsbibliothek Aberdeen identifizierte eine schwierige Referenz. Ich möchte auch den beiden anonymen Lesern von ACMRS für ihre wertvollen Verbesserungsvorschläge danken. Mein Dank gilt auch dem Lektor, der nicht nur das ursprüngliche Manuskript aufgeräumt hat, sondern auch viele hilfreiche Verbesserungsvorschläge gemacht hat. Schließlich bin ich sehr dankbar für die großzügige Unterstützung durch den Guthrie Trust, der über die Schottische Gesellschaft für Medizingeschichte verwaltet wird, und den Carnegie Trust for the Universities of Scotland.

John M. Forrester

Vorwort

Girolamo Cardano (1501–1576), Mathematiker, Astrologe, Arzt, Naturphilosoph, Okkultist und mehr, muss nicht eigens vorgestellt werden. Er erlangte schon zu Lebzeiten große Berühmtheit und ist seither eine bedeutende historische Figur geblieben. Als seine Errungenschaften in Medizin und Naturphilosophie sowie seine Annahmen über das Okkulte in der wissenschaftlichen Revolution des 17. Jahrhunderts allmählich verdrängt und abgelehnt wurden, blieb sein Ruhm durch seine einzigartige Autobiografie *De vita propria* erhalten, die er in seinem letzten Lebensjahr schrieb und die erstmals 1643 von Gabriel Naudé (1600–1653) veröffentlicht wurde. Dieses berühmteste Werk Cardanos kann neben den autobiografischen Schriften von Desiderius Erasmus (ca. 1466–1536), Benvenuto Cellini (1500–1575) und Michel de Montaigne (1533–1592) als wertvoller Anfang der persönlichen Berichte über das Leben und die Zeit bedeutender Persönlichkeiten gelten.

Trotz seiner damaligen Berühmtheit und seiner unbestrittenen Bedeutung für die Wissenschaftsgeschichte der Renaissance kann man wohl mit Recht behaupten, dass Cardano nicht die wissenschaftliche Aufmerksamkeit erhalten hat, die er verdient hätte. Dies ist zweifellos zu einem großen Teil darauf zurückzuführen, dass Cardanos Werke kaum jemals aus seinem schwierigen Latein übersetzt worden sind. In der Tat wurde es offenbar sogar von seinen Zeitgenossen beanstandet. Nimmt man noch hinzu, was Anthony Grafton als »Länge, Vielfalt und technische Dichte von Cardanos Werken« beschrieben hat, muss man sich nicht wundern, dass die Wissenschaften davon abgehalten wurden, Cardano zu rezipieren[1] Aufgrund dieser Schwierigkeiten schreibt Grafton: In den kommenden Jahren werden alle, die sich mit Cardanos Werk beschäftigen, dazu verurteilt sein, die Rolle von Raupen einzunehmen, die nur winzige Teile eines riesigen blühenden Gartens erkunden.

Die vorliegende Übersetzung ist ein bescheidener Versuch, die Cardano-Studien voranzutreiben.

Von den Blumen in Cardanos Garten kann das *De Subtilitate* vielleicht als die produktivste angesehen werden. Cardano selbst zählte es zu den vier seiner Meinung nach meistgelesenen Werken: *De Fato*, *De arcanis aeternitatis*, *De Subtilitate* und *De Rerum Varietate*. Wenn man bedenkt, dass die ersten beiden Werke nur als Manuskript zirkulierten und das letzte lediglich eine Ergänzung zu *De Subtilitate* war – in dem Cardano verschiedene Materialien zusammenfasste, die er ursprünglich aus dem früheren Werk ausgeschlossen hatte, weil er nicht in der Lage gewesen war, sie zu ordnen oder »in Form zu peitschen« – ist leicht zu erkennen, dass *De Subtilitate* mit Abstand das am weitesten verbreitete, am meisten gelesene und am häufigsten wiederveröffentlichte Werk Cardanos war (bis es später von *De propria vita* überholt wurde).

Das Werk *De Subtilitate*, das nach Ansicht eines neueren Kommentators »den Beginn einer neuen Phase der europäischen Kultur« markiert,[2] war nicht mehr und nicht weniger als der Versuch Cardanos, ein vollständiges Kompendium der Naturphilosophie vorzulegen. Dabei ging es nicht nur um den Versuch, die Naturphilosophie des Aristoteles in einem einzigen Band zusammenzufassen, so wie Jean Fernel (1497–1558) kurz zuvor in seinem Werk *De naturali parte medicinae* eine Zusammenfassung des medizinischen Systems von Galen vorgelegt hatte. Geografische Entdeckungen, eine veränderte Einstellung zu den so genannten gemischten mathematischen Wissenschaften, der technische Fortschritt, praktische Erfahrungen und die Wiederentdeckung antiker Alternativen zur Philosophie des Aristoteles hatten bereits deutlich gemacht, dass die vorherrschende aristotelische Naturphilosophie dringend einer Reform bedurfte. Auch wenn Cardano den Aristotelismus nicht vollständig übernehmen wollte, so ging er doch nicht so weit, ein ausgearbeitetes alternatives System anzubieten. Solche alternativen Systeme, die von grundlegend anderen Prinzipien als Aristoteles ausgingen, erschienen später mit *De rerum natura iuxta propria principia* (1586) von Bernardino Telesio (1509–1588), der *Nova de universis philosophia* (1591) von Francesco Patrizi (1529–1597) und den nachfolgenden Werken zahlreicher anderer Denker, die in der *Principia philosophiae* (1644) von René Descartes (1596–1650) gipfelten.

In *De Subtilitate* wird, wie Nancy Siraisi[3] vorschlägt, »die aristotelische Naturphilosophie unterlaufen, aber nicht verworfen«. Wie andere Möchtegern-Reformer der Naturphilosophie unter seinen Zeitgenossen (Paracelsus, Girolamo Fracastoro und Jean Fernel) bleibt Cardanos Naturphilosophie grundsätzlich aristotelisch, aber sie enthält eine vielfältige und manchmal verwirrende Palette individueller Verfeinerungen des Aristotelismus oder spezifischer Abweichungen. Dementsprechend kann Cardano kaum als systematischer Denker bezeichnet werden. Obwohl *De Subtilitate* klar und deutlich mit einer Diskussion dessen beginnt, was Cardano als die ersten Prinzipien aller Dinge

---

[1] Grafton, A. (1999). *Cardano's cosmos: the worlds and works of a Renaissance astrologer*. Harvard University Press.

[2] Ingegno, Alfonso (1998). The New Philosophy of Nature. In C. B. Schmitt & C.L. Skinner (Eds.), *The Cambridge History of Renaissance Philosophy*. Cambridge: Cambridge University Press, pp. 236–263, hier p. 247.

[3] Siraisi, Nancy (1997). *The Clock and the Mirror: Girolamo Cardano and Renaissance Medicine*. Princeton: Princeton University Press.

ansieht, nämlich Materie, Form, Geist, Ort und Bewegung, kann der Großteil des Werkes als eine bunte Anhäufung von Phänomenen betrachtet werden, die Cardano als Beweis dafür ansieht, dass Aristoteles' System unfähig ist, alle Dinge zu erklären.

Aristoteles hatte versucht, alle Naturphänomene auf eine begrenzte Anzahl von Kategorien zu reduzieren und sie mithilfe eines stark reduktionistischen Schemas zu erklären. Cardanos *De Subtilitate* ist zwar nicht explizit antireduktionistisch, vermittelt dem Leser aber den Eindruck, dass man sich zunächst ihrer schwindelerregenden Vielfalt bewusst sein muss, um die natürliche Welt zu verstehen. Wie Anthony Grafton vorschlug, »ähnelte *De Subtilitate* dementsprechend zuweilen einem verbalen Äquivalent zu Aldrovandis Museum ... Cardano komponierte eine künstliche Welt der Wunder«. Obwohl Cardano es selbst als ein enzyklopädisches und umfassendes Werk sah, war das *De Subtilitate* für systematischere (und streng aristotelische) Kritiker wie Julius Caesar Scaliger (1484–1558) und Rudolf Gockel oder Goclenius (1547–1628), wie Ian Maclean zusammenfasst, »kaum mehr als eine Deklamation, ein Sammelsurium disparater und unkoordinierter Fakten, Erklärungen und irriger Überzeugungen«.[4]

Insofern als *De Subtilitate* eine umfassende Darstellung der Naturphilosophie in einem einzigen Band bieten sollte, kann es durchaus als »Beginn einer neuen Phase in der europäischen Kultur« angesehen werden. Obwohl er von den Neuerungen beeinflusst wurde, die Marsilio Ficino (1433–1499), Giovanni Pico della Mirandola (1463–1494) und Pietro Pomponazzi (1462–1525) in die Philosophie einführten, und vielleicht auch von einem scholastischen Kompendium wie der *Margarita philosophica* inspiriert wurde, war Cardano der erste der moderne Theoretiker, der die gesamte Naturphilosophie (und mehr) zu seinem Themengebiet machte. Obwohl es Ähnlichkeiten mit zeitgenössischen enzyklopädischen Werken der Naturgeschichte und der Geografie gibt, vor allem mit Sebastian Münsters *Cosmographiae universalis libri VI* (1550), bleibt Cardanos *De Subtilitate* trotz seiner Weitschweifigkeit deutlich philosophischer ausgerichtet als diese anderen Werke und kann daher als einflussreicher auf nachfolgende Generationen von reformorientierten Naturphilosophen angesehen werden. Der potenzielle Nutzen eines »Sammelsuriums unzusammenhängender und unkoordinierter Fakten« für unser Verständnis wurde zwar von Scaliger und Goclenius bestritten, doch wurde er von Francis Bacon (1561–1626) erkannt, dessen Versuche, eine umfassende Natur- und Kunstgeschichte in seine *Instauratio Magna* des Naturwissens aufzunehmen, deutliche Ähnlichkeiten mit Cardanos *De Subtilitate* und *De varietate* aufweisen.

Wie in den Werken zeitgenössischer Naturhistoriker und Geografen spielt die Erfahrung auch in *De Subtilitate* eine wichtige Rolle, und Cardanos Werk muss als einer der wichtigsten Wegbereiter für die Einführung des Experientialismus und Empirismus in die Naturphilosophie der Renaissance und der frühen Neuzeit anerkannt werden. Cardano bekräftigt ausdrücklich, dass die Erfahrung die einzige verlässliche Autorität ist, aber was noch wichtiger ist, er bezieht sich häufig auf seine eigene Erfahrung, seine persönliche Vertrautheit mit den Phänomenen, die er in *De Subtilitate* beschreibt. Dieses häufige persönliche Zeugnis hält die Persönlichkeit des Autors immer vor dem geistigen Auge des Lesers, und das *De Subtilitate* zeigt etwas von demselben Bemühen, den Autor hervorzuheben wie das *De vita propria*. Das Hauptziel oder zumindest die Hauptwirkung besteht jedoch darin, die Bedeutung der persönlichen Erfahrung bei der Gewinnung von

[4] Ian Maclean, »The Interpretation of Natural Signs: Cardano's De subtilitate versus Scaliger's Exercitationes« in Occult and Scientific Mentalities in the Renaissance, ed. B. Vickers (Cambridge: Cambridge University Press, 1984), 231–52, here 237.

Wissen hervorzuheben. Ob bei der Beschreibung einer Waffe (»Ich habe auch eine gesehen, die aus zwei Teilen gemacht war«) oder eines Heilmittels (»Ich weiß persönlich, dass Taubenkot und Glaskraut ... in Wasser aufgelöst, die härtesten Blasensteine zertrümmern können«), oder die Art und Weise, wie viele Sterne in der Milchstraße als ein einziges milchiges Licht erscheinen können (»eine Eigenschaft, die sogar ich gesehen habe, die von vielen Kerzen schön nachgeahmt wurde«), oder eine beliebige Anzahl anderer persönlicher Erfahrungen (»Während ich dies schrieb, bemerkte ich, dass der Weizen, der neben einer Hecke auf einem Feld gesät worden war, verkümmert, trocken und dürftig geworden war«), erklärt Cardano in den Schlusssätzen des Buches, dass »was hier in Form von Beispielen niedergeschrieben ist, eingefügt ist ... um die Erfahrung zu erweitern«.

Das soll jedoch nicht heißen, dass Cardano in diesem einzigartigen Werk einen vollwertigen Empirismus, geschweige denn eine experimentelle Methode vorstellt. Wissenschaftler neigen auch heute noch dazu, ihre Experimente als Bestätigung für das zu interpretieren, was sie wissen oder zu wissen glauben, und müssen sich davor hüten, die Bedeutung eines Versuchs von einer akzeptierten Theorie bestimmen zu lassen. Wenn der Empirismus auch fast vierhundert Jahre nach Francis Bacon noch immer mit erkenntnistheoretischen Fallstricken behaftet ist, kann man Cardano kaum vorwerfen, dass er auf der Grundlage eines vermeintlich zuverlässigen Erfahrungsberichts viele Dinge zulässt, die wir heute nicht mehr für vertretbar halten würden. Da wir aus eigener Anschauung annehmen, dass einige Details in *De Subtilitate* nicht wahr sein können, sind wir gezwungen anzunehmen, dass Cardano sich geirrt oder getäuscht hat, was im Großen und Ganzen als Wunschdenken angesehen werden kann, auch wenn zugegeben werden sollte, dass unser eigenes Wunschdenken diese Frage vernebeln kann.

Die Quelle von Cardanos Experientialismus ist nicht nur in der medizinischen Tradition zu finden, zu der er einen bedeutenden Beitrag leistete, und nicht nur in dem zunehmenden Bestreben der modernen Theoretiker der Renaissance, die alte Autorität abzulehnen und die Wahrheit selbst zu entdecken (Bestrebungen, die, wie wir bereits festgestellt haben, in der zeitgenössischen Naturgeschichte und Geografie eine wichtige Rolle spielten), sondern auch in der kurz zuvor wiederbelebten okkulten Tradition. Cardano wird im Allgemeinen als ein Schriftsteller in der okkulten Tradition angesehen, und das *De Subtilitate* ist einer der Hauptgründe für diese Wahrnehmung. Wie Maclean (1984) betont, »deutet schon der Titel stark auf ein okkultes Thema und einen okkulten Ansatz hin«. Nachdem er das erste Buch mit »Die Prinzipien, die Materie, die Form, das Vakuum, der Widerstand der Körper, die natürliche Bewegung und die Position« betitelt hat, schreibt er zu Beginn von Buch V, dass es sich mit »den eher okkulteren Prinzipien, der Materie, der Form, dem Vakuum und der Vereinigung der Körper« befasst. In der Tat deutet seine erste Erörterung dessen, was er mit subtilitas meint, darauf hin, dass sein Schwerpunkt auf dem Arkanen liegt: Subtilitas sei »die Eigenschaft[5], durch welche Dinge, die empfunden werden können, von den Sinnen nur schwer erfasst werden, und Dinge, die verstanden werden können, vom Verstand nur schwer erfasst werden«. Der Verleger der ersten Ausgabe, Johannes Petreius, verlieh dem Buch einen okkulten Anstrich, indem er die Leserschaft darüber informierte, dass das Buch die Ursachen, Kräfte und Eigenschaften von mehr als fünfzehnhundert verschiedenen, ungewöhnlichen, schwierigen, verborgenen und schönen Dingen behandele, die alle vom Autor an verschiedenen Orten durch persönlich

[5] »ratio«.

durchgeführte Versuche beobachtet worden seien.

Vier Jahre später, 1554, als die überarbeitete Ausgabe erschien, waren aus den gepriesenen fünfzehnhundert zweitausendzweihundert geworden. In ähnlicher Weise trug auch der größte Kritiker von *De Subtilitate*, J. C. Scaliger, zu seinem Ruf als okkultes Werk bei, indem er seine eigene Kritik als exoterisch bezeichnete und damit die Esoterik seines Ziels implizierte.

Es ist jedoch wichtig festzuhalten, dass Cardano genau diesen Aspekt der magischen Tradition, den Scaliger ihm implizit unterstellt, ausdrücklich ablehnte. Es war eine Standardannahme unter den Vertretern der okkulten Tradition, dass bestimmtes Wissen nur für eingeweihte Adepten wertvoll war und daher esoterisch gehalten wurde. Die klare Konsequenz daraus schien zu sein, dass das, was exoterisch und für alle zugänglich war, entweder trivial, unwichtig oder verzerrt war, um die wahren esoterischen Wahrheiten zu schützen. Cardanos *De Subtilitate* war eines der ersten Bücher, das mit diesem Schema brach, indem es anbot, zuvor esoterisches Wissen für alle zugänglich zu machen. Es scheint klar zu sein, dass Cardano keinerlei böse Absichten hatte. Schließlich ging es ihm nicht darum, seinen eigenen Ruf als Magus zu begründen, sondern die aristotelische Naturphilosophie zu reformieren, und das konnte er nur, indem er die Relevanz der ehemals esoterischen Themen, die er behandelte, für ein angemessenes Verständnis der natürlichen Welt aufzeigte. Dennoch bleibt ein großer Teil der Diskussion in *De Subtilitate*, wie erwähnt, hartnäckig undurchsichtig. Dies ist zweifellos auf eine Kombination aus Cardanos Mangel an Klarheit und der Unbekanntheit vieler der von ihm erörterten Themen zurückzuführen. Sicherlich gibt es viele Themen in *De Subtilitate*, die eher in einem Werk der Magie als in einem Werk der Naturphilosophie zu finden gewesen wären, darunter Diskussionen über Sympathie und Antipathie, Talismane, wunderbare Heilmittel für Krankheiten und andere natürliche Wunder, die Aktivitäten von Dämonen und die herausragende Rolle des spiritus, den Grafton (1999) überschwänglich als »den Superkleber des Kosmos der Renaissance-Magier« bezeichnet hat.

Der Versuch, den ehemals geheimnisvollen Kosmos der Magier für die Erläuterung einer reformierten, nacharistotelischen Naturphilosophie zu nutzen, mag uns helfen zu verstehen, warum *De Subtilitate* so einflussreich war. Wenn das Buch so verstanden wurde, dass es zugänglich machte, was zuvor nur weisen und tugendhaften Adepten vorbehalten war, würde es sicherlich ein breites Publikum unter den Neugierigen anziehen. Cardano sagt, dass dieses einflussreichste seiner Bücher bei der »Menge« beliebter war als bei den Gelehrten. Es ist nicht klar, wen er mit der »Menge« meint, aber es scheint vernünftig anzunehmen, dass das Werk eine weite Verbreitung hatte. Vielleicht meinte Cardano, dass sein Buch von jenen geschätzt wurde, die in den disziplinären Hierarchien der damaligen Zeit unterhalb des Status von Naturphilosophen und Theologen standen, wie etwa Mathematiker, Alchemisten, Handwerker und andere, die ihren Lebensunterhalt mit dem Versuch verdienten, Naturphänomene zu verstehen und zu nutzen. Wie dem auch sei, es lässt sich nicht leugnen, dass *De Subtilitate* auch unter Gelehrten weit verbreitet war und bis weit ins siebzehnte Jahrhundert hinein ernst genommen wurde.

Ein weiterer bemerkenswerter und einzigartiger Aspekt von *De Subtilitate*, der bisher von der Wissenschaft noch nicht beachtet wurde, ist die Art und Weise, wie Erörterungen über Maschinen neben Erörterungen über natürliche Prozesse stehen, und noch bemerkenswerter ist die Art und Weise, wie mathematische Berechnungen und Beweisführungen neben naturphilosophischen Diskussionen stehen. Viele neuere und wichtige Arbeiten zur Wissenschaftsgeschichte haben gezeigt, wie die sehr strikte disziplinäre Trennung von Naturphilosophie und Mathematik seit dem 16. Jahrhundert bis zum triumphalen Erscheinen von Isaac Newtons Demonstration der *Philosophiae Naturalis Principia Mathematica* (*Die mathematischen Grundlagen der Naturphilosophie*, 1687) allmählich aufzubrechen begann. Für die meisten Zeitgenossen Cardanos wäre Newtons Titel für ein ernsthaftes Werk völlig unpassend gewesen. In der Naturphilosophie ging es darum zu erklären, wie natürliche physikalische Prozesse und Ereignisse abliefen. Diese Erklärungen mussten, wenn sie als seriös philosophisch gelten sollten, in Begriffen von Kausalitäten formuliert werden. Die Mathematik hingegen konnte keine Erklärungen bieten, sondern nur eine bestimmte Art der technischen Beschreibung eines physischen Systems. Ursachen hatten keinen Platz in mathematischen Darstellungen, und so wurde die Mathematik im Allgemeinen als inkompetent in Bezug auf die Naturphilosophie angesehen.

Die wissenschaftliche Revolution des späten sechzehnten und siebzehnten Jahrhunderts wurde, zumindest zu einem großen Teil, als »Mathematisierung des Weltbildes« betrachtet, die stattfand, als sich die Naturphilosophen der Bedeutung der Mathematik für das Verständnis der natürlichen Welt bewusst wurden. Neuere Arbeiten haben gezeigt, dass die mathematischen Praktiker selbst eine größere Rolle spielten, als früher bekannt war, aber von entscheidender Bedeutung waren jene Denker, die sowohl Mathematiker als auch Naturphilosophen waren. Die großen Namen sind hier Galilei (1564–1642), Descartes (1596–1650) und natürlich Isaac Newton (1642–1727), und man kann zumindest darüber streiten, ob Cardano als einer der allerersten dieser hybriden Denker anerkannt werden sollte.

Aus unserer Sicht mag es ganz natürlich erscheinen, dass ein vollendeter Mathematiker, wie es Cardano zweifellos war, seine Mathematik einsetzt, um physikalische Phänomene zu erklären. Aber das wäre sicherlich eine anachronistische Sichtweise. Angesichts der intellektuellen Trennung von Naturphilosophie und Mathematik vor der Neuzeit ist es durchaus bemerkenswert, dass Cardano sich im *De Subtilitate* so leichtfüßig der Mathematik zuwendet, um dann wieder zum Naturphilosophieren zurückzukehren. Das Gleiche hätte man damals über seine Bereitschaft sagen können, die Funktionsweise von Maschinen und anderen technischen Geräten im Rahmen der Naturphilosophie zu diskutieren. Im Anschluss an die einflussreiche Arbeit von Fritz Krafft[6] haben Wissenschaftler seine Vermutung akzeptiert, dass das Studium der Mechanik von vormodernen Denkern als das Studium einer künstlich erzwungenen Natur und daher als das Studium von Effekten angesehen wurde, die »der Natur widersprechen«. Dementsprechend konnten für vormoderne Denker die Mechanik und das Studium der Technik nichts über die natürliche Welt und natürliche Prozesse aussagen.

Neuere Forschungen haben jedoch gezeigt, dass die Technik von Aristoteles, von dem pseudo-aristotelischen Autor der einflussreichen *Mechanica* und anderen antiken Schriftstellern nicht als zwangsläufig der Natur zuwiderlaufend angesehen wurde, sondern vielmehr als etwas, das über das hinausgeht, was die Natur aus eigener Kraft erreichen kann.[7] Aristoteles zufolge kann die Kunst über die Natur hinausgehen, aber nur, indem sie das ermöglicht, was die Natur erreicht hätte, wenn sie ihren normalen Lauf weiter verfolgen würde, als sie es gewöhnlich tut. Der Betrieb von Maschinen steht nicht

[6] Fritz Krafft, »Die Anfänge einer theoretischen Mechanik«, in *Beiträge zur Methodik der Wissenschaftsgeschichte,* ed. W. Baron (Wiesbaden: Steiner, 1967), 12–33; et idem, *Dynamische und statische Betrachtungsweise in der antiken Mechanik* (Wiesbaden: Steiner, 1970).

[7] Mark J. Schiefsky, »Art and Nature in Ancient Mechanics«, in *The Artificial and the Natural,* ed. B. Bensaude-Vincent and W. R. Newman (Cambridge, MA: MIT Press, 2007), 67–108.

im Widerspruch zur Natur, sondern verstärkt die natürlichen Prozesse. Die mechanischen Künste konnten also natürliche Prozesse und natürliche Phänomene verdeutlichen und helfen, sie besser zu verstehen.

Dennoch war die Erörterung mechanischer Wunderwerke in der scholastischen Naturphilosophie nicht üblich, und Cardanos Bereitschaft, die Funktionsweise von Maschinen oder technologischen Prozessen mitten in einer Schilderung des einen oder anderen Naturphänomens zu erörtern, stellt einen dramatischen Kontrast zu anderen zeitgenössischen Werken der Naturphilosophie dar. Auch hier hat die neuere Wissenschaftsgeschichte gezeigt, wie die Mechanik, die ursprünglich nichts anderes als ein handwerkliches Wissen war, zunächst in die Mathematik und dann in die Naturphilosophie eingeführt wurde, was in der kartesianischen Behauptung gipfelte, dass die gesamte Physik nur Mechanik sei. Die Rolle, die Cardano in dieser Geschichte spielt, wurde von der Wissenschaft bisher kaum beachtet, aber angesichts des Erfolgs von *De Subtilitate* und der Art und Weise, wie Cardano fast routinemäßig Maschinen und ihre mathematische Funktionsweise einflechtet, um einen Aspekt in der Naturphilosophie zu veranschaulichen, erscheint es kaum glaubhaft, dass er in dieser Geschichte keine Rolle gespielt haben sollte.

Die Beziehungen zwischen »Wissenschaft« und »Religion« sind ein weiterer bedeutender Bereich des modernen wissenschaftlichen Interesses, aber auch hier wurden Cardano und *De Subtilitate* in der Forschung eher übersehen. Es ist natürlich bekannt, dass Cardano von der Inquisition verhaftet und 1570 kurzzeitig inhaftiert wurde. Über die genauen Gründe für seine Verhaftung herrscht jedoch Unklarheit. Die Spekulationen konzentrierten sich auf das Horoskop, das Cardano für Jesus Christus erstellt hatte, aber das allein hätte nicht unbedingt zu allzu großem Ärger geführt. Es war unter Astrologen üblich, aus religiösen Gründen darauf zu bestehen, dass die Sterne nicht zwingen, sondern nur antreiben (»stellae agunt non cogunt«), und ein Horoskop, das sich auf so lange zurückliegende Ereignisse bezog, wäre als vermeintliche Demonstration dessen verstanden worden, wie die Sterne das Schicksal eines Menschen offenbaren könnten. Ein solches Horoskop hätte durchaus von Cardanos Feinden aufgegriffen werden können, um ihn in Schwierigkeiten zu bringen, aber dieses Vorgehen wäre nicht automatisch erfolgreich gewesen.

Es gibt jedoch weitere Aspekte in Cardanos Schriften, die die Aufmerksamkeit der Inquisitoren auf sich gezogen haben könnten. Eine Reihe von Elementen in seinen Schriften könnte als unangemessen skeptisch, vielleicht sogar als atheistisch ausgelegt worden sein (auch wenn es sich dabei vielleicht nur um eine Kritik an Aristoteles handelte), während andere als ketzerisch angesehen werden könnten. Das Problem bei diesen Vermutungen ist, dass einer der am meisten häretisch erscheinenden Aspekte von Cardanos Kosmos seine Einstellung zu den Dämonen ist. Denn ein solcher Glaube spricht dagegen, dass er skeptisch, geschweige denn atheistisch war. Cardano soll selbst darauf bestanden haben, dass der Glaube an Dämonen, Wunder und die Unsterblichkeit der Seele zusammen stehen oder fallen.[8]

Oberflächlich betrachtet lassen eine Reihe von Aspekten bei Cardano auf einen Mann schließen, der zumindest bereit war, sich den Lehren seiner Kirche anzupassen. Am Ende des Kapitels über seinen »Schutzgeist« in seiner Autobiografie nimmt er die Kirche in Schutz: »In der Begründung und Erklärung des Einzelnen kann ich mich wohl irren und überlasse sie darum den Weiseren, das heißt: den Theologen.« In ähnlicher Weise beendet er das vorliegende Werk mit

[8] Lynn Thorndike, *History of Magic,* 5: 567.

einer überschwänglichen Version des katholischen Standardverweises auf das, was von der Heiligen Mutter Kirche festgelegt wurde:

> »So bist Du, höchster Gott, von dem alles Gute ausgeht, dessen Wink alles bewegt, dessen Macht durch keine Grenzen begrenzt ist, unendliche Helligkeit, der Du allein für wahre Erleuchtung sorgst, der Du allein wahrhaft ewig bist, vollkommen in Dir selbst, nur Dir selbst bekannt, dessen Weisheit alles Denken übersteigt, allein und ohne Gleichen, außerhalb dessen es nichts gibt, der Du mich wie einen Regenwurm im Schatten der Erkenntnis geleitet hast, dem ich alles verdanke, was hier geschrieben steht und wahr ist – die Fehler sind das Ergebnis meines Ehrgeizes, meiner Unbesonnenheit und meiner Eile – verzeih mir; und erleuchte meinen Geist in Übereinstimmung mit Deiner unermüdlichen Großzügigkeit und wende ihn zu besseren Dingen.«

Darüber hinaus blieb Cardano seinem Katholizismus stets treu und lehnte sogar eine lukrative Anstellung als Arzt am dänischen Königshof ab, »nicht nur wegen der Ungunst des dänischen Klimas … sondern vor allem der fremden Religion wegen«.[9]

Historiker des Atheismus könnten einwenden, dass formelhafte Antworten in gedruckten Werken nicht auf einen aufrichtigen Glauben hindeuten und dass Cardanos wirkliche Haltung eher inmitten philosophischer Diskussionen zum Ausdruck kommt. Dementsprechend wurde dem Buch XI des *De Subtilitate*, »Über die Notwendigkeit und Form des Menschen«, das laut Lessing[10] von früheren Kommentatoren als »ein gottloser und höchst skandalöser Ort, ein Ort höchster Anstößigkeit« (»locum impium et scandalosissimum, locum offensionis plenissimum«) bezeichnet wurde, einige Aufmerksamkeit geschenkt. Soweit wir sehen können,[11] ist der einzige umstrittene Teil davon jedoch die epikureische Darstellung der zufälligen Entstehung verschiedener Tierarten und der anschließenden Eliminierung der zum Überleben ungeeigneten Formen. Aber es scheint völlig klar zu sein, dass Cardano die epikureische Darstellung nicht als plausibel akzeptiert. Schließlich weist er darauf hin, dass es viele Tierformen gibt, die lebensfähig sein könnten, aber nicht existieren, wie etwa »Wölfe mit Hörnern oder Hunde mit scharfen Krallen«. Wenn diese Passage verwendet wurde, um Cardano der Pietätlosigkeit zu bezichtigen, so scheint dies eher das Werk seiner Feinde gewesen zu sein, als dass es auf einer korrekten Lesart beruht.

Es könnte also durchaus sein, dass das Urteil von James Eckman[12], das sich dem von Giovanni Vidari[13] anschließt, richtig ist und dass Cardanos kurzes Scharmützel mit der Inquisition nicht so sehr darauf zurückzuführen war, dass er kirchenkritische Werke geschrieben hatte, sondern einfach darauf, »dass er zufällig in einem Zeitalter lebte, in dem jede Abweichung von einer Autorität, die gerade eine Vielzahl schwerer Angriffe überstanden hatte, mit Sicherheit gründlich untersucht wurde«. Es kann aber auch sein, dass der derzeitige Stand der Forschung über Cardano einfach keine sichere Schlussfolgerung zulässt. Angesichts der Bedeutung des *De Subtilitate* und seiner anderen Werke sowie seiner historischen Verbindung zu den anderen italienischen Naturphilosophen der Renaissance, Telesio, Patrizi, Bruno und Campanella, die alle (wenn auch in unterschiedlichem Ausmaß) unter der Inquisition

---

[9] *Leben des Girolamo Cardano, von ihm selbst geschrieben,* S. 53 f.

[10] Gotthold Ephraim Lessing in *Rettung des Hieronymus Cardanus*: »Dieses außerordentliche Genie hat alle Nachwelt seinetwegen in Zweifel gelassen.«

[11] Vgl. dazu oben das Vorwort zur deutschen Ausgabe unter dem Abschnitt »Kritiker«, S. 10.

[12] Eckman, *Jerome Cardan,* 36.

[13] Giovanni Vidari, »Gerolamo Cardano« *Bollettino della Societ'a Pavese d'istoriapatria* 4 (1904): 568–94.

zu leiden hatten, scheint es offensichtlich, dass die zeitgenössischen religiösen Implikationen von Cardanos Werk eine genauere wissenschaftliche Untersuchung verdienen.

Cardanos großartiges Werk sollte auch in den Bemühungen um eine Entwicklungsgeschichte der Wissenschaftswerke eine wichtige Rolle spielen. Obwohl im Jahrhundert vor ihm erstmals Überblicke über die gesamte Naturphilosophie erschienen, boten diese Überblicke in der Regel nur einen sehr kurzen Überblick und standen natürlich völlig im Einklang mit dem Neo-Aristotelismus, der in der scholastischen Tradition entwickelt worden war. Selbst die längeren und umfassenderen Übersichten, die zu Beginn des 16. Jahrhunderts erschienen, wie die *Margarita philosaphica* von Gregor Reisch (ca. 1467 1525) und das *Compendium naturalis philosophiae* von Frans Titelmans (1502–1537), waren durchweg scholastisch. Cardanos *De Subtilitate* war der erste Versuch, eine einbändige Alternative zu diesen Werken zu bieten, indem es eine umfassende (wenn auch nicht systematische) Darstellung der natürlichen Welt und all ihrer Bestandteile aus einer Perspektive bot, die in ihren Grundprinzipien und Annahmen keineswegs sklavisch aristotelisch war. Als solches kann es der Aufmerksamkeit der Zeitgenossen kaum entgangen sein.

Wenn wir nach Gründen dafür suchen, warum Cardano seine umfassende Übersicht über die Naturphilosophie gerade zu dieser bestimmten Zeit verfasst hat, können jedoch die Entwicklungen beim Verfassen und Veröffentlichen von philosophischen Lehrbüchern nicht alles erklären. Cardano selbst erzählt den Lesern des *De Subtilitate*, dass er es auf Anregung einer Reihe von Träumen schrieb.

> »Im Schlaf wurde ich mehr als einmal gedrängt, dieses Buch zu schreiben, und wie es mir schien, in 21 Teile gegliedert; die Themen waren vielfältig, und um die Mitte herum einige Teile Geometrie. Dann, während der ganzen Zeit, verschiedene neuartige Diskussionen, ziemlich raffiniert, und mit wahren Themen; mit mehr als gewöhnlicher Klarheit der Sprache, kombiniert mit einigen willkommenen Unklarheiten; und dann die Kontinuität des Stils und die Subtilität der Argumentation ließ das Projekt für mich geradezu göttlich erscheinen, so sehr, dass ich im Schlaf von so viel Vergnügen überwältigt wurde, dass ich nie etwas Ähnliches gefühlt habe. Ich schien wie von Sinnen zu sein, und nach dem Schlaf bereitete mir sogar die Erinnerung an dieses Vergnügen eine wunderbare Freude. Ich konnte den Stoff erkennen, der alles umfassen würde, und den Namen des Buches, ein schlankes und schönes Zeichen. Das Buch schien in einiger Entfernung gedruckt worden zu sein, und es gab nur wenige Exemplare in der Stadt.«

Weitere Träume führten ihn auch dazu, das Werk sukzessive zu erweitern:

> »Als mir das häufiger passiert war, begann ich das Büchlein mit vier Bögen; später erhöhte ich es auf sieben, dann auf 35. Und nie hörten in der Zwischenzeit dieselben Bilder auf, auch nicht das Vergnügen, das ich beim Lesen im Schlaf zu empfinden pflegte; aber je seltener es in einen Traum zurückkam, desto mehr wuchs das Buch weiter. Es wuchs später auf 57 und schließlich auf 76 Bögen an und wurde dann zum ersten Mal mit einem Register versehen veröffentlicht. Aber als es offensichtlich nur halb so umfangreich war wie das, das mir im Traum gezeigt wurde, dachte ich, es sei für die Fertigstellung durch jemand anderen bestimmt. Denn dasselbe Buch war schon dreimal gedruckt worden, zuerst in Nürnberg, dann in Lyon und schließlich in Paris. Nachdem ich aber auf Galens Worte gestoßen war, in denen die Art und Weise, Bücher zu vollenden, dargelegt wird, nahm ich den Faden wieder auf und vollendete es nach diesem

> Vorbild, indem ich fast so viel hinzufügte, wie in der ersten Auflage vorhanden war, und mich dabei auf fast die Mittel stützte, die ich schließlich im vorhergehenden Buch angewandt hatte. Der Gesamtzuwachs beläuft sich auf sechsundfünfzig Bögen, und das ganze Buch auf 132. Mit den hinzugefügten Illustrationen unterscheidet es sich wohl kaum von dem, das ich während meiner Träume gesehen habe. Aber ich kann es nicht noch mehr erweitern, selbst wenn ich es wollte, erstens, weil die Abfolge vollständig ist, und zweitens, weil es notwendig wäre, die ganze Sache von Anfang an neu zu betrachten, was für mich jetzt nicht nur unbequem, sondern unmöglich wäre.« (Buch XVIII)

Cardano war von seinem Traum so beeindruckt, dass er ihn zum Gedenken an ihn, in seinen eigenen Worten, »auf der Rückseite unserer Kupferplatten eingravieren« ließ. Der Traum hörte auf, sich zu zeigen, nachdem das Buch zum ersten Mal in Nürnberg veröffentlicht worden war, mit Ausnahme eines erneuten Auftretens des Traums während seiner Reise nach Schottland im Jahr 1552, am Tag bevor er ein Buch prüfte, dessen Lektüre ihm besonderes Vergnügen bereitete. Cardano erwähnt noch einen weiteren bemerkenswerten Traum, in dem er sich nach seinem Tod im Himmel befand und in dem ihm die Bücher seines eigenen Werkes *De rerum varietate* gezeigt wurden.

Es ist bemerkenswert, dass Cardano erzählt, dass diese Träume ihm sogar den etwas kryptischen Titel seines Werkes lieferten (»Ich konnte den Stoff erkennen, der alles umfassen würde, und den Namen des Buches«). Wie schon betont wurde, ist keineswegs klar, was Cardano genau mit subtilitas meinte und warum er seine Übersicht über die Naturphilosophie als »detaillierte und umfassende Darstellung der Subtilität« bezeichnete.

Betrachten wir zunächst die Bedeutungen, die das Wort subtilitas im Latein der klassischen Antike hatte, einer Sprache, die Cardano überliefert war und die zu seiner Zeit die Lingua franca des gelehrten europäischen Diskurses war. Er besaß eine umfassende Kenntnis ihrer Literatur und empfahl seinen eigenen Söhnen eine Liste, die (um nur die lateinischen Autoren zu nennen) Vergil, Horaz, Priscian (der lateinische Grammatiker), Cicero, Quintilian, Sallust, Sueton, Vitruv und Plinius umfasste. Natürlich hielten sich die Autoren seiner Zeit nicht starr an die Literatur der Vergangenheit; sie hatten neue, bisher unbekannte Themen zu behandeln, von denen einige die Übernahme völlig neuer Wörter aus dem Arabischen oder anderen Sprachen erforderten. Aber die lateinischen Wörterbücher seiner Zeit stützten sich stark auf die maßgeblichen Klassiker und nur wenig auf spätere Schriften.

Für die Autoren des klassischen Altertums bezeichnete subtilitas zunächst Dinge in der natürlichen oder künstlichen Welt, die eine feine Struktur oder Konsistenz, Schlankheit, und dann die Feinheit des Details, eine feine Verarbeitung und Ordentlichkeit aufwiesen. Dies galt auch für die Präzision oder logische Qualität eines Arguments oder einer Rede. Zweitens ging es um die Eigenschaften von Menschen, die solche Dinge untersuchen oder herstellen: Feinheit der Wahrnehmung, Scharfsinn, Verfeinerung des Geschmacks oder des Urteils, Aufmerksamkeit für Feinheiten, Gründlichkeit, Feinsinnigkeit, Genauigkeit.

Es ist keineswegs sofort klar, welche dieser beiden Bedeutungen Cardano im Sinn hatte. Seine »subtilitatis diffinitio« in den einleitenden Worten von Buch I von *De Subtilitate* kündigt an: »Das Ziel unserer Unternehmung in diesem Werk ist es, die Subtilität zu diskutieren. Sie ist diejenige Eigenschaft [ratio], durch die Dinge, die wahrgenommen werden können, von den Sinnen nur schwer erfasst werden, und Dinge, die verstanden werden können, vom Verstand nur schwer erfasst werden.« Dies ist nicht so hilfreich, wie es sein sollte. Es sieht hier so aus, als ob Cardano die zweite Bedeutung von Subtilität meint: eine Eigenschaft des menschlichen Geistes, der sich abmüht, die Feinheiten der Dinge zu erfassen oder auch nur zu bemerken.

Scaliger scheint davon ausgegangen zu sein, dass Cardano subtilitas als vis intellectus, als Kraft des Geistes, verstanden hat. Zu Beginn seiner langen und harschen Besprechung von *De Subtilitate* erörtert Scaliger die Bedeutung des Wortes subtilitas, wobei er sich besonders auf dessen Verwendung durch klassische Autoren wie Cicero und Lysias konzentriert. Er geht von der Feinheit des Gewebes in Textilien oder ähnlichem aus und formuliert eine Definition, die zumindest einen Aspekt davon abdeckt, als »vis intellectus, qua difficilia cognitu facile comprehenduntur« (»eine intellektuelle Kraft, durch die schwer zu schätzende Dinge leicht zu erfassen sind«). Für ihn hat die subtilitas also ihre zweite Bedeutung: eine Eigenschaft, die jemand hat, nicht eine Eigenschaft äußerer Objekte; sie liegt in dem Geist, der die Natur wahrnimmt. Es wurde behauptet, dass für Scaliger »die Subtilität nicht in der Natur, sondern im menschlichen Geist angesiedelt ist, eine Unterscheidung zwischen der Natur und der Wahrnehmung der Natur durch den Menschen, die die Trennung von primären und sekundären Qualitäten vorwegnimmt, welche für die neuen Wissenschaften, wie sie von Galileo, Descartes und Locke entwickelt wurden, so entscheidend ist.«[14] Aber wenn es hier eine Vorahnung der Unterscheidung zwischen primär und sekundär gab, so ist sie bei Cardano und bei Scaliger gleichermaßen zu finden. Denn es kann kein Zweifel daran bestehen, dass auch Cardano sich bewusst war, dass der Begriff der subtilitas als ein innerpsychisches Phänomen gesehen werden kann.

Wenn Cardano zum Beispiel in Buch XVII auf die Subtilität eingeht, ist es offensichtlich, dass er sie als eine Eigenschaft des menschlichen Geistes versteht. Er schreibt dort von der lobenswerten Geschicklichkeit des Chirurgen, der den grauen Star oder den Blasenstein operiert, oder des Arztes, der arterielle Pulse unterschiedlichen Charakters unterscheidet, oder des Sprachschülers, der die Laute der Worte unterscheidet und schätzt, oder des Anführers, der kluge Urteile fällt. In Buch XVI nennt er sogar zwölf Denker, die sich durch ihren Feinsinn ausgezeichnet haben, darunter Archimedes, Aristoteles, Apollonius, Euklid, Geber, Galen und sogar Johannes Duns Scotus. Es ist unbestreitbar, dass Cardano, wie Nancy Siraisi betont, »manchmal so schrieb, als sei die Subtilität selbst eine Eigenschaft des Geistes, die besonders begabte Personen besitzen, zu denen er selbst sicherlich gehört«.[15]

An anderer Stelle verwendet Cardano jedoch beide Bedeutungen von Subtilität nebeneinander: Das Bemühen, die subtilitas in den Dingen zu erfassen, führt zu einer erhöhten subtilitas in der Person, die sich darum bemüht. Wie Pierre Magnard vorgeschlagen hat[16], gibt es eine offensichtliche Entwicklung: vom Detail in einem Stoff, das das Auge nur schwer unterscheiden kann, zur Komplexität dessen, was der Intellekt erkennt. Wir können uns das in einem kulinarischen Kontext vorstellen: Um Hummerfleisch zu schätzen, braucht man einen feinen Gaumen – Hummerfleisch ist also ebenso fein wie der Gaumen des Gourmets.

Im Großteil von *De Subtilitate* scheint Cardano die Subtilität eher als eine Eigenschaft der Dinge zu betrachten. Subtilität ist also nicht nur ein geistiger Scharfsinn, sondern ein reales Merkmal der materiellen Welt. Um nur ein Beispiel zu nennen, bemerkt Cardano an einer Stelle: »Chemiker können also Farbe und Gewicht verändern, aber nicht die Subtilität und Robustheit. Da die Prüfung der Subtilität mühsam und

[14] Vickers, ed., *Occult and Scientific Mentalities in the Renaissance,* »Introduction,« 12.

[15] Siraisi, *The Clock and the Mirror,* 7.

[16] Pierre Magnard, »La notion de subtilite chez Jerome Cardan«, in *GirolamoCardano,* ed. Baldi and Canziani, 159-67.

zweideutig wäre, entschied man sich, Gold durch Feuer zu prüfen, und das ist der zuverlässige Beweis für diese Frage.« Angesichts des vorherrschenden Ansatzes von Cardano hat Ingo Schütze sicher Recht, wenn er sagt, dass das Problem, warum Dinge unserem Verstand subtil erscheinen, nicht das Thema von *De Subtilitate* ist.[17]

Ähnliche Verwendungen von »subtilis« und »subtilitas« finden sich in zwei Passagen von Cardanos mathematischem Hauptwerk *Ars Magna*. In der ersten entwirft er ein trickreiches (»subtilis«) Schema, um ein Zahlenpaar mit einem bestimmten Produkt zu finden, das weitere Bedingungen erfüllt (z. B. die Summe ihrer dritten Potenz). »Subtilis« ist hier ein Merkmal des Schemas. In der zweiten Frage geht es um die Quadratwurzel aus einer negativen Zahl. Sie ist »subtilis«, und er sagt, er habe sich quälen müssen, um sie zu akzeptieren. Das Konzept der komplexen Zahlen, die später in der Form $a + b\sqrt{-1}$ geschrieben wurden und somit auch die Quadratwurzel aus der negativen Zahl minus eins umfassten, war noch nicht bekannt. Die Komplexität solcher mathematischen Konzepte, ihre Subtilität, ist ein Merkmal der Mathematik und nicht nur ein Merkmal der Art und Weise, wie der Verstand mit abstrakten Konzepten umgeht.

Die Dinge sind jedoch weniger klar, wenn Cardano die Merkmale der Subtilität auf dem Gebiet der Redekunst diskutiert. Es ist unmöglich zu sagen, ob er diese Feinheiten als in die Natur der Sprache eingebaut oder lediglich als Aspekte des Geistes des Redners betrachtet.

> »Es gibt sieben Arten der Subtilität in der Redekunst, und unter ihnen einzelne, die sie undurchsichtiger machen. Die erste Art in dieser Gliederung ist die grammatikalische: metuo, me tuo, me tu o. Die zweite ist die sophistische, zum Beispiel: Ich lüge. Die dritte ist die mathematische, und sie ist dreifach: entweder kombiniert, z.B. welcher Punkt eines Kreises näher am Umfang liegt; oder von den Annahmen ausgehend, wie z.B. ob die Annahmen im Beweis des Archimedes über die Spiralen die Dinge über die Gerade, die gleich dem Umfang eines Kreises ist, klar machen; oder von dem, was bewiesen wurde, wie z.B. ob eine allgemeine Regel für einen Würfel, der gleich den Dingen und einer Zahl ist, existieren kann. Die vierte ist physischer Natur und hat einen doppelten Grund: den der Sache und den der Ursache. Von der Sache: ob in den einzelnen Jahreszeiten neue Arten von Dingen vorhanden sind. Von der Ursache her, ob die Bewegung des Himmels exzentrischen Kreisen folgt. Die fünfte besteht in der ununterbrochenen Kontinuität der Rede, wie in dem kleinen Buch *De Immortalitate Animorum*, wenn wir einen Menschen allmählich von einem Thema zum anderen ziehen. Die sechste besteht im Übergang von einer Art zur anderen, wie wenn wir das Hochziehen von Wasser mit einer Schraube erklären, denn während sich der leere untere Teil dreht, wird er aufgefüllt. Das siebte kommt aus dem Recht: Wer nicht die Hälfte der Stimmen erhalten hat, soll nicht befreit werden, wer nicht zwei Anteile der Stimmen erhalten hat, soll nicht verurteilt werden. Da aber viele Fälle unentschieden bleiben, werden sie nach einem anderen Gesetz als frei oder verurteilt beurteilt, je nachdem, wie nahe jeder von ihnen an der Zahl der Stimmen war. Wenn es zwölf Richter gibt und jemand wird von sieben verurteilt und von fünf freigesprochen. Hätten ihn acht verurteilt, würde er bestraft; hätten ihn sechs freigesprochen, würde er freigelassen – bei fünf Freisprüchen und sieben Verurteilungen wird er geometrisch verurteilt, aber nach einem besonderen Vorrecht,

[17] Ingo Schütze, *Die Naturphilosophie in Girolamo Cardanos* De subtilitate, 29.

das die Freigesprochenen begünstigt, freigelassen; rechnerisch ist sein Fall unentschieden. Es gibt noch viele andere Verfahren dieser Art, die ich der Kürze halber übergehen möchte, da sie sich aus dem Vorangegangenen ergeben.«[18]

Es ist schwierig, diese sieben Punkte unter dem Begriff der Redekunst zusammenzufassen, geschweige denn zu entscheiden, was sie uns über das Wesen der Subtilität sagen. Es bleibt also schwierig zu ergründen, was Cardano mit subtilitas meint. Der enzyklopädische Charakter von *De Subtilitate* selbst bestätigt jedoch, dass Cardano die Subtilität als ein Merkmal der physischen Welt und ihrer vielfältigen Inhalte betrachtete. Die Subtilität ist nicht nur ein Merkmal einiger Aspekte der Welt, sondern, wie Cardano offensichtlich glaubt, aller Aspekte, und so muss sich eine vollständige Behandlung der Art und Weise, wie sich die Subtilität in den Dingen manifestiert, auf alle Dinge erstrecken. Ein Eindruck davon wird in Buch II vermittelt, wenn Cardano einige allgemeine Beobachtungen über die Subtilität der Dinge macht:

»Einige, wie z.B. die Luft, werden als an sich verdünnt beschrieben; andere, wie z.B. die Haare, als mengenmäßig verdünnt; andere, wie z.B. das Blut, weil sie fließen; andere, wie z.B. das Gold, weil sie in sehr kleine Teile zerlegt werden können; wieder andere, wie z.B. die Geister [spiritus], die die Instrumente unserer Operationen sind, weil sie mehrere dieser Eigenschaften haben.«

Es ist dieselbe Überzeugung, dass sich die Subtilität in allen Dingen manifestiert, die Cardanos Weigerung erklärt, die traditionelle Unterscheidung zwischen dem Natürlichen und dem Künstlichen anzuerkennen:

»Und die meisten Dinge werden durch technisches Geschick feinkörnig gemacht, wie das Blei, das durch technisches Geschick so sehr verfeinert wird, dass es zu dem Pulver zerkleinert wird, aus dem gewöhnlich Uhren hergestellt werden; wenn es geschmolzen ist, wird es in einem Mörser schnell gedreht, um es in Pulver zu verwandeln. Auch wenn die Technik das Holz, den Stein oder das Metall zu sehr feinen Partikeln zerkleinert, vermischt oder zersetzt sie nicht die Substanz, sondern nur die Menge.« (Buch XVII)

Es versteht sich von selbst, dass Scaliger die Universalität von Cardanos Konzept der subtilitas beanstandete und es als grundsätzlich inkohärent ansah, da es unterschiedslos auf Substanzen, Akzidenzien und Repräsentationen angewandt wird. Es ist jedoch offensichtlich, dass Cardano nicht innerhalb der von den aristotelischen Kategorien gesetzten Grenzen dachte und sich keine Gedanken über solche Feinheiten machte. Daher ist es nicht verwunderlich, dass Zeitgenossen, die ihr aristotelisches Erbe nicht so leicht abschütteln konnten, in *De Subtilitate* lediglich »ein Sammelsurium unzusammenhängender und unkoordinierter Fakten, Erklärungen und irriger Überzeugungen« sahen. So abschweifend und vielfältig all dies seinen Zeitgenossen auch erschienen sein mag, so können wir doch vorsichtig vermuten, dass Cardano in den Problemen, denen er sich widmete, ein gemeinsames Merkmal sah, ein Merkmal, das er mit dem Geist selbst teilt. Wie Ian Maclean vorschlägt:

»Alle Subtilität liegt am Rande der Wahrnehmbarkeit und der Verständlichkeit; daher wird eine Reihe verwandter Begriffe von ihr angezogen – Schwierigkeit, Seltenheit, Dünnheit, Unwahrscheinlichkeit und Plötzlichkeit ... Cardano besteht darauf, dass sie durch eine wahre Methode identifiziert und durch Beweise aus der Erfahrung gestützt wird.«[19] Es ist daher schwer, sich der Schlussfolgerung zu widersetzen, dass

[18] Cardano, *Ars magna*, Kapitel XI.

[19] Schütze, *Die Naturphilosophie in Girolamo Cardanos* De subtilitate, 37.

Cardano einer Leserschaft, die an die Zwangsjacke des Aristotelismus gewöhnt war, einfach nur vermitteln wollte, dass »es mehr Dinge unter dem Himmel und auf der Erde gibt ... als in eurer Philosophie erträumt werden.«[20]

Trotz seiner Schwierigkeiten war das Werk sofort erfolgreich und wurde seit seinem ersten Erscheinen mehrfach nachgedruckt. Wie Maclean (1984) feststellt, »scheint vor allem Frankreich für seine Ideen empfänglich gewesen zu sein; *De Subtilitate* erschien 1556 in französischer Sprache, übersetzt von dem professionellen Übersetzer Richard LeBlanc; seine Übersetzung wurde 1566, 1578 und 1584 nachgedruckt«. Wir haben bereits erwähnt, dass Cardano *De Subtilitate* zu seinen Lebzeiten als eines seiner meistgelesenen Werke betrachtete, und es behielt in Cardanos eigener Einschätzung einen solchen Stellenwert, dass er es in die Liste derjenigen seiner Bücher aufnahm, von denen er laut seinem Testament besonders wünschte, dass sie nach seinem Tod neu aufgelegt würden. Als die erweiterte Ausgabe von *De Subtilitate* im Jahr 1560 erschien, befand sich Cardano auf dem Höhepunkt seiner Karriere und hatte bereits etwa zwanzig Bücher veröffentlicht. Cardano bemühte sich offensichtlich, den Überblick darüber zu behalten, wer seine Werke las, obwohl sein Ruhm so groß war, dass viele, die keinen Zugang zum Original hatten, sein Werk aus zweiter Hand kannten. Er schreibt, er könne nicht sagen, ob er in seinen eigenen Werken oder in den Werken anderer Leute am meisten gelesen wurde. An einer Stelle in *De propria vita* hielt er es für lohnenswert, eine lange Liste derjenigen aufzustellen, »in deren Werke ich mit ehrenvoller Erwähnung aufgenommen worden bin«. Die Liste umfasst dreiundsiebzig Namen, darunter Andreas Vesalius, Conrad Gessner, Christoph Clavius, Daniele Barbaro, Gemma Frisius und Philipp Melanchthon. Cardano vermerkte auch diejenigen, die eine ungünstige Meinung von ihm hatten, darunter Leonhart Fuchs, Frarupois de Foix, Duc de Candale und natürlich Niccolò Tartaglia und Scaliger. Cardanos Liste ließe sich leicht um diejenigen erweitern, die noch lange nach seinem Tod seine Ideen zitierten oder sogar diskutierten. Spätere Urteile variieren natürlich, aber fairerweise muss man sagen, dass Cardano in der Regel als Zielscheibe für Kritik verwendet und von anderen Schriftstellern benutzt wurde, um zu zeigen, dass ihre eigenen Philosophien den seinen überlegen waren.

Der bemerkenswerteste und einer der frühesten Kritiker dieser Art war natürlich Scaliger, damals ein etablierter und prominenter neoaristotelischer Gelehrter. Seine Rezension war »die wildeste Buchbesprechung in den bitteren Annalen der literarischen Schmähungen«[21] und vielleicht die einzige, die länger war als das Buch, das sie untersuchte. Cardano fügte der Ausgabe von *De Subtilitate* von 1560 eine Erwiderung auf die Hauptkritikpunkte von Scaliger bei. Wie Maclean jedoch feststellt, »hat Scaliger einen festen Platz im intellektuellen Pantheon der kontinentalen Universitäten, während Cardano entweder vergessen ist oder in der intellektuellen Debatte nur am Rande vorkommt«. Der Grund dafür ist nicht schwer zu ergründen. Scaligers massive Kritik wurde vor allem an den deutschen Universitäten nicht so sehr als Widerlegung Cardanos, sondern vielmehr als handliche Neuformulierung des orthodoxen Aristotelismus angesehen. Scaligers *Exercitationes* wurden, in Macleans Worten, »zu einem nützlichen Lehrbuch für die universitären Einrichtungen, die immer noch einen soliden Kern von peripatetischem Unterricht auf ihren Lehrplänen hatten«.[22]

Francis Bacon, der nie Gefahr lief, die Bedeutung seiner nahen Zeitgenossen zu

[20] Maclean, *»Interpretation of Natural Signs«,* 238.

[21] Grafton, *Cardano's Cosmos,* 4.

[22] Maclean, *The Interpretation of Natural Signs,* 234.

überschätzen, äußerte sich ebenfalls kritisch, auch wenn er Cardano zumindest in eine illustre Runde aufnahm:

»So sehen wir in der Naturgeschichte, dass nicht die Auswahl und das Urteilsvermögen angewandt wurden, wie es hätte sein sollen; wie es in den Schriften von Plinius, Cardanus, Albertus und verschiedenen Arabern zu sehen ist, die voll von vielen fabelhaften Dingen sind, von denen ein großer Teil nicht nur unerprobt, sondern auch offenkundig unwahr ist, zur großen Beeinträchtigung der Glaubwürdigkeit der Naturphilosophie bei der ernsten und nüchternen Art der Geister: wobei die Weisheit und Integrität von Aristoteles zu beachten ist.«[23]

Wie Bacon sah auch Sir Thomas Browne (1605 –1682), der später im siebzehnten Jahrhundert lebte, in Cardano einen großartigen Sammler von Informationen, der diese jedoch nicht mit der nötigen Vorsicht bewertete:

»Beinahe hätten wir Hieronymus Cardanus vergessen, jenen berühmten Arzt von Mailand, einen großen Forscher der Wahrheit, aber einen zu gierigen Empfänger derselben. Er hat viele ausgezeichnete Abhandlungen hinterlassen, medizinische, natürliche und astrologische; die verdächtigsten sind die beiden, die er durch eine Ermahnung im Traum schrieb, nämlich *De Subtilitate* und *De rerum Varietate*. Sicherlich hat dieser gelehrte Mann viele Dinge mit gutem Vertrauen aufgenommen, und obwohl er ei nige geprüft hat, hat er viele andere ausgelassen. Er ist von besonderem Nutzen für einen klugen Leser; aber für den, der nur den Wunsch hat, seinen Kopf mit amüsanten Faktoiden oder Abwechslung zu füllen, kann er, wie viele andere vor ihm [...] zu einem nicht geringen Anlass für Fehler werden.«

Robert Burton (1577–1640), der in seiner *Anatomie der Melancholie* (1621) einen literarischen Kosmos voller Faktoide, ein Kompendium von allem, zusammenstellte, zitiert Cardano etwa 128 Mal. Die beiden Männer glichen sich in ihrem grenzenlosen Appetit auf die Literatur der Vergangenheit, aber Cardano war der weitreichendere und letztlich auch der umfassendere. Die Reihe derer, die sein Werk besprachen, ließe sich ebenso wie Cardanos eigene Erörterung der Subtilität fast endlos fortsetzen, und so müssen wir, wie Cardano, »ihr eine Grenze setzen« (Buch XXI).

Der Inhalt von *De Subtilitate* ist sehr breit gefächert. Cardano »war der universelle Geist, dem kein Zweig des Wissens unzugänglich war«[24]. Es beginnt mit den unbelebten Bestandteilen der Welt und ihrem Verhalten – den Grundprinzipien, der Materie, der Form, der Bewegung und dem Ort, den Elementen – und schließt seinen Weg nach oben mit Gott und dem Universum ab. Dazwischen liegen der Himmel, das Licht, die gemischten Stoffe und Gemische, die Metalle, die Gesteine, die Pflanzen, die Tiere, der Mensch, die Sinne, die Seele und der Verstand, die so genannten »unnützen Subtilitäten« (eine kuriose Sammlung seltsamer Phänomene, Spiele und eine ernsthafte Auflistung der euklidischen Theoreme), die Wissenschaften (einschließlich einiger gewichtigerer Geometrien), die Künste und ihre Erzeugnisse, Wunder verschiedenster Art wie Akrobatik und Zauberei, Dämonen und primäre Substanzen oder Laster (letztere scheinen Phänomene zu sein, die den Geist in die Irre führen). Sogar eine Methode zur örtlichen Betäubung findet ihren Platz, und Maclean stellt fest, dass auch Themen wie die Zeugung männlicher Kinder, die Herstellung eines von Cardanos Vater erfundenen Elixiers, das ein langes Leben garantiert und graues Haar verhindert, die Funktionsweise

---

[23] Francis Bacon, *Advancement of Learning* (London, 1605), IV, 10.

[24] Gliozzi, »Cardano, Girolamo«, in *DSB*, 3: 65.

eines Siphons, die Frage, warum die Sterne funkeln, warum eine Rose Dornen hat, warum Bastarde robuster sind als eheliche Kinder und warum Philosophen melancholisch sind, nicht fehlen.[25] Kurzum, es rechtfertigt seine moderne Einschätzung im *Dizionario biografico degli Italiani* als »eine Art gewaltige Enzyklopädie der Naturwissenschaften, die von allem ein wenig enthält: von der Kosmologie bis zur Konstruktion von Maschinen; von den Gesetzen der Mechanik bis zur Kryptologie; von der Anwendung der Naturwissenschaften bis zum fürchtenswerten Einfluss der Dämonen«.[26] Angesichts dieser immensen Bandbreite, die viele Dinge umfasst, die von der etablierten Naturphilosophie ausgeklammert wurden, verdienen Cardano und sein wichtigstes Buch einen viel prominenteren Platz in der aktuellen Geschichtsschreibung, ob es nun um den Zusammenbruch der disziplinären Trennung zwischen Naturphilosophie und mathematischen Wissenschaften, die Rolle des Okkulten in den Ursprüngen der modernen Wissenschaft, die Ursprünge des Empirismus, die Beziehungen zwischen Wissenschaft und Religion oder die Geschichte des naturphilosophischen Kompendiums geht. Wie Anthony Grafton zu Recht gesagt hat, ist *De Subtilitate* ein »großes und bizarres Buch«.[27]

Die Publikationsgeschichte von *De Subtilitate* und diese Ausgabe

De Subtilitate erschien erstmals 1550 in Folio bei der berühmten Druckerei von Johannes Petreius in Nürnberg. Noch im selben Jahr wurde die Folio-Ausgabe in Paris nachgedruckt, und im folgenden Jahr erschienen Oktav-Ausgaben bei zwei verschiedenen Verlagen in Paris und einem in Lyon. Es ist klar, dass Cardano es als eines seiner wichtigsten Werke betrachtete und daher (wie es seine Art war) nicht darauf verzichten konnte, es zu ergänzen. Im Jahr 1554 erschienen zwei erweiterte Ausgaben. Die erste erschien 1554 in Lyon im Oktavformat, die zweite in Basel im Folioformat. Beide wurden in der Folgezeit nachgedruckt, auch nachdem sie durch eine andere, deutlich erweiterte Ausgabe – die letzte von Cardano selbst erstellte – abgelöst worden waren. Dies war die 1560 in Basel erschienene Oktavausgabe.

Obwohl es sich bei den meisten Unterschieden zwischen der Ausgabe von 1560 und den Fassungen von 1550 und 1554 lediglich um Ergänzungen handelte, gab es auch einige Kürzungen und überarbeitete Passagen. Es wird angenommen, dass er diese Kürzungen und Überarbeitungen aus Furcht vor der unwillkommenen Aufmerksamkeit der Inquisition oder als Reaktion auf die als treffend empfundenen Kritiken oder auch falschen Darstellungen Scaligers vorgenommen hat. Es ist jedoch immer möglich, dass Cardano, zumindest in einigen Fällen, einfach seine Auffassung geändert hatte. Eine posthume Ausgabe, die 1582 in Folio in Basel erschien, erweiterte die Ausgabe von 1560, indem sie zumindest einen Teil des herausgenommenen Materials wieder einfügte. Es ist möglich, dass diese Ausgabe von Cardanos ehemaligem Schüler Rodolfo Silvestri besorgt wurde (dem Cardano seine Papiere vermacht hatte), aber die historische Bedeutung dieser Ausgabe muss noch bewertet werden. Es ist möglich, dass sie die Grundlage für die Version von *De Subtilitate* bildete, die 1663 in Cardanos *Opera omnia* erschien, aber zu diesem Zeitpunkt war Cardanos Einfluss ebenso wie der anderer okkulter Philosophen der Renaissance bereits stark zurückgegangen.

Art und Bedeutung der Änderungen in den drei Hauptausgaben von *De Subtilitate*

[25] Maclean, »Interpretation of Natural Signs«, 232.

[26] G. Gliozzi, s.v. «Cardano, Gerolamo«, in *DBI*, 19: 761.

[27] Grafton, *Cardano's Cosmos,* 161.

(Nürnberg 1550, Basel 1554 und Basel 1560) müssen erst in einer kritischen Ausgabe, die alle Änderungen im Detail aufführt, untersucht werden. Elio Nenci hat einen Anfang gemacht, aber bisher sind nur die ersten 8 Bücher erschienen (von 21).[28] Das Hauptziel der vorliegenden Ausgabe besteht dagegen darin, eine lesbare Übersetzung der endgültigen Fassung des Buches zu liefern, die von Cardano selbst überarbeitet und für die Veröffentlichung vorbereitet wurde. Die folgende Übersetzung basiert daher auf der 1560 in Basel erschienenen Ausgabe; sie ist die erste vollständige Übersetzung ins Englische. Es wurde nicht versucht, jede kleine Änderung in den drei Fassungen zu berücksichtigen, aber bedeutende Unterschiede (die eher Passagen als Wörter betreffen) wurden angegeben, um denjenigen zu helfen, deren Hauptinteresse der Entwicklung von Cardanos Gedanken gilt. Es ist jedoch zu hoffen, dass diese Hinweise (die sich größtenteils auf Fußnoten beschränken [die in der deutschen Ausgabe nicht vorhanden sind]) den Text für diejenigen, die sich einfach mit dem wesentlichen Inhalt eines der wichtigsten und einflussreichsten Bücher der Spätrenaissance vertraut machen wollen, nicht unterbrechen.

Diese Ausgabe enthält zwar nicht das lateinische Original von Cardano, doch ist dieses dank des Internets heute leicht zugänglich und einfach zu konsultieren. In der Tat sind alle drei großen Neuausgaben online verfügbar. […] Die hier verwendete Ausgabe, Basel 1560, ist in einer sehr hochwertigen Reproduktion in den Digitalen Sammlungen der Bayerischen Staatsbibliothek München verfügbar. Es ist vielleicht erwähnenswert, dass Cardanos Opera omnia (Lyon, 1663) ebenfalls online verfügbar sind, und zwar auf der Webseite, die von der Universita degli Studi in Mailand unterhalten wird: https://cardano.unimi.it.

[…] Es ist bedauerlich, dass die Qualitat der Holzschnitte im Allgemeinen so schlecht ist, zu einer Zeit, als Vesalius (1543) bereits so hervorragende Holzschnitte produzierte.

[28] Cardano, *De Subtilitate, Edizion critica (Tomo I, Libri I-VIII)*, ed. Nenci.

De Subtilitate

Von der Feinheit der Welt und des Denkens

Widmungen der drei von Cardano selbst bearbeiteten Auflagen

Widmung der Ausgabe von 1550

An den erlauchten und herausragenden Ferrando Gonzaga, Fürst von Malfeta, Herzog von Arrian, Herr von Vastalla in der Provinz Mailand und Präfekt des kaiserlichen Heeres, Hieronymus Cardanus, Arzt von Mailand, lässt grüßen.

Erlauchter Fürst, fast alle Völker unserer Zeit verehren Gott; aber keines von ihnen, außer den Weisen, tut das, was am besten zu tun ist, und tut es aus den besten Gründen; einige verehren Gott, weil sie sich durch seine Verehrung viele Vorteile erhoffen und durch seine Verachtung große Übel fürchten. Das ist also weder Liebe noch Verehrung, sondern eher Hoffnung oder Furcht. Und wenn diese Hoffnung oder Furcht auch nicht vergeblich wäre (sie sind gewiss nutzlos, wenn sie auf die Folgen für die Sterblichen gerichtet sind, nicht auf die Belohnung der Seele), so wären sie doch kein idealer Grund für eine ideale Handlung. Und nun gibt es meines Erachtens in ihnen nicht nur keine rechte Grundlage für die Gottesverehrung, sondern sogar eine leere. Es gibt andere Leute, die Gott verehren, weil es ihre eigene Gewohnheit oder die der anderen ist; und wenn sie auch kein Lob verdienen, so sind doch die Leute, die Gott nur aus Furcht vor den Gesetzen verehren, weniger tadelnswert. Und es gibt Leute wie die Priester, die davon profitieren, Gott gepriesen zu haben. Andere verwenden seinen Namen, um sich ein gewisses moralisches Ansehen zu verschaffen. Und so sollten sie Söldner genannt werden, wie die der Vergangenheit, wenn sie es nicht aus anderen Gründen tun. Daher bin nicht ich es, der sie verurteilt, sondern die Wahrheit selbst, indem sie sie Heuchler nennt. Einige andere Menschen, die ehrgeiziger sind als alle anderen, beten zu Gott, weil sie meinen, sie seien für ihn von besonderer Bedeutung. In ihrem Fall habt Ihr sie weniger dafür gelobt, dass sie Ihn anbeten, als dass Ihr sie dafür tadelt, dass sie sich aufgrund ihrer vorgefassten Meinung so viel versprechen.

So sind es nur die Weisen, die Gott dennoch verehren und mit Recht zu ihm beten, weil Er sehr gut und erhaben ist, auch wenn Er uns keinen Nutzen bringt. Denn dadurch, dass wir die besten Menschen schätzen und die bösen verachten, werden wir besser; denn Er ist die Grundlage all unserer Wohltaten, ob Er nun alles als ihr Urheber macht oder (wie die Philosophen sagen würden) alles, was jetzt aus sich selbst heraus existiert, lenkt und reguliert.

Ich denke, dass weise Menschen bei der Lobpreisung von Fürsten einen ähnlichen Grundsatz beibehalten sollten, nämlich nur diejenigen zu loben, die ausgezeichnet sind und sich um ihr Vaterland verdient gemacht haben. Und da ich dich als ausgezeichnet, sehr gerecht und sehr tapfer anerkannte, da ich deine Verdienste um mein Vaterland feststellte, hielt ich dich jeder Art von Lob für würdig, die unter uns anderen am höchsten geschätzt wurde: die Taten deiner Vorfahren, die Großtaten, die Macht, die Vornehmheit; du, der du nicht nur deinen Vater und Großvater, sondern auch deine Urgroßväter und noch weiter entfernte Vorfahren zu den Herren von Mailand zählst, sodass du nun der Zehnte in der Reihe bist. Ich werde davon absehen, dies zu verkünden, für den Fall, dass du vielleicht wie Odysseus sagst: »Es fällt mir schwer, meine Herkunft und meine Vorfahren zu nennen und das, was wir nicht selbst getan haben.«

Aber, o Fürst, das ist nicht die Hauptquelle deines Lobes, du, der du den militärischen Ruhm deiner Familie, der in seiner Art unübertroffen ist und den du von deinen Vorfahren übernommen und vermehrt hast; durch deine Tapferkeit hast du die am besten befestigten Städte Frankreichs in deine Macht gebracht, obwohl du in den Künsten des Friedens ebenso hervorragend bist wie in denen des Krieges; durch deine Tugend hast du Heinrich [VIII.], den König von England, für den Kaiser Karl so sehr gewonnen, dass der König auf seinem Sterbebett neben anderen Beispielen des Vertrauens und der Freundschaft Karl als Vormund für seinen einzigen Sohn und Erben hinterließ. Durch deine Rechtschaffenheit als Herrscher von Sizilien und Mailand hast du das Zeitalter des Saturn wiederhergestellt, sodass beide Provinzen das Zeitalter des Eisens verlassen haben und das des Goldes genießen.

Soll ich wenig sagen, wo es doch so viel zu sagen gibt? Oder werden Sie sich durch irgendeinen unausgesprochenen Hinweis auf das, was der große Adel Ihres Geistes Sie zu tun zwang, gebunden fühlen? Vergesst den Gedanken. Dann wird jemand sagen: Was hast du anzubieten, das eines so großen Fürsten würdig ist? Es ist nicht allzu viel. Die *Arithmetik* ist in der Tat sehr angenehm zu studieren, von außergewöhnlichem Erfindungsreichtum, aber von der Art, dass plumpere Leute sagen: »Was ist der Sinn eines so großen Spektakels menschlichen Geistes?« Also scherzen wir über die Geometrie und über unsere Schriften *De Immortalitate Animorum*. Ich habe in der Astronomie wunderbare Entdeckungen gemacht, die sowohl neu als auch wahr sind, aber jetzt sind sie durch das Versäumnis einiger älterer Menschen so sehr in Verruf geraten, dass das Wort »Disziplin« meinem Buch mehr Autorität nimmt als mein Name ihm hinzufügt. Die medizinischen Texte sind von den Schriften anderer extrahiert, die Bücher *De Consolatione* sind alle erfolglos, jene *De Sapientia* sind voller Fehler. Und im Ganzen, so sagt man, sind sie alle von einer bestimmten Art und nützen niemandem, abgesehen von den medizinischen Schriften, von denen bisher nur ein winziger Teil erschienen ist. Er möge doch, so sagen die Leute, eine neue und raffinierte Entdeckung machen, die dem Menschengeschlecht nützt und auch zu Wohlstand führt.

Ich muss sagen, dass dies nicht der rechte Ort ist, um über diese einzelnen Verleumdungen zu diskutieren. Man muss sogar seinen Feinden nachgeben, und denen, die auf sie hereinfallen, wenn der Aufhänger aller Beschimpfungen an Bedingungen hängt, die in unserer Macht liegen. Und die Lektion, die ich ihnen erteilen werde, ist die, dass es nicht an meiner Energie mangelte, sondern an meinem Willen.

In der Zwischenzeit soll mein bestes Werk einer Person angeboten werden, die sich um mein Land sehr verdient gemacht hat. Ich suchte überall nach etwas, das für einen so hervorragenden Herrscher geeignet wäre, und mir fiel kein Hinweis auf eine edlere Abhandlung oder ein Werk von größerem Nutzen für das Menschengeschlecht ein als eben dieses, das alles auf einmal umfasst und durch zuverlässige Argumente offenlegt; ich fürchtete nämlich, dass der Stoff vollständig dargestellt sein könnte, aber ohne Beweise, wie in den Büchern *De rerum varietate*, so wahr sie auch waren; und wenn das eine oder andere von so vielen Experimenten nicht gelingen würde, würde auch das Vertrauen in dieses Buch schwinden, wie es auch bei Plinius der Fall war.

Aber über Plinius, so oft er auch gelogen hat, wacht die Autorität des Altertums und der Geschichte seiner Zeit, und jetzt die seiner Vertrauenswürdigkeit und einer dem Stoff angemessenen Redeweise. Wenn ich meinen Blick für die Wahrheit verloren hätte, womit kann ich dann mein Buch verteidigen? Aber selbst wenn Sie meine Auffassung von der Wahrheit durch Überprüfungen stützen würden, kann sie ohne Kenntnis der Ursache nicht sicher sein. Als ich begriff, wie schwierig das Unterfangen war, habe ich bei der Darstellung der Ursachen diese Unklarheit durch eine einfache Sprache ausgeglichen, um meine Zuhörer nicht zu langweilen und um den Anschein zu erwecken, dass ich nur für mich selbst schreiben wollte. So widme und überreiche ich Euch, menschlichster Fürst, dieses Buch, was immer es auch wert sein mag, und ich bete für das Glück und das lange Leben von Aloisius, der Stütze Eurer Familie; auf diese Weise werden die Interessen des Kaisers gewahrt bleiben.

Lebt wohl.

Widmung der Ausgabe von 1554

Ferrando Gonzaga, Fürst von Malfeta, Herzog von Arrian, Herr von Vastalla in der Provinz Mailand und Präfekt der kaiserlichen Armeen. Verehrter Fürst, wenn ich an Eure Verdienste um unser Land denke, an Eure Tugend, Eure bemerkenswerte Weisheit in Kriegs- und Friedenszeiten, Euren Mut in der Gefahr und Eure Treue zu Euren Versprechungen, dann fühle ich mich Euch zu großem Dank verpflichtet. Ich werde nicht erwähnen, was bei anderen als das Größte galt, ich meine die Tugend ihrer Vorfahren, ihre Leistungen, ihre Macht, ihr Ansehen, denn Ihr hattet die Herren von Mantua nicht nur als Vater oder Großvater, sondern auch als Urgroßvater, Ururgroßvater und Urururgroßvater, sodass Ihr nun der Zehnte in der Reihe seid. Aber das, größter Herrscher, ist nicht die wichtigste Auszeichnung für Euch; Ihr habt den militärischen Ruhm, den Ihr von Euren Vorfahren geerbt habt, noch weiter vergrößert, Ihr habt so viele Städte erobert, so oft erfolgreich militärische Einsätze geleitet, Ihr habt so viele Freunde für Cäsar gewonnen.

Aber ich lasse das aus, was das größte Lob verdient, Dinge, die ich nicht erzählen kann, ohne einige Menschen im Verlauf eines so schrecklichen Krieges und in einer Zeit der Katastrophen zu beunruhigen. Ich werde mich auf die Tugenden und Taten des Friedens selbst beschränken. Obwohl unsere Provinz so viele Fürsten und Präfekten hatte, war sie sich allein der guten Taten von Ferrando Gonzaga bewusst, sie hat seine Gerechtigkeit erfahren, sie wird immer verpflichtet sein, sein Andenken zu verehren, selbst wenn sie, man mag es nicht glauben, zur Undankbarkeit neigte. Ihr habt die Stadt mit Mauern wie die von Babylon befestigt, Ihr habt ihre Zitadelle verbessert, Ihr habt sie uneinnehmbar und sehr schön gemacht. Ihr habt ihre Straßen, Häuser und Wohnungen so verziert und verschönert, dass das, was Ihr als einfaches Mauerwerk übernommen habt, nur wenige Jahre später aus Marmor besteht, den wir bewundern können. Und in Bezug auf unser Verhalten, wie viele Verbesserungen habt Ihr erreicht! Wie viele Missstände habt Ihr beseitigt! Wie viele heilsame Gesetze habt Ihr erlassen! Und da ich spürte, dass ich allein aus diesem Grund Ihrer Tugend und Ihrer Güte zu großem Dank verpflichtet war, wollte ich Ihnen gerne einen Dienst erweisen. Und obwohl sich mir viele Möglichkeiten boten, schien mir keine angemessener, als das, was ich bereits begonnen und Ihrem Namen gewidmet hatte, noch einmal zu überarbeiten, zu reinigen und zu vollenden. Denn als Johannes Petreius, Drucker in Nürnberg (ein Mann, der für die Förderung der Gelehrsamkeit geboren und daher der Unsterblichkeit würdig war), nach der Veröffentlichung dieser Bücher verstorben war, sorgte ich dafür, dass sie unter Eurem Namen veröffentlicht werden sollten; ich hatte gerade einmal einen Entwurf ausgearbeitet, aber ich vollendete sie innerhalb von acht Monaten. Drei Jahre lang habe ich sie verbessert und ergänzt. Ich hielt es für sicherer, dass das, was Ihrem Namen gewidmet wurde, etwas war, dessen allgemeinen Zuspruch ich geprüft hatte. Auf diese Weise würde ich auch die künftige Bekanntheit besser einschätzen können. Ich weiß, dass es viele Menschen geben wird, die nichts Besseres zustande bringen können und das, was ich schreiben werde, nur unvollständig begreifen, denn viele werden es lesen, aber nur wenige oder niemand von ihnen wird in der Lage sein, alles, was hier geschrieben steht, zu würdigen. Jedenfalls gibt es unter der Oberfläche viel, das wichtiger ist als das, was explizit behandelt wird, daher wird man versuchen, mir in einigen Details zu widersprechen, vielleicht mit dem Argument, dass sie meinen, ich würde von Aristoteles abweichen. Denn in unserer Zeit ist man so empfindlich, dass man lieber von der Wahrheit, von den Beweisen der Sinne, von der Erfahrung, von der Vernunft, überhaupt von allem abweicht als von der Autorität dieses Mannes. Und obwohl sie Galen dafür respektieren, dass er Aristoteles in nicht sehr offensichtlichen und zahlreichen Punkten widerspricht, wird mir vorgeworfen, dass ich mit so klaren Argumenten und verlässlicher Erfahrung in einem oder zwei Punkten (mehr gibt es nicht, in denen ich im Widerspruch zu Aristoteles gesehen werden kann) von ihm abzuweichen suche. Aber in diesen wenigen Punkten ist es nicht einmal er, den ich im Stich lassen würde, sondern seine Kommentatoren, die es versäumt haben, seiner Ansicht zu folgen, wenn ich es so ausdrücken darf. Und sie wollen auch nicht, dass mir Küchenschaben und die Höhle von Attika etwas nützen. Viele Leute werden sich auf außergewöhnliche Dinge berufen, als ob sie mit Schatten und Gespenstern in den Kampf zögen, indem sie Männer und eine Schlachtreihe benutzen. Denn in der Tat sind echte Erfahrungen und belanglose Erzählungen ganz verschiedene Erklärungen, die man ins Unendliche führen kann. Das ist so wahr, dass Plinius selbst, der dies schrieb, viel bescheidener war, Albertus ablehnte und ihn verhöhnte; und nur den Berichten derer vertraute, die mit Rom in Kontakt gekommen sind. Und so kommen mir die Leute, die gegen Beweise, Erfahrung und Wahrheit ankämpfen, vor wie solche, die nur gelernt haben, wie man Mauern einreißt, aber nicht, wie man einen Stein auf den anderen setzt, um zu bauen. Diejenigen, die wirklich annehmen, dass ich Aristoteles widerspreche, würden einen offensichtlichen Hass auf die Wahrheit und geistige Unbeweglichkeit an den Tag legen. Aber diejenigen, die größere Fragen aufwerfen, zeigen ihre Einfalt, wenn sie annehmen, dass es keinen Unterschied gibt zwischen dem bloßen Versprechen von etwas und dem Lehren und Beweisen durch zuverlässige Argumente.

Ich wende mich wieder an Euch, die Ihr das Königreich Sizilien mit so großer Zurückhaltung geführt habt, der unserer Stadt Glanz verliehen hat, der den Krieg mit Kraft und Weisheit führt, der sich immer für die wahre Tugend eingesetzt hat; ich widme Euch, dem menschlichsten aller Fürsten, dieses Werk und überreiche es Euch. Ich wünsche Aloysius, dem Autor in Eurem Gefolge, Glück und langes Leben und hoffe, dass Ihr diesem Werk den treuen Dienst erweisen könnt, den Ihr Eurem Herrn, dem Kaiser, erwiesen habt. Lebt wohl.

21. April 1552. In Paris, auf einer Reise.

Widmung der Ausgabe von 1560

Hieronymus Cardanus von Mailand, Arzt, grüßt den hochverehrten und ausgezeichneten Don Consalvo Ferrando, Fürst von Cordoba, Suessa und der Neuen Welt, Herr von Capra, Gesandter des Königs von Spanien und Befehlshaber der Armeen.

Als ich meine vollständige Darstellung des Universums in diesem einzigen Band, Großmütiger Fürst, in Angriff nahm – eine Aufgabe, die meine Kräfte eindeutig übersteigt –, hoffte ich, sie zu einem Abschluss zu bringen, aber während ich sie bereits begann, wurde ich von Zweifeln beeinflusst, die mich davon abhielten, sie aufzugeben. Was könnte verworrener sein in der Vielzahl und Vielfalt der Themen, oder unverständlicher in seiner Argumentation? Ich habe meine Aufgabe mit so viel Hoffnung in Angriff genommen, dass ich damit rechnete, dass das, wovon ich nicht sicher war, dass es gelobt werden würde, mir sicher verziehen würde, wenn ich mich irrte. Und wo immer ich mir ein Ziel setzte, würde ich feststellen, dass ich es übererfüllt hatte. Aber da ich mich in beiden Ansichten geirrt hatte und andere Leute mit übermäßigem Eifer verlangten, dass ich alle zufriedenstellen sollte, musste ich dasselbe Werk ein zweites und ein drittes Mal herausbringen. Ein zweites Mal, um meine Anhänger zufriedenzustellen – und das veranlasste mich, mehr als die Hälfte hinzuzufügen, und ich verschönerte es auch, soweit es möglich war. Diese beiden Ausgaben hatte ich Don Ferrando Gonzaga, Fürst von Malfeta, gewidmet, einem Mann, der in unserer Provinz das Amt des Gesandten und Präfekten des Kaisers innehatte, einem Mann, der gewiss von großer Kraft war, ein sehr erfahrener Soldat und mit allen möglichen Tugenden ausgestattet.

Aber nach seinem Tod, als ich mich anschickte, dieses Werk ein drittes Mal herauszugeben, um das Maul des Cerberus oder der Hydra zu stopfen, habe ich das Buch so sehr poliert und geschliffen und verschönert, dass es völlig anders aussah als die beiden bereits veröffentlichten. Folglich konnte es schwierig sein, dem neuen Werk einen Namen zu geben, da der Mann nun tot war; und ich hatte meine Pflicht gegenüber der Familie Gonzaga und Don Ferrando ständigim Sinn, und ich hatte auch mit meinen außergewöhnlichen Lobpreisungen auf den Sohn des Kaisers (eines sehr edelgesinnten Prinzen) in einem anderen Buch Genüge getan. So habe ich mich entschlossen, dieses Buch als eine Art Schuld an Euch zu widmen, nicht nur, weil Ihr das Amt des Gesandten und der Präfektur ebenso übernommen habt wie die mir gewährten Vorteile, sondern auch, weil ich Euch als den vornehmsten und besten aller Männer betrachte, mit dem gebührenden Respekt vor den anderen.

Indem ich dies erwähne, gehe ich ein doppeltes Risiko ein: das der Schmeichelei und das des Verdachts, etwas auszusprechen, was jeder sehr gut weiß. Ich hielt es jedoch für besser, diese beiden Risiken einzugehen, als mich dem Verdacht der Undankbarkeit auszusetzen, zumal das, was jetzt allgemein bekannt ist, wenn es nicht aufgeschrieben wird, der Nachwelt durch den Lauf der Zeit letztlich unbekannt bleiben muss. Wenn wir also über den Ruhm nachdenken, wer kann dann mit Ihnen verglichen werden? Dein ursprüngliches Vaterland war Córdoba, das Córdoba, das allein zwei sehr große und weise Männer hervorgebracht hat – Seneca und Averroes –, sodass die Stadt allein aufgrund dieser Leistung nicht als eine Stadt angesehen wird, die mit allen Städten des Landes an Ruhm konkurrieren will, sondern als eine Stadt, die Spanien allein Glanz verleiht. Das Ergebnis ist, dass der Name Spaniens für seine Weisheit in der ganzen Welt durch diese beiden höchst produktiven Männer bekannt ist, die beide in der Stadt Córdoba geboren wurden. Ihr seid der Nachfahre von Eltern, die beide von höchstem Glanz waren, und diese wiederum stammten von demselben Fürsten ab, der Córdoba nicht nur von Barbaren, sondern auch von wilden Afrikanern und Anhängern des mohammedanischen Aberglaubens befreite. Und so erhielten sie nach dieser bemerkenswerten Belagerung für die Zukunft den Namen »Córdobaner«. So passt das, was der Dichter über Odysseus geschrieben hat, sehr gut zu dir: »Gott ist in beiden Eltern.« Er verfolgte seine Herkunft tatsächlich entlang der väterlichen und der mütterlichen Linie, aber entlang der fabelhaften Erzählung verfolgte er sie von Jupiter. Du stammst wirklich auf beiden Seiten von Vorfahren ab, die sich sowohl durch ihre Taten als auch durch ihre Frömmigkeit auszeichneten. Dieser Adelsstamm teilte sich in zwei Hauptstämme; aus dem einen stammte Don Luisio Ferrando, Euer Vater, und er war der Sohn von Don Diegho, dem Herrn von Capra. Er wurde zum königlichen Stellvertreter ernannt, konnte aber die ihm zugedachte Aufgabe nicht ausfüllen, da ihn in Neapel der Tod ereilte. Sein Vater war ein anderer Don Dieghus, Euer Urgroßvater, der mit fünfhundert Rittern, die von seinen Untertanen gestellt wurden, den König von Betica, der mit fünftausend Rittern die Festung von Lucena belagerte, stürzte und vertrieb – der König selbst wurde gefangen genommen, und die Zitadelle und die darin festsitzenden Gefährten Eures Urgroßvaters wurden befreit. Aus diesem Grund findet sich bis heute auf dem Wappen Ihrer Familie väterlicherseits die Darstellung von zweiundzwanzig Bannern und des maurischen Königs in Ketten.

Aber noch viel großartiger sind die Taten von Don Consalvus Ferrandus, dem Vater von Helvira, deiner Mutter. Hätten sie sich nicht zu unseren Lebzeiten ereignet, würden sie uns wie ein Märchen erscheinen. Und von einem von ihnen stammt die ganze militärische Überlieferung, der ganze Edelmut der Anführer, die ganze aufflammende Hingabe der Verteidiger des Christentums, – unter ihm diente zuerst Antonius Leva, der unser Vaterland von all seinen Feinden durch so viele gefeierte Taten befreite – dann Prosper Colomna, der den Feind aus Insubrien vertrieb. Die Avali waren zwei Donnerkeile des Krieges: Petrus Navarra, der dem Königreich Spanien und der christlichen Religion einen großen Teil der afrikanischen Küste hinzufügte, nachdem er den Feind mitsamt seiner Frömmelei vertrieben hatte, und Bartolomeus Livianus, ein großer Anführer, sie lehrten die Kriegskunst.

Aber wohin soll das führen? Wichtiger ist sicherlich, dass er als großer König diese Männer und auch alle anderen Präfekten, die mit ihnen kämpften, den Städten und Bezirken übergab – Livianum, St. Marcum, Olivetum an Navarro, Miletum an Don Diego Mendoza, Avellinum an Don Ioannes Cardona, all diese Städte, Zitadellen und Bezirke an Prosperus und Fabricius Colomna, Leva, Andrada, Alveradus, Caravallus, Emanuello, Andrea Capuanus. Und er war gewiss mächtig, denn es heißt, dass innerhalb der beiden Königreiche Deticum und Neapel, die dein Großvater unterworfen hat, zweihundert Städte und siebzig Dörfer dem Königreich Spanien hinzugefügt wurden. Ich spreche jetzt nicht von den silbernen Gefäßen, dem Gold, dem Geld, den Kleidern, die nicht zu zählen waren, sodass er einmal über hunderttausend Kronen in einer Zuwendung erhielt. Und letztere, im Gegensatz zu den ersteren, nicht aus königlicher Freigiebigkeit, sondern aus eigenen Mitteln; er hatte in der Tat Suessa, Terra Nova, Vestia, Loxa, Aquila und Dörfer, die man nicht zählen kann, sowie sehr ausgedehnte Gebiete als Geschenk angenommen. Und so, wie er andere bereichert hatte, wurde er selbst durch die königliche Freigiebigkeit sehr bereichert. Dieser Mann war im Übrigen für eine Reihe von Siegen berühmt – einen Seesieg in der Bucht von Otranto, nachdem zuvor auch die Insel Cephalena erobert und vertraglich an die Venezianer übergeben worden war, und dies zusätzlich zu den Siegen, die er im Reich des Gaditanus errungen hatte. Er besiegte auch die Franzosen in zahlreichen Schlachten, ohne jemals verwundet oder geschlagen zu werden, fast wie durch ein Wunder des Glücks oder eine göttliche Fügung, wie es auch von Skanderbeg berichtet wird. Er war religiös, pflichtbewusst und standhaft, sodass er während seiner vielen Siege nie einer verheirateten Frau oder Jungfrau Unrecht getan zu haben scheint, weil sie ihn abgewiesen hatte. So verdiente er den Namen »der Große«, der ihm gegeben wurde, ein Name, den unter den Griechen nur Alexander und unter den Römern nur Pompejus hatte. Umso mehr wurde es ihm zugeschrieben, als es genügte, Alexander und Pompejus einfach »groß« zu nennen, aber es genügt nicht, Consalvus »groß« zu nennen – wir nennen ihn »Großer Anführer«. Wie die anderen unter den Menschen hervorstachen, so tat es Consalvus unter den Anführern selbst – aber vielleicht zu sehr. Du hättest gut daran getan, der Erbe einer solchen Tugend, eines solchen Namens und einer solchen Macht zu sein – aber deine Eltern waren für deinen Namen verantwortlich, das Vermögen für deine Macht und du selbst für deine Tugend. So wie der andere Marcellus bewiesen hat, dass Hannibal besiegt werden kann, hast du bewiesen, dass die Franzosen es können. Sie, die zuvor von so vielen bedeutenden kaiserlichen Generälen besiegt worden waren, hatten uns so sehr in Angst und Schrecken versetzt, dass wir uns selbst inmitten unserer Städte kaum noch sicher fühlten. Täglich hörten wir, dass unsere Truppen aufgerieben oder gefangen genommen worden waren, dass unsere Dörfer und Städte unter die Herrschaft der Franzosen geraten waren. Wir hatten vergessen, wie man siegt, sodass wir nichts anderes als eine Niederlage begreifen konnten. Ihr wart der Erste, der unser Vaterland von diesem Schrecken befreit haben, indem Ihr nicht nur die Waffen des Feindes zurückgeschlagen, sondern ihm auch unsere eigenen entgegengeschleudert habt. In der Tat konnten sie sich in den stärksten und bestgeschützten Städten kaum sicher fühlen. Wäre dieser höchst glückliche Frieden nicht geschlossen worden, so hätten wir unter Eurer Führung zweifellos mehr mit Gewalt erlangt, als sie durch die Verträge zu geben bereit gewesen wären, die allerdings unserem König sehr gelegen kamen. Ein Hoch, dass ein so großer Vorrat an Tugend und Glück bei einem einzigen Mann lag, dass die immerwährenden Sieger von eben diesen Soldaten und ihren Feinden geschlagen wurden. Und die Leute, die früher die Grenzen anderer mit Füßen traten, mussten nun ihre eigenen Grenzen schützen. Auf diese Weise, durch eine tödliche Eigenschaft, war das außerordentliche Glück dieser eurer Nation immer etwas, das die Feinde des spanischen Namens fürchten mussten.

Und du hast dich in den Künsten des Friedens ebenso ausgezeichnet wie in denen des Krieges – du übertriffst alle anderen so sehr an Gerechtigkeit, Klugheit, Menschlichkeit, Freigiebigkeit und Pracht, dass Spaniens Name (der überall sonst durch Tugend auffällt) allein durch dich größer und anziehender wurde. Und ich kann allen bezeugen, dass ich, nachdem ich so lange ohne öffentliche Beschäftigung unter so vielen kaiserlichen Präfekten war, durch Eure Ermutigung und die Autorität des Senats in den öffentlichen Dienst zurückgerufen wurde, allein durch Eure Sicht meiner Interessen – nicht durch meine Gebete oder meinen Ehrgeiz. Und so ist es mir ein Anliegen, diese beeindruckende Tugend im In- und Ausland, im Krieg und im Frieden, diesen Großmut und den Ruhm Eurer Vorfahren und ihrer Taten und die mir erwiesenen Wohltaten sowie die bemerkenswerte Freigiebigkeit durch irgendeinen Dienst zu vergelten – damit ich nicht ganz undankbar dastehe, hoffte ich, etwas so Wohlüberlegtes tun zu können, wie einem höchst angesehenen Fürsten von umfassender Tugend eine ebenso umfassende Untersuchung zu widmen. Aber ich habe mich nicht aus fehlgeleitetem Eifer oder sinnlosem Vorsatz dazu entschlossen; auch wenn Ihr Wohlstand und Ihre erhabene Tugend keiner Unterstützung bedürfen, so bedarf doch alles Sterbliche (wie groß und eindrucksvoll es auch sein mag) einer Rüstung gegen den Ansturm der Zeit. Daher die bekannten Zeilen von Horaz:

> Vor Agamemnon lebte so mancher tapfere Mann, aber sie alle sind in Ermangelung eines Dichters ohne eine Träne und unbekannt in ihrer langen Nacht davongeeilt. Die verborgene Tugend unterscheidet sich wenig von der vergrabenen Trägheit.

Und so haben alle Weisen und Berühmten viel von diesem zweiten Leben geschaffen, das in den Denkmälern der Literatur besteht. Alexander war sehr betrübt, weil er keinen Homer finden konnte, und pflegte deshalb Achilles allein glücklich zu nennen. Cäsar schrieb Commentarii über seine Taten, und es ist sicher, dass Sulla dasselbe tat. Kein Fürst, kein Weiser ist vor solchem Lob zurückgeschreckt; vielmehr suchten sie alle nach dauerhaftem Leben, entweder durch ihre historischen Eroberungen oder durch ihre eigenen Anstrengungen. Dein Großvater hat diese Aufgabe nicht vernachlässigt – er hat die Gedichte, die Petrus Gravina zu seinem Lob geschrieben hat, gerne und aufmerksam gelesen. Und es gab genug Leute, die seine Biografie ausführlicher niedergeschrieben haben.

Wir hoffen, dass dies hier vorliegende Werk in einem Band in Zukunft in jedermanns Händen sein wird, und da schon zu meinen Lebzeiten so viele Menschen es gelesen haben, war es uns ein Anliegen, Ihren Namen damit der Ewigkeit zu widmen (soweit wir es können), und wir werden später bestrebt sein, dasselbe mit anderen geschriebenen Werken zu tun, sodass wir mit den Worten eines bedeutenden Dichters sagen können: »Erlauchter Spross alter Herzöge, beschäftigt mit der Vergrößerung Eurer spanischen Herrschaft, Zierde alter Kriege: Wenn ein Geist mit dem Wissen um die Wahrheit aus angeborener Vortrefflichkeit etwas weit Vorausliegendes voraussagt, Gonsalvus, so schicken wir Euch dieses Buch, so angemessen wie wir können, als ein Maß meines Vertrauens.

Lebt wohl.

Buch I: Die Prinzipien, die Materie, die Form, das Vakuum, der Widerstand von Körpern, die natürliche Bewegung und die Position

Das Ziel unserer Arbeit ist es, die Subtilität zu erörtern. Es ist das Merkmal, durch das Dinge, die wahrgenommen werden können, von den Sinnen nur schwer erfasst werden können, und Dinge, die verstanden werden können, vom Verstand nur schwer erfasst werden können. Wenn also bereits die Themen, in denen die Subtilität eine Rolle spielt, eine schwierige Angelegenheit sind, was muss dann erst über eine Erörterung gesagt werden, in der das ganze Merkmal der Subtilität erklärt werden soll? Das Einzige, was offensichtlich und einfach erscheint, ist, dass sie in jeder Disziplin der unklarste[1] Aspekt ist. Es bleibt also für uns die Diskussion der Sache ein größeres Unterfangen als die Sache selbst.

Ein Autor hat stets mit vier Arten von Problemen zu kämpfen: Unklarheit der Themen, Zweifel bei ungewissen Gegenständen, Aufdeckung der Ursachen und ihre korrekte Darstellung. All diese Probleme häufen sich in diesem Buch. Wenn Unklarheit zu Schwierigkeiten führt: dieses Buch greift nur die schwierigsten Punkte heraus. Wenn es schon immer schwierig war, sicheres Wissen zu erlangen: was ist schwieriger als dieses Thema? Ich muss Namen wie Plinius und Albertus Magnus meiden, die in diesen Dingen kein Vertrauen genießen, weil sie offensichtliche Lügen erzählen, und ich werde ihnen nicht folgen. Doch wenn nicht alles nach meinen eigenen hohen Maßstäben ausgearbeitet ist, werde ich meine Mühe und mein (wie man so schön sagt) Lampenöl vergeuden.

Was soll ich zu den Gründen sagen? Sie sollten so rein sein, als ob sie von einem Orakel empfangen worden wären. Orakeln wurde früher Vertrauen gewährt ohne Beweise – aber uns wird niemand Vertrauen schenken, wenn wir keine Beweise anbringen. Die Themen, die ich nun ausführe, wurden über viele Jahrhunderte hinweg völlig ignoriert, selbst von Philosophen, die sich der Dinge bewusst waren. Einige von ihnen fehlten oder wurden erst kürzlich entdeckt, entweder fehlten Namen, oder zu den Namen fehlten die Inhalte. Außerdem ist es sehr schwierig, Namen für neue Dinge zu erfinden, und das in einer Sprache, die immer älter wird. Selbst wenn ich sie gefunden habe, bin ich gezwungen, eine wohlüberlegte Ansicht dazu zu haben, um den Missbrauch durch diejenigen zu vermeiden, die kürzlich über diese Dinge geschrieben haben. Im Übrigen würde nicht einmal Ödipus selbst, der das Rätsel der Sphinx gelöst hat, jene Leser zufriedenstellen. Da wir uns also auf eine recht mühsame Aufgabe eingelassen haben, wird dem Werk selbst ebenso viel Nützlichkeit und Ruhm als Lohn zufallen – aber nicht im Verhältnis zum Umfang der Arbeit. Über diese Punkte hinaus gab es einige, die von den Alten falsch behandelt wurden. Aber ich will mich nicht mit ihnen befassen, denn die Autoren der Bücher haben keine Autorität, die der Erfahrung gleichkommt. Aus all

[1] »obscurissimum«.

diesen Gründen sind die Schwierigkeiten dieser Erörterung so zahlreich und so groß.

Aber um auf das Thema zurückzukommen: So unklar und fein die unklaren Dinge zum größten Teil auch sein mögen, sind sie nicht alle subtil und auch nicht immer. Dinge, die eher durch unzureichende Worte oder durch eine künstliche Eigenschaft dunkel und kompliziert sind (wie etwa ein Knoten, der in sich selbst zurückkehrt), und auch Dinge, die den Sinnen als verdünnt erscheinen oder die noch nicht verstanden sind – diese verdienen den Namen der Subtilität nicht. Zu dieser Sorte gehören beispielsweise dünne menschliche Beine, die durch schlechte Ernährung oder andere Missgeschicke beschädigt sind.

Die Subtilität existiert in drei Dingen: in den Substanzen, in den Akzidenzien und in den Repräsentationen. Unter den Dingen, von denen wir etwas wissen, gibt es einige, die existieren, und andere, die nicht existieren, sondern nur zu existieren scheinen. Von denen, die zu existieren scheinen, erscheinen einige während wir schlafen, andere aber während wir wach sind. Von den letzteren erscheinen einige durch die inneren Sinne, andere aber durch die äußeren Sinne. Es gibt vier äußere Sinne, die in Betracht gezogen werden müssen: Tasten, Sehen, Riechen und Hören. Der Geschmack scheint sozusagen nicht der Rede wert zu sein. Jeder dieser Sinne hat seine vierfache Darstellung: entweder weil sie nicht wahrnehmen, was sie wahrnehmen sollten, wie beim schmerzlosen Durchstechen der Haut mit einer Nadel, oder weil sie wahrnehmen, was nicht da ist, wie in der Ekstase und in Träumen; oder weil sie Merkmale anders wahrnehmen, als sie sind, wie Größen und Farben; oder nicht auf einer ähnlichen Grundlage, wie bei einem Abbild. Auch unter diesem Gesichtspunkt erscheinen die Dinge unüberschaubar zahlreich, sind es aber nicht. Denn die Sprache ist eine Darstellung, die durch die bildgebende Kraft des Gehörs entsteht; Bilder und Skulpturen sind Darstellungen, die durch die bildgebende Kraft des Sehens entstehen; und die Schrift scheint durch das Sehen und das Hören zu existieren; aber sowohl die Schrift als auch die Sprache existieren durch die Hilfe des inneren Sinnes.

Und einige der existierenden Dinge sind Substanzen, andere Akzidenzien. Von den Substanzen besitzen einige einen Körper, andere haben keinen, und alle sind unsterblich und unvergänglich; sie haben kein Gegenteil und bestehen in sich selbst. Folglich sind von den körperlosen Substanzen einige von nichts abhängig, sondern sind die Ursachen anderer Dinge, und einige sind von anderen abhängig. Es gibt nur eine Substanz, die von nichts abhängt: Gott, der Allergütigste und Unermessliche, und das Universum selbst ist sein Werk. Sein Intellekt, seine Weisheit, seine Macht und seine Güte, und dann der Ursprung des Universums werden als das Vollkommenste aller Dinge angesehen. Aber auch die Ordnung des Universums wird später zu betrachten sein, denn das Universum existiert in einer Ordnung – es selbst in der Zeit, oder die Zeit in ihm.

Diese sieben Themen werden im letzten Buch behandelt werden [Buch XXI]. Von den Wesenheiten, die von anderen abhängig sind und keinen Körper haben, sind einige die Ursachen für andere Wesenheiten, und andere sind die Ursachen für gar nichts. Und diejenigen, die die Ursachen anderer sind, sind auch mit unsterblichen Körpern verbunden, sodass sie dauerhaft Ursachen sind. Sie werden primäre Substanzen genannt [Buch XX]. An diesen sind dann vier Eigenschaften zu untersuchen: dass sie verstehen, dass sie erzeugen, dass sie bestehen (da sie in der Zeit zu existieren scheinen), dass sie sich bewegen, und sie befinden sich in einem Körper. Aber vieles von dieser Art ist in meinen Büchern *De Arcanis Aeternitatis* behandelt worden, und zwar aus dem Grund, dass, da all dies den menschlichen Verstand übersteigt, nur die klareren Punkte und diejenigen, zu denen offensichtliche Beweise gegeben werden können, für das gegenwärtige Unternehmen geeignet waren. Unsterbliche und unkörperliche Wesenheiten, die nicht die Ursache von irgendetwas waren, wurden einem sterblichen Körper beigefügt. Einige von ihnen sind offenkundig, aber über andere herrscht Ungewissheit. Und wenn es sich um eine bemerkenswerte Art von Wesen handelt, nennen sie manche Leute Dämonen, die wir vor den Intelligenzen besprechen werden [Buch XIX]. Zuvor aber werden wir die so genannten vierundzwanzig Arten von Repräsentationen besprechen, denn das Thema ist eng damit verbunden; in der Tat führen die meisten Menschen Wunder auf sie als Ursache zurück [Buch XVIII]. Für die Erforscher der Natur ist es jedoch noch nicht klar, ob es sie gibt, also sprechen wir von ihnen nur als wahrscheinlich, indem wir von den Wirkungen ausgehen, und das auch nur zögernd. Wir haben an anderer Stelle über die Unsterblichkeit des Intellekts und seine Trennung[2] gesprochen. Es bleibt uns also, von seinen Erfahrungen zu sprechen.

Aber es gibt praktische Fertigkeiten, die wir vor diesen behandeln werden, und dann behandeln wir die Dinge, die durch diese Fertigkeiten existieren. Vor den Fertigkeiten müssen wir über die Zweige des Wissens und über den Verstand sprechen [Buch XIV], nachdem wir bereits in dem Buch *De Sapientia* über die Klugheit gesprochen haben. Aber vorher müssen wir über die Seele und den Verstand [Buch XIIII] sprechen, denn ohne sie gibt es kein Wissen und keine Bekanntschaft mit den Prinzipien. Und danach über die Subtilitäten, die von eher trivialer Art oder von keinem Nutzen sind [Buch XV], die nicht mit der praktischen Geschicklichkeit in Verbindung gebracht werden können, da sie nichts dazu beitragen; auch können sie nicht mit dem Wissen in Verbindung gebracht werden, da sie nicht bewiesen sind. Da die Seele mit einem sterblichen Körper verbunden ist, entstehen die Sinne; und da es keine Sinne ohne Dinge geben kann, die auch wahrgenommen werden können, entsteht ein Vergnügen für den Sinn, der die Dinge wahrnimmt, die wahrgenommen werden können. Zuvor müssen wir über drei Themen sprechen: die Sinne, die Dinge, die wahrgenommen werden können, und das Vergnügen [Buch XIII]. Die Farben hingegen werden wir der Einfachheit halber bis zur Erörterung der Beleuchtung [Buch IV] zurückstellen.

Von den körperlichen Substanzen sind einige tatsächlich unsterblich, wie der Himmel, andere sind dem Verfall unterworfen. Auch von den letzteren sind einige einfach und andere gemischt. Und alle haben bestimmte Prinzipien, wie Stellung und Bewegung, körperliche Widerstandsfähigkeit und eine bestimmte Menge an Substanz. In der Tat kann ein Körper nicht in unkörperliche Bestandteile aufgelöst werden, noch ist ein Vakuum möglich [Buch I]. Auch die Form ist ein Ausgangspunkt und ist mit anderen Körpern gemeinsam, ob sie nun geschaffen werden können oder nicht. Folglich werden alle diese fünf Merkmale und dann die Materie an erster Stelle und im ersten Buch zur Diskussion stehen. Als nächstes folgen die vier Elemente (denn so viele sollen es sein) [Buch II], dann der Himmel [Buch III], danach das Licht [Buch IV], die Beleuchtung und die Farben. Dann müssen wir zu den zusammengesetzten Körpern hinabsteigen. Einige von ihnen sind vollkommen, andere sind unvollkommen, und diese sollen zuerst behandelt werden. Sie existieren durch Vermischung, die im fünften Teil behandelt wird [Buch V]. Von den vollkommenen Körpern und denen, die lebendig sind, haben einige Leben in sich selbst, und einige von ihnen sind von wässriger Substanz und werden Metalle genannt, und andere sind von erdiger Substanz und werden Steine genannt.

[2] »separatione«.

Da diese durch Erzeugung, Verfall und Veränderung der Eigenschaften entstehen, müssen zuerst die Metalle und die Veränderung der Eigenschaften erörtert werden, die die Barbaren (welche immer erst in Wut geraten, bevor sie ein Problem begreifen, und dann nur schwer zu beruhigen sind) als Veränderung bezeichnen. Dann die Steine [Buch VII]. Und von den Dingen, die ihr Leben von anderswo her beziehen, sind einige, wie Bäume und Pflanzen, unbeweglich und sollen an achter Stelle [Buch VIII] behandelt werden; nach ihnen die, die beweglich sind, aber nicht durch Samen entstehen [Buch IX]. Aber diese Art der Zeugung wird zu erwähnen sein; ebenso an zehnter Stelle [Buch X] die Zeugung, die bei den Tieren durch Samen erfolgt. Und diese Tiere sind ohne Verstand. Es soll über den Körper gesprochen werden, der die Höhe der Vollkommenheit erreicht hat (das ist der Mensch), warum er geschaffen wurde, und über seine Form und seine Handlungen [Buch XI]. Der zwölfte Teil [Buch XII] handelt über die körperlichen Aspekte des Menschen, von denen es vier Arten gibt: einige sind den Tieren gemeinsam, einige sind ihm eigen; einige sind Handlungen, die aus einer besonderen Natur seiner Substanz hervorgehen; einige beziehen sich auf seine manifeste Struktur. Außerdem gibt es einige Akzidenzien, die der Erörterung bedürfen, wie z.B. Schwere, Leichtigkeit (diese liegen in den Elementen), Kompaktheit, lockere Struktur, Rauheit, Glätte, Härte, Weichheit. Diese sind in Mischungen vorhanden; und es gibt gemeinsame Eigenschaften, wie der Glanz und die Transparenz oder die Form bei erzeugten Dingen. Einige Begriffe werden nur für andere Dinge verwendet, wie z.B. Erzeugung, Verfall, Ernährung, Veränderung, Wachstum, Anziehung, Zurückbehaltung, Vermischung, Ausstoßung. Aber in all diesen Begriffen steckt Subtilität.

Da es also diese Anzahl von Themen zu erörtern gibt und es mehr nicht geben kann, denke ich, dass ich nun hinreichend erklärt habe, was über sie zu zeigen ist und in welcher Reihenfolge. Daraus ergibt sich kein geringer Nutzen, sondern so viel wie aus jeder anderen Erörterung, ob sie nun nur eine Art oder mehrere betrifft, jemals erreicht werden könnte. **Denn in erster Linie trägt die Subtilität zur gesamten Naturerkenntnis bei,** zur Kenntnis schwieriger und zur Aufdeckung dunkler Dinge, und sie hilft bis zu einem gewissen Grad bei der Auslegung aller Bücher. Sie lehrt die Stärken der technischen Fertigkeiten und zeigt einige neuartige Aspekte, die zu kennen hilfreich ist, auch von dem, was einen bedeutenden Beitrag zur Anhäufung von Reichtum leistet. Sie bestimmt[3] die Wahrheit zwischen den alten schwerwiegenden Ungewissheiten, zum Beispiel in der Chemie[4]. Sie zeigt auch die erstaunlichen Werke der Natur und des technischen Könnens. Und sie stellt alte praktische Entdeckungen wieder her, die durch den Lauf der Zeit oder durch gewalttätige Kriege in Vergessenheit geraten sind. Sie lehrt auch, wie die für die Sinne sichtbaren Wunder zustande kommen, und zwar in allen Fällen. Machen wir uns nun an die Aufgabe, die vor uns liegt.

Dass die **Materie** existiert, zeigt sich an der ständigen Entstehung der Dinge selbst, die immer aus etwas anderem geschieht. Zum Beispiel Korn aus Erde und Feuchtigkeit, Tiere aus Samen und Blut oder aus Eiern, und Asche aus Holz; nichts ist so winzig, dass es aus dem Nichts entstehen könnte. Es genügt auch nicht, dass etwas vorhanden ist; denn aus einem Binsenstrauch oder einem Strohhalm kann nicht viel Asche entstehen, aber von einer großen Eiche kommt eine große Menge Asche. Es gibt etwas, das in allem, was entsteht, vorhanden ist und das wir den Urstoff oder die »Hyle« nennen. Wenn also immer etwas aus etwas anderem entsteht,

[3] »decernit«.

[4] »chymicus«.

muss, wenn die Form vergeht, das, was bleibt, Materie sein. Der Verfall zeigt den gleichen Sachverhalt: Nichts geht im Zuge des Verfalls völlig unter.

Zum Beispiel verfault ein Apfel und verwandelt sich in Würmer; und Holzstücke werden beim Verbrennen zu Asche, und durch die Hitze des Feuers oder der Sonne verwandelt sich Wasser in Rauch oder Dampf. Der Dampf ist etwas, denn er kann den Menschen ersticken, und wenn er aufgefangen wird, verwandelt er sich wieder in Wassertropfen. Es gibt also in der Natur etwas, das hinter der Form verborgen ist, das weder entsteht noch vergeht; und dies nennen wir Urstoff, der angeboren ist und nie vergeht, da er das Urding ist und den vielen Formen zugrunde liegt.

Sie besteht und existiert, ja, sie existiert, weil sie besteht. Daher ist die Materie wirklich so, wie wir sie beschreiben; aber wenn sie durch Formen vorbereitet wird, ist sie eine Potenzialität, da sie diese annehmen kann. Die zu einer Form vorbereitete Materie ist also selbst eine Potenzialität, aber in Wirklichkeit. In gleicher Weise ist ein Fötus, wenn er noch nicht vollständig ist, ein Säugling in der Potenzialität, aber von der Art, wie ein Fötus Wirklichkeit ist, da ein so in Umrissen gezeichnetes Ding ein gemischtes Ding ist und so ist, wie es erscheint. Wenn man es mit der Form eines Säuglings vergleicht, sagt man, es sei eine Potenzialität, denn wenn es in Wirklichkeit existieren würde, wäre es bereits ein Säugling und kein Fötus. So existiert die Urmaterie in der Wirklichkeit, sozusagen in reduzierter Wirklichkeit; im Vergleich zu den Formen ist sie eine Potenzialität; denn wenn sie in Bezug auf diese keine Potenzialität wäre, würde sie sie niemals annehmen. Auch ein Mensch entsteht nicht aus einem Stein, denn ein Stein besitzt nicht die Potenzialität, die Form eines Menschen anzunehmen. Und die Materie, die von der Form, die sie gerade trägt, umschlossen wird, erwirbt eine vollkommenere Wirklichkeit, aber keine vollkommene, denn eine vollkommene Wirklichkeit ist eine, die völlig frei von Potenzialität ist.

Sagen wir also, dass die Materie eines Feigenbaums, für sich betrachtet, eine Wirklichkeit ist, aber eine ziemlich geringe Wirklichkeit; aber im Vergleich zu den Formen anderer Dinge ist sie eine Potenzialität für sie; doch als Träger der besonderen Form eines Feigenbaums existiert sie in Wirklichkeit. Aber nicht einmal die Urmaterie ist dieser Dinge beraubt; denn, wie ich sagte, kann aus einer Handvoll Stroh nicht eine Handvoll Eisen entstehen, weil es an Materie mangelt, und umgekehrt kann aus einer Handvoll Eisen nicht eine Handvoll Stroh entstehen, weil Materie im Überfluss vorhanden ist; daraus folgt, dass die Urmaterie eine gewisse Quantität beibehält, die wir eine unbestimmte Quantität nennen. Tatsächlich zieht sie sich keine bestimmten Grenzen, denn unter einer Form lauert manchmal ein größerer Raum, der ausgefüllt werden muss, und manchmal ein kleinerer.

Wenn nämlich Feuer aus Erde entsteht, nimmt es mehr Raum ein; die vorherige Materie, die eine geringere Menge umfasste, füllt dann bei der Veränderung der Form mehr Raum aus. Es hat jedoch umschriebene Grenzen der Größe und der Kleinheit, innerhalb derer es eine unbestimmte Größe einnimmt, wie ein Proteus[5]. Und da diese feste Begrenzung der Größe ihr in der Wirklichkeit innewohnt, was ist dann an der primären Materie selbst bemerkenswert, durch die die Größe selbst festgelegt wird, die in der Wirklichkeit existiert und besteht? Andere haben dies unklarer formuliert, nicht nur wegen der Subtilität der Sache selbst, sondern weil bei den meisten Autoren, die über etwas zu schreiben versuchen, was sie nicht vollständig begriffen haben, ihre eigentliche Darstellung nicht nur unklar, sondern sogar widersprüchlich wird.

[5] Figur der antiken Sagenwelt, die sich in viele Gestalten verwandeln konnte.

Darüber hinaus folgt aus dem Wissen, ja aus dem Wesen, der Materie, dass, wenn wir die sich entwickelnden Formen verhindern, die vorherige Form bestehen bleibt. Auf diese Weise kann kaltes Wasser das Blut besänftigen, indem es die Bildung von Galle behindert. Da einer Form immer die primäre Materie zugrunde liegt, muss die frühere Form bestehen bleiben, wenn eine spätere Form durch geschicktes Handeln oder durch Zufall behindert wird. Hier liegt also der Ursprung dieses ganzen Verfahrens der Erhaltung. In ähnlicher Weise wird auch bei Transmutationen eine gleiche Menge an Materie benötigt, mehr oder weniger wäre nicht möglich. Daher entstehen die Dinge eher aus Gleichem als aus Ungleichem. Auch die Unterscheidung zwischen lockerer und dichter Materie hat sich aus der Fülle oder Knappheit der Materie ergeben, aber dazu werden wir weiter unten noch mehr sagen.

Da also jegliche existierende Materie von Anfang an existierte und diesen Hohlraum der Welt ausfüllt und nicht eingeengt werden kann, kann es kein **Vakuum** geben, denn wenn ein Vakuum größer würde, müsste die Materie in gleichem Maße verschwinden. Es gibt viele weitere Punkte, die zeigen, dass ein Vakuum unmöglich ist, auch wenn sich Heron in seiner *Pneumatica* sehr darum bemüht zu beweisen, dass es existiert. Aber es ist nicht die Aufgabe eines klugen Mannes, jede Absurdität zu widerlegen; noch viel weniger gehört es zu unserem Plan, uns mit unverständlichen Argumenten zu beschäftigen, die sich durch offensichtliche Überlegungen entkräften lassen. So zeigt ein dicht verschlossener Blasebalg, dass ein Vakuum nicht entsteht, er platzt, wenn er gewaltsam überdehnt wird. Denn wenn der Raum vergrößert wird und keine Luft einströmen kann, bleibt nur die Möglichkeit, dass der Behälter platzt, ein Vakuum kann nicht erzeugt werden. Wenn wir oben durch ein Rohr saugen, steigt das Wasser auf, um ein Vakuum zu verhindern. Diese Punkte werden im Folgenden nachgewiesen.

Auf dieser Grundlage ist **eine wunderbare Lampe** erfunden worden, die die Form eines Zylinders hat, der von allen Seiten geschlossen ist und nur die Öffnung D hat, durch die das Öl eingefüllt wird, bis das Ganze voll ist. Sie ist starr, aus Zinn, und auch wenn sie so steht, mit der Öffnung unten, kann das Öl nicht durch D herausfließen. Denn wenn es das täte,

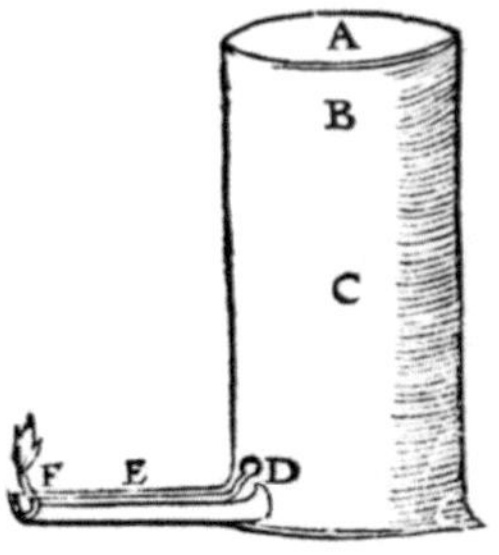

würde das, was in C war, aufgrund seines Gewichts und um ein Vakuum zu verhindern, nach D hinuntergehen; das, was in B war, nach C, das, was in A war, nach B; und dann würde ein Vakuum in A zurückbleiben.

Aber wie kann dann das Öl von D durch den Kanal F abfließen, wenn das Öl nach dem Anzünden des Lampendochts bei F verbraucht wird? Hier müssen wir erneut die Grundlagen des Vakuums betrachten. Es scheint keinen Unterschied zu machen, ob das Öl durch die Kraft der Hitze mitgerissen wird oder von selbst nach unten sinkt. Die Erfahrung zeigt jedoch, dass die Lampe zwar brennt und damit allmählich leer wird, das Öl aber keineswegs von selbst herunterläuft. Der Grund liegt darin, dass das Feuer das Öl durch Erhitzen verdünnt und dünner macht. Indem es verdünnt wird, dehnt es sich aus und drückt durch die Öffnung D, und sein leichtester Teil steigt inzwischen in den oberen Bereich der Lampe, die wir mit A bezeichnen. Dort füllt es, mit viel Luft angereichert, den Raum mit Luft aus, und das immer mehr, solange das Öl ausläuft. Es muss sehr darauf geachtet werden, dass der Kanal DEF nicht kürzer wird, als er sein sollte, oder dass der Docht in F größer wird. Denn in beiden Fällen quillt das Öl durch die überschüssige Hitze zu schnell auf, sodass es ausläuft. Nach dieser Funktionsweise konstruierten die Athener eine Lampe, die das ganze Jahr über vor dem Bild der Athene brannte. In diesem Fall wurde der Raum ABCD im Verhältnis zur Anzahl der Tage im Jahr vergrößert. So kann das Öl in einem großen Behälter ein ganzes Jahr reichen, wenn die Flamme weiterbrennt. Damit dies geschieht, darf der Docht nicht verbraucht werden. Diese Art von Docht wird aus karpasischem Leinen[6] gemacht, da es nicht brennt, oder, wie wir später erwähnen werden, aus Fäden von Stein.

Die Materie ist also überall, kann aber nicht ohne eine Form existieren, also muss auch die Form überall sein. Aber auch eine Seele, sei es, weil es überall Erzeugung gibt, sei es (was mehr die vorliegende Darstellung betrifft), weil in jedem Körper offenbar **ein Bewegungsprinzip** vorhanden ist, wenn er aus seiner Lage verschoben wurde. Aber die Bewegung geht von der Natur aus, nicht von der Seele. Es macht mir nichts aus, vorausgesetzt (ein Punkt, der für mich für die vorliegende Darstellung wesentlich ist), dass Sie zugeben, dass es ein Bewegungsprinzip gibt. In der Tat werden wir später über die Seele nachdenken müssen, ob die ganze Natur Seele ist. Für den Augenblick, da alle Körper gemischt oder einfach sind, mag es genügen, dass einige von ihnen, da sie leicht sind, sich nach oben bewegen, und andere, da sie schwer sind, sich nach unten bewegen. Sie werden nicht angetrieben – sie kehren gewaltsam[7] an ihren eigenen Ort zurück. Sie werden auch nicht gezogen, ihr Standort ist ein Akzidenz und zieht ein Element selbst nicht irgendwohin – wie zum Beispiel, wenn Wasser aufsteigt. Es gibt also etwas Inneres, durch das ein Element bewegt wird, oder ein gemischter Körper wird durch ein Element bewegt. Ich sage zum Beispiel, dass ein Mischkörper wie ein Stein durch die Erde in ihm oder das Wasser nach unten bewegt wird. Auch gemischte Körper werden in der Regel von dem Element oder den Elementen bewegt, die in ihnen vorherrschen. Und da die Körper nicht von der gleichen Art sind, können sie auch nicht am gleichen Ort sein, denn dann hätte die Materie zwei Formen gleichzeitig. Dass sie aber mehr und weniger in Bezug auf denselben Körper ist, zeigen die Eier aus Glas – wenn sie ausgesaugt werden, ziehen sie Wasser aus einer winzigen Öffnung nach oben; denn die Luft, die verdünnter wird, wird durch die Anziehungskraft von neuem zusammengezogen und nimmt weniger Raum ein als vorher, und auf diese Weise zieht sie Wasser in sich hinein, um die Entstehung eines Vakuums zu verhindern. So kann die Luft selbst komprimiert werden und sich in sich selbst zurückziehen und auf derselben Grundlage verdünnt werden; und so wie es eine Grenze für die Verdünnung gibt, die den Grund des Vakuums hat und daher bewegt, so gibt es eine andere Grenze für die Verdichtung, und jeder Versuch, sie zu überschreiten, ruft eine Bewegung hervor, die man einen Impuls[8] nennt. Ein Impuls entsteht entweder, wenn sich ein Körper in den Raum eines anderen hineinschleicht, oder wenn ein und derselbe Körper so stark komprimiert wird, dass er so viel Kompression nicht ertragen kann – dann sucht er sich einen anderen, größeren Platz und löst die Bewegung eines Impulses aus. Übermäßige Anziehung entsteht durch ein Vakuum und durch übermäßige Verdünnung; ebenso entsteht Impulsbildung (das Gegenteil von Anziehung) durch zu große Verdichtung oder durch das Zusammenwachsen von Körpern zu einem. So wird durch die Erfahrung festgestellt, dass ähnliche Körper zusammenkommen und verdünnt werden; aber die Begründung ist nicht so klar. Alexander von Aphrodisias nimmt an, dass die Dinge ein großes Potenzial für verschiedene Formen haben, mit unterschiedlicher Menge an Materie. Wenn z.B. Luft aus Wasser entsteht, verdünnt sich die betreffende Materie, weil

[6] Forrester schreibt, dass es sich um Asbest handelt. Das hier Geschilderte geht auf einen Bericht von Pausanias zurück.

[7] Jede Bewegung erfolgt nach Aristoteles entweder naturgemäß oder naturwidrig (gewaltsam).

[8] »impulsus«.

Luft weniger Materie braucht, wie wir am Feuer, das aus Staub entsteht, deutlich sehen.

Die **Verdichtung und Verdünnung** ist jedoch eine teilweise Veränderung der Form. Wenn nämlich Luft komprimiert wird, geht sie in die Natur des Wassers über. Und in Schröpfgläsern wird die Luft komprimiert, sodass sie mehr herausziehen können. Dinge, die verdünnt oder komprimiert werden, verändern also zum Teil ihre Form. Aber die Form eines Körpers folgt der Form eines der Elemente. Es ist also unmöglich, dass zwei Körper am selben Ort existieren – nicht wegen der Materie, die an einem Ort nur potenziell vorhanden ist und Raum einnimmt und eine Menge für sich beansprucht, und zwar nur potenziell, nicht tatsächlich –, sondern wegen der Verschiedenheit der Formen. So ist ein Körper zur Verdichtung fähig, weil er ähnliche Anteile hat, aber Körper können nicht ineinander eindringen. Außerdem sieht man, dass bei der Verdichtung etwas sehr Zartes weggeblasen oder herausgedrückt wird. Wenn dies aber so ist, wird es so aussehen, als ob das, was verdünnt oder verdichtet ist, erzeugt wurde. Aber die Veränderung der Elemente ist bei Dingen, die miteinander verbunden und einander ähnlich sind, so leicht, dass keine echte Erzeugung stattfindet. Zum Beispiel wird in einem Kessel durch die Hitze eines Feuers aus Wasser Luft erzeugt, aber das Feuer erzeugt nichts. Es handelt sich also nicht um eine Erzeugung von Elementen, sondern um eine Verwandlung in verwandte Dinge. Davon werden wir aber später sprechen.

Es gibt also **drei natürliche Bewegungen im Universum.** Die erste und stärkste ist die Flucht vor dem Vakuum, genauer gesagt aus der Form des Elements, da es keine größere Verdünnung verträgt und die Teile der Materie nicht getrennt werden können. Wenn etwa ein Blasebalg weit geöffnet wird, wird zunächst die Luftmenge in ihm verdünnt. Da die Urmaterie keine Trennung duldet, wird diese Luft nicht weiter verdünnt, und entweder strömt weitere Luft hinein oder der Blasebalg zerreißt. Nicht aus einem Vakuum entsteht also die Bewegung, sondern zumeist aus den Formen der Luft selbst, der Luft, die nicht weiter auseinandergedehnt oder getrennt werden kann. Darüber, dass es sich um eine natürliche Bewegung handelt, herrscht Einigkeit in der Welt und wird durch die Nachgiebigkeit aller Körper bewiesen, die ihre eigenen Bewegungen aufgeben, um mit dieser Bewegung mitzugehen, und die schweren steigen von selbst auf und die leichten sinken ab.

Die zweite Bewegung steht, wie gesagt, in direktem Gegensatz zu der vorhergehenden; und sie wird, wie die erste, durch das Vakuum hervorgerufen. Sie scheint erzeugt zu werden, um zu verhindern, dass Körper ineinander eindringen, aber genauer gesagt aus einem Grund, der dem vorhergehenden entgegengesetzt ist: das heißt, um zu verhindern, dass eine Form mehr als die richtige Menge an primärer Materie annimmt, so wie es im vorhergehenden Fall darum ging zu verhindern, dass sie weniger als die richtige Menge erwirbt. Dies geht also von der Natur aus, und zwar auf dieselbe Weise, durch die wir gezeigt haben, dass das vorige natürlich ist, obwohl es nach Meinung mancher Leute gewiss ziemlich unklar ist. Es ist auch nicht ganz klar, welche dieser Bewegungen die stärkere ist. Aber es ist klar, dass beide Bewegungen viel stärker sind als alle gewaltsamen Bewegungen und sogar als die natürlichen Bewegungen der Elemente; und wenn man von einem Impuls oder einer Anziehung dieser Art ausgeht, sind »schwer« und »leicht« praktisch nicht von Belang. Nach dieser Argumentation, die wir an späterer Stelle weiterverfolgen werden, schleudern die militärischen Katapulte eiserne Speere mit einer solchen Kraft, dass keine andere Kraft sie erreichen könnte. Wenn nicht die Gefahr bestünde, dass die Maschine zerbricht, könnte sie nichts daran hindern, von Deutschland bis nach Indien zu schießen, da dies der Ordnung des Universums entspricht.

Die dritte Bewegung ist die der schweren Dinge nach unten und die der leichten Dinge zum Himmel; jeder wird zugeben, dass dies natürlich ist, deshalb werde ich weniger Mühe darauf verwenden. Und selbst wenn es noch andere Bewegungen gäbe, die wir als natürlich bezeichnen sollten, sofern sie immer in Übereinstimmung mit den genannten Prinzipien auftreten, würde das nicht dem widersprechen, was wir darlegen wollten. Es gab auch eine vierte Art von natürlicher Bewegung, bei der einige Dinge auf andere zubewegt wurden; aber weil sie nicht allgemein ist, wird dies an späterer Stelle behandelt, wie der Magnetstein, Eisen, Bernstein und Stroh.

Nachdem diese Punkte nun als Grundsätze festgelegt wurden, befassen wir uns mit der Grundlage der **Maschine von Ctesibius**, die folgendermaßen zusammengesetzt ist. A ist ein großer bronzener Kessel, der oben eine Öffnung B hat, durch die Wasser in die Höhe gedrückt werden soll. An seinem Boden befinden sich zwei Öffnungen C und D, über denen Ventile oder Lederstücke wie bei einem Blasebalg angebracht sind. Wenn diese hochklappen, geben sie die jeweilige Öffnung frei, und wenn sie herunterklappen, verschließen sie sie. An den Öffnungen C und D sind zwei Rohre E und F am Kessel befestigt, die bei G und H in einen Zylinder führen. Die Zylinder sind hohl und stehen im Wasser, haben unten in der Mitte die Öffnungen K und L mit Ventilen aus Leder wie im Kessel. In den Zylindern befinden sich Kolben M und N, die auf einer Drehbank geglättet und mit Öl geschmiert wurden, sodass sie die Zylinder dicht füllen. Oberhalb sind sie mit Hebeln und Kolbenstangen versehen. Die Kolben bewegen sich abwechselnd auf und ab. Wenn der Kolben M aus O herausgezogen wird, entleert sich nach diesem Schema der Raum Q des Zylinders, woraufhin das Ventil über K angehoben werden und das Wasser aufsteigt, bis der Zylinder auf der Grundlage der Primärbewegung gefüllt ist. Gleichzeitig wird der Kolben N nach unten gezogen und sinkt ab; das Wasser, das im Raum Q gehalten wurde, kann nicht ausfließen, da M den Inhalt des oberen Zylinders dicht verschließt, und es kann auch nicht durch K absteigen, da das Ventil auf die Öffnung drückt. Die Folge ist, dass das Wasser durch G, den einzigen offenen Ausgang, austritt, durch das Rohr E aufsteigt und durch Anheben des Ventils durch die Öffnung C in den Kessel gelangt, bis der Kessel voll ist. In der Zwischenzeit aber, während sich M nach K hinunterbewegt, steigt N nach oben, und der Zylinder füllt sich auf derselben Basis mit Wasser. Wenn er also wieder zusammengedrückt wird, stößt er das Wasser durch H nach F und durch D auf derselben Grundlage

Machina Ctesibica.

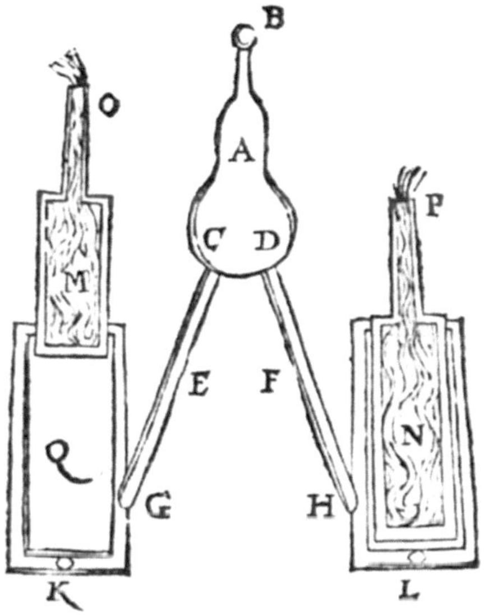

in den Kessel aus, der nun mit Wasser gefüllt ist, das wegen des Ventils nicht durch C zurückkehren kann. Daraus folgt, dass aufgrund der zweiten natürlichen Bewegung (durch die auch schwere Dinge nach oben getragen werden) das Wasser, das durch A nach B steigt, nach oben herausgedrückt wird. Durch die abwechselnde Bewegung der Kolben ist der Kessel immer voll, so viel man will fließt Wasser durch B hinaus, und fließt von unten bei K und L nach.

Die Grundlage ist die gleiche wie bei der **Schiffsröhre**, durch die Schiffe bei Gefahr von Wasser entleert werden. Nach ihrem Vorbild wurde die Vorrichtung von Bartholomaeo Brambilla gebaut, die wir in Mailand gesehen haben und die in ihrer Ausführung in allen Teilen denen der Antike in nichts nachsteht. BD sei ein hölzernes Rohr, das durch Stangen und Hebel in seiner Position gehalten wird, im oberen Teil breiter und unten schmaler. Unten endet es in einem Behälter C, der im Wasser steht und rundherum gelöcherte Wände hat, sodass Wasser eindringen kann, aber nur ein Minimum an Kies und Sand. Auf diese Weise wird erreicht, dass das Rohr bei Bedarf reines Wasser aus dem Gefäß zieht, aber keinen Kies oder Sand, der die Maschine verstopfen würde.

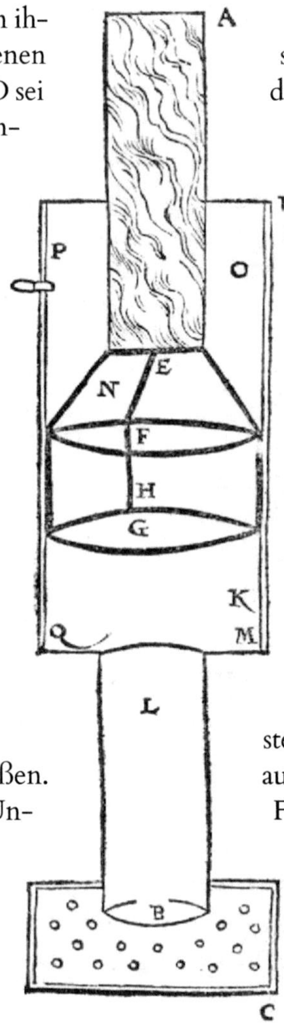

Der Kolben AE ist weniger breit als das Rohr, aber oben, wo D markiert ist, soll er die Öffnung des Rohres dicht verschließen. OP soll aber leer sein. Von der Unterseite des Kolbens sollen drei massive Eisenstangen abstehen, die das Innere des Rohrs berühren, und die mit Leder überzogen sind, damit sie das Rohr nicht zerkratzen. Sie ähneln dem Muster eines Dreibeins – unten (bei F) breiter und weiter auseinander als oben (bei E). Es ist also offensichtlich, dass der ganze Raum neben N leer ist, mit nichts als den Stangen darin; daher gibt es einen klaren Kanal von O und P nach N und umgekehrt von N nach O und P – der ganze Raum über F ist leer, und es gibt nichts darin außer dem Kolben und den Stangen. Unten an den Stäben soll der Kreis F, der an ihren Enden befestigt ist, nicht ganz leer sein, sondern nur in der Mitte, und dort, wo ein Kanal gelassen wird, mit Leder darüber, und über das Leder soll eine dünne Schicht Blei gelegt werden, und zwar so, dass, wenn es bedeckt ist, es den Durchgang der Luft verhindert, das Leder mit dem Blei aber nach N hin angehoben werden kann und die Öffnung selbst freilegen kann. Dies geschieht, wenn das Leder sozusagen in der Mitte am Kreis befestigt ist und die Enden der Stäbe festhält. In seinem übrigen Teil aber ist es frei und verschließt die Öffnung fest.

Ferner sollen von den eigentlichen Enden der Stäbe drei weitere Stäbe in gerader Linie ausgehen, die die Innenwände des Rohres berühren. Das Leder umgibt diese von F an auf allen Seiten oben bis G, wobei es dicht an den Innenwänden des Rohres haftet, um zu verhindern, dass die Luft von K nach N strömen kann. So wird es zustande kommen, dass H einem Zylinder gleicht, aber einem auf dem Kopf stehenden; sein Boden ist F, und er ist auf allen Seiten mit Leder von runder Form umwickelt und bei G offen. Wenn dies vollendet ist, wird der Kolben A so angeordnet sein, dass er sich auf und ab bewegen kann, wobei er jetzt im unteren Teil des umgedrehten Zylinders nach M hinabsteigt, um dann nach oben gezogen zu werden, wo er jetzt abgebildet ist.

Wenn also die Dinge so angeordnet sind, soll G über dem Niveau MQ liegen und angehoben werden; dann wird die im Raum H enthaltene Luft verdünnt und kommt, um Q zu ziehen und anzuheben. Daraufhin steigt die Luft von L in den Raum K, und daraufhin steigt das Wasser von B nach L. Wenn sich aber der Kolben unter dem Impuls der Luft und durch die Schwere absenkt, bewegt sich Q sofort nach unten. Folglich muss das Wasser in L dort bleiben, wo es ist, denn wenn sich das Wasser beim Schließen des Deckels MQ nach unten bewegen würde, würde die begrenzte Luftmenge belastet, die sich im oberen Teil von L über dem Wasser befinden würde, da das Wasser wegen des Deckels MC keine weitere Luft aus K ansaugen könnte. So füllt sich bei häufiger Wiederholung des Auf- und Abstiegs von G und des Kolbens der Bereich L mit Wasser; später, wenn G wieder angehoben wird und aufgrund der Primärbewegung, um die Luft in K nicht übermäßig zu belasten, tritt mit dem Anheben des Deckels QM Wasser ein, bis sich der Raum K füllt und mit ihm der Raum H, der, wie ich sagte, mit K gemeinsam ist, weil G die offene Öffnung des Zylinders ist und an keiner Stelle verschlossen wird.

Lassen Sie ihn nun voll sein und lassen Sie den Kolben noch einmal hinabsteigen. Dann wird das Wasser in H den Deckel F anheben und die Räume N und O füllen. Und wenn der Kolben nach oben gezogen wird, verhindert der Deckel in F, dass das Wasser, das in O aufgestiegen war, wieder absteigt, weil er bei seinem Fall durch seine eigene Schwere und die des Wassers, das auf ihm liegt, die Öffnung verschließt. Und so stellen wir fest, dass das Wasser durch die Wirkung dieser Maschine immer aufsteigt und niemals absteigen kann. Wenn es also P erreicht hat, wird es durch P (die Mündung des Rohres) auf den Ort deiner Wahl ausgegossen, und dann wirst du mit minimaler Anstrengung so viel Wasser aus B abziehen, wie du willst, denn da das Rohr nun voll ist, wird die Bewegung des Kolbens A leichter.

Die Rohre, mit denen Schiffe leergepumpt werden, sowie Brunnen und sprudelnde Wasserquellen sind jedoch einfacher gebaut. Die Anordnung B und C wird beibehalten, damit die Steine die Maschine nicht blockieren, der Kolben hat unten vier Lederstücke und die gleiche Anzahl an der Seite. Diejenigen, die oben angebunden sind, sind durch einen Abstand von zwei Ellen oder etwas mehr getrennt. Ihre Länge ist eine Handbreit, und wenn sie gezogen werden, dringt das Wasser aufgrund eines Vakuums ein; wenn sie sich senken, werden sie durch den Impuls der Luft geweitet; aber auch durch die Geschwindigkeit kann ein Teil des Wassers nach oben gelangen. Das Wasser steigt also nicht nur beim Ziehen, sondern auch beim Schieben auf.

Wir haben bereits den Fall des Ruhezustands dargelegt, der durch die Vermeidung eines Vakuums eintritt, aber wir haben erklärt, dass dies eher als die Gewalt der Verdünnung bezeichnet werden sollte, weil es durch die Form eines Elements geschieht, ein Element, das eine größere Verdünnung vermeidet, als ihm angemessen ist. Auf die gleiche Weise werden wir es einen Impuls der Verdichtung nennen, sei es eine Bewegung oder ein Ruhezustand, wie die dritte Bewegung eines Elements, sei es schwer oder leicht. Mit der Lampe als Beispiel haben wir den Ruhezustand des Öls im oberen Bereich dargestellt. Und als zweites Beispiel wurde die Bewegung der Anziehung aufgrund der Verdünnung und des Impulses aufgrund der Verdichtung in der Maschine von Ctesibius gezeigt. Drittens gibt es ein Beispiel für beide Bewegungen und auch für einen gewichtigen, außerordentlichen Ruhezustand. Was uns nun noch bleibt, ist, die Bewegung durch Verdünnung allein oder durch ein Vakuum zu zeigen, mit einem vierten Beispiel; aber der richtige Weg ist, dies weiter unten zu erklären, mit spezifischen Argumenten, wenn wir dazu kommen, die Bewegungen der Elemente zu zeigen.

Nun aber wollen wir uns **mit der Bewegung befassen, die allein durch Verdichtung zustande kommt,** wofür ein Beispiel in der militärischen Artillerie zu finden ist, in der allein eine getriebene Bewegung in Erscheinung tritt. Von der gleichen Art ist die Bewegung, die in den Federn von Uhren auftritt, wie sie durch die Verdünnung in Ballisten, Skorpionen und Artillerie der gleichen Art vorkommt. Denn wenn deren Schnur überdehnt wird, sodass sie sich zusammenzieht, bewegt sie sich mit einem schnelleren Impuls und treibt den Stein oder Pfeil, der auf ihr liegt, voran. Und so wird dieses Prinzip auf die Bewegung der Verdünnung reduziert. Nach dem umgekehrten Prinzip wird, wie gesagt, die Feder in einer Uhr verdreht, weil der Stahl weich gemacht und zu einem sehr langen, dünnen, kompakten Blatt reduziert wurde. Dann wird sie sehr fest aufgewickelt und in ein Gehäuse eingeschlossen. Um den Mantel wird eine dünne, aber starke Schnur gewickelt, deren Ende an die ziemlich breite Achse eines Rades gebunden wird. Auf diese Weise wird der Stahl unter dem Druck einer zu starken Verdichtung gestrafft und dreht das Gehäuse, das an einem Seil zieht. Die Achse ist zum Teil ein Zahnrad, das andere Zahnräder bewegt.

Das sechste Beispiel ist die Art und Weise, wie aus einem Impuls ein Zustand der Ruhe entstehen kann. Von dieser Art ist ein mit Wasser gefüllter Trog, in den ein leerer Eimer nach unten gedrückt wird, hier scheint das Wasser selbst in der Schwebe zu sein. In ähnlicher Weise hüpfen Steine, die über das Wasser geworfen werden; und ein mit Wasser gefülltes Gefäß, das schnell umhergewirbelt wird, lässt das Wasser nicht heraus. In gleicher Weise schwimmt ein breites, dünnes Bleiblech auf dem Wasser. Es kann nicht sinken, es sei denn, es wird auf eine Seite gekippt. Es ist also gezeigt worden, dass diese Folgen aus der Verdünnung entstehen. Und es wird sich lohnen zu beweisen, dass diese Bewegungen keinesfalls aus einem Vakuum entstehen können. Dies wird weiter unten durch detaillierte Argumente deutlich gemacht werden. Für den Augenblick soll es genügen, durch einige Erfahrungen der Sinne genug dargelegt zu haben, genug, um den Nutzen der Instrumente zu zeigen. Denn selbst wenn die dargestellten Maschinen Risse zeigen, so ist doch kein Vakuum zu befürchten, sie ziehen dennoch, aber umso schwächer und schwerer, je größer die Risse sind. Und auf dieser Grundlage beruhen alle Maschinen, die sonst auf einer unteilbaren Basis beruhen würden, und deshalb wären sie alle automatisch unbrauchbar oder würden zumindest nicht lange bestehen. Folglich bleibt ihre Nützlichkeit bei alten und unpräzisen Aufgaben bestehen, aber der Misserfolg ist proportional zur Größe der Abweichung.

Die **Anziehung** geht also von der Form aus, die sich dem Vergehen so weit wie möglich widersetzt, aus Furcht vor weiterer Verdünnung; und wir haben bereits gezeigt, dass sich bei einer Veränderung der Substanz und Verdichtung auch die Form verändert. Wenn aber die Anziehung durch die Furcht vor dem Vakuum entstünde, wie in Übereinstimmung mit dem Universum, dann wäre diese Anziehung unendlich groß. Das ist sie aber nicht – sie ist vielmehr proportional zur Menge der Form, des Elements und des sie enthaltenden Instruments. Denn ein kleiner Kanal kann weder eine große Menge Wasser aufnehmen, noch eine große Masse Blei anziehen. Dies zeigt also, dass diese Anziehungskraft von der Form ausgeht und proportional zu ihrer Kraft und Größe ist.

Es gibt noch eine dritte mögliche Erklärung dafür, dass ebene Flächen aneinander haften, aber dennoch getrennt sind. Dies könnte durch ein Vakuum geschehen. Die Luft wird zwischen den Flächen eingeschlossen, während sie in engem Kontakt sind, und sie verhindert, dass sich die Flächen voneinander entfernen. Da sie aber, wie ich schon sagte, nur im Verhältnis zu ihrer Stärke behindert, wird sie durch eine größere Anstrengung überwunden. Ihr werdet nun den Einwand erheben, dass dieses Auseinandergehen durch eine geringere Luftmenge weniger behindert würde, aber es wird mehr behindert. Je enger die Flächen zusammengerückt sind, desto weniger Luft wird zwischen ihnen gefangen, und doch ist ihre Trennung umso schwieriger. Der Grund dafür ist, dass die Luft umso notwendiger von ihrer eigenen Form abweicht, je verdünnter sie ist. Denn es folgt, wie gesagt, eine andere Substanz und ein neues Entstehen, sodass die Anstrengung, dies zu erreichen, umso größer ist, je weiter sie sich von dem entfernt, was sie vorher war.

Aber ihr werdet sagen: Wenn die Luft verdünnt ist, was kann aus ihr entstehen außer Feuer? Und Feuer ist extrem heiß; aber zwischen diesen Flächen gibt es keine offensichtliche Hitze, vielmehr gibt es Kälte. Aber es ist kein Feuer und auch kein heißer Äther; das wird später deutlich werden. Denn wenn das Feuchte verdünnt wird, geht es nicht in die Natur des Feuers, sondern in die des Äthers über; Luft ist feucht, und Äther ist kaum heiß. In der Tat, wenn andere Luft eindringt, gibt es eine sofortige Mischung.

Diese Beispiele sollen genügen über diese beiden ersten Bewegungen, und dann über den Ruhezustand, der sich aus ihnen ableitet, denn es ist hier nicht die Absicht, über Maschinen zu sprechen, sondern das soll im zwölften Abschnitt meines Buches *De Rerum Varietate* geschehen. Für diesmal soll es genügen, genau so viele Beispiele erklärt zu haben, wie es auch Bewegungsarten gibt; sechs Beispiele genügen für sechs Arten. So ist es offensichtlich, dass sich schwere Körper nach unten und leichte nach oben bewegen. Aber einige Leute, die damit unzufrieden sind, fügen hinzu, dass leichte Körper über den schweren sein wollen, daher auch Luft unter Wasser immer danach strebt, nach oben zu kommen, wie man es bei Krügen sieht, wenn sie auf den Kopf gestellt werden, wenn sie halb voll sind, und bei einer mit Luft gefüllten Blase, die in Wasser getaucht ist. Aber diese Bewegung unterscheidet sich nicht von der ersten, denn das Wasser selbst, das sich oben befindet, strebt nach unten, und bei seinem Abstieg steigt die Luft auf, um eine übermäßige Verengung zu vermeiden. Aber die Luft in einer Blase in einem Fluss strebt nach oben, da sie sich an der Stelle des Wassers befindet. Es genügt also eine Grundlage für die Bewegung der Elemente: die Bewegung zu ihrem Ort. Und es ist klar, dass das Wasser die Blase nach oben treibt, nicht dass die Luft aufsteigt, denn eine Blase, die auf dem Boden liegt, steigt nicht auf.

Hier stellt sich ein Problem, das es wert ist, untersucht zu werden: Auf welche Weise steigt das Wasser nur so weit auf, wie es absteigen kann, solange es durch die Bewegung der Verdünnung unterstützt wird? Dies soll an einem Beispiel verdeutlicht werden. Es sei ein mit Wasser gefülltes Gefäß, dessen oberer Teil E und dessen unterer Teil F sei, und darin befinde sich ein Rohr ABC. CD sei eine zum Horizont parallele Linie, entlang der ein Lot gespannt ist. Man fülle das Rohr ABC mit Wasser und lasse das Wasser durch C ausströmen; ich sage, dass es alles Wasser, das sich oberhalb der Linie CD befindet, aufnimmt und nichts davon, was sich unterhalb dieser Linie befindet. Man könnte sagen, dass dies auf die Anziehungskraft des Wassers zurückzuführen ist, aber das ist nicht der Fall, denn es macht keinen Unterschied, ob das Gefäß mit Wasser, Wein, Öl oder Milch gefüllt ist. Das Wasser, das über CD aufsteigt, ist genau so viel ist wie das, was sich aus C ergießt, egal ob das Rohr bei C breiter oder enger ist als bei A, weil das ganze Rohr immer ganz voll ist. Das Wasser, das sich durch C ergießt ist leichter. Der Grund dafür, dass das Wasser in dem Teil oberhalb von CD leichter ist als bei C, liegt darin, dass das Wasser oberhalb von CD nach unten will, um unter das Wasser weiter unten in C zu gelangen, und deshalb drückt es dieses Wasser zusammen und treibt es in das Rohr. Aber das Wasser unterhalb von CD will nicht bei C sein – weil C oberhalb seiner Position ist, will es nicht aufsteigen. Aber das Wasser, das durch C hinausfließt, stellt keine zu berücksichtigende Ursache dar, da es niedriger ist als das Wasser, das sich tatsächlich im Gefäß befindet. Denn diese Anziehung ist nicht vorhanden, es sei denn auf der Grundlage der Kontinuität; und die Kontinuität hängt von der Verdünnung

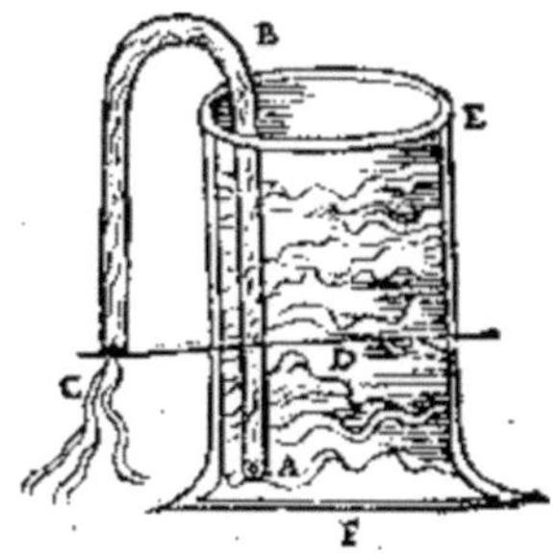

ab, die jedoch bei dem Wasser, das aus der Mündung des Kanals C austritt, nicht vorhanden sein kann.

Um die Diskussion abzuschließen: Wasser, das anderes Wasser mit sich ziehen soll, muss in einem geschlossenen Gefäß, einem Rohr enthalten sein, denn ohne dieses kann

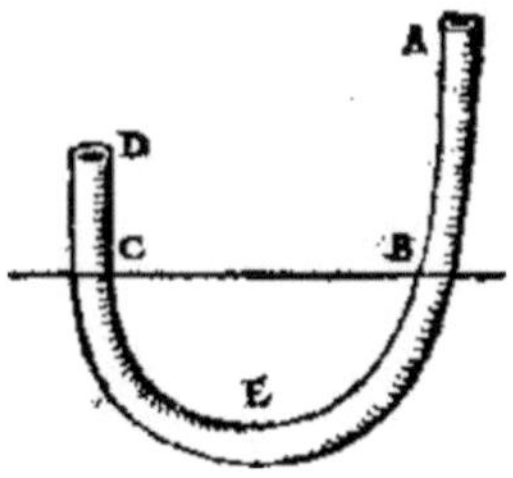

es nicht in Bewegung gesetzt werden; aber es wird durch nachströmende Luft unterstützt, und so erreicht das Ganze sein Gleichgewicht. Wenn die Öffnung C tiefer liegt, wird das Wasser sie erreichen, aber wenn sie höher liegt, wird es nicht hinabsteigen, denn was auf einer vertikalen Linie, wie bei A, tiefer liegt, wird gezwungen sein, zu C aufzusteigen, das auf der vertikalen Linie D liegt.

Steigt das Wasser aber zunächst hinab und dann hinauf, wie in der folgenden Abbildung, dann kann es von A nach B, von dort nach E und danach nach C und nach D gelangen, wenn D weniger weit von der Linie BC entfernt ist als der Ort A, von dem es herabsteigt. Bei längeren Entfernungen muss aber ein Minimum eines Höhenunterschieds zwischen A und D bestehen. Denn je weiter der Abstand ist, desto größer muss dieser Höhenunterschied sein. Daraus ergeben sich die Fehler mancher Leute, die bei dem Versuch, Wasser mit zu wenig Gefälle abzuleiten, enorme finanzielle Verluste erlitten haben. So sollte A je tausend Schritte um eine Handbreit höher liegen als D, wie es in zehntausend Schritten um zehn Handbreiten der Fall sein sollte. Die Ursache dafür ist die abgerundete Form des Wassers, wie sie sich auch an der Oberfläche von Wasser in einem Krug zeigt. Wenn also A höher liegt als D, wird es nicht irgendwann auf dem Weg zwischen A und D höher liegen. Ich wollte diese Punkte jetzt hinzufügen, auch wenn sie hier außerhalb meiner Absicht liegen, weil das Risiko groß und der Fehler häufig ist.

Doch nun wollen wir uns der Notwendigkeit zuwenden, **die einfache Bewegung der Elemente** anhand von Beispielen zu erklären. Nun, ein Beispiel für eine schwere Bewegung sind Uhren, die durch Gewichte angetrieben werden, die durch allmähliches Ziehen Räder drehen. Unzählige Beispiele dieser Art ließen sich leicht finden. Für eine leichte Bewegung sei ein einziges Beispiel angeführt. **Wenn ein Schiff in einem Kanal gesunken ist und man plant, es hochzuholen**, werden mit Steinen beladene Ruderboote von Tauchern an das Schiff gebunden, und zwar so, dass die Seile so straff wie

möglich sind; dann werden die Steine aus diesen Booten entnommen und in leere Boote geladen, mit dem Ergebnis, dass die entleerten Boote das Schiff nach und nach aus der Tiefe hochziehen. Denn da die Luft nicht unter Wasser sein will, heben sich die Boote (die durch das Gewicht der Steine fast gesunken wären) bis an die Wasseroberfläche, sodass das Schiff nach oben gezogen wird. Man ziehe es also von A nach B; dann bindet man an ihm erneut mit Steinen beladene Boote mit Seilen fest, und beim Umladen der Steine wird das Schiff nach C hochgezogen.

Die vorherigen Boote, in die man die Steine umgeladen hat, werden ihrerseits mit straffen Seilen an das bei C liegende Schiff gebunden, und sie werden es beim Entfernen der Steine nach D ziehen, und bei fortgesetztem Umladen wird es schließlich bis an die Wasseroberfläche gezogen.

Aber Sie werden sagen, dass sehr viele Boote erforderlich sind, um ein Schiff zu heben. Das ist wahr, aber das Prinzip ist folgendes: Jedes Schiff oder Boot kann so viel Gewicht anheben, wie es an Wasser aufnehmen kann. Wenn zum Beispiel ein Schiff in einem Fluss tausend Amphoren Wasser aufnehmen kann, die zehntausend Talente wiegen, wird dieses Schiff zehntausend Talente auf einem Fluss befördern. Wenn aber dasselbe Schiff auf dem Meer ebenfalls tausend Amphoren mit einem Gewicht von zwölftausend Talenten aufnimmt (denn das Meerwasser ist schwerer als das Flusswasser), wird es zwölftausend Talente auf dem Meer befördern. Und auf dieser Grundlage wird klar, warum wir Schiffe nach Maßen bezeichnen – zum Beispiel »ein Schiff von tausend oder fünfhundert Amphoren« bedeutet dasselbe, wie wenn man sagt, »das tausend oder fünfhundert Talente Gewicht tragen kann«. Denn die Art der Kapazität, die ein Schiff hat, ist, wie gesagt, die Menge des Gewichts, das es tragen kann; offensichtlich die Größe des Gewichts an Wasser, das es hält. Daraus ergibt sich also, dass ein und dasselbe Schiff in verschiedenen Gewässern unterschiedliche Gewichte tragen kann, da auch die Gewichte der Gewässer selbst unterschiedlich sind. In Übereinstimmung mit dieser Theorie zeigt sich, dass die Größe des Gewichts proportional zu dem Wasser ist, das auf ihm lastet; nehmen wir an (um ein Beispiel zu nennen), dass ein Schiff zwanzig Amphoren trägt, so liegt das daran, dass die Luft, die in den zwanzig Amphoren Wasser eingeschlossen ist, es nach oben treibt, sodass die Luft, die im Schiff enthalten ist, ihren Platz einnehmen kann. Diese Erfahrung stimmt also sehr schön mit der oben vorgestellten Theorie überein, dass eine mit Luft gefüllte Blase vom Wasser nach oben getrieben wird, weil die Blase den Platz des Wassers einnimmt. Daher richtet sich das Gewicht nach der Wassermenge, die die Blase enthalten kann – das heißt, die Blase mit einem Gewicht so belastet wird, sodass das gesamte Gewicht in der Luft liegt, und nicht im Wasser.

Aber um auf das Heben eines Schiffes zurückzukommen: Ein Gewicht, das sich im Wasser befindet, wird so viel leichter, wie das Wasser selbst schwerer geworden ist. Daher werden weniger Boote benötigt, um das Gewicht des gesunkenen Schiffes zu tragen. Es gibt zwei Gründe, warum Schiffe aus schwereren Gewässern leichter herausgezogen werden als aus leichteren Gewässern, und damit leichter aus dem Meer als aus Flüssen oder Seen. Der eine ist, dass die Boote im Meer mehr Gewicht tragen, der andere, dass das Schiff im Meerwasser weniger schwer ist. Da nun, wie gesagt, ein Schiff an der Wasseroberfläche (weil es sich zum Teil in der Luft befindet) schwerer ist als in der Tiefe, so ist dafür Sorge zu tragen, dass, je höher es durch die Boote aus dem Wasser gehoben wird, mehr und größere Boote benötigt werden, damit nicht durch Vernachlässigung dieser Theorie das Schiff nicht nur wieder sinkt, sondern durch die zusätzliche Belastung alle Boote mit in die Tiefe zieht.

Man kann sich fragen, warum sich das Schiff, das von den leeren Booten in A gehoben wurde, nicht nach unten bewegt, wenn die Boote in B entladen und die in A gefüllten Boote gefüllt sind – wenn sie voll sind, können sie das Gewicht nicht tragen. Der Grund dafür ist, dass, nachdem die Seile der Boote A und B gleich gemacht worden sind, da die Luft in den Booten starker wirkt als das Gewicht des Schiffes, der leere Raum der Boote B mehr ziehen wird, als die Schwere des zusätzlichen Gewichts der Boote A abnimmt. Und auf dieser Grundlage wird das Schiff weiter steigen, jedenfalls unter der Bedingung, dass die Seile der vollen Boote so viel kürzer sind als die der leeren Boote, wie das Gewicht der Steine jene Boote nach unten drückt.

Genug von der einfachen Bewegung eines leichten Dings nach oben; **jetzt geht es um die zusammengesetzte Bewegung aus Schwerem und Leichtem.** Herons Maschine, die wir schon oft besprochen haben, ist ein wunderbares Beispiel dafür. Sie sieht folgendermaßen aus: A ist ein mit Wasser gefülltes Becken, unter dem sich ein ebenfalls mit Wasser gefülltes Gefäß B befindet, das mit A so verbunden ist, dass das Wasser nicht von einem zum anderen gelangen kann.

Machina Heronis.

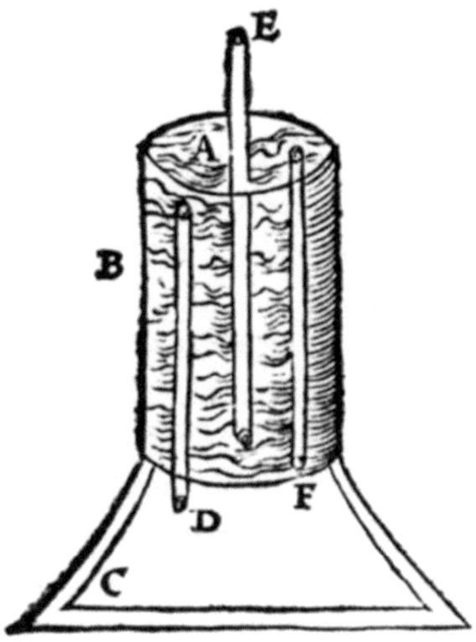

Unter B befindet sich ein weiteres, leeres Gefäß, das C genannt wird. Von B führt ein Rohr D in C, dessen Mündung fast bis zum Becken reichen soll. Ein Rohr E, das deutlich über das Becken hinausragt und durch dieses hindurchgeht, soll in der Mitte bis zum Boden des erstgenannten Gefäßes vordringen, aber nicht mit dessen Boden verbunden sein. Ein weiteres Rohr F hat eine obere Öffnung, die sich im Boden des Beckens befindet, und eine untere Öffnung, die in der eigentlichen Trennwand zwischen den beiden Gefäßen endet, aber so, dass das Wasser aus dem Becken durch die obere Öffnung in das Gefäß C hinunterlaufen kann.

Dann können wir beobachten, wie das Wasser im Gefäß B durch das Rohr E herausfließt, und zwar so lange, bis das Wasser des Beckens aufgebraucht ist. Es muss gezeigt werden, wie dies durch zwei zusammengesetzte Bewegungen geschehen kann. Da es in C keine Luft gibt, steigt das durch das Rohr F absteigende Wasser durch das Rohr D in das darüber liegende Gefäß B auf. Da sich dort aber ein mit Wasser gefüllter Raum befindet, ist das Wasser gezwungen, unter dem Druck der Luft durch das Rohr E aufzusteigen, und so strömt es aus.

Es ist also klar, dass es hier zwei Bewegungen gibt: die eine ist die des Wassers, das aus dem Becken durch das Rohr F in das Gefäß C hinabsteigt, in Übereinstimmung mit der Natur, die andere die der Luft, die aus dem Gefäß C in das Gefäß B aufsteigt, weil sie (wie erwähnt) durch das Wasser nach oben getrieben wird. Aus diesen beiden natürlichen Bewegungen ergibt sich eine Anstrengung, durch die das Wasser aus dem Gefäß B durch ein Rohr aufsteigt. Wenn diese kräftige Bewegung wiederholt wird, kann sie Blasebälge oder andere Maschinen hin und her bewegen, was in der Maschine des Ctesibius in geeigneter Weise dargestellt wurde, und das Ergebnis war die Fähigkeit der Kolben, in den Zylindern abwechselnd auf- und abzusteigen.

Dies geschieht folgendermaßen: Man stelle ein Rad mit Schaufeln neben ein fließendes Gewässer, sodass mit dem Abwärtsfließen des Wassers das Rad in Drehung versetzt wird; in ihm befindet sich eine Achse A, die natürlich selbst auch umlaufen muss. Ich erspare mir die Beschreibung des Rades, denn es ist eine bekannte Sache und in jeder Mühle offensichtlich. Ein Balken B liegt auf Holzpfosten und endet in abgerundeten Öffnungen, sodass er beweglich ist und sich wie in einem Drehgelenk drehen kann. Neben seinem Ende ist ein Ring befestigt, an dem ein anderer mit einer Eisenstange F befestigt ist. Diese Stange endet wiederum in einem Ring, der von einem anderen Ring G aufgenommen wird, der an einer Stange H befestigt ist. Am Ende von H ist ein Ring, der mit einem Haken an der Spitze der Spindel A befestigt ist, sodass er sich mit ihr bewegt, aber wenn die Spindel zurückkehrt, kehrt auch der Ring an seinen ursprünglichen Platz zurück.[9] Am anderen Ende des Balkens sind zwei Ringe C und D auf gegenüberliegenden Seiten des Balkens angebracht. Zweimal zwei und dreimal drei Paare können auf diese Weise auf gegenüberliegenden Seiten angebracht werden. Wenn nun ein Paar Kolben oder Bälge vorhanden ist und der eine durch eine Schnur mit C und der andere mit D verbunden ist, wird bei der Drehung der Achse zunächst der Balken gezogen nach D, und dann wird einer der Bälge von C angehoben, der andere fällt nach unten. Wenn das Rad die Hälfte der Achse umrundet hat, kehrt der Ring H am unteren Ende in eine obere Position zurück und drückt auf E. Der Balken wird in Richtung C gelenkt, und so werden die Bälge abwechselnd bewegt. Die rechte und die linke Seite des Balkens schaukeln abwechselnd, drehen sich aber nicht. Es ist also möglich, dass sich viele Balgpaare bewegen, wenn viele Ringe gegenüber auf dem Balken angebracht sind, aber dafür ist eine starke Wasserkraft erforderlich. Es ist auch möglich, einen weiteren Balken mit der gleichen Achse auf der linken Seite zu verbinden, wie es die Schmiede zu tun pflegen, und so wird die Anzahl der Bälge verdoppelt. Und es ist keine andere Hilfe erforderlich, auch keine andere Tätigkeit als die, die sich in dem einen Fall gezeigt hat, sondern nur eine größere Kraft.

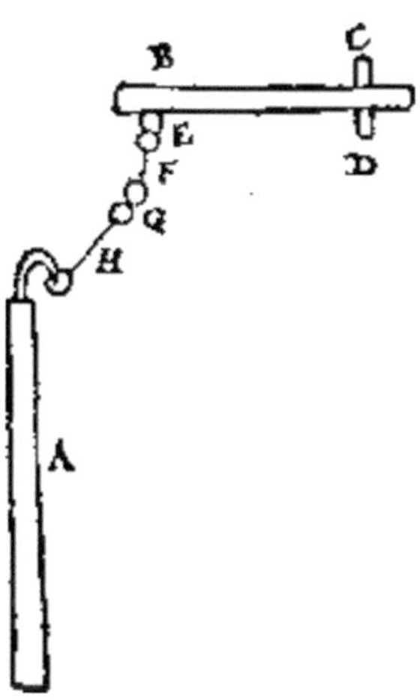

Aber die Übertragung von Bewegungen, die üblicherweise sowohl in Mühlen als auch in Uhren verwendet werden, ist zwar bekannt, beruht aber auf einer komplexeren Grundlage. Es sei also ein Rad AB, das durch ein anderes Rad mit Zapfen, wie es in Mühlen üblich ist, oder durch einen Handgriff C gedreht werden kann. Und auf seiner Außenfläche befinden sich Zähne, die nach hinten zu einem Zylinder oder einer Säule FG weisen, die senkrecht zur Ebene FH aufgestellt ist. Auf der Ebene steht auch ein Rad mit einem festen Stift, in dem eine Achse befestigt ist. Und auf der Säule FG befindet sich ein Zahnrad DE. Wenn sich nun das Rad AB auf der Achse CK mit einer Bewegung von A nach B oder von A nach oben und unten dreht, wird der Zylinder FG von DE nach K oder von rechts nach links gedreht, es findet also eine Bewegungsübertragung statt, die umso schneller ist, je mehr Zähne des Zahnrads DE von den Zähnen des Rades AB gehalten werden. Wir wollen sie später zum Verständnis der Augsburger Maschine verwenden.

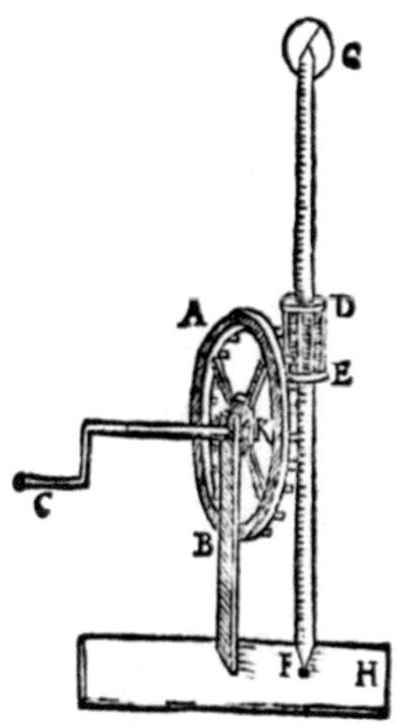

Da wir nun mit diesen Dingen fertig sind, da wir die Erörterung aller allgemeinen Bewegungen fast abgeschlossen haben, da die Berechnung des Gefälles von Wasser geklärt ist, Herons Maschine erfüllt im Fall der zusammengesetzten Bewegungen der Elemente die Notwendigkeit für mich, insgesamt zehn Beispiele für die zehn Arten anzubringen. Es wird sich lohnen, sie kurz

[9] Es scheint, dass hier zumindest zum Teil das beschrieben wird, was später nach Cardano eine Kardanwelle genannt wird: die Umlenkung der Drehbewegung einer Achse. Hier geht es jedoch auch um eine Umwandlung in eine Bewegung auf und ab.

zusammenzufassen. Das Beispiel der Öllampe haben wir der Bewegungslosigkeit aufgrund der Verdünnung zugeordnet. Wir haben das im Gefäß befindliche Rohr der Bewegung durch Verdünnung zugeordnet, als wir uns mit dem Abstieg des Wassers beschäftigten. Das Bleiblech ordneten wir der Bewegungslosigkeit aufgrund der Kompaktheit zu, ebenso die auf dem Wasser verstreuten Lederstücke. Wir ordneten den Aufprall von militärischen Geschossen der Bewegung zu, wegen der Kompaktheit. Wir haben das, was in der Maschine von Ctesibius vor sich ging, einer Bewegung der Anziehung wegen der Verdünnung und der Abstoßung wegen der Kompaktheit zugeordnet. Und die Brambilicanische Maschine ist ein Beispiel für beide Arten von Bewegung, und für die Abwesenheit von Bewegung aufgrund von Verdünnung. Die Bewegung eines leichten Elementes erzeugt das Auftauchen eines Schiffes, und die eines schweren, einfachen Elementes die Bewegung von Uhren. Eine kräftige, oft wiederholte Bewegung erzeugt das abwechselnde Auf und Ab von Blasebälgen. Und Herons Maschine zeigt das Zusammenwirken von Schwerem und Leichtem.

Damit könnte diese Darstellung vollständig erscheinen; aber wir haben nicht alle Arten abgedeckt: Diese zehn Beispiele fallen unter zwei Arten. Die eine Art hat nur eine Antriebskraft, wie die Maschine von Heron; die andere hat zwei verschiedene Antriebskräfte, wie die von Brambilla. Dann gibt es noch eine dritte Art, welche Maschinen umfasst, die mehrere Antriebe haben, aber keine unterschiedlichen. Das scheint die bemerkenswerteste Art zu sein, weil sie sich mehr der ursprünglichen oder Selbst-Bewegung[10] nähert. Diese Bewegung kommt ins Spiel, wenn Wasser zum Beispiel ein Rad dreht, durch welches das Wasser ausgegossen wird.

Von dieser Art ist die erste die Erfindung des Archimedes, die sogenannte **Archimedische Schraube**, von der Diodorus Siculus in seiner *Bibliotheca Historica* zweimal berichtet und sagt, dass Ägypten dank der von Archimedes erfundenen Schraube getrocknet wurde.[11] Wenn das stimmt, dann weiß ich nicht, wie Ägypten im Altertum bewohnt sein konnte, denn Archimedes wirkte zurzeit des Zweiten Punischen Krieges. Aber was auch immer die Wahrheit ist, dies ist zweifellos ein bemerkenswertes Instrument, das eines solchen Handwerkers würdig ist. Vitruv erwähnt es am Ende seines Werkes. Aber Galeaz de Rubeis, unser Zimmermann und Schmied, auf den wir später noch zurückkommen werden, glaubte, er sei der Erste, der die Schraube entdeckt hatte, obwohl sie schon lange zuvor erfunden worden war, und geriet vor Freude außer sich. Wir haben gesehen, wie er an der Maschine drehte und wenig später den Verstand verlor.

Die Maschine sah folgendermaßen aus. Ein massives Stück Holz AH (gerade, abgerundet, gleichmäßig und so lang, dass es, wenn es in einem Winkel zur Wasseroberfläche steht und in einem Trog befestigt ist, so weit wie nötig über das Wasser herausragt) wird schraubenförmig mit einem Metallrohr umwickelt. Manche verwenden mehrere; mir scheinen drei

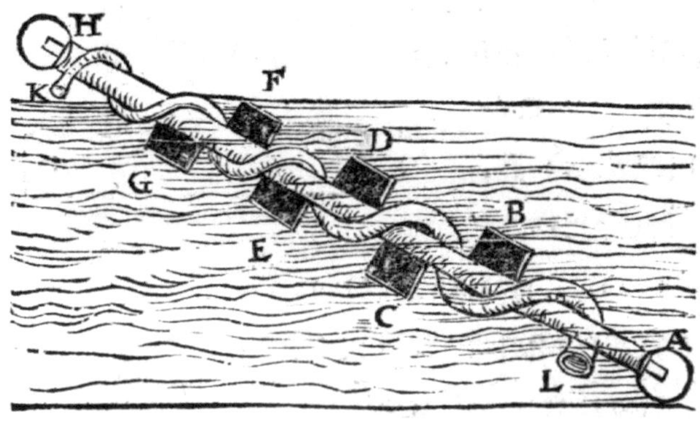

[10] »motui principali, seu autokinéto«.

[11] Forrester schreibt, dass nach der genannten Quelle das Wasser aus der Tiefe nach oben geholt wurde, etwa auf Baustellen oder in Bergwerken, und aus Flüssen auf die Felder.

notwendig, wobei die Rohre so allmählich ansteigen, dass alle Zwischenräume genutzt werden. Ein Rohr hat zwei Öffnungen: eine untere, breitere und eine obere, engere. Letztere sei K genannt. Dann ist es nötig, dass das Holzstück, wenn es an seinen Enden A und H drehbar befestigt ist, durch die Bewegung des Wassers gedreht werden kann. Wenn es gedreht wird, wird das Wasser aufsteigen und durch K abgeleitet. Die hinzugefügten Flügel BCDEFG, die auf jeder Seite des Holzes angebracht sind, drehen das Ganze, und sie können in Länge und Breite zunehmen. Das Gewicht AH ist gering, und die Achsen enden in metallenen Achslagern, sodass sie sich leicht drehen können. Man kann dies bei den Mühlen an den Flüssen Po und Ticino sehen; dort drehen sich, obwohl das Wasser sehr langsam fließt, durch diese geschickte Vorrichtung Mühlsteine, um Weizen zu zerkleinern und zu mahlen. Es ist offensichtlich, dass das Wasser von selbst von L nach K steigt, denn wenn L angehoben wird, wird der folgende Teil niedriger, und so wird das Wasser nach oben wandern, nach diesem Prinzip geht das Wasser nach K. Das entspricht sehr schön dem Experiment, und wir haben es mehr als einmal getestet.

Wenn sich also die Achse oder das Holzstück dreht, wird das Wasser durch die Öffnung K oberhalb des Ufers ausgeschüttet. Dies scheint nicht schlüssig zu sein, denn Wasser bewegt sich immer nach unten und endet an einer tieferen Stelle als am Anfang. Dennoch bewegt es sich nicht immer abwärts, sondern der Teil, der dies tut, ist größer und treibt den kleineren Teil an und lässt ihn aufsteigen. Wenn es aber angefangen hat, sich zu ergießen, dann wird sich die Maschine leichter drehen, und das Wasser wird sozusagen aus sich selbst herausfließen, aufgrund dessen, was wir über das Herabsteigen des Wassers gezeigt haben.

Es gibt einige Leute, die Platten an dem Rohr befestigen und alles miteinander verbinden, um die Maschine stabiler zu machen, und sie stecken Pflöcke in die Platten, nicht in das Holzstück, um es bequemer zu machen. Aber jeder wird sich zu Recht fragen, warum, wenn der Teil des Rohrs, der sich neben B befindet, ansteigt und sowohl L als auch C sich nach unten bewegen, das Wasser nicht in L zurückläuft und wieder ausgegossen wird (da L niedriger ist als C) und zwar von derselben Stelle. Der Grund dafür ist ein doppelter: erstens, weil das Wasser in B durch das Wasser in L angetrieben wird und so nach C hinübergeht und nicht zurückkehrt; der andere Grund ist ein geometrischer, der zeigt, dass ein mittlerer Bereich zwischen L und B in der Umdrehung höher liegt als der mittlere Teil zwischen B und C. Ein weiterer Beweis ist die Tatsache, dass eine Bleikugel, die darauf gelegt wird, obwohl es durch nichts anderes angetrieben wird, dennoch nach K aufsteigt.

Und der Beweis ist folgender: Es sei ein Stück Holz AB, in der Ebene AC; die Höhe des Teils AD des Stücks sei DC. Der Teil der Schraube, der diesem Teil entspricht, sei AE, und seine Höhe DE sei zum Beispiel halb so groß wie DC, und man ziehe eine gerade Linie AE; dann sind alle Linien zwischen AD und AC kleiner als die Linien, die direkt zwischen AD und AE verlaufen, nach den Beweisen im sechsten Buch der *Elemente* von Euklid.

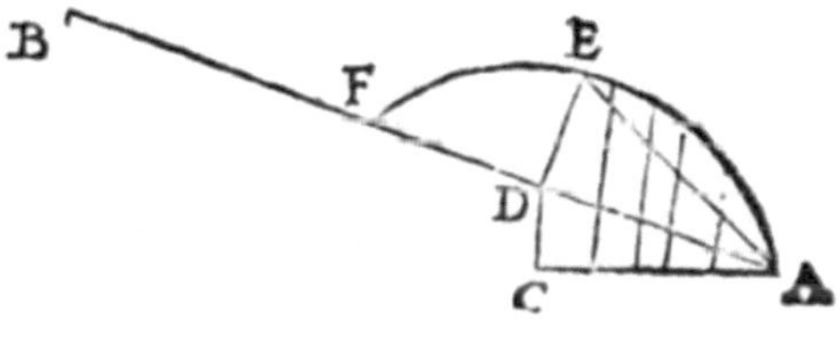

Dann wird AB so gedreht, dass, wenn sich E in der untersten Position befindet, ein kugelformiges Gewicht, das bei A platziert wird, in einer Linie mit D liegt. Da DE länger ist als DC, liegt E, wenn es sich in der entgegengesetzten Position zu seiner vorherigen Position befindet, unter C. Aber C liegt in einer Linie mit A, sodass das Gewicht niedriger sein wird, als es zuerst war. Aber alle Linien behalten das gleiche Verhältnis und sind auf dem Umfang AE sogar länger als auf der geraden Linie AE, gemessen von der Linie AD, weil ein Teil weniger ist als das Ganze. Wenn also AB gedreht wird, bewegt sich das Gewicht nach unten in AE.

Jedes schwere Ding, wenn es sich frei bewegen kann, bewegt sich nach unten, also wird das Gewicht E erreichen. Aber wenn es bei E ankommt, wird es sich, da es sich rundherum bewegt hat, nach unten in Richtung F bewegen, nicht in Richtung A, sowohl wegen seines Impulses als auch weil der Teil zwischen A und E ansteigt, da er sich während der vorherigen Bewegung nach unten bewegt hatte. Und der Teil EF ist immer noch auf dem Weg nach unten, sodass das Gewicht von A nach F und folglich von A nach B durch viele Umdrehungen nach dem gleichen Prinzip gehen wird. Das mag dir sehr schwierig erscheinen, aber du kannst es ausprobieren, indem du einen Bindfaden um ein Schilfrohr bindest.

Aber um zum Thema zurückzukehren: Die Schraube, die Vitruv beschreibt, braucht einen anderen Antrieb[12], aber unsere dreht sich um sich selbst, und zwar umso leichter, je näher die Windungen des Rohrs beieinander liegen und die Maschine flacher ansteigt. Je leichter sie sich dreht, desto langsamer, wie es fast bei allen Maschinen die Regel ist. So wird sie umgekehrt Wasser schneller transportieren, aber schwerer zu drehen sein. Außerdem führt das schwere Drehen dazu, dass die Maschinen schneller abgenutzt werden, und wir brauchen viel Wasser und Mühe. Aber wir werden die Geschwindigkeit zusammen mit dem schweren Drehen wählen, wenn es einen reißenden Strom gibt und die Ufer sehr hoch sind. Denn wenn die Steigung des Geräts gering ist, muss es lang sein und ist dementsprechend schwer. Das gleiche Prinzip gilt für die Größe; ein kleines Gerät dreht sich leicht, bewässert aber nur langsam. Es wird dort eingesetzt, wo nur eine begrenzte Fläche bewässert werden muss, der Fluss tief ist und langsam fließt und die Ufer ziemlich hoch sind. In den entgegengesetzten Situationen werden wir große Maschinen einsetzen.

Es gibt **noch eine andere Art von Maschine, in Augsburg**, wie ich es verstehe; die aber dennoch zu diesem Typ gehört. Eine drehbare Säule AB wird mittels eines Wasserrades durch einen Fluss angetrieben, entsprechend dem Prinzip, das wir oben erklärt haben. Auf ihr befinden sich Zahnräder, z.B. CDEFGHK, entsprechend eine Anzahl Schrauben und auf der jeweiligen Höhe zugehörige Behälter; die Behälter LMNOPQR sind an der Säule ST befestigt. Wenn AB gedreht wird, werden alle Schrauben auf den Zahnrädern gedreht, und die unterste Schraube C nimmt Wasser aus dem Fluss

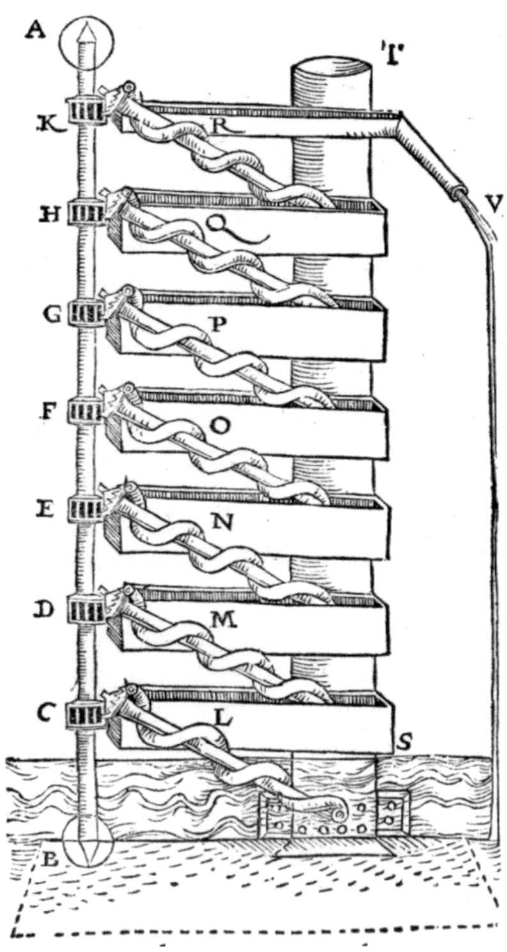

[12] Gemeint sind Zugtiere oder Sklaven.

unten auf und leitet es durch seine Drehbewegung in den Behälter L, aus dem die Schraube D es aufnimmt und in den Behälter M leitet, und so gießt C mit einer Bewegung der Säule AB Wasser in L, D in M, E in N, F in O, G in P, H in Q, K in R und nimmt es jeweils aus den Behältern unten auf. R leitet das Wasser schließlich durch die Öffnung V an den gewählten Bestimmungsort.

Hier ergibt sich wieder ein Problem: Die Schrauben dürfen kein Wasser nach unten durchlassen. Deshalb haben wir das erste Beispiel dreifach erläutert. Aber sie scheinen sich ruckartig zu ergießen, während das Wasser aufsteigt – denn wie gezeigt wurde, gibt es Teile der Röhren, die abwärts führen und alles Wasser bewegt sich nach unten. Das Ergebnis ist, dass es komprimiert wird und herausfließt, aber nicht durch die untere Öffnung der Schraube, sondern oben. Bei mehreren Schrauben, die um dieselbe Achse angeordnet sind, fließt das Wasser kontinuierlich und gleichmäßig heraus. Dies sei die Darstellung der Maschinen in Bezug auf Gattung und Art.

Nachdem wir die natürlichen Bewegungen an einem bestimmten Ort erörtert haben, ist es angebracht zu erfahren, was »Ort« bedeutet. Denn man nimmt an, dass dies das fünfte Prinzip der natürlichen Dinge ist, und diese Vermutungen werden durch die Beweise der Sinne gestützt. Die Frage lautet also: **Was ist ein Ort?** Ein Ort ist die äußerste Oberfläche eines Körpers, die den inneren Körper umgibt. Diese Oberfläche bleibt bestehen, wenn der Körper entfernt wird, vergleichbar dem Umlauf des Himmels. Es ist also klar, dass jeder Ort genau dem Körper entspricht, den er enthält, und dass sich jeder Körper an einem Ort befindet, und an jedem Ort gibt es einen Körper. Denn jeder Körper hat seine äußerste Oberfläche, und zwar dort, wo es keinen anderen Körper gibt, von dem er umschlossen ist, und das ist der äußerste Himmel; aber alle anderen Körper sind von einem anderen umschlossen.

Aus dem gleichen Grund kann es keinen Ort ohne Körper geben, wenn jeder Ort die äußerste Oberfläche ist, die einen Körper enthält. Es gibt auch einen ewigen Ort, weil die äußerste Oberfläche der Himmelskugel bewegungslos ist, sodass sie den Körper selbst und das Universum enthält. Der Ort ist daher, wie im Universum, ewig und unverrückbar und unveränderlich. Aber als die Oberfläche eines bestimmten Körpers verändert er sich mit den Veränderungen der Körper und bleibt nicht bestehen. So ist der Ort, an dem Alexander in Babylonien oder Susa saß, immer noch da, aber damals war er in der Luft, in der Stadt oder in einem Haus, aber jetzt ist er vielleicht auf einem Feld und sogar unter der Erde. Und der Ort, an dem Cicero, der wortgewaltigste aller Redner, seine Reden auf der Rednertribüne hielt, ist immer noch da, aber damals war er in der Luft, nahe der Erde, aber jetzt, mit der Ausdehnung der Erde ist er vielleicht unter der Erde. Auch wird es an jedem Ort eine unbegrenzte Anzahl von Menschen geben und gab es auch früher schon (die Wechselfälle der Zeit bringen dies mit sich), wenn Aristoteles‘ Ansicht über die Ewigkeit der Welt wahr ist.

Drei Dinge sind also ewig bei uns: Geist, Materie und Ort. Aber es ist unmöglich, Geist oder Materie zu ändern. Der Ort kann sich ändern und ein anderer kann angenommen werden. Wo auch immer wir auf unserer Reise angekommen sind, wir sind auf dem Weg in die Ewigkeit. Nun ist der Ort, an dem ich schreibe, ewig, und an ihm waren vielleicht zuvor schon Könige oder Weise. Es gibt **fünf Prinzipien der natürlichen Dinge**: Materie oder »hyle«, Form, Seele, Ort, Bewegung. Die Zeit ist kein Prinzip, sondern folgt der Bewegung, aber sie scheint einem Prinzip nahe zu sein, denn ohne sie geschieht nichts; dazu später mehr. Auch die Ruhe ist kein Prinzip, sondern das Fehlen eines solchen, ebenso wie der Tod, die Kälte, die Trockenheit. Auch der Widerstand der Körper und das

Vakuum oder die Leere sind keine Prinzipien, denn wir haben gezeigt, dass diese Entitäten von der Form abhängen, und werden dies auch an anderer Stelle zeigen. Jedes dieser Prinzipien ist also ewig und primär in Bezug auf seine Art, sonst könnten sie keine Prinzipien sein. Aber Geist, Materie und Ort sind von sich aus ewig. Form und Bewegung sind teils ewig im Himmel, teils vergänglich unter dem sublunaren Himmel, unterhalb des Mondes. Die Seele ist ewig in dem Teil, durch den sie Verstand hat – der Rest ist sterblich. Geist, Bewegung und Ort sind ohne Körper. Aber der Geist ist völlig vom Körper befreit, es gibt keine Bewegung ohne den Körper. Und Seele, Materie und Form sind notwendigerweise mit dem Körper verbunden. Die Seele wird jedoch nicht als ein Teil des Körpers betrachtet. Dass es keine zusätzlichen Prinzipien geben kann, wird so bewiesen: Von den existierenden Dingen sind einige lebendig, andere nicht. Alle werden kontrolliert und entstehen, dann bleiben sie bestehen. So bleibt ein Körper an seinem Ort. Sie entstehen aus Materie und Form. Aber sie werden von der Seele kontrolliert, die in den edleren Wesen Geist ist und vom Körper getrennt ist; in den Körpern ist sie das Prinzip des Lebens. Aber die Ursache, durch die sie fortbestehen, ist die Ursache der Bewegung, wie auch der Erzeugung und der übrigen. Da dies alles Bewegungen sind, sowohl ihr Entstehen als auch ihr Fortbestehen, so ist die Bewegung ein Prinzip. So weit soll es genügen, diese Punkte über die Prinzipien in Bezug auf die Sinne gemacht zu haben; der Mangel ist kein Prinzip in dieser Weise.

Es bleibt uns noch klarzustellen, dass es kein **Vakuum** gibt, was wir nun zusätzlich zu den drei oben angeführten, aus den Sinnen abgeleiteten Gründen noch genauer zeigen werden. Bei ähnlicher Argumentation wird sich ebenfalls zeigen, was wir zuvor über die Widerstandsfähigkeit von Körpern vermutet haben; wir sagten nämlich, dass weder zwei Körper an einem Ort existieren können, noch ein Körper an zwei Orten, noch kann es einen Ort ohne einen Körper geben.

Nun, da dieser letzte Punkt einmal mehr bewiesen ist, werden auch die übrigen klar werden. Denn es geht in diesem Buch nicht darum, einzelne Dinge zu beweisen, sondern sie unter Hauptgesichtspunkten zu behandeln. Zunächst einmal gibt es also kein Vakuum, wie kann also etwas, das nicht existiert, etwas bewirken? Außerdem ist ein Vakuum, wenn es als existent vorausgesetzt wird, keine Substanz und geht auch nicht von einer Substanz aus, und um die Frage mit einem Wort zu klären, es ist nichts und kann daher keine Wirkung haben.

Jemand wird vielleicht sagen, dass die Natur eine Bewegung aus Angst vor einem Vakuum anregt, oder um ein solches zu vermeiden. Aber das genügt nicht; denn da die Luft verdünnter ist als das Wasser, so müsste am Anfang, bevor es zu einer Anziehung wegen eines Vakuums kommt, das vorhandene Wasser in Luft umgewandelt werden, und die Luft ihrerseits in Feuer, das verdünnter ist als die Luft; dann müsste das Feuer selbst verdünnt werden, und schließlich müsste diese Anziehung stattfinden. Wir sehen aber, dass das Wasser nicht in Luft umgewandelt wird, sondern eine Anziehungskraft ausübt, und die Luft tut dies ebenfalls, bevor sie in das Feuer übergeht. Da also noch so viele Zwischenstufen vorhanden sind, übt die Natur nicht aus Furcht vor einem Vakuum, sondern aus Furcht vor Verdünnung die Anziehungskraft aus, von der man sagt, dass sie durch ein Vakuum ausgeübt wird. Ich darf sie auch nicht mit Averroes als gewaltsam bezeichnen, denn sie ist ganz natürlich, wie die Bewegungen des Wassers, wenn es in der Luft war und sich nach unten bewegt. Es wird in der Tat durch Gewalt zur Ruhe gebracht, und so wird es auf natürliche Weise bewegt. Auf diese Weise erfährt ein Element, das durch Verdünnung einen Zug ausübt, Gewalt, von der es sich durch diese Bewegung befreit. Dass aber ein schweres Ding durch diese Bewegung nach oben gezogen wird, geschieht zufällig, und für das, was gezogen wird, ist es manchmal gewaltsam und manchmal nicht, als ob etwas Leichtes nach oben gezogen würde. Es genügt, dass die durch das Prinzip selbst hervorgerufene Bewegung natürlich ist.

Aber kann dies geschehen, wenn das, was bewegt wird, unwillig ist oder zumindest nicht mitarbeitet? Außerdem wird das, was an einen Ort bewegt wird, freiwillig bewegt, wie ein Element oder ein gemischtes Ding, nicht wie ein schweres oder leichtes Ding. Was auf diese Weise mit der Zustimmung von etwas anderem bewegt wird, vergisst tatsächlich seine eigene Natur. In ähnlicher Weise handelt jemand, der seinen Sohn auffordert, sein Leben zu riskieren, wenn die Stadtmauern vom Feind angegriffen werden, einem Pflichtgefühl; wäre er nicht vom Gemeinwohl beseelt, würde man ihn für grausam halten.

Kommen wir nun zu den **Bewegungen von schweren Dingen**. Diese Bewegung ist frei, oder sie findet mit einem Gewicht statt, wie bei einer Waage oder einem Stahlgerüst. Die übliche Frage lautet: Warum werden Gewichte besser durch Gewichte in Bewegung gesetzt? Angenommen, ein Gewicht B wird auf dem Querbalken C durch

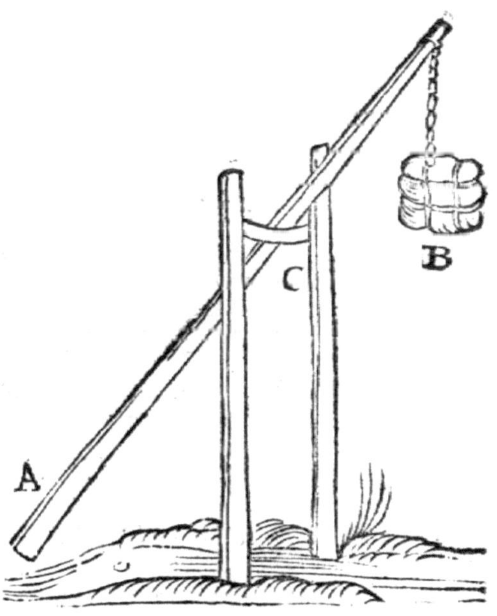

den Griff A in Bewegung gesetzt. Wenn dem Griff A ein Gewicht hinzugefügt wird, ist es einfacher, von den Seiten zur Mitte abzusteigen, da er bis zum Erreichen eines bestimmten Punktes von dem Gewicht unterstützt wird: aber andererseits ist es schwieriger, von der Mitte zu den Seiten zu gelangen. Aus diesem Grund sollte das Gewicht einen gewissen Höchstwert nicht überschreiten, bis zu dem die Leichtigkeit der Bewegung erhöht wird. Überschreitet man diese, wird die Bewegung schwieriger. Aus diesem Grund bringt man am Griff eines Schwertes einen Knauf als Gegengewicht an, um es leichter und handlicher zu machen. Aber auch hier gibt es eine Grenze zu beachten.

Wir haben diese Ergänzung gemacht, weil die meisten Apparaturen, die zum Wasserschöpfen geeignet sind, durch die Kraft von Menschen oder Lasttieren betrieben werden. Aber auch wenn die Maschinen durch das Fließen des Wassers selbst in Bewegung gesetzt werden, wird die Bewegung durch das Anbringen von Gewichten an den Griffen erleichtert. So ist es möglich, das Wasser allein durch die Kraft des abwärts fließenden Wassers in die Höhe zu treiben und Felder mit Wasser aus einer tieferen Ebene zu bewässern. Das ist aber nur möglich, wenn das Wasser abwärts fließt und durch seine Strömung eine Wirkung entfaltet. Um das zu erklären: Lassen Sie auf der einen Seite eine Maschine von Ctesibius oder von Brambilla oder einer anderen Art installieren; es gibt, wie ich sagte, unzählige Varianten davon, aber diese beiden sind schöner als alle anderen, abgesehen von der archimedischen Schraube. Und wie ich schon beschrieben habe, soll die Auf- und Abbewegung eines Kolbens durch die Wirkung eines Wasserrads mit Schaufeln erzeugt werden; so wird das Wasser dazu gebracht, sich spontan nach oben zu bewegen, weil es durch technisches Geschick gegen seine Gewohnheit handelt. Diesem Beispiel folgen eine Reihe von Städten, die sich auf Höhen über einem Fluss befinden.

Betrachten wir nun **Gewichte, die auf einer Waage angebracht sind.** Nehmen wir also eine Waage, deren Träger bei A aufgehängt ist, und ein Ende, an dem sich die Seiten des Balkens bei B treffen, und einen Balken CD, und es ist klar, dass CD sich um B herum bewegt, als eine Art Zentrum, weil CD nicht von B getrennt werden kann. Und lassen wir die Winkel ABC und ABD rechte Winkel sein. Ich sage nun, dass ein Gewicht, das bei C platziert ist, schwerer sein wird, als wenn die Waagschale an einem anderen Ort

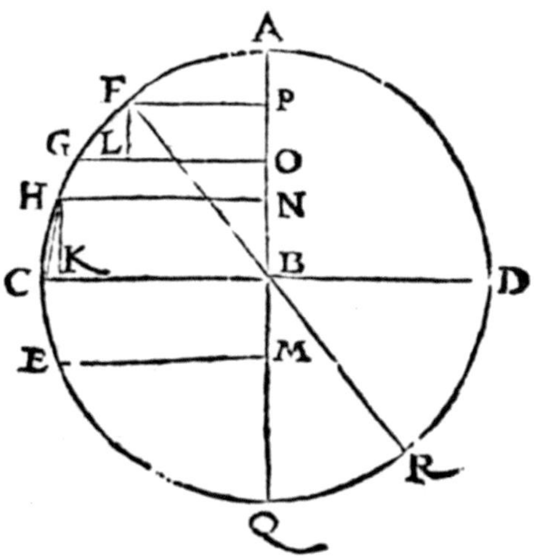

platziert wäre, z.B. bei F. Damit wir wissen, dass C an diesem Ort schwerer ist als bei F, ist es notwendig, dass es sich in einer gleich langen Zeitspanne durch ein größeres Intervall in Bezug auf den Mittelpunkt bewegt. In der Tat sehen wir, dass schwerere Dinge schneller in Richtung des Erdmittelpunkts[13] bewegt werden, auf derselben Grundlage wie beim Rest der Dinge. Ich zeige anhand von zwei Argumenten, dass dies bei einem Gewicht und einer Waage, die sich bei C befindet, eher der Fall ist als bei F. Das erste Argument besagt, dass das Gewicht, wenn es sich während einer bestimmten Zeitspanne von C nach E bewegt und der Bogen CE gleich FG ist, weil es sich von F nach G langsamer bewegt als von C nach E, daher bei F leichter sein wird als bei C. Zweitens, unter der Annahme, dass sie sich in gleicher Zeit von C nach E und von F nach G bewegen würde, immer noch entlang des Bogens CE, der gleich FG ist, würde sie dem Zentrum näherkommen als durch eine Bewegung entlang des Bogens FG. Folglich gibt es zwei Beweise dafür, dass das Gewicht schwerer ist, wenn die Waagschale im rechten Winkel zur Unterlage steht, als wenn sie an einer anderen Stelle steht.

Der erste wird so erklärt. Es ist offensichtlich, dass in Waagen und in Vorrichtungen, die Gewichte anheben, das Gewicht umso schwerer erscheint, je weiter es von der Achse entfernt ist; aber das Gewicht bei C ist von der Achse um die Länge der Linie BC entfernt, und bei F um die Länge FP, aber CB ist größer als FP, entsprechend dem fünfzehnten Satz des dritten Buches der *Elemente* von Euklid. Wenn die Waagschale also bei C angebracht wird, erscheint das Gewicht schwerer als bei F, was der erste Beweis war. Aus diesem Beweis geht auch hervor, dass das Gewicht der Waagschale, je weiter sie sich von A nach C hinunterbewegt, desto schwerer wird und sich desto schneller bewegt; aber von C nach Q hin wird das Gewicht im Gegenteil leichter und die Bewegung langsamer, was auch die Erfahrung bestätigt. Der zweite Beweis wird so erbracht. Da z. B. CE gleich FG ist, so setze man CH gleich CE, und CH wird gleich FG selbst sein, also ist die Sehne CH gleich der Sehne FG. Aus dem achten Satz des ersten Buches der *Elemente* von Euklid ergibt sich, dass der Winkel BFG gleich dem Winkel BCH ist. Aus dem fünften Satz des ersten Buches der *Elemente* folgt, dass bei senkrecht gezogenen Geraden FL und HK der Winkel FGL kleiner ist als der Winkel KCH (da er selbst ein Teil des gleichen Winkels BFG war). Daher ist die Seite HK größer als die Seite FL, denn die Geraden FG und HC waren gleich, und die Dreiecke rechtwinklig. Daher ist BN größer als OP, und folglich ist BM größer als OP.

[13] »centrum ferri«.

Während sich nun die Waage von C nach E bewegt, bewegt sich das Gewicht durch die Linie BM nach unten – mit anderen Worten, es kommt dem Mittelpunkt näher als es bei C war, und während es sich durch das Intervall des Bogens FG bewegt und durch OP nach unten geht – und BM ist größer als OP. Nehmen wir also an, dass es in gleicher Zeit von C nach E und von F nach G ginge, so bewegt es sich von C immer noch schneller nach unten als von F. Daher ist es bei C schwerer als bei F. Daraus ergibt sich, was der Philosoph sagt, dass bei gleichen Gewichten in F und R die Waage immer noch von selbst in die Position CD zurückkehrt, wo die Achse AB ist.

Jordanus Nemorarius hat dies weder bewiesen noch verstanden. Ebenso hat er nicht bewiesen, warum die Stütze, die bei QB liegt, wie es bei der umgedrehten Waage der Fall ist, wenn man die Stütze mit der Hand festhält, wenn die Waage über einem Gewicht liegt, das bereits nach R hinuntergezogen wurde, wo etwas Gleiches bei F liegt oder die Waagschalen ganz leer sind – nicht nur nicht in die Position CD oder die des Lotes zurückkehren; vielmehr bewegt sich R mehr nach unten in Richtung Q, und F steigt nach A, wie die Erfahrung zeigt. Auch dies hat Jordanus nicht bewiesen. Aristoteles sagt, dies geschehe, wenn sich die Achse über der Waage befinde, weil der Winkel QBF der äußersten Position größer sei als der Winkel QBR. Und ähnlich, wenn die Achse QB war, wird die Grenze AB sein, und dann wird der Winkel RBA größer sein als der Winkel FBA, aber der größere Winkel wird das schwerere Gewicht erzeugen. Wenn also die Achse oberhalb von F liegt, wird R schwerer sein, sodass F die Waage in Richtung C zieht, und wenn die Stütze unterhalb liegt, wird R schwerer sein als F, sodass es die Waage in Richtung Q zieht.

Wenn nun jemand einwendet, dass das Gewicht bei F schwerer ist als bei C, wenn der Mittelpunkt bei A aufgehängt ist, so ist doch schon das Gegenteil bewiesen worden. Unsere Antwort ist, dass der größere Winkel von der äußersten Position das Gewicht schwerer macht, vorausgesetzt, dass die Geraden gleich sind; aber wie gezeigt wurde, ist ein Gewicht bei C sowohl von der äußersten Position als auch vom Balken weiter entfernt als bei F, sodass die Winkeltheorie dort nicht gültig ist. Aber wenn wir Gewichte in F und R anbringen, sind sie schon gleich weit sowohl von der Achse als auch von der äußersten Position entfernt. Dementsprechend ist die Winkeltheorie zu prüfen. Die allgemeine Theorie lautet also: Je weiter die Gewichte von der Grenze oder von der geraden oder schrägen (d.h. unter einem Winkel verlaufenden) Falllinie entfernt sind, desto schwerer sind sie. Zunächst ist aber die Größe der Geraden zu untersuchen; wenn die Geraden gleich sind, dann wird das Gewicht umso schwerer, je größer der Winkel ist.

Wenn BC dann in Richtung QC gekrümmt wird, wird es angehoben und ist weniger weit vom Punkt B entfernt, wodurch die Gewichte leichter werden und ein Goldstück mit dem richtigen Gewicht zu leicht und ein zu leichtes, das auf der gegenüberliegenden Seite liegt, richtig erscheint. Der Betrug wird jedoch durch eine leere Waage oder durch das Vertauschen von Münze und Standardgewicht aufgedeckt.

Aber warum streben die Gewichte nach der Mitte? Dieses Problem lässt sich leicht lösen, wenn man sich vor Augen hält, was wir gesagt haben. Denn während ein Gewicht bei F in C ankommt, nähert es sich dem Mittelpunkt der Welt, zu dem sich die Natur auf der Linie PB bewegt. Und während es von C in Q auf der Linie BQ ankommt, und somit die Tendenz des Gewichts ist, gerade zur Mitte zu streben; in der Tat, da es eingeschränkt wird, bewegt es sich so, wie es sich bewegen kann, und somit von rechts oder links in Richtung der Senkrechten und der Mitte.

Aber Sie werden sagen: Warum bewegt sich dann C nicht in Richtung Q, wenn die Waage leer ist? Ich antworte, dass sich dann

D nach A bewegen würde; aber wie man anhand einer geraden Linie mit C bei Q und D bei A gesehen hat, würde auf der Seite von D immer noch so viel verloren gehen, wie zu C selbst beigetragen würde. Aber das, was auf der Seite D verloren ginge, wäre mehr gegen die Natur als das, was zu C selbst beitragen würde, naturgemäß wäre. Das Hindernis wäre also größer als die Hilfe. Bei gleichem Gewicht von C und D werden sie sich also nicht nur nicht von selbst von dieser Position entfernen, sondern, wenn sie dazu gezwungen werden, auch wieder zurückkehren.

Wenn man diese Argumente berücksichtigt, kann man Waagen herstellen, die ohne Gewichte als gleichwertig angesehen werden, und durch entsprechende Markierungen ein größeres Gewicht der Dinge anzeigen können als sie haben. In der Tat, wie Aristoteles feststellt, pflegten die Verkäufer von Purpur die **Käufer auf diese Weise zu betrügen.** Die Erklärung dazu lautet: Wer eine Waage sucht, die zwölf statt elf Unzen anzeigt, nehme eine Metallstange AB, die in dreiundzwanzig gleiche Teile geteilt ist (denn dies ist die Zahl, die durch elf und zwölf zusammen erreicht wird). Am Ende des elften und am Anfang des zwölften Teils sollen die Zunge und die Aufhängung der Waage befestigt werden. Es ist dann offensichtlich, dass DC um einen elften Teil größer als AD ist; und da DC ein wenig größer als AD und schwerer ist, werden wir es mit einer Feile oder einem Bohrer leichter machen, oder wir werden eine leichtere Waagschale bei C als bei A hinzufügen, sodass, während die Schalen leer sind, die Waage in keiner Richtung herunterhängt. Aber wenn wir ein Gewicht von elf Unzen auf der Seite C und ein Standardgewicht für zwölf Unzen in der Schale A hinzugefügt haben, wird die Waage Gleichgewicht anzeigen. Da also die Standardgewichte nicht manipuliert wurden und die Waage nicht defekt erscheint, wenn die Schalen leer sind, kommt der Betrug durch den Austausch von Ware und Standardgewichten klar zum Vorschein. Denn die Seite C wird sich aus zwei Gründen nach unten bewegen: weil sich das größere Gewicht in ihrer Schale befindet und weil CD länger ist als DA.

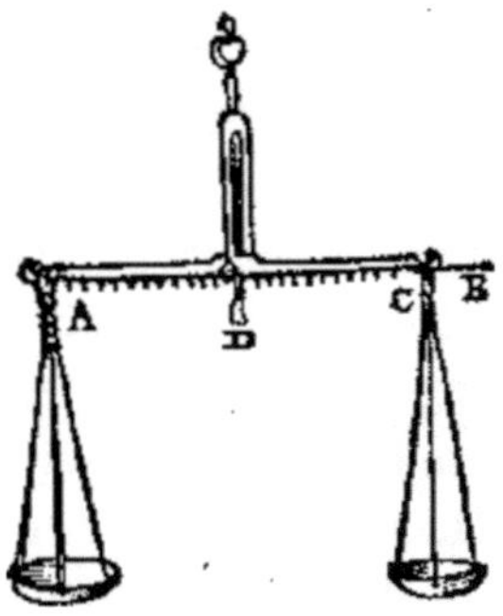

Schwieriger und undurchsichtiger ist der Fall des Waagebalkens, über den wir in dem Buch *Arithmetica* geschrieben haben. Aber jetzt, da dieser Fall für die vorliegende Diskussion von Belang ist, wird es eine ausgezeichnete Ergänzung sein, soweit es hier notwendig ist. Der ganze Fall besteht also aus drei Punkten, von denen der erste in den *Parabolas* von Archimedes vorkommt und wo das Gewicht des Waagebalkens nicht berücksichtigt wird. Das Verhältnis der Gewichte, die sich im Gleichgewicht befinden, ist das der Abstände, die sie von der Achse haben. Wenn zum Beispiel D, das an der kleinen Schale bei C hängt, mit G, das bei F hängt, im Gleichgewicht ist und das Verhältnis FB zu BC das Vierfache ist, ist auch das Verhältnis von D zu G das Vierfache.

Staterae ratio.

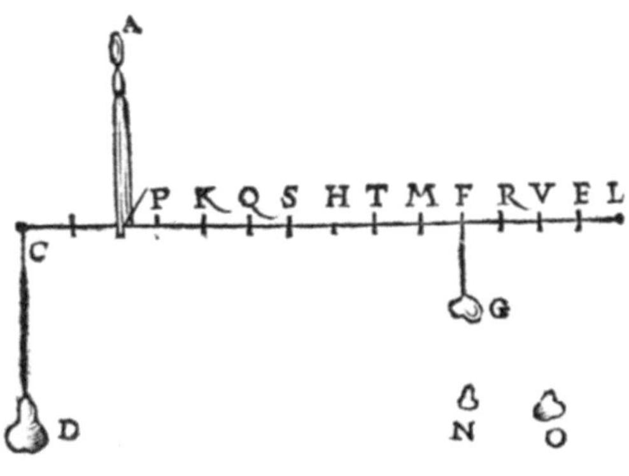

Zweitens, wenn ein Gewicht allein an den kürzeren Teil gehängt wurde und die Stange selbst schwer ist, von gleichmäßiger Größe und Gewicht, und ein Gleichgewicht besteht, wird das Verhältnis des angehängten Gewichts zum Gewicht der ganzen Stange so sein wie die Unterschiede der Teile der

Stange zum Doppelten des geringeren Gewichts. Beispiel: Ein Gewicht D, das bei C aufgehängt ist, bildet ein Gleichgewicht mit der Stange BL ohne jedes andere Gewicht, und BL und BC sind wie gesagt, und BK ist gleich BC; dann sage ich, dass das Verhältnis von D zu dem Gewicht CL wie das von dem Gewicht LK zu dem Gewicht KC ist. Daraus ergibt sich die Regel: CL und CK sind als bekannte Gewichte zu betrachten, und wir können das Gewicht D berechnen. KL, das beispielsweise 40 sein soll, wird 1600; dividiert durch das Gewicht CK, das 16 sein soll, heraus kommt 100; addiert man das Gewicht KL dazu, das 40 ist, so ergibt sich das Gewicht D von 140. Und auf diese Weise werden wir in der Lage sein, für jedes beliebige Maß, das wir wünschen, herauszufinden, wie viel Gewicht die Waage anzeigt.

Aus diesen beiden Fällen folgt ein dritter: Wenn ein Waagebalken als gewichtslos betrachtet wird, aber von dem Teil, der der Unterscheidungspunkt für die Länge der Öffnung ist, ein Gewicht gleichmäßig über die ganze Stange verteilt wird, besitzt er eine Schwere, die dem Gewicht entspricht, das an einem vom Waagebalken entfernten Punkt durch die Mitte der ganzen Stange angebracht wird. Nehmen wir an, dass KL ein gewichtsloser Stab ist, und dass CB gleich BK gemacht wird, und dass es ein Gewicht gibt, das gleichmäßig entlang des Stabes verteilt ist, sodass es in Form eines Rechtecks ein Gleichgewicht mit D herstellt, das bei C angebracht ist, und dass G als Ausgleichsgewicht genommen wird, das gleich dem gleichmäßig verteilten Gewicht ist, und dass BM die Hälfte der gesamten Länge von KL ist: Ich sage, dass G, das bei M aufgehängt ist, ein Gleichgewicht mit D herstellen wird, und daher so schwer sein wird wie das Gewicht, das gleichmäßig entlang der gesamten Länge von KL verteilt ist. Nehmen wir dann an, dass es sich bei M im Gleichgewicht mit D befindet, so ist nach dem ersten dieser Sätze MB zu BC wie D zu G.

Wiederum, weil D ein Gleichgewicht mit G schafft, das sich entlang von KL erstreckt, würde, wenn ein gleiches Gewicht entlang der gesamten Länge von CK hinzugefügt würde, es immer noch ein Gleichgewicht schaffen, weil BC und BK gleich sind, und dann würde es ein Verhältnis des Gewichts D zum Gewicht KL geben, das dem des Gewichts LC zum Gewicht CK entspricht, durch den zweiten Satz ersetzt – also das gleiche wie das Verhältnis der Länge LC zu CK, weil das Gewicht gleichmäßig verteilt ist. Aber das Verhältnis des Gewichts D zum Gewicht LK ist das von D zu G, weil man annimmt, dass G und LK gleich sind; daher ist, wie LC zu CK, so MB zu BC; daher durch Vertauschung, wie CK zu CB ist, so ist LC zu MB; aber CB ist die Hälfte von CK, daher ist BM die Hälfte von LC – quod erat demonstrandum.

Da aber CB die Hälfte von CK und BM die Hälfte von CL ist, folgt daraus, dass MK die Hälfte von KL ist und so ist, als ob es in der Mitte der Stelle aufgehängt wäre, über die es sich erstreckt. Jedes einzelne Gewicht, wie ungleichmäßig es auch sein mag, trägt also nach Archimedes, als Dreieck betrachtet, die gleiche Menge an Gewicht über die Stange verteilt, als ob es in der Mitte der Stelle aufgehängt wäre, an dem sich der Schwerpunkt im Verhältnis zur Senkrechten befindet.

Dies nimmt er im Allgemeinen an, auch wenn das Gewicht nicht bis zur Öffnung reicht, sondern z.B. entlang von LF verläuft und sein Mittelpunkt auf der senkrechten Linie E liegt; dann sei es so, als ob es bei E selbst aufgehängt wäre. Diese Überlegungen, wie wir sie in der *Arithmetica* dargelegt haben, bilden die Grundlage für die Herstellung von Waagebalken.

Nun braucht man nur noch zu zeigen, wie man einen Waagebalken zur Vollkommenheit bringen kann, auch wenn die Kaufleute, die mit teuren Waren handeln, eine Balkenwaage benutzen. Die Waage sei also nach eurer Art geteilt und habe ein Hilfsgewicht G; weil G beweglich ist, soll G bei F das Gleichgewicht mit D selbst halten, denn so hält D das Gleichgewicht mit G bei F und darüber hinaus das Gleichgewicht mit der Stange KL. Nehmen wir nun an, dass N der Teil von D ist, der LK ausgleicht, und O ist der übrige Teil von D, der G ausgleicht. Daher ist nach der ersten Regel das Verhältnis von O zu G wie das von FB zu BC. Aber das Verhältnis von N zu LK ist sowohl wie LK bei M aufgehängt, nach der dritten Regel, als auch wie das von LC zu CK, nach der zweiten Regel. Wir werden daher das Gewicht N zunächst an der Senkrechten D festmachen, dann, wenn das Gleichgewicht hergestellt ist, ist der Zusatz O immer in dem Verhältnis zu G, das der Teil LB zu BC hat. Daher wird bei gleichem Zuwachs von BL, O zunehmen, aber N bleibt immer gleich, also wird bei gleichem Zuwachs der Teile BL das Gewicht D zunehmen. Der Waagebalken würde also im Gleichgewicht sein, wenn bei C ein Gewicht angebracht wird, das ein Gleichgewicht mit LK herstellt; teilen wir also die Intervalle vom Aufhängepunkt bis L in gleichen Schritten. Da aber niemand bei C ein Gewicht anbringt, ist es wichtig, dass die erste Marke (nennen wir sie P) auch das Gewicht LK anzeigt. Wenn also LK zwei Pfund wiegt und das Gewicht D zwei Pfund entspricht, würde die Marke des ersten Gewichts z.B. bei K stehen, aber weil G bei K das Äquivalent von vier Pfund wiegen würde und außerdem LK eine Schwere von zwei Pfund erzeugt, müsste D dann vier Pfund sein, sodass das Gewicht sechs Pfund wäre, aber nur vier Pfund anzeigen würde.

Aus diesem Grund werden wir die erste Markierung von vier Pfund bei P machen, da, wenn von dort aufgehängt, G eine Schwere von zwei Pfund schafft, und LK zwei weitere, sodass das Gewicht D von vier Pfund sein wird, die das Gleichgewicht schaffen wird. Daher wird die Marke von vier ursprünglichen Pfund bei P sein, und in einem viel kleineren Abstand vom Gleichgewichtspunkt als die restlichen Punkte untereinander. Aber der Rest wird in der Tat gleich weit voneinander entfernt sein, zum Beispiel der zweite bei Q, der dritte bei H, der vierte bei M, der fünfte bei R und der sechste bei E.

Wenn also G auf E geschoben wird, zeigt es vierundzwanzig Pfund an. Daraus ist ersichtlich, dass kein geringer Nutzen entsteht, wenn G ein an sich bekanntes Gewicht ist, zum Beispiel ein Pfund oder zwei Pfund oder drei.

Die Schwerpunkte von Kreisen und Rechtecken liegen im Schnittpunkt der beiden Durchmesser. Und bei allen gleichseitigen Figuren, die in einen Kreis eingeschrieben werden können, ist der Schwerpunkt derselbe wie der Mittelpunkt des umschreibenden Kreises. Es wird in allen Fällen angenommen, dass die Gewichte überall die gleiche Dicke haben und aus einem gleichmäßig schweren Material bestehen. In allen Dreiecken liegt der Schwerpunkt im Schnittpunkt dreier Linien, die jeweils vom gegenüberliegenden Winkel zu einer Seite verlaufen und diese Seite in gleiche Hälften teilen. Sie müssen in einem einzigen Punkt zusammenfallen, wenn sie sich schneiden, obwohl Archimedes dies nicht bewiesen hat. In unseren *Geometricis Elementis* zeigen wir dies im Allgemeinen, aber es muss jetzt deutlich gemacht werden. Man halbiere die Seiten AB und AC bei D und E; man zeichne CD, BE und durch ihren Schnittpunkt (G) AGH und DE, die parallel zur dritten Seite liegen werden. So werden BEC und CDB gleich sein, da sie auf derselben Basis BC liegen; wenn die gemeinsame BCG entfernt wird, wird CEG gleich DBG sein, und AGE und AGD sind jeweils gleich, weil sie auf derselben Basis und zwischen Parallelen liegen; so sind AGE und AGD gleich. Und da sie auf der gleichen Linie AG liegen, sind sie gleich hoch, was auch die Höhe der Dreiecke FGD und FGE ist, die auf derselben Basis FG liegen, also sind auch sie gleich. Und da BC parallel zu DE ist, ergibt sich aus Satz 29 des ersten Buches der Elemente und Satz 15 desselben Buches, dass DGE und BGC gleichwinklig sind und das Verhältnis von BG zu GE gleich dem von CG zu GD ist. Aus denselben Sätzen geht hervor, dass BGH und GEF ähnlich sind, ebenso wie CGH und DGF. Daher ist das Verhältnis des Dreiecks BGH zu EFG gleich dem Verhältnis von BG zu GE zum Quadrat, und von CGH zu DFG gleich dem Verhältnis von CG zu GD zum Quadrat; und wie bereits gesagt, ist CG zu GD wie BG zu GE, daher ist BGH zu EFG wie HCG zu DFG; da DFG und EFG gleich sind, sind auch BGH und CGH gleich; und da sie zwischen Parallelen liegen, werden BH und HC auf gleichen Basen liegen, sodass alle Dreiecke ABH, ACH, CDB, CDA, BEC, BEA die Hälften von ABC sind; daher kann ein Dreieck, das auf G ausgerichtet ist, in keine Richtung kippen, was zeigt, das C der Schwerpunkt des Dreiecks ist.

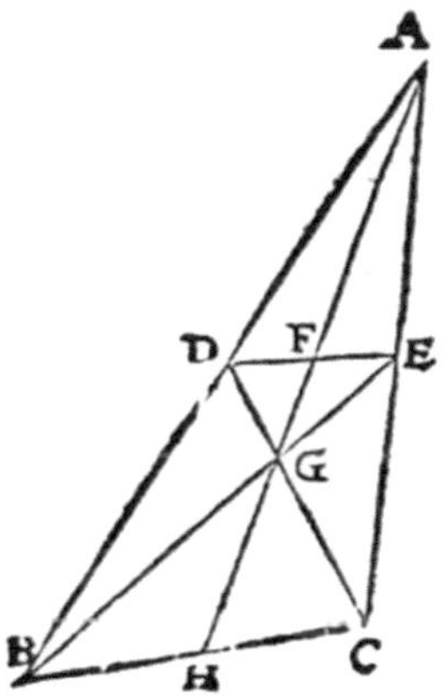

Und der Schwerpunkt eines Kegels mit parabolischem Querschnitt oder eines rechteckigen Kegels liegt in seinem Durchmesser, der von seiner Spitze bis zur Mitte seiner Basis an dem Punkt verläuft, der um die Hälfte mehr von der Spitze des Kegels als von seiner Basis entfernt ist, das ist die Gerade, die unter dem Winkel des Kegels liegt.

Wenn also eine gleichmäßige Stange CL mit einem Gewicht von sieben Unzen an Ort und Stelle gesetzt wurde und bei B ausgeglichen ist, sodass KL 10 und KC 4 und G ein Pfund ist, werden wir einen Waagebalken so einrichten. Ich werde ein Gewicht LK, das an sich 5 ist, quadrieren, es wird 25; ich teile durch das Gewicht KC, das 2 ist, um zu 12 ½ zu kommen, zu dem ich 5 Unzen, LK, hinzufüge, und gelange zu 17 ½. So werde ich bei CD einen eisernen Ring von fünfeinhalb Unzen anbringen, und ein Gewicht von einem Pfund LK wird zurückbleiben. Wenn wir dann G bei K platziert haben, wird es einem Pfund entsprechen, und die Hinzufügung eines weiteren Pfundes wird bei D wegen LK erforderlich sein, also werden wir bei K zwei Pfund anzeigen und eine entsprechende Markierung vornehmen. Danach bei S 3; bei T 4; bei F 5; bei V 6; bei L 7, in gleichen Abständen. Daraus ist ersichtlich, dass alle diese Intervalle nach Unzen aufgeteilt werden können, mit Ausnahme von BK, dem ersten. Wir könnten sie aber auch so unterteilen, dass bei B ein Pfund angegeben wird, und bei AB in K werden die hinzugefügten Unzen in gleichen Abständen angegeben, die erste 13 Unzen, die zweite 14, die dritte 15, und so weiter für die anderen.

Es gibt also drei Gründe, **warum Balkenwaagen präziser sind als Waagebalken.** Das war von Anfang an mein Ziel. In der Tat ist es schwierig, einen Waagebalken mit so präzisen Maßen herzustellen, und selbst wenn er so groß ist, wird er nicht so schwer sein – das können wir in der Tat kaum erreichen. Zweitens ist es sehr schwierig, LB vollständig und perfekt in gleichen Abständen zu unterteilen. Drittens wird das Gewicht in der Regel nicht ganz am Ende C angebracht, und wenn es weiter innen angebracht wird, führt es zu Verwirrung.

Es gibt viele zusätzliche Dinge, die einen Waagebalken beeinträchtigen und die in einer Waage nicht vorkommen. Deshalb werden kostspielige Gegenstände in der Regel nicht mit einem Waagebalken, sondern auf einer Balkenwaage abgewogen. Es kommt sehr auf die genaue Konstruktion des Waagebalkens an, dass G leicht sein soll, und auch LC, und dass LB dreimal BC sein soll, denn so wird LK gleich KC sein, und dass die Ringe CD am Ende von LC sein sollen, und von gleichem Gewicht wie LK, denn diese Art von Waagebalken wird einer Waage sehr nahe kommen.

Auch das **Wasser kann Gewichte tragen.** Die Erfahrung zeigt, wie viel Gewicht ein lederner Schlauch beim Bau von Brücken tragen kann; ein mit Luft gefüllter Ledersack mit einem Fassungsvermögen von fünf Pfund und einer Unze Wasser trug vierzehneinhalb Pfund Ziegelsteine; daraus folgt, dass Säcke in Flusswasser das Dreifache des Gewichts des Wassers, das sie enthalten können, aufnehmen können. Wir sollten auch nicht übersehen, dass aus der Theorie der Dichte folgt, dass ein Mensch, der auf dem Rücken im Wasser liegt, so wie eine Marionette an Fäden hängt, er wird auf keinen Fall sinken. Dies ist an sich schon ein schwieriges Unterfangen, wird aber durch die Bewegung und Unregelmäßigkeit des Wassers noch erschwert. Damit schließe ich den Bericht über die Prinzipien der sterblichen Dinge[14].

[14] »de rerum mortalium principiis«.

Buch II: Die Elemente und ihre Bewegungen und Aktionen

Wir wollen uns nun mit den Elementen befassen, die aus Form und Urstoff bestehen und wie beseelt erscheinen; die Griechen nennen sie stoicheía. Das erste, was man gründlich begreifen muss, ist, wie viele es sind und von welcher Art. Aristoteles geht von vier aus: Erde, Wasser, Luft und Feuer. Erstens gibt es in der Tat vier primäre Qualitäten. Sie allein machen noch kein Element aus, weil sie nicht die Kraft haben, zu wirken und zu erleiden; und es können nicht mehr als zwei gleichzeitig vorhanden sein, ohne dass Gegensätze aufeinander treffen. Denn heiß kann nicht mit kalt kombiniert werden, noch trocken mit feucht. Wenn also ein Paar von nicht konträren Qualitäten miteinander verbunden wird, gibt es nur vier Kombinationen auf einmal, die **die vier Elemente** bilden. Auch zwischen der niedrigsten und der höchsten Position müssen zwei Positionen liegen, die niedrigste nicht genau, und die höchste, und damit die gleiche Anzahl einfacher Körper. Und wenn plausible Beweise etwas bedeuten, so sehen wir auch in den gemischten Körpern die vier Elemente. Denn niemand kann an Erde, Luft und Wasser zweifeln, angesichts ihrer Größe und der riesigen Mengen von Wasser (wie das Meer), Luft und Erde im Universum. Im Falle des Feuers sehen wir seine Vergrößerung, seine Kraft und seine Einzigartigkeit; außerdem soll seine Quelle innerhalb der Mondsphäre liegen. Viele Menschen glauben auch, dass diese vier in Destillaten sichtbar sind. Und unsere Sinne nehmen die gleiche Anzahl von Körpersäften in den Lebewesen wahr. Wiederum sind viele der Meinung, dass der Grund für das Auftreten von Kometen darin liegt, dass unter dem Himmel Dämpfe aus dem Element Feuer entfacht werden. Aber es gibt sicherlich kein Feuer im Himmel unter dem Mond, denn da der Himmel eine sehr reine Sache ist, wäre es unangebracht, extrem heiße Gegenstände unter einem Ding ohne jede Qualität zu platzieren. Die Natur verbindet in der Tat immer die Extreme mit den mittleren Dingen: eine Membran zwischen Fleisch und Knochen; Knorpel zwischen Knochen und Bändern; sie hat eine doppelte Membran zwischen Knochen und Gehirn gelegt, weil das Gehirn weicher ist als das Fleisch, und die härtere Membran näher an den Knochen gelegt. Und die Geschwindigkeit der Bewegung kann weder die Ursache noch der Beweis für Hitze sein. Denn selbst wenn kompakte Dinge durch Bewegung in Brand gesetzt werden, wie Steine, Blei und Lebewesen, werden diffuse Dinge wie Wasser und Luft kälter, je schneller sie sich bewegen; alle starken Winde sind in der Tat kalt, und Flüsse, die schnell fließen, haben sehr kaltes Wasser. Ein anderes Argument ist auch, dass Kometen oder Meteore unerträgliche Hitze erzeugen. Was wird also geschehen, wenn eine so große Region und der ganze Globus von Feuer umringt ist? Was wird verhindern, dass es die Luft selbst und dann alles übrige in Brand setzt, besonders wenn die Hitze der Sterne dabei hilft? Es ist wahr, dass Averroes annimmt, dass alles Licht heiß ist; viele betonen auch sehr, dass auch die Luft heiß ist; aber die feuchte Qualität widersteht am wenigsten von allem. Wie wird also die Luft dem gewaltigsten, größten und aktivsten Element gegenüberstehen? Dies beobachtend, sagte Averroes selbst, dass es Zeiten gibt, in denen das Feuer nicht aktiv heiß ist; aber wenn es nicht aktiv heiß ist, welche Potenzialität ist das? Wir nennen die Arzneien, die beim Verzehr erwärmen, »potenziell«; aber wird dieses Feuer von einem riesigen Tier verzehrt? Und wenn das Feuer nicht heiß ist und das Wasser nicht kalt (um die Ordnung des Universums durcheinander zu bringen), was hindert es daran zu glühen? Aber die Leute machen sich über dieses Argument lustig, es erscheint ihnen trivial. Nochmals: Wenn es dort Feuer gibt, warum scheint alles kälter zu sein, je höher wir kommen, sodass man sagt, dass es auf den Gipfeln der Berge sogar in der heißen Zone viel Schnee gibt? Das ist weniger bemerkenswert, wenn man bedenkt, dass Schnee nicht nur im Winter fällt, sondern auch im Hochsommer eisige Hagelstürme entstehen. Man sagt jedoch, dass diese Regionen dem Einfluss der Strahlen entzogen sind; aber das ist ein Argument für weniger Hitze, nicht für Kälte. Schließlich, wenn das Feuer dort wäre, würde sein besonderer Zweck das Erzeugen sein, aber das kann nicht so sein, weil es die Hitze des Himmels ist, die erzeugt, wie der Philosoph selbst bezeugt, und etwas sehr leichtes an Gewicht kann nicht so weit herabsteigen. Vielleicht wird jemand sagen, dass dieses Feuer nach oben befördert wird, und wird daher vermuten, dass sein Platz dort ist. Aber erstens sind dies rhetorische Argumente, die für eine ernsthafte Darstellung nicht geeignet sind. Und die Natur dieses Feuers ist nicht die, die sie dem höheren Feuer zuschreiben, denn es brennt, glüht, zerstört, nichts von dem, was sie jenem zuschreiben.

Wir werden auch sagen, warum dies geschieht, und wir werden zeigen, dass es auch nicht immer geschieht. Die Beweise belegen das nicht – eher das Gegenteil; denn zwischen zwei Extremen liegen normalerweise nicht zwei Mittelpunkte, sondern nur einer. Wenn das festgestellt wird, **gibt es nicht vier Elemente, sondern nur drei**. Aber wenn es das nicht beweist, wird es noch viel weniger beweisen, dass es vier gibt. Weder Meteore noch Kometen vermitteln uns, dass es dort Feuer gibt, da der Philosoph selbst sagt, dass diese Dinge in der Luft unterhalb des Feuers und in der Nähe der Erde vorkommen, sodass sie absolut kein Feuer brauchen. Auch in gemischten Körpern ist das Feuer nicht sichtbar. Denn wenn es in der Tat so wäre, würde es eher in Wolfsmilch und Pfeffer, deren Kraft heiß und ziemlich trocken ist, als in den kältesten Steinen existieren. Auch die Destillationen zeigen nur drei Substanzen: Wasser für Wasser, Öl anstelle von Luft, und Erde, die darunter liegt. Wenn Sie aber sagen, dass der rote Teil des Öls das Feuer darstellt, wo es sehr scharf ist, so antworten wir und sagen, dass diese Schärfe und der scharfe Geschmack der Luft von der schärferen Kraft des Feuers ausgehen. Der Beweis ist, dass kein Teil des metallischen Öls ohne einen sehr scharfen Geschmack ist. Wenn also alles, was sehr scharf ist, mit dem Feuer zusammenhängt, dann dürfte es überhaupt keine Luft darin geben. Folglich kommen wir wieder auf nur drei Elemente.

Bei den Lebewesen gibt es vier Körpersäfte. Aber wie verhält sich dies zu den Elementen? Was ist, wenn ich sage, dass es nur drei gibt, wie Turisanus, der die Heilkunst Galens erklärt hat? Doch unsere Sinne zeigen keineswegs, dass es vier sind: Auch sie behaupten nicht, dass das Feuer ein Element ist. Unsere Sinne zeigen, dass es drei und nicht vier sind. Das Feuer ist auch nicht deshalb ein Element, weil es alles schnell verzehrt – in diesem Sinne ist auch die Bewegung ein Element. Feuer ist auch nicht ein Element, weil es sich schnell vermehrt – dann wären auch die Mäuse ein Element. Aber keines von beiden wird mit der Erde in Verbindung gebracht, die jeder für ein Element hält. Um also zu zeigen, dass es vier Elemente gibt und dass auch das Feuer ein Element ist, sind alle diese Punkte zu wenig überzeugend. Nicht nur das, sondern sie zeigen eher das Gegenteil, wie wir von Anfang an behauptet haben.

Dies war der wichtigste Aspekt bei der Kombination der Qualitäten. Aber man sieht dies nicht in den Mischungen, denn es gibt einige heiße und feuchte Dinge, einige heiße und trockene und so weiter. Da aber unter den Elementen die Hitze und die übermäßige Trockenheit alle der Zerstörung anheimfallen sollten, wird das Element durch die himmlische und wohltemperierte Hitze ersetzt, aus der alles geschaffen wird. Die Materie, die die Menschen Feuer nennen, entsteht dann in der Regel aus dieser und aus dem Zerfall, in einem Prozess der Bewegung. Es soll also Feuer geben – aber keineswegs als Element.

Nun weiß ich, was einige Leute sagen werden: »**Wer bist du, dass du es wagst, vom Philosophen abzuweichen?** Besonders in einer so gut und lange etablierten Ansicht. Inwiefern beweist denn die Entstehung von Hagel und Schnee, dass dort kein Feuer vorhanden ist? Denn selbst wenn kein Feuer vorhanden ist, so ist es doch nicht glaubhaft, dass die betreffende Region sehr kalt ist, denn sie wird von den Sonnenstrahlen erhellt, und dennoch ist die Luft, die diese Region umgibt, sehr heiß? Wenn wir von Feuer und Element sprechen, meinen wir etwas sehr Heißes und Trockenes; dieses unser Feuer ist sehr heiß und sehr trocken, daher ist es auch nicht gemischt, denn wenn es das wäre, könnte es nicht so sein – daher ist dieses Feuer ein Element.«

Obwohl mir das nicht vorgeworfen wird, habe ich doch das Gefühl, dass es so sein könnte. Um also zu Aristoteles zu kommen: Er war ein Mensch, und beim Thema der Sezierung und in vielen Einzelheiten hat er sich geirrt.

Außerdem haben seine Nachfolger und Theophrast und Galen viel Falsches geschrieben, und wenn es für Aristoteles erlaubt war, Platon um der Wahrheit willen zu verlassen, warum sollte es für uns nicht in Ordnung sein, ihn ihretwegen ebenfalls zu verlassen? Er hat versucht, einige allgemeine Sätze aufzustellen, die sich durch die Erfahrung als falsch herausgestellt haben, zum Beispiel, dass kein Tier angenehm riecht, und was schwer ist, kann nicht auf beiden Seiten hervorstehen, und daher ragt die Erde nicht auf beiden Seiten des Wassers hervor, was sich jedoch durch Experimente als falsch herausstellt. Wenn wir also annehmen, dass er sich bei zwei oder drei von tausend Behauptungen geirrt hat, werden wir nicht sagen, dass er etwas getan hat, das eines Menschen unwürdig ist, und zwar eines sehr klugen Menschen. In der Tat wird er von Averroes selbst an einigen Stellen aufgegeben, an einigen Stellen wird er widerlegt, aber an mehr Stellen wird er mit einer gewissen Sinnübertragung verteidigt. Auch das dient nur dazu, ihn zu widerlegen, nicht ihn zu verteidigen. Aber auch hierin widersprechen wir Aristoteles nicht: denn jenseits der Mondsphäre[1] will er weder Feuer noch irgendetwas sehr Heißes existieren lassen. So weit sich die Region der Luft erstreckt, ist sie offensichtlich sehr kalt, denn wie wir zeigen werden, sind alle Elemente so. In der Tat ähnelt das, was über die Dämpfe und die so genannte Antispase[2] gesagt wird, eher einer Fabel als einem Bericht über eine natürliche Sache.

Wenn man also Feuer jenseits des Mondes annimmt und davon ausgeht, dass es dort rotiert, wird es extrem kalt sein. Wir greifen diese Ansicht an und geben die Erfahrung nicht auf. Denn es ist klarer als das Licht, dass die Luft dort sehr kalt ist, und noch mehr jenseits des Mondes; aber sie wird durch die Nähe zu den Sternen gemildert, und besonders zum Mond. Und obwohl der Mond nur einem kleinen Teil direkt zugewandt ist, ist diese Luft, da alles miteinander vermischt und von sehr verdünnter Substanz ist, die gemäßigtste Luft; sie ist die reinste und durchsichtigste und ungetrübt. Deshalb nannten

[1] »in concavo Lunae«.

[2] Ein Begriff, den Hippokrates und Galen verwenden, bei dem es um die Umleitung oder Rückführung von Körpersäften geht.

die Alten sie den **Äther**, und sie hatten recht, und auch der Philosoph selbst nannte sie manchmal so. Er passt sehr gut zum Ort und zur Natur des Himmels, da er ihm in seiner Verdünnung und seinem Temperament der Qualität fast gleicht. In der Tat ist der Äther nicht deshalb temperiert, weil er gleichmäßig mit heiß und kalt vermischt ist, sondern weil er ohne diese beiden Eigenschaften ist. Ebenso kann er weder trocken genannt werden, weil er fließt, noch nass, weil er nicht befeuchtet – sondern rein, wie ich sagte, und ungetrübt, und er ist gut geeignet für die Erzeugung, die wir später besprechen werden.

Dass die Luft sehr heiß ist, dafür bedarf es keiner Experiments, sondern vielmehr, dass sie an sich sehr kalt ist. Dies steht im Einklang mit der Erfahrung. **Die ungeheuerlichen Bemerkungen der Aristoteliker** (ich will nicht den Anschein erwecken, Aristoteles selbst zu beschuldigen) über unerklärliche Probleme, die noch unentschieden sind, sind zu Ende. Es ist also besser, die Wahrheit und die Erfahrung selbst zu schützen, indem man sich an einige feste Punkte hält, als in Unwissenheit zu verharren, während man ewig mit jenen Leuten über die Natur der Dinge streitet. Denn wer außer einem Verrückten würde jemandem zuhören, der debattiert und behauptet, dass die Luft an ihrer Spitze und Grenze heiß ist, und dann allein durch ihre Bewegung oder ihre Dämpfe ohne Bewegung, wie bei einem Nordwind, so kalt wird, dass sie Eis, Schnee und Hagel hervorbringt, und niemand hätte sich über die Hitze der Luft beschwert, außer der Kraft der Sonne, aber alle beschweren sich über die Kälte, und doch wagen sie es, der Luft dieselbe Hitze zuzuordnen wie dem Feuer. Da das Feuer aus einer dünneren Substanz als die Luft besteht, warum weicht es nie von seiner großen Hitze ab, noch wird seine Natur und sein Brennen sanfter? – Ich muss nicht erwähnen, dass es kalt wird.

Wenn man aber sagt, dass diese Luft nicht die Luft ist, die sich bewegt oder die Raum für Dämpfe hat, so ist es in der Tat unmöglich, dass ihre Substanz nach einer so großen Verwandlung von sehr heiß zu sehr kalt fortbesteht, wobei sogar Aristoteles die entscheidende Stimme ist. Dies ist offensichtlich, da die ganze Luft um uns herum kalt oder jedenfalls gemäßigt ist, da sie sich nahe dem Mondhimmel befindet; denn die ganze Luftmasse, die häufig aus ätherischen Flammen stammt, dreht sich vierundzwanzig Stunden lang mit der himmlischen Bewegung, denn sogar Aristoteles selbst räumt ein, dass diese ganze Maschinerie der Luft kalt oder gemäßigt ist. Wenn dies keine Luft ist, müssen wir nach einer anderen Luft suchen, vielleicht über dem Himmel oder in den Eingeweiden der Erde.

Es gibt also drei Elemente: Erde, die das kompakteste und schwerste ist und sich unten befindet; Luft, die das verdünnteste und leichteste ist und sich oben befindet; und Wasser, das von allen die mittlere Position zwischen diesen einnimmt. Allen gemeinsam ist, dass sie keine eigene Hitze besitzen, denn es gibt keine Hitze außer der des Himmels, also der einer Seele oder des Lichts. Die Erde, da sie zu dicht ist, und die Luft, da sie zu verdünnt ist, erscheinen als weniger kalt; das Wasser aber, da es aus einer mittleren Substanz besteht, erscheint sehr kalt. So erscheint die Luft, wenn sie schwerer wird, kälter. Wenn sie aber nicht auf diese Weise beeinflusst wird, hält man sie wegen ihrer Verdünnung für gemäßigt, obwohl sie es nicht ist. Sie hat aber eine solches Potenzial, eben weil sie leicht veränderlich ist. Außerdem werden kalte Dinge kälter, wenn sie von sich aus dichter werden, wie im Falle des Eises. Die Erde aber nimmt durch Verdünnung Hitze auf und gilt daher als weniger kalt; deshalb sind die Gesteine selbst viel kälter. Die Luft aber ist sozusagen wegen des Lichts gemäßigt und wird, da sie sich wegen der Verdünnung leicht verändert, nicht nur als geringfügig kalt, sondern sogar als heiß angesehen, da alle Elemente ihrer Natur nach gleich sehr kalt sind. Der Beweis dafür sind die Gegenden unter dem Bären[3] und die Nächte und die Gipfel der Berge – aber auch die Vernunft beweist dies; alle Hitze kommt von den Sternen. Weil die Elemente rein sind, sind sie frei von der Hitze der Sterne; die Sternenhitze bewirkt eine sofortige Veränderung, und was verändert wird, unterscheidet sich von dem, was es vorher war.

Folglich wird ein Element aus Reinem und Gemischtem sein – es wird nicht einfach sein. Alle Elemente sind sehr kalt, d.h. frei von jeglicher Hitze. In der Tat ist die Kälte nichts anderes als der Entzug von Hitze. Sie unterscheiden sich auch in der Feuchtigkeit: Die Erde ist am trockensten, die Luft am feuchtesten, und das Wasser liegt in der Mitte. Wenn ich etwas trocken »wasserlos« und daher »schwer« nenne, so deshalb, weil es nicht ausgedehnt ist. Denn wenn die ursprüngliche Materie oder Hyle nicht ausgedehnt ist, ist sie dicht, und somit etwas, das dicht an Form und Schwere ist. Folglich ist das Wasser auch in der Mitte von all dem.

Daraus folgt, dass alle Sterne heiß sind; denn wenn alle Sterne Licht haben, so sind alle gemischt. Die Elemente sind ihrer Natur nach alle ohne Hitze und Licht, und nichts kann weniger sein als das, was nichts ist. Deshalb ist alles Licht heiß und gemischt, und jeder Stern ist deshalb heiß. Aber man sagt, dass Saturn nur im Vergleich dazu kalt ist, weil er nicht so sehr mischt, dass er die Zeugung im Menschen fördert, sondern sie behindert, so wie heißes Wasser, das mit lauem Wasser vermischt ist, weniger heiß ist. Deshalb ist Saturn hilfreicher als Jupiter, denn die Pflanzen brauchen eine gemäßigtere Hitze, wie sie im Saturn, nicht im Jupiter herrscht. Sie wird jedoch nicht im Sinne der menschlichen Fortpflanzung gemildert.

Alle Sterne sind also heiß, alle Elemente sind kalt. Noch einmal: Der Himmel ist weder heiß noch kalt. Viele Menschen täuschen sich über die Elemente, weil sie von einer gewaltigen oder aufgezwungenen Hitze ausgehen. Denn durch diese Wirkung der Sterne vermischen sich Teile der Elemente und werden potenziell wie scharfer Pfeffer. Aber das ist kein Element, sondern ein gemischter Körper. Auch ein Feuer, das durch den Zusammenprall von Steinen entfacht wird, ist die Hitze der Sterne in einem verdünnten Körper. So können gemischte Dinge mit großer Hitze durchdrungen sein, einige von ihnen mit verdorbener Hitze, wie in verfaulten Gegenständen, andere in Potenzialität, wie besonders in Pflanzen und Samen, andere mit aufgezwungener Hitze, wie in der Luft im Sommer, andere mit natürlicher Hitze, wie in Tieren. Es ist also klar, warum das Leben auf den Bergkämmen durch die Reinheit der Luft das ganze Jahr hindurch fortbesteht, nicht aber das Leben in Äthiopien, wegen der Hitze, und auch nicht das Leben in den Tälern, wo die Luft nicht einfach ist, sondern heiß und gemischt sein kann. In einer gemäßigten Region, in der die Winde aus dem Osten wehen, ist das Leben gesund und langanhaltend.

Doch dazu an anderer Stelle mehr. Für den Moment genügt es zu wissen, dass es nur zwei Qualitäten geben soll: die Hitze des Himmels und die Feuchtigkeit der Elemente. Trockenheit und Kälte sind der Entzug dieser Qualitäten. Darauf werden wir später eingehen. Um auf unser Thema zurückzukommen: Das, was ich ein Element nenne, ist kein sehr heißes oder kaltes Ding, denn ein solches ist kaum zu finden. Was ich aber nun ein Element nenne, das ist das, was weder der Nahrung bedarf, noch von sich aus verdorben ist, noch umherwandert, sondern eine feste Stellung einnimmt, da es eine große Masse hat, eine Masse nach der Natur, und es ist zur Erzeugung bereit. **Und da nichts von alledem auf das Feuer zutrifft, werden wir es überhaupt nicht als Element bezeichnen.** Es bewegt sich umher,

[3] Aus dem griechischen Wort ἄρκτος (árktos) für Bär wurde die Bezeichnung »Arktis« abgeleitet, die so viel bedeutet wie »Land unter dem (Sternbild des) Großen Bären«.

unfähig, ohne Nahrung zu leben, und verbrennt die Luft neben sich, und wird brennende Flamme genannt; eine Flamme ist nichts anderes als erhitzte Luft. Sie ist in ständiger Bewegung und kommt nie zur Ruhe. Denn da das Feuer eine sehr verdünnte Substanz ist und immer das verbrennt, was ihm ausgesetzt ist, ist es auch in ständiger Bewegung. Wegen seiner Feinheit kann es in die engsten Öffnungen eindringen, aber wegen seiner Bewegung spaltet und zerteilt es die Dinge, und verbrennt die zerteilten Dinge mit großer Hitze und verwandelt sie in seine eigene Substanz. Daraus folgt, dass eine Flamme niemals dieselbe bleibt, sondern mit unendlicher Erzeugung eine auf die andere folgt, und deshalb muss sie immer in Bewegung erscheinen. Denn wenn sie einmal entstanden ist, dringt sie in den angrenzenden Teil der Luft ein, ernährt sich von dessen Feuchtigkeit und entzündet beim Erlöschen eine neue Flamme. Wenn also die vorbestehende Feuchtigkeit in eine Flamme umgewandelt wird, ihre Größe durch diese Umwandlung riesig geworden ist und sie die ihr zugeführte Nahrung wegen ihrer Zähigkeit nicht vorantreiben konnte, muss sie kräftig nach oben steigen und wird erhitzt, um die bereits über ihr befindliche Flamme voranzutreiben. Deshalb geht eine Flamme im Allgemeinen nach oben und schlägt mit einem kräftigen Stoß zu. Steht aber darüber liegendes Holz in Flammen, muss die Flamme aus demselben Grund nach unten schlagen. Eine Flamme geht also nicht immer nach oben, sondern normalerweise nach unten, weil sie sich von unten nährt.

Wenn sie sich jedoch nach unten bewegt, brennt sie so stark, dass sie, wenn das Brennende feucht ist, das Feuer plötzlich löscht. Aus diesem Grund erlischt die Flamme einer Kerze sofort, wenn sie nach unten gerichtet wird. Bei Holz ist das anders, denn seine Feuchtigkeit lässt sich nicht auflösen. Auch diese Flammen erlöschen, aber aus einem anderen Grund: weil, wie gesagt, der obere Teil einer Flamme immer vom unteren Teil nach oben getrieben wird, dem Teil, der näher an seiner Nahrung ist. Daher erlischt der obere Teil der Flamme ständig und verwandelt sich in **Rauch**; der Rauch liegt in der Mitte zwischen Flamme und Luft und ist daher doppelt. Er ist etwas, das auf die Flamme folgt, und etwas Verdünntes und Notwendiges. Denn jede Flamme verwandelt sich in Rauch, aber da der Rauch sehr verdünnt ist, geht er schnell in die Luft über und verursacht daher weder Erstickung noch Augenbrennen, sondern erwärmt und trocknet nur.

Es gibt noch einen anderen Rauch, der der Entstehung einer Flamme vorausgeht, der feuchter ist, in den Augen brennt und zum Ersticken führt, weil er sich nicht so leicht in Luft verwandelt. Er ist gewöhnlich das Produkt von schlechter Kohle und ziemlich feuchtem Holz. Wenn also eine Flamme an einer nach unten gerichteten Kerze anfängt zu brennen, trifft dieser Rauch auf die eigentliche Flamme, die sich nach oben kämpft, und erstickt sie schnell. Wir haben in der Tat festgestellt, dass eine große Menge davon entsteht, wenn eine Flamme, die weit von ihrer Nahrung entfernt und an ihrer Oberfläche der Luft nahe ist, durch einzelne Bewegungen in Rauch übergeht; kein Wunder, dass die Fülle des Rauchs ein Feuer, auf das er trifft, schnell löscht. Die Flamme zerbricht also alles wegen dieser schnellen Bewegung, nicht wegen der großen Hitze an sich. Dennoch entgeht uns diese Bewegung in der Flamme, denn sie geht allmählich vor sich. Und die Flamme erlischt nicht auf einmal, sondern nur das, was an der Oberfläche ist; was in der Mitte ist, bleibt, bis es schließlich mit der Luft in Berührung kommt, sonst wäre es nicht inmitten der Flamme. Aber der Rauch wird zuweilen zurückgetrieben, entweder durch Aufprall oder durch Abstoßung oder durch Abriegelung. Der Aufprall erfolgt entweder aufgrund der Fülle oder der Geschwindigkeit der Bewegung. So füllen grünes Holz und reichlich Flammen die Schlafzimmer mit Rauch. Auch der Wind treibt den Rauch zurück, und ein enger Schornstein behindert seinen Abzug, vor allem, wenn der Schornstein unten so eng ist, dass er den Rauch nicht aufnehmen kann. Die Hauptursache ist der Wind, denn der Rauch steigt immer höher, zum einen durch den Aufprall der Flamme, zum anderen durch seine Leichtigkeit. Wo er auf Wind stößt, vor allem wenn frisches, feuchtes Holz verwendet wird, fällt er zurück, und ein Schornstein, der Öffnungen zu vier Seiten hat, wird von jedem Wind behindert, da er in alle Richtungen offen ist.

Wir haben eine vernünftige Lösung gefunden. In den vier Richtungen, Ost, West, Süd und Nord, werden je zwei Rohre aus Ton so angebracht, dass das eine nach oben und das andere nach unten führt; es ist unmöglich, dass acht Winde aus den vier Hauptregionen des Himmels wehen, von denen vier nach unten und vier nach oben gerichtet sind. Wenn das nicht der Fall ist, kann der Rauch kaum nach hinten getrieben werden, eine Schlussfolgerung, die auch durch den Versuch genau bestätigt wird.

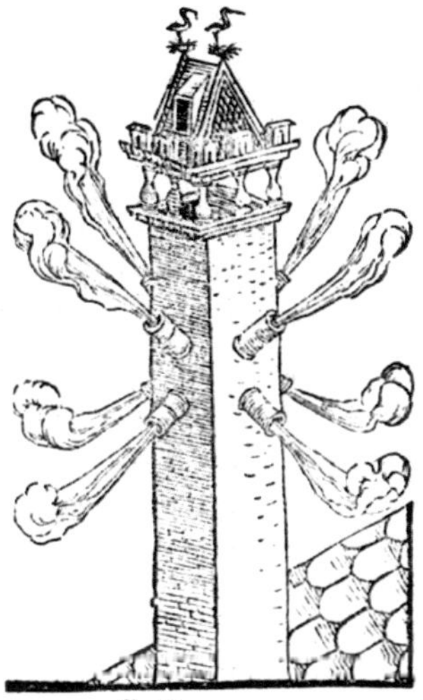

Weite Öffnungen am Boden sind von erheblichem Nutzen. Außerdem sind die sichersten Rohre in der Regel diejenigen, die nur nach unten geneigt sind. Am sichersten sind jedoch solche mit einer Umhüllung, die nicht mit dem darüber liegenden Dach verbunden ist.

Damit ein Feuer brennen kann, sind drei Dinge erforderlich: Brennstoff, Bewegung und die Tatsache, dass es sich hineinarbeiten muss. In einer Flamme ist die Bewegung am größten und am offensichtlichsten. Folglich ist auch der Eintritt, der auf die Bewegung folgt, größer, und es ist sehr offensichtlich, warum die Flamme lebendiger ist als der Rest des Feuers. Und folglich brennen die Kerzen, solange die Flamme brennt, solange Brennstoff vorhanden ist; wenn die Flamme aufhört, ist sie in einem Augenblick völlig von selbst erloschen. Da aber die Flamme viel Brennstoff verbraucht, so wird ihre Dauer bei Frost verkürzt. Das liegt aber nicht an ihr selbst, sondern daran, dass der Brennstoff schneller verbraucht wird.

Aus diesen Gründen entstehen lang anhaltende Flammen aus fetthaltiger Feuchtigkeit und riesige Flammen aus verdünnter trockener Substanz, weil die Flamme in verdünnter trockener Substanz schnell auf die Flamme folgt und daher riesig anwächst. Wenn aber beides zusammenkommt, sowohl trockene, verdünnte Substanz als auch fetthaltiges, sehr feuchtes Material, wie Bitumen[4], dann entstehen die größten und langlebigsten Flammen. Daraus wird klar, warum Wasser, das über brennendes Bitumen gegossen wird, größere Flammen hervorruft, eine Tatsache, die auch von Georgius Agricola, einem denkwürdigen Mann unserer Zeit, berichtet wird, dass es in Island einen Berg namens Hekla gibt, von dem Feuer ausgeht, das von trockenen Dingen gelöscht, aber von Wasser genährt wird. Dies, so sagt man, ist fast ein allgemeines Merkmal aller mächtigeren Flammen. Das ist auch der Grund, warum die Schmiede das Feuer regelmäßig durch Aufgießen von Wasser anfachen; wenn das Feuer heißer geworden ist, wird es durch Kälte angeregt und durch Feuchtigkeit genährt, die beide im Wasser vorhanden sind. Aus diesem Grund wird auch ein Feuer, das mit einem Blasebalg angefacht wird, während es stark ist, nicht durch eine mäßige Menge Wasser gelöscht, sondern wird kräftiger; Blasebälge fachen Feuer an, weil sie die Bewegung anregen;

[4] »bitumen«.

daher dringt die Kraft des Feuers durch die Bewegung ein. Blasebälge sind bei Metallen unentbehrlich, da diese bei einem kleinen Feuer nicht schmelzen, wohl aber bei einem starken, wenn auch langsam, weshalb sie vor dem Schmelzen verzehrt werden. Ein durch einen Blasebalg entfachtes Feuer aber setzt sich in Bewegung, dringt vor und schmilzt Metalle. Daher ist ein schneller Austritt von Vorteil, weil der Verlust geringer ist und ein kleinerer Teil des Metalls verschwendet wird. Blasebälge eignen sich also hervorragend zum Anfachen eines Feuers und zum Erweichen und Schmelzen.

Um nun zu meinem Thema zurückzukehren: Wasser regt gewöhnlich mächtige Feuer an, da die Feuchtigkeit, die es ausstößt, selbst fetter wird und nicht von dem umgebenden Rauch verzehrt wird, sondern das Feuer selbst wird von all dem genährt, und so wird es reiner und sammelt sich und entspringt kräftiger aus der Kälte. Daher gibt es auch **Brände, die durch Wasser angeregt und angefacht werden**. Sie bestehen aus Kalfaterpech und griechischem Pech, Schwefel, Weinablagerungen, die man Weinstein nennt, Sarcocolla, Salpeter und einer Art von Bitumen, das die Menschen Petroleum nennen. Dies wird von Marcus Gracchus erwähnt. Demnach wird ungelöschter Kalk[5] in doppelter Menge hinzugefügt, alles wird mit Eigelb vermischt und in Pferdemist vergraben. Ein anderes Rezept: Schwefelöl, Petroleum, Wacholderöl und Salpeter, jeweils zu gleichen Teilen; schwarzes Pech, Gänse- und Entenfett, Taubenkot, die Flüssigkeit, die man Vernix[6] nennt, und es wird mit Leinöl aufgefüllt; wieder die gleiche Menge von jedem; fünf Teile Asphalt; mit kochendem Wasser extrahieren und in Pferdemist vergraben. Noch ein anderes Rezept: von flüssiger Vernix, von Schwefel- und Wacholderöl, von Leinsamenöl, von Petroleum und Lärchensud jeweils gleiche Teile, dreieinhalb Teile kochendes Wasser, dann Salpeter und trockenes Lorbeerholz in Pulverform, so viel wie nötig, damit alles zusammen die Konsistenz von Schlamm annimmt. Man schließe alles in ein Glasgefäß und vergrabe es drei Monate lang in Pferdemist. Wenn nun die daraus hergestellten Ballen an Holzstücken befestigt sind, werden sie **sich spontan bei Regen selbst entzünden**; aber das geschieht nicht immer. Was jedoch immer geschieht, ist, dass das Feuer, wenn es einmal entfacht ist, nicht durch Wasser gelöscht werden kann.

Ein Pulver, das sehr leicht Feuer fängt, mit einer stark verzehrenden Flamme, wird aus Schießpulver und einem dritten Teil Schwefel und griechischem Pech hergestellt. Darüber haben wir in unseren Büchern *De Rerum Varietate* mehr geschrieben, Bücher, die eine reiche Erörterung all der Dinge enthalten, die hier erklärt werden. Warum diese Brände nicht durch Wasser gelöscht werden, ist leicht verständlich, da sie eine so starke Bewegung hervorrufen, dass die Flamme auf die Flamme wirkt wie ein Blasebalg. Deshalb ist es leicht, eine kleine Flamme zu löschen, aber sehr **schwer, eine große Flamme zu löschen** – schwerer als eine kleine, nicht nur weil sie größer ist, sondern weil sie eine starke Bewegung hervorruft, durch die die Flamme, wie ich sagte, gehegt wird. Die Größe der Bewegung und der Flamme zwingt die Menschen dazu, sich fernzuhalten, sodass zunächst keine Hilfe zur Verfügung steht, und dann, wenn sich der Rauch auftürmt, Verzweiflung einsetzt. In solchen Situationen bleiben nur drei Möglichkeiten: brennbares Material entfernen oder eine Mauer aus Steinen errichten und Steine auf das Feuer werfen, so wie einige Freunde von uns ihr Haus in der Nähe vor einem Brand gerettet haben. Oder das, was wir tun, wenn Wälder oder Äcker brennen, indem wir Feuer dort entzünden, worauf das Feuer

[5] »calx viva«.

[6] Forrester nennt verschiedene mögliche Bedeutungen: »liquata juniperi lacryma« = flüssige Wacholdertränen oder auch sandaraca = Harz des Sandarakbaums

zusteuert. Denn mit dem Löschen des Feuers oder sogar vor dem Löschen, indem wir viel von der Materie entfernen, erhalten wir den Rest – ein gefährliches Manöver, das sich aber als wertvoll erwiesen hat. Unsere Wälder in der Siedlung Novarium wurden durch diese Hilfsmittel bewahrt, die sich nicht sehr von der Art unterscheiden, wie der Besitzer des Ortes sich oft vor Gefahren rettete.

Dann gibt es Gegenden, die reich an Bitumen oder Schwefel sind, die von selbst Feuer fangen und kaum durch Wasser gelöscht werden können. Das Feuer am Ätna in Sizilien ist sehr berühmt. Es gibt zwei Krater: der untere ist schmal, wie ein Brunnen geformt, mit einer schmalen steinernen Lippe, die ihn umgibt; der obere liegt einen Schleuderwurf vom unteren entfernt, sagt man, und hat einen Umfang von vier Stadien. Er schleudert Asche bis zu einer Entfernung von hundert Meilen ringsum aus, und hüllt alles für einige Tage in völligen Nebel, wie auch Plinius bestätigt. Aber in unserer Zeit scheint er gedämpft zu sein. Doch in Pozzuoli (wie ich höre, liegt es zwanzig Meilen von Neapel entfernt), kurz bevor wir dies schrieben, folgte auf einen Brand große Zerstörung. Diese Brände treten also überall dort auf, wo Schwefel oder Bitumen entsteht, und besonders in der Nähe des Meeres, da Bitumen und Schwefel durch die Meeresablagerungen und die Hitze entzündet werden.

Als Nächstes wollen wir uns damit befassen, **wie sich das Material entzündet**. Ein Feuer, das von Zeit zu Zeit verglimmt und nur nachts zu sehen ist, wie wir es in Mugello in den Apenninen gesehen haben, schadet weder den Bäumen noch den Kräutern. Es gibt zwei Arten: die eine ist wirklich Feuer, aber ein Feuer aus Dämpfen, das mit der Zeit zum Unglück wird, da es bedeutet, dass brennbares Material vorhanden ist. Die andere Art ist harmlos und ist nicht wirklich Feuer, sondern bedeutet wie das verrottende Holz nachts nur einen Glanz, aber keine Hitze. Von fast derselben Art echten Feuers ist der Stern der Helena[7] am Mast eines Schiffes, der, wenn er herabfällt, selbst Bronzegefäße zum Schmelzen bringt, ein sicherer Vorbote des Untergangs, denn er erscheint nur bei schweren Stürmen, und der Dampf kann sich nicht auf einem Schiff sammeln und gleichzeitig Feuer fangen, es sei denn bei starkem Wind und großer Sturmstärke. Er ist also auch ein Vorbote des drohenden Untergangs. Und aus einem anderen Blickwinkel betrachtet, haben die göttlichen Kräfte von Castor und Pollux in der Vergangenheit solche Lichter hervorgebracht, und jetzt gilt das Gleiche für die Heiligen Petrus und Nikolaus, oder besser gesagt, ihre Zwillingslichter. Manchmal sind sie Drillinge im Ozean, und zwar häufiger als Zwillinge, wegen ihrer größeren Wirkung. Man nennt sie dann die Lichter des Heiligen Nikolaus, der Helena und der Clara, wobei die Bedeutung des Sterns der Helena aus einem alten Aberglauben abgeleitet wird, und weil Nikolaus in einigen Historien als Schutzpatron der Seefahrer gilt. Im Mittelmeer gibt es nur zwei; sie hüpfen wie Vögel in der Takelage herum und geben dabei einen ansteigenden Ton von sich. Sie zeigen das Ende des Sturms und auch Sicherheit an. Denn in der Takelage haften Dämpfe, die mit der Zeit, wenn sie von einem zum anderen springen, das Aussehen einer brennenden Kerze haben. Anzeichen für Sicherheit sind, dass sie klein und keineswegs träge sind, dass sie sich zu einem vereinigen und dass die einzelnen bald vorbei sind. Obwohl sie den trügerischen Anschein erwecken, dass sie springen, sind es bei den zahlreicheren gewöhnlich zwei, da viele mit der Zeit den Anschein eines einzigen, länger andauernden Sprungs erwecken.

Bisher haben wir über das Feuer gesprochen und in der Zwischenzeit **die Nützlichkeit des Blasebalgs** erwähnt. Aber es scheint richtig, auch die Grundlage der Bewegung hinzuzufügen: in der Tat, wie wir sagten,

[7] Elmsfeuer.

entwickelt sich nichts Bemerkenswertes an einem Feuer, das nicht durch einen Blasebalg unterstützt wird. Blasebälge sollten doppelt vorhanden sein, egal ob es zwei oder vier oder mehr sind, sodass es nie eine Pause in ihrem Betrieb gibt. Ihre Bewegung ist abwechselnd und eindeutig eine gemischte, die sich aus einer gewaltsamen Bewegung, die sie öffnet und Luft ansaugt, und einer natürlichen Bewegung, bei der sie von selbst zusammenfallen und die aufgenommene Luft ausstoßen, ergibt. Es ist offensichtlich, dass das Feuer umso stärker angefacht wird, je schneller die Luft ausgestoßen wird. Aus diesem Grund werden die Blasebälge mit Gewichten beladen. Schwere Gegenstände lassen sich aber nicht so leicht und schnell hochheben; deshalb muss ihr Antrieb durch große Räder und den kräftigen Aufprall von Wasser erfolgen.

Diese Gründe zeigen, dass **Eis**, selbst wenn es sehr kalt ist, nicht so viel Schaden anrichten kann wie Feuer durch seine Hitze. Denn wie das Feuer durch seine Bewegung in alles eindringt und es durch sein Eindringen zerstreut, bevor es verbrennt, so bildet auch das Eis durch eine Art von Untätigkeit eine geschlossene Substanz, sodass es in nichts ganz eindringen kann; die Erfahrung zeigt, dass das Eis nicht weniger kalt ist als das Feuer heiß ist. Denn wenn man Eis auf brennendes Holz oder einen heißen Ziegel legt, wird das Eis nicht schneller aufgelöst, als das Feuer völlig gelöscht ist; das Feuer dringt durch seine Bewegung und seine dünne Beschaffenheit mehr ein und zerstört und verzehrt leichter als das Eis. Dies zeigt, dass Durchdringung und Subtilität die Gründe für diese bemerkenswerten Wirkungen sind, denn Dinge, die undurchdringlich sind (wie Gold und Diamanten), werden vom Feuer weder verzehrt noch verbrannt und können eigentlich gar nicht als feurig bezeichnet werden. So ist Eis durch seine Dichte und Untätigkeit widerstandsfähiger und bleibt länger bestehen. Denn Feuer entsteht immer wieder neu, während Eis gleich bleibt und manchmal viele Jahre auf den kalten Bergen unter dem Bären überdauert, genauso wie Schnee. Daher sind Eis und Feuer grundsätzlich gegensätzlich; Feuer ist sehr heiß, sehr verdünnt, von sehr schneller Bewegung, greift schnell auf alles über und besteht nur einen Augenblick; Eis ist sehr kalt und sehr kompakt, völlig untätig, schreitet langsam voran und ist äußerst langlebig.

Daraus ergibt sich nun die Antwort auf eine wichtige Frage: **die Frage, ob unser Feuer Substanz oder Akzidenz ist.** Wäre es tatsächlich eine Substanz, so stellte sich das Problem, dass im glühenden Eisen zwei Substanzen gleichzeitig vorhanden sind, die sich gegenseitig durchdringen – die des Feuers und die des Eisens. Nehmen wir an, die eine Substanz – zum Beispiel Eisen – wird im Feuer aufgelöst, so findet ein Verderben statt, und während das Feuer gelöscht wird, wird gesagt, dass eine Erzeugung stattfindet, was lächerlich ist. Wenn man aber sagt, dass bei der Verbrennung eines Barrens nur die Luft im Inneren brennt, würde sich die Substanz des Holzes nicht in Asche auflösen, und auch das Eisen würde nicht viel schlechter werden. Deshalb verbrennt die eigene Feuchtigkeit des Eisens, während ein Eisenbarren entzündet wird.

Aber wenn das Feuer nur ein Akzidenz ist, wie verwandelt es die Substanz von Holz in Asche und verzehrt Eisen und fast alles? Dieses Feuer ist also, wie gesagt, nichts anderes als die äußerste Hitze, die mit Trockenheit verbunden ist. Es kann auch nicht als Substanz bezeichnet werden, es sei denn, das Feuer kann als die eigentliche brennende Sache betrachtet werden, so wie das Eis als die fest gefrorene Sache betrachtet werden kann. Das Feuer ist also ein reines Akzidenz, die größte Hitze, die mit der Trockenheit verbunden ist, und es befindet sich immer in einer Substanz, wie die anderen Akzidenzien auch. Es kann also kein Element sein, wie wir bereits oben gezeigt haben. Denn wäre es eines, so würde es zufällig ein natürliches Prinzip darstellen und von unbestimmtem

Brennstoff umgeben sein, und weiter, auf derselben Grundlage, wäre das Eis ein anderes Element. Wenn aber das Feuer ein anderes Element ist, dann ist es in der Tat so heiß wie dieses, oder heißer, also braucht es Brennstoff, da es gefüttert werden muss. Woher soll der Brennstoff für eine solche Masse kommen? Wenn es aber weniger heiß ist, versagt die Grundlage, auf der es als Element angesehen wurde. In der Tat wurde das Feuer deshalb als Element angesehen, weil es eine extrem heiße und trockene Substanz war, die diese beiden Eigenschaften oder zumindest die eine oder andere in Vollendung besaß. Aber es wird sie nicht besitzen, da es nun gesichert ist, dass dieses letztere Feuer viel heißer, trockener, verzehrender und durchdringender ist als das andere.

Für einen anderen Punkt der Ungewissheit, nämlich die Frage, **ob Feuer heißer als Feuer sein kann**, gibt es jedoch eine klare Lösung. Man ist sich einig, dass das Feuer nicht allein durch das Material heißer wird, so wie das Feuer im Eisen heißer ist als das in einem Holzpflock, und das Feuer im Eichenholz heißer ist als das im Weidenholz; aber wie im Eis manches kaum erstarrt, manches hart und manches sehr hart ist, so ist manches Feuer kaum Feuer, wie wenn Eisen zu glühen beginnt, manches Feuer ist glühender und manches blendend. Denn da es ein Akzidenz ist, kann es zunehmen oder abnehmen. So ist ein Feuer mächtiger als ein anderes auf sechs Arten: in der Natur, wie wir gesagt haben, da es mehr und schneller verzehrt, wenn es heißer ist; im Material, da das Feuer, das im Eisen wohnt, mächtiger ist als das Feuer im Stroh; in der Bewegung, da es durchdringender ist; in der Größe, sei es seine eigene Größe oder seine lange Dauer (das kann niemand wirklich schwer begreifen); schließlich in der Behinderung der Belüftung – das wissen die Seeleute, die einen Kochtopf auf den anderen auf einem kleinen Herd stellen und alles zum Kochen bringen und damit ihre begrenzten Mittel ausnutzen. Aber wie gesagt, auch ein kleines Feuer muss ein wenig belüftet werden, sonst erstickt es an seinem eigenen Rauch. Deshalb machen diejenigen, die auf die Kosten Rücksicht nehmen, kleine Öfen aus Bronze wie einen Kochtopf, dicht mit Eisenstangen am Boden versehen, damit die Asche herausfallen kann. Die letzte Art ist, wenn das Feuer erzwungen wird, wenn also Kalk durch Wasser in Brand gesetzt wird: Die im Ofen aufgenommene und brennende Hitze wird, da sie von der Art des Feuers ist, durch die Kälte des Wassers eingeschlossen, und dann durch Bewegung und Vereinigung bricht sie selbst in Feuer aus.

Der beste **Kalk** ist derjenige, der beim Aufgießen von Wasser das größte Geräusch von sich gibt, Feuer fängt und das angrenzende Holz entzündet. Er ist gewöhnlich von aschiger Farbe, denn bei weißem Kalk ist das Feuer bereits entstanden, weil Luft eingedrungen ist; die Weiße entsteht durch den erforderlichen Luftzutritt. Kalk aus festem Gestein ist so, denn je härter das Gestein geworden ist, desto mehr und länger speichert es die Hitze.

Später werden wir zeigen, wie die Hitze in den Dingen, die brennen, entsteht und wie das Feuer durch Bewegung und Vereinigung entfacht wird. Aber die Bewegung lässt das Feuer nicht nur weiter vordringen, sondern entzündet auch die eigentliche Hitze und macht, wie ich sagte, das Feuer heißer als das Feuer. So ist es nicht verwunderlich, dass in einem **Blitz** so viel Kraft vorhanden ist und dass dieses Feuer Wunder vollbringt, als ob es von Natur aus anders wäre als andere Feuer. Denn durch seine rasche Bewegung ist es nicht nur durchdringender, sondern auch viel heißer als jedes andere Feuer. Und so tötet es allein durch Berührung alle Tiere, nur ein Mensch kann in seltenen Fällen entkommen.

Aber Johannes Maria Cardanus entkam und überlebte wie durch ein Wunder. Und welches andere Feuer gibt es, das allein durch Berührung tötet? Das ist seine besondere Eigenschaft, denn es ist das heißeste der heißesten und, um es einmal so zu sagen, das »Feuer der Feuer«. Es macht also einen großen Unterschied, ob es von weit her und von oben kommt oder aus der Nähe. Und so schmelzen Münzen manchmal, wenn Geldbörsen getroffen werden[8], was weder ein Märchen noch ein Wunder ist. Denn es schadet entweder durch die Masse oder durch die Zeit; wenn es sehr dünn ist, zerreißt es keinen Geldbeutel; da es sich sehr schnell bewegt, bleibt es nicht haften und schadet daher dem Geldbeutel nicht. Die Luft lässt es hindurchgehen und nicht wegen der Subtilität am Geldbeutel haften; die Luft dringt ein, wenn ein leerer Geldbeutel zerrissen ist, und füllt ihn. Dies könnte nicht geschehen, wenn sie nicht durch verborgene Wege eindringen würde, da die Öffnung sorgfältig verschlossen ist. Ein Feuerfunke und ein Teil eines Blitzes ist viel verdünnter als die Luft selbst, und nachdem er sich seinen Weg ins Innere gebahnt hat, heftet er sich an das Metall, und durch die außerordentliche Kraft, die er hat, und durch seine Wirkung schmilzt er die Münzen schnell. Einige Leute haben diese ganz außergewöhnliche Kraft der Hitze und der außergewöhnlichen Trockenheit bedauerlicherweise als eine seltene Eigenschaft bezeichnet, und als okkult wegen ihrer Seltenheit – obwohl sie als außergewöhnliche Hitze und wie ich sagte, »Feuer der Feuer« angesehen wird. Es sollte wenig verwundern, dass dieses oder ein anderes Feuer Gestein entzünden kann. Denn Eisen, das nicht mehr glüht, entzündet immer noch Holz und bringt es zum Brennen, und Holz tut dasselbe mit Schwefel, obwohl das Holz nicht brennt, und Schwefel mit Branntwein. In der Tat überwindet es das, was fester ist, weil es in der Potenzialität lockerer ist. So kann ein sehr heißes Feuer in sehr fester Materie auch Felsen entzünden.

Dies bleibt unbeachtet, obwohl es bei der Belagerung von Städten von großem Vorteil sein kann. Feuer dieser Art sollten notwendigerweise mit großer Bewegung und, wie gesagt, in sehr festem Material gebunden sein.

Aber warum trifft ein Blitz weder Säulen noch Schiffsrümpfe? In Florenz haben wir gesehen, wie eine Säule in der großen Halle, oder besser gesagt in der Umgebung der großen Halle, getroffen und beschädigt wurde. Dies ist jedoch ungewöhnlich und führte nicht zu einem großen Bruch der Säule, da der Schlag durch die Rundung abrutschte. Aus demselben Grund schlägt er auch nicht in Schiffsrümpfe ein, außer gelegentlich, weil ihm der Durchgang mehr als fünf Ellen unter der Erde verwehrt ist. Der Rumpf eines Schiffes ist niedrig, aber sein Mast, der oft vom Blitz getroffen wird, ist hoch. Sich in tiefen Höhlen zu verstecken ist also ein sicherer Schutz gegen den Blitz, sicherer sogar als mit Lorbeer gekrönt zu sein oder mit dem Fell eines Seehunds oder Adlers bedeckt zu sein oder einen Hyazinthstein zu tragen (man sagt, dass er von einem Blitz nicht berührt wird). Einige Leute haben »Feigenbaum« statt »Lorbeer« geschrieben – dass Lorbeer Epilepsie und Dämonen unterdrückt, ist jene furchtsame Überzeugung. Aber über den Hyazinth werden wir später noch sprechen, denn die Autoritäten, die dies behaupten, sind nicht zu unterschätzen.

Die Kraft des Blitzes hat die Menschen früher in Erstaunen versetzt, aber mit den Auswirkungen und dem übermäßigen Angebot an militärischer Artillerie hat sie damit aufgehört; sie scheint kaum weniger stark als der Blitz zu sein. Wir wissen nicht, woher ein Blitz kommt, wie weit er entfernt ist und wie viel Gewicht er hat. Es gibt auch Leute, die uns versichern, dass nur Feuer vorhanden ist, mit einem Einschlag, und kein Stein. Nur dies wissen wir mit Sicherheit: dass manchmal ganze Türme durch einen einzigen Schlag zerstört werden. Von einem Turm in Cardano al Campo (dem einzigen noch erhaltenen, aber sehr alten) hat ein einziger

---

[8] Nach Plinius *Nat. Hist.* 2:137.

Blitzschlag mehr als zwölftausend Ziegelsteine zerbrochen und zerstört.

Aber **Kanonen** schleudern 60 Pfund Eisen über eine Entfernung von fünf Meilen (eine außerordentliche Behauptung, wenn die Erfahrung ihr nicht recht geben würde); sie bringen Mauern zum Wanken und zerschmettern Städte mit Türmen, und keine Kraft kann sich gegen ein solches Übel behaupten. Die leichteste ist aus Zypernbronze gefertigter, geformt wie das Ende einer Trompete. Sie sollten unten weder schmaler noch breiter sein, denn breitere sind von der Kanonenkugel nicht dicht verschlossen und haben daher weniger Schlagkraft. Wenn sie aber dicht geschlossen sind, besteht die Gefahr, dass sie bei einer großen Pulverladung platzen. Und wenn die schmaleren Geschosse nicht länger gemacht werden, enthalten sie kaum so viel Pulver wie nötig. Wenn sie unten breiter sind, fallen sie oben schmaler aus und verlieren dadurch viel an Kraft. Wenn aber die Eisenkugel nicht so weit nach unten geht, wie sie sollte, dann liefert sie wegen des verbleibenden Leerraums einen schwächeren Aufprall, dies erschüttert die Waffe und manchmal zerbricht sie sogar. Doch die Techniker (zum großen Schaden der Fürsten), wenn die offensichtlichste Berechnung für zu gewöhnlich gehalten wird, erfinden bestimmte Maße, die in einigen Fällen unten zu eng und in anderen falsch und zu weit sind, obwohl es nur eine Grundlage gibt: Sie müssen überall gleich, ausgezeichnet und sehr sicher sein.

Das Verhältnis des Gewichts der Kanone zu dem der Kugel ist das Hundertfache, sodass, wenn die Kugel, die sie abfeuern soll, 20 Einheiten wiegt, die Waffe 2000 wiegen muss. Die Dicke am Fuß, wo sich das Pulver befindet, beträgt drei Viertel des Durchmessers der Kanonenkugel. Das Gewicht und das Maß können mit dem der Waffe erhöht werden. Eine Verringerung ist jedoch nicht möglich, ohne dass die Gefahr des Berstens besteht. An der Spitze beträgt die Dicke des Rohrs nicht weniger als ein Drittel des Durchmessers der Kugel. Der Durchmesser der Bohrung entspricht, wie gesagt, dem Durchmesser der Kugel und das Gewicht des Schießpulvers dem Gewicht der Kugel. Aber bei kleineren Waffen sollten das Gewicht und die Dicke des Stücks im Verhältnis zur Kugel größer sein, um die Sicherheit zu gewährleisten, und dementsprechend sollte das Gewicht des Pulvers geringer sein als das der Kugel.

Daraus wird ersichtlich, wie viel Raum der Boden einnehmen muss: nämlich so viel, dass er das Pulver mit dem Gewicht der Kugel aufnehmen kann. Das Loch, in dem das Feuer gelegt wird, soll auch einen Teil des Bodens einnehmen; die Waffe wird nicht so weit zurückgeschleudert, da das Feuer nur nach vorne geschleudert wird. Daher ist es möglich, ein weiteres Ziel und sicherer zu treffen. Denn kleine Gewehre schaden den Soldaten, die sie benutzen, wenn sie stark zurückschlagen; große Gewehre erzeugen, wenn der Lauf nicht genau genug gefertigt ist, unzuverlässige Schüsse und schwächen die Lafetten, auf denen sie montiert sind. Werden sie sehr fest daran befestigt, besteht die Gefahr, dass sie zerbrechen. Ein Vorzeichen für einen Bruch ist also ein heftiger Rückstoß; ein anderes ist, dass das Maß nicht passt, wenn es kleiner oder enger ist, als es sein sollte, oder wenn es ungleichmäßig oder schräg ist, was fast das Schlimmste ist. Ein drittes Vorzeichen ist, wenn das Material schuppig geworden ist oder nicht zäh genug, oder voller Blasen oder wenn Risse vorhanden sind. Ein viertes Zeichen ist, wenn sich Grünspan angesammelt hat oder Wasser. Bei der feierlichen Fronleichnamsprozession in Pavia im Jahr 1546 wurden fünf oder sechs Männer, die der Prozession folgten, durch die Explosion einer Kanone getötet. Ein fünftes Anzeichen ist, wenn man zu viel Pulver oder dünneres Pulver anstelle von dickerem Pulver eingefüllt hat, denn wenn das Feuer zu sehr zunimmt und keine Verzögerung in seinem Entstehen eintritt, platzt das Kanonenrohr. Ein Bersten tritt auch auf, wenn die Kugel zu heftig eingedrückt wird. Wenn die Kanone bereits als unsicher angesehen wird, hilft es, das Bersten zu verhindern, wenn sie auf dem Boden liegt, während sie die Kugel abfeuert, denn mit dieser Freiheit wird sie in die Richtung geschleudert, in die das Feuer sie treibt; aber dann mit einem sehr unzuverlässigen Aufprall und Ausgang. Aus diesem Grund stellt man große Geschütze auf bewegliche Wagen, sodass sie parallel zum Boden und zum Horizont stehen; so prallen sie, wenn sie gezündet werden, gerade und sicher zurück.

Es gibt eine neue Art von Artillerie, eineinhalb Arm lang und 70 bis 80 Pfund schwer. Das Rohr nimmt eine recht kleine Kugel auf. Während sie mit einer Eisenstange gereinigt wird, wird sie am hinteren Ende gehalten; sie ist eine Last und eine Waffe für einen einzelnen Mann. Wegen ihrer Dicke ist sie erstaunlich stark, aber sehr sicher. Es gibt noch eine andere mit einem großen Hohlraum neben der Öffnung: Es sind mehrere Hohlräume eingefügt, die alle die gleiche Größe haben und deren Bohrungen sich geradlinig an die Bohrungen der Kanone anpassen, damit die Kanone nicht überhitzt. Wir haben in Pavia diese Erfindungen des Prinzen von Sachsen gesehen. Die größeren sind, wie gesagt, aus zyprischer Bronze, aber die sichersten sind aus Eisen, wie jetzt alle kleineren; es ist schwierig, die größeren aus Eisen zu machen, weshalb die meisten aus zyprischer Bronze hergestellt werden. Die kleineren Exemplare werden auf einer Drehbank geformt, die größeren durch Gießen von geschmolzenem Metall und danach ebenfalls auf der Drehbank. Die Gussformen für die Waffen werden in der Regel aus drei Teilen hergestellt, da es zu kompliziert wäre, sie aus einem einzigen Stück zu formen, da ein solches Stück auch sehr schwer wäre. Ein Teil ist das Rohr, ein zweites ist der Kolben, ein drittes ist die Halterung. Die Kanone besteht normalerweise aus einem Stück. Ich habe allerdings schon eine gesehen, die aus zwei Teilen besteht und bei der einer der beiden Teile von unten mit einer auf einer Drehbank gedrehten Gewinde mit dem anderen verbunden ist. Das Material ist, wie gesagt, zyprische Bronze. Sie besteht aus echter Bronze und etwa einem Siebtel Schwarzblei, Weißblei oder Messing[9].

Aber ein großer Teil der Wirkung hängt vom **Schießpulver** ab. Dieses wird aus drei Teilen Salpeter, zwei Teilen Weidenkohle und einem Teil Schwefel hergestellt und ist für große Kanonen geeignet. Für mittlere Kanonen braucht man zehn Teile Salpeter, drei Teile Weidenkohle und zwei Teile Schwefel. Und für kleine Kanonen zehn Teile Salpeter und je einen Teil Haselnussholzkohle ohne Äste und Schwefel. Das Ganze wird mit einem hölzernen Stößel zermahlen, nachdem man es mit Wasser angefeuchtet hat, damit es sich beim Mahlen nicht entzündet. Manche Leute fügen Essig hinzu, andere fügen heißes Wasser hinzu und trocknen das Produkt in der Sonne, aber sie mahlen es dann nicht, weil es leicht Feuer fangen könnte. In der Tat verwendet man große Sorgfalt darauf, alles von seinem erdigen Teil zu befreien, besonders den Salpeter, damit alles verbrannt werden kann und keine Rückstände zurückbleiben. Dann geht es darum, es bis auf die feinsten Partikel zu zerkleinern, denn so haften die Teile am besten zusammen. Dies geschieht durch häufiges Mahlen, Befeuchten und Trocknen. Drittens, wenn es fertig ist, lässt man es in der Sonne trocknen, denn es ist sehr gefährlich, es neben ein Feuer zu legen.

Sehen wir uns nun die Ursache einer so großen Wirkung an. Wenn dieses Pulver in die Kanone gegeben und eine Kugel hineingedrückt wird, und das Feuer von außen am Boden der Kanone angelegt wird, fängt fast das ganze Pulver sofort Feuer und strebt danach, mehr als den hundertfachen Raum

[9] »aurichalcum«.

einzunehmen. In der Tat zeigt die Erfahrung, dass ein wenig Pulver auf der Handfläche nicht weniger als das Hundertfache des Raumes einnimmt, denn wenn die Menge eines Hirsekorns dieses Pulvers angezündet wird, füllt es den Raum einer Nuss mit Feuer aus. Auch diese Gründe zeigen es; denn die Feuers ist in dünner Form enthalten, während Erde und Pulver fest und dicht sind. Da nun das entzündete Pulver eng eingeschlossen ist, so drückt es die Waffe gewaltsam nach allen Richtungen hinaus, und da es keinen leichten Ausweg findet, außer dort, wo die Kugel hineingedrückt wurde, so treibt es sie mit gewaltiger Anstrengung hinaus, zunächst entlang des Rohres, dann stößt es sie mit unverminderter Kraft nach außen, und da der Impuls weitergeht, so überwindet er weite Strecken und wirft alles um, was ihm im Wege steht, und zerstört es. Dies ist von einem gewaltigen Lärm begleitet, da das Feuer mit einem großen Impuls entsteht und plötzlich die Luft erschüttert. Auch die Kugel gibt ein zischendes Geräusch von sich, während sie die Luft schnell zerteilt. Und dann gibt der Salpeter und jede Art von Salz ein beträchtliches Geräusch von sich, da es sich selbst im befreiten Feuer befindet. Durch diese drei Ursachen (vor allem aber durch die erste) entsteht bei der Entladung der Waffe ein großes Krachen, das sich nicht sehr vom Donner unterscheidet. Wenn aber das Pulver nicht ganz Feuer fängt, oder träge oder unrein oder nicht richtig fertig ist, oder zu wenig Salpeter hat, so tritt es langsam, schwach und mit wenig Lärm aus. Ist es aber verdünnter als es sich gehört, so entzündet es sich auf einmal und zerstört die Kanone. Da die Geschwindigkeit des Übergangs in das Feuer vom Verhaltnis der Hitze zum Widerstand des Pulvers abhängt, ein Widerstand, der sich verringert, wenn das Pulver verdünnt wird, kann diese Vervollkommnung des Pulvers immer weiter gehen, sodass sich alles in einem Augenblick entzündet. Und dann, da es keinen schnellen Ausgang finden kann (jede Bewegung braucht Zeit), zertrümmert es die Kanone. Daraus folgt nicht nur, dass man ein Pulver herstellen kann, das in der Lage ist, alle Kanonen zu zertrümmern, sondern auch, dass, wenn man ein dünneres Pulver in die größeren Kanonen einbringt, diese zerstört werden können. Andererseits wird ein dickeres Pulver in kleinen, schlanken Waffen kaum in der Lage sein, die Kugel anzutreiben. Dieses Verhältnis hält sich also in festen und engen Grenzen und ist mit Gefahren für denjenigen verbunden, der die Waffen handhabt. Wer aber das für den Waffentyp geeignete Pulver herstellt und verwendet, wird sie sicher und mit maximaler Wirkung handhaben.

Die Funktionsweise von **Sprengminen** ist die gleiche wie bei den Kanonen, aber noch bemerkenswerter. Der Erfinder dieser schrecklichen Erfindung war Francesco Giorgio von Siena. Er war es, der den Spaniern beibrachte, wie sie die von den Franzosen verteidigte die Zitadelle von Lucullianum in der Nähe von Neapel (heute Ovum genannt) stürzen konnten. Dies geschah, nachdem der heilige Tempel von seinem Berg ins Meer gestürzt war, zusammen mit den Franzosen, die sich darin befanden. Wenn sich die Zitadelle hauptsächlich auf dem Berg befindet und ihre Lage sie uneinnehmbar zu machen scheint, graben sie einen geknickten Tunnel, vier Ellen hoch und zwei breit. Der Knick macht keinen großen Unterschied, solange man sich gut abseits hält, aber wenn man den Ort erreicht hat, den man untergraben will, ist ein geknickter Tunnel am besten, wie bei A, und die feste Substanz des Hügels ist zu diesem Zeitpunkt da, für den Fall, dass die Kraft des eingeschlossenen

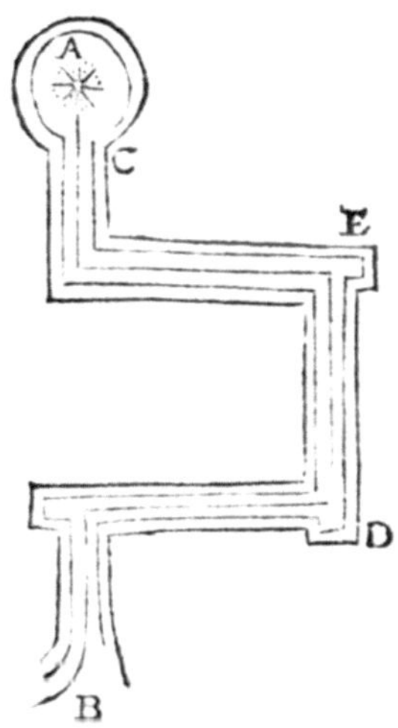

Feuers wegen der offenen Struktur des Ortes schwinden sollte. Diese Stelle wird also fast ganz mit Schießpulver gefüllt. Eine Schnur wird von A bis zum Stollenausgang bei B geführt, wobei das Ende bei A (wo sich das Pulver befindet) dick und breit wie ein Büschel ist. Die ganze Schnur wird mit Essig, Schwefel und Salpeter aufgekocht und dann, mit Schießpulver bedeckt, in der Sonne getrocknet. Nach einer weiteren Trocknung wird sehr fein gemahlenes Schießpulver darüber gestreut und die Schnur von A bis B in ein Schilfrohr eingeschlossen. Anschließend werden die Öffnung C und der Durchgang bis D mit Keilen und Steinen so gut verschlossen, dass nur noch Platz für das Schilfrohr bleibt. Wenn nun das Ende der Schnur bei B angezündet wird, dringt das Feuer wegen des Schießpulvers sehr schnell nach A vor und entzündet das gesamte Pulver. Der Platz ist mit Keilen und Steinen blockiert, die nicht herausgeschoben werden können, weil E nicht in einer geraden Linie mit A, D nicht in einer Linie mit C und B nicht in der Linie ED liegt. Wenn also der Hügel durch die Explosion zerbirst, wirft er alles darüber um und zerstört die gesamte Masse des Hügels. Daher sollte der Weg BA nicht zu kurz sein und die Stelle A sollte nicht in einem losen Teil des Hügels liegen, damit die Feuerexplosion nicht an einem losen Hindernis ausbricht und die darüber liegende Region unversehrt bleibt. Die geknickte Beschaffenheit des Tunnels ist also die Ursache für ein so großes Wunder, dass sogar Berge umgestürzt werden können.

Dies stellt die alte Sprengminentheorie dar, die zu jener Zeit jedem bekannt war. In vergleichbarer Weise kann eine sichere Gegenmaßnahme ergriffen werden, indem man ebenfalls einen Tunnel gräbt, sodass man, indem man sich der Mine nähert, das Feuer vorzeitig entzündet und so den Angriff zunichtemacht. Das Geräusch der Bergleute zeigt uns, wie wir uns direkt auf die Minen zubewegen müssen. Auch wenn der Feind sich sehr bemüht, das Geräusch durch willkürliche Geräusche zu überdecken, wenn die Belagerten sich der Aufgabe mit Genauigkeit, Fleiß und Geschick widmen, werden ihre Angreifer darunter leiden, und ihre Entdeckung wird den Angreifern mehr schaden als den Angegriffenen. Ihr Tod wird ähnlich sein wie im Stier des Perilai[10]. Ein weiterer Punkt ist, dass es sehr häufig – wie bei der aktuellen Belagerung von Cuneo, – wünschenswert ist, vorauszusehen, auf welchem Weg und über welche Entfernung der Zusammenbruch erfolgen wird, da die Soldaten von einer sich lösenden Masse aus Mauern und Erde überrollt werden, wenn die Führung nicht ausreichend erfahren ist. In meinem Buch *De Arcanis Aeternitatis* ist zudem ausgeführt, wie diese Lektionen gelehrt werden sollen.

Aber lassen wir diese Dinge beiseite und **kehren wir zur Kraft des Feuers zurück**, aus der sich erhebliche Unklarheiten ergeben: Wenn wir sagten, dass es durch Bewegung erhalten wird, warum (wird jemand sagen) bleibt Frost unter Asche besser erhalten als im Freien, wenn doch Asche jede Bewegung verhindert? **Das ist ein einfaches Problem, das wenig mit diesem Buch zu tun hat, in dem nur das Große und das Schwierigste und das Schönste verfolgt werden soll.** Deshalb werde ich später solche Punkte wie dieses Problem vermeiden. Es genügt, darauf zu antworten, dass das Feuer immer eine gewisse Bewegung hat, die Fröste aber eine recht begrenzte, die sogar unter der Asche fortbesteht. Wenn dann die Fröste im Freien sind, wird das Feuer von der es umgebenden Luft aufgelöst, weil es lieber etwas auflöst als aufgelöst zu werden. Eine solche eingeschränkte Bewegung kann das Feuer nicht schützen, aber es ist sicher vor dem Angriff der Luft, wenn es mit Asche

[10] Ein bronzener Stier, in dem ein Mensch eingeschlossen wurde und durch ein außen angezündetes Feuer zu Tode kam.

bedeckt ist. Das Feuer wird also auf dreierlei Weise bewahrt: entweder, wenn es aus sich selbst heraus eine Bewegung hervorruft, wie bei den Fackeln, und ganz allgemein, wenn die Flamme sich durch ihre eigene Bewegung schützt; oder wenn sie durch eine Bewegung aus einer anderen Quelle gefördert wird, wie es beim Blasen des Windes oder beim Blasebalg geschieht, weshalb große Brände fast immer bei starkem Wind entstehen. Drittens, wenn es vor der Luft geschützt ist, aber dennoch atmen kann, wie es unter Asche geschieht. Dabei spielt es keine Rolle, ob es sich um fremde Asche handelt oder (wie bei bestimmten Hölzern) um die Asche, die es selbst erzeugt.

Es ist ein anderes Problem, warum wir eher gewohnt sind, das **Feuer als Substanz** zu bezeichnen als das Eis; niemand hat das Eis als Substanz bezeichnet, aber die meisten Menschen haben das Feuer nicht nur als Substanz bezeichnet, sondern es sogar als eine solche betrachtet, obwohl beide Akzidenzien sind. Der Grund liegt auf der Hand. Was wir normalerweise als Akzidenzien bezeichnen, sind Dinge, die in einem reinen Substrat enthalten sind, wie es bei Eis der Fall zu sein scheint, da Wasser, Milch und Wein, die eingefroren wurden, gleich aussehen, wenn das Einfrieren rückgängig gemacht wird. Aber die meisten Dinge werden durch Feuer verdorben, und diejenigen, die bestehen bleiben, wie Steine und Metalle, sehen schwer beschädigt aus – abgesehen von Gold und Silber und einigen Juwelen. Aus diesem Grund betrachteten die Menschen das Feuer als etwas anderes als Hitze. Aber wir haben den Grund für diesen Unterschied bereits erklärt.

Es gab noch einen weiteren Punkt, der unklar war: Das Feuer erschien früher als etwas von jeder Art von Hitze Getrenntes, ist es aber nicht, obwohl es seine Farbe ändert und leicht Feuer wie sich selbst erzeugt. Aber nicht jedes Feuer ist hell; glühendes Eisen entzündet Schwefel und verbrennt ihn, woraus ersichtlich ist, dass es nun die Form von Feuer angenommen hat, aber nicht hell ist. Das Feuer des Alkohols hat eine andere Grundlage, nicht nur wegen der Verdünnung seiner Substanz, sondern auch, weil es weniger heiß ist; daher würde ich zögern, es als Feuer zu bezeichnen, auch wenn es verbrennt und leuchtet, da es nicht die Stoffe verbrennt, an denen es haftet und die mit dieser Flüssigkeit benetzt sind. Ähnlich verhält es sich, wenn es eine zeitlang destilliert und stark reduziert wird; wie durch ein großes Wunder brennt die Hand, ohne dass man es spürt. Und so verdient es, wenn es richtig untersucht wird, wenn die Hitze einen bestimmten Grad erreicht hat, ein Feuer genannt zu werden. Aber dieser Grad ist nicht ein einziger, sondern es ist der Grad, an dem sie die Luft überwinden kann. Wenn sie diesen Punkt erreicht hat, nimmt sie so viel Helligkeit und Licht und Kraft auf wie die Hitze selbst, und das Feuer selbst nimmt zu. Die wahre Kraft hängt von der Dichte der Substanz ab, in der sie enthalten ist; deshalb ist glühende Holzkohle heißer als eine Flamme, sodass Schießpulver durch glühende Holzkohle sofort entzündet wird, durch eine Flamme aber nur schwer – und diejenigen, die die Ursache nicht kennen, staunen darüber, als ob es eine große Sache wäre. Folglich ist das Feuer, wie ich von Anfang an sagte, nichts anderes als eine sehr starke Hitze, die mit Trockenheit verbunden ist. Denn Feuer kann nicht ohne Trockenheit existieren, sonst könnte kochendes Wasser Feuer sein. Das Wesen des Feuers hängt von der Trockenheit selbst ab, ebenso wie von der Hitze. Aus diesem Grund hat man uns gelehrt, Fackeln aus jeder Art von Holz herzustellen, aber wenn man dichteres und festeres Holz verwendet, halten die Fackeln länger. Nehmen wir an, man schneidet einen Eichenklotz, der von oben bis unten eine Elle dick ist, mehrfach senkrecht ein, zum Beispiel zwölf oder sechzehn oder mehr Mal, wobei der Boden unversehrt bleibt, und man trocknet ihn zwei oder drei Tage lang im Ofen. Ohne die Feuchtigkeit und mit dem verbleibenden Fett brennt es wie eine Kienspanflamme, und wenn sie mannshoch ist, brennt sie kräftig anderthalb Stunden lang mit einem sehr hellen Licht. Feuer wird also, wie gesagt, von kalten Dingen ebenso gelöscht wie von nassen Dingen überwältigt. Die Wirkung der nassen Dinge beruht auf zwei Ursachen: zum einen, weil sie gegensätzlich sind, und zum anderen, weil sie das Feuer am Atmen und Bewegen hindern; die Wirkung der kalten Dinge beruht nur auf ihrer Gegensätzlichkeit. Feuer wird also auf dreifache Weise durch das Wasser ausgelöscht.

Nun bleibt uns zum Schluss nur noch, die **Ursachen für die Entstehung des Feuers** aufzuzeigen, die eine große Unklarheit aufweisen. Beginnen wir also damit, die Art und Weise zu untersuchen, wie es entsteht. Es entsteht durch Ausbreitung, durch Antispasis[11], durch Anschlagen, durch Reibung, durch Zerfall, durch Vereinigung; das Feuer, das von konkaven Spiegeln oder durchsichtigen Kugeln erzeugt wird, hängt eindeutig mit der Vereinigung zusammen; die Grundlage der Vereinigung ist klar, denn wenn du zehn Münzen an zehn Männer verteilst, bekommt jeder eine, aber wenn du sie fünf Männern gibst, bekommt jeder zwei. Wenn nun Hitze, die über einen großen Intervall verteilt war, zu einem einzigen verdichtet wird, so ist das, was in der großen Menge vorhanden war, auch in der kleinen vorhanden; daher wird eine große Hitze, die in einem kleinen Raum enthalten ist, große Wirkungen hervorrufen und verdient es deshalb, groß und daher »Feuer« genannt zu werden. Dies ist eigentlich so deutlich erklärt worden, dass es keiner Wiederholung bedarf. Aber die Natur der Antispasis ist auf die Vereinigung reduziert. Die Antispasis entzündet sich aus keinem anderen Grund, als weil sie sich zu einem konzentriert; aus diesem Grund ist sie bekannt. Und wir haben zuvor gezeigt, wie sie durch Fortpflanzung erzeugt werden kann. Denn jedes von den Dingen, die von Natur aus beständig und sterblich sind, ist geeignet, etwas wie sich selbst zu erzeugen, und so ist es nichts Bemerkenswertes, dass Feuer durch Feuer entfacht wird. Aber die Reibung und das Schlagen haben ihren Ursprung in der Bewegung. Der Zerfall aber genügt nicht, um Feuer zu entfachen, sondern wird durch andere Hitze verstärkt, sei es durch Bewegung, sei es durch Antispasis, sei es durch Vereinigung. Wenn wir also aufgezeigt haben, wie das Feuer durch Bewegung entfacht wird, werden wir alle Arten zeigen, durch die ein Feuer entfacht werden kann, und auch, dass nur drei davon echt sind, nämlich die Vereinigung, die Ausbreitung und die Bewegung, obwohl es weit mehr zu geben scheint. Zu zeigen, wie das Feuer durch Bewegung entsteht, ist dasselbe wie zu zeigen, wie die Bewegung die Ursache der Hitze ist; denn wenn ihre Bewegung die Ursache der Hitze ist, so ist sie auch die Ursache der Vermehrung der Hitze. Und das Feuer ist, wie wir gesagt haben, nichts anderes als eine gewaltig gesteigerte Hitze. Daher fragen die Aristoteliker, inwiefern die Bewegung die Hitze ist, und machen zahlreiche Spitzfindigkeiten; am Ende kommen sie darauf zurück, dass die Hitze die Wirkung der Bewegung ist, und das ist so, als ob sie sagen würden: Wir wissen es nicht.

Wenn man eine Sache mithilfe derselben Sache begründet, zeigt das, wie töricht und unwissend jemand ist. Was ist es, dass einige Leute dunkel und nach ihrer eigenen Art und Weise gesagt haben, dass diese Hitze bereits in der Luft ist, aber sie wird durch die Bewegung zu dieser Form heruntergezogen, und dass diese Hitze die berühmte Hitze ist, die von den Sternen ausgeht? Was für ein hervorragender Mann! Sie schätzen die Sterne nicht als heiß ein, dann wollen sie, dass diese Hitze der Sterne Feuer ist. Aber selbst wenn man zugesteht, dass die Sterne, die sie als heiß ablehnen, Hitze erzeugen, ergibt sich eine

[11] Ein Begriff, den Hippokrates und Galen verwenden, es geht um die Umleitung von Säften.

weitere Ungewissheit, nämlich wie die Bewegung diese Hitze erhöhen soll. Denn es ist sicher, dass die Hitze, die von den Sternen ohne Bewegung aufgenommen wird, noch nicht feurig ist. Alexander von Aphrodisias vertritt hier zu Recht die Ansicht, dass das Feuer nicht aus den Steinen herausgeschlagen wird, sondern die darin enthaltene Luft durch plötzliche Reibung in Feuer umgewandelt wird. Wenn dies aber so ist, warum wird es dann nicht eher aus den festesten Steinen, wie Porphyr, und den härtesten, als aus den weicheren, wie Kristall und Chalcedon, herausgeschlagen? Und warum geht das Feuer nicht eher von zwei gleichartigen Steinen aus, wie den kristallinen, als von Kristall und Stahl? Und warum (das ist das Wichtigste) sinken diese Funken meist langsam nach unten, als ob sie schwer wären, wenn nur Luft entzündet wird? Denn reines Feuer sinkt entweder nicht herab, oder, wenn es durch einen Stoß dazu gebracht wird, sinkt es schnell herab. Was also langsam herabsinkt, besteht nicht aus Luft allein. Alexander hatte also recht, als er sagte, dass Feuer nicht in einem Stein gefangen ist; denn das Feuer würde den Stein verbrennen, und der Stein wiederum würde die Hand desjenigen verbrennen, der ihn berührt. Und es würde leicht entzündet werden und Brennstoff benötigen und leicht von zwei zusammengeschlagenen Steinen (z.B. Chalcedon) ausgehen, da die Reibung ausreichen würde, um Feuer zu entfachen. Da dies alles nicht zutrifft, ist es völlig **klar, dass das Feuer nicht in einem Stein enthalten ist**. Aber wie ich schon sagte, wird es nicht aus der Luft erzeugt, weil Steine, da sie härter sind, eine größere Schlagkraft benötigen, um Feuer zu erzeugen. Wenn es also genügte, dass die Luft plötzlich von einem Schlag getroffen wird, der das Feuer aus Stahl und Kristall hervorbringt, könnte Feuer aus zwei Stahlstücken entstehen. Aber so ist es nicht; wie ich sagte, erfordern härtere Dinge kräftigere Schläge und erzeugen ein vollständigeres und lebendiges Feuer, von dem ein Funke manchmal eine ganze Weile anhält. Außerdem gibt es einige glasige und weiche Steine, die bei den geringsten Schlägen oder bei einer bloßen Berührung Feuer ausstoßen, aber kaum lebendiges Feuer. Ein sicheres Anzeichen dafür, dass das Feuer aus der Substanz eines Steins entsteht, ist, dass es nie ausbricht, ohne dass der Stein gerieben wird. Auch Luft geht, wie gesagt, in Flammen auf, nicht in Funken. Auch sich drehende Mühlsteine, die nicht mit Luft, sondern mit Wasser bedeckt sind, geben immer noch Feuer ab; gewöhnliche Steine tun dies nur an ihren Ecken.

Und so lauert das Feuer nicht in den Steinen, noch wird es erzeugt, wenn Luft auf Luft trifft. Aber es ist nicht sicher, dass in ihnen ein Feuerpotenzial vorhanden ist; in der Tat nehmen sie kaum Feuer an, wenn sie ins Feuer geworfen werden, und sie werden niemals durch Kälte entzündet, und wenn sie untergetaucht werden, erzeugen sie starke Abkühlung. Daraus wird ersichtlich, dass das Feuer durch die Reibung eines Steins entsteht, wenn seine Substanz bis auf ihre kleinsten Teile reduziert wurde, und das Material des einen oder anderen ist dazu besser geeignet. Denn die am besten geeigneten Quellen sind die reinen und nicht zu harten, die aus verdünnter Substanz bestehen, wie Chalcedon, Kristalle und dergleichen. Umgekehrt sind zerbrechliche oder sehr harte Dinge oder solche von dicker Substanz kaum geeignet. Ebenso wird Blei durch die Bewegung eines Pfeils geschmolzen, denn die äußersten Teile, zumindest die Ecken, die am dünnsten sind, werden abgeschliffen. Dasselbe geschieht bei längerer Bewegung, wie bei zahlreichen wiederholten kleinen Bewegungen, wenn man z. B. ein Schwert an einem Brett reibt; hier ist die Reibung umso intensiver, wodurch es schon durch seine Härte Widerstand leistet, wie die Luft in der Mitte komprimiert wird, während sie verdünnt wird.

Aber es ist nötig, zu dem Punkt zurückzukehren, von dem ich abgeschweift war, nämlich **dass Bewegung die Hitze entzündet,** denn daran hängt fast alles. So sehen wir nie Feuer aus Wasser, und aus Luft nur durch Ausbreitung, nicht durch Bewegung entfacht; und wenn eines der feuchten Dinge durch Feuer entfacht wird, wie Öl oder Wein, so wird es durch Feuer, nicht durch Bewegung entzündet. Was also durch Bewegung entzündet wird, muss trocken sein, nicht nass; dennoch kann auch ein feuchtes Ding durch ein anderes Feuer entzündet werden. Was also trocken ist, und zwar stark, das ist schon halb Feuer. Denn, wie gesagt, ein starkes Feuer ist Hitze und Trockenheit. Was also ein trockenes Ding braucht, ist nur erwärmt zu werden; wahrlich, die Grundlage von Teil und Ganzem ist dieselbe. Denn wenn es durch eine kraftvolle Bewegung heiß wird, wird es auch kraftvoll heiß werden. Wenn dann ein trockenes Ding mit einer Bewegung zusammenstößt, muss es am Ende verdünnt und ausgedünnt werden – eine ausgedünnte und trockene Substanz ist aber feurig. In der Tat, jeder einzelne Stoff nimmt für sich eine Form an, die einer bestimmten Menge unterliegt. Dies ist also die einzig richtige Art, es auszudrücken: dass jene Hitze, die von den verschiedenen Sternen ausgeht und mit der trockenen Materie verbunden ist, während die Materie zu sehr durch die Bewegung ohne den Widerstand der Feuchtigkeit reduziert wird, weil wir sie bereits als trocken angenommen haben, und durch die Verdünnung durch eine frühere Form (z.B. die eines Steins) nicht sehr beeinträchtigt wird, wenn zur gleichen Zeit die Eigenschaften eines Steins vorhanden sein mögen, aber seine Substanz abwesend ist, sie durch die Wirkung der Hitze die Form des Feuers annimmt. Dann ist dieser Modus sozusagen das Gegenteil von Vereinigung; in ihm konzentriert sich die Hitze bei unveränderter Materie, aber in der anderen Situation wird die Materie selbst verdünnt, wenn sie der gleichen Hitze ausgesetzt ist. Dass dies die Ursache ist, wird dadurch bewiesen, dass Wasser durch Bewegung in Luft verwandelt wird, wie jeder sehen kann, wenn Wasser mit großer Wucht herabfällt; in der Tat nimmt die verdünnte und mit Feuchtigkeit verbundene Substanz die Form von Luft an.

Ihr werdet aber fragen: Warum entsteht Hitze in kalter Luft und kalter Materie, in der die Kälte bereits triumphiert, wie in einem Stein, obwohl die Kälte stärker ist? Ich antworte: Wenn die **Kälte** nach ihrer Wirkung zu verstehen ist, so ist sie nichts anderes als eine geringe Hitze; was nicht existiert, hat keine Tätigkeit. Deshalb erhebt sich die Kälte nicht, denn sie ist nur ein Mangel, die Hitze aber schon, die im Vergleich zur geringen Menge des Materials groß ist. Ein Anzeichen dafür, dass Kälte nichts anderes ist als ein Entzug von Hitze, ist die Starre des Tertiärfiebers[12], bei dem eine beträchtliche Kälte empfunden wird, obwohl es keine kalte Materie gibt, sondern einen Abgang von Hitze. Wenn also eine geringe Hitze in einer dürftigen Materie vorhanden war, wird sie bewahrt. Auf derselben Grundlage[13] ist **Trockenheit** nichts anderes als der Entzug von Feuchtigkeit. Folglich ist die Befeuchtung von trockenen Dingen unmöglich, da es keine Rückkehr vom Entzug zum vorherigen Zustand gibt. Aber die Befeuchtung ist schwieriger, denn das feuchte Prinzip entspringt einem Element, der Hitze des Himmels, die es ständig verteilt. Trockene Dinge werden daher nur durch die Zugabe von Stoffen wiederhergestellt. Aber die Abkühlung oder Austrocknung weicht leichter, wenn diese Veränderungen durch ein Hindernis entstehen. Die Alten hatten Recht, wenn sie den Äther und das Wasser als das Prinzip der natürlichen Dinge ansahen, obwohl in dem einen die Hitze und in dem anderen die Feuchtigkeit vorherrschend sein soll. Sie hatten mehr Recht damit, die Luft als das Prinzip der natürlichen Dinge zu betrachten, wenn sie heiß und feucht ist. Niemand betrachtet die Erde in diesem Sinne, denn sie ist kalt und trocken. Aber über-

[12] »tertianarum«.

[13] »ratione«.

natürlich heiße Dinge sind schwer zu kühlen, denn Hitze erhält die Bewegung. Es ist also schwieriger, Dinge zu kühlen, die von Natur aus so sind, denn ihre Bewegung ist unaufhörlich. In kalter Luft erlischt ein Feuerfunke sofort, wenn er nicht geschützt wird. Aber die Luft kann nicht verhindern, dass im Inneren Hitze entsteht, denn Luft ist nur außen.

Aber du wirst noch einmal sagen: Wenn Kälte in Wirklichkeit nichts anderes ist als der Entzug von Hitze, wie können dann kalte Dinge kühlen, so wie heiße Dinge heizen? Kälte ist immer vorhanden, wenn viel Materie vorhanden ist; in der Tat kann nichts sehr Dünnes kalt sein. Viel Materie hindert die Hitze daran, einzudringen und in Bewegung zu sein, und daher kühlt es auf diese Weise. Was also erwärmt, das erwärmt sich von selbst; was kühlt, das tut es nur zufällig.

Sie werden vielleicht einwenden: Da wir uns durch kalte Dinge genauso schnell abgekühlt fühlen wie durch heiße erhitzt, scheint eine Art von Kälte in Aktion getreten zu sein. Wie ich schon sagte, ist Kälte nichts anderes als Hitzeentzug; und Dinge, die in Bewegung sind und nicht stillstehen, wie Wasser und die Luft bei starkem Wind, werden gekühlt. Und wenn etwas durch Berührung gekühlt wird, wird nur seine Oberfläche gekühlt, während die Hitze sich offensichtlich ins Innere flüchtet. Aus diesem Grund ist es unmöglich, dass etwas schnell abgekühlt wird, aber selbst die am weitesten innen liegenden Teile werden abgekühlt, wenn die Kälte länger andauert.

Und dies sind die wirklichen natürlichen Grundlagen der Dinge, daran gibt es keinen Zweifel. Die Menschen, die sich vorstellen, dass diese Qualitäten an Substanzen gebunden sind, und dass Kälte ein Prinzip der Natur ist, verstricken sich in Schwierigkeiten und können die Ursachen der Dinge, die sich bemerkbar machen, nicht erkennen, und arbeiten daran, alles in Schweigen und in Worte zu hüllen, die ebenfalls undeutlich und sogar zweideutig sind. Daher ist Hitze selbst die eigentliche Eigenschaft der Himmelskörper, indem sie diese Körper bewegt, was, unterstützt durch Bewegung, Feuer erzeugt. Wenn sie von der Materie überwältigt und behindert wird, erzeugt sie Kälte. Und alles, was nicht im gleichen Zustand der Bewegung bleibt, wird kälter, wie Wasser und Luft. Und das Temperament der Luft ist das Ergebnis des Überflusses an Strahlen von der Sonne und auch von den Sternen, die sie empfängt und die sie aufheizen. Erde, die nicht bewegt wird, kann nicht so kalt sein wie das Wasser.

Nach diesen Ausführungen, mit denen wir eine Reihe von Geheimnissen der Natur aufdecken, die lange verborgen waren, kehren wir wieder zum Feuer zurück. Aber es ist gut, zuerst etwas **über die Subtilität der Stoffe** zu sagen. Einige, wie die Luft, werden als in sich verdünnt beschrieben; andere als in der Menge verdünnt, wie die Haare; andere, weil sie fließen, wie das Blut; andere, weil sie in sehr kleine Teile zerlegt werden können, wie das Gold; andere, weil sie mehrere dieser Eigenschaften haben, wie die Geister[14], welche die Instrumente unseres Tuns[15] sind. Die meisten Dinge werden durch technisches Geschick feinkörnig gemacht, wie das Blei, das so sehr verfeinert wird, dass es zu dem Pulver zerkleinert wird, aus dem gewöhnlich Gewichte für Uhren hergestellt werden; wenn es geschmolzen ist, wird es in einem Mörser schnell gedreht, um es in Pulver zu verwandeln. Auch wenn die Technik Holz, Stein oder Metall zu sehr feinen Partikeln zerkleinert, vermischt oder zersetzt sie nicht die Substanz, sondern nur die Menge. Wenn das Feuer Dinge zerkleinert, trennt es sie; wenn es sie vermischt, zerkleinert es sie nicht. Ja, indem es sperrige Dinge trennt, erweckt es den Anschein eines zerstörenden Mittels. Nur die Natur kann eine Substanz gleichzeitig mischen und auflösen. In der

[14] »spiritus«.

[15] »operationum instrumenta«.

Tat, wie ich schon sagte, da ich jetzt mit »subtilen Dingen« Dinge meine, die fein gezogen werden können, sie müssen dehnbar oder feucht sein, und da das Feuer trocknet, kann es die Dinge nicht aufbrechen, ohne sie zu trennen. Es zersetzt also die Dinge, entweder durch Zerkleinerung der trockenen Dinge, wie wenn es Sand zu Staub zermalmt, oder durch Verflüssigung, wie bei den Metallen, oder durch Trennung der verdünnten Teile, wie bei den Destillationen. In der Tat, während es brennt, da es trockene Dinge zerkleinert und feuchte verflüssigt, zersetzt es auch Dinge. Bei der Destillation kommt es aber dazu, dass etwas zersetzt und mit etwas anderem vermischt wird, wenn die Destillation mit feuchter Hitze, nicht mit Feuer erfolgt. Ja, Hitze vermischt sich, und zusammen mit der Feuchtigkeit zersetzt sie die Dinge. Und genau das geschieht, wenn die Gefäße in ein heißes Wasserbad, Marienbad[16] genannt, gestellt werden. Die Destillationsart, die dieser am nächsten kommt, ist die des Pferdemistes, aus dessen Asche das vorzüglichste Öl gewonnen wurde. Denn wenn die Substanz warm und feucht ist, kann sie ihre Hitze über viele Monate hinweg speichern, und zwar länger als Weintrauben, das die Substanz von Oliven dichter und fetter ist.

Keines dieser Mittel kann jedoch **Metalle schmelzen** – sie erfordern Feuer. Aber eine Destillation durch Feuer sehr heiß zu machen, bedeutet, sie für die Mischung ungeeignet zu machen und wirklich zu zersetzen; die Destillation durch Asche ist im Großen und Ganzen ähnlich. Denn wenn man durch Feuer destillierte Dinge mit ihrem Bodensatz vermischt, wird das Ganze im Verhältnis zu seiner Masse schwerer als vorher und gleichzeitig trockener. Es ist also nicht das Feuer, das sich auflöst, sondern die Natur selbst, die die ganze Substanz zusammenbraut und vermischt. So kommt alles durch Subtilität zusammen, und die Mischung wird kompakter und besteht doch aus feinsten Teilchen. Daher muss beim natürlichen Kochen, also dem Härtesten in der Flüssigkeit, auch die Kraft des Feuers überwiegen, und beim Einweichen in einem Bad werden die gröberen Teile zerkleinert, die durch Feuer nicht gewonnen werden können.

Daraus ergibt sich aber eine beträchtliche Ungewissheit: Wenn das Feuer alles erhitzt und trocknet, **müssten alle Wässer, die das Produkt der Destillation sind, heiß und trocken sein.** Seine Substanz ist kein Hindernis, denn es ist wässrig; ja, da es so ist, ist es glühend heiß und brennend, und es erhitzt und trocknet insbesondere die menschlichen Körper. Außerdem sind alle Wasser kalt und nass, wenn ihre Substanz vorherrscht. Aber die Wirklichkeit ist immer weder das eine noch das andere; in der Tat ähneln einige dieser Wässer mehr dem, woraus sie gewonnen wurden, z.B. in rosenartigem Geruch, Geschmack und Stärke. Ein Krug mit Wegerichwasser kann den Blutfluss aus jeder Quelle stoppen. Salatwasser, so kühl es auch sein mag, hat nicht die gleiche Wirkung. Vor kurzem hat jemand, der sein Gedächtnis verbessern wollte, Balsam drei Tage lang mit Weißwein aufgegossen, dann den Wein vorsichtig ausgepresst und das Wasser durch Destillation gewonnen. Er dachte, dass er durch das Trinken sein Gedächtnis wiedererlangen könnte. Aber sobald er warm war, verschwand seine gute Gesundheit fast vollständig. Die Chemiker[17] nennen diese Methode die »Sterne am Himmel befestigen«.[18]

Es wird daher oft gefragt, ob diese Wässer ihre besonderen Kräfte behalten. Wir haben einmal gesagt, als wir über das böse Heilende sprachen, dass es keine Kräfte ohne Geruch und Geschmack gibt. Ja, Absinth[19] riecht weder nach Wermut, noch ist er bitter, sondern ist erstaunlich süß. Alkohol jedoch, wie das Rosenwasser, lässt einen glauben,

[16] »Mariae balneum«.

[17] »chymistae«.

[18] »stellas coelo infigere«.

[19] »Absynthij«.

dass im Wasser Kraft steckt. Denn wenn du sagst, es ist so wegen des Feuers, warum ist dann keines der anderen so? Dieses ist vor allem heiß, es trocknet, es dringt ein, es riecht scharf, es brennt. Und so ist es unzweifelhaft, dass die Kräfte nun den Wässern innewohnen, aber nicht allen Wässern, und auch nicht in allen gleich stark. Denn alles, was eine verdünnte Substanz hat und mit einer kalten Substanz verbunden ist, bringt ein Wasser hervor, das ihm nicht unähnlich ist, wie bei der Rose. Was eine verdünnte und heiße Substanz hat, bringt ein ähnliches hervor, aber brennend, wie der Wein und einige der Metalle. Was eine dicke und heiße Substanz hat, bringt eine andere und schwächere hervor, wie der Wermut. Was eine dicke und kalte Substanz hat, bringt eine andere, aber keine verdorbene Substanz hervor, wie es der Kürbis tut.

Nach diesem Gedankengang werdet ihr leicht die Kräfte der Wässer kennenlernen, die durch ein mäßiges Feuer gewonnen werden können; denn die, die ein starkes Feuer brauchen, sind alle stark austrocknend, und die meisten von ihnen sind auch wärmend.

In diesem Fall stellt sich eine weitere Frage, nämlich ob es möglich ist, ein gemäßigtes Wasser herzustellen, das die Quintessenz genannt wird. Wie ich deutlich machen werde, wird dies **Äther** sein, d.h. eine hochverdünnte, bewegliche Substanz, die durch ihre Bewegung eine gemäßigte (aber sehr reichliche) Hitze aufrechterhält. So kann sie alle ihre Kräfte bewahren und das Leben verlängern. Da sie sehr verdünnt ist, vermischt sie sich mit der Urfeuchtigkeit, dringt in die Feststoffe ein und löst die in ihr enthaltenen Abfälle ab. Da sie sehr viel Hitze besitzt, stößt sie alles Unreine aus und stellt so ihre natürliche Hitze wieder her. Das Alter ist nur die Verminderung der natürlichen Hitze – sie wird vermindert, weil die Bewegung verhindert wird, wie ich beim Feuer sagte; ja, das Verhältnis des letzteren zum ersteren ist ähnlich. Aber die Bewegung wird durch die Fülle der Erdsubstanz verhindert, denn die Erde ist die einzige, die sehr viel Materie besitzt und der es ganz an Bewegung fehlt. Daher wird dieses besondere Wasser, das von mäßiger Hitze ist, weder das Herz beunruhigen noch der Leber schaden. Und so ist es das einzige, das das bieten kann, was ich erwähnt habe.

Die Menschen berichten, dass es auf einem Berggipfel auf der Insel Bonicca, die 1200 Meilen von Hispaniola in der Neuen Welt entfernt liegt, **eine Quelle gibt, die Greise verjüngt,** ohne jedoch ihr graues Haar zu verändern oder die bereits entstandenen Falten zu entfernen. Neben dem weit verbreiteten Gerücht ist ein verlässlicher Zeuge Peter Martyr d'Anghiera von Mailand in seiner Schrift *De Orbe Novo Decades*, aus den privaten Papieren eines ehemaligen Königs von Spanien, von der zu seiner Zeit neu entdeckten Welt. Doch Oviedo leugnet dies hartnäckig. Wir bezweifeln nicht, dass es möglich ist, aber wir behaupten nicht, dass es wahr ist. Dann ist es umso weniger glaubwürdig, als es schnell und in wenigen Tagen geschehen soll. Aber ein Mensch altert über eine lange Spanne von Jahren, also kann er nicht verjüngt werden, außer über eine Spanne von Jahren. Es ist also sehr schwierig, dies zu überprüfen. In guter Luft sollte das Wasser ausgezeichnet sein; und es gibt, wie ich sagte, ausgezeichnete Luft auf den Bergkämmen. Aber dort gibt es viele Probleme für die Menschen, da nur wenige die Erfahrung machen, dass ihnen die Natur dort hilft.

Um auf den Punkt zurückzukommen und zu verhindern, dass seine Betrachtung zu lange dauert: Wenn der **Alkohol** einen Tag lang seinen verdünnten Zustand beibehält und seine Hitze und den Höhepunkt seines Geschmacks und Geruchs abgelegt hat, ist er Äther. Am Anfang hat er jedoch einen Geruch. Ein wohlriechender Geruch ist in der Tat nichts anderes als ein scharfer Geruch, der mäßig auftritt. Der Beweis ist, dass Pfeffer nicht duftet, ebenso wenig wie Ingwer, weil sie zu scharf sind, aber eine kleine Menge riecht angenehm. Aber Dinge, die im

Gegensatz dazu angenehm riechen – Zimt, Amomum, Krokus, Nelken, Lilien, Moschus – sind mäßig scharf. Und wenn man viel von einem dieser Stoffe, wie z. B. Pfeffer, in die Nase bekommt, schlägt es auf das Gehirn und riecht nicht angenehm. Knoblauch und Lauch, deren Feuchte etwas von Fäulnis an sich hat, riechen zwar scharf, aber auch unangenehm, weil sie nicht mäßig sind. So muss der Alkohol wohlriechend werden, wenn er zum rechten Maß[20] zurückgekehrt ist, ohne seinen dünnen Zustand zu verlieren; und wenn er wohlriechend wird, muss er umgekehrt in Äther umgewandelt werden.

Ein Wasser zur Wiederherstellung der Jugend wird auch mit Schlangenfleisch gemacht, und eines mit Nieswurz, wie ich es im Hause meines Vaters gesehen habe. Aber diese verwüsten den Körper und stellen ein raues Bild der Jugend wieder her, aber sie bieten keine Jugend. Der Äther hingegen bietet wirkliche Jugend, denn er bewahrt das, was er hat, für lange Zeit und verstärkt es. Für immer? Nein, aber so lange, wie es nichts aufhält; aber davon gibt es viele Dinge.

Ist das Feuer, das am heißesten ist, der dünnste Äther? Sicherlich ist es so, denn es ist dem Himmel nahe und daher sehr leicht; ja, es hält seinen verdünnten Zustand aufrecht und mildert durch seine Drehung die von den Sternen auferlegte Hitze. Und in gleicher Weise wird dieses Wasser, das durch die Hitze des Feuers bis zur äußersten Verdünnung gebracht wurde, durch die Bewegung selbst abgekühlt und nimmt einen temperierten Zustand an. Folglich sind sowohl dieses Wasser als auch der Äther eine Art Zwischenstadium zwischen sterblichen und unsterblichen Dingen. In der Tat, da er einen Ort und einen temperierten Zustand sowie eine dem Himmel nahe Substanz besitzt, kann es sich nicht verschlechtern. Aber wenn er nach unten getrieben wird, kühlt er ab und wird so über viele Jahrhunderte hinweg degradiert. Er ist also eine Art Zwischenstadium zwischen dem Sterblichen und dem Unsterblichen, zu dem nach Ansicht der Stoiker auch die menschliche Seele gehört.

Da dieser Äther aber aus Alkohol gewonnen wird, da er durch Hitze verdünnt wird und nicht durch Bewegung eingeschränkt wird, fällt er wesentlich verdünnter aus. Und so wird jeder von ihnen auf einer ähnlichen Grundlage hergestellt. Auf diese Weise nimmt alles, was durch die Hitze des Feuers verändert wird, offensichtliche Schärfe und Trockenheit an: zum Beispiel Kalk und Asche. Aber diese beiden unterscheiden sich, da die Hitze im Kalk in großer Menge vorhanden ist, aber in der Asche ist sie schon fast aufgebraucht. Deshalb suchen diejenigen, die aus Kalk und Asche ätzende Arzneien zusammensetzen, vor allem die Hitze des Kalks und die Trockenheit der Asche. So arbeiten auch diejenigen, die **die Flüssigkeit, mit dem Metalle getrennt werden**, gewinnen. Es geht so: ein Teil Salpeter, drei Teile flüssiger Alaun, der »Rochae« genannt wird, ein mittlerer Anteil Sand. Sorgfältig getrocknete und gereinigte Gegenstände werden mit Feuer in Glasgefäßen destilliert. Was zuerst herausfließt, wird getrennt gesammelt, wenn die Oberfläche des Gefäßes schließlich safranfarben aussieht. Wenn man das Feuer verstärkt, kommt eine weitere Fraktion zum Vorschein, die meist in der vorherigen enthalten ist. Doch wenn du Quellwasser nimmst, ist es immer noch so scharf, dass trotzdem Silber aufgelöst und von Gold getrennt wird. Man trennt es folgendermaßen: Man sammelt einen mäßigen Teil des gewonnenen Wassers und gibt darauf eine kleine Menge reinsten Silbers (d.h. zwölf Körner); man lässt es so lange auf der Asche stehen, bis sich das Silber aufgelöst hat. Dies wird auf den Boden des Gefäßes einen Bodensatz wie dünnen Kalk werfen, und wenn dieser entfernt ist, füge den Rest des reineren Wassers zu dem gesamten Wasser hinzu, das

[20] »temperamentum«.

du bereits gewonnen hattest. Dies wird ein Sediment nach einem ähnlichen Muster wie das vorherige auf dem Boden erzeugen. Wenn es entfernt wird, ist das gesamte Wasser sehr rein und eignet sich gut zum Lösen von Silber und anderen Metallen (außer Gold). Da es leicht verdunstet, bewahrt man es in einem sorgfältig verschlossenen Glasgefäß auf. Um das Ausmaß seiner Kräfte zu prüfen, nehme man (wie ich sagte) Quellwasser und reduziere, auch ohne Feuer, vierundzwanzig Stunden lang Silber in Wasser und zwei oder drei Stunden lang mit der mäßigen Hitze von Asche. Jeder wird diesen letzten Dämpfen und dem Wasser, in das sie sich verwandeln, eine bemerkenswerte – ja, unglaubliche – Kraft zuschreiben.

Von der gleichen Art ist das, was mit den Salzen des Salmiaks und des Salpeters geschieht, dann mit Calchantum[21] und flüssigem Alaun, zu gleichen Teilen, und schließlich mit einem Viertelteil Grünspan[22]. Wenn dies auf die gleiche Weise zubereitet wird, verschont es nicht einmal Steine. Wenn man aber etwas Galmei[23], Smiris genannt, hinzufügt, mit der man Edelsteine poliert, erhält man ein reichlicheres und besseres Wasser, weil es nicht verbrennt. Mit diesen Erkenntnissen aus der Erfahrung wollen wir nun sehen, warum dieses Wasser sich als so stark erweist; ein offensichtlicher Versuch sagt uns, dass der trockenere Teil, der durch die Kraft des Feuers verdünnt wurde, die feurige, ätzende Kraft annimmt.

Aber warum brennt das Scheidewasser[24] nicht, obwohl es sehr heiß ist? Weil das, was sehr heiß ist, heißer und dünner und weniger trocken ist, sodass es brennen kann und die Dinge besonders erwärmen, aber nicht erodieren kann. Öl dagegen kann erodieren, aber nicht brennen, und es kann nur ein wenig wärmen. Auf derselben Grundlage ist also Öl, das durch die Kraft des Feuers aus Grünsalz gewonnen wird, sehr scharf, da es den trockensten Teil in Feuchtigkeit verwandelt, und auf der Zunge wie Feuer brennt. Daher ist man sich einig, dass auf dieser Grundlage auch ein Wasser hergestellt werden kann, das, wenn es mit einem Katheter zu einem Blasenstein geleitet wird, diesen sofort auflöst. Dafür sind zwei Eigenschaften erforderlich – eine, um den Stein aufzulösen, und eine, um für die Blase unschädlich zu sein. Wir gewinnen die letzten Dämpfe aus Skorpionasche oder mazedonischer Petersilie, oder Tekolith[25], oder den Steinen von Krebsen. In der Tat könnte so ein Wasser hergestellt werden, das sogar Porphyr pulverisieren würde.

Außerdem ist es unschädlich, wenn der Stoff, aus dem das Wasser gewonnen wird, frei von Salzen ist. Es wird angebracht sein, das Wasser nicht aus irgendeiner Art von Salz oder Alaun oder Grünsalz oder Weinsediment zu extrahieren, sondern aus einem der Dinge, die wir kürzlich gewonnen haben. **Zur Bestätigung einer subtilen Theorie ist immer eine sorgfältige Erfahrung erforderlich, damit wir die Punkte, die wir so subtil erforscht haben und die durch die Erfahrung sicher bestätigt sind, für den Menschen nutzbar machen können.** Ich persönlich weiß, dass Taubenkot und Glaskraut[26], ersterer oder letzteres in Wasser extrahiert, die härtesten Blasensteine auflösen können. Was das ist und was es bewirkt, und zwar ohne zu schaden, muss durch Erfahrung geklärt werden. Denn Wildschweinblut und Hasenhaut und Glas werden von der Theorie sehr befürwortet – doch vielleicht nichts davon einzeln, sondern einige davon zusammen und in einem bestimmten Maße. So etwas muss sicherlich metallisch sein, oder in Richtung der Natur des Metalls verändert werden. Ich habe einmal gehört, dass jemand aus Genua es gefunden hat, aber es ist bei

[21] Forrester schreibt »copperas«, evtl. Grünsalz.

[22] »aeruginis«.

[23] »ostracitis«.

[24] »aqua separationis«.

[25] »tecolitho«.

[26] »parietaria«.

seinem Tod wieder verloren gegangen; er hatte es niemandem bekannt machen wollen. Ziemlich sicher ist, dass es gefunden werden kann, und dass dies seine Technik sein wird. Aber es gibt Zweifel, ob verdünnte Dinge schärfer sind, und ob sie korrosiver[27] sind.

Andreas Lacuna, ein Arzt aus Segovia, berichtet von einem Heilmittel Philipps von Lusitanien, das zu gleichen Teilen aus Alaun, Grünspan, Orpiment und Chalkitis besteht. Wenn dieses acht Tage lang mit sehr saurem Essig übergossen, zerkleinert und in der Sonne getrocknet wird, dann wird es, je länger es zerkleinert, übergossen und getrocknet wird und je mehr die Sonne es erwärmt, desto schneller Auswüchse entfernen, die sich im Blasenhals und in den Genitalien gebildet haben, und desto weniger Schmerz wird es dabei geben; das ist in der Tat das, was das Medikament tun kann. Es ist also offensichtlich, dass grobe Dinge durch die Sonne und den sauren Essig zerkleinert werden, aber es ist das Mahlen, das sie zu Pulver reduziert. Und dass es weniger Schmerzen verursacht, geschieht, weil die verbrannten Teile abgelöst werden. Die Arznei wird also offensichtlich in der Menge verdünnt, aber in der Substanz dicker und gleichmäßiger. Dadurch wird der Körper weniger durch Erhitzen oder Trocknen verändert. Was also sowohl in der Menge als auch in der Substanz sehr verdünnt ist, korrodiert schneller; aber wenn die Substanz gemildert wird, verursachen sie weniger Schmerzen. Was also in der Menge dick und in der Substanz verdünnt ist, verursacht Schmerzen und ist später ätzend; was in der Substanz dick und in der Menge dünn ist, wirkt später und ohne Schmerzen, wie Kalk und Schmierseife, von denen ich an anderer Stelle gesprochen habe. Was subtil ist, wirkt in beide Richtungen, schnell und mit großen Schmerzen. Was in der Substanz dick[28] und in der Menge verdünnt ist, erodiert schnell und mit wenig Schmerz, und das ist das Beste. Aber über die Anwendung in der menschlichen Therapie werde ich an anderer Stelle berichten.

Aber um auf mein Thema zurückzukommen: Es tauchen **Fragen zu diesen Wässern** auf. Wenn sie durch große Hitze entstehen, wie z. B. durch Verbrennungshitze oder die Hitze der Trennung, wie kommt es dann, dass sie sich kalt anfühlen? Oder wenn sie bereits abgekühlt sind, wie können sie dann Metalle schmelzen? Oder wenn eine gewisse Hitze fortbesteht, wie kommt es, dass sie nicht völlig erlischt, auch ohne Bewegung? Oder wenn sie durch irgendeine Bewegung unterstützt wird, warum entzündet sie dann nicht die entflammbaren Stoffe? Die Erfahrung gibt auf keine dieser Fragen eine Antwort. Aber auch bei natürlichen Gemischen liegt derselbe Grund vor: Schwefel lässt sich sehr leicht entzünden, und doch ist er an sich kalt. Pfeffer verbrennt die Zunge, und wenn man ihn isst, entzündet er den Körper stark, aber er ist kalt, und wenn man ihn mit Feuer in Berührung bringt, nimmt er das Feuer nur widerwillig auf. Die Philosophen hätten sich mit diesen Fragen befassen sollen, die durch die Sinne festgestellt werden und denen man täglich begegnet, und die, wenn sie gelöst sind, einen beträchtlichen Nutzen bringen, und sie hätten nicht die Punkte beiseite legen sollen, die wir in der Hand haben (wie man üblicherweise sagt), um neue Fragen mit neuen Namen zu untersuchen, bei denen ihr ebenso verwirrt wärt, unsere Frage zu erkennen und zu sehen, wie sie zu lösen ist. Selbst wenn eine dieser Fragen tausendmal richtig gelöst wird (was jedoch kaum je vorkommt), könnte sie nichts Nützliches für die Menschheit beitragen. Ein offensichtliches Zeichen dafür sind jene bedeutenden Männer, die über so viele Jahrhunderte hinweg nie etwas Nützliches für das Leben entdeckt haben, weil sie sich nach falschen Grundsätzen abmühten und ihnen eine lärmende Belanglosigkeit genügte. Um sie also nicht zu tadeln,

[27] »erodant«.

[28] »substantia crassa«.

sondern ihnen gleich zu werden, will ich mich nun an die Lösung dieser sehr notwendigen Frage machen.

Zunächst einmal wird angenommen, **dass Gemische aus den Elementen bestehen**, weil in Gemischen die Eigenschaften der Elemente offensichtlich sind, und daher werden auch so viele Elemente in ihnen vermutet, wie es Kombinationen von Eigenschaften gibt, wobei die Argumentation nicht schlüssig ist. Ein weiteres, einfacheres Indiz ist, dass in manchen Fällen (wie bei Metallen und Steinen) die Erde deutlich zu erkennen ist, in anderen (wie bei Kräutern) das Wasser. Was unsere Augen sehen, soll auch bedeuten, dass Erde und Wasser die einzigen Bestandteile der Mischungen sind, denn auch der Philosoph sagte hellsichtig, dass es die Hitze selbst ist, die diese Dinge beim Mischen zusammenbringt. Wenn also viel Erde und Hitze vorhanden sind, entsteht ein feuriges Ding, wie bei dem zuvor erwähnten Wasser. Wenn mäßige Hitze mit viel Erde vorhanden war, wird es erdig genannt. Ein Beispiel für das erste ist der Pfeffer, für das zweite die Steine. Wenn Wasser im Übermaß vorhanden ist, kann sehr wenig Erde vorhanden sein, wenn aber große Hitze vorhanden ist, kann etwas Luftiges vorhanden sein, das ganz fett ist und sich leicht entzündet. Alle Öle, Fette, Schwefel und Bitumen sind in dieser Art. Wenn die Hitze gering ist, sind die Dinge wässrig, wie die meisten Gemüse. Warum entzündet sich Pfeffer dann nicht leicht? Weil neben dem feinen Anteil auch viel Erdiges enthalten ist.

Wir haben deutlich gemacht, dass das Erdige, das viel Materie enthält und Bewegung verhindert, der Entstehung von Feuer entgegensteht.

Aber ihr werdet sagen: »Pfeffer ist leicht«. Ich antworte: »Das ist so, weil er leer ist, aber die eigentliche Substanz ist schwer, und wenn er sehr gut gepresst ist, ist er nicht leicht. Und da Schwefel feucht ist, verbrennt er die Zunge nicht; aber er braucht Feuer, denn er ist mächtig heiß.«

Mit diesen prinzipiellen Aussagen gehen wir zur Lösung des Problems über. Bei den wirklichen Mischungen sind nur drei Dinge offensichtlich: Erde und Wasser und die Hitze, die sie vermischt. Denn es ist offenkundig, dass Erde und Wasser sich von selbst vermischen, aber Luft vermeidet die Vermischung, und man kann letztere niemals mit den beiden anderen vermischen, selbst wenn es etwas Verdünnteres wäre als das. Aber über das Feuer kann es keinen Zweifel geben, denn es ist weder ein Element noch erzeugt es etwas. Wenn also die gemischten Elemente aus diesen bestehen würden, würden sie sich heftig vermischen. Aber offensichtlich erzeugt das Feuer nichts, denn es ruft die Dinge nach außen – was erzeugt, ruft alles nach innen. Das Feuer trocknet auch, und was erzeugt wird, braucht Feuchtigkeit, denn sie ist es, die die Teile des Leims zusammenklebt. Noch einmal: Das Feuer scheidet und trennt; aber die Erzeugung erfordert Krasis[29], nicht nur Mischung. Das Feuer zieht auch die Qualitäten bis zum Maximum heraus. Aber die, die zur Erzeugung, und die, die vermischt sind, schwächen die Qualitäten gegenseitig. Schließlich ist das Erzeugen die eigentliche Funktion der himmlischen Hitze, nicht jedoch die des Feuers: denn Feuer hat nicht die Potenzialität des Lebens. Feuer vermischt die Körper, aber es trennt und scheidet ihre Substanzen. So wird Brot durch Feuer gegart, aber Fleisch wird zerstört. Wir aber kochen das Fleisch mit Feuer, weil die Gewohnheit es ausschließt, es roh zu essen. Wäre es aber üblich, Fleisch und Eier roh zu essen, so würde dies viel zur Verlängerung des Lebens beitragen. In der Tat, weil es nicht erlaubt ist, die Dinge zu essen, die roh gegessen werden können – Milch, Honig, Öl, Butter, Zucker und die meisten Gemüsesorten von dünnerer Substanz –, werden sie, wenn sie gegessen werden, sowohl dem

[29] Ein Begriff aus der hippokratisch-galenischen Medizin, eine spezielle Form der Mischung.

Leben als auch der Gesundheit mehr Nutzen bringen. Denn auch wenn das Feuer, wie gesagt, die Körper vermischt und aus Schwefel und Quecksilber Zinnober macht, so trennt es doch die Substanzen der Speisen und macht die Dinge schlechter, indem es das Dünne vom Dicken trennt. Wenn also der Ekel kein Hindernis wäre, würden Eier, Austern und längliche Schalentiere besser roh als gekocht gegessen werden. Und ganz allgemein, wenn ihre Kräfte stark wären und der Ekel die Menschen nicht stören würde, gäbe es kaum Bedarf für Feuer bei der Zubereitung von Mahlzeiten. Aber die Menschen zogen es vor, auf diese Art und Weise elegant und genügsam zu leben, anstatt lange wie Tiere oder Bauern zu leben. Deshalb glaube ich, dass der Verzehr von Rohkost viel zur Langlebigkeit der Bewohner der Wüste beigetragen hat; denn wenn rohe Dinge gekocht werden, sind sie besser als gekochte, die durch das Feuer verdorben werden. Aber am besten ist es, wenn man sich von Kindheit an daran gewöhnt.

Die **Hitze ist also vierfach**: Der Hauptteil sind die Strahlen der Sonne; ein zweiter ist die eigentliche Hitze, die aber mit der Trockenheit verbunden ist; ein dritter ist mit der Nässe verbunden; der vierte aber ist die Spur der Hitze, nicht die wirkliche Hitze. Die erste nennen wir gewöhnlich **himmlische Hitze**, und sie ist der Ursprung und die Quelle der übrigen; da sie das ist, was sie ist, erhitzt sie, aber sie erzeugt noch nicht, weil sie nicht mit der Materie verbunden ist. Die Aristoteliker würden es nicht Hitze nennen; sie sind die Leute, die ihre Sache mit Tapferkeit in Richtungen verfolgen, wo sie nicht widerlegt werden können. In der Tat ist kein Stern heiß, denn der Himmel ist ohne jede Qualität.

Die zweite wird die **feurige Hitze** genannt; sie erzeugt nichts, denn da sie mit der Trockenheit verbunden ist, ist sie mehr ein Instrument der Zerstörung und Trennung als der Vermischung oder Krasis, ohne die keine Erzeugung stattfinden kann. Nicht das Feuer allein, sondern jede Hitze ihrer Art zerstört und ist der Zeugung abträglich. Deshalb bringen Eier, die aus der Asche genommen werden, keine Küken hervor.

Der Name der dritten ist **natürliche Hitze**, die ihrerseits Bewegung erfordert, weil alle Hitze, die gedeiht, Bewegung erfordert und sich auf dem Substrat bewegt. Diese Hitze ist zweifach: die eine Art hat eine offensichtliche Bewegung und Auflösung, wie sie besonders in perfekten Tieren und noch mehr in denen, die Blut haben, vorhanden ist; oder aber sie hat eine verborgene Bewegung[30], wie sie in Pflanzen und viel mehr in ihren Samen und in metallischen Gegenständen vorhanden ist. Ja, in diesen hat die Hitze eine verborgene Bewegung, und doch verteilt sie die Feuchtigkeit. Der Beweis dafür ist, dass Samen, die gelagert werden, im Laufe von ein oder zwei Jahren austrocknen, selbst wenn sie eingeölt sind, und sie altern wie Menschen, entwickeln Falten, werden leichter und unfruchtbar. Und Hitze wird als Fähigkeit bezeichnet, da ihre Kraft, wie im Fall des Pfeffers, von der ganzen Pflanze in den Samen abgeleitet wird – und in ein Metall von einem ganzen Berg oder von viel davon, indem man zu viel zusammenbraut[31], was zusammengebraut werden muss, besonders der erdige Teil. Es wird dann feurig, wenn viel Hitze vorhanden war; oder wenn nicht viel, wird Gestein gebildet. Wenn viel Hitze auf eine wässrige Substanz einwirkt, wird sie fett; wenn wenig, wird sie wässrig.

Vielleicht werden Sie fragen, ob die Schärfe tatsächlich anhält. Das tut sie, aber da sie natürlich ist, ist sie in feuchter Substanz angesiedelt, wie die Hitze des Pfeffers. Daher kann sie nichts verbrennen, zumal ein Samen, wenn er geerntet wird, am Ende sehr klein ist. Pfeffer kann also weder aufgrund

[30] »obscurum motum«.

[31] »concoctus«, ein komplexes Konzept aus der traditionellen europäischen Medizin und kann zusammenkochen, zusammenbrauen, verdauen oder auch weitere chemische Prozesse bedeuten.

seiner natürlichen Schärfe scharf sein, da diese sehr gering ist, noch aufgrund seiner verbrannten Substanz, da diese die Schärfespur und nicht die eigentliche Schärfe bewahrt. In ähnlicher Weise bewahrt Alkohol die Hitzespur, nicht die Hitze, und das Gleiche gilt für gekühlte Asche. Aber Kalk speichert eine Zeit lang die Hitze und die Hitze im trockenen Kalk; dadurch fühlt er sich heiß an, vor allem im Inneren; die Außenseite wird durch die Luft gekühlt. Wenn man ein wenig Wasser darauf streut, entzündet er sich normalerweise.

Ihr aber werdet sagen: Die feurige Hitze scheint in der Feuchtigkeit zu sein, wie wenn eine Kerze brennt. Aber sie ist es nicht; sie wird zwar von der Feuchtigkeit getragen, aber sie ist nicht in der Feuchtigkeit. In ähnlicher Weise kann sich ein Mensch zwar von Äpfeln ernähren, aber seine Substanz ist keine Apfelsubstanz, sondern fleischliche Substanz; ebenso wird das Feuer von verdünnten Dingen genährt, ob nass oder trocken, aber es ist nur in etwas Trockenem begründet, und dieses Etwas ist sehr verdünnt. Das ist der Grund, warum die Methode erfunden wurde, **Fisch in Papier zu kochen**, genau wie in einer Bratpfanne. Nimm ein einfaches dickes Papier (das, was wir Papyrus nennen), und hebe die Ränder auf jeder Seite hoch, gieße Öl hinein, wie du es in eine Lampe tust, und bevor es überläuft, lege es auf glühende Holzkohle ohne Flamme. Das Öl schreckt vor dem Feuer zurück und dringt nicht ein, und auch das Papier fängt kein Feuer, weil es wegen des Widerwillens des Öls nicht getrocknet werden kann. Das Feuer fängt in der Tat nicht an zu brennen, wenn es nicht extrem trocken ist, noch kann die Flamme oder die Bewegung sich verdünnen, sodass das Feuer sich entzünden kann; jedoch wird es allmählich mit der Veränderung der Holzkohle warm, und so erhitzt es sich so sehr, dass die Fische darauf gegart werden – eine bemerkenswerte Sache. Warum aber brennt ein Faden um ein Ei nicht, nicht nur in der Holzkohle, sondern nicht einmal in einer Flamme? Weil es kein Feuer gibt, wenn die Hitze nicht auf ein Maximum gebracht wird, und das Ei verhindert immer, dass sie auf ein Maximum gebracht wird, denn ein Ei kann nicht verbrannt werden. Aber das, was nicht verbrennt, kühlt immer das, was extrem heiß ist, auf irgendeine Weise. Auf der gleichen Grundlage nimmt ein Tuch, das auf einen polierten Kristall gelegt wird, kein Feuer von der darauf liegenden Holzkohle an, auch wenn man mit einem Blasebalg darauf geblasen hat.

Wenn aber Hitze im Feuchten entsteht, **warum entsteht Hitze dann nicht im kochenden Wasser?** Weil diese Hitze entweder nicht in der Substanz des Wassers oder in etwas anderem, das trocken ist, enthalten ist. Der Beweis ist, dass kochendes Wasser wie Feuer brennt. Aber dass sie nicht in der Substanz des Wassers ist, ist offensichtlich, denn wenn das Feuer entfernt wird, kühlt sich das Wasser von selbst ab. Wenn aber die Hitze in der Nässe ist, erzeugt sie etwas; wenn zum Beispiel Fleisch in der Sonne liegt, entstehen kleine Würmer, und in Ägypten entstehen aus Eiern, die mit Dung bedeckt sind, Hühner. Es wird auch erzählt, dass Livia Augusta vor langer Zeit ein Ei in ihrem Schoß aufbewahrte, abwechselnd mit ihren Dienstmädchen, und einen Hahn mit einem Kamm hervorbrachte. Aber die **faulige Hitze** kommt von der Art der feurigen Hitze, weil sie trocken ist; dennoch ist sie der natürlichen Hitze ähnlich, weil sie mit der Zeugung verbunden ist. Sie unterscheidet sich von der feurigen Hitze, weil sie keine offensichtliche Bewegung besitzt – die feurige Hitze aber schon, und so gibt es einen Weg von der einen zur anderen. Mäßige feurige Hitze bewirkt in der Tat Verfall, erhöhte faulige Hitze versengt, verbrennt und macht einen Brand. Daher kommt auch die Fieberhaftigkeit, die das Fieber begleitet. Die Gründe dafür, dass feurige Hitze nicht in natürliche Hitze umgewandelt werden kann, liegen auf der Hand: feurige Hitze ist trocken und kann nicht feuchter werden, wie die natürliche

Hitze. Feurige Hitze ruft hervor und trennt; natürliche Hitze zieht nach innen und vermischt sich. In der Tat vermischt sich alle feuchte Hitze. Aber die natürliche Hitze kann in faulige und feurige Hitze übergehen, denn was feucht ist, wird durch Hitze getrocknet. Daher schwärzt das nasse Feuer gewöhnlich die Dinge, weil es das Nasse nach außen zieht und die Luft austreibt; das trockene Feuer macht weiß, weil es das Nasse, das da war, herauszieht.

Wenn das Feuer mit Wasser arbeitet und Luft erzeugt, wird Ihre nächste Frage lauten: Warum erzeugt es dann keine fettige Feuchtigkeit? Meine Antwort ist, dass Fettigkeit [32]das Ergebnis einer Mischung ist, aber das Feuer trennt. Es trennt aufgrund seiner eigenen Nützlichkeit, denn es vertreibt das, was wässrig ist und nicht verbrannt werden kann, wie im Fall von grünem Holz, das Wasser ausstößt, wenn es entzündet wird. Das Fett aber nagt an dem, was feucht ist, an dem sich früher im Leben die natürliche Hitze festgesetzt hat. Daher muss das, was brennt, sehr verdünnt und sehr trocken sein, wie Stroh, Alkohol und Schießpulver. Dabei wird aber durch den Salpeter etwas Erdiges beigesteuert, und so macht es einen Knall. Deshalb hat man versucht, **ein Pulver herzustellen ohne Salpeter, sodass die Kugel ohne Knall** ausgestoßen werden kann. Das kann gelingen, wenn man es langsam und ohne viel Kraftaufwand macht. Und Antonio Musa Brassavola berichtet, dass der Herzog von Ferrara dies entdeckt hat, aber es fehlte der Impuls und die Reichweite betrug nur etwa zwölf Schritte. Aber (wie ich sagte) mit großer Kraft ist es unmöglich, den Knall zu vermeiden. Denn wenn man den Salpeter herausnimmt, wird es immer noch möglich sein, das Schießpulver so zu entwickeln, dass es ein Geschoss ausstößt, und zwar ohne Knall. Aber im Großen und Ganzen ist das, was man mit dem Knall herausgenommen hat, auch aus dem Impuls herausgenommen. Folglich beeinflusst das Substrat in der Regel das Feuer und seine Kräfte, sodass ein Feuer, das aus Kohle oder festen Hölzern (wie Eiche) gemacht wird, oder an Steinen oder in Metallen befestigt ist, nicht als leicht anzusehen ist, während es fast harmlos ist, wenn es aus Weide oder Stoppeln gemacht wird. Je fester die Materie ist, desto intensiver ist das Feuer. In der Tat ähnelt jede Hitze ihrem Brennstoff. Daher erzeugen die festeren Brennstoffe eine stärkere Hitze. Folglich trocknet und verzehrt ein größerer und lebendigerer Glanz, was den Geist im Auge trübt, auch die berühmte sehr dünne Feuchtigkeit aus, in der sich die Sehkraft befindet. Auf derselben Grundlage, aber noch bemerkenswerter, werden Metalle, die durch Feuer aus Weichholz verflüssigt werden, zäher und weicher. Aber die Veränderung der Materie macht einen so großen Unterschied, dass das Produkt hart und spröde ist, wenn es aus stärkeren Hölzern gewonnen wird. Der Unterschied ergibt sich aus der besonderen Beschaffenheit und aus der Technik. Es ist schwach, wenn es darunter gelegt wird; zum Beispiel, wenn wir Fleisch kochen, wird es darunter gelegt, um stärker zu wirken, da, wie wir sagten, das Feuer von seiner Natur her nach oben will. Daneben gibt es das, was man **Reflex** nennt: Es tritt auf, wenn das Feuer von oben und unten oder von einer Seite aus angewendet wird, wobei die gegenüberliegende Seite die Kraft des Feuers reflektiert. Auf diese Weise werden weiche Metalle aus dem Gestein gelöst, an das sie gebunden sind, und Silber wird von Messing getrennt.

Eine dritte Variante ist **das umgebende Feuer**, bei der das zu verbrennende oder zu schmelzende Objekt von allen Seiten von Feuer ohne Blasebalg umgeben ist. Die **stärkste Methode**, die gewalttätigste, ist die, bei der man versucht, die widerstandsfähigsten Stoffe zu schmelzen, die im härtesten Gestein vorhanden sind. Sie wird

[32] »pinguedo«.

folgendermaßen durchgeführt: Es werden Gefäße aus schwarzem Feuerstein, weiß gesprenkelt, hergestellt, vier (oder mindestens drei) Ellen lang, drei Viertel so breit, drei Finger dick, unten gebogen, ohne Boden. In der Mitte seiner Länge befindet sich eine Öffnung, in der eine Rinne genau platziert ist, durch die der Luftzug von Blasebälgen nach innen geleitet werden kann. Am Boden befindet sich eine Öffnung, durch die das geschmolzene Material nach unten fließen kann. Der untere Teil des Gefäßes ist mit Töpferton und gemahlener Kohle verstopft (die erwähnte Öffnung bleibt bestehen), die zusammen zerkleinert und auf die Konsistenz von Zement und zäher gebracht werden. Diese Anordnung wird wegen der Ähnlichkeit mit dem Armschutz von Gladiatoren als metallische »Manica« bezeichnet. Das zu schmelzende Material wird zusammen mit dem in Kohlenschichten eingeschlossenen Feuer eingelegt, und alles, was nicht schmilzt, muss verbrannt werden. Der Luftzug, der vom Blasebalg durch den Kanal eingeblasen wird, ist außerordentlich nützlich. Es liegt auf der Hand, dass er zu Beginn das Feuer zum Auflodern bringt, die Flamme unterstützt und das Feuer selbst stärker durchdringen lässt. Anschließend nimmt der kalte Luftzug die vom Metall aufgenommene Hitze auf, treibt sie nach innen und verflüssigt so die Materie, in der sie sich befindet. Drittens verhindert er, dass das Geschmolzene verbrennt, und mildert die Hitze.

Nachdem wir diese Aspekte untersucht haben, **bleibt uns nur noch, einige Unklarheiten zu beseitigen.** Die erste ist: Wenn die Hitze, die in der Feuchtigkeit vorhanden ist, sich zusammenbraut und auch Luft erzeugt (eine heiße und feuchte Materie), was hindert uns daran, auch Luft in den vermischten Dingen anzunehmen? Denn es gibt darin kalte und trockene Materie, nicht reine Erde, und kalte und feuchte Materie, aber nicht Wasser; ebenso kann die dort vorhandene heiße und feuchte Materie Luft genannt werden, und die heiße und trockene Materie Feuer.

Auf diese Weise wird dieses Thema wieder auf die Sichtweise der Aristoteliker zurückgeführt. Aber es gibt einen erheblichen Unterschied. Erstens weil es hier keine Luft gibt; die Luft wird nämlich aus feuriger, nicht natürlicher Hitze gemacht, und selbst wenn sie gemacht würde, wird sie ausgestoßen. Es ist allgemein bekannt, dass Menschen, die eine starke natürliche Hitze haben, keine Blähungen haben; aber diejenigen mit viel Galle und einer heißen Natur, aber einer bescheidenen Menge an natürlicher Hitze, haben viele. Weiter: Es ist eine Sache zu sagen, dass die vier Elemente von Beginn der Zeugung an vermischt sind, aber eine andere Sache ist es zu sagen, dass in gemischten Dingen, nachdem sie vermischt worden sind, Teile gefunden werden können, die diesen Elementen entsprechen. Ein weiterer Punkt ist, dass der Teil, der dem Feuer ähnlich zu sein scheint, diesem unserem Gegenstand ähnelt, von dem es heißt, er sei kein Element. Zum Schluss noch ein wichtiger Punkt: Wenn man erdige und wässrige Teile trennt, reproduzieren sie Erde und Wasser nicht nur in der Qualität, sondern auch in der Substanz; die feurigen und luftigen Teile aber reproduzieren das Feuer und die Luft nur in der Qualität, nicht in der Substanz. Und so erzeugen, wie gesagt, Erde, Wasser und Hitze alles Feuchte, aber aus diesen scheinen vier Substanzen zu entstehen, entsprechend der Ähnlichkeit der Eigenschaften. Obwohl die Luft, wie gesagt, von Natur aus am kältesten ist, so gibt es doch in den vermischten Dingen vier Teile, die sich in ihrer Substanz und Kraft unterscheiden. Denn Erde, die nicht durch Hitze vertrieben wird, bleibt kalt und trocken, behält noch die Natur, die Kraft und die Substanz und den Namen, die ihr vorher verliehen wurden, auch wenn sie kaum Erde ist. Der Teil aber, der von der Hitze überwunden wird, während er trocken bleibt, wird heißer und wird Feuer genannt, entweder weil er unserer eigenen Hitze ähnlich ist, wenn auch minderwertiger an Kräften, oder weil die Alten eine ähnliche Ansicht über das Feuer hatten. Auf derselben Grundlage wird das Wasser, das die Hitze nicht verdrängen konnte, Wasser genannt – und doch ist es kein Wasser; der Teil, den die Hitze überwunden hat, wird als Luft bezeichnet, weil es eine heiße und feuchte Substanz ist. In der Tat dachten die Alten, dass die Luft so sei, obwohl sie, wie gesagt, sehr kalt ist – wie alle anderen Elemente. Und diese Frage nach den Teilen der gemischten Dinge ist nun geklärt.

Eine andere, schwierigere Frage kommt als nächstes: Wenn es in einem trockenen Ding faulige Hitze gibt, wie kann sie dann erzeugend sein? Wir haben zwar angenommen, dass sie feuriger Natur ist, aber offensichtlich erzeugt sie Tiere. Und wenn sie dies in einem feuchten Ding tut, wie zerstört sie es? Aber der Grund, warum es erzeugt, ist, dass es sich nicht von einer natürlichen Substanz unterscheidet. Denn da es sich in einem feuchten Ding befindet, wird es für die Dinge, an die es angepasst ist, als natürlich angesehen – aber in Dingen, für die es anders und schädlich ist, wird es als unnatürlich und faulig beschrieben. Denn wenn Fleisch zerstört wird, ist die Hitze in ihm für Fleisch faul, aber um einen Wurm zu erzeugen, wird sie als natürlich angesehen. Das ist der Grund, warum jede faulige Hitze etwas erzeugt und auch etwas zerstört. Ja, da alle Elemente sehr kalt sind (wie ich sagte), müssen sie mit dem Aufkommen von Hitze geschüttelt und vermischt werden und etwas erzeugen, das der Natur der Hitze und der Materie entspricht – zuerst Feuchtigkeit, dann Pilze, dann einige Arten von Kraut, dann Würmer und Schlangen. Hier zeigt sich die eigentliche Substanz der Seele, denn sie besteht in einer Art himmlischer Hitze. Und daher gibt es keine Fäulnis, die nicht erzeugt werden kann. Und es ist immer dieselbe Hitze, die, während sie das eine erzeugt, das andere verdirbt. Wenn ein Apfel einen Menschen nährt, ist die bekannte menschliche Verdauungswärme für den Apfel verderbend, für den Menschen aber natürlich. Doch die Hitze im Samen wird als natürlicher angesehen, da sie ein Übergangsstadium zu etwas Edlerem ist. Sie wird aber als faulig bezeichnet, wenn Tiere entstehen, die minderwertiger sind als die, aus denen sie hervorgehen. So wie also die ganze Tätigkeit im Samen der Erzeugung dient, wenn sie nicht behindert wird, so ist es auch bei der Fäulnis; durch die Fäulnis wird das Werk der Natur vereitelt. Daher wird alle solche Hitze natürlich genannt und ist konservierend; die andere Hitze aber wird faulig genannt und zerstört. Ja, bei den Windeiern ist die Hitze der Henne zerstörerisch und bringt etwas anderes hervor, kein Huhn, denn diese Hitze ist nicht natürlich für sie. Aber bei Eiern, die durch den Samen des Hahns befruchtet werden, ist sie natürlich und bringt Hühner hervor. Natürliche Hitze und Fäulniswärme sind also ein und dasselbe. Wenn man also alle Hitze als faulig bezeichnet, die das Bestehende zerstört, so kann man auch die Hitze im Samen richtig als faulig bezeichnen, so wie sie den Samen einer Pflanze zerstört, um eine Pflanze zu erzeugen, und den Samen eines Esels, um einen Esel zu erzeugen, und den Samen eines Menschen, um einen Menschen zu erzeugen. Folglich wird alle erzeugte Hitze verrotten. Aber sie wird als natürlich bezeichnet, da sie etwas erzeugt, das dem ähnelt, wovon sie losgelöst ist, und das edler ist als die Materie selbst. Aber alles, was faulig ist, erzeugt etwas, und ist deshalb natürlich. Die natürliche Hitze und die faulige Hitze unterscheiden sich also nur im Vergleich – in Wirklichkeit sind sie dasselbe. In der Tat ist alle himmlische Hitze, die etwas erzeugt und verdirbt, entweder die Seele, oder das Werkzeug der Seele, oder die Ursache der Seele – sie ist aber kein Werkzeug, weil die Seele zuerst da war, und sie ist auch nicht die Ursache der Seele, weil sie in der Tat dauerhaft ist; aber sie ist Seele. Daher hat Anaxagoras es gut ausgedrückt, dass alle Dinge vermischt und mit Seele ausgestattet sind. Denn alles Vermischte wird erzeugt und zerstört; was das Erzeugen und Zerstören bewirkt, ist die natürliche Hitze; und die natürliche Hitze ist Seele oder existiert nicht ohne Seele. Daher sind alle heißen Dinge vermischt, und jedes heiße Ding ist lebendig oder schnell auf dem Weg ins Leben. In der Tat hört die himmlische Hitze nie auf, bis sie etwas erzeugt hat; und was erzeugt, erzeugt im Verhältnis zu seiner Potenzialität und Größe. Da die himmlische Hitze in Ägypten sehr groß ist, bringt sie sogar ganze Tiere hervor, wie Hasen und junge Rehe, ohne jeglichen Samen. Die Hitze der Samen unterscheidet sich von der der Verwesung, weil sie mehr vorbereitete Materie enthält. So ist der Gestank bei der Verbreitung des Samens geringer als bei der Verwesung, weil er aus einem weniger nutzlosen Teil besteht. Aber bei der Zeugung von Tieren aus Samen gibt es viel Verwesung, die sich in den fauligen und verdorbenen Flüssigkeiten zeigt, die bei der Geburt eines Kindes fließen.

Aber die Hitze, die nicht erzeugt, hat keine eigene Feuchtigkeit, sondern ist entweder in übermäßiger Bewegung oder sie erschöpft sich, weil sie keine fette Feuchtigkeit ist. In der Tat sind die Prinzipien der Erzeugung die himmlische Hitze und die Feuchtigkeit der Elemente; deshalb wird weder im Eis (dort gibt es keine Hitze) noch im Sand (dort gibt es keine Feuchtigkeit) etwas erzeugt. In der Tat ist eine dieser Eigenschaften die aktive und die andere die passive; denn es gibt, wie gesagt, keine andere Eigenschaft, sondern die Abwesenheit von Feuchtigkeit ist Trockenheit, wie die Abwesenheit von Hitze Kälte ist.

Aber ihr werdet sagen: »Wenn die Seele nur himmlische Hitze ist, dann ist sie keine Substanz, sondern ein Akzidenz.« Und wenn die Seele nur Licht ist, so ist sie auch keine Substanz, denn das Licht ist der Zerstörung zugänglich, und wenn das Licht weggenommen wird, so wird es zerstört; daher wird sie weder erzeugen noch erhalten, was erzeugt wurde. Und wenn diese Hitze ein Körper ist, dann ist sie ein Körper in einem Körper, was sich zuvor als unmöglich erwiesen hat. Und wenn sie ohne Körper und ohne Substanz ist, wird sie eine unkörperliche Substanz in einem Körper sein.

Diejenigen, die meinen, diese Hitze sei die Seele, scheinen mit solchen Schwierigkeiten zu kämpfen. Aber die Hitze ist weder ein Körper, noch ein Eindruck, und deshalb auch kein Akzidenz, noch ein Körper, der von einem anderen Körper durchdrungen werden kann; sondern sie wird als körperlich bezeichnet, weil sie ohne Körper nicht existieren kann. Es ist also offensichtlich, **was wir von Anfang an vorgeschlagen hatten, dass es überall fünf Prinzipien gibt: Materie, Form, Bewegung, Ort und Seele.** Die Seele ist eine Form, aber nicht diejenige, die am Anfang mit der Materie verbunden ist. Eine Seele ist eine Form, aber nicht von derselben Art – denn dann gäbe es vier Prinzipien. Es soll also eine andere Form geben, der Rest ist erledigt. Daher ist jede Seele in gleicher Weise beständig, und nicht, wie Platon sagt, nur die Seelen der vollkommenen Tiere; denn das wäre so, als ob wir sagen würden, die Seelen der blinden oder stummen Menschen seien anders als die der perfekten Menschen. Dies stimmt mit dem überein, was ich in dem Buch *De immortalitate Animorum* gesagt habe, und es wurde in den Büchern *De arcanis aeternitatis* bewiesen.

Aber für den Augenblick mag es genügen, so viel gesagt zu haben, dass die Hitze von derselben Art ist wie die Seelen, aber verschieden wie Gegensätze. Nicht nur das, was ohne Samen erzeugt wird, ist dem entgegengesetzt, was mit Samen erzeugt wird, sondern auch das, was mit Samen erzeugt wird, ist seinerseits entgegengesetzt, wie die Vipern, Skorpione und Spinnen dem Ochsen und den Menschen. Denn wenn sie einen Menschen mit ihren Zähnen, Stacheln und Klauen verwundet haben, lassen sie seinen Körper verfaulen und verderben und töten ihn manchmal sogar. Wenn Erde und Wasser zu wenig ausgekocht wurden, entsteht eine Generation minderwertiger Tiere, wie zum Beispiel Würmer. Wenn aber eine kräftige Vermischung stattgefunden hat und die Hitze stark oder reichlich, aber gemäßigt ist, werden Pflanzen oder vollkommenere Tiere erzeugt, vor allem aber mithilfe von unverwendetem Samen, oder Samen von Leichen und Körpern anderer. Diese sind mehr zersplittert und weichen weniger von der Kraft der erzeugenden Hitze ab, was ihre eingeprägten Eigenschaften oder ihre besondere Kälte betrifft – deshalb passt sich die Materie besser an sie an. Und Mäuse werden geschaffen, Schlangen, Hasen, Biber, Flussbarsche, die kein vernünftiger Mensch absichtlich in neue Fischteiche geben würde, und doch siedeln sie sich alsbald gemeinsam an. Hitze ist also eine, aber es gibt eine Reihe von Arten davon. So sind einige von ihnen gut für uns, andere schaden uns. Der Grund dafür ist, dass ihre Hitze zwar in der Feuchtigkeit angesiedelt ist, aber nicht zur menschlichen Feuchtigkeit passt; sie wird von etwas überwältigt, von etwas zerstreut. So sammelt umgekehrt eine bescheidene natürliche Hitze die Feuchtigkeit zusammen, eine andere Hitze verbrennt sie. Obwohl nun alle feurige Hitze Dinge verbrennt, so ist doch nicht jede Hitze, die irgendeine Feuchtigkeit verbrennt, feurig – nur die Art, die für sie feurig ist.

Trockene Dinge **verrotten** nicht; am schnellsten und am meisten verrottet das, was mit wässriger Feuchtigkeit ausgestattet ist. Dazwischen liegen fette Dinge wie Speck, Öl, Nüsse, Mandeln, Würste. Dinge, die auf diese Weise **verderben**, riechen schlecht, aber sie werden gegessen, vor allem von Menschen mit einem weniger anspruchsvollen Gaumen. Das Gleiche gilt für gesalzenen Fisch. Aber es gibt Anlass für Zweifel, denn Dinge ohne Hitze sollten in wässriger Umgebung mehr verrotten, aber Hitze verdirbt alles, wie wir sagten. Der Grund, warum solche Dinge (wie Fleisch und stehendes Wasser) weder schnell noch vollständig verrotten, ist der, dass fetthaltige Dinge, die viel angeborene Hitze speichern, langsamer verrotten, während sich die **Fäulnis** aus einer Hitze entwickelt, die der Natur widerspricht; tatsächlich werden sie bitter, während sie ranzig werden. Denn wenn die Wärme der **Verwesung** etwas Fettiges verdirbt, geht es in Bitterkeit über, entweder von einem süßen oder von einem fetten Geschmack. Fade Dinge vermodern folglich nicht auf diese Weise, sondern salzige, fette, bittere, würzige; das ist, wie wir sagten, die Wirkung von heißen Dingen.

Die kalten Geschmacksrichtungen sind: herb, sauer, bitter, zusammenschnürend[33] und fade. Der Rest sind die scharfen Aromen, wie fett, süß, salzig, scharf, würzig – die schärfsten von allen. Das ist der Grund, warum das Öl für Salben aus einer Art von Eichel, die korrekt Myrobalanum genannt wird (nicht Myrobalanus, und dieser Name passt nicht, weil sie fast geruchs- und geschmackslos ist), sozusagen gemäßigt ist, nicht schrumpft. Daher können die Hersteller von Salben wunderbar Duftstoffe aus ihr gewinnen. Was also **ranzig** wird, wird bitter und trocknet aus (und das geschieht mit der Zeit); was aber in Olivenöl aufgelöst ist, wird nicht ranzig, und Würste werden auf diese Weise konserviert und verderben weniger im Freien, weil sie sich nicht erhitzen. Das Öl selbst, wenn es reichlich vorhanden ist, wird nicht verdorben, denn die umgebende Luft ist der Grund für das Verderben, und Öl ist sehr widerstandsfähig. So hält sich Wein in großen Mengen, Wasser, Öl und alles andere durch seine Menge länger.

Da aber alles, was nicht vollständig verrotten kann, durch den Lauf der Zeit zersetzt wird, wird mit der Zeit alles so – Wurst, Nüsse, Pistazien, Pinienkerne und alles, was ein Öl enthält. Denn auch gesalzener Fisch enthält Öl, sowohl auf der Basis des Salzes als auch auf der Basis des Fleisches, und wie gesagt, auch alle fetten Dinge. Solange aber die

[33] »astringens«.

feuchten Dinge sehr fett sind, fangen sie nicht an zu verwesen, sondern wenn sie entsprechend fett sind, werden sie konserviert; oder wenn sie weniger fett sind, **schimmeln** sie, und einige verwesen. Und während sich diese drei – Schimmel, Ranzigkeit und Fäulnis – bei milder Hitze entwickeln, werden sie bei starker Hitze weitgehend verhindert. Ein allgemeines Merkmal jeder Art von Fäulnis ist Gestank – bei Schimmel ein schwerer, bei Ranzigkeit ein ranziger, bei vollständiger Fäulnis ein fauliger. Aber bei Fäulnis[34] ist der Geruch minimal, weil er in etwas Erdigem entsteht. Es lässt sich in der Tat leicht zeigen, dass es **vier Arten von Fäulnis** gibt, weder mehr noch weniger. Dinge, die faulen, sind entweder vollständig verdorben und werden faulig genannt, oder nicht vollständig, und in diesem Fall (oder aufgrund von Kälte) nicht vollständig verdorben, und man nennt es Schimmel; oder es geschieht aufgrund von Hitze, und man nennt es Ranzigkeit; oder es geschieht aufgrund von Trockenheit, und man nennt es Fäulnis. Die Fäulnis kann nicht durch Feuchtigkeit verhindert werden, aber wenn das Substrat für die Fäulnis feucht ist, verhindert es entweder die Fäulnis völlig, oder es zerfällt völlig, weil es feucht ist. Ja, Feuchtigkeit verzögert den Verfall nicht von sich aus, sondern aufgrund von Hitze oder Kälte. Deshalb ist es einfach, die Fäulnis bei Schimmel und bei echter Fäulnis zu verhindern, indem man die wässrigen Anteile entfernt. Dies ist erstens der Fall bei Feuer, wie beim Backen von Brot, und bei Fett, das, wenn es gekocht wird, nicht verfällt; und zweitens wenn wenig Feuchtigkeit vorhanden ist, wie bei gesalzenem Fleisch, wird es durch Kälte und Trockenheit bewahrt, wie die Luft, wenn sie in Bewegung ist. Denn während sie in Bewegung ist, ist sie kalt und trocken – kalt durch ihre Natur, trocken durch die Bewegung – Bewegung macht trocken. Deshalb führt stehende Luft zur Fäulnis, weil sie befeuchtet und nicht so stark kühlt, wie es nötig wäre; solange sie in Bewegung ist, bewahrt sie, indem sie durch ihre Bewegung trocknet und stark kühlt. Daraus folgt, dass durch die Einwirkung der Luft viele Dinge verrotten, die sonst unversehrt blieben; andere werden konserviert, die ohne die Hilfe der Luft verrotten würden. Und so sind nicht nur diese Dinge, sondern auch andere, die später erwähnt werden, konservierend gegen Fäulnis. Feuchte Dinge werden vor Ranzigkeit und Fäulnis geschützt, ebenso wie Dinge, die der Luftbewegung im Weg sind – sie werden von ihr ausgetrocknet. Da solche Dinge aber zu heiß oder zu trocken sind, würden sie ohne Fäulnis verderben, selbst wenn sie mithilfe des Feuers vor Fäulnis bewahrt würden. Die Ursachen, die Arten und die Vorbeugung der Fäulnis sind nun ausreichend behandelt worden.

Bleibt noch zu erörtern, warum der Heilige Tropfen[35] dem Elixier, das mein Vater schuf, nicht näher kommt. Holz und Kraut (meist geruchsintensiv) werden mit Alkohol extrahiert, und sie verrotten halb mit Dung bedeckt, sodass (wie es heißt) der edlere Teil vom erdigen getrennt wird, und dann entfernen wir am besten durch Destillation alles, bis nur der Bodensatz übrig bleibt. Dieses Produkt stärkt die Zähne und verzögert das Ergrauen der Haare, es fördert die Aufnahmefähigkeit, das Gedächtnis und die Sinne, ist aber dem Heiligen Tropfen weit unterlegen, auch wenn dieser viele Menschen bis ins hohe Alter begleitet.

Aber ihr werdet fragen: »Wenn die faulige Hitze verdirbt, warum tut es die feurige Hitze nicht, die doch von derselben Art ist?« Der Grund dafür ist, dass die feurige Hitze äußerlich ist, die faulige Hitze aber innerlich; deshalb zieht die feurige Hitze die Dinge zu sich hin und trocknet das Innere durch Austrocknung und Anziehung und verhindert den Verfall. Fäulnishitze trocknet zwar, aber da sie von innen kommt und die Dinge anzieht (das tut jede Hitze), befeuchtet sie das

[34] »caries«.

[35] »Sacro liquori«.

Innere und lässt es verfaulen. So macht faulige Hitze gemeinsame Sache mit feuriger Hitze, weil sie selbst austrocknend ist und sie erzeugt – und mit natürlicher Hitze, weil sie in der Tiefe liegt und Verderben verursacht. Deshalb wird die faulige Hitze von manchen zu Recht als ein Mittelding zwischen feuriger Hitze und natürlicher Hitze bezeichnet. Denn sie ähnelt der feurigen Hitze in ihrer Substanz und dem Schimmel in seiner natürlichen Beziehung zur Nahrung; denn die feurige Hitze befindet sich immer außerhalb der Nahrung. Ihr werdet aber fragen: »Warum ist die faulige Hitze der Urheber des Giftes, die feurige Hitze aber widersetzt sich allen Giften?« Denn wenn Wunden von giftigen Tieren mit weißglühendem Eisen verätzt werden, werden sie frei von **Gift**, und Arzneien aller Art hören auf, Gift zu sein, wenn sie verbrannt und zu Asche zersetzt werden; aber wenn sie sublimiert[36] werden (das heutige Wort für das, was man im Altertum »zusammengebraut«[37] nannte), werden sie umso gefährlicher und umso schneller tödlich, je öfter dies wiederholt wird. Bei Fäulnis und **sublimierten Dingen** ist der Grund derselbe: Wenn die Hitze erhöht und die Feuchtigkeit nicht eingeschränkt wird, wie es bei gekochten oder verrottenden Dingen der Fall ist, wird die Kraft des Giftes verstärkt. Wenn sie aber verbrannt werden, da der ganze feuchte Teil weggeht und gleichzeitig die Hitze eingeschränkt wird, wie bei der Asche, muss die ganze Kraft des Giftes verschwinden. Es war also nicht abwegig, dass jemand die Pest mit sublimiertem Quecksilber heilte, denn jedes Gift wird nach seiner feurigen Kraft beurteilt. Ausonius hat dies richtig ausgedrückt: »Eine ehebrecherische Frau gab ihrem eifersüchtigen Ehemann Gift, und obwohl es zu wenig war, um ihn zu töten, mischte sie eine tödliche Menge Quecksilber bei, sodass die doppelte Kraft einen schnellen Tod herbeiführte.« Dann fügt er wenig später hinzu: »Während also die schädlichen Tränke gegeneinander kämpfen, ist der tödliche Schaden nicht mehr heilbar.«

Denn wie ich schon sagte, hat sublimiertes Quecksilber die Eigenschaft des Feuers. Doch der Mann, der auf diese Weise versuchte, die Pest zu heilen, tötete mehr Menschen, als er mit seinem Mittel heilte. Wenn also ein harmloses und feuriges Medikament zubereitet wird, wird es heilen können. Doch wie auch immer es beschaffen ist, es schwächt die natürliche Hitze, ebenso wie heiße Tücher, die äußerlich angewendet werden. Ein kleiner Junge oder ein großer Welpe, der auf den Bauch eines Kranken gelegt wird, ist dagegen eine große Hilfe für die Verdauung und erhöht die natürliche Hitze, obwohl es nicht dieselbe Hitze ist – nein, sie unterscheidet sich sogar in der Art von der Hitze des Welpen. Es ist also klar, dass die natürliche Hitze, wenn sie nicht durch eine andere natürliche Hitze gestört wird, durch Bewegung verstärkt wird, so wie etwas Feuriges durch etwas anderes Feuriges verstärkt wird.

Nachdem das geklärt ist, kehren wir zu den Elementen zurück, von denen wir erklärt haben, dass es drei sind: Luft, Wasser, Erde. Und es war nicht unbedingt notwendig, dass sich die Luft bei der Erzeugung vermischt, da Hitze kaum geeignet ist, passiv zu sein; die Elemente tragen dazu bei, indem sie Materie sind, eine Funktion, für die Erde und Wasser ausreichend waren. Aber nicht, um Hitze beizusteuern, denn man brauchte eine andere Hitze, die himmlischen Ursprungs war, und sie genügte auch für die Aufgabe, denn mit zwei Arten von Hitze (wie mit zwei Prinzipien) wären die Dinge weniger gut vorangekommen, und kalte Elemente hätten sich nicht mit einer nicht verwandten Hitze und einer aus einem entgegengesetzten Element vertragen. Außerdem wäre das ein Kampf und keine Erzeugung gewesen. Vielleicht wird sich jemand wundern, dass ich in den Büchern *Contradicentia Medicorum*

[36] »sublimata«.

[37] »cocta«.

etwas anderes geschrieben habe. Aber dort ging es darum, die Ansichten der Alten nachzuvollziehen, hier geht es darum, die Wahrheit zu lehren. **Was war also der Grund für die Erschaffung des Elements Luft?** Es sollte sich unter den Strahlen der Sterne ausbreiten und deren Kräfte empfangen; es empfängt sie in einem solchen Ausmaß, dass es bei plötzlichen Veränderungen nicht nur Tiere, sondern sogar Pflanzen töten konnte, zum Beispiel im Jahr 1549, als es in einem Zeitraum von drei Tagen alle Bitterorangen[38] von Ligurien verdorrten, es war wie ein Wunder. Die Erklärung dafür ist, dass sie, wenn sie auf die Hitze trifft, die exponierten Körper von Pflanzen und Tieren angreift und ihre innere Hitze löscht. Nicht so lang anhaltend ist die Kälte, die sich nach und nach anschleicht, auch wenn sie sich weiter ausgedehnt haben mag. Das wäre aber nicht möglich gewesen, wenn die Luft (wie die Menschen erzählen) von sich aus extrem heiß gewesen wäre. Und deshalb wurde sie durchsichtig und sehr kalt, sodass sie für die Tiere gesund und angenehm war, nicht (wie man sagt) sehr heiß und feucht.

Was aber diese Ansicht bestärkt und eine knifflige Frage löst, ist die Tatsache, dass die Menschen beim **Ausatmen** mit weit geöffnetem Mund, also indem sie hauchen, die Luft erwärmen, während sie, wenn sie mit halb geschlossenen Lippen ausatmen, die Luft kühlen. In der Tat ist es offensichtlich, dass der Grund dafür einfach darin liegt, dass das, was von sich aus kalt ist, mit der Anstrengung befördert wird, gezwungen ist, heiße Dämpfe zurückzulassen; und auch von sich aus dringt es mit der Kraft der Anstrengung in die Poren der Haut ein. Aufgrund dieser beiden Dinge ist sie kühlend, was nicht der Fall ist, wenn sie ihren Atem langsam und mit dem ganzen Mund ausblasen. Wenn sie jedoch entweder schnell mit offenem Mund oder mit zusammengekniffenem Mund und zugehaltener Hand ausatmen, wird ihnen tatsächlich ein wenig warm, oder sie kühlen kaum ab. Der Atem jeglicher Art erwärmt auch die geschlossene Hand, selbst wenn er mit Kraft vorangetrieben wird, denn Dampf ist heiß und kann nicht ausgeatmet werden. Der heiße Dampf, der aus dem Mund austritt, kann bei geschlossener Hand nicht ausgeatmet werden; er wird jedoch durch die Bewegung in einer offenen Umgebung abgekühlt und kehrt zu seiner eigenen Natur zurück. Die Luft, die von den Südwinden zu uns getragen wird, ist zwar heiß, aber nur wegen der Dämpfe; auf den Gebirgskämmen ist sie immer kühl. Der Beweis dafür sind die Hagelstürme, die im Hochsommer von Süden her und nicht höher als die Berggipfel niedergehen; Hagel ist extrem kalt. Aber die **Luft bewegt sich immer**, damit sie erhalten bleibt und alle fremden Eigenschaften ab gibt. Der Beweis dafür, dass die Luft immer in Bewegung ist, besteht darin, dass selbst in geschlossenen Räumen immer ein Luftzug weht. Obwohl sie in der Tat weiter oben immer in Bewegung und ständig unruhig ist, weht sie hier unten immer sanft; und wenn sie aus einem Spalt austritt, stößt sie wegen des engen Raumes mit ihrer ganzen geballten Kraft heftig hervor, ähnlich wie das Wasser in großen Flüssen. Sie scheinen fast stillzustehen, aber wenn sie durch enge Stellen strömen, sind sie gezwungen, mit großer Anstrengung und Lärm und einem großen Krachen durchzubrechen. Bewegungen und so weiter, die auf kontinuierliche Substanzen ausgeübt werden, führen die Dinge zusammen – auch dort, wo eine große Masse auf einen kleinen Bereich begrenzt ist. So wird uns beigebracht, sehr kühle Hallen zu bauen, indem wir zahlreiche enge Nischen darin anordnen. **In Ägypten, wo die Luft vor übermäßiger Hitze brodelt**, hat man sich einen Plan für sehr hohe Türme ausgedacht, in denen schmale Windungen schräg von der obersten Spitze aus sehr kühle Luft nach unten leiten, weil sie kälter ist, weil sie aus

[38] »citrangula«.

einer reineren Umgebung entnommen wurde, und weil sie wegen der zurückgelegten Entfernung mit großer Eile fließt und daher sehr kalt absteigt und einen ziemlich starken Aufprall verursacht. Und die Hitze von außen wird durch die Dicke der Wände abgewehrt. Außerdem verhindert die Schräglage des Ortes, dass die Sonnenstrahlen eindringen können, obwohl Licht eindringt. Nach diesen Plänen ist es möglich, in jeder sehr heißen Region sehr angenehme und gesunde Rückzugsorte zu errichten – sie sind gesund, weil sie durchgeblasen werden.

Aber Sie werden sagen: »Wir sehen bei den Windrädern auf den Spitzen der Türme, die aus sehr dünnen und leichten, rotierenden Metallplatten bestehen, dass sie **nur zeitweise vom Wind bewegt** werden und ansonsten stillstehen; die Luft ist also nicht immer in Bewegung.« Wenn wir tatsächlich wissen wollen, aus welcher Richtung der Wind weht, prüfen wir die Richtung, in die der Ventilatorflügel zeigt und in der er ruht, und wissen, dass der Wind in die entgegengesetzte Richtung weht. Befindet sich der Ventilatorflügel jedoch in mehreren Positionen in Ruhe, so wehen die Winde aus so vielen entgegengesetzten Richtungen, wie es Positionen gibt, in denen sie sich niedergelassen haben – zum Beispiel, wenn der Ventilator[39] nach Norden zeigt, weht der Wind aus dem Süden; wenn er nach Osten zeigt, weht er aus dem Westen; wenn er jetzt nach Norden, jetzt nach Osten zeigt, wehen beide Winde. Und dasselbe Prinzip ist auch bei anderen Winden und bei mehreren Winden zu befolgen. Daher lehrt man uns, den Triton des Vitruvs[40] zu positionieren. Wenn aber keine Winde wehen, weht die Luft sanft in eine Richtung, und der Fächer neigt sich immer in diese Richtung; so wird die Luft nicht bewegt, aber sie weht immer. Wenn aber eine Windstille herrscht, mit einer Luftbewegung aus dem Osten, neigen sich die Ventilatoren tatsächlich nach Westen; und **dies ist die natürliche Bewegung der Luft.** Die Luft ist also sehr kalt, und sie ist ständig in Bewegung. Die Natur hat sie auch sehr dünn gemacht, sodass sie alle Stöße absorbiert. Gewiss, in der Erde finden nur unmerkliche Bewegungen statt, da sie fest ist; auch Wasser ist träge; allein die Luft ist ideal geeignet, Stöße zu absorbieren, und genau ihre Verdünnung scheint der Grund dafür zu sein.

Außer den drei bereits erwähnten **gibt es vier einfache Bewegungen.** Die himmlische Bewegung, die die natürlichste ist; und eine andere, ebenfalls natürliche, die das Ergebnis einer gewissen Nachgiebigkeit der Dinge ist, wie die Nachgiebigkeit des Wassers gegenüber dem Mond und des Eisens gegenüber dem Magneten; und die willkürliche Bewegung, die für die Tiere passend ist. Die vierte nach diesen ist **die gewaltsame[41] Bewegung**, die jetzt zur Diskussion steht, da wir über die anderen an ihrer Stelle sprechen werden. Die einfachen Bewegungen sind sieben an der Zahl, und aus ihnen entstehen die komplexen Bewegungen. Als der Philosoph die Aussage akzeptiert hat, dass sich nichts bewegt, ohne dass es von etwas bewegt wird, und dass das, was durch eine gewaltsame Bewegung bewegt wird, den Ursprung der Bewegung nicht in sich selbst hat, weil seine Bewegung rein gewaltsam ist, weil ihr Ursprung außerhalb liegt, dann folgt daraus, dass das, was gewaltsam bewegt wird, von etwas außerhalb des bewegten Dings bewegt wird. Dies ist unmöglich, es sei denn, die Luft bewegt sich; also wird das, was gewaltsam bewegt wird, von der Luft bewegt. Und weil derselbe Zweifel in der Luft lag wegen einer Aussage, die wahr ist, dass jeder sich bewegende Körper bewegt wird, und daher, wenn Luft einen geworfenen Stein

39 »flabella«, auch Fächer oder Wedel.

40 Vitruv (*De Architecture* I.6.4) beschreibt einen Turm der Winde, der um 100 v. Chr. in Athen errichtet wurde. Auf seiner Spitze befand sich ein bronzenes Bildnis eines Triton, das sich mit dem Wind drehte, um die Windrichtung anzuzeigen.

41 »violentus«.

bewegt, wird die Luft bewegt; und so stecken wir fest, wie im Fall des Steins.

Man sagt, dass die Luft, da sie leicht ist, durch ihre eigene Form b

ewegt wird, und deshalb sind in Bezug auf diesen Punkt vier Ansichten entstanden, von denen keine von den Kommentatoren erfasst wurde, und insbesondere die Ansicht von Aristoteles, von dem sie so viel halten. Die erste der vier Ansichten besagt, dass ein bewegtes Ding, wie der Stein A, durch eine Kraft bewegt wird, die es von etwas erlangt, das es vor sich herschiebt (so wie etwas, das von einem Feuer erhitzt wird, später andere Dinge mit seiner erlangten Hitze erhitzt und selbst eine Zeit lang heiß bleibt); auf diese Weise erhält ein bewegtes Ding von dem sich bewegenden Ding die Kraft, durch die es mitgerissen wird, bis es zur Ruhe kommt.

Dies ist eine vertretbare Ansicht, die auf ein von Aristoteles vorgebrachtes Argument der Antike zurückgewiesen wurde. Aber es kann gezeigt werden, dass die Bewegung durch die Luft auftritt, denn ein Blitz reißt immer noch Bäume um, ohne sie zu berühren. Eine zweite Ansicht war die Platons, dass z.B. O durch Bewegung von einem sich bewegenden Ding direkt nach B übertragen

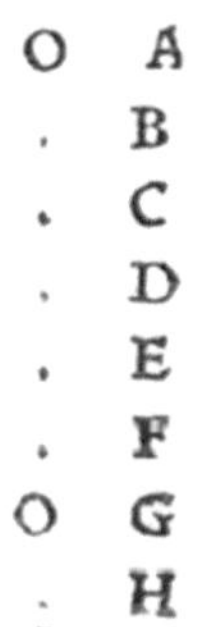

wird; wenn es dort von dem sich bewegenden Ding zurückgelassen wird, füllt die bewegliche Luft, die sich vorher an dem Ort (d.h. an A) befand, den Raum zwischen A und B aus, und so berührt sie das bewegliche A mit Bewegung, und auf diese Weise füllt sie immer den Raum, den das bewegliche A verlässt, mit dem Aufprall aus, mit dem A bereits bewegt wird; dies ist unvermeidlich wegen der Bewegung der Verdünnung oder damit kein Vakuum entsteht. Platon kann also so argumentieren: Die Luft folgt dem, was durch welchen Impuls auch immer bewegt wird, indem sie den Raum durch denselben Impuls ausfüllt, und sie berührt das A, das bewegt worden ist, daher wird die Luft selbst A durch denselben Impuls wie am Anfang bewegt, indem sie eine ununterbrochene Bewegung macht. Und diese Art der Bewegung nennt er Antiperistasis, d. h. Veränderung durch Aufeinanderfolge von Orten. Aristoteles sagt, dass es keine Bewegung in dieser Art gibt, denn selbst wenn es Antiperistasis gäbe, könnte ein bewegliches Ding nicht durch sie angetrieben werden. Er argumentiert folgendermaßen: Dinge, die durch Antiperistasis eine Bewegung machen, werden auch bewegt; solange sie also nicht bewegt werden, machen sie auch keine Bewegung. Aber als die Luft, die in A vorhanden ist, in B war, wurde sie zu diesem Zeitpunkt durch nichts bewegt, sie besaß den Platz, den sie zu besetzen verpflichtet war; also kann sie A nicht von seinem Platz bewegen, während A in B ist. Das ist klar, da ein Körper einen anderen Körper nicht bewegt, es sei denn, der Beweger selbst wird bewegt. Und dieses Argument wurde von den Kommentatoren nicht verstanden, und doch zeigt es deutlich, dass Platons Ansicht falsch ist.

Eine dritte Ansicht ist die von einigen der Alten, dass die Luft, die der beweglichen Sache vorausgeht (nehmen wir an, sie befindet sich in C, während die bewegliche Sache in B ist), nach D bewegt wird, und durch die Verdrängung, um ein Vakuum zu vermeiden, wird B nach C an die Stelle der bewegten Luft versetzt; und so wird dieselbe Luft von D nach E bewegt, und die bewegliche Sache folgt durch denselben Impuls. Es ist, als ob ein Ochse den Platz oder die Rolle der vorwärts gehenden Luft einnehmen würde und ein Wagen die des Gewichts oder der beweglichen Sache, und die Deichsel, durch die der Ochse den Wagen zieht, ist die Verdünnung oder der Zwang eines Vakuums. Wie weit und wie schnell der Ochse auch bewegt wird, so wird auch der Wagen so weit und so schnell bewegt werden, und wie weit und schnell auch die Luft vor dem beweglichen Ding A bewegt wird, so wird das bewegliche Ding A folgen, und so wird die Bewegung kontinuierlich werden.

Diese Ansicht hielten einige irrtümlich für die des Philosophen, aber sie wurde von ihm aufgegeben (dasselbe Argument, das gegen sie vorgebracht wurde, wie gegen die erste Ansicht, dass, wenn Luft bei C nach D bewegt wird, was macht die Bewegung? – Wenn etwas Bewegliches, dann werden sie sich gegenseitig bewegen, was unmöglich ist, denn ein bewegliches Ding würde die Luft von C nach D treiben; und nun wird vorgeschlagen, dass die von C nach D übersetzte Luft ein bewegliches Ding von C nach D ziehen würde, daher werden Ursache und Wirkung dasselbe sein, bezogen auf dasselbe Ding). Wenn man vorschlägt, dass die Luft sich selbst überträgt, sagt er: »Warum kann dann ein bewegliches Ding dies nicht tun?«, und die erste Meinung kehrt zurück. Wenn man vorschlägt, dass die Luft dies tun kann, weil sie ein Bewegungsprinzip hat, so ist die Folge, dass diese Bewegung immerwährend sein wird, denn diese Luft wird immer dieselbe bleiben und durch ihre Form bewegt werden, immer also mit gleicher Geschwindigkeit. Beides widerspricht aber der Erfahrung – denn ein so geschleuderter Stein würde von der Hand aus durch die ganze Welt reisen, und zwar mit gleicher Geschwindigkeit; offenbar deshalb, weil seine eigene Luft, die vorausgeht, immer mit gleichem Impuls bewegt wird, und niemand einen Grund vorbringen könnte, warum dieser Impuls nachlassen sollte.

Die vierte Ansicht ist die des Aristoteles, dass die Luft bei B, die von dem Mann, der den Stein geworfen hat, in Bewegung gesetzt wird, vor dem beweglichen Ding bewegt wird und auf die Luft bei C drückt; und die Luft bei C drückt auf die Luft bei D, und die Luft bei D auf die Luft bei E, und so weiter, bis sie G erreicht, das H nicht bewegen kann, weil es nicht stark genug ist, und dann, wenn H nicht bewegt wird, wird es das Gewicht nicht mitziehen, und so wird es bei G zur Ruhe kommen. Er spricht also so: eine gewaltsame Bewegung kann schwächer sein, weil F von E bewegt wird, also mit einem schwächeren Impuls als E, und E als D, und so wird eine gewaltsame Bewegung immer weiter geschwächt, wie ja die Erfahrung deutlich zeigt. Auch dies ist keine Bewegung ohne etwas, das die Bewegung ausführt, denn jeder Teil wird von dem vor ihm liegenden Teil bewegt, wie F von E und E von D. Drittens ist der ausgedrückte Grund klar, dass jeder Teil der Luft aufhört, bewegt zu werden, bevor er aufhört, sich zu bewegen: Wenn D von C bewegt wird, bewegt es E, weil es von C bewegt wird; während also D bei E ruht, bewegt D selbst E von seinem Platz weg, und so hört es auf, bewegt zu werden, bevor es aufhört, sich zu bewegen, da der Grund dafür ist, dass D aufhört, bewegt zu werden, während D bei E ist, denn dann ist C bei D, weil es D bewegt hat. Wenn also C bei D ist, ist D bei E in Ruhe, und dann wird C nach F bewegt, und zwar nur durch etwas anderes, nämlich D. Deshalb hört D auf, bewegt zu werden, bevor es aufhört, sich zu bewegen. Und wenn du einwendest, dass ein Körper sich nicht bewegt, wenn er nicht bewegt wird, sage ich, dass das wahr ist, aber dennoch ist das Ende der ersten Bewegung (die Bewegung des Bewegenden) mit dem Ende der zweiten Bewegung verbunden, wenn auch nicht dasselbe, aber das, was die Bewegung macht, hört auf, bevor das, was bewegt wird, und das ist so, weil auf jeden Fall in der Natur ein Ding, das sich bewegt, bewegt wird, bevor es sich bewegt. Daher ist eine vierte Sache klar, dass die Bewegung eines Dings, das geworfen wird, aus einer Unendlichkeit von Bewegungen besteht, die nacheinander aufeinander folgen, und ist kontinuierlich per accidens; in der Tat, es geschieht mit der Übertragung von Luft B zu C, Luft C inzwischen zu D, und die Luft, die bei D zu E war, und so mit dem Rest.

Folglich ist eine solche Bewegung auch schnell, weil die Enden des einen mit den Anfängen des nächsten so verbunden sind, dass es scheint, sie müssten gleichzeitig übertragen werden, was aber nicht der Fall ist. Stellen wir uns aber zehn Ochsen vor, einen vor dem anderen, und alle vor einem Karren, und jeder von ihnen hat einen Stachel an der Stirn, mit dem er einen anderen Ochsen am Hinterbein berührt; dann wird der Karren auf die erste Bewegung folgen, und dieser wird einen zweiten bewegen, und ein zweiter einen dritten, und ihr werdet immer sehen, dass jeder Ochse von einem anderen bewegt wird, bevor er selbst eine Bewegung macht, und doch wird der letzte fast gleichzeitig mit dem ersten bewegt werden. Das liegt daran, dass eine solche Reihe nur aus zehn Komponenten bestehen kann, da es nur zehn Ochsen gibt. Aber eine Folge von Luft besteht aus unendlich vielen Bestandteilen und nimmt so eine wahrnehmbare Zeit vom Beginn der Bewegung eines Steins bis zu ihrem Ende in Anspruch. Die Kompression der Luft bewirkt, wie Averroes richtig sagte, dass die Bewegung schneller wurde, und dass es unnötig ist, sich unendliche Bewegungen vorzustellen, sondern nur unzählige.

Und das ist die Ansicht des Aristoteles über die gewaltsame Bewegung von Dingen, eine Ansicht, die bis heute niemand verstanden hat. Aber wir brauchen eher die erste Ansicht, die einfachste, die nicht so große Schwierigkeiten mit sich bringt. Und wenn angenommen wird, dass alles, was bewegt wird, von etwas bewegt wird, so ist der Vorschlag sehr richtig; aber das, was das Bewegen bewirkt, ist ein erworbener Impuls, wie die Hitze im Wasser, die Hitze, die entgegen der Natur durch das Feuer dorthin geleitet wird – und doch, wenn das Feuer entfernt wird, verbrennt es die Hand eines jeden, der es berührt, und dementsprechend behält auch ein Akzidenz gewaltsam anhaftend seine Kraft. Halten wir also zunächst einmal fest, was offensichtlich ist und existiert, dass es **vier Ursachen für eine heftige, lang anhaltende und schnelle Bewegung** gibt. Die erste ist, dass die sich bewegende Ursache ihre Bewegung von Anfang an schnell durchführt. Die zweite ist, dass sie es über eine große Strecke hinweg tut. Deshalb fliegen Geschosse umso weiter, je länger die Kanonen sind; und je mehr ein Bogen aus beiden Gründen gespannt wird, desto weiter schickt er den Pfeil. Denn wenn er bis B gebogen ist, wird der Pfeil allein mit der Bogensehne von B nach D bewegt; und wenn er bis C gespannt ist, wird er von C nach D bewegt. Wenn er also bis C gespannt ist, wird er im Verhältnis CD zu BD weitergeschickt. Wiederum, wenn die Sehne nach C gezogen wird, kehrt sie mit einem größeren Impuls nach D zurück als von B nach D. Der Pfeil wird also durch die Sehne schneller bewegt, als er es selbst nach dem Abschuss gewesen ist.

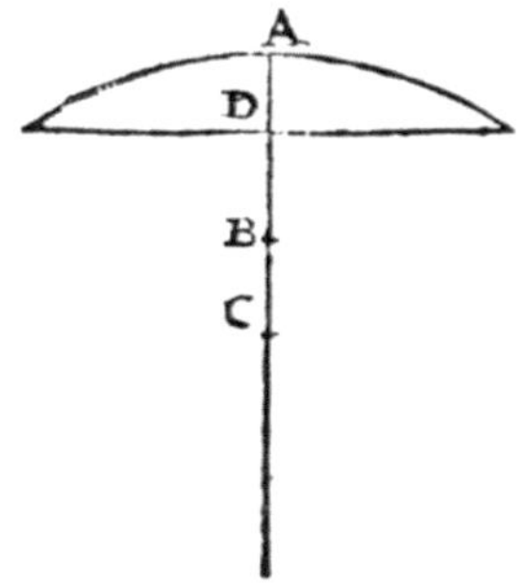

Wir brauchen auch nicht hinzuzufügen, wie stark die Kraft sein mag, die ihn bewegt, denn alles, was wir brauchen, ist, dass sie ihn schnell bewegt. Aber die Ursache, die die Bewegung bewirkt, ist stark, wenn sie sie schnell bewirken kann. Denn selbst wenn die Ursache stark wäre, aber ihre Bewegung langsam vollzöge, könnte sie nicht weit schießen; in der Tat kann nichts etwas langsam und auch weit bewegen, denn was langsam bewegt wird, verbraucht viel Zeit in seiner Bewegung, und inzwischen muss selbst die größte Kraft geschwächt werden, während sie gegen die Natur kämpft.

Die dritte Ursache ist die Verdünnung des Mediums, durch das die Bewegung erfolgt; etwas kann in der Luft schnell, im Wasser langsam und in der Erde kaum geschleudert werden. Und deshalb achten diejenigen, die feindliche Schiffe mit Artillerie angreifen, sehr darauf, dass der Aufprall nicht unterhalb der Wasserlinie erfolgt, obwohl dies zerstörerischer wäre; weil die Wirkung der Kanonenkugel durch den Kontakt mit dem Wasser beeinträchtigt wird, ziehen sie es vor, das Schiff über Wasser, aber so tief unten wie möglich zu treffen. Der vierte Grund für einen schnellen, lang anhaltenden Schlag ist die spitze Form des Geschosses – es wird durch eine geringere Luftmenge in seinem Weg weniger behindert. Es ist also klar, dass die erste Meinung wahrer ist als die von Aristoteles über die Ursache der heftigen Bewegung. Denn es ist nicht so offensichtlich, warum die Geschosse, die in heftige Bewegung versetzt werden, umso schneller und weiter getragen werden, je spitzer sie sind. Auch wenn eines dieser Dinge sehr nahe an der Bogensehne ist, sie aber nicht berührt, obwohl die Luft bewegt wird, so ist diese Luft nicht anders als die Luft, die dem Pfeil vorausgeht; dieses nächstliegende Ding wird nicht bewegt, jedenfalls nicht weit genug, um getragen zu werden.

Da die Luft außerdem weich ist, kann sie weder gewaltsam bewegt noch zusammengedrückt werden, daher kann sie auch keine Eisenkugel bewegen. Und was mit Gewalt bewegt wird, wird im Wasser nicht weniger bewegt als in der Luft, obwohl es im Wasser nicht nur etwas langsamer, sondern viel langsamer bewegt wird als in der Luft. Auch in der realen Luft sollten schwere Dinge nicht langsamer bewegt werden als leichte, wenn sie mit der Theorie des Vakuums übereinstimmen. Aber diese Theorien zeigen nicht, dass die primäre Luft mit einem größeren Impuls bewegt wird, und der Rest wird von ihr aus demselben Grund angetrieben, da schwere Dinge aus diesem Grund schneller transportiert werden. Auf folgende Weise ist **ein Geschoss konstruiert, das im Ziel immer stecken bleibt**. Die Spitze ist A; die vier großen, schlanken Flügel befinden sich im rechten Winkel auf dem Schaft BA. Wenn das Geschoss in Bewegung ist, kann es nicht ausweichen, weil einer oder mehrere der Flügel frontal auf die Luft treffen werden. Wenn es in Bewegung ist, bleibt der Schaft BA also gerade in seinem Ziel stecken.

Auch wenn die Antriebskraft ausgeht, fällt das Geschoss trotzdem gerade und bleibt stecken. Das war der Grund für die Erfindung der Flügel an Pfeilen. Die übrigen Überlegungen (mit Ausnahme der letzten) sprechen also gegen Platons Auffassung von der Antiperistasis, nicht aber gegen seine Auffassung von der vorauseilenden Luft. Gegen die letzte Überlegung spricht eine offensichtliche Erfahrung: Bei der Bewegung aus der Verdünnung ist ein schwerer Aufstieg schwieriger als ein leichter, und folglich auch langsamer. Die Wahrheit, die der Meinung des Aristoteles Glaubwürdigkeit verleiht, ist, dass die natürliche Bewegung am Ende gewaltsam, am Anfang kräftig und in der Mitte stärker wird. Nach Simplicius hatte Averroes einen korrupten Text und hat statt »Geschosse« »Tiere« gelesen. Obwohl Simplicius einen guten Text hatte, verstand er Aristoteles nicht und bezog sich mit »Geschossen« auf »Tiere«, weil sie wie Geschosse auf eine Seite bewegt wurden – ein absurder Vergleich und eine absurde Erklärung. Das bewegte ihn, denn er hatte gesagt, dass gewaltsame Bewegungen am Anfang stärker sind, natürliche Bewegungen aber erst am Ende; Geschosse sollten in die eine oder andere Klasse fallen. Aber er hat Aristoteles nicht verstanden. Da die Geschosse in der Tat durch die Bewegung der vorausgehenden Luft bewegt werden und die Luft an sich beweglich ist, setzt sich die Bewegung der Geschosse bis zu einem gewissen Grade aus einer natürlichen und einer gewaltsamen zusammen; die natürliche ist am Ende größer, die gewaltsame am Anfang. Die natürliche Bewegung ist am Ende größer, die gewaltsame am Anfang. Folglich ist die daraus gemischte Bewegung, die die Bewegung der Geschosse ist, in der Mitte am stärksten. Diese Theorie ist in sich schlüssig, und stellt eine sehr schöne Lösung des Problems dar. Wir sehen, dass Wurfmaschinen, Skorpione und Geschosse, die mit der Hand geschleudert werden, in einiger

Entfernung stärkere Einschläge verursachen, als wenn sie zu nahe sind. Der Grund dafür ist einer, den kein anderer bieten kann, als derjenige, der meint, dass eine Bewegung durch dieses Prinzip zustande kommt, das Aristoteles dargelegt hat: die Luft, die sich unmittelbar hinter dem Beginn einer Bewegung befindet, trägt nur wenig zur Bewegung bei, aber mit der Zeit wird die natürliche Bewegung der Luft stärker, wenn sie bewegt wird, und während sie sich bewegt, öffnet sie sich ein wenig; daher muss die Geschwindigkeit der Bewegung durch sie erhöht werden, bis sie beginnt, weniger zu bewegen als sie von Natur aus dazu geeignet ist.

Nachdem wir also die Grundlage der gewaltsamen Bewegung verstanden haben – wie sich Dinge fortbewegen, die dies nicht von selbst tun –, wollen wir von hier aus zeigen, dass schwere Dinge, die durch irgendeinen Stoß und nicht von Natur aus bewegt werden, **drei Komponenten haben, aus denen sich die Bewegung zusammensetzt:** ihre eigene Schwere, durch die sie nach unten getragen werden, die natürliche Kraft des Mediums, mit der sie fortbewegt werden, und die erworbene Kraft, durch die sie einen anderen Teil der Luft bewegt. Sei nun AB eine zum Horizont parallele Linie, die CD rechtwinklig schneiden soll, sodass CA gleich BC ist, und sei AC gleichmäßig bei E geteilt, was nach F bewegt werden muss, und es zeigt sich von selbst, dass es durch einen sehr starken Schlag nach D abgelenkt wird, weil es durch den Impuls des Werfers und zugleich durch die Natur nach D getragen wird. Es ist deutlich, dass der schwächste Stoß der entgegengesetzte (d.h. nach C) und der stärkste derjenige nach D sein würde, was beides nicht durch die Erfahrung festgestellt wird; aber der stärkste ist der höhergelegene FE, der mittlere FC und der schwächste FA. Warum ist das so? Sicherlich, weil die Luft gerade und nicht seitlich fließt, und so ist der schwächste Aufprall von F nach A. Der stärkste müsste nach dieser Theorie von F nach C sein, aber weil die ganze Schwere des Gewichts Widerstand leistet, ist das Ergebnis, dass dort, wo die Luft am meisten bewegt wird und das Gewicht weniger Schwere besitzt (d.h. entlang der Linie FE), der Ball am weitesten geschleudert wird. Was bleibt, ist, dass sie in einem mittleren Ausmaß von F nach C, also gerade nach oben befördert wird. Aber täuschen Sie sich nicht über Pfeile, die aufgrund ihrer Länge und ihres Fluges jederzeit schneller von F nach A als nach C fliegen, aber nie mehr als nach E. Deshalb stellen diejenigen, die Mauern zum Brechen bringen wollen, ihre Geschütze in einem halben rechten Winkel auf, entlang der Linie FE – der Aufprall wird um fast ein Drittel erhöht. Und wenn die Kugel in gerader Linie die Spitze erreicht hat, geht sie nicht gleich wieder auf einem Kreis oder einer geraden Linie hinunter, sondern auf einer Mittellinie, die einer Parabel entspricht[42], wie BC ist, und schließlich von C nach D mit der vertikalen Bewegung eines schweren Dings.

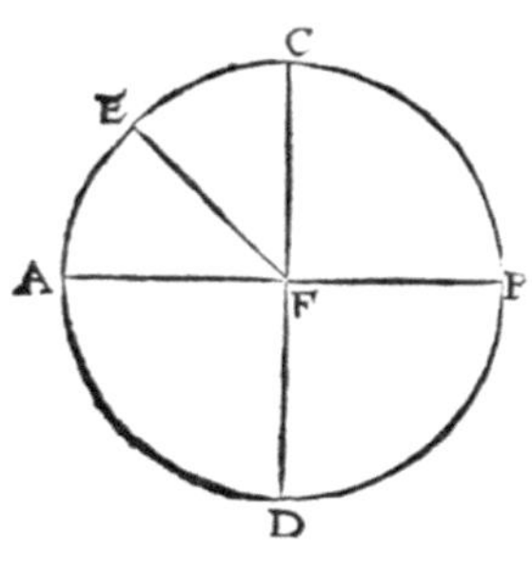

Die Dinge, die geworfen werden, folgen also einem **Weg, der aus drei Bewegungen besteht: zunächst einer gewaltsamen, dann einer natürlichen und in der Mitte einer Mischung aus beiden.** Da die Grundlage der Bewegung so vielfältig ist, ist es offensichtlich unmöglich, solche Dinge genau zu messen, aber man kann sich ihnen durch eine Schätzung nähern. Es ist klar, dass die schwächsten Bewegungen von B nach C

[42] Forrester schreibt: Diese Erkenntnis Cardanos, dass zumindest ein Teil der Flugbahn eine Parabel ist, findet sich schon in der ersten Auflage von *De Subtilitate* (1550) und ist insofern richtig, als im Vakuum die gesamte Flugbahn eine Parabel ist. Diese Entdeckung werde üblicherweise Galilei zugeschrieben.

verlaufen; aus diesem Grunde verletzen durch Hitze zerbrochene Bleikugeln wenig, sodass man unter vielen tausend Menschen kaum einen oder zwei Verwundete oder Schwerverletzte durch in die Höhe gerichtete Schüsse sieht, obwohl oft Kugeln mit einem Gewicht von mehr als einer halben Unze regelmäßig abgefeuert werden, um Vögel zu jagen oder eine Kanone zu entladen.

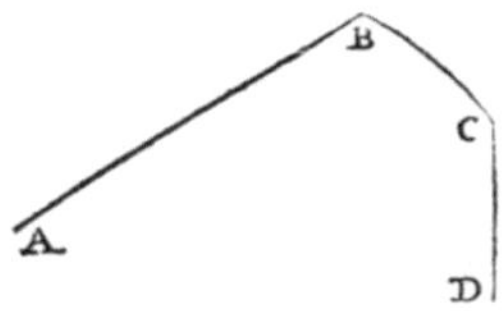

Aber wenn schwere Dinge so schwer waagerecht bewegt werden, **warum werden schwebende Dinge so leicht bewegt**, sodass sich ein an einem Faden aufgehängter Ring scheinbar von selbst bewegt und somit fast den Anschein von Zauberei erweckt? Der Grund dafür ist, dass die gesamte intakte Kraft demjenigen überlassen wird, der schiebt; eine Person, die wirft, tut zwei Dinge: hochheben und vorwärtstreiben. Bei einem schwebenden Gewicht, das von etwas anderem getragen wird, bleiben die zum Schieben verfügbaren Kräfte vorhanden. Wenn es jedoch geschoben wird, kehrt es mit fast der gleichen Kraft in die Mitte zurück, mit der es zur Seite geschoben wurde. Da es also durch diese Kraft bereits von der Mitte weggeschoben wurde, zum Beispiel über eine Strecke von einer Elle, muss es die gleiche Strecke in die entgegengesetzte Richtung ausweichen und so ganz allmählich zur Ruhe kommen, mit unendlichem Hin- und Herpendeln.

Wenn also diese Bewegung im Ring ein wenig unterstützt wird, sogar durch die unsichtbare Bewegung der Atemzüge, wird sie so sehr von selbst verstärkt, dass man meinen könnte, sie würde von Worten angetrieben. Folglich, wenn die Bewegung des Ringes ein wenig energischer ist, und er sich nun selbst bewegt, scheint es, wie ich sagte, einen Dämon im Ring zu geben, der ihn bewegt. Diese Bewegung ist noch einfacher mit einem längeren Faden, der Beweis liegt auf der Hand: Der Ring befindet sich bei F und wird zwischen BC bewegt, wobei er bei A aufgehängt ist; und wieder bei A aufgehängt, wird er bei H platziert und zwischen DHE bewegt, was gleich BFC ist, und L sei der Mittelpunkt der Erde. Es wird also angenommen, dass er, während er sich bei F befindet, durch FG gegen seine natürliche Bewegung bewegt wird; und während er sich bei H befindet, durch HK, aber HK ist kürzer als FG, wie wir im ersten Buch über Kreise gezeigt haben. Da also die bewegende Kraft dieselbe ist, und das, was bewegt wird, dasselbe ist, und bei F ein größeres Intervall durchläuft als bei H, oder mehr vom Zentrum aufsteigt, wird es seine Strecke in einer längeren Zeit zurücklegen. Wenn es in gleicher Zeit bewegt werden muss, braucht es bei H weniger Schwung als bei F. Je höher es also aufgehängt ist, desto leichter und mit weniger Anstrengung lässt sich ein Gewicht bewegen. Da nun ein langer Faden verwendet worden ist, so wird er den Anfang der Bewegung entweder von einer unbedachten Handbewegung, oder von der Luft, oder von den Atemzügen selbst beziehen, deren Kraft sogar längs des Fadens herabsteigt. Da sich also die Bewegung so leicht gestaltet und es so viele Ursachen für die Bewegung gibt, ist es kaum bemerkbar, dass der Ring durch den Anfang des Fadens bewegt wird, selbst wenn die Finger stillstehen; und wenn er einmal in Bewegung ist, wird es kaum möglich sein, einen Anfang zum Anhalten zu finden, denn ein schweres Ding (wie ich sagte), wenn es aufgehängt ist, bewegt sich

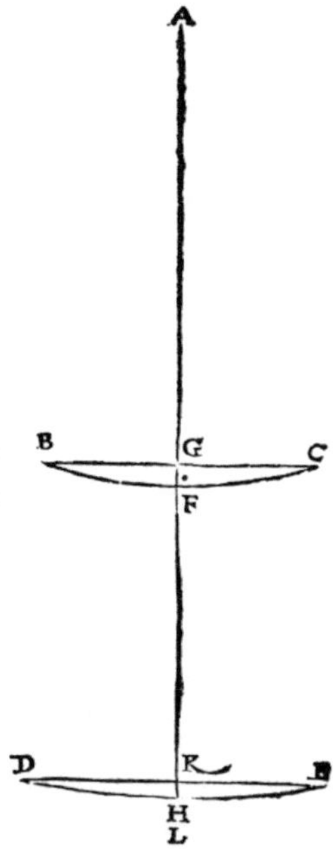

so beharrlich. Und so scheint es, dass er wie durch beschwörende Worte[43] bewegt wird.

Da dies nun aber klar ist, wird man sich fragen, warum die verdünnten Körper die schnelle Bewegung nicht nur hinnehmen (was der Vernunft entspricht), sondern sie sogar herbeiführen (was nicht der Fall ist). Denn wenn sie auf etwas einwirken, ist die Wirkung des Wassers weniger heftig als die der Luft, und die der Luft ist weniger heftig als die des Feuers. Für die Wirkung von Luft gibt es den Beweis einer Waffe, die, wie ich glaube (gesehen habe ich sie nicht), von einem Deutschen eingeführt wurde. Sie ist aus Zypressenholz und zwanzig Ellen lang, mit einer Öffnung, die so klein ist, dass eine Kichererbse nicht hineinpassen würde. Die Dicke ist geringer als eine Elle. Damit wurde eine Bleikugel, die ziemlich klein war, aber durch die Öffnung passte, mit einer solchen Wucht geschleudert, dass sie ein Brett durchschlagen konnte. Ein zuverlässiges Ding, ohne Knall und Pulververschwendung: drei Vorteile, aber ebenso viele Nachteile: Gewicht, Größe und mangelnde Kraft im Verhältnis zu seiner Größe.

Wenn wir aber mit Feuer angreifen wollen, brauchen wir **eine kürzere und kleinere Waffe**; in diesem Fall treibt das Feuer mehr als die Luft und die Luft mehr als das Wasser. Der Grund dafür ist ein doppelter: Bei einem Aufprall muss sich etwas bewegen, aber auch bewegt werden. Wir haben aber gezeigt, dass dünnflüssigere Dinge sehr leicht bewegt werden, und daher mit sehr großer Wucht. Sie erzeugen also eine große Wirkung. Der andere Grund ist, dass das, was verdünnt ist, stark komprimiert werden kann, weil seine Dichte weit vom Maximum entfernt ist. Aber wenn Wasser die Dichte von Erde erreicht hat, kann es nicht weiter komprimiert werden. Jede Waffe muss also entweder groß sein (sonst gibt es einen schwachen Schlag) oder einen großen Lärm machen; diejenigen, die mit Feuer funktionieren, machen den erwähnten Lärm, in Übereinstimmung mit der Theorie, die ich erwähnt habe; und diejenigen, die mit Luft funktionieren, sind entweder groß, wie Katapulte oder Balliste, oder sie bewirken nur kleine Einschläge.

Aber man steckt normalerweise Pfeile und keine Kugeln auf Skorpione – nicht nur, weil sie leichter sind, sondern auch, weil sie mit ihrer Spitze die Wucht des Aufpralls erhöhen. Es ist wahr, dass ein Schmied aus Brüssel einen handtellergroßen **Skorpion aus Stahl** gefertigt hat, und zwar so gut, dass er den Liebhaber seiner Frau mit dieser Waffe tötete, indem er sie unter einer Serviette versteckte. So plante er die Rache für eine große Verletzung, in sicherer Entfernung und ohne einen Knall oder Verdacht; in der Tat verrät meistens der Pulvergeruch die Tat. Derselbe Mann stellte eine Uhr im Schmuckstück eines Rings her, **eine Uhr**, die von einer Feder angetrieben wurde und die Stunden nicht nur durch einen Zeiger, sondern durch ein Pochen anzeigte. Derselbe Mann baute mit wunderbarer Handwerkskunst **ein Boot**, in dem eine weibliche Figur auf einen Schildkrötenpanzer schlug, und männliche Figuren trieben das Boot durch die Bewegung von Rudern über darunter angebrachte Räder an, wie Ruderer, die zu einem Seemannslied rudern.

Auch wenn es sich dabei nur um nebensächliche Details handelt, so möchte ich doch eine Erfindung menschlicher technischer Fertigkeiten erläutern, die ihren Ursprung in der Natur der Luft hat: Ich möchte **ein wunderschönes Instrument[44] zum Sieben von Mehl** zu erklären, das vor weniger als drei Jahren erfunden wurde, damit die Menschen gleichzeitig verstehen können, dass es auch mit einfachen Dingen möglich ist, Reichtum zu erwerben. Denn obwohl ein solches Instrument heutzutage so praktisch ist, dass alle Müller eines besitzen, hat dieser Mann ein Privileg vom Kaiser erlangt, um zu verhin-

[43] »praecantatione«.

[44] »pulcherrimum instrumentum«.

dern, dass jemand es ohne seine Zustimmung besitzt, und er hat seinen Lebensunterhalt durch dieses Gewerbe verdient, und so konnte er sich bald ein Haus davon leisten. Nicht nur Müller, sondern auch Priester- und Nonnenkollegien und verschiedene Adlige, die eine große Familie ernähren, besit-

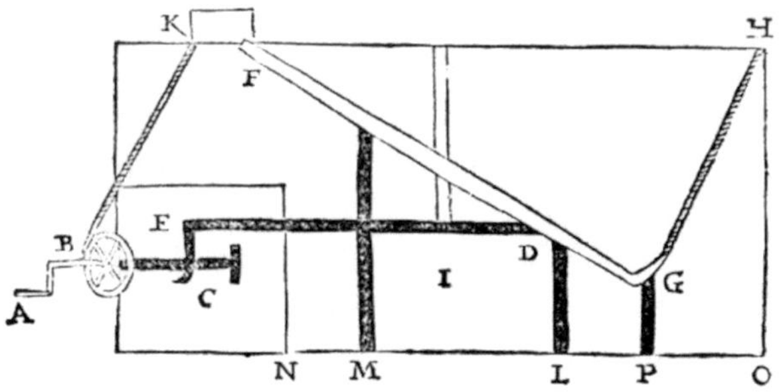

zen es wegen seiner hervorragenden Bequemlichkeit – ich könnte sagen, seiner Notwendigkeit. Viele andere haben sich bemüht, es zu bauen, weniger wegen seiner Bequemlichkeit als aus Erstaunen darüber angeregt.

Und so ist es aufgebaut. Es gibt ein kleines Rad B, an dessen Rand sich ein Griff A befindet, der gedreht werden kann. Diese beiden Teile ragen aus der Maschine heraus. In der Mitte des Rads befindet sich eine Stange C, die durch die Bewegung des Rads gedreht wird und zwei kleine Holzzähne hat, die einander gegenüberliegen, und zwei weitere in der Nähe, die ebenfalls einander gegenüberliegen, aber an einem Punkt in der Mitte, sodass das Rad, wenn es einmal gedreht wird, ein breites Holzstück viermal berührt, oder besser gesagt, das Brett DE, das an beiden Seiten eines kleinen Kastens hängt. Auf diese Weise wird das Brett bei der Umdrehung des Rades durch die Berührung mit den Zähnen in ständiger, zitternder Bewegung gehalten. Außerdem sind das Holz C und ein Teil des Tisches in einem kleinen Kasten eingeschlossen. Über dem Holz oder Tisch DE befindet sich ein schräg liegendes Mehlsieb FG, das von G bis H abgestützt wird, damit es nicht herausfällt. Es besteht an allen Seiten aus sehr dünnen, ja, den dünnsten und leichtesten möglichen, Holzstücken, außer in der Mitte, wo das Mehl aus dem Sieb geschüttelt wird; dieser Teil ist, wie üblich, aus Leinentuch. In diesem Gefäß ist alles von allen Seiten umschlossen, und oben liegt der Kasten K, und darin eine sehr leichte viereckige Schale, z. B. aus Holz, in der das Mehl liegt. Sie ist so gehalten, dass sie leicht geschüttelt werden kann, und wird durch ein Seil geschüttelt, das vom anderen Teil des Rades, d.h. dem rechten in Bezug auf B, daran befestigt ist. Sie erinnern sich auch, dass das Sieb FG von beiden Seiten her offen ist: oben, um das Mehl aus der Schüssel aufzunehmen, unten, um die Kleie aus G auszustoßen. Und das ganze dreifache Gefäß ist in LMN unterteilt, mit Trennwänden, die aus dünnen, festen und unbeweglichen Brettern bestehen. Wenn man es vorzieht, kann man es auch in vier Bereiche unterteilen.

Wenn also das Rad B gedreht wird, schüttelt das Seil die Schüssel und die Zähne das Brett; die Schüssel schüttelt das Mehl in das Sieb FG, das Brett schüttelt das Sieb auf. Dies hat zur Folge, dass das feinste Mehl zuerst ausgeschüttelt wird und in NM, einen Teil des Kastens, fällt. Während es auf seinem Weg nach unten kräftig geschüttelt wird, wird ein anderer minderwertiger und weniger reiner Teil in LM herausgeschüttelt, und schließlich gelangt die gesamte Kleie durch die untere Öffnung G des Siebs nach LO. So werden die drei getrennt gesammelt, das pulverförmige Mehl in MN, das dicke Mehl in ML, die Kleie in LO. Und alles Mehl, das herumfliegt, muss wieder an seinen Platz zurückkehren, sodass nichts verloren geht, da der Kasten nirgends durchlässig ist . Und wie man aus der Theorie selbst unschwer erkennen kann, darf das Sieb FG nicht zu sehr nach oben geneigt sein – sonst würde das Mehl bis nach G reichen und mit der Kleie ausgeworfen werden. Wenn Sie also die Trennwand L bis zur Mündung des Siebes verschoben oder eine weitere Trennwand hinzugefügt haben, wie bei P, und gleichzeitig die eigentliche Mündung G ein wenig nach oben gebogen haben, haben Sie nicht einmal ein Körnchen Mehl verloren.

Erkennen Sie nun **die großen Vorteile dieses Gerätes**. Erstens, dass ein Mann drei Siebe bedient, während er das Rad dreht und Mehl auf die Schüssel gibt, und wenn die Behälter voll sind, schichtet er das Gesiebte und die Kleie zusammen. Der zweite Grund ist, dass die Arbeit weder so schwer noch so schädlich ist, dass sie jeder machen kann, und man kann Hilfskräfte einsetzen, die für einen viel geringeren Lohn als die Sieber angestellt werden. Drittens, weil das ganze Mehl aufgefangen wird und nichts verloren geht, während beim herkömmlichen Sieben die Bewegung der Hände und Arme dazu führt, dass eine erhebliche Menge Mehl verloren geht. Ein weiterer Punkt ist, dass das Leinensieb, da es sich von selbst schüttelt, nicht so stark abgenutzt wird – und zwar viel weniger, als wenn das Mehl von Menschen gesiebt wird; diese müssen gewöhnlich das Sieb kräftig schütteln. Und es ist ökonomisch, dass das Mehl sorgfältiger ausgeschüttelt wird, sodass die Kleie vollkommen rein ist. Und das alles, ohne das Haus zu verunreinigen und ohne jemanden zu beunruhigen. Das Instrument unterscheidet auch das Doppel- oder Dreifachmehl, was für die Arbeiter ansonsten unmöglich ist, außer durch Vermutungen, die unsicher beginnen und dann unbeständig durchgeführt werden.

Doch **kehren wir zur Behandlung der Luft zurück**, nachdem die Erörterung aller heftigen Bewegungen abgeschlossen ist. So haben wir nun erklärt, dass sich die Luft bis zum Himmel erstreckt, und ihr reinerer Teil wird Äther genannt. Aber weder der Äther noch die Luft können von den Sinnen wahrgenommen werden, weil ihre Substanz so rein ist. Dies ist um der belebten Geschöpfe willen so eingerichtet worden, denn wenn die Luft Farben hätte, würden die Dinge, die man sieht, ebenso aussehen. Denn für jemanden, der durch eine grüne Brille schaut, sieht alles grün aus; ebenso würde, wenn die Luft einen Anteil an Farbe hätte, alles in derselben Farbe erscheinen. Auch wenn sie einen Geruch hätte, würde alles von demselben Geruch durchdrungen erscheinen. Ebenso würde, wenn sie einen scharfen oder süßen Geschmack hätte, alles süß oder scharf erscheinen. Genauso erscheint alles heiß, wenn etwas heiß ist, wie es im Sommer der Fall ist. Auf der gleichen Grundlage offenbart die Nacht die leisesten Töne und Geräusche, denn am Tag ist die Luft nicht ganz frei von Geräuschen. Um also alles aufnehmen zu können – Geschmäcker, Gerüche, Geräusche, Farben, Hitze und Kälte, und zwar so, wie es den Sinnen angemessen ist – ist die Natur von allem frei.

Wenn aber die Natur primäre Qualitäten unterstellt, greift sie auf eine entgegengesetzte zurück, und der Beweis dafür ist, dass die eigentlichen Qualitäten der Dinge, die wir erwähnt haben, von sich aus wirken. Im Winter wird die ausgeblasene Luft, wenn sie warm ist, in eine runde Form gezwungen, und zwar durch die Hitze selbst, nicht durch die Natur der Luft. Denn kalte Luft sammelt sich nicht auf diese Weise, noch wird heiße Luft in eine heiße Umgebung eingeatmet. Aber warum in eine gerundete Form? Weil sie die leistungsfähigste und stärkste ist, und weil sie nur an einem Punkt für eine Beschädigung anfällig ist. Deshalb krümmen sich diejenigen, die zu einem Kampf antreten, einen Schlag erhalten oder eine Last schultern sollen, zu einer runden Form. Dinge, die aus großer Entfernung abgeschossen werden, prallen mit größerer Wucht aufeinander; aber diejenigen, die sich außerhalb der Rundung befinden, werden weiter entfernt abgeschossen; sie sind weiter vom Zentrum entfernt, das als Entsprechung für einen Drehpunkt angesehen wird. Wenn die Luft abgeschnitten wird, wird das, was eine Seele hat, verdorben, aber das, was keine Seele hat, wird bewahrt. Luft, die nicht begrenzt ist, verdirbt das, was keine Seele hat, aber das, was eine Seele hat, wird bewahrt. Denn die Luft verzehrt durch ihre Bewegung die seelenlosen Dinge und verdirbt sie daher durch die Belüftung des Ortes, reinigt und kühlt aber die Hitze der belebten Dinge. Wenn sie aber eingeschlossen ist und stillsteht, hält sie die Dinge, die dem Verfall fern sind, frei von Schaden, weil sie sich nicht bewegt und daher nicht zersetzend ist. Indem sie aber stillsteht und daher verrottet, verdirbt, tötet und verfault sie Tiere und Dinge, die verwesen können. In der Tat wird eingeschlossene, unbewegliche Luft so sehr verdorben, dass, als die Soldaten des Kaisers Marcus Antoninus unter dem Kommando von Avidius Cassius in der Hoffnung, Gold zu finden, eine kleine Schatulle im babylonischen Seleukia öffneten (sie hatten sie in einem Apollo-Tempel gefunden), die austretende Luft so sehr verfault war, dass sie den ganzen Bezirk mit der Pest befiel. Die Winde trugen sie von dort nach Griechenland und dann auch nach Rom und entzündeten die Pest, die fast ein Drittel der Bevölkerung verschlang. Luft wird auch durch metallische Ausdünstungen beeinträchtigt, und deshalb wird sie in den Schächten der Bergwerke durch Fächer in ständiger Bewegung gehalten – andernfalls würde sie die Lampen löschen und die Menschen darin ersticken. So wird die Luft durch Bewegung gereinigt und kehrt zu ihrer eigenen reinen Natur zurück.

Ähnlich verhält es sich mit Getreide, das unter der Erde eingeschlossen ist und dem daher die Luft entzogen ist. Und obwohl es in Deutschland wegen der dortigen Kälte der Luft länger dauert, ist es auch dort nach einigen Jahren verdorben. Dennoch kann es unter der Erde länger aufbewahrt werden als über der Erde. In Frankreich aber, wo die Ähren viele Jahre lang in der Mitte getrennt und mit Stroh dicht aneinandergereiht werden, sodass sie einer breiten Säule ähneln, und wo ein Strohdach von sicherer Dicke über sie gezogen wird, bleiben sie vor Tieren und vor der Luft selbst sicher und werden durch das Dach vor Wasser und durch das Stroh um sie herum vor dem Keimen geschützt; eigentlich keimen alle Samen an der Stelle, wo sie sind, Bohnen sind ein Beispiel dafür. Aber einige von ihnen scheinen in belüfteten Umgebungen sicherer zu sein, nicht weil Luft konservierend ist, sondern weil sie, wenn es kälter ist, nicht so sehr verderben. Tatsächlich sind die meisten belüfteten Dinge (vor allem in luftiger Höhe) kälter als Dinge in geschlossenen Umgebungen. Verunreinigungen der Luft treten auch infolge von Erdbewegungen auf; Luft, die viele Jahrhunderte lang verborgen war und nun aufgedeckt wird, bringt gewöhnlich eine große Plage mit sich, wenn sie auftaucht. Aus diesem Grund folgen auf große Erdbeben gewöhnlich schwere Seuchen. Sie treten auch bei Fäulnis, großen Unglücken, Überschwemmungen und Heuschreckenplagen auf. Diese Epidemien kommen aus der Luft. Aber diejenigen, die nach einer Hungersnot auftreten, sind von anderer Art.

Vertrauenswürdige Autoritäten berichten von **einer bemerkenswerten Art von Pest**: Sie brach in Konstantinopel aus (es hieß früher Byzanz) und war von der Art, dass diejenigen, die darunter litten oder davon bedroht waren, dachten, sie würden von jemand anderem getötet, und sie starben in der Regel vor Angst. Währenddessen konnten sie weder sehen noch hören, sondern waren wie vom Donner gerührt oder verzweifelt. Während sie mit Fieber und Husten kämpften, änderte sich ihre Temperatur und Farbe nicht. Schwellungen traten immer wieder an verschiedenen Stellen auf, je nach dem Wesen des jeweiligen Menschen. Am Ende wurden einige durch Schläfrigkeit und andere durch Verhungern dahingerafft. Manche stürzten sich auch aus Durst in Brunnen. Es ist sicher, dass es sich um eine bestimmte Art von Abszess im Gehirn handelte, denn die Krankheit wurde nicht durch Ansteckung verbreitet. Sicher ist, dass es praktisch so viele Arten von Pest gibt wie Umstände. Dennoch **wütet keine Seuche länger als drei Jahre**. Die Gründe dafür sind vielfältig. Erstens, weil sie, wenn sie so lange wütet, fast niemanden mehr hat, an dem sie ihre Wut auslassen kann. Zweitens ist die Luft, da sie, wie man sagt, von sehr leichter Substanz ist, zu keiner weiteren Verwesung fähig; es wurde oben festgestellt, dass das, was verrottet ist, keine weitere Verwesung erfährt. Außerdem ist es kaum möglich, dass die Luft in so langer Zeit nicht in Bewegung gerät und das Verderbte in die Winde verstreut. **Es scheint auch, dass durch Gottes Wohlwollen allen sehr bösen Dingen eine gewisse Grenze gesetzt ist**; Schlangen scheinen sich nicht über eine gewisse Grenze hinaus zu vermehren, noch halten akute Krankheiten über den vierzehnten Tag hinaus an, noch kann irgendein schweres Unglück lange dauern. Bei der langwierigen Art der Pest gibt es keine vorherbestimmte Grenze – wie im Fall der französischen Pocken, die, wie man sich jetzt einig ist, das fünfzigste Jahr seit ihrem Ausbruch überschritten haben. Und obwohl diese Krankheit in Indien heimisch ist, ist sie für uns eine pestähnliche Ansteckung. Wir haben zahlreiche Bücher darüber geschrieben.

Viele Arten der Pest kommen aus der Luft, **Gifte** dagegen selten. Viele Gifte sind nämlich von Natur aus giftig wie die, die lebend geboren werden, und einige wie die der schlimmsten Schlangen. Einige sind Gifte der Verwesung, zu denen die Pest selbst gehört, und solche, die durch technisches Geschick hergestellt werden, die man früher »gekocht« nannte und heute »sublimiert«. Die stärksten und am schnellsten wirkenden Gifte sind von der Natur gemacht. Dies ist jedoch ein seltener Fall, da der Mensch gewöhnlich in der Erfindung von Übeln schlimmer ist als die Natur; ansonsten übertrifft die Natur in jeder Hinsicht das technische Geschick.

In einem Bericht über Nubien (Ptolemäus nennt es Marmarica) heißt es, dass es dort ein Gift gibt, von dem das Gewicht eines Weizenkorns einen Menschen auf der Stelle tötet – zehn von ihnen in einer Viertelstunde. Eine solche tödliche Kraft wird für hundert Goldstücke pro Unze verkauft. So hoch wie der Verkaufspreis sind auch die Steuern. Der Käufer schwört, das Gift nicht in der hiesigen Provinz zu verwenden – als ob jemand, der Menschen in anderen Bezirken tötet, kein Giftmörder wäre, oder das Töten von Menschen weniger schlimm wäre als ein Meineid. Wird jemand, der eine Vergiftung plant, Angst vor einem Meineid haben? Ist das die größere Katastrophe, oder ist es menschliche Dummheit? Ein Zustand, der im Aufschub schlimmer ist als in der Eile: Denn dies nimmt das Leben, jenes alle Hoffnung und Frucht des Lebens.

Theophrast berichtet, dass Eisenhut so zubereitet werden kann, dass er in zwei oder drei oder sechs Monaten, in einem Jahr oder sogar in zwei Jahren tötet, und dass die Todesfälle von den Erntezeiten des Giftes abhängen. Beim Gift einer älteren Pflanze dauert es länger bis zum Tod. Tatsächlich säen sie die Pflanze immer wieder aus und ernten sie; oder sie taten dies, weil die Frühjahrsernte schneller tötet als die im Winter, wie es auch für die Kräfte von Kräutern und auch von Wurzeln nachgewiesen ist. Und wie sehr die Wirkungszeit des Giftes auch hinausgezögert wird, ein unausweichlicher Tod droht dennoch jedem Opfer zu seiner Zeit – eine bemerkenswerte Sache.

Ähnlich verhält es sich mit einigen **Giften, die nicht töten,** sondern einen Defekt an einem Körperteil verursachen. Es gab eine Quelle jenseits des Rheins, nahe der Meeresküste, und ihr Wasser verursachte Zahnausfall bei jedem der Soldaten aus Deutschland, der daraus trank. Es wurde kein Heilmittel gefunden, außer einem Kraut aus Britannien. Und im Fall meines Landsmannes Caesar Taberna, als er nach langer Qual durch Magenschmerzen nach seinem Tod seziert wurde, fand man in seinem Magen einen Stein so groß wie ein Ei. In der Tat können Gifte, die über einen längeren Zeitraum töten, nicht das Herz, das Gehirn oder die Blase aufsuchen; denn wenn sie das Herz aufsuchen, können sie den Tod nicht so lange hinausschieben; wenn sie das Gehirn nicht direkt töten, können sie es in der Ferne kaum erreichen. Nur akute Gifte schädigen die Blase und töten schnell. Es ist aber auch möglich, dass sie schnell schaden, aber langsam töten.

Die **Gifte, die heimlich und erst nach einiger Zeit töten**, sodass das Verbrechen unbemerkt bleibt, greifen die Lunge, die Leber oder den Magen an. Diejenigen, die den Magen angreifen, tun dies mit Schmerzen und Erbrechen. Diejenigen, die auf die Lunge abzielen, verursachen Auszehrung und Husten. Diejenigen, deren Ziel die Leber ist, töten durch Zerstörung des Blutes, einige durch Gelbsucht, einige durch Wassersucht, die meisten durch bösartiges Fieber. Ich habe an anderer Stelle geschrieben, dass von dreizehn Männern in der Stadt Gallarate elf bei einer einzigen Mahlzeit Gift zu sich nahmen und alle zu verschiedenen Zeiten starben, obwohl einige in der Zwischenzeit sogar nach Rom und zurück gereist waren. Eine so interessante Entdeckung konnte aus dieser Stadt mitgebracht werden.

Ich werde an anderer Stelle einige **Anzeichen beschreiben, aus denen man schließen kann, dass jemand Gift zu sich genommen hat**, auch wenn er nichts spürt; aber vorläufig will ich die wichtigeren vorstellen. Es sind fünf. Erstens, wenn ein fauliger Geruch in der Nahrung wahrgenommen wird; oder wenn kein fauliges Ding vorhanden ist, wird ein Geruch, als ob er ein fauliges Ding mit sich führt, als faul empfunden. Dasselbe gilt für Geschmäcker. Auch Schmerzen ohne offensichtliche Ursache, entweder im Magen oder in der Leber, oder Erosionen der Blase, oder plötzliches und spontanes Spucken von Blut. Eine langsame und tödliche Auszehrung ist ebenfalls ein Anzeichen dafür, dass man Gift getrunken hat, ebenso wie eine große, unbehandelbare Veränderung der Körperfarbe. Aber dies ist nicht der Ort, um über Krankheiten zu debattieren, sondern nur für die subtilere Lektion, die man in dieser Diskussion lernen kann: In Abwesenheit eines Geruchs oder Geschmacks kann man zufällig beides wahrnehmen, und das kann ein Hinweis auf Gift sein. Schwarze Galle[45] kann darauf zurückzuführen sein. Aber selbst im Fall derjenigen, die von einem tollwütigen Hund gebissen wurden, kann der Anblick täuschen. Es sind vor allem die sehr langsam wirkenden Gifte, die normalerweise diese schwarze Galle erzeugen.

Während ich diese Punkte betrachte, taucht ein wichtiger Zweifel auf: Da es viele Gifte gibt, die den Tod um Jahre hinausschieben können und dennoch Gifte sind, **kann es Gifte geben, die wir als Nahrung verwenden und die trotzdem zum Tod führen,** wenn auch so spät, dass sie nicht als Gifte erkannt werden? Wenn es solche Dinge gibt, werden sie wie Pilze sein. Und da so viele Menschen betroffen sind, auf so unterschiedliche Weise, in so unterschiedlichem Alter, mit so unterschiedlichen Temperamenten, Lebensstilen, Fähigkeiten, Kräften, Umständen, und mit so unterschiedlichem Ableben, wenn sie vergehen, wer könnte diesen Schaden bemerken? Ähnlich verhält es sich mit einigen Gemüsesorten, die wir zufällig essen; viele von ihnen bleiben tatsächlich im Verborgenen, etwa die, die von einem Salamander, von Kröten oder Schlangen verdorben werden. Das Chamäleonkraut ist ein sofort wirkendes Gift für Schweine, Wölfe und Mäuse; wer weiß, ob es nicht auch eine verzögerte Wirkung auf den Menschen hat? In der Tat töten Mittel, die Schaden anrichten, in der Regel erst nach einer gewissen Zeit. Sicher ist, dass die Mistel, die aus ihrer Wurzel wächst, für den Menschen tödlich ist. Und was den schnellen Tod bringt, ist, wenn es abgemildert wurde, als Gift mit verzögerter Wirkung zu bezeichnen.

Einige Gifte können durch bloße Berührung töten. Wenn etwa der Speichel eines tollwütigen Hundes mit einer Wunde in Berührung kommt oder an eine Stelle, von

[45] »humor melancholicus«.

der sich nur die obere Haut gelöst hat, ist dies in der Regel tödlich. Der Saft der Scilla, der auf die Haut gestrichen wird, reizt das Fleisch, und Kantharidin, das in der Hand gehalten wird, erzeugt blutigen Urin. Was ist also überraschend an einem Gift, das allein durch Berührung tötet, und besonders, wenn wir sehen, dass eine Pestilenz, die an Pferdedecken oder einem Holzbrett haftet, jemanden tötet, der sich auf eines von beiden gesetzt hat? Manche Gifte entwickeln sich nur im Schatten, wie Oleander und Eibe; manche erwecken zuvor neutralisierte Gifte, wie Zweige der Kornelkirsche oder Vogelknöterich; wenn diese sich in der Hand erwärmen, bringen sie die Tollwut bei denen zurück, die von einem Hund gebissen wurden und die Gefahr hinter sich glaubten. Außerdem sollen Menschen und auch Lasttiere, die mit Ruten aus Vogelknöterich ausgepeitscht worden sind, sehr leiden. Sie werden verwendet, um einige Schlangen zu töten, sogar der Kontakt mit dem Griff eines Speers, wie Matthiolus berichtet, kann tödlich sein. Ein anderer Mann starb auf der Stelle, nachdem er an der Wunde gesaugt hatte, die ihm eine in zwei Teile geschnittene Schlange zugefügt hatte. Andere verstarben allein durch einen Geruch, wie der Mann, der in Siena in aller Öffentlichkeit tot umfiel, weil er den Geruch seines Rivalen wahrnahm. Diese Fälle sehen wundersamer aus als sie es sind, ob man nun die menschliche Schwäche oder den Fleiß der bösen Schlauheit oder die Macht der Dinge selbst oder die Subtilität der Methode in Betracht zieht. Und da dies das Ziel unseres heutigen Unterfangens ist, wollen wir es nun an drei recht bemerkenswerten Beispielen aufschlüsseln. Einige Dinge töten, wie wir sagten, sofort beim Verschlucken, andere durch Berührung, andere durch Geruch; es ist unklar, welches davon das bemerkenswertere ist.

Aber höre, was ihre Ursache ist, und du wirst es lernen. Wenn ein Funken Feuer in das Herz eindringt, seid ihr dann nicht überzeugt, dass der Mensch sofort stirbt? Aber Gift ist gewalttätiger als Feuer, wie wir deutlich machen werden, wenn wir die säurehaltigen Flüssigkeiten besprechen werden. Ein Gift, das in seiner Potenzialität so ist, wird in der Wirklichkeit so, wenn es in einem Körper ist; deshalb sage ich, dass es tödlich sein wird, und es wird kleiner als ein Zehntel eines Weizenkorns sein. In der Tat ist ein Funken Feuer in Gewicht, Größe und Substanz kleiner als der zehnte Teil dieses Korns. Ihr seht eine sehr bemerkenswerte Sache, die weder unklar noch zweifelhaft ist: dass ein Dampf, der in das Gehirn gelangt, **allein durch den Geruch töten kann.** Wenn das Gehirn ohne Nahrung ist und wie das Herz Luft anzieht, ruiniert und zerstört der Dampf sofort den Geist, der im Gehirn steckt. Ein solches Gift muss akut sein. Ich erinnere mich, dass ich mich vor dem Geruch gewisser Dinge so sehr fürchtete, dass ich es bereute, sie gerochen zu haben, obwohl diese Dinge weit von der Natur eines Giftes entfernt waren. Dies geschieht bei allem, was durch Destillation mit Feuer gesammelt wird, wenn es von sich aus schon heiß war. Und verfaulte Dinge sind nicht ohne Risiko. Es ist in der Tat bewiesen worden, dass sie Feinde unserer Natur sind; und dass die Dinge, die destilliert werden, eine Kraft haben, die einen Anteil am Feuer hat, und auch an der Substanz und der Hitze, die in dem Ding gedeihen, das destilliert wird. Was ist also daran bemerkenswert, dass ein Mensch plötzlich allein durch einen Geruch getötet wird? Es gibt auch die Erfahrung, dass die Berührung dasselbe tut, und zwar nicht die direkte Berührung, sondern das Ergreifen eines Speers – und das ist, um die Wahrheit zu sagen, schwieriger und bemerkenswerter. Aber betrachten wir diese drei Dinge: die Furcht einiger Menschen (denn nicht alle sind gleichermaßen betroffen); die Kraft des Zitteraals, der die Hand eines Menschen sogar durch ein Netz betäuben kann; der Atem aus dem Maul einer Schlange, denn während der Pest sehen wir viele Menschen allein daran zugrunde gehen. Alle drei gehören zusammen: Viele Menschen sind allein durch den tödlichen Atem umgekommen, viele allein durch die Angst, viele Hände wurden allein durch das Berühren eines Netzes taub. Wenn also eine Schlange verletzt wurde, was ist dann überraschend an der Angst und dem tödlichen Atem und der Berührung, die zum plötzlichen Tod führt? Nein, das ist so merkwürdig wie seltsam. Daher kann die Kunst das, was die Natur auf natürliche Weise hervorbringt, mit mehr List und Erfolg herstellen, wenn sie Böses im Schilde führt.

Aber Sie werden **fragen, warum nur wenige auf diese Weise sterben** – die Gründe dafür sind vielfältig. Erstens weigern sich einige Leute, dies anzuwenden; Fürsten mögen keine Methoden, die andere gegen sie selbst anwenden könnten. Außerdem gibt es nicht viele Menschen, die sie kennen; vernünftige Menschen ziehen es vor, einem abscheulichen Beispiel nicht zu folgen, und unfähige können es nicht. Außerdem: Welcher vernünftige Mensch würde sich absichtlich mit einer so gefährlichen Angelegenheit abgeben? Auch diese Gifte können nur dann Schaden anrichten, wenn sie in einer großen Menge verabreicht werden und wirken. Aber die Fürsten sind vor solchen Dingen in höchster Alarmbereitschaft. Auch für Verräter ist es gefährlich, wenn ihr Plan nicht nur für die beabsichtigten Opfer offensichtlich wird, sondern auch für ihre eigenen Gönner, falls sie einen Zeugen für ihr Verbrechen haben, nachdem sie es begangen haben. Kurzum: Wer von Natur aus oder durch Geschicklichkeit gut erzogen wurde, verzichtet lieber auf dieses Wissen, das nur zum Verderben des Menschen führt. Da ich recht neugierig auf alles war, was ein Mensch richtig wissen kann, betrachtete ich die Unwissenheit darüber allein als Ersatz für ein ausgezeichnetes Wissen und habe mich nie danach erkundigt, noch hätte ich es besitzen wollen, wenn es mir jemand absichtlich angeboten hätte. Daher ist es hilfreich, an keiner Stelle zu bleiben, bis die Hände warm sind: Waschen Sie die Teile häufig mit warmem Wasser; außerdem Salbung mit einem Öl, das mit Weinraute aromatisiert ist, und zwar nicht mit dem üblichen Öl, sondern mit einem Öl, das auf dieselbe Weise hergestellt wird, wie die Kosmetikhersteller aromatisches Parfüm und Nelkenöl herstellen. Ich sagte auch, dass Feuer stattdessen verwendet wurde, um alles Gift zu löschen; in Wirklichkeit löscht das Feuer einige Gifte und verschlimmert andere. Es löscht immer aus, wenn lokal angewendet wird, denn seine Kraft beseitigt alle Feuchtigkeit. Aber alle Trockenheit liegt in irgendeiner Feuchtigkeit; wir sehen, dass offensichtlich trockene Dinge keine Kräfte haben. Und es gibt offenkundig trockene Dinge, denen die Natur der gemischten Dinge und der Elemente fehlt. In der Tat sind alle Elemente, wie ich sagte, feucht. Und ein gemischtes Ding ist gemischt, weil es feucht ist. Feuer also, äußerlich angewandt, und alles, was innerlich sehr heiß ist, schränkt alle Gifte ein. Aber sehr heiße Dinge, die innerlich angewendet werden, sind selbst Gifte. Sie verschlimmern manche Dinge; Nero ließ Locusta, eine Giftmischerin, auspeitschen, weil ihr Gift nicht sofort getötet hatte. Danach kochte sie es erneut (früher sprach man davon, dass etwas »gekocht« wurde, was wir heute »sublimiert« oder »destilliert« nennen). Ein Feuer verstärkt also die Kräfte, wenn sie vermischt werden, durch das Wegblasen der dünneren Feuchtigkeit, in der die Kraft des Giftes liegt. Wenn aber reine Dinge destilliert oder Gifte mit Giften vermischt werden, verschlimmert es das Gift; ebenso wird bei Medikamenten etwas zum Durchdringen hinzugefügt, und obwohl es die Kraft verringern sollte, erhöht es sie.

Aber gehen wir **zu den Heilmitteln bei Vergiftungen** über. An **erster Stelle** steht das Trinken von Theriak, und wenn er zuverlässig zubereitet wird, weiß jeder, wie sehr er hilft. **Zweitens** die Maus, die Moysis genannt wird: denn es heißt, sie ernähre sich von der Wurzel des Napellus, wobei es keine Rolle spielt, ob Napellus ein Eisenhut oder etwas anderes ist; aber das wird an späterer Stelle besprochen werden. Einige zuverlässige Zeugen berichten, dass sie dieses Tier gesehen haben. Aber es wäre wertvoll gewesen, wenn sie uns erzählt hätten, wie ein so kleines Wesen in der Erde wühlen kann und mit welchem außerordentlichen Eifer es sich den Weg zu seiner Nahrung bahnt, in solcher Menge und zum leichten Verzehr. Und obwohl alle Tiere durch den Verzehr von Eisenhut sofort umkommen, könnte sich diese Maus, die durch ihre Kleinheit, ihre Zartheit und ihre kurze und begrenzte Lebensdauer schwächer als alle anderen ist, an ein so starkes Gift anpassen. Aber es hat sich gezeigt, dass alles, was sich von Gift ernährt, ein Antagonist des Giftes oder resistent dagegen ist; es wird ein ausgezeichnetes Medikament gegen Gifte sein. Man sagt, man habe auch bestimmte Fliegen entdeckt, die Eisenhut fressen. Wenn dies der Fall ist, werden es die Blätter oder die Blüten sein, die nicht so giftig sind wie die Wurzel. Zudem haften Fliegen nicht viel und nicht fest. Wenn man aber zwei Dutzend dieser Fliegen mit lemnischer Erde[46] und Lorbeerbeeren und Mithridatum mischt, alle Zutaten mit gleichem Gewicht, entsteht daraus ein gesundheitsförderndes Mittel. Mithridatum, die lemnische Erde und Lorbeerbeeren wirken gegen das Gift, und die Fliegen regen das Erbrechen an. Wenn es aber wahr ist, dass die erwähnte Maus sich davon ernährt, wird die Wirkung dieser Maus als Arznei groß sein. Es spricht nichts dagegen, die Mäuse mit Geschick zuzubereiten, nachdem man sie mit Käse und Mehl, Wacholder und Lorbeerbeeren allmählich dazu gebracht hat.

Das dritte Medikament wird aus Blut hergestellt, insbesondere aus dem Blut von Störchen. Es hat sich gezeigt, dass dies der beste Schutz gegen Gifte ist. In der Tat behält alles, was sich von einer bestimmten Nahrung ernährt, sofern die Nahrung unversehrt ist, seine besondere Kraft vollständig; wenn es in die Nahrung übergegangen ist, nimmt das Lebewesen, das sich davon ernährt, etwas von dessen Natur an. Es behält etwas von seiner früheren Natur bei. So sind die Körper der Wesen, die sich von Vögeln ernähren, heißer als die von Fischfressern, und die von Knoblauchfressern sind heißer als die von Salatfressern. Aber wenn eine Nahrung nahrhaft sein muss, geht sie auf dem Weg ins Blut über. Der Übergang vom Blut in die Substanz der Organe ist in der Tat größer als der von der Nahrung in das Blut, ob man nun die Dauer oder das Ausmaß der Veränderung berücksichtigt oder was dazwischen liegt. Wenn also bei einer völligen Veränderung nicht die ganze frühere Kraft aufgehoben wird, so wird sie zur Hälfte der Zeit, wenn die Wirkung halb vorbei ist, die Hälfte ihrer Kräfte beibehalten. So ist das Blut einer Henne, die sich von Schlangenfleisch ernährt, und noch viel besser das eines Storches oder Kranichs, da sie sich von Natur aus davon ernähren und ohne Verderbnis umgewandelt werden, zwischen der Natur des Giftes und der eines Storches. Und ein »Alexipharmacum«[47] ist das, was zwischen dem Gift und unserer eigenen Natur liegt, eine Natur, die mit der Natur eines Storches übereinstimmt, weil jedes dieser beiden belebten Wesen eines mit Blut und perfekt ist. Ein aus Blut hergestelltes Medikament hilft also sofort gegen Gifte. Es lohnt sich, nicht nur Störche, sondern auch Enten zu verwenden, weil sie Skorpione und Kröten fressen. Ein weiterer Grund ist, dass das Blut der Störche außerdem von einer Art ist, die von Giften nicht angegriffen wird und somit eine ähnliche Kraft in unserem Körper bewahrt, die unseren Körper weniger anfällig für Gifte macht.

Wir werden uns später mit dem Stein und anderen Themen befassen, aber der wichtigste Punkt ist, **dass es ein Öl gibt,**

[46] Erde aus Lemnos, die seit der Antike einen guten Ruf als Heilmittel genoss.

[47] = »Widersacher des Giftes«

das, wenn es auf die Arterien gestrichen wird, Vergiftungen heilt. Das ist nicht das, worüber wir gerade gesprochen haben, sondern von einer anderen Art. Aber jetzt, wo wir in diese Diskussionen hineingeraten sind, halte ich es für wichtig zu untersuchen, wie ein Öl zubereitet werden kann, das, wenn es auf die Arterien gestrichen wird, dafür sorgt, dass das Gift durch Erbrechen oder Durchfall oder Schweiß oder Urin ausgeschieden wird. Es sollte sicherlich metallisch sein, weil es das stärkste sein muss. Ich habe einmal so etwas gesehen und schloss aus seinem Gewicht, dass es metallisch sein muss. Und von der Natur des Giftes her müsste es so sein, denn durch übermäßige Hitze (wie man sagt) zerstört es die vorher aufgenommene böse Kraft, und durch seine Ähnlichkeit ruft es das hervor, was den Schaden verursacht, und treibt es durch Gegensätzlichkeit aus. Es sollte ein gutes Maß an zerstreuender Kraft in ihm sein und außerdem eine gewisse Gegensätzlichkeit zu den Giften selbst, zwei Eigenschaften, die dem Saft von Laserwurz eigen sind. Die Dinge, die ein Gift austreiben sollen, müssen also metallische Gifte sein, aber nicht sehr scharf, und sehr heiß und zerstreuend, und in gewisser Weise den Giften entgegengesetzt. Ihre Materie kann also aus Folgendem bestehen: Mysis, Auripigment und Laserwurz und Enzian und Fett von giftigen Schlangen und Eisenhut;[48] wenn eine Anzahl von diesen in irgendeiner Erde vorhanden ist, wird das Öl, das durch die Kraft des Feuers aus ihr gewonnen wird, hervorragend sein, sehr sicher und etwas, das durch Erbrechen ausscheidet. Insgesamt müssen sie metallisch, stark und aufzuschmieren sein. Der Beweis ist die Erde, die Händler von der Insel Malta mitbringen, die gegen Bisse und Schläge von Schlangen wirkt – obwohl es einige gibt, die sagen, dass sie entdeckt haben, dass ein Öl aus Skorpionen, Schwefel, und auch Chamaelea[49] und Johanniskraut von Giften und Pest befreit, wenn es aufgetragen wird. Sie sammeln die Skorpione lebendig und sehr groß, zur Zeit der Hundstage im Sommer, denn dann ist diese Kreatur sehr trocken, wie auch alle anderen. Wie wir erklären werden, wird das Gift in den Schlangen durch die Trockenheit gebildet. Deshalb wärmt man sie in einer Pfanne mit aufgesetztem Feuer, bis sie schwitzen, und so saugt das darüber gegossene Öl ihren Schweiß auf. In diesem Öl befindet sich aber auch ein metallischer Schwefel. Wenn also das Öl von der Insel Malta stammt, ist es klar, dass es gegen die meisten Gifte hilft, denn es muss metallisch sein und Eigenschaften haben, welche Giften widerstehen. Was tatsächlich Gift ausscheidet, muss wie eine Substanz sein; wie Rhabarber, der die Galle nicht reinigt, in sie verwandelt wird. Aber dieser Stoff ist so beschaffen, dass er in ihn umgewandelt werden kann.

Aber jemand wird fragen, wie es wirksam ist, ein Gift nur durch **Einsalben der Arterien** auszutreiben und ob dies die ideale Vorgehensweise ist. Bei Herkules, ich würde es nicht als ideal bezeichnen, mit dem Gefühl, dass in der Tat bessere Fortschritte möglich wären, wenn man darüber hinaus in das Getränk entweder Theriak gibt oder Milch oder den Saft der Brechnuss, die mit Feuer gewonnen wurde (dieser Saft ähnelt in seiner Farbe dem Wasser, aber nicht im Geruch oder Geschmack), oder irgendetwas anderes wie das Mittel, das ein reisender Händler gegen Gifte zum Verkauf anbot, während ich dieses Buch korrigierte. Ich würde es so ausdrücken: das Einsalben der Adern und die äußerliche Anwendung sind vorzüglicher und wirksamer als das, was man trinkt, außer wenn das Gift noch im Magen ist. Dann sind jene hervorragend, die ein starkes Erbrechen auslösen, wie Milch, ein Pulver, Öl oder Brechnusswasser. Daraus folgt, dass bei vergifteten Bissen, Stichen, vergifteten Salben,

[48] »Mysi & auripigmento, & laseris succo, & gentiana, & pinguedine serpentum venenosorum, & aconito«.

[49] »Chamaelea«.

getrunkenem Gift, das so den Bereich der Praecordia erreicht hat, äußerliche Anwendungen wirksamer sind. Und so pflegt mancher sich in ausgeweidete lebende Maultiere zu stecken; diese Hitze ruft das Gift nach außen und zerstört seine böse Absicht. Ein Gift tötet auch dadurch, dass seine Kraft das Herz erreicht; aber Gifte, die man aufträgt, erreichen das Herz praktisch unversehrt, und zwar sehr schnell. Gifte, die getrunken werden (außer denen, die langsam eindringen und auf die eine lange Verzögerung folgt), gehen zuerst in den Magen, dann in die Venen, die an die Leber angrenzen, dann in die Leber, schließlich auch in die rechte Seite des Herzens, und werden in ihrer Kraft so abgeschwächt, dass kaum eine Spur übrig bleibt zu dem Zeitpunkt, an dem sie maximal sein sollten. So werden im Falle des Quecksilbers Krätze, Psora und die Lues Indica durch die böse und schädliche Hitze ausgetrieben, da sie durch Subtilität eindringt und durch ihre Hitze schwächt und austreibt. Nach demselben Prinzip wie bei den Giften wird das Aufgetragene durch die Arterien sofort in die linke Kammer des Herzens befördert. Und wie sie auf diese Weise den ganzen Körper verändern und alle Säfte bewegen, verändern und austreiben können, zeigt die Erfahrung mit der Lues Indica, bei dem sogar die Knochen, wenn es zweckmäßig ist, vorantreiben. Aber ihr werdet sagen: »Weil es nicht in die Form eines dünnen Öls gebracht wird, sondern die eigentliche Substanz des Quecksilbers verwendet wird, können wir es nicht auf die Praecordia auftragen, wie wir es in den Venen tun.« Galen erklärte die Art und Weise, wie die auf die Arterien eingeriebenen Mittel so schnell zum Herzen befördert werden, ungefähr mit folgenden Worten: »Die Luft, die unseren Körper umgibt, dringt durch die lockere Struktur des Körpers ein.« Denn während der Atem aus dem Herzen durch den Mund ausgeatmet wird, wird an seiner Stelle die aus den Poren der Arterien umherströmende Luft ergriffen, und es findet (wenn auch nicht gleichzeitig) eine doppelte Einatmung statt – die eine mit dem Mund, die andere mit den Arterienporen, gleichsam wechselseitig.

Es wird also angenommen, dass Mittel, die auf die Arterien gerieben werden, ob es sich nun um Gifte oder um Mittel zur Behandlung von Giften oder um Mittel, die Gifte vorantreiben, handelt, mit ähnlicher Wirkung vom Herzen aufgenommen werden und sich dort festsetzen. Quecksilber aber wird vom menschlichen Körper mit solcher Wucht aufgesaugt, dass es bei Geschwüren am Kopf aus dem Mund tropft wie Tropfen aus einem Gefäß, obwohl es auf die Arterien der Hände und Füße gerieben wurde, nachdem es zerbröckelt und gelöscht worden ist.

Diese Gedankenfolge hat uns zu weit vom Ziel unserer Abhandlung weggeführt: Wir wollten eigentlich zeigen, dass die Luft an den Stellen, wo sie frei ist, immer in Bewegung ist, sich also in einer höheren Region befindet, und daraus den Beweis ziehen, dass sie in der Ruhezeit zerfällt. Und von da aus sind wir in eine Schilderung der Pest und in eine Untersuchung über Gifte abgeglitten; sie war nicht wertlos, aber wie gesagt, wir haben uns weit von unserem Ziel entfernt. So muss ich meine Feder wieder auf **die Bewegung und Ruhe der Luft** richten. Solinus berichtet, dass der Olymp, der Berg in Thessalien so hoch ist, dass, wenn die Opfer am Festtag vollendet sind, die Asche bis zum nächsten Opfer unbewegt bleibt, weil die Spitze des Berges so hoch ist, dass es dort das ganze Jahr über windstill ist. Wenn dies aber der Grund ist, warum geschieht dann nicht das Gleiche im Kaukasusgebirge, welches das kaukasische Albania und Kolchis von Sarmatien trennt? Aristoteles berichtet, dass er so hoch ist, dass man ihn von der Mündung des mäotischen Sumpfes[50] aus sehen kann, und dass er auf seinem Gipfel die Sonne zeigt,

[50] Der Fluss Don.

deren Strahlen ihn bis zum dritten Teil der Nacht erleuchten.

Obwohl die Theorie der Sphären dies nicht zulässt, würde ich zugestehen, dass es sich um einen extrem hohen Berg handelt, und mit der gleichen Argumentation müsste das, was über den Olymp gesagt wurde, auch auf ihn zutreffen. Das Gleiche gilt für den Berg auf Teneriffa. Diese Insel ist eine der sieben, die Ptolemäus die glücklichen Inseln nannte, jenseits der Säulen des Herkules. Denn wenn man dem Glauben schenken darf, soll er sich bis zu 60 Meilen erheben, und eine Spitze in Form eines Diamanten haben. Auch in Beregua gibt es einen, der 50 Meilen hoch ist, und in Gaira sind die Berggipfel mit Schnee bedeckt, obwohl er nur zehn Grad vom Äquator entfernt ist. Diese beiden Provinzen liegen in der Nähe der Halbinsel Paria[51]. In Mauretanien gibt es einen weiteren Berg, den Tingitana, eine Provinz Afrikas, der einst wegen seiner Höhe Solis genannt wurde, heute aber von den Einwohnern Hanteta genannt wird. Auch in Angote, einer Region in Äthiopien, gibt es einen sehr hohen Berg, für den die gleichen Merkmale gelten. Aber ich weiß mit Sicherheit, dass die Luft dort in Bewegung ist, und zwar aufgrund der genannten Überlegungen. Wenn aber dort oben die Asche nicht bewegt wird, so ist das möglich, denn die Luft ist außerordentlich verdünnt und deshalb auch außerordentlich gesund. Und dies stimmt mit dem überein, was über den Berg Athos gesagt wird, wenn man sich auf Solinus verlassen kann, der die gleiche Geschichte erzählt. Aber wenn Sie das für eine Fabel halten, haben Sie eigentlich nichts gegen uns in der Hand. Und so schrieb er, dass auf dem Gipfel des Berges Athos in Makedonien, der zu den sechs höchsten Bergen der Welt gezählt werden muss (über seinen Rang unter ihnen ist man sich nicht ganz einig), die Zitadelle Akroathos steht, und dass seine Bewohner um die Hälfte länger leben als der Rest der Menschheit, und dort wird die Asche nicht mit Wasser verdünnt oder von Winden gestört. Pomponius Mela unterstützt die Ansicht über ihre Langlebigkeit. Und er sagt das Gleiche über die Asche. Die Luft darf also nicht unbeweglich sein; wenn sie es aber ist, muss sie sanft bewegt werden und rein und sehr verdünnt sein. Denn die Fäulnis der Luft, wenn sie ruht, ist hinreichend bewiesen, wie **das Zermahlen der Erde, wenn sie erschüttert wird**. Dieses Erschütterung geschieht auf dreierlei Weise: Erdrutsch, Erdbeben und Vibration. Die Vibration ist ohne Risiko, das Erdbeben jedoch nie, auch wenn es gelegentlich ohne Katastrophe verläuft. Ein Erdrutsch ist mit einer Katastrophe verbunden – aber ich habe auch schon Erdrutsche ohne Katastrophe gesehen. Es gibt Wunder, die über diese hinausgehen und doch aus ihnen hervorgehen – Wunder, von denen man fälschlicherweise annimmt, dass sie göttlichen Ursprungs sind, wie die meisten anderen. Von dieser Art sind das Erscheinen von Seen und häufiger von Quellen und das Aufwärtsfließen von Flüssen, das stattfindet, wenn ihr oberer Teil durch eine Erdbewegung erschüttert wird. Auch einige tiefe Töne sind hörbar oder furchterregende Brüllgeräusche und ungeordnete Stimmen wie das Wehklagen von Menschen, die im Kampf fallen, und das spontane Bimmeln von Glöckchen. Solche Ereignisse werden zu den Wundern gezählt, wie sie sich im Jahr 1224 ereigneten, wobei sie alle durch eine Erdbewegung zustande kamen. Aber es war kein Wunder – außer diesem einen, dass die Erde so stark bebte, dass alle diese Folgen eintraten. Denn wenn das Ereignis eingetreten ist, werden die Folgen folgen. Aber vielleicht kann es ohne ein Wunder nicht zustande kommen, obwohl man annimmt, dass diese Dinge aus natürlichen Ursachen entstehen. Es kommt zu-

[51] Forrester schreibt: In Venezuela, der Ort, an dem Christoph Kolumbus zum ersten Mal den amerikanischen Kontinent betrat.

stande, wenn brennbares Material verbrannt wird, Schwefel, Salz oder Salpeter, und Bitumen. Wenn diese entzündet werden und keinen Ausgang finden, wie in Sprengminen oder Kanonen, bewegen sie sich und erschüttern die Erde, am schlimmsten bei Salpeter, mittelmäßig bei Bitumen, leicht bei Schwefel.

Um fortzufahren: Die Frage, die sich hier stellt, lautet: **Warum brennt Salpeter zögerlicher und langsamer als Schwefel**, verursacht aber einen größeren Schock und erschüttert die Kanonen und macht einen größeren Lärm? Der Grund ist, dass der Salpeter, da er trockener ist, auch schneller brennt, wenn er gereinigt ist, und nur langsamer brennt, wenn er unrein ist; wenn er rein und trocken ist, flammt er in einem Augenblick auf. Schwefel in fettem Zustand entzündet erst mit Verzögerung. Ein weiterer Grund ist, dass er, da er erdig ist, länger braucht, um sich in Flammen zu verwandeln. Es gibt also zwei Gründe: Er brennt schneller, und er ist erdig und kompakt und nimmt aus diesem Grund mehr Raum ein und erzeugt mehr Wirkung als Schwefel. Schwefel ist, wie wir später zeigen werden, in Wirklichkeit fett und luftig und nur wenig erdig. Salpeter ist eigentlich kompakt und von sehr dünnflüssiger Substanz. Er wird auf diese Weise gereinigt, wie Vannoccio Biringuccio berichtet: Drei Teile Asche von Olivenkernen, ein Teil Branntkalk, ein mittlerer und vierter Teil flüssiger Alaun, einhundertundzwanzig Teile Wasser. Man lässt sie kochen und kochen, bis sie sich fast um die Hälfte reduziert haben. Von dem Wasser, das später durchgesickert ist, werden zwei bis vier Pfund dem Salpeter zugesetzt, während er mit kochendem Wasser aufgefangen wird, und zwar dann, wenn der Schaum mit einem kräftigen Schwall aus dem Topf zu springen scheint.

Es gibt noch ein anderes, edleres Verfahren, aber es ist kostspieliger. Man füllt Salpeter in ein eisernes Gefäß und deckt es zu. Nimm Holzkohle und erhitze ihn, bis er schmilzt. Ist er aber noch nicht ganz geschmolzen, was sich bei abgenommenem Deckel zeigt, so lege den Deckel wieder auf und heize das Feuer weiter, bis er ganz geschmolzen ist. Nachdem man ihn mit sehr feinem Schwefelstaub bestreut hat, zündet man ihn an, falls er nicht schon von selbst Feuer gefangen hat. Dann lass alles Fett wegbrennen, denn das wird an der Oberfläche sein. Dann nimm es vom Feuer, und wenn man den erdigen Bodensatz am Boden zurücklässt, sammelt sich alles zum Aussehen von weißem Marmor. Es ist daher offensichtlich, dass alles Fettige einer schnellen Verbrennung widersteht; Bitumen enthält eine gewisse Menge Salz und erzeugt daher mehr Erschütterungen von unten als reiner Schwefel. Allen Erschütterungen von unten wohnt etwas mehr inne als ein einfacher Stoß, weshalb Gegenstände, die von einem vibrierenden Stoß getroffen werden, leichter zu Bruch gehen.

Außerdem zeigt die Erfahrung: Stecken Sie ein Schwert in einen Pfirsich, halten Sie das Schwert mit der Hand hoch und schlagen Sie mit einem Stock auf das Schwert – mit einem leichten Schlag spalten Sie nicht nur den Pfirsich, sondern auch seinen Stein. Ich habe das tatsächlich schon oft ausprobiert. Außerdem sagt man, dass, wenn man das Bein eines Ochsen (also den Knochen) auf einen Haufen Spreu legt, dann eine Axt auf den Knochen legt und mit einer Handvoll Spreu auf die Axt schlägt, der Knochen zerbrochen wird; und auch wenn es außergewöhnlich ist, dass dies wahr ist, so

sind sich die Menschen doch einig, dass **in einem schwingenden Stoß eine sehr große Kraft** steckt. Der Grund muss also erforscht werden. Mir scheint, dass eine oder beide der folgenden Erklärungen zutreffen. Erstens, dass, wenn der getroffene Gegenstand auf einem festen Brett liegt, der Widerstand des Brettes den Gegenstand und den eigentlichen Teil, der den Schlag empfängt, kompakter macht; daher gibt er dem Schlag nur minimal nach. Denn ein kompakter Gegenstand ist umso schwerer zu spalten, je kompakter er ist. Liegt er aber auf einer weichen Unterlage, wie einem Kissen, oder auf Spreu oder einfach auf gar nichts, kann er nicht verdichtet werden, sondern spreizt und spaltet sich auf. Das ist der Grund, warum sich trockene Dinge auf diese Weise leichter teilen lassen. Ein weiterer Grund ist, dass bei einem schwingenden Aufprall das Getroffene zurückspringt, der vorherige Aufprall noch nicht vorbei ist. Deshalb muss das Getroffene ganz auseinanderfallen, wenn es zurückprallen soll, während der andere Schlag noch im Gange ist. Wenn also ein Schwert lang ist, wird der Schlag noch einmal kräftiger ausfallen und verdoppelt, sodass das Getroffene leichter auseinanderfällt. Aber wenn ein Schwert, das geschickt geformt ist, breiter ist und mit seinem Ende trifft, wird es viel Luft verdrängen und daher sehr harte Dinge durchtrennen.

Auf einer anderen Grundlage stellen die Barbaren **gebogene Schwerter** her, bei denen sich eine Aushöhlung auf der Rückseite befindet und in die sie Quecksilber einfüllen; während sich dieses in der Nähe des Griffs absetzt, macht es die Klinge sehr leicht – wenn es sich nach unten bewegt, erhöht es das Gewicht und die Geschwindigkeit des Aufpralls so sehr, dass es Rüstungen spaltet, wenn die Schneide hart ist. Es gibt nichts Wilderes für den menschlichen Gebrauch als diese Art von Schwert, vorausgesetzt, der Benutzer besitzt Kraft und der Stahl ist hart und zäh.

Daraus lässt sich **das Konstruktionsprinzip einer Säge** ableiten. Sie ist, wie jeder weiß, mit abwechselnd stehenden Zähnen hergestellt. Nach diesem Plan spaltet sie Dinge: alles, was eine bekannte Struktur hat, kann gedehnt und gezogen werden. Das Sägeblatt besteht aus zwei Teilen: dem leeren und dem festen Teil, den Zähnen. Der feste Teil kann gebogen werden. Zwei Merkmale sind es wert, untersucht zu werden: Wie die Lücken zwischen den Zähnen die Wirkung verstärken; und das andere Merkmal, wie die Schräglage viel zur Geschwindigkeit der Spaltung beiträgt. Wir werden daraus ersehen, wie und auf welche Weise die Zähne länger und schlanker gemacht werden und mehr voneinander getrennt sind – und manchmal dicker, dichter und kürzer, **wie bei einer Feile** – denn eine Feile ist eine Art Säge mit kurzen, dicht gepackten und stumpfen Zähnen. Genauso ist eine Säge eine Feile, die mit langen, offenen und scharfen Zähnen verfeinert ist. Und bei diesen beiden Werkzeugen gibt es eine große Bandbreite: die eine Säge ist offener und schärfer als eine andere, und eine Feile hat stumpfere, engere und kürzere Zähne als eine andere Feile. Gleichzeitig sollten wir uns auch überlegen, ob diese Merkmale aufeinander folgen – ob zum Beispiel kurze und eng stehende und stumpfe Zähne dies tun, oder ob einige Merkmale eine andere Grundlage haben. Zunächst scheint es also drei Vorteile der Lücken zwischen den Zähnen zu geben: Erstens, dass eine Säge durch die Abwärtsbewegung den Impuls aufnimmt; denn die Luft regt, wie wir erklärt haben, die Bewegung an und unterstützt sie; in der Tat fällt man durch leeren Raum, und der Impuls wird verstärkt. Zweitens, dass das Eisen abgekühlt wird. Denn wenn das Eisen von allen Seiten umschlossen ist, erhitzt es sich, und während es sich erhitzt, wird es weich, biegt sich und verliert seine Kraft. Drittens, weil durch diese Trennung die Zähne schräg gestellt werden können. Wenn die Säge ungezahnt bleibt, kann diese Schrägstellung nicht eingeführt werden, oder wenn sie umgesetzt wird, ist sie unbrauchbar; und wenn sie eingeführt wird, kann sie nicht bleiben. Die Schrägstellung der Zähne hat zwei Vorteile: zum einen, um einen Ausgang für die Sägespäne zu schaffen, zum anderen, um einen breiteren Spalt zwischen den Zähnen zu ermöglichen, der sich leichter herstellen lässt. Denn wenn der Spalt aufgrund der Größe der Zähne breiter ist, lässt sich die Säge trotzdem nur schwer bedienen, da der Spalt die Zähne fest einklemmt. Ein weiterer Vorteil besteht darin, dass sich die Säge nicht zu stark erhitzt.

Wenn der zu zersägende Gegenstand weich ist, verwenden wir häufig Sägen mit weit auseinander stehenden, scharfkantigen, und eher langen und schrägen Zähnen. Wenn das Holz sehr hart ist, wird die Säge kurze und weniger spitze Zähne haben, die auch enger beieinander stehen und weniger schräg sind. Wenn man aber Eisen schneiden will, braucht man dickere Zähne, damit sie nicht brechen, und kürzere, und auch geradere. Aber wir machen sie eng aneinander, weil solche Zähne wenig Arbeit verrichten, und zwar langsam. Und wie ich schon sagte, nennen wir diese Art von Säge eine Feile. Diese Regeln gelten noch mehr für Stahl. Auch das Gewicht ist in diesen Fällen wichtiger. Leichtigkeit ist bei einer Säge vorzuziehen, da wir bei einer Säge Geschwindigkeit suchen. Was also bei weichen Dingen vorzuziehen ist, ist weiträumig, lang, spitz, schräg und leicht. Das sind also die Anzahl und die Größe der Vorteile, die die Abstandshaltung und die Schrägstellung bei Sägen haben. Aber bei einer Feile, da sie, wie gesagt, mit geringem Kraftaufwand geführt wird, sind die Zähne für Breite und Vielfältigkeit gemacht. Es ist in der Tat schon oft gesagt worden, dass Werkzeuge, die ihre Aufgabe schnell erledigen, mehr Kraft benötigen, aber solche, die wenig Kraft benötigen, eine längere Zeit in Anspruch nehmen. Solche »gedämpften« Feilen werden hergestellt, da sie sehr dünn sind, und mit Trennwasser geschmiert werden. Das Wasser unterstützt das Schneiden und reduziert den Lärm. Die besten von ihnen nehmen die Form einer Zange an; es ist kaum möglich, dass ein Werkzeug, das frei hinübergezogen wird, kein Geräusch macht; aber diejenigen, die auf diese Weise festgehalten werden, springen nicht auf, und sie spalten durch Schaben oder Schneiden, ohne ein Geräusch zu machen.

Ich komme nun zu den **Anzeichen für ein Erdbeben** zurück, da ich mich daran erinnere, dass ich die Ursachen und Arten erklärt habe. Wenn Brunnenwasser nach Schwefel oder etwas anderem Metallischem stinkt oder bebt oder schlammig wird oder sich erwärmt oder ohne Erklärung versiegt, dann gilt das als ein Anzeichen für ein bevorstehendes Erdbeben. Auf diese Weise haben Anaximander und Pherecydes (jeder zu seiner Zeit) ein Erdbeben vorausgesagt, und zwar auf vernünftige Weise; denn die Atemzüge der Erde können die Gewässer in der Ferne recht leicht beeinflussen, und zwar schneller, als sie das riesige Gewicht der Erde erschüttern können. Aber man braucht nicht anzunehmen, dass die ganze Erde erschüttert wird; es ist aufgezeichnet, dass Ägypten nie erschüttert wurde. Denn feste Gegenden werden durch die Bewegung der Erde nicht erschüttert, weil sie keine Luft aufnehmen, auch nicht schlammige, wie Ägypten, weil sie keine Risse haben, und auch nicht sandige, weil sie durchlässig sind.

Aber einige von ihnen werden erschüttert, weil sich die Erde in der Tiefe von der Oberfläche unterscheidet. **Berge entstehen** manchmal durch Erdbeben und haben in der Tat einen dreifachen Ursprung: Entweder wird die Erde durch häufige Bewegungen und Schwellungen erschüttert und bringt Berge hervor, wie wenn Blasen aus einem Körper hervorgebracht werden, wie der Berg namens Modernus in Kampanien in der Nähe des Avernus-Sees; oder wenn die Erde durch die Winde aufgeschüttet wird, wie es oft in Afrika vorkommt; oder in Verbindung mit fließenden Gewässern, was ein besonderes und sehr häufiges Ereignis ist; oder die Erde wird vom Meer weggespült und lässt Steine zurück: Denn das Wasser des Flusses fließt ins Tal hinab, und der steinige Berg selbst erhebt sich aus dem Tal, und darum sind alle Berge wie Felsen. Ihre Höhe besteht nur aus dem, was an Land übrig geblieben ist, denn die flacheren Teile werden fortwährend vom Regen abgetragen, und die Erde selbst bekommt Risse. Aber die Steine türmen sich meist auf und reißen nicht, wie wir später zeigen werden. Die Täler sind in Wirklichkeit von Gewässern und Sturzbächen ausgehöhlt worden, und deshalb sind sie tiefer als Felder und ebene Flächen.

Klippen im Meer entstehen nach dem gleichen Prinzip, und sie entstehen aus Inseln, wenn die Erde von den Wellen abgetragen wird. Wenn Erde hinzukommt oder das Meer anschwillt, entstehen sie als Inseln. Aus diesem Grund haben die meisten Inseln viele Berge, und wenn das Meer austrocknet, entstehen Felsen als Berge. Daher ist es nicht verwunderlich, dass Teile von Schiffen auf den Bergen in Meeresnähe auftauchen, ebenso wie Muscheln und andere Mollusken. Was ist der Unterschied dazu, dass diese Berge einst Klippen des Meeres waren oder dass ihnen irgendwann einmal eine schwere Überschwemmung vorausging? Und obwohl Berge oft den Angriffen des Wassers standhalten, stürzen sie manchmal ein, wenn sich das Wasser in ihre Wurzeln bohrt. Aber das ist selten und passiert nur bei kleinen Bergen. Aber sie stürzen durch Erdbeben ein, und wenn die Erde bricht, werden sie durch ihr Gewicht in die Tiefe gerissen. Andere werden nach und nach vom Meer zerstört. Und sie werden durch starke Winde und Kälte zertrümmert, was es gefährlich macht, sich neben oder unter den Felsen aufzuhalten. Auch der menschliche Fleiß ebnet manchmal Hügel ein: Es wird erzählt, dass Hannibal die Alpenkämme mit heißem Essig übergoss und so die Felsen besiegte. Das ist eine kleine Angelegenheit, wenn man auf die Berge achtet – aber eine große, wenn man auf den Vorteil sieht. In gewisser Weise sind **Höhlen** die Feinde der Berge. Sie entstehen durch ein Erdbeben, das sich an einer trockenen Stelle während des Aufbrechens der Erde entwickelt, auch durch Wasser, das durch die verborgenen Festungen der Berge hinabfließt; daher gibt es in einigen von ihnen Flüsse. Sie entstehen auch durch feurige Ausdünstungen, die Steine verbrennen, sie dann überwinden und ausstoßen. Daher gibt es eine Reihe von Höhlen, die etwas Tödliches ausatmen, wie der Mund des Plutons[52], der sich in der Nähe von Hierapolis in Phrygien befindet, in einem gebirgigen Teil des Landes. Die Öffnung befindet sich in einem Hügel, der zwei Drittel eines Hektars groß ist, und ist von viereckigen Einfriedungen umgeben, die durch den Nebel der Erde so verschleiert sind, dass sie kaum zu sehen sind. Die eigentliche Öffnung kann einen Menschen aufnehmen, und wenn man einen Stier hineinsteckt und sofort wieder herauszieht, stellt man fest, dass er tot ist. Als Strabo Spatzen hineingesteckt hatte, zog er sie sofort tot wieder heraus.[53] Er blieb unverletzt durch ein Gegenmittel, das von den Priestern der Magna Mater, der Großen Mutter[54] verwendet wurde, die es als einzige kannten; sie atmeten die Luft nicht ein, während sie ihre Untersuchung durchführten. Einige von ihnen dachten, sie könnten es aushalten, weil sie Priester waren. Es gibt jedoch Hilfsmittel und Vorsichtsmaßnahmen gegen diese Schadensquelle; wenn man, wie wir schon sagten, Ventilatoren[55] einsetzt, werden sie uns doppelt gut tun. Erstens, weil sie die Luft allein durch ihre Bewegung von Dämpfen reinigen. Zweitens, weil sie die Fackeln am Brennen halten und verhindern, dass sie verlöschen; für diese ist keine Luft so schädlich, dass sie nicht gereinigt werden könnte. Die Warnung lautet, dass es besser ist, nicht einzutreten, wenn die Fackeln ohne Wind erlöschen – das ist das überzeugendste Zeichen einer tödlichen Umgebung. Nirgendwo gibt es mehr Höhlen dieser Art als in Italien. Es

[52] »Plutonium os«.

[53] Strabo, *Geographia*, 13, 4, 14.

[54] Die Göttin Kybele.

[55] » flabella«.

gibt eine zwischen Neapel und Pozzuoli, wo die Straße zum Sumpf von Anagni abbiegt. Diese Höhlen schaden vor allem dem Kopf, weil er schwächer ist als das Herz und weil er keine Trennwand hat, um die bösen Dämpfe abzuwehren. Die Luft, die in das Herz eindringt, muss die Lunge durchqueren. Denn die, die hineingegangen sind, zittern zunächst und verlieren dann ihre Sinne und ihre Bewegungsfähigkeit, danach werden sie ohnmächtig, und diejenigen, die fliehen, schwellen an, und diejenigen, die sterben, schwellen ebenfalls an.

Höhlen sind nicht immer tödlich: einige sind gesundheitsfördernd, und wenn man sie richtig nutzt, kann man manchmal einen Weg finden, um beklagenswerte Krankheiten zu heilen, wie in den Bergen von Baia und Cuma, in dem Berg, der allgemein Tritulum genannt wird. Und es gibt einige Höhlen, die jemanden, der die Zukunft vorhersagen will, inspirieren können, wie es einst die Philosophen über Delphi geschrieben haben.

In der Regel ist die Kraft der Höhlen im Großen und Ganzen menschenfeindlich und gleicht einem Gift. Denn wenn diese Ausdünstungen schon Steine und die härtesten Felsen erodieren lassen können, welche Kraft werden sie dann gegen die Sterblichen besitzen? Ein Zeichen der Sicherheit ist es jedoch, wenn süßes und gesundes Wasser durch die Höhlen fließt und wenn Kräuter und bekannte Bäume am Rande der Höhle gedeihen. Aber Höhlen sind auch die Heimat von wilden Tieren und Schlangen. Alle sind sich einig, dass **die größte und angenehmste Höhle** die Korykische Höhle ist, die man sogar mit einem beladenen Maultieren erreichen kann. Sie liegt im tiefsten Schatten, ist gut bewässert und gefällt durch ihr immerwährendes Grün. Neben ihr wächst der berühmteste Krokus der Welt. Sie befindet sich in Kilikien, in der Nähe der Stadt Korykos. Diese Höhle wird wegen ihres Schattens, der Brise, der Quellen, der Abgeschiedenheit, und des Grüns als sehr angenehm empfunden. Sie ist im Vergleich zu den anderen die angenehmste und gilt als die schönste der ganzen Welt.

Mancher möchte vielleicht wissen, was sich unter den harmlosen, tiefen Höhlen verbirgt. Man erzählt sich von König Philipp II. von Makedonien, dass er, als die wertvollen Metallvorkommen zur Neige gingen, eine sorgfältige Suche anordnete. Als die Menschen mit Ausrüstung und Lichtern in den Eingang eines Berges vorgedrungen waren, wurde berichtet, dass man dort Flüsse und Seen mit stehendem Wasser fand, die nicht von Erde, sondern von nebliger, schattenhafter Luft umgeben waren. Und Joannes Leo, der Geograf, vertritt fast die gleiche Ansicht. Aber warum suche ich jetzt nach dem Grund und den verborgenen Dingen? Es wird ein Ort geschaffen, an dem es zweckmäßig sein wird, diese Dinge zu behandeln, die jetzt allen zuzuordnen sind und daher mitten in der Welt liegen; aber diese werden von den Mathematikern bewiesen. Denn die ganze Erde kann ebenso wenig bewegt werden, wie der Himmel ruhen kann; und die Berge können die Rundheit der Erde in keiner Weise stören. Denn auch wenn die Autoren von ihm sprechen, nimmt kein Berg mit seiner Höhe den tausendsten Teil des Erddurchmessers ein.

Die Mathematiker haben **den Umfang und den Durchmesser der Erde** auf folgende Weise ermittelt. Entweder haben sie bei einer Mondfinsternis den Abstand der Stunden auf dem gleichen Himmelsäquator herausgefunden. Nachdem sie diesen erhalten haben, haben sie durch eine Reise den Abstand der Orte ermittelt. Indem sie ihn mit den vierundzwanzig Stunden eines Tages multiplizierten und ihn durch die Stunden des Abstandes des Monddefektes[56] teilten, haben sie den Umfang dieses Kreises herausgefunden. Dann haben sie durch geometri-

[56] »defectus lunaris«.

sche Beweise den Umfang des Himmelsäquators an seinem Maximum geschätzt, und indem sie ihn mit sieben multiplizierten und durch zweiundzwanzig teilten, haben sie den Erddurchmesser durch eine ausreichend verfeinerte Methode erreicht. Oder sie maßen die Vergrößerung der Höhe des Polarsterns um ein Grad, indem sie sich von Süden nach Norden bewegten. Bei der Messung ihrer Strecke kamen sie auf 87,5 italienische Meilen[57]. Denn mit diesen, und nicht mit den Schritten des Ptolemäus, messen wir heute die Entfernungen von Orten. Wenn wir also 87,5 Meilen auf die 360 Grad des Himmels dehnen (er ist in diese Anzahl geteilt), erhalten wir 31.500. Wenn wir diesen Erdumfang mit 7 multiplizieren und durch 22 teilen, beträgt der Durchmesser der Erde 10,022 Meilen. Aber es ist töricht, in diesen Fragen eine exakte Größe anzustreben. Lassen wir also die 22 weg und sagen wir, dass der Durchmesser der Erde 10.000 Meilen beträgt.

Aber die Seeleute, die mit vielen Fehlern navigierten, und da sie selbst keinen geraden Kurs einschlugen und sich von der unsicheren Kraft der Winde täuschen ließen, haben einen viel größeren Umfang der Erde beschrieben. Diese Theorie ist zwar sehr wahr, entspricht aber auch einer sehr zuverlässigen Erfahrung; sie hat den Spaniern sehr geholfen, die, als sie erkannten, dass ihre so lange und weite Reise mit der Größe der Erde unvereinbar ist, sie auf ein Drittel der Entfernung und der Zeit reduzierten, indem sie ihren Irrtum durch sorgfältige Überlegungen abschätzten.

Und das sind die Vorteile der Subtilität. Aber **Erde ist nicht überall von derselben Art**, deshalb hat Aristoteles sie zu Recht in zwei Teile geteilt: erstens die Metalle und Mineralien, das heißt, das, was durch Graben gewonnen wird und wandelbar ist. Was durch Graben gewonnen wird, bleibt gleich und ist echte Erde. Sie ist nur in ihrer Art und in ihrem Aussehen wandelbar; sie geht in Metalle oder Säfte oder andere Dinge der gleichen Art über; wir werden uns damit an der passenden Stelle beschäftigen. Es gibt zwei Arten von echter Erde. Die eine ist rein; sie hat eine graue Farbe oder eine Farbe, die der grauen nahe kommt. Die andere ist unrein und enthält kein Metall; sie hat eine andere Farbe. In der Tat ist nach Aristoteles' Ansicht jede Erde, die eine andere Farbe hat, durch eine Ausatmung[58] verändert worden. Theophrast aber meint, es handele sich um einen Unterschied der Hitze. Beide Ansichten sind jedoch richtig: Denn unter der letzteren Art von Erde finden sich manchmal metallische Merkmale, und diese ist durch eine Ausdünstung gefärbt; manchmal gibt es fast nichts, und diese ist allein durch Hitze gefärbt. Aber die durch Ausdünstung gefärbte Sorte leuchtet sozusagen; die durch Hitze allein beeinflusste Sorte leuchtet nicht und hat eine düstere Farbe, entweder wie Eisen oder dunkel. Es gibt in der Tat so viele Farben der Erde, wie es Farbarten gibt: gelbliche, die hell ist; gelblich, wie eine Art Töpferton, der von den Lateinern gelber Ocker genannt wird; grün wie Chrysokoll, rot wie Realgar, blau wie Lapislazuli, dunkel wie der Ton, der Pnigitis heißt und der metallfrei ist. Und obwohl andere Erden nach dem Muster der Metalle bekannt sind, meinen wir nicht diese, da sie metallfrei sind, diese, die jene Farben in Vollkommenheit wiedergeben. Und es gibt gelbe, wie ich sagte, und trübe, und solche, die getönt sind wie die, die, wenn man sie mit Messing aus Erethria reibt, violett wird. Straton von Lampsakos glaubte, es gäbe weiße Erde und führte Asche als Beweis an. Es gibt Leute, die Aristoteles die Ansicht zuschreiben, dass die Erde überhaupt keine Farbe hat. Hier folgen wir der Linie, die durch die Beweise unserer Sinne bestätigt wird, und lassen solche Trivialitäten außer Acht. Und so sprachen wir von »grauer«

[57] Forrester gibt zahlreiche Auffassungen wieder, welche Länge darunter verstanden wurde.

[58] »exhalatione«.

Erde, weil reine Erde gewöhnlich so ist, und was so ist, ist gewöhnlich auch die beste. Die beste Erde ist also nicht ausnahmslos von dieser einen Farbe, obwohl sie, wie ich sagte, gewöhnlich trübe ist; manche dunkle Erde ist ausgezeichnet, so als ob sie die Farbe von Töpferton hätte und unversehrt von jeglichem Missgeschick. Zu den Missgeschicken gehören das Trockene, das Schuppige, das Korrodierte, das Vergraute, das Bimssteinähnliche, das Rissige. Es gibt eine sterile Erde, auf der Laub mit langen, scharfen, freiliegenden Dornen wächst, oder Ginster oder Heidekraut. Dieses Merkmal deutet, wenn überhaupt, nur auf ihre Untauglichkeit hin. Das ist auch nicht der einzige Hinweis; ein anderer ist, wenn eine Art von Vegetation im Überfluss vorhanden ist, eine Art, die man nicht auf Wiesen, sondern nur an wilden und trockenen Orten sieht. So ist eine Erde, die sehr verdünnt ist wie ein Töpferton weich, ausgezeichnet im Aufnehmen von Wasser, gut im Verleihen von Farben, frei von Fehlern, und sie verströmt einen sehr angenehmen Geruch, wenn sie getrocknet und von einem Regenschauer berieselt wird – das ist die beste Erde für Bäume und Früchte.

Aber **warum riecht diese Erde so gut**, wenn sie nach langem Trocknen durch einen leichten Schauer befeuchtet wird? Der wahre Grund ist, dass während der Trockenheit die milde Feuchtigkeit[59], die in der Erde enthalten ist, durch die mäßige natürliche Hitze zusammengebraut wird; wenn dann ein Regenschauer kommt, wird er mit Wasser vermischt und atmet aus. So riecht er ausgezeichnet, weil er auch ausgezeichnet zusammengesetzt ist. Ein angenehmer Geruch deutet also sowohl auf eine gemäßigte Hitze als auch auf maximale Fruchtbarkeit hin. Aus der Aufgabe selbst kann man leicht eine Schlussfolgerung ziehen: Wenn die Vegetation und die Bäume darin gedeihen, insbesondere diejenigen, die einen fettreichen Boden benötigen, hat man einen sicheren Beweis für die Güte des Bodens.

Die **Substanz von Erde** wird dreifach klassifiziert: dick, und sie wird Sand genannt; verdünnt, und sie ist wie Töpfererde; und mittel, die übliche Art. Nun seht – sogar in den tatsächlichen Erden könnt ihr die Unterscheidung von Subtilitäten sehen. Sand ist unfruchtbar und für fast alle Töpferwaren ungeeignet. Aber Töpfererde ist fruchtbar für Pflanzen und gut geeignet für die Herstellung von Töpferwaren. Die beste dieser Erden ist die, die Klee hervorbringt; die nächste ist die, die Gras für Weiden hervorbringt. Erde, die Ziegenraute hervorbringt, ist fruchtbar; Erde, die den Weinstock gut nährt, ist die beste für alle Bäume, obwohl der Olivenbaum den Weinstock abstößt. Da also eine Erde besonders zu Früchten, eine andere zu Weiden und eine andere zu Bäumen passt, werdet ihr jede Art an ihren eigenen Anzeichen erkennen. Aber an Orten, wo Luzerne wächst, gibt es kein zuverlässigeres Zeichen als die Menge dieser Pflanze, um Weiden zu beurteilen. Ferner, dass zuweilen Erde von der Art wie Töpfererde entsteht, die Erde, die man einst Tasconium[60] nannte, aus der man in Spanien Ausgucke[61] zu bauen pflegte, und heutzutage, wie der Arzt Georgius Agricola, ein angesehener Mann, berichtet, einen Turm in der Stadt Cervecia in Sachsen; er wird durch Feuer, Wind und Regenschauer weniger beeinträchtigt als ein aus Zement und Steinen gebautes Bauwerk. Sein Gewicht macht ihn sicher vor Winden, seine Härte macht ihn sicher vor Feuer, und seine Undurchlässigkeit macht ihn sicher vor Wasser. Sie sollte also fett und sehr feinkörnig und kompakt sein, und folglich ist sie selten. Manche Erde wird bei Kälte dünner, wie die von Goslar[62]; wenn sie in Bruchstücken vorkommt, wird sie durch die Kälte sehr dünn. Es gibt **drei Arten von Sand**: Flusssand, Meeressand und Sand, der ausgegraben

[59] »humor«.

[60] Kaolin. Plinius, *Nat. Hist.* 34, 69

[61] »speculas«.

[62] »Gosselaria«.

wurde. Hier gibt es eine beträchtliche Bandbreite an Feinheiten: der Sand, der am feinsten ist, ergibt Zement für die dauerhaften Fundamente von Mauern, solange er rein ist; durch solch große Feinheit wird den Strukturen über viele Jahrhunderte Leben ermöglicht oder sie vergehen. Flusssand ist besser, solange er nicht durch technisches Geschick veredelt wird, denn er ist frei von Salz und reiner als Sand, der ausgegraben wurde. Es gibt auch eine Reihe von Erden für verschiedene Verwendungszwecke (z. B. gewöhnliche Erde für die Landwirtschaft, Töpfererde für Töpfer, rötliche Erde für Holzhandwerker, Zimolith für die, die Stoffe walken, blaue Erde für Maler, lemnische Erde für Mediziner, Weißerde für Silberschmiede). Alle diese Erden hängen vom Wasser und der Hitze ab und werden entsprechend geschaffen. Daher gibt es nichts Besseres, als gut bewässerte Böden zu besitzen, denn sie bringen alle Arten von Früchten, Bäumen und Kräutern in Hülle und Fülle hervor.

Aber es besteht eine gewisse Unsicherheit darüber, **wie die Erde aus dem Wasser herausragen konnte**. Einige haben gesagt, dass dies so ist, weil Gott es so wollte. Damit geben sie ihm eher die Schuld, weil sie keine Ursache für sein Wirken gefunden haben, als dass sie Gott dafür loben, dass er es ohne Grund getan hat. Diejenigen, die sagen, dass das trockene Land um der Tiere willen gemacht wurde, erklären zwar einen Zweck, warum es gemacht wurde, aber um einen Zweck zuzuordnen, sind andere Ursachen erforderlich, die sie kaum erklären. Einige würden sagen, dass das trockene Land von den Sternen gestützt wird; erstens ist dies ein gewaltsamer Zustand; dann müssten die Sterne fixiert und unbeweglich sein, und außerdem sind sie aus einer entgegengesetzten Region, sodass einige Europa vom Norden und andere Brasilien[63] vom Süden, gegenüber Europa, hochhalten würden. Wenn man zwei Zentren annimmt, eines für das Wasser, das andere für die Erde, wird dieses andere sich vom Zentrum des Universums unterscheiden. Und es wird zwei Zentren der Schwerkraft geben, und Teile der Erde werden nicht in der Lage sein, sich aus gegenüberliegenden Regionen aufzurichten – und doch tun sie es, wie Brasilien und Europa; und es wird keine Antipoden geben. Diejenigen, die meinen, dass die Erde von Luft gehalten wird, die in Höhlen eingeschlossen ist, errichten eine gewaltsame Anordnung in beide Richtungen, mit der Erde, die sich auf Luft stützt, und Luft, die gewaltsam in Höhlen gehalten wird. Außerdem müsste es riesige Höhlen geben, um Asien, Afrika, Europa, Brasilien und so viele Inseln zu stützen – und wenn sie richtig denken, wird die ganze Erde eine einzige Höhle sein, und es wird außerordentlich sein, dass eine so riesige Masse nicht die geringste Lücke aufweist, sodass, wenn sie es täte, der ganze Globus zusammenbrechen würde, und mit der ausgetriebenen Luft wird es unwahrscheinlich sein, dass eine solche Wassermasse nicht in sie hinabfließt. Aristoteles meint in der *Meteorologica*, dass das Wasser wegen des Pols nicht eindringen kann, weil die Erde dort höher ist. Aber dann wäre die Erde nicht rund, und es gäbe auch keine Erde unter dem Äquator, und diese Höhe stünde auch nicht in einem Verhältnis zu dem Lageunterschied zwischen Erde und Wasser. Nehmen wir einmal an (es kann kaum wahr sein), dass die Erde tausend Meilen höher läge: Wenn der Platz des Wassers um die Erde herum ist und es der Größe nach um zweitausend Meilen höher liegt als die Erde, würde die Erde unter dem Nordpol immer noch tausend Meilen unter dem Wasser liegen und an anderen Stellen noch viel mehr.

Ich schäme mich, dies gesagt zu haben, wegen der gefeierten Autorität des Mannes, mehr als ich mich für meine Kritik schäme, bei der jeder anerkennt, dass ich durch die Liebe zur Wahrheit gezwungen bin. Es ist

[63] »brasilia«.

also nicht so, dass das Wasser so umfangreich ist, noch ist es ein Teil der ganzen Erde, der Beachtung verdient. Aber weil ein wenig Wasser auf der Erde liegt, nimmt es aufgrund seiner Leichtigkeit jede tief liegende Unregelmäßigkeit auf der Erdoberfläche ein. Wenn es auf dieser Grundlage so viele Meere, den riesigen Ozean und so viele Flüsse bildet, wird die Erde dennoch als ziemlich groß angesehen. Aber wenn man nur den Umfang berücksichtigt, mag es vielleicht stimmen, dass die Erde größer ist, aber wenn man die Tiefe berücksichtigt, gibt es keinen Vergleich. Der Beweis ist, dass es nirgendwo (abgesehen von tiefen Abgründen) eine nennenswerte Tiefe des Meerwassers gibt, sondern irgendwo eine Meile, oder eine halbe Meile, oder zwei oder drei Zehntel einer Meile – eine Tiefe, die im Vergleich zur Größe der Erde wie die Tiefe des Schweißes auf der der Haut eines Menschen ist. In tiefen Abgründen ist das Wasser etwas tiefer, weil es für diesen Ort angemessen ist, mit Wasser gefüllt zu sein und nicht mit der sehr leichten Luft. Die Erde ist also unten fest, in dem Teil, wo eine kleine Menge Wasser wegen einer Vertiefung einfließt; anderswo ist ein wenig Luft eingeschlossen, nicht lange, für ein paar Jahre, nicht für immer.

Aber wenn das Wasser ein Element wäre so riesig wie die Erde, müsste der größte Teil des Meeres bodenlos sein. Denn wenn es statt tausend Schritte tausend Meilen oder das Doppelte davon einnehmen würde, wäre es doch vernünftig, dass keine Spur eines Grundes übrig bliebe, wenn das Meer so groß wäre, wie sie meinen. Aber wenn der Grund überall sichtbar ist, außer in den tiefen Becken, wie ich sagte, und die Anzahl der tiefen Becken nicht sehr groß ist, ist das Wasser offensichtlich kein so reichhaltiges Element.

Und so gibt es **drei Elemente**, von denen das leichteste und größte die Luft ist, das nächstgrößere die Erde, die beide für sich notwendig sind. Von diesen ist die Luft oben, die Erde unten, und das Wasser – minimal und gleichsam entbehrlich – in der Mitte zwischen ihnen. Denn wenn der Mensch ohne Nahrung existieren könnte, wie es zum Beispiel Steine tun, wäre das Wasser nicht notwendig. Aber das Wasser wurde geschaffen, weil es nicht nur notwendig war, um zu leben, sondern auch, um sich zu ernähren, zu erzeugen und zu wachsen. Da der Raum für das Wasser geräumiger ist als das Element Wasser, gibt es in der Tat einige tief liegende Teile in der Erde, weshalb die Erde überall auf dem Kontinent und auf den Inseln hervorragt und eine Behausung für die Menschheit und den Rest der Tiere bietet.

Daraus wird deutlich, auf welche Weise **Überschwemmungen** leicht entstehen – man nennt sie gewöhnlich Überflutungen; da das Wasser von mäßiger Beschaffenheit und auf der Erdoberfläche angesiedelt ist, überschwemmt es niedrig gelegene Orte, wenn es ein wenig zunimmt, und wird auch bald wieder zurückgehen, weil auch nach einem Anschwellen nicht viel davon vorhanden ist. Gäbe es aber so viel davon, wie manche annehmen, so wäre für Überschwemmungen eine große Zunahme nötig; es gäbe sie also nicht. Und wenn sie sich genauso ereignet hätten, wären sie kaum je wieder zurückgegangen, es sei denn nach dem tatsächlichen Aussterben des Menschengeschlechts; die Erde hätte einige Jahre, nicht Monate, unter Wasser gestanden. Doch wie Platon berichtet[64], ereigneten sich diese Überschwemmungen nicht nur einmal, sondern viele Male, und sie waren in wenigen Monaten wieder vorbei. Das Wasser wurde also in geringer Menge geschaffen, um Raum für bewohnbare Gegenden zu lassen und um seine Kälte zur Mäßigung des tierischen Lebens und nicht zu dessen Zerstörung zu verwenden. Und da dieses Erzeugen von vermischten Dingen nur auf der Erdoberfläche notwendig war – mit dem Effekt, dass es nur

[64] *Timaios,* 23b.

die Oberfläche besetzen würde, in der Metalle, Pflanzen, Tiere, Fische genährt und erzeugt werden mussten –, wurde es in geringer Menge und auf der Erdoberfläche gemacht. Weil aber die Gefahr groß war, dass es von der Luft und den Sonnenstrahlen zu sehr verzehrt werden könnte, wurde es mit ständiger Bewegung verbunden, und deshalb verfaulen, wie ich schon sagte, Gewässer, die sich nicht schnell bewegen, und werden stark zersetzt. Man kann auch nicht seine Entstehung unter den Polen und in den Bergen annehmen, und wenn die Erde unter der sengenden Hitze zu sehr verbrennen sollte, sorgt die Natur dafür, dass dieser Ort der niedrigste ist, und aus diesem Grund fließen alle Wasser nach Süden. Obwohl also der Nil in der Nähe des Wendekreises des Steinbocks aus dem Mondgebirge entspringt, durchquert er doch, nachdem er den Äquator durchquert hat, die heiße Zone und wird durch diese Kraft in unser Meer bei Alexandria geleitet.

So sollte dort der größte Teil aus dem kalten nassen Element bestehen, wo wegen der Sonnenwärme mehr davon benötigt wird. Gleichzeitig wird auf die Sicherheit der dazwischen liegenden Orte geachtet, denn wenn das Wasser immer in denselben Teil fließt, könnten die Regionen nicht überflutet werden; dafür sorgen Menschen, die Felder von Überschwemmungen befreien und Sümpfe trockenlegen. Wenn es also keinen Abfluss des Wassers gäbe, wäre die ganze Erde bereits ein Sumpf. Dass also das, was gegen den Äquator hin liegt, mehr abwärts fließt, und das, was in der Nähe der Pole liegt, etwas höher, ist das Werk der verzehrenden Hitze der Sonne und der Kälte in der Nähe der Pole, die sehr hohe Berge beherbergt; wir haben schon erklärt, dass die Hitze verzehrt und verschlingt, während die Kälte bewahrt. Aus diesem Grund ist, war und wird die an die Pole angrenzende Zone immer sehr hoch und die Zone dazwischen sehr niedrig sein. Daher wäre es unangebracht, wenn die Sonne aus allen Richtungen oder an den Polen kreiste; denn wenn sie in einzelnen Jahren über den ganzen Globus laufen würde, müsste die Erde gleichmäßig werden, und folglich entweder ganz austrocknen oder ganz von Wasser überflutet werden. Da dies aber nicht ausreichen würde, um den Flüssen einen freien Lauf zu gewähren, da oft höhere Orte dazwischen liegen, die Überschwemmungen und stehende, faulende Gewässer erzeugen, hat die weise Natur dem Wasser gegeben, dass es ebenso stark aufsteigen wie absteigen kann, um schließlich über die Berge und Hügel ins Meer getragen zu werden. Das **Wasser ist also in geringer Menge vorhanden** und befindet sich auf der Erdoberfläche. Wenn es aber so viel gäbe, wie manche annehmen, und es würde unter der Erde schlummern, wäre es entweder in Bewegung und würde die Erde zu ständiger Bewegung anregen, oder es würde verrotten, weil es ruht. Da wir keines dieser Ergebnisse sehen, kann das Wasser keine nennenswerte Größe im Vergleich zur Erde besitzen und nicht in den Tiefen der Erde lauern. Aber wir haben gezeigt, dass unsere Sinne uns sagen, dass es auch an der Oberfläche nicht viel davon geben würde. Das Wasser ist also in seiner Menge ziemlich begrenzt; aber die Erde, die die Basis für die Tiere und das Zentrum des Universums ist, um das sich die Sterne drehen, und die Grundlage für alles ist, hat eine Größe erlangt, die ausreichend ist, obwohl sie im Vergleich zum Kreislauf des Himmels die Größe eines Punktes einnimmt.

Es gibt sehr **viele Arten von Gewässern**, aber aufgrund ihrer Lage und Größe werden sie folgendermaßen unterschieden: Wasser, das salzig ist und sich angesammelt hat, wird Meer genannt; ist es Süßwasser, ist es ein See; ist es völlig unbeweglich, ist es ein Morast. In diesem muss Schlamm entstehen. Ist es aber nicht tief, ist es ein Sumpf. Wenn es fließt, ist es ein Fluss oder Strom, so genannt wegen des Fließens. Wenn es sprudelt, ist es eine Quelle. Wenn es durch Regen oder Schnee aufgestaut wird, ist es ein Wildbach.

Es ist also klar, dass Wildbäche nicht immer fließen. Er ist ein Bach, wenn er in geringer Menge dahinfließt. Der tiefste Sumpf von allen ist der Alkyonia-Sumpf in der Gegend von Korinth, und obwohl er weniger als drei Stadien im Umfang beträgt, konnte Nero seine Tiefe nicht ausloten, indem er Seile von vielen Stadien Länge knüpfte, in so tiefen Becken befand sich das Wasser.

Die Leute sagen, dass es einen solchen See auf einer Insel der königlichen dänischen oder Kimbrischen Halbinsel[65] namens Bornholm[66] gibt, und sein Grund ist nicht zu erkennen, obwohl der See klein ist. Im Allgemeinen sind an der norwegischen Küste die Höhlen und damit auch die Becken sehr tief. Da sich das Wasser seinen Weg zwischen hohen, dicht beieinander liegenden Felsen bahnt, und zwar umso mehr, wenn sich in der Rinne tiefe Höhlen befinden, muss der See schmal sein und einen tiefen Strudel aufweisen.

Der Mäotische Sumpf ist salzig und dafür und für seine Größe berühmt. Aber wir haben die Ursachen und die Art und Weise des Abflusses der Flüsse meiner Meinung nach hinreichend genau erklärt; allerdings gab es oft Zweifel über ihren Ursprung, mit ihrem ewigen und vielfältigen Abfluss von Wasser. Der Philosoph meint also, dass sie erzeugt werden. Salomon[67] meint, dass sie durch einen Kreislauf aus dem Meer kommen, andere, dass sie sich aus Regen und Schnee ansammeln, wieder andere, dass sie aus unter der Erde verborgenen Quellen entspringen. Es entsteht weder in den Bergen noch aus der Luft, alles Wasser des Don wird von den Ebenen Moskaus hervorgebracht; es muss von dort kommen, denn das Wasser fließt nicht nach oben, es sei denn, es fließt von den höheren Bergen herunter. Es kann auch nicht vom Meer bis zur Höhe der Berge aufsteigen, und bevor es die Berge erreichen könnte, gibt es keinen Grund, warum es nicht überall hervorbrechen sollte. Die Flüsse würden nie weniger werden, und das Meer selbst würde für so viele Flüsse nicht ausreichen, sondern von Zeit zu Zeit austrocknen, da das meiste Wasser unter der Hitze der Sonne verdampft. Außerdem würde diese Bewegung unter der Erde diese erschüttern, wie ich schon sagte, und es gibt keinen Grund, warum Wasser von einem Berg fließen sollte und von einem anderen nicht. Auch ist es unwahrscheinlich, dass das Wasser so frei von jeglichem Salz und Bitterkeit gemacht werden kann. Es kann nicht nur aus Schnee kommen, denn Wasser fließt auch von Bergen, die weder mit Schnee bedeckt noch von einem Regenschauer benetzt sind. In der Tat ist es völlig unglaublich, dass eine solche Wassermasse, und zwar eine so dauerhafte, erzeugt werden kann.

Was gibt es also zu sagen? Das **Wasser kommt durch all diese Ursachen zustande**, aber die Hauptursache ist, dass Luft in Wasser übergeht, und später tragen Schnee und Regenschauer viel und anhaltend dazu bei. Auch Herodot ist der Meinung, dass dies die Ursache für die **Überschwemmungen ist, die der Nil in Ägypten** verursacht. In der Tat geht er davon aus, dass der Nil zur Sommersonnenwende anschwillt und in den folgenden 45 Tagen weiter ansteigt und Ägypten überflutet, um dann in etwa der gleichen Anzahl von Tagen wieder abzufallen. Früher (ich meine zur Zeit von Herodot) brachte ein Anstieg von 14 Ellen die maximale Fruchtbarkeit, eine Zunahme von 8 Ellen hingegen Unfruchtbarkeit. Später, zu Strabos Zeit, war die Zunahme geringer und führte zu einer Zunahme von kaum acht Ellen. Aber in der heutigen Zeit, sei es durch die Entdeckung eines Irrtums oder durch eine Änderung der Praxis, ist die Fruchtbarkeit am größten, wenn sie bis zu 15

[65] Cimbriae Chersonesi, Jütland.

[66] »Bornholm«.

[67] Im Buch Prediger (1,8), das Salomo zugeschrieben wird, heißt es: »Alle Ströme fließen ins Meer, und das Meer läuft nicht über; die Ströme kehren an den Ort zurück, woher sie kommen, um wieder zu fließen.«

Ellen beträgt. Von 15 bis 18 bringt er leichte Schäden mit großen Gefahren. Wenn es mehr sind, steht Ägypten unter Wasser und erleidet schweren Schaden, mit einem hohen Maß an Überschwemmungen, wenn sich welche entwickeln. Von 15 bis 12 führt es zu einem Mangel an landwirtschaftlicher Produktion, aber zu einem leichten; von 12 bis 10 zu einem schweren. Unterhalb dieser Schwelle scheint es nie zu gehen. Dies ist ein völlig zuverlässiger neuerer Bericht über diese Angelegenheit.[68] Aber ich komme zu Herodot, dessen Bericht über das Anschwellen des Nils, schlecht übersetzt und schlechter verstanden, ich kürzlich korrigiert und erläutert habe. Auch Strabo bestätigt dies. Da der Nil dort entspringt, wo die Sonne für uns den Sommer zum Winter macht, was für sie der Beginn des Winters ist, lässt Schnee und Regen den Fluss anschwellen und bietet somit eine Gelegenheit zur Überschwemmung, das sollte niemand für seltsam halten. Aber heutzutage ist die Überschwemmung viel länger geworden, zu Strabos Zeiten waren die Felder schon nach sechzig Tagen ausgetrocknet. Der Grund für die Überschwemmung ist die Größe des Flusses. **Der größte Fluss** ist, wie Arrianus schrieb, der Ganges, danach der Indus, dann der Nil. Der Ganges ist also der erste, der Indus der zweite, der Nil der dritte und die Donau der vierte. Der fünfte ist in Libyen, von Ptolemäus Niger genannt, er ist nicht kleiner als der Nil, er entspringt dem Berg Thala; dieser Fluss wird jetzt von den Portugiesen Senegal genannt. Keiner der Flüsse mündet in den Nil. Der Chanab, der in den Indus mündet, ist nach Arrianus etwa vier Meilen breit. Aber dort, wo der Ganges am schmalsten ist, ist er zwölfeinhalb Meilen breit, und man kann das jenseitige Ufer nicht sehen. Wenn die Erzählungen wahr sind, haben die Spanier in Brasilien andere Flüsse von unglaublicher Breite gefunden, wie den Plata, der an einer dreißig Meilen breiten Mündung ins Meer mündet. Es gibt auch den Amazonas,[69] der bei seiner Mündung ins Meer 80 Meilen breit ist. Der Dabaida und der St. Martha sind 30 Meilen breit, und wie man sagt, liegen diese drei an der Nordküste neben der Halbinsel Paria.[70] Aber mit der Zeit ändert sich die Basis der Größe. Es gibt eine Art Gegenseitigkeit aller sterblichen Dinge; einfließende Flüsse haben in der Regel nicht nur andere Kanäle ausgetrocknet, in die sie münden, sondern sogar Meere. Herodot berichtet, dass der ins Meer mündende Acheloos so viel Sand in das Meer trug (so trocknen sie die Meere aus), dass er die Echinaden-Inseln mit dem Festland verband. Polybius bezeugt, dass der Fluss Don und andere Flüsse zu seiner Zeit das Meer und den Mäotischen Sumpf so sehr auffüllten, dass er nicht mehr als sieben Ellen Wassertiefe hatte und süß statt salzig wurde. Strabo berichtet, dass einige der Echinaden-Inseln bereits mit dem Festland verbunden waren oder in Zukunft verbunden werden, da die am weitesten entfernte Insel nur 15 Stadien von der Mündung des Flusses Acheloos entfernt ist.

Aber jetzt, wo wir uns mit der Beschreibung von Flüssen beschäftigen, wird es an der Zeit sein, sich zu fragen, **warum der Nil frei von Wind ist**, oder zumindest früher war – Herodot behauptet dies beharrlich. Es soll uns ein Anliegen sein, die Ursachen der Dinge zu erforschen, für den Fall, dass Dinge, die in einigen Fällen vergangen sind, im Laufe der Zeit in anderen auftauchen und wir später im Zweifel sind. Eine Brise entsteht vor allem dann, wenn Wasser eine milde Hitze von der Sonne aufgenommen hat. Das ist offenbar der Fall, weil sie an Flüssen im Sommer in der Morgendämmerung und bei Sonnenuntergang entsteht, nicht in der Mittagszeit; wenn die Sonne aufgeht und die Dinge nicht nach oben zieht, wird die Luft durch die Bewegung des Wassers ange-

[68] Forrester: Gemeint ist offenbar Leo Africanus, geb. um 1490 in Granada.

[69] »Maragnonus«.

[70] In Venezuela.

trieben. Die vom Wasser abgekühlte Luft erzeugt eine angenehme Brise, die wir im Sommer in der Nähe von Flüssen in der Morgendämmerung und bei Sonnenuntergang häufig erleben. Da sich die Quelle des Nils jedoch im Wendekreis des Steinbocks befindet und er vollständig durch diese heiße Region fließt, kann er niemals eine Brise aufnehmen – und wenn doch, wird sie durch die übermäßige Hitze der Sonne sofort wieder zerstört. Ein Fluss wird auf demselben Weg, auf dem er die Luft abkühlt, von allem irdischen Schmutz gereinigt und ist daher salzfrei; es könnte jedoch einige Stellen geben, an denen salzige Stoffe aus der Nähe in ihn hineinfließen. Aber selbst wenn dies so wäre, wäre es nicht leicht, einen solchen Fall zu finden. So führt der Nil, der aus sehr weit entfernten Gebieten kommt und von der Sonnenhitze versengt wird, sehr gesundes Wasser mit sich.

Alle Meere sind salzig und auch bitter; nachdem ich zuerst den Grund dafür dargelegt haben werde, werde ich eine Frage hinzufügen, die sich uns stellt. Wir sehen in unserer Gegend oft, wie das Wasser eines Regengusses die **Flüsse anschwellen** lässt, sodass sie die Felder überfluten. Es gibt auch Bäche, von denen nicht mehr als ein mit Steinen gefüllter Graben übrig geblieben ist, die während einiger Tage so viel Wasser führen, welches entweder von Regenschauern oder von geschmolzenem Schnee stammt, dass sie das Aussehen eines großen Flusses annehmen. Ein periodischer Bach unterscheidet sich von einem Fluss nur dadurch, dass er nicht das ganze Jahr hindurch fließt, und das ist nicht der Grund. Wenn du also morgens in die Berge gehst, wirst du sie feucht vorfinden. Nach und nach fließen dann Bäche ab, da sich das Wasser innen und außen gesammelt hat, und viele von ihnen vereinen sich zu einem Fluss; aber wenn er nicht durch Regen oder Schneeschmelze unterstützt wird, bleibt er nur schmal. Zu dieser Zeit reicht eine kleine Wassermenge aus, nicht nur, weil sein Bett nur wenig fasst, sondern weil, wenn er träge fließt, dasselbe Wasser an mehreren Stellen ausreicht. Es steht außer Zweifel, dass dies der Grund dafür ist, dass die Flüsse im Allgemeinen am Morgen ansteigen, besonders an der Stelle, die ihrer Quelle am nächsten liegt. In der Nacht fällt im Sommer viel Tau und im Winter viel Nebel; das Ergebnis ist, dass der Fluss in der nächsten Morgendämmerung ansteigt, besonders in der Mitte des Herbstes und des Frühlings, wenn der herabfallende Raureif durch die milde Hitze der Sonne geschmolzen wird. So fließt das Wasser, das im Inneren des Berges durch die Kälte der Felsen und außerhalb des Berges durch die Hilfe der Nacht entstanden ist, allmählich nach innen. Ein Teil sammelt sich auch draußen in Bächen, und so entsteht aus mehreren Bächen gewöhnlich ein kleiner Fluss, und aus mehreren kleinen ein großer – wie der Po, die Donau, der Indus, der Euphrat. Und das ist die **Ursache für die Beständigkeit der Flüsse**, wie auch für ihr Entstehen: Regen und Schnee. Auch der Don und alle Quellen, die aus ebenen Orten sprudeln, entstehen nicht dort, sondern in den Bergen und werden von dort an diesen Ort befördert, um dort aus dem Boden zu entspringen, und zwar auf der Grundlage, die wir eben erwähnt haben, dass das Wasser unter Druck aus höheren Orten so weit nach oben läuft, wie es nach unten gelaufen ist. Vom Meer hingegen gehen nur **salzige Quellen** aus; manche entspringen in der Nähe, sind aber salzig. Ich wurde nicht leugnen, dass es für das Wasser des Meeres nicht schwierig ist, mit großer Kraft unter die Erde zu fließen, und dass eine Quelle mit frischem Wasser nur fern von ihm entspringen kann. Es ist erwiesen, dass der Salzgehalt mit dem Abstand zum Meer abnimmt, denn wenn Brunnen gegraben werden, sind sie umso weniger salzig, je weiter sie vom Meer entfernt sind. Aber vielleicht geschieht dies weniger durch die Ausscheidung von Salz mit der Entfernung als durch die Zugabe von anderen Wässern, süßen Wässern. Es ist jedoch denkbar, dass das Brunnenwasser, das die Mailänder Hausus nennen, aus dem Meer stammt. In der Tat wird das Wasser süß, nicht so sehr durch den Kraft als durch die Länge des Abstandes zwischen ihm und dem Meer, und nicht so sehr durch die Beimischung anderer Gewässer, süßer Gewässer, als durch die Schwere des Salzes. Denn wenn das Salz im Wasser zur Ruhe gekommen ist, sinkt es durch seine Schwere auf den Grund; aber im fließenden Wasser wird es durch die Erde wieder aufbereitet. Deshalb ruht das Meer weder, noch fließt es, sondern wird durch die Gezeiten aufgewühlt, damit es salzig bleibt. Es gibt also drei Möglichkeiten, wie das Wasser, das aus den Quellen des Meeres entspringt, in einiger Entfernung süß wird: durch die Beimischung von süßem Wasser, durch das Fließen und damit durch die Reinigung durch Schlamm und Sand und durch die Schwere des Salzes, das sich von selbst nach unten bewegt. Und auch das Meer selbst bietet diesen Vorteil des Süßwassers. Aber was Aristoteles über den Ursprung der Flüsse meinte, scheint richtig zu sein: wo sie in einen hohlen weiten Raum geflossen sind, bilden sie Seen. Nun haben wir die Ursache von Flüssen, Quellen, Bächen und Seen genannt.

Es bleibt uns nur noch zu erklären, **warum das Meer salzig ist.** Nach der Auffassung von Aristoteles, die nur wenige verstanden haben, ist es der unaufhörliche Fall von Regen in das Meer, der schon seit Ewigkeiten andauert. Auch wenn das Meer an dem Ort, an dem es sich jetzt erstreckt, nicht ewig ist, so muss es doch, da ein Meer aus einem anderen Meer entsteht, durch die Kontinuität seiner Wasser ewig sein und gewesen sein. Der Beweis ist, dass sie alle von einem Meer abstammen: das Mittelmeer, das Rote Meer, das Schwarze Meer, das Kaspische Meer, das Magalische Meer, das Hyperboreische Meer, das Deutsche Meer, das Herkulesmeer, das Kantabrische Meer, das Britische Meer, das Sarmatische Meer, das Indische Meer, das Afrikanische Meer, das Baltische Meer, das Gletschermeer; dann die Golfe, wie das Barbarische Meer, das Atlantische Meer, das Große Meer, das Arabische Meer, das Persische Meer und das Mäotische Meer, sie alle sind Teile oder Knospen des Ozeans. Ich bin mir bewusst, dass Ptolemäus den Ursprung des Kaspischen Meeres anders sah und es vom Ozean trennte – aber Plinius, Strabo, Solinus oder Priscian sahen das anders. Aber das macht wenig aus, und es ist nicht widersprüchlich, ob es ein Meer gibt oder nicht, das nicht mit den anderen zusammenhängt – wie das Tote Meer und der See von Galiläa, die zusammenhängen, aber keine Glieder des Ozeans sind. Aber beide sind salzig, und was noch bemerkenswerter ist, das Tote Meer ist auch bitter, aber es ist weiter vom Syrischen Meer (Teil des Mittelmeers) entfernt als der See von Galiläa.

Es ist also klar genug, dass es kein anderes Meer gibt, das vom Ozean getrennt ist, als dieses und das Tote Meer, das einst der Asphaltsee genannt wurde; und es spricht nichts dagegen, dass auch diese durch unterirdische Höhlen mit ihm in Verbindung stehen, und somit nichts dagegen, dass man davon spricht, dass jedes Meer dauerhaft ist, mit einer Kontinuität, die das Wasser besitzt, aber nicht durch seine Lage – und immer salzig ist. Drei Bedingungen scheinen in der Tat zu genügen, um den Salzgehalt zu erhalten: die Hitze der Sonne, durch die die Erde versengt wird, und der Verfall des Wassers, denn das Meer fließt nicht wie die Flüsse; und es erhält Regenschauer. Denn jedes Regenwasser, das die Sonne versengt und im Unkraut verrottet, ist teilweise salzig. Aber die Seen sind wirklich entstanden, denn sie hatten die Flüsse als Ausgangspunkt. Daher nehmen sie, auch wenn sie Regen erhalten, keinen salzigen Geschmack an. Es kann auch keine salzigen Seen geben, es sei denn, die Erde, in der sie sich befinden, bringt Salz hervor; also sind sie auch nicht groß. Der Beweis dafür ist der Akronische See, den man heute den Konstantinischen See oder Bodensee nennt. Auch wenn man ihn angesichts seiner Größe für ein Meer halten könnte, ist er voll von Süßwasser, nicht von salzigem, denn er entspringt dem Rhein. Die riesige Größe des Meeres trägt zu seiner Salzigkeit bei, eine Größe, in der zahlreiche Berge von Salz enthalten sein müssen, als ob sie in einem weiten Stück Land lägen. Durch die Auflösung des Salzes und insbesondere durch die tägliche Flut wird das ganze Meer salzig.

Aus dem einen Problem ergibt sich also ein anderes, nicht minder gewichtiges: Wie kommt es, dass **das Meer den Gezeiten unterliegt**, und zwar nicht nur einmal am Tag, aber nicht alle und auch nicht gleichermaßen? Der Ozean fließt sichtbar zweimal am Tag ein und aus, ebenso wie einige wenige Teile des Mittelmeers, wie der Adriatische Golf, in dem Venedig liegt. Aber das Meer, das an Äthiopien grenzt und das Meer von Gineghae[71] genannt wird, fließt nach Angaben von Alvise Cadamosto vier Stunden lang und hat acht Stunden lang Ebbe, während andere Meere sechs Stunden lang fließen und sechs Stunden lang Ebbe haben. Der Hauptgrund, warum Meere fließen und abfließen, ist, dass sie zwar salzig sind, dies aber für die Erhaltung des Wassers und der Luft nicht ausreichen würde. Denn wenn sich das Wasser des Meeres nicht bewegt, verrottet es in seinem Behältnis, wie Aristoteles bezeugt. Das Wasser des Mittelmeers aber, das von den Winden hin und her bewegt wird, ist mehr in Bewegung und verrottet daher nicht. Wir haben in unserer Schrift *Astronomica Iudicia* erklärt, wie es von den Sternen und dem Mond bewegt wird. Alle Meere werden also von Osten nach Westen bewegt und folgen demselben Gesetz, wie der Ozean, da er praktisch ein Element ist, und dieses wird von den Sternen bewegt.

Alle Meere, die in direkter Berührung mit dem Ozean liegen, werden also selbst durch diese Bewegung bewegt, die abseits liegenden aber gar nicht, wie das Mittelmeer und das Rote Meer, die von Norden her bewegt werden; denn die so eingerichteten Orte müssen durch den Ansturm der Wasser, die aus dem Osten und dem Westen kommen, zerstört werden. Obwohl man sieht, dass das Mittelmeer im Osten liegt, während der Ozean im Westen liegt, dringt er nur wenig in das Mittelmeer ein, da es nun nicht mehr von den Sternen, sondern nur noch durch seine eigene Schwere vorwärts getrieben wird und so seine Bewegung nicht aufrechterhalten kann. Ein weiteres Indiz dafür ist, dass im Mittelmeer selbst, an der afrikanischen Küste in der Nähe von Zygrim (eine Küste, die sich geradlinig von Osten nach Westen erstreckt), die Gezeiten durch die Gestaltung der Küste auftreten, und nur wenig durch die Kraft des Mondes. Das Mare verò Norticum wird nahe des Äquators nördlich von Paria in Venezuela am schnellsten von Osten nach Westen getragen, weil dort die Sonne das Wasser stärker treibt. Aber im südlichen Surenum in der Region Beragua gibt es eine sehr starke Flut; aber dort, wo Norticum auf der Nordseite liegt, fast keine. Die große Größe der Flut bei Voll- und Neumond und ihre geringe Größe in der Zeit dazwischen, und ihr Steigen und Sinken mit dem Mond zur Himmelsmitte hin zeigen also, dass die Wasser in der Flut vom Mond bewegt werden; und Ebbe und Flut folgen direkt dem Stern und der Zeit der Umdrehung, die etwa fünfundzwanzig Stunden beträgt, dem Zeitraum, in dem der Mond von Osten nach Osten zurückkehrt. Wenn nun das Meer auf diese Weise dem Mond folgt und täglich die Erde zu umrunden scheint, warum legen die Schiffe dann kaum sechs Meilen in der Stunde zurück, es sei denn, sie werden vom Wind angetrieben? Der Grund dafür ist, dass weder das ganze Wasser noch ein Teil davon dem Mond folgt, sondern das Nächste wird auf das Nächste übertragen, so wie wenn jemand eine Schwellung durch Zusammendrücken des Fleisches beseitigen will, bewegt sich das

[71] Evtl. ist Guinea gemeint, obwohl Äthiopien nicht am Golf von Guinea liegt.

Fleisch nur wenig von seiner Stelle, aber die Schwellung verbreitet sich schnell über das ganze Bein. Aber in Norticum, wo es, wie wir sagten, praktisch keine Gezeiten gibt, sondern eine Strömung, die drei Monate lang anhält, wie ein Fluss, müssen die Schiffe schnell fahren, da immer derselbe Teil des Wassers in Bewegung ist.

Aber jetzt, da wir in diese Diskussionen verwickelt sind, werde ich über die Argumentation des Philosophen sprechen, mit der er aus dem Salzgehalt des Meeres **beweist, dass das Universum ewig ist**; es ist dies: Wenn das Meer einen Anfang hatte, war es von Anfang an entweder süß oder salzig. Es war nicht salzig, da eine solche Menge Salz nicht hineingemischt werden konnte, weil es das Wasser verderben würde, denn alles muss als rein geschaffen gelten. Denn das, was entsteht, wie Seen und Flüsse, ist frei von Geschmack. Dies richtet sich jedoch allein gegen Platon, der meinte, das Universum sei durch Trennung entstanden, wie es im Timaios heißt. Und so sagte Ovid:

> Aber dem Zwist gab Schlichtung ein Gott und die bessere Triebkraft,
> Denn er schied von dem Himmel das Land und vom Lande die Wogen,
> Und von der dunstigen Luft los trennt' er den lauteren Himmel.
> Als er so sie entwirrt und dem finsteren Haufen entnommen,
> Schloss er gesondert im Raum sie zusammen in friedlicher Eintracht.[72]

Es war also angemessen, dass kein Meer existiert hat, in das Erde und Wasser eingebracht wurden, da etwas Salziges nur durch Vermischung zustande kommt. Wenn es aber von Anfang an süß war und im Laufe der Zeit salzig wurde, hat der Salzgehalt Epochen – aber das ist nicht der Fall, und es ist heute nicht salziger als vor langer Zeit – also wurde das Meer nie geschaffen, ebenso wenig wie das Universum. Außerdem gibt es auch unter der Erde Ansammlungen von Wasser, die wie Seen aussehen. So strömen der Don in Moskau, der Lycus in Asien, der Tigris in Mesopotamien unaufhörlich. Man sagt auch, dass der Timavo im Bezirk Aquileia, und eine Quelle unbestimmten Namens in Atinas auf diese Weise entstanden sind. Da es unter der Erde Höhlen gibt – nicht tief unter der Erde, wie im Bezirk Latium am ersten Meilenstein von Rom, sodass der Boden bebte, wenn Wagen und Reiter vorbeifuhren –, ist es nicht verwunderlich, dass sich die Erde mit Wasser füllt oder von selbst klafft, oder dass die Luft aus Felsspalten verpestet wird.

Und obwohl die Wassertiefe im Vergleich zur Größe der Erde gering ist, kann das **Wasser** dennoch Städte überschwemmen, Seen füllen und Berge mit einer ungleichmäßigen Kluft zurücklassen. Aber das Wasser der Brunnen, von denen einige Quellen sind, ist im Allgemeinen in vier Fuß Tiefe oder wenig mehr verborgen; wenn das Wasser durchgängig wäre, hätte die Erde mehr Risse, und die Brunnen hätten alle die gleiche Tiefe. **Ihr Wasser ist im Winter nicht wärmer als im Sommer**, aber es erscheint so, weil die Luft im Winter kühl und im Sommer heiß ist; im Vergleich dazu erscheint dasselbe Wasser umgekehrt – im Winter wärmer als im Sommer; alles wird im Vergleich mit unserem Körper bewertet. Und so kommt es, dass das, was wir berühren, als kalt empfunden wird, wenn wir heiß sind, und als heiß, wenn wir kalt sind. Wasser erwärmt sich ein wenig, indem es die Hitze ins Innere zieht, weil sie nicht nach außen dringen oder sich an der Erdoberfläche ausbreiten kann. Aus diesem Grund bringen nicht allzu lange anhaltende Schneefälle normalerweise immer Fruchtbarkeit mit sich, und selbst lang anhaltende Schneefälle tun dies manchmal. Außerdem ist die ganze Erde in dem Teil, den das Wasser erreichen kann, bitumenartig oder salzig oder sogar metallisch; daher kommt es, dass **eingeschlossene Dämpfe das Wasser erhitzen**. Und deshalb

[72] Ovid, *Metamorphosen*, 1, 22–23.

kommt es vor (wenn auch nicht oft), dass manche Quellen im Winter heißer sind als im Sommer, wie durch ein Wunder. Dadurch wird das Wasser wohlriechend oder übelriechend und nicht ohne Geschmack; Geschmäcker können erkannt werden, wenn das Wasser heraussprudelt, um anzuzeigen, ob man es meiden oder benutzen soll.

Ist es aber verborgen oder befindet sich an einem trockenen Ort, so kann man seine Eigenschaften auf diese Weise erkennen: Man nehme ein Bleigefäß oder, wenn Blei knapp ist, ein neues Tongefäß, das man vorher innen mit Öl bestrichen hat, mit trockener weißer Wolle, in deren Mitte sich ein Kieselstein befindet, der mit Wachs am Boden befestigt ist, grabe es bei Sonnenuntergang vier Schritte unter der Erde ein, wobei die Öffnung des Gefäßes nach unten gerichtet sein muss; man achte darauf, dass die Wolle nicht herausfällt, und bedecke es dann mit dem Aushub. Am nächsten Tag gräbst du das Gefäß aus und untersuchst die Wolle. Wenn das Wasser nicht weit weg ist, wird durch die Kälte des Kiesels und der Nacht, dann mit der Nässe des Öls, mit dem sie beschmiert ist, die Feuchte der Erde in Wassertropfen verwandelt. Wringe die Wolle aus und sammle das Wasser. Wenn es wenig ist, schließe daraus, dass das Wasser noch weit weg ist; wenn es viel ist, ist es nicht weit weg. Anhand des Geruchs und des Geschmacks kannst du seine Eigenschaften leicht bestimmen.

Es gibt in der Tat einige dieser Gewässer, die sogar an der Oberflache stehen, die nicht nur nach Salz oder Bitumen riechen, sondern sogar kochend heiß sind, wie in Aponus bei Padua, und sie sind so weit verbreitet, dass es fast keiner Provinz an ihnen mangelt, da in einer Reihe von Provinzen sogar an vielen Stellen **heiße Quellen** hervorbrechen. Frankreich ist reich an ihnen, Deutschland noch viel mehr, und noch viel mehr Italien, die Mutter aller guten Dinge. Der Grund dafür muss das Feuer sein oder die Fäulnis oder die natürliche Hitze oder die himmlische Hitze. Die himmlische Hitze, besonders im Winter und in der Nacht, kann nicht ausreichen, um Wasser zum Kochen zu bringen. Natürliche Hitze gibt es nicht außer bei Tieren, da sie eine Seele und Sinne haben. Die Hitze des Zerfalls kann nicht ausreichen, und es ist unwahrscheinlich, dass die Materie gleichzeitig entsteht und zerfällt. Die anhaltende Existenz dieses Wunders zeigt, dass die Materie tatsächlich erzeugt werden muss. Es bleibt also dabei, dass der Grund eher im Feuer liegt; solange seine Hitze nicht den Gipfel erreicht hat, hat es eine leichte Bewegung, weshalb es aus sich selbst herausgeht. Es gibt aber zwei Formen des Feuers: Glut und Flamme. Das Vorhandensein einer Flamme ist mit der Vernunft unvereinbar, weil sie ein offensichtliches Mittel zur Belüftung braucht, und viel Materie verzehrt, sodass ganze Berge von Bitumen sogar einen ganzen Monat lang brannten. Wegen des Dampfes kam es oft zu einem Erdbeben, aber das Wasser war noch viel heißer und wurde manchmal sichtbar und brach von Zeit zu Zeit an diesen Stellen aus, obwohl es vorher nie gesehen wurde. Der Beweis dafür, dass eine unterirdische Flamme nicht von Dauer sein kann, ist, dass ihr Ausbruch nur in Abständen erfolgt. Und wie man sieht, geschieht dies wegen der Winde; wenn Winde in der Nähe von Orten wüten, aus denen oft eine Flamme hervorbricht, dann ist auch am nächsten oder übernächsten Tag eine zu erwarten. Dies geschieht durch innere Hitze, wie sie in Kalk vorkommt, der durch äußere Kälte eingeschlossen ist. Dann wird die Flamme durch entzündeten Schwefel oder Bitumen vergrößert, wie es bei Blasebälgen der Fall ist. Wir haben versprochen, dies zu erklären, als wir die Krater des Ätna besprachen. Wenn die Flamme an Boden gewinnt, bricht sie aus, und zwar auf der Grundlage, die wir in Bezug auf die Sprengminen erklärt haben. Wenn man also all dies miteinander vergleicht, wird man mit Sicherheit zu dem Schluss kommen, dass eine Glut zugrunde liegt.

Was aber ist die Quelle seines Brennstoffs, seine Bewegung, seine Belüftung? Es wurde oben gezeigt, dass Feuer diese drei Dinge benötigt. Ein trockener, poröser Stein sorgt für Belüftung und hegt das Feuer genauso wie heiße Asche. Zusätzliche Materie, die sich ständig entzündet, sorgt für Bewegung, und so ändert das Feuer seine Basis und ist in Bewegung. Denn so wird der Ruß[73] unter uns, solange der Schwelbrand anhält, bewahrt bleiben. Es schlägt keine Flamme aus, weil das Bitumen unrein und mit Erde vermischt ist. In allen Fällen ist die Materie, die unter der Erde brennt, dem Ruß sehr ähnlich, was es sicher macht, dass Ruß eine Art Bitumen ist. Es gibt dann zwei Gründe, warum es nicht in Flammen aufgeht: der eine ist, dass das Bitumen unrein ist, der andere, dass es keine Belüftung hat. So kommt es, dass sich der dünnere Teil davon manchmal entzündet und eine Flamme auslöst, und dann sind ein Erdbeben und ein Geräusch zu hören. Wenn das Material jedoch nicht verfügbar ist, weil es mit dem Gestein vermischt ist und nicht gut atmet, entzündet es sich nicht, sondern wird spontan bewegt.

Wie kommt es aber, dass dies Feuer nicht erlischt oder zumindest seinen Platz nicht ändert, während es Materie verzehrt? Es gibt zwei Gründe dafür, dass es nicht erlischt: Bitumen und die Kälte des Wassers. Die Hitze wird dadurch im Innern gesammelt und entzündet ein Feuer genau wie bei Kalk. Diese Kälte hält das Feuer an der gleichen Stelle, weil es immer unter Wasser ist. Aber wenn das Wasser lange in einem Raum kocht, bricht es aus. Es gibt in der Tat vier Gründe, warum ein kleines Feuer für eine so große Hitze ausreicht. Der erste ist, dass es nicht gelüftet wird, wie in heißen Räumen. Der zweite Grund ist die Beschaffenheit des Steins, Tuffstein, er ist an sich heiß ist, nimmt viel Hitze auf, stabile Hitze, und gibt sie in stetiger Weise wieder ab. Der dritte Grund ist die große Menge heiße Asche, die zurückbleibt und von Natur aus trockener ist; wenn also Wasser nachgeschüttet wird, heizt diese Asche, die viel schwächer ist, das Wasser auf. Schließlich kommt als vierter Grund hinzu, dass dieses Wasser in Rinnsale aufgeteilt ist und daher leicht Hitze aufnimmt und behält – wäre es gesammelt, würde es sich kaum von einem Feuer des ganzen Berges erwärmen, und würde auch nach der Erwärmung sehr schnell in seine eigene Natur zurückkehren. Deshalb gibt es auch kein Meer, keinen See und keinen Fluss, die kochen können, weil das Wasser so reichlich vorhanden ist. Kleinere Quellen können dagegen stark hervorsprudeln.

Warum aber wird der größte Teil des Bitumens nicht verbrannt? Weil das Bitumen sich nur entzünden kann, wenn ihm die wässrige Feuchtigkeit entzogen wurde. Und da das gesamte Bitumen diese Feuchtigkeit enthält und sich gerade in diesem Punkt vom Schwefel unterscheidet, muss es getrocknet werden, bevor es sich entzünden kann und leistet daher dem Feuer einen längeren Widerstand. So kommt es, dass das Feuer nur nach und nach die ihm zugeführte Materie verzehrt. Da sich das Feuer aus den genannten Gründen nicht sehr stark ausbreiten und auch nicht völlig erlöschen kann, und da viel Materie für das Feuer bereitsteht und wenig Hitze ausreicht, um die Verbrennung aufrechtzuerhalten, dauert die Verbrennung viele Zeitalter lang an. Es ist daher sicher, dass alle kochenden Wasser von Natur aus leicht sind und eine heilende Kraft besitzen.

Das ideale Wasser ist frei von Farbe, Geruch und Geschmack und vollkommen klar, und wenn es getrunken wird, verweilt es nicht im Magen – es ist wie das des Flusses Eulaeus, der durch Susiana aus dem Zagros-Gebirge fließt; die persischen Könige pflegten es auf ihren Expeditionen mit sich zu führen – solche Mühe gaben sie sich, ihr Leben zu schützen. In der Tat kommt das Wasser für die Erhaltung des Lebens gleich nach der Luft, wie wir in unseren Kommentaren zu Avicennas *De Temperamentis* erklärt haben. Und es

[73] »fuligo«. Vieleicht ist auch etwas wie Kohle gemeint.

sollte kein Wunder sein, dass Artaxerxes Longimanus so lange lebte, da die persischen Könige bei der Wahl von Wasser und Luft so sorgfältig vorgingen. Aber Aelian schreibt »Choaspes« anstelle von »Eulaeus«. Und ich fand heraus, dass es zwischen dem Ganges und dem Indus einen Fluss von äußerst angenehmem Geschmack gibt, und die Nachbarn der Region, die nicht direkt von ihm trinken können, trinken das Wasser, das ihnen von Läufern gebracht wird.

Der Choaspes wird in der Region von Media vermutet; Strabo ist anderer Meinung, aber wenn er in Indien wäre, könnte er kaum nach Persepolis übertragen werden. Das Wasser des Choaspes ist also ausgezeichnet, und auch das des Eulaeus ist angenehm, und wurde von den persischen Königen genutzt. Es steht außer Zweifel, dass Indien über ausgezeichnete und sehr angenehme Gewässer verfügt. Am ehesten kommt das Wasser des Nils an deren Güte heran, aber kaum einer der übrigen großen Flüsse wird geschätzt. Wir haben uns an anderer Stelle ausführlich mit ihnen beschäftigt. Andere sind berühmt für ihre Kühle. Einer floss einst auf korinthischem Gebiet aus einem Berggipfel und war kälter als Schnee. Georgius Agricola erwähnt das **verrückte Wasser** beim ersten Meilenstein von Kulm, und sagte, es sei extrem kalt, obwohl es zu kochen scheint. Außerdem gibt es in Böhmen nahe des Flusses Eger einen namens Furiosa, der wie in Kesseln brodelt, und er ist sie nicht wegen seiner Kälte bemerkenswert, sondern wegen eines lauten Donners. Er macht beim Fallen einen Lärm, der die Ohren angreift. In ähnlicher Weise stürzt der Rhein, nachdem er den Bodensee bei Schaffhausen verlassen hat, so tief die Felsen hinunter, dass er viele Meilen weit zu hören ist, und das Krachen scheint fast wie Donner. Der Grund für **das Donnergeräusch des Wassers** ist sein Sturz aus der Höhe oder sein kräftiges Hervortreten aus Engstellen; so wie die Ursachen der Kälte Schnee, Marmorblöcke, Metalle, der hart gefrierende Himmel und eine rasche Bewegung sind, so auch ein Sturz aus der Höhe, und der größte, ein Gemisch von Salpeter – dies wird später gezeigt werden. Aber in manchen Quellen ist diese Kälte nicht beständig; zum Beispiel gibt es in Spanien, in einem Viertel der Stadt Pesquera de Duero, neben dem großen Fluss Douro, eine Quelle, elf Grad von den Kanarischen Inseln entfernt, vierzehn Grad vom Äquator, die von Frühlingsbeginn an und im Sommer viel Wasser spendet; zu Herbstbeginn beginnt sie zu versiegen und bleibt den Winter über trocken. Der spanische Arzt Blasius de Villa Franca glaubt, dass der Grund dafür (er schrieb dies als seine eigene Entdeckung) die Tiefe des Flusses ist, wodurch er im Sommer nicht austrocknet, sondern im Winter von den warmen Eingeweiden der Erde verzehrt wird. Wir haben aber gezeigt, dass das Erdinnere im Winter nicht heißer ist als im Sommer, sondern heißer im Verhältnis zur Luft. Da es also sehr kalt ist, hat es einen Anteil an Salpeter. Im Sommer fließt er in Rinnsalen von den Bergen herab, wenn der Schnee zu schmelzen beginnt. Im Herbst trocknet er aus, da das Wasser von den Bergen nicht mehr unter die Erde fließt, und deshalb bleibt er im Winter trocken – und der Schnee wird durch das frostige Wetter am Schmelzen gehindert. Dies scheint also ein allgemeines Phänomen zu sein, dass die Flüsse im Frühling und Sommer mehr anschwellen als im Herbst, im Winter aber viel weniger. Die genannte Quelle ist zwanzig Meilen von der einst berühmten Stadt Valladolid entfernt.

Man sagt auch, dass das Wasser in Elboganum einen beträchtlichen Lärm macht und einen sauren Geschmack hat. Aristoteles erinnerte daran, dass es in der Region des Monti Sicani in Sizilien einst Wasser gab, das die Einwohner anstelle von Essig verwendeten. Was ist daran verwunderlich? Ich habe gehört, dass in der Nähe von Rom, in der Villa des Kardinals Triultius, ein Wasser gefunden wurde, das **bitter schmeckt** und damit sehr gesund ist, sodass es regelmäßig ziemlich weit transportiert wird, und mit Wein vermischt wird, um Attraktivität zu gewinnen. Es wird angenommen, dass es durch Alaun und wohltemperierte Feuchtigkeit bitter wird, denn es ist von sich aus adstringierend. Wenn Alaun jedoch mit Wein vermischt wird, soll er Durchfall hervorrufen. So wird berichtet, dass in Kardia, in der Nähe des Sees Dascyli, an einem Ort namens Campus Albus gibt es ein **Wasser, das süßer ist als Milch**, und ein anderes in der Nähe der Brücke, die nach Valdeburgum führt. Und es gibt Gewässer, die dem Wein ähneln, wie einst auf der Insel Naxos (eine der Kykladen im Ägäischen Meer); daher schreibt Propertius im dritten Buch seiner *Elegien*:

> Und dir zu Ehren die duftenden Flüsse
> in der Mitte von Naxos,
> Flüsse, aus denen die Naxianer deinen
> Wein trinken.

Es ist kaum verwunderlich, wenn Plinius und Dioskurides berichten, dass sich Hydromel mit dem Alter in Wein verwandelt. Aristoteles führt die Ursache des Geschmacks von Wässern auf ihre Hitze zurück; gründlich erhitzte Erde verändert das Wasser und gibt ihm einen Geschmack. Auf diese Weise scheinen auch einige Quellen mit Öl durchtränkt zu sein, wie eine in Sachsen neben der bemerkenswerten Stadt Braunschweig, und in Schwaben neben dem Kloster mit dem Namen Degersee[74], und eine weitere in einem Tal des Juragebirges. Der Grund ist sehr fettes Bitumen – es besteht kein Zweifel, dass Bitumen Öl enthält. Wenn also das Wasser das Öl wäscht, während das Wasser darauf schwimmt, beweist dies die Herkunft des Öls. Es ist jedoch nicht wahrscheinlich, dass es vollständig aus Öl besteht. So ist es nicht verwunderlich, dass in der Nähe von Alexanders Zelt eine Ölquelle sprudelte, wie Arrianus (der wahrhaftigste aller griechischen Historiker) berichtet – oder eine in Rom zur Zeit des Augustus. Aber sie ist dort nicht entsprungen; ich behaupte nicht, dass es so war, und es macht keinen Unterschied, da wir gezeigt haben, dass es möglich ist und wie, denn es ist selten, dass solche Dinge geschehen, und sie geschehen an wenigen Orten, sodass sie, wenn sie geschehen, als Wunder angesehen werden. Andere Leute schreiben solche Dinge Gott zu. In Elis, einem Bezirk auf dem Peloponnes, verwandelte sich die Asche der olympischen Opfer durch das Wasser des Flusses Alfios in ein pechartiges Material, das Ereignis wurde als etwas Übernatürliches angesehen, weil es wegen des fettigen Wassers auftrat. Es gibt auch **saures Wasser**, wie das von Gelnica in der Slowakei, sozusagen das Gegenteil des fettigen Wassers. Das Gleiche gilt für die **Farben des Wassers**: Es gibt weißes Wasser am zweiten Meilenstein von Clauca bei der Stadt Meißen; rotes Wasser, wie bei Radera Misena, im Fluss nahe Radeburg, und von alters her in Judäa bei Joppa; grünes Wasser in den Karpaten bei Banska Bystrica; blaues Wasser, wie bei Blava zwischen Feltrium und Tarvisium, und man sagt, so etwas sei auch bei den Thermopylen geschehen; sehr schwarzes Wasser in der Aller, einem Fluss in Sachsen, wo sie in die Weser mündet. Die Ursachen sind die Farben von Töpferton, aber von einem dünneren Ton, denn dicker Ton haftet nicht am Wasser und färbt es daher nicht. Außerdem ändern einige Gewässer ihre Farbe, wie der Nil, wenn er in Dürreperioden austrocknet, wie Theophrast schreibt. Einige Gewässer bleiben unverdorben, wie der Tiber.

Eine ähnliche Bandbreite an Unterschieden gibt es auch bei den Gerüchen. Die meisten **Wassergerüche** sind unangenehm, denn wie bereits gesagt, riecht die Erde nur selten angenehm. Der schlimmste Gestank kommt aus dem Fluss Aniger in Elis, der nicht nur den Fischen, sondern auch den Menschen schaden kann. Und in einem Brunnen in der Nähe von Methone in Messenien wurde Wasser geschöpft, das hervor-

[74] »Degerse lacus«.

ragend roch. Der Geruch erinnerte an ein Cyzicenisches Pflaster[75]. Ein Cyzicenisches Pflaster bestand aus Krokus, Myrrhe, Weihrauch und nach Iriswurzel duftenden Gegenständen. Es ist also klar, dass die Ursachen der gegensätzlichen Dinge gegensätzlich sind, und dass das, was gut riecht, gesund ist, und das, was stinkt, schlecht ist. Andere Gewässer haben an anderen Orten die Kraft, Pflanzen hervorzubringen, was regelmäßig beobachtet wurde: der Mäander bringt Tamarisken hervor, der Asopus in Böotien tief wurzelndes Schilf, der Nil den Persischen Baum. Es wird richtig sein, die Kräfte der Gewässer auch daran zu messen.

Einige Gewässer sind leicht, andere schwer. Nach Aristoteles ist das gesamte Oberflächenwasser leichter, nicht nur in Flüssen, sondern auch in Quellen und Brunnen, und die schwersten Gewässer befinden sich auf dem Grund; dies ist auf der gleichen Skala von Teilen wie für das Ganze, denn alle schweren Dinge bewegen sich nach unten, während die leichten nach oben schwimmen. Strabo berichtet, dass das Wasser des Eulaeus um eine Drachme (das heißt um das Maß eines kleinen Bechers) leichter war als die anderen. Dies entspricht nach Plinius einem fünfzehnten Teil.

Doch gehen wir von diesen Themen zu den **Wasserwundern** über: Es gibt Wasser von größter Kraft, sodass sogar Holz zu Stein wird. Albertus Magnus berichtet, dass in der dänischen See bei Lübeck zu seiner Zeit ein Ast mit einem Nest und Küken gefunden wurde, und als Ast, Baum und Nest zu Stein verwandelt wurden, behielten sie ihre purpurne Farbe. Und Georgius Agricola berichtet, dass in der Gegend von Elboganum, nahe der nach den Falken benannten Stadt, ganze Tannen mit ihrer Rinde versteinert worden waren – und zwar so, dass in ihren Rissen der Stein Pyrit vorhanden war. Und Domitius Brusonius berichtet, dass im Fluss Sylaris, der an den Wurzeln des Berges in der Gegend der alten Stadt Ursentinora, jetzt Contursi, fließt, sich die Blätter und Äste der Bäume in Stein verwandelt haben – er sagte dies nicht aufgrund der Autorität anderer, sondern aufgrund seiner eigenen, da er ein Bewohner der Gegend war. Die Rinden auf den Steinen zeigen durch ihre Anzahl die Jahre an. Ebenso verwandeln sich die verstreuten Tropfen der Gottischen Quelle (das ist der Name, den die einfachen Leute ihr geben) in Stein. Und in Slowakien wird das Wasser von Kirchdrauf zu Stein, wenn es in Gefäße gegossen wird.

Aber die Ursache ist nicht in allen diesen Fällen dasselbe; diejenigen, die sich durch äußere Hitze in Steine verwandeln, können gefahrlos getrunken werden, da um alle heißen Wasser herum poröse Steine entstehen; aber Quellen, die fest gefrieren, sind voller Gips, und nicht frei von Gift – Kälte härtet alles und setzt es zu Steinen zusammen. Aus diesem Grund ist in den Flussbetten (außer bei trägen Flüssen) fast immer ein guter Bestand an Steinen vorhanden, wegen der ständigen Bewegung, welche die Erde wegbefördert. Andererseits bezeugt Aristoteles, dass sie sich im Meer auf diese Weise bilden: Schaum entsteht durch das Aufeinanderprallen der Wellen, wird später durch andere Wellen verdichtet und verfestigt sich schließlich, getrocknet durch den Salzgehalt und unter Zugabe von feinerem Sand, zu Steinen. Obwohl dies nur von Steinen gesagt wurde, die im Meer entstehen, wird es so interpretiert, dass es für alles gilt, was im Wasser entsteht. Aber in Flüssen, Bächen und Quellen ist es die Kälte, die verfestigt, und nicht das Salz. Doch ist diese Kälte eine Art von Hitze – manche Hitze entsteht durch Auflösen, manche durch Erstarren, und beide durch Zusammenziehen. Die Hitze, die dies durch Erstarren tut, wird Kälte genannt, weil nach Galen nichts in einem kalten Menschen erstarrt ist. Diese Hitze ist weniger als die menschliche Hitze, und deshalb nennen wir

[75] Nach Herodot, *Historien*, 4,75,1.

sie kalt. Sie haben also die Gemeinsamkeit, dass sie aus seltenerer Erde und aus Schaum entstehen. In Sturzbächen und fließenden Flüssen werden daher mehr Steine erzeugt, weil der Sand feiner, die Kälte größer und der Schaum reichlicher ist. Und es ist offensichtlich, dass der Schaum aus dem fetteren Teil des Wassers besteht, und auf diese Weise haben die Steine Leben, denn auf diese Weise entstehen auch die Pflanzen. Das verdanken wir Aristoteles, der uns die Saat so vieler guter Dinge hinterlassen hat.

Es gibt noch andere Wasserwunder: Aus einem sehr hohen Felsen, der an Kyllene angrenzt, sprudelte Wasser, das alle Schiffe in Angst und Schrecken versetzte und nur mit den Hufen eines Pferdes weggetragen werden konnte. Es wurde stygisch genannt, wohl weil es die Menschen ins Jenseits beförderte. Es heißt, dass Alexander damit vergiftet wurde. Nachdem dieses Wasser in Bächen abwärts geflossen war, vermischte es sich mit dem Fluss Crathis. Auch Flavius Josephus berichtet, dass es in Judäa in der Nähe von Syrien, zwischen den Städten Arcas und Raphanas, wo König Agrippa herrschte, einen Fluss namens Sabbaticus gab, der täglich außer am Sabbat zu fließen pflegte und deshalb so genannt wurde. Leichtgläubige Menschen schreiben der Religion etwas zu, was auf eine natürliche Ursache zurückzuführen ist: Es sammelte sich genug Wasser an, um für sechs Tage zu genügen, aber nicht für einen siebten. In der Tat ist die gleiche Ursache für das periodische Fieber des Menschen verantwortlich. Die Welt aber ist ein großer Mensch.[76]

Bewegung und Transparenz sind **Eigenschaften, die dem Wasser und der Luft, dem Äther und dem Himmel gemeinsam** sind. Der Äther zeichnet sich durch Leichtigkeit, Reinheit, Verdünnung, sehr schnelle Bewegung und das Fehlen von Qualitäten aus, jedoch nicht mehr als der Himmel. Da es aber viele Arten von Gewässern gibt, können sie kaum etwas gemeinsam haben. Es gibt nämlich Meerwasser, Seewasser, Flusswasser, Sumpfwasser, Morastwasser, Bachwasser, Quellwasser, Brunnenwasser, Wolkenwasser, Sturmwasser, Schneewasser, Eiswasser, heißes Wasser, in einem Reservoir gesammeltes Wasser und Wasser in Tümpeln, um diesen Begriff zu verwenden. Am besten ist Quellwasser; Eiswasser schwächt den Magen und die Glieder, ebenso wie Schnee- und Sturmwasser; es kommt tatsächlich von einem hohen und kalten Ort herab. Es ist weniger schädlich als Schneewasser, genauso wie Schneewasser weniger schädlich als Eiswasser ist. Meerwasser ist für die Medizin geeignet. Wasser aus Sturzbächen und schnell fließenden Flüssen sowie Seewasser führen zu einer Art Wassersucht, die Aszites genannt wird, Seewasser jedoch weniger. Das Wasser sanfter Flüsse wie des Nils, des Eridanus und des Tibers ist dem Wasser von Quellen sehr ähnlich. Sumpfwasser ist schlecht, Morastwasser noch schlimmer, am schlimmsten ist Teichwasser – neben Wassersucht führt es zu einem Bruch der Speiseröhre, zu einem schlechten Körperzustand, zu Gelbsucht und Fieber und verkürzt das Leben. Heiße Wässer haben nicht alle die gleiche Kraft; sie werden in den medizinischen Abhandlungen besprochen, ebenso wie die in Zisternen gesammelten Wässer. Trübes Wasser enthält, wie gesagt, salzige und halbfaule Stoffe. Bei jeder Art von Wasser sind die leichtesten sicherer und zerfallen langsamer, da sie weniger feucht sind und mehr durch die himmlische Hitze zusammengebraut werden. Deshalb sind sie umso leichter, je trockener sie sind und je weniger sie die Dinge abkühlen (da sie näher an der Substanz der Luft sind), und sie verfaulen schwerer, was sie auch viel gesünder macht.

[76] »Mundus autem homo magnus.«

Buch III: Über den Himmel

Es ist genug über die Elemente gesagt worden. Jetzt geht es um den Himmel: Ob er ewig ist, wie Aristoteles glaubt, oder erzeugt, wie Platon, oder geschaffen, wie die Theologen glauben, er scheint eine unterschiedliche Substanz zu haben. Zunächst einmal, was Amerigo Vespucci während seiner dritten Reise nach Indien sorgfältig über die Größe der Sterne aufgezeichnet hat – dass es drei Canopus gibt, die groß, aber nicht hell sind: der erste neuneinhalb Grad vom Südpol entfernt; der zweite zwölf Grad entfernt; der dritte mit zweiunddreißig entfernt, und er ist der größte, leuchtet aber nicht stark. Pietro d'Abano berichtet, wenn auch im Vertrauen auf die Angaben anderer, dass es dort einige große Sterne gibt, die nicht sehr hell sind, wie wir sie oben erwähnt haben. Auch Ptolemäus bezeichnet Canopus als einen sehr hellen Stern, beschreibt aber nicht seine Größe. Ich denke jedoch, dass dies der letzte der von Vespucci beschriebenen Sterne ist – er ist ein berühmter Mann, und er stand selbst am Ruder der Schiffe. Aber die beiden Sterne, die näher am Südpol liegen und einst unbekannt waren, ähneln Wolken, in deren Mitte ein Stern liegt, sodass diese Wolken uns sagen, dass es sich um einen dichteren Teil des Himmels handelt, und es gibt eine Schar von kleinen Sternen. Aber wie Andrea Corsali, der Florentiner, berichtet, ist dieses Kreuz zwanzig Grad vom Südpol entfernt und umkreist ihn, wie bei uns der Bär oder der Wagen in unserem Blickfeld kreisen, aber es ist viel heller. Es gibt auch sechs sehr hell leuchtende Sterne, die der Form einer Trompete ähneln, von denen Canopus einer ist. Die verschiedenen Farben der Sterne, ihre Größe und Helligkeit sowie der Fleck auf dem Mond zeigen, dass die Substanz des Himmels vielfältig ist, und dass die größeren Sterne im südlichen Teil angesiedelt sind. Einige von ihnen kommen ihnen an Helligkeit gleich. Canis Major befindet sich jenseits des Himmelsäquators, und jeder kann sehen, wie sehr er leuchtet. Man nimmt an, dass Canopus genauso groß ist, und dass er 38 Grad weniger vom Südpol entfernt ist. Aber in Alexandria ist der gesamte Himmel sichtbar, außer dem 41. Grad.

Über den Himmel weiß man eigentlich viel mehr als über die Erde, denn der Himmel befindet sich weiter oben und ist in ständiger Bewegung. Aus diesen beiden Gründen ist fast alles bekannt; nur 31 Grad um den Südpol herum waren Ptolemäus unbekannt. Nach dem Beweis des Archimedes beträgt also das Unbekannte ein Dreizehntel des Bekannten oder etwas weniger; daher war für Ptolemäus nur ein Vierzehntel des Himmels unbekannt.

Jemand wird vielleicht die Frage stellen, **ob das Licht des Mondes vollständig von der Sonne abhängig ist.** Das ist es nicht, aber es ist viel weniger abhängig als die übrigen Sterne. Man ist sich in der Tat einig, dass bei vollständiger Mondfinsternis ein roter Schein zu sehen ist, so wie Feuer den Frost röten kann, und das ist dann sein eigenes Licht. Aber wenn nachts in der Ferne nichts Dunkleres zu sehen ist als das Feuer, und eine rote Flamme erscheint, so ist es offensichtlich, dass der Mond, wenn er sich weit entfernt verfinstert, ein eigenes Licht besitzt, das heller ist als jede Flamme oder Kerze. Stellt euch vor, der Mond ist wie eine riesige helle Flamme, ganz allein und ohne Hilfe der Sonnenstrahlen. Dann betrachte, wie der Mond mithilfe des Lichts der Sonne, wie bei Vollmond, selbst bei einer Finsternis viel heller ist – du wirst leicht begreifen, dass ein von den Sonnenstrahlen erleuchteter Mond heller und klarer ist als die Sonne selbst, sodass nicht einmal ein Adler, von dem es heißt, er könne gefahrlos in die Sonne blicken, es wagt, ihn anzuschauen. Vergleicht man ihn mit dem Glanz der Sonne, so wird sich das Wort des Propheten[1] gewiss als wahr erweisen, dass an jenem Tag Sonne, Mond und Sterne siebenmal so viel Licht haben werden als jetzt, und zwar in einer Länge, die siebenmal größer ist als hier, und sie sollen ein klares und fruchtbares Licht erhalten. So leuchtet und strahlt alles über dem Äther, so sehr, dass wir, wenn wir zur Zeit einer Finsternis den Mond betrachten, gerade so als ob unzählige leuchtende Kerzen angezündet und unsere Augen darauf gerichtet wären und von der Helligkeit geblendet würden.

Aber warum scheinen die Sterne zu funkeln? Da die Substanz des Himmels stark verdünnt ist, werden die Strahlen, die zu uns kommen, oft gebrochen, aber immer in Richtung der Senkrechten. Deshalb scheinen sie zu schwanken, wenn sich die Luft bewegt, so wie Kieselsteine, die auf dem Grund des Wassers liegen, durch die Bewegung des fließenden Wassers zu zittern scheinen. Bei Lichtern nennt man das Funkeln. Der Mond und die Planeten funkeln nicht, weil ihre Strahlen uns mit starken Kräften erreichen; sie sind viel näher an unserem Standort als die Fixsterne. Ein Beleg dafür ist, dass, wenn sie mehr funkeln, und wenn sogar Planeten funkeln, was anormal ist, sie die Zukunft richtig vorhersagen. Die mittlere Luft in der Höhe, wenn sie stark aufgewühlt ist, lässt sie nämlich schneller und deutlicher funkeln. Wenn der Mars sehr dunkel und rot ist, flimmert auch er, besonders in den Augen derjenigen, deren Sehkraft schwach ist. Auch dies entspricht der Theorie, weil diejenigen, die nicht gut sehen können, meinen, dass die Sterne stärker funkeln. Ebenso funkeln die Sterne jenseits des Äquators mehr, weil sie weiter entfernt sind. Daher funkelt auch Canis Major, der wegen seiner Helligkeit weniger funkeln sollte, wegen seiner Größe sogar mehr, da er weit entfernt ist. Und du wirst bemerken, dass Sterne in einem Teil des Himmels mehr und in einem anderen weniger funkeln, sehr wenig in der Höhe und bei denen, die groß sind und hell leuchten, und in der Nähe der Pole, denn dort bewegt sich die Luft weniger, und es gibt dort keine Winde. Entfernte Sterne in der Nähe des Äquators funkeln sehr stark, weil sich der Äther dort sehr schnell bewegt, und das gilt auch für kleine Sterne, vor allem da in dieser Gegend der Wind beständig am stärksten weht. Aus demselben Grund sehen sie auch kleiner und weiter entfernt aus, als sie tatsächlich sind. Umgekehrt sehen Kieselsteine im Wasser und Fische größer aus, als sie wirklich sind, und alles Wasser sieht von der Seite betrachtet kleiner aus und wird als flacher eingeschätzt. Deshalb geraten unachtsame und fehlgeleitete Menschen in die Gefahr des Ertrinkens.

Erläutern wir also den Grund dafür und für andere Punkte, die es zu erklären gilt: **wo das Gesehene zu sein scheint.** Alles Gesehene erscheint dort, wo die Senkrechte zum Gesehenen, die von diesem über das Medium, das die Ursache des Sehens ist, gezogen wird, auf die Linie trifft, durch die das Gesehene erscheint und die immer vom Gesehenen zum Auge hin verläuft. Zunächst sei das Auge bei A, und das Ding bei B wird dann in demselben Medium in

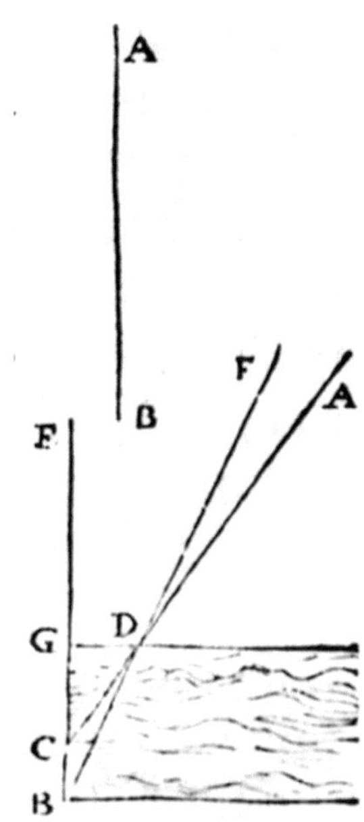

[1] Jesaja 30, 26.

seiner Lage gesehen, weil die Senkrechte dieselbe ist wie die Linie, die zum Auge führt. Wiederum sei A das Auge in der Luft,

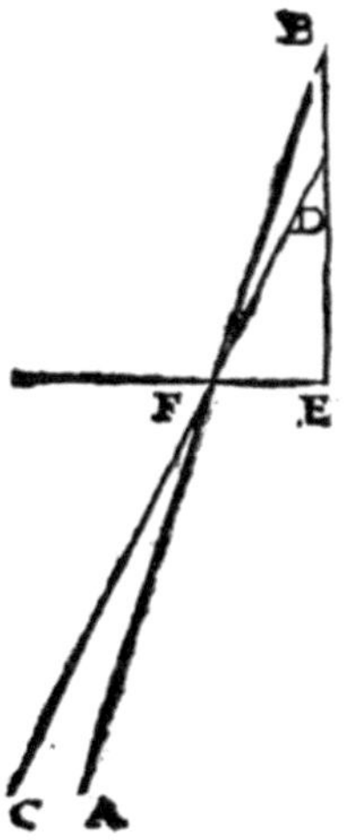

B das im Wasser Gesehene, die Senkrechte zur Luft sei, die Gerade BFA werde von der Senkrechten zum Auge von F aus gekrümmt, sodass BFC gezogen wird, CF wird nach D verlängert, und B wird bei C gesehen, daher erscheint die Tiefe des Wassers nur als DE. Wiederum sei ein Stern am Himmel D, der Himmel darüber sei EF, das Lot sei DF, der gerade verlaufende Strahl sei DFC; wenn er bei F ein dichteres Medium, nämlich die Luft, erreicht, wird er zum Lot hin gebogen, und DFA sei der Weg, auf dem das Auge A den Stern D sieht. Daher sei AF in einer geraden Linie erzeugt, und D werde bei B gesehen, nämlich dort, wo sich zwei Linien treffen: die Senkrechte DE vom Gesehenen zum Medium, und die Linie BFA, wenn sie von dem Teil ausgeht, der das Auge berührt, das heißt, der Teil AF ist eine Tangente zum Auge.

Sie werden aber sagen, dass die Sterne viel näher aussehen, als sie tatsächlich sind, wenn die Angaben der Astrologen über ihre

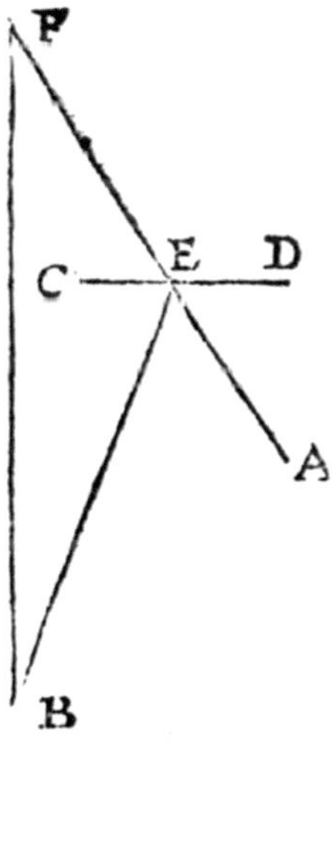

Höhe stimmen; sie sehen also nicht hoher aus, als sie sind. Ich stimme zu, dass sie viel näher eingeschätzt werden, aber aus einem anderen Grund: weil der Abstand zwischen ihnen und uns nicht geschätzt wird; deshalb sehen alle Sterne beim Auf- und Untergang größer aus als in der Höhe des Himmels, weil die dazwischen liegende Größe der Erde bewirkt, dass das Auge sie als weiter entfernt und damit größer einschätzt. Auch ein Turm wird von einem Auge, das seine Entfernung schätzt, als größer eingeschätzt als ein Unterarm, selbst wenn er einen kleineren Winkel zum Auge einnimmt als der tatsächliche Unterarm. Aus diesem Grund sehen die Sterne nahe aus, weil sich zwischen ihnen und dem Auge kein Körper befindet, dessen Länge das Auge einschätzen kann, sodass es sie für weit entfernt hält, obwohl sie, wie gesagt, unter Berücksichtigung des Mittels höher sind. Was aber die Sterne im Osten und Westen größer erscheinen lässt, ist die Dichte der Luft – nicht der Luft, in der wir leben, sondern der Luft, die weit von uns entfernt ist. Der Beweis dafür ist, dass bei bewölktem Wetter auch die Sterne viel größer aussehen. Das könnte nicht passieren, wenn es allein auf die Entfernung zurückzuführen wäre.

Aber ich fahre fort, **anhand von Beispielen zu erklären, wo die Dinge zu sein scheinen**. Es sei ein Auge A, ein gesehenes Ding B, ein Spiegel CD, und man zeichne BF senkrecht zur Oberfläche des Spiegels,

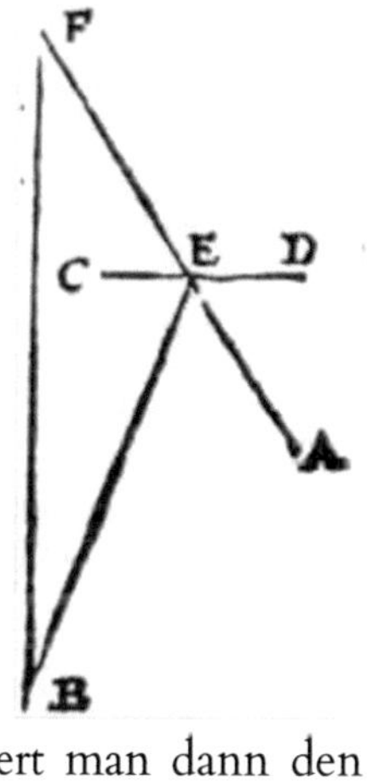

wobei man annimmt, dass diese Oberfläche ausgedehnt ist, da sie sich nicht zu berühren braucht, und man zeichne BF reflektiert auf A, sodass der Winkel BEC gleich dem Winkel AED ist (dies muss bei jeder Reflexion eines Strahls von einem wie auch immer gearteten Spiegel so sein). Verlängert man dann den reflektierten Teil AE und lässt ihn bei F zusammenlaufen, so sieht man an diesem Punkt B – die Erfahrung bestätigt dies. Auch in einem konkaven Spiegel CD, dessen Zentrum E ist, wird das ursprünglich Gesehene bei B platziert, durch den reflektierten Strahl BCA erreicht es das Auge, und eindeutig wird es ein Lot EBF geben, das am Punkt F von AC reflektiert wird – und dies wird der Ort sein, an dem das Auge A B (das Gesehene) sehen wird. Daraus folgt, dass B auf der Geraden

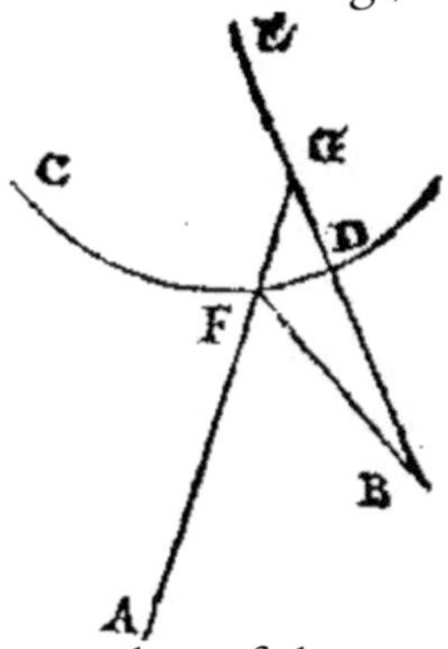

nicht bei F gesehen wird, wie es in der vorherigen Abbildung der Fall ist. Hier wird B in der Regel nicht in der Geraden von F nach B selbst gesehen, weil das Auge durch den Vergleich einer Ebene DK, die auf dem Spiegel liegt, urteilt, und doch werden der Punkt F und die Senkrechte vom Punkt E aus genommen, den das Auge weder sieht noch wahrnimmt.

Wiederum sei G, das im Hohlspiegel gesehen wird, und es wird notwendigerweise ein Lot GEF geben, und entlang eines reflektierten Strahls GDA wird es vom Auge gesehen werden; dann wird der Strahl AD das Lot bei H treffen; so wird das Ding bei H gesehen werden, und somit in der Luft außerhalb des Spiegels – es ist außergewöhnlich, aber es entspricht dennoch der Erfahrung. Wir haben aber gesehen,

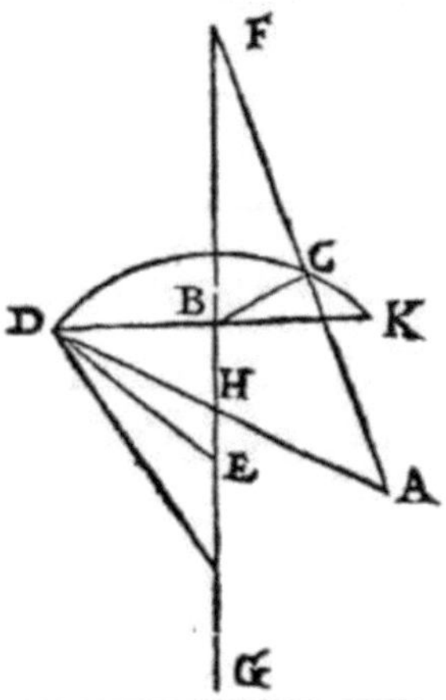

dass dies in großen Spiegeln viel besser vor sich geht, sodass das Geschehen durchaus einem Wunder gleicht. Es geschieht auch in anderen Arten von Spiegeln, wie konvexen, kugelförmigen und säulenartigen Spiegeln. Zu einem Wunder gesellt sich ein größeres Wunder, wenn etwas gesehen wird, das gar nicht in der Luft ist, wenn eine dämonische Nachahmung projiziert wird, wie Vitellio erklärte. Wir werden seine Grundlage später darlegen, wenn wir uns mit Licht und Beleuchtung befassen.

Um zur letzten Art zu kommen: Wenn ein konvexer Spiegel wiederum bei CD steht, das Auge bei A, und das Gesehene B, gibt es eine Senkrechte zum Mittelpunkt des Spiegels BDGF, und ein reflektierter Strahl AFG trifft sie bei G, wo B gesehen wird. Die gleiche Theorie zeigt die Position des Gesehenen bei zylindrischen und konischen Spiegeln. Es gibt also drei wesentliche Voraussetzungen, die wichtig sind für das Sehen: die Position des Gesehenen und dass das Gesehene nicht kleiner ist als das in dieser Entfernung sichtbare Minimum; dieses – also das Minimum – muss für jede Entfernung entdeckt werden; und dass alles, was kleiner ist als das Minimum, so ist, als existierte es nicht. Auf diese Weise ist es nicht schwer zu entdecken, warum die Sterne, obwohl sie flach erscheinen, in Wirklichkeit rund sind; denn eine Linie, die von einem Punkt D auf ein Auge A gerichtet ist, ist nicht kleiner als die Linie BA, auch nicht CA, außer in einer Linie, die um DE

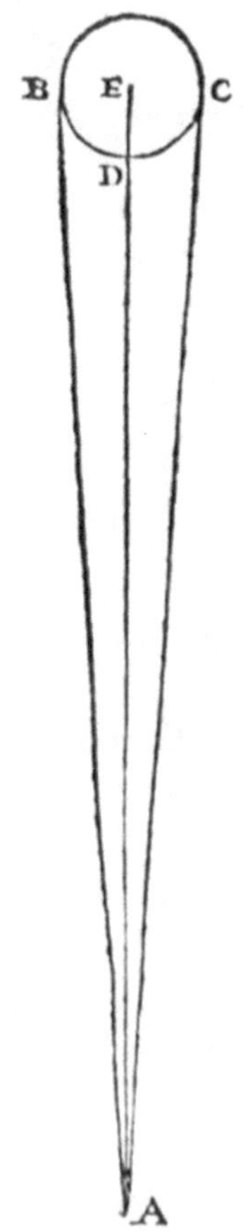

kleiner ist. Da nun die Linie DE wegen der übermäßigen Höhe der Sterne in keiner Beziehung zu DA steht, so ist kein Unterschied zwischen AB und AC und AD wahrnehmbar, und so werden sie alle als aus derselben Ebene kommend gesehen, so wird BDC als flach gesehen, und so erscheinen alle gerundeten Dinge in der Ferne flach.

Es soll nun allgemein gezeigt werden, dass **die größten Sterne** diejenigen sind, die zuerst die größte Entfernung haben und daher am größten sind. Wenn nun zwei Linien AB und AC von demselben Punkt A ausgehen und selbst gleich sind, und zwei gleiche

Linien FB und FD in sie eingeschnitten werden, und zwei weitere GE und GC, die diesen gleich sind, und BC und FG eingezeichnet werden, und die Senkrechten DH, EK, FL und GM, dann werden die Winkel L und H gleich sein, weil sie rechte Winkel sind, ebenso wie BFL und FDH, da DH und FL parallel sind, und die Linie DF direkt gegenüber und gleich FB direkt gegenüber, und daher ist BL gleich FH, und MC gleich KG auf derselben Grundlage. Da also BC größer als FG ist, wie aus dem vierten Satz des sechsten Buches der Elemente von Euklid hervorgeht, wird es der Fall sein, dass BC so weit vergrößert werden kann, dass BL und MC, die immer gleich bleiben, in Bezug auf die Entfernung kleiner sind, wenn ein Minimum gegeben ist. Aus dem dritten Satz geht also hervor, dass die Differenz zwischen FB und GC verborgen ist, sodass sie als parallel betrachtet werden. Vitellio versuchte dies zu beweisen, was ihm nicht gelang, und schließlich, nach vielen Fehlern, versuchte er zu beweisen, dass es falsch ist, offensichtlich weil BL weniger als FH wäre; und das ist falsch – in der Tat, wie ich gezeigt habe, ist es gleich, und aus dieser Gleichheit hat BL selbst eine geringere Beziehung zu BC als FH zu FG. Dies genügt, um den Satz zu beweisen. Da also die Sonne oder der Mond oder ein anderer Stern einen fast gleichen Schatten auf ein Ding wirft, was man auf der Erde oder auf einem Holz sieht, das seinen Strahlen gegenübersteht, gleichgültig, ob die Strahlen von einem einzelnen Punkt oder von einem ganzen Körper ausgehen, ist man sich einig, dass das Verhältnis der Hohe zu FG nicht vergleichbar ist, wenn man diesen Beweis abändert. Da dies also auch bei Türmen und verschieden großen Bergen vorkommt, müssen die Linien GC und FB parallel sein; daher ist die Höhe des Sterns A sehr groß, und auch der Stern ist sehr groß, weil er von so weit weg in der Größe wahrgenommen wird, die wir sehen.

Nach dem Schatten auf der Erde bei Sonnenfinsternissen zu urteilen, ist **der Durchmesser der Sonne** elf, in der Einheit, in der der Durchmesser der Erde zwei ist; da der Durchmesser der Erde zweimal fünftausend Meilen beträgt, wird der Durchmesser der Sonne elf mal fünftausend Meilen, also fünfundfünfzigtausend Meilen betragen. Das Verhältnis des Sonnenkörpers zur Erde ist 166 und drei Achtel zu eins, der Umfang des Großkreises 173.000 Meilen plus 250. Das Verhältnis des Erddurchmessers zum Monddurchmesser ist 17 zu 5, und so enthält der Erdkörper den Mondkörper fast 39 mal, plus zwei Drittel. Der Durchmesser des Mondes: 2941 Meilen.

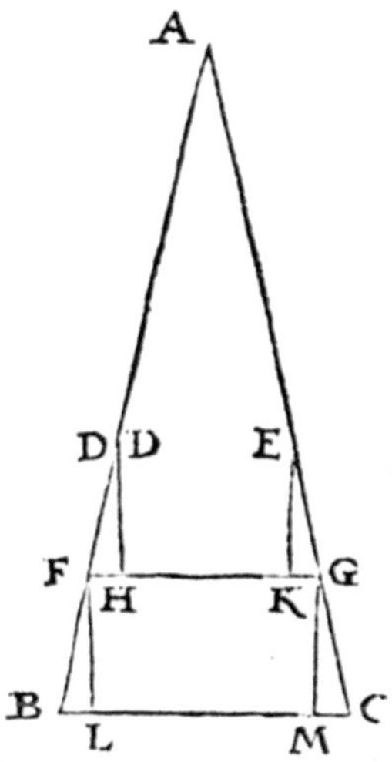

Der Umfang des Großkreises: 9000 Meilen und zusätzlich 264. Die Höhe dieser ist auch dem Beweis von Ptolemäus zu entnehmen: die Sonne ist vom Zentrum der Erde sechstausend und fünfzigtausend Meilen entfernt. Vom Zentrum des Mondes aus: 320.000 Meilen plus 833. Kegel des Schattens von demselben: 1340 Tausend Meilen. Zieht man also von jeder dieser Entfernungen 5.000 Meilen für den Radius der Erde ab, so bleiben die Entfernungen von Sonne und Mond sowie des Schattenkegels von der Erdoberfläche oder von unseren Augen. Die **Entfernung der Sonne vom Mond**, wenn die Sonne verfinstert ist, oder vielmehr die Entfernung der Sonnenkugel von der Mondkugel, beträgt 5684 Tausend italienische Meilen (wie in dieser Erörterung definiert), plus 167. Und die Beobachtung, die Philipp Melanchthon über **die Entfernung der Erde von der Sonne** gemacht zu haben scheint, ist erstaunlich: Während zur Zeit von Ptolemäus und Hipparchus der Mittelpunkt der Sonne 24 plus ein Fünftel Erddurchmesser (d.h. 242 Tausend Meilen)

von der Erde entfernt war, ist er jetzt nur noch 18 plus zwei Fünftel Erddurchmesser (d.h. 184 Tausend Meilen) von demselben Mittelpunkt der Erde entfernt. Das gilt manchen als Beweis für ein alterndes Universum. Aber eine Erklärung kann entweder aus einer Änderung der Instrumente, der Anordnung des Sonnenhimmels oder aus der Beobachtung der Tagundnachtgleichen abgeleitet werden, die sich sowohl in der Lage als auch in der Größe der Sonne ändern, wodurch die Tagundnachtgleiche schneller eintritt, als man annehmen könnte. Da dies von vielen Menschen bemerkt wurde, wird es auf die Größe der Sonne zurückgeführt. Die Sonne sei AB, ihr Mittelpunkt C, die Erde ist DE, ihr Mittelpunkt ist F, die Linie GHM berührt die Sonne und die Erde, die Spitze des Kegels ist M. Da also H die Sonne und die Erde berührt, werden die Winkel G und H rechte Winkel sein, daher ist GC parallel zu FH, und so ist der Teil GB dem Teil HE ähnlich. Wenn also das Verhältnis von GC zu FH bekannt ist, wird auch das Verhältnis von GM zu MH bekannt sein, und ebenso das von CM zu MF. Und da CM durch den Vergleich mit FH und CG als bekannt vorausgesetzt wird, und H ein rechter Winkel ist, werden GH und GF bekannt sein, und der Winkel GCF ist bekannt. Und daher ist GCB, und damit der Bogen EH ähnlich wie GB, und damit die Überschreitung der **Länge des Äquinoktialtages** über 12 Stunden.

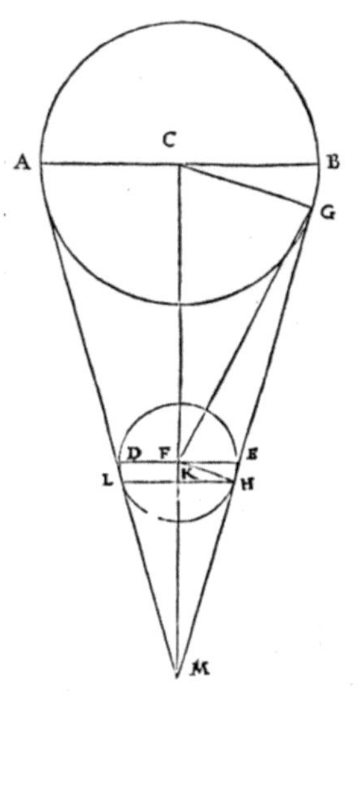

EH soll wegen DL verdoppelt werden, der Bogen LDEH soll bekannt sein. Dann ist GC daneben fünfeinhalb, FH ist 1, FC 1200 und CM 1468. Somit ist GM 1467 Grad 59′ 23″. MH ist also 267 Grad 59′ 4″. Der Rest GH beträgt also 1199 Grad 59′ 30″; GF beträgt also 1199 Grad 59′ 31″ 30‴. Im Dreieck CFG ist also eine Seite CF 1200 Grad. Die zweite Seite, FG, 1199 Grad 59′ 31″ 30‴. Die dritte Seite, CG, 5 Grad 30′. Es ist also offensichtlich, dass FC und FG fast gleich groß sind und dass das Verhältnis von beiden zu CG 218 2/11 zu 1 beträgt.

Es ist klar, dass der Durchmesser FN in die Mitte fällt und CG in gleichen Teilen bei O schneidet, wobei FC und FG gleich sind. Zieht man nun das Quadrat von CO, das 7 9/16 beträgt, vom Quadrat von FC ab, so bleibt das Quadrat von FO übrig. Was ist dann seine Seite? Es ist FO, in Grad offensichtlich 1199 + 59′ 49″. Wenn das Quadrat von CO (das, wie gesagt, 7 9/16 ist) dadurch geteilt wird, ergibt sich ON: 0′ 23″. Die gesamte FN ist also 1200 Grad + 0′ 12″. Ziehen wir diese wegen des nicht wahrnehmbaren Unterschieds von allem ab, so bleiben FE, in Grad 1199 + 59′ 37″, und CG, 5 Grad + 30′. Wenn man dann FN bis auf 120 Grad entfernt und durch zehn teilt, wird FC in Grad 119 + 59′ 58″. Der Bogen FC liegt also bei 179 Grad + 36′ 00″. CN ist dann in Grad 0 + 34′ 00″. Daher liegt CG in Grad 0 + 48′ 00″. Die beiden Bögen DL und EH sind also gleich oder ähnlich zu diesem Bogen, denn sie sind das Doppelte des Bogens BG, zu dem auch CG das Doppelte ist, da er im Umfang liegt. Der gesamte Bogen LDEH ist also 180 Grad + 48′ 00″, und deshalb dauert der Tag zur Tagundnachtgleiche 12 Stunden 3 Minuten 12 Sekunden und die Nacht 11 Stunden 56 Minuten 48 Sekunden. Und so ist es bei der Tagundnachtgleiche die ganze Zeit. Und die Tagundnachtgleiche findet bei uns am Tag vor dem Eintritt der Sonne in das Sternzeichen Widder statt, und außerdem am zweiten und dritten Tag nach dem Eintritt der Sonne in das

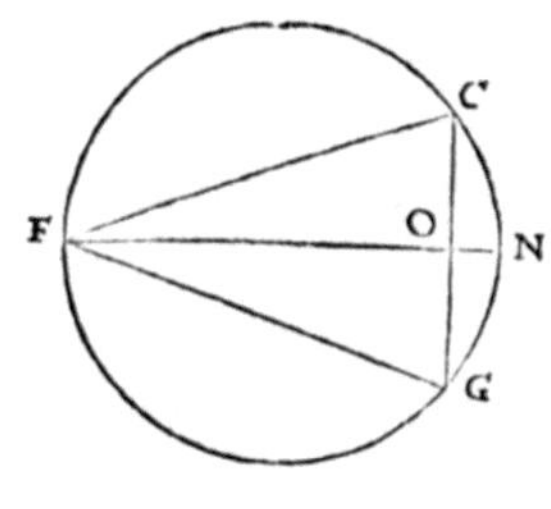

Tierkreiszeichen Waage, also am 8. März und am 15. September.

Das entspricht schön der Erfahrung. Ist der Bezirk aber etwas höher gelegen, wie in den höchsten Bergen, so liegt er so weit vor dem Eintritt der Sonne in den Widderanfang, dass die astronomische Berechnung als falsch angesehen wird. Außerdem ist der 12. Tag im Juni doppelt so lang wie die Nacht. In unserer Epoche ist der erste Tag der Tagundnachtgleiche der 10. Tag im März; er wird sechs Minuten länger sein als die Nacht. Hinzu kommt das Thema der Kollision der Illuminatio[2], auf das wir später zu sprechen kommen werden. Ich will einen Punkt nicht außer Acht lassen, der ebenfalls Erstaunen hervorruft: Je höher die Sonne steigt und damit weiter von uns entfernt ist, desto mehr wärmt sie uns, weil die Winkel näher am rechten Winkel liegen. Und deshalb ist der Winter kälter, weil die Sonne näher an der Erde ist.

Aber **warum verändert nur der Mond** seine Form, während alle anderen Sterne immer rund sind? Ändert er seine Form, weil er lichtundurchlässig ist und sein eigenes Licht so viel schwächer ist als das der Sonne, dass es in dem Teil, der nicht von der Sonne beleuchtet wird, unsichtbar ist? Es ist auch eine Besonderheit des Mondes, dass er einen Makel, einen Fleck[3] besitzt, der in der Antike eine große Debatte auslöste, denn nicht Wenige nahmen an, dass der Mond ein Teil der elementaren Natur ist[4] und deshalb veränderlich und vergänglich ist. Andere nehmen an, dass er ein Abbild des Ozeans oder der Erdkugel ist, das wie von einem Spiegel zurückstrahlt. Wenn er aber einen ewigen Körper hat, so leugnen wir, dass er irgendeinen Anteil an der Sterblichkeit hat. Auch kann ein Bild oder eine Form in einem so weit entfernten Spiegel nicht gleich sichtbar sein. Entweder zeigt er also den Fleck an einer Stelle, die durchlässig ist, wie bei Spiegeln, bei denen das Blei abgekratzt wurde, oder aber der Fleck ist die Grenze der Sichtbarkeit; der Mond kann nicht an einer Stelle durchlässig sein, an der er sichtbar ist, es sei denn, er wird durch irgendeine Bewegung so herumgetragen, dass er durch eine kleine runde und exzentrische Bewegung wieder in dieselbe Ansicht zurückkehrt. Wenn es aber eine Grenze des Sehens gibt, warum tritt sie dann nicht anderswo auf? Es scheint also nicht verwunderlich, dass dieses Problem die einen erschöpft und die anderen, die bescheideneren, abgeschreckt hat. Wenn also, wie Calippus und Eudoxus meinten, die Bewegung des Mondes frei ist, ohne kleine runde und exzentrische Bewegungen, dann wird der Grund für den Makel des Mondes entdeckt – nämlich die Unklarheit, die aus der Transparenz entsteht. In der Tat sieht der Teil, in dem das Licht der Sonne nicht reflektiert wird, dunkel aus. Aber von der Transparenz wird das Licht nicht reflektiert – es geht tatsächlich hindurch. Am Himmel gibt es eindeutig eine Bandbereite zwischen kompakten und verdünnten Bereichen, wie wir an der Milchstraße sehen können.

Es gibt noch ein anderes Problem in Bezug auf den Mond, das für unsere Sinne offensichtlicher ist: **Warum verursacht bei uns ein Vollmond eine größere Flut** im Meer, bei den Indern aber ein Neumond? Die Ursache für die Flut wird in der milden Hitze und der Nähe des Mondes gesehen. Bei einer Konjunktion und Vollmond steht der Mond an der gleichen Stelle, das heißt, er ist näher an der Sonne. Aber auf halbem Weg zwischen den Vollmonden ist er näher an der Erde. In unseren Gegenden ist er gemäßigter, wenn er voll ist, weil die Luft weniger warm ist, aber bei den Indern ist er so bei Neumond, wegen der dortigen Hitze. Sie hebt die Dinge nach oben, wenn sie höher

[2] In Buch IV.

[3] Später sagte man Mondkrater. Cardano kannte das Fernrohr noch nicht.

[4] Nach der bis in Cardanos Zeit maßgeblichen Auffassung von Aristoteles ist nur die Sphäre unterhalb des Mondes, die sublunare Welt, von den Elementen und von Vergänglichkeit bestimmt.

ist, und das ist, wie ich sagte, bei Neumond und Vollmond der Fall. Bei uns ist es bei Vollmond gemäßigter, bei den Indern aber bei Neumond. Das ist die Zeit, in der er sein Gesicht, sein Licht und seine Kraft durch die Nähe zur Sonne verändert, nicht nur wegen ihres Lichts, sondern auch wegen der Nähe zur Erde. Und es macht keinen Unterschied, wenn sie nicht höher ist, denn das Ergebnis folgt der Ähnlichkeit.

Aber Sie werden fragen: »**Warum sind alle anderen Sterne rund**, doch der Mond verändert sein Gesicht durch die Annäherung an die Sonne?« Das liegt entweder daran, dass sein eigenes Licht so klar wie das der Sonne ist, aber schwächer, oder daran, dass er in alle Richtungen durchlässig ist. Nach einer wohlverstandenen Theorie sind die Sterne also, wie gesagt, sehr weit von uns entfernt; aber weil sich die Entfernung unseren Sinnen entzieht, werden sie aus diesem Grund als klein angesehen. Wenn die Entfernung eines Turms geschätzt wird und wir außerdem ihre Höhe im Gedächtnis behalten, beurteilen wir den Turm als höher als die Sterne, da auch der Winkel, den er zu unserem Auge einnimmt, größer ist als der zu den Sternen. Deshalb sehen Türme breiter aus, wenn wir sie von unten sehen, als wenn wir nur den oberen Teil betrachten könnten, denn wenn wir die Basis sehen, können wir auch den Abstand einschätzen.

Aber wie sind die Himmelsgewölbe miteinander verbunden? Denn wenn es eine einzige Fläche gibt, die oben konkav und unten konvex ist, wie können dann der obere und der untere Himmel in verschiedene Richtungen bewegt werden? Wenn es zwei gibt, wird etwas Unteilbares von etwas Unteilbarem berührt. Es müssen zwei sein, aber sie bilden keine Menge: Dies genügte Aristoteles, dass das Kontinuierliche nicht aus dem Unkontinuierlichen zusammengesetzt sein sollte.

Eine andere Sache, die es wert ist, untersucht zu werden, ist die Frage, ob die **äquanten Bahnen**[5], die für die Berechnung der Himmelsgewölbe eine exquisite Form der Wahrheit zu sein scheinen, zufällig Zwillinge sind, wie es bei Merkur der Fall sein soll? Und wenn dies der Fall ist, wie können sie nach oben verschoben werden? Die Außenseite einer gleichmäßigen Bahn sei A, die Innenseite B, die innerste Bahn sei C, die äu-

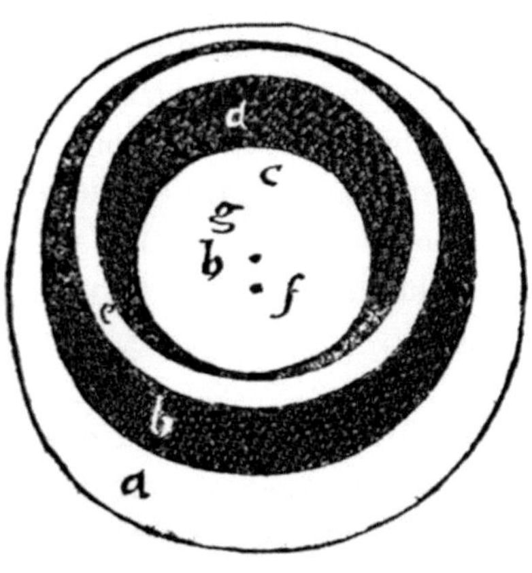

ßerste D, das äußere Zentrum B, der Mittelpunkt des Universums F und die Bahn außerhalb des Zentrums G, und inmitten dieser sei H der Mittelpunkt des konkaven Äußeren und des konvexen Inneren. Es ist also klar, dass, wenn die beiden oberen Bahnen miteinander verbunden wären und die beiden unteren ebenso, sie sich auf dem Zentrum F bewegen könnten und so eine Bahn über das Zentrum erheben würden. Und wenn sie sich über den Mittelpunkt G bewegten, würden sie die Sphäre der Venus und des Mondes zertrümmern, zwischen denen sich die Sphäre des Merkur befindet; die ganze Fläche einer Bahn, die sich über ihren Mittelpunkt

[5] Der Ausdruck »orbis aequationis« bezeichnet offenbar ein System zur Korrektur von Kreisbahnen, um sie in Übereinstimmung mit der Beobachtung zu bringen, wie beim ptolemäischen System. Dabei ist der Äquant ein Punkt, der nicht im Mittelpunkt des Kreises liegt, um den ein Himmelskörper rotiert, und auch nicht im Mittelpunkt der Erde, und die Geschwindigkeit der Rotation ist nicht gleichmäßig, sondern variiert so, dass der Planet in gleichen Zeiten, gemessen vom Äquant, gleiche Winkel durchläuft.

bewegt, verletzt nicht die Bahn, die sie berührt, da sie an derselben Stelle bleibt. Aber eine Fläche, die sich über den Mittelpunkt einer anderen bewegt, verändert ihre Lage und bricht die Bahn, die sie berührt. Wenn A und C sich also, wie gesagt, bewegen, müssen sie sich auf dem Mittelpunkt F bewegen; daher werden sie die Bahnen B und D mit sich führen und so sinnlos geteilt werden, oder die Bahnen B, C und D werden praktisch eine einzige Bahn mit dem Zentrum H sein, und dies wird die ganze Anordnung aufsteigen lassen, und sie wird neben der Position der Teile zurückfallen, wie im Fall der Sonne; die Bahnen B und D sind einzeln schwarz glänzend, und außerdem bewegen sie sich auf dem Mittelpunkt H, und während sie sich bewegen, bringen sie einen Halbkreis der Bahn E herunter; wenn sie sich nicht getrennt bewegen würden, wäre ihre Ablösung von E sinnlos. Würden sie sich aber auf G bewegen, würden sie die Bahnen A und C unterbrechen – und so bewegt sich die Bahn G auf dem Mittelpunkt O.

Und es gibt dieses große Wunder, dass wir die Meere und Länder in unserer Nachbarschaft **mithilfe der Sterne, die so weit entfernt sind, finden**; aber auch die Alten ließen sich auf den Meeren von ihnen leiten. Dies ist umso bemerkenswerter, als sie, wenn sie von Stürmen fortgetragen in unbekannte Meere oder Teile der Erde gelangten, mithilfe der Sterne erkennen konnten, wo sie sich befanden. Giovanni Baptista de Ponte Vigo forderte dies von uns. Die Überlegung geht so: Bei klarem Himmel beobachtet man die Sonne am Tag oder einen anderen Planeten in der Nacht und misst die Höhe mit einer Planisphäre oder Armillarsphäre, während sich der Stern in seiner höchsten Position befindet, und zieht davon die Deklination der Sonnenposition ab, wenn die Sonne zwischen dem Anfang des Widders und dem Anfang der Waage angekommen ist. Oder addiere die Deklination des Sonnenstandes, wenn sie zwischen dem Beginn der Waage und dem Beginn des Widders steht, und ziehe das Ergebnis von 90 ab, und du erhältst den Breitengrad des Ortes, den auch diejenigen, die vor kurzem Indien erreicht haben, zu entdecken wussten.

Aber in Verbindung mit dem **geografischen Längengrad**, indem man die geografische Breite mit der Höhe der Sonne oder eines anderen bekannten Sterns mithilfe einer Planisphäre ermittelt, wird man die Stunde des Tages feststellen können. Dann, zusammen mit der Breite des Ortes, wirst du eine Armillarsphäre benutzen, um herauszufinden, wie der Standort des Mondes aussieht; dazu wirst du den Betrag der Differenz von dem Unterschied zum Aspekt addieren oder subtrahieren, und du wirst den wahren Standort des Mondes zu dieser Stunde haben; in Verbindung damit wirst du aus den Alfonsinischen Tabellen den Standort und die Bewegung des Mondes im Laufe der einzelnen Tage zur Zeit erhalten. Betrachtet also die Differenz der Standorte des Mondes mit einem Instrument und Beobachtungstabellen, und teilt damit die Bewegung des Tages; die Differenzen der Stunden und Minuten werden deutlich; für einzelne Stunden rechnet 15 Grad, für einzelne Minuten ein Viertel eines Grades, das ihr zu dem Abstand von den Kanarischen Inseln in den Alfonsinischen Tabellen hinzufügt, wenn der Standort des Mondes später mit einem Instrument gefunden worden ist, das heißt, er ist mehr vom Anfang des Widders abgewichen als der durch die Tabellen entdeckte Standort. Oder man zieht von demselben die Grade und Minuten ab, in denen der Ort in den Tabellen steht, sodass der durch das Instrument gefundene Ort mehr wird, und was übrig bleibt oder zusammengesetzt wird, ist die Länge des unbekannten Ortes von den Kanaren, die Länge, die man auf dem Globus[6] zusammen mit der Breite suchen wird, und man wird wissen, wie seine Position ist, und mit wel-

[6] »sphaera regionum«.

chen Winden man nach Hause kommen kann. Da sie dies nicht wissen, geben die Autoren, die über die Westindischen Inseln schreiben, den Breitengrad an, lassen aber die Längengrade der Orte weg. In der Tat erhalten alle, die nach Westindien reisen, viel Hilfe von der Deklination des Sonnenlaufs, und die der Sterne wurde von all jenen entdeckt, die mit den Portugiesen und Spaniern zu tun hatten und sich mit dieser Fähigkeit der Navigation auskennen.

Jetzt frage ich mich, **ob es eine Welt gibt oder mehrere oder unendlich viele** oder ein einziges Unendliches, und ob es etwas außerhalb davon gibt, und ob es ewig ist oder erzeugt wird, dies wird in meinem Buch *De Arcanis Aeternitatis* behandelt. Aber jetzt werden wir das Licht und die Erleuchtung, die von den Sternen ausgehen, besprechen.

Buch IV: Über Licht und Erleuchtung

Alle Sterne haben ihr eigenes Licht, ihre eigene Bewegung und ihre eigene Größe; und so wie ein geringeres Licht von einem größeren verdeckt wird, so ist auch sein Schatten nicht zu sehen. Der Mond wirft bei Tag keinen Schatten, bei Nacht aber schon. Wenn der Mond scheint, kann man die Schatten der anderen Sterne nicht sehen. Aber wenn er verdeckt ist, sieht man manchmal den außergewöhnlichen Schatten einiger von ihnen, sodass man das Licht der Venus, das durch ein Fenster kommt, für das des Mondes halten kann. So hat jeder Stern seine eigene Beleuchtung, da er sein eigenes Licht hat; das Ergebnis ist, dass das Auge die Milchstraße aus einer großen Anzahl von Sternen, die ihr Licht vermischen, wahrnimmt. Dies wird durch die Kompaktheit der himmlischen Substanz und die Verdünnung derjenigen Sterne erleichtert, wie es bei einem Kometen der Fall ist, der einen Schweif oder Haare hat; da er sich nie verändert, steht fest, dass er sich im Himmel befindet und nicht unterhalb.

Aber **wie können die Strahlen, die durch den leeren Raum gehen, als gebrochen wahrgenommen werden**, da die Sonnenstrahlen in der Luft nicht zu sehen sind? Aus dem gleichen Grund, warum dort, wo die Strahlen auf der Erde reflektiert werden, wie es in den Tälern der Fall ist, die Hitze viel größer wird; wenn ein Strahl durchdringt, ist er nur ein einziger; wenn er reflektiert wird, sind es zwei, und wenn er wieder reflektiert wird, sind es drei Strahlen an der gleichen Stelle. Folglich wird dort eine große Hitze erzeugt. In der Milchstraße sind es nicht zwei oder drei, sondern die Sterne, die dicht beieinander stehen, machen tausend Spiegelungen; und da es viele sind, muss es in der Mitte ein Weiß wie Milch geben, etwas, das ich sogar selbst gesehen habe, das von vielen Kerzen schön nachgeahmt wird, sodass die Erfahrung die Erklärung bestätigt. Das Entzünden von Feuer mithilfe eins Hohlspiegels geschieht auf derselben Grundlage, da sehr viele Strahlen in einem kleinen Raum zusammenfallen, wenn auch nicht in weißem Material – es entzieht ihnen die Grundlage, sich zu entzünden – sie können es tun, weil sie zusammenfallen, aber etwas Weißes zerstreut und trennt sie. Deshalb wird ein weißer Stoff leicht vom Feuer verzehrt, sogar von einem Funken, aber nicht von den Sonnenstrahlen eines Hohlspiegels. Genau die gleiche Grundlage besteht in einer Kristallkugel und in einer runden Glasschale mit Wasser. Aber genau wie in diesen fallen die Strahlen frontal zusammen, so auch in den zuvor erwähnten Hohlspiegeln; in der Tat ist die Grundlage für das Brennen oder Nichtbrennen in beiden Fällen die gleiche. Wenn man tatsächlich ein weißes Objekt in den Weg stellt, ist der bekannte Kegel deutlich erweitert und kann daher nichts verbrennen. Weil er erweitert ist, wird er auch vom Auge wahrgenommen.

Aber warum erwärmt konzentrierte Beleuchtung (insbesondere die der Sonne) das, was darunter liegt, wenn doch die Sonne nicht als heiß gilt? In der Tat würde ich nicht zögern, anzunehmen, dass die Sonne heiß ist, da ich nichts anderes mit dieser Art von Hitze als heiß bezeichnen würde, wie ich bereits sagte. In der Tat erzeugen Zerfallshitze und feurige Hitze nicht, sondern zerstören; es ist **die Hitze der Sonne und der Sterne**, die erzeugt. Die Hitze von Dingen, die kein Leben haben, ist in Wirklichkeit nichts und kann nicht durch den Tastsinn wahrgenommen werden, die Hitze der Sonne ist dagegen für den Tastsinn verfügbar. Aber die Hitze der belebten Dinge ist nicht so, denn sie braucht Brennstoff, und die Hitze der Sterne ist kaum so. Wenn man jedoch die Ansichten des Aristoteles prüft, wird man sagen, während Luft und Wasser danach streben, dieses Licht zu empfangen, werden sie in Bewegung gesetzt und zerstreut, wegen der natürlichen Fähigkeit, durch die leichte Dinge aufsteigen und schwere absteigen. Auch die Hitze, die schon in der Potenzialität in ihnen war, wird erregt und in die Aktualität übertragen. Wasser wird durch die Luft erwärmt, die selbst keine Hitze hat: Aufgrund der hohen Oberfläche ist die Sonne entweder heiß oder sehr heiß. Auf diese Bewegung folgt die Verdünnung, und auf die Verdünnung folgt die Hitze; wie dies geschieht, wurde oben erklärt. In der Tat sind Hitze, Bewegung und Verdünnung die Ursache füreinander, in einem gemeinsamen Kreislauf; in der Tat ist die Subtilität eine Ursache für die Hitze – und während die Hitze verzehrt, ist sie eine Ursache für die Bewegung. Aber darüber hinaus ist die Bewegung selbst eine Ursache der Subtilität, denn die Bewegung schwächt die Teile durch das Aufeinanderprallen. Weil eine verdünnte Substanz die volle Kraft von den Strahlen empfängt, wird sie heiß, und ein heißes Ding erzeugt Bewegung durch Anziehung und Zerstreuung. Dieser Austausch sorgt bei Tieren für Leben und ist sehr offensichtlich. In der Tat haben wir oben erklärt, dass ein kaltes Ding nichts anderes ist als eines, dem es an Hitze mangelt und das keine Hitze empfängt. Es ist also für ein verdünntes Ding unmöglich, ganz kalt zu sein, und daher erscheint der Strahl selbst oder die Beleuchtung als die Substanz der Hitze – und das würde uns genügen, die wir die Erklärungen der Dinge nur so weit verfolgen, wie sie helfen, die Wahrheit der Erfahrungen zu erreichen. Ob Sie also die Strahlen der Sonne oder der Sterne als heiß an sich oder als nicht heiß, sondern als Hitze erzeugend bezeichnen, wird uns gleichermaßen zufrieden stellen. Meiner Ansicht nach ist die Hitze die Substanz der Strahlen eines Sterns – da sie aber untrennbar mit der Erleuchtung verbunden ist, ist sie keine Eigenschaft, die verderben kann. In der Tat ist die Hitze, die von Elementen oder gemischten Dingen aufgenommen wird, nicht himmlisch, sondern nur ein himmlisches Abbild. So wie die Sterne ihr eigenes Licht haben, so haben sie auch Hitze, zu der Kälte nicht im Gegensatz steht, sondern **Kälte ist einfach der Entzug von Hitze.**

Aber Sie werden sagen: »Wenn die Bewegung die Ursache der Hitze ist, warum ist es dann im Bett und in völliger Ruhe am heißesten?« In der Tat regt die Bewegung die Hitze an, aber sie kühlt, wenn sie uns durch den Wechsel der Position kälterer Luft aussetzt. So heizt uns im Winter eine große Bewegung auf, aber eine kleine Bewegung lässt uns frösteln. Sie werden nun fragen: »Warum friert der Mensch in Ruhe, aber im Bett ist ihm warm?« Daunen scheinen einen Beitrag zu leisten, oder ein Federbett oder Wolle in den Betten. Aber die Hauptursache ist, dass die Luft nicht verändert wird – die Luft, die sich unter der Bettdecke sammelt, ist das, was uns berührt. Die Luft ist um den ruhenden Menschen herum in Bewegung, aber nicht im Bett. Der Mensch wird durch Bewegung auf zweierlei Weise abgekühlt: zum einen, weil die erwärmte Luft, die sich um uns herum aufhält, sich wegbewegt, und zum anderen, weil Bewegung, wie erwähnt, die Luft abkühlt.

Aber ich komme zurück auf **die Darstellung von Licht und Beleuchtung.** Die Beleuchtung ist die Entsprechung des Lichts, welches die Substanz der Helligkeit an sich und der Hitze so eng mit ihr verbunden hat, dass es fast nichts anderes ist. Deshalb sind die hellsten Sterne auch die heißesten, wie die Sonne, die beiden Hundssterne und der Jupiter. Beleuchtung und Helligkeit und Hitze sind also nicht drei Dinge, sondern eins, in einer Kombination von verschiedenen Dingen, die verschiedene Namen und sogar ein verschiedenes Bild und eine verschiedene Darstellung annehmen. Aber das Licht, aus dem die Erleuchtung hervorströmt, ist eine Helligkeit einer dritten Art. Denn in einem durchsichtigen Körper wird Licht zu Licht, und so entsteht die Farbe in einem undurchsichtigen Körper aus Farbe. All diese Dinge erzeugen ihre eigene Erscheinung – Menschen, die auf einer Wiese gehen, scheinen grüne Gesichter zu haben. Wenn also eine starke Farbe dies unter freiem Himmel tun kann, was wird sie dann in der Dunkelheit tun? Dort ist nur das Licht defekt und mit einer Farbe von anderswo durchtränkt. Das ist die Art und Weise, wie eine Laterne, die nur Alkohol und Salz verbrennt, Gesichter totenbleich macht, wenn alles andere Licht fehlt – ich habe das erlebt. Und wenn man grünes Öl in grünen Lampen entzündet (wie die Leute sagen, dass dies geschieht, wenn man unreife Trauben so lange im Öl aufbewahrt, dass sie unter der Sonne reift), wird alles grün aussehen. Außerdem gibt eine geschlossene Glaslampe eine kräftige Farbe in alle Richtungen an das ab, worauf sie trifft, wenn das Licht in ihr angezündet wird. Die starken Farben sind schwarz, grün, weiß, rot, blaugrün oder himmlisch. Feuer kann diese Wirkung ganz deutlich erzielen und noch viel mehr – zum Beispiel Bilder von Schlangen wiedergeben. Aber es ist notwendig, dass eine solche Kraft vorhanden ist und dass sie durch geeigneten Rauch unterstützt wird, um die Bilder der Dinge darzustellen. So **kann die Beleuchtung Farbe, Größe und Form verändern**, sodass Baumstämme wie Schlangen aussehen, ohne dass sie eine andere Form annehmen. Aber in der Tat kann ein Mensch weder so aussehen, als wäre er kopflos, wie man sagt, noch als hätte er einen Hundekopf – wenn die Beleuchtung den Kopf verbirgt, verbirgt sie auch den Rest. Es kann seine Form auch nicht entsprechend der Natur des Lichts ändern, wenn Figur als Form verstanden wird. Dass sie mit Gewalt verdeckt wird, kommt entweder gar nicht vor oder ist sehr selten. Nicht nur ihre besonderen Eigenschaften scheinen verändert zu werden, sondern auch die allgemeinen, den Sinnen zugänglichen, und einige von diesen scheinen mehr oder leichter verändert zu werden, wie die Größe, die Anzahl, der Zustand der Ruhe oder der Bewegung und die Gestalt. Einige sehen tatsächlich rund aus, wenn sie sich in quadratischen Öffnungen befinden, weil sie nicht von sich aus wahrgenommen werden und sich den Sinnen nicht so genau oder so stark einprägen; aber Licht und Hitze sind dem Sehen eigen.

Aber wir werden uns mit den Farben an einer eigenen Stelle beschäftigen – jetzt geht es um Beleuchtung und Darstellungen. Wie bereits erwähnt **ist die Beleuchtung das Bild von Licht in einem transparenten Körper**. Transparenz ist dreifach: etwas Gleiches, etwas Ungleiches oder Verschiedenes in seinen einzelnen Teilen und etwas nur auf der Oberfläche – so sind Spiegel. Wir nennen das den Glanz. In einem gleichmäßig transparenten Körper verläuft das Licht in einer geraden Linie – in einem ungleichmäßigen wird es gebrochen und durch das verdünnte Medium reflektiert. In diesem Zusammenhang wird angenommen, dass es nur **drei Arten von Beleuchtung** gibt: direkte, reflektierte und gebrochene. Direkte Beleuchtung zeigt die Dinge, wie sie sind; gebrochene Beleuchtung zeigt sie verändert; reflektierte Beleuchtung zeigt sie verdunkelt, wie von Spiegeln. Manchmal vermischen sich diese drei Arten, wie z. B. bei der gleichzeitigen Brechung und Reflexion des Lichts durch dickes Glas mit Bleiverglasung.

Die besten Spiegel sind aus Stahl oder Silber, nicht aus Glas oder Kristall, auch wenn die Leute etwas anderes glauben. Aber der Grund, warum man die Spiegel aus Glas für besser hält, ist, dass die aus Metall leicht beschädigt werden. Die aus Metall sind präziser, die aus Glas sind länger haltbar, wenn sie nicht zerbrochen werden; ein glatter Glanz ist in Glas nicht so leicht zu erreichen, da er auf dem trockeneren Material nicht so einfach haftet. Der Grund, warum es haftet, ist, dass es feucht ist: Denn in der Feuchtigkeit liegt das Band derer, die anhaften. Aber die Dinge, die reflektieren, und diejenigen, in denen das Licht gebrochen wird, sind verdorben. Und so geben konkave und konvexe Spiegel sowie uneinheitliche Oberflächen verzerrte Bilder wieder. Dies führt uns zu dem Grund, warum Bilder weniger von der Erde als von Wänden und weniger von Wänden als von Spiegeln reflektiert werden. Denn Beleuchtung entsteht nur aus Licht in einem transparenten Medium; Dinge, die nicht glänzen, sind nicht transparent, und so scheitert die Beleuchtung; eigentlich hat jedes feste transparente Ding einen Glanz, und alles mit einem Glanz ist transparent. Deshalb glänzen Statuen auch unter Wasser. Daher auch das bekannte Vergil-Zitat:

> Auch bin ich nicht so hässlich. Neulich hab ich mich am Strand gesehen, als sich das Meer von den Winden erholte. Obgleich du der Richter bist, werde ich nicht mal den Daphnis fürchten, sofern ein Spiegelbild nicht trügt.[1]

Es scheint, dass **Strahlen von allem reflektiert werden**, denn jeder feste Körper hat einen gewissen Glanz. Aber das Bemerkenswerte ist, warum Hitze und Strahlen durch feste, dicke und transparente Dinge mehr durchdringen als durch undurchsichtige, dünne und offen strukturierte Dinge. Denn das Klare ist nicht voll mit Durchgängen, in Glas und Kristall können solche geraden Durchgänge nicht vorhanden sein, weil das Material sonst nicht zusammenhalten würde – aber Strahlen verlaufen gerade. Wasser duldet keine Kanäle in sich, obwohl es durchsichtig ist. Alles, was ein Bild des Lichts annimmt, ist also nicht trübe, sondern wird als klar und durchsichtig bezeichnet. Die Beleuchtung ist in der Tat kein Körper, sondern das Bild des Lichts, das weder Kanäle noch Hitze braucht; die Hitze ist eher körperlich. Wenn die Strahlen in einem Körper empfangen werden, wird auch die Hitze empfangen. Wenn Licht von einem Stern reflektiert wird, müsste der Stern fest sein, aber wenn er es ist, warum wird er dann nicht durch seine Bewegung zersplittert, und erschöpft nicht das Licht, durch das er bewegt wird? Wie auch im lebendigen Körper müsste sich die Seele aus sich selbst heraus und mit Eifer bewegen; aber in uns fehlt dieser Eifer, denn alles, was es dort gibt, ist die Kraft, die aus dem Herzen, in dem die Seele wohnt, kommt. Im Himmel, wo überall Seele ist, ist ewiger Eifer, und darum wird die Seele nicht durch den Willen erschöpft, denn sie braucht keine körperliche Hilfe, ebenso wenig wie das Herz, da die Seele in ihm ist – aber dennoch hat die Seele den Anschein von Müdigkeit.

Da der Himmel niemals ruht und die Seele überall gegenwärtig ist, kann er niemals erschöpft sein. Aber das Problem ist nicht so klar, was den Mondkreis betrifft, der den Äther mit sich führt – er müsste sich abnutzen. Es ist besser zu sagen, dass diese Eigenschaft von sich aus im gesamten Äther vorhanden ist, sodass jeder Teil auf einer Kreisbahn von Ost nach West getragen werden kann, und wenn einzelne Teile verschoben werden, kehren sie von selbst zurück. Dies ist ein Problem, mit dem wir uns in dem Buch *De Arcanis Aeternitatis* befasst haben, nämlich mit der Frage, ob das Universum ein Ende und einen Anfang gehabt hätte. Aber vielleicht werden wir sagen, dass der Äther in Übereinstimmung mit dem Willen des Ersten Himmels bewegt wird, so wie das Wasser durch die Bewegung des Mondes – nicht durch die elementare Natur, sondern durch Gehorsam gegenüber dem Höheren; oder weil dies ausreicht, um die Bewegung ohne Anstrengung zu erhalten, ihr Beginn aber nicht ohne Arbeit erfolgen konnte. Aber diese Bewegung hat keinen Anfang gehabt, da sie ewig ist.

Genug davon; kehren wir zurück zum Bericht über Licht und Beleuchtung, wo jeder vernünftigerweise fragen wird, warum

[1] Vergil, *Eklogen* 2, 25–27

die Luft vor Sonnenaufgang und nach Sonnenuntergang hell und klar ist, eine Zeit, die **Dämmerung** genannt wird. Diese abendliche Erscheinung hat den Namen Dämmerung behalten, aber die morgendliche hat ihren Namen in Morgenröte[2] geändert. Daran erinnert Vergil in zwölf deutlichen Beispielen. Es genügt, das erste zu zitieren:

Die Morgendämmerung
in ihrem safranfarbenen Gewand
hatte den Ozean hinter sich gelassen
und leuchtete,
als sie von ihren zwillingsgezäumten
Pferden gezogen wurde.
Die glänzende weiße Kugel
tauchte die Welt in gleißendes Licht,
und ein heller Strahl blitzte auf,
als die Sonne aufging.[3]

Wenn also die Sonnenstrahlen auf die Erde treffen, bringen sie keine Helligkeit, wenn sie nicht von irgendeinem Ort reflektiert werden. In der Tat, mitten in der Nacht, der Sonnenhimmel sei ABF, die Sonne AB, die Erde CD, man ziehe die Tangenten ACE und BDE, die bei F zusammenlaufen; so wird alles, was unter dem Himmel ABF und über ihm liegt, von der Sonnenbeleuchtung erhellt, außer dem Dreieck CDE, und doch sind die Teile F und G nicht deutlich zu sehen, weil die Sonnenstrahlen durchdringen, ohne reflektiert zu werden. Aber die Sonne ist nicht in der Lage, durch ihre Größe Dämmerung zu erzeugen – erstens, weil man ihre Strahlen sehen würde, und wir würden die Sonne selbst sehen; und zweitens, wie wir gezeigt haben, wegen der sehr großen Höhe würden die Linien CE und DE fast parallel gemacht werden. So kommt es zur Dämmerung, da der Teil, der oberhalb der Erde unter dem Punkt E liegt, d.h. unter dem Erdschatten, von Dämpfen verdichtet wird, die Sonnenstrahlen empfängt und sie zu uns reflektiert.

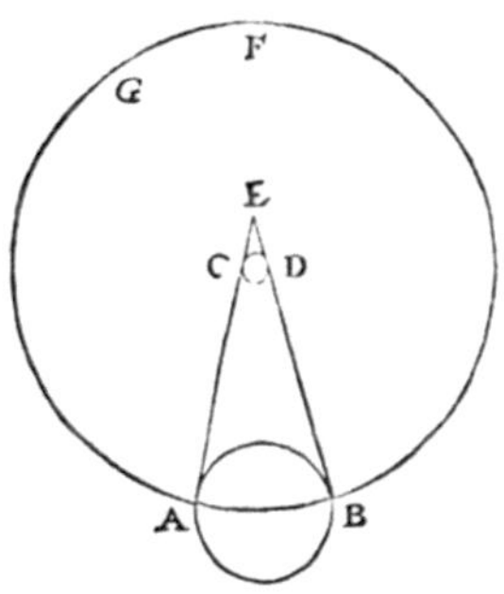

Betrachten wir also die Sonne, die unter dem Himmelsäquator liegt, und sie beginnt die Dämmerung 19 Grad vor ihrem Aufgang, d.h. etwa eineinviertel Stunden vor dem Aufgang der Sonne selbst, und es ist offensichtlich, dass dann der erste Zeitpunkt ist, an dem ein Sonnenstrahl, der die Luft beleuchtet, die Erde erreicht. Denn würde er nicht auftreffen, so würde er von oben auf Dampf treffen, erst an einem tieferen Punkt zur Erde gebracht werden und so die Dämmerung vor der angegebenen Zeit einleiten.

Nachdem dies festgestellt ist, wird ein Kreis in Bezug auf die Erde gestellt, mit einem Mittelpunkt C, einer Tangente AD, dem Scheitelpunkt der Dämpfe E, der Position des Sonnenstrahls F, und dort, wo er AD schneidet, soll G platziert werden. Da die Entfernung der Sonne im Vergleich zur Erde sehr groß ist, ist der Winkel FGD so, als befände er sich im Mittelpunkt C der Erde, sodass er 19 Grad beträgt, und somit auch EGA, da er sich im Mittelpunkt eines Kreises befindet. Aber A und B sind rechte Winkel, und da E den beiden Dreiecken CBE und AEG gemeinsam ist, werden sie ähnlich sein. Daher ist das Verhältnis der Seiten bekannt, aber wie bereits erwähnt, ist BC fünftausend Meilen lang. Daher ist AE 288 Meilen, und die Dämpfe steigen bis zu einer solchen Höhe auf.

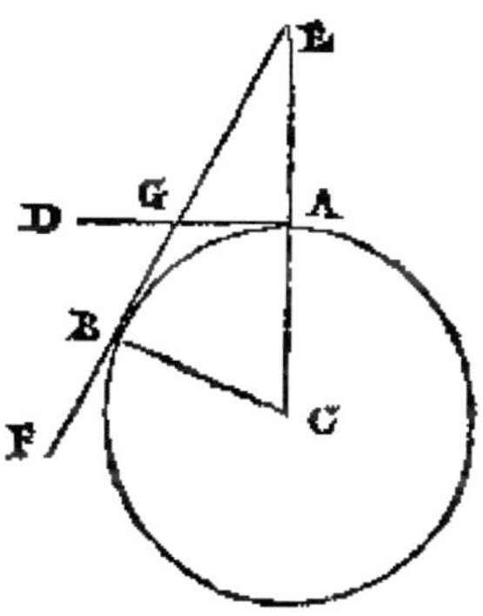

Sehen Sie, wie weit die Subtilität des menschlichen Geistes reichen kann? Ich weiß, dass Vitellio getäuscht wurde und be-

[2] »vespertinum crepusculi« (abendliche Dämmerung); »aurora« (Morgenröte)

[3] Forrester schreibt: Cardano irrt sich; dies stammt nicht von Vergil, sondern aus dem Gedicht 579 (Asmenius zugeschrieben) in der *Anthologia Latina* (ed. Buecheler, 2: 579).

richtete, dass sie nur bis 52 Meilen Höhe steigen, obwohl sie fünfeinhalb Mal so weit steigen. Da er aber den Umfang der Erde verkleinert und zum Teil noch größere Schritte annimmt, ist es nicht möglich, die Höhe auf ein Viertel zu bringen. Setzt man aber die Dämmerung in den zwei Stunden vor dem Tag auf ihren höchsten Stand an, so ergibt sich im Umfang ein Winkel C gleich G, 60°, und E 120°, sodass die Linie AE, die Höhe der Dämpfe, 772 Meilen beträgt, und dies ist der größte Abstand, bis zu dem die Dämpfe von der Erde aufsteigen können.

Regenbögen, Teilregenbögen, Himmelslücken können also in keiner größeren Höhe existieren, ebenso wenig wie Nebensonnen, Nebenmonde[4], viel weniger Regenschauer, Hagelstürme, Schneestürme, Raureif und alles, was aus Dämpfen entsteht. Wir müssen damit rechnen, dass diese Höhe an verschiedenen Orten unterschiedlich ist, aber kaum größer als die angegebene Anzahl von Meilen. Nehmen wir also an, dass wir, die wir etwa 68° vom Wendekreis des Steinbocks entfernt leben, wenn sich das Auge in Mailand in B befindet – der Punkt, der unter dem Wendekreis des Steinbocks erscheint, ist E. Man ist sich einig, dass das Verhältnis von CE zu CB ungefähr 8 zu 3 beträgt. Da dann CA gleich CB ist, wird auch das Verhältnis von CE zu CA 8 zu 3 sein. Daher ist AC zu AE gleich 5 zu 3, und so ist AE 8000 Meilen, plus 333, die ich nicht berücksichtige. Es ist hinreichend erwiesen, dass der Ort, den ein Bewohner von Mailand unter dem Winterkreis[5] sehen sollte, mehr als zehnmal so weit von der Erde entfernt ist, wie die Höhe der Dämpfe reicht. Aber **wir können dort Kometen sehen**, also entstehen sie nicht aus Dämpfen. Aber auch nicht weiter oben im Äther, denn dort gibt es kein brennbares Material. Wenn man aber vorschlägt, dass die Kraft der Sterne die Feuchtigkeit ergreift und sie dorthin hinaufzieht, obwohl der Ort höher liegt als die allgemeine Lage der Dämpfe, so besteht das erste Hindernis darin, dass die meisten Kometen länger als zwei Monate überdauern. Einige sind nicht einmal im dritten Monat vorbei, und das ganze Material der Erde würde für diese Feuersbrunst nicht ausreichen. Es wurde nämlich schon früher gezeigt, dass ein Feuer nie dauerhaft in der gleichen Materie existiert, sondern immer wieder neu entfacht werden muss. Dieses Feuer ist gewöhnlich ein Stern mit einem Schweif und befindet sich im Äther, weshalb es nicht unterhalb des Mondes ist. Es ist völlig unmöglich, dass so viel Material in Flammen steht und drei Monate lang brennt. Außerdem gibt es weniger auffällige, die vor Sonnenuntergang verborgen sind oder sich nicht bewegen, beides wurde bisher nicht gesehen. Abgesehen davon gibt es viele Aspekte, die die Absurdität dieser Meinung zeigen, und ich ignoriere sie, wie die Beobachtung von Albumasar, dass ein Komet über der Venus gesehen wurde – denn die Venus ist viel höher als der Mond. Aber es ist leicht herauszufinden, ob es sich um einen Kometen in der Region der Elemente handelt oder um einen, der darüber, im Himmel entsteht: Wenn er eine größere Diversität[6] als der Mond besitzt, muss er aus der Region der Elemente sein; wenn aber weniger, muss er sicher aus dem Himmel sein. Ihr seht, wie die menschliche Subtilität mit bescheidenen Mitteln die Geheimnisse des Himmels zu enthüllen vermag. **Allen Kometen ist gemeinsam, dass sie sich in einer dreifachen Bewegung bewegen.** Die eine ist von Osten nach Westen, wie alle anderen Sterne während vierundzwanzig Stunden. Die zweite reicht von West nach Ost, etwas mehr oder weniger als ein Grad des Himmels, ähnlich wie die Venus. Als ein Komet im Jahr 1532 am 22. September erschien und am 3. Dezember verging, bewegte er sich in 51 Tagen vom 5. Grad der

[4] »triplicati Soles«, eigentlich Dreifachsonne, aber gemeint ist wohl die Nebensonne, ein Halo-effekt; ebenso wie »geminatae Lunae«, wörtlich Zwillingsmond.

[5] »hyemali circulo«.

[6] »diversitatem«.

Jungfrau in den 8. Grad des Skorpions; also bewegte er sich in 71 Tagen nur 63 Grad des Tierkreises nach dem Längengrad vorwärts, weniger als ein Grad pro Tag. Dies zeigt, dass er sich nicht unterhalb des Mondes befunden haben konnte, denn dann hätte er sich durch die Bewegung des Ersten Himmels schneller als der Mond bewegt. Es wird angenommen, dass sich der Mond in 24 Stunden um drei Grad gegenüber dem Ersten Himmel zurückbewegt. Plinius schätzt, dass ein Komet erst nach 80 Tagen sichtbar ist und mindestens sieben Tage braucht, um zu verschwinden. Girolamo Fracastoro, der Autor des früheren Beispiels, berichtet in seinem Buch *Homocentrica* über den achten September 1531 in ähnlicher Weise, dass sich ein Komet etwas östlich der Sonne befand, d. h. in der Nähe des 24. Grades der Jungfrau, und Anfang Oktober, als Jupiter im dritten Grad des Skorpions stand, näherte er sich ihr.

In einem einzigen Monat (er war nachlässiger bei seiner Erklärung) durchquerte der Komet etwa 40 Längengrade, d.h. er bewegte sich vom 22. der Jungfrau bis zum zweiten oder dritten des Skorpions vorwärts, eine Bewegung, die sich kaum von der der Venus oder des Merkurs unterscheidet. Die dritte Bewegung eines Kometen ist die größte in Bezug auf den Breitengrad, sodass, wenn er nicht in die Irre geführt wird, jetzt einer mit unglaublicher Geschwindigkeit nach Norden, ein anderer nach Süden transportiert wird. Diese Bewegungen treten auf, wenn Kometen in die Nähe der Pole kommen, denn dann ändert eine begrenzte Änderung der Position in Bezug auf den Tierkreis den Breitengrad erheblich. Ein weiteres allgemeines Merkmal eines Kometen ist, dass **sein Schweif immer genau von der Sonne weg zeigt**; so hat jeder Komet bei Sonnenuntergang seinen Schweif genau im Osten, und wir können ihn an einzelnen Tagen während der Dunkelphase des Mondes sehen. Ein drittes Merkmal ist, dass er meist die Sonne in der Länge begleitet und nur in der Dämmerung erscheint, aber nicht immer. Daher ist es ganz klar, dass ein Komet eine kugelförmige Masse am Himmel ist, die von der Sonne beleuchtet wird, und während die Strahlen durch ihn hindurchgehen, erzeugen sie etwas wie einen Bart oder Schweif.

Dies kann also am Himmel geschehen, wenn es dort eine Erzeugung gibt – aber wenn dies nicht zugegeben wird,[7] muss gesagt werden (und dies ist ganz richtig), dass der Himmel voll von zahlreichen Sternen ist, aber sie stehen nicht dicht an dicht nebeneinander; denn wenn die Luft austrocknet und verdünnt wird, oder auch aus anderen Ursachen, zeigt sie sich vor unseren Augen. Es gibt Zeiten, in denen die Venus zur Mittagszeit sichtbar ist, und man ist sich einig, dass sie nicht neu geschaffen worden ist. Daher kommt es, dass, wenn die Luft austrocknet, die Meere durch Stürme aufgewühlt werden, und meistens folgen so gewaltige Windstöße, dass Edelleute und Fürsten, die durch Angst, Schlaflosigkeit, üppige Speisen und starke Weine ausgetrocknet sind, vergehen. Durch diese Ursache kommt es auch zur Verringerung der Gewässer, zum Fischsterben, zur Unfruchtbarkeit, zu Gesetzesänderungen, zu Meutereien und sogar zum Umsturz von Königreichen – all dies, wie gesagt, durch die übermäßige Verdünnung und Trockenheit der Luft, sodass ein Komet zwar ein Zeichen dafür sein kann, aber keineswegs ihre Ursache ist.

Weniger ungewiss verhält es sich mit dem **Regenbogen**, ein häufigeres Ereignis, das offensichtlich in der Region der Dämpfe auftritt. Ein Wassertropfen, der gegen die Sonne betrachtet wird, zeigt viele Farben, die alle lebhaft sind; ebenso entsteht ein Regenbogen aus einer dichten Tauwolke voller Tröpfchen. Alles, was trübe ist, sieht dunkel aus; der Beweis sind Schatten, die aus diesem Grund alle dunkel aussehen. Und wenn eine Wand gleichzeitig doppelte Strahlen em-

[7] Ein Aristoteliker könnte Entstehen oder Vergehen im Himmel nicht akzeptieren.

pfangen hat, direkte von der Sonne und reflektierte vom Wasser, hat das den Effekt, dass ein Teil von ihnen dem Menschen verborgen bleibt. Denn der obere Schatten wird von den Strahlen der Sonne erhellt und ist daher nicht so dunkel. Aber wenn das Dunkle beleuchtet wird und glänzt, wechselt es im Verhältnis zur Lichtzufuhr in Farben. Eine Wolke ist trübe, und Wassertropfen sind glänzend, sodass sie je nach der Vielfalt des Lichts Farben erzeugen. Da der innere Teil näher an der Dunkelheit ist, sieht er blau aus; der mittlere, der heller ist, sieht grün aus; der äußere, der größte, der von reichlicherem Licht beleuchtet wird, ist safranfarbig. Violett und grünliches Violett sind nicht die Hauptfarben, aber wegen der wechselnden Beleuchtung gibt es einen Übergang von einer Farbe in eine andere, und wenn die Grenzen zusammenkommen, müssen andere Farben in der Mitte schwach erscheinen. Der Mittelpunkt der Sonne, des Auges und des Regenbogens liegen in einer geraden Linie. Denn auf diese Weise reflektieren die Wolken senkrechte Strahlen, und obwohl die Wolke selbst nicht rund ist, tragen doch die von der runden Seite reflektierten Sonnenstrahlen das Bild der Sonne. Diese stellt, weil sie schwach ist und schwach reflektiert wird, die verschiedenen Farben dar: Denn Licht geht, wenn es schwach reflektiert wird, in eine prächtige Farbe über, und wenn es noch schwächer gemacht wird, wechselt es in Farben, die der Dunkelheit näher sind. Wenn dies noch weiter geht, erreicht es Farben ohne Licht. Schließlich erreicht es die Dunkelheit, wenn das Licht minimal ist, und schließlich, wenn es versagt, geht es in die Finsternis über.

Wenn also die Strahlen nur von dem abgerundeten und konkaven Teil in die Mitte reflektiert werden, und wenn die Wolke nicht konkav ist und es vorher mehr Tropfen gibt, ist tatsächlich die ganze übrige Wolke sichtbar; aber von einer konkaven und abgerundeten wird die Reflexion senkrecht, was den Regenbogen, also die Sonne, darstellt, genauso wie wenn man in Wassertropfen wirklich verschiedene und leuchtende Farben sieht. Wenn dann die Sonne am Horizont steht und das Auge, wie gesagt, in einer geraden Linie mit dem Zentrum des Regenbogens ist, muss das Zentrum des Regenbogens am Horizont sein, weshalb der Regenbogen dann genau in Form eines Halbkreises erscheint. Der Rest muss ganz unter dem Horizont liegen, während sich sein Mittelpunkt auf ihm befindet.

Aber wenn die Sonne höher steht, ist es offensichtlich, dass eine Linie, die vom Sonnenmittelpunkt durch das Auge gezogen wird, unterhalb des Horizonts liegt; also wird **der Mittelpunkt des Regenbogens** unterhalb des Horizonts liegen. Und je höher die Sonne steht, desto tiefer liegt die Linie, die von der Sonne durch das Auge gezogen wird, und damit auch der Mittelpunkt des Regenbogens, der auf dieser Linie liegt. Je weiter also der Mittelpunkt des Regenbogens unter dem Horizont liegt, desto größer ist der Teil des oberen Halbkreises, der unseren Augen verborgen bleibt. Je höher also die Sonne steht, desto kleiner muss der Teil eines einzelnen Kreises sein, den der Regenbogen einnimmt. Daraus ist ersichtlich, dass der mittlere Teil eines Regenbogens ohne Nebel ist, und auch, dass das, was unter der Erde verborgen liegt, kein Regenbogen ist. Denn nicht vom Zentrum des Nebels werden die Strahlen reflektiert, sondern das Zentrum existiert nur in der Vorstellung. Es ist auch sicher, dass nur ein einziger Regenbogen sichtbar sein kann, denn wenn das Auge auf einer Linie liegt, die von der Sonne zum Zentrum des Nebels verläuft, kann kein anderer Regenbogen sichtbar sein als einer mit demselben Zentrum. Das Auge hat das Verhalten des Zentrums einer Konkavität, nicht weil es ein Zentrum gibt, sondern weil von zwei Punkten auf derselben Linie, die vom Zentrum ausgeht, nicht zwei Linien zu denselben Punkten in gleichen Winkeln reflektiert werden können. Die verbleibende Möglichkeit ist, dass von der ersten Linie eine andere reflektiert wird, sodass die zweite größer sein muss als die erste und viel schwächer. Es ist also unmöglich, dass aus der zweiten eine dritte entsteht. Da nun aus der ersten reflektierten Linie eine zweite entsteht, müssen die Linien oder Strahlen innerhalb des Kreises des ursprünglichen Regenbogens liegen, da sie einen größeren Winkel bilden; sie stoßen in weiterer Entfernung aufeinander, die äußeren näher. Der äußere Kreis des zweiten Regenbogens wird also blau sein und der mittlere grün, so wie der äußere des ersten Regenbogens safranfarben ist – genau das Gegenteil der ursprünglichen Anordnung.

Ich denke, es ist offensichtlich, dass die Sonne, wenn sie zur Sommersonnenwende auf dem Meridian steht, die größte Höhe des Halbkreises hat. Dies hat zur Folge, dass der Mittelpunkt des Regenbogens um den Halbkreisdurchmesser unter dem visuellen Horizont liegt, sodass der Regenbogen nicht sichtbar ist. Er ist jedoch um die Herbsttagundnachtgleiche, den ganzen Winter über und nach der Frühjahrstagundnachtgleiche sichtbar, aber weniger, je näher er der Sommersonnenwende und dem Meridian kommt, wie ich bereits sagte.

Wie kommt es dann, dass ein Regenbogen, wenn er bescheiden ist und nicht weit über dem Horizont steht, **als Teil eines größeren Kreises erscheint?** Der Grund ist, dass das Auge entscheidet, dass der Regenbogen weiter entfernt ist, weil er tiefer liegt, da es die Entfernung wie gesagt in Bezug auf die Sterne versteht. Wenn es urteilt, dass die obere Seite des Regenbogens weiter entfernt ist, rechnet es auch damit, dass er breiter ist, wie ich auch im Zusammenhang mit der Sonne und dem Mond im Osten sagte. Aber der größere Winkel des Kreises zeigt an, dass er größer ist, und jeder kann dies leicht begreifen, wenn er einen kleineren Kreis auf diese Weise in einen größeren einträgt und sie sich berühren, es scheint, dass der größere in der umschreibenden Linie breiter ist, und aus diesem Grund sieht ein kleinerer Teil eines Regenbogens wie ein Teil eines größeren Kreises aus.

Aber **Regenbögen entstehen nicht nur** durch Nebel, sondern auch durch die Reflexion des Lichts an Wassertropfen von Ruderern auf dem Meer; und an Lichtern im Winter, wenn ein Südwind weht, vor allem bei Menschen mit feuchten Augen; und an sonnenbeschienenen Tropfen, die an einer Hauswand verstreut sind und von einem Auge im Schatten gesehen werden, das direkt auf sie blickt. Wie Aristoteles zu Recht feststellt, haben alle diese Erscheinungen eine einzige Ursache. Aber **Nebensonnen**, eine Virga und eine Korona, die wir um die Sonne herum gesehen haben und die die Menschen Halo nennen, haben denselben Grund für ihre Farbe, den wir erwähnt haben. Die Nebensonnen[8] selbst entstehen nur durch die Reflexion im Auge, da in den Wolken überhaupt kein Bild vorhanden ist, und aus diesem Grund besteht eine Wolke dann aus Tröpfchen. Ein Regenbogen und Nebensonnen sind also meist Vorboten eines leichten Regens, denn die Tröpfchen bestehen aus fein verteiltem Wasser, und der Sonnenstrahl bahnt sich seinen Weg hindurch. Eine Korona hingegen hat Substanz, denn sie entsteht durch die Reflexion der Sonne oder des Mondes oder eines anderen Sterns und ähnelt einer runden Form, die vom Zentrum aus durch eine dichte Wolke zu einem Kreis geformt wird. Das Auge erfindet also nicht wie bei einem Regenbogen und Nebensonnen, sondern sieht das, was in den Wolken entstanden ist und existiert. Es ist so, als ob Sie einen dreieckigen Kristall oder ein Prisma oder ein Sechseck der Sonne aussetzen würden. Sie werden auf der gegenüberliegenden Wand Farben sehen, die nicht imaginär sind, sondern echte Regenbogenfarben. Ebenso kann man die gleichen Farben unter einem mit Wasser gefüllten Glasgefäß sehen,

[8] »parelia«.

das der Sonne oder auch nur einem klaren Licht ausgesetzt ist. Aber sie werden imaginär sein, wenn du auf Kristall oder Glas schaust, weil jemand anderes sie überhaupt nicht so sehen wird, wie sie für dich aussehen, und auch nicht dort, wo du sie in Gegenwart der Sonne siehst – er wird sie anders oder an einem anderen Ort sehen, weil sie nicht wirklich sind, sondern nur von der Art und Weise ausgehen, wie das Sehen funktioniert. Daher wundere ich mich über Leute, die sagen, dass dort, wo ein Regenbogen auf die Erde gekommen ist, er jene berühmten duftenden Pflanzen erschafft, besonders wenn sie von Natur aus schon so sind. Beispiele sind Lorbeer, Wacholder, Myrte; ich denke, der Grund ist eher der, den ich erwähnt habe, für den guten Geruch von fruchtbarer Erde nach Dürren, wenn ein Regenguss beginnt.

Wer hat jemals einen Regenbogen gesehen, der an einem Baum lehnt? Er existiert nur in der visuellen Vorstellung, wie ich schon sagte. Man sollte also mit Aristoteles sagen, dass ein Regenbogen durch Tröpfchen entsteht; es gibt eine niedrige Wolke, die nach langen Dürreperioden über bereits von der Natur parfümierten Bäumen auftaucht, und mit einer diffusen Feuchtigkeit von Tröpfchen, die sich sofort zusammenbrauen, verdunstet sie auf wunderbare Weise zu duftenden Wolken. Das habe ich tatsächlich manchmal an einem Sommermorgen an einem bereits verwelkenden Rosenbaum gesehen; der Duft des Taus nahe des Regenbogens war so wohlriechend, dass ich es kaum wagen würde, ihn mit irgendetwas anderem zu vergleichen. Das ist der Grund, warum diejenigen, die schon einmal einen Regenbogen gesehen haben und sich seiner Natur nicht bewusst sind, ihm die Ursache für den Duft zuschreiben. Die morgendlichen Regenbögen deuten gewöhnlich auf Schauer hin, die abendlichen dagegen auf schönes Wetter bei uns, da unser Klima im Allgemeinen dem Himmel bei Sonnenuntergang gleicht, bei einem abendlichen Regenbogen ist die Sonne zu sehen. Aber eine Corona und eine Virga bleiben vielleicht lange Zeit stabil, denn es ist eine dichte Wolke, die lange unbeweglich bleibt, ohne von den Sonnenstrahlen aufgelöst und zerstreut zu werden. Bleibt aber ein Teil bestehen, wird ein Teil plötzlich aufgelöst oder das Ganze gleichzeitig aufgelöst, so kündigt es Winde an, und zwar aus der Richtung, die direkt über dem abgerissenen Teil liegt, sodass der Wind sozusagen die Bogensehne des zurückgelassenen Halo-Bogens ist, oder parallel zum obersten Teil oder der Seite des abgerissenen Teils der Virga. Wenn sie also allmählich verwelken, zeugen sie von der verdünnten Natur der Dämpfe und von schönem Wetter.

Der **Unterschied zwischen einem Regenbogen und einer Corona** ist offensichtlich, eine Corona ist ein vollständiger Kreis. Aber die Nebensonne und die Virga unterscheiden sich voneinander, obwohl beide gerade sind, weil die Stäbe länglich sind[9] und sich durch Farben des Regenbogens auszeichnen, in einem, oft in zwei oder mehr, manchmal an der Spitze der Wolken, als ob schwebend, manchmal wie absinkend, neben den Wolken gelegen – nicht sehr breit, sondern schmal, daher ihr Name.

Nebensonnen aber, gleichsam rundlich oder leicht länglich, zeigen eine Zwillingssonne oder einen Zwillingsmond, und zuweilen auf beiden Seiten der Sonne, mit dem Effekt, dass dann drei Sonnen zu sehen sind, wie ich einmal gesehen habe, und ich konnte mit meinem Auge nicht hinreichend erkennen, welche die wirkliche war, so sehr glitzerten die Strahlen, die von den Seiten kamen. In dem Augenblick gab es wunderbarerweise einen einzelnen Regenbogen und auch eine Korona in der Mitte des Himmels, obwohl es dort keine Sonne gab, sondern alle waren im Osten. Diese Erscheinungen sind nur möglich mit einer Sonne im Westen

[9] »virga« bedeutet auch Stab oder Stock.

oder im Osten, während eine hohle dichte Wolke die Strahlen aufnimmt und zurückgibt. Wenn also einmal drei Monde sichtbar sind, wird der mittlere der wahre sein. Ein Zwillingsmond ist ein seltenes Ereignis und ein Dreifachmond noch seltener – das wäre, wie gesagt, nur mit dem Mond im Osten oder Westen möglich, aus dem Grund, der im Zusammenhang mit dem Mond angegeben ist; und fast immer bei Vollmond, da der Mond zu jeder anderen Zeit schwächer ist; klare Luft und eine sehr dichte Wolke sind erforderlich. Wenn es sich um eine Dreifachmond handelt, sollten natürlich zwei solcher Wolken an geeigneten Stellen vorhanden sein. Eine doppelte Nebensonne ist häufiger als eine einzelne des Mondes. Eine einzelne Nebensonne ist häufiger, wird aber von kaum einem Seemann je gesehen. Ein weiterer Grund, warum ein Nebenmond selten gesehen wird, ist, dass die Menschen in der Nacht nicht wachen und sich an unbewölkten Orten und unter freiem Himmel aufhalten, wie sie es am Tag tun, sodass vielleicht viel mehr auftreten, die nicht beobachtet werden. Im Fall der Nebensonnen ist es unmöglich, dass sie ungesehen bleiben, da sich so viele Menschen im Freien aufhalten. Und, wie ich glaube, ist der Grund, warum nur wenige **Regenbögen des Mondes** gesehen werden, derselbe – sie sind hauptsächlich nachts sichtbar, wenn der Mond fast oder ganz voll ist, nicht viel diesseits des Himmelsäquators und nahe am Horizont. Es wird berichtet, dass in Deutschland, wo er wegen der Höhe des Pols und der Dichte der Wolken häufiger zu sehen ist, in einer Saison zweimal gesehen wurde. Er ist viel blasser als der Regenbogen der Sonne, sodass statt Blau meist ein schwaches Grün, statt Grün Safran und statt Safran Weiß zu sehen ist. Aus diesem Gedanken geht hervor, dass, da die Sonne oder der Mond niemals im Norden stehen und der Mittelpunkt des Regenbogens auf einer

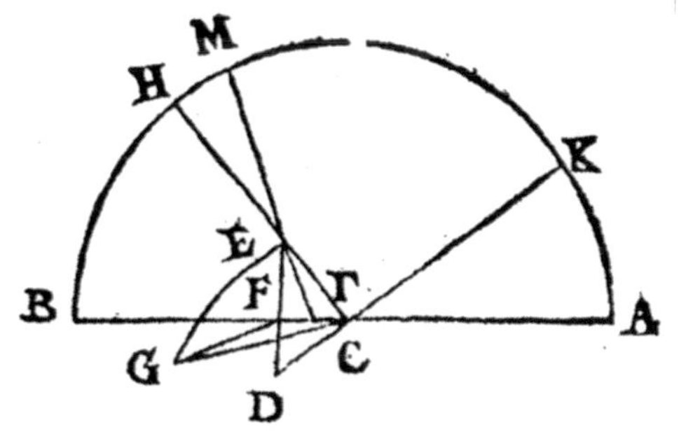

Linie von der Sonne zum Auge liegt, ein Regenbogen nur im Osten, Westen und Norden gesehen werden kann – niemals im Süden, es sei denn, dass es aufgrund der Verschiedenheit der Sonne und des Horizonts vorkommen kann, dass im Sommer Mauern in der Morgendämmerung nach Norden hin von ihren ersten Strahlen beleuchtet werden. Wenn die Sonne im Sommer tatsächlich dort aufgeht, wo der Wendekreis des Krebses den Horizont schneidet, sagt uns die sphärische Berechnung, dass die Schatten, wenn wir nach Süden blicken, so schräg fallen, dass es scheint, als würden sie sich nach Süden bewegen.

Dasselbe Prinzip kommt zum Tragen, wenn sie untergeht – da die obere Achse zum Erdmittelpunkt hin abfällt und die Sonne im Wendekreis des Krebses zum Erdmittelpunkt hin verschoben wird, muss sie uns umso nördlicher erscheinen, je näher sie dem Horizont ist, da sie im Vergleich zum untersten Teil der Linie, die zu unserem Scheitelpunkt führt, tatsächlich nördlich ist. Die Sagitta[10], die den Wendekreis des Krebses auf der Oberfläche des Horizonts erreicht, ist zu kurz, um uns zu erreichen.

Anhand dieser Merkmale lernen wir, wie wir die **Entfernung des Regenbogens**, den wir vor uns sehen, messen. Es sei ein Bogen AB eines Halbkreises, der durch die Sonne und unsere Augen und unsere Spitze und den Mittelpunkt eines Regenbogens und dann seine Spitze AB verläuft. Und sei der

[10] Forrester schreibt, Sagitta könnte hier »Pfeilflug« bedeuten, ist aber auch ein Fachbegriff aus der sphärischen Geometrie und bedeutet »der Teil der Winkelhalbierenden der Sehne, der zwischen der Sehne und dem Kreisbogen abgeschnitten wird«.

Mittelpunkt der Welt C, der Mittelpunkt des Regenbogens D, und sein Halbdurchmesser und der Sinus in Richtung EF, die unterste Mitte des Regenbogens, wie er erscheint, sei EG, die Sonne K – dann gibt es, weil der Bogen KA bekannt ist, auch einen Winkel bei C, als ob der Punkt C der Mittelpunkt des Universums wäre, einen Winkel, der wegen seiner Entfernung bekannt ist. Der Winkel DCF und F ist also ein rechter Winkel; das Dreieck CFD ist also aus der Tabelle der Sehnen und Bögen bekannt. Wir zeichnen dann GEH, und der Bogen BH wird sofort aus der Planisphäre bekannt sein. Dies ist in der Tat die Hauptanwendung dieses Instruments, und eine sehr einfache, die uns sofort einfällt. Der Winkel BCH ist also bekannt, und auf dieselbe Weise ist CFE ein rechter Winkel. Ebenso sind das Dreieck CFE und das Verhältnis der fünf Linien CD, CE, CF, DF, EF und die Länge eines Teils des Halbkreises EG aus der Tabelle der Sehnen und Bögen[11] bekannt. Da Sie DE als 60 bestimmt haben, werden Sie FG verdoppeln, was ich weiter unten erklären werde, und es ist der Bogen für diese Sehne direkt aus der Tabelle. Der Bogen des gesamten gesehenen Regenbogens ist das Doppelte von GE. Und so haben Sie nun die **Größe eines Regenbogens**, obwohl Sie nicht in der Lage sind, seinen Boden zu sehen, d.h. den Punkt G; Sie können tatsächlich kaum sicher sein, ob der Punkt G der Boden des Regenbogens ist, wegen der Unebenheiten der Orte.

Ich gehe dann weiter nach L und sehe die Höhe BM über dem Punkt F – so ist der Winkel MEH bekannt, denn, wie deutlich gemacht wurde, steigen die Dämpfe nicht sehr hoch, der Nebel aber noch weniger – wie Albertus Magnus meint, nicht mehr als 15 Stadien. Es ist also so, als ob der Winkel HCM im Mittelpunkt der Erde läge, und so ist CEL bekannt, und LCE war bekannt, also CLF, und das ganze Dreieck CEL mithilfe derselben Tabelle. Und weil der Winkel FEC bekannt war und LEC, wird der Winkel FEL bekannt sein, und da F ein rechter Winkel ist, wird das Dreieck FCL bekannt sein. Somit ist das Verhältnis von FL zu LE bekannt, und nun ist das von LE zu LC aus dem Dreieck ELC bekannt, also ist das Verhältnis von FL zu LC bekannt. Aber LC ist ein bekanntes Maß – es ist tatsächlich die Entfernung, die man zurückgelegt hat. FL ist also bekannt, und auch FC aus denselben Komponenten. FG ist bekannt, weil EF bekannt ist und ED. Wenn du also EF als Zusammensetzung aus ED und DF ziehst und das Quadrat der Seite des Produkts gefunden hast, erhältst du GF nach dem 8. Kapitel in Buch 6 und dem 31. in Buch 3 der *Elemente* von Euklid.

Wenn also CF und FG in sich selbst hineingezogen werden, ist die Linie CG, die Entfernung vom Ort des Regenbogens, wo er die Erde berührt. Es ist offensichtlich, dass der Regenbogen, wenn man auf einen sehr hohen Berg steigt, als größer als ein Halbkreis gesehen wird, und zwar umso mehr, je höher der Berg ist. Der Abstand vor den Augen hat einen Aspekt von Leere. Und wir sollten uns darüber im Klaren sein, dass der größte Regenbogen in unseren Regionen nicht mehr als 42 Grad über dem Horizont steht. Ein Regenbogen ist dann am größten, wenn die Sonne am Auf- oder Untergang ist und die Linie CF am längsten ist. So ist man sich auch einig, dass man die größte Entfernung eines Regenbogens von uns herausfinden kann, indem man seine Größe angibt – dann ist seine Größe bereits aus der tatsächlichen Entfernung bekannt, wie beschrieben, indem man die Linie FG mit der bereits bekannten Linie CG vergleicht. Über die Reflexion ist nun bekannt, dass, wenn man einen Spiegel unter Wasser stellt, das Bild der Sonne vom Wasser reflektiert wird, das die Sonne zeigt, aber es ist ein anderes Bild, das wegen der Dichte des Mediums von der Wasseroberfläche eingeengt wird, vom Spiegel reflektiert wird und an das Bild eines klei-

[11] Gemeint ist eine Sinustabelle.

nen Sterns erinnert; und die Leute glauben, dass es sich um einen sonnennahen Stern handelt, der durch dieses Manöver zum Vorschein kommt, da man sich hinreichend einig ist, dass es sich um das Bild der Sonne handelt, das aber durch das Wasser in den Spiegel gebrochen wird – ein Bild, das die Leute im Allgemeinen bei Sonnenfinsternissen immer wieder in einem Spiegel sehen, während sie sich bemühen, die Verfinsterung zu sehen.

Aber warum hat das Bild der Sonne, das durch eine eckige Öffnung übertragen wird, bei einer Sonnenfinsternis die Form eines Schiffes? Ich muss nun die bemerkenswerte Anordnung der Strahlen erklären, aber Schritt für Schritt, weil das schwierig ist. Ich muss nämlich zeigen, **warum die Strahlen, wenn sie zum ersten Mal einen eckigen Spalt durchqueren, auf der Ebene vor ihnen eine runde und keine gerade Form zeigen**, und zwar umso runder, je weiter die Ebene vom Spalt entfernt ist. Dafür gibt es zwei Gründe, die bereits weiter oben erläutert wurden: die Linien, die zuvor zusammenkamen, nähern sich mit zunehmender Entfernung immer mehr der Form von Parallelen an. Das Ergebnis ist, dass sie sich in dem Maße, in dem sie sich von der Natur eines Winkels entfernen, mehr einer runden Natur annähern. Dies haben wir bereits in einer früheren Abbildung gezeigt, und zwar umso mehr, als die Strahlen von der ganzen Sonne ausgehen und nicht von einem Punkt. Der zweite Grund ist, dass je mehr die Form abweicht, desto mehr wird das Bild vergrößert; das Auge verlässt den Teil des Objekts, der schwächer ist als der kleinste Teil des Objekts, das es sehen kann, wie wir von Anfang an angenommen haben. Da der rundere Teil und der größere die Winkel mit seinem Licht überschattet, ist es notwendig, dass die Teile der schwächeren Kräfte, das heißt die eckigen Teile, aufhören, bevor der Blick durch die Mitte bewegt wird, in die der volle Strahl eindringt.

Diese abgerundeten Figuren treten also in Erscheinung, und zwar um so runder, je weiter sie nicht nur von dem Spalt, durch den die Strahlen hindurchgehen, entfernt sind und ihn bilden, sondern auch von den Augen der Betrachter. Da diese Punkte also sehr klar sind und die Beleuchtung sozusagen unter ihrer eigenen Menge empfangen wird, wird alles, was sich dazwischen befindet, vom Schatten mitgerissen. Da also das Bild der Sonne sozusagen in verkleinerter Größe vorliegt, wo es den Augen durch den Spalt zugeführt wird, und da der Mond dazwischen liegt (ein dichter undurchsichtiger Körper), muss der Mondschatten ebenfalls in der Form erscheinen. Aber der Mondschatten ist rund, und die Form, aus der er herausgeschnitten wird, ist rund; wenn also ein abgerundetes Element von einem abgerundeten Element an einem Teil entfernt wird, kann das Bild eines kleinen Schiffes oder eines leeren Mondes übrig bleiben. Und was bei Finsternissen geschehen muss, ist, dass die Formen, die von den Strahlen, die eckige Schlitze durchqueren, auf Ebenen gezeichnet werden, weder eckig noch rund sind, sondern mondförmig oder wie ein kleines Schiff geformt. Aber man muss genau hinsehen, denn wenn der Mond nicht voll ist, erscheint eine solche Figur als rund. Aber der hellere Teil gibt, wie ich schon sagte, die Form des Mondes wieder.

Ich wollte diese Einzelheiten hinzufügen, weil ich in diesem Buch nichts Falsches oder Ungewisses schreiben wollte, wie ich in den Vorbemerkungen sagte. Und wenn es jemanden gibt, dem mein Vorschlag nicht gefällt, wird er sich selbst der Unwissenheit bezichtigen, nicht ich der Lüge. Aber ich komme auf den Punkt zurück. Bei derselben Verfinsterung sieht alles safranfarben aus, und viele Menschen bekommen erhebliche Kopfschmerzen. Der Grund dafür ist, dass die Beleuchtung spärlich ist, und deshalb safranfarben. Die Morgendämmerung zeigt dies, sie ist selbst safranfarben, wie auch Vergil schreibt:

Die Morgendämmerung verlässt das saf-
ranfarbene Schlafgemach des Tithonus.

Nach Servius, der dies von Marcus Terentius Varro übernommen hat, **begannen die Alten den Tag mit der Morgendämmerung und unterteilten ihn in vier Abschnitte**. Der erste davon war der Morgen[12] (auch als Morgengrauen bekannt), ein Wort, das von »manus« abgeleitet ist, was »gut« bedeutet; dies war die Art und Weise, wie sich die Alten nach dem morgendlichen Aufstehen zu grüßen pflegten. Als nächstes kam der Tagesanbruch[13], von Sonnenaufgang bis zur vierten Stunde, ein Name, den sie wählten, weil die Sonne sich scheinbar die ganze Zeit über nach oben bewegte. Die Mittagszeit dauerte von der vierten bis zur achten Stunde, so als ob die Sonne eine Mittagsruhe einlegen würde. Und bis zur zwölften Stunde war der Sonnenuntergang, denn die Sonne ging unter und endete, indem sie verschwand. Außerdem waren diese Stunden gleich lang, d.h. zwölf Teile des Tages vom Aufgang der Sonne bis zu ihrem Untergang.

Die Nacht wurde in fünf Abschnitte unterteilt: »Abend«, auch bekannt als nächtliche Dämmerung oder unsicheres Licht; die »stille Zeit um Mitternacht«, wenn sich die Luft verdunkelte – während dieser Zeit widmete man sich der Ruhe; die »tote Nacht«, was die Grenzen der Wächter überschreiten und sich nicht an diejenigen anpassen würde, die aufstehen, und die die Zeit von vier bis acht Stunden umfasste; dann »Hahnenschrei« bis fast zehn; von da an bis zum Morgengrauen »Morgenstern«.

Aber um zu meinem Plan zurückzukehren: Auf derselben Grundlage muss es zur Zeit einer **Sonnenfinsternis** eine Veränderung in der Luft geben, durch welche diejenigen, deren Kopf empfindlich ist, Kopfschmerzen bekommen. Ihr werdet aber sagen: »Wenn die Sonne aufgeht, kommt zu wenig Licht zu uns, und wenn sie untergeht, ist das Licht doch hell, wie das, was durch eine kleine Öffnung durch ein Fenster in eine dunkle Kammer eindringt?« Aber der Grund dafür ist, dass die Sonne, wenn sie auf- oder untergeht, nur sehr wenig Zeit braucht, aber sie bleibt lange in der Dunkelheit. Wer aber die ersten Strahlen der Morgendämmerung oder die letzten des Sonnenuntergangs aus der Ferne betrachtet, Strahlen, die nicht aus dem Zentrum kommen, wird sie zweifellos als safranfarben sehen. Daraus sind zwei Dinge ersichtlich: Die Sonne strahlt aus ihrem gesamten Bereich, nicht nur aus ihrem Zentrum; doch die Strahlen aus dem Zentrum sind stärker. Selbst wenn Sie dies nicht akzeptieren können, können Sie zumindest zustimmen, dass es den zu beweisenden Punkten keinen Schaden zufügt. Aber wie gesagt, es ist klar, dass die Strahlen von der ganzen Sonne ausgehen, wie von einem Feuer, und zwar in alle Richtungen, denn bei einer Sonnenfinsternis wird der dem Zentrum gegenüberliegende Teil vom Mond eingenommen, und dennoch werden die Luft und die Wände beleuchtet.

Es gibt eine Besonderheit des **Hohlspiegels**, die dies anzeigt, da alle Strahlen auf keine andere Weise in einem Punkt zusammenkommen könnten, wenn sie nicht von der ganzen Sonne ausgehen würden. Man stelle sich vor, dass ein Spiegel nur vom Zentrum der Sonne aus beleuchtet wird; zweifellos wird nur ein Strahl in das Zentrum des Spiegels zurückkehren. Wie kommt es dann, dass ein Feuer immer in der Mitte eines Hohlspiegels entzün-

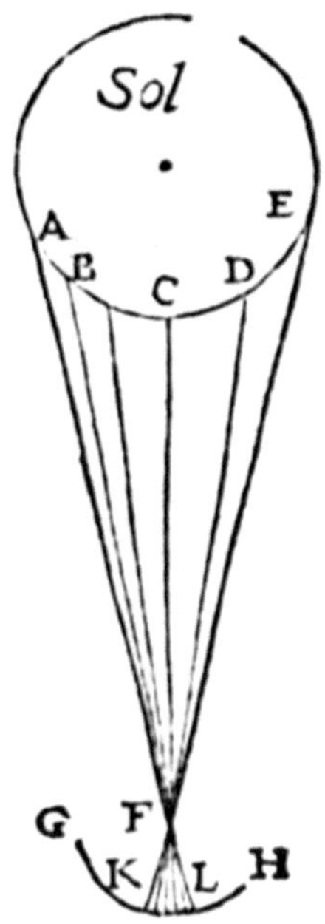

Speculum.

[12] »manè«.

[13] »ortus«.

det wird und alle Strahlen von der Sonne zusammenkommen? Euklid hat dies in seiner Arbeit über Spiegel tatsächlich richtig nachgewiesen. Denn von ABCDE werden alle Strahlen zwischen K und L in den Mittelpunkt F reflektiert, nicht nur von einem Kreis, und deshalb entzündet sich das Feuer bei F.

Aber Sie werden zu Recht Zweifel hegen: Erstens, warum sind die Strahlen, die in sich selbst reflektiert werden (die senkrechten), so stark? Der Grund liegt auf der Hand: Was von der Senkrechten weg reflektiert wird, kehrt in sich selbst zurück, wie es von E nach F, von K geschieht; folglich wird der ganze Strahl im Verhältnis zu seiner Länge verdoppelt. Ein Strahl, der von einem anderen Punkt in EK reflektiert wird, schneidet ihn und geht weg; ein Strahl aber, der schneidet, tut dies an einem Punkt und trägt daher keine Kraft bei. Da ein Punkt in der Tat keine Quantität hat, fehlt es ihm auch an Kräften, selbst wenn unbegrenzte Strahlen durch denselben Punkt reflektiert werden, sind sie nicht stärker. Denn das, was nichts ist, erzeugt nichts, egal wie sehr man es verdoppelt. Daher haben die Strahlen, die nicht von der Senkrechten reflektiert werden, absolut keine Kraft, wenn sie sich schneiden. Aber in nahen und näheren Strahlen gibt es entsprechend mehr Kraft, da ein Strahl dem anderen nahe ist, nicht weil er an einem Punkt schneidet, denn das Schneiden ist unwichtig, da es, wie ich sagte, in einem unteilbaren Ding vor sich geht; aber die Nähe zählt. Wenn ein Strahl im Verhältnis zu seiner Länge lange und über einen weiten Abstand an einem anderen haftet, verbindet sich die Kraft eines jeden und wird gleichsam verdoppelt. Wie gesagt, da er allein aus der Senkrechten zu sich selbst zurückkehrt, verdoppelt er auch allein seine Kraft.

Der zweite Zweifel ist: Wenn es einen großen Spiegel aus der Richtung KG gibt, warum beleuchten die reflektierten Strahlen nicht die benachbarten Teile um F, sodass wenigstens Klarheit wiederhergestellt wird, sondern alle diese Strahlen werden unterhalb von F reflektiert? Denn wenn ein Strahl von E nach G gezogen wird, so wird der Winkel EGK im rechten Winkel FGE größer sein, sodass er durch den Winkel FGE unter FG reflektiert wird; je größer also der Hohlspiegel ist und je größer die Höhlung, desto mehr und desto schneller entzündet er die Dinge. Ein solcher Spiegel kann jedoch kein Feuer in der Ferne entzünden, da die Strahlen immer in der Mitte konzentriert sind.

Es gibt noch einen dritten Zweifel, der nicht trivial ist. Die Strahlen, die aus dem Teil EG vom Punkt K aus reflektiert werden, sodass ein Strahl, der aus K vom Punkt D ausgeht, in Richtung H reflektiert wird und auf jeden Fall die an F angrenzenden Teile beleuchtet – das widerspricht der Erfahrung. Es ist klar, dass dies bei den Strahlen, die sich von B und C nach K erstrecken, mehr der Fall ist. Der Grund dafür ist, dass sie gestreut werden und es keinen senkrechten Strahl gibt, und dass das Licht in F groß ist und die nahe gelegenen Teile verdeckt. Außerdem ist ein Strahl, der von einem konkaven Spiegel reflektiert wird, schwächer als ein Strahl, der von einem ebenen Spiegel reflektiert wird, der in die Irre geht, wenn er nicht senkrecht ist. Die Ursachen für die Stärke der Strahlen sind also: an sich die Kombination mit der Senkrechten, wie bei Hohlspiegeln; daneben die Reflexion an der Senkrechten ohne Kombination, wie bei ebenen Spiegeln, die direkt der Sonne ausgesetzt sind. Die dritte Ursache ist die Reflexion nicht an der Senkrechten, aber immer noch zu gleichen Winkeln, wie bei einem ebenen Spiegel, der nicht direkt der Sonne ausgesetzt ist – denn das Auge kann auch dies nicht ertragen. Die vierte Ursache erzeugt zwar ein Bild, aber eines, das unterstützt werden kann, wenn die Strahlen in einem gleichen Winkel reflektiert, aber gestreut werden, wie es in konkaven Spiegeln außerhalb jeder Pyramide geschieht, und es ist ein Bild, das vom Zentrum des Spiegels zum Spiegel und vom Zentrum des Spiegels zum Gesehenen geht – wie es außerhalb der Pyramide FKL und FAC geschieht. Die fünfte Ursache ist, wenn die Strahlen von einem unpolierten Körper reflektiert werden, nutzlos für das Sehen, wenn auch nicht für die Hitze; diese senkrecht reflektierten Strahlen verdoppeln, wie ich sagte, die Hitze aufgrund der Kombination, aber erzeugen kein Bild. Aber die Ursachen für die Stärke der Strahlen sind akzidentell: Größe und Nähe der Lichtquelle, und dass der betreffende Strahl von seinem Zentrum ausgeht; dann die Reinheit des Mediums und der Strahlen selbst. Durch diese Ursachen kommt es vor, dass eine Beleuchtung stärker ausfällt als eine andere – so können wir die Reflexion der Sonnenstrahlen vom Mond und den Sternen wegen der Entfernung gut ertragen, obwohl es sich um eine ganz reine Reflexion handelt, aber unsere Augen können die Reflexion der Sonnenstrahlen in Kristall und Wasser nicht ertragen.

In der Tat scheint es zwei Methoden zu geben, um ein Feuer aus einem Spiegel zu entfachen: Die erste besteht darin, dass alle Strahlen, die auf den Mittelpunkt des Spiegels fallen, durch Reflexion in einem Punkt vereinigt werden, was, wie gesagt, bei einem sphärischen Hohlspiegel geschieht. Die zweite besteht darin, dass alle parallelen

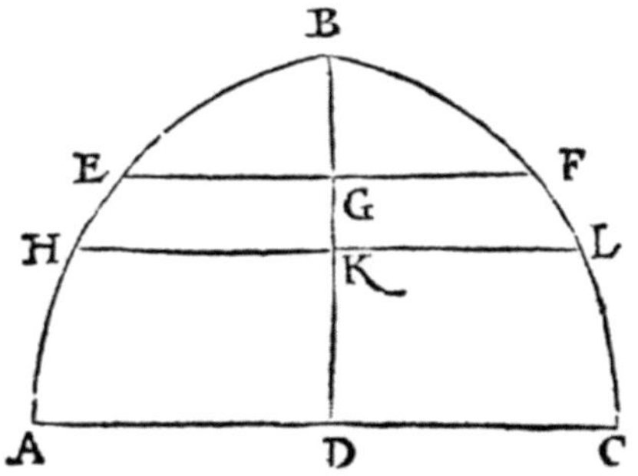

Strahlen, die von der Sonne ausgehen, in einem Punkt zusammenlaufen, was bei einer Parabel tatsächlich geschieht. Bei Conrad Gessner lese ich, dass Franciscus Maurolicus schrieb, dass Bücher von Archimedes zu diesem Thema überlebt haben, in denen er zeigt, dass Brennspiegel mithilfe einer Parabel hergestellt werden. Das ist die tatsächliche Situation. Wenn eine Fläche einen rechtwinkligen Kegel schneidet und ein Durchmesser der Fläche parallel zu der Seite eines Dreiecks ist, das in die Fläche eingeschrieben ist und den Kegel entlang seiner Achse vom Scheitelpunkt aus schneidet, **wird diese Fläche eine Parabel** genannt, die ABC sein soll, und eine Gerade, die vom Scheitelpunkt B ausgeht und die darunter

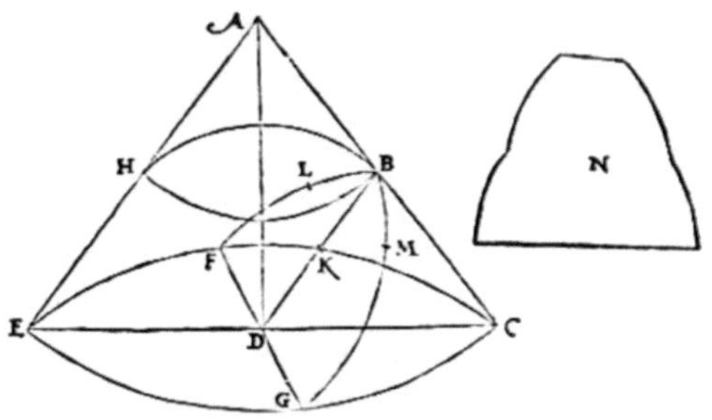

liegende Gerade AC mit gleichen Seiten teilt, die Kurven BA und BC, der Durchmesser sei BD genannt. Und der Durchmesser sei AC, die Basis des Kegels sei K, die Mitte sei BD; ich sage, dass HKL immer ein solches Verhältnis zu jeder Senkrechten hat, die von der Seite oberhalb des Durchmessers kommt, wie das Verhältnis der Senkrechten selbst zu dem Teil des Durchmessers, der zwischen dem Scheitel und der Senkrechten liegt. Zum Beispiel sei das Lot FG – dann hat HL ein Verhältnis zu GF, wie GF zu GB. Und dann wird HL als »latus rectum« bezeichnet, und alle parallelen Linien oder Strahlen BD können in K gespiegelt werden. Tatsächlich ist HL immer viermal BK. Wenn es aber darum geht, **einen Spiegel zu machen, der in der Ferne Feuer hervorruft**, wie der, den Archimedes laut Galen gemacht hat und der die gegnerischen Triremen verbrannt hat, dann ist es klar, dass die Spiegel, egal ob sie von der Parabel oder vom Kreis und der Kugel abgeleitet sind, riesig sein müssen, d.h. Teile von riesigen Kugeln oder Kegeln, aber nicht ein sehr großer Teil einer Parabel. Will man zum Beispiel das Feuer auf eine Meile ausdehnen, so zeichnet man einen Kreis ab, dessen Durchmesser zwei Meilen beträgt, und nimmt einen Teil davon, der groß genug ist, um die Rundung deutlich zu machen, also ein Sechzigstel; man fügt ihm an einem Ende einen Durchmesser im Verhältnis zur Höhe hinzu, und wenn der Durchmesser feststeht, zeichnet man um ihn herum einen Teil eines Kreises, der für uns einen Teil einer Kugel darstellen wird. Wenn wir ihn poliert haben, wird er, wenn er der Sonne ausgesetzt wird, etwas auf eine Entfernung von einer Meile kräftig entzünden. Heutzutage ist das nicht mehr so nützlich, wegen der militärischen Geräte (Kanonen), aber früher war es eine große Sicherheit. Die **Feuersbrunst, die von einer Parabel ausgeht,** ist viel stärker. Sie kommt folgendermaßen zustande: Der Ort, der verbrannt werden soll, soll eine Meile entfernt sein. Ich mache BK eine Meile lang und füge eine gerade gleiche Linie KD hinzu, und zu dieser BD mache ich BA im rechten Winkel gleich, und von der anderen Seite BC gleich BA, und nachdem ich DA und DC gezeichnet habe, mache ich D zum Mittelpunkt der Basis eines Kegels und AD zur Achse, da der Winkel ADC ein rechter Winkel ist, und ich drehe AC, um einen Kegel zu erzeugen, und lasse einen Kreis von der Linie DC als Halbdurchmesser durch die Basis des Kegels zeichnen; ich teile diesen durch zwei Durchmesser, die sich im rechten Winkel schneiden, CE und FG mit dem Mittelpunkt D. Es wird tatsächlich so sein, dass der Punkt B den Umfang eines Kreises HB um den Kegel zieht. Ich ziehe also vom Scheitelpunkt des Kegels eine Gerade zum Ende eines Durchmessers der Basis, sagen wir bei C, und dort, wo sie den Kreisumfang schneidet, wie bei B, ziehe ich von diesem Punkt aus die Geraden BF und BG zu den Enden eines anderen Durchmessers. Die Fläche, auf der das Dreieck BFG liegt, bildet also dort, wo es die Oberfläche des Kegels schneidet, zwei schräge Linien BF und BG, die aus bestem Stahl hergestellt werden müssen, damit sie sich nicht verbiegen. Nehmen wir an, dass BL und BM, die Seiten einer Parabel, gleich sind und nur einen Teil davon verwenden. Dann nimmst du eine Masse N von Gips auf, die größer ist als die Breite LBM im Scheitelpunkt, und reibst sie allmählich mit Schleifsteinen, bis die darauf gelegte und um sie gedrehte Parabel LBM sie von allen Seiten berührt und sich ungehindert drehen kann. Wenn du damit fertig bist, bringe rotglühendes Glas zu dieser Masse und du erhältst eine Parabel, die mit dem von hinten aufgestreuten Blei alle parallelen Strahlen der Sonne, die stärksten von allen, auf den eine Meile entfernten Punkt K reflektiert und ihn auf der Stelle verbrennt. Dies wurde von Archimedes anschaulich demonstriert, und Antonius Gogava hat es uns überliefert.

Aber nachdem ich die Wunder im Zusammenhang mit den Spiegeln erzählt hatte, will ich erklären, **wie ein Spiegel beschaffen ist, in dem man verborgene Dinge sehen kann.** Verbinde zwei ebene Spiegel aus Kristall, wie sie in Venedig hergestellt werden, weil sie nicht so verunreinigt sind wie die aus Stahl, in genauer Gleichheit miteinander. Verbinde sie so, dass die Länge des einen genau der Länge des anderen entspricht, und so, dass er um eine Achse gedreht werden kann, wie eine Umhüllung, sodass die Oberfläche des einen manchmal eine Ebene mit der Oberfläche des anderen bildet, manchmal ein Raum, ein rechter Winkel, ein stumpfer oder spitzer Winkel, je nach Wahl. Dann hängst du den festen Spiegel an einem verborgenen Ort so auf, dass die Spiegelfläche senkrecht zu deiner Ebene steht. Lasst die bewegliche Seite des Spiegels ihre Länge gegenüber dem Ort haben, den ihr benötigt. Dann wird alles, was sich in diesem Raum abspielt, vorausgesetzt, dass etwas Licht hereinkommt, mit dem beweglichen Spiegel gedreht, bis der Winkel gleich ist (eine Position, die euer Auge beurteilen wird), ihr werdet alles beobachten, während ihr auf das schaut, was euch interessiert. Aber wenn der Ort, den ihr sehen müsst, höher liegt als der, an dem Sie sich befinden, hängen Sie das Gerät an einem höheren Punkt auf.

Ähnlich verfahren Sie, **wenn Sie etwas fünf Meilen Entferntes sehen wollen, mit Mauern dazwischen,** oder in einer feindlichen Stadt, hängen Sie einen Spiegel auf einem hohen Punkt, senkrecht oder so weit wie möglich parallel zum Horizont, mit einem anderen Spiegel in der Hand, so angeordnet, dass seine Spiegeloberfläche (weder nach oben, noch genau vertikal eingestellt) auf den Spiegel schaut, den Sie oben platziert haben. Schließlich strecken Sie sich nach und nach in der Linie des ersten Spiegels aus, und langsam beugen Sie sich mal nach rechts und mal nach links, bis Sie den Ort ganz in Ihrem Spiegel sehen, dann bewegen Sie ihn kaum von seiner Position, und Sie werden sehen, was immer dort vor sich geht und geschieht. Und obwohl, wie ich sagte, es kein anderes Hindernis für diese Sache gibt als brennende Geräte, kann es dennoch für einige Leute von Nutzen sein, da eine große Sache, die in einem so kleinen Spiegel angezeigt wird, nur von den schärfsten Augen erkannt werden kann.

Wenn Sie aber **sehen wollen, was auf der Straße vor sich geht,** stellen Sie bei Sonnenschein eine Glaskugel in Ihr Fenster, und wenn Sie das Fenster schließen, sehen Sie Bilder, die durch den Spalt auf die gegenüberliegende flache Oberfläche übertragen werden, allerdings in schwachen Farben. Legen Sie also ein Stück weißes Papier auf die Stelle, an der Sie die Bilder sehen, und verfolgen Sie die Angelegenheit auf dieser Unterlage. Doppelgesichter, Vierer- und Dreier-Augenpaare, du selbst mit einem Auge, dein Abbild, und andere zahllose Wunder werden durch einen konkaven Spiegel enthüllt – nicht nur durch einen kugelförmigen, sondern auch einen konischen und einen zylindrischen. Letzterer lässt die Dinge jedoch viel größer erscheinen oder doppelt, ein längliches und ein sehr schmales Gesicht, und manchmal ein sehr kurzes und sehr breites. Was also? – Er zeigt fast alles, außer dem wahren Gesicht, nach der Art der Menschen von heute, die alles wissen, außer wie man Gutes tut oder die Wahrheit sagt.

Und **es gibt Spiegel, die viele Gesichter zeigen,** weil sie aus vielen Flächen bestehen. Aber der verdient die meiste Bewunderung, der mit einer einzigen Fläche viele Bilder zeigt. Ich hatte einmal einen quadratischen Flächenspiegel aus Glas, der jedes Ohr doppelt abbildete, als ob es ein zweites Bild des ersten gäbe, nur weiter weg. Daher fand ich es glaubwürdig, dass es in Spanien einen Spiegel gab – auch einen flachen –, der ein doppeltes Bild eines Gesichts wiedergab: das eine, das nähere, sehr lebensecht, das andere wie das Bild einer Leiche; tatsächlich war die Anordnung bei beiden gleich. Wir wollen den Grund dafür erklären, damit wir das Kunststück verstehen und erklären können, wie man es zustande bringt; wer so etwas sieht, erschrickt nicht nur vor dem Staunen, sondern auch vor dem Bild selbst. In der Tat sah es ziemlich blass aus. Da diese Figuren blasser und weniger sichtbar sind und den ersten Bildern ähneln, ist es klar, dass, wie im Fall des doppelten Regenbogens, letzteres aus ersterem hergestellt wird.

Aber woher kommt die Spiegelung? Es scheint, dass es nicht immer einen doppelten Regenbogen gibt, noch gibt es doppelte Bilder, außer in einigen wenigen Spiegeln. Es sei das Auge A, das Gesehene B, der Spiegel C, eine Konvergenz zu gleichen Winkeln im Punkt C, eine Konvergenz mit einer Geraden von B zur Senkrechten über dem Spiegel in D, wo auch B gesehen wird. Wenn dann A und B stark geneigt sind, weil ACB nicht weit von der Spiegeloberfläche entfernt ist, wird das Bild von C, weil der Spiegel nicht genau eben ist, in E gebrochen. E ist dann höher als C, sodass F über D gesehen wird. Da es höher und unter einem gleichen Winkel erscheint,

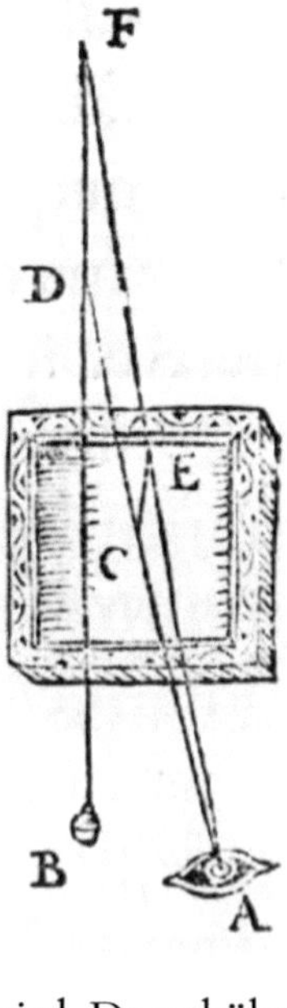

wird es als noch länger angesehen. Daher wird F auch hinter B gesehen. Und Scaliger[14] sagt, dass, wenn sehr klares Glas über einen glänzenden Spiegel aus Stahl gestreut wird, eine Doppelreflexion aus derselben Trübung entstehen kann, und somit auch ein Doppelbild, wie wir im Zusammenhang mit dem Doppelschatten gesehen haben. Aber die Oberfläche muss von der Oberfläche getrennt und gekippt werden.

Es gibt noch andere Geräte, die Feuer entfachen, weil sie aus zahlreichen Kreisen bestehen, und kurz gesagt, unbegrenzte Ungeheuerlichkeiten der Komplexität, unnötig zu erwähnen. Nun zu den **Geräten, die Bilder in der Luft reproduzieren.** Wir haben oben die konkaven beschrieben; es gibt auch konvex kugelförmige und sehr raffinierte zylindrisch konvexe. Ein Spalt in einem Fenster sei so auf ein gemaltes Bild ausgerichtet, dass es von jeder Stelle des Raumes aus durch den Spalt betrachtet werden kann. An dieser Stelle stelle man einen zylindrisch konvexen Spiegel auf einem Stativ senkrecht zu einer Ebene auf, und dann stelle man sein Auge so, dass man vom Spiegel aus das Bild sehen kann, das man draußen aufgestellt hat – dann sieht man das Bild als in der Luft hängend zwischen dem Spiegel und dem Schlitz im Fenster.

Über die Form: konkave Reflektoren zeigen größere Bilder, abgerundete viel kleinere; ebene, die etwa gleich sind, aber im Verhältnis zu Größe und Position groß sind, zeigen größere, und die kleineren in der Ferne kleiner. Abgerundete sind also in etwa wie kleine ebene, da die Reflexion von einem kleinen Teil in ihnen ausgeht. Auch ist die Verbindung der Strahlen mit der Reflexion, die den Mittelpunkt bildet, näher, daher ist ihre Basis kleiner. Folglich vergrößern sie sich in der Ferne, sogar über die Größe des Gesehenen hinaus. Ebenso auch wegen der schrägen Spiegelstellung, wie mein Vater im zweiten Buch seiner Optik bemerkt.

Wenn man jedoch **fliegende Menschen in einem Spiegel** sehen möchte, sind vier Voraussetzungen erforderlich, damit sie zu fliegen scheinen. Diese sind, sich zu bewegen und mit den Armen zu flattern – die Person, die man fliegen sehen möchte, wird diese beiden Voraussetzungen erfüllen, egal ob es sich um einen selbst oder um andere Personen handelt. Sie können zwar die Bewegung vortäuschen, indem Sie den Spiegel bewegen, aber das ist sehr umständlich. Die dritte Voraussetzung ist, dass die Person in der Luft hängt, damit sie nicht auf der Erde zu kleben scheint. Die vierte Voraussetzung ist, dass, wie bei Vögeln im Flug, die Beine, der Kopf und die Arme oberhalb des Bodens sind. Ein Spiegel wird diese beiden Punkte sehr hübsch darstellen. Besorge dir also zwei gleiche Holzstücke, die in einem rechten Winkel verbunden sind, sodass der rechte Winkel in der Höhe ist, er bildet die Form eines Gnomons, des Zeigers einer Sonnenuhr. Nahe des inneren wirst du zwei große flache Spiegel gleicher Höhe einander gegenüberstellen. Wenn du dich nun so weit davon entfernst, dass du die Ferse auf der anderen Seite erreichst, dann wirst du, indem du dich auf einer geraden Linie bewegst und mit deinen Armen wedelst, den Eindruck haben, einen fliegenden Menschen zu sehen.

Auf der gleichen Grundlage, die wir erwähnt haben: Wenn Sie zwei Spiegel, die sich berühren, auf einer ebenen Fläche so aufstellen, dass, wenn sich der eine auf Sie zubewegt, sich der andere von Ihnen wegbewegt, was geschieht, wenn sie auf einem Balken in einer Linie und senkrecht aufgestellt wurden, und die Verbindung, die verborgen ist, allmählich enthüllt wird. Dann werden Sie Ihr Bild in einem vorwärts und in dem anderen zurückgehen sehen. Und wenn Sie Ihren Rücken sehen wollen, können Sie dies bequem mit zwei ebenen Spiegeln erreichen, und je größer die sind, die Sie haben, desto besser ist das Ergebnis. Sie positionieren den

[14] Cardanos detailliertester Kritiker, s.o. das Vorwort zur englischen Ausgabe.

ersten hinter sich, im mittleren Winkel zwischen aufwärts gerichtet und senkrecht, und den anderen auf einer höheren Ebene als Sie selbst, im mittleren Winkel zwischen abwärts gerichtet und senkrecht, vor Ihren Augen; und Sie werden in der Lage sein, einen hervorragenden Blick auf das zu werfen, was Sie auf dem Rücken haben.

Bedenken Sie auch, dass, wenn Sie zum Beispiel einen Ring vor den Spiegel legen, der Ring selbst zum Spiegel wird, als ob ein Saphir in ihm eingeschlossen wäre, und Sie werden im Spiegel ein Bild des Ringes sehen; in seinem Edelstein wird Ihr eigenes Bild zu sehen sein, was durch mehrfache Reflexion geschieht. Dasselbe wird in zwei Spiegeln geschehen, und mit viel bemerkenswerterer Wirkung in drei.

Wenn Sie aber vorhaben, dunkle und tief liegende Dinge zu sehen, wie z.B. den Mutterleib, den Hals oder einen dunklen Raum, dann stellen Sie ein großes Glasgefäß voller Wasser auf, und die Beleuchtung hinter dem Gefäß, sodass das Gefäß auf einer geraden Linie zwischen der Beleuchtung und dem Ort liegt, den Sie zu sehen versuchen.

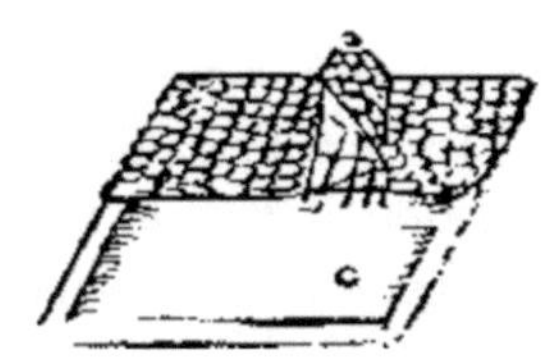

Dann entfernen Sie alle anderen Beleuchtungen und richten Ihr Auge dorthin, wo Sie der Beleuchtung des Gefäßes nicht im Wege sind, aber dennoch den Ort sehen können – und Sie werden alles wie in klarem Licht sehen. Wenn ihr aber Orte unter einem Hausdach sicher beleuchten wollt, und ihr könnt die Beleuchtung nicht von den Seitenwänden aus erhalten, dann errichtet eine Öffnung im Dach aus der Richtung, in die euer Auge blickt, und deckt den Ort mit einem Gitter ab, und lasst das Dach bis zur Mitte der Abdeckung der Öffnung abfallen; auf diese Weise können weder Diebe noch Regenwasser eindringen.

Es gibt Menschen, die Spiegel erfunden haben, die so viele Gesichter zeigen, wie es Stunden am Tag gibt, Ptolemäus bezeugt dies. Darüber hinaus enthüllte ein Teil des Bildes einen Teil jeder Stunde. Es sei ein rechtwinkliges Viereck, ein Drittel länger als breit, unterteilt in zwölf gleiche Quadrate ABCDEFGHKLM und N. Man stelle einen Spiegel auf demselben Grundriss auf, der in die gleiche Anzahl von Zwischenräumen eingeteilt ist, und darüber eine Abdeckung, die bei A höher ist als bei B, bei B höher als bei C und bei C höher als bei D, und zwar so, dass D den Spiegel berührt. Es sei dasselbe Verhältnis von E zu F und K zu L, wie von A zu B; und F zu G und L zu M, wie von B zu C; und G zu H und M zu N, wie von C zu D. Die Teile der Decke sollen so getrennt sein, dass die höheren Teile allmählich über die niedrigeren verlagert werden können, und zwar so, dass zuerst ein Teil von A nach B, dann beide Teile der Decke von B nach C, dann alle Teile nach D verlagert werden können;

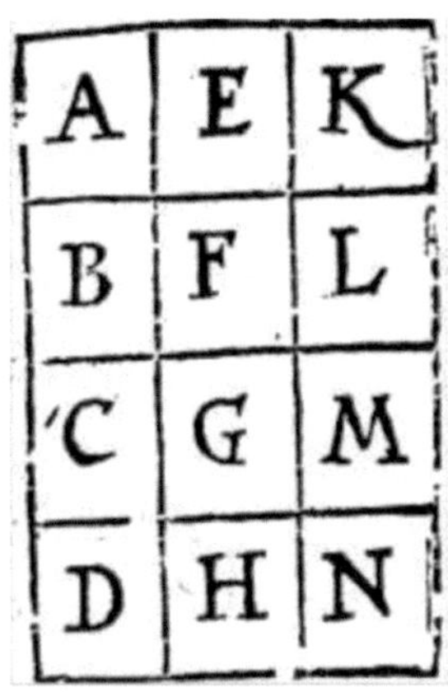

das Ergebnis ist, je schwerer das Gewicht ist, desto kürzer wird das Rad herumbewegt, so dass die Zeiten der Übertragungen gleich werden. Lassen Sie die Räder von Uhren zu jedem der Vierecke hinzufügen, das heißt, es gibt drei Räder, und in jeder Teilung der Gleichungen, wie bei den Planeten, dass die Bewegungen wegen des kürzeren Rades umso schneller sind, je höher das Gewicht. Auf diese Weise werden nach dem Viereck der ersten Säule das zweite und dann das dritte auftauchen, und auf den einzelnen Vierecken die einzelnen Zifferblätter – so wird es sein, wenn nach dem ersten Viereck das zweite und dritte auftaucht, und in jedem die einzelnen Gesichter, wie für die Anzahl der Stunden und Teile, die Gesichter und Teile der Gesichter im Spiegel gesehen werden.

Alle diese Merkmale finden sich in **Uhren mit ungleichen Stunden**, wie sie von den Römern verwendet wurden. Ein Rad, das sich dreht und dessen Bewegungsachse außerhalb seines Zentrums liegt, bewegt sich an der achsennahen Stelle umso schneller, je weiter die Achse um den Mittelpunkt des Rades von diesem Teil entfernt ist.

Ein Kristallprisma besitzt viele der Kräfte von Spiegeln, da es viele Bilder zeigt, sowohl solche mit dem Kopf nach unten und den Füßen nach oben, wie es konkave Spiegel tun können, als auch solche mit einem Auge und mit vier Augen. Auch in einem solchen Prisma, besonders wenn es der Sonne zugewandt ist, erscheinen Farben von großer Schönheit, die man nicht nachahmen kann; wenn man aber den Kristall in die Nähe der Augen bringt, besonders dort, wo es Bäume und Gärten gibt, zeigt er himmlische Schönheit – Kronen, Regenbögen, überall verstreute Wandteppiche, glitzernde Farben – rosa, weiß, grün, scharlachrot, blau, golden, und alles gemischt und von sehr gefälligem Aussehen; er zeigt ein anderes Bild der Dinge, hoch und abgewandt, als ob sich Ebenen zu Bergen erheben würden. Es entwirft auch einen Horizont und Gegenden, die in großer Entfernung liegen und attraktiv aussehen, als würde es etwas nicht auflösen, sondern neu erschaffen. Das Prisma sollte groß sein und der Kristall sehr rein.

Aber jetzt, nachdem ich Spiegel und Kristall hinter mir gelassen habe, ist es an der Zeit, über **einige falsche Bilder** zu berichten, die durch das Sehen ohne Manipulation entstehen, ich meine, wie zwei Dinge als eins erscheinen können. Dies geschieht, weil das Sehen richtig sieht, und zwar so, dass die Strahlen orthogonal, oder man könnte sagen senkrecht, auf die Pupille fallen und gerade zur Konvergenz der Nerven geleitet werden.

Wenn aber die Augen schielen, sodass die Nerven nach oben und unten umgeleitet werden, werden zwei Dinge als eines gesehen. Und im Allgemeinen werden alle Dinge, die durch ihre Position, Form, Größe oder Farbe gekennzeichnet sind, als zwei Dinge wahrgenommen, auch wenn sie eigentlich eins sind. Dies geschieht, wenn eines der Augen verschoben ist oder wenn wir durch verschiedene Medien schauen; es ist so, als ob einem der Augen ein Brillenglas vorgelegt wird, während das andere Auge durch pure Luft sieht; oder wenn ein Ding teilweise im Wasser und teilweise in der Luft ist; es wird als gebrochen oder als zwei Dinge betrachtet; oder wenn etwas in der Mitte zwischen die Augen gelegt wird, um zu verhindern, dass ein Ding als einzelnes erscheint. Wenn es nicht gerade in Bezug auf die Position der Augen, sozusagen parallel zu ihnen, platziert ist oder verschiedene Farben aufweist, dann werden zwei Dinge sicher als eines angesehen. In der Tat stellen bestimmte Dinge in der Nähe des Auges kein Hindernis dar, weil sie kleiner sind als der Abstand zwischen den Augen; in der Ferne und in der Nähe verdecken sie das Gesehene. Darüber hinaus behindern andere Dinge, die sehr nahe am Auge sind, das Auge, während Dinge, die weit entfernt sind, dies nur in sehr geringem Maße tun, weil der Winkel, den sie bilden, in der Nähe des Auges wegen der Entfernung kleiner ist. Aber die Veränderung der Position, nicht nur in den Augen, sondern auch an den Fingern, nicht nur beim Sehen, sondern auch beim Tasten, täuscht gewöhnlich, indem sie zwei statt eins zeigt. Wenn Zeigefinger und Mittelfinger abwechselnd auf ihm reiten, wird eine in der Handkuhle platzierte kleine Kugel als zwei angesehen, sodass manche Leute eine Wette darüber abgeschlossen haben.

Auf derselben Grundlage sehen **Dinge, die auf eine ebene Fläche gemalt sind, dreidimensional** aus. Das hat meist zwei Ursachen: die eine ist der Schatten, aus dem das Auge ein solches Urteil ableitet; wenn es Schatten gibt, stammt er von einem Körper. Die Sinne haben sich in der Tat so sehr an das Urteilsvermögen gewöhnt, das auf der täglichen Erfahrung beruht, dass man sagt, dass auf neu entdeckten und unbewohnten Inseln die Vögel nicht wegfliegen und mit der Hand gefangen werden können. Ein weiterer Punkt ist, dass Sie sich überlegen, welcher Teil des Gegenstands gesehen wird – im Falle eines Würfels zum Beispiel der vordere obere Teil, der rechte oder der linke; die anderen Flächen bleiben ungesehen. Dann setzen Sie den Schatten in Relation zu der Beleuchtung, die Sie vor sich erzeugen, in einer Höhe von einem halben rechten Winkel, den Körper aber im Verhältnis zu den Linien, die vom Auge zum Würfel auf der Ebene verlaufen. Sie können auch den Blick von einem Winkel aus und die Beleuchtung von der Seite aus bestimmen. Ähnlich ist es bei einer Leinwand, die senkrecht an einer Wand hängt, und einer anderen, die waagerecht auf dem Tisch liegt. Tatsächlich ist es allen gemeinsam, dass man das Ding selbst an derselben Stelle festlegt und in der Ebene, für die Augen und für das Licht, das heißt die Grenzen des gesehenen Dings, dieselben Winkel und Punkte ausdrückt. Wenn die Winkel gleich geworden sind und durch Farben und Schatten unterstützt werden, müssen sie aussehen wie die gleichen Gegenstände. Das Gleiche gibt das Gleiche wieder, und ein Gleiches ein Gleiches. Aber beachten Sie immer die Augenhöhe, den Ort des gleichen Sehens: das ist der Kopf einer menschlichen Gestalt, wenn ein Mensch auf eine Leinwand gemalt wurde; was immer darunter zu sehen ist, ist niedrig, was immer darüber ist, ist hoch, so wird es das Auge beurteilen, wenn sie sich in einer solchen Position befinden.

Um also Körper darzustellen, müssen die folgenden vier Anforderungen erfüllt werden: die Form des Gegenstands, die sich aus den Strahlen der Augen ergibt, der Schatten, der sich aus den Lichtstrahlen ergibt, die Farbe, die genau diejenige des Körpers sein sollte, der unter diesem Licht und in dieser Position platziert ist; und schließlich muss die Position auf der Leinwand entsprechend der Figur des abgebildeten Menschen festgelegt werden, dessen Blickpunkt in gerader Linie mit Ihren Augen liegt. Denn was ist ein Bild anderes als eine Nachahmung der Zustände in Körpern, und das auf einer flachen Ebene mit einer nachgeahmten Beleuchtung? Denn auch wenn aus dem Bild auch die Gemütsverfassung erschlossen werden kann, so kommt sie doch nicht anders zum Ausdruck als durch körperliche Affekte: Ich sagte: »mit einer nachgeahmten Beleuchtung«, daher wird das Gesicht eines Schwimmers[15] anders sein, anders eines im hellen Sonnenlicht, ein anderes in der Dunkelheit der Nacht, ein anderes unter dem Licht des Mondes, ein anderes, wenn eine Kerze aufgestellt wird.

Was wundern Sie sich über das Licht? Es gibt Dinge, die in der Ferne sichtbar sind, aber in der Nähe nicht gesehen werden. So ist zum Beispiel auf meinem metallenen Geldkästchen eine deutliche quadratische Form aus schwarzen Linien von Weitem sichtbar, aber ansonsten unsichtbar. In ähnlicher Weise sind auch die Sterne in der Nacht sichtbar, aber bei Tag unsichtbar. Deshalb hilft auch ein gezeichnetes Gitter bei ihrer Arbeit. Aus der Nähe wird selbst der kleinste Fehler sichtbar und weist die Hand des Künstlers auf Präzision hin.

In gleicher Weise helfen Spiegelbilder bei der Überprüfung. Denn der Spiegel zum Zeigen des Geschaffenen bringt vieles zum Vorschein, was verborgen war. Die Anordnung kann viel verbergen, deshalb ordnen die Juweliere Perlen in einer bestimmten Reihenfolge an, wobei sie die makellosen in der Mitte und die schönsten ganz am Ende platzieren, und sie bewegen sich schrittweise von den schönsten zu den hässlichsten, um zu verhindern, dass die hässlichen im Vergleich erkannt werden. In der Zwischenzeit legen sie einige Perlen in die Nähe, die ihre Anziehungskraft durch die Korrektur ihrer Fehler beibehalten. Ähnlich verhält es sich mit einem Spiegel, der Fehler offenbart bei

[15] »natantis«.

einer Komposition, durch das das Bild Zustimmung fand. So ist es auch mit dem Spiegel, denn er zeigt alles in entgegengesetzter und umgekehrter Reihenfolge; wir können Buchstaben in umgekehrter Reihenfolge lesen, wenn der Spiegel sie korrekt wiedergibt.

Aber um auf das Bild zurückzukommen: Die **Farben sollen nicht zufällig verteilt werden,** sondern wenn die dunklen unter den hellen liegen und umgekehrt, verleihen sie dem Bild Reiz und Verschönerung. Es wird also richtig sein, Rot zwischen Blau und Grün zu setzen, Weiß zwischen Asche- und Safran-Farben. Aber hüte dich, Weiß in Bildern viel zu gebrauchen – es ist wie Gift für sie, denn durch seinen Glanz nimmt es zunächst dem Kunstwerk etwas Reiz und Ernst, und verdunkelt dann die anderen Farben und beeinträchtigt die Schatten der Dinge.

Nun, da wir in die Diskussion über Farben eingestiegen sind, müssen wir über ihre Entstehung und **die Namen und Arten der Farben** sprechen. Da es aber schwierig ist, mit Dingen mit unverständlichen Namen umzugehen, müssen wir zuerst ihre Namen erklären, nicht zum Verständnis der Antike, sondern damit unsere Diskussion verstanden werden kann. Sich jetzt daran zu machen, unsere Diskussion an die Sichtweise der Antike anzupassen, inmitten ihrer enormen Verwirrung über die Namen der Farben, ist eine Aufgabe, die außerhalb unserer Absicht liegt, abgesehen davon, dass sie sehr schwierig ist und große Mühen erfordert. Daher werden wir dieses Thema anhand eines Beispiels angehen, das zwar neu, aber nicht nutzlos ist. Ich werde nun erklären, wie die Farben zu behandeln sind, wobei ich von den offensichtlichsten Punkten ausgehe. Die schneeweiße Farbe ähnelt reinem Schnee, der auf einem Haufen gesammelt ist, von hervorragender Weiße und beträchtlicher Helligkeit. Die weiße Farbe ist der Kalk, der dem Schnee an Helligkeit, nicht aber an Farbe unterlegen ist. Die milchige Farbe ist in Milch, von geringerer Weiße und fast ohne Helligkeit – tatsächlich gibt es keine Weiße ohne eine gewisse Helligkeit. Diese drei sind unter dem Namen »albus« bekannt. Der Name »niger« bedeutet das direkte Gegenteil davon. Das ist die Art von Farbe, die es in der Kohle gibt, die aus ihr herausleuchtet. Die Pramnische[16] Farbe ist nach dem Edelstein benannt, der so ist. Die silbrige Farbe ist nach dem Silber benannt und hat viel Glanz, aber wenig Weiße. Die Farbe von Blei ist weniger auffällig als weiß; sie ist dunkler und hat weniger Licht. Die wässrige Farbe ist dem Wasser sehr ähnlich – nicht dem Meerwasser, sondern dem Quell- und Flusswasser. Sie hat viel Helligkeit, wenig Weiß; sie steht im direkten Gegensatz zu aschfarben, das ist die Farbe von Asche, in der mehr Weiß, aber fast kein Licht ist. Neben bleifarben kommt fahl, was genau wie die Haut von Kindern ist, die mit Riemen geschlagen werden; es ist ähnlich wie bleifarben ohne jeden Glanz und ist zu sehen, wenn sich Blut sammelt und nicht herauskommt, sondern unter der Haut gesammelt wird. Die Strohfarbe ist wie die Spreu des Weizens. Eine hellere Farbe hat der Urin von gesunden Körpern. Gelb ist wie reife Ähren. Gold unterscheidet sich kaum von Gelb, ist aber viel heller. Dann orange-gelb ist wie Eigelb, das wir oft als goldgelb bezeichnen. Heller als das ist safranfarben und ein wenig röter. Flammenfarbig, benannt nach der Flamme, so wie safranfarbig nach dem Krokus benannt ist, ist noch viel leuchtender als das. Purpur ist die Farbe unserer violett gefärbten Kleidungsstücke, schimmernder als Rot. Ebenfalls sehr nahe an Rot ist rötlich – es ist wie ziemlich glänzender Wein. Und es ist klar, dass diese Farbe etwas dünner und etwas schimmernder ist als die Farbe des venösen Blutes, das man eigentlich rot nennen müsste. Rosig besteht aus einer Mischung

[16] »Prannius«, nach Forrester (»Pramnian«) eine schon bei Homer erwähnte Weinsorte von dunkler Farbe, nach der offenbar auch ein Edlestein benannt war.

von mattem Weiß und Rot und gedeiht in Rosen, in Jungen und in Mädchen, und außerdem (unter anderem) in Kirschen. Weinfarbig ist wie der Amethyst, nicht wie der Amethyst nach einem Wein benannt, sondern hat seinen Ursprung in Weintrauben. Ein blasseres Rot, wie die Blüten des Granatapfels, wird purpurfarben genannt. Grün ist die Farbe, die man im Frühjahr auf den Wiesen findet, bevor die Blüte beginnt, und Smaragd ist der Edelstein, der sie sehr schön zur Geltung bringt, sofern es sich um ein hochwertiges Exemplar handelt. Zitronenfarben ist nach der nicht ganz reifen Zitrone oder Mispel benannt, einer Farbe, die zwischen Grün und Stroh gemischt ist. Prasius ist eine Farbe, die von dem Kraut »Prassius« abgeleitet ist, das die Leute Andorn nennen, ein wenig dunkler als grün. Die Farbe von Grünspan ist davon zu unterscheiden, denn sie ist viel glänzender als grün, eine Farbe, die man oft bei gereinigtem Grünspan sieht. Die fahle Farbe ist praktisch etwas Besonderes für Gifte und Schlangen. Sie ist eine Mischung aus Grün und Schwarz, mit zusätzlichem Glanz.

Danach kommen die dunkleren Farben: »ceruleus« aus Wachs, wie ein ruhiges Meer, das oft auch venezianisch genannt wird. Und Blau, vom Himmel abgeleitet, wie bei ausgewählten Saphiren; nennen wir dies himmlisch und cyan. Es gibt auch einen Stein dieses Namens, der von Malern verwendet wird, der dem Saphir gleicht, aber weder glänzt noch durchsichtig ist. Die rostige Farbe kommt vom Eisen, das Rost ansetzt. Und schwärzlich – das ist wie die Farbe der Erde, die der Bauer gerade mit seinem Pflug umgedreht hat, und ist dunkler als rostig; aber keines von beiden ist dunkler – keines von beiden glänzt. Aubergine, wie in Geschwulsten, heißt so nach den Früchten eines Krauts, das diese Farbe hat. Das sind also die vier Hauptfarben: weiß, rot, grün, dunkel. Und lassen Sie uns noch sieben weitere festlegen, in Übereinstimmung mit der Auffassung von Aristoteles.

Doch nun müssen wir über ihre Ursachen sprechen. **Alle Farben entstehen aus drei Dingen:** erstens aus dem Trägermaterial, dann aus dem Licht oder vielmehr der Beleuchtung, die sich damit vermischt, und aus dem Medium. Denn Dinge, die durch grünes Glas oder im Schatten von Bäumen gesehen werden, sehen sehr oft grün aus, obwohl sie es nicht wirklich sind. Das Aussehen einer Sache ist ebenfalls anders, wenn sie durch Wasser oder Kristall, als wenn sie durch Luft gesehen wird. Die Beleuchtung verändert auch die Farbe im Verhältnis zu ihrer Größe, wie auf dem Flügel einer Taube, weil er im Verhältnis zur Vielfalt des Lichts in verschiedenen Farben schimmert. Ein Substrat verlangt auch an sich selbst eine Farbe aus seiner eigenen Mischung – denn schwarzer Kalk kommt unter keiner Beleuchtung vor, noch weiße Kohle. Dies geschieht aber sozusagen, da sie in der Potenzialität oder in der Aktualität etwas Licht behalten: in der Potenzialität als grün, in der Aktualität aber als schneeweiß.

Es gibt **Farben, die viel Licht behalten**: schneeweiß, silbrig, golden, glänzend weiß, grün, scharlachrot, violett und weinrot – fast alle in einem tatsächlichen Regenbogen sichtbar, wenn wir ihn genau betrachten. Einzelne Farben, die viel Licht enthalten, lassen sich leicht auf die Probe stellen. Stellen Sie einen gläsernen Krug mit Wasser in die Sonne, und alle der vielen Farben, die dabei entstehen, enthalten viel Licht. Hinzu kommen die Farben, die man in Dingen sieht, die glänzen, wie Gold, Silber und Wasser, eine Farbe, die sie mit Kristall, Glas und Spiegeln teilt. So entsteht Silber aus Asche, die viel Licht aufgenommen hat, ebenso wie Schneeweiß aus mattem Weiß gemischt mit viel Licht, und Scharlach aus glänzendem Schwarz sehr lichtdurchflutet ist, wie bei Raureif. Violett entsteht, wenn mattes Weiß mit Sonnenstrahlen vermischt wird, wie in der Morgendämmerung. Weinrot entsteht aus reinem, unverdünntem, glänzendem Schwarz, vermischt mit Luft und Glanz. Von den hellen Farben ist dies jedoch diejenige, die am wenigsten Licht zurückhält. Golden entsteht aus blassem Gelb, das mit viel Licht gefüllt ist. Grün entsteht auf zweierlei Weise: entweder durch viel Feuchtigkeit, die allmählich durch Hitze entzogen wird, wie bei Baumblättern, oder wenn schwarz glänzende Feuchtigkeit in einem weiteren Ausmaß gekocht wird, wie bei der Grünfärbung der schwarzen Oberfläche von stehendem Wasser oder von unter Regenschauern geschwärzter Erde. Wenn etwas grün wird, mischen sich Luft und Licht mit zusätzlicher Hitze. Glänzendes Weiß wird aus reinem, mattem Weiß hergestellt, das mit mittlerem Licht besprenkelt wird. Wässrig entsteht aus mittlerem Licht und Transparenz – Transparenz besteht in Wirklichkeit aus keiner Farbe. Kombiniert man eine gewisse Schwärze mit wässrigem Licht, entsteht eine himmlische oder blaue Farbe, wie beim Himmel.

Manche **Farben scheinen ohne Licht** zu sein, weil sie in Dingen vorkommen, denen der Glanz fehlt, wie z.B. fahl, mattschwarz und rostig. Mattes Schwarz ist glänzendes Schwarz ohne Glanz – wie Tinte, und Holzkohle. Pramnisch ist, wie ich sagte, wenn es glänzend ist, glänzendes Schwarz, das mit diesen geteilt wird. Es gibt eine Farbe ohne Namen, wie das dunkle Rot im Lack[17], und wir werden sie »lackig« nennen. Einige Farben, wie Blau und Pramnisch, lassen manchmal Licht durch und manchmal nicht. Mattes Weiß entsteht, wenn feuchte Dinge wie Blätter austrocknen oder wenn sie degenerieren, wie Brot, und das Haar im Alter, bei Krankheit und allgemein bei Schwachen. Ziegen und Ochsen von dieser Farbe gelten als weniger wertvoll und schwächer als die glänzend schwarzen oder rostfarbenen. Graues Haar entsteht in der Tat, wenn die Feuchtigkeit verrottet und durch die Fäulnis dünn wird und durch die Dünne Luft eindringt. Wir haben bereits erwähnt, dass die vollständige Fäulnis nicht bei der Degeneration auftritt, sondern weil sie durch Kälte gemildert wird. Die Dinge werden durch übermäßige Trockenheit mattweiß, wie bei Kalk und verbrannten Knochen. Außerdem werden manche Dinge durch nicht verarbeitete Feuchtigkeit mattweiß, wie Knochen und Wurzeln. Ebenso einige Markstücke, wie das Rückenmark, auch das Gehirn und die Knochen. Glänzendes Schwarz entsteht durch die Verbrennung von luftiger oder erdiger Feuchtigkeit – luftig sicherlich, wie Druckertinte, die aus dem Ruß von Leinöl hergestellt wird. Auch Holzkohle und Ruß sind erdig. Glänzendes Schwarz entsteht auch durch eine Mischung aus Erde und Wasser unter Ausschluss jeglicher Luft, wie es bei Regenschauern im Schatten geschieht.

Das sind also die Ursachen der Farben, aus denen leicht zu verstehen ist, warum bei einer ganzen Reihe von Tieren die Haarfarbe von Anfang an glänzender schwarz ist als mit fortschreitendem Alter; es liegt daran, dass die Wärme im Mutterleib wirksamer und die Feuchtigkeit fettiger ist, weil sie mit der Zeit durch Wässrigkeit ausgedünnt wird. Der Beweis dafür ist, dass kein Tier bei der Geburt glänzendes schwarzes Haar hat, mit der Zeit wird das Haar dann rot oder gelb. Wir selbst wurden, wie unsere Mutter berichtete, mit dickem und sehr langem glänzendem schwarzem Haar geboren.

Aber **warum haben Tiere keine grünen Körper- oder Kopfhaare?** Und warum haben sie keine violetten oder weinroten Haare? Ein Haar, das kompakt und von dicker Substanz ist, kann kaum Licht aufnehmen – Farben aber brauchen viel Licht, wie deutlich gemacht wurde. Es gibt jedoch goldene Haare, weil sie gestreut und gelb sind und Licht aufnehmen, besonders wenn sie oft gewaschen werden. Die goldene Farbe entsteht durch gelbes Aufleuchten. Es gibt **Hauptfarben** – mattweiß, safranfarben, violett, scharlachrot, grün, blau, glänzend

[17] »lacca«.

schwarz. Sie entstehen aus verschiedenen Materialien, aber die metallischen sind länger haltbar und oft lebendiger; mattes Weiß kommt von Bleiweiß, rot von Zinnober, blau vom blaugrünen Stein (der Volksmund nennt ihn Lapislazuli), gelb von Orpiment, glänzendes Schwarz von gleichfarbiger Erde, grün von Rost. Purpur wurde einst aus dem Blut der **Purpurschnecke**[18] hergestellt. Diese Art von Purpur war äußerst leuchtend und den Königen wohlbekannt, und unterscheidet sich weit von unserem, der aus einer Beere hergestellt wird. Vergil schrieb:

Und der Mantel war von dem tyrischen
Murex entflammt.

Das gesamte Blut dieser Schnecke ist nicht geeignet, sondern nur der Teil, der sich im Rachen befindet und vom lebenden Tier geerntet wird; der Glanz und die Anziehungskraft vergehen mit dem Saft, zusammen mit dem Leben des Tieres. Die Schale ist kegelförmig, innen rötlich, außen mit einer Art verstreuten Stacheln versehen und endet in einer Spitze. In Afrika gab es früher eine blaue, in Tyrus eine rote; jetzt ist sie nicht mehr in Gebrauch, und ich weiß nicht, warum. Es wäre gut, wenn die Farbe wieder eingeführt würde, denn sie war wirklich ein teurerer und schönerer Farbstoff als die Beere. Aber wir werden die Beeren in der Pflanzenbeschreibung besprechen.

Kehren wir nun **zur Debatte über die Beleuchtung zurück,** indem wir uns der Frage zuwenden, warum wir gesagt hatten, dass die Strahlen offensichtlich von der ganzen Sonne ausgehen, und dass die Sonne selbst viel größer ist als die Erde– nicht alles hat einen geraden Schatten, und es ist nicht immer und überall Sommer. Der Grund dafür ist, dass die Strahlen zwar senkrecht zur Erde getragen werden, soweit diese flach ist (das muss man zugeben), aber diese Strahlen sind nicht auf den Mittelpunkt der Erde gerichtet. Da die Erde rund und nicht flach ist, sind die Strahlen, die uns vom Ort der Dinge, die auf der Erde liegen, erreichen, nicht so angeordnet, dass sie rechtwinklig sind. Daher berührt die Sonne aus dem Norden nur die Spitze, wie von einem Punkt aus, sodass sie keinen Schatten in Richtung Süden werfen kann. Du kannst dies leicht mit einer Figur nachvollziehen, indem du zwei Kreise aufzeichnest, einen kleineren und einen größeren. Mit Linien, die man von der Mitte des kleineren Kreises aus zieht, kann man ein wenig über den Kreis hinausgehen, und man sieht, was sich außerhalb befindet (man denke an Menschen, Pflanzen, Türme und Berge) und in welch winzigem Raum das eingeschlossen werden kann, was auf beiden Seiten vom größeren Kreis Strahlen empfangen kann. Die **einzigen Menschen, die einen senkrechten Schatten** haben, sind also diejenigen, die innerhalb des Halbkreises leben, d.h. der Teil, der über eine Entfernung von 350 Stadien direkt unter der Sonne liegt. Aber Einige werden im Zweifel sein, denn Ptolemäus definierte einen Grad als 500 Stadien, andere als 700. Dies geschah, weil Ptolemäus die Strecke durch eine gerade Linie definierte, Eratosthenes aber als »commune«.

Aber um zu meinem Plan zurückzukehren: Es wird auch oft gefragt, warum nicht überall Sommer ist, da überall auf einer ebenen Fläche die Strahlen auf die Länder senkrecht einfallen. Aber Sie werden sagen: Sie fallen nicht überall senkrecht ein, denn sie sind nicht überall auf den Mittelpunkt der Erde gerichtet. Das scheint nicht genug zu sein, denn die Theorie der Reflexion wird, wie wir gezeigt haben, durch die Tatsache gestützt, dass ein Strahl in sich selbst zurückkehrt. Es ist die Größe der Erde, die dies bewirkt – ebene Spiegel reflektieren senkrecht, wenn sie mit dem Rücken auf der Erde liegen. Das ist aber nicht der Fall, im Gegenteil, die reflektierten Strahlen weisen zur gegenüberliegenden Seite der Sonne. Wie kommt es also zur senkrechten Reflexion bei ebenen Spiegeln? Weil er der Sonne so ausgesetzt

[18] »murex«.

wurde, dass seine Oberfläche, wenn ich sie als beliebig ausgedehnt betrachte, immer parallel zu einer ebenen Fläche ist, die die Sonne in einem Punkt berührt, einer ebenen Fläche, durch die eine gerade Linie verläuft, die vom Sonnenmittelpunkt zur Spiegeloberfläche gezogen wird. Stellen Sie sich also vor, dass es Linien gibt, die vom Erdmittelpunkt zur Oberfläche der Erde führen und im rechten Winkel auf den Ebenen liegen – Sie werden verstehen, dass diese Ebenen nichts tun, sodass die Strahlen von der Sonne, obwohl sie viel weiter entfernt ist als die Erde, im rechten Winkel zur Ebene liegen. Bedenken Sie also, dass die Sonnenstrahlen zu uns und zu unserer ebenen Fläche kommen, und nicht auf einer Senkrechten vom Erdmittelpunkt aus, da sie nicht den Erdmittelpunkt ansteuern. Auch, dass sie nicht sozusagen auf die waagerechte Fläche eines Spiegels kommen, denn die Erdoberfläche ist die Ebene, auf die ein Lot zum Erdmittelpunkt weist. Auch dass diese Ebene nicht parallel zu der bekannten Ebene der Sonne sein kann, auf die eine gerade Senkrechte vom Sonnenmittelpunkt fällt. Dann werden sie auch nicht in einer Senkrechten zu uns kommen, und so wird es nicht überall Sommer sein.

Daraus ergibt sich die Möglichkeit für **Gebäude, in denen die Luft auch im Winter stark erwärmt** wird. Sie sollten nicht gerade in Bezug auf den Erdmittelpunkt gebaut werden, sondern so ausgerichtet sein, dass sie die Wintersonne im Lot empfangen. Ein Beispiel: Unsere Wohnung befindet sich bei A auf der Ebene AF, die auf einer Senkrechten von unserem Dach zum Erdmittelpunkt AB liegt, der nach allgemeiner Auffassung 44,5° vom Äquator entfernt ist. Er liegt also 68° vom Winterkreis entfernt. Dann sei BCF der vierte Teil eines Kreises, und BC sei 22° von den 90°, die BF sind. Der Punkt C ist

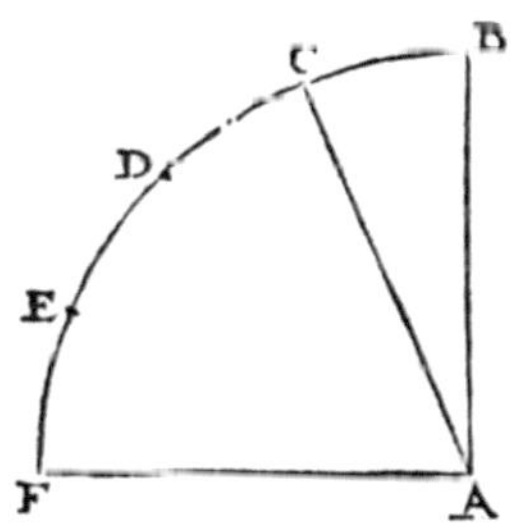

also 90° vom Wendekreis des Steinbocks entfernt. Wenn die Sonne dort ankommt, wird also eine aufrechte Ebene oder ein hohler Zylinder mit der Oberfläche AC zur Mittagszeit senkrechte Strahlen empfangen. Es sei dann ein Bogen CE von 47°, und die Grade seien entsprechend der Deklination der Sonne an jedem Tag markiert, und die Masse AC sei nach hinten versetzt. Auf diese Weise wird sie das ganze Jahr über senkrechte Strahlen erhalten, sodass man Obst und Gemüse vor ihrer Zeit ernten kann und die Wohnung angenehm ist.

Aus diesen Gründen erkennt man nun nicht nur die doppelte Basis der senkrechten Strahlen, sondern auch **die Vielfalt der Schatten**, die sich bei allen Körpern je nach ihrer Lage verändern, wobei die Kugel die einzige Ausnahme ist – wenn sie an derselben Stelle bleibt und das Licht ebenfalls ruht, bildet sie denselben Schatten. Bei den anderen festen Körpern ist das anders: Wenn man einen Stab in die Richtung der Sonnenstrahlen ausstreckt, entsteht praktisch kein Schatten, abgesehen von der Dicke, die der Stab vielleicht hat. Und wenn der Stab so aufgestellt wird, dass sein Schatten senkrecht über dem Schatten eines anderen Stabes liegt, der auf einer Ebene aufgestellt ist, dann wird dieser Schatten von mittlerer Größe sein und genau dem Stab selbst entsprechen, abgesehen von dem Betrag, den er durch die Verlängerung von der Erdebene abgewichen ist, wegen der Größe der Sonne – die jedoch ein minimaler Betrag ist – minimal in dieser Weise, dass jeder Körper, der der Sonne ausgesetzt ist, seinen Schatten innerhalb einer Entfernung begrenzt, die der Größe des Durchmessers dieses Körpers, genommen 109 mal, entspricht. Dies ist das ungefähre Verhältnis zwischen dem Abstand der Sonne von der Erde und dem tatsächlichen Durchmesser der Sonne selbst. Daraus ergibt sich eine klare Grundlage für die Entdeckung des Verhältnisses zwischen der Höhe eines beliebigen Sterns und seiner Helligkeit. Indem man eine Kugel mit bekanntem Durchmesser auf den Gipfel eines Berges stellt, sieht man, in welcher Entfernung ihr Schatten endet, und berechnet, dass das Verhältnis der Höhe zum Durchmesser des Sterns dasjenige der geradlinigen Entfernung zwischen dem Ort, an dem der Schatten endet, und dem Durchmesser der Kugel ist. Wenn man also über dem Stab, der parallel zur Ebene liegt – der Stab, der einen Schatten gleich sich selbst machen soll – einen anderen Stab über dem Lot so aufstellt, dass der Sonnenstrahl selbst gerade auf ihn fällt, dann wird der Schatten der maximale Schatten, der bei der vorhandenen Größe und Position der Sonne erscheinen kann. Dieser wird um ein Vielfaches größer sein als die Länge des Stabes, und zwar wegen der Neigung der Erdebene gegenüber der Position ihrer Oberfläche, auf die ein senkrechter Strahl aus dem Sonnenmittelpunkt fällt. Alle anderen sind innerhalb dieser Grenzen angesiedelt, und die Ursachen für ihre große und kleine Größe vermischen sich, so dass sie zu diesen einfachen Positionen mehr oder weniger hinzukommen. Aber ob die Strahlen nur vom Sonnenmittelpunkt oder von ihrer ganzen Ausdehnung ausgehen, jeder noch so große undurchsichtige Gegenstand wirft einen gleich großen Schatten, wenn er nahe der Senkrechten über der Fläche steht. Denn wegen der Entfernung laufen parallele Strahlen, die den undurchsichtigen Gegenstand umfassen, genau in beide Richtungen, ob vom Sonnenmittelpunkt aus wegen des unendlichen Verhältnisses AD und AB zu DE, oder ob von der ganzen Sonne aus wegen des maximalen Verhältnisses CE und BD zu BC. Es wird der Schatten über eine lange Strecke etwas kürzer als der undurchsichtige Gegenstand – weil die Strahlen CEH und BDK kaum von der Parallele abweichen. Ob man sich also für Ersteres oder Letzteres in dieser Position entscheidet, der Schatten erscheint immer gleich dem undurchsichtigen Objekt.

Aber lassen Sie mich auf **die Höhe der Sonne und der anderen Sterne** zurückkommen. Es ist etwas, worüber man sich wundern kann: Warum scheinen alle Sterne uns zu folgen, wenn wir eine Reise machen, während Flussufer von uns abfallen und sich zurückbewegen, während wir in einem Schiff vorbeifahren. Der Grund ist klar: Da die Entfernung der Sterne in einem riesigen Verhältnis zur Gesamtgröße der Erde steht, kann unser Vorankommen die Position eines Sterns nicht verändern. Wir haben ja bereits erklärt, dass das Auge nicht wahrnimmt, dass dies so ist. Wenn also ein Stern, zum Beispiel, uns um die Größe einer Elle vorausgeht, und wenn wir drei Meilen hintereinander zurückgelegt haben, sollte der Stern uns um die Größe einer Elle voraus sein, weil drei Meilen hintereinander keinen erkennbaren Winkel mit der Höhe eines Sterns bilden. Wenn wir also so vorwärts gehen, dass der Stern immer eine Elle vor uns zu sein scheint, muss es so aussehen, als ob er sich mit uns bewegt, und auf der gleichen Grundlage müssen die Dinge hinter unserem Rücken so aussehen, als ob sie uns folgen. Wenn du aber einen anderen Menschen beim Gehen beobachtest, während du in Ruhe bist, scheinen sich diese Sterne nicht zu bewegen. Aber die Sterne werden nicht dieselbe

Position in Bezug auf dein Auge einnehmen, wegen der Verschiedenheit ihres Aussehens – irgendein Stern wird den Anschein erwecken, dass er jene hinter sich gelassen hat, die vorher vor ihm waren. Da dies uns selbst nicht passieren kann, aber damit wir die Sterne immer in der gleichen Position in Bezug auf uns sehen, in der sie vorher waren, scheinen sie mit uns zu kommen und uns die ganze Zeit begleiten. Aber wenn wir uns auf einem Schiff befinden und uns nicht zu bewegen scheinen, wird das, was vor uns war, zurückgelassen, weil sich das Schiff weiterbewegt. Wenn also das Auge eine Bewegung wahrnimmt, uns aber in Ruhe glaubt, weil wir im Meer ruhen, ist es notwendig, dass man sich vorstellt, dass sich die Ufer und Bäume auf uns zu und dann auf die entgegengesetzte Weise von uns weg nach hinten bewegen.

Aus demselben Grund besteht, wenn auch in umgekehrter Weise, Unklarheit darüber, warum, wenn sich die Sonnenstrahlen um den ganzen Umfang der Erde bewegen und die Sonne sich um den Himmel bewegt, aber **die Sonne sich nicht am Himmel zu bewegen scheint**, noch ihre Strahlen sich auf der Erde zu bewegen scheinen, da die Strahlen selbst sich mindestens tausend Meilen pro Stunde vorwärts bewegen, wenn nicht mehr. Der Grund dafür liegt darin, dass der Kreis, in dem sich die Sonne dreht, für das Auge nicht groß erscheint, sodass auch die Bewegung nicht groß erscheint. Und sie scheint nicht bewegt zu werden, da sie sich nach und nach fortbewegt und die Strecke, die sie zu durchlaufen scheint, sehr klein ist – und, um es deutlicher auszudrücken, der Winkel, den sie durch ihre Bewegung bei den einzelnen Bewegungen bildet, ist nicht wahrnehmbar. Die Sonne wird in Übereinstimmung mit den zusätzlichen Punkten, die wir zuvor erklärt haben, nicht als bewegt erscheinen, und auf derselben Grundlage wird auch kein anderer Stern als bewegt erscheinen.

Sie werden vielleicht einwenden, dass sich der Mond, von der Erde aus gesehen, sehr schnell zu bewegen scheint. Bewegt er sich aber am Himmel schneller, und zwar im gleichen Verhältnis? Nehmen wir an, er wird von A nach B bewegt; das Auge C ist sich einig, dass es eine große Proportion zu DF gibt; lassen wir auch etwas in der gleichen Zeit von D nach G bewegen, und zwar so, dass G in der Linie BF liegt. Dann sage ich, dass die Bewegung von D nach G schneller erscheint als die von A nach B – in der Tat ist der Winkel ACB ein wenig größer als der Winkel AFB, weil der Winkel CBF fast nicht

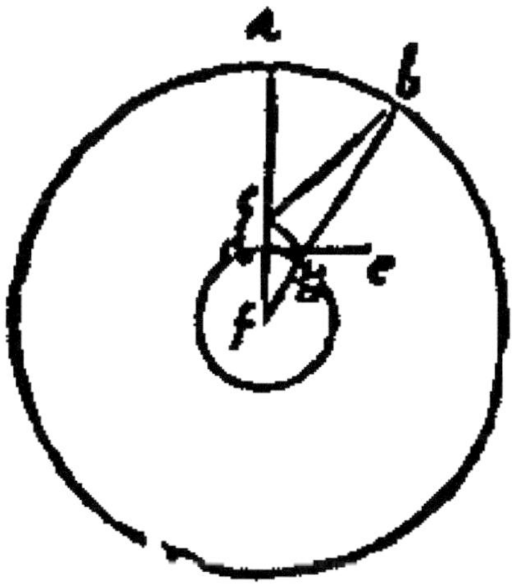

wahrnehmbar ist, weil CF klein ist. Wenn man also annimmt, dass AFB nicht wahrnehmbar ist, wird es auch ACB sein. Zunächst wird also der Winkel ACB und der Bogen ACB gefunden, sodass die Bewegung vorher nicht wahrnehmbar war. Da aber CG im Vergleich zu BC ziemlich unmerklich ist und der Winkel BCG gegenüber BG praktisch ein rechter Winkel ist, wird auch der Winkel DCG ein rechter Winkel sein, wie aus den Aussagen im ersten Buch *Elemente* von Euklid hervorgeht. DG wird also viel größer sein als DC, weil D ein rechter Winkel ist; in der Tat wird der Winkel DGC fast gleich dem Winkel ACB sein, und so wird D offensichtlich nach G verschoben erscheinen, und zwar viel schneller als von A nach B.

Daraus folgt, dass je weiter die Dinge entfernt sind, desto weniger werden sie sich zu bewegen scheinen, auch wenn sie wirklich schneller und im gleichen Verhältnis bewegt erscheinen sollten. In der Tat, die Linie

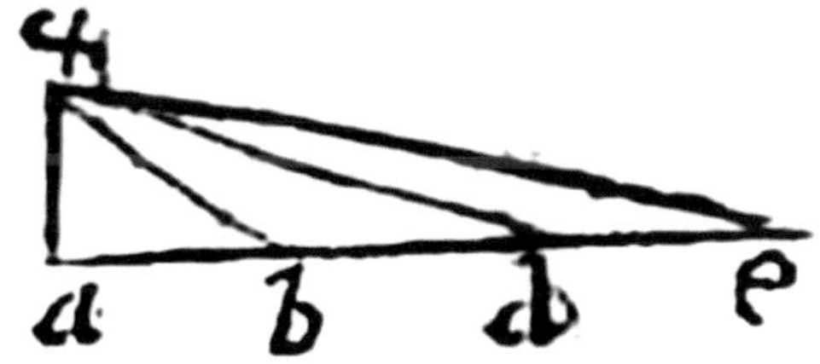

von C bis zum Punkt in der Linie FB verlängert, je weiter weg sie verlängert wird, desto weniger macht sie den Winkel CBG; daher, da F gleich ist, wird ACB weniger sein; aber BCG wird nicht vergrößert werden, weil

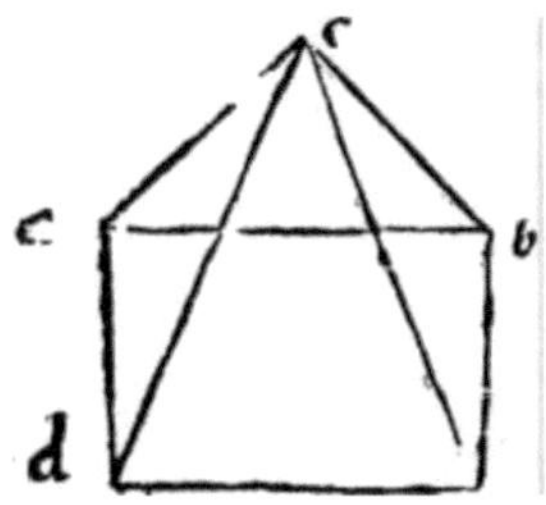

CG nicht wahrnehmbar ist. DCG wird also vergrößert, und die Linie DG im Vergleich zu DC. Auch in einer Ebene, in der etwas weiter weg bewegt wird, scheint es sich langsamer zu bewegen. Seien drei gleiche Linien AB, BD und DE vorhanden; das Auge befindet sich bei C: Ich sage, dass der Winkel ACB größer ist als der Winkel BCD und BCD größer als der Winkel DCF. In der Tat ist das Verhältnis von DC zu DE größer als das von BC zu BD, denn BD und DE sind gleich, und CD ist größer als CB, und ebenso ist CB größer als CA, denn der Winkel A ist ein rechter Winkel, und CBD und CDE sind stumpf; daher ist CD größer als CB, und CB größer als CA. Da also der Winkel ABC größer als BCD und BDC größer als DCE ist, folgt daraus, dass der Winkel ACB größer als BCD und BCD größer als DCE ist; somit wird AB größer als BD; und BD größer als DE erscheinen.

Aber wenn die Bewegung seitwärts erfolgt, gilt immer noch das gleiche Prinzip – der Winkel ACB ist größer als der Winkel DCE, also erscheint die Linie AB größer als die Linie DE. Wird aber dieselbe Strecke gerade und seitwärts

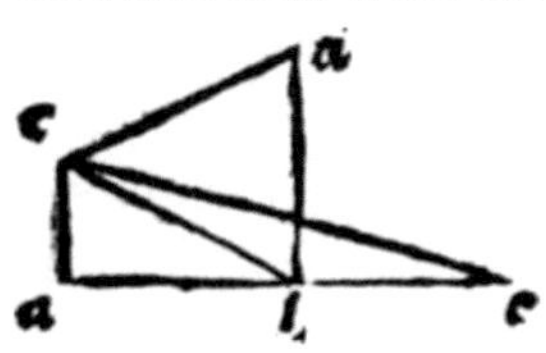

zurückgelegt, so scheint sich diejenige, die sich gerade bewegt, schneller zu bewegen – schneller zum Beispiel von B nach D als von A nach B, denn wenn die beiden Linien BC und BD gleich den beiden Linien BC und BA sind und die Winkel A und ABD rechte Winkel sind, so wird von den genannten der Winkel BCA größer sein als der Winkel BCD; daher wird die Linie AB größer erscheinen als BD, was wir vorgeschlagen haben. Aber wenn die Bewegung von demselben Punkt ausgeht – nehmen wir an, von B in einer geraden Linie nach E, aber seitwärts nach D – sage ich, dass BD sieht größer aus als BE, wenn man davon ausgeht, dass sie gleich sind. Die beiden Linien BE und ED sind in der Tat gleich, und BC ist gemeinsam, und CE ist größer als CD, sodass der Winkel DCB größer ist als BCE, da DBE ein rechter Winkel ist und CBE stumpf.

Aber für die Strahlen gilt eine andere Grundlage, denn durch ihre Bewegung bilden sie einen wahrnehmbaren Winkel für das Auge und müssten daher bewegt erscheinen. Der Grund, warum sie das nicht tun, ist folgender: Nehmen wir an, es gibt die Erde mit ihrem Mittelpunkt A und einer ebenen Fläche, die, wie ich sagte, den Punkt D trägt, für uns aber wegen seiner Größe BC ist, und es gibt einen Turm, der senkrecht über der Ebene DE steht, und mit der Sonne bei F, der, während er den Strahl FEC verlängert, CD

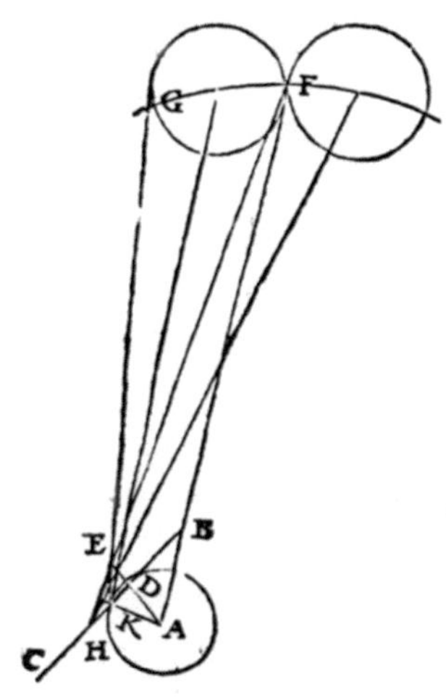

verlängert. Und wenn die Sonne nach G weitergezogen ist und den Strahl GEK verlängert hat, hinterlässt sie den Schatten KD. Da die Bewegung also wegen des Schattens bewertet wird, scheint die Sonne nur von C nach K gegangen zu sein, während sie sich von F nach G bewegt, aber das Intervall CK ist klein, verglichen mit der Höhe DE. Da sie sich also allmählich bewegt und nur das Intervall CK durchläuft, nehmen wir an, dass sie in einer Viertelstunde durch eine einzige Bewegung kein Intervall durchläuft, das einen wahrnehmbaren Winkel bilden könnte; aus dieser oft wiederholten Einzelheit ergibt sich also, dass der Strahl FC immer in Ruhe zu sein scheint, während er bewegt wird. Nehmen wir zum Beispiel an, dass, wenn die Sonne im siebten Teil des Stieres steht, der Schatten um die Stunde neunzehn und ein Viertel gleich dem Gnomon, dem Zeiger einer Sonnenuhr, ist; um 21 Stunden minus ein Viertel ist er doppelt so groß; er verdoppelt sich also in einem Intervall von eineinhalb Stunden. Seine Bewegung entspricht also der Länge des Gnomons, nicht der Geschwindigkeit der Sonne.

Aber Sie werden sagen: Warum scheint sich der Strahl nicht zu bewegen? Ich verstehe die Ursache – aber ich verstehe nicht, warum er so viel Raum durchquert, ohne sich zu bewegen. Es ist bekannt, dass sich die

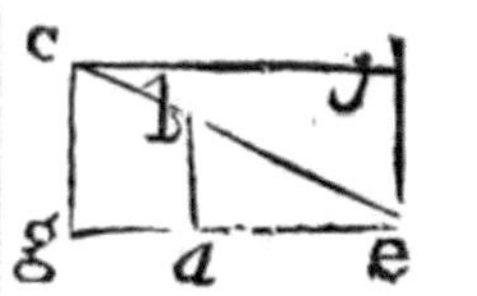

Schatten bei Sonnenaufgang und Sonnenuntergang sehr schnell und mit den größten Zu- und Abnahmen verändern. So sei die untergehende Sonne C, eine Ebene GE, ein aufrechter Körper AB, das Ende des Schattens (derselbe wie der Beginn der Strahlen) E, ein anderer aufrechter Körper EF, in dem die Bewegung des Schattens nicht wahrnehmbar ist, denn erst wenn die Sonne untergeht, hören die Strahlen auf zu leuchten. Und sie selbst werden am klarsten sein, denn der Winkel CFE ist ein rechter Winkel. Aber niemand kann bezweifeln, dass vom Punkt E aus gesehen sowohl die Strahlen als auch der Schatten in der Ebene GAE mit unglaublicher Geschwindigkeit um den Sonnenuntergang herumgetragen werden; in der Tat müssen sich die Schatten so viel mehr bewegen, wie sich ein Punkt auf der Erdoberfläche vom Bereich des Sonnenmittelpunkts aus gesehen bewegt.

Aber in der vorigen Abbildung, wenn F bei Sonnenuntergang liegt, werden die Winkel FAE und FEA fast rechte Winkel sein, weil AE klein ist und wegen der Theorie der in Kreise eingeschriebenen Dreiecke in Bezug auf den Bogen und die Sehne, wie sie sie nennen. So wird es Winkel der Linie FC geben, Winkel mit zwei Linien, die vom Mittelpunkt A aus auf ihn zugehen, die eine Linie, zu der AD gehört, die andere wie AK, und diese Winkel werden fast rechte Winkel sein; sodass der Schatten, der unterliegt und der sehr groß ist, sehr klein ist. Dieser sehr große Fortschritt wird also nicht stattfinden, es sei denn, DE ist sehr lang, was im Vergleich zu AD unmöglich ist. Ein weiterer Grund ist, dass je größer AE wird, desto mehr wird die Stärke der Strahlen reduziert, wegen der kleinen Größe des Winkels AEB. So ist weder der Schatten noch der Strahl unterscheidbar; folglich ist bei unsicherem Licht das Licht selbst nicht wahrnehmbar, der Schatten, der durch das Licht entsteht, noch viel weniger, die Größe des Schattens noch weniger und schließlich die Bewegungen des Schattens oder der Strahlen noch weniger.

Sie werden noch einmal sagen: Wie wird der Schatten auf einmal unendlich, wenn das Größte klein ist? Das hängt mit dem Schatten auf der Rundung der Erde zusammen, der sehr groß ist, und so wird er von klein an in einem Augenblick endlos. Da es in der Ebene keinen Körper gibt, ist die Ausbreitung sowohl des Lichts als auch des Schattens sehr schnell, aber weil das Licht während beider Dämmerungen (sozusagen) ungewiss ist und die Lücke, die das Auge als beleuchtet wahrnimmt, klein ist, wird die Bewegung, wenn eine der beiden Veränderungen eintritt, sofort verdeckt, wie im zweiten Fall gezeigt wurde.

Es ist auch nicht klar, warum diese Beleuchtung auf der Erde immer zittrig aussieht. Liegt es an dem bereits erwähnten Punkt? Der Grund liegt, wie gesagt, darin, dass sie in Bewegung ist, aber nicht so erscheint; so wird eine Zwischenebene wahrgenommen. Dasselbe geschieht auch durch doppelte Wahrnehmung; das eigentliche Ende für Schatten und Licht ist weder Schatten noch Licht, und alles, dessen Bewegung ungewiss ist, wird aus den bereits genannten

Gründen als zitternd angesehen. Warum aber sieht der Zeiger einer Uhr nicht zitternd aus? Weil diese Bewegung in keiner Weise wahrnehmbar ist, da sie langsam ist; damit sie sichtbar zittert, dürfen sich die Dinge nicht so langsam bewegen, dass sie völlig in Ruhe zu sein scheinen.

Mit dieser Erkenntnis schließt sich eine größere Frage an, in der uns die menschliche Subtilität lehrt, wie man die Höhe aller Sterne sehr leicht messen kann, denn niemand hat die Größe der Teile seines Hauses so leicht zur Hand. Da nämlich in der Figur der Sonnenbewegung ihre Höhe F bestimmt worden ist, entweder durch eine Planisphäre oder durch eine Armillarsphäre oder ein anderes Instrument, und durch Tafeln, so erhalten wir, wenn diese von 90 Grad abgezogen wird, den Winkel FAD, der Winkel CED aber ist durch Theorie und Messung bekannt, ob C das Ende des Schattens oder das Auge ist. Der Winkel FEA ist also bekannt, daher (aus Euklids Darstellung in den *Elementen*) der Winkel F, und das Verhältnis FE der Höhe zu AE, dem halben Erddurchmesser, dessen Größe wir zuvor nachgewiesen haben. Es ist in der Tat fünftausend Meilen.

Der Stab DE sollte an seinem unteren Ende einen Stahlkreis haben, auf dem er im rechten Winkel aufliegt. Dann müsste der Kreis im unteren Teil genau eben sein, sodass man, wenn man ihn an eine Ebene anlegt, weiß, ob die Ebene wirklich so ist. Und er hätte oben an seinen vier Seiten Bleilotlinien und wäre von seiner obersten Spitze bis zum Boden der Oberfläche des Stahlkreises von bekannter Größe. Wenn nun der Stab bis zum Kreise befestigt ist und die Ebene rundherum an ihm haftet, und die Lotschnüre am Stab haften, dann ist die Ebene wirklich so, und zwar die Art von Ebene, auf die eine vom Erdmittelpunkt aus gezogene Linie senkrecht steht – und diese Ebene ist geeignet, eine Höhe zu ermitteln. Wenn aber der Kreis zwar in der Ebene liegt, die Lotlinien aber nicht, oder wenn der Kreis zwar in der Ebene liegt, diese aber an einem Punkt nicht berührt, ist die Ebene nicht geeignet. Wenn Sie also diese Sorge vermeiden wollen, befestigen Sie den Stab senkrecht zu einem großen, ebenen und glatten Brett und überzeugen Sie sich dann, wo immer Sie das Brett so platziert haben, dass die Lotlinien den Stab berühren, dass Sie eine für Sie geeignete Ebene gefunden haben. Wenn Sie später auch die Helligkeit eines Sterns wissen wollen, können Sie sie, wie gesagt, am Ende des Schattens feststellen, wenn Sie schon seine Höhe ermittelt haben. Da die Ermittlung des Schattenendes aber mühsam und keine Kleinigkeit ist, werden Sie dies sehr leichter auf andere Weise erreichen, besonders bei anderen Sternen als Sonne und Mond. Nehmen Sie den Durchmesser des Sterns mit einer Planisphäre, verdoppeln Sie sie, addieren Sie einen neunzehnten Teil dazu und dividieren Sie dabei immer durch 7200, und die resultierende Zahl ist das Verhältnis der Höhe zum Durchmesser des Sterns.[19] Da Sie nun also die Höhe des Sterns und das Verhältnis der Höhe zum Durchmesser berechnet haben, ist es offensichtlich, dass der Durchmesser bekannt ist. Nehmen wir zum Beispiel an, der Durchmesser des Sterns beträgt neuneinhalb Minuten; ich verdopple ihn und erhalte neunzehn Minuten. Zu diesen addiere ich jedes Mal einen neunzehnten Teil, wegen der Größe des Durchmessers auf der Tafel, und komme auf zwanzig Minuten. Ich teile 7.200 durch dies, und es sind die Minuten des Durchmessers, und es ergibt sich 360. Daraus ist ersichtlich, dass der Durchmesser dieses Sterns ein 360stel seiner Höhe ist. Die Nützlichkeit und die Subtilität des Studiums der Strahlen ist also aus all dem ersichtlich; ich verzichte hier auf den Rest der Berechnungen, da ich sie im zwölften Buch behandeln werde.

[19] »proportio altitudinis ad dimentientem syderis«. Nach Forrester ging man davon aus, dass die Sterne entsprechend ihrer Helligkeit einen scheinbaren Durchmesser haben.

Buch V: Über die Vermischung und unvollständige oder metallische Vermischungen

Bis jetzt sind etwa fünf Teile des gesamten Werkes abgeschlossen: der erste über die verborgenen Prinzipien, die Materie, die Form, das Vakuum, die Vereinigung der Körper. Der zweite handelt von den Elementen, da sie die vollständigen, absoluten und manifesten Prinzipien waren. Im dritten geht es um den Himmel. Der vierte Teil handelt von Licht und Erleuchtung. Wir haben den fünften Teil noch nicht ganz abgeschlossen, der sich mit den sichtbaren Dingen befasst, denn es fehlt noch vieles, was die Ohren und die anderen Sinne sowie den Geist und auch die Augen betrifft. Unser Thema wird nun also das Gemischte sein; das Gemischte braucht in der Tat jene primären Dinge, und ein Element braucht auch den Himmel, und die Erleuchtung und das Licht – deshalb haben wir diese zuerst behandelt. Gemischtes braucht den Himmel, und man kann durch offensichtliche Überlegungen verstehen, wie sehr der Zustand des Himmels das beeinflussen kann, was hier unten ist. In der Tat hält sich Mehl, das im August aus Weizen gemahlen wird, gewöhnlich ein ganzes Jahr lang unverdorben bei uns. Und man sagt, dass Bier, das unter dem Märzmond gebraut wird, das ganze Jahr über haltbar ist, obwohl es im Sommer nur zwanzig Tage und im Winter nur zwei Monate lang unverdorben bleibt. Man sagt, dass ein Bier aus Danzig zehn Jahre, manchmal zwanzig Jahre hält, ohne bitter oder schimmelig zu werden, weil es aus dem Wasser des März hergestellt wird. Ein weiterer Grund ist möglicherweise, dass im Monat März die Samen des wilden Hopfens noch lebendig sind, und dann ist die Feuchtigkeit deutlich verbraucht; es ist eine Zeit, die sehr weit von der Zeit entfernt ist, in der dieser Samen gepflückt wurde, und aus diesem Grund ist der Samen wirksam und sehr frei von Feuchtigkeit. Er kann »biria« oder »cerevisia« (so nennen die Deutschen das Bier) machen. Das Saatgut ist zu dieser Zeit effektiv, da es normalerweise dann keimt. Es gibt eine unbegrenzte Erfahrung in dieser Angelegenheit, denn die Kräuter von Vergil gehen mit den gleichnamigen Sternen[1] auf und unter. Aber ich muss noch einmal betonen: Alle diese gemischten Dinge bestehen aus Erde und Wasser und himmlischer Hitze, mit der einzigen Ausnahme des Menschen. Ein Teil von ihnen liegt unter der Erde verborgen, ein anderer im Meer, ein anderer über der Erde; aber ich will jetzt von den Dingen sprechen, die von Natur aus verborgen liegen.

Alle gemischten Dinge ohne Bewegung unter der Erde oder den Gewässern werden **in vier Arten unterteilt**: Erden, Säfte, Steine, Metalle. Dass es nicht mehr geben kann, geht aus diesem Gedankengang hervor: zum Beispiel gibt es solche, die schmelzen und dann in ihre eigene Form zurückkehren und hart bleiben – diese werden Metalle genannt. Ein Metall ist eigentlich nichts

[1] »Vergiliæ herbæ«. Nach Forrester sind mit »Vergiliae« sind die Plejaden gemeint, das Wort wird aber nicht mit dem Dichter Vergil in Verbindung gebracht. Plinius (*Nat. Hist.* 18. 251-253) schwärmt von der Großzügigkeit der Natur, die dem Landwirt mit diesen Sternen Signale gibt, wie er seine Landwirtschaft zu betreiben hat.

anderes als ein Ding, das schmelzen kann, und wenn es wieder zurückgeht, bleibt es hart. Ich verstehe das Wort »hart« in zwei Bedeutungen: Erstens, was nicht leicht nachgibt und nicht leicht zu brechen ist. Alles, was gezogen werden kann, ist ein klares Beispiel; so kann Pech ohne Widerstand gezogen werden; Kristall widersteht, ebenso Antimon, aber sie können nicht gezogen werden, und so werden sie leicht durch einen Schlag zerbrochen. Was wirklich schmilzt und wenn es zurückkehrt, nicht hart wird, nennt man Saft. Was überhaupt nicht schmilzt, ist entweder hart und wird Stein genannt, oder es ist weich, zerfällt sehr leicht in kleine Stücke und wird Erde genannt.

Neben diesen vier gibt es aber noch eine Reihe anderer Arten von Dingen, die daraus gemischt werden. Jeder, der in der Lage ist, richtig zu rechnen, wird feststellen, dass es elf sind, und dass es keine weiteren geben kann. **Beispiele für die einfachen Körper** sind: der Schwefel als Beispiel für einen Saft, der Kristall als Beispiel für einen Stein, die lemnische Erde als Beispiel für eine Erde, das Silber als Beispiel für ein Metall. Ich werde die Beispiele für die zusammengesetzten an ihrem eigenen Platz aufführen, damit ich nicht viele unnütze Wiederholungen machen muss. Beispiele für die einfachen waren unerlässlich, denn ich werde nicht alles von Anfang an behandeln. Denn als vollkommen bezeichne ich alles, was fest bleibt, wie Metalle und Steine, über die ich später sprechen werde. Die weicheren Dinge sind unvollkommen, wie ich die gemischten Dinge, die Säfte und die Erden nenne; ich werde sie alle metallisch nennen, um die Steine von den Metallen zu unterscheiden. Ich eröffne also mit der Darstellung der Metalle, indem ich mit den Arten der Erden beginne.

Die **Arten von Erden** werden nach Farbe, Geruch oder Verwendung unterschieden. Wir haben oben über diejenigen gesprochen, die sich durch ihren Gebrauch unterscheiden. Über die anderen, die nach der Farbe unterschieden werden, ist die Debatte beendet; was bleibt, ist die Verwendung einiger von ihnen zu behandeln, und auch der Geruch. **Duftende Erden** sind ungewöhnlich, stinkende häufig. Alle stinkenden Erden sind mit metallischen Partikeln vermischt. Agricola berichtet jedoch, dass in Mariaberg in Sachsen, während in der Silbermine der Heiligen Sebastian und Fabian in Anwesenheit von Heinrich, Prinz von Sachsen, Silber ausgegraben wurde, ein so starker Geruch ausströmte, dass der Prinz rief, dass Calicut anwesend sei – in der Tat eine Stadt in Indien, die alle duftenden Dinge exportiert. In Malakka, einem Hafen in Ostindien, werden Gefäße aus stark duftender Erde hergestellt, die aber zu einem sehr niedrigen Preis verkauft werden, weil sie reichlich vorhanden ist – oder vielleicht, weil alle starken Gerüche, wie gut sie auch unter den zum Essen ungeeigneten Dingen sein mögen, die Nahrung unangenehm machen und ihr sozusagen das Leben nehmen. Angenehme Lebensmittel sind es in der Tat wegen ihres eigenen Geruchs, eines mäßigen Geruchs. Wenn dieser herausgezogen und überwunden wird, verweht er – und macht die Sache geschmacklos und unangenehm. Das kann man mit einem Kuchen testen, der in einem Zypressengefäß aufbewahrt wird, auch wenn man Weihrauch hinzufügt. Andere Dinge erhöhen die Attraktivität. Häufiger sind jedoch Fälle von üblem Geruch, der so schlimm ist, dass er sogar zerstörerisch wirkt. In einer Silbermine in Annaberg, die Rosenkrone genannt wurde, wie derselbe Mann erzählt, erstickten plötzlich zwölf Menschen – deshalb wurde sie aufgegeben, in großer Angst, dass böse Dämonen sie bewohnten. Die Leute waren tatsächlich davon überzeugt, da es durch den Geruch von Erden oder Steinen geschieht; einmal im Gehirn, tötet es sofort, und es ist nicht verwunderlich, dass viele üble Dinge in den Eingeweiden der Erde lauern, genau wie Tierkot.

Aber nicht nur faulige Dinge, auch **Materialien jeglicher Art befinden sich unter der Erde**, mit verschiedenen Verwendungen. In Britannien zum Beispiel wurde früher glänzende weiße Erde aus Brunnen ausgegraben, nicht weniger als hundert Meter tief, und nachdem man das Silber herausgeholt hatte, wurden Felder damit bestreut und so fruchtbar gemacht, dass es genügte, sie einmal im Leben bestreut zu haben. Und so ist die ganze Erde, die unsichtbar ist, wie die Eingeweide der Menschen, für jemanden von Nutzen. Aber im Allgemeinen übersehen wir die Erforschung dieser Dinge, teils aus Unwissenheit, teils aus Gier. Überall – ich meine in den Städten, von den Feldern ganz zu schweigen – gibt es unter der Erde verschiedene Steine und Erden mit verschiedenen Verwendungszwecken und in verschiedenen Farben, meist metallische Arten, aber wir suchen sie nur in den Bergen. Dass dies so ist, zeigt sich daran, dass Länder, die einst als unfruchtbar galten, wie z.B. Deutschland, heute sehr produktiv für Silber sind; andere haben aufgehört, so zu sein, nachdem sie produktiv waren. Der Grund dafür ist, dass Metalle und Steine und Säfte überall vorhanden sind, und wenn die Erde mit der Zeit verschwindet, kommen sie ans Licht. Andere werden verborgen, während die Erde wächst, wie Anaxagoras richtig gesagt zu haben scheint, dass (sozusagen) alles in allem ist. Aber in den Bergen ist keine Möglichkeit der Nützlichkeit gegeben, weil das **Wasser** leicht zu tiefer gelegenen Orten abfließt, wenn welche vorhanden sind. In landwirtschaftlichen Gebieten wird man damit beginnen, das Wasser, das unter der Erde fließt, auszutrocknen, da es nicht viel davon gibt, indem man es abfließen lässt. Und dann wird man eine Mauer oder Felsen benutzen, um die Stellen, aus denen es abfließt, zu blockieren und abzusperren. Auf diese Weise graben die Menschen Minen sogar unter Wasser, um Städte zu stürzen und um tatsächliche Gräben zu überwinden, indem sie unter ihnen graben. Nach einem anderen Plan leert man Flüsse, indem man das Wasser umleitet; laut Herodot wird Cyrus von Krösus gelehrt, dies ebenfalls zu tun, indem man einen Fluss tiefer in das vorherige Bett umleitet. Auf dieselbe Weise wird es möglich sein, auch unterirdische Ströme in eine andere Richtung umzuleiten und sie in dieselben Kanäle zurückzulenken, sodass wir auf diese Weise unter dem Wasser graben können. Es gibt auch tiefer gelegene Stellen, in die wir manchmal Wasser umleiten, ohne es wieder zurückzubringen; dies ist ein Schutz, den man besonders im Gebirge wegen der Höhe des Ortes anwenden kann. In der Tat ist das Wasser, das man überall unter der Erde findet, weder sehr tief noch kontinuierlich. Die Fundamente von Mauern und Wohnhäusern zeigen, dass es nicht tief ist, und sie reichen in der Regel bis zum Boden unter dem Wasserspiegel. Dass es sich nicht in der Höhe befindet, zeigen die unterschiedlichen Tiefen der Brunnen. Dass er nicht durchgängig ist, sondern vielen Quellen entspringt, lässt sich leicht nachvollziehen, denn das Wasser von zwei kaum sechs Schritte voneinander entfernten Brunnen kann sich in Geschmack und Gesundheit erheblich unterscheiden. Die Bäche verlaufen meist nicht geradlinig, sondern gewunden, sei es, weil sie von einem anderen Bach gespeist werden, sei es, weil Felsen in der Mitte des Baches liegen, sei es, weil das Wasser eine Mulde gefunden hat, in die es leichter fließen kann. Wenn ihr also unter ihnen einen Tunnel graben wollt, könnt ihr das, wie gesagt, auf drei Arten tun, und ihr könnt Erden verschiedener Art, Steine, Metalle, Säfte und die übrigen Dinge dieser Art entdecken.

Aber ich komme noch einmal auf die Verwendung von Erden zurück. In Waldeburg in Deutschland gibt es **eine Art Töpferton**, der kompakt und fettig und von sehr feiner Substanz und feuerfest ist; er nimmt keine Flüssigkeiten auf und sondert sie nicht ab. Töpfervasen scheinen die folgenden fünf Vorzüge zu haben: sie sind sehr glatt und nicht saugfähig, saugen nicht aus, sind nicht zerbrechlich und feuerfest. Es ist bemerkenswert, wie ein kleiner Unterschied den Florentinern einen Vorteil bei der Aufbewahrung von Lebensmitteln verschafft, denn ihre Gefäße sind feuerfest – die Mailänder sind es nicht. Töpferwaren werden jedoch überall hergestellt, wenn man die Methode kennt, sehr gute Töpferwaren aus der Erde herzustellen, die zur Herstellung von Töpfergefäßen für die Verflüssigung von Metallen verwendet wird. Diese Erde wird aus metallhaltigem Gestein gewonnen. Wer könnte wirklich annehmen, dass die Gefäße, die die Verflüssigung von Gold und Silber unterstützen, nicht gut genug zum Kochen von Speisen sind? Und so habe ich mir aus dieser Erde einen Kessel machen lassen, der praktisch ewig hält, wenn man ihn nicht zerschlägt; Feuer kann ihm nichts anhaben. Es ist also klar, dass die Töpfererde von offener, ja sehr offener Beschaffenheit und von Natur aus leicht und fett sein sollte. Wenn diese Art von Erde gut und lange geknetet wird, entstehen daraus Gefäße, die den Achatgefäßen sehr ähnlich sind. Achatgefäße sind das, was man heute **Porzellan** nennt; Plinius sagt, dass »der Osten Gefäße aus Achat schickt; man findet sie dort an verschiedenen Orten, an bemerkenswerten Orten, besonders im Königreich Parthien, aber vor allem in Karmanien«. Man nimmt an, dass es sich um ein feuchtes Material handelt, das durch Hitze unter der Erde verdichtet wird. Die Größe der Gefäße übersteigt nirgends die eines kleinen Abakus, und ihre Dicke übersteigt selten das, was man für einen Kelch benötigt. Sie haben einen Glanz ohne Stärke, und ihr Schimmer ist echter als ihr Glanz. Was man schätzt, ist die Vielfalt der Farben, mit Flecken, die in Abständen in Purpur und glänzendes Weiß übergehen, und einer dritten Art, die aus beiden leuchtet, wie wenn Purpur durch Farbwechsel rot oder Milch weiß wird. Es gibt Menschen, die die Randbereiche darin loben, und einige Reflexionen von Farben, wie man sie in einem Regenbogen sieht. Diese Menschen schätzen Fettflecken. Es ist ein Fehler, wenn ein Gegenstand durchscheinend oder blass ist – das gilt auch für salzige Körner und Warzen, die nicht hervorstehen. Und ein gewisser Vorteil liegt im Geruch. Sieht denn niemand, dass es sich um Töpferwaren handelt, und zwar von der Art, die wir, wie ich heute sagte, gewöhnlich Porzellan nennen? Sie werden aus einem unterirdisch verdichteten Saft hergestellt und aus dem Osten importiert. Aber unsere eigenen sind blasser und geruchlos, und die durchsichtigen unter ihnen sind geschätzter und attraktiv mit Blättern und Bildern und ohne eine Spur von Purpur. Alle diese Merkmale scheinen vom alten Achat abzuweichen, aber die Unterschiede der Zeit, der Handwerker und der Verwendungszwecke haben dies bewirkt. Ein hoher Preis schafft ein Angebot, während die Menschen danach streben, die Produktion zu erhöhen; wenn das bessere Material knapp wird, wird ein anderes geliefert; dann wird die Färbung erfunden, um die Billigkeit zu kompensieren, und so hat sich der Ruf und die Ehrlichkeit eines Gefäßes verabschiedet. Entweder ist das Material billiger, oder es ist nicht dasselbe, oder es ist insgesamt weniger rein, oder es ist nicht sehr gut bearbeitet, oder die Gefäße selbst werden von Leuten, die gierig nach Gewinn und ungeduldig bei Verzögerungen sind, vorzeitig aus dem Ofen geholt; wie auch immer die Arbeit und der Preis und das Material und die Herstellungsmethode ausfallen, es sagt uns, dass es sich um dieselben Artikel wie Achat handelt. Heutzutage werden sie in weiten Teilen Indiens und vor allem in China hergestellt. Man sagt, dass sie aus den Schalen von Muscheln und Eiern hergestellt werden, und dass sie (nach einem verbreiteten Gerücht) achtzig oder hundert Jahre lang vergraben werden, als Ersatz für Erbschaften. Dann werden sie ausgegraben und mit Glas bedeckt, damit sie nichts aufsaugen. Die Säfte, mit denen die Muscheln geschützt werden, sind nicht ausreichend bekannt. Außerdem werden sie bemalt, bevor das Glas hinzugefügt wird. Wegen ihres Glanzes und ihrer Härte ist es unsicher, ob sie vollständig gebrannt sind. Sie kosten mehr, sind aber viel schlechter als die alten. Und trotzdem sind sie nicht weniger besonders als vergoldete Gefäße aus Silber, sei es, weil ihre Seltenheit und der damit verbundene Aufwand sie empfohlen haben, sei es, weil sich das Gerücht hielt, sie könnten kein Gift übertragen.

Ein weiterer Punkt: der große Unterschied der **lemnitischen Erde** unter den Erden oder Tonerden. Lemnos ist eine Insel in unserem Meer; der Berg, der seine Erde hervorbringt, hat keine Steine und Bäume, aber die Erde ist dennoch nützlich gegen Blutfluss und Geschwüre, aber mehr noch für Gifte. Diese Erde trägt keinen Baum, da sie sehr trocken ist, und verdichtet sich nicht zu Stein, da sie von so dünner Substanz ist, dass sie kein Wasser aufnimmt, sondern vom Wasser aufgesogen wird. Sie besitzt auch eine gewisse Fettigkeit, durch die sie Giften widersteht. Dass wir eine solche Erde mit handwerklichem Geschick herstellen können, ist klar: Wenn wir gewöhnlichen Ton lange zerstampfen und Knoblauch und ungekochte Wacholdersamen in das Wasser streuen, und sie dann zu Klumpen formen, und wieder, indem wir sie zerstampfen und besprengen und sie zu einem Ziegel pressen und sie trocknen. Dies erfordert Zeit, ist aber von Nutzen. Denn der Preis eines solchen lemnischen Ziegels ist mit dem des Goldes vergleichbar, so sehr ist dieses sehr billige Ding im Preis gestiegen, als die Knappheit seine allgemeine Verfügbarkeit verminderte. Als es das große Interesse der wichtigsten Ärzte des Königs des Ostens erlangte, stieg es in seinem Ansehen. Dennoch hat sie keinen Geruch, was bei Erden und allen Gewässern ungewöhnlich ist. Damit sie tatsächlich gut riechen, ist eine verdünnte und gut verarbeitete Feuchtigkeit erforderlich. Mit Wasser kann sie nicht gut zubereitet werden, weil sie zum größten Teil aus Erde besteht und nicht verdünnt ist. Der Geruch ist, wie gesagt, nicht angenehm; aber mit einigen Zusätzen können Erde und Wasser gut riechen. Es ist also klar, dass Erde und Wasser, auch wenn sie gut riechen, schnell ihren Geruch verlieren, wie es bei Rosenwasser und noch mehr bei Veilchenwasser der Fall ist. Der größte Teil der Erde und des Wassers ist geruchlos; es gibt auch einen großen Teil, der stark riecht, und einen sehr kleinen, der gut riecht.

Die **armenische Erde** ist diejenige, die der lemnischen am nächsten kommt – sie ist eher samische als armenische Erde, da sie nicht aus Armenien, sondern aus der näheren Umgebung importiert wird, und sie ist nicht lemnisch. Aber sie entspricht genau Galens Beschreibung der samischen Erde, denn sie ist rötlich und ein ausgezeichnetes Trocknungsmittel; daher ist sie gesundheitsfördernd bei pestilenten Krankheiten und bei der Auszehrung, die von Lungengeschwüren herrührt. In der Tat sind aus demselben Grund Karfunkel, Smaragde, Saphire, Hyazinthsteine Perlen und Korallen bei der Pest von Nutzen, offensichtlich weil sie stark austrocknend sind. Aber während sie dies weniger tun als armenischer Lehm, sind diese Steine von größerem Nutzen für die Wiederherstellung der Lebenskraft. Der armenische Lehm ist also extrem trocken und mäßig kalt, minimal bitter, aber sehr verdünnt. Das macht ihn auch nützlich gegen korrodierende Gifte, wie Kantharidin, und gegen solche, die Fäulnis erzeugen, wie Seehase.

In Apulien gibt es auch einen roten Ton, der der armenischen Erde an Kraft nicht unähnlich ist, aber viel schwächer. Aber was hindert sie daran, noch besser zu werden als die armenische? Wasche die apulische Erde, befreie sie vom Sand, trockne sie dann sorgfältig mit sehr saurem Essig und extrahiere sie mit einem Sechstel Öl, sodass sie zu einem Brei wird. Du vergräbst sie an einem feuchten Ort für viele Jahre. Nach diesem Plan wirst du dann ein Präparat gegen giftige Medikamente und Würmer herstellen, indem du die reinste Töpfererde, Öl, Essig, Knoblauch, Wacholdersamen, Enzian und Diptam lange zermahlst und dann für viele Jahre vergräbst.

Manch einer wird sich vielleicht fragen, was eine so lange Beerdigung zum Leben beitragen könnte? Offensichtlich ist es die gleiche Ursache wie die, die zur Entstehung von Metallen in den Bergen führt. Aber es ist lebendiger in den Bergen, aus vielen Gründen. Die **Berge haben in der Tat eine Art von Leben**, da sie aus Gestein bestehen. Wir werden erklären, dass die Gesteine lebendig sind: wo Leben ist, da geht auch alle natürliche Erzeugung leichter vor sich. Außerdem werden die Kräfte der Berge nicht durch Hacken und den Pflug vermindert, sie sind auch nicht gezwungen, in irgendeiner Weise durch die Energie der Menschen zu atmen. Die Substanz der Berge ist auch fester, sodass ihre Hitze besser festgehalten wird – die Hitze, die sich auf den Feldern wegen der Weichheit der Erde zerstreut. Wir haben bereits erklärt, dass diese Hitze himmlisch ist, sowohl, weil die feurige Hitze, die übrig bleibt (und faulige Hitze ist kaum anders), für die Erzeugung an irgendeinem Punkt nutzlos ist, als auch, weil wir mehr im Osten und näher am Äquator sehen, dass die wertvolleren Edelsteine und das vollkommenste Gold erzeugt werden. Wer außerdem die im Osten und am Äquator erzeugten Edelsteine dieser Art, wie Karfunkel[2] und Amethyst, mit denen vergleicht, die Deutschland ausführt, wird feststellen, dass sie sich in Härte und Glanz so stark unterscheiden, dass man annehmen könnte, sie seien nicht von derselben Art. Der Grund dafür ist, dass der Osten heißer, feuchter und fetter ist. Wenn diese Dinge also aus Samen erzeugt würden, wäre die Hitze entweder feurig oder faulig, und da auf der Insel Island im Norden selbst die Berge brennen, was würde verhindern, dass die vollkommensten Edelsteine entstehen und Gold im Überfluss vorhanden ist?

Außerdem gibt es in den Bergen Schneefelder und langanhaltendes Eis, die die Hitze an ihrem Fuße verbergen und somit alles heiter machen, wenn die Hitze durch die äußere Luftwärme in den Feldern zerstreut wird. Um auf das Thema Berge zurückzukommen: Das Ergebnis ist, dass die Berge mehr für die Erzeugung von Metallen zur Verfügung stehen. Und ihre Kraft wird auch nicht durch Bäume oder Gräser erschöpft; Berge sind steriler als Felder, auch wenn sie sehr fruchtbar sind. Auch Wasser und Feuchtigkeit fließen aufgrund der Hanglage stärker von den Bergen ab, und ihr Überfluss auf der Oberfläche von Feldern behindert die Bildung von Metallen.

Aber Sie werden sagen: Einmal haben Sie zu den Ursachen dafür, dass die Felder keine Metalle bilden, auch den Entzug von Feuchtigkeit gezählt, ein andermal sind Sie umgekehrt der Meinung, dass der Überfluss an Feuchtigkeit dort die Bildung von Metallen behindert. Und um Himmels willen, beides ist wahr! Je mehr fetthaltige Feuchtigkeit vorhanden ist, desto fruchtbarer wird der Boden, nicht nur für Metalle, sondern auch für Pflanzen; und die Nässe ist ein Hindernis. Der Grund dafür ist, dass die Feuchtigkeit zur Erzeugung passt, aber auch heiß sein sollte. Wässrigkeit ist kalte Feuchtigkeit und ein hartnäckiger Feind des Zusammenwachsens. Die fruchtbarsten Gegenden sind also die heißen, in denen es viel Wasser gab, denn die wässrige Feuchtigkeit verwandelt sich durch die Sonnenwärme schnell in fette Feuchtigkeit; in kalten Gegenden aber führt viel Wasser zu Unfruchtbarkeit und lässt die Felder erkalten.

Mit den Jahreszeiten ist es fast dasselbe. Die Wiesen freuen sich im Sommer über das Wasser, im Winter lässt das fleißige Gießen das Kraut langsamer sprießen, und so wird angenommen, dass die Felder im Vergleich zu den Bergen mehr von der wässrigen und weniger von der fettigen Feuchtigkeit haben. Und so wird man feststellen, dass Berge, auf denen Bäume und Reben wachsen, kaum metallhaltig sind, es sei denn in der Tiefe, weil die fettige Feuchtigkeit von den Pflanzen entzogen wird. Aber dort, wo die Steine sehr groß und fest sind, wird die Feuchtigkeit lange Zeit von den Felsen gehalten, und

[2] Ausdruck für rote Edelsteine wie Granat, Rubin oder Spinell.

durch Abdestillieren des seltensten Teils kondensiert sie zu wertvollen Edelsteinen. Aus diesem Grund werden die brillantesten Edelsteine gewöhnlich unter den härtesten und größten Gesteinen gefunden.

Zu den zahlreichen **Vorteilen des Gebirges für die Gewinnung von Metallen** kommt noch hinzu, dass man, selbst wenn man zwei- oder dreihundert Meter tief in das Gebirge gegraben hat, immer noch sagen kann, man befinde sich über dem Erdboden und könne so das Wasser und den Aushub kanalisieren und ableiten. In der Ebene ist diese Arbeit doppelt so schwer: Die Stelle kann nicht wie im Gebirge durch Erdrutsche erschlossen werden, man kann auch nicht so leicht erraten, wo die Metalle liegen, und man kann seine Funde nicht wie in der Höhe verfolgen, da man keine Hilfe von Hinweisen an den Seiten erhält. Aus diesen zahlreichen und beachtlichen Gründen widmen nur wenige Menschen ihre **Aufmerksamkeit auf die ebenen Flächen**, auch wenn es überall Metalle gibt; die meisten machen sich an den Abbau in den Bergen. Denn eine Aufgabe ist es, den Ort und die Art des Metalls zu entdecken. Eine zweite und viel größere ist es, den passenden Standort für den Schacht einer Mine zu erkennen. Ihn nur von einer höher gelegenen Stelle aus entdeckt zu haben, ist sehr mühsam.

Um noch einmal näher darauf einzugehen: da, wie gesagt, **überall unter der Erde Wasserströme** fließen, und auch unter dem Wasser Erde ist, in der gewöhnlich Metalle in den Schichten liegen, so glauben auch hier die meisten Menschen, dass es unter der Erde Wasser gibt, sodass einige von ihnen geglaubt haben, es gebe unter dem Meeresgrund süßes Wasser, obwohl dies schwer zu prüfen ist. Wie ich anderswo höre, hat man in Venedig vergeblich (aber ohne hartnäckige Nachforschungen) versucht, herauszufinden, ob es unter der ersten eine weitere Wasserschicht gibt. Ein Beweis dafür scheint mir zu sein, dass es selbst in den Tiefen des menschlichen Körpers Adern gibt. Und man erzählt sich, dass der Fluss Arethusa, der unter dem Namen Alpheus aus Elis kommt, in Sizilien bei Syrakus entspringt, nachdem er das Meer überquert hat. Es gibt Leute, die Arethusa eher eine Quelle als einen Fluss nennen. Auch das süße Wasser auf den Inseln kann darauf hindeuten. Und schließlich, da wir Wasser auf Bergkämmen sehen und es dann am Boden austritt, was können wir sonst noch über die Erde vermuten? Ob ein Berg unter der Erde begraben ist oder aus ihr herausragt, die Erklärung ist dieselbe, und dieser Gedankengang dient als Beweis. Aber was die Venezianer daran hinderte, Süßwasser zu finden, weiß ich nicht.

Es gibt aber auch Leute, die aufgrund der Autorität von Aristoteles, und aufgrund echter Erfahrung eine Menge **süßes Wasser aus dem Salzwasser des Meeres gewinnen.** In der Tat wird ein kleines Gefäß aus Wachs, ziemlich dick und rundherum versiegelt, hinabgelassen, und wenn es eine lange Zeit im Meer geblieben ist, lässt es Wasser hinein, aber kein Salz – so wird süßes, trinkbares Wasser gewonnen; Wasser, das verdünnt ist, tritt ein – Salz, das erdig ist, wird durch das Wachs ausgeschlossen. Man sagt, man habe etwas gefunden, das das Salz wie aus einem Klumpen ziemlich fetter Milch anzieht, zum großen Nutzen der Schiffe, wenn es wahr ist, denn es ermöglicht, aus salzigem Wasser überall süßes Wasser zu machen. Es ist auch nicht sehr bemerkenswert, dass das Salz angezogen oder gezwungen wird, da die Anziehung in der Milch, wie wir erklären werden, nicht durch eine Eigenschaft, sondern durch Hitze erfolgt. Süßes Wasser wird also durch so viele Methoden aus salzigem gemacht, wie man Wasser von Salz befreien kann. Es gibt drei mögliche Methoden: wenn es herabsteigt, wenn es erzwungen und wenn es gefiltert wird. Möglicherweise lässt sich auch eine vierte Methode entdecken, wenn man die scharfe Kraft des Salzes abschwächt. Vielleicht kann man es mit einer kleinen Menge machen, aber nicht in Massen. Wir haben nun an anderer Stelle erwähnt, wie es versickern kann: eine lange Ruhezeit veranlasst es, sich auf den Grund zu begeben, aber bevor es zerfällt; es bleibt uns also nur noch zu erklären, wie es gezwungen wird. Das geschieht durch Hitze, und zwar nicht durch eine zerstreuende, sondern durch eine anziehende Hitze. Das werden wir weiter unten erklären.

Um also zu meinem Plan zurückzukommen: Die erste Vermischung findet in der Erde unter Wasser statt, und wie ich schon sagte, findet **die Entstehung der verschiedenen vermischten Dinge** hauptsächlich in den Bergen statt. Die Vermischung wird hier richtig erwähnt; sie geschieht auf vier Arten. Die eine ist die Vermischung von Ungleichem und von Dingen, die ihre Form verändern – das nennt man Erzeugung, die wir hier besprechen werden. Eine andere ist die Mischung von ungleichen Dingen, die nicht alle ihre Form ändern – wenn es sich um Flüssigkeiten handelt, wird es Krasis genannt, wie wenn Wasser und Wein gemischt werden, aber wenn es sich um trockene Dinge handelt, wird es Mischung genannt, wie wenn Hirse und Weizen und Hafer miteinander kombiniert werden. Und wenn es sich um gleiche Dinge handelt, wird es ein Haufen genannt – und das ist eine vierte Art von Mischung, wie sie auftritt, wenn Getreide zu einem Haufen zusammengetragen wird.

Bevor ich über die vollständige Vermischung spreche, werde ich über die Krasis sprechen, die für die Sinne offensichtlicher ist. Wir haben gesagt, dass Wein, der mit Wasser vermischt ist, durch die Krasis vermischt wird; da keine der beiden Substanzen vergeht, bleibt die Form des Weines bestehen. Um also die gegenseitige Durchdringung der Körper oder ihre Aufspaltung in Minima zu verhindern, sodass die Körper aus den einzelnen Teilchen bestehen würden, musste die Form vermehrt werden, nicht aber die Materie, wie Aristoteles im Zusammenhang mit der Vermehrung zu Recht behauptet. Denn wenn zu einem winzigen Ding etwas hinzugefügt wird, ist es unmöglich, dass das Ganze vermischt wird; wenn die Körperformen vermischt werden, würden die Körper einander durchdringen. Aber im Wein, der mit Wasser vermischt ist, können wir die Form des Weins überall sehen, auch wenn der Körper des Weins nicht überall ist – so geschah es bei der wahren Vermischung –, denn, wie ich sagte, ist das Wasser nicht wirklich mit dem Wein vermischt.

Bei Dingen, die wirklich gemischt sind, müssen alle Formen vergehen, jedenfalls teilweise. Aber die Form des Weins vergeht überhaupt nicht. Die Erfahrung zeigt, dass sich Wasser nicht vollkommen mit Wein vermischen lässt. Und wenn man ein Stück Leinen auf den mit Wasser vermischten Wein legt und es aus dem Krug heraushält, steigt das Wasser durch das Leinen aus dem Gefäß auf und lässt den Wein rein im Weinbecher zurück. Bei diesem Versuch tritt das Verdünnungsmittel aus dem reinen Wein aus, was bei einer Vermischung von Wein und Wasser nicht geschehen könnte. Wiederum bildet Wasser den Boden eines Weinbechers, und so ist ein Getränk am Boden geschmacklos; auch ist es viel besser, Wein auf Wasser zu gießen als Wasser auf Wein. Wenn man aber den Wein nach und nach auf das Wasser gießt, schwimmt er oben, nicht nur nach dem erwähnten Experiment, sondern weil man, wenn man zuerst eine Brotkruste auf das Wasser legt und dann nach und nach den Wein auf die Kruste gießt, sieht man (und zwar deutlich), dass, wenn man die Kruste abnimmt, der Wein auf dem Wasser schwimmt, ohne dass eine Vermischung stattgefunden hat. In einem Weinbecher kann man also diese drei Komponenten getrennt sehen: Wein unter Öl und Wasser unter Wein.

Es ist also eine berechtigte Frage, welches der beiden Getränke das verdünntere ist. Ausgehend von der Position, wenn das Leichtere schwimmt, ist Öl leichter als Wein und Wein leichter als Wasser. Die Tatsache, dass Öl leicht Feuer fängt, Wasser aber nicht, ist ein Beweis dafür, dass Wein ein Zwischenprodukt ist. Außerdem ist Wein nach Galens Beweis ein Neuntel schwerer als Öl, denn wenn man das Öl aus einem Gefäß, das neun Pfund enthielt, ausgießt und mit Wein füllt, beträgt das Gewicht des Weins zehn Pfund. Und so ist nichts dem langen Leben förderlicher als Öl, denn es ist sehr verdünnt, sehr fett und frei von Rückständen. Das Ergebnis ist, dass es aufgrund seiner Fettigkeit und seiner Verdünnung die natürliche Hitze stark anregt. Durch seine Reinheit schwächt es die eigentliche Hitze nur wenig und blockiert die Bahnen nicht. Diese beiden Hindernisse können das Leben stark verkürzen. Met wäre also gut, obwohl man auch Öl verwenden könnte. Das Beste von allem ist, keine Rückstände zu produzieren – und darüber hinaus, die produzierten sofort auszuscheiden. Zurückgehaltene Rückstände richten so viel Schaden an, dass der zurückgehaltene Urin regelmäßig zu einem Stein führt – daher werden Menschen, die sich gerne unterhalten, lesen und schreiben, leicht von dieser Art Krankheit befallen. Das Versäumnis, Überschüsse auszuscheiden, führt manchmal zum sofortigen Tod. **Öl ist also in vielerlei Hinsicht förderlich für das Leben.**

Ein vierter Beweis für die Dünnflüssigkeit des Öls ist, dass es leicht eindringt. Aus diesem Grund wird es auf Schlösser aufgetragen, damit sich die Schlüssel leicht drehen lassen. Umgekehrt verhindert mit geschmolzenem Wachs vermischte Salpeter, dass Hosen[3] überhaupt Wasser durchlassen, wenn sie lange vor dem Feuer damit durchtränkt werden; der Salpeter muss sehr fein gemahlen sein. Und wenn man dem Wachs etwas Fettiges beigemischt hat, wird es noch besser sein.

Aber ich kehre zu meiner geplanten Erörterung zurück. Es gibt nämlich drei Ansätze, die zeigen, dass Wasser verdünnter ist als Öl und Wein. Erstens, dass, wenn man Wasser und Öl mischt und in ein Gefäß auf das Feuer stellt, das ganze Wasser verdampft, bevor auch nur ein Tropfen Öl verdampft ist, obwohl das Wasser durch seine Kälte widerstandsfähiger ist und weniger Hitze aufnimmt, wenn es am Boden liegt, da das Gefäß dort kalt ist, und nur schwer abdampfen kann, weil das Öl es einschließt, auch wenn es in Dampf verwandelt wird. Zweitens, wenn jemand im Sommer Wasser getrunken hat, kommt es sofort als Schweiß heraus, Öl und Wein aber nicht. Drittens, weil das Wasser durchsichtiger ist als die beiden anderen. Aber der Grund für die Durchsichtigkeit ist, dass es keine Farbe hat; der Grund für die schnelle Auflösung ist, dass es minimal fetthaltig ist; der Grund für den Schweiß ist, dass es nicht nahrhaft ist, und auch, dass durch die Kälte die bereits zerstreute Hitze die Feuchtigkeit nach außen treibt – und er tritt nicht selbst hervor, sondern treibt nur den kochenden serumartigen Teil der Feuchtigkeit aus.

Aber Sie werden sagen, dass Aristoteles der Ansicht ist, dass Wasser verdünnter ist als Öl. Aber mit »verdünnt« meinte er dünn und minimal klebrig, oder auch, nicht kondensiert. Er würde vielleicht dem Wein den Vorzug vor dem Wasser geben, weil er oben schwimmt – aber das ist kein Beweis. Fett schwimmt auf dem Wasser, da es kondensiert ist, und bewegt sich nicht nach unten, weil es anhaftet, was eine dünne Bleischicht nicht tut. Dinge, die tatsächlich fett sind, sinken nicht, selbst wenn sie schwerer wären, nicht nur, weil sie Luft enthalten, sondern auch, weil sie gar nicht anders können. Molke ist viel dünnflüssiger als alle diese Stoffe; wenn sie kocht, verkocht sie sehr schnell; daher wird in Sud gewöhnlich viel mehr davon zugegeben; oder sie eignet sich besonders für Dinge, die kurz gekocht werden müssen. Da sich diese Dinge also kaum vermischen können, werden sie nie eine Krasis bilden.

Aus demselben Grund wird auch Milch nicht mit Wein vermischt. Im Allgemeinen füllt man **verdorbenen Wein** in ein sauberes Gefäß und fügt nach und nach ein

[3] »ocreae«.

Zehntel Milch hinzu; nach einer Woche öffnet man dann das Gefäß und kann den Inhalt nach und nach verkaufen, sofern er klar und gut aussieht. Bleibt er aber länger in dem Weinbecher oder Gefäß, so wird er wieder schlecht. Auch das, was am Rand des Weinbechers verschüttet wurde, hinterlässt einen butterartigen Fettgeschmack, der den Betrug verrät. Allerdings ist es **ein lukrativer Betrug.** Wenn man aber eher vorbeugen will, dann kann man, bevor man den Wein umrührt, um ihn vor dem Verderben zu bewahren, ein Zehntel Alkohol untermischen; viel besser ist Schwefel, aber der verrät den Trick durch seinen Geruch; ich erinnere mich, davon getrunken zu haben. Alaun kann dasselbe bewirken, aber beide sind gefährlich und beeinträchtigen die Gesundheit stark. Zusammenfassend: Alles Schwere oder Zähflüssige klärt den Wein – klebrige Dinge wie Milch und Eiweiß – weshalb alle Flüssigkeiten durch seine Zugabe gereinigt werden. Schwere Dinge wirken, indem sie für den Boden sorgen; schwere Dinge wie Flusskiesel, die erhitzt werden, bis sie brechen, und dann zu Pulver zerkleinert werden. Da sie in der Tat gemischt und trocken sind, ziehen sie alles an, was mit Ton zu tun hat – daher die Turbulenzen. Wenn sie ihre Anziehungskraft ausgeübt haben, sinken sie im Wein zu Boden und reinigen ihn. Salz kann also dasselbe bewirken, verrät aber durch seinen Geschmack den Schwindel und macht den Wein unangenehm. Es ist auch leicht, alle Weine zu erkennen, die durch Metalle verfälscht sind. Lässt man sie vierundzwanzig Stunden lang im Weinbecher stehen, während das Metall durch sein Gewicht den Boden erreicht, so werden die Weine flach und verlieren ihre restliche Farbe. Ist der Wein aber mit Honig verfälscht, so zeigt sich dies sofort, wenn man einige Tropfen auf glühendes Eisen streut; wenn der Wein verdampft, bleibt der Honig zurück. Da die Substanz des Weins verdünnter ist als die des Honigs, bleibt beim Verdampfen des Weins der Honig zurück.

Ähnlich verhält es sich, **wenn Honig gepanscht wird** (was gewöhnlich mit Hirsemehl geschieht): Wenn man ihn einkocht, den Schaum entfernt und den Honig in ein Glasgefäß gibt, bleibt er im oberen Teil trüb. Auf diese Weise hatte ich im vergangenen Jahr die Gelegenheit, die Salbe eines Händlers in Pavia zu entlarven. Wenn sie mit einem schwereren Pulver verfälscht wird, setzt sich das Hinzugefügte nach unten ab, und so ist sie am Boden trüb. Olivenöl verrät Betrug, wenn man es anzündet; entweder knistert es, oder es pfeift, oder es wird mehr von seiner wässrigen Flüssigkeit aufgefangen, als der Menge des Öls entspricht.

Warum also verbessert Milch den Wein? Weil sich das Fett durch die Bildung einer Art Kruste absetzt und dabei den trüben Teil der Milch mitnimmt und den wässrigen Teil im Wein zurücklässt, den Teil, der die Fehler des Weins verdeckt. Dann offenbaren kleine Teile des Weins die Fehler, weil sie durch ihre Schwäche schneller wieder von der Luft verdorben werden. Aber auch Gewürznelken, die rundum an einer Bitterorange befestigt sind, die in das Gefäß gehängt wird, ohne den Wein zu berühren, verwandeln einen Geruchsmangel in eine Attraktion. Daher bilden Dinge, die von Natur aus nicht gleich sind, keine Krasis, wie Wein mit Wasser, es sei denn, eine schwache. Noch viel weniger tut es Wein mit Milch, und diese Flüssigkeiten bilden überhaupt keine mit Öl.

Trester ist echter gemischt, weil er aufgekocht ist. Aber er ist nicht deutlich gemischt, denn die Mischung ist das Werk der Natur, nicht der Kunst, auch nicht des Feuers. Alles, was wirklich gemischt ist, zeigt also nur eine Form eines Elements, aber nicht genau: nur die Kräfte der anderen. Wären in einer Mischung die Elemente nicht überall vorhanden, so wäre das Gemischte ein Haufen, nicht ein erzeugtes Ding; sind sie aber überall und in Beziehung zur Substanz, so durchdringen sich die Körper gegenseitig.

Dies wird in meinen medizinischen Werken deutlich gemacht.

Die Form eines gemischten, siegreichen Elements ist also unvollkommen. Und sie wird allmählich erworben, ein Umstand, der bei den Elementen offensichtlich ist, und den Melanchthon auch bei den anderen für gegeben hält. Dies scheint mit der Vernunft hinreichend vereinbar zu sein, da die Form die des herrschenden Elements ist, aber allmählich verloren geht, und allmählich erworben wird. In einigen bemerkenswerten Fällen glaubt Aristoteles, dass sie nicht ganz allmählich, sondern schrittweise erworben wird: Nachdem ein Fötus im Mutterleib lebendig geworden ist, empfindet er als nächstes, und danach wird er mit einem Verstand ausgestattet. Die Seele, in der sich der Verstand befindet, wird später vollendet. Der Verstand kommt von außen, und er ist den Sinnen näher. Alle gemischten Dinge sind entweder erdig (wie Steine und Pflanzen) oder wässrig (wie Milch und Öl) oder ganz gemischt (wie die Körper der Tiere). Die **Vermischung verläuft also nicht so wie die Ernährung oder das Wachstum.** Bei der Vermischung wird etwas zu etwas anderem hinzugefügt; in solchen Fällen wird das, was in der Potenzialität ist, zu dem hinzugefügt, was in der Aktualität ist, und das Wachstum vollzieht sich nach einem Teil der Form, aber nicht nach einem Teil der Materie, denn die Materie ist zu unbegrenzter Teilung fähig. Und dasselbe gilt für die Ernährung. Wachstum und Ernährung sind also wirklich in Übereinstimmung mit der Form, und nur die Hinzufügung ist in Übereinstimmung mit der Materie, denn überall wird etwas hinzugefügt. Wenn man also Nahrung hinzufügt, wird ein sehr kleiner Teil des Fleisches ganz im Einklang mit der Form, aber nicht im Einklang mit der Materie vermehrt. Und zwar nur auf dem Umweg, aber nicht wirklich auf diese Weise. Denn, wie gesagt, die Grundlage des Wachstums und der Ernährung und auch der Zeugung ist fast dieselbe; diese Vorgänge finden von der Seele aus statt. In der Tat ist es eine Aufgabe für die Seele allein, auf diese Weise ausdünnen und dann vereinigen und umwandeln zu können. Wenn es überhaupt etwas ohne Leben gäbe, das dies tun könnte, dann wäre es vor allem das Feuer, denn es ist das stärkste von allem, was nicht lebt. Doch es kann es nicht. Wie wir bereits erklärt haben, wird ihm das, was neben dem Verbrannten ist, hinzugefügt, aber es geht nicht in die frühere Substanz ein. Und so müssen alle gemischten Dinge lebendig sein oder gewesen sein.

Man kann sich das so erklären: denn sie werden genährt, und Nahrung kommt nur von der Seele, und was eine Seele hat, ist lebendig. Wenn Sie aber leugnen, dass sie genährt werden, so werden Sie dennoch annehmen, dass sie erzeugt werden; aber nichts wird erzeugt außer durch eine Seele, denn, wie ich sagte, sie allein macht die Vermischung.

Wir sehen auch, dass alle gemischten Dinge allmählich von den schwereren Elementen degenerieren, wie die Steine, weniger die metallischen Erden, dafür mehr die Säfte, dann die Metalle, später die Pflanzen, dann die unvollkommenen Tiere, und dann allmählich die vollkommeneren, bis wir zum Menschen kommen. Dessen Zusammensetzung erscheint so weit von der Natur und der Substanz der Elemente entfernt, dass es unmöglich ist, dass irgendjemand ihn aus ihnen aufgebaut denken könnte. Wenn also der Mensch, die Tiere und die Pflanzen lebendig sind, weil ein und dieselbe himmlische Hitze alle diese Dinge vermischt (aber in einem Fall mehr und in einem anderen weniger, wie wir an anderer Stelle zeigen werden), ist klar, dass, wie Hippokrates richtig sagte, die Seele nichts anderes ist als diese himmlische Hitze. Dies entspricht auch der Auffassung des Aristoteles, wenn er der Hitze des Geistes eine gewisse Verwandtschaft mit dem Element der Sterne zubilligt. Denn ob nun die Hitze die Seele ist oder das erste Instrument der Seele, wo die Hitze erscheint, muss natürlich auch die Seele vorhanden sein, also auch das Leben. Ja, das Leben ist nichts anderes als das Wirken der Seele.

Die Erfahrung zeigt dies deutlicher: Wenn Blei in Bleiweiß verwandelt wird, wenn es verbrannt wird, erhöht sich sein Gewicht um einen dreizehnten Teil. Der Grund dafür ist, dass die himmlische Hitze verschwindet – es wird zwar nichts hinzugefügt, aber das Gewicht nimmt trotzdem zu. Ähnlich verhält es sich bei Tieren, die beim Tod schwerer werden, weil mit dem Aushauchen der Seele auch die Hitze und alles, was sie entwickelt hat, weggeht. **Es ist also klar, dass metallische Körper und Steine selbst lebendig sind.**

Aber Sie werden sagen: Wenn den Tieren oder Metallen ein leichter Teil, nämlich die Hitze, entzogen wurde, wie kann dann das, was übrig bleibt, schwerer werden? Das ist ganz klar der Fall, wie bei den Eiern aus Glas, die auf dem Wasser schwimmen. Aber auch bei Eiern aus Stahl und Blei, wenn die in ihnen enthaltene Luft sie oben hält, aber wenn sie zerbrochen werden, sinken sie sofort nach unten. Es ist nicht die Luft in uns; aber wie die Luft in ihnen sie im Wasser oben hält, so nimmt bei Tieren und Metallen der feurige Teil in der Luft das Gewicht weg. Einige Substanzen der Elemente sind, wie gesagt, in gemischten Dingen tatsächlich vorhanden, aber sie sind zerbrochen; und auch die Qualitäten anderer Dinge sind vorhanden, wie die wässrige Substanz in der Milch und die Luft und die Erde und ein ätherisches oder feuriges Element, das durch Hitze entsprechend seiner Qualität zusammengesetzt wird.

Die Elemente sind in den gemischten Dingen auf zwei Arten vorhanden: die eine ist durch die Erzeugung gegeben, und nur Erde und Wasser sind in dieser Art vorhanden. Aber von einem dieser Elemente ist die Substanz des anderen nicht zu erkennen; da die himmlische Hitze in ihm gewirkt hat, sind mehr Gegenstände sowohl in der Substanz als in der Natur vorhanden. So können einige kompakte Dinge leicht und einige verdünnte Dinge schwer sein; wenn eine kleine Menge Erde warm wird, da sie ohne Lufteintritt in die Substanz der Luft übergeht, ist sie leicht und kompakt, wie alles Fettige und Aloe-Holz. Wenn aber andererseits die Erde zu wenig bearbeitet wird, aber ein großer Teil Luft in ihr ist und überall sichtbar ist (wenn auch in sehr kleinen Teilchen), wird sie als verdünnt bezeichnet und ist doch ziemlich schwer. Wir verstehen leicht, dass ein schweres Ding kompakt und ein verdünntes leicht ist.

Daraus ergibt sich die Antwort auf eine gewichtige Frage: **Warum ist Blei schwerer als Erde?** In Blei gibt es praktisch keine Verdünnung, aber wenn Erde nicht zusammenklebt, lässt sie Luft herein und erscheint daher leichter als Blei, weil sie Wasser statt Luft enthält. Außerdem ist diese Erde keine reine Erde, sondern hat eine Beimischung von metallischer Substanz. Ein anderes Ergebnis ist das, was man im Zusammenhang mit Asche behauptet: dass ein Gefäß, das damit gefüllt ist, eine sehr große Menge Wasser aufnimmt, ohne dass Asche ausgestoßen wird; es muss also ein bedeutender Teil Luft vorhanden sein, und dann bläht sich die dünnere Asche auf, aber der Rest verfestigt sich und wird verdichtet, und ein Teil des Wassers wird durch die Hitze freigesetzt. Da Luft in der Tat heißer ist als Wasser, weil sie aufgrund ihrer Verdünnung mehr Licht aufnimmt, werden luftenthaltende trockene Dinge heißer sein als Flüssigkeiten. Wenn sie also gemischt werden, muss der dünnere Teil der Feuchtigkeit in Dampf umgewandelt werden. Wenn es also wässrig ist, atmet es Feuchtigkeit aus; wenn es fett ist, quillt es auf. Auf diese Weise kommt es dazu, dass mit Honig oder Zucker gemischte Dinge aus den Medikamentenbehältern auslaufen, zum Erstaunen der Quacksalber[4]; der Dampf kann

[4] »pharmacopolis«.

in der Tat nicht herauskommen, und die eigentliche Feuchtigkeit verursacht die Ausdehnung. So kommt es, dass Wasser, das mit Pulvern vermischt ist, sich verkleinert, während das Öl zunimmt.

Und so, um zu meinem Plan zurückzukehren, entnehmen wir auch diesem Beweis, **dass metallische Dinge lebendig sind**, dass sie in den Bergen wie Pflanzen geboren werden: mit Blättern, die sich tatsächlich ausbreiten, mit Wurzeln, Stämmen und gleichsam Blüten und Früchten, sodass ein Metall oder eine metallische Substanz sich nicht von einer vergrabenen Pflanze unterscheidet, die ganz unter der Erde zur Welt kommt. Es konnte auch nicht über der Erdoberfläche wachsen, weil es brüchig ist, wie Kupfer, oder zu schwer, wie Blei. So sehen wir unter den Tieren den Maulwurf, die Würmer und die Kröten, die unter der Erde geboren werden. Aber es war nicht angebracht, dass so viele Tiere unter der Erde geboren wurden wie Pflanzen, weil Leben und Nahrung (alles, was Metalle brauchen) unter der Erde geschaffen und vollendet werden können; aber die Atmung, durch die die vollkommenen Tiere geschaffen und vollendet werden können, geht dort mit einigen Schwierigkeiten vor sich.

Deshalb hat die Natur die Arten von Metallen unter der Erde hervorgebracht, viel mehr Arten, als man annimmt, sodass ich zu sagen wage, dass sie nicht zu zählen sind. Wenn die Natur in der Tat die Erde mit mehr als fünfhundert Arten von Kräutern verschönert und darüber Tiere eingeführt hat, ist es wahrscheinlich, dass sie sich unter der Erde auf ebenso viele Arten, ja auf viel mehr Arten, vergnügt hat, aber viele sind in der Tiefe unsichtbar; andere übertragen wir aufgrund der Ähnlichkeit der Farben oder der Substanz auf die nächstliegenden Arten. Einige sind selten, sodass man sie kaum finden könnte, selbst wenn sie oberirdisch wären; wie eine ganze Reihe von Pflanzen in unserer Zeit, wie Dioskurides erwähnt. Andere wiederum wurden, nachdem sie gefunden worden waren, aus Unkenntnis ihrer Nützlichkeit vernachlässigt; deshalb kennen wir nur sehr wenige von der riesigen Zahl der metallischen Dinge[5]. Auch die Arten, die wir kennen, sind weniger, als wir annehmen, denn einige sind die Früchte, Blätter, Ausdünstungen oder Wurzeln anderer, und das sind diejenigen, die niemals abgetrennt werden; wir werden sie und ihre Verbindungen an ihrem richtigen Platz besprechen. Nun wollen wir unser Thema weiterverfolgen.

Wir hatten gesagt, dass **metallische Dinge, Metalle und auch Steine lebendig sind.** In der Tat besitzen auch Dinge, die reif, sauer und alt sind, Leben; man findet Steine, die unreif, von verwaschener Farbe und unbearbeiteter Substanz sind; und in den Früchten desselben Baumes ist ein reinerer und ein weniger reiner Teil sichtbar. Ferner sind Adern und der Apparat der Ernährung vorhanden, und Gänge, die nicht sehr geräumig, sondern weicher sind, wie man bei den Steinen sehen kann; so kann man sich leicht überzeugen, dass sie genau wie die Pflanzen und wie die Tierknochen ernährt werden; wenn sie tatsächlich durch Zuwachs und Zugabe wüchsen, hätten sie diese überhaupt nicht nötig. Die Steine, die nur durch Hitze wachsen, die wir Tuffstein nennen, und die, die nur durch Kälte wachsen, haben keine Adern und keine geordnete Substanz, wie sie in den echten Steinen und in denen, die Leben haben, vorhanden sind; der Tuffstein ist ohne Leben. Auch in ihnen gibt es den Tod, also auch das Leben. In meinem Gebrauch ist ein Magnetstein oft in wenigen Jahren tatsächlich kraftlos geworden. Obwohl er früher mit Kraft Eisen anzog, hörte er später, als die Zeit verging, damit auf.

Was ist das Leben wirklich anderes als die Tätigkeit der Seele? In medizinischen Abhandlungen wurde festgestellt, dass nur lebende Dinge eine Aktivität besitzen. Auch

[5] »metallicorum«.

die Elemente sind, wie gesagt, in gewisser Weise lebendig, da sie aus sich selbst heraus in ihre eigenen Regionen gehen, aber alle gemischten Dinge tun dies durch ein viel besseres Leben – die Natur strebt immer nach etwas Besserem als dem, aus dem sie entstanden ist. Deshalb habe ich Simplikios nicht geglaubt, als er sagte, dass, so wie Eisen von einem Magnetstein angezogen wird, Gold von den Gräten des Knurrhahns angezogen wird. Er schrieb dies in seinen Kommentaren zur Physik, und es steht im Widerspruch zur Vernunft, da diese spezielle Gräte nicht lebendig ist. Es hat sich gezeigt, dass jede Aktivität von etwas Lebendigem ausgeht, und zwar in dem Maße, wie es lebendig ist. Denn selbst wenn auch die Elemente lebendig sind, kann dies nicht das Werk der Elemente sein, sondern das Anziehen ist das Wirken der Seele. Das Leben ist das Merkmal eines Lebewesens und bedient sich zumindest der Nahrung; aber wenn man es vom Tier abtrennt, ist die Gräte eines Fisches nicht lebendig mit der Art von Leben, die sich der Nahrung bedient. Wenn man die Seele entfernt hat, ist sie natürlich ein empfindungsfähiges Ding, aber sie ist wie eine Amme. Und so vertraue ich diesem Argument so sehr, dass ich, obwohl ich kein Experte bin, zu sagen wage, dass es unmöglich ist, dass die Gräte des Knurrhahns Gold anzieht, so wie der Magnetstein Eisen anzieht; aber zweifellos könnte dies ein anderes Lebewesen tun, wie ein Stein oder ein Tier oder ein Baum, solange es lebt.

Nehmen wir an, jemand wendet ein, dass der Stachel eines Stachelrochens Zahnschmerzen beseitigt, wenn man das Zahnfleisch mit ihm reibt. Wir erwidern, dass diese Kraft, die in ihm nur potenziell, nicht aber tatsächlich vorhanden ist, der eiternden Kraft des Kantharidins ähnelt, da sie durch eine Fähigkeit der menschlichen Seele in die Realität gebracht wird. Dann verursacht diese der Wirbelsäule starke Schmerzen – der Schmerz überschattet den Schmerz, sofern er nicht an derselben Stelle war, wie Hippokrates sagt, sodass der scharfe Zahnfleischschmerz den Zahnschmerz übertönt. Wenn er in der Nähe ist, vertreibt er auch die Ursache des Schmerzes, die sich meist in einem Nerv im Zahn befindet; dies geschieht jedoch weder immer noch bei jedem. Und da Kräfte nur in der Realität zu Lebewesen gehören, muss es in Steinen, die Kräfte besitzen, eine Seele geben.

Aber ihr werdet sagen: Dies leugnet der Philosoph. Aber wer akzeptiert, dass Steine entstehen oder wachsen, sollte auch zustimmen, dass sie lebendig sind; die gemeinsamen Merkmale des vegetativen Vermögens sind nach Galen das Entstehen, die Ernährung und das Wachstum. Die Natur scheint auch allmählich von einem Extrem zum anderen zu gehen und Dinge, die ziemlich weit voneinander entfernt sind, durch Zwischenglieder zu verbinden. Zum Beispiel könnte ein Zwischenglied zwischen etwas, das weder genährt noch lebendig ist, und etwas, das lebendig und genährt ist, eingerichtet werden; ein Zwischenglied, das lebendig und nicht genährt wäre, und das genährt und nicht lebendig wäre. Aber nichts könnte nicht lebendig sein und nicht genährt werden, denn das wäre ein Vermögen ohne Subjekt und Prinzip. Der erforderliche Vermittler musste also vielmehr etwas sein, das nicht genährt wird und dennoch lebendig ist. Ein Prinzip ohne ein Vermögen kommt bei Dingen vor, die von Natur aus beschädigt sind, so wird es auch bei Steinen sein.

Es liegen also die Metalle in den Bergen wie die Bäume mit ihren Wurzeln, ihrem Stamm, ihren Ästen, ihren zahlreichen Blättern, und einige Teile sind schlank, manchmal mit Blüten und Früchten. In der Tat haben die meisten keine Früchte und Blüten, ein Merkmal, das wir auch bei Pflanzen sehen, die in Brunnen und im Schatten oder an einem sehr trockenen Ort wachsen, wie der Frauenhaarfarn, der Hirschzungenfarn, die Flechte und eine Reihe von wilden Feigen, wenn sie in Mauern wachsen; offensichtlich sind Früchte und Blüten ein Beweis für einen blühenden und fruchtbaren Baum. Die Fruchtbarkeit entsteht sowohl durch die Feuchtigkeit als auch durch die Hitze der Sonne. Daher ist es nicht verwunderlich, dass es den Metallen oft an Blüten und Früchten mangelt, denn die Sonne ist immer abwesend und die Feuchtigkeit ist meist auch reichlich vorhanden.

Wenn Sie herausfinden wollen, **wo es wirklich viele Metalle gibt**, brauchen Sie zuverlässige und zahlreiche Hinweise. Ein fruchtbares Gebiet ist der erste Anhaltspunkt, wie es Deutschland derzeit für Silber ist. In Italien lässt sich Silber nur schwer abbauen, Gold gar nicht. Und so gibt es in einem fruchtbaren Gebiet eine größere Anzahl von fruchtbaren Feldern, ebenso bringen in einem an Metallen reichen Bezirk die meisten Berge wider Erwarten Metalle hervor. Außerdem sind die höchsten Berge umso ergiebiger, je schwieriger sie abzubauen sind; in den niedrigeren Hügeln findet man dieses Material nur selten in großer Menge. Gewöhnlich versprechen Berggipfel, die zum Äquator hin abfallen und deren Wurzeln nach Norden zeigen, Metalle, insbesondere Silber, dessen ertragreichere Minen sich im Allgemeinen gerade von Osten nach Westen ziehen. Auch sind Berge in heißen Regionen ergiebiger für Edelsteine, denn am Äquator wird die Feuchtigkeit trockener und verdünnter, und so werden Steine durch Trockenheit erzeugt, aber Edelsteine durch Verdünnung, und Metalle werden durch reichlich dicke Feuchtigkeit hergestellt. Diese gedeiht im Norden.

Außerdem sind die unfruchtbaren Berge alle metallisch, und zwar aus zwei Gründen: Die Feuchtigkeit wird im Inneren verbraucht, sodass keine Pflanzen entstehen konnen, und außerdem töten die bösen Dämpfe auch die bereits vorhandenen Pflanzen ab. Auch die Farbe der Berge, der Steine und der Erde verrät nicht nur, dass es sich um Metalle handelt, sondern auch um welche Art von Metallen: Grün kommt von Kupfer, schwarz von Silber und Gold, violett von Pyriten, schieferfarben von Blei und Eisen, gelblich von Grünsalz und ähnlichen Säften, aschfarben und düster von Schwefel. Auch der Geruch ist aufschlussreich: Wenn man zwei Steine aus demselben Berg zermahlen hat, riechen sie, wenn unter dem Berg Metall liegt, stark nach Schwefel. Das erklärt den Irrglauben, dass Metalle aus Schwefel bestehen, denn es riecht nach metallischen Abfällen, und das ist ein Hinweis auf eine übermäßige Verkohlung. Auch Steine oder Erde, die schwerer sind, als es die Vernunft verlangt, sind ein zuverlässiger Hinweis auf metallisches Material. Wenn sie auch an einer Stelle zu hell sind, oder, wenn sie fest sind, jeglichen Glanz vermissen lassen, kann man sicher sein, dass sich darunter metallisches Material befindet. Wenn du sie schließlich mit Feuer zum Schmelzen bringst, wirst du feststellen, dass Metall vorhanden ist, und von welcher Art und in welcher Menge. Auch Bäche geben einen Hinweis darauf, denn wenn deren Wasser einen fremden Geruch oder eine fremde Farbe aufweist, wirst du feststellen, dass sich in einem Berg zweifellos Metall befindet. Du wirst auch den Boden des Bachbettes sorgfältig untersuchen, denn du wirst auf einen Teil des Metalls stoßen. Eine Spur von Metall kann kaum ausbleiben, durch das Absetzen des schwereren Teils, bei dem über die Jahre immer etwas hinzukommt. Ein Berg wird durch die korrosiven Dämpfe der Metalle zerklüftet.

Es gibt auch **Pflanzen, die sich in der Gesellschaft von Metallen wohlfühlen**, und da sie selten sind, liefert ihre Anwesenheit einen recht überzeugenden Beweis für Metalle. In der Regel handelt es sich um Pflanzen, die keine oder nur wenige Früchte tragen: verkümmerter Wacholder, Efeu, wilde Feigen, Seekiefern, und die meisten stacheligen Pflanzen. Die Blätter der Bäume sind entweder blass oder nur im Sommer grün, die Stämme sind dünn, und alles hängt herunter. Kein Wunder, denn es ist, als ob eine schwangere Amme für ein säugendes Kind verwendet wird. Metalle und Pflanzen haben die gleiche Nahrung, sodass die Natur des Ortes kaum für beide ausreicht. Aber Metalle trinken mehr als Bäume, weil die Reichweite von Metallen viel größer ist als die von Bäumen, so wie Meerestiere größer sind als Landtiere.

Obwohl Silber ein weniger ergiebiges Metall ist, fand ich bei Agricola einen Bericht über eine Silbermine, die dreißig Fuß lang, drei Viertel so breit und sechzig hoch war. Dies verdeutlicht die Ähnlichkeit mit einem Baum: Die Höhe eines Baumes ist am größten, dann kommt die Länge oder Spannweite der Äste, und am kleinsten ist die Dicke, die in Bergwerken als Breite betrachtet wird. Wenn also die Abmessungen bei Silber so sind, wie sind sie dann bei Kupfer, Blei, Eisen und Schwefel? Und schließlich, wie groß sind sie bei den Steinen selbst? Aber nicht auf die gleiche Weise, auf der die Meerestiere den Landtieren an Größe überlegen sind, nämlich an Feuchtigkeit, sondern weil das Gewicht bei Metallen und Steinen keine Gefahr darstellt, bei Bäumen schon. Denn die Bäume werden, weil sie herunterhängen, leicht von den Winden entwurzelt, und die Sorgfalt der Natur ist umsonst.

Im Zusammenhang mit ihrer Ähnlichkeit haben, wie gesagt, **Bäume und Metalle gleichermaßen eine nördliche Ausrichtung und besitzen vier wesentliche Teile:** Wurzel, Rinde, Substanz und Adern. Die Wurzel für einen Stein ist ein anderer Stein oder Erde, wie wir an der entsprechenden Stelle erklären werden; für ein Metall ist es ein metallischer Stein oder ein Metall oder Erde. Die Rinde unterscheidet sich deutlich von der übrigen Substanz durch ihre Lage und Härte; die Adern sind in der Substanz deutlich sichtbar. Was ist also eine Mine anderes als eine von Erde und Steinen überwucherte Pflanze? Es ist, wie gesagt, entweder metallische Erde, von der ich sprach, oder ein wichtigerer Saft, oder ein Metall, oder ein Stein. Gemeinsame Merkmale aller Metalle sind, dass sie eine erhöhte Härte und Kälte erzeugen. Erde aus Eretria, metallische Erde und Steine, und die meisten Metalle sind kalt. Doch auch wenn einige von ihnen trocken sind, so werden sie doch mit reichlich Fett weich, ebenso wie Asphalt und Pechkohle. Sie sind trocken, weil sie erdig sind. Feuer, oder besser gesagt Hitze, kann erwärmen, aber nicht befeuchten.

Außerdem **müssen fast alle Metalle einen schlechten Geschmack** haben oder keinen; keinen bei reinen Steinen und reiner Erde, einen schlechten bei den übrigen. Der Grund dafür ist, dass sie nur schwer vor der Verbrennung gerettet werden können und, wie wir sagten, trocken sind; süße Metalle hingegen sind feucht. Und selbst wenn etwas Feuchtigkeit vorhanden ist und ein angenehmer Geschmack mit dem unangenehmen vermischt wird, überwindet er ihn nicht, sondern wird überwältigt. Wenn du nur ein wenig Enzian mit viel Milch vermischt, wirst du einen unangenehmen Geschmack erhalten.

Die **Gerüche der Metalle** sind unterschiedlich; der stärkere verdrängt gewöhnlich den schwächeren. Kupfer ist scharf und hat einen sehr üblen Geschmack; Eisen ist mild scharf; dann gibt es Bleiweiß, das wir Zinn nennen. Alaun ist verbunden mit Schärfe, ebenso wie Grünsalz, aber schärfer, ebenso wie die übrigen, wie Schwefel und Bitumen. Silber hingegen hat einen angenehmen, fast süßen Geschmack, und Gold hat einen noch besseren, aber nicht so ausgeprägten. Man erkennt die Geschmäcker, wenn man etwas Feuchtes in Gefäßen damit aufbewahrt und erwärmt; oder wenn man etwas von einem Metall in Wein, Saft oder Wasser verdünnt und lange darin verweilen lässt.

Wiederum, wenn die Metalle aus kondensierter feuchter Kälte bestehen, werden sie alle durch Feuer verflüssigt, wie Schwefel und Metalle; einige, obwohl durch Hitze verfestigt, werden durch Kälte und Wasser verflüssigt, wie Alaun, Salz, Tinte, Salpeter; einige werden nur durch Wasser erweicht, wie die meisten Steine. Agricola berichtet, dass er Marmor gesehen hat, der durch

Wasser teilweise erweicht wurde, nachdem er lange Zeit darin gelegen hatte. Dieser muss erdig sein, denn erdige Dinge verflüssigen sich nie vollständig. Und so sind Dinge, die sich verflüssigen, wässrig, auch wenn Dinge, die sich durch Feuchtigkeit nicht vollständig verflüssigen lassen, erdig sind. Folglich bestehen Säfte aus einer wässrigen Substanz, ebenso wie Alaun, Bitumen, Schwefel, Salz, Salpeter und Grünsalz und viele Dinge dieser Art. Ich würde das Salz jedoch lieber als Erde mit Saft bezeichnen, aber es liegt nicht in meinem Plan, mich mit Details zu befassen, sondern mit Punkten, die ein erhellendes Beispiel oder Nützlichkeit beitragen. Es gibt einige weniger verbreitete Säfte, wie den, der in Annaberg in einem Gang des Bergwerks von Kaiser Otho gefunden wurde – hart und glänzend weiß und so bitter, dass er Mäuse tötete, wenn sie daran nagten.

Wir wenden uns nun den bekannteren zu, zu denen **der Alaun von Rocha** gehört, ein Ersatz für eine Flüssigkeit der Alten. Er hat eine so zusammenziehenden Kraft, dass, wenn man ihn in Wasser erhitzt, bis er sich auflöst, und unser übliches Papier in das Wasser taucht und dann trocknet, er die Tinte hervorragend hält und nicht zulässt, dass sie sich ausbreitet oder unangenehm verstreut, selbst wenn es sich um sehr schlechtes Papier handelt. Die Methode ist: eine Unze Alaun auf ein Pfund Wasser erhitzen, bis ein Drittel des Wassers übrig ist. Dann breitet man das Papier auf einem glatten Tisch aus und befeuchtet es von beiden Seiten mit einem in Alaun getauchten Schwamm. Es besteht hauptsächlich aus rotem Alaun. Das Zeichen, dass es den Alaun aufgenommen hat, ist, dass es glänzt. Er verbessert auch Gänsefedern und Häute und verhindert, dass Wein in den Gefäßen trübe wird. Der Alaun, den die Leute Alaun von Scaiola nennen, ist der »Astrum Samium« der Alten, und ist nicht von der Art mit den Säften, auch nicht der Feder-Alaun, der aus erdigen Teilen besteht, sodass er, wenn er leicht gerieben und auf ein Bett gestreut wird, ständigen Juckreiz hervorruft; er hat scharfe und stechende Teile. Und wenn Lampendochte daraus gemacht werden, so verbrennen sie nicht, sondern nur das Öl wird verbraucht, die Dochte bleiben übrig. Dies ist ein allgemeines Merkmal bei fast allen verkrusteten Steinen dieser Art.

Und in Eisleben entsteht eine grüne Flüssigkeit aus Pyriten, auch aus einem anderen Stein, der sich spalten kann, wenn man ihn auf ein Feuer legt; die Flüssigkeit wird gesammelt, nachdem das Feuer gelöscht wurde, und ist nicht mehr feuerempfindlich. In ähnlicher Weise berichtet Agricola, dass aus Asbest in Rom Servietten und in Verebergo in Böhmen Tischtücher hergestellt werden, die nicht mit Wasser, sondern mit Feuer gereinigt werden. Und in Boldecrana werden Tische aus schuppigem Magnesiastein von silberner und bleierner Farbe hergestellt, die **durch Feuer gereinigt** werden, ohne Schaden zu nehmen. Der dünnere Teil ergibt Dochte für Lampen. Manch einer wird dies alles für unglaubwürdig halten, aber es ist nicht nur wahr, sondern auch notwendig und leicht zu entdecken. Denn obwohl fast alle Steine dem Feuer widerstehen, besonders für eine kurze Zeit, werden die schuppigen zu Fäden gesponnen. Wenn man also ein feuerfestes Material spinnt, kann man Servietten, Tischtücher und Dochte herstellen, die gegen Feuer unverwundbar sind.

Wer kann bezweifeln, dass **alles Gesponnene auch gewebt werden kann**? So werden Stoffe nicht nur aus Flachs und Hanf, sondern auch aus Espartogras oder Ginster hergestellt. Heute benutzen wir Ginster nur noch zum Fegen, aber wenn ein Handwerker zur Verfügung steht, kann er auch zur Herstellung von Tüchern verwendet werden; alles, was dehnbar[6] ist, kann gesponnen werden, und was gesponnen werden kann,

[6] »ductile«.

kann gewebt werden. Dehnbar bedeutet alles, was aus zäher und widerstandsfähiger Feuchtigkeit besteht. Im Alaun ist nicht genug Saft, um ihn zu spinnen. Und es ist kein Wunder, dass ein Turm aus Holz unversehrt geblieben ist, als Feuer gegen ihn gelegt wurde, weil er mit dieser Art von Alaun gestrichen worden war.

Bitumen hat so viel Kraft wie Alaun; aber es gibt mehr als eine Art davon: es gibt das, was man richtig Asphalt nennt, und Pissasphalt, und Naphtha, Gagates, Ampeliten, Maltha, Thrakischer Stein, Mineralkohle, Bernstein, Ambra, Petroleum, Kampfer[7]. Über all diese Dinge herrscht hinreichende Einigkeit, außer über Kampfer; manche nennen ihn Caphura – ich gebe zu, ich mache mir nichts daraus, es besteht Unklarheit über die Sache selbst; wer auch immer Sie sind, um so kleinlich zu sein, ich überlasse es Ihnen, das zu klären. Also wenn die Leute Holzstücke darin finden, nehmen sie an, dass es sich nicht um Bitumen, sondern um die Träne eines Baumes namens Capar handelt, der auf der Insel Borneo[8] wächst, die auch Zebut genannt wird; sie liegt fünfeinviertel Grad vom Äquator entfernt in Richtung Norden, 186 von den Kanarischen Inseln.

Aber wenn **Bernstein**, der sicherlich aus Bitumen ist, Feuer fängt und der Rauch in einem feuchten Tuch aufgefangen wird, riecht es nach Kampfer. Für einen Arzt ist es jedoch nicht wichtig, dies zu wissen, sondern zu wissen, dass Kampfer, Bernstein und Ambra mit Bitumen verwandt sind. Und daraus folgt auch, dass, wenn etwas davon aus den Bäumen fließt, nichts dagegen spricht, dass etwas Ähnliches in den Eingeweiden der Erde entsteht.

Kampfer scheint aber letztlich von Bäumen zu stammen. Von Natur aus ist er nicht so matt weiß, sondern wird es erst durch die Destillation. Die Destillation macht ihn im Allgemeinen weiß, nicht nur, weil sie ihm allen Schmutz entzieht, sondern weil sie eine verdünnte Substanz schafft, die dadurch luftdurchlässig wird. So ist Kampfer übermäßig trocken, so sehr, dass er, wenn er im Schoß von Jungfrauen getragen wird, junge Männer impotent macht. Dasselbe Mittel trocknet Geschwüre aus und macht sie weiß; es ist von sehr verdünnter Substanz und vertreibt aus diesen Gründen den Schlaf.

Gewöhnlich wird der **schwarze Ambra** Gagates genannt. Er wird zu Rosenkränzen verarbeitet; er ist hell und klar, und wird häufig in Steine eingearbeitet; er hat eine schwarze Farbe und zieht Stroh an; Pilger aus Spanien machen Bilder daraus; er fängt Feuer, eine Eigenschaft, die allen Bitumenarten gemeinsam ist. Manche sagen, dass es, wenn es mit Wasser getrunken wird, Nicht-Jungfrauen zum Urinieren bringt, aber nicht Jungfrauen – mehr eine Fabel als eine glaubwürdige Geschichte. Es gibt nichts, was verhindern könnte, dass bestimmte Dinge noch anregender sind bei denen, die ihre Jungfräulichkeit verloren haben. Da der Blasenhals und der Hals der Gebärmutter verbunden sind, werden die Frauen, die keine Jungfrauen mehr sind, umso mehr von den Dingen beunruhigt, die der Blase normalerweise Probleme bereiten.

Brände von Bitumen sollten mit Öl gelöscht werden, nicht mit Wasser; wir haben dies bereits erwähnt. Das ist in der Tat eine fast universelle Besonderheit des Bitumens, aber dieses Feuer ist weder gegen jedes Wasser gefeit, noch wird es von jedem Öl gelöscht; viel Wasser erstickt jedes Feuer, und ein wenig Öl löscht nichts, sodass diese Angaben als metaphorisch betrachtet werden können. Man glaubt auch mit Recht, dass es Epileptiker anregt, genau wie der Bernstein. Aber die Alten schrieben, dass es diese Krankheit auch hervorruft, es kann beides tun. Die gemeinsame Ursache für beide ist mäßige Hitze, Verdünnung und

[7] »asphaltum & pissa sphaltum, & napta, Gagates, Ampelites, Maltha, Thracius lapis, carbones fossiles, succinum, ambra, petroleum, camphora«.

[8] »insula Butei, aliàs Zebut«.

Trockenheit. Auch weil es fetthaltig ist und auch riecht.

Über den **Bernstein** wird bis heute viel gestritten; er ist jedoch ein Bitumen und ein Fett der Erde aus den Gezeiten des Meeres. Bei den Sudauern[9] in Preußen wird viel davon gefischt, mit einem Kraut, das mit ihm wächst und dem Pfennigkraut ähnelt. Und wenn es aus einer Träne von Kräutern oder Bäumen stammen würde, wäre es immer noch Bitumen, vermischt mit dem Fett des Meeres und des Landes, und gemildert durch ihre Hitze. Es gibt mehrere Arten Bernstein. Der glänzend weiße ist der teuerste, er schmeckt süß und duftet sehr gut, sodass eine Ausräucherung mit ihm in Räumen gegen die Pest (denn es hilft) den Raum bis zum dritten Tag gut riechen lässt. Indem man alles, was gut riecht, zum Ausräuchern verwendet, befreit man die Luft von jedem Mangel, indem man verdorbene Dämpfe absaugt; je duftender die Dinge riechen, und je langsamer sie abgesaugt werden, desto mehr befreien sie. Dinge, die heiß und trocken sind, ziehen die Dämpfe schneller ab. Deshalb ist ein großes Feuer ein hervorragender Schutz gegen einen pestilenten Zustand der Luft, ebenso wie ein Ventilator. Die Dämpfe beeinträchtigen die Luft, sowohl von der Natur des Ortes, von dem sie ausgehen, als auch weil sie den Eintritt der Sonnenstrahlen verhindern. Deshalb sagt man, dass der Ort Joachimstal[10] in Deutschland, als er wegen der dichten Wälder und Sümpfe unbewohnbar war, gesund gemacht wurde, indem man das Wasser in Stollen und Gräben ableitete und viele Bäume fällte. Und so ist es kein Wunder, dass glühender Bernstein in doppelter Hinsicht zur Verbesserung der Luft beiträgt, sowohl durch seine Trockenheit als auch durch seinen guten Geruch. Auf diese Weise wurde Athen vor langer Zeit von den beiden Ärzten Hippokrates und Akron zweimal von der Pest befreit – und zwar durch Feuer von gut riechendem Holz, und zwar nicht durch gewöhnliche Flammen, sondern durch große. Gewöhnliche Feuer, die mit kaum riechendem Material angezündet werden, vermögen die pestverseuchte Luft nicht vollständig zu heilen (umso mehr, wenn der Segen der Winde fehlt), sodass die Pest sogar noch verschlimmert wird. Thukydides berichtet daher, dass die Pest um ein Vielfaches zunahm, wenn die Leichen so zahlreich waren, dass sie auf Scheiterhaufen gelegt wurden. Es ist also offensichtlich, dass der Bernstein, der den Medikamenten beigemischt wird, aus fast denselben Gründen viel zur gleichen Krankheit beiträgt. Er wird entweder wegen seines Geruchs oder zur Trocknung beigemischt, denn die Hilfe, die er in dieser Situation zur Anziehung bietet, liegt auf der Hand; er zieht alles Leichte an: Grashalme, Stängel, dünne Metallspäne, Basilikumblätter, obwohl Theophrast dies fälschlicherweise bestreitet. Der Grund dafür ist, dass die Feuchtigkeit fett und klebrig ist, und wenn das ausgesandt wird, bewegt sich die Feuchtigkeit zu allem Leichten, wie auch das Feuer zum Brennstoff. Daher zieht er, wenn man an ihm reibt, ziemlich stark an, auch wegen der Hitze. Der Beweis dafür ist, dass jeder Edelstein, wenn er mit einem Wolltuch gerieben wird, sowohl Strohhalme als auch trockene Blätter an sich zieht; wenn sie hängengeblieben sind, bleiben sie in Bewegung; denn die in der Wolle lauernde Fettigkeit haftet am Edelstein und erwärmt sich beim Reiben; im Bernstein aber ist sie aufgelöst. Daher werde Edelsteine durch Reiben mit Leinen nicht anziehend, Bernstein aber schon.

Der **Magnetstein und der Bernstein sind nicht auf dieselbe Weise anziehend**; der Bernstein zieht alles Leichte an, der Magnetstein nur Eisen. Wenn etwas dazwischen liegt, bewegt der Bernstein keinen Halm, aber ein Magnetstein bewegt Eisen. Der

[9] »Sudini«. Ptolemaus kennt im 2. Jh. n. Chr. die Stämme der »Galindi« und »Sudini«, die später als »Galinder« und »Sudauer« bezeichnet werden.

[10] »Ioachimicam«.

Bernstein wird seinerseits nicht von einem Strohhalm angezogen, aber der Magnetstein wird auch vom Eisen angezogen. Ein Strohhalm wird nicht in eine bestimmte Richtung bewegt, aber bei Berührung mit einem Magnetstein bewegt sich das Eisen einmal nach Norden und einmal nach Süden. Schließlich wird die Anziehungskraft des Bernsteins durch Hitze und Reibung verstärkt, die des Magnetsteins jedoch nur dadurch, dass ein Teil des Magnetsteins reiner gemacht wird. Die Schlussfolgerung? Die Anziehungskraft des Bernsteins ist sicher wie die eines Schröpfglases aus dem Feuer und anderer heißer Dinge, wegen der bekannten Eigenwärme, die, wie ich sagte, an den Zimmerwänden haftet und die Räume bis zum dritten Tag gut riechen lässt. In jedem Bitumen ist tatsächlich die fettige, heiße Feuchtigkeit enthalten, die es auch leicht brennen lässt. Zur Anziehung aber wähle unter den Bitumen den Bernstein, und unter den Bernsteinsorten den aschfarbenen, der diesseits der Weichselmündung bei Puck[11] am Meeresufer ausgegraben wird. Er zieht, wie Agricola berichtet, wenn er mit Eisen gerieben wird, Blätter vom Boden zu sich zwei Fuß hoch in die Luft. Er ist also am besten für Salben geeignet. Aus der Nordsee[12] wird ein glänzend weißer gewonnen, aus dem man gewöhnlich Spielwürfel herstellt. Und es gibt einen honigfarbenen und einen weinfarbenen und einen goldenen, die man gewöhnlich in einer Quelle in Schwaben findet, neben einem Kloster, das nach dem Tegernsee[13] benannt ist. Alle möglichen kleinen **Dinge leuchten im Bernstein**: Fliegen, Ameisen, kleine Fische, Blätter, Fetzen, gefangen von der zähen Feuchtigkeit des Bernsteins können sie sich nicht befreien. Dann, wenn reichlich Feuchtigkeit einströmt, verfestigen sie sich und trocknen aus, können also nicht zerfallen und leuchten aus ihrem ewigen Grab, einem größeren als dem Mausoleum, das Artemisia gebaut hat. Von sich aus hat Bernstein wenig Geruch, aber wenn er verbrannt wird, verströmt er einen angenehmen Myrrheduft. **Fälschungen von honigfarbenem Bernstein** werden mit Eiklar, Safran und Traganth hergestellt. Daher mischen schlaue Leute Ameisen, Mücken, Fliegen, Eisenteilchen und Strohhalme unter den gemahlenen Staub und fügen dann einen ganz kleinen Teil echten Bernsteins hinzu, damit er gut riecht und Stroh anzieht. Es gibt auch Leute, die behaupten, dass nicht nur das Eiweiß, sondern auch das Eigelb, wenn es gekocht und auf einem Stein dem Wind ausgesetzt wird, so hart wird, dass es sich in eine richtige Steinart verwandelt. In der Tat härtet und verfestigt es sich, weil es fett ist, es sei denn, es verdirbt. Das tut es nicht, weil es keine wässrige Feuchtigkeit hat. Eigelb hat auch keine wässrige Feuchtigkeit, wenn es gebacken wird.

Ambra ist wohlriechender als Bernstein, was man an seinem sehr hohen Preis erkennt. Es kommt in der Nähe von Sichris, einer kleinen Stadt in Arabia Felix, vor. Seine Wirkung auf das Gehirn ist bemerkenswert; aufgrund der Großartigkeit des Geruchs riecht es sehr stark: es hat dünne Anteile mit dicken gemischt. Man nimmt an, dass es sich um den Samen eines furchterregenden, monströsen Fisches von der Art eines Wals handelt, mit einem Kopf von steiniger Härte. Er kommt im afrikanischen Ozean vor und wird »Ambar« genannt; daher wurde der Name »Thymiamatum« eingeführt. Es gibt drei Arten von ihm, die sich in Farbe, Geruch und Gewicht unterscheiden. Das matte Weiß ist das leichteste, es riecht und ist am besten; das glänzende Schwarz ist das schwerste, geruchlos und wenig geschätzt; das aschfarbene liegt in der Mitte zwischen diesen beiden. Einst pflegte der Sultan, der Tyrann von Ägypten, Ambra mit Bier zu mischen, um gleichzeitig für sein Vergnügen und seine

[11] »Pucecam«.

[12] »ex mari Germanico«.

[13] »Degerae lacus«.

Gesundheit zu sorgen. Für uns ist Ambra teurer und unser Reichtum nicht königlich – wir könnten Laserwurz-Saft oder Weihrauch zum Mischen verwenden. Für Könige ist das erstere, für Privatleute das letztere luxuriös und elegant und für den eigenen Genuss geeignet.

Petroleum[14] ist ein Öl, das durch die Kraft der Hitze von selbst aus dem Bitumen fließt, sehr verdünnt und heiß, stark riechend; die gewöhnlichen Leute nennen es Steinöl; es ist eine wirkliche Hilfe gegen kalte Schmerzen, auch gegen langanhaltende. Weniger übel riechend (es scheint mir ganz gut zu riechen) ist das, was man zutreffend **Asphalt** nennt. Es ist wie Pech, nur härter, glänzender und weniger übel riechend auch für diejenigen, die den Geruch nicht mögen. Er wird aus einem See in Palästina ausgegraben. Dieser Schlamm hat eine solche Kraft, dass im Umkreis von etwa fünfzehntausend Schritten keine Bäume mehr grünen, blühen oder Früchte tragen, als ob der Himmel über dieses Land erzürnt wäre.

Kohle besteht aus fetthaltiger heller Erde, mattschwarz. Sie wird in ganz Meißen abgebaut, in einem Berg in der Nähe der Stadt Zwickau in der Nähe von Mulda[15]. Sie ist für Schmiede von Nutzen. Ihr Wert ist geringer als der von Asphalt, aber von der gleichen Art. Denn so wie Bernstein und Bitumen in der Regel gut riechen, so riecht Schwefel immer schlecht. Beide haben die Eigenschaft, sich leicht zu entzünden, aber Schwefel entzündet sich leichter und Asphalt über längere Zeit. Aber Vorsicht, falls Sie statt Asphalt (dem Bitumen) einen Buchstaben abändern und »Aspalathum« lesen, einen duftenden Baum, den unsere Leute, glaube ich, Sandelholzbaum nennen.

Die Verwendung von **Schwefel** ist außergewöhnlich und vielfältig; aus ihm wird ursprünglich Schießpulver hergestellt, für das er unentbehrlich ist; er ist für jedes Feuer geeignet, wie wir zuvor gezeigt haben. Er widersteht sogar dem Wasser, sodass er viele Jahrhunderte lang darin eingetaucht bleiben kann; wie es heutzutage meistens geschieht, ist er vor seinem Feind, dem Wasser, sicherer als vor seinem Freund, dem Feuer. Derselbe Schwefel ist, wenn er geschmolzen wird, besser als alles andere in der Lage, mit Edelsteinen verzierte Formen zu reproduzieren. Eingerieben oder als Räuchermittel verwendet, tötet und vertreibt er Schlangen, Ameisen und Mücken. Eingerieben und als Getränk vertreibt er Krätze, Lepra und Syphilis. Aber sein Öl ist von stärkerer Kraft. Wie das zustande kommt, werden wir weiter unten beschreiben. Reinerius Solenander berichtet, dass es, wenn man ein wenig davon in die Nähe des Ohres gibt, wie glühende Kohlen knistert. Wenn die Natur des Feuers tatsächlich in die Nähe kommt, vor allem, wenn die Luft Bewegung erzeugt, gibt er Dämpfe ab; nicht immer, aber es passiert, wenn er gebrochen wird. Salz hat einen größeren Anteil an Erde als Schwefel; daher kann sein Saft zusammen mit der Erde erörtert werden. Er enthält Öl, wenn er mit Bitumen vermengt ist. So berichtet Arrianus in seiner Geschichte Indiens, dass bei den Ichthyophagen Menschen ein Öl aus Salz gewinnen. Ein Beweis dafür ist auch, dass Oliven an der Meeresküste gedeihen, auf einem salzhaltigen Boden, der sehr fett ist. Aber wie gesagt, alles enthält auf diese Weise Öl, das durch die Kraft des Feuers gewonnen werden kann. Aber es kann nicht viel halten, wenn es nicht mit Bitumen vermischt ist.

Es gibt eine Art von Salz, das man ausgräbt, wie das, was wir Salpeter nennen und Ammoniak. Das ist das bitterste von allen, wie das, was man unter brennend heißem Sand erhält. In der Tat, wenn ein salziges Ding weiter gekocht wird, wird es bitter, nach Galens Meinung. Und so kann Salmiak künstlich hergestellt werden, obwohl sich viele vergeblich daran abgemüht haben. Salgemma glitzert wie Kristall, heller als künst-

[14] »Petroleum«.

[15] »iuxta Zuiccam vrbem ad Muldam«

liches Salz. In der Tat macht die Natur in allem, was künstlich hergestellt und ohne Vermischung zubereitet wird, ein ähnliches Ding. Daher ist der Schwefel, der von selbst entsteht, viel teurer als die anderen, wenn auch nicht so viel nützlicher; dasselbe ist der Fall mit Grünsalz[16] und den anderen.

Die am meisten verdünnte unter den Salzarten ist der **Salpeter** – er liegt in der Mitte zwischen Salz und Natron. Salpeter findet man vor allem im Nilsand. Albertus, genannt der Große, berichtet, dass das in Goslar am Fuße eines kupferhaltigen Berges gesammelte Wasser sich beim Sammeln in Salpeter verwandelte. Ein Teil davon, der eher weiß und schlaff war, hängt in Höhlen wie Eiszapfen herab. Und manchmal schwitzt er aus dem Boden und wird Aphronitrum genannt, sozusagen der Schaum des Salpeters. In unserer Zeit hat man fälschlicherweise geglaubt, dass beide verschwunden seien, daher die falsche Zusammensetzung von Diospolitikon[17]. Salpeter ist bitterer als Salz und weniger salzig; Salpeter liegt, wie gesagt, dazwischen. Er besteht aus den verdünntesten und trockensten Teilchen, weil er sich aus irgendeiner Fäulnis zusammensetzt; daher erscheint er auf altem Mörtel und dort, wo der Dung von Rindern in der Erde verrottet ist. Bemerkenswert ist, dass Salpeter, wenn er bei der Gewinnung aus der Erde zu einem Haufen aufgeschüttet wird, nach fünf oder sechs Jahren die Ernte reichlicher werden lässt. Und es sollte nicht lächerlich sein, von der Aussaat von Salz zu sprechen, denn, wie ich schon sagte, wenn entweder die Erdhaufen, aus denen er gewonnen wurde, unter Hütten warm werden oder wenn der Salpeter in Wasser aufgelöst und in Haufen auf die Erde gestreut wird, genau wie Weizensamen, wird die Ernte nach fünf Jahren reichlicher. Es sind tatsächlich Kräfte in allem, sodass sie etwas in der zu dem machen, was es vorher in der Potenzialität war. Das, was in der Möglichkeit ist, geht auch durch die Kraft der Sonne zur Wirklichkeit über. Daher hinterlassen Würmer und Fliegen an den Orten, die sie besetzen, die Mittel, durch die eine Fähigkeit zur Erzeugung anderer ähnlicher Dinge und zur Vermehrung ihrer Art geliefert wird.

So wird Salpeter gesammelt: in durchlöcherte Zisternen, die mit Ochsen- oder Pferdemist (oder, was besser ist, mit Taubenkot) gefüllt sind, wird Wasser gegossen, das später bis zu einem Drittel herausgenommen und verwendet wird; dann wird ein dritter Teil über anderen Mist gegossen und erhitzt und wieder herausgenommen; schließlich wird der dritte Teil, der übrig bleibt, an die freie Luft gestellt und er verfestigt sich zu Salpeter. Was ausgewaschen wurde, wird mit anderem Wasser erneut gereinigt, und nach demselben Schema wird das Nützliche herausgeholt. Wenn aber, wie wir weiter unten erklären werden, der Salpeter zum Vergnügen[18] ins Wasser übergegangen ist, wird das Wasser etwa eine Stunde lang erhitzt und mit einem Löffel herausgenommen; und wenn es gerade begonnen hat, sich auf dem Boden abzusetzen, wird es vom Feuer weggenommen und erstarrt.

Und so, um auf die Natur des Salpeters zurückzukommen, gibt es einen verdünnten Teil in ihm, der mit Wasser und Erde im Salz vermischt ist, was beim Brennen die erdigen Teile zerstreut; und folglich springen Salz und Salpeter, die auf ein Feuer gelegt werden, auf und knistern. Und als in Anwesenheit meines Schwiegervaters am Feuer eine Platte mit sehr alten Dachziegeln auf das Feuer gelegt wurde, knisterte es auf einmal, und Bruchstücke schossen mit einem großen Knall in verschiedene Richtungen, aber erstaunlicherweise ohne einen der Umstehenden zu verletzen. Der Grund dafür war, so glaube ich, eine geringe Menge Salpeter, die

[16] »chalcantum«.

[17] »windtreibendes« Medikament, Abführmittel.

[18] »voluptatis causa«.

in den Ziegeln eingeschlossen war, weil es sich um alte Ziegel handelte.

Auf der gleichen Grundlage knistern Kerzen aus Talg oder gesalzenem Wachs und halten viel länger als die anderen. Unter den **Salzsorten** wird das Salz oder der Alaun von Kaliumoxid gewöhnlich im Schmelztiegel ersetzt, und zwar nicht nur als Behandlung für Glas, um es dehnbar zu machen, sondern auch als Material. Es wird aus dem Osten importiert, aber Brassavola von Ferrara behauptet, dass das beste Salz aus einem Kraut gewonnen wird, das nahe Comacchio an einem Ufer mit salzigen Gewässern wächst. Und wenn die Geschichte wahr ist und wir ihr trauen können, wäre der Anbau des Krauts ein gewinnträchtiges Geschäft und diese Technik wäre recht lukrativ. Es ist bekannt, dass diese Art von Salz aus dem baumgroßen, salzig schmeckenden Eisenkraut hergestellt wird, von dem manche meinen, es sei die ursprüngliche Art von Wundklee. Eine seltenere Substanz des Salzes ist der Stoff, aus dem Grünsalz gemacht wird, von dem es so viele verschiedene Arten gibt, dass es eine große Aufgabe ist, sie zu unterscheiden. Der Volksmund nennt Grünsalz Vitriol; es schwärzt so stark, dass man daraus Schreibtinte herstellt. Dieser Staub ist von aschiger Farbe und wird, nachdem man ihn zermahlen hat, in Wein oder Wasser gegeben, wodurch er sofort sehr schwarz wird. Der Grund dafür ist, dass es ein Saft ist, und ziemlich dicht, und aus verdünnten und verkohlten Teilen besteht; da es ein Saft ist, wird es in feuchter Substanz aufgelöst und kann kleben. Es gibt einer Feder keine Schwierigkeiten, weil es nicht in Kontakt mit erdigem Zeug kommen würde, selbst wenn es zu einem sehr feinen Pulver reduziert würde. Wenn es gründlich verbrannt ist, schließt es die Beleuchtung aus und macht es schwarz. Und da es aus den seltensten Teilen besteht, ergibt es eine schwarze Schreibtinte von sehr geringer Klebrigkeit. Daraus lassen sich leicht seine Kräfte ableiten.

Erlesener als dieses ist Misy[19], welches das römische Vitriol genannt wird; sein Rauch ist so stark, dass er sogar Bäume tötet und Wälder verunstaltet. Misy ist manchmal hell und glänzt mit einer Art goldener Tröpfchen. In jeder Art von Dingen, die abgebaut werden, gibt es etwas, das glänzt, unter den Säften zum Beispiel Misy, unter den Metallen Gold, unter den Steinen Edelsteine und Marmor, unter den Erden die silbernen. Ein Glanz entsteht, wenn kompakte Materie durch Kunstfertigkeit oder durch die Natur poliert wird; aber in jeder Art von Ding, das abgebaut wird, muss etwas Kompaktes zu finden sein. Der Teil des Grünsalzes oder Misy, der aufschäumt und nicht bearbeitet wird, wird Cuperosa genannt, aber von Galen und den übrigen Alten Chalcitis. Er ist glänzend weiß, der Beschaffenheit von Grünsalz nahe, nicht glänzend und zerbrechlich.

Wenn man Grünsalz oder Misy verbrennt, wird ein sehr scharfes und heißes Öl durch die Kraft des Feuers durch Glasgefäße abgezogen; oder man gibt zwei Pfund Grünsalz in ein Glasgefäß und das Glasgefäß in ein eisernes. Man destilliert, und wenn kein Wasser mehr austritt, steckt man den Hals des Gefäßes in den Hals eines anderen Glasgefäßes, sodass es nicht belüftet wird. Bedecke beides mit feuerfestem Ton und ziehe das Öl in Beuteln ab – so schaffst du es, die Aufgabe an einem einzigen Tag zu erledigen. Wenn man damit aufgestochene Warzen berührt, werden sie verschwinden. Wenn man es schmeckt, sticht es auf der Zunge wie glühendes Eisen. Aber von seiner Verwendung zum Austrocknen von inneren Geschwüren ist abzuraten, es sei denn, sie sind sehr faul, wie es bei manchen an einer schmerzlosen Schwindsucht Leidenden der Fall ist. Es trägt zur Ablösung von Krebsgeschwüren und zerstörten Gliedmaßen bei, indem man ein Stück Olivenholz damit bestreicht.

Wie gesagt, **das nächste Thema sind die übrigen Metalle**, die mit Säften ver-

[19] Ein Kupfererz, wahrscheinlich Kupferkies.

mischt sind, wie z.B. der **Pyrit** (der gewöhnliche Mensch nennt ihn Marchesit); er besteht aus Stein und Saft. Es gibt fast so viele Arten, wie es Metalle gibt. Er wird Pyrit genannt, weil er so hart ist, dass er Feuer spuckt, wenn er angeschlagen wird. Er ist gewöhnlich von silbriger Farbe, glänzend; wenn man ihn mit scharfem Essig beträufelt und anzündet, löst er eine übermäßig harte Milz auf. Die Erklärung ist die Verdünnung und Hitze der Teile, die durch die Haut und das Bauchfell eindringt, um die Milz zu verdünnen. Allein schmilzt er kaum; bei Zugabe von Blei löst er sich auf, wie es mit allen trockeneren Metallen geschieht. Wenn die Feuchtigkeit gering oder wässrig ist, wird der Pyrit, wenn er ohne Blei ins Feuer gelegt wird, verzehrt bevor er schmilzt, aber nicht, wenn Blei hinzugefügt wurde. Wenn er also fest ist, muss er durch Feuer geschmolzen werden. Daraus folgt, dass, wenn Gold oder Silber in einem Stein vorhanden sind, wenn sie mit dem Zusatz von Blei geschmolzen werden, der Aufwand nicht umsonst ist. Wenn diese Dinge dem Feuer allein anvertraut werden, geht tatsächlich etwas weg, das kaum so klein sein kann, dass es den Abfall des Bleis nicht übersteigt. Außerdem gibt es in diesem Pyrit eine Komponente, die unproduktiv ist, und eine andere, die Metall (meist Kupfer) enthält und nicht unproduktiv ist, manchmal ist auch Silber dabei. Man nimmt an, dass das Ergebnis der unproduktiven Art eher ein Dampf als eine metallische Substanz ist; man ist sich jedoch einig, dass es von einer Art Metall stammt; wenn es mit Blei gemischt wird, bildet es Stäbchen, die die winzigen Markierungen beim Drucken darstellen. In einer Platte aus dem weißesten Marmor habe ich eine solche Menge goldenen Pyrits gesehen, dass die ganze Platte wie voller Metall aussah, sodass man aus der Nähe nicht erkennen konnte, ob es eher Gold war, das auf Stein schwamm, oder Stein auf Gold. Der goldene Pyrit wird in der Regel durch Zerkleinern des Steins gewonnen, da er härter ist als Marmor, Feuerstein oder Fels. Er ist auch zerbrechlich, ist leicht. Aufgrund ihrer Trockenheit sind diese beiden Elemente oft miteinander verbunden. Die weiße Sorte ist reiner und daher schwerer. Manche nehmen daher an, dass ein Teil des Steins durch den Dampf des Metalls verbrannt wurde, und hier gibt es Raum für Beweise; er stammt tatsächlich von Berggipfeln; aber seine Häufigkeit zeigt, dass das Metall roh ist. Dieselben Gegenstände werden gleichzeitig durch die Beschaffenheit der Örtlichkeiten, durch das Herabfallen von Regenschauern auf Steine und durch Ausatmung gebildet.

Nehmt also alle diese Regenschauer zusammen als die Ursache dieser Dinge, und daraus entstehen auch Metalle, Steine, Pflanzen, Tiere und besonders Fische, die durch die Ausdünstungen und die Kraft der Metalle entstehen. In der Tat gibt es auf den Gebirgsflächen solche Dinge in Hülle und Fülle, gefärbt und verbrannt, und mit der Zeit gehen sie in metallisches Material über und enthalten Metall, indem sie von der Grundmasse getrennt werden. So ist diese Art von Material vergleichbar einem Fötus oder wie Samen, der an einem fremden Ort verschüttet wurde.

Von dieser Art ist Cisum, auf halbem Weg zwischen Pyrit und Galenit. Manchmal blühen Markasit, Melanterit, und Chalcitis aus Pyriten auf, aber Misy ist einer von ihnen. Melanterit ist eine Schwärzung und gehört, wie bereits erwähnt, zu den Vitriolen. Aber der blaue Anteil darin leuchtet herrlich. Es ist offensichtlich, dass in der Schusterschwärze Alaun enthalten ist; wenn der Ton in Wasser aufgelöst wird, verfestigt sich der Alaun darin, und das Öl der Schwärze verströmt den Geruch von Alaun. Aus Pyriten und Silber wird eine Art Zinkoxid[20] gewonnen, das Kobalt genannt wird. Dieses ist so ätzend, dass es den Bergleuten die Füße verbrennt; der Grund dafür ist die

[20] »cadmia«.

Hitze, die zwar beträchtlich, aber mittelstark ist. Wäre sie jedoch groß, würde es von selbst ausgestoßen und müsste nicht abgebaut werden.

Aber es gibt auch milde Hitze in Dingen, die abgebaut werden, zum Beispiel bei denen an dem Ort namens Joachimstal. Obwohl sie von Natur aus kalt sind, erscheinen sie heiß, wenn sie abgebaut werden, wegen des Bitumens oder des Schwefels oder irgendeines scharfen Saftes aus ihrer Natur oder wegen des Kalks. Außerdem würde man manchmal sagen, dass in Form von Pyriten die Natur mit der Kunst gekämpft hat, so wie sie es bei der Form des Würfels tut. Und es gibt einen gelbbraunen, den man golden nennt. Daneben gibt es Antimon, von bleierner Farbe, mit einem schimmernden Glanz und schuppig. Aus ihm wird ein rotes Öl gewonnen, das sehr scharf ist; das Öl riecht nach Schwefel und behält die Kraft des Schwefels bei. Antimon selbst, wie »Stibium« jetzt genannt wird, hat wegen seiner Dicke wenig Verwendung. Und wie man ihm einen Anteil an Blei zuschreibt, so schreibt man dem Pyrit einen Anteil an Kupfer zu; deshalb zieht der Pyrit, wie erwähnt, die Milz zusammen. In der Tat scheint der Pyrit die unreife Substanz des Kupfers zu sein, nicht seine Ausdünstung; in den Ohridsko-Bergen bei Triest erstreckt sich eine Pyritmine so weit und breit, dass, wenn der Pyrit eine Ausdünstung des Kupfers wäre, der ganze Berg aus Kupfer bestehen müsste.

Aber zurück zu Zinkoxid. Aus ihm entsteht das, was beim Verbrennen nach Knoblauch riecht, ja stinkt, wie das, was im Annaberg ausgegraben wird. Zinkoxid selbst hat meist eine safranfarbene Farbe und eignet sich daher sehr gut zur Herstellung von Messing. Auch in den metallischen Materialien sind Metalle enthalten, wie manchmal Silber in Antimon, das sich nur durch Feuer abtrennen lässt. Antimon selbst geht bei der Verhüttung in einem Gefäß in eine Art Blei über, das als vierte Sorte bezeichnet werden kann. Das liegt daran, dass Antimon die Materie des Bleis ist, so wie Pyrit die Materie des Kupfers ist. Ebenso ist das Chrysokoll eine Art goldhaltiger Saft, von dem es seinen Namen hat. Sie entstehen durch irgendeine Erosion durch scharfe Wasser: Chrysokoll aus Gold, und ein blaues Ding entstehen gleichzeitig, wobei das eine (meist das Blaue) das andere überwindet, wie Theophrast berichtet – Grünsalz aus Kupfer, stygisches Wasser aus Orpiment. So entstehen einige aus der Materie der Metalle, andere aus den Metallen selbst; von der Materie der Metalle haben wir Pyrit und Antimon erwähnt; von den erodierten Metallen Grünsalz, Chalcitis, Chrysokoll und Stygisches Wasser, Misy, Markasit und weitere. Dinge, die erodieren, sind zum Teil scharf, oder salzig, oder sauer; dieser gleiche Punkt kann in den Handwerken untersucht werden, aber die Materie, die erodiert, wird selbst genug sein; in der Tat Grünsalz und Chalcitis entstehen echter aus der Materie des Kupfers als aus dem Kupfer selbst; das Produkt des Kupfers, wie wir zeigen werden, ist eher Grünspan.

Orpiment scheint einen Anteil an Gold zu haben, aber die Kosten übersteigen den Gewinn. Es gibt drei Arten von Orpiment: das einheimische ist safrangelb, und aus diesem und Salz wird das weiße hergestellt, das man Arsen nennt. Wenn es altert, wird es durchsichtig, und das Schlimmste von allem wird Rosagallum genannt. Es spricht nichts dagegen, ein ähnliches Produkt durch die natürliche Technik der Mischung herzustellen, aber es kann nicht dasselbe sein, und da es mehrere Arten gibt, ist es nicht ausgeschlossen, dass sich eine Art in die Farbe einer anderen verwandelt, da wegen der Verschiedenheit der Farbe und der Feuchtigkeit die Farben in jeder einzelnen Art durch die Natur oder durch technisches Können verändert werden können. Tatsächlich wird Orpiment durch Feuer in Realgar umgewandelt, so wie es von Natur aus in der Farbe ist, aber nicht in der Substanz. Es spricht eigentlich nichts dagegen, dass es auch unter der Erde entsteht, nicht als Form oder als etwas

Vollendetes, sondern als Abfall. Auch in Abfällen gibt es leuchtende Farben, und solche Farben werden auch durch Feuer erzeugt. Wenn also einige von ihnen unterirdisch durch feurige Hitze entstanden sind, was hindert sie daran, auch durch dasselbe Verfahren hergestellt zu werden?

Alle aber sind **Gifte**. Unter ihnen ist Croceus, das seinen alten Namen behalten hat, sanfter. Sie sind nicht nur für den Menschen, sondern auch für Pflanzen und Tiere giftig. Pflanzen, die mit ihnen ausgeräuchert werden, sterben ab. Und nicht nur Mäuse, sondern sogar Wölfe, die etwas davon gefressen haben und kein Wasser trinken können, sterben nicht nur, sondern werden in eine solche Tollwut versetzt, dass sie Tiere ihrer eigenen Art angreifen, und alle, die sie gebissen haben, fallen der gleichen Tollwut zum Opfer, sodass die ganze Art bald zugrunde geht; ich habe diese Tatsache einige Male getestet. Aber es ist gefährlich, dies zu tun, falls man dabei zahme, harmlose Tiere verliert, oder falls sie Wasser finden, und dann ist man frustriert. Wahrlich, mit einer kleinen Menge kann man ein Haus von Mäusen befreien, wenn es gelingt. Bei Wölfen ist es schwieriger, da sie recht schnell Wasser finden. Aber nicht nur dieses ist giftig, sondern auch das Orpiment in Gold und Silber und die anderen trockenen Dinge, wie Antimon, Grünspan, Schwefel, auf einer anderen Grundlage als die, auf der Blei für sie gesundheitsfördernd ist. Sie entziehen ihnen die Feuchtigkeit, sodass sie nicht leicht geschmolzen werden können; aber wenn das Feuer fortschreitet, da es nichts gibt, was dieser Trockenheit entgegensteht, wird die Substanz des Metalls verbrannt und geht in Rauch über. So verzehren sie Kupfer schneller als Gold und Silber, aber sie lassen auch diese mit einer Beimischung ihrer Fettigkeit verschwinden. Da sie nämlich einen fetten Teil besitzen, der im Innern brennt, wenn er mit Metallen vermischt wird, so treiben sie die besondere Feuchtigkeit des Metalls in den Rauch; und wenn sie verzehrt ist, verschwindet das Metall selbst, weil es ohne diese Feuchtigkeit nicht existiert. Große Äste der Bäume brennen nicht von selbst, sondern nehmen erst Feuer an, wenn sie mit zusätzlichem Holz verbunden werden; ebenso nimmt die Feuchtigkeit des Goldes und des Silbers, die für sich allein nicht zum Brennen geeignet ist, Feuer an und wird verzehrt, wenn Orpiment, Schwefel und dergleichen hinzugefügt werden. Daher gehört es zu dieser Gattung, dass es eine Münze abschält, nicht unähnlich einer Schlange, die ihre Haut verliert, während die Form erhalten bleibt.

Zurück zu **Chrysokoll**, das jetzt Borax genannt wird. Es handelt sich um ein künstlich hergestelltes Produkt, das in der Regel aus gespaltenem Alaun und Salmiak hergestellt wird. Galen meint, man könne es sogar durch fleißiges Schütteln des Urins eines Jungen in einem Messingmörser bei Aufgang des Hundssterns herstellen. Die Farbe des künstlichen Produkts ist ein leuchtendes Safrangelb; Goldschmiede verwenden es, um Goldstücke zu verbinden, daher der Name.

Aber der blaue oder cyanfarbene Stein, den unser Volk **Lapislazuli** nennt, ist sehr schön, himmelblau mit goldenen Flecken, die dazwischen schimmern. Die Natur dieses Steins bietet dem Kunsthandwerker eine wunderbare Gelegenheit, wenn er ihn schleift. Er verschönert Gold, Kleidung oder Sterne. Es sollte ein geeigneter und gut markierter Stein ausgewählt werden, und die Figur sollte wie eine Skulptur geschliffen werden, nicht hohl. **Realgar** ist das, was der Volksmund als rotes Orpiment bezeichnet, aber es ist kein Orpiment, es hat einen schwefeligen Geruch, und die Außenseite ist safrangelb, nicht glänzend; die Innenseite ist rot, glänzend, aber der Geruch ist nicht so unangenehm. Im Handel wird es mit einer safrangelben Außenfarbe und einer Mischung mit Orpiment angeboten.

Die siderische Erde, die die Italiener »**Manganensis**« nennen, ist sehr gut geeignet, um Glas zu reinigen, es blau zu färben.

Es gibt noch eine andere Erde, die sie »Zaphara« nennen, die dem Glas eine solche blaue Farbe verleiht. Und es gibt eine grüne Erde metallischer Art, die die Italiener grün »Azurrum« nennen und wir »**Chlorogea**«. Sie entsteht in den produktiven Minen von Kupfer und Silber, wo sie wahrscheinlich aus einem Dampf von Kupfer und Silber hervorgeht. Sie glänzt und ist daher dem Lapislazuli sehr ähnlich, aber nicht von so großem praktischen Nutzen. Die Farbe des Lapislazuli wird weder durch Feuer noch durch Wasser und kaum durch längere Zeit beeinträchtigt. Daher ist er sehr begehrt und teuer. Der Grund dafür ist, dass er sehr kompakt und von sehr seltener Substanz ist. Daher reicht eine begrenzte Menge für ein großes Bild aus, wie wir auch im Zusammenhang mit Gold und Silber erklären werden. Die Ursache für die Verdünnung und die Kompaktheit ist eine langwierige Zusammenziehung und die Abtrennung von unbrauchbaren Bestandteilen. Aus diesem Grund hat der falsche Blaustein fast keinen Ruf; er wird aus Spanien importiert, aber ist dem Lapislazuli weit unterlegen; da er nicht so verdünnt und kompakt ist, wird mehr für die Arbeit benötigt, und er ist weniger widerstandsfähig gegen Alterung, Feuer und Wasser. Chlorogea ist jedoch nach wie vor sehr beliebt, da er nicht als Ersatz, sondern als Hauptlieferant dient.

Es gibt auch Erden, die mit Metallen vermischt sind, zum Beispiel **Bleiglanz**, den die Italiener Ocria nennen, der aus Blei und Erde besteht. Seine Materie ist zweifellos aus unvollkommenem Blei und eignet sich daher sehr gut zum Schmelzen von Metallen, besonders wenn diese aus einer Matrix – ein mit einem Metall verbundener Stein ist eine Matrix – gewonnen werden müssen. Die meisten der edleren Metalle liegen in steiniger Materie, die man als Matrix bezeichnen kann.

Aber unter den Metallen gibt es kein vorzüglicheres als das Quecksilber; die Menschen versuchen hartnäckig herauszufinden, woher es stammt. In der Morgendämmerung im April oder Mai schauen sie bei klarem Himmel auf die Dämpfe, die in den Bergen aufsteigen, und auf eine Art Wolke, die nicht höher steigt, sondern sehr unbedeutend ist und sozusagen an der Erde klebt. Auf diese Weise gelangen die Zeichendeuter zum Standort des dortigen Quecksilbers. Es ist sehr schwer und sehr verdünnt, und da diese beiden Eigenschaften auch im Gold vorhanden sind, hofften einige Leute, dass das eine aus dem anderen gemacht werden könnte. Sehen Sie, nicht nur unter den Metallen, sondern unter allen Dingen, die ich bisher kenne, sinkt darin nur das Gold und bewegt sich nach unten, während die anderen schweben. Dasselbe Quecksilber absorbiert nicht nur das Gold, sondern dringt auch durch Hirschleder, das sehr dick ist. So trennt man das Gold: man erwärmt das Quecksilber und legt vergoldete Kleidungsstücke oder andere goldhaltige Gegenstände darauf; und, wie gesagt, bald wird das Gold selbst vom Quecksilber aufgesogen; dann wird das Quecksilber mit einer Tierhaut ausgepresst, und das Gold bleibt am Boden; es wird durch ein mäßiges Feuer geschmolzen und erstarrt. Es gibt auch andere Möglichkeiten, das Gold zu gewinnen, aber nicht ohne saures Wasser oder Schwefel und viel Arbeit. Öl geht nicht so leicht durch eine Tierhaut, also ist das Quecksilber noch verdünnter als Öl.

Es korrodiert alle metallischen Gefäße, durchlöchert Kupfer, Silber und Blei und wird daher in hölzernen Gefäßen sicherer aufbewahrt als in metallischen. Die Geschichte ist unglaublich, aber jeder kann sie aus eigener Erfahrung bestätigen, so wie ich es getan habe. Hieronymus Guerinus aus Oculi bei Mailand pflegte mir zu erzählen, dass er dies mit eigenen Augen gesehen hatte, aber ich konnte es ohne eigene Erfahrung nicht glauben. Gewiss wird Gold, das auf Quecksilber gestrichen wird, brüchiger als Eierschalen, sodass es von selbst Risse bekommt und ganz wie der weichste Zement wird. Als ich dies an einem Goldring ausprobiert hatte, zerbrach ich ihn in viele Stücke; deshalb sollten Leute, die goldene Ringe tragen, sehr darauf achten, nicht mit Quecksilber in Berührung zu kommen. Der bloße Schatten des Quecksilbers kann Metalle beschädigen, aber Gold noch viel mehr als Silber. Das liegt wohl daran, dass Quecksilber durch seine Feinheit eindringt und das Metall durch Kälte verdichtet, sodass es brüchig wird. Die Kälte des Wassers zeigt diese Wirkung auf Stahl: Wird er oft in Wasser getaucht, wird er so brüchig, dass er spontan zerbricht, vor allem, wenn das Wasser sehr kalt ist. Wenn man Quecksilber berührt, stellt man fest, dass es tatsächlich extrem kalt ist. Daher füllen die Mauren und die Bewohner Afrikas auf der Suche nach Ruhe in der extremen Hitze dort ein Stein- oder Holzgefäß mit Quecksilber und legen ein Fell darüber – dann legen sie sich auf das Fell. Wenn man auch ein Experiment mit Eisen macht, ist das eine gute Idee.

Aber warum ist Gold praktisch das einzige Metall, das brüchig wird, und zwar mehr als jedes andere Metall? Das liegt daran, dass es, wie wir später zeigen werden, fast das Einzige ist, das keine dickeren Fette hat; seine Feuchtigkeit ist sehr dünnflüssig; was sehr dünnflüssig und minimal fett ist, gefriert sehr leicht. Öl und alle fetthaltigen Dinge erstarren zwar, gefrieren aber sehr wenig. Und deshalb erwärmen einige Menschen das Wasser, bevor sie es in Eis verwandeln wollen, damit es verdünnter wird und leichter gefriert. Da die Kälte des Quecksilbers feste Stoffe durchdringen kann (es ist substanzlos), gefriert es die Feuchtigkeit des Goldes. Aus diesem Grund ist Gold ziemlich zerbrechlich; alles, was gefroren ist, kann auch zerbrechlich sein. Das zeigt sich bei Eis, Holz und Fischen, und zwar so sehr, dass Menschen bei großer Kälte die Gliedmaßen abfallen können.

Aber um auf das Thema zurückzukommen: Wegen seiner Schwere verschmilzt Quecksilber zu einem einzigen Gegenstand, nämlich zum Boden; es ist in der Regel aus einem Stück, weshalb es zu einem einzigen Gegenstand verschmilzt. Es verschmilzt auch aus einem anderen Grund: Es ist feucht und fetthaltig und verliert diese Eigenschaft unterwegs, was den Transfer einfacher und unkomplizierter macht, durch den es sich in einen einzigen Gegenstand und an einen einzigen Ort bewegt. Da es schwer und rundlich ist, muss es sich bei jeder Gelegenheit und schnell fortbewegen. Daher kommt es kaum zur Ruhe und hat daher auch seinen Namen.[21] Quecksilber ist also gewissermaßen ein nicht erstarrtes Metall; wie Eis zu Wasser, so ist ein Metall zu Quecksilber, und wie Eis nicht verschwindet, ohne zu schmelzen, so tun Metalle dies nicht, bevor sie sich verflüssigen. Aber da Quecksilber an sich eine Flüssigkeit ist wie Wasser, verschwindet es sehr schnell. Wie Wasser, wenn es verschwindet, zum Beispiel bei Destillationen, kondensiert es in der Kälte von neuem, und auf dieselbe Weise bleibt Quecksilber, wenn es im Feuer verschwunden ist, an Dächern und Decken haften. Ebenso brauchen Quecksilber und Metalle weniger Kälte als Wasser und Eis; große Hitze genügt, um ein Metall am Erstarren zu hindern, und Wasser braucht große Kälte, um Eis zu bilden; ebenso braucht Wasser weniger Hitze als Quecksilber, um zu verschwinden.

Das Quecksilber ist also eine Art kondensiertes Wasser. Nicht durch Hitze kondensiert, denn es ist nicht konzentriert, auch nicht durch Kälte, denn dann wäre es ein Stein oder ein Metall; sondern mit seinem verdünnten und reinsten Teil erdig, was es sehr schwer, sehr kalt, glitzernd und flüssig macht; es ist eher ein gemischtes Ding als ein verfestigtes, denn es ist flüssig, wie ich sagte.

Quecksilber ist also dem Wasser in vierfacher Hinsicht ähnlich: Beide sind sehr kalt, und wenn sie durch Hitze verschwunden sind, kehren sie durch Kälte zu sich selbst

[21] »argentum vivum« = lebendes Silber.

zurück. Beide laufen bergab und verschmelzen zu einer runden Form, indem sie vor der Trockenheit fliehen. Wenn sie sich inmitten von Staub und auch in der Trockenheit befinden, werden Quecksilber und Wasser rund; der Grund dafür ist, dass sie vor dem Kontakt mit der Trockenheit fliehen. Aber der Teil kann einen anderen nicht an irgendeiner Stelle berühren, die kleiner als ein Punkt ist; also versuchen Quecksilber und Wasser, ein trockenes Ding an nur einem Punkt zu berühren. Dies geschieht natürlich, wenn sie abgerundet werden, denn eine Kugel berührt eine Ebene nur an einem Punkt. Daher werden Teile von Wasser und Quecksilber, die auf einen staubigen Tisch gestreut werden, sich abrunden. Da aber große Massen dies nicht tun und sich auch nicht zu einem nach oben gerichteten Kegel formen, deutet dies darauf hin, dass diese Rundung, bei der die Ränder seitlich aufgehängt sind und ein schweres Ding entgegen der Theorie gestützt wird, durch träge Feuchtigkeit zusammengehalten wird. Und da Quecksilber zu größeren Kugeln zusammenwächst als Wasser und auch schwerer ist, muss es folglich sehr träge sein. Es kann wie alles andere zerstäubt werden, und zwar in Teilchen, die leichter zusammenkleben als Öl, was ein Beweis für die Trägheit ist. Da Quecksilber zu einer Kugel zusammenwächst, erzeugt es eine Abneigung gegen Trockenheit, denn die Trägheit ist in der Lage, sich zu halten. Und deshalb bewahren Wasserteilchen diese Rundheit viel weniger, denn Wasser ist viel weniger träge als Quecksilber. Da aber Wasser und Quecksilber sich wenig unterscheiden und von ähnlicher Natur sind, macht dies die Berge, in denen es entsteht, sowohl grün als auch reich an Quellen. Durch seine Trägheit verunreinigt es das Gold und die anderen Metalle – oder weißelt sie jedenfalls, wenn ein sanfteres Wort angebracht ist – so sehr, dass es sich wie eine Seeschwalbe zeigt.

Ich glaube, **es lohnt sich, die Geschichte zu erzählen, die mir widerfahren ist**, nachdem ich von der Universität wieder in mein Vaterland zurückgekehrt war. Ich war zu Gast im Hause der Nigroli. Sie waren Waffenschmiede, nicht für gewöhnliche Rüstungen, sondern für solche, die Könige aussuchten. Während meines Aufenthalts dort stellte ich zufällig fest, dass ein Goldring, den ich am Zeigefinger trug, oft weiß zu werden schien. Als ich dies bemerkte und den Grund dafür nicht kannte, kam mir der Verdacht, dass ich von jemandem vergiftet worden war. Ich wollte mit solchen Dingen nichts zu tun haben und war davon überzeugt, dass mir zu diesem Zeitpunkt kein Schaden drohte. In unserer Stadt geht selbst eine enorme Eifersucht nicht so weit, dass sie zur Zerstörung führt, sondern die Menschen verfolgen sie mit Verleumdungen, Verdächtigungen, Schande und falschen Urteilen. Das ist eine hervorragende Eigenschaft unseres Staates, seine Wut nicht allein aus Eifersucht in Mord zu entladen. Während ich also darüber nachdenke, stelle ich fest, dass diese Flecken allein durch Wasser ausgewaschen werden können. Daraufhin habe ich mir die Ursache überlegt und immer wieder den Verdacht geäußert, dass einer meiner Patienten Quecksilber oder Quecksilberchlorid getrunken hat. Während ich darüber meditierte, bemerkte ich, als ich das Haus verließ, dass ich einen geweißten Ring hatte. Ich achtete genau darauf und hörte von meinem Freund, dass in diesem Haus Quecksilber an den Wänden klebt. Endlich erkannte ich durch aufmerksames Beobachten, dass Gold verunstaltet wird, wenn man nur durch jenes Haus geht, in dem Metallhelme, Lederhelme, und andere Ausrüstungsgegenstände von Rittern vergoldet werden. Ich bemerkte dies so oft, dass ich nicht den geringsten Zweifel hegen konnte. Aber eine Sache passierte, die in dieser Situation rätselhaft war: Obwohl ich fünf Ringe an meinen Fingern hatte, wurde nur einer (oder manchmal zwei) verunstaltet. Sie waren beide an meinem Zeigefinger, einer am rechten, einer am linken. Ich glaube, die Ursache war, dass sie sich im obersten Teil der Hand befanden und durch nichts geschützt waren, sodass sie den schweren Dampf auf seinem Weg nach unten auffingen; die anderen, die sich an den kleinsten Fingern befanden, waren durch andere Finger geschützt. Es könnte eine andere Ursache geben, da die Ringe an den Zeigefingern offensichtlich aus reinem Gold waren, während die an den anderen Fingern mit »Smaltum«[22] legiert waren.

Man ist sich also einig, dass Quecksilber eine sehr seltene Substanz ist, und dass diejenigen, die an Orten arbeiten, wo es verwendet wird, **an Krankheiten leiden, die Quecksilber hervorruft**; sein dünner Dampf wird durch die Nasenlöcher zum Gehirn hochgezogen und verursacht ein Zittern und eine Lähmung, und auch in Bezug auf die Lungen, es führt zu Schwindsucht. Das habe ich aus den Beweisen erkannt, denn ich habe viele Goldschmiede gesehen, die mit Quecksilber umzugehen pflegten, ich schätze etwa hundert, die abgemagert waren, und Leute, die die Griffe von Schwertern mit Gold verzierten – und vor allem diejenigen, die, wie ich glaube, Grünspan und andere metallische Beigaben mischten. Diejenigen, die eine stärkere Brust hatten, wurden durch die Schwächung ihrer Nerven gelähmt, und andere wurden zittrig, da der Metalldampf in ihre Nerven eindrang. Man ist sich einig, dass die Nerven, nachdem sie geschwächt sind und bevor sie austrocknen, eher gekühlt als ausgetrocknet werden, und so sollte es auch sein, denn alle Metalle sind kalt, und werden nur durch die Kraft des Feuers angeregt. Die Kraft des Feuers macht sich nicht so schnell bemerkbar, dass eine Umwandlung von kalt in heiß stattfindet, es sei denn, es findet eine Veränderung der Substanz statt. Daraus wird ersichtlich, wie gefährlich es ist, mit Quecksilber zu hantieren, besonders in Verbindung mit Feuer, oder Orte zu passieren, an denen es gehandhabt wird. Körnchen bleiben an den Wänden hängen, Gold wird verunreinigt. Quecksilber führt regelmäßig zu großen Störungen, von denen kaum jemand geheilt wird. Es führt auch dazu, dass Frauen, die es oder Sublimat[23] verwenden, ihre Zähne verlieren, weil das Gehirn abkühlt. Die verbleibenden Zähne sind rissig und schwarz. Der Brustkorb verengt sich, und es kommt zu übelriechendem Keuchen. Es wird berichtet, dass im Schädel einer Frau, die zwei Jahre zuvor an Kopfschmerzen gestorben war, ohne ärztlichen Eingriff Quecksilber mit einem Gewicht von zwei Unzen gefunden wurde. Für mich ist das nicht so überraschend, wie es scheint; das Quecksilber hatte sich allmählich im Gehirn angesammelt, da sie täglich die Kosmetik benutzte, wegen der Feuchtigkeit, die mit Trockenheit verbunden ist.

Die Kraft des Quecksilbers besteht also darin, dass es in einen sehr feinen Dampf übergeht. Es wäre nicht verwunderlich, wenn jemand, der es eingenommen hat, mit seinem Atem Ringe vergiftet und an diesem Beweisstück erkannt wird. Da es leicht fließt und die Nerven schwächt, scheint es in der Potenzialität eher feucht als trocken zu sein, aber in der Wirklichkeit ist es ganz so. Es wird durch alles verstärkt, was ihm die Feuchtigkeit nimmt; wenn es feucht und verdünnt ist, wird es durch alles verstärkt, was die verdünnte Feuchtigkeit trocknet. Es wird durch Zusammenziehendes und durch erdige Dinge verstärkt, solange sie hineingelangen. Es ist also nicht schwer, es zum Stillstand zu bringen, weil es in Silber übergehen würde, wenn es zum Stillstand gebracht würde. Aber da es schwierig ist, etwas zu finden, das so verdünnt ist, dass es sich vollständig mit ihm vermischt, wird es deshalb durch Schwefel verfestigt, weil die sehr verdünnte Feuchtigkeit des Schwefels brennt. Und es wird durch die Substanz der Metalle verfestigt, da es diese Substanz absorbiert, und durch Rauch; es wird durch einige Dinge

[22] Cardano erklärt weiter unten, was das ist.

[23] »sublimato«. Evtentuell analog zu Schwefelblüte (= »sulfur sublimatum«).

verfestigt und auch durch Zähigkeit zurückgehalten. So ist es kein Wunder, wenn es auch durch die Säfte von Kräutern gestärkt wird. Aber es wird nichts Besseres dabei herauskommen. Auf derselben Grundlage wird es durch den Speichel am Fließen gehindert, weil es träge ist. Da es, wie gesagt, von sich aus schon träge ist, was ist daran bemerkenswert, dass es von einem anderen trägen Ding gehemmt wird? Aber Erstarrung und Hemmung sind etwas anderes. Was erstarrt ist, wird an der Bewegung gehindert, aber nicht alles, was an der Bewegung gehindert wird, ist sofort erstarrt. Ich nenne es Erstarrung, wenn es hart wird, was ohne Beimischung von Schwefel oder eines anderen Körpers kaum geschehen kann. Aber es lässt sich leicht zurückhalten, da dies allein mit Speichel geschehen kann.

Dann tötet es Bäume aufgrund seiner enormen Kälte und seines Gewichts und seiner korrodierenden Kraft – langsam und nicht sicher, wenn es das Mark nicht erreicht, aber sehr schnell und mit Sicherheit, wenn es dies erreicht. Dasselbe Quecksilber tötet Fliegen, Flöhe, Wanzen und alle anderen Insekten, besonders in Verbindung mit schwarzer Seife. Es gibt Leute, die leugnen, dass es und Minium vor langer Zeit im Osten entdeckt wurden. Bei Elboganum in Böhmen wurde die Minium-Ader Scombach entdeckt. Aber der Preis und die Bedeutung, die es einst hatte, verschwanden mit der Einführung des künstlich hergestellten Zinnobers. Es gibt noch eine andere Art von Zinnober, die auf natürliche Weise entsteht, auf die hier nicht weiter eingegangen werden muss. Aber Minium ist dem Realgar sehr ähnlich, und unterscheidet sich nicht von ihm, außer dass es Quecksilber austreibt, sowohl von sich aus als auch noch mehr, wenn es mit Feuer erhitzt wird. Und wenn das Quecksilber nicht abgetrennt wird, absorbiert es dies wieder, so wie Realgar das Quecksilber nicht freisetzt. Aber wir haben oben erwähnt, was für ein Stoff Realgar ist. Über das Quecksilber möchte ich noch anmerken, dass es, wenn es in einem Glas- oder Steingefäß eingeschlossen ist und nicht atmen kann, das Gefäß zum Platzen bringt, wenn man ein starkes Feuer anlegt, so wie es das Schießpulver tut, und nach demselben Prinzip, aber mit sanfter Hitze schüttelt es das Gefäß. Wenn man also ein Gefäß mit Quecksilber in ein fiebriges Tier einführt, gerät das Tier in unruhige Bewegung, und unwissende Menschen fragen sich, was der Grund dafür ist.

Bis jetzt haben wir uns mit den edleren Metallen beschäftigt, die die Natur hervorbringt; nun wollen wir sehen, inwieweit das technische Können die Natur nachahmen kann. Das technische Geschick hat seine eigenen Metalle, auch Metalle, auch Steine, wie die Myrrhe, die wir bereits behandelt haben. Es gibt also **hergestellte Metalle**: Zinnober, Silbersublimat, Präzipitat, Psoricum, Smaltum, Schlacke, Lapis Kupferschlacke, Zinkoxid, Pompholyx, Spodos, Kupferblume, dann Schlacke, Vermicularis, Stomoma, Rost, Azurit, Weißblei, Sandix, Ochra, Plumbago, Silberschaum, Purpurina, Glas.[24] Über den **Zinnober**: Schwefel in ein Gefäß geben, schmelzen, doppelt so viel Quecksilber dazugeben, auf dem Feuer so lange rühren, bis kein Quecksilber mehr zu sehen ist. Dann lässt man es abkühlen. Dann erhitzt man es noch einmal, und zwar allmählich, bis es nicht mehr knarrt. Dann sollte man es über starkem Feuer so lange schmelzen, bis sich roter Rauch abgesetzt hat. Es eignet sich gut zum Schreiben und Malen mit roter Farbe und macht dem einheimischen Zinnober Konkurrenz.

Quecksilber wird auf diese Weise sublimiert[25]: Ich spreche von »lebendem Silber« und schäme mich nicht, diesen barbarischen

---

[24] »cinnabaris, argentum sublimatum, præcipitatum, psoricum, smaltem, recrementum, lapis, diphryges, cadmia, pompholyx, spodos, æris flos, tumsquama, ærugo, vermicularis, stomoma, ferrugo, cæruleum, cerussa, sandix, ochra, plumbago, argenti spuma, purpurina, vitrum«.

[25] »sublimatur«.

Namen zu gebrauchen. Wenn ihr aber das Lateinische vorzieht, wird es »excoctum argentum«, ausgekochtes Silber, genannt, obwohl dies nicht so klar ist. Man gebe gleich viel Quecksilber und Schusterschwärze in einen Mörser und mische es mit scharfem weißen Essig, bis das Quecksilber nicht mehr sichtbar ist; dann schmelze man es in einem Glasgefäß, das mit Ton verschlossen ist, bis es fest wird. Wenn nicht alles zusammengemischt ist, zerstößt man es erneut im Mörser mit mehr Essig und schmilzt es noch einmal. Das auf folgende Weise hergestellte rotgeschmolzene Silber wird Bodensatz oder Niederschlag genannt. Man nehme gleiche Teile Alaun und Grünsalz; füge dann die Hälfte mehr Salz als eines von beiden hinzu, destilliere das Ganze in Glasgefäßen; gebe eine Gewichtseinheit dieses Wassers und drei von Quecksilber in ein Glasgefäß und destilliere; dann verstärke das Feuer und fahre fort, bis der Rauch und das Gefäß sich rot färben und kein Wasser mehr übrig ist. Schließlich zerbricht man das Gefäß und fängt das Quecksilber auf, das man nun zusammenfließen sieht wie einen Stein. Man zerstampft es sehr fein auf einer Porphyrtafel und schmilzt und destilliert es erneut in einem Glasgefäß, bis es trocken ist. Zerbreche das Gefäß, sammle das übrig gebliebene Material erneut und zerstoße es sehr fein auf demselben Tisch. Danach wird es wieder in ein Bronzegefäß gegeben, ein starkes Feuer darunter gelegt, mit einem Bronzestab zwei Stunden lang gerührt, bis es fast die Helligkeit und Rötung von Minium annimmt. Dann nimmt man es heraus und bewahrt es in Glasgefäßen auf. Wenn es richtig gemacht wird, ist es das beste aller Mittel, um Fleisch ohne Schmerzen wegzuätzen und verwesende Eingeweide auszutrocknen, und es hat keinen anderen Nutzen, den ich kenne. Jedoch verwenden die Leute Quecksilber als Kosmetikum; es macht weiß und verleiht den Gesichtern der Frauen Glanz. Aber es lockert die Zähne und führt zu fauligem Atem. Doch es trägt in vielen Punkten zur Nützlichkeit des Silbers und zum technischen Geschick der Goldschmiede bei.

Die meisten Metalle ändern ihre Farbe sogar allein durch Feuer – zum Beispiel färbt sich **Orpiment**, das von blasser Zitrusfarbe ist, rot, wenn es in einem Glasgefäß geschmolzen wird, bis es am Gefäß klebt, sich rot färbt und die Eigenschaften eines Niederschlags annimmt. Und die Eigenschaften sind nicht so viel schlechter, als es für eine einfache Herstellung von Nutzen ist. **Psoricum** besteht aus zwei Teilen Chalcitis, und einem Teil Zinkoxid oder Bleimonoxyd. Diese werden gemischt und mit scharfem weißem Essig zerstoßen und dann zur Zeit des Hundssterns vierzig Tage lang in Pferdemist begraben. Nach dem Ausgraben wird es in einem frischen Topf mit Holzkohle darunter erhitzt, bis es rot wird. **Smaltum** ist eine Art Glas, mit dem Hohlräume in Gold ausgefüllt werden, es hat verschiedene Farben und einen außergewöhnlichen Reiz. Es nimmt alle Arten von Farben an und glänzt wunderschön, und hat nicht seinesgleichen unter Alaun und Kupfersalz und Steinsalz; andere Leute mischen die Farben mit Glas.

Die **Schlacke** ist das, was einem Metall beim Schmelzen entzogen wird; oft wird es einfach Schaum genannt. Sie behält die Kraft und die Materie des Metalls, aus dem sie stammt; deshalb wird die Schlacke von Silber und Gold ein zweites Mal eingeschmolzen, falls Reste verblieben sind, worauf die Menschen begierig sind. Was nicht schmilzt, wenn das Metall schmilzt, ist der Stein, und auch er behält etwas von dem Metall und seinen Kräften. Bei den edleren Metallen wird der Stein zerkleinert und verhüttet. Kupferschlacke[26] wird hergestellt, während das Metall, das mit Kupfer verbunden ist, verbrannt wird, und hat, wie zu erwarten, den Geschmack von Kupfer. Wenn es mit Wasser

[26] »diphryges«

besprengt wird, nimmt es eine blaue oder kupferne Farbe an; wenn es aber nicht besprengt wird, ist es violett oder schwärzlich. Wir haben gesagt, dass Zinkoxid einheimisch ist, aber es entsteht auch beim Schmelzen eines Metalls, indem es sich wie eine Traube am Ofen festsetzt. Das Beste, das aus dem blauen Pyrit entsteht, während er in Bruchstücken vorliegt, ist glänzend weiß, und das, was beim Schleifen am weißesten ist, da es aus Silber oder sogar aus Gold hergestellt wird.

Pompholyx haftet beim Schmelzen eines Metalls wie eine Blase an, ähnlich wie kleine Wollknäuel. Es klebt zwar an den Wänden, aber dahinter befindet sich immer noch Kadmia; es ist sehr glänzend-weiß, wenn es sehr fein gemahlen ist. Der Volksmund nennt sie Tutia. Der Name Tutia bedeutet aber auch Spodon, denn es gibt kaum einen Unterschied zwischen Spodon und Pompholyx, da Spodon fast eine Art Pompholyx ist oder dessen Funktion übernimmt. Pompholyx ist weniger edel als Spodon, und beide sind für Medikamente für die Augen von Nutzen. Spodon klebt an den Wänden der Öfen, in denen Metalle getrennt werden, und erstarrt im Rauch von Gold, Silber und Blei, das mit Erde vermischt ist, was es weniger rein als Pompholyx und schwächer macht. Es erstarrt nicht wirklich, wie Zinkoxid und Pompholyx, aus dem Rauch und der Ursubstanz der Metalle, die selbst metallisch ist, sondern nur aus metallfreiem Rauch und Staub. Daher findet man Zinkoxid und Pompholyx nur in Schmelzöfen in der Nähe von Bergwerken, Spodon aber meist in Städten.

Eine **Kupferblume** ist das Wasser, das über das Kupfer gegossen wird, während es nach dem Brennen aus dem ersten Ofen herausgezogen wird. Beim Auffangen spuckt es Körnchen aus, die dem Kupfer sehr ähnlich sind, aber beim Mahlen sehr leicht zu Staub zerfallen. Der Zunder, der beim Hämmern von Kupfer abfällt, wird als **Stomoma** bezeichnet, also als Eisenzunder. **Grünspan** fällt spärlich an, ist aber reichlich vorhanden, wenn man ein sauberes Bronzegefäß als Deckel auf ein anderes stellt und in das untere Gefäß (das aus Stein, Holz oder Eisen sein kann) sehr scharfen Essig gibt. Nach zehn Tagen wird man vom Boden des Bronzegefäßes, das man als Deckel aufgelegt hat, ausgezeichneten Grünspan abziehen. Eine große Menge erhält man durch größere und zahlreichere Gefäße und durch Wiederholung des Vorgangs.

Und so wie Grünspan aus Bronze gewonnen wird, wird **Rost** aus Eisen gewonnen. Grünspan ist nicht nur adstringierend und austrocknend, sondern auch korrosiv. Ebenso ist Rost stärker adstringierend und austrocknend als Grünspan, und frei von Korrosion. Die Teilchen des Grünspans sind aufgrund ihrer Hitze verdünnt und schärfer, während Rost weder heiß noch verdünnt ist, weshalb seine Farbe nicht attraktiv ist.

Es ist also klar, dass unter den Metallen, die mit Feuer erzeugt werden, die Farbe in der feineren Substanz liegt, wenn sie nicht schwarzglänzend ist. Und da sich die verdünnte Substanz nicht mit der kompakten vermischen kann, außer durch die Gunst der Natur, wie gezeigt wurde, ist jede Farbe (außer schwarzglänzend) labil. Aber glänzendes Schwarz kann sich behaupten, da es der Entzug von Licht ist, das in einem erdigen Ding steckt. So ist **Vermicularis** dem Grünspan am nächsten. Man nehme einen Teil weißen Essig und zwei Teile alten Urin, mische sie in einem Gefäß aus zypriotischem Kupfer und rühre mit einem Stößel so lange, bis die Zutaten eine etwas dickflüssigere Substanz angenommen haben. Dann fügt man je einen Teil von Salz und Alaun hinzu und lässt es etwa vierzig Tage in der Sommersonne stehen, wobei man ständig umrührt und mischt. Ihr werdet dann Vermicularis von der Dicke des Honigs, aber von der Farbe des Grünspans, aber viel heller haben. Wenn er aus dem Gefäß genommen und auf einen Tisch gelegt wird und die Form von Würmern annimmt (daher der Name), wird er sogar die Substanz von Grünspan annehmen.

Azurit[27] wird auf folgende Weise hergestellt: Man gießt drei Gewichtsteile Essig in ein Eichengefäß, löst darin aber zuerst eine Viertelunze Salmiakgeist irgendeiner Art auf; dann bindet man dünne, mit kleinen Löchern durchbohrte und mit Quecksilber bestrichene Silberblätter an einen Stab. Der Stock selbst wird über das Gefäß gehängt, sodass er sich in der Nähe des Essigs befindet, diesen aber nicht berührt. Dann bedeckt man alles mit warmem Pferdemist. Nach zwanzig Tagen ziehst du das Azurit aus dem Silber heraus und legst es zurück; und wenn nötig, schmierst du die Silberblätter mit Quecksilber ein. Nach weiteren zwanzig Tagen schabst du die Azuritansammlung ab, gibst sie in ein Gefäß, das mit Silberschaum (Litharge genannt) beschmiert ist, und kochst sie ein wenig. Dann wäscht man es mit kaltem Quellwasser ab, um das Pulver zu entfernen, und trocknet es in der Sonne.

Bleiweiß wird hergestellt, indem man scharfen Essig in ein Gefäß gibt. Dann legt man Reisig auf, und auf das Reisig legt man dünne Bleiplatten, die ein Pfund wiegen. Vergrabe es in Pferdemist. Nach fünfundzwanzig Tagen sammelt man weißes Blei; oder wenn man es vorzieht, vorsichtiger zu sein, schabt man nach den ersten zehn Tagen das weiße Blei ab, legt die Bleche zurück und wiederholt den Vorgang dreimal. Eine andere Sorte, die sich sehr gut als Kosmetikum eignet und sehr weiß glänzt, wird aus Spanien importiert. Man legt dünne Blätter von glänzendem Bleiweiß (wir nennen es »Stannum«) in den Urin und destilliert den ganzen Urin; inzwischen geht das Blei in Bleiweiß über, wird getrocknet, zerkleinert und gesiebt. Aus Bleiweiß wird **Sandix** hergestellt, das eine sehr ansprechende rötliche Farbe hat. Man legt Bleiweiß in eine eiserne Schale und schüttelt es so lange in der Nähe des Feuers, bis es rot wird und glüht. Es ist also klar, dass der beste Sandix aus dem besten Bleiweiß hergestellt werden muss. Blasser Ocker entsteht wie Sandix, daher Vergils Zeile:

> Von selbst wird Sandix die weidenden
> Lämmer kleiden.

Aber wir erklären den hergestellten **Ocker**. So schmilzt schwarzes Blei in einem Gefäß so lange, bis es die Farbe von Ocker annimmt; die Farbe des einheimischen Ockers ist flammenartig. Er wird auch aus rötlichem Ocker hergestellt, wenn er in einem mit Dung beschmierten Gefäß geröstet wird. **Silberschaum**, den wir Litharge nennen, entsteht, wenn Blei von Silber getrennt wird, und es ist unreines Blei. Und es findet ein Austausch vom einen in das andere statt. Aber der Bleiglanz behält eine gewisse Kraft des Silbers, und die Art, die gelbbraun ist, wird aus diesem Grund »golden« genannt. **Plumbago** entsteht aus Blei; wenn Blei durch Feuer angegriffen wird, geht es in diese beiden über, besonders wenn es mit Silber verbunden ist: Litharge und Plumbago. Plumbago hat einen gewissen leichten Glanz, ist aber äußerlich dem Bleiglanz ähnlich, und sein unterster Teil ist von aschiger, sein mittlerer Teil von gemischter Farbe. Wenn es zu Pulver zerkleinert wird, wird es sozusagen rötlich. **Purpurina** ist von sandiger Farbe und ähnelt bei hoher Qualität dem Gold. Es unterscheidet sich nur dadurch, dass es nicht witterungsbeständig und nicht sehr lange haltbar ist. Es besteht zu gleichen Teilen aus Bleiweiß und Quecksilber, außerdem zu gleichen Teilen aus Salmiak und Schwefel, wobei die Anteile ein Sechstel oder ein Viertel der vorherigen betragen müssen. Das Salz und der Schwefel werden fein gemahlen, das Bleiweiß und das Quecksilber werden gemischt (da das Bleiweiß zu sehr dünnen Blättern reduziert werden muss). Alles wird in einem Glasgefäß vermischt und destilliert, und was am Boden bleibt, wird Purpurina genannt.

Jede metallische Materie, die durch technisches Geschick hergestellt wird,

[27] »caeruleum«.

besteht aus zwei Teilen: der eine ist verdünnt und feurig, der gewöhnlich brennt und eine bemerkenswerte Farbe hat; der andere ist erdig und übermäßig austrocknend. Das Ganze ist für die Umwandlung von Metallen geeignet; die hergestellten Metalle werden daher für **drei Zwecke** verwendet: für die Heilung des menschlichen Körpers, für die Malerei und für die Fälschung von Metallen oder Edelsteinen. Es kann noch ein vierter hinzugefügt werden, der nicht in unseren Aufgabenbereich fällt, nämlich für Gifte.

Nach all dem folgt ein großes Wunder, **das Glas.** Es ist ein Werk technischer Fertigkeit, das der Natur eines Edelsteins ähnelt, und deshalb ist es außergewöhnlich, dass, wenn alle diese Farben einzeln weiß, blau, schwarz, violett oder grün sein können, das Glas alle diese Farben auf einmal annehmen kann. Ich erinnere mich, einmal ein Glas gesehen zu haben, das in seiner Helligkeit und der Vielfalt und Beständigkeit seiner Farben so erlesen war, dass es einen geprägten Achat nachahmte. Mit wunderbarem Genie wird es nun so subtil und methodisch gestaltet, dass man sagen könnte, Wachs könne nicht leichter und subtiler bearbeitet werden.

Es ist ein einzigartiges Beispiel menschlicher Zerbrechlichkeit, das Fürsten wie auch andere Menschen immer bedenken sollten, nicht nur mit den Augen, sondern auch mit dem Verstand; aber das menschliche Leben ist viel zerbrechlicher als Glas, zumal es von selbst zerbricht, während Glas einen Angriff von außen braucht. Aus Glas werden Orgeln gemacht, Musikinstrumente, die einen recht angenehmen Klang haben, und solche, die den Glanz der Schönheit des Menschenreichs zeigen. Daraus entstehen schöne Farben, eine süße Stimme, angenehme Helligkeit, wobei alles durch ein kleines Missgeschick in einem Augenblick vergeht. Man ist sich einig, dass Glas aus drei Steinen entsteht: Sand, aus Kaliumoxid und aus Sternenstaub. Ich erinnere mich, dass ich ihre Beschaffenheit schon früher dargelegt habe. Alle diese Steine werden zermahlen und in Gefäßen mit einem starken Feuer behandelt und durch die Kraft des Feuers zu Glas zusammengefügt; dann wird es in kleinere Gefäße umgefüllt und in einem Ofen geschmolzen und bearbeitet. Aber lassen wir beiseite, was durch technisches Geschick geschaffen wurde oder unvollständig ist, gehen wir zu den vollständigeren Dingen über.

Buch VI: Über Metalle

Was ich als perfekte Dinge bezeichne, sind zum Beispiel Metalle und Steine; zuerst müssen wir uns mit den Metallen beschäftigen. Die Metalle sind Gold, Silber, Elektrum, Kupfer, zyprisches Kupfer, Blei und Eisen. Die hergestellten sind Stahl, Zinn und Messing, und dazu noch ein anderes zyprisches Kupfer. Sieben sind natürlich, aber vier sind durch die Kraft der Kunst nicht natürlich. Zu zeigen, dass dies die Anzahl ist und dass keine weiteren möglich sind, erfordert eine große Subtilität, aber ich werde dies zeigen; zunächst werde ich jedoch zeigen, dass Gold und die vollkommensten Metalle im Osten, Eisen aber im Westen gefunden werden. Es war wichtig zu zeigen, dass der Osten heißer und feuchter ist als der Westen; damit ist klar, dass dort eine bessere Verarbeitung und Erzeugung stattfindet. Daher kommt das, was die Griechen Aromen und Gerüche nennen, und Edelsteine, Gold und Silber und all die Freuden der menschlichen Art. Dies geschieht, weil der Dampf des Meeres vom Osten über die Erde getragen wird und durch die Bewegung der Sonne zusammengebraut wird; im Westen wird er zum Ozean hin abgetragen. Und wenn er durch Winde in Richtung Erde getrieben würde, würde er durch die Bewegung der Sonne schnell wieder in den Ozean zurückkehren, sonst könnte er nicht durch die Anwesenheit der Sonne zusammengeführt werden. Ein weiterer Punkt ist, dass die Bewegung der Sonne der Erde durch ihre ewige Drehung eine ähnliche Kraft auferlegt, sodass die Anfänge der Dinge aus dem Osten kommen. Dies sind die besseren und willkommeneren Eigenschaften, und so erfreuen uns die Morgenstrahlen der Sonne viel mehr als ihre Abendstrahlen. Aber wenn die Berge nicht im Westen liegen, sind die Sonnenstrahlen voller Feuchtigkeit, wie die der Sterne und des Mondes, und füllen die Erde, und Dinge, die zu sehr verbrannt sind, können wenig Gutes von den Strahlen des Sonnenuntergangs erhoffen, da die Luft bereits sehr heiß ist. Dagegen halten die Berge im Westen die Sonne von der gleichen Richtung ab, und was ihnen gegenüberliegt, verbrennt, und diese Berge sind schlimmer als eine Ebene. Sie beleuchtet die Erde im Osten viel früher als im Westen, weil es im Meer keine Berge gibt, auf dem Land aber viele.

Doch nun zurück zur **Anzahl der Metalle**. Wie wir schon sagten, ist ein Metall alles, was dehnbar und hart ist; Wachs und Ton sind dehnbar, aber nicht hart; umgekehrt sind Steine und Pyrite hart, aber nicht dehnbar. Man könnte meinen, dass es sieben sind, nach der Anzahl der Planeten. Die Sonne könnte Gold, der Mond Silber, Merkur Elektrum, Mars Eisen, Saturn Blei, Venus Kupfer, und Jupiter zyprisches Kupfer entsprechen. Aber es ist besser, sie so aufzulisten: Entweder ist ein Metall ganz vollkommen, weich und rein, dann ist Gold so; oder es ist rein, aber hart, dann ist Silber so; oder hart und unrein, dann ist Eisen so; oder weich und unrein, dann ist Blei so. Elektrum aber besteht aus Gold und Silber. Das zyprische Kupfer besteht aus Kupfer und Eisen, daher ist es härter als beides einzeln, wie auch das Produkt aus Kupfer und Blei, denn auch das ist härter als beides, und Maultiere sind robuster als Esel und Pferde. Kupfer selbst ist eigentlich Eisen, das besser zusammengesetzt ist, und von stärkerer Hitze, sodass der Schwefel mehr riecht. Der Beweis ist, dass Eisen in Kupfer übergeht. Agricola berichtet, dass in den Karpaten, hinter der Stadt

Smolenice in Pannonien, wie ich auch von anderen gehört habe, Leute auf wundersame Weise Kupfer mit hinuntergebracht haben. Er sagte, dass es einen Brunnen gibt, aus dem in drei Kanälen hochgezogenes Wasser ausgegossen wird, und darauf gelegtes Eisen sich in Kupfer verwandelt. Wenn aber die Stücke verdünnt würden, verwandelten sie sich in Ton, der, wenn er durch Feuer zubereitet werde, in das reinste Kupfer übergehe. Der Grund dafür ist, dass Eisen und Kupfer die gleiche Materie haben. Daher geht das Eisen in Kupfer über, wenn es stärker verflüssigt und befeuchtet ist. Es gibt einen Berg in der Nähe des Brunnens, der steiniges Calchantum hervorbringt. Offensichtlich ist diese Kraft, wie wir gesehen haben, auch im Calchantum vorhanden.

Und so entstand das so berühmte Problem: Können Metalle durch technisches Geschick ineinander umgewandelt werden? Bevor dies dargelegt wird, sollte **die Überlegenheit von Gold** bewiesen werden. Gold entsteht auf vielerlei Weise – erstens mit Sand vermischt, wie in Böhmen und in der Nähe von Böhmen in Ligis, in Bächen bei Goldeburg und Risegrundum, das auf Lateinisch Vallis gigantum, das Tal der Riesen genannt wird, und am Ufer des Ticino und des Adda in Italien; sodann auch in silberhaltigen Steinen, wie in dem Hügel von Montisregium. Ja, wenn die Steine geschmolzen werden, tropft Silber heraus, in welchem in jedem Pfund wenigstens eine halbe Unze Gold verborgen liegt. Albertus berichtet, dass Gold in den festesten Steinen gefunden wird, die unter verbrannter Erde liegen. Er schreibt auch, dass man manchmal Gold zwischen den oberen Zähnen eines menschlichen Kopfes findet, in Form eines sehr dünnen Spans[1]. Daher ist er sicher, dass Gold im menschlichen Haar verborgen ist. Ich hätte es für wahrscheinlich gehalten, dass Gold zwischen Steinen entsteht und von dort durch die Kraft des fließenden Wassers fortgetragen wird, wenn es sich in kleinen Bruchstücken verfestigt und im Sand entdeckt wird. Ähnlich ist es, wenn es sich zwischen den Zähnen eines menschlichen Kopfes ablagert; es blieb stecken, weil Knochen im Weg sind und wegen der engen Spalten zwischen ihren Ritzen. Diese Ansicht wird gestützt durch das, was der Spanier Gonzalo Ferdinando Oviedo berichtet: In dem Teil Indiens, der Peru genannt wird, ist das Gold, das in den Wurzeln der Berge gefunden wird, unvollkommen, und je näher es dem Berg ist, desto unreiner ist es. Man findet es auch nicht in der Tiefe der Erde, sondern nahe an der Oberfläche; wenn es also in Feldern oder im Sand entstanden wäre, würde es im Boden der Erde schlummern. Es gibt Kohle, die in Berggipfeln entsteht und unter der Erde an der Wurzel des Berges gefunden wird; so ist es auch mit dem Gold. Und aus diesem Grund findet man es gewöhnlich in Flussbetten zwischen den Felsen. Obwohl also die wertlosesten Metalle in den Tiefen der Erde verborgen und im Allgemeinen unrein sind, ist die Natur großzügig und (sozusagen) verschwenderisch mit Gold und hat die Oberfläche selbst zum Ort dieses reinen Metalls gemacht, das in seiner eigenen Farbe schimmert und dessen Gewinnung weder Feuer noch technisches Geschick benötigt. Es entsteht auf den Berggipfeln, gewöhnlich mit einer mäßigen Menge Kupfer vermischt; dies wird von Leuten bestätigt, die den Bericht über das normalerweise in Indien gefundene Gold geschrieben haben. Wenn es noch nicht vollständig entwickelt ist, wird es sehr oft von den aufsteigenden Wassern in die Ebenen hinuntergetragen, und da es von fester, starker Substanz ist, wird es ausgeheckt, entwickelt und zur Vollendung gebracht. Gleichzeitig wird durch die Erosion von Sand und Steinen oder von Erde das eigentliche Kupfer und alles Unbrauchbare abgeschieden. Es wird durch einen Wasserzufluss wieder ausgewaschen und glänzt so im

[1] »scobis«.

Sand und wird im Allgemeinen wegen dieser Eigenschaft gesammelt. Wegen seiner Knappheit lässt es sich in Bergen nicht so leicht ausgraben, da die Lage unsicher und zu sehr durch Klüfte unterbrochen ist, sodass der ganze Berg für ein paar Pfund Gold ausgegraben werden muss, und selbst diese würden vom Feuer verzehrt werden, während wir uns bemühen, es aus Steinen zu gewinnen. Der Fluss Adda entspringt aus dem Comer See, wie der Ticino aus dem Lago Maggiore; beide Flüsse nehmen Sand von den Bergen auf, die ihre Seen umgeben, und nehmen zusammen mit dem Sand auch Steine und Gold auf. Das Gold wird am Grund der Seen ausgekocht, vervollkommnet und wieder aufbereitet. Auf diese Weise wird reines Gold durch die Kraft der Sonne in den hohen Regionen der Berge erzeugt; es wird mit anderen Metallen vermischt, besonders mit Bruchstücken von Silber, wie ich sagte. Metalle werden miteinander vermischt, Gold mit Silber, Kupfer mit Gold, Silber gewöhnlich mit Blei. Aber das Gold, das zusammen mit anderen Metallen abgebaut wird, braucht Feuer und viel technisches Geschick, um rein zu werden.

Gold wird auch von Gegenständen gewonnen oder besser gesagt abgelöst, an denen es durch die Technik haften geblieben ist; zum Beispiel von vergoldeten Gefäßen, auch von Kleidungsstücken, wie wir oben erklärt haben. Ebenso wird vergrabenes Gold ausgegraben und im Wasser versunkenes Gold herausgefischt. Es gibt also drei Arten, wie es gefunden werden kann: entweder durch Umwandlung dessen, was bereits im Freien und in einem Klumpen vorhanden war, oder durch Trennung von den anderen Metallen, unter denen es verborgen liegt, oder durch Sammeln in reiner Form. Gegenwärtig wird in Italien kein reines Gold gewonnen, abgesehen von dem wenigen, das, wie ich sagte, kürzlich zwischen den Sanden des Ticino und des Adda entdeckt wurde. Zuweilen wird sogar in Italien reines Gold ausgegraben, und zwar durch einen reichlichen Austausch, wie ich sagte: Was am Boden liegt, gelangt an die Oberfläche. In Deutschland schürft man an manchen Stellen Silber, in Brunnen, die fast fünfhundert Ellen oder Schritte tief sind. Die Größe der Nuggets aus reinem Gold in unseren Gegenden und in Deutschland erreicht die Größe einer Haselnuss, wie man sie zuweilen in Altenburg, in den Karpaten und in der Stadt Slota findet. Aber wenn Gonzalo Oviedo glaubwürdig ist, wurde in dem Teil Indiens, den wir soeben erwähnt haben, ein Stück reinstes Gold ausgegraben, das 42 ¾ Pfund betrug. Vier nach Gewicht sind häufig, und manchmal werden sogar sieben erreicht, so groß ist in jenen Gegenden die Großzügigkeit der Natur und die Kraft und der gute Wille des Ortes.

Aber obwohl sie reich an Gold sind, fehlt es ihnen an anderen Metallen, insbesondere an Eisen. Von allen Metallen glänzt Gold am meisten, dann Silber. Danach kommt Kupfer, dann weißes Blei, Elektrum (weniger als Gold, aber mehr als Silber). Zyprisches Kupfer glänzt nur leicht, und Eisen, dann schwarzes Blei und der Rest dieser Art. Denn das Glänzen ist das Produkt der reinen Feuchtigkeit, des Lichts und der Festigkeit, in der sich das Licht wie in Spiegeln sammelt. Kein Metall ist durchscheinend, außer Rohsilber von roter Farbe, und das nicht immer; dieses ähnelt manchmal einem Karfunkel in seiner Farbe und Helligkeit, und man macht etwas wie Minium daraus.

Wir müssen nun zeigen, wie es dazu kommt, dass dieses das einzige unter den Metallen ist, das durchscheinend ist, und warum reine Metalle das nicht sein können. Es wird lichtdurchlässig, wenn Licht und Beleuchtung durchdringen können; Luft und Wasser sind Dinge, die für Licht und Beleuchtung durchlässig sind. Es ist offensichtlich, dass Erde nicht lichtdurchlässig ist; wenn sie in der Mischung ist, blockiert sie die Lichtdurchlässigkeit. Und wenn die Feuchtigkeit ausgebrannt wird, geht die Lichtdurchlässigkeit verloren, weil die Erdigkeit entweicht. So ist Öl zwar durchscheinend, aber wenn es in eine Lampe gegeben wird, wird es undurchsichtig wegen des Rußes, der durch die Verbrennung hineingemischt wird. Alle vollkommenen Metalle sind von wässriger und verdünnter Substanz; sie erstarren bei Kälte, wie wir sagten, als wir uns mit Eis beschäftigten, und sie werden bei Feuer flüssig. Flüssig zu sein ist eine Eigenschaft, die nur das Wasser unter den Elementen hat. Zu den übrigen Beweisen dafür, dass die metallische Substanz verdünnt ist, kommt noch hinzu, dass sie vom Feuer verzehrt wird und ihr erdiger Teil mit der Wässrigkeit verschwindet. Außerdem erstellen wir unsere Beweise über die gesamte Masse aus einem Teil einer gemischten Masse. Es mag eine Unze Silber in hundert Pfund Blei sein, und obwohl man von einem Skrupel[2] über die gesamte Masse ausgehen kann, muss eine Unze Silber unter die hundert Pfund Blei gemischt sein. So wird auch der 1200ste Teil eines Skrupels Silber gleichmäßig untergemischt sein. Das ist der fünfzigste Teil eines Korns, also muss das Metall von äußerst seltener Substanz sein. Man kann sich auf dieses Experiment nicht völlig verlassen, da die Masse sehr groß ist; aber wenn ein kleiner Fehler vorliegt, kann er nicht schaden. Und es ist unsicher, ein Experiment an teuren Angelegenheiten durchzuführen, ohne ein größeres Gewicht zu verwenden.

Es gibt noch einen dritten Beweis für die verdünnte Natur der Metalle: zwei Körner Eisen oder Kupfer, die mit Gold zu etwas mehr als einem Vierzigstel vermischt sind, verändern dessen Farbe und Härte so sehr, dass man fast sagen könnte, es sei etwas anderes; reines Gold glänzt ziemlich stark und ist von gelbbrauner Farbe, es ist weich und sehr biegsam. Aber mit kaum einem vierzigsten Teil Eisen vermischt, wird es hartnäckig, schwärzlich und in seinem Glanz abgestumpft. Und so, wenn alle Metalle wässrig sind, müssen sie auch verdünnt oder verbrannt oder mit Erde vermischt werden, da sie nicht durchsichtig sind. Kompaktheit kann kein Hindernis sein, denn Diamant und Kristall sind ebenfalls kompakt und durchscheinend. Wenn man also einen winzigen Teil von dunklem, undurchsichtigem Oliventrester vollständig mit viel Wasser vermischt hat, wird das Wasser rot und bleibt durchsichtig, aber nicht mehr so sehr wie vorher. Und so, da das Silber an sich schwarz ist, wie die, die es anfassen, an der Färbung der eigenen Hände erkennen können, erscheint es wegen der Festigkeit glänzend weiß (wie auch die Spiegel, deren Materie schwarz ist), wenn es mit wässriger Flüssigkeit gemischt wird. Wie wässriger Oliventrester wird es rot und durchscheinend, dann leuchtend wegen des Glanzes des Silbers. Wir nennen diese Mischung einen Karfunkel wegen der Ähnlichkeit. Eine große Menge Oliventrester, mit Wasser vermischt, sollte nicht rot werden, sondern das Wasser undurchsichtig und schwarz. Ebenso ist die Rolle des Silbers kleiner und die der wässrigen Feuchtigkeit sehr groß, wenn diese Art von rohem Silber zum großen Teil durchscheinend sein sollte. Wäre es aber entweder schwärzlich oder reichlicher als im Verhältnis zum wässrigen Teil, oder unrein, so wäre es nicht durchscheinend. Es ist genug darüber gesagt worden, warum das, was durchscheinend ist, rot sein muss, und über seine Bestandteile. Ja, und es spricht auch nichts dagegen, dass andere Metalle, die aus Blei oder Kupfer gewonnen werden, durchscheinend sind, aber das ist wegen ihrer Unreinheit ein seltenes Ereignis; Silber ist in der Tat reiner als Kupfer und Blei. Auf dieser Grundlage ist es also möglich, gefälschte Edelsteine herzustellen. Aber lassen Sie uns mit dem fortfahren, was wir zu Beginn geplant hatten.

Unter den Steinen sind folgende lichtdurchlässig: Magnesia, Armatura[3], Spiegelstein, Gipsblume, die sich nach Agricola von Spiegelstein unterscheidet. Von

[2] »scrupulus« (= Steinchen, Körnchen), Maßeinheit, kleinster Teil eines Gewichts.

[3] Die glänzende Oberfläche fossiler Muscheln, entweder ursprünglicher Perlmutt oder ein Ersatz für Pyrit und Markasit.

den Marmorsorten hat jede etwas für sich, aber nur Phengit ist im Allgemeinen und vollständig lichtdurchlässig. Auch zahlreiche Edelsteine sind lichtdurchlässig, und zwar die ganze Art der Edelsteine, denn was nicht lichtdurchlässig ist, darf nach Meinung vieler nicht als Edelstein bezeichnet werden. Auch alle Gläser. Vier unter den Säften: Salz, Alaun, Salpeter und Gerbertinte[4]. Keine Art von Erde ist durchscheinend; wenn eine mit viel Wasser vermischt wird, hört sie auf, Erde zu sein. Durch die Feuchtigkeit verfestigt, wird sie zu einem Stein und ist keine Erde mehr. Auch kann eine Erde wegen ihrer Verdünnung nicht lichtdurchlässig sein; sowohl Salpeter als auch Edelsteine, wie lichtdurchlässig sie auch sein mögen, hören auf, lichtdurchlässig zu sein, wenn sie zu Pulver zerfallen. Wenn eine Erde also nicht kohärent, sondern sehr verdünnt ist, kann sie nicht lichtdurchlässig sein.

Aber ich komme noch einmal auf das **Gold** zu sprechen. Es ist das einzige unter den Metallen, das einen leichten guten Geruch verströmt; Silber kommt als nächstes, Kupfer ist am schlimmsten; der Grund dafür ist die Größe der Hitze. Weil seine Substanz durch angenehme Hitze erzeugt wird, bleibt im Gold kein unangenehmer Geruch zurück; deshalb braucht seine Erzeugung viele Jahre; alle anderen Metalle werden schneller erzeugt. Bei mäßiger Hitze muss die Härte, die entsteht, gering sein, deshalb ist Gold weich, und alles, was gut riecht, wird weich sein, wie Bernstein. Und wenn Geoden aus Meißen (die man irrtümlich Aetit nennt, weil darin ein anderer Stein vorkommt) nach Veilchen riecht, und Stein von Berningerium und Bruchstücke von Altenberger Stein gut zu riechen scheinen, so nehmen sie dies von dem sie umgebenden Moos auf. Es ist kaum möglich, dass ihre Substanz oder die der beiden anderen gut riechen, auch aus dem Grund, den wir oben erklärt haben.

Dann kommt Silber an zweiter Stelle nach sehr dünnem Gold, eine Tatsache, die durch ein Experiment entdeckt wurde. Ein Denar oder Skrupel, 24 Körner Silber, wird zu einem Faden von 134 Fuß gezogen; das sind etwa hundert Ellen unserer Einheiten. Es ist unglaublich zu erzählen, aber alle Handwerker wissen es: ein Drittel eines Goldkorns kann das Ganze umschließen; denn zwei Unzen Gold sind auf zwölfeinhalb Pfund Silber verteilt. Eine Unze Silber in 3200 Fuß (oder 2400 unserer Ellen), die rundum von sechs Goldkörnern umschlossen sind. Das beschreibt **die Dehnbarkeit** von Gold. Ebenso bewundernswert ist die Dünnheit, die Gold besitzt, wenn es mit dem Hammer über Blätter aus Silber geschlagen wird: eine Unze Gold deckt acht Unzen Silber nach Gewicht. Nachdem sie in Blätter übergegangen sind, kann man nicht feststellen, was dünner ist, Gold oder Silber; daher muss Gold hundertmal dünner sein als die unbegreifliche Dünne von Silber; daher kommt es, dass eine Unze Gold mehr als zehn Iugerum[5] Land bedecken kann. Dies geschieht wegen der Reinheit und der langen Haltbarkeit seiner Substanz; deshalb verschönert man mit bescheidenem Aufwand Schnitzereien aus Eisen und Stahl mit Gold, und die Arbeit kostet mehr als das Gold. Die Gründe dafür sind vielfältig, aber ich werde drei recht einfache Methoden aufzeigen.

Das zu Blättern geschlagene Gold wird mit Quecksilber vermischt und nach dem Erhitzen auf dem Feuer in Wasser gegossen; später wird das Quecksilber auf das Silber gestrichen (wenn das Gefäß aus Silber ist); dann wird das Gefäß erhitzt und der Inhalt gekämmt, bis er überall klebt. Dann wird das Quecksilber durch Feuer entfernt, und das Gold bleibt zurück und klebt am Silber. Wenn das Gold mit Kupfer oder Eisen verbunden werden soll, macht man es so: Man wäscht das Gefäß vorher mit Wein, in dem Salmiak und Grünspan zu gleichen Teilen

[4] »sutorium atramentum«.

[5] 1 iugerum = ca. 4000 m²

mit einer doppelten Portion Weinsediment aufgelöst wurden; dann, nachdem sie getrocknet sind, schmiert man mit Quecksilber wie vorher. Eine andere Methode besteht im Scheidewasser, von dem ich oben schon berichtet habe. Bei einer dritten Methode werden Goldblätter auf rotglühendes Eisen gelegt, dann auf spanischen Hämatit, der außen die Farbe von Blut hat (daher der Name) und innen von Eisen, das so hart ist, dass es die Feile kaum spürt, und dann abgerieben wird. Es handelt sich nicht um die weiche deutsche Art von Hämatit. Es handelt sich eindeutig um die spanische Art, welche Blutungen stillt; sie kann zu einem sehr feinen Pulver zerkleinert werden und hat eine hervorragende trocknende und adstringierende Wirkung. Wenn sie nicht wirkt, liegt es daran, dass die Ärzte die deutsche Art verwenden, die überhaupt nichts nützt. Und so sollte dieser Stein zu einem feinen Pulver zerkleinert werden, wenn man die Absicht hat, ausgezeichnete Hilfe für die Heilung des Blutspuckens zu bringen. Die Ärzte unseres Zeitalters sind so blind, selbst in einfachen Dingen, dass ich nie auch nur einen von ihnen bemerkt habe, der der Wahrheit folgte, da sie durch die Ähnlichkeit von Farbe und Substanz irregeführt werden.

Verlassen wir die Themen, die außerhalb unseres Ziels liegen, und kehren wir zum Thema zurück. Was sie mit Hämatit tun, können sie auch mit sehr leichtem Ophyt tun. Die Ursache für all das ist also die enorme Verdünnungsfähigkeit, die das Gold als besonderes Privileg hat. Eine andere Eigenschaft ist, dass es dem Feuer kaum nachgibt, es sei denn, dass es mit Giften verbunden ist. Wenn es allein oder zusammen mit Blei geschmolzen zwanzig Tage im Feuer bleibt, ist seine Verminderung nicht einmal so groß, dass man sie wahrnehmen könnte, obwohl ich nicht wagen würde zu sagen, dass es überhaupt keine gibt. Man sollte vor allem die Ursache dafür erfahren, und warum Gold nicht abfärbt. Es gibt nämlich **drei Eigenschaften, die dem Gold eigen sind**: es verbrennt nicht, es färbt nicht und es kann extrem verdünnt werden. Fettigkeit färbt und brennt, und sie bringt alles, was mit ihr vermischt ist, zum Brennen; Gold ist das einzige, dem Fettigkeit fehlt. Auch schwinden Dinge, die wässrig sind, wenn sie dem Feuer ausgesetzt werden, aber Gold schwindet nicht im Angesicht irgendeines Feuers. Es besteht also entweder nicht aus wässriger Substanz, oder es wird von etwas zusammengehalten. Wir haben erklärt, dass jedes Metall aus wässriger Substanz besteht und daher eine erdige Beimischung hat, die so dünn und rein ist, dass sie es zusammenhält. Wenn aber ein solches Ding verbrannt würde, würde es schlecht riechen und leicht verbrennen; da es also weder leicht brennt noch schlecht riecht, ist dieses erdige Zeug rein und brennt nicht. Die **Eigenschaften des Goldes** sind also, gut zu riechen, keine Flecken zu machen, nicht vom Feuer verzehrt zu werden, sehr dünn und sehr schwer zu sein, und auch sehr zäh.

Es gibt auch **ein Gold, das vollkommener ist als Gold**, das in jeder Art von Dingen vorkommt, nicht nur in sterblichen, sondern auch in unsterblichen Dingen; und ich sage nicht, dass es reiner ist, aber es ist vollkommener. Das reinste Gold, das aus Indien eingeführt wird, ist in der Tat besser als das reinste, das anderswo gefunden wurde, und folglich als unser gewöhnliches Gold. Aber der Unterschied ist nicht offensichtlich, denn jede Art von Gold ist ausgezeichnet. Man trennt es vom Silber mit Scheidewasser; dieses schmilzt die übrigen Metalle, die Goldkörner sinken auf den Boden des Gefäßes, werden von dort gesammelt und geschmolzen. Eine andere Methode: Man schmilzt eine Masse aus Gold und Silber und fügt nach dem Schmelzen Antimon oder Schwefel und ein Vierundzwanzigstel Kupfer hinzu; dann wird der Topf, nachdem der Schwefel entfernt wurde, drei- oder viermal geschüttelt. Das Gold fällt wegen seiner Schwere auf den Boden, ist noch nicht geschmolzen, und dann sammelt man das Gold, indem man das

Silber abschüttet. Silber schmilzt leichter, weil es weniger kompakt ist; es ist in der Tat viel leichter als Gold.

Das Gold wird auf diese Weise von Abfällen befreit: Es wird gehämmert und zu breiten, dünnen Blättern zerkleinert, dann in Urin oder Essig getaucht, in dem Salmiak aufgelöst wurde. Dann wird in das Gefäß ein sehr feiner Staub gelegt, der zu drei Teilen aus Ziegeln und zu einem Teil aus Salz besteht. Darauf wird ein Blatt Gold gelegt, dann Staub auf das Gold und so weiter, bis das Gefäß gefüllt ist. Nachdem man dann 24 Stunden lang ein Feuer darunter gelegt hat, nimmt man alles heraus, schmilzt das Gold und behält das Silber in der Asche. Wenn ich sage, dass das Feuer darunter gelegt wird, meine ich auch rundherum; wenn es nur unter das Gefäß gelegt wird, wird der Inhalt nur schwer oder gar nicht geschmolzen. Gold ist die Vollendung der Metalle und der Anstrengung; Silber kommt ihm nahe, sodass jedes gewöhnlich in jedem Metall lauert – ich meine Silber in Blei, Gold in Kupfer, aber Gold in Silber; in der Tat ist der beste Teil von Silber das Gold selbst. Und so ist gereinigtes Gold das Reinste, was es gibt, von dünner, kondensierter, wässriger Substanz, vermischt mit einem sehr unverfälschten erdigen Teil, durch Kälte ohne Fettigkeit verfestigt, daher schmilzt es, ohne zu brennen.

Ich muss nun versuchen zu zeigen, ob es möglich ist, Gold aus Quecksilber oder einem anderen Metall herzustellen, ein Punkt, der zu Anfang diskutiert wurde. Wir müssen zuerst sehen, aus welchen Metallen sie bestehen. Wegen ihres Geruchs und ihrer Substanz haben viele Menschen angenommen, dass sie aus Schwefel und Quecksilber bestehen. Wenn sie brennen (besonders Kupfer), riechen sie nach Schwefel. Und ihre Materie ähnelt sehr dem Quecksilber; in der Farbe ahmen sie Blei und Silber nach, im Gewicht das schwarze Blei und Gold. Aber aus zwei Dingen, die bereits vorhanden sind, kann kein drittes gemacht werden. Metalle bestehen also nicht aus Schwefel und Quecksilber. Auch gibt es an den Orten, wo Metalle gefunden werden, weder Quecksilber noch Schwefel; und wo es Schwefel gibt, gibt es verkrustete Berge, und wo es Silber gibt, das grüne und glückliche, sodass beide nicht an demselben Ort entstehen können.

Viele Menschen sind jedoch davon ausgegangen, dass Metalle umgewandelt werden können, wie der oben erwähnte Versuch mit Kupfer gezeigt hat. Sie scheinen ihre Farbe und ihr Gewicht in Reaktion auf Feuer zu verändern, daher scheint es denkbar, dass sie auch ihre Substanz verändern können. Und da einige Arten von Kräutern ineinander umgewandelt werden, sollte es kein Wunder sein, dass Metalle umgewandelt werden können. Aber so ist es nicht: Entweder kann keines von ihnen, oder jedenfalls nicht alle, ineinander umgewandelt werden. Tatsächlich können Eisen und Kupfer, da sie sich in Gewicht und Verdünnung ähneln und beide nicht feuerfest sind, ineinander umgewandelt werden, wenn sie ihre Farbe und Härte ändern, entweder wirklich oder zumindest ohne offensichtliche Abweichungen. Keines der übrigen Metalle kann in Gold oder Silber verwandelt werden. Der einzige Zweifel ist, ob Silber in Gold verwandelt werden kann. Ich denke schon, denn was dem Silber fehlt, um zu Gold zu werden, sind Kompaktheit (in diesem Zusammenhang muss es schwerer werden) und Farbe, aber diese Eigenschaften können einem Metall hinzugefügt werden. Wenn man Silber kompakter macht, wird es nicht mehr fett, es wird feuerbeständiger und nimmt (wie gesagt) an Gewicht zu. Da sich also einige unserer Freunde rühmen, dies in letzter Zeit erreicht zu haben, ist eines von zwei Dingen erforderlich: dass Gold entweder tatsächlich oder potenziell im Silber enthalten ist. Wenn es sich um einen potenziellen Zustand handelt, wird die Erzeugung durch Feuer stattfinden. Aber es ist erwiesen, dass Feuer nichts erzeugt. Oder wenn es tatsächlich vorhanden ist, warum schmilzt dann das Ganze im Scheidewasser, da man davon ausgeht, dass sich Gold nicht darin auflöst? Es kann also auf keine der beiden Arten im Inneren vorhanden sein, mit Ausnahme eines winzigen Teils in der Wirklichkeit, der, obwohl unfähig zur Trennung, vom Wasser überwältigt wird und schmilzt. Dieses Gold wird also durch die Überwindung des Silbers durch das Feuer abgetrennt, weil vorher etwas zur Vervollständigung fehlte.

Was jedoch die anderen Metalle betrifft, so können sie weder in Gold noch in Silber umgewandelt werden; diese Metalle sind bereits verbrannt, und was verbrannt ist, kann nicht mehr in seine ursprüngliche Reinheit zurückkehren. Es gibt auch keine Verwandlung von vollkommenen Dingen, die sich in ihrer Art und Natur unterscheiden. Gold aber ist vollkommen und unterscheidet sich in seiner Art von den anderen Metallen, denn es ist vollkommen feuerfest, und (wie ich schon sagte) kein anderes Metall wird vom Feuer nicht zerstört, außer Silber. Noch einmal: Gold ist äußerst selten, viel seltener als alle anderen Metalle. Das Feuer verdichtet sie entweder, indem es sie nicht trennt, oder es schwächt sie, indem es sie trennt; beides hilft nicht bei der Entstehung von Gold.

Auch ist, wie gesagt, Gold nicht feuergefährdet, weil es nicht fettig ist; aber das Feuer ist nicht nötig, um die Fettigkeit, die in einem Teil des Metalls vorhanden ist, abzuscheiden; sie wird durch das Feuer verbrannt, und mit ihr auch die ganze Substanz des Metalls. Jedes Metall ist eigentlich fettig, mit Ausnahme des Goldes; das habe ich schon früher gesagt, mit anderen Worten und etwas undeutlich, denn jedes Metall außer dem Gold verschmutzt den, der es anfasst, und wird durch Feuer entfernt.

Die Metalle werden aus derselben Materie gebildet wie Schwefel und Quecksilber, aber der Schwefel aus einem dünneren Teil der Materie, und er brennt; das Quecksilber aus dem dicksten Teil, und einem nicht viel verarbeiteten; die Metalle aus einer gemischten Materie und aus einer gemäßigteren Hitze. Denn wenn Mann und Frau aus demselben Blut und an demselben Ort geboren sind, so ist es doch nicht möglich, dass einer vom anderen gezeugt wird. Das, was nach ihrer Zeugung aus ihnen hervorgeht, muss nicht wirklich miteinander vertauschbar sein. Wenn also alle Metalle aus denselben Stoffen hervorgehen, auch Quecksilber und Schwefel, so ist es weder notwendig noch möglich, dass das eine aus dem anderen entsteht – es sei denn vielleicht, wenn beide sich nicht in ihrer Art, sondern nur in ihren Akzidenzien unterscheiden, wie es bei Kupfer und Eisen gesagt wurde.

Chemiker[6] können also Farbe und Gewicht verändern, aber nicht die Subtilität und die Robustheit. Da die Prüfung der Feinheit mühsam und zweideutig wäre, entschied man sich, Gold durch Feuer zu prüfen, und das ist der zuverlässige Beweis für diese Frage. Es liegt auf der Hand, dass Silber, wenn es in Gold umgewandelt werden soll, zunächst durch ein wirksames Wasser in Ton umgewandelt werden muss; danach kann der Ton in Gold übergehen.

Quecksilber scheint dem Gold näher zu sein als dem Silber; es gleicht dem Gold in seinem Gewicht und seiner Verdünnung, dem Silber aber nur in seiner Farbe; es unterscheidet sich von beiden dadurch, dass es flüssig ist, und es verschwindet bei der Anwendung von Feuer. Deshalb gibt es vier Voraussetzungen, um Quecksilber in Silber zu verwandeln: Es muss fest werden, feuerfest gemacht werden, leichter werden und eine dickere Substanz erhalten. Um Quecksilber in Gold zu verwandeln, muss es erstarren, feuerfest gemacht und gefärbt werden. Da diese Anforderungen weitaus einfacher sind als die für die Umwandlung in Silber, hofften viele Menschen eher auf die Umwandlung von Quecksilber (die Griechen nennen es »Hydrargyrion«) in Gold als in Silber. Dies soll dem berühmten Apotheker aus

[6] »chymistae«.

Treviso gelungen sein, der im Beisein des Dogen und der Weisen der Republik Venedig Quecksilber in Gold umwandelte, ein Wunder, von dem noch einige Spuren erhalten sind. Doch wie auch immer dies zustande kam, **sicher ist, dass Quecksilber nicht in Gold und schon gar nicht in Silber umgewandelt werden kann**. Auch wenn Kupfer in der Farbe und Blei im Gewicht dem Gold nahe kommen, ist Silber in seiner Verdünnung der Substanz und seiner Reinheit und Festigkeit dem Gold so ähnlich, dass das beste Silber Gold ist, das in der Substanz unvollkommen ist und keine Farbe hat. Deshalb wird reines Silber über lange Zeiträume hinweg teilweise in Gold umgewandelt, so wie Blei mit hohem Alter in Silber umgewandelt wird. Wenn aber die Silberkörner sehr genau von Kupfer oder Blei entfernt werden, entsteht über lange Zeiträume kein Silber und kein Gold aus Silber.

Dann betrachte **die freundschaftliche Beziehung zwischen den Metallen**: Gold und Silber lieben schwarzes Blei, und wenn sie geschmolzen werden, vermischen sie sich mit Blei; Kupfer flieht vor Blei, und sowohl Gold als auch Silber verzehren weißes Blei. Du magst es lieber Zinn nennen; solange man eine zuverlässige Sache vor Augen hat, sind die Namen, die du ihr gibst, austauschbar. Wenn also das weiße Blei geschmolzen wird, schwimmt es im Ofen auf einer gekräuselten Welle über dem schwarzen Blei, und Silber und wird in dieser Form gewöhnlich mit Eisenstäben entfernt.

Es ist umso erstaunlicher, dass das schwarze Blei in der Schmelze auf dem Silber schwimmt, obwohl es schwerer ist; und nach diesem Prinzip gießt man das oben schwimmende Blei ab und sammelt das darunter liegende Silber in Gefäßen. Der Grund dafür ist, dass das Blei, obwohl es im festen Zustand schwerer ist als das Silber, beim Schmelzen verdünnt wird, in Rauch übergeht und sich immer wieder verflüchtigt, obwohl das Silber durch das Feuer nicht entfernt, ja nicht einmal verdünnt wird; sonst müsste es ganz entfernt werden. Da also die Substanz des Bleis beim Schmelzen in der Mitte zwischen seiner eigenen und der des Rauches liegt, die des Silbers aber dieselbe ist wie vor dem Schmelzen, so ist es nicht verwunderlich, dass geschmolzenes Blei auf geschmolzenem Silber schwimmt. Weißes Blei schwimmt jedoch auch, und zwar aus einem doppelten Grund: Es wird durch das Feuer entfernt und ist leichter als schwarzes Blei, sodass es nicht nur über Silber, sondern auch über schwarzem Blei liegt. Auf diese Weise kommt die Trennung der Metalle zustande: das schwarze Blei wird abgegossen, wenn das weiße bereits entfernt ist, und das schwarze nimmt das Kupfer und das Eisen mit und wird nicht bis zum letzten Tropfen abgegossen, um zu verhindern, dass das Silber mit herausrutscht. Was vom Blei übrig bleibt, nachdem der größte Teil abgegossen ist, wird durch Feuer entfernt. Was dann übrig bleibt, ist das Silber und das eventuell vorhandene Gold, das mit dem Silber vermischt ist, weil es, wie gesagt, durch das Trennwasser oder durch die andere oben beschriebene Anordnung getrennt wird. Das abgegossene Blei wird erneut ausgeschüttelt, falls es noch Silber enthalten sollte, und ein entsprechender Teil des Gewinns könnte dem Künstler verloren gehen.

Kupfer wird von Blei getrennt, nach der richtigen Lehre von Vannoccio Biringuccio von Siena in seiner *De la pirotechnia*, indem man die Masse über ein Eisengitter legt und mit Feuer umgibt; das Blei schmilzt leicht und nimmt das Gold und Silber mit sich, wenn etwas davon am Blei haften bleibt – und das Kupfer bleibt »verbrannt« inmitten der Asche zurück. Dieses wird in ein stärkeres Feuer gebracht, und wenn das Metall von seinen Abfällen gereinigt ist, sammelt man es zu einer Masse, während es noch geschmolzen ist, und man erhält sehr reines Kupfer.

Auch die meisten Metalle werden mit etwas technischem Geschick verflüssigt; sie müssen gebrannt werden. Sie werden schneller und bequemer gebrannt, wenn man ihnen Orpiment hinzufügt, und wenn sie gebrannt und auf das Aussehen von Kalk reduziert sind, werden sie sorgfältig getrocknet; dann werden sie in einem sehr gut verschlossenen Glasgefäß entweder einen Monat lang drei Schritte tief in feuchter Erde vergraben oder vierundzwanzig Stunden lang über einem Gefäß mit kochendem Wasser aufgehängt, wobei das Wasser die ganze Zeit kocht. Es sollte nur zwei oder drei Finger vom Wasser entfernt sein. Es ist wahrscheinlich, dass das, was aus dem Wasser entstanden ist, in das Wasser zurückkehrt, aber Gold und Silber gehen kaum in das Wasser über, wegen der Festigkeit ihrer Substanz, wie bereits erwähnt wurde.

Silber kommt auf drei Arten vor: entweder in der Erde, die es unter dem Zwang des Feuers abgibt, oder mit Blei und Kupfer vermischt, oder in Steinen, die es ebenfalls abgeben, wenn sie vom Feuer angegriffen werden, und auch oft mit Kupfer vermischt, wie im Elsass neben dem Rhein, in den Bergen von St. Anna und in Meißen. Dort gibt es Steine, die mit Kupfer imprägniert sind, und viel Silber im Kupfer. Oder es taucht rein in Steinen auf und gleicht einem Kraut mit Zweigen, die aus dem Stein kommen – ich habe ein Exemplar. Häufig habe ich Bäume – oder vielmehr Sträucher – aus dem rohen Material gesehen, das aus Deutschland importiert und dort und in Böhmen bei Albertami und in Meißen bei Annaberg und Schneeberg gefunden wird, so rein von Verunreinigungen, dass es, wenn man seine Reinheit untersucht, nur ein Zehntel seines Gewichts verliert. Georgius Agricola berichtet, dass in Böhmen ein Silberbrocken mit einem Gewicht von zwei Talenten gefunden wurde. Das sind hundertvierzig Pfund nach Gewicht. Da es rein ist, wenn es ausgegraben wird, bildet es verschiedene Formen nach: Spaten, Hämmer, Roste. Er sagt, er habe dasselbe in Schneeberg gesehen, wo es die Form einer Statue eines Mannes, der ein Kind trägt, hatte. Das Silber wird durch die Kunst geformt und mit Kupfer so behandelt, dass es die Augen und einen Wetzstein auf vielerlei Weise täuscht; aber es genügt, zwei von diesen schmutzigen Dingen zu beschreiben: Gebt in ein geschlossenes Glasgefäß Teile gleichen Gewichts von weißem Orpiment oder gemeinem Arsen und von Salpeter und lasst das Ganze eine Stunde lang auf glühenden Kohlen zerkochen; nehmt eine Unze von diesem Pulver, dasselbe von Quecksilber und von getrocknetem Weinstein, und nehmt eine halbe Unze davon, wenn es durch die Kraft des Feuers zu Pulver zerkleinert wird. So hast du dann zwei Pulver: das erste, das aus Orpiment und Salpeter besteht; das zweite, das aus diesem und Quecksilber und Weinsediment gemacht ist. Dann, wenn das Kupfer geschmolzen ist, fügt man zu jedem Pfund eine halbe bis eine Unze des ursprünglichen Pulvers hinzu, bis es durch Mischen gereinigt ist; dann, nachdem es gereinigt ist, fügt man ein Viertel des anderen Pulvers hinzu, mischt und gießt es sofort in Honig. Es gibt auch eine schnellere Methode mit sublimiertem Silber und Bleiweiß. Es gibt Leute wie Pomponius Gauricus, die in jedes von zwei Pfund Kupfer drei Unzen von Salpeter und Arsen mischen und es auskochen. Für die einen ist das ein Gewinn, für die anderen eine Strafe, denn es ist eine Basis für gefälschtes Geld.

Das **Versilbern von Gegenständen** ist eine Kunst, die von der Obrigkeit gebilligt und von allen ehrlichen Menschen akzeptiert wird. Man reibt ein Gefäß mit Silberschaum ein, reibt dann dünne Silberblätter mit Alaun und Salz und trockenem Weinsediment auf einem Schleifstein und legt sie in ein Gefäß. Alles wird am Feuer zusammengeschmolzen und in Wasser gegossen. Den Gegenstand, den man versilbern will, wäscht man zuerst sorgfältig in Essig, in dem Salmiak erhitzt worden ist, und bestreicht ihn mit Quecksilber oder Bleiweiß und gibt dazu, was man schon ins Wasser geschüttet hat; zuletzt lässt man das Quecksilber oder Bleiweiß durch Feuer abblasen. Andere Leute schmieren Kupfergefäße innen mit Bleiweiß ein, damit sie versilbert aussehen, was bei uns üblich ist;

sie geben keinen bitteren Geschmack ab und sind nicht so ungesund, sondern eher schön anzusehen. Sie bestreichen das Gefäß selbst mit schwarzem Pech, dann berühren sie das weiße Blei mit einem glühenden Eisen; etwas davon bleibt haften, und das tragen sie gleich auf das Pech auf; das Pech wird durch die Kraft des Feuers zerstört, und das Blei bleibt haften.

Die Natur von **Elektrum** liegt zwischen Gold und Silber. Es gibt Leute, die Bernstein als Elektrum bezeichnen, aber wir sprechen hier von dem Metall. Die künstliche und die einheimische Sorte sind verschieden; die einheimische Sorte bezieht ihre Anziehungskraft und ihre Kräfte aus Gold mit einem Fünftel Silberanteil. Wenn es mehr Silber enthält, hält es den Ambossen nicht stand. Es wird um seiner Schönheit und Nützlichkeit willen zu Gefäßen geformt; denn es verrät Gifte auf zweierlei Weise: Es quietscht und ruft Regenbögen hervor. Kein Wunder, wenn Zinn, Bleiweiß und (mehr als alle diese) Messing allein durch den Kontakt mit Giften eine andere Farbe annehmen und plötzlich ihren Glanz verlieren. Während also die dünne Feuchtigkeit des Elektrums entfernt wird, macht es ein Quietschen, und indem es seine Farbe ändert, sieht man einen Fleck, der den Regenbogen mit auffälligem Glanz imitiert. So wie der Reiche sein Elektrum hat, so hat der Arme sein Messing gegen die Gifte, weil es den Verrat ans Licht bringt. Aber der Reiche hat das Elektrum, das abgebaut wird, verloren; auch wenn es jetzt noch zu finden ist, haben gieriger Eifer und Unkenntnis seiner Kräfte, indem die Menschen Gold von Silber trennen, dazu geführt, dass es kein Elektrum mehr gibt. Es ist weder ein großes Problem, dass Elektrum durch Gifte verändert wird (denn auch Silber wird verdorben), noch dass die harte Substanz durch äußere Gifte beeinträchtigt wird, denn, wie ich schon sagte, wird Gold allein durch Berührung mit Quecksilber brüchig.

Blei ist, wie gesagt, dem Silber ähnlich. Es gibt vier Arten davon: das schwarze, das alltäglich ist; das weiße, das preiswerter ist; das, was der Normalbürger gewöhnlich Zinn nennt; und Wismut, eher unbekannt, eine Art Zwischending zwischen Schwarz und Weiß. Es ist in unserer Zeit nicht sehr bekannt, da es nur in den Bergen im Sudetenland in Böhmen[7] vorkommt. Die vierte Art entwickelt sich aus Antimon. Man nimmt an, dass alles Blei sich von selbst vermehrt, und so stürzen Dächer durch ihre eigene Schwere ein. Galen berichtet, dass es, wenn es an feuchten Orten vergraben wird, unterirdisch an Größe und Gewicht zunimmt. Weißes Blei unterscheidet sich von Zinn, denn weißes Blei entsteht von selbst, während Zinn immer von Silber begleitet wird; Zinn ähnelt mit Silber geweißtem Blei. Alle Metalle hassen Weißblei; wenn man Gold und Silber auch nur ein Hundertstel davon zusetzt, werden sie brüchig. Zinn wird auch künstlich hergestellt, und das ist edler und enthält fünfundzwanzig Pfund natürliches Zinn oder weißes Blei, ein Pfund schwarzes Blei. Wird ein Pfund schwarzes Blei mit neun Pfund weißem Blei gemischt, so wird es hart und eignet sich ausgezeichnet zur Herstellung von Gefäßen. Es ist sogar bis zu einem Achtel Anteil an schwarzem Blei zugelassen – aber wenn mehr hinzugefügt wird, wird es wertlos – die Mailänder nennen es Zinn[8]. Zinn wurde früher auch aus einer Mischung von Kupfer und Blei hergestellt. Zinn quietscht, weil es von Silber herabfließt; auch Weißblei quietscht, und sogar künstlich hergestelltes Zinn. Die Härte des Zinns nimmt zu, da schwarzes Blei durch weißes Blei härter wird; weißes Blei ist wegen der Weichheit des schwarzen Bleis und der Substanz, mit der es gefüllt ist, weniger anfällig für Risse und Brüche.

Während wir dies schrieben, wusch ein Mann in Mailand seine Hände und sein Gesicht in der Öffentlichkeit mit geschmolze-

[7] »Suditis Bohemiae«.

[8] »peltrum«.

nem Blei, aber er wusch einige dieser Teile zuerst mit etwas Wasser. Darüber sollten wir nachdenken, denn er achtete bei seiner Manipulation auf zwei Voraussetzungen: Geschwindigkeit und Wasser. Im Wasser sollte eine bemerkenswerte Kühle herrschen, und eine offensichtliche Kraft, dick, mit der er die Hitze des Bleis abwehren und verhindern würde, dass es an seinem Körper kleben bleibt. Manche Leute sagen, dass dies durch den Saft des Portulakkrauts erreicht wird, auch durch Quecksilber, wegen ihrer Trägheit. Da ich sehen konnte, wie sparsam er mit dem Wasser umging, sodass er sich manchmal im Gesicht verletzte, glaube ich, dass es eher ein Metall war, das er benutzte, wie z.B. Antimon. Es gab reichlich Gewinn für ihn, und bei einzelnen Gelegenheiten pflegte er nicht weniger als ein Goldstück Geld zu sammeln, sodass er es nicht so sparsam hätte verwenden müssen, wenn es von so billigen Kräutern gesammelt worden wäre.

Auf Blei folgt **Bronze**[9], das in der Antike nicht nur für Waffen zum Schutz der Menschen und für Schilde verwendet wurde, sondern auch für Speere geeignet war. So erzählt Homer von Menelaos mit seinem Bronzeschwert bei der Verfolgung des Paris. Es besitzt eine dauerhafte Qualität in dem, was es herstellt, und wird nicht durch Rost beeinträchtigt wie Eisen und Stahl. Es gibt eigentlich drei Elemente, die Feuchtigkeit abgeben: Erde, Wasser, Luft. Metalle werden durch Feuchtigkeit beschädigt und produzieren Rost; ein Ding, das vor Schaden durch Feuchtigkeit sicher ist, ist auch sicher, ob es sich in der freien Luft befindet oder im Wasser oder unter der Erde vergraben ist. Wir haben schon früher gezeigt, dass jede Sache, die mehr als verbrannt ist, vor Schaden durch Feuchtigkeit geschützt ist, wie das Kupfer, das nur durch den Geruch beweist, dass es dem Feuer ausgesetzt war; deshalb muss Bronze in Werkzeugen unvergänglich sein, weshalb ich glaube, dass es im Altertum höher geschätzt wurde als Eisen, da es weder durch Zeit noch durch Gebrauch abgenutzt wird. Heutzutage, da der Geiz die Entscheidung bestimmt, spart man mit Eisen.

Die Pfeifen von Musikorgeln sind aus **Kupfer**, manche aber auch aus Bleiweiß und manche aus Holz gefertigt. Auf diese Weise hört man in ein und derselben Orgel Trompeten, Hörner, Panflöten, Flöten, Trommeln, die Leier, das Schildpatt, die Cithara in bemerkenswerter Vielfalt, und sogar andere Stimmen, die abwechselnd erklingen. Es fehlte nur noch die menschliche Stimme, die ebenso schwer zu imitieren wie reizvoller ist als alle anderen. Kupfer ist besonders für Trompeten geeignet, da es die dorische Musik erzeugt, mit einem lauten und lebendigen Klang, weshalb es die Männer zum Kampf anspornt. Das zyprische Kupfer ist härter als das unsrige; es ist doppelt, natürlich, mit glänzenden goldenen Flecken, wie ich gesehen habe. Man sagt, dass in Hispaniola, einer Insel der Neuen Welt, ein 200 Pfund schweres Nugget gefunden wurde, von dem an verschiedenen Stellen behauptet wird, es sei aus Eisen oder Messing; ein Nugget kann also zu einer solch großen Masse heranwachsen. Es ist auch von in der Kunst bekannt, und wird wegen der Ähnlichkeit im Klang Cuprum genannt. Die edlere Sorte hat ein Pfund Bleiweiß (das wir Zinn nennen) auf vier Pfund Kupfer; und wenn man Bleiweiß bis zu einem Achtel des Kupfers hinzumischt, wird Cuprum edel. Ersetzt man aber das Bleiweiß durch Messing, so ist es weniger wertvoll. Wenn, wie es oft geschieht, um Kosten zu vermeiden, schwarzes Blei statt weißem mit dem Kupfer gemischt wird, wird es sehr wertlos sein. Kuprum wird für große Konstruktionen verwendet, die mit Feuer arbeiten, für besondere Glasgefäße und für Kessel. Ein großer Vorteil dieses Kupfers ist, dass es auch ohne Zinn den Geschmack und den Geruch der Speisen nicht beeinträchtigt.

---

9 »aes«. Es ist öfters unklar, ob Kupfer oder Bronze gemeint ist.

Messing ist ebenfalls von handwerklichem Geschick abhängig, und es ist uralt. Apollonius schrieb in der *Argonautica* das Folgende:

Lampetie, der das Vieh hütete, schwang
einen Stab aus glitzerndem Aurichalcum

Er bezieht sich auf die Zeit der Argonauten und nennt es Orichalkum; Plautus nennt es Aurichalkum, Caelius Aurelianus berichtet, dass Aristoteles in seinen *Arcana* schrieb, dass Aurichalkum oder Orichalkum nirgendwo abgebaut wurde.

Aber **Eisen** wird auf eine gegenteilige Weise abgebaut und nicht hergestellt – es ist das am meisten verachtete Metall, das am meisten geachtete und wird gleichermaßen zu guten und zu schlechten Zwecken verwendet. Es wird durch den Saft von Bohnen- oder Malvenschalen erweicht, wenn man es in diesen statt in Wasser abkühlt. Um es bei der Gewinnung dehnbar zu machen, wird der Klumpen geröstet und an die Luft gestellt; er wird durch Regen erweicht, weil er erdig ist. Er wird von der Sonne geschmolzen, weil er feucht ist, und sein schärferer Teil, der Teil, der (sozusagen) sein Gift ist, wird durch Feuer geschmolzen. Während es so oft geröstet wird, wird es ins Freie gelegt, und wird weich und so leicht zu handhaben, wie man es wünscht. Auch wenn man Eisenfäden nach dem Brennen von selbst abkühlen lässt, werden sie so dehnbar, dass man sie anstelle von Schnüren zum Binden verwenden kann. Es ist ein guter Plan, zu Beginn einen Faden zu wählen, der an sich weich und zäh ist, die Art, von der man sagt, dass es sie bei den Schweden[10] in Deutschland gibt, die sie »Osemutum« nennen. Weicheisen werden folgendermaßen ziseliert: Das, was man darstellen will, wird auf das Eisen gemalt, darunter wird eine Bleikugel gelegt, dann wird der Teil, den man komprimieren will, mit einem kleinen Hammer eingeschlagen. Der Teil, der hervorstehen soll, gibt nicht nach, sondern wird vom Blei umschlossen. Auf diese Weise reproduzieren die Menschen die Formen von Tieren und Pflanzen so subtil, dass man sie als in Wachs kopiert und mit scharfen Messern nachgearbeitet beschreiben könnte. Wenn Eisen in kaltem Wasser abgeschreckt wird, während es rotglühend ist, muss es nicht nur hart, sondern auch kaum dehnbar und zerbrechlich werden; das Feuer in ihm wird durch die Kälte des Wassers konzentriert und nimmt dem Eisen schnell seine angeborene Feuchtigkeit. Mit dem Wegfall der Dehnbarkeit und damit der Weichheit muss es zerbrechlich und hart werden, was deutlich macht, dass nichts Zähes sehr hart sein kann. Gonzalo Fernandez de Oviedo schreibt im siebten Buch seines Werkes *Indicarum rerum novi orbis* (ein hervorragender Autor und meiner Meinung nach so wahrheitsgetreu und gelehrt, dass ich ihn als den einzigen Historiker unserer Zeit betrachte, der es wert ist, in die Reihe der Alten aufgenommen zu werden; sein Buch wurde mir von dem bemerkenswerten Spanier Francisco Duarte, dem Quästor des Kaisers in Italien, einem Patrizier von einzigartiger Menschlichkeit, Gerechtigkeit und Klugheit und mit einem Geist, der den Gelehrten auf wunderbare Weise zugeneigt ist, gegeben) berichtet, dass indianische Gefangene[11] ihre Fesseln mit einem Faden aus dem Kraut Cabuia und Sand durchschneiden und so planen zu entkommen, und dass dies oft auf der Insel Hispaniola geschieht. Wenn dem so ist, muss dieser Cabuia-Faden zäh sein, um viel Ziehen auszuhalten und schnell gezogen zu werden, und er muss breit und flach sein, damit der Sand nicht herausspringt; und der Sand muss fein und rau und hart sein, ähnlich wie der Smiris-Stein, auf den wir noch zurückkommen werden; anders lässt sich Eisen nicht durchschneiden. Er berichtet von der Durchtrennung von Ankern durch diese Methode. Wenn sehr harte Steine durch langes, ausdauerndes und schnelles Ziehen gespalten werden, was ist

[10] »suedones«.

[11] »Indos captivos«

dann an Eisen bemerkenswert? Diese Methode ist besser als eine Feile, weil sie geräuschlos ist – deshalb gibt es gedämpfte Feilen, die dünn sind und langsam und geräuschlos schneiden.

Stahl ist edler als Eisen, und das doppelt: ursprünglich und hergestellt. Beide sind sehr hart, und sind deshalb wie ich sagte zerbrechlicher als Eisen. Die hergestellte Art wird aus dem härtesten Eisen, das gereinigt wird, und aus zerkleinertem Marmor gemacht. Der beste, der mit winzigen glitzernden Körnern glänzt, ist frei von Rost und Rissen und weniger schwer als Eisen. Sehr gut gereinigt, dann rotglühend gemacht, drei- oder viermal mit Rettichsaft und Wasser von Regenwürmern gleichermaßen abgeschreckt, spaltet es Eisen wie Blei. Albertus Magnus berichtet von seiner eigenen Erfahrung damit. Dies geschieht (und die Erfahrung besteht noch immer), wenn der Stahl durch dieses Mittel übermäßig trocken, hart und dünn gemacht wird. Ein solcher Stahl kann Eisen schneiden, als ob es Holz wäre. Viel nützlicher ist die Entdeckung meines Freundes Galeaz de Rubeis, dass ein eiserner Brustpanzer dem Schuss einer Kugel standhalten würde. Technische Kunst kann so viel bewirken; aber wenn man die Idee erfasst hat, hört man auf zu staunen. Die Härte ist dieselbe, wenn die Materie dieselbe ist, und sie ist manchmal stärker, wenn sie verdichtet, verdoppelt und oft vervielfältigt wurde, so wie ein Bündel von Holzscheiten das Eisen sehr hart macht. So muss Eisen, so dünn es auch sein mag, wenn es durch lange Schläge und die Kraft des Wassers verdichtet wird, bis zu dem Punkt, an dem es unter dem Einfluss des Feuers erdige und wässrige Abfälle verzehrt, unzerstörbar gegenüber fast allen Schlägen werden, und immer gegenüber kleinen Schusswaffen.

Es gibt sehr **edle Arten von Stahl oder Eisen**, deren Preis bei gleichem Gewicht den von Gold übersteigt: Agiambina, Azimina, Charmanina, Damaszener, die alle ihren Namen von den Regionen erhalten haben, die heute in unserer Muttersprache so genannt werden. Ich bin davon überzeugt, dass eine Region mehr als nur technisches Können beisteuert, denn obwohl es zu Vergils Zeiten in ganz Italien, Deutschland und Spanien Stahl gab, sagte er dennoch: »Aber die nackten Chalyben steuern Eisen bei.« Ich würde also annehmen, dass sie zu den oben genannten Völkern gehören. Stahl wird durch das Meer ebenso korrodiert wie Eisen, nicht nur wegen der Kraft des Salzes, sondern auch wegen der Gezeiten und der Winde. Das kann man an den Brustpanzern und anderen Rüstungen der Tremiti-Inseln sehen, und nichts kann dies verhindern, außer wenn sie vor dem Wasserdampf geschützt sind.

Eisen wird durch handwerkliches Geschick gereinigt und veredelt, wie Aristoteles in seinem Werk *Meteorologica* erklärt: Das ausgiebig verarbeitete Eisen wird gereinigt und das Erdige darin geht in Schlacke über, das Eisen selbst aber in Stahl. Aber die Handwerker vermeiden dies, denn je mehr in Schlacke übergeht, desto weniger Eisen wird erzeugt, und es wiegt weniger. Es wird jedoch angenommen, dass mit einigen Zusätzen der Übergang in eine der oben genannten sehr edlen Sorten durch dieses Verfahren erfolgt. Denn so wie es reiner, härter und leichter wird, wird es auch feiner und folglich kompakter. Und doppelt kompakt, anders als Blei und anders als Aloe-Holz[12], aber gleich dem Eisen.

Darüber hinaus gibt es aber auch andere, **weniger bekannte Metalle**, wie das aus zwei Teilen Silber und einem Teil Blei hergestellte, das sich hervorragend zur Herstellung von Spiegeln eignet. Wenn man drei Teile Gold hinzufügt, entstehen bessere Produkte dieser Art. Und die dünnen Blätter, die unter die Edelsteine gelegt werden, bestehen aus Gold, Silber und Kupfer und werden auf glühende Kohlen gelegt, die so aufgehängt

[12] »agallochum«.

sind, dass sie sich nicht berühren, und so nehmen sie den Glanz verschiedener Farben durch die unterschiedlichen Proportionen ihrer Zusammensetzung an. Diejenigen, die einen Karfunkel tragen, bestehen aus Kupfer und einem vierundzwanzigstel Teil Gold und sind daher nicht weniger langlebig. Messing ist ebenfalls sehr edel und steht dem Gold an Schönheit in nichts nach. Kalaminstein oder Magnesia, Silber und zyprisches Kupfer (oder einfaches Kupfer (oder stattdessen einfaches Kupfer mit Glas). Das Glas wird obenauf gelegt, damit die Magnesia nicht verschwindet; und Sie werden sich nicht damit zufrieden geben, Glas und Magnesia nur einmal hinzugefügt zu haben. An dieser Stelle setzen wir Silber anstelle von Bleiweiß, Magnesia anstelle von Kadmia, zyprisches Kupfer anstelle von gewöhnlichem Kupfer, und wir wiederholen Magnesia und Glas. Daraus werden Gefäße von außerordentlicher Nützlichkeit hergestellt, aber auch aus allen Metallen, die nur wenig halten, wenn sie nicht verarbeitet werden. Sie werden auf drei Arten gebrochen: Feuer schmilzt sie, und Quecksilber durchlöchert sie und macht sie zerbrechlich. Sie werden verbogen, wenn sie angeschlagen oder durch ein Gewicht zerdrückt werden. Wenn sie verbogen werden, bekommen sie einen Riss oder brechen. Um zu verhindern, dass sie sich beim Waschen verbiegen, muss man darauf achten, dass eine Gruppe von drei oder vier Stück zusammen gewaschen wird; wenn das erste Stück gereinigt ist, wird das letzte davorgestellt; und so werden sie, indem sie ihre Plätze tauschen und alle zusammen den Druck gleichmäßig aushalten, alle geschrubbt, ohne durch Verbiegen verdorben zu werden. Wenn sie aber eine Biegung erlitten haben, sollten sie sofort und sorgsam korrigiert werden, so halten sie ewig.

Buch VII: Über die Steine

Die Metalle sind nun behandelt worden; es bleiben noch die Steine zu besprechen. Es gibt insgesamt fünf Arten von Steinen: Edelstein, Marmor, Schleifstein, Feuerstein und Fels. Darüber hinaus gibt es noch künstlich hergestellte Steine, über die wir sprechen werden, wenn die Darstellung der natürlichen Dinge abgeschlossen ist. Im allgemeinen Sprachgebrauch nennen wir jeden glitzernden Stein, der von Natur aus selten und klein ist, einen Edelstein. Die Bedingung der Seltenheit schließt alle winzigen Steine am Ufer aus; die Bedingung der Kleinheit schließt Murmeln aus, die glitzern, und einige Arten von diesen sind selten zu finden, sind aber keine Edelsteine, da sie nicht klein sind, aber einige von außerordentlicher Größe sind in jeder Sorte zu finden. Wir haben auch »glitzern« gesagt: Limacius und Borax sind sehr kleine und seltene Steine, aber sie sind keine Edelsteine und glitzern nicht – oder wenn sie glitzern, dann nicht sehr. In diesem Sinne gehören zu den Edelsteinen Perlen, Korallen und Türkise, und alle Steine, die nicht aus dem Osten stammen, wie Karfunkel und deutscher Chrysolith, auch orientalischer Topas und Lapislazuli. Aber darüber haben wir oben gesprochen, ebenso über Smaragd und auch Kristall, und obwohl diese kaum »die Feile fühlen«[1], sind sie keine echten Edelsteine. Nur diejenigen, die die Feile überhaupt nicht fühlen, werden als echte Edelsteine bezeichnet. Und aus diesem Grund sollten all jene, die wir gerade aufgelistet haben, nicht wirklich Edelsteine genannt werden. Diese sollen also Edelsteinähnliche genannt werden; diejenigen, die glitzern und die Feile nicht fühlen, sind Edelsteine; diejenigen, die sie fühlen und glitzern, und nicht klein sind, sind Murmeln in ihrer ganzen Art. Bestehen sie aus Schuppen, so sind sie Feuersteine; bestehen sie aus Körnern, so sind es Wetzsteine; ist keines dieser Merkmale vorhanden, so nennt man sie Felsen.

Es gibt **drei Arten von Edelsteinen:** durchscheinend wie Diamanten, undurchsichtig wie Onyx (in der Regel), gemischt wie Sardonyx und Jaspis; einige Teile dieser Steine sind durchscheinend, andere nicht. Andere wiederum reflektieren ein Bild wie ein Saphir, den ich besitze, und ein Smaragd, auch der berühmte Karfunkel, der in Orchomenos in Arkadien gefunden wurde. Der Grund, warum Edelsteine ein Bild zeigen, ist in erster Linie das Glitzern, dann die Härte, drittens die Undurchsichtigkeit, viertens die verdünnte Farbe; in der Tat kann ein Bild kaum zusammen mit einer perfekten Farbe gezeigt werden. Edelsteine entstehen in der Regel inmitten von Felsen, aus dem Saft, der von den Steinen in Hohlräume tropft, so wie ein Säugling das Blut der Mutter nutzt. Bei eisenhaltigen Steinen, die zur Herstellung von Metallgefäßen zermahlen wurden, sahen wir Amethyste und Karfunkel, die man Granat nennt, die aber kaum hart sind, und sie werden nach Deutschland exportiert. Es scheint also, dass die Edelsteine aus einem reineren Metallsaft entstehen unter den Steinen; die teureren aus Gold und Silber, die unedleren aus Kupfer und Eisen und Blei. In unseren Gegenden entstehen also keine edlen Edelsteine, denn es sind goldarme Gegenden; und wenn sie reichlich Gold hätten, wäre das kalte Wetter ein Hindernis.

[1] Das heißt, sie sind so hart, dass ihnen eine Feile nichts anhaben kann.

Man unterscheidet die Steine und Edelsteine nach der Beschaffenheit der Metalle: Diamant entspricht dem Gold, Karfunkel dem Smaragd, Opal und Saphir dem Silber, Granat und Amethyst dem Eisen. Da die letztgenannten nicht hart sind, werden wir sie von nun an Säfte und nicht Edelsteine nennen. Obwohl in seiner Größe und Weichheit weit von der Natur der Edelsteine entfernt, hat der Kristall die Eigenschaft, ohne metallische Natur zu entstehen. Wollt ihr eine Analogie zur Entstehung von Edelsteinen? Es ist wie die Äste im Holz, die Drüsen im Menschen, wie einige Samen in den Gräsern, ja genauer gesagt wie die Pilze in den Bäumen und die kostbareren an den Stielen der Rosen. In der Tat, was flüssig ist, verdichtet sich; was verdünnt und rein ist, glänzt; was unrein ist, glitzert nur; was lange unter den Felsen gewesen ist, geht in die Härte des Steins über. Und ein Kristall geht in die Härte eines Edelsteins über, weil er ganz verdünnt ist; er glitzert tatsächlich, weil er flach und fest ist; man nähert sich einem sehr verdünnten Ergebnis, besonders wenn er poliert ist. So ist der Ursprung der Edelsteine, und der der teureren ist in heißen Regionen, weil der Saft dort extrem verdünnt ist. Das Ergebnis ist, dass Edelsteine den gleichen Härtegrad haben wie sie glitzern. Andere Edelsteine entwickeln sich in Tieren, wie an der richtigen Stelle erklärt wird.

Die Edelsteine, die inmitten von Steinen entstehen, tauchen nicht überall auf, sondern jeder einzelne Edelstein hat seine eigene Herkunft. Smaragd wird aus Prassius, und manchmal aus Jaspis geboren; Jaspis wird aus Feuerstein geboren. Der Karfunkel wird angeblich aus dem Balassius geboren, der Kristall aus dem Marmor, der Sard aus dem Onyx, wie der, den ich habe, bei dem man unten den Onyx und oben den Sard sehen kann.

Edelsteine werden durch Berührung, Anblick, Verwendung einer Feile und Substanz identifiziert. Durch Berührung, denn sie sind schwerer und kälter als Glas. Daher sind die Inder sehr geschickt in der Unterscheidung dieser Art; sie prüfen Edelsteine regelmäßig durch Berührung mit der Zunge. Die besten Edelsteine sind die kältesten. Die Unterscheidung erfolgt auch nach dem Augenschein, denn der Glanz ist glitzernder, gleichmäßiger und für das Auge angenehmer und wird durch das Licht einer Lampe nicht so stark beeinträchtigt wie bei Glas. Die Substanz ist lebendiger und leichter im Gewicht. Die Identifizierung erfolgt auch mithilfe einer Feile, weil sie, wie gesagt, echten Edelsteinen nichts anhaben kann. Das Ergebnis ist, dass die Edelsteine an den Orten, an denen sie üblicherweise hergestellt werden, meist tagsüber durch die Helligkeit der Sonne, nachts aber durch die des Mondes oder der Sterne ans Licht gebracht werden; einige werden gesucht und zufällig gefunden, andere in Ausgrabungsstätten aufgrund zuverlässiger Hinweise.

Edelsteine haben viele Fehler: einige sind von der Farbe, wie »Rauch«, »Schatten«, »kleine Wolke«; andere sind von ihrem Körper, wie »Schorf«, »Haare«, »Salz«, »Spitze«, »Späne«, »Blei«, »Rost«, »Rötung«, »Abszess«. »Rauch« ist dunkler, »kleine Wolke« ist mehr glänzend weiß, »Schatten« ist mehr verdünnt und schwarz. »Haare« ähnelt der Erosion auf der Oberfläche, sodass der Stein wie mit einer Feile bearbeitet aussieht. »Salz« ist die Dunkelheit im Inneren, man nennt es Eis. »Schorf« ist eine Art Rauheit, die ihren Ursprung in der Tiefe hat. »Spitze« ist wie eine kleine Blase im Körper des Edelsteins. »Späne« ist wie verstreute Fragmente. Die Helligkeit wird durch »Plumbago« und auch durch »Rost« mit einer schwachen Farbe gedämpft. »Abszess« sieht aus wie eine tiefe, kompakte Pustel. Kürzlich sah ich eine, die wie eine Beule aussah, da die äußere Oberfläche glatt war und die Beule im festen Teil. Es war insofern bemerkenswert, als das Innere hervorzustehen schien. Man konnte kaum glauben, dass es sich um eine solche Pustel handelte, und auch nicht, dass sie mit irgendeinem Geschick nachgeahmt werden konnte.

Edelsteine sind nicht anfälliger für Fehler als Tiere oder Pflanzen, sondern weniger; allerdings **sind fehlerfreie Edelsteine seltener** als solche von Tieren und Pflanzen, weil bei Edelsteinen aufgrund ihres Glanzes und ihrer geringen Größe die Fehler sichtbarer und auffälliger sind. Deshalb glauben wir, dass die meisten Gelehrten eher schwerwiegenden Mängeln ausgesetzt sind, in falsch verstandenem Sinne. Es ist nicht wirklich so, aber ein vornehmer Name und eine bescheidene Form machen etwaige Mängel bei ihnen offensichtlicher und auffälliger. Gewöhnlichen Menschen sind eher im Dunklen, auf sie sind nicht so viele menschliche Augen gerichtet wie auf die Weisen. Bei Fürsten führt der hohe Stand dazu, dass ein Fehler unbemerkt bleibt, wie ein kleiner Fleck in einem weiten Gewand. Das Ergebnis ist, dass das Volk eine Handhabe bekommt, um schlecht über die Weisen zu reden. Und die Weisen ihrerseits ärgerten sich und sie schürten beträchtlichen Groll gegen ihr Heimatland, von dem oft Zerstörung und große Katastrophen ausgingen. Wie groß war der Nachteil für die Juden, dass sie Christus und Jakobus töteten, es sei denn durch ein göttliches Urteil? Wie groß war der Nachteil für die Athener, dass sie Sokrates töteten? Wie groß ist der Nachteil für die Römer, dass sie Scipio Africanus in die Verbannung zwangen? Aber lassen wir die obskuren Punkte beiseite, nehmen wir das Muster der bekannten Fälle. Perikles, ein Mann mit enormen Fähigkeiten, wurde von seinen Konkurrenten beschuldigt, öffentliche Gelder, die ihm anvertraut waren, ausgegeben zu haben. Er wollte vermeiden, dass er vor feindlichen Richtern Rechenschaft über diese falsche Anschuldigung ablegen musste; indem er das Volk von Athen überredete und überzeugte, verwickelte er es in den Peloponnesischen Krieg, in dem alle seine Ressourcen, sowohl die öffentlichen als auch die privaten, erschöpft wurden. Die gesamte Jugend wurde teils vom Krieg, teils von der Pest dahingerafft, zusammen mit einem großen Teil der Bevölkerung. Die Felder wurden verwüstet, Städte wurden der Macht Athens unterworfen, zerstört, umgestürzt und in Kolonien der Feinde umgewandelt. Auch die Athener verloren zuerst ihr Reich und dann ihre Freiheit; schließlich wurden ihre Mauern niedergerissen, was eine große Katastrophe war, und die Stadt selbst wurde in die Gewalt der Dreißig Tyrannen gebracht. Obwohl sie ihre Politik bis zu einem gewissen Grad gewissenhaft führte und sich mit einiger Klugheit an ihren Feinden rächte, ist es für jeden klar, dass sich der Staat Athen danach nie wieder erholen konnte. Die Quelle dafür ist Diodorus Siculus im zwölften Buch seiner Sammlung.

Um auf mein Thema zurückzukommen: Die **Helligkeit der Edelsteine** und die Lichtdurchlässigkeit machen die Mängel deutlicher. Die Ursache für die Durchsichtigkeit der Edelsteine (wir haben uns oben mit den Metallen befasst) ist ihr Mangel an Farbe und ihr Besitz einer wässrigen Substanz. Dies zeigt die Erfahrung mit dem Chalcedon, einer Art Onyx; wenn er in Wasser gelegt wird, ist er durchscheinend und von wässriger Farbe; wenn er getrocknet wird, ist er glänzend-weiß und kaum durchscheinend; er ist von lockerer Substanz, weshalb er Wasser aufnimmt. Durch die Vermischung mit dem Wasser wird die Undurchsichtigkeit aufgehoben; eine glänzend-weiße Farbe kann niemals vollkommen durchsichtig sein, da sie die Strahlen streut und sie von ihrer eigenen Natur ablenkt, sodass sie nicht eindringen können. Oder wenn sie es doch tun, können sie kein Bild einer Sache zeigen, deren Farbe verdorben ist. Aus diesen Gründen ist eine wässrige Farbe vorhanden, die Farbe, die mehr als jede andere mit der Lichtdurchlässigkeit von Wasser, Glas, Kristall, Diamant übereinstimmt.

Herausragend unter den Edelsteinen sind grüner Smaragd, roter Karfunkel, strahlend weißer Diamant, milchige Perle, blauer Saphir, goldener Chrysolith, bunter Opal.

Bei uns stehen ihre Preise derzeit in dieser Reihenfolge, es sei denn, der Opal folgt auf den Smaragd. Dazu kommen noch Hyazinth und Prannium, der eine von purpurner, der andere von mattschwarzer Farbe, wobei allerdings ein erheblicher Preisunterschied besteht.

Wir haben bereits gezeigt, dass alle Dinge, die gemischt sind, lebendig sind; dies gilt insbesondere für Steine. **Steine sind nicht nur lebendig**, sondern unterliegen auch Krankheiten, dem Alter und später auch dem Tod. Ein durch Alter abgenutzter Stein zieht kein Eisen an; er wird durch Schmutz und Unrat geschwächt, wie ein Tier auch. Sie verhalten sich in der Tat nicht nach ihrer Qualität, sondern nach ihrer Lebensdauer; Pfeffer hört auf, Pfeffer zu sein, bevor das, was ein Mensch zu sich nimmt, ihn nicht mehr wärmt, selbst wenn es sehr alter Pfeffer ist. Aber Steine, die in keinem Teil verrottet sind, sind ihrer eigenen Kräfte beraubt. All dies ist bei Steinen weniger offensichtlich als bei Pflanzen, da in ihnen weniger Leben vorhanden ist, und die Aktivitäten des Lebens weniger offensichtlich sind. Wenn ihr jedoch hinschaut, werdet ihr sehen, dass sie blass und stumpf werden, dass sie ihrer eigenen Kräfte beraubt werden und dem Verfall unterliegen. Und deshalb wachsen Steine, nachdem sie ausgegraben wurden, weiter, denn sie sind lebendig; sogar Pflanzenteile, Krebsscheren und Eidechsenschwänze werden wiederhergestellt, wenn sie abgerissen werden.

Es ist durchaus in Ordnung, wenn sich jemand fragt, **warum Steine größere Kräfte zu haben scheinen** als Tiere oder Pflanzen, da Tiere und Pflanzen ein auffälligeres Leben führen. Dafür gibt es eine Reihe von Gründen. Der erste ist, dass Tiere und Pflanzen sich zwar mit einem Leben ausstatten mussten, das an viele Funktionen angepasst war, es aber nicht möglich war, die Mischung so zu temperieren, dass sie diese bemerkenswerten Kräfte erlangten. Der Beweis dafür ist, dass es unter den wertlosesten Tieren einige gibt, die mit auffälligen Kräften ausgestattet sind, wie der Salamander, die Seidenraupe, das Glühwürmchen, das Chamäleon. Und unter den Steinen sind es nicht die Edelsteine, die das Eisen anziehen oder es zu den Polen lenken, sondern der schmutzige und unansehnliche Magnetstein. Ein weiterer Punkt ist, dass weiche Materie eine solche Kraft nicht tragen könnte, ebenso wenig wie harte Materie ohne weiteres eine Reihe von Formen annehmen könnte; daher haben Steine keine Blätter, Blumen oder Früchte, oder Beine oder Augen; und Tiere und Pflanzen besitzen keine solch starken oder außergewöhnlichen Kräfte. Außerdem dauert die Entstehung von Steinen lange, die von Pflanzen und Tieren aber nur kurz; und so kann die Natur mithilfe einer langen Dauer etwas Größeres zustande bringen. Die Tiere haben eine größere Anzahl an Kräften, und da wir annehmen, dass sie aus freiem Entschluss entstehen, sind wir nicht erstaunt; oder wir bemerken sie nicht, weil die Tiere in Gefangenschaft sind. Daher ist es möglich, ein ausdrückliches Urteil über die Kräfte der Steine zu treffen, nicht aber, sie zu identifizieren.

Hoch angesehene Männer loben den **Hyazinthstein** überschwänglich; unter ihnen ist Serapio; in unseren *Commentaria in artem medicam* haben wir gezeigt, dass er Johannes Damascenus war. Er vertrat die Ansicht, dass der Hyazinth einen Menschen, der ihn bei sich trägt, vor Blitzschlag schützt, und zwar so wirksam, dass sogar Wachs, das einen Hyazinthstein umhüllt hat, den Blitz abwehrt, wenn man es bei sich trägt. Dies ist auch die Erfahrung in den Gegenden, in denen viele Menschen durch Blitze umkommen, da niemand vom Blitz getroffen wird, der einen Hyazinth trägt. Durch ein ähnliches Wunder befreit er diejenigen, die ihn bei sich tragen, von der Gefahr der Pest, selbst wenn sie in pestverseuchter Luft leben.

Seine dritte Stärke ist, **er fördert den Schlaf.** Albertus Magnus behauptet, dies erlebt zu haben. Ich trage gewöhnlich einen sehr großen, und es scheint beim Schlafen zu helfen, aber nicht viel. Aber mein Hyazinth ist nicht karmesinrot und nicht von der ausgezeichneten Art, sondern golden, ist also nicht der beste. Der beste Hyazinth ist der karmesinrote, aber er ist selten größer als eine Linse. Wenn er in der Nähe des Feuers ist, d.h. auf glühende Kohlen gelegt wird, wird er dunkler und roter, aber wenn er vom Feuer weggenommen wird, beginnt er zu glühen. In der Tat unterscheidet sich diese Art kaum von einem Karfunkel, da, wie gesagt, eine mittlere Größe sehr selten ist. Alle Kräfte sind offenkundig mit dieser Art verbunden, undeutlich mit der goldenen Art, überhaupt nicht mit der wässrigen Art, diese ist billig und von schwacher Kraft. Darüber hinaus wird dem Hyazinthstein nachgesagt, dass er Reichtum und Autorität steigert, das Herz in hohem Maße stärkt und bemerkenswertes Glück erzeugt. Wir nennen dies nicht als deutliche Wirkung, sondern nur als mögliche. Er hat ein kühles Temperament, eine Eigenschaft, die fast allen Edelsteinen gemeinsam ist, und passt zum menschlichen Geist, sei es durch die Ähnlichkeit der Substanz, sei es durch die Berühmtheit, sei es durch eine sehr ähnliche Farbe oder aus einem anderen Grund. Er bessert und stärkt und macht fröhlich; Traurigkeit ist dagegen einfach eine Zusammenziehung oder ein Mangel oder eine Trübung des Geistes.

Aus denselben Erwägungen, wie einige Leute berichten, stärkt er das Herz besser als alles andere; **er wehrt die Pest ab**, die hauptsächlich durch Furcht und durch Schwäche des Herzens angreift, und der Hyazinth beseitigt beides. Deshalb werden Knaben und Frauen und ängstliche Leute sehr schnell von der Pest dahingerafft, aber junge Männer und mutige Leute nicht, es sei denn, die Pest ist sehr aggressiv. Er wird also sehr dabei helfen, die Pest abzuwehren. Auch wird er den Menschen angenehmen und sanften und guten Rat geben; daher wird es seine Autorität mehren, zu deren Vermehrung in den meisten Fällen auch die Vermehrung des Reichtums hinzukommt.

Eine Eigenschaft ist noch offen: **der Schutz der Menschen vor Blitzschlag.** Das ist kein geringer Dienst, denn viele bedeutende Männer sind an dieser so abrupten Todesart zugrunde gegangen: Zarathustra, König der Baktrier, Kapaneus im Thebanischen Krieg, Ajax nach der Einnahme Trojas, Kaiser Anastasius nach siebenundzwanzig Jahren seiner Herrschaft, Carus ebenfalls, und auch andere Cäsaren. Lassen Sie uns also erklären, auf wie viele Arten dies geschehen kann. Entweder hält der Hyazinthstein den Blitz auf, oder er beeinflusst die Absichten der Person, die ihn trägt, oder es funktioniert, weil die einzigen Leute, die daran denken, Hyazinthsteine zu tragen, diejenigen sind, denen ein Blitz niemals schaden würde, oder er hält den Hyazinthenträger davon ab, geschädigt zu werden, selbst wenn ein Blitz ihn berührt hat. Ich wüsste nicht, wie man mehr Wege finden könnte. Von einem Blitz berührt, aber nicht verletzt zu werden, ist kaum wahrscheinlich; und die Leute, die darüber schreiben, haben nicht »nicht verletzt werden«, sondern »nicht berührt werden« geschrieben. Außerdem wäre es ein noch größeres Wunder, wenn der Blitz gar nicht erst kommen würde; außerdem werden große und auffällige Taten normalerweise durch Berührung vollbracht. Dass das Schicksal es so eingerichtet hat, kommt einer Fabel sehr nahe. Es ist also besser zu sagen, dass der erfreute Geist des Herzens diesen Nutzen erzielt hat, indem er den Menschen so weit erregt hat, dass er vor Blitzen völlig sicher ist. Und zu sagen, dass er nicht verletzt wird, selbst wenn er berührt wird, ist medizinisch und natürlicher, obwohl es einem offensichtlichen Wunder sehr nahe kommt.

Dabei halten wir es mit Aristoteles, der es bei so schwierigen Fragen für ausreichend hält, wenn wir die absurdesten Fehler vermeiden. Aber dass Steine uns vor Unfällen schützen sollen, ist wie die Geschichte, die man sich über den Erano, genannt Türkis[2], erzählt. Von glaubt man, dass er jegliche Verletzung auffängt, wenn jemand vom Pferd stürzt, wenn er ihn an einem Ring trägt, und selbst wenn er in Stücke zerbricht, hat die Person, die gerettet wird, weniger zu befürchten. Man fügt hinzu, dass er als Geschenk angenommen werden muss. Dieser Stein fällt durch seine Himmelsfarbe auf und glitzert. Es ist bewiesen, dass er bei Nacht grünlich erscheint, dass die Rückseite und der Boden schwarz sind, dass er im unteren Teil Adern enthält, dass er glatt und nicht sehr kalt ist und schließlich, dass verdünnter Kalk, der auf ihn aufgetragen wird, blau aussieht und die Farbe des Edelsteins annimmt. Und weil er so ist, ist er weder durchsichtig noch ein Edelstein, denn kann mit einer Feile zerkratzt werden. Außerdem blüht seine Farbe auf, wenn man ihn in die Nähe des Feuers bringt, und er verflüchtigt sich allein durch die Feuchtigkeit der Hände. Dies lässt Zweifel aufkommen, ob das Märchen von der Tugendhaftigkeit des Steins auf der Straße der Juweliere nur deswegen angepriesen wurde, damit der Stein trotz mäßiger Schönheit einen hohen Preis erzielt. Und diejenigen, bei denen die Erzählung entstanden ist, nehmen nicht an, dass er andere Kräfte hat als die gegen Vergiftung und Raserei. Wenn er also verhindern kann, dass sich Menschen beim Fallen verletzen, so wird dies eher bei Personen geschehen, die es nicht eilig haben, oder die durch alte und billige Pferde weniger gefährdet sind zu stürzen. Aber dass der Stein den eigentlichen Aufprall aufnimmt, ist nicht glaubwürdig. Vielleicht ist er so weich, dass er beim Sturz des Reiters selbst schneller beschädigt wird. Ich habe einen Erano geschenkt bekommen, aber ich habe ihn noch nicht ausprobiert, und meine Neugierde reicht dazu auch nicht aus.

Mit einem kleinen Wunder können der **Hyänenstein**[3] und der Smaragd die Zukunft vorhersagen, wenn sie dies tun; ich möchte im Moment nicht darüber sprechen, was er tut, sondern was er tun kann, und warum und wie. Im Falle eines Edelsteins, der in einem Ring getragen oder um den Hals gehängt wird (er ist auf diese Weise mächtiger) oder sogar unter der Zunge gehalten wird (dann kann er am meisten bewirken), verstärkt er die Vorhersage dessen, was geschehen wird; und er entfernt die Vorstellung von dem, was nicht geschehen wird, aus dem Geist. Wenn Sie wissen wollen, wie er das tut: auf die gleiche Weise, wie Sie es Ihrer Seele zuschreiben, die im Traum wahrsagt. Wir haben in unserem kleinen Buch *De Immortalitate Animorum* erklärt, wie die Weissagung durch einen Traum geschieht. Und Steine, die unter der Zunge gehalten werden, können Wahrsagerei bewirken, indem sie das Urteilsvermögen und die Klugheit erhöhen; die Wahrsagerei gehört hauptsächlich dazu, wie wir in dem Buch *De Sapientia* gezeigt haben.

Die Leute sagen, dass ihrer Erfahrung nach ein **Smaragd** manchmal während des Koitus zerbricht. Wie dem auch sei, der Smaragd ist der zerbrechlichste aller Edelsteine. Er wird durch Hitze beansprucht und zerspringt, wenn er mit hoher und seltener Feuchtigkeit in Berührung kommt; Feuchtigkeit, die erhitzt wird, geht in die Luft über und nimmt weniger Raum ein, daher stört sie; dies wurde bereits erwähnt. Während der Freuden der Venus erwärmt sich der Körper stark. Das merken wir daran, dass sich die Atmung beschleunigt und das Schwitzen einsetzt. Und diese Hitze hat eine größere Wirkung, weil sie nicht wie bei anderen Leibesübungen allmählich abgeleitet wird. Dieser Edelstein widersteht Giften in hohem Maße, denn mit seiner Weichheit wird er von der Natur mehr als jeder andere Edelstein überwunden. Durch seine Transparenz wird die Substanz des Geistes wiederhergestellt, die Fülle der zusammengeballten Feuchtigkeit stärkt die menschliche Natur und mindert

[2] »Turchesia«.

[3] »hyaenam«.

die Natur des Giftes. Weil er ein Stein ist, bleiben seine Kräfte stabil.

Es gibt auch einen **Smaragd von den Westindischen Inseln**, benannt nach einer alten Provinz von Peru, ziemlich hart, nicht sehr farbenfroh, aber von recht attraktivem Aussehen. Wenn er getragen wird, scheint er Kummer zu verursachen und Träume voller Not und Angst. Er eignet sich daher für widerspenstige Menschen, er macht sie vernünftiger und besänftigt ihr Gemüt. Andererseits ist der Hyazinthstein hilfreicher für düstere und ängstliche Menschen. Unter den Dingen, die schön anzusehen sind, gibt es kaum eines, das dem Menschen nicht nützt. Ich beziehe mich auf Edelsteine, Gold, Silber, Seide, Purpur, solange die Technik das Aussehen nicht verdirbt. So ist der Smaragd mit seiner Schönheit der herausragendste aller Edelsteine, wie der Diamant für Härte und Festigkeit, der Saphir für Attraktivität, der Karfunkel für Lebendigkeit, Opal für die Vielfalt des Glanzes, Chrysolith für das Glitzern, Achat für die Vielfalt. In gleicher Weise trägt der Smaragd mehr zur menschlichen Gesundheit bei. Da er aber sehr weich ist, ist er besonders anfällig für alle Unfälle. Er wird durch Feuer und Hitze verdorben, durch Berührung mit härteren Edelsteinen (besonders mit Diamanten), durch Stahl, Messing, gewöhnliches und zyprisches Kupfer, durch Stöße, durch Reibung – kurz, dieser Edelstein ist eine Beute für jede Verletzung, und deshalb findet man ihn an wenigen Fingern, da er sehr teuer ist. Er wird wegen seines großen Glanzes sehr geschätzt, und er ist wie eine Art Sonne. Und indem er Wälder und grüne Wiesen nachahmt, erfüllt er die Augen mit Lebendigkeit: es gibt keinen lebendigeren Edelstein. Man sagt auch, dass die besten Steine mit einem lydischen Schleifstein geschliffen werden und ihren kupferfarbenen Fleck verlieren.

Es ist offensichtlich, dass es weit weniger außergewöhnlich ist, Träume und Bilder hervorzurufen, als eine Weissagung zu machen. Der Stein, den ich bei mir habe, lässt also die Bilder in den Träumen sich emsig bewegen, verkürzt den Schlaf und verbessert das Gedächtnis. Es ist offensichtlich, dass er dies durch die große Trockenheit tut, die er hat; seine Größe ist die einer Erbse, nicht einer mittleren oder kleinen, sondern einer großen. Seine Farbe ist oben rostig, mit blutfarbenen Flecken, mit Glitzern, härter als ein Achat, unten ist er wie trübes Eiweiß. Diese blutfarbenen Flecken ähneln einem Schneckenhaus; dort, wo der Stein glänzender weiß ist, befindet sich im Inneren etwas, das wie ein Teil der inneren Hülle eines Eis aussieht.

Man sagt, dass der Amethyst aus einem ähnlichen Grund die Träume anregt, weshalb er im Hebräischen Chala genannt wird, was nach dem Zeugnis von Rabbi Ben Ezra »träumen« bedeutet. Einige Edelsteine stimulieren Träume durch eine andere Umwandlung, wie der Onyx, dessen gemeiner Name Nicolus ist; er verändert und regt den Geist an; oder andere tun es durch Schönheit, wie Karfunkel, Opale und Achat. Einige wiederum tun es durch eine eigene Eigenschaft. Es ist also klar, dass Träume durch Steine auf vier Arten hervorgerufen werden. Und wenn sie auch durch andere Ursachen als Steine hervorgerufen werden, lassen sie sich leichter auf diese vier Ursachen reduzieren. So macht der Wechsel zwischen Wachsein und leichtem Schlaf lebhafte Bilder, und Zwiebeln, Kohl und Senf tun es wegen ihrer Dämpfe; auch Furcht, Freude, Kräuter, Liebe, weil sie den Geist bewegen. Und Dinge, die sich spontan bewegen, worüber wir in unserem ersten Buch über Träume gesprochen haben. Es ist viel einfacher, für Wagemut oder Beherztheit oder sogar für Trägheit zu sorgen, als Träume anzuregen. Auch das Stillen von Blutungen oder die Stärkung des Magens, wie wir es beim Jaspis sehen, sollte kaum Erstaunen hervorrufen, da diese Kräfte ohnehin den primären oder sekundären Qualitäten zugeschrieben werden können. Und diese Kräfte sind in uns.

Außerdem ist die Substanz der Steine hart, und je härter sie ist, desto teurer sind sie, wie die größere Dehnbarkeit bei den Metallen. So ist Gold das teuerste unter den Metallen, und der Diamant ist der teuerste unter den Edelsteinen nach der Substanz; nach der Farbe kommt er an zweiter Stelle nach Karfunkel, Opal und Smaragd. Dies ist eine bemerkenswerte Eigenschaft des Diamanten, denn selbst seine Bruchstücke sind teuer; ein Skrupel wird für sechs goldene Kronen verkauft. Durch seine Härte schneidet er alle Edelsteine und ist nicht nur nützlich, sondern unerlässlich für das Ziselieren. Der Diamant ist so hart, dass er kaum durch etwas anderes als sein eigenes Pulver abgeschliffen und poliert werden kann. Seine Größe übersteigt selten eine Unze. Das beweist ein Exemplar in Antwerpen, das heute auf sechs Millionen Sesterzen geschätzt wird, das sind hundertfünfzigtausend Goldkronen, obwohl es nur eine Unze ist. Geschliffen und poliert soll er in der Regel mindestens vier Goldtalente einbringen, obwohl der Aufwand kaum die Hälfte davon wert ist. Auf die gleiche Ursache, für die es eine offensichtliche Erklärung gibt, führt man die Tatsache zurück, dass eine scharfe, mit Diamantstaub bedeckte Spitze, sei es die eines Speers oder einer Pike oder eines Schwertes oder eines Pfeils, alle Rüstungen, wie Panzer und Helme, durchdringen kann; sie erhitzt das Eisen oder den Stahl durch ihren Aufprall und durchdringt das Eisen. Dies ist ein Beweis für die hohe Verdünnung und die große Härte des Diamanten. Eine weitere Eigenschaft des Diamanten ist, dass er, wenn er poliert ist, von allen Edelsteinen am meisten glänzt.

Ein drittes Merkmal ist, dass er **feuerbeständig** ist und bis zum neunten Tag überhaupt keinen Schaden nimmt und sogar noch viele Tage länger unbeschädigt bleibt. Nach ihm kommen Karfunkel und Granat, die bis zum fünften Tag unbeschadet bleiben, aber nicht alle und nicht bei jeder Gelegenheit. Diese sind also nach dem Diamanten am wenigsten feuergefährdet und von sehr feiner Beschaffenheit. Wären sie nicht von sehr verdünnter Beschaffenheit, so würden sie, wie gezeigt wurde, Poren aufweisen, durch die das Feuer leicht eindringen und sie auflösen könnte. Auch ihre Kälte trägt zur Verdünnung und Festigkeit bei, sodass diese Steine äußerst feuerbeständig sind und ein Saphir dem Feuer nicht leicht nachgibt und härter ist als ein Karfunkel, aber an dritter Stelle der Steine steht, die am wenigsten durch Feuer geschädigt werden können.

Nehmen wir an, jemand fragt: Worin unterscheidet sich der Diamant vom Kristall, da beide einen Glanz haben und von glänzend-weißer, oder vielmehr wässriger Farbe sind? Wir werden sagen, dass der Glanz des Diamanten lebendig und fest ist, sodass er nicht nur einen hellen Glanz hat, sondern auch leuchtet und glitzert. Außerdem ist er unempfindlich gegen Eisen, Feuchtigkeit, Feuer, Alter und Gebrauch, alles Eigenschaften, die dem Kristall fehlen, da er sehr schnell altert. Außerdem zieht der Diamant, wenn er erwärmt wird, Strohhalme an, genau wie der Bernstein, aber nicht sehr auffällig, weil er klein ist. Wenn man ihn an den linken Arm bindet, sodass er das Fleisch berührt, unterdrückt er nächtliche Ängste, wie ich oft festgestellt habe. Es wird fälschlicherweise angenommen, dass er nicht durch Schläge zerbrochen werden kann, weil ein Hammer ihn zu Pulver zermahlt; im Verhältnis zu Schlägen ist er ein wenig härter als Kristall. Aber er steht der Anziehungskraft des Eisens nicht im Wege; diese beiden Eigenschaften sind ihm fälschlicherweise zugeschrieben worden, und oft sogar von neueren Schriftstellern wiederbelebt und überall veröffentlicht worden. Alles, was sie zeigen, ist ihre große Trägheit und Unbesonnenheit; Dinge zu schreiben, die man nicht ausprobiert hat, zeugt von größter Unbesonnenheit, und nicht zu erleben, was man so leicht könnte, zeugt von größerer Verrücktheit.

Die grünen Edelsteine – nicht nur der Smaragd, sondern auch alle anderen, wie z.B. der Prassius und der Topas – sind anfällig für Feuer, und zwar mehr als alle anderen. Der Grund dafür ist ihre Fülle an halbgebildeter

Feuchtigkeit. Wie Aristoteles sagt, entstehen die Metalle aus einer feuchten Ausdünstung, die Steine aus einer trockenen; und sie werden genährt, wie wir sagten, und das mit klarem Verstand, da sie wachsen. Was aber wächst, ist nicht wie Tuffstein, es ist notwendig, es zu nähren, wie Galen sagt. Und da sie aus verschiedenen Ausdünstungen entstehen, so nehmen sie verschiedene Farbe und Substanz an: düstere Steine aus verbranntem erdigen Stoff, glänzend-weiße aus reinem luftigen oder wässrigen Stoff, grüne aus reichlichem Stoff, rote aus starker Hitze und aus Stoff von geringer Feuchtigkeit, blaue aus rotem Stoff, wenn der rote Stoff von etwas Ungewöhnlichem ausgeschmolzen wird, andere aus verschiedenen Quellen. Dass sie genährt sind, zeigt sich auch daran, dass sie die Natur ihrer Grundfarbe rundum bewahren, wie es auch bei den Pflanzen der Fall ist; gäbe es einen ständigen Zuwachs, würde sich ihre Substanz ständig verändern, was aber nicht der Fall ist, es sei denn, entweder wegen der Adern, wie es auch bei den Bäumen geschieht, oder wegen der Natur des Steins, wie beim Achat.

Aber diese **Wandelbarkeit** zeigt sich auch bei den Pflanzen, wie bei der Olive, denn eine Olive wird zweifellos genährt und vermehrt sich nicht durch Zuwachs. Und so ist diese Ausdünstung kein Zufall; ein Stein, ebenso ein Baum, zieht besonders das an sich, was für ihn ideal ist. Die wässrigen Teile werden durchsichtig, wenn sie wieder von der Erde befreit sind, und die, die übrig bleiben, sind schlank und sehr vollständig mit wässriger Flüssigkeit durchmischt. Daher kommt es, dass kein sehr glänzender Stein schwer ist, und **keinem von ihnen fehlt es an bemerkenswerter Kraft**. So unterstützen manche Edelsteine Lebenslänge, andere Sicherheit, manche Weisheit, manche Reichtum, andere Liebe, andere Wahrsagerei, andere Robustheit, andere Glück. Und andere machen unglücklich, manche machen faul, manche ängstlich, manche glücklich, manche traurig.

Aber Sie werden sagen: Wenn glänzende Steine aus dünner feuchter und wenig erdiger Substanz bestehen, wie können sie dann trotzdem **schwerer als Glas** sein? Das ist ein Zeichen, das auf sie angewandt wird, um das Falsche vom Echten zu unterscheiden. Der Grund dafür ist, dass Glas von der Substanz her schwerer wäre, denn es ist noch dicker als Diamant. Aber die Substanz des Diamanten ist sehr fest, während die des Glases dünnflüssig und voller Poren ist, was dazu führt, dass Diamant schwerer ist als Glas. Allerdings kann kein edler Edelstein schwerer sein, sodass die Schwere immer zur Nützlichkeit beiträgt.

Manch einer wird sich vielleicht fragen, warum gerade sehr große Edelsteine oft Fehler haben. Manche sind von verdünnter und fehlerhafter Farbe und auch fleckig, während es zahlreiche kleine Edelsteine gibt, die erlesen und fehlerfrei sind, aber große wie diese sind selten. Der mögliche Grund dafür ist, dass es bei jeder Art von Edelsteinen immer einen größeren Vorrat an minderwertigem Material gibt als an einwandfreiem Material. Ein zweiter Grund ist, dass es mehr unreife Edelsteine gibt als solche, die ihre volle Reife erlangt haben. Ein dritter Grund, der einen sehr großen Anteil daran hat, ist, dass eine kleine Sache von der Natur besser vervollkommnet und zu einem Abschluss gebracht werden kann. Deshalb können große Edelsteine fast nie zur endgültigen Reife gebracht werden. Ein weiterer Punkt ist, dass die Könige, in deren Herrschaftsbereich die Edelsteine selbst entstehen, jeden, der ihnen in Bezug auf Größe und Schönheit auffällt, für sich behalten. Sie lassen nur die kleinen, farblich verdünnten oder die mit Fehlern behafteten Steine zu uns exportieren.

Ludovico de Varthema berichtet, dass der König von Pegu (ein Staat in Indien) Pyrope von solcher Größe und Pracht besitzt, dass jeder, der den König selbst in der Dunkelheit erblickt, ihn mit klarem Licht leuchten sieht, so als ob er von den Strahlen der Sonne erleuchtet würde. Die Menschen haben sich angewöhnt, die edlere Art des Karfunkels Pyrop zu nennen; es gibt drei Arten davon. Die beste leuchtet im Dunkeln, Albertus bezeugt, dass er sie gesehen hat, also nennt man sie Pyrop. Daneben gibt es eine, die, wenn sie in einem großen glänzend-schwarzen Gefäß liegen, im Dunkeln leuchten, wenn man Wasser darüber gießt. Die dritte Art ist weniger wertvoll, und ihr Licht ist nur bei Beleuchtung von außen, wie Tageslicht oder Kerzenlicht, sichtbar. Der Karfunkel hat die Eigenschaft, den Geist anzuregen und lebendig zu machen; seine Farben sind gut für den Geist. Seine Nützlichkeit kommt jedoch nicht zum Vorschein, wenn der Stein fehlerhaft oder winzig ist, oder sein Träger launisch ist wie ein Junge, oder durch zu große und ernste Ängste behindert wird, wie Prinzen und weise Männer.

Granate[4] sind ebenfalls Karfunkel, wie sie in Deutschland vorkommen, schön, aber weich und daher fast unbrauchbar. Sie werden wegen ihrer Zartheit zu den Fluoren gezählt. Theophrast nimmt an, dass sie durch einen Zusammenfluss mit etwas Farbe und Wasser entstanden sind. Manche sind von wässriger Farbe, manche von der Farbe eines Amethysten, manche von der Farbe eines Hyazinthsteins, manche rötlich, manche werden Karfunkel genannt. Eine Besonderheit aller Karfunkel ist, dass sie beim Schleifen das Wachs[5] mit sich führen, weshalb es falsch ist, sie zu gravieren, vor allem, weil sie ihren lebendigen Glanz verlieren.

Der **Opal** ist schöner als der Karfunkel. Um zu verhindern, dass Sie bei einem so prächtigen Stein nicht wissen, wie hoch sein Wert ist, wenn Sie ihn finden, füge ich die Worte von Plinius hinzu: »Der Opal besitzt das feinere Feuer eines Karfunkels, das schimmernde Purpur eines Amethysten, das grüne Meer eines Smaragds, und alle leuchten zusammen in einem unglaublichen Gemisch.« Manche Leute haben die Farben seiner Pigmente mit einem Blitz verglichen, andere sehen eine Ähnlichkeit mit der brennenden Flamme von Schwefel oder sogar mit einem mit Öl angefachten Feuer. Seine Größe entspricht der einer Haselnuss; Plinius berichtet von dem Senator Nonius, der von Marcus Antonius verbannt wurde und sein Vermögen zurückließ, bis auf diesen Stein. Unter den Edelsteinen kann es also nichts Schöneres geben. Man findet ihn auf der ostindischen Insel Ceylon, wobei die Kunst der Natur die Hand reicht, anstatt dass er von selbst entsteht; eine solche Farbvielfalt wird durch Feuerbehandlung erzeugt, so sagt man.

Aber es scheint mir eine besondere Art von Stein zu sein, den ich jetzt besitze. Sieben Dinge kennzeichnen ihn: Der erste ist, wie ich schon sagte, dass er in verschiedenen Mischfarben schimmert, wie Grün und Gold und besonders Rot, was bei keinem anderen Edelstein vorkommt. Aber er glänzt auch sehr stark und leuchtet. In der Mitte seiner abgerundeten Oberfläche kann ich eine Linie sehen, die weißer als Schnee glitzert, aber eine kleine Veränderung des Blickwinkels lässt sie, wie viele andere Dinge, verschwinden und sie ist nicht mehr zu sehen. Es ist auch ein sehr schwerer Edelstein; obwohl er kürzer als eine Bohne und keineswegs größer ist, wiegt er doch zwei Denare – fast fünfzig Korn. Das macht ihn zu einer ganz eigenen Art. Er ist nicht durch ein markantes Feuer verschönert und es ist bemerkenswert, dass er so transparent ist, sowohl aus diesem Grund als auch wegen der Vielfalt seiner Färbung. In der Tat sind gut gefärbte Edelsteine selten so durchscheinend wie der Smaragd, der Hyazinthstein, der Karfunkel oder der Saphir; aber er ähnelt diesem in seiner außergewöhnlichen Härte. Er muss also aus einer wässrigen Substanz bestehen, die nur mit einem verdünnten und recht kompakten Schatten (sozusagen) aus Erde vermischt ist.

[4] »Carchedonii«.

[5] Forrester: Dieses Wachs war wahrscheinlich ein Belag auf dem Arbeitstisch des Juweliers, und ein Teil davon neigte dazu, am Edelstein zu haften und sein Aussehen zu beeinträchtigen.

Das macht ihn schwer und verleiht ihm eine Art göttlichen Einfluss auf seinen Träger. Ich habe meinen für 15 Goldkronen gekauft, und er macht mir so viel Freude wie ein Diamant, der 500 Goldstücke kostet. Ohne dass er so viel wert ist? Ich stimme zu; aber die Juweliere wissen nichts davon und betrachten ihn offen als einen falschen Opal. Aber da dieser Edelstein weich ist und in keinem Teil mit dem anderen vergleichbar, könnte er dann wirklich ein Opal sein? Ich denke schon, auch wenn er nicht mit dem Purpur eines Amethysten schimmert. In der Tat findet man in keinem anderen Edelstein so viele verschiedene Farben gemischt und so leuchtend. Man muss glauben, dass es eine Reihe von Sorten gibt, und dass die, in denen diese Farben leuchten statt nur weiß zu sein, besser sind. Aber ich würde denken, dass dieser, den ich von einem Deutschen bekommen habe, eine Unze wiegt. Was der Opal des Altertums war, ist nicht bekannt; und der, den ich jetzt habe, wenn er kein echter Opal ist, können wir nur vermuten, wie unsere Vorfahren ihn genannt hätten. Wenn er in Gold gefasst ist, verliert er viel an Glanz und muss deshalb in vier goldenen Haken gehalten werden.

Der **Pseudoopal** ist weitaus minderwertiger; er ist glänzend-weiß und glitzert, ist aber nicht durchsichtig; er wird auch Katzenauge genannt. Bei dem, den ich habe, ist dies wunderbar sichtbar: von der einen Seite sieht er ganz glänzend-weiß und milchig aus, von der anderen ganz düster, so düster, dass er ganz dunkel aussieht. Und das ist nicht das Ergebnis von wechselndem Licht, denn ob man ihn gegen das Licht oder gegen die Dunkelheit wendet, er ist immer mattweiß aus der Richtung, aus der er gewöhnlich in dieser Farbe aussieht, aber dunkel aus jeder anderen. Und so zeigt ein und dieselbe Oberfläche von sich aus zwei fast völlig gegensätzliche Farben, einfach durch den Wechsel des Blickwinkels, wenn man ihn aus entgegengesetzten Richtungen betrachtet. Manche dieser Steine sind eher weich, manche hart, wie der, den ich besitze. Es ist gut, einen Grund für solch eine bemerkenswerte Eigenschaft zu nennen. Der Grund ist, dass der Stein an einigen Stellen kraus und durchlässig ist, an anderen aber kaum; er empfängt das Licht an den undurchlässigen Stellen, lässt es aber zurückprallen, mit dem Ergebnis, dass er das Licht glänzend-weiß und wie hellen Schnee abgibt. Umgekehrt nimmt er das Licht zwar auf, lässt es aber nicht abprallen, sodass der Stein dunkel und düster erscheint. Dies deutet darauf hin, dass seine Substanz kaum einheitlich ist. Aber Sie werden sagen: Warum nimmt er das Licht nicht an, wenn der Edelstein durchlässig ist? Es ist besser zu sagen, dass ein Edelstein an seiner Oberfläche völlig durchscheinend ist, aber an einer Stelle rau und daher schwarz glänzend ist; an der anderen ist er poliert und daher glänzend und matt-weiß.

Der **Saphir** steht dem Diamanten am nächsten und ist der fünfte in der Rangliste der edlen Edelsteine. Er ist von größter Härte, von blauer Farbe und sehr angenehm für die Augen, wenn er nicht verdünnt oder fehlerhaft ist. Daher erfrischt nichts so sehr wie der Anblick von Smaragd und Saphir, er erfrischt den Menschen und hilft gegen schwarze Galle, Melancholie und Skorpion--stiche. Albertus Magnus berichtet, dass er zweimal die Erfahrung gemacht hat, dass Saphir den Milzbrand allein durch Berührung geheilt hat. Es muss ein ausgezeichneter und großer sein, und einige Zeit am Körper haften. Das Ergebnis ist, dass er die Kraft eines Gegenmittels hat; der Biss einer Dipsas führt zu Durst, und die Hand wird durch den Kontakt mit einem Zitterrochen betäubt; auf die gleiche Weise wird das Gift des Milzbrandes durch längeren Kontakt mit einem Saphir unterdrückt.

Der **Heliotrop-Edelstein** ist grün, nicht unähnlich dem Jaspis, aber an einem Jaspis haften blutrote Flecken oder Tropfen, während ein Heliotrop mit blutroten Bändern versehen ist. Wenn er unter Wasser der Sonne ausgesetzt wird, streut er aufgrund seiner lebhaften Röte und seines Grüns eine safrangelbe Farbe, sodass er die Atmosphäre zu trüben und eine Sonnenfinsternis zu zeigen scheint. Bislang hatte ich keine Gelegenheit, dies zu sehen, ebenso wenig wie einen echten Astrit[6]. Es handelt sich beim Heliotrop um einen harten Edelstein, in dessen Innerem die Sonne leuchtet, wenn man ihn dreht. Juweliere imitieren ihn mit Chalcedon-Onyx, der seinen Glanz und seine Kräfte ein wenig verliert, wenn er Hitze oder Schweiß stark ausgesetzt wird.

Ein besserer Edelstein ist der aus einem glänzenden Sard, der **Karneol** genannt wird; der beste wird aus diesem wie auch aus anderen ziemlich harten Hohlsteinen gemacht, weil der Hohlraum das Leuchten aufnimmt; aber nur ein echter Astrit behält seine Schönheit und seinen Glanz. Doch ist er weder ein Edelstein noch durchscheinend. Er ist mit Flecken von aschiger Farbe gezeichnet, von denen er seinen Namen hat. Er bewegt sich von selbst in Essig und sogar in Wein und ahmt die Bewegungen von Tieren nach: Er bewegt sich vorwärts, zur Seite und dann wieder zurück. In der Vergangenheit kannte Rabbi Ben Ezra diesen Stein und seine Kräfte; er ist bei uns weit verbreitet und billig. Nachdem ich oft über seine Bewegung nachgedacht hatte, kam ich zu dem Schluss, dass der Stein aus verdünnter Feuchtigkeit besteht und durch die Kraft von Essig und Wein in Dampf umgewandelt werden kann, sodass der Dampf bei seiner erfolglosen Suche nach Entkommen den Stein (der ohnehin leicht ist) leicht in die eine und andere Richtung treibt. Er stößt dabei keine Blasen aus, was auf die Verdünnung des Dampfes hinweist. Daher sollte man ihn nicht als einen Stein mit großer Durchlässigkeit betrachten. Es gibt Leute, die ihn um den Hals tragen und glauben, dass er sie zu Siegern macht. Ich habe mir vorgenommen, hier nur das zu schreiben, was ich erlebt habe; aber ich wollte das unbedingt erwähnen, damit jeder es ausprobieren kann. Wie gesagt, ich habe das Experiment häufiger in Wein und Essig gemacht.

Jaspis ist dem Heliotrop ähnlich. Sofern er grün ist und direkt am Magen getragen wird, schrieb Galen, dass er diesen erheblich stärkt. Man hat auch gesehen, dass er, wenn er so verwendet wird, Blutungen überall, besonders aber das Nasenbluten, zum Stillstand bringt, was nicht verwunderlich ist, da er eine große adstringierende Kraft besitzt. Wenn er aus dem Osten[7] kommt, ist er nicht sehr klein, glänzend, grün, mit zahlreichen kleinen blutfarbenen Tropfen übersät, die dem lebenden Blut sehr ähnlich sind.

Der **Achat** wird zu den Edelsteinen gezählt, ist aber von so unterschiedlicher Art, dass man ihn nicht für eine einzige Art Stein halten würde: es gibt ihn glänzend-weiß, rötlich, safrangelb, aschig, grün, glänzend-schwarz, kunterbunt, blau. Um es vorwegzunehmen: die Farben aller anderen Edelsteine reichen für diesen einen nicht aus. In spielerischer Weise stellt er Haine, Wiesen, Tiere, Flüsse, Blumen, Bäume dar. Der Achat des Königs Pyrrhus ist in der Geschichte sehr berühmt, er zeigt die neun Musen mit Apollo, der in ihrer Mitte die Leier spielt, jede von ihnen mit ihrem eigenen Dekor, sodass es aussieht, als ob die Natur mit dem Maler streitet. Hier sollte man eher von einem Wunder als von einem Edelstein sprechen. Wir besitzen drei Achate: auf einem hat die Natur die Halbkugel des Himmels gemalt, mit herausgehobenen Sphären; in der Mitte ist die runde Erde, als ob sie auf dem Wasser schwimmt. Der zweite scheint Rauch aus einem Spalt auszustoßen, der die Luft trübt. Bewundernswert ist hier, dass der Rauch eine Farbe hat und die Luft eine andere, die von ihm verdunkelt wird – der Rauch ist wie glänzend weiß und dick, die Luft rötlich und mittelmäßig durchscheinend. Der dritte, viel bemerkenswerter als die anderen, hat ein virtuelles Abbild von Galba, das so dargestellt ist: nicht auf der Oberfläche, sondern wie

[6] »Astrites«, asteria.

[7] »ex oriente«.

unter Glas; dennoch ist es ein echter Edelstein, kein Glas, denn wo man ihn mit dem Finger berührt, zeigt sich alles rot; er hat das Aussehen von Jaspis. Ich habe mich davon überzeugt, dass er den Schlaf bringt und alle Träume voller Ernsthaftigkeit zeigt, der Eitelkeit enthoben, auch die Klugheit erhöht er. Da ich aber, während ich ihn trug, viele Unglücksfälle erlitt, außerhalb der Grenzen des Irrtums und der Erwartung, habe ich ihn jetzt zum zweiten Mal weggelegt. Andere Achate stellen die Augen von Vögeln dar, und wir haben einen solchen, andere die Augen von Fischen. Der Pontische Achat, der mit blutfarbenen oder mattschwarzen Tropfen gezeichnet ist, stellt das Abbild von Bergen und tiefen Tälern dar. Einige stellen menschliche Augen dar und sind Leucophthalmi; einige die eines Wolfes, Lycophthalmi, einige die einer Ziege, Aegophthalmi[8] genannt. Ich habe einen durchscheinenden grünen Stein gesehen, der schön mit zwei glänzenden weißen Linien gezeichnet war, einen Edelstein, den ich für einen unbestimmten Stein hielt, der eher zwischen Achat und Prassius liegt. Denn wie bei den Tieren die Maultiere von einem Esel und einer Stute abstammen, und eine Lycisca von einem Wolf und einem Hund, so sind auch die Steine manchmal von gemischter und verschiedener Art, mit einer Vermischung ihrer Materie und der Ursachen, die sie hervorgebracht haben. Aber was den Achat von König Pyrrhus angeht: Ich halte es für zu lächerlich, dass er durch Zufall so genau verziert und gezeichnet worden sein soll. Demnach geschah es so: Ein Maler bemalte mit kräftigen Farben einen Marmorstein, auf dem die neun Musen in ihrer Mitte Apollo beim Spiel der Leier bewunderten. Danach lag dieser Stein zufällig oder absichtlich viele Jahre lang an der Stelle vergraben, an der gewöhnlich Achate entstehen; und so kam es, dass rundherum ein durchscheinender, wässriger Achat entstand, der dann, als er gefunden wurde, die Musen und Apollo darstellte, als ob er durch die Sorgfalt der Natur entstanden wäre, als der Achat bereits ein Edelstein war. Denn wenn Weizenähren und Moos, das an Bäumen haftet, im Laufe der Zeit in einen Achat übergehen, (wie bei einem Achat, den ich mit fünf Weizenähren besaß, von denen man sagen konnte, sie seien gerade vom Halm gefallen), so waren sie doch Stein, und auch Edelstein. Auf die gleiche Weise war auch ein Teil einer Fliege da. Wie viel leichter könnte dieser weiche, bemalte Stein in einen Achat übergehen? Und so, wenn jemand die Fundorte der Achate beachtet, besonders dort, wo durchscheinende entstehen, und ein Bild in dauerhaften Farben, wie Blau und Gold, die aus Metall bestehen, vergräbt: Dann wird (besonders wenn er das Werk mit punischem Wachs, das mit ein wenig Öl gemischt ist, oder mit einer anderen dauerhaften, aber durchscheinenden Salbe, die bei uns flüssiger Firnis genannt wird, der im Allgemeinen auf die teureren Bilder aufgetragen wird, wenn sie fertig sind) ein Achat auf diese Weise gemalt geboren werden.

Aber Sie werden sagen: Ein so bemalter Achat wäre sehr gewöhnlich, wenn er so leicht hergestellt werden könnte. Aber Sie übersehen erstens, dass das Eingraben dort erfolgen sollte, wo Achate entstehen, und zweitens, dass ein Achat, der so gestaltet ist, dass er brillant und durchscheinend ist, um dann innerhalb weniger Jahre in einen Edelstein überzugehen, bevor das Bild verblasst, und nicht zu früh durch irgendeine äußere Feuchtigkeit verdünnt werden darf, damit das Bild nicht verloren geht, schließlich perfekt ausgegraben wird. Wie viele Fische gibt es, die niemand jemals fängt, wie viele Tiere in den Wäldern und Vögel, die niemand jemals gefangen hat, und sie sterben von selbst an ihren eigenen Orten? Stell dir vor, das ist die Anzahl der Edelsteine, die an den Orten lauern, an denen sie entstanden sind, und nie

[8] »leucophthalmi« = weiße Augen; »lycophthalmi« = Wolfsaugen; »aegophthalmi« = Ziegenaugen

ans Licht kommen, aber so wie sie durch das Alter in ihrer ersten Mutter, der Erde, geformt wurden, kehren sie auf dieselbe Weise zurück. Obwohl der Achat sich durch seine Vielfältigkeit auszeichnet, erzielt er, da er nicht viel glänzt, selten einen hohen Preis unter den Edelsteinen.

Chrysolith gilt als viel edler als Achat; unsere Leute nennen ihn **Topas**, so wie sie echten Topas Chrysolith nennen. Plinius sagt, Chrysolith sei ein Edelstein von goldener Farbe und glitzernd; und diese Aussagen treffen auf unseren gewöhnlichen Topas zu, obwohl der deutsche Topas eigentlich weicher ist, wie die meisten anderen Edelsteine, die in der Kältezone gefunden werden. Denn die Hitze kann ihren Saft nicht so sehr verdünnen und den Edelstein härten (weil der Grund für die Härte die vollkommene Erstarrung ist, die eintritt, wenn die kleinsten Teile zusammengemischt werden). Plinius spricht aber nicht von diesem Chrysolithen, sondern von dem orientalischen, der bekanntlich sehr hart ist, und zwar von solcher Härte, dass er dem Saphir nur wenig oder gar nicht nachsteht. Dies veranlasste mich, mein Porträt auf einen Chrysolithen gravieren zu lassen, mit den Anfangsbuchstaben meines Namens und Vornamens. Ich wählte diesen Stein wegen seiner extremen Härte und damit der Dauerhaftigkeit des Werks, und er hat einen schönen Glanz. Ein Chrysolith ohne einige schwarze Flecken, die ihn verderben, ist ungewöhnlich; ansonsten ist er kein gewöhnlicher Edelstein. Man sagt, dass er die Libido über alle Maßen hemmt, wenn er in Kontakt mit der Haut getragen wird. Albertus schreibt, dass er seine Wildheit verliert, wenn man ihn in kochendes Wasser legt. Das ist aber nicht der Fall, wie üblich erfindet er viel über diese Punkte. Wir haben an anderer Stelle einige Einzelheiten seiner angeblichen Erfahrung in Verbindung mit Edelsteinen und Steinen erzählt und werden noch mehr erzählen. Er war keine echter Lügner, sondern zu leichtgläubig, wie es die Leute sind, die sich mit solchen Dingen beschäftigen und sie aufschreiben. Aber ich vermute, dass der Edelstein von enormer Kälte ist, da er, wenn er unter die Zunge gelegt wird, den Durst von Fieberkranken lindert. Diese Eigenschaft hat er allerdings mit dem Kristall und einer Reihe anderer Edelsteine gemeinsam, aber nicht so offensichtlich. Nun haben wir also den Topas, der der Chrysolith der Antike war, und umgekehrt ist das, was wir heute als Chrysolith bezeichnen, der wahre Topas der Antike. Plinius sagt nämlich, dass der Topas ein mattgrüner Edelstein ist, der einzigartig unter den Edelsteinen ist, weil er weich genug ist, um mit einem Schleifstein poliert zu werden, und er wird mit einer Feile geschliffen. Alldies trifft auf das zu, was unsere Leute einen Chrysolithen nennen. Er wird wirklich mit einer Feile geschliffen und ist von goldener Farbe, nicht rein, sondern mattgrün, und wegen seiner Weichheit poliert man ihn mit einer Scheibe aus Zinn. Auch verliert er seinen Glanz von selbst, sodass er zwar schön ist, aber niemand es für wert hält, ihn zu tragen. Man nennt ihn Piradotum, und unter den Juwelieren hat sich das Sprichwort eingebürgert, dass es zu viel ist, auch nur einen einzigen Piradotum zu haben, vermutlich weil er wegen seiner Weichheit am wenigsten verkäuflich ist. Ich habe jedoch festgestellt, dass fünfzehn Körner davon Melancholikern sofort helfen.

Doch bevor wir uns von Topas und Chrysolithen verabschieden, sei noch angemerkt, dass es einige Edelsteine gibt, die Wachs anziehen, und andere, die dies überhaupt nicht tun, von denen der **Sard** der bemerkenswerteste ist; auch der Chrysolith ist vor diesem Unheil nicht ganz gefeit. Um auf mein Thema zurückzukommen: Der Sardstein ist von roter Farbe, von der die Art, die mehr verdünnt und weniger rot ist, **Karneol** genannt wird, und auch, mit einem geänderten Buchstaben, Corneolus. Da er unten Onyx hat, wird er Sardonyx genannt, und ich habe einen solchen, bei dem unten Onyx sichtbar ist, oben Sard. Sard, wie gesagt, ist meistens aus Onyx entstanden. Sard, Corneolus und Sardonyx eignen sich sehr gut für Siegel, und zwar aus drei Gründen: erstens, weil es kein Wachs anzieht; zweitens, weil es leicht zu drücken ist, da es zäh und von mittlerer Härte ist; drittens, weil es nicht so leicht durch Feuchtigkeit stumpf wird.

Der Edelstein **Onyx** ist weich, so genannt wegen seiner Ähnlichkeit mit einem Fingernagel. Es gibt eine Reihe von Arten. Chalcedon, so benannt nach der Stadt in Bithynien, in die er früher transportiert wurde; er ist in Farbe und Durchsichtigkeit mit einem Fingernagel zu vergleichen. Albertus berichtet, er habe herausgefunden, dass dieser Stein, wenn man ihn sich um den Hals hängt, alle Kräfte des Körpers stärkt, was nicht unglaubwürdig ist. Durch seine Kälte zieht er die Geister zusammen und vereinigt sie, durch sein Licht stärkt er sie, auch durch das Temperament seiner Hitze. Aus demselben Grund soll er die Verliebtheit bändigen, wenn er um den Hals gehängt wird, und deshalb haben die Indianer ihn zu diesem Zweck regelmäßig überallhin mitgenommen. Er ist aber noch edler, weil er aus dem Osten kommt. Unter dieser Art ist der blaue, der sehr kostbar ist, und ich habe ihn nur einmal gesehen. Es gibt noch eine andere blaue Art, der oben blass und undurchsichtig ist, aber unten schwarz glänzt, und der Nicolus genannt wird; er macht denjenigen, der ihn trägt, düster und unvorsichtig und beunruhigt ihn mit schrecklichen Träumen. Er konzentriert die Geister so sehr, dass er Düsternis und Ratlosigkeit hervorruft. Eine dritte Art ist oben rostig, unten schwarz glänzend, in der Mitte weiß glänzend, und wird von den meisten Oculus genannt. Wenn zwei Onyxstücke aneinander gerieben werden, entwickeln sie eine so große Hitze, dass sie kaum zu ertragen ist. Man findet große Fragmente davon, die so groß sind, dass sie eher einer Art Marmor als einem Edelstein ähneln; in Rom gibt es sechs kleine Säulen aus diesem Stein im Petersdom. In Köln befindet sich noch ein handtellergroßer Onyx, von dem Albertus in der Vergangenheit und jetzt Agricola berichtet, dass er mit glänzend weißen Adern verziert ist, die die Köpfe zweier junger Männer darstellen, und mit glänzend schwarzen Adern, die eine Schlange darstellen, die sich vom Kopf des einen jungen Mannes auf den unteren Teil des anderen hinunterbewegt. Auf dem Kiefer eines der Männer ist außerdem der Kopf eines Äthiopiers mit schwarzem Bart abgebildet; der Rest des Steins hat die Farbe eines Fingernagels, wie es bei diesen Steinen üblich ist.

Aber man kann sich zu Recht fragen, **woher die Gestalten auf den Edelsteinen und Steinen kommen**. Es ist nicht vorstellbar, dass jede Figur zufällig entsteht, da (wie wir weiter unten sagen werden) viele Steine der gleichen Art die gleichen Figuren aufweisen. Und so muss man meiner Meinung nach sagen, dass es zwei Arten von Figuren und Ähnlichkeiten gibt: die eine, die immer auf denselben Steinen erscheint, und diese geht von der Natur aus, die so wirkt, wie sie bei den Pflanzen die Anzahl und den Plan der Blätter und Früchte bewahrt. Diese Art von Figur hat Kraft und bedeutet etwas. Eine solche Figur wurde in einem schwarzen Stein gefunden, der die Form eines Kegels hatte und dessen Spitze abgeschnitten war; auf seiner Spitze war eine Schlange sehr schön dargestellt, als wäre sie gemalt, während der untere Teil blasser war und nirgends durchschien. Der Mann, der ihn Albertus schenkte, pflegte zu sagen, dass sich auf ihm mehr als fünfhundert Schlangen gepaart hätten; er sei auf einer Wiese unter der Schwäbischen Alb gefunden worden, und nachdem er die Schlangen getötet hatte, unter denen er sich versteckte, wurde er von den Soldaten des Prinzen zusammen mit dem Kopf der größ ten Schlange, die den Stein berührte, aufgenommen und nach Hause gebracht worden.

Daraus ist zu schließen, dass die Natur diesen Stein mit der Kraft ausgestattet hat, Schlangen anzulocken. Dies wäre jedoch außergewöhnlich, es sei denn, man würde sich auf das Zeugnis des Plinius stützen, wonach man Schlangeneier findet, um die herum sich Schlangen paaren. Daher ist dies auf die Stäbe der Herolde gemalt. Tatsächlich sagt Plinius: »Wir haben ein Ei gesehen, das die Form eines kleinen, runden Apfels hatte, mit einer Kruste aus Knorpel, wie das Abzeichen eines Druiden, mit den dicht gedrängten Saugnäpfen eines Polypenarms. Man sagt, dass diese in Gallien an Salzpfannen und im Schaum von verschlungenen Schlangen gesammelt werden.« Es scheint mehr für die Eintracht auf der Grundlage der Zeugung als für Prozesse zu sprechen, obwohl sie zur Beliebtheit von Fürsten und zum Erfolg in Prozessen beitragen. Es wird sogar angenommen, dass ein römischer Ritter der Vocontier von Kaiser Claudius vorgeladen und getötet wurde, weil er ein Schlangenei an seinem Busen trug. Ich weiß, dass Plinius nicht lügt, aber ich weiß nicht, ob der Philosoph die Wahrheit sagt oder nicht. Es ist auch glaubhaft, dass auf einem Feld in Verona Steine gefunden wurden, auf denen, wie Leo Battista Alberti berichtet, das Bild des Siegels Salomos[9] in Vollkommenheit abgebildet war. Und da die Steine auf diese Weise von der Natur absichtlich verziert wurden, und nicht zufällig, ist es glaubhaft, dass ihnen eine besondere Kraft innewohnt. Es gibt zwei Arten davon. Erstens, dass es sozusagen zufällig und doch notwendig ist, wie die Rundungen der Dinge, die im Meer entstehen; sie werden durch lange Abnutzung durch die Wellen, die jede Vorwölbung wegfressen, rund. Aber sie sind nicht genau gerundet, auch nicht in allen Fällen. Wenn sie entnommen werden, bevor sie ihre Vollkommenheit erreicht haben, sind sie nur wenig gerundet, die Natur bietet nichts dergleichen. Die in Polen gewonnenen haben die Form von Krügen, vielleicht aus demselben Grund, weil sie sich um einen anderen Stein herum entwickeln; oder weil, wie bei einer bestimmten Art von Aetit, die eingeschlossene Erde nicht zusammenwächst; die äußere Hitze kann die Gefäße formen. Sie wird nicht von der Hitze gezwungen, da nur Feuchtigkeit um sie herum gegossen wird. Oder der Grund ist, dass die Natur diese Form besonders gewählt hat und sie zu ihrem Ziel macht, wie im Falle der runden Steine auf der Insel Kuba, von denen Oviedo berichtet. Auch von denen, die die Natur vorschlägt, ähneln einige den Gestalten der Substanz und der Form, andere sind gleichsam Bilder. Diejenigen, die den Platz einer Form einnehmen, sind ebenfalls durch Zufall entstanden, aber nicht in allen Fällen. Diejenigen also, die nicht immer in denselben Steinen zu finden sind, sondern selten, sind ebenso zufällig entstanden wie in den Wolken und haben keinen Wert, wie die in dem alabandischen[10] Stein des Affen, der in Freiberg gefunden wurde, und der von derselben Art, der ein kleines rotes Schild mit vier umlaufenden Linien hatte – die erste und dritte mattweiß, die zweite und vierte rot. Und in Annaberg hatte ein anderer alabandischer Stein die Form eines Kreuzes, aber dies war mehr eine Form als ein Bild. Und in den bitumenartigen Steinen des Hercynischen Waldes findet man Pyrit, der verschiedene Formen reproduziert, indem er sie mit goldenen Flecken markiert; Formen wie ein Strauß, ein Salamander, ein Hahn, ein bärtiger Priester, dann die Heilige Jungfrau Maria, die ihren Sohn in den Armen trägt. Auch in einem elsässischen See in der Nähe von Meißen finden sich auf der Oberfläche von Steinen in Kupfer dargestellte Frosch- und Fischfiguren – so oft und so sorgfältig, dass man sagen könnte, das könne kein Zufall sein. Sebastian Münster erwähnt, dass er ein Bildnis eines Olruppa bei sich hat; wenn ich mich nicht irre, nennen wir diesen Fisch »Botta«. Sicherlich hat er eine sehr große Leber und ist einem Gründling ähnlich; man könnte ihn einen Flussgründling nennen,

9 »Sigilli Salomoni«.

10 »alabandico lapide simiae invento Fribergi«. Es gibt einen »Marmor Alabandicum« aus der Satdt Alabanda in der heutigen Türkei, evtl. liegt da der Bezug. »lapis simiae« = »Stein des Affen« könnte der Affenstein im Erzgebirge sein.

nachdem man ihn Olruppa genannt hat, was, wie ich weiß, kein lateinisches Wort ist. Sollen wir also annehmen, dass dieser Fisch irgendwann einmal an einem Stein klebte, und so, als der Stein poröser wurde, brach das Kupfer an dieser Stelle durch? Oder dass das mit dem Samen des Fisches versetzte Wasser in das Metall überging? Metalle selbst entstehen aus Wasser. Oder gibt es einen Stern, der diese Form prägt? Aber die Kraft des Sterns wäre auf ein zu enges Ziel beschränkt. Oder dass die Natur dies durch eine gewisse Ähnlichkeit geformt hat, wie es bei der Entstehung von Tieren geschieht? Es ist also besser, diese auf feste Steinarten zu übertragen, wie es bei Tieren und Pflanzen geschieht, wenn ihre Formen richtig beschrieben wurden und das Ergebnis häufig ist. Aber ein seltener Zufall und Figuren, die nicht vollendet sind, wie ein menschliches Gesicht in unserem Achat, solche Dinge treten dann auf unbeständiger Grundlage und zufällig auf, wie bei Wolken und wenn geschmolzenes Blei ins Wasser geworfen wird, und bei Knochen des Hechts, die mit der Form von Landwerkzeugen verglichen werden. Die Formen der Achate sind also von dieser Art, und es ist keine Macht in ihnen (ich meine in den Figuren), sondern sie sind einfach natürlich.

Bei den künstlichen Figuren besteht eine große Unklarheit: Obwohl kein Argument uns davon überzeugen kann, **besitzen die künstlichen Figuren dennoch Kräfte**. Dies wird eher durch ein Beispiel als durch irgendeinen Gedankengang bewiesen. Der Grund kann also entweder darin liegen, dass dem Stein eine Kraft innewohnt, die die Unwissenden fälschlicherweise der Form zuschreiben, so wie Galen den geschliffenen Jaspis zu erklären pflegte. Oder aber darin, dass sie dem Schicksal zuzuschreiben ist, denn es gibt niemanden, der z. B. eine Möglichkeit hat, sich vor seinen Feinden zu schützen. Aber nicht sicher durch den Besitz eines Ringes mit einem Stein. Vielmehr scheint der Ring diese Fähigkeit zu haben, weil er dem Menschen gehört, der dieses Glück durch das Schicksal erlangt hat. Oder weil wir von Natur aus so sind: reaktionsschnell, mutig, weise, nicht dank eines geschliffenen Steines, sondern durch unsere Natur. Oder weil sie sich durch unbegründete Hoffnung Gefahren aussetzen oder sich dem Geschäft widmen und vom Glück unterstützt werden – deshalb glauben sie, es sei das Werk des Steins in ihrem Ring. Es gibt also viele Wege, auf denen der Glaube entsteht, dass die Macht in den künstlichen Figuren liegt.

Aber jetzt müssen wir zeigen, dass weder diese handwerklich oder künstlerisch hergestellten Gegenstände, noch irgendetwas anderes von Hand Gemachtes irgendwelche **Kräfte jenseits der Macht des Schicksals** besitzen kann. Da die mathematischen Figuren in der Tat nichts bewirken können und ebenso wenig die Prinzipien der Dinge sind, wie es die Zahlen sind, ist es klar, dass sie von sich aus und durch sich selbst nichts dazu beitragen können, die Handlungen der Natur auszuführen oder zu verändern. Wenn man aber hofft, durch Beobachtungen Macht vom Himmel zu erlangen (was die meisten Leute behaupten), muss es ein Prinzip für die Form geben; eine natürliche Handlung ist die einer Form. Es geht also darum, die natürliche Form zu verändern, nicht die Gestalt. Es ist eine denkwürdige Geschichte, die man sich über Hermiones Ring erzählt, dass alle, die ihn trugen, elendig zugrunde gingen.[11] Neueren Datums und wahrheitsgetreuer ist die Sage vom Pferd des Seius, dessen Besitzer (der erste war Cnaeus Seius, dann Dolabella, danach Cassius und Antonius) grausam und elendig durch Hinrichtung oder durch Unfälle umkamen. Es war auffallend durch seine Gestalt und seinen Charakter, von bewundernswerter Farbe, in der Tat purpurrot. Eine ähnliche Geschichte wird über das Gold von Toulouse erzählt, das der Römer Cepio

[11] Forrester schreibt, dass es wohl eher die Halskette der Harmonia gemeint ist.

erbeutete, und er selbst kam dabei qualvoll ums Leben. Dies sind nicht die tödlichen Folgen der Figuren, sondern des Schicksals, von dem wir an anderer Stelle sprechen. Es genügt, dass wir die zufälligen Ereignisse und die, die durch technisches Geschick herbeigeführt werden, gestreift haben.

Wir müssen nun erörtern, **warum der Bergkristall sechs Flächen hat**, mehr oder weniger hat er kaum je. Der Grund dafür ist, dass die Kristallstücke von anderen Stücken umgeben sind, so wie die Bienenzellen von anderen umgeben sind und folglich selbst Sechsecke sind. Aber warum sind Gegenstände von anderen sechseckigen Formen umgeben, während eine Kugel von zwölf ähnlichen Kugeln umgeben ist und nicht von sechs? Es wird besser sein, diese Kraft durch die Natur des Körpers zu erklären; jeder Körper, der von geradlinigen Flächen umgeben ist, wird durch Länge, Breite und Höhe charakterisiert, aber dieser besteht aus sechs gegenüberliegenden Flächen, weshalb der Kristall sechs Flächen hat, und ebenso die übrigen Edelsteine dieser Art, wie der Beryll. Auch dies hat, wie gesagt, die Natur für die Zeugung eingerichtet, wie wir im Zusammenhang mit den Pflanzen erwähnen werden; auf der Insel Kuba in der anderen Hemisphäre gibt es Steine, die genau kugelförmig sind, allein dank der Natur. Ihr Nutzen ist ungewisser, aber nicht weniger sicher. Aber Kristall besteht aus wässriger Substanz und schmilzt daher sehr leicht im Feuer, und geht von einem Rest in Glas über. Ebenso muss gesagt werden, dass er selbst nicht aus Eis entsteht, obwohl er gewöhnlich unter dem Schnee zu finden ist, sondern aus einer Laune seiner Art; wenn das Eis, das von den Bergen herabhängt, durch Feuer erwärmt wird, schmilzt es, aber der Kristall nicht, es sei denn, er ist von Feuer umgeben und wird stark mit Wind und Flamme angegriffen. Wenn er von den Gipfeln der Berge herausragt, geschieht dies nicht, weil er so entstanden ist oder weil er jemals Eis gewesen ist, sondern weil die Erde und die weicheren Steine durch Wind und Schnee verflüssigt werden und nach unten fließen und das Gestein freigelegt wird. Daher scheint der Kristall, der zwischen den Steinen und im Untergrund entsteht, in der Schwebe zu sein, wie auch immer er sich festsetzt. Rohsilber entsteht selten an der Spitze eines Kristalls, sondern häufiger in seinem Körper. Das liegt daran, dass es nicht zu den Fehlern des Kristalls zählt, sondern zu seinen bemerkenswerten Besonderheiten, wie zum Beispiel, dass es als schönes und seltener vorkommendes Edelsteinmaterial gilt. Außerdem findet man in ihm eine Art wie Amethyst, so dunkel, dass manche ihn für Beryll halten. Ich habe auch gesehen, wie in einem Kristall Wasser erzeugt wurde und im Wasser ein dünner schwarzer Körper, der mit der Bewegung des Wassers hin- und herbewegt wurde, denn das Wasser war leichter, und so stieg der Kristall, während er zur Ruhe kam, von selbst nach oben. Wir haben uns darüber einen Scherz erlaubt, und einige Leute waren überzeugt, dass in dem Kristall ein Dämon eingeschlossen war.

Aber **warum glitzert Bergkristall nicht so stark?** Weil er weich ist; kein weicher Edelstein glitzert. Aber warum glitzert ein weicher Edelstein nicht? Weil er nicht alle oder nicht sehr viele Strahlen reflektiert. Was also viel glitzert, kann nicht so durchsichtig sein; und daher ist Kristall durchsichtiger als Diamant, weil Diamant viel mehr glitzert. Es gibt noch einen weiteren Grund: Wenn eine Oberfläche sehr glatt ist, werden die Strahlen im Inneren in genau demselben Winkel reflektiert und werden dadurch stärker. Wenn die Oberfläche nicht hart ist, ist sie nicht genau eben, sodass die Strahlen in verschiedenen Winkeln auftreffen und reflektiert werden und dadurch gestreut und behindert werden.

Kristall ist ein weißer Edelstein, Prannium ist ein schwarzer durchscheinender Edelstein, eine seltene Kombination. Seine Wurzel scheint von der Art des Kristalls zu sein, und wird in Sachsen gefunden. Es kommt manchmal vor, dass andere Edelsteine aus der schwarzen Wurzel entstehen, wie in Zypern der Sard aus etwas Durchscheinendem, das nicht ganz schwarz ist, und wie der Hyazinthstein in Volchestein bei Meißen. Es entstehen auch, wie wir gesagt haben, rote, grüne, blaue und amethystfarbene.

Nephrit ist kein Edelstein, sondern ein ungewöhnlicher Stein – undurchsichtig, der perfekt an die Farbe von Hirschleder erinnert; unsere Juweliere nennen ihn **Garatronium.** Manche glauben, dass er seinen Träger vollständig schützt, sodass er unverwundbar ist. Es ist alltäglich und billig, aber hübsch. Edler als dieser, aber nicht sehr verschieden, ist der Pazar, ein Name, den die Leute in **Bezar** umgewandelr haben. Er ist kein Edelstein, sondern hat eine weiche, aschfahle Farbe, die Größe einer Haselnuss und ist bekannt dafür, dass er allen Giften widersteht. Das ist der berühmte Stein, den alle loben, aber fast niemand kennt, der Stein, den Scribonius Largus, obwohl er Leibarzt des Römischen Kaisers Claudius war, fälschlicherweise als Hirschträne bezeichnete, der in Sizilien gefunden wurde, obwohl man weiß, dass er normalerweise in Pely, einer Region in Ostindien, gefunden wird. Dort heißt es, dass es eine hochgiftige Wurzel namens Bezar gibt, die sofort tötet; ihre Frucht ist ein hervorragendes Hilfsmittel nicht nur gegen die Wurzel, sondern auch gegen alle anderen Gifte; die Frucht wird Nirabri genannt. Aber wie Alexipharmacum und Gift aus derselben Sache entstehen können, wird an anderer Stelle behandelt.

Der **Amethyst** hat die Farbe von Wein und ist ein schöner Edelstein von niedrigem Preis, obwohl er aus dem Osten stammt; man glaubt, dass er, wenn er am Nabel befestigt wird, Rauschzustände verhindert (von seinem griechischen Namen: »ohne Rausch«), und, wie wir oben sagten, Träume hervorruft. Die **Koralle** ist kein Edelstein; ihre Arten sind glänzend-weiß, rötlich und schwarz, die alle an ein und derselben Pflanze zu finden sind. Sie unterscheiden sich weder im Alter noch in der Art, sondern sind wie die übrigen Steine vom Dampf des Meeres gefärbt. Sie sind zart und wachsen wie ein Strauch auf dem Grund des Meeres zwischen Steinen und Felsen. Die edelste ist rot, und der rote Teil, der von ihm kommt, wie Purpur, sendet einen feurigen Glanz aus und stärkt den Magen, wenn sie daran aufgehängt wird, eine Meinung, die Albertus Galen und Avicenna zuzuschreiben versucht. Sie ist von schlanker Substanz und gehört zu den schlanksten Dingen, die im Meer wachsen, und stärkt daher die Glieder und mildert den Geist. Daher stärkt eine Koralle, die so ist, wie sie sein sollte, das Herz und das Gehirn, erheitert den Geist und wirkt der Epilepsie entgegen. Aber obwohl sie häufig angeboten wird, ist das Angebot der besten sehr selten. Dinge, die im Überfluss vorhanden sind, sind nicht die besten, die besten sind immer selten. Die Koralle verfestigt und verhärtet sich mit der Luft, nachdem sie dem Meer entnommen wurde, denn die Luft (die dünnflüssig ist) trocknet ihre Feuchtigkeit aus, und außerdem kondensiert die Kälte die Teile. Selbst im Hochsommer wird sie durch die Luft gekühlt, denn der Teil der Luft, der ins Innere gelangt, kühlt. Es ist klar, dass die Luft gekühlt wird, wenn sie zerstreut wird. Deshalb schrieb Ovid:

> Auch heute noch hat die Koralle diese
> Eigenschaft und verhärtet sich an der
> Luft; was unter Wasser eine Pflanze war,
> wird an der Oberfläche zu Fels.

Eine Eigenschaft der roten, reinen und leuchtenden Koralle, wie eines Karfunkels, ist, dass sie, wenn man sie um den Hals bindet, sodass sie die Haut berührt, dann, wenn der Mensch krank ist oder bald krank sein wird oder Gift getrunken hat und sich dessen noch nicht bewusst ist, blass wird und ihren Glanz verliert, so sehr, dass man sich wundert. Ich habe das mehr als einmal erlebt. Der Grund dafür ist, dass der merkwürdige Dampf, der dem Menschen noch keinen Schaden zufügen kann, die empfindlichere

Substanz der Koralle aus dem Gleichgewicht bringt, eine außergewöhnliche Erfahrung.

Dies waren nun die edleren und die gewöhnlicheren Edelsteine. Aber sie werden mit durch außergewöhnliche Methoden gefälscht, die in drei Kategorien eingeteilt werden. Die erste Art der **Fälschung von Edelsteinen** ist banal, dass eine farbige Substanz zwischen zwei flache Kristalltafeln mit durchsichtigem Leim gelegt wird, und dann, wenn diese aushärten, wird der Stein in einen Ring eingeschlossen, sodass der Riss an der Verbindung nicht sichtbar ist – diese Methode ist einfach und billig. Eine Quelle für diese Sorte Edelsteine, ja ein Markt für sie, ist unsere Stadt, in der diese Kunstfertigkeit zusammen mit Juwelen gepflegt wird.

Der schlimmste Schwindel, den es gibt, und kein gewöhnlicher Betrug, stammt von Zocolinus aus unserer Stadt, dem unser Fürst die angemessene Strafe für das Fälschen von Münzen auferlegte (obwohl alle Juweliere für ihn sprachen). Ihr seht den menschlichen Einfallsreichtum und nehmt von einer Gruppe von Menschen den Beweis für die vielen an. Wenn ich sie verärgere, schäme ich mich weniger und bereue es, als dass ich mich freue, von Leuten mit solchen Gewohnheiten verabscheut zu werden. Dieser berüchtigte Mann nahm also eine Tafel aus echtem Stein, als ob er aus einem Karfunkel einen Karfunkel oder aus einem Smaragd einen Smaragd machen wollte. Eine glänzende Tafel, und billig wegen ihrer Dünnheit und ihrer schwachen Farbe (davon gibt es, wie ich sagte, eine sehr große Menge und wird es immer geben, wie der Vorrat an Menschen mit diesen Gewohnheiten). Und unter diese Tafel pflegte er eine ebenso dicke aus Kristall zu legen und die beiden so eng wie möglich miteinander zu verbinden, indem er dazwischen die richtige Farbe einfügte, z.B. leuchtendes Rot für Karfunkel, Grün für Smaragd, Blau für Saphir. Und um den Riss zu verbergen, pflegte er ihn mit Gold zu verschließen und so jeden Verdacht eines Betrugs zu beseitigen. In unseren vornehmeren Städten ist es nämlich verboten, einen gefälschten Edelstein in Gold einzuschließen. Für diese Täuschung ist nichts weiter erforderlich als der gute Ruf des Verkäufers. Der Riss liegt im Gold verborgen, und weil es so dünn ist, macht die Farbe es hell; die Oberseite, da sie von der richtigen Art ist, reproduziert den entsprechenden Glanz des echten Edelsteins. So pflegte dieser bemerkenswerte Handwerker sogar die Juweliere selbst zu täuschen, bis er, als die Täuschung erkannt wurde und er seine Flucht plante, von allen vornehmeren Städten zur Verbannung verurteilt wurde. Und so verriet er für eine geringe Menge Gold den guten Ruf unserer Stadt überall. Der Gewinn seines Betrugs ist nicht zu verachten, er verkaufte einen Edelstein im Wert von drei goldenen Kronen für dreihundert oder mehr, und das sehr oft. Als sein Betrug aufflog und sein einfacher Weg zu übermäßigem Profit wegfiel, ging er zu der bemerkenswerten Erfindung der Falschmünzerei über und zahlte dafür die Strafe.

Die dritte Art, Edelsteine zu fälschen, ist viel vornehmer und weniger verurteilt: die Technik, die mit der Natur kämpft. Ein Edelstein wird mithilfe von Feuer in einen anderen verwandelt. Wenn ein Saphir mit einem Schimmer, aber sonst von schwacher Farbe, mit Gold verbunden wird, wird Feuer vorsichtig angewendet, bis das Gold schmilzt. Das Gold ist drei oder vier Stunden lang sehr heiß, dann wird der Edelstein herausgenommen und man lässt ihn allmählich kühlen: Sie werden einen Diamanten finden. Der Edelstein bleibt tatsächlich erhalten und ist resistent gegen die Feile; alles, was an blauer Farbe vorhanden ist, ist verschwunden. Deshalb suchen diejenigen nach Saphiren mit sehr schwacher Farbe. Sie sind billiger und verwandeln sich schneller in Diamanten und werden vollständiger umgewandelt. Der Mann, der das zuerst entdeckte, wurde sehr schnell sehr reich. Als dann das Verfahren bekannt wurde, gab es noch Gewinn für die Technik; der Edelstein glänzt sehr stark, weil Saphir hart ist. Es gibt Leute, die aus Aquamarin (einem billigeren und weicheren Edelstein) schöne Diamanten machen. Und es gibt Leute, die einen Saphir nicht auf Gold brennen, sondern ihn einfach mit Kreide im Feuer einwickeln, und das Unterfangen gelingt auf die gleiche Weise. Es ist darauf zu achten, dass das Feuer nach und nach um den kalten Edelstein gelegt wird und der Edelstein später, wenn die Aufgabe erledigt und das Feuer gelöscht ist, abkühlen darf – es ist gefährlich, ihn aus dem Feuer zu nehmen. Es ist ein Fehler, wenn auch nur eine Spur der blauen Farbe zurückbleibt.

Karfunkel werden durch Destillation von Orpiment gefälscht, aber abgesehen von Glanz und Farbe fehlt es an allem anderen. Mit mehr Mühe wird ein Smaragd hergestellt: Man mahlt Kristall sehr fein, fügt Martiacocta und sehr hellen Grünspan oder Vermicularis hinzu und gräbt rohen Ziegelton aus, fügt diese drei Teile zusammen und röstet sie in einem Ziegelofen zusammen mit anderen Gegenständen, die mit einer Markierung versehen sind. Heraus kommt ein Klumpen wie ein Smaragd, er wird zerbrochen und geschliffen. Es ist Glas, aber so erlesen, dass, wenn diejenigen, die die Entdeckung zuerst gemacht haben (dies ist eigentlich eine neue Entdeckung aus unserer Zeit), sich nicht zu schnell mit großen Klumpen bereichert und so durch ihre Fülle und Größe Verdacht erregt hätten, die Täuschung auch jetzt noch unbemerkt geblieben wäre, zur großen und unglaublichen Bereicherung der Entdecker. Einen gewissen Gewinn haben sie dennoch gemacht. Ich habe einige gesehen, die so schön waren, dass sie, wenn sie mit Gold eingefasst waren, die einheimischen Exemplare an Glanz übertrafen. Am besten ist es, wenn sie ganz ohne Blasen sind; Blasen verraten, dass es sich um Glas handelt, und machen den Stein armselig. Eine Feile beißt hinein, da er aus Glas ist. Tatsächlich geht jeder Edelstein, der nach Blei riecht, in Glas über, vor allem, wenn er zu feinem Staub reduziert war.

Außerdem ist bekannt, dass Blei in **Martiacocta** enthalten ist. Martiacocta besteht aus Kaliumoxid, Alaun und Sand, dann aus schwarzem oder weißem Blei, das zu Kalk reduziert ist; Töpfergefäße werden darin getaucht und nehmen, wenn sie in den Ofen gestellt werden, den Glanz von Glas sowie dessen Festigkeit an; sie nehmen die enthaltene Feuchtigkeit nicht wirklich auf oder geben sie weiter. Die besten Beispiele finden sich bei einigen Gefäßen aus Deutschland, die schon allein durch die Erde so sind. Und so gehen Martiacocta und Edelsteine mit Bleigeruch in Glas über, nehmen aber eine Farbe an; sie hören nicht auf, allein durch das Feuer Edelsteine zu sein, aber sie verlieren die Farbe, sie nehmen sie nicht an. Wenn also ein Mittelweg gefunden wird, durch den ein Edelstein Farbe annimmt und auch weich wird, aber nicht genug, um in Glas überzugehen, dann wird ein enormer Gewinn entstehen. Es ist dann wünschenswert, ihn weniger weich als Blei und mehr als Feuer allein zu machen. So würde Saphir tatsächlich in Karfunkel übergehen können, da er härter als Karfunkel ist; und wenn er weicher wird, in Smaragd, durch die Zugabe von grüner Farbe. Karfunkel wiederum kann sich in Smaragd verwandeln, denn er ist viel härter als Smaragd, wenn auch viel weicher als Saphir. Dann gibt es viele Verfahren dieser Art, die durchaus in der Lage sind, ihren Erfindern ein Vermögen zu bescheren und unentdeckt zu bleiben; denn wo es Extreme gibt, muss es auch eine Mitte geben.

Kürzlich sah ich die Oberfläche eines Kristalls, die so mit Blau durchsetzt war, dass sie sich nicht durch Wasser auflösen und nicht mit Eisen abkratzen ließ. Eine nützliche Entdeckung, wenn man sie durch Fortsetzung des Vorgangs weiter verbreitet. Wenn nämlich eine Farbe hergestellt wird, die zum Edelstein passt, verschlechtert sie sich nie. Und wenn sie in einem Ring eingeschlossen ist, kann keine Technik sie enthüllen, da die Farbe, die sich zeigt, genau wie die natürliche ist, wenn auch nur auf der

Oberfläche; sie wird durch Feuer verteilt. Unter den Glasarten, die aus Martiacocta und Kristall hergestellt werden, entsteht, wenn man eine rote Farbe hinzufügt, ein Karfunkel, wenn man eine blaue hinzufügt, ein Saphir. Aber sie sind alle weniger wertvoll als Smaragd, weil sie sich mehr von der Natur dieser Edelsteine unterscheiden als das Glas, das den Smaragd imitiert. Es gibt in der Tat keinen Edelstein, der nicht härter ist als Smaragd, wie wir oben sagten. Deshalb ist es nur der Smaragd, den man immer wieder zu imitieren versucht, weil er so weich ist; aber auch diese werden mit Ziegelton hergestellt, genau wie der gefälschte Smaragd.

Manche Leute **behaupten jedoch, dass gebrannte Ziegel schwerer sind als vor dem Einsetzen in den Ofen.** Der Grund dafür kann sein, dass sie dort, wo sie hergestellt werden, in der Sonne getrocknet werden und eine beträchtliche Menge Luft aufnehmen, die in ihnen schlummert und sie viel leichter macht; wenn sie gebrannt und die Luft ausgetrieben worden ist, werden sie schwerer, obwohl die Feuchtigkeit entfernt worden ist. Denn wenn sie mehr gebrannt werden, als es recht ist, werden sie an Farbe, Gewicht und Härte wie Eisen; da sie aber kleiner werden, bin ich gezwungen, mich auf die Autorität von Leonardo Iacchino zu verlassen. Ob die Kleinheit wirklich geschieht, die Erklärung für Gewicht und Farbe kann dieselbe sein – Kleinheit im Verhältnis zur Materie, aber die Kleinheit selbst tritt bei etwas gewaltsam Zusammengedrücktem auf, und beim Schmelzen der Erde bleibt etwas Metallisches zurück. Daher werden die Dinge fast immer verzerrt, wenn sie gebrannt werden, und krümmen sich nach innen. Es ist eine Frage wert, warum bei einer Unterbrechung des Feuers in Brennöfen die Ziegel in einem kurzen Zeitraum zerbrechen. Dies geschieht nicht immer, aber wenn übermäßige Hitze durch das Löschen des Feuers vermindert wird, brechen die Ziegel. Dementsprechend zerbrechen sie auch, wenn es wieder angezündet wird. Wenn trockene Dinge mit frischer Hitze erwärmt werden, zerspringen sie, wie man bei Glas weiß. Der Grund dafür ist, dass etwas Hartes, bevor es schmilzt und weich wird, durch die Aufblähung, die es ausdehnt, zerplatzt. Durch dieses Ungleichgewicht gehen viele Töpferwaren verloren.

Um auf meinen ursprünglichen Plan zurückzukommen: Technisches Geschick stellt nicht nur falsche Edelsteine her, sondern auch Steine und **Schleifsteine.** Aus Schmirgel entstanden die ersten Schleifsteine, die Edelsteine abschleifen, auch Geoden aus Geoden[12], und Schleifsteine eigener Art aus anderen Schleifsteinen. Einzelne von ihnen werden fein gemahlen, sofern man etwas in dieser Art herstellen möchte, dann mit Eiweiß, Leinöl und Wacholderharz behandelt und unter Sand getrocknet. Und Mosaike werden hergestellt, die das Tempelpflaster mit Figuren von Menschen, wilden Tieren und Bäumen schmücken, wie in Konstantinopel im Tempel der Weisheit, in Venedig in dem des Heiligen Markus und in Florenz in dem des Heiligen Johannes des Täufers. Auch die Wände sind, wie in Mailand im Laurentiustempel, mit Steinfragmenten verschiedener Farben – weiß, rot, blau, grün, schwarz – verziert, die mit Leim zusammengefügt sind, sodass die Figuren nicht nur die Form, sondern auch die Farbe wiedergeben. Für diese Arbeit wird ein dauerhafter Fugenmörtel aus Kalk und Schweinefett oder Pech oder Eiweiß hergestellt, der besonders wasserbeständig ist und daher für die Verbindung von Wasserrinnen verwendet wird. **Ein anderer ausgezeichneter Mörtel** für denselben Zweck wird aus Kalk, Eiweiß, Öl, Eisenspänen und Muscheln gemacht; aber die Dachrinnen selbst werden aus Tannen-, Ulmen-Fichten- oder Birnbaumholz gemacht; diese

[12] »ex Geode geodes«.

Hölzer haben eine sehr fette und heiße Feuchtigkeit, sodass sie sehr widerstandsfähig gegen den Angriff des Wassers sind. Einige sind aus Blei, die besten (und dauerhaftesten) jedoch aus Kupfer gefertigt. Als Leitsatz kann gelten, dass alles, was das Feuer mehr als normal verzehrt hat, wie Kohle, Kupfer, Schwefel, niemals durch Wasser beschädigt wird, selbst wenn es Tausende von Jahren darin liegt. Aber für die Verbindung von Steinen oder Marmorfragmenten genügt ein Fugenmörtel, der aus Marmorstaub und Eiweiß oder Pech hergestellt wird. Es ist also klar, warum manche Dinge im Wasser unbeschädigt bleiben, und welche es sind; andere aber sind so kompakt, dass sie kaum Wasserschäden erleiden, bei ihnen wird lediglich die äußere Schicht zerstört.

Kehren wir zu den Edelsteinen zurück und lassen wir dies hinter uns. Da viel über die Edelsteine gesagt wurde, die unter der Erde, im Wasser oder zwischen Steinen wachsen, befassen wir uns nun mit den **Edelsteinen, die in Tieren entstehen**. Und obwohl manche glauben, dass echte Edelsteine in Tieren gefunden werden können, habe ich bis heute noch nie einen echten Edelstein gesehen, der aus dem Körper eines Tieres gewonnen wurde. Sie sollten völlig unüblich sein, weil sie durch Kälte erstarren. Der Beweis, dass Edelsteine durch Kälte erstarren, ist erstens, dass sie zwischen Steinen und an extrem kalten Orten entstehen. Dann, dass sie tatsächlich durch Kälte erhalten werden und durch Hitze geschwächt und verdorben werden. Wässriger Stoff glitzert nur, wenn er durch Frost erstarrt, zum Beispiel im Eis. Aber alle Edelsteine glitzern, und die meisten sind auch durchscheinend. Sie werden auch im Feuer weich, so sehr, dass sie durchstochen werden können, wie der Diamant. Andere Edelsteine tun dies noch mehr, manche schmelzen sogar. Der Hyazinthstein erweicht und schmilzt, aber nur sehr schwer; der Kristall tut dies leicht. Aus der Kälte aller Steine ergibt sich ein unwiderlegbarer Beweis. Und wenn das nicht reicht, liefert die Berührung mehr. Wenn also Steine bei Kälte erstarren und Edelsteine, die härter sind, bei größerer Kälte, ist es nicht verwunderlich, dass Edelsteine nicht in Tieren entstehen, wo es nichts sehr Kaltes geben kann.

Aber wenn ein Stein unter irgendwelchen Umständen erzeugt wird, wie es der Alectorius ist: wenn er ein Edelstein ist oder Kräfte hat, kann er nicht ohne Leben sein. Weil ein Edelstein in der Tat härter ist und nicht von der Feile angegriffen wird, kann er nicht durch Hitze erstarren. Und alles, in das keine Kälte eindringen kann, muss lebendig sein. Es kann also kein harter Edelstein in einem Tier existieren, denn er könnte sich nicht von einer so flüssigen Flüssigkeit ernähren, wie sie in einem Tier ausgeschieden wird. So wie ein Edelstein nicht weich war, war es auch ein Stein nicht. Der Edelstein müsste von Anfang an lebendig sein, durch Geist und Feuchtigkeit, und aus diesem Grund weich sein. Dann wächst er allmählich durch Hitze, sein Leben wird abgestumpft, wie ein Muttermal, bis er so hart wird, dass er nicht mehr wachsen kann, und dann erstarrt er durch Kälte, bis er herausgenommen wird oder durch den Tod des Tieres freigesetzt wird. Während das Tier noch lebt, kann der Edelstein nicht vollendet und völlig verhärtet werden.

Die teuerste unter ihnen ist meines Wissens die **Perle**, die aus einigen runden Rinden besteht. Die edleren Perlen werden aus runden Muscheln gewonnen, sind aber weniger rund als die Muscheln selbst. Andere, die nicht so edel sind, werden aus einer länglichen Form gerundet, als ob sie umgekehrt wären. Eine gestreifte Muschelart produziert beides, während sie auf dem Meeresgrund verweilt. Und so ist es eine Fabel, dass sie aus dem Tau des Himmels gezeugt werden. Es gibt eine zweitklassige Art von Perlen, die sich aus **Perlmutt** entwickeln, so nennt man die langen Austern, aber ich würde sie besser Muscheln nennen, da sie gestreift sind. Eine Perle altert schnell und unterscheidet sich dadurch von Steinen. Aus dem nordindischen Meer[13] werden sie in der Nähe der Insel Cubagua[14] exportiert, und südlich von Isla del Rey[15] und sie kommen auch an zahlreichen anderen Orten vor. Sie zeichnen sich vor allem durch ihre Weißheit, ihren Glanz und ihre Rundheit aus. Man findet sie in Muscheln oder Austern in der Nähe von Britannien, am häufigsten im Indischen Meer. In einer einzigen Muschel befinden sich sehr viele Perlen, vor allem die kleinsten, sodass ihr Vorrat unüberschaubar ist; große Perlen sind selten; makellose Perlen ebenfalls. Sie reinigen das Blut und haben eine verdünnte Substanz. Ihre Farbe ist wie die eines Pseudoopals, sie ändert sich mit der Richtung, aus der man sie ansieht. Der Grund dafür wurde bereits erwähnt: Perlen bestehen aus Schichten, die auf der einen Seite poliert und auf der anderen Seite rau sind. Versuchen Sie ein Experiment mit einer Reihe von Spiegeln, die in der gleichen Reihenfolge zusammengefügt sind, sodass die glänzende Oberfläche des einen die raue des anderen überdeckt. Wenn Sie dann die Spiegel klein und dünn genug gemacht haben, um nur einen ununterbrochenen rauen oder abwechslungsreichen Körper zu erzeugen, werden Sie den Grund dafür erkennen, warum die Einstellung des Blickwinkels die Farbe und den Glanz verändert. Die Farbe einer Perle ist meist glänzend-weiß, glitzernd, mäßig dämmrig; sie übernehmen sie von ihren Schalen. Es ist nicht anders als bei den Schneckenhäusern, die Indien (so sagt man) exportiert. Da ich sie oft gesehen habe, kann ich über ihre Farbe, ihre Form und ihre Substanz sprechen; über ihre Herkunft kann ich nur unzureichend Auskunft geben. Es gibt die in Form einer Trireme mit einem hohen Heck, in dem sich ein weiteres kleines Gefäß befindet (man könnte sagen, eine von der Natur geschaffene Tasse, denn die Größe des Gefäßes, das ich gesehen habe, ist genau richtig, um eine kleine Tasse zu halten) – ein Ding von wirklich erlesener Nützlichkeit und schöner Form. Man nimmt an, dass dies ein Nautilus ist. Dieser Gegenstand ist das Gehäuse einer Schnecke, der den Perlmuttschalen sehr ähnlich ist, so viel edler als unsere Schneckenhäuser, so wie die indische Luft und Erde, auch das Wasser, unsere Elemente übertreffen; viele Dinge werden im Laufe der Jahrhunderte besser.

Borax[16] wird (so sagt man) im Kopf einer alten und großen Kröte gefunden. Brassavola beschreibt, dass er im Kopf dieses Tieres gefunden wurde, und dass er mehr aus einem Knochen als aus einem Stein besteht. Er besteht aus zwei Teilen: einem hohlen, knochenähnlichen Teil von blasser Farbe und einem anderen, der den Stein in einem Knochen hält. Aber wie Brassavola berichtete, ist der Kopfknochen einer, der mit dem Alter fester wird, weil er von der Erde genährt wird. Aber ich kenne seine Kräfte nicht; die Leute glauben, er habe Kraft gegen den Blasenstein, aber ich bin nicht sicher, ob er seine Entstehung verhindert. Ganz verhindern kann er sie nicht; ob er sie verlangsamen kann, ist fraglich.

Limacius-Stein entsteht gewöhnlich im Kopf einer Schnecke, die nicht von einem Schneckenhaus bedeckt ist. Wie ich zeigen kann, sollte er eine glänzend-weiße Farbe und eine raue Oberfläche haben, weil er durch Kälte aus wässriger Substanz erstarrt ist, was dazu führt, dass er klein ist, da er in einem kleinen Tier gefunden wird. Man sagt, dass er, wenn man ihn Patienten mit quartärem Fieber umbindet, eine beachtliche Wirkung hat. Im Barsch, einem kleinen Fisch, der »Rabe« genannt wird, weil er einen großen Kopf hat, findet man zwei Steine – glänzend-weiß, länglich, flach, auf einer Seite gezähnt aussehend – von denen man glaubt, dass sie bei Steinleiden helfen. Er hilft auch bei Gichtschmerzen, heißt es, und zwar umso mehr, je größer er ist.

[13] »Indicum mare Boreale«.

[14] Insel vor der Küste Venezuelas, zwischen der Insel Margarita (»Perle«) und dem Festland.

[15] »Terarequi«.

[16] »Borax«.

Steine entstehen bei Tieren auf zwei Arten: zum einen durch Kälte, wie bei Schnecken, Barschen, Krebsen, Kröten und (so sagt man) bei indischen Schildkröten. Der andere Weg ist durch Hitze, wie in der Gallenblase von Stieren und manchmal in der von Menschen. Vor einigen Jahren wurde ein Stein in der Gallenblase eines Menschen gefunden, der an der Krankheit litt, die Lepra genannt wird. Er bildet sich in der Blase und in den Nieren, zu deren großem Schaden. Ich besitze einen Stein, der sich in der Lunge eines Ochsen gebildet hat, glatt und von aschfarbener Farbe. Alle Steine, die sich in Krebsen, Schnecken und Fischen bilden, wie im Barsch und im Manati[17], und zahlreichen anderen, verhindern die Bildung von Steinen in den Nieren und lösen die bereits gebildeten auf. Diese Steine entstehen bei diesen Tieren tatsächlich durch übermäßige Kälte; wenn sie also trinken, kühlen sie die Nieren aus; bei den Menschen aber entstehen die Steine durch übermäßige Hitze; der Stoff für die Steine ist so und sehr kalt. Man ist sich daher einig, dass er auch bei übermäßigem Harnfluss, der entweder durch die Farbe der Nieren oder durch ihre Trockenheit entsteht, schnelle Hilfe leistet. Es wird auch erzählt, dass im Hahnenmagen der Alectorius-Stein entsteht, sozusagen ein »Hahnenstein«. Es wird aber ein Sard oder Achat geformt, in dem ein flammenfarbener Fleck zu sehen ist. Ich halte es nicht für möglich, dass ein echter Alectorius vollständig im Magen eines Hahns erzeugt wird. Denn da der Magen von Hähnen sehr geräumig und immer voller Unrat ist, kann sich diese kritische Feuchtigkeit weder allmählich destillieren, noch sich sammeln oder verfestigen. Wenn er sich verfestigen soll, wird das eher in Kanälen geschehen, aber dann wäre der Stein winzig. Er könnte nicht ganz in Ruhe bleiben, bis er sich verfestigt. Es ist offensichtlich, dass Steine in der Leber entstehen, weil ihre Kanäle eng und ihr Fleisch kompakt ist. Georgius Agricola berichtet, dass ein riesiger Stein in einem Hahn gefunden wurde; er war von unglaublicher Größe, matt-weiß und gelbbraun und düster an der Stelle, wo die Leber herausragt; wie ein Bimsstein an der Unterseite, eine Eigenschaft, die weit von der Natur eines Edelsteins entfernt ist; einen Zoll lang, einen Finger breit, einen halben Zoll hoch. In den Mägen der Hähne findet man jedoch Edelsteine, die sie zufällig verschluckt haben; sie sind hübsch genug, da sie durch die Hitze des Magens gereinigt werden und einen Glanz erhalten. In der Tat füttern Juweliere Tauben mit Perlen, um sie polieren zu lassen. Ist es da verwunderlich, dass härtere Edelsteine im Hahnenmagen geschliffen werden, da sie dort eine längere Verweildauer und stärkere Hitze haben? Ob ein Edelstein in der Leber sein kann, ist ungewiss. Die Hitze von Vögeln ist größer als die von Vierbeinern, und ihre Feuchtigkeit ist dünner. Steine werden auch in anderen Teilen von Tieren gefunden, zum Beispiel im oberen Gelenk einer Hummerschere, ich habe einmal einen gefunden. Ein Kollege von uns hat einen kleineren gefunden, und ich bin im Besitz von beiden. Die Farbe ist eine Mischung aus Weiß und Rot, glatt und zart. Die größten Exemplare haben nicht einmal die Größe einer Erbse. Die Form ist die einer Milica[18] – man könnte sie tatsächlich für eine Milica halten, wenn man sie nicht kennen würde, denn sie hat nichts mit den kleinen Steinen in den Augen der Krebse gemein. Ihre Seltenheit macht ihren Fund zu einem Omen. Auch in Tieren finden sich steinähnliche Dinge, die aber keine Steine sind, wie zum Beispiel das Ei eines Ochsen. Es befindet sich nämlich im Magen des Ochsen, hat die Größe eines Gänseeis, ist rostfarben, sehr leicht und sehr glatt. Es ist aus den Abfällen seiner Nahrung zusammengesetzt, und die Bewegung gibt ihm Rundheit, während der Schleim es zusammenhält. Wenn man es zerbricht, sieht man, dass es aus

[17] »manati«.

[18] »milica«.

Haaren besteht; im Verhältnis zu seiner Leichtigkeit ist es hart. Die Natur spielt solche Streiche, dass manchmal sogar Ochsen Eier hervorbringen.

Es gibt Steine, die in die Liste der Edelsteine aufgenommen werden, obwohl sie weit darunter liegen – zum Beispiel der Geoden, den man fälschlicherweise Aetit nennt, weil »er schwanger ist«. Der rostfarbene wird aus Gallii importiert, der helle aus Cannae in Italien. Der Tecolithos ist doppelt (als würde man sagen, »steinbrechend«) er ist indisch und ist das, was Agricola den Schwammstein nennt.

Die **Eigenschaften von Marmor**, die denen von Edelsteinen am nächsten kommen, sind sein Zierwert, seine Schönheit und seine Attraktivität. Die angesehensten Arten sind Phengit, Parischer Marmor, Zöblitzer Serpentin, Porphyr und Ophit.[19] Sie alle werden gelobt oder kritisiert wegen ihrer Farbe, ihres Glanzes, ihrer Härte und ihrer Lichtdurchlässigkeit. Phengit glänzt am meisten und reflektiert Bilder. So vollendete Nero im Inneren des Goldenen Hauses den Tempel des Glücks, den Servius Tullius lange vorher begonnen hatte, »Seia« genannt. Er war im Inneren mit dieser Art von Marmor ausgestattet und nahm das Licht bei geschlossenen Türen rundherum auf, sodass die Helligkeit des Tages dort erhalten blieb. Zöblitzer Serpentin wird in Meißen gefunden, und soll gut gegen Gifte sein. Ich weiß nicht, ob es hilft, aber dass es helfen kann, ist sicher, da es ganz weich ist. Wenn wir aus Gefäßen aus Hirschhorn essen und trinken, werden die Tassen und Gefäße nach einer Verzögerung in der Regel die Kräfte der Gifte in ihnen hemmen, aber nicht alle.

Die **Sorten des Parischen Marmors** sind sehr zahlreich und lassen sich nach ihrer Farbe unterscheiden. Der glänzend-weiße, der überall in Italien zu finden ist; der aschige im Bezirk Hildesheim, der in Deutschland liegt; der grüne, wie im Tempel des Heiligen Johannes des Täufers in Florenz. Der eisenähnliche, auf dem bei Stolpen die Festung des Bischofs von Meißen gegründet ist, ist von solcher Härte, dass Agricola erwähnt, dass die Schmiede in Meißen Ambosse daraus machen. Er sagt, dass er offenbar zäh und von verdünnterer und kompakterer Substanz sein muss und folglich auch schwer ist. Es gibt auch einen glänzenden schwarzen, glänzenden und glitzernden Marmor, aus dem das Grabmal von Kardinal Caracciolo (ein Mann von außergewöhnlicher Integrität und Vorsteher unserer Provinz), in unserer großen Kirche, an der rechten Seite des Altars aufgestellt ist. Und es gibt bunten Marmor von verschiedener Art, der leicht zerbrechlich ist, da Teile davon nicht voll entwickelt und andere Teile übermäßig gebrannt sind. Es gibt auch einen stumpfroten Marmor. Was soll ich sagen? Jede Farbe ist in Marmor erschienen. In Siena sind über dem Altar sieben Arten von Parischem Marmor zu sehen (ich nenne ihn parisch, so wie man Kupfer korinthisch nennt; man gibt ihm gewöhnlich den Namen der Insel, weil er sehr schön ist): glänzend-weiß, aschig, matt-rot, grün, glänzend-schwarz, porphyrisch und ophitisch. Und es gibt einen porphyrischen Marmor, der mit rötlichen und glänzend-weißen Flecken versehen ist – oder besser gesagt, rötlich mit dazwischen schimmernden Flecken. In Mailand gibt es zwei schöne Säulen aus diesem Material im Ambrosiustempel vor dem Altar, und auch das Grabmal des Heiligen Dionysius, das in die große Kirche unserer Stadt übertragen wurde – ein Grabmal, das so groß wie ein menschlicher Körper ist und auch eine beachtliche Dicke aufweist.

Ophit ist grün und gewöhnlich mit mattweißen Flecken über und über gezeichnet, und auch mit Flecken von einer anderen Farbe. Ich habe oft Säulen und Tische aus diesem Marmor gesehen; auch gibt es einen Tisch aus diesem Marmor und aus einer anderen Art von unterschiedlicher Farbe in der

[19] »phengiticum, parium, zeblicum, porphyrites & ophites«.

Einrichtung von Andreas Alciati, der von mehr als gewöhnlicher Schönheit ist. Im Parischen Marmor finden sich Formen, die durch die Verschiedenartigkeit und Kombination der Adern auffallend sind und eine Ähnlichkeit mit einem gemalten Marmor aufweisen. So befindet sich zum Beispiel in der Kirche der Heiligen Weisheit in Konstantinopel neben anderen ein Bildnis von Johannes dem Täufer, der in Kamelhaut gekleidet ist und in allen Einzelheiten vollkommen ist, außer dass einer seiner Füße nicht so gut dargestellt ist, wie es sein könnte. Wir haben bereits erwähnt, dass der Grund dafür ein zufälliger ist und nicht von ihm stammt. Es gibt auch Marmorarten aus bekannten Regionen, wie z.B. Numidien, der aus feinsten Tränen geformt ist, durch die Hitze der Region sehr brillant ist und stark glänzt. Und wegen seiner Weichheit und Gleichmäßigkeit ist er leicht zu bearbeiten. Feuerstein und Wetzsteine lassen sich nicht so gut bearbeiten, weil sie aus festeren Teilen bestehen. Und so ist auch heute noch der **numidische Marmor** der begehrteste.

Eine der Marmorarten ist der **Alabaster**, durchscheinend und gewöhnlich glänzend weiß, aus dem kleine Döschen für parfümierte Salben hergestellt werden. Er ist stabiler als Glas, reiner als Metall, er ist gut für die Töpferei, weil er weniger Salbe aufnimmt oder abgibt, und deshalb ist seine Verwendung unerlässlich. Wegen der Lichtdurchlässigkeit, die sich zeigt, wenn er in Wasser getaucht wird, nimmt er mehr Säfte auf und sondert sie ab, aus einem Grund, den wir oben erwähnt haben.

Nach dem Marmor kommen die **Wetzsteine**, von denen die bemerkenswertesten aus Lydien und Damaskus stammen. Der lydische (glänzend-schwarz, ganz verdünnt von der Substanz, glitzernd) gibt mit wunderbarer Feinheit die Farben der Metalle wieder; den Goldschmieden hilft er, die Reinheit von Gold und Silber zu erkennen; wegen seiner Verdünnung verursacht er keinen Schaden, sodass man tausendmal prüfen kann, ohne auch nur ein Korn zu opfern; durch seine Schwärze zeigt er die Farbe des Metalls, denn Schwärze konzentriert einen Glanz und eine Farbe. Was der Schleifstein zu bieten hat, ist, dass er sehr schnell, Stück für Stück, alles entfernt, ohne selbst entfernt zu werden. Deshalb sind die Damaszener-Schleifsteine die besten – sie schleifen den Stahl (egal wie hart er ist) nicht nur sehr schnell ab, wenn man ihn reibt, sondern sie werden auch selbst langsam und minimal abgeschliffen. Aber im Laufe der Zeit verschwinden selbst sie und verbrauchen sich durch lange und wiederholte Reibung: zu sehr, wenn es sich um schlechte, weiche, brüchige, venöse, astige oder zu raue Steine handelt. Unter den Wetzsteinen gibt es einen weichen Stein, aus dem in Como Gefäße zum Kochen von Speisen hergestellt werden; er ist zart, sodass er geschnitzt werden kann, und dennoch von träger Feuchtigkeit, sodass er dem Feuer lange standhält. Es ist von aschiger und dunkler Farbe. Es ist eine Eigenschaft aller Wetzsteine, aber besonders des lydischen, dass die auf der Oberseite am besten sind, weil sie von der Sonne zur Vollkommenheit gebracht werden. Die schlechtesten sind auf der Unterseite, weil sie auf der Erde liegen und die Feuchtigkeit aufnehmen; die auf den Seiten sind gewöhnlich bedeutend härter.

Der Gedanke an den Schleifstein ließ mich an das Rasiermesser denken. In Indien gibt es einen bräunlichen, durchsichtigen Stein, der die Dinge wie ein Rasiermesser spaltet; es ist vernünftig, dass Glas und Kristall ein Rasiermesser aus Stahl übertreffen, weil sie so dünn sind. Bemerkenswert ist aber, dass es nicht mit einem Schleifstein oder Mühlstein oder einem anderen Stein geschärft wird, sondern nur mit Wasser. Dies geschieht aufgrund der Dünnheit seiner Substanz.

Onyx hat eher die Form einer Spitze als die eines Schwertes und ist nicht ausreichend gut formbar, wenn sie alle so sind wie die, die ich gesehen habe.

Dem Marmor und den Wetzsteinen am nächsten, aber von dickerer Substanz, ist der **Feuerstein**, selbst von verschiedener Art, zart, hart, zäh, mürbe, schwer, glatt, feuerfest und schnell in Asche übergehend, abblätternd, rot, und auch von verschiedener Farbe. Der Feuerstein ist schuppig, regen- und kältebeständig; er schmilzt gewöhnlich, und geht am Ende in Asche über; die übrigen Steine gehen zum größten Teil in Kalk über. Der Nürnberger Feuerstein härtet bei der Gewinnung aus dem Bergwerk, während die anderen Feuersteinarten eher zum Brechen neigen. Und es gibt einen Stein, der von der Natur her dem Marmor ähnlich ist, da er sich schneiden lässt, aber aschig in der Farbe und von unglaublicher Weichheit, sodass er mit einer Säge geschnitten werden kann, genau wie Holz. Es gibt einen Vorrat in der Gegend von Venedig. Da seine Farbe jedoch trüb ist und er keinen Glanz aufweist, kann er als Feuerstein betrachtet werden. Die Eigenschaften aller Feuersteine sind, dass sie schuppig und nicht ganz glatt sind, so wie Marmor einen marmorähnlichen Glanz und die Eigenschaft hat, dass er geschnitten werden kann. Diesem Stein fehlt jedoch jeweils eines dieser Merkmale: Er hat keinen Glanz, also ist er kein Marmor, und er ist nicht schuppig, also ist er kein Feuerstein.

Der Name der übrigen Steine ist einfach **Fels**, davon gibt es sechs Arten: eine Art leitet sich von der Eigenschaft ab, wie beim Magnetstein, eine von den Kräften, wie beim Calamochnus, eine von der Farbe, wie beim Amochrysus, eine von der Malerei, wie beim Alabandicus, eine von der Form, wie beim Trochites, eine von der ausgeprägten Widerstandsfähigkeit gegen Feuer oder Wasser, wie beim Magnesia. Wir werden also mit der ersten Art beginnen.

Es gibt zwei oder drei Arten von **Magnetstein**: einen rostfarbenen, einen weißen und einen glänzend weißen, der mit leichten, dünnen, rostigen Adern durchzogen, aber fast überall glatt ist. Der rostfarbene Stein hat zunächst zwei Kräfte, die fast zu allen Zeiten bekannt waren: Er zieht Eisen an, und ein Stück Eisen, das mit dem Stein gerieben wurde, zieht ein anderes Stück Eisen an, und zwar so sehr, dass manchmal ein Stein fünf oder sogar mehr Ringe in einer ununterbrochenen Kette anzieht. Nach der sehr alten Periode in der Zeit des Aristoteles, wenn man Albertus Glauben schenken darf, wurde bekannt, dass es zwei Arten von Magnetsteinen gibt: einen, der das Eisen nach Norden lenkt, und einen, der es nach Süden lenkt. Das geht so: Ein dünnes Stück Eisen wird an der Spitze an einem Magnetstein gerieben, dann wird es im Gleichgewicht aufgehängt, dann dreht sich das Eisen um sich selbst, sodass die Spitze nach Norden oder Süden zeigt. Diese Punkte waren schon im Altertum bekannt. Aber auch zur Zeit von Albertus war bekannt, dass es eine Art von Magneten gibt, die Theamedes genannt wird, eine Variante des normalen Magneten, eine Variante, die Eisen abstößt. Es ist auch der Fall, dass ein Magnetstein von Eisen angezogen wird, und dass seine Kraft Körper durchdringt, sodass er Eisen an sich zieht, selbst wenn eine Platte dazwischen liegt. Vieles war also schon vor langer Zeit bekannt, was eine Reihe von Menschen in unserer Zeit zu entdecken glaubten; man schreibt einem gewissen Flavius die Theorie des **Seekompasses** zu, die, wie man sich einig ist, zumindest vor der Zeit von Albertus Magnus bekannt war. Er erinnert sich daran, aber ich kann nicht glauben, dass der Gebrauch des Kompasses Aristoteles bekannt war, oder dass Eisen nach Norden zeigen konnte, wenn Galen und Alexander von Aphrodisias – die kein Naturwunder, auch kein kleines, übersehen haben – sich nicht an solch bemerkenswerte und nützliche Phänomene erinnerten. Es wird auch angenommen, dass sie zur Zeit der Römer unbekannt waren, und dass die Römer aus diesem Grund so viele Schiffbrüche erlitten. Daher wurde ihre Stärke während der Punischen Kriege mehr als einmal beeinträchtigt, und Octavians Flotte wurde gegen Sextus Pompeius zerstreut.

Nähern wir uns also noch einmal den Kräften des rostfarbenen Magnetsteins und erläutern wir dann ihre Grundlage, ausgehend von der Erfahrung. Ein Magnetstein zieht Eisen an, und er zieht auch Stahl an. Girolamo Fracastoro berichtet auch, dass er gesehen hat, dass er Silber anzieht; im Allgemeinen zieht er Silber gar nicht an. Der Grund dafür, dass er Eisen anzieht, ist, dass es seine Nahrung ist, denn wie ich schon sagte, sind Steine lebendig, und deshalb wird ein Magnetstein am besten in Eisenspänen gehalten. Was ist also außergewöhnlich daran, dass er Stahl anzieht, der zum größten Teil aus Eisen besteht? Aber wenn das Eisen zuerst von dem Magnetstein berührt wird, wird es leichter angezogen. Entweder enthielt das Silber etwas Eisen, oder es gab eine andere Art von Magnetstein, über die ich nichts sagen möchte, da ich nichts darüber weiß. Aber das entspricht unseren Prinzipien, dass Silber und andere Metalle von einem starken Stein angezogen werden können, wenn sie etwas Eisen enthalten. Ein Magnetstein zieht nicht überall an, sondern dort, wo er eine dünne äußere Schicht hat, und an einer Stelle mehr als an einer anderen, und glänzendes Eisen mehr als in Rost versunkenes Eisen. Und anders als es in den Fabeln heißt, wird er nicht durch Knoblauch oder Zwiebeln behindert, geschweige denn durch Diamanten, es sei denn vielleicht so geringfügig, dass er nur in winzigen und schwachen Dingen nachweisbar ist und im Übrigen unbemerkt bleibt. Eisen, das mit dem Stein gerieben wurde, wird nicht nur schneller von einem Magnetstein angezogen, sondern zieht ein anderes Stück Eisen leichter an sich als der Stein selbst. Die Kraft eines Magnetsteins scheint tatsächlich durch das Eisen verstärkt zu werden; die dünneren Teile des Steins, die an der Oberfläche des Eisens haften, ziehen das Eisen an sich. Aber auch umgekehrt zieht ein großer Eisenbrocken einen kleinen Teil des Magnetsteins an sich, und zwar umso mehr, wenn das Eisen von einem Magnetstein berührt wurde und der Magnetstein von Eisen berührt wurde. Der Grund dafür ist, dass der Magnetstein sich nach Eisen als Nahrung sehnt. Da der Magnetstein das Eisen nicht an sich ziehen kann, wird er umgekehrt zum Eisen getragen. Dieser Stein hat zwei einander gegenüberliegende Teile, einen, der in Richtung Äquator liegt, und einen, der in Richtung Norden liegt. Wenn man ihn ausgräbt, behält er dieselbe Kraft, so wie die Tiere zu ihrem natürlichen Ort zurückkehren. Da er sich aber wegen seines Gewichts nicht selbst bewegen kann, bewegt er, wenn er an einem Stück Eisen gerieben wird, das Stück (wenn das Stück im Gleichgewicht ist), weil das Stück sich frei bewegen kann. Dies geschieht auch, weil es ein natürliches Prinzip gibt, dass sich nichts von selbst bewegt. Da der Stein aus zwei Teilen besteht, lenkt das Eisen, das von Norden her berührt wird, diesen Punkt in Richtung Norden. Berührt es jedoch den Süden, wird es in Richtung Süden und nicht in Richtung Norden gedrückt. Es ist also nicht wahr, dass man bei unseren Steinen deutlicher als bei Tageslicht sehen kann, dass ein Magnet das Eisen immer nach Norden lenkt, denn bei einzelnen Brocken ist der Teil von Bedeutung, der das Eisen ebenso sehr nach Süden lenkt wie der bekannte Teil nach Norden. Das Ergebnis ist, dass die Menschen seine Kräfte nur langsam erkannt haben.

Aber die Teile sind nicht genau nach Norden oder Süden gerichtet, sondern einzelne Teile sind auf einen Punkt gerichtet, der fünf Himmelsgrade entfernt ist. Dies hat zur Folge, dass bei Sonnenuhren die Linie, auf der das Eisen in einem Kompass zur Ruhe kommen sollte, nicht mit der Meridianlinie übereinstimmt, wo die Schatten die Stunden anzeigen; die Kompasslinie weicht, wenn die Sonnenuhr perfekt ist, ein wenig nach Osten von der Meridianlinie ab.

In jüngster Zeit sind **Sonnenuhren erfunden worden, die sowohl die Stunden als auch die Meridianlinie ohne Kompass anzeigen**; da sie immer dieselbe Stunde von oben, von vorne und von den Seiten und auf einer anderen Basis zeigen, müssen sie immer so aufgestellt sein, dass die Mittellinie der Sonnenuhr auf dem Meridian liegt. Das ist sicherlich eine bemerkenswerte deutsche Erfindung. Aber es gibt keine andere Erklärung für die Abweichung des Magnetsteins von Osten nach rechts, außer der Position des Steines. Der Stein erhält seine Kräfte aus dieser Richtung, da er auf den Aufgang des Sterns im Schweif des Kleinen Bären blickt, der sich fünf Grad östlich des Pols des Universums befindet. Umgekehrt erhält der Teil des Magnetsteins, der nach Süden blickt, seine Kräfte nicht von den südlichen Sternen, sondern von demselben Bären oder von seinem Aufgang, was bedeutet, dass dieser Stein offensichtlich entgegengesetzte Kräfte hat.

So ist es kein Wunder, dass die Vermutung über den **Theamedes** entstanden ist, dass er Eisen abstößt, obwohl er ein Magnetstein ist. Das ist die Lage: Ein Teil des Theamedes stößt das Eisen nach Norden ab, der andere nach Süden, wie bereits erwähnt. Wenn aber der Teil, der nach Süden ausgerichtet ist, auf ein Stück Eisen angewendet wird, das nach Norden strebt, treibt die ihm innewohnende Feindseligkeit es mit größerer Kraft von sich weg als ein Stück Eisen, das nach Süden strebt, es anzieht; und ferner stößt der Teil des Magnetsteins, der nach Norden schaut, wenn er auf das Eisen an der Stelle angewendet wird, an der es den Magnetstein berührt, der nach Süden strebt, es von sich ab. Ein Eisenstück, das ähnlich ist und denselben Teil anstrebt, zieht es stark an sich, aber ein Eisenstück, das nicht mit einem Magnetstein in Berührung gekommen ist, tut dies nur mäßig. Der Grund dafür ist klarer als das Licht selbst: Ungleiches wird abgestoßen, Gleiches wird angezogen. Es ist also nicht so, dass das Eisen von irgendeinem Stein abgestoßen wird, sondern es ist so, weil es eine gegensätzliche Eigenschaft hat, oder weil der Punkt auf der anderen Seite von einem ähnlichen Stein berührt wurde. Während also dieser Punkt angezogen wird, wird der andere abgestoßen. Wenn also jede Spitze einer eisernen Nadel von einem nördlichen Teil berührt wird, werden beide von einem südlichen Teil abgestoßen, als ob dieser die ganze eiserne Nadel schieben würde. Es gibt Leute, die behaupten, dass es in diesem Stein einen Teil gibt, der das Eisen nach Osten treibt und einen anderen, der das Gegenteil tut nach Westen. Ich kann dazu nichts Sicheres sagen. Aber auf einer Basis wie der, auf der Eisen von einem Magnetstein entweder angezogen oder abgestoßen wird, wird ein anderes Eisenstück von Eisen, an dem ein Magnetstein bei Berührung haften geblieben ist, entweder angezogen oder abgestoßen. Was ich sage, ist: Wenn die Spitze eines Eisenstücks vom südlichen Teil eines Magnetsteins überstrichen wurde, dann treibt das Eisen, wenn es still gehalten wird, einen anderen Punkt von sich weg; einen Punkt, der ins Gleichgewicht gebracht wurde und den nördlichen Teil eines Magnetsteins berührt hat. Und auf der gleichen Grundlage werden Bruchstücke eines Magnetsteins von einem Magnetstein angezogen, da der Magnetstein oder seine Bruchstücke die Kräfte des Eisens absorbiert haben. Und so zieht der Magnetstein nicht den Magnetstein an, aber das Eisen, das an einem Magnetstein haftet, tut es unbemerkt.

Zu diesen vielen bemerkenswerten Vorzügen kommt noch hinzu, dass ein unter eine Platte gelegter Magnetstein ein auf der Platte im Gleichgewicht befindliches Eisenstück **schnell in Rotation versetzt**, obwohl die Platte dazwischen liegt, und die Anwesenden sind ziemlich erstaunt. Man stellt ein hölzernes, mit Wasser gefülltes Becken auf die Tafel, setzt ein kleines Boot hinein, das aus sehr dünnen Holzstücken ohne Eisen, nur mit Leim zusammengesetzt ist; an dessen Bug befindet sich eine hübsche Frauenfigur, um das kleine Boot mit einem Ruder zu rudern, sodass ihr Ruder durch die Bewegung des Bootes bewegt wird, und mit ihm die Figur der Frau. Unter dem hinteren Fuß der Frau ist ein kleiner Schlüssel mit breitem Kopf, dessen breiterer Teil (genannt Kappe), aus der Platte herausragt, so befestigt, dass er unter dem Bug verborgen ist und das Wasser nicht berührt. Der letzte Schliff besteht darin, dass ein Stück eines ausgezeichneten Magnetsteins in den Kopf eines Holzstabs aus Tannen- oder Kirschholz eingesetzt wird, auf dem sich der Stein selbst dreht, wenn er unter der Tafel platziert wird. Und so wird das Schiff, wenn der Magnetstein unter dem Kopf des Schlüssels platziert ist, durch die Bewegung des Magnetsteins dorthin gezogen, wohin man will, und die Figur sieht für diejenigen, die den Stab nicht sehen können, (sozusagen) lebendig aus – und das Boot zu drehen und zu ziehen, wohin man will, wie jemand, der hört und rudert. Die Materie selbst geht also nicht hinüber, sondern etwas, das dem Geist ähnelt. Die Platte würde die Bewegung behindern, da sich Körper nicht gegenseitig durchdringen können.

Auf ähnliche Weise **wird ein Dämon Antworten geben.** Eine kleine Statue eines gekrönten Mannes wird aus Messing gemacht, in goldener Kleidung, mit Hörnern auf dem Kopf, mit einem schwarzen Gesicht und Händen und Füßen, und den Händen und Füßen eines Greifs. In der rechten Hand dieser Gestalt sei ein Zepter aus vergoldetem Eisen, das mit den Kräften eines Magnetsteins ausgestattet ist. Diese Figur soll auf einem Thron aus glänzendem Messing sitzen. Um die ganze Vorrichtung herum soll ein Glas in Form einer Säule gelegt werden, wie ich es manchmal in den Händen hatte, in fester Form, oder, wenn du es vorziehst, leer, und das Glas soll nur mit dem Thron verbunden sein. Dann wird der Apparat an einem dünnen senkrechten Faden aufgehängt, sodass er nach Belieben gedreht werden kann. Als Nächstes wird die Figur mithilfe eines Stabes befragt, der durch einen heimlich an der Spitze eines schlanken Stabes angebrachten Magnetstein in verschiedene Richtungen bewegt wird. Schöne Stäbe, sowohl unbekannte als auch bekannte, und Symbole sowie Figuren werden hinzugefügt. Ein Magnetstein kann auch in einem goldenen Ring versteckt werden. Auf einem Altar wird eine Statue aus sehr leichtem Material nach demselben Muster aufgestellt, und auf der Statue wird ein Stück Eisen angebracht, das mit einem Magnetstein durchsetzt ist. Der Magnetstein wird auf einem Teil einer Wand platziert, sodass, wenn er auf das Eisen reagiert, sich das Gesicht der Figur einem Opfer zuwendet. Wahrscheinlich wurden solche Techniken angewandt, um den Priestern der Antike zu ermöglichen, das unwissende Volk zu täuschen, als die Menschen noch recht ungebildet waren.

Nach dem rostfarbenen Magnetstein kommt der glänzend-weiße, er ist, als ob er Fleisch anziehen würde: Die Erfahrung zeigt, dass er an den Lippen klebt und mit einigen Adern gezeichnet ist. Er ist selten, aber dennoch heutzutage zu finden, da die Natur nichts vor uns verbergen wollte. Er wird vielleicht trocken von einem feuchten Ort gezogen und klebt an den Lippen, so wie Strohhalme gewöhnlich an Bernstein kleben.

Ähnlich ist es offenbar mit einem anderen Stein, von dem ich folgende Erfahrung habe: Laurentius Guascus Cherascius, ein erfahrener Arzt aus Turin, hatte ihn kürzlich mitgebracht und versprach immer wieder, dass, wenn er damit einen Griffel oder **eine Nadel berührte, diese völlig schmerzfrei durch Fleisch gehen könnten.** Wie nicht anders zu erwarten, bestätigte er, da wir dies für absurd hielten, den Sachverhalt durch Experimente an meinen Begleitern. Um diesen unglaublichen Sachverhalt zu prüfen, rieb ich eine Nadel zuerst an dem Magnetstein und stach sie in die Haut meines Oberarms. Zuerst fühlte ich den leisesten Eindruck eines Stiches; später, da sie sich ihren Weg fast geradewegs durch den ganzen Muskel bahnte, spürte ich, wie die Nadel auf ihrem Weg in die Tiefe eindrang, aber ich fühlte keinerlei Schmerz. Und dann glaubte ich meinen Freunden, denn ich hatte es an mir selbst ausprobiert. Ich hörte auf damit, den Arm lange Zeit nach allen Richtungen zu beugen, und fühlte keinen Schmerz, und als die Nadel herausgezogen wurde, kam kein Blut heraus, auch kein Loch. Manchmal fließt ein halber Tropfen einer leichten Ader heraus, aber kein Blut, wo die Spur der Verletzung zu erkennen ist. Der Urheber dieses Geschehens kümmerte sich nicht darum, die Lage von Nerven oder Venen zu vermerken, sodass wir klar erkennen konnten, dass in dem Stein eine Kraft steckte. Der Stein war kleiner als eine kleine Bohne, glänzend-weiß, oder eher buchsbaumfarben, mit rostfarbenen Adern durchzogen, ganz sanft und glatt, sodass er insgesamt das Gewicht von dreizehn Weizenkörnern hatte. Die Nadel, mit der ich ihn berührte, schien beim Reiben so sanft zu sein, dass sie nicht mehr den Charakter von Eisen zu haben schien, obwohl sie nach wie vor sehr hart war. Als ich also über die Dinge nachdachte, kamen mir immer wieder drei Ideen. Die erste war, dass die Nadel nicht hineinging, sondern eine andere bereitstellte, die ihr Aussehen mit dem unseren änderte, eine, die sich in sich selbst zurückziehen konnte, was kein schwieriger Trick war. Aber im Gegensatz dazu fühlten wir, wie die Nadel tief hineinging, und um sie herauszuziehen, war eine große Anstrengung nötig. Zweitens, da sich zwischen der Haut und der subkutanen Faszie[20] subkutanes Fett befindet, wäre das Einführen der Nadel durch das Fett zwischen der Faszie und der Haut schmerzfrei. Was aber tatsächlich für diese Erklärung sprechen könnte, ist, dass er die Nadel an ihrem Ende ein wenig gebogen hat, entweder während er sie auf dem Stein rieb oder während er sie in den Muskel stieß. Aber es gibt viele Gründe, warum diese Theorie nicht zufriedenstellend ist. Der erste ist, dass wir mit unseren eigenen Sinnen wahrgenommen haben, dass der Einstich bis zu den Knochen reichte. Zweitens, dass das aus dem Fleisch herausragende Ende fast einen rechten Winkel bildete, sodass die mathematische Beziehung es nicht zuließ, dass es eine fast parallele Position zur Haut selbst einnahm, während die Nadel außer an ihrem Ende völlig gerade stand und an derselben Stelle auch ein wenig gebogen war (nicht viel). Ein weiteres Merkmal war, dass die Nadel unter der Haut in der Nähe des Lochs sichtbar war und das Aussehen eines schwarzen Stabes hatte. Wenn alles dicht unter der Haut gelegen hätte, wäre dieser schwarze Stab fast parallel zur Länge der Nadel verlaufen. Ein letzter Punkt: Diese gebogene Form konnte kaum eindringen, ohne die Haut oder die Faszien zu verletzen, vor allem nicht zu dieser Zeit, da er diese Prozedur jedem überließ, der ihm gefiel.

So griff ich auf einen dritten Gedanken zurück: Man sieht manchmal Knaben dabei, wie sie mit den Fingern schmerzlos in die Haut eines Armes kneifen und **diese mit einer Nadel durchstechen**, auch das Ohrläppchen, nachdem sie es vorher mit den Fingern gerieben haben. Das Reiben hat offensichtlich vier Vorteile für die Schmerzlinderung: die lockere Struktur der Stelle, die es der Nadel ermöglicht, schmerzfrei hindurchzugleiten; die Hitze, die verhindert, dass der Schmerz empfunden wird. Daher sind alle heißen Dinge schmerzlindernd. Und da durch das Reiben bereits Schmerz erregt wird, lindert es den Schmerz des Einstichs. Es ist sogar bei Hippokrates zu lesen, dass, wenn zwei Schmerzen in Bezug auf dieselbe Stelle auftreten, der größere den kleineren auslöscht. Aber das ist nicht die einzige Möglichkeit: der geringere kann den größeren auslöschen, wenn sie nicht von der gleichen Art sind. Zusammengefasst: Reiben vertreibt den Geist aus dem Teil, der empfindlicher ist (und das ist ein Nerv), und so kann dieser Teil seine Empfindung verlieren.

Aber bei dem früheren Versuch wurde die Haut selbst nicht gerieben, sie behielt sogar ein wenig von der Schmerzempfindung. Und die Nadel stach nicht auf der Oberfläche, sondern ging durch den Muskel. Wie also dann? Die Erklärung muss an anderer

[20] »carnea membrana«.

Stelle gesucht werden. Die Erfahrung zeigt, dass eine mit Talg bestrichene Nadel beim Einstechen keinen oder nur wenig Schmerz hervorruft; war vielleicht eine dickere Kraft in dem Stein, oder eine so kalte, dass sie jede Empfindung und den Blutfluss stoppte? Oder ist es unter allen Umständen eine Eigenschaft dieses Steins, wie die des rostfarbenen, dass, wie ich sagte, das Eisen auf die an die Pole angrenzenden Teile gerichtet ist? Oder vielleicht war es eine Beschwörung. Aber wer kann sagen, welche Möglichkeiten in diesem Vorgehen stecken? Oder wer kann es ausrechnen? Wir haben es hier mit einer Sache zu tun, die klein aussieht, aber, wenn sie dem menschlichen Gebrauch zugeführt würde, großen Nutzen und zugleich schändlichen Gewinn bringen würde. Waffen zur Verteidigung des Vaterlandes und zur Tötung von Reisenden durch Räuber sind die gleichen Waffen. Würde nicht irgendjemand sagen, dass die Kenntnis dieses Kunststücks mehr wert ist als der Besitz eines fünfhundert Morgen großen Landguts, selbst eines tausend Morgen großen? Das hat Alexander von Verona kürzlich in Mailand gesagt. Seine Sklaven und auch seine Knaben waren von Eisen verwundet worden, das durch diesen Trick manipuliert worden war, und das ganze Fleisch ihrer Brust war durchbohrt worden, und auch die Hüften. Sie erschraken über die Wunde und bemerkten nicht, dass sie keine Schmerzen hatten (die Wunden waren nicht mit einer Nadel, sondern mit Schwertern zugefügt worden). Denn durch das Auftragen von Öl, das ein wenig Sarcocolla, Weihrauch oder Aloe oder einen anderen Bestandteil enthielt, um zu zeigen, dass das Öl nicht einfach war, wurden sie sofort geheilt. Wie ich schon sagte, wurden sie geheilt durch die Art einer trickreich zugefügten Wunde. Und obwohl das Öl nichts dazu beitrug, wurde ihm dennoch die ganze Kraft der Heilung zugeschrieben. Das Öl wurde also zu dem Preis verkauft, den der Höchstbietende dafür bereit war zu zahlen. Es wäre ein Leichtes, selbst jeden schlauen Menschen, der diese Tricks und Vergiftungen nicht kennt, davon zu überzeugen, dass diese Menschen durch das Öl so schnell geheilt wurden.

Er pflegte bei einem solchen Fall andere Kräfte hinzuzufügen, wie die Kräfte der Linderung, der Abwehr von Epilepsie, der Abtötung von Würmern, der Beendigung von Fieber, denen sowohl durch den Glauben selbst als auch durch den Zufall und durch die angewandten Medikamente geholfen werden konnte. In der Tat können die meisten Bitterstoffe und duftenden Gegenstände viele Schmerzen beenden, Winde zerstreuen, Würmer töten, langsames Fieber beenden und Epileptikern helfen. All dies hat seine Basis zum größten Teil im phlegmatischen Saft. Und so ist dieses Öl in jedermanns Augen ein Heilmittel. Es wurde so viel davon verkauft und so sehr geschätzt, dass dieser Scharlatan fast sechs Goldstücke pro Tag kassierte und zudem als gleichwertig mit jedem berühmten Arzt für die Heilung von Kranken bezeichnet wurde. In Purpur gekleidet, auf einem edlen asturischen Pferd, mit einem zahlreichen Gefolge, das Vertrauen in die Täuschung erzeugte, pflegte er Länder zu bereisen, in denen das Geld locker saß. Mit weniger Aufwand hätte er nicht so viel verdienen können. Aber dieses außergewöhnliche Öl, wenn es in seiner Abwesenheit auf andere Wunden aufgetragen wurde, verriet die Täuschung, denn es war nicht besser oder nur wenig besser als reines Olivenöl; selbst reines Öl ist, wie wir an anderer Stelle erklärt haben, in der Lage, frische Wunden zu heilen, da es, wie wir bereits gesagt haben, nicht verfault.

Aber nun ist genug gesagt worden über die Methode und die Ursachen, die der Ausrichtung des Eisens nach Norden oder Süden zugrunde liegen. Wir können auch einige Zweifel der Nachwelt überlassen. Nun kann meine Erzählung zum **rostfarbenen Magnetstein** zurückkehren. Er stammt aus Spanien und von der Insel Ilva, die zwischen

Cyrnus (Korsika) und Italien liegt (heute heißt sie Elba), sowie aus einer Reihe anderer Regionen. Die Leute, die annehmen, dass das Eisen aufgrund der Regionen, in denen es entsteht, ausgerichtet wird, befinden sich im Irrtum. Die tatsächlichen Regionen, in denen dieser Magnetstein entsteht, beziehen sich nicht auf die Bezirke von einem Stück Eisen, das an einem Magnetstein gerieben wird, und es gibt nicht nur eine Region, die ihren Magnetstein produziert. Er ähnelt dem Eisen auch in Substanz und Gewicht, sodass er sozusagen männlich genannt werden kann. Außerdem wird das Männliche bei Dingen, die Sinne besitzen, zum Weiblichen hingezogen, ja, es wird von seinen Sinnen mitgerissen. Bei Dingen, die keine Sinne haben, wird das Weibliche vom Männlichen angezogen. Das ist der Grund, warum Eisen von einem Stein angezogen und mitgerissen wird. Und doch werden sie, wie ich sagte, gegenseitig mitgerissen, der eine zum anderen.

Aber warum gibt es kein anderes Metall, das von einem anderen Stein angezogen wird? Das liegt daran, dass kein Metall so kalt ist wie Eisen, und vielleicht ist es für andere Metalle ganz unmöglich, von anderen Steinen angezogen zu werden. Sie sind berühmt für ihre Kräfte: Sarcophagus, Calamochnus, Halcyonium, Bimsstein, Schmirgelstein, Tripolis. Der **Sarcophagus**, sozusagen das »Fleisch essende«, ist hell, weiß, eher aschfahl, mürbe, und auf seiner Oberseite befindet sich etwas, das einem hellen Mehl ähnelt, und gelbe Adern auf der Unterseite und im Inneren. Die Alten bauten daraus Gräber, die den Körper (abgesehen von den Zähnen) in vierzig Tagen verzehren konnten.

Nach demselben Prinzip wird **Branntkalk** in gewölbte Gruften eingelegt und mit Wasser übergossen; werden Leichen darin begraben, so werden sie in der Regel verzehrt, wie auch durch mit Erde vermischtem Galmei. Alles, was verdünnt und trocken ist und brennen kann, verzehrt nicht nur das Fleisch der Toten, sondern sogar ihre Knochen ohne Hemmung; und nicht nur die der Toten, sondern auch die der Lebenden. Daraus wird ein schmerzloses Narbenmittel hergestellt, das die Haut innerhalb von vierundzwanzig Stunden leicht durchlöchert. Ist die Haut gesund, so wird das Mittel allein aufgetragen und die Haut mit Leder umwickelt; ist aber ein blutiger Schleim vorhanden, wie es bei Eiterungen geschieht, so wird die Stelle mit sehr saurem Essig gewaschen. Das Medikament wird aus Schmierseife und Branntkalk fein gemischt, sodass es in die Form einer weichen Salbe übergeht.

Nach demselben Prinzip hilft der Kalkstein bei Gichtschmerzen so gut wie alles andere, indem er die Körpersäfte verdünnt. Je stärker aber der Essig ist, desto mehr beseitigt er sowohl den Schmerz als auch die Empfindungsfähigkeit; diese Mittel rufen das hervor, was im Innern ist, das verdünnt und auflöst, und daher kräftig austrocknet.

Calamochnus oder Adarca, Schaum aus Schilf, entsteht an feuchten und sumpfigen Stellen in der Nähe von Schilf, und ist an trockenen Stellen eher wie leicht salzige Seife, und bei den Kräften eher wie Kalkstein. Seine Farbe ist die des Assius-Steins, voll von Öffnungen, sehr heiß und sauer.

Diesem in Kraft und Form recht ähnlich ist das, was man **Halcyonium** nennt, d.h. Meeresschaum. Er ist reichlich vorhanden und daher in großem Gebrauch. Der Name scheint von einem Vogelnest abgeleitet zu sein, worauf wir weiter unten noch zu sprechen kommen. Aber es ist nicht nur der Name des Nestes, sondern wir nennen auch einen wertlosen Abfall des Meeres mit diesem Namen, und um es allgemein auszudrücken, Halcyonium ist ein Homonym.

Man ist sich einig, dass **Bimsstein** eine Art weicheres Gestein ist, das durch schwefelhaltiges Feuer gebrannt und von den Winden verweht wird. Man sagt, er verhindere die Gärung des Mostes und, wenn er im Voraus eingenommen wird, verhindere er die Trunkenheit, aber nicht ohne schwere Opfer.

Der **Schmirgel** gehört zu den Austernschalensteinen. Er wird auf einer Messingscheibe verwendet, schleift die meisten Edelsteine und reinigt die Zähne durch Bürsten. Die Römer gravierten Edelsteine mit porösem Stein und Obsidianfragmenten. Aber wenn Schmirgel kein poröser Stein ist, müssen sie ihn nicht gekannt haben. Schmirgel besteht aus seltenen Teilen und ist von kompakter und fester Substanz, ausreichend, um Eisen zu polieren und zu schärfen, und er verleiht ihm und dem Stahl einen Glanz. Der Glanz entsteht durch das Abschleifen der Oberfläche, bis sie glatt und fest ist. Daher glänzen manche Dinge, manche nicht. Alles Harte glänzt, und wenn es härter ist, ist es auch kompakt. Und so glänzen Edelsteine mehr als Metalle und Metalle mehr als Hölzer. Unter den Steinen ist der Diamant der härteste, unter den Metallen das Gold das kompakteste, unter den Hölzern das Ebenholz, unter den Knochen das Elfenbein, unter den Hörnern das Büffelhorn und nach demselben Prinzip wird dasjenige, das kompakter und härter ist, mehr glänzen. Der Glanz wird durch Polieren der Oberfläche und durch Überziehen mit Gold verstärkt, denn Gold, wie dünn es auch sein mag, ist immer sehr kompakt. Gegenstände, die poliert werden, sind alle hart und flach; was flach ist, ist dünn oder aus dünnen Dingen gemacht. Daher poliert Tripolis[21] feiner als Schmirgel; dieser rostfarbene oder goldgelbe Klumpen ist, wenn man so will, ein zarter Stein, nicht wegen der Härte, sondern wegen der Verdünnung seiner Substanz. Viele dieser Gegenstände sehen weicher aus, obwohl sie eigentlich hart sind. Einige der weichen Gegenstände werden durch das Vorhandensein von zähem Klebstoff als hart angesehen, wie z. B. der Feuerstein; andere der harten Gegenstände sind in Wirklichkeit weich, wie z. B. Tripolis.

Der **Weinstein** wird aus dem Bodensatz des Weins hergestellt und hat nicht seinesgleichen zum Reinigen. Er ist schmutzig und entsteht an harten Stellen, er reinigt Auswüchse des Fleisches und das lebende Fleisch.

Gips ist eine glänzend-weiße Erde, klebrig, leicht, geeignet für die Formgebung von Produkten; er verschließt Geschwüre, und seine Ausblühungen werden von einigen Leuten »Talk« genannt. Manche meinen, Talk[22] sei ein anderer Stein als Spiegelstein. Was auch immer Talk ist, er ist wie Glas, schuppig und transparent und ähnelt dem Spiegelstein. Als Getränk eingenommen, hilft Talk, der so viel wiegt wie eine Haselnuss, wunderbar bei Darmbeschwerden.

Der **Crustaceus-Stein** scheint von der gleichen Art zu sein – schwarz, mit goldenen Adern durchzogen, und aus ihm werden Tafeln aus Nürnberg exportiert.[23] Es gibt zahllose Tafeln von auffallender Form. Der Grund für diese Vielfalt ist derselbe, der schon bei den Kräutern und Bäumen erwähnt wurde. **Trochites** ist auf seiner flachen Oberfläche gestreift, und in der Mitte befindet sich ein Punkt, an dem die Streifen ausgerichtet sind. Die flache Oberfläche ist jedoch von einem leichten Rand umgeben. Wenn er in Essig gelegt wird, bewegt er sich von selbst, wie ein Astroit. Der **Entrochos** ist aus vielen Trochitensteinen zusammengesetzt, und seine Kraft entspricht der seiner Bestandteile. Der **Pentacrinos** ist ein gestreifter Stein, der fünf Lilien ähnelt. Der Encrinos[24] besteht aus fünf Pentacrinos-Steinen und ist ein roter Stein, der aus einem schwarzen Stein herauswächst. Auch der **Belenites**

[21] Eine zitronenfarbige Erde, die zum Polieren verwendet werden kann.

[22] »Astrum Samium«.

[23] »lapis crustaceus«. Forrester schreibt: Agricola (*De natura fossilium*, 7. 323) beschreibt Gesteinsarten, die sich in »crustae« spalten lassen, vermutlich vergleichbar mit den »tabulae« hier, und die dem zu ähneln scheinen, was wir Schiefer nennen. Von diesen schreibt Agricola: »die schönsten schwarzen Teller mit deutlichen Goldadern werden von Nürnberg nach Leipzig gebracht«.

[24] Viele der hier genannten Begriffe stammen aus dem Buch von Georgius Agricola *De natura fossilium* von 1546.

ist pfeilförmig, mit einem Längsspalt im Inneren. Er enthält einen weiteren Stein, der durch eine goldfarbene Gleitfläche mit ihm verbunden ist. Und da einige von ihnen Strohhalme anziehen können, glaubt man unbegründet, dass sie ein »Lyncurios« sind, weil sie dort entstehen, wo Luchse weit weg sind. Der **Conchites** ist wie ein Schneckenhaus, verziert mit gebogenen Rippen und einer goldfarbenen glatten Seite. Und es gibt noch eine andere Art von Conchites, eine Art Marmor. Der glänzend-weiße, weiche, in dem man immer die Schalen von Muscheln findet; vor langer Zeit nur in der Stadt Megara gefunden, wie Pausanias bezeugt. Dies ist ein sicheres Indiz dafür, dass die Gegend früher vom Meer überspült wurde. Da Muscheln langlebig sind, versteinern sie an vielen Stellen zwischen Steinen und unter der Erde, wobei sie ihre Form behalten, aber in ihrer Substanz verändert werden. Der Grund, warum die meisten von ihnen mit gold- oder silberfarbenen Schalen versehen sind, liegt darin, dass ihre Materie Salz enthält ist. Salz glänzt und besteht aus einem bestimmten reinen Teil. Muscheln bestehen zu einem Teil aus Salz; wenn es extrahiert wird, entsteht durch die enorme Kälte des Ortes eine Kruste, während der wässrige Teil glänzend ist. Da der wässrige Teil gut mit dünner Erde vermischt ist, wird er nicht entfernt. Einige von ihnen zeugen von der Weisheit der Natur, die auf ein bestimmtes Ziel ausgerichtet ist, und einige zeugen von einem ewigen Universum.

Der **Ostracis** ist wie die Austern und wird wie Spiegelstein ausgegraben. Der **Onychites** ähnelt vergoldeten Fingernägeln, **Ctenites** ist gestreift wie ein Kamm und **Strombites** hat die Form einer gewirbelten Muschelschale mit einer scharfen Spitze. **Porphyroides** hat die Farbe von Asche und violette Nadeln wie Stacheln. **Myites** ist wie ein Muskel, mit sehr dünnen Enden, aber in der Mitte geschwollen. Von **Rhombytes** gibt es zwei Arten: Die eine besteht aus Schuppen, die einer Raute ähneln, was ihr den Namen gibt, und ist glänzend weiß; die andere hat die Form eines zusammengedrückten Zylinders, ist aber oben und unten gestreift, sodass die Streifen die Form eines Rhombus nachahmen. Der **Pentagonus** und der **Hexagonus** haben einen Rand und in der Mitte einen ebenen Raum, der einem Würfelkasten gleicht, in dem sich ein Punkt befindet, von dem aus Strahlen zu den Extremitäten verlaufen, wie bei den Strahlen der Trochiten.

Die Region Hildesheim in Sachsen bringt sie alle hervor. Georgius Agricola erfuhr von ihnen durch Valerius Cordus, einem Mann von großem Wissen über Kräuter, der in Rom seiner Begeisterung für verschiedene Studien nachging, wie der Deutsche, der er war, bis er einen vorzeitigen Tod erlitt – zum Leidwesen aller gelehrten und guten Menschen. Derselbe Mann berichtete auch von anderen Steinen, die von einzigartiger und wunderbarer Form sind, wie der **Glossopetra**, der wie die Zunge eines Spechtes aussieht, der in Lüneburg in Alaunminen gefunden wurde, und der Spiegelstein, der in den Strahlen des Mondes wiedergeboren wird. Dieser ist in einigen Fällen mit goldenen, manchmal silbernen oder diamantenen Krusten bedeckt und wird in Mariaburg[25] gefunden. In der Gegend von Trier findet sich der **Hysterapetra**, der die Form der weiblichen Scham aufweist, er ist schwarz und sehr hart. Und in der Nähe von Saalfeld in Thüringen wurde in einem hundertzwanzig Fuß tiefen Brunnen ein Stein ausgegraben, der die Form eines menschlichen Brustkorbs mit den Rippenabständen perfekt nachbildet, aber etwas schmaler ist.

Derselbe Mann berichtet von Steinen, die sich durch ihre Farbe auszeichnen. **Amochrysus** ist von goldener Farbe und schuppig, und man kann daraus einen Sand von goldener Farbe machen, der sich zum

[25] »Mariaeburgo«.

Trocknen von Tinte eignet. Ich habe herausgefunden, dass, wenn man ihn einen ganzen Tag lang in einem Feuer aufbewahrt, der Vorrat an Sand reichlicher, besser und schöner ist. Das Gleiche gilt für den **Armatura**, auch dieser Stein ist schuppig, aber von silbriger Farbe und eignet sich auf jeden Fall für denselben Zweck, wenn nicht für einen anderen. Der **Hieracites** imitiert mit seinen Rillen und seiner Farbe die Federn eines Falken oder Rebhuhns. Und der **Pyraustus**, der von rötlicher Farbe ist, zeichnet sich durch seine goldene, hohle, glitzernde Seite aus; daher entzündet er sich, wenn er der Sonne ausgesetzt wird, wie ein Hohlspiegel; auch diesen fand er in der Regoin von Hildesheim.

In Bezug auf den **Alabandicus** genügt es zu wissen, dass er verschiedene gemalte Bilder reproduziert. Und wir haben über Onyx gesprochen, und die Steine, die man in der Gegend von Verona findet; sogar in Marmor erscheint manchmal die Figur eines königlichen Kopfes mit einem Diadem; und diese Dinge treten, wie ich sagte, manchmal zufällig und manchmal aufgrund der Natur des Steins auf. Und wir sprachen über Steine, die dem Feuer widerstehen, und über den Feuerstein, der auch wasserfest ist und durch Feuer geschmolzen wird, und dass Berggipfel durch Winde und Kälteeinbrüche zerschmettert werden, wobei Steinsplitter herabstürzen.

Bleiben noch **die schwarzen Steine, die in Platten gespalten werden** können, von denen es in Italien ein großes, praktisch kostenloses Angebot gibt. Sie sind weich, und auf ihnen sind weiße Linien zu sehen. Schon Speichel macht einen Fleck darauf. Und sie halten nicht lange. Sie wären für die Ausarbeitung von Dingen von Nutzen, wenn sie nicht so leicht zerbrechen würden. Deshalb hat man Tafeln aus dünnem Leinen entwickelt, die mit Gips überzogen sind, und auf den Gips kommt Lack (so nennt man diese Art von Flüssigkeit), und so lassen sie sich biegen und zerbrechen nicht. Sie nehmen Schreibtinte auf, halten sie lange fest und geben sie nur mit einem feuchten Schwamm wieder ab. Ich glaube, dass diese Art von Tafeln schon vor langer Zeit bekannt und in Gebrauch war, denkt man an den Scherz des Augustus, dass Ajax auf seinen Schwamm gefallen sei.[26]

Die Verwendung von Wachs und Griffel ist eher für Entwürfe üblich; aber dauerhafte Aufzeichnungen wurden früher in Bronze gemeißelt. Aus der Lobrede des Marcus Marcellus geht jedoch hervor, dass eine in der Antike bekannte Praxis von einigen Menschen angewendet wird, die als Abakus Tafeln aus Feigenholz und Knochenasche verwenden. Wie oben dargelegt wurde, muss eine Seele in Steinen wohnen. Ich wünschte, es gäbe kein Leben in den Steinen, denn dann stünde der Erzeugung eines großen Edelsteins aus dem Pulver vieler unter der Erde vergrabener Smaragde nichts im Wege, mit dem Zusatz von sehr klarer Feuchtigkeit.

Aus dem Gesagten können wir erkennen, **dass Steine auf zweierlei Weise wachsen:** Entweder wird durch die Adern ständig Materie zugeführt, und der Stein wird wie ein Mensch ernährt; oder es ist eine Potenzialität einer bestimmten Art vorhanden, wie es bei der Erzeugung eines Kükens aus einem Ei geschieht, und ein Produkt dieser Art entsteht in der Wirklichkeit; im Laufe der Tage wird ein ganzes Küken vollendet, und seine Teile nehmen ihren Ausgangspunkt in der Materie zur gleichen Zeit, in fast ihrer ganzen Größe, sodass das, was vorher weiß war, rot wird, und dann zu Nerven, Knochen, Membranen und dergleichen gerinnt. Die Tatsache, dass sie sich im Wasser nach unten bewegen, berechtigt nicht dazu, die Steine als erdig zu bezeichnen. Ein sehr kleiner Anteil Erde in der erstarrten

[26] Sueton (*Divas Augustus*, 85. 2) erzählt, wie der Kaiser Augustus eine Tragödie schreiben wollte, aber schlecht vorankam und abbrach; auf die Frage, was Ajax mache, antwortete er, Ajax sei »auf seinen Schwamm gefallen«.

Feuchtigkeit reicht für das Abwärtsgehen. Doch alle durchsichtigen sind von wässriger Substanz oder durch Kälte erstarrt, sodass sie durch Feuer geschmolzen werden. Der Feuerstein ist nicht durchsichtig, weil er erdig ist; aber er zerbricht, weil die Kälte ihn erstarren ließ. Aber die undurchsichtigen Steine (die meisten sind so), und die, die sich in Kalk verwandeln, sind überhaupt nicht durch Kälte erstarrt und auch nicht von wässriger Substanz. Oder wenn sie tatsächlich durch Kälte erstarrt sind, da sie kalt aussehen, enthalten sie viel Erde, aber wenig Wasser. Es ist also offensichtlich, dass der Kristall, der durchsichtig ist und leicht schmilzt, aus einer wässrigen Substanz besteht, die rein ist und durch Kälte erstarrt.

All dies beruht auf einer eindeutigen Grundlage. Aber es gibt einige **Aspekte, die eine subtilere und gründlichere Betrachtung erfordern, da sie auf ein Wunder hinauszulaufen scheinen**. Zum Beispiel die Erzählung von Pausanias, dass es neben der Feuerstelle in der Zitadelle von Megara einen Stein gab, der, wenn er von einem Kieselstein getroffen wurde, den Klang einer mit einem Plektrum angeschlagenen Leier erzeugte. Ich weiß, dass mich viele dafür verhöhnen werden, dass ich Lügengeschichten (vor allem antike Lügengeschichten) wie Plinius erzähle. Aber es geht uns nicht darum, dass dies geschehen ist, obwohl es gut belegt ist; vielmehr sind wir sicher, dass es geschehen sein könnte und auch später geschehen könnte. Die Frage, die es sorgfältig zu untersuchen gilt, ist vielmehr, wie dies geschehen konnte. Es macht keinen Unterschied, ob es ein Produkt der Natur oder des technischen Könnens ist. Nehmen wir also ein Beispiel aus dem Bereich der technischen Fertigkeiten, die uns besser bekannt und leichter zu handhaben sind. Da die Leier einen Ton erzeugt, weil das Holz hohl, voller Hohlräume und schwammig ist und in viele Falten zerteilt ist, muss man sich dasselbe in Stein vorstellen. Damit das so ist, muss neben den Hohlräumen und der Hohlheit auch metallische Materie, die für den Klang geeignet ist, in den Stein gemischt worden sein. Unter den Metallen klingt nur Messing, und zwar sehr stark (wir haben gesagt, dass das reinste Kupfer zyprisches Kupfer ist). In der Antike erzählte man sich, dass Apollo dort seine Leier niedergelegt habe.

Aber es gibt noch eine andere Art von Wunder, die die Alten sehr in Erstaunen versetzte. In Olympia gab es einen Stein, der die Pferde so sehr erschreckte, dass sie die Wagen zerbrachen und ihre Reiter abwarfen, unbeeindruckt von den Peitschen und Drohungen der Wagenlenker; man nannte den Stein Taraxippos, also »Störenfried und Erschrecker der Pferde«. Es war kein Gift daran, schon gar kein technischer Eingriff. Der Stein war wie von selbst, er war groß und leuchtete rot und hell wie eine Flamme, in der sich die Pferde spiegelten. Die Pferde bildeten sich also entweder ein, dass es brennt, oder sie wurden durch ihr eigenes Abbild in die Irre geführt und ergriffen die Flucht; Pferde haben eine besondere Angst vor Feuer.

Ich erinnere mich an eine Begebenheit, die mir vor fast drei Jahren widerfahren ist. Ich war in Genua und aß bei dem vornehmen Francisco Duarte, dem Quästor des Kaisers. Nach dem Essen setzte ein sehr starker Regen ein. Ich trug Mütze, Stiefel und einen Mantel. Francisco, der ein guter Mensch ist, gab uns edle Pferde, wir stiegen auf; Luigi Ferrari war bei mir. Während wir eine Straße entlangritten, kamen uns Männer mit Fackeln entgegen; der Wind wehte aus dieser Richtung und trug Funken in unsere Richtung, wenn auch in einiger Entfernung. Beinahe wäre es um uns geschehen gewesen, denn die Pferde waren so erschrocken, dass sie von den Dienern, die uns begleiteten, kaum noch gehalten werden konnten, selbst wenn sie an den Gebissen zogen, um die Pferde am Aufbäumen zu hindern. Der mit Ziegelsteinen gepflasterte Weg war schmal gewölbt, weder unsere Begleiter noch die Pferde konnten wegen des Regens stehen, ohne auszurutschen. Und da wir dies bereits an anderer Stelle erwähnt haben, genügt hier die Warnung, dass Pferde durch Feuer sehr erschreckt werden, was bedeutet, dass Taraxippos sie nicht aufgrund eines Wunders, sondern aus einem bestimmten Grund in die Flucht geschlagen hat.

Aber um die Darstellung aller Metalle abzuschließen, muss man **erklären, wie echte Edelsteine von falschen unterschieden werden können**, während sie teilweise in Ringe eingearbeitet sind. Hieronymus Guerinus von Oculi, der Juwelier (den ich oben erwähnt habe) war der erste, der uns darauf aufmerksam machte, und wir haben eine Erklärung dazu geliefert.

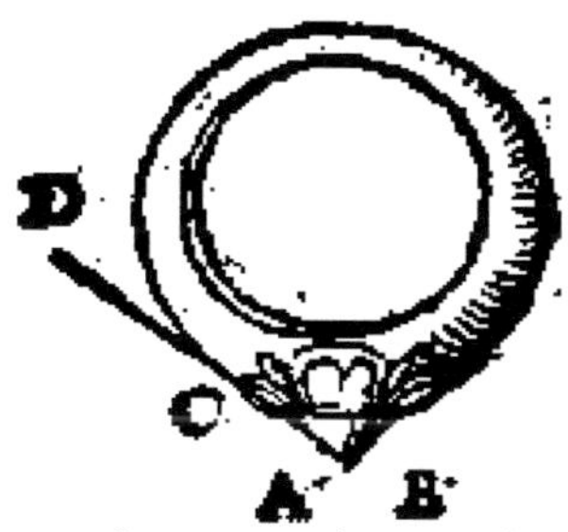

Dreht man den Ring um und untersucht die Winkel und Seiten, so erscheinen sie in einer schwächeren Farbe; nehmen wir an, die Farbe ist bei C, das Auge ist bei D, die Winkel sind A und B. Es ist klar, dass DA mit der Farbe C nicht sehen wird, weil die Linie DC unter den Punkt A fällt. Legt man jedoch die Fläche AB auf einen Fingernagel, so ist die Farbe in den Winkeln nicht sichtbar, sondern verdünnt sich; bei einem echten Edelstein werden die starken Strahlen von der Ebene des Fingernagels reflektiert.

In einer anderen Straße der Juweliere wird viel Geld damit verdient, dass man aus Muscheln sehr hübsche Perlenketten herstellt. Dieser Schwindel gelingt deshalb so gut, weil sie selbst von Juwelieren nicht erkannt werden, denn Farbe, Glanz, Substanz und Gewicht sind so, wie sie sein sollten. Es gibt sogar Leute, die diese Zusammenstellungen aus zwei Stücken machen, weil die Muschel so dünn ist.

Während ich diese Dinge schreibe, läuft ein Gerichtsverfahren um eine bei einem Juwelier gekaufte Perle, die aus einer Muschel gemacht war – der geforderte Preis betrug 200 Goldstücke. Die Juweliere hofften, ein paar Deutsche und Franzosen zu betrügen, denen es ihrer Meinung nach an Können und Geschicklichkeit mangelt. Sie halten sie für Barbaren, obwohl wir es sind, die die wahren Barbaren sind. In der Tat ist es barbarischer, zu betrügen als betrogen zu werden. Aber genug von den Metallen, gehen wir zu den Pflanzen über.

Buch VIII: Über Pflanzen

Die Pflanzen sind edler als die Metalle, und in ihnen leuchtet eine Art Bild der Empfindung. Ferner halte ich es für klar genug, dass Pflanzen hassen und lieben können und Glieder besitzen, die ihren Funktionen entsprechen; der Olivenbaum, der Feigenbaum und die Kohlköpfe hassen den Weinstock so sehr, dass sie, wenn sie dicht daneben gepflanzt werden, den Wein zugrunde richten. Und die Gurke meidet den Olivenbaum, und der Weinstock liebt die Ulme. Ebenso macht ein Myrtenbaum, der neben einem Granatapfelbaum gepflanzt wird, diesen fruchtbarer und duftet selbst mehr, und beide gedeihen in bemerkenswertem Maße.

Es gibt eine einzige allgemeine Ursache dafür, dass manche Pflanzen für die benachbarten schädlich sind: Wenn die Erde in der Hitze und Feuchtigkeit der Sonne aufblüht, muss jeder schattige Baum den anderen Schaden zufügen, und noch mehr, wenn er eine vielfach verzweigte Wurzel hat. Die lebenswichtige Feuchtigkeit, die für die Unterstützung einer benachbarten, nicht aggressiven Pflanze notwendig ist, wird von der verzweigten Wurzel abgezogen. Sowohl die Pflanzen als auch der Boden werden durch den Schatten abgekühlt, sodass die Bäume selbst (oder das im Schatten liegende Gras) aus diesem Grund sichtbar verkümmern. Daraus folgt, dass der Walnussbaum in beiderlei Hinsicht schuldig ist: Er hat dicht gepackte Blätter und eine verzweigte Wurzel. Und der Feigenbaum hat sehr große Blätter. Während ich dies schrieb, bemerkte ich, dass der Weizen, der neben einer Hecke auf einem Feld gesät worden war, verkümmert, trocken und dürftig geworden war und kaum noch Früchte trug, obwohl die Hecke niedrig und spärlich war und die auf- und untergehende Sonne weder ganz noch für lange Zeit ausschloss. Dies sind also allgemeine Überlegungen, und (wie gesagt) es gibt noch andere, die spezieller sind.

Es gibt **vier Arten von Pflanzen:** die Bäume, die Sträucher, die Stauden und die Kräuter. Ein Baum hat einen Stamm, der immer wieder grün wird oder immer grün ist und eine beachtliche Größe erreicht, wie zum Beispiel ein Birnbaum. Ein Strauch hat einen regelmäßigen Stamm, wächst aber nicht über einer bestimmte Größe hinaus; Beispiele sind die Rose und die Myrte. Ein Strauch hat ebenfalls einen regelmäßigen Stamm, wird aber nicht größer als ein Kraut; ein Beispiel ist der Mäusedorn[1]. Ein Kraut ist das, was keinen Stängel hat – wie der Hauswurz[2] oder Salbei. Oder aber es wechselt jährlich seinen Stängel, wie der Fenchel. Eine fünfte Art kann als Zwischenstufe zwischen Kraut und Strauch hinzugefügt werden – zum Beispiel die Weinraute; manchmal wächst sie zu einem Baum heran, manchmal bleibt sie ein Kraut. Und was mit dem Stängel passiert, ist, dass er einen sehr großen Kopf bekommt und riesig wird, wie in Pannonien.

Mit etwas Geschick gedeihen Bäume, Kräuter und Früchte wie Granatäpfel und Grapefruit, auch Pfirsiche. Und es gibt einige Gemüsesorten, die sogar im Winter grün sind und sich bei guter Pflege in einen Busch verwandeln. Aber keine ist so vollendet wie die Weinraute; der Jude Josephus hat überliefert, dass er in Machaerus in Judäa eine sah, die so hoch und groß war wie ein Feigen-

[1] »bruscus«.

[2] »sempervivum«.

baum. Wir selbst haben im Lustgarten eines Mailänder Arztes eine Weinraute gesehen, die sich im Laufe der Jahre zu einem Busch entwickelt hatte. Es ist also klar, dass sich die Pflanzen nicht aufgrund ihrer Größe oder ihres Wuchses in ihrer Art unterscheiden. Auch nicht, weil ihre Blätter gleich groß sind, oder weil die eine Dauerblätter und die andere nur im Sommer Blätter hat, oder weil die Blütenfarbe nicht einheitlich ist, oder weil die eine steril ist und die andere Früchte trägt.

Die **Unterscheidung zwischen den Pflanzen** ist also anhand von vier Punkten zu treffen, von denen der wichtigste ihre Fähigkeit oder Kraft ist. Die Kräfte gehen von der Form aus, die die eigentlichen Arten unterscheidet. Es ist in der Tat viel weniger möglich, dass sich eine Weide in einen Keuschbaum[3] verwandelt, als dass sich ein Esel in einen Ochsen verwandelt, obwohl eine Weide und ein Keuschbaum in Blättern und Rinde ähnlich sind. In der Tat ist der Keuschbaum heiß und in dritter Ordnung trocken. Der Beweis dafür ist erstens, dass er Winde verteilt und als erster der Bäume blüht, während die Weide feucht und kalt ist und spät blüht und Winde erzeugt. Darüber hinaus führt ihr Duft zur Temperierung. Daher müssen die Pflanzen derselben Art, auch wenn die eine in Indien und die andere in Skythien wächst, dieselben Hauptkräfte haben. Es ist also absurd zu glauben, dass verschiedene und gegensätzliche Kräfte in denselben Pflanzen oder dieselben Kräfte in verschiedenen Pflanzen wohnen, und dass die Grundlage für Pflanzen und Tiere nicht dieselbe ist.

Ein zweites Unterscheidungsmerkmal ist der Geruch, ein drittes der Geschmack; das vierte, eigentlich wichtigste, ergibt sich aus der Form der Blätter, der Blüten, der Früchte, des Stiels, der Rinde, der Wurzeln, ja der ganzen Pflanze. Was die Größe betrifft, welcher Baum ist schon größer als ein Kirschbaum? Aber es gibt einige von ihnen, die so genannten Mazedonischen Bäume, die nicht höher sind als eine Palme. Und damit endet auch die Erörterung, die einst über Hornkraut und Borretsch[4] geführt wurde – da sie in Form, Kraft, Geruch und Geschmack praktisch gleich sind, sollten sie natürlich in dieselbe Art gestellt werden. Tatsache ist, dass sie, da wir sie nach ihren Kräften benennen, aus medizinischer Sicht eindeutig denselben Namen tragen sollten, da sie mit denselben Kräften ausgestattet sind. Nicht so für einen Kräuterkundigen, der nach der Form unterscheidet, was ein Mediziner nicht tut. Aber wo diese beiden Kriterien übereinstimmen, muss es noch andere geben. Daher muss die tatsächliche Natur der Dinge untersucht werden und nicht die Worte des Dioskurides. Obwohl er ein bemerkenswerter Kenner von Arzneimitteln war und sehr fleißig im Umgang mit ihnen und sehr klar in ihren Erklärungen, war er dennoch ein Empiriker in der Art seiner Lehre, aber ein Soldat in seiner Disziplin und ein Mann, dessen Schriften der Nachwelt durch viele Fehler schlechter überliefert wurden. Dies ist die Quelle ihrer vielen Missverständnisse, sodass die Unstimmigkeit jetzt schmerzlich ist. Man soll also die Arzneien nicht nach ihrem Namen, ihrer Größe, ihrer Farbe, ihrer Fruchtbarkeit oder nach Merkmalen unterscheiden, die sich mit der Verschiedenheit der Gegenden ändern, sondern nach ihren Kräften und ihrer Form, ihrem Geruch und Geschmack. Diejenigen, die in diesen Merkmalen übereinstimmen, sind der gleichen Art zuzurechnen, und die, die nicht übereinstimmen, den verschiedenen Arten. »Gleich in den Arten« wird in vielen Bedeutungen gesagt – einige sind in der letzten Art gleich, andere wiederum haben viele verschiedene Unterscheidungen. Das Fehlen der einen oder das Überhandnehmen der anderen wird nicht

[3] »vitex«.

[4] »buglosso et boragine«.

durch die Unterschiede der Arten, sondern der Orte bestimmt, denn es ist sicher, dass eine Art nicht mehr oder weniger variiert. Daher der Namen bei Esche (»fraxinum«) und Vogelzunge[5], die manche Fraxinella nennen; und der Diptam, den wir verwenden, ist nicht der alte Diptam des Dioskurides, auch nicht der des Vergil, der von ihm schrieb:

> Seine Mutter pflückte Diptam vom Ida auf Kreta, einen Stängel mit saftigen Blättern und einer violetten Blüte geschmückt.

Aber wie gesagt, ich zweifle nicht daran, dass unser Diptam von der gleichen Art ist; in der Tat sind seine Kräfte und seine Form die gleichen. Aber die Esche ist ein Baum, die Fraxinella ein Strauch, der Diptam ein Kraut, allesamt Pflanzen von unbegrenzter Trockenheit und daher feindlich für Schlangen und tödlich für Würmer.

Da die Esche robuster ist, soll sie allein durch ihren Schatten Schlangen abwehren. Aus diesem Grund lindert sie auch alle Krankheiten deutlich. So erzählt man sich, dass Sancho, der König von Spanien, zu fett war, um ein Pferd zu reiten oder seine Arme leicht zu bewegen, des Lebens überdrüssig wurde und einen berühmten Arzt von einem König aus Afrika herbeirief. Er wurde mit dem Samen eines Krauts geheilt, bei dem es sich vermutlich um Vogelzunge handelte. Doch entweder wurde ihm Gift zugesetzt oder seine körperliche Verfassung änderte sich, sodass er bald darauf starb. Daher ist es notwendig, all diese Arten stark auszudünnen, wenn sie die Milz verzehren; ja, sie zerstreuen energisch, was immer sie gelindert haben. Und dies verdient seinen Titel als die beste Medizin für die Fettleibigen.

Aber ihr werdet sagen: Ist nicht die Region die Ursache für ihre Knappheit, da alle diese Arten in derselben Region zu finden sind? Aber das liegt nicht an der Region allein, denn die Pflanzen der Mazedonischen Kirschen sind zuerst in dieser Gegend entstanden; von dort aus weitergezogen, behalten sie dieselbe Kleinheit. Dasselbe geschieht mit den Arten der Esche und des Sadebaums und der Zypresse und des Wermuts.

Auch Bäume werden durch die Ernährung abgemagert, ebenso wie Hunde, die wir durch eine reduzierte Ernährung von großen zu normalen Hunden machen, und deren Nachkommen zu kleinen Hunden, und deren Nachkommen zu sehr kleinen. Frauen wissen das sehr gut. Dasselbe gilt für Pflanzen, die wir von einem anderen Ort oder aus einer anderen Gegend verpflanzen, oder für wilde und schlanke Pflanzen in den Bergen und auf trockenem Boden, als ob es Bäume oder Kräuter einer neuen Art wären. Aber du wirst sagen: Ist nicht alles, was in Form, Kraft, Duft und Geschmack übereinstimmt, von derselben Art? Ja, die Weide und der Keuschbaum haben sehr ähnliche Blätter, einen ähnlichen Stamm und eine ähnliche Rinde; außerdem riechen beide schwer, sind beide bitter, beide unfruchtbar, beide machen den Menschen unfruchtbar und unfruchtbar. Aber der Keuschbaum tut dies, weil er heiß und trocken ist, die Weide, weil sie feucht und kalt ist. Der bittere Geschmack und der schwere Geruch sind nicht gleich, sondern unterscheiden sich in ihrer Grundlage in beiden. Die Weide wirft auch Tränen[6] ab, wenn auch feste, und haarige Samen nachdem sie geblüht hat; der Keuschbaum tut nichts von alledem. Ein haariger Samen entsteht durch verrottende Feuchtigkeit oder durch Verdünnung, wie bei der Distel; oder durch Kälte, wie bei der Gänsedistel und der Weide. Er sagt im Allgemeinen die Winde und das Wetter voraus, und zwar anhand der Richtung, in der er durch die Luft fliegt. Der haarige Samen ist auch schädlich für die Lunge und den Atem.

Aber ich komme zurück zu den Unterscheidungen der Pflanzen: Wie gesagt, sie sind nicht von der Farbe der Blüten abzulei-

[5] »linguam auis«.

[6] »lachrymae«.

ten, sondern von anderen Ursachen. Die Natur hat ein wunderbares Spiel mit den **Farben der Blüten** gemacht, sie sind matt weiß, wie die des Kürbisses, der Lilie und vieler Bäume wie der Birne, der Quitte, der Esche. Oder rötlich, wie die des Amaranths. Oder scharlachrot, wie die des Granatapfels und des Mohns, der auf Feldern und in Mauern wächst (er wird Mohn genannt, obwohl er keiner ist). Die Schwertlilie trägt blaue, der Krokus krokusgelbe Blüten, und die Ringelblume (Calendula), die auch bei extremer Kälte blüht – daher der Name, weil sie an den ersten Tagen eines Monats blüht. Das Schöllkraut hat eine goldene Blüte, die Malve eine gemischte, und der bereits erwähnte Diptam. Die Rosen sind die Meister der verschiedenen Farben in ihren Blüten; dann kommen die Veilchen und die Nelken. Dann der Jasmin und die Nieswurz; sie blüht regelmäßig sowohl weiß als auch grün und scharlachrot. Aber jeder wird sich wundern, wie die Natur so viele verschiedene Blüten hervorgebracht hat, ohne grüne oder schwarze Blüten zu produzieren. Die Frage nach den grünen ist die kleinere Frage: die Weide und die Weinrebe haben tatsächlich grüne Blüten, aber wegen ihrer Ähnlichkeit mit Blättern lehnen wir es ab, sie Blüten zu nennen, obwohl so ausgezeichnete Früchte auf diese Blüten folgen.

Wichtiger ist die Frage, ob es schwarze Blüten gibt. Und wenn es sie gibt, bleiben Zweifel, denn sie sind extrem selten. Zeigt ein starkes Leuchten in den Blüten, dass glänzendes Schwarz blau ist? Oder, da das glänzende Schwarz in einer dicken Substanz liegen muss, ist jede Blüte aus einem sehr dünnen Saft der eigenen Pflanze entstanden? Da aber die Unterscheidungen aller Pflanzen geradezu zahllos sind, wollen wir sie nicht so ausführlich behandeln, wie wir es bei den Metallen getan haben. Wir **haben uns vorgenommen, nur die undeutlicheren Punkte zu behandeln**, nicht die, die offensichtlich vor unseren Augen liegen. Daher werden wir uns bei der Beschreibung der Pflanzen und Tiere sehr kurz fassen. Manche Pflanzen sind Stadtpflanzen, manche sind Holzpflanzen, manche wachsen im Meer, manche in Flüssen, manche am Flussufer, manche in Sümpfen, manche zwischen Felsen, manche auf gewöhnlichem Boden, manche (wenn auch wenige) im Sand. Und es gibt einige, wie Flechten, in Brunnen, einige an schattigen Orten, einige in der Sonne. Auch kommen einige nur aus fremden Gegenden, wie Nelken, Zimt[7] und Adlerholzbaum[8]. Dasselbe gilt für den Terpentinbaum[9] und den Mastix, obwohl sie in Italien vorkommen. Außerdem tragen einige Früchte, andere sind steril, einige haben keine Wurzeln, einige keine Blätter, einige keine Äste, einige keine Blüten. Und manche haben kaum etwas davon, wie die Trüffel, die Pilze, der Polytrichum. Es gibt süßlich riechende, übel riechende und geruchlose. Auch solche, die immer Blätter tragen, und solche, die ihre Blätter abwerfen. Es gibt auch solche, die spärlich belaubt sind, und solche, die dicht belaubt sind, wie die Zypresse. Andere sind weitläufig, wie der Lotus und die Buche. Und es gibt hohe und niedrige, knotenlose und knorrige, wie den Bambus. Manche sind dicht, wie der Lebensbaum; manche sind innen leer, wie das Schilfrohr; manche sind mittelgroß, wie der Holunderbaum. Manche sprießen von selbst, manche werden gesät, manche durch Pfropfen oder Einsprossen, wie die Weide und der Weinstock, oder durch den Samen von etwas anderem. Einige klammern sich an, wie der Efeu; manche werden eingepflanzt, wie die Mistel; manche kriechen umher, wie die Bodenefeu; manche wachsen auf der Erde, wie Moos und Flechten. Aber Moos klebt auch an Bäumen und an Wasseroberflächen. Einige sind gesund, andere schädlich: Eibe,

[7] »cassia«.

[8] »agallochum«.

[9] »terebinthus«.

Walnuss, Kohl, Sadebaum, Spanischer Ginster und generell alles, was schlecht riecht, sodass Seidenraupen und Kaninchen – und noch mehr Schweine – die Luft verpesten. In einigen Fällen ist das Geschlecht sichtbar, wie bei der Eiche und der Steineiche, in anderen Fällen überhaupt nicht, wie bei Olivenbäumen und Weinreben. Einige, wie die Palme, haben eine eigene Substanz. Bei einigen hängen die Früchte an den Zweigen, bei anderen in einer Hülse, bei einigen sind sie von einer anderen Hülle umgeben, wie bei der Kastanie. Bei einigen sind sie an einem Stiel befestigt, wie bei den Kirschen. Manche sind nur in bestimmten Gegenden zu finden, manche überall. Der Buchsbaum, die Brombeere und die Farnkrautgewächse wachsen von selbst, und zwar am besten in einem kalten Klima und dort, wo es einen strengen Winter gibt. Ich meine den Brombeerstrauch, der Brombeeren trägt, sie zeugen also von einer kalten Gegend, wie Weizen von einer gemäßigten; und stark duftende Dinge, die die Griechen Aromata nennen, deuten auf eine heiße Gegend hin. Stark duftende Samen können in kalter Luft eigentlich nicht reifen, da sie aus sehr verdünnter Substanz bestehen. Und ohne die Hilfe der Luft kann die Natur die Substanz von Früchten nicht ausreichend zusammensetzen, trocknen und verdünnen. Bei den Wurzeln kann sie dies jedoch tun.

Um fortzufahren: **Die Pflanzenteile sind:** Wurzel, Stamm, Äste, Blätter, Früchte, Stiele, Dolden, Beeren, Samen, Blüten, Flaum, Holz, Rinde, Fasern, Membran, Ader, Matrix oder Mark, Feuchtigkeit, Tränen, Knoten und viele andere. Durch diese und andere Teile unterscheiden sich Bäume und Kräuter voneinander.

Dann gibt es Bäume, die von offenerer Struktur sind: erstens all jene, die mit dauerhaftem Laub bedeckt sind, da sie heißer und trockener sind, nach Theophrast, wie die Palme, der Ölbaum, die Zeder und die Myrte. Bei den Kräutern trifft dieses Kriterium nicht zu, da der Lauch von dickerer Substanz ist, aber sein Laub im Winter behält. Aber in beiden Fällen sind die wilden von offenerer Struktur als die kultivierten und die duftenden als die schwer riechenden oder die geruchlosen. Ähnlich ist es, wenn sie aus dem Gebirge stammen; deshalb bevorzugen die Ärzte alle diese. Aber warum riechen die Wurzeln häufiger als die anderen Teile, mit Ausnahme der Blüten? So bei der Sanamunda. Der Grund ist, dass in den Wurzeln eine bessere Mischung erreicht wird. Alles, was seine Feuchtigkeit gut gebunden hat, riecht gut; diese Art ist am verdünntesten und am kompaktesten. Daher riechen fast alle Blumen gut, da die Feuchtigkeit in ihnen sehr verdünnt und recht spärlich ist, sodass sie sehr leicht eingedickt wird. Aber dieselbe Ursache, die ein sehr leichtes Ansetzen ermöglicht, lässt sie auch leichter verderben; sie bleibt in den Wurzeln und Stämmen erhalten, wie beim Aspalathusbaum, die wir Santhalum nennen. In der Tat haftet die verdünnte Substanz der zusammengeronnenen Feuchtigkeit fest an der erdigen Substanz.

Und so glaubt man, dass der Atem mancher Knaben und junger Männer manchmal aus gutem Grund angenehm riecht, aber bei älteren oder maßlosen Menschen schlecht riechen kann. Die dünne Feuchtigkeit der Knaben und die Feuchtigkeit der jungen Männer, die durch ihre große Hitze gemildert wird, sind zu einem guten Zusammenbrauen fähig. Bei alten Männern mit geringer Hitze und bei maßlosen Menschen verhindert die Beschaffenheit der Feuchtigkeit das Erreichen einer vollständigen Aushärtung. Dies ist die Grundlage, auf der man sagt, dass vor langer Zeit Alexanders Geruch angenehm war, weil er einen ziemlich trockenen Körper und eine sehr intensive Farbe[10] hatte; daher blieb sein Leichnam viele Tage lang inmitten extremer Hitze frei von fauligem Geruch. Ich würde allerdings nicht

[10] »colorem vehementissimum«.

bestreiten, dass er durch Technik oder durch Kraft des Giftes konserviert wurde, von der man annimmt, dass sie ihn getötet hat.

Um auf die **Pflanzenteile** zurückzukommen, die im Einzelnen den Tieren und den Teilen der Tiere entsprechen: Wie Theophrast meint, entsprechen die Wurzeln dem Magen, aber wir vergleichen sie eher mit dem Mund und den unteren Teil des Stammes und des Rumpfes mit dem Magen; die Blätter mit den Haaren, die Rinde mit der Haut, das Holz mit den Knochen, die Adern mit den Venen und die Nerven der Bäume und Kräuter mit denen, die wirklich im Tier vorhanden sind. Bei bestimmten Pflanzen, die ohne eine solche nicht leben können, ist die Matrix mit den Eingeweiden der Tiere vergleichbar. Bei anderen, wie der Weide, wo das Leben in der Rinde steckt, gibt es eher die Rinde als eine Matrix, ja bei Weiden ist sie in der Rolle des Fettes der Matrix zu sehen. Die Eier sind mit den Blüten vergleichbar, der Samen mit dem Samen, die Extremitäten der Tiere mit den Zweigen. Die eigentliche Frucht erinnert an das Menstruationsblut, in dem meist der Samen enthalten ist.

Es gibt auch **Teile von Teilen**, die es wert sind, betrachtet zu werden, wie bei der Wurzel. Ihre Mitte ist holzig, aus der meist die Pflanze keimt. Aus diesem Grund besitzt sie eine größere Kraft. Wenn man sie also vom Knoblauch entfernt, ist das, was übrig bleibt, nicht so würzig, es riecht nicht so schlecht, und es scheint weniger sicher saftig zu sein. Der zweite Teil ist die Hülle, die ziemlich dünn ist; der dritte ist das eigentliche Fruchtgehäuse[11]; der vierte ist die äußere Hülle, die das Fruchtgehäuse umgibt. Ich nenne es nicht Fruchtgehäuse im eigentlichen Sinne, denn das Wort wird für das verwendet, was den Samen in der Frucht umgibt, und zwar auch die Frucht, sondern ich meine das, was das Holz in der Wurzel an der Stelle des Samens umschließt.

Daher ist es ein Fehler, wenn die Ärzte bei der Herstellung von Abkochungen den holzigen Teil wegwerfen, denn er ist der beste von allen. Das, was den Spross hervorbringt, ist der einzige Teil, der Kräfte hat, weil er allein lebendig war. Daher ist der holzige Teil entweder der einzige oder der wichtigste Teil von medizinischem Wert. Er allein treibt aus, weil er lebendig ist, und er tut es an dem Teil, der lebendig ist. Bei der Wegwarte und ähnlichen Pflanzen keimen einige Blätter auch aus der Rinde, aber der Samen und die Blüte keimen hauptsächlich aus dem Holz. So wie die Blätter aus dem Stängel kommen, so kommt die Rinde aus dem Holz; beides dient eigentlich dem Schutz. Unten wird der Saft in die Wurzel umgewandelt, die Mitte nährt die Wurzel, der obere Teil der Wurzel wird zum Spross. Der obere Teil der Wurzel ist also ihr bester Teil und derjenige, der am unabhängigsten von der Natur der Erde ist. Ähnlich verhält es sich bei den Blüten: Das Blatt der Blüte ist das, was immer glänzt, und zwar im Ganzen, da es aus einer sehr verdünnten Substanz besteht. Und der Kelch oder die kleine Hülle ist das, was die Blume enthält; und der Same, um dessentwillen die Blume geschaffen wird, genau wie der Same der Zeugung, und der Stiel, in dem all dies befestigt ist.

Vielleicht sollten wir uns also fragen, **warum alle Blumen einen Kelch haben**? Aber die Blume des Apollo hat keine; sie hat keine Kelchblüte, ist gelb und hat sechs Blätter. Bei jeder Dämmerung schließt sie sich, und zur Mittagszeit ist sie weit geöffnet. Manche sagen, dass sie um Mitternacht fest verschlossen ist, sodass es umlaufend vier Wechsel in einem kleinen Kreis gibt: je zwei bei den Dämmerungen, in der Mitte gleich artig, der Rest gegensätzlich. Ein Stängel, eine Blüte, eine knollige Wurzel, Blätter wie die einem Aronstab. Wir haben sie bei Gulielmo Caulio, einem französischen Edelmann, gesehen. Aber der Grund, warum die

[11] »pericarpium«.

meisten Blumen einen Kelch haben, ist der, dass sich die verdünnte Substanz der Blumen zerstreut, bevor sie vollendet ist. Daher muss die Blüte des Apollo von dichter Substanz sein, wie ein Blatt. Aber sie unterscheidet sich stark von einem Blatt durch ihre Farbe (wie ich schon sagte) und dadurch, dass sie in der Mitte einen Samen hat. Die Blume ist in der Tat um der Frucht willen da, um des Samens willen. Aber warum um des Samens willen? Der Same ist offensichtlich aus dem erdigen Teil hervorgegangen, sonst könnte in ihm keine erzeugende Kraft existieren oder erhalten werden. Es muss in jedem irdischen Ding eine verdünntere Feuchtigkeit sein, damit es sich verbinden kann. Und die Feuchtigkeit, besonders wenn sie ganz innen ist, behindert sowohl die erzeugende Kraft als auch die Erhaltung. Da sie in dem, was sich zusammensetzt, vorhanden ist und wegen der Verdünnung ihrer Substanz schneller zusammengesetzt wird, wird eine Blüte allen Früchten vorausgehen. Der Same entsteht also früher als die Blume, wenn er tatsächlich um der Blume willen vollendet wird, aber langsamer. Und es ist unbegreiflich, dass duftende Pflanzen immer geruchlose Blüten hervorbringen. Manche duften an allen Teilen, wie die Narde, die Zitrone, bei denen die Blätter, die Blüten und besonders die Früchte vorzüglich duften, und der Rest ist auch nicht geruchlos.

Es gibt eine Reihe von **Zitronenarten**, von denen fünf sehr bemerkenswert sind. Die erste, die eigentlich Zitrone heißt, ist eine sehr große Frucht und oft größer als ein menschlicher Kopf, sogar in Italien. Die zweite heißt Arantium, ein Name, der entweder von einer Abwandlung von »aurantium« abgeleitet ist, weil die Schale eine goldene Farbe hat, oder von der Stadt Arantia in der Region von Korinth in der Nähe des Flusses Asopus. Die dritte ist eine Zitrone[12], deren Saft der sauerste in dieser Gruppe ist, so sauer, dass die Zähne durch den Kontakt mit ihm betäubt werden. Die vierte ist die Limone[13], die von der ersten Art der Zitrone abstammt und mit der Zitrone gekreuzt wurde; sie hat einen sehr angenehmen Geruch und Geschmack. Die fünfte ist der Adamsapfel[14], weil einzelne Früchte auf ihrer Schale die Spuren eines Bisses zeigen. Dass es sich um ein und dieselbe Art handelt, zeigt sich erstens an der Anzahl der Teile: Schale, Fruchtfleisch, Saft, Hüllen und Samen. Auch die Pflanze ist bei allen stachelig, kräftig, mit dauerhaftem Laub und duftend. Bei allen ist die Frucht golden, aber bei der Zitrone ist die Farbe wegen ihrer Größe schwächer, bei der Zitrone wegen ihrer Kälte. Die Vererbung erfolgt durch Pfropfung, die Verholzung durch Veredelung, und die Blüten sind sich so ähnlich, dass nur der Erfahrene die eine von der anderen unterscheiden kann, wenn sie keine Früchte trägt. Sie haben alle die gleichen Kräfte, und der saure Geschmack ist allen gemeinsam. Bei allen ist es angebracht, die Früchte lange zu lagern und später reifen zu lassen. Außerdem werden sie alle durch dieselben Ursachen verdorben: Kälte, ohne Zweifel. Sie werden überall gemeinsam gepflegt, solange es nicht an Hitze mangelt. Daher findet man diese einzelnen Arten, die der Welt viel Gutes tun, nicht nur in Europa und Asien und Afrika, sondern auch in ganz Äthiopien und Indien. Keine Frucht ist auf der Welt so verbreitet und so reichlich vorhanden. Der einzigartige Name der Zitrone verrät uns, dass es einst einen einzigen Baum gab; weder Orange noch Zitrone sind lateinische Begriffe, und die Griechen haben keine Alternativen anzubieten. Man geht also davon aus, dass die verschiedenen Namen nicht in der Antike, sondern kurz vor uns erfunden wurden, um der Vielfalt der Regionen und der gärtnerischen Fähigkeiten gerecht zu werden, auch wegen des Geschmacks. Der Adamsapfel ist durch Verede-

12 »limunium«.

13 »limuniata«.

14 »Adami malus«.

lung von der Zitrone und der Orange abgeleitet, wobei der Biss nachgeahmt wird, und wurde später vermehrt, wie wir später erklären werden. Es stellte sich heraus, dass eine billige Frucht, die in Anspielung auf unsere Ureltern produziert wurde, teurer verkauft werden konnte. Aber wer auch immer er war, er hat sich das Verfahren schlecht ausgedacht und in einer so ungewöhnlichen Frucht so viel von der Begehrlichkeit einer Frau gezeigt.

Aber Sie werden sagen: Orangenschalen sind sehr unangenehm, Zitronenschalen sind angenehm; Zitronenfleisch ist sehr dick, Orangen haben fast keins. Aber diese Unterscheidungen wurden aufgrund der Regionen getroffen; die Orangenfrucht ist heißer und trockener und undomestizierter, aber der Granatapfel ist praktisch eine Hauspflanze und die Orangenpflanze ist wild. Beide werden auf dieselbe Art und Weise vermehrt.

Die **am stärksten duftenden Pflanzen**, soweit ich weiß (jeder Tag bringt immer wieder Neues), sind der Adlerholzbaum oder die holzige Aloe, Zimt, Aspalathus, Narde, Silphium (Laserwurz) und Krokus. Pfeffer und Ingwer sind zwar sehr scharf, haben aber wenig Geruch. Bäume sind von verdünnterer Substanz als Kräuter, aber auch kompakter; der Lauf der Zeit unterstützt die Kraft der Sonne, daher werden die zusammengesetzten Dinge verdünnter und kompakter gemacht; Bäume leben lange, Kräuter vergehen schnell. Und solche Kräuter, die gut riechen, können den Geruch nicht lange behalten, außer in den Wurzeln, wegen der Verdünnung. Und solche, die es tun, wie die Narde, sollten eher zu den Sträuchern als zu den Kräutern gezählt werden. Siliquastrum oder Piperitis oder westlicher Pfeffer ist jedoch von hervorragender Verdünnung. Es ist ein Kraut mit langem, fast rotem Stängel, vielen Ästen, lorbeerartigen Blättern, weißen Blüten, einer einzelnen weißlichen Wurzel mit faserigen Haaren, länglichen, großen, ziemlich rötlichen, purpurfarbenen Hülsen mit auffallendem Glanz, der an etwas Giftiges denken lässt, und einem gelblichen, weichen Samen im Inneren. Es ist so scharf, dass es den Pfeffer bei weitem übertrifft, sodass es in der letzten Reihe der Schärfe, Trockenheit und Verdünnung stehen muss. Auch die eigentliche Schale der Schote hat eine scharfe Wirkung, solange die Schote unreif ist. Obwohl sie also 1493 von der Insel Hispaniola aus der anderen Hemisphäre zu uns gebracht wurde, ist sie nicht ungiftig.

Pflanzen enthalten in der Regel entweder von Natur aus oder zufällig **Gift**. Aber die Natur ist in diesen Fällen stärker. Diejenigen, die von Natur aus tödlich sind, sind die mit dem schwersten Geruch oder Geschmack (unerträglich, wie der, von dem wir sagten, dass der Siliquastrum ihn hat) oder es sind diejenigen, die einen Saft ausstoßen, der nicht grün ist, wie alle Arten von Wolfsmilch. Aber auch die Feige sondert eine ätzende Milch ab, und ebenso der Salat, wenn er in übermäßiger Kälte gereift ist. Wenn ein Saft nicht mehr grün ist, sondern eine andere Farbe hat, muss er verdorben sein, entweder durch übermäßige Kälte oder Trockenheit oder Fäulnis. Kälte behindert die Arbeit der Hitze; aber Trockenheit verhindert die Umwandlung des Gemisches. So wird Trockenes zuvor verbrannt und als Vorbereitung für ihre Vermischung, aber die Fäulnis verdirbt, was bereits geschaffen war. Durch all dies entsteht in den Säften eine leuchtend weiße Farbe, und aus ihnen eine safrangelbe, aber nicht durch Kälte, sowie eine leuchtend schwarze, aber nicht durch Fäulnis. Daher ist jede Farbe der Pflanzen, außer der grünen, ein Beweis für eine giftige Eigenschaft.

Aber warum ist alle Pflanzenmilch so **klebrig**? Denn es wird immer dann zähflüssig, wenn der feuchten dünnen und fetten Masse mehr als nur Hitze zugeführt wird. Und so entsteht die Klebrigkeit aus den Wurzeln der milchgebenden Pflanzen; die Pflanzenmilch ist, wie gesagt, zähflüssig. Der Saft der Wurzel einer milchgebenden Pflanze wird mit dem Saft einer Lärche und griechischem Pech mit etwas Öl vermischt und so lange zusammen gekocht, bis das Produkt beim Auseinanderziehen nicht mehr zerfällt. Das hält dem Wasser stand, denn es verhindert, dass das Öl mit dem Wasser verklebt oder vermischt wird. In der Wurzel entsteht ein Leim aus der verfaulten Milch, so wie die Milch bei Pflanzen aus einer Stelle im Saft (wie bei Salat und Zichorie[15], und durch die Fülle der Feuchtigkeit bei der Feige). Es ist erwiesen, dass dort, wo in einer Wurzel Leim entsteht, auch Würmer gebildet werden. Daraus entstehen eine Reihe von Pflanzen, vor allem aber diejenige, die eine leuchtend weiße Blüte hervorbringt,[16] und nachdem die Schote aufgeblüht ist. Es gibt auch Pflanzen, die in ihren Wurzeln andere Dinge erzeugen; der Huflattich[17] zum Beispiel erzeugt eine Wolle, die man hervorragend essen kann. Und andere erzeugen Farben. Es spricht eigentlich nichts dagegen, dass viele dieser Dinge unter der Erde entstehen, denn niemand wundert sich darüber, dass es über der Erde geschieht, denn die Erde ist die Mutter von allem. Alles, was unterirdisch entsteht, hängt mit den Säften zusammen; diese Produkte treten im Keim deutlicher hervor. So gibt die Wolfsmilch einen weißen Saft ab, wie ich schon sagte, das Schöllkraut aber einen gelben. Und einige glühen, wie alle Arten von Hahnenfuß und besonders der Eisenhut, der sehr tödlich ist; sein Glühen kommt von übermäßiger Trockenheit. Es kommt vor, dass Pflanzen zufällig in Metallminen oder neben Schlangenhöhlen wachsen, oder die neben rostbefallenem Kupfer oder Eisen reifen, oder in Sümpfen, Mooren, Abflüssen und Gräbern. Pilze auch neben Olivenbäumen. Alle Arten von Nachtschatten riechen übel und schwer. Ich weiß nicht, ob ich Stramonium als Stechapfel oder zu den Nachtschattengewächsen zählen soll; jedenfalls riechen die Blätter nach dem Saft des schwarzen Mohns. Und wenn seine Früchte gekocht und gegessen werden, lösen sie einen prompten und lächerlichen Wahnsinn aus. Das Kraut hat eine vielverzweigte Wurzel, rostfarben, mit einem fingerartigen Stängel, und auch viel dicker, rundlich, mit einem breiten Blatt, das auf der gegenüberliegenden Seite dunkel ist. Das kultivierte Kraut hat einen grünen und vergilbenden Stängel, länglich, weich, dünn wie ein Weinstock. Die Blüten sind weiß, aus körbchenartigen Hüllen hervorgehend, mit einem süßen, lilienartigen Duft. Aber am leichtesten kann man es anhand der Früchte identifizieren, die in Größe und Form der Armeniaca entsprechen, aber grün und stachelig sind; im Inneren sind sie voll mit Samen von rostiger Farbe und haben die Größe einer Wicke. Es gibt auch welche, die schon durch ihre Form Kräfte erzeugen, wie das Natternkopfkraut, das einem Schlangenkopf ähnelt und auch gegen Natterngifte hervorragend hilft. Auch die Blüten der Mönchskappe zeigen, bevor sie sich öffnen, die Form eines Totenkopfes, oder besser gesagt eines Schädels. Seine Wurzel ist tatsächlich ziemlich tödlich. Ist dies das Ergebnis eines Zufalls oder einer natürlichen Ursache? Oder hat es ein besserer Geist herbeigeführt?

Bei den Tieren ist dasselbe offensichtlich: Hunde kennen tatsächlich das Gras, das sie zum Erbrechen bringt, und Ziegen kennen den kretischen Diptam, wie Vergil bezeugt:

> Diese Gräser sind den Ziegen nicht unbekannt, wenn die geflügelten Pfeile in ihrem Rücken stecken bleiben.

Und wenn Esel von schwarzer Galle geplagt werden, fressen sie Schöllkraut, und die Milz schwillt an. Man sagt auch, dass Schwalben das Schöllkraut erkennen und seine Kräfte mit wiederhergestellter Sehkraft erfahren. Auf derselben Grundlage erkennen Stieglitze den Augentrost und Vipern den Fenchel, um ihre Sehkraft zu verbessern. Stieglitze werden oft dabei beobachtet, wie sie sich in den

[15] »cichorea«.

[16] Stechapfel.

[17] »tussilago«.

Morgenstunden die Augen mit Augentrost einreiben. Es gibt viele Fälle, in denen dies geschieht. Aber alles der Vorsehung zuzuschreiben, ist lächerlich, denn die meisten Dinge geschehen zufällig; nichts ist absurder. Wir werden an anderer Stelle erörtern, was durch Vorsehung geschieht und was nicht.

Aber lassen wir das beiseite und **kehren wir zu den Duftpflanzen zurück**, und zwar zu denen, die mehr zum Gebrauch als zum Wegwerfen bestimmt sind. Laserwurz und seine Blüten sind so anziehend, dass laut Arrianus die Einwohner gezwungen sind, ihre Herden fernzuhalten, wenn er blüht. Es stammt aus dem Paropaniso-Gebirge, obwohl die Mazedonier sich rühmten, sie im Kaukasus gesehen zu haben. Er hat einen Stängel wie Fenchel, die Blätter von Sellerie, einen breiten Samen, blattartig, eine schwarze Wurzel. Wir haben einen ähnlichen Saft, der Benzoe[18] genannt wird, aber nicht derselbe ist; denn er ist weder dünn noch scharf noch stechend, sondern wächst von der Spitze eines Baumes. Daher hat Ludovico de Varthema die Ursache für den Irrtum genannt. Man sagt, dass das Holz, das Aloe genannt wird, ein ähnliches Unterscheidungsmerkmal hat, da es viel stärker riecht als das, was uns erreicht. Es gibt tatsächlich drei Arten davon: die beste heißt Colampat, so wohlriechend, dass sie, wenn man sie in der Hand hält, jeden anderen Geruch überdeckt; aus diesem Grund wird sie nicht zu uns eingeführt. Er stammt eigentlich von der Insel Taprobana, die heute Sumatra heißt, sowohl von ihren Bewohnern als auch von den Portugiesen, wo er nicht nur beachtliche Ressourcen hat, sondern auch die Verschwendung verhindert, falls der teurere Weihrauch zu uns exportiert werden sollte. Ich glaube, das ist es, was sich in einen Tropfen Saft verwandelt, wenn es angezündet wird, obwohl es Holz ist. Und William Casanate von Besancon, der Arzt, hat dies vor unseren Augen demonstriert. Die zweite Art ist die, die im Wasser versinkt, wie Buchsbaum und Guajak[19], obwohl sie leicht ist, während die Eiche schwimmt, obwohl sie keine Luft hat. Meister Erasmus erinnerte an diese Beobachtung, und wir haben sie daraufhin überprüft. Von dieser Sorte gibt es einen größeren Vorrat, aber einen geringeren als von dem billigsten. Das ist die, die sich weder in einen Tropfen Feuersaft[20] auflöst, noch im Wasser sinkt; dennoch riecht es, während es brennt, herrlich. Sein Geruch sticht unter den duftenden Dingen hervor, und aus medizinischer Sicht wird es mit Recht unter den Düften bewundert. Die Menschen haben lange Zeit wilde Oliven anstelle von bitterem Aloe verkauft. Entweder wegen der Beschaffenheit der Gegend oder weil es sich um eine Pflanze der anderen Art handelt, erinnert dieses Produkt von Rhodos tatsächlich in der Farbe an bittere Aloe und scheint nicht ganz geruchlos zu sein; es riecht angenehm, aber nicht stark. Das scheint nicht schwer zu sein, denn seltene Hölzer werden durch ihre eigene Hitze besser veredelt. Und ein guter Geruch ist die Ausdünstung von gut verarbeiteter Feuchtigkeit.

Warum aber bleiben Hölzer im Wasser nicht senkrecht stehen, sondern liegen flach und parallel zur Wasseroberfläche, während sie, wenn sie von hohen Plätzen heruntergeworfen werden, mit dem einen oder anderen Ende voraus und senkrecht in die Luft gehen? Der Grund dafür ist, dass sie normalerweise von dem einen oder dem anderen Ende losgelassen werden, sodass sie sich wegen der kurzen Zeit und des Schwungs nicht umdrehen können. Wenn es sich aber aufgrund seiner dicken Beschaffenheit im Wasser träge nach unten bewegt, geht auch das andere Ende des Holzes nach unten, sodass das gesamte Holz im Wasser im Gleichgewicht bleibt. Auf diese Weise werden Schiffe ruhig gehalten.

[18] »Belzoi«, abweichende Schreibweise von Benzoe, Gummibenjamin, Styrax benzoin.

[19] »lignum sanctum«, »heiliges Holz«.

[20] »lachrymam ab igne«.

Ein Anker ABC wird mit F am Schiff befestigt und so ins Meer geworfen, dass er mit seinem unteren Ende B den Grund berührt. Um zu verhindern, dass die Stange DE, wenn sie gezogen wird, oben fest und senkrecht zur Wasseroberfläche und zum Meeresboden liegt (DE liegt in der Tat senkrecht zur Oberfläche AC, sodass sie, wenn sie sich bei B befände, ein Kreuz mit Haken bilden würde), da AC senkrecht zur Oberfläche DE liegt, und DE parallel zum Meeresboden ist, folgt aus dem 14. Satz des elften Buches der *Elemente* von Euklid, dass AC senkrecht auf dem Meeresboden liegt, dass A oder C, der eine oder der andere Haken, aufgrund seiner Schwerkraft am Meeresboden befestigt wird und das Schiff festhält. Wäre also der Balken DE nicht vorhanden, würde AC nach der dargelegten Theorie immer parallel zum Meeresgrund fallen und könnte sich daher niemals festsetzen oder das Schiff festhalten. Aus diesem Grund werden auch Anker mit vier kreuzweise angeordneten Haken hergestellt, die jedoch weniger zuverlässig sind als solche mit zwei Querbalken – wenn sie halten, sind sie auch viel schwächer.

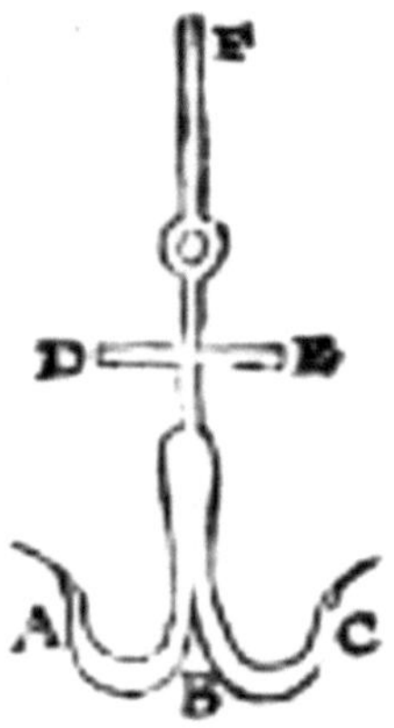

Aber ich kehre zurück zum Bericht über die Pflanzen. **Zimt** ist dem Lorbeerbaum ähnlich, Blätter wie seine Blätter, Stamm wie sein Stamm, nur dass er niedrig ist und sich weit ausbreitet wie eine Weide. Und die Zimtbeeren sind wie die Lorbeerbeeren, nur kleiner und weiß glänzend. Man könnte also vermuten, dass es sich um einen einzigen Baum handelt, der sich nur durch die verschiedenen Regionen unterscheidet. Die indische Hitze kann, anders als in Europa, die Feuchtigkeit der Rinde hervorragend einkochen. Die Zimtrinde wird von den Zweigen abgezogen und getrocknet; der Stamm bleibt unversehrt, um ein Absterben des Baumes zu verhindern. Einen Monat nach dem Abziehen der Rinde entfaltet sich der Zauber des Geruchs. Manche sagen, Zimt sei wie der Granatapfelbaum, er hat viele Zweige und erfreut sich an der Trockenheit. Außerdem tropft aus den Beeren ein wirksames und köstlich duftendes Öl wie aus den Lorbeerbeeren. Ich nenne Zimt das Produkt, das im allgemeinen Gebrauch ist, nicht das, das die Alten vor langer Zeit suchten. Dieser war von einem sehr köstlichen und wohlriechenden Geruch, voller Knoten und von einer Farbe, die sich aus glänzendem Weiß, Blau und Schwarz zusammensetzte. Heutzutage ist er jedoch selten, selbst beim Kaiser. Unserer scheint eher den Namen Cassia zu verdienen. Weil er, der alte, so war, musste er von sehr seltener Substanz sein; es gibt tatsächlich einen Duft, und er ist selbst ein Geschenk der Subtilität.

Die **Muskatnuss** wächst auf der Insel Indonesien[21], genauso wie der Zimt auf der anderen Insel Ceylon, beide sind indisch. Außerdem ähnelt der Baum in seinem Stamm, seinen Ästen und Blättern dem Pfirsichbaum, nur dass der Baum größer und die Blätter etwas schmaler sind. Die eigentlichen Muskatnüsse sind von einer Art Blüte und von einem weiteren Mantel umgeben, genau wie die Walnüsse. Der innere Mantel, der unter dem nussähnlichen Wuchs noch dünner und netzartig ist, wird im Allgemeinen Macer genannt, und hat selbst einen angenehmen Geruch, von dem wir häufig Gebrauch machen. Er ist adstringierend und hat keine große Heizwirkung.

Die **Nelke** wächst auf den Molukken, fünf kleinen Inseln unterhalb des Äquators. Sie wächst auch auf der Insel Gilolo, die viel größer als Sizilien ist, und auf einer anderen kleinen Insel jenseits von Tidor, die zu den

[21] »Banda«.

fünf Molukken gehört. Die Molukken sind Tarena, Tidor, Muttir, Macchia und Bacchia. Doch was auf der kleinen Insel, die den Molukken am nächsten liegt, wächst, ist keine echte Nelke. Die Schale, das Holz und die Blätter der Gewürznelke sind nicht weniger scharf als die Frucht selbst. Sie wächst auf den Gipfeln und Hängen von Hügeln und ist täglich von einer Wolke umgeben, die viel zu ihrer Reifung beiträgt. Wird dieser Baum an eine andere Stelle versetzt, vertrocknet er, und es ist ganz klar, dass er das edelste, das ultimative aller Aromen hat. Die Pflanze hat einen buchsbaumartigen Stamm, Blätter, die etwas runder sind als die eines Lorbeers, und ihre Bäume stehen so dicht, dass sie ein Wäldchen bilden. Aus der Spitze der kleinen Zweige wächst eine größere Gewürznelke, die von den Menschen als Nagel bezeichnet wird, aber zuvor befindet sich dort eine Blüte in einem Kranz, der den Blüten einer Bitterorange sehr ähnlich ist. Die Spitze der Nelkenfrucht ruht auf einem Stiel, aber an ihrem breiteren Teil geht sie von der Pflanze ab. Sie färbt sich zunächst rötlich, wird aber bald dunkler.

Die Molukken exportieren auch **Ingwer**, der überall wächst, aber auch anderswo an verschiedenen Orten. Er wird deshalb weniger geschätzt, auch weil es sich um ein Kraut mit Wurzeln handelt, die denen der Schwertlilie ähneln, einer Pflanze, von der ich glaube, dass sie zur selben Art gehört. Die Wurzeln sind vielfältig und sehr groß, sodass einige zwölf Unzen wiegen. Eine wird zur Vermehrung zurückgelassen.

Der **Pfeffer** ist nicht viel anders als der Efeu, ein niedriger Strauch, der nicht für sich allein stehen kann, sondern an anderen Bäumen klebt und von dem man glaubt, dass er nicht durch Stiele verbunden ist. Er treibt mehrere Zweige aus, die zwei oder drei Handbreit lang sind. Von den einzelnen Schlägeltrieben hängen sechs Trauben, nicht größer als eine Handbreit, und sie sind ganz wie die Trauben, aus denen man gewöhnlich Rosinen macht, aber mit dichteren und enger stehenden Körnern, die im Oktober und November noch grün gepflückt werden und nach drei Tagen Sonneneinwirkung schwarz werden. Das Blatt des Baumes gleicht aber fast ganz dem des Wegerichs, der mit einem ziemlich kurzen Stiel an der Gabelung hängt. An der Stelle, an der es mit dem Stiel verbunden ist, ist das Blatt jedoch abgerundet, während es an der Spitze spitz zuläuft, wie eine Zitrone, und die Blätter enden an der Spitze. Auf der Rückseite des Blattes befinden sich sieben Nervenbahnen, wie beim Wegerich, aber die seitlichen Nervenbahnen gehen nicht von der mittleren aus, sondern von den Zwischenräumen, die sich von unten nach oben neigen; sie umschließen die Mitte, sind schräg und nicht gleichmäßig angeordnet, und es gibt auch nicht die Dicke, die im Blatt der Zitrone vorhanden ist.

Der **Baum des langen Pfeffers** ist viel höher, und die Blätter sind größer als die des runden, aber sehr ähnlich. Es ist hinreichend erwiesen, wie wir erklärt haben, dass der Zimtbaum eine Lorbeerart ist, der Pfeffer eine Efeuart ist, die durch das Klima der Region vervollkommnet und verbessert wurde; er wächst in Kalikut in Indien und auch auf einem Feld in der Nähe der Stadt. Der Beweis für das Gesagte ist, dass sich dieser Baum, wenn er in unser Land gebracht wird, nach einigen Vermehrungen in Efeu verwandelt. Ich weiß, dass dies im Widerspruch zu Dioskurides steht. Aber die Alten haben aufgeschrieben, was sie gehört haben, sie verdienen Nachsicht dafür, dass sie von der Notwendigkeit und dem Streben nach Ruhm angetrieben wurden. Andererseits haben sie weder Arbeit noch Fleiß noch Geld gescheut. Eine Blume, die wir haben, hat ihren Namen von der Nelkenfrucht erhalten, weil sie ähnlich riecht. Sie ist glänzend weiß, eine andere rötlich, eine andere von beiden Farben gemischt. Es ist ein niedriges Kraut mit Lauchblättern, die aber schmaler sind. Es wird mit großer Sorgfalt in Töpfen kultiviert und sieht ebenso attraktiv aus wie es duftet.

Es gibt auch die **Weihrauchpflanze,**[22] deren Tränen früher in den Schläfen verbrannt wurden, da sie beim Brennen einen sehr angenehmen Geruch hat. Eine kleine Tanne, die die Sabäer haben, gibt wegen des trockenen Klimas diesen Tränentropfen ab. Daher schreibt Vergil:

Die sanften Sabäer
haben ihren Weihrauch.

Die Sorte, die von selbst herausläuft, ist stärker, und die, die nur aus den Wunden des Baumes herausläuft, ist schwächer; ein Merkmal, das bei allen Flüssigkeiten zu beachten ist. Aber bei uns wird eine einzige Tannenart geschätzt, die besonders gerade unter den Bäumen emporragt. Daher wird sie allen anderen Hölzern für die Muster von Statuen und jede andere Aufgabe der Holzbearbeitung vorgezogen, sodass das, was Sie in den anderen Hölzern technisch kaum (und nicht sicher) erreichen können, Ihnen die Natur im Stamm dieses Baumes vorzüglich erleichtert. Er wächst zu einer solchen Größe heran, dass in Zofingen, in der schweizerischen Provinz Bern, die meisten über einhundertdreißig Fuß hoch werden. Der gerade Teil, dick, immer gleichmäßig und astfrei, hundert und zehn Fuß. Daher sind sie es wert, den weiten Weg nach Ianua (oder Genua, wenn Sie es vorziehen) zu fahren, um die Masten von Schiffen herzustellen. In der Tat werden sie zuerst über den Fluss Arola, dann über den Rhein, anschließend über die englische See, dann über die spanische See und schließlich über das Mittelmeer transportiert. Als wir in Genua waren, sahen wir sie, viele von ihnen von unglaublicher Höhe, Geradlinigkeit, Ebenheit und Dicke, sodass man sich über die Leistung der Natur wundern musste. Nach Vergil wird sie in den Bergen geboren:

Die Tanne in den Höhen der Berge.

Die Ursache ist in erster Linie die reichliche Zufuhr von Saft; nichts Großes kann ohne Materie existieren. Dann kommt die Lebenskraft; Wachstum braucht Zeit. Dazu kommt die minimale Verzweigung der Fasern, aus denen der Stamm eines Baumes besteht, aber er ist einfach und astfrei und gleichmäßig mit erdigem Material durchmischt. Die Einfachheit der Fasern kommt durch die Kraft der jeweiligen Art zustande; das Johanniskraut ist in alle Richtungen verzweigt, und auch andere bewahren in der Vielzahl ihrer Fasern den gleichen Plan.

Aber **ich komme auf den Weihrauch zurück**. Wie das Bohnenkraut der Zypresse am nächsten steht, so ist der Rosmarin der Tanne am nächsten, weil er von der Art des Baumes buschig ist. So habe ich in den Apenninen ein Kraut – oder vielmehr einen Strauch – gesehen, das dem Rosmarin gleicht, und zwar von der Art her, mit schmaleren Blättern, einem scharfen Geschmack, der den Geruch und den Geschmack des Weihrauchs so genau wiedergibt, dass kein Zweifel bleibt, dass der Weihrauch von keiner anderen Pflanzenart stammen kann. Der Weihrauchbaum, die Tanne und der Rosmarin sind also von der gleichen Art, unterscheiden sich aber durch die Beschaffenheit der Regionen und die Wucht der Natur. In Arabien wird der Weihrauch wegen der Fruchtbarkeit des Bodens aus einer Pflanze gewonnen, im kälteren Klima wächst die Tanne zu einem Baum heran und sondert einen weniger wirksamen, aber reichhaltigeren Saft ab. Der Rosmarin, der durch seinen Namen an den Weihrauch erinnert, ist trockener als die Tanne, wächst nicht zu einem Baum heran und kann, da er kälter ist als der Weihrauch, keinen Tropfen Saft absondern. Aber man kann aus diesen Merkmalen ihre Kräfte abschätzen und ihre Verwendung übertragen und sich über die Werke der Natur in ihnen wundern. Fast das gleiche Prinzip gilt bei allen Arten von Bäumen und Kräutern. Der Weihrauch selbst oder ein Tropfen Saft ist nicht von gleicher Art und nicht in allen Fällen gleich; die

[22] »tus«, »thura«.

äthiopische Art ist so wohlriechend, dass der unsere den Namen nicht verdient. Aber nicht jeder Weihrauch, sondern nur eine bestimmte Sorte. Der Beweis dafür ist seine Seltenheit und sein hoher Preis selbst bei ihnen. Daher verwenden ihn nur ihre Könige (die in ihrer Muttersprache Negus genannt werden) für die Beräucherung bei ihren religiösen Riten. Kein Wunder, es gibt ja auch verschiedene Arten von Pferden und Hunden, und es gibt einige überlegene Arten, wobei der Boden einen gewisse Rolle spielt. Der Anbau der Bäume wirkt sich aus, manche stehen zwischen Steinen und an sonnigen Plätzen, auch die Art und Weise, wie der Saft geerntet wird, oder weil er ganz rein ist, oder weil er von selbst tropft. Es ist wie bei den Weinen, bei denen die Unterschiede in der Art und Weise des Sammelns und des Auspressens so vielfältig und groß sind, dass man es nicht glauben kann, wenn man keine Erfahrung damit hat. Die meisten dieser Tränen sind in der Tat brennbar und diejenigen von ihnen, die als Arterien bezeichnet werden, sind die schlechtesten, wie z.B. Süßholz. Der beste Saft ist alles, was durchsichtig und fest ist. Weil er durchsichtig ist, ist er rein und sehr wenig verbrannt; weil er fest ist, ist er reich an Fettfeuchtigkeit. Die Aloe ist also ausgezeichnet, und die übrigen Säfte, dann die Tränen des Saftes. Ganz anders verhält es sich mit dem Weihrauch, dessen Geruch in der getrockneten Feuchtigkeit liegt und der nicht verbrannt werden darf, da die Flamme keinen Geruch hat, wohl aber der Rauch. So hat der Staub keinen Geruch; er wird verbrannt und gibt keinen Rauch ab. Daher muss alles, was riecht, dick sein, und diejenigen, die von dickerer Substanz sind, wie Weihrauch, werden mäßig zermahlen. Ein sehr feiner Staub hat keinen Geruch, und zwar im Verhältnis zu seiner dünneren Substanz. Aber wässrige Feuchtigkeit behindert Gerüche; solange sie vorhanden ist, entstehen keine; während sie entfernt wird, wird das Fettige verbrannt; fettige Feuchtigkeit wird vom Feuer leichter verzehrt als Wässrigkeit. Es ist die fette Feuchtigkeit, die verbrannt wird. Wie Vergil es ausdrückt:

> Feuer brennt in fettem Saft.

Bevor also die wässrige Feuchtigkeit verzehrt wird, entzündet sich das Fettige, und so wird der Duft freigesetzt.

Aber ich komme **zurück zu den Säften von Bäumen und Kräutern**; ihre Unterscheidung ergibt sich entweder aus dem Geruch (wie der von Laserwurz) oder aus der Farbe (wie der von Lacca, der von einem Baum wie der Kirsche in Ostindien stammt); oder aus der Verwendung, wie der der Lärche, die viel für die an Schwindsucht und Lepra Leidenden tut. So heilt eine mit Lärchenholz erhitzte heiße Kammer die letztere und trägt viel zur ersteren bei, und zwar so sehr, dass auch das durch Destillation gewonnene Wasser beiden Krankheiten merklich zugutekommt. Eine Lärche eignet sich jedoch besser für diese Anwendungen, weil sie nicht durch Regen oder Wind gebogen ist. Die Tanne, die Lärche und die Kiefer sind von derselben Art. Aber der Saft der Tanne ist besser, der der Kiefer schlechter, und die Lärche liegt in der Mitte; in der Tat stimmen sie in Saft und Form, und in fast allen Akzidenzien überein. Dieser Saft ist so fett wie das Blut bei den Tieren; daher ist er bei den zarteren Pflanzen verdünnter und bei den alten dunkler, bei den reifen aber klar und fett. Deshalb ist jeder Saft heißer und feuchter, der glänzt, aber kälter, wenn er verdünnt ist, und wenn er trockener ist, ist er dunkel. Vor allem bei der Lärche wölbt sich eine Art Schwammpilz, der **Lärchenschwamm**[23], und obwohl er sehr hell und weiß ist, ist er ausgezeichnet, sowohl wenn er am wenigsten holzig ist als auch wenn er süß ist, nachdem er bitter war. Manche Dinge sind süß nach der Bitterkeit, wie der Kubebenpfeffer und der Lärchenschwamm, so wie die Aloe nach der Süße bitter ist. Der Grund für die

[23] »agaricum«.

Süße nach der Bitterkeit ist eine dünne, erdige Substanz zusammen mit gut verarbeiteter Feuchtigkeit. Tatsächlich geht dieser dünne Teil durch das Ausatmen bald verloren, aber der süßere Teil bleibt zurück, wie auch ein mäßiger Teil des feuchten, subtilen, gut zusammengesetzten Stoffes im Falle der Aloe, aber viel von dem dicken und verbrannten erdigen Stoff.

Mit zunehmender Reife an der Luft wird der Lärchenschwamm weißer, heller und weniger nachgiebig, sodass man kaum sehen kann, dass ihm etwas zur Vollkommenheit fehlt. Doch je erlesener er aussieht, desto schlechter ist er. Es lohnt sich, ihn nach der deutlichen Süße zu unterscheiden, die sich bei den besten Exemplaren zeigt. Mit zunehmendem Alter wird er bitterer. Er entsteht also gewissermaßen aus der Zersetzung des Lärchensaftes. Von der gleichen Art sind die Pilze, die auf den Eicheln tragenden Bäumen wachsen, wie Steineichen, aber sie erreichen nicht die gleiche Perfektion und die gleiche Hitze, und deshalb sind die, die wir zum Essen verwenden, schwarz. Diese Eigenschaft ist auch bei anderen Bäumen zu beobachten. Es entspricht der Vernunft, dass der Schleim des dicksten Saftes am festesten sein sollte. Je trockener er geworden ist, und je dünner der Saft, desto mehr wird er sozusagen zusammengebraut sein. Und so gibt es auch eine Grenze für das Zusammenkochen bei denjenigen, die dem Verfall unterliegen; es wurde tatsächlich festgestellt, dass es bei der Fäulnis keine vollständige Verrottung gibt. Außerdem ist die Lärchenpflanze schön, mit einer rötlichen und duftenden Blüte.

Unter den Tränen von Saft, die wegen ihrer Schönheit bekannt sind, befindet sich auch das **Drachenblut**[24], so genannt wegen seiner Ähnlichkeit mit Tierblut. Es stammt von der Insel Sokotra, die einen Umfang von sechzig Meilen hat und im Äthiopischen Meer in der Nähe dem Kap Guardafui liegt. Der eigentliche Baum ist bemerkenswert: Er erhebt sich in einer Spitze wie ein Salz- oder Zuckerkegel, die sich am Fuß verjüngt, und er hat das Blatt einer Eiche. Sein Saft ist ein Weihrauch der Alten, Cancamus. Von Lacca[25], das von manchen als Drachenblut bezeichnet wird, gibt es in unserer Zeit ein gutes Angebot, aber einen großen Mangel an echtem Drachenblut.

Aspalathusholz, das angenehm und kühlend ist, ebenso wie Rose und Vacinia, und dementsprechend zu den Raritäten gehört, wird ebenfalls zu den duftenden Dingen gezählt. Der Grund dafür ist, dass ein angenehmer Geruch selten kühl ist, denn er entsteht durch Hitze, und deshalb muss die Hitze siegen. Und deshalb sind die meisten Geruchsstoffe, die die Griechen Aromen nennen, heiß.

In Aspalathus und Vacinia, die wir blaue Veilchen nennen, ist die Hitze nur im dünneren Teil; der ganze Rest ist kalt, weil er dick ist und mit seiner Masse überwiegt. Aber bei diesen ist die Kälte nicht verborgen, wie bei den Rosen, da sie bei manchen Menschen durch ihren Geruch Kopfschmerzen hervorrufen, und bei anderen Menschen auch Nasenbluten. Auch die **Myrte** gehört zu den duftenden kalten Pflanzen, der Strauch, der wegen seiner Eleganz der Venus heilig ist. Alles daran duftet, das Holz, der Zweig, die Frucht. Und aus den Früchten wird ein Sirup gewonnen. Dieser ist ein Jahr lang haltbar, ebenso gesund im Gebrauch wie schön im Geruch. **Eine Art von Moos,** eine duftende Pflanze, kann dazu gezählt werden; es kriecht über Bäume und bewahrt deren Kraft. Das beste wächst auf der Zeder, das nächste auf der Lärche, zuletzt auf der Weißpappel und der Eiche. Das Eichenprodukt ist schlechter. Was an der Lärche haftet, fängt leicht Feuer und zerbricht beim Brennen und gibt Funken ab. Aber Moos gehört eher zu den Kräutern als zu den Bäumen, es ist nicht einmal ganz ein Kraut.

Aspalathus ist in Indien ein hoher

[24] »Sanguinis draconis«.

[25] Vermutlich aus Lackschildläusen.

Baum, der in einem kühleren Klima ein dorniger Strauch ist. In der Tat ist in den heißen und feuchten Regionen alles größer, saftiger und lebendiger, es sei denn, die Natur der Pflanze selbst verhindert es, sodass man in Westindien auch Haine mit Aspalathus findet. In den heißen und trockenen Regionen sind die Pflanzen kleiner und trockener, aber die kräftigen sind in den nassen und kalten Regionen schwach und voller Saft. Diejenigen, die von Natur aus heiß sind, sind groß und ausladend, die kalten sind klein. Einige sind zwar auch von Natur aus klein, wie der **Schierling**, aber an einem feuchten und schattigen Ort breiten sie sich besser aus und sind auch wirksamer in ihren Kräften. Nach dem Zeugnis des Theophrast wählten die Bewohner der Insel Chios einen solchen Baum aus, schälten seine Rinde, mischten den Saft mit Wasser und gaben ihn den Verurteilten zu trinken, um ihnen einen schmerzlosen Tod zu verschaffen. Sie ahmten damit den Tod im hohen Alter nach, denn die Todesangst entsteht entweder durch Atemnot oder durch die Freisetzung der Lebenskraft des vitalen Geistes. Aber wenn die Geister von selbst freigesetzt werden, verursachen sie keine Qualen, wie es beim Schnaufen bei harter Arbeit der Fall ist. Aber die Ursache für die Freisetzung der Geister (wie Fieber oder eine Wunde) ist das, was in der Regel Bedrängnis schafft. Der Schierlingssaft unterdrückt also die Geister, indem er eine schwere Benommenheit hervorruft, ohne dass ein Leid entsteht, durch übermäßige Kälte. Die Schwierigkeit des Atmens ist nicht größer als das, was der Knappheit der Geister entspricht. Das Ergebnis ist, dass der Tod nicht so heftig eintritt wie bei denen, die im Wasser erstickt werden, und viel weniger als bei denen, die erwürgt werden. Und so tritt dieser durch Schierlingssaft herbeigeführte Tod und der durch den einmaligen Biss einer Viper herbeigeführte Tod, über den Plutarch in seinem *Leben des Markus Antonius* schrieb, mit einer schweren Benommenheit ein und ist derjenigen im hohen Alter äußerst ähnlich, sodass er auch schmerzlos ist. So ist es nicht verwunderlich, dass die Bewohner der Insel Chios und Athener die angesehenen Männer, die sie zum Tode verurteilt hatten, mit Schierlingssaft hinrichteten, damit sie durch die Sanftheit ihres Todes eine Entschädigung für das gaben, was sie ihnen an Leben und Ansehen genommen hatten.

In der Provinz Peru in Westindien wurden vor kurzem **Todesfrüchte** entdeckt. Es sind Beeren, und sie duften, was bemerkenswert ist. Der Baum selbst ist buschig, mit den Blättern eines Birnbaums, dick, dicht beieinander und ziemlich grün. Kein Wunder, dass bei der Vielfalt der Region eine so zerstörerische Pflanze auftaucht. Der **Persische Apfel** erhielt seinen Namen in Persien, wo er zuerst auftauchte, und nachdem er von dort vertrieben worden war, da er so tödlich war, gelangte er auch nach Ägypten. Dieser Baum hat ein festes Holz und ist größer als ein Birnbaum, dem er sehr ähnlich ist. Er ist grün und hat eine Frucht, die einer Mandel nicht unähnlich ist, ziemlich lang und grün. Der Stein ist der einer Pflaume, aber kleiner und weicher. Sie reifen im Laufe eines Jahres, wobei eine Frucht die andere ersetzt. Sie ist so leicht verdaulich, dass selbst ein großer Vorrat nicht beschwert. Damit ist er sicherlich weit vom Pfirsich entfernt, denn es ist erwiesen, dass sich seine Bäume stark vom Pfirsichbaum unterscheiden. Bei der Verpflanzung werden sie in der Regel milder, und manche werden sogar schlechter. So trägt die tödliche Frucht zwar einen tödlichen Saft, der, auf Pfeile gestrichen, den sofortigen Tod bringt, ohne dass es ein Entrinnen gibt. Aber der Baum erzeugt einen Schatten, der das ganze Gesicht und die Augenlider aufbläht und die Augen verdunkelt. Der Tau, der vom Baum fällt, führt, wenn er in das Auge gelangt, zur Erblindung, indem er die Hornhaut angreift. Wenn der Baum wächst, verursacht er Kopfschmerzen und er hat einen üblen Gestank. Ähnlich verhält es sich mit dem **Oleander** bei den Bewohnern von Sardes; er ist nicht nur schädlich, wenn er gegessen wird, sondern wenn man sich unter seinem Schatten ausruht, wird man wahnsinnig, unruhig und ruhelos und bekommt ein Grummeln im Magen. Wer aber ein mit seinem Holz erwärmtes Bad nimmt, erleidet gewöhnlich einen Zusammenbruch. Pietro d'Abano verbürgt sich dafür, das meiste davon gesehen zu haben; solche Dinge treten auf, weil verdünnte Feuchtigkeit und ein gut zusammengesetzter und duftender Anteil sich mit viel Dickflüssigem und Verderblichem vermischen. In unserer Gegend sind die **Vogelbeeren** schon allein wegen des Geschmacks unwillkommen, da die tödlich feuchte Materie nicht durch die Hitze der Umgebungsluft verdorben werden kann.

Aber nachdem wir erwähnt haben, dass der Schatten dieses Baumes schädlich ist, und da viele Menschen Erfahrungen mit dem **zerstörerischen Schatten des Walnussbaums** haben, wird es wichtig sein, seine Ursache zu erklären. Die ganze Walnusspflanze ist kalt und riecht schlecht, besonders die Blätter und sogar die Zweige, sodass viele Dämpfe aus ihr austreten, von denen es immer einen großen Vorrat unter dem Baum gibt. Und die vielen dicken Blätter erlauben es der Kraft der Sonne nicht, diese Dämpfe zu entfernen, sodass der Schatten für die Schläfer schädlich ist, und die Lage noch mehr; in der Tat sind die Schläfer in ihrem Gehirn und den äußeren Teilen kälter, ihre Hitze wird zum Herzen zurückgerufen. Ein Beweis dafür ist, dass das Licht des Mondes bei ihnen zu Bluthusten führt, nicht aber bei denen, die wach bleiben. Unangenehme Müdigkeit trägt dazu bei, ebenso wie vorbestehende Unruhe, schwache und feuchte Körper, wie sie Knaben haben, und Körper voller böser Körpersäfte, sowie langes Verweilen. Dann scheinen sie wie betäubt; einige sind betäubt, andere verfallen in langanhaltendes Fieber. Daraus entstand der Glaube, dass die Toten unter Nussbäumen wohnen. Es ist also nicht der Schatten, der den Schaden anrichtet, sondern die Nähe. Der Schatten ist eine Art Entbehrung.

Sehr nahe bei den Giften sind **die verrückt machenden Pflanzen**[26], wie die Cohobba auf der Insel Hispaniola in Westindien, die allein durch ihren Geruch berauscht und die Menschen rasend macht. Ich glaube, dass dieses Kraut von der Art des Stechapfels ist, der, wenn er getrunken wird, einen Sturm im Kopf hervorruft, und der sich in seinen Kräften nicht von dem unterscheidet, was die Türken Asseral[27] nennen, von dem sie großen Gebrauch machen, weil er sie nicht nur fröhlich und eifrig macht, sondern auch alle Angst und Furcht vertreibt und sie auch für militärische Aufgaben besser vorbereitet. Bei uns ist es mit dem Krokus so. Wenn er zu reichlich gegessen wird, wie das Asseral, macht er nicht nur eifrig, sondern betrunken; bei noch reichlicherem Genuss tötet er. Ähnlich verhält es sich mit dem Wein und dem Branntwein[28], wenn sie getrunken werden. Und wie vor langer Zeit berichtet wurde, ist die Wurzel Oenopia, ein Name, der durch eine gewisse Ähnlichkeit mit Wein entstanden ist.

Nach einem Bericht des Juden Josephus brachte die Wurzel Baara denen, die sie anfassten, den Tod. Es sei denn, man goss Menstruationsblut oder Frauenurin über sie. Aber selbst dann war sie tödlich für diejenigen, die sie ausrissen. Daher band man einen Hund an die Wurzel, die die Farbe und den Glanz einer Flamme hatte. Der Hund lief los, riss sie dadurch heraus, wodurch auch er starb. Getrocknet wurde es zur Heilung von verstörten und von Dämonen besessenen Menschen verwendet. Ist die Geschichte völlig abwegig? Sicherlich nicht, bei einem so ernsthaften Autor. Ist die Erzählung wahr? Auch das nicht, es ist zu nahe an einem

[26] »lymphaticae plantae«.

[27] »asseral«.

[28] »aqua ardens«.

Wunder. Es gilt, die Grundlagen der Sache abzuwägen, aus denen ein Bild der Wahrheit hervorgehen wird. Zunächst einmal: Judäa ist eine sehr heiße und fast ausschließlich gebirgige Region. Baaram ist ein Tal, nach dem die Wurzel benannt ist, ein Tal, das reich an Pech ist, und der Teil des Pechs, der durch und durch erhitzt und sehr verdünnt ist, pflegte von den Bergen herab zu rieseln. Aus dieser feurigen und so dünnen Materie würde es wahrscheinlich nicht unter der größten Hitze der Sonne geboren werden, noch hier oder da im Tal, sondern entweder unter den eigentlichen Sonnenhitzen, die es gleichzeitig verstärkten und zusammenbrauten, oder aber im ständigen Schatten, sodass keines seiner Gifte ganz weggeblasen wurde. Dieses Kraut pflegte durch feurige Substanz zu entstehen und genährt zu werden. Wenn es herausgerissen wurde, wurde dieser berüchtigte brennende, faulige Dampf (wir sagten, was für den einen faulig ist, ist für den anderen natürlich) vom Gehirn aufgenommen und tötete entweder die Männer, die es hochzogen, oder die Hunde, die daneben standen, auf der Stelle. Wenn aber die Wurzel mit Menstruationsblut getränkt war, wurde das Gift durch diese Fäulnis (oder durch die Säure des Urins, wenn der Urin leichter zu handhaben war) abgeschwächt. Die Abergläubischen fügten hinzu, dass, wie auch immer es tötete, selbst wenn es weit weg herausgerissen wurde, das Ereignis über natürliche Ursachen hinaus eine übernatürliche Erscheinung war. Das war immer der Weg der Menschen, auch wenn diese Ansicht falsch war. Es sei denn, dass vielleicht, wie wir im Zusammenhang mit Giften sagten, manche Dinge durch die Kontinuität einer Sache übertragen werden, wie wir auch in Bezug auf die Dumpfheit der Lethargie erklären werden, und auf diese Weise kriecht die tödliche Kraft an einem Seil entlang und tötet in beliebiger Entfernung; das könnte geschehen. Dass es, um den Hals gehängt, verstörte und besessene Menschen heilen würde, ist zum Teil glaubhaft, weil es so große Kräfte besitzen mag, und es wäre überzeugend, dass alle sehr guten Dinge mit großen Schwierigkeiten und Risiken einhergehen, obwohl nicht alles, was mit großen Schwierigkeiten und Risiken erreicht wird, gut ist. Diese Ansicht ist durch den Aberglauben der Menschen verstärkt worden, der, wie ich sagte, immer sehr groß war, ebenso wie ihre Unwissenheit. In der Tat gibt es kein Volk, das die Wissenschaften so ablehnten wie die Juden, da sie sich ausschließlich auf Zeremonien und das Gesetz verließen. Es ist also kein Wunder, dass die Wurzel Baaram eine solche Macht hatte, denn selbst heute ist es keineswegs sicher, das Kraut auszugraben. Stellen Sie einfach die Pflanzenarten, die Regionen und die Nahrungsmittel zusammen: Was ist wahrscheinlicher als das, was bisher als Wunder oder Fabel angesehen wurde? Und es ist kein Wunder, dass eine Pflanze von Pech genährt wird, es gibt gar eine, die von Schwefel genährt wird. Aristoteles erzählt, dass in schwefelhaltigen Quellen kleine Kräuter wachsen; wenn die Winde wehen, fällt der Bodensatz von Messing heraus, den sie Orpiment nennen, er zerfällt, und so entsteht das Kraut.

Es gibt **fünf Arten der Vermehrung von Pflanzen**: durch Samen, durch Wurzeln, durch Ableger, durch Abstechen und durch Verfall, den man als Zufall bezeichnen kann. Die meisten von ihnen durch Samen, wie Tanne und Lärche; durch Wurzeln, wie Süßholz und Lilien. Die Lilie hat eine solche Kraft, dass sie, wenn man ihre Zweige aufhängt, eine Wurzel ausbildet. Theophrast nimmt an, dass sich ein Safttropfen sammelt, aus dem die Vermehrung erfolgt, was durchaus stimmt. Außerdem können die Äste dieser Pflanze auch ohne Blätter unter einem Ofen aufgehängt werden, und dann werden sie nach dem Trocknen mit dem Bodensatz von Rotwein bedeckt; und wenn man sie zusammen mit demselben Bodensatz in Dung vergräbt, bringen sie violette Blüten hervor. Und Sträuße, die ein ganzes Jahr in Tongefäßen aufbewahrt werden, bleiben in Blüte, solange sie mit lauwarmem Wasser feucht gehalten werden. Kein Wunder, denn die Ursache für all das ist eine einzige: Feuchtigkeit, die stark fetthaltig ist. Der Beweis dafür ist, dass sich Blumen in kleinen Zimmern praktisch einen ganzen Monat lang halten, und die so genannte Substanz der Säfte ist träge. Sogar Gott selbst bürgt dafür, dass es sich um eine Blume von großer Schönheit handelt: Sie ist von sich aus sehr strahlend weiß.

In Italien ist die **Irisblüte** zuweilen strahlend weiß. Einige Pflanzen werden durch alle Methoden vermehrt, wie die Olive, und die Feige, die allein unter den Pflanzen von ziemlich wertvollen Früchten nicht blühen. Aber wir haben erklärt, dass alle Pflanzen aus sich selbst heraus entstehen, da es überall ein Gemisch gibt, und die Stämme scheinen nur Seele zu brauchen. Und die Sonne ist Seele. Die Weide entsteht aus einem Zweig, wie auch der Weinstock. Es ist eine Art von Abbinden, und speziell für die Rebe, wenn der Stamm zwei Jahre lang eingegraben wird, und wenn er eine Wurzel hervorbringt, wird er von dem vorherigen abgeschnitten. Die Alten lehren, dass dasselbe von Baum zu Baum geschieht. Man ist sich also einig, dass die Pflanzen durch fettige Feuchtigkeit genährt werden, wie wir später erklären werden.

Doch zurück zu den Duftpflanzen: Die Lilien, die Narde und der Krokus gehören zu dieser Art. **Die italienische Narde** ist ein kleiner Strauch mit Blättern, die länger sind als die des Rosmarins, schmaler, etwas dicker, weicher und duftender. Die Blüte ist recht klein und zwischen blau und violett. Der Stamm und die Zweige sind verholzt, er bleibt im Winter grün; wenn der Winter sehr streng ist, stirbt er ab. Das, was wir als Indische Narde bezeichnen, ist jedoch von einer anderen Art. Die Narde ist eine Pflanze eigener Art, die ihren Namen von ihrem süßen Geruch hat, sie hat keine Ähre. Allen gemeinsam sind die wegen der Trockenheit schmalen Blätter und der angenehme Geruch. Alle Pflanzen haben den gleichen Grund für ihre Blätter: Sie sollen die Kälte ableiten. Deshalb wird in kalten Regionen Stroh über die Äste und den Stamm gezogen, die Wurzeln in Pferdemist gelegt, die ganze Pflanze in eine warme Kammer gestellt, und es ist nicht verwunderlich, dass ihre Blätter nicht abgeworfen werden, sondern die Bäume sogar Früchte tragen. Auch bei uns bleiben die Blätter bei den spontan wärmeren und trockeneren Pflanzen erhalten: bei Narde, Rosmarin, Salbei, Wacholder, Lorbeer, Zypresse. Aber im Falle des Buchsbaums ist sie tatsächlich bitter, wegen ihrer einzigartigen heftigen Trockenheit und mittleren Hitze.

In Indien, einer sehr heißen Region, wirft kein Baum seine Blätter ab, außer die der Hülsenfrucht, die wir **Cassia** nennen. Da sie ihre Wurzeln unterirdisch bis zum Wasser treibt, wird sie von der Natur als kalt und feucht angesehen, und zwar in dreifacher Hinsicht: Sie hat reichlich Feuchtigkeit aufgenommen, ihre Wurzel ist weit von der Sonnenhitze entfernt, und sie wird durch die Kälte des Wassers, das sie berührt, gekühlt.

Da die Unterschiede bei den Pflanzen in der Tat aus der **Natur der Blätter** entnommen werden können, gibt es fünf Arten von ihnen. Einige sind beständig, gedeihen aber nicht mit demselben Laub, wie beim Lorbeer und allen Zitronensorten: wenn unten etwas nachwächst, fällt das ursprüngliche Laub ab. Andere gedeihen mit demselben Laub, wie bei der Palme, und das ist sehr selten. Einige gedeihen immer, aber nicht mit denselben Blättern oder Zweigen, wie Salbei und Hauswurz. Einige, wie die Kirsche, verlieren ihr Laub, wobei die gleichen Zweige erhalten bleiben. Einige werden auch mit ihrem Stamm abgestreift, wie der Fenchel. Einige von ihnen sterben ganz ab, wie der Kürbis. Wir müssen also diese Anzahl von Arten akzeptieren.

Doch zurück zu den **Geruchsstoffen**: Der Krokus hat eine knollige Wurzel, reichlich, kräftig; lauchähnliche Blätter, aber so schmal, dass man sie langhaarig nennen kann. Der Stängel ist fleckig, die Blüten von weinroter Farbe, wie die Herbstzeitlose, zwischen denen sich die flammenartigen Staubgefäße des Krokus erheben. Auch der **Balsam** war früher eine sehr kostbare Pflanze. Es ist sicher, dass es ein Strauch mit dem Blatt des süßen Majorans war, und von fast der gleichen Art, eine Pflanze, die sich vom Jasmin nicht sehr unterscheidet. Aber alle Sträucher sind vollständig verschwunden, sagt unser Mitbürger Peter Martyr d'Anghiera nachdem er vor fast fünfzig Jahren im Namen der spanischen Könige eine Botschaft an den Sultan, den Herrscher Ägyptens, übermittelte. Andere berichten, dass er so weit verbreitet ist, dass er überall in den Gärten von Kairo zu finden ist. Aber ich sehe nicht ein, warum Anghiera seine Könige, denen er das Werk widmet, belügen oder in einer Angelegenheit von solcher Bedeutung nachlässig sein sollte . Alle Beweise, auch die derjenigen, die eine Ausbreitung wünschen, stimmen darin überein, dass aus dieser Zeit weder Früchte noch Holz, geschweige denn der berühmte Saft zu uns exportiert wurden. Die Schlussfolgerung ist also, dass es den echten Balsam nicht mehr gibt, und dass etwas anderes ihn durch den Unternehmungsgeist oder die Gier der Einwohner verdrängt hat.

Um fortzufahren: Die **Jasminblüte** ist sehr glänzend weiß und duftend – eine blau, eine andere gelbbraun, die ich gesehen habe. Sie blüht normalerweise im Frühjahr zusammen mit den Rosen und den anderen Girlandenblumen. Ich sah jedoch eine, die im September aus Spanien mitgebracht worden war. Es ist ein Strauch, aber großflächig, ausgezogen und hochgebunden; obwohl er schlank ist, ist er genauso groß wie ein Baum. Und er ist nicht von der Sorte der Schlingpflanzen, denn er hat keine Ranken wie ein Weinstock oder eine Brombeere oder ein Kürbis, noch ist er wurzelreich wie der Efeu. Dementsprechend kann er sich mit geringem Aufwand in einen aufrechten und ansehnlichen Baum verwandeln. Er hat ein grünes, weiches, dünnes, dunkles Blatt, fast wie ein Olivenbaum; die Blüten sehen aus wie kleine Schirmchen. Es ist gewiss außerordentlich, dass der Jasmin keine Frucht und keine nützliche Anwendung hat, wie keine andere bemerkenswertere Blume – die Lilie, der Krokus, die Rose, der Augentrost, die Nelke. Man glaubt, die Ursache sei, dass die ganze Tugend in der Blüte verbraucht wird, oder dass, da die Zeit der Blüte und der Frucht verschieden ist, die Früchte aus feuchtem und dickem Stoff bestehen, die Blüten aber aus heißem und trockenem Stoff. Es ist daher sehr schwierig, einen Baum zu finden, der so variabel ist, dass er beide Bedürfnisse zu den entsprechenden Zeiten befriedigen kann. So kommt es selten vor, dass ein berühmter Sohn von einem angesehenen Vater geboren wird und dass auf eine edel gesinnte Kindheit ein ehrenvolles Alter folgt; eine Folge, die Philostratus, der Sophist, auch im Fall von Hermogenes von Tarsus erwähnt.

Um die Aufzählung der gut riechenden Pflanzen abzuschließen, muss **Basilikum** erwähnt werden, denn dieses Kraut riecht gut und wächst überall, sodass es in ganz Äthiopien in Hülle und Fülle vorhanden ist. Die Natur scheint aus gutem Grund ein reichhaltiges Angebot an Nutzpflanzen geschaffen zu haben. Da einige von ihnen überall im Überfluss vorhanden sind, sehen sie durch den Wechsel der Farbe unterschiedlich aus, zum Beispiel Zypergras in Italien, Galanga in Babylonien und Kurkuma in den dazwischen liegenden Regionen. Sie sind gleich in ihrer Fähigkeit und Natur, aber in Form und Kraft unterscheiden sie sich. **Galanga** ist in der Tat so viel stärker als Kurkuma, wie **Zypergras** schwächer als es ist. Aber **Zypergras** scheint stärker zu riechen als Kurkuma. Doch wir haben bereits erklärt, dass die Pflanzen je nach Klima und Boden unterschiedlich sind.

Ähnlich verhält es sich mit den Früchten: **Myrobalani** (ich will nicht fälschlicherweise von »Myrobalanum«, der Eichel des Balsams, sprechen) gehören zur Gattung der Pflaumen, und diese sind, wie Aristoteles berichtet, süß, bevor sie reif sind. Sie entstehen in sehr heißen Gegenden, aus wässriger und nicht fettiger Feuchtigkeit und verdünnter Substanz, und werden sehr schnell ausgekocht und vervollkommnet, im Gegensatz zu **Tamarinden**, die immer bitter und sauer bleiben, wegen der fettigen Feuchtigkeit und Erdigkeit. Sie wachsen in einem Teil Äthiopiens namens Bernagassum, jenseits des Wendekreises des Krebses am Roten Meer, im westlicheren Teil zwischen Hainen, an einem sehr großen Baum, der Früchte wie Trauben trägt. Ihre Steine ähneln in Größe und Form den Bohnen und auch in ihrer Schale, nur dass die Farbe rostig und dunkel ist. Ein Teil hat die Form eines Eis und ist mit dunklen Linien durchzogen, wie man an der Seite sieht. Die Schale des Steins ist sehr bitter, der Kern ist weiß, hart und geschmacklos. Die Frucht ist länglich, groß, einer Pflaume nicht unähnlich.

Die Werke der Natur sind wunderbar, und ihr Fleiß erinnert an die Frucht der **Balsamina**, so genannt wegen der Ähnlichkeit der Kräfte und der Pflanze. Die Frucht heilt frische Wunden sehr schnell, und der Baum selbst kriecht, wie Balsam, an Pfählen empor, die ihn stützen. Bemerkenswerterweise spaltet sich die rote, fast wie das Halicacabum aussehende Frucht ganz von selbst, wenn sie zu Boden fällt, sie ist leicht zerbrechlich. Der Grund dafür ist, dass sie aus ziemlich weicher Substanz besteht und durch keine Fasern in der Breite zusammengehalten wird, was sie beim Aufprall spalten lässt. Auch Eis teilt sich auf dieselbe Weise, wenn ein Teil von ihm abgebrochen wird, da es völlig haarlos ist und durch sein eigenes Gewicht Risse bekommt und schließlich völlig auseinanderbrechen lässt. Die Teile sind sehr schwer, und da sie gerade sind, sind sie parallel, und werden als Ganzes geteilt. Aufgrund dieser beiden Ursachen teilen sich diese Dinge in der Länge, wenn die Fasern in der Breite fehlen. Folglich muss das Medikament trocken sein. Trockene Hölzer werden geteilt, wenn ein Teil auf diese Weise geteilt wird. Aber bei Hölzern, die Fasern in der Breite besitzen, hält der intakte Teil den geteilten Teil zusammen. Bei der Balsamina-Frucht trennt der geteilte Teil den intakten Teil.

Aber zurück zu meinem Thema: **Balsam** hat damit eigentlich nichts gemein, aber der Saft war von goldener Farbe und sehr geeignet zur Wundheilung; er pflegte Falten zu beseitigen und Leichen vor dem Verwesen zu schützen und Nierensteine zu zertrümmern und Flecken von den Augen zu entfernen und machte resistent gegen Gift, besonders gegen Eisenhut und senkte hohes Fieber, und durch all diese Punkte zeichnete sich die Kraft des Balsams aus.

Und nun wird eine andere Art von Balsam aus Hispaniola importiert, von der Farbe der Jujuben[29], hell und zäh, von einem wunderbar angenehmen Geruch, so sehr, dass niemand vermuten würde, wie attraktiv er ist. Wir sahen es bei Sebastiano Serlio von Bologna, dem königlichen Architekten in Lyon, sicherlich ein begabter Mann, der uns ins Herz geschlossen hatte, und wir haben es dort probiert. Ich hatte es anderswo in Genua (oder Ianua) schon einmal gesehen, es schmeckte wie Pfeffer auf der Zunge. Aber ich glaube, jenes war durch Feuer verdorben; es hatte eine Art verbrannten und schweren Geruch. Wie dem auch sei, es heilt frische Wunden besser, ja so gut wie nur irgend etwas, und beseitigt Falten. Ich könnte mir vorstellen, dass diese Art von Öl für die meisten, wenn nicht für alle Zwecke, die echter Balsam erfüllt, wirksam ist. Es wird erzählt, dass Codrus, ein italienischer Arzt, ihn entdeckt hat, ein reicher Mann, der eifrig auf der Suche nach Neuem war. Doch er verstarb im

[29] »colore iuiubarum«

Alter im südlichen Teil der neuen Welt in der Nähe des Hafens von Pumida und der Inseln von Zorobarum.[30] Um auf meine Schilderung zurückzukommen: Der Baum, der dieses Öl produziert, ist der **Goacomax**, in Form und Größe dem Granatapfelbaum ähnlich, aber mit einem etwas größeren und dünneren Blatt, mit einer fast trockenen Rinde, mit einem Holz, das wie Kiefer brennt, mit Früchten wie Weintrauben, aber mit weiter auseinanderliegenden und etwas größeren Beeren von weinähnlicher Farbe, die nach längerem Kochen in Wasser zusammen mit den Zweigen dieses Öl ergeben. Auf diese Weise lässt sich leicht ein Öl gewinnen, das den Geruch und die Kräfte der Pflanze wiedergibt, die zu den ölhaltigen Pflanzen gehört.

Öle werden entweder zur Konservierung einer Substanz oder zur Aufnahme von Kräften hergestellt. Eine Kraft wird von einem anderen Öl aufgenommen – entweder alles auf einmal, wie wenn man dem Öl die vierfache Menge Wasser hinzufügt, oder mehr oder weniger – weniger, wenn es sich um Blüten und Blätter handelt, und mehr, wenn es sich um Holz handelt; dazwischen, wenn es sich um Wurzeln und Früchte handelt. Dann werden sie so lange mit Feuer eingekocht, dass alles Wasser darin entfernt wird. Wenn man nicht alles auf einmal aufnehmen will, so geschieht dies bequemer mit einer mäßigen Hitze, entweder mit der der Sonne oder mit der Hitze von Asche oder eines Bades oder mit Dung oder mit den Abfällen der Wein- oder Olivenpressung. Aus all dem kann man tatsächlich Salben herstellen.

Und so wurden bei dieser geläufigeren, zweiten und älteren Methode des Dioskurides **Blumen vier Tage lang in reines Öl getaucht** und der Sonne ausgesetzt; dann wurde die gleiche Menge frischer Blumen mit großer Sorgfalt zu dem ausgedrückten Öl hinzugefügt und es wurde erneut der glühend heißen Sonne ausgesetzt. Man machte dies oft genug, damit das Öl den Geruch aufnahm; für Salben wurden Verbesserungsmittel hinzugefügt, etwa Honig und andere duftende Dinge. Die dritte Methode erfordert keine Hitze, dafür aber zahlreichere Wiederholungen und längere Wartezeiten. Und so werden die Blumen nach folgendem Muster gehandhabt: Man streut die Blumen auf Mandeln oder, viel besser, auf gereinigte Körner von Myrobolan[31] (sie werden nicht ranzig) oder Zimt oder Krokus (die Methode ist für alle gleich) und legt darunter abwechselnd Blumen- und Mandelblätter und hält sie so lange gepresst, bis der Blumengeruch verschwunden ist. Dann wirfst du sie weg und legst stattdessen andere Blumen auf die gleiche Weise darunter; und wiederhole dies oft. Es ist nicht in allen Fällen das gleiche Muster, bis die Mandeln den maximalen Geruch angenommen haben, dann werden sie unter eine Presse gelegt. Es ist gut, sie vorher zu enthäuten und ein wenig zu rösten; auf diese Weise nimmt das Öl mehr von den Kräften auf und ist weniger anfällig für Verderbnis, weil kein Saft mehr darin ist.

Es gibt ebenso viele **Möglichkeiten, die Substanz des Öls zu gewinnen**, wie es Möglichkeiten gibt, seine Kräfte zu gewinnen. Während die Substanz nicht ohne die Kräfte zu haben ist, kann man die Kräfte ohne die Substanz haben. Aber gibt es ein Öl ohne Kräfte? Es steht außer Zweifel, dass die Öle, wenn sie mit einer großen Menge an Feuer extrahiert werden, verbrannt werden und ihre besondere Kraft nicht beibehalten. Die Arten von Dingen, die auf einmal und durch die eigentliche Kraft des Feuers extrahiert werden, gehören zur ersten Methode. Sie eignet sich nicht für Blumen, wohl aber für Hölzer und dergleichen, wie z. B. Nelken.

[30] Vermutlich in der Nähe von Veragua (Panama). »Das in der Sonne der Tropen glühende Veragua liegt 25 Meilen östlich von den herrlich grünen Inseln von Zorobaro in dem Goldland Costa-Rica.« (Johannes Fastenrath in Christoph Columbus, Studien zur spanischen vierten Centenarfeier der Entdeckung Americas, 1895)

[31] »myrobalani«.

In das Glasgefäß A werden zerkleinerte Gegenstände gegeben, die mit einem entsprechend milderen Feuer destilliert werden. Und wenn es möglich ist, das Öl mit kochendem Wasser, das um das Gefäß herum

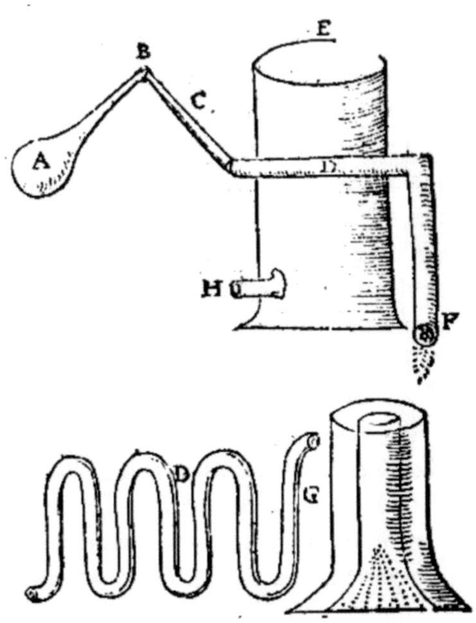

platziert wird, herauszulocken, wird es viel besser sein. Auf den Deckel des Gefäßes wird eine Glaskappe C aufgesetzt. Je breiter sie ist, desto besser können Kraft, Geruch und Geschmack übertragen werden. Dasselbe wird in beiden Kanälen angebracht. Der Deckel wird mit Ton befestigt, damit er keinen Dampf entweichen lässt. Daran liegt in der üblichen Weise ein Rohr C, an das ein weiteres Glasrohr D angeschlossen ist, das mit Lehm so gut abgedichtet ist, dass kein Leck entstehen kann. Das Wasser läuft durch ein hölzernes Gefäß E, das ständig mit sehr kaltem Wasser gefüllt sein muss, wobei das Wasser, das sich erwärmt hat, durch ein Rohr H abgezogen und mit frischem Wasser aufgefüllt wird. D wird in der Tat gekühlt, und die Dämpfe werden nicht verbrannt, sondern in Wasser oder Öl überführt und durch den schrägen Teil des Kanals F, der jenseits des mit Wasser gefüllten Gefäßes bereitsteht, in das Gefäß G getropft. So fließt, wie ich gesehen habe, zunächst ein trübes Zeug heraus, das die dünnere Substanz der Ladung mit sich führt, danach tritt klareres Wasser aus, schließlich Öl, das eher den Geruch von etwas Verbranntem verströmt als von der Ladung, aus der es herausfloss. Und kann der Kanal D in die Form einer Schlange gebracht werden, und so wird weniger von der Substanz oder der Tugend der Ladung durchkommen.

Die zweite Methode entspricht der anderen: Bei mäßigerer Wasserhitze wird aus den gekochten Stücken ein Öl gewonnen, wie wir es vor kurzem beim indischen Balsam erwähnt haben. Auf der gleichen Grundlage wird auch aus Lorbeerbeeren ein Öl gewonnen. Im Allgemeinen sollte die Substanz in diesen Fällen fett sein und sich leicht abtrennen lassen. Aber wenn sie einmal durch Kälte und Trockenheit verdichtet ist, kann sie nicht anders als durch Hitze und Nässe aufgelöst oder getrennt werden.

Die dritte Methode besteht nicht in der Hitze, sondern in der Kraft; sie ist allen Früchten gemeinsam, wie Mandeln, Pistazien, Nüssen, ob sie Walnüsse oder Haselnüsse oder sogar indische sind, auch Muskatnüsse und solche, die nach Moschus riechen, und andere ohne Zahl, sagen wir Pinienkerne, Pfeffer, Efeufrüchte, Pfirsich- und Kirschkerne; ferner alle Samen, wie die der Rübe, Rizinus, Rettich, Flachs, Bilsenkraut[32], Mohn. Diese werden verarbeitet, und sowohl sie als auch alle anderen Samen enthalten ein Öl. Denn in jedem Samen ist Leben, und alles Leben wohnt in feuchtem Fett, und **alles Fette (auch bei den Tieren) wird Fett genannt, von dem es drei Arten gibt:** »pinguedo« nach dem Namen der Art, »adeps«, das gewisse Teile umgibt und nicht dem Ganzen gemeinsam ist, wie das Nieren- oder Omentalfett, und »sevum«, das trockener ist als beide, sodass es nur und höchstens bei gehörnten Tieren vorkommt. Und das, was in Dingen ohne Empfindung vorhanden

[32] »Apollinaris herba«.

ist, wie in Steinen und Pflanzenteilen, ja, in der Gesamtheit der Pflanzen, auch in Pech und Salz, Metallen und einer Reihe anderer Dinge, wird Öl genannt. Und der Saft jedes einzelnen Baumes ist ein Öl, vermischt mit Erdigkeit. So enthält jeder Samen ein Öl. Es wird angenommen, dass alle Samen ihr Leben davon ableiten, dass nach der Ansicht von Theophrast aus allen Samen Pflanzen ihrer Art entstehen; oder das wird aus allen von ihnen geschehen, oder aus der Mehrheit. In der Tat spricht nichts dagegen, dass einige Samen in ihrer ganzen Art beschädigt werden, da es auch einige Tiere wie Maulwürfe gibt, und diese Pflanzen würden aus der Verwesung entstehen, oder aus einer Wurzel, oder durch eine andere Methode als einen Samen. Was ich mit einem Samen meine, ist das, was mit einer Schale bedeckt ist – eine Frucht ist das, was nicht so bedeckt ist.

Daher befinden sich einige Samen in kleinen Hüllen – zum Beispiel Brechbohnen und Kichererbsen. Einige kleben am Bart von Getreide und die meisten von denen mit einer dünnen Schale, wie Mais. Aber die in den Früchten, wie die Samen von Melonen, Äpfeln und Birnen, sind vom Fruchtgehäuse umschlossen. Auch ist jeder Samen der heißeste Teil seiner Pflanze, der um der Zeugung willen zustande gekommen ist, aber er ist weder der sauerste, noch der dünnste, noch der trockenste. Die Wurzel vieler Dinge und die Schale vieler Pflanzen, wie die Unias, die die indischen Bewohner der Insel St. Thomas anstelle von Ingwer verwenden, ist sehr sauer, obwohl der Samen geschmacklos ist. Die Hitze wird durch reichlich Fettfeuchtigkeit gemildert; daher rinnt ein guter Vorrat an Öl aus ihm. In der Schale wird es, wie bei der Destillation, verbrannt, da sie mehr erdig ist, aber nicht im einfachen Sinne: die Schale der Indische Bohne (die wir weiter unten behandeln) ist reich an Öl, aber der Stein ist es nicht, da er wegen des Überflusses an Feuchtigkeit kein Öl auskochen oder in die Form von Öl bringen kann.

Einige der Samen enthalten viel Öl, ebenso wie die **Nuss** und die Samen von Flachs, Heliotrop und Rüben. Als Nuss bezeichne ich den Teil, der in der ganzen Frucht enthalten ist. Die Nuss ist, wie gesagt, das, was den Samen enthält. Da sie jedoch normalerweise gegessen wird, nennen die meisten Menschen sie die Frucht.

Die einen nennen einen großen Samen **die Frucht**, die anderen das, was am Ende von den Pflanzen produziert und gegessen wird; und das, was am Ende produziert und nicht gegessen wird, nennen sie den Samen. Aber wie ich schon sagte, gibt es keinen besonderen Unterschied zwischen Samen und Früchten. Rübensamen liefern so viel Öl, dass es in einigen Regionen Deutschlands nicht nur den Bedarf der Einheimischen deckt, sondern auch gewinnbringend in die umliegenden Städte exportiert wird. In Äthiopien gibt es ein riesiges Vorkommen des Hennastrauchs, aus dessen Samen ein Öl gewonnen wird, das nicht nur reichlich vorhanden, sondern auch hervorragend ist. Die Vernunft lehrt uns, dass in allem, was viel Öl enthält, dieses Öl auch ausgezeichnet ist.

Denn die Quellen eines Öls, das nicht nur reichlich, sondern auch ausgezeichnet ist, benötigen in hohem Maße eine wohltemperierte Hitze und viel Feuchtigkeit. Doch in einigen, die wenig enthalten, kann es ausgezeichnet sein, aber nichts hindert es daran, sehr schlecht zu sein. So kann das Vorzügliche sowohl im Überfluss als auch im Mangel bestehen, das Minderwertige aber fast nur im Mangel. Denn wie gesagt, in allen Fällen treten irgendwelche Ungetüme auf, die das Werk der Natur sind. Es ist nichts dagegen einzuwenden, dass es etwas gibt, das im Überfluss vorhanden ist, das aber schlecht oder stinkend oder unbrauchbar ist, weil es nicht zur Vollendung gebracht wird. Was auch immer vollständig ausgearbeitet ist, wird zur Vollendung gebracht.

Aber zurück zu meinem Thema. Das **Öl wird durch die Kraft einer Ölpresse** herausgepresst. Und so vielfältig dieses

Verfahren auch sein mag, so genügt es doch, es an drei Beispielen zu erläutern. Das erste ist das der **Muskatnuss**, die in kleine Scheiben geschnitten wird, über die drei Tage lang kretischer Wein gegossen wird, dann zwei Tage lang im Schatten getrocknet, in einer Pfanne erwärmt, mit Rosenwasser beträufelt und gepresst wird. Will man aber ein Öl gewinnen, das reichlicher, aber weniger wirksam und anziehend ist, so zerdrückt man die geschnittenen Nüsse, übergießt sie mit kretischem Wein und stellt sie in die Sonne, bis sie eine Kruste bekommen. Dann mischt man sie wieder, ohne kretischen Wein darüber zu gießen, sondern besprenkelt sie, trocknet sie wieder und wiederholt dies so oft, bis sie fast verrottet; dann gibt sie Öl im Überfluss. Diese Methode wird auch dem Samen des Bilsenkrauts und des Mohns angewandt. Aber man nehme Wasser statt Wein und lasse es so lange stehen, bis es verrottet ist, und lege es dann unter die Presse. Bei Ölen, die nicht getrunken werden, ist es angebracht, bis zur Fäulnis zu warten.

Und das ist das zweite Beispiel: Weil der **Bilsenkrautsamen** viel feuchter ist als die Muskatnuss und auch als die Mandel, ist er fetter als diese. Das dritte Beispiel findet sich in den **Mandeln**, die, nachdem sie von ihrer doppelten Haut befreit sind, ein wenig geröstet werden, dann wird ein Fünftel Wasser darüber gegossen, eine Methode, die auch bei den Samen üblich ist (für Muskatnuss verwendet man Wein). Dann wird die Masse am Feuer erhitzt und sofort gepresst; weil sie getrunken wird, wird sie ranzig, wenn man zu lange wartet. Natürlich brauchen diese Methoden Hitze und Wasser. Wenn sich ein Öl nicht verflüssigt, kann es nicht fließen, denn ein geronnenes Ding kann nicht fließen. Und was sich verflüssigt, braucht Hitze. Aber Hitze verbraucht Öl, weshalb Wasser zugefügt werden muss, sonst ist das Öl knapp und läuft versengt. Das ist bei den trockeneren Körpern, wie Muskatnuss, nötiger; da wird Wein zugesetzt, weil er den Geruch eher verstärkt als abschwächt; die anderen haben einen schweren Geruch. Aber auch der Wein dringt mehr in das Innere ein und löst es auf, weil er die Hitze des Feuers teilt. Das Feuer aber zieht auch aus dem Inneren nach außen. Das Öl wird also nicht aus dem Wasser oder dem Wein erzeugt, sondern sie sind seine Abwehrkräfte. Es ist zweifelhaft, ob ein Teil des Wassers oder des Weins zu Öl werden kann; Öl besteht ja aus wässriger und luftiger Feuchtigkeit. Wo feuchte Luftigkeit wirksam ist, wirkt Wasser leicht, und Wein geht leichter in Öl über, denn auch Wein kann Feuer aufnehmen. Es gibt Dinge, die so ölig sind, dass sie, wenn man sie zerkleinert und mit natürlicher, mäßiger Hitze erwärmt, in Öl übergehen, ohne dass man sie auspressen muss, weil sie sehr fett sind und reichlich Öl enthalten, das wenig erdigen Abfall hat. Zum Beispiel Holunderblüten. Auch das Öl, das ohne Feuer aus Mandeln gewonnen wird, ist viel angenehmer und tut der Brust mehr gut.

Aber es gibt noch einen anderen der Säfte, nämlich **Schleim**, der in fast allen Wurzeln und Samen enthalten ist. Zu den bekannteren gehören die Samen des Flachses, des Eibischs, Flohkraut, Andorn, Quitte, Birne, Apfel, Bockshornklee. Auch unter den Wurzeln sind einige, die mehr schleimig sind, wie der Eibisch und die Pfeifenblumen. Von all diesen können wir diesen Teil ableiten, als wäre er ihnen von Natur aus angeboren. Nach der Reinigung werden sie in ein Gefäß gelegt und mit der vierfachen Menge an heißem Wasser übergossen, in dem sie über Nacht bleiben. Dann wird das Wasser weggeschüttet, und die Wurzeln oder Samen werden in einen Sack aus Hanf oder gelegentlich aus Leinen gegeben. Die obere Öffnung wird zugebunden und ein Gefäß darunter gestellt, und ein schleimiger Saft wird aufgefangen, teils durch Schlagen mit einem Stock, teils durch Auspressen von Hand. Um alles herauszubekommen, was herausgelaufen ist, wird es etwas fester zugebunden und auf ähnliche Weise nach und nach ausgepresst und wieder fest zugebunden, bis nur noch der eigentliche Samen übrig ist.

Es ist eine gute Idee darüber nachzudenken, was dieser Stoff ist, der auf diese Weise ausläuft. Das lässt sich aus den Kräften und der Substanz und aus der Art der Gewinnung erschließen. Da dieser Stoff die Dinge erweichen kann und klebrig ist und durch Hitze und Feuchtigkeit abgezogen wird, lässt sich sagen, dass ein Teil von mehr fettem Saft ist, und er unterscheidet sich von einem Öl allein in diesem Punkt, dass er einen erdigen Teil in sich enthält. Aber dieser Teil ist dick, wenn man ihn mit einem Öl vergleicht, einem Öl, in dem sehr wenig Erde enthalten ist. Wenn dieser Teil entfernt wird, enthalten die Samen oder Wurzeln weniger Öl. Die Wurzeln enthalten also selbst Öl.

Es gibt noch ein weiteres Unterscheidungsmerkmal: Der Schleimsaft ist kälter und roher als das Öl und daher in den Wurzeln, in denen wenig Öl vorhanden ist, reichlicher vorhanden. Es gibt also ein Öl, das sozusagen aus dem Schleimsaft gemacht ist, und zwar so, dass das, was ursprünglich in den Wurzeln war, jetzt in den Samen ist. Weil also Leinsamen reich an diesem Schleimsaft ist, ergibt er auch ein Öl ohne Wasser, weil in ihm der Saft an die Stelle des Wassers tritt. Und dieses Öl verwenden wir regelmäßig gegen Schmerzen, weil es sehr rein ist. Dasselbe gilt von den Mandeln, aber nicht ganz so offensichtlich. Sie enthalten eigentlich wenig Schleimsaft, aber durch Zugabe von Wasser wird ein recht reichliches (wenn auch nicht immer besseres) Öl gewonnen.

Die Erinnerung an all dies ruft mich dazu auf, um die **Methoden aufzuschreiben, mit denen Fette mit Gerüchen durchdrungen werden.** So sollen Praktiken, die seit vielen Jahrhunderten nicht mehr verwendet werden (das hat uns immer interessiert), wieder in die praktische Anwendung gebracht werden können. So wird dem von allen Membranen gereinigten Fett eine Portion zerkleinerter süßer Majoran mit Blüten, Thymian, Myrte, Zypergras, ein Achtel Zitrone und Aspalathus hinzugefügt. Außerdem einen Teil duftenden Weißwein und so viel Wasser wie das Gewicht des Ganzen. Dies alles soll zusammengekocht werden, aber nicht lange, und dann einen Tag lang stehen gelassen werden, und das Ganze wird gesiebt, nachdem das Fett entfernt wurde. Dieselben Zusätze werden von neuem gemacht, oder zwei oder drei von ihnen, oder einer nach der Art seines Geruchs. Und mit dem Zusatz von Wein und Wasser wie zuvor wird die Zubereitung auf dieselbe Weise gekocht, setzt sich ab, wird gereinigt und gesiebt. Und dies wird so oft gemacht, bis das Fett den Duft aufgenommen hat. Auf diese Weise wird es auch mit anderen Gerüchen durchdrungen und wird nicht nur durch die Hitze des Feuers, sondern auch durch sorgfältig ausgepresstes Wasser konserviert und im Schatten getrocknet. Wie ich bereits erwähnt habe, verfällt nur die wässrige Feuchtigkeit. Weil das Fettige verderblich ist, muss es vergehen.

Es gibt also feuchte Dinge von vier Arten, die in den gemischten Dingen enthalten sind: entweder die ganz rohen, und man nennt sie wässrig; oder die ganz verarbeiteten, und man nennt sie fettig; oder die in einem mittleren Grad verarbeiteten, und man nennt sie schleimig; oder die über die Grenze hinaus verkochten. Das ist der Teil, den die Alchemisten[33] Feuer nennen, besonders wenn er bei seiner Gewinnung viel Feuer erfordert, wie bei den Metallen, während die herbe Feuchtigkeit mit reflektiertem Feuer[34] herausgenommen wird. Es ist also klar, dass es weder mehr noch weniger Arten von feuchten Dingen geben kann.

Aber in manchen Mischungen gibt es nichts, was verhindert, dass einige von ihnen fehlen, aber alle echten Mischungen haben

[33] »alchymiſtae«.

[34] »igne reflexo«.

mindestens drei davon. Bei den meisten metallischen Stoffen liegt der mittlere von ihnen verborgen. Da sie mit der Erdigkeit verbunden ist, kann die letzte nicht ohne weiteres entfernt werden. Wenn man also Feuer anwendet, ist zweifelhaft, ob es von sich aus hart ist oder allein durch die Kraft des Feuers, oder auf beide Arten. Und je weiter sie von der ursprünglichen Art der Feuchtigkeit entfernt sind, desto weniger sind sie der Verwesung ausgesetzt. Wässriges zerfällt also schnell und vollständig, Schleimiges vollständig, aber langsam, Fettiges langsam und unvollständig, Verbranntes weder vollständig noch unvollständig. Von den Fleischsorten wird das Fettige nach meiner üblichen Methode entnommen, in Scheiben geschnitten und in ein Glasgefäß eingeschlossen. Dieses wird mit Pergament bedeckt und sechs oder sieben Stunden lang in kochendes Wasser gelegt, und fast das ganze Fleisch geht in Fett über und wird verflüssigt. Der Weinstein verflüssigt sich durch die Feuchtigkeit, sei es, dass er in Marmor unter der Erde vergraben wird, sei es, dass er im Glas den Rauch von kochendem Wassers aufnimmt. Eine andere Methode ist die meines Vaters: Er taucht einen erhitzten Topf mit Weinstein in Wasser, und sofort wird Öl an die Oberfläche kommen. Durch diese Methoden werden viele Dinge, die durch Feuer zu Kalk reduziert werden, in Öl umgewandelt. Daher ist es unklar, ob dieser bekannte Saft des Weinsteins Öl oder eher Wasser ist. Schwefel geht durch Verbrennen in Öl über; der Rauch, der sich beim Abkühlen der Dinge sammelt, macht ein Öl, wie ich herausgefunden habe. Man braucht ein besonderes Gefäß, ganz aus Glas, das man Nola nennt. Und man muss sehr vorsichtig sein, damit die Verbrennung allmählich erfolgt.

Aber warum geben verbrannte Metalle leichter Öl ab und halten auch das Wasser fest? Das Wasser ist extrem hart. Liegt es daran, dass die Beimischung von Erdigkeit, die verhindert, dass die fettige Feuchtigkeit verbraucht wird, auch verhindert, dass das gesamte Wasser verbraucht wird? Oder liegt es daran, dass sie nicht verbrannt, sondern gedörrt sind? Dann würden sie tatsächlich zu Asche werden. Wenn also das Wasser entfernt wird, tritt das Öl in den meisten Fällen schneller aus. Das, was schneller austritt, unterliegt nicht so sehr der Kraft des Feuers, weil es nicht so stark erhitzt wird, mit dem Ergebnis, dass das Öl leichter und reichlicher extrahiert wird. Die entsprechende Methode wird dargestellt in meinem Buch *De arcanis aeternitatis.*

Es gibt auch Säfte und Hölzer, die Öl liefern ohne Kochung, und das ist sehr wirksam, wie im Fall des Terpentinbaums oder des Mastixbaums. Da nur die dünneren Teile extrahiert werden, ist das, was herauskommt, schwach. Vollständige Kräfte können nicht ohne Substanz existieren, und wir haben keine Möglichkeit zu wissen, wann sie vollständig extrahiert wurden. Aber das, was durch Feuer extrahiert wird, behält nicht die reinen, unverdorbenen Kräfte der Sache, aus der extrahiert wird.

Der beste Extrakt ist derjenige, dessen Substanz ohne Kochung ausläuft. Am zuverlässigsten ist der, der durch Aufgüsse hergestellt wird. Am wirkungsvollsten ist der, der durch Kochprozesse hergestellt wird (ich meine einen trockenen Prozess, nicht einen in Wasser) das ist an nächster Stelle zu behandeln. An vierter Stelle steht das, was aus Mandeln gewonnen wird. An fünfter und letzter Stelle steht ein uraltes Verfahren, das durch Kochvorgänge mit Öl und Wasser durchgeführt wird.

Das Destillieren von Wässern geht auf die gleiche Weise vor sich, bewahrt aber den Duft viel besser, wenn man diese Technik anwendet. Rosenwasser kommt wunderbar duftend heraus. Nimm ein Tongefäß A, spanne darüber ein offenmaschiges Leinentuch B, und streue Rosen oder Augentrost oder andere Blumen oder Kräuter darauf. Dann nimm eine kleine Schale C, um das Gefäß zu bedecken, und zünde darunter ein Feuer an. Es wird ein Wasser destilliert, das nicht nur stark parfümiert, sondern auch sehr wirksam ist. Das Rosenwasser wird normalerweise in einem geschlossenen Gefäß in die Sonne gestellt, damit es den Geruch des Dunstes verliert, aber das Rosenparfüm erhält. Das Wasser wird auch sehr schnell hergestellt, wenn ein Glasgefäß über den erhitzten oder kochenden Saft gehalten wird, und in dem Gefäß der Rauch in Tropfen übergeht; die so gebildeten Tropfen werden zu Wasser zusammenfließen. Auf diese Weise wird Essig leicht in Wasser verwandelt. Dies ist von Nutzen, um Augenflecken und Prellungen zu behandeln, besonders wenn Weinraute in weißem Essig gekocht wird. Es gibt Leute, die bei der ersten Methode Moschus und andere kostbare Geruchsstoffe neben F[35] legen; dann behält das Wasser nicht nur seinen eigenen Geruch, sondern auch den des Moschus und der anderen beigefügten Gegenstände.

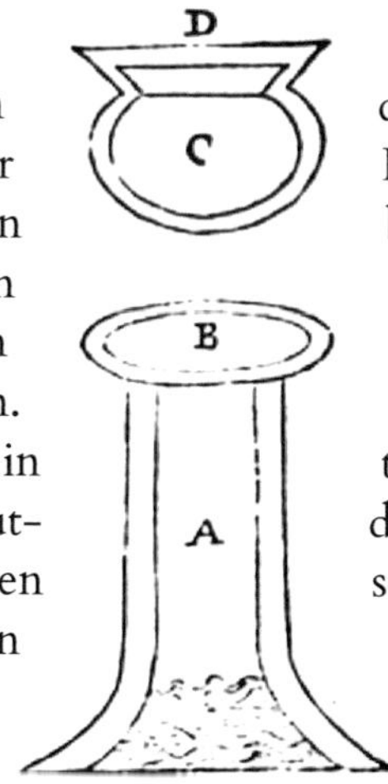

Warum aber bleibt der Geruch mancher Blumen nicht im Wasser erhalten, sondern (wie bei Jasmin, Nelkenblüten und Lilien) das Wasser bleibt geruchlos? Es wurde bereits an anderer Stelle erwähnt, dass dies daran liegt, dass kein dickerer Teil mit einer solchen verdünnten Substanz verbunden ist. Was in diesen Fällen hilft, ist, die Blätter von geruchlosen Kräutern mit dickerer Materie zu vermischen, aber nicht mit verbrannter Materie; der Geruch soll verbunden und dann destilliert werden. Dies ist die einzige Möglichkeit, einen Geruch herauszubekommen, wenn in Wasser eingelegte Gegenstände keinen Geruch abgeben, sondern zerfallen.

Wenn das Feuer zu stark wird, verbrennt es Dinge erdiger Natur, wenn es aber mit der gebotenen Mäßigung eingesetzt wird, intensiviert es sie nur. Deshalb verwenden die Leute in Moskau Wasser, das aus Hafer[36] destilliert wurde, da sie keinen Wein haben, und es ist genauso wärmend und berauschend wie Wein. Da der Hafer von ziemlich dicker Substanz ist, muss er für die Destillation erwärmt werden, wobei er verdünnt und verstärkt wird, und sich der Natur des **Alkohols** annähert. **Hanfblätter**, zu Pulver verarbeitet, ergeben ein angenehm berauschendes Getränk, da sie auf den Kopf wirken. Auf die gleiche Weise werden seine Blätter und Samen gekocht (was auch mit der grüneren Schale der Nuss geschieht). Wenn das Wasser auf die Erde gegossen wird, zieht es Würmer an die Erdoberfläche, sei es, dass es sie durch den Geruch anlockt oder sie vertreibt. Daher wird es von Fischern häufig verwendet. Wenn Hühner denselben Samen fressen, macht er sie im Winter fruchtbar, er heizt und dünnt aus.

Aber ich kehre zu meinem Thema zurück. Man sagt, dass bei den Tataren das aus der Milch destillierte Wasser trunken macht; die Milch muss also ziemlich dickflüssig sein und einige Zeit am Feuer gestanden haben. So wird dieses wässrige Produkt vielleicht aus Stutenmilch hergestellt. Aber warum weiter zweifeln? Jedes Wasser, das oft destilliert wird, kann dieses Ergebnis hervorbringen; es wird warm und verdünnt und erhält die Kraft des Feuers in immer größerem Maße. Daher erreicht destillierter Alkohol häufiger eine solche Schärfe, dass er ungenießbar ist. Daraus geht eindeutig hervor, dass Wein eine feurige Kraft hat und dass durch wiederholte Destillation aus fast allem, selbst aus dem kompaktesten, ein Getränk entstehen kann, das mehr wärmt und berauscht als Wein. Der Grund für das Getränk ist eigentlich, dass es angenehm und stark ist; es erfreut den Geschmackssinn durch seine Annehmlichkeit und den Geruchssinn durch seine

[35] »moschum«. Ein F existiert leider nicht in der Abbildung.

[36] »auena«.

Stärke, und es stärkt den Magen. Alles, was destilliert wird, wird sowohl angenehm als auch wohlriechend; angenehm, weil alles Unangenehme entfernt wurde, wohlriechend wegen der Kraft des Feuers und der Schärfe der Substanz. Gegenstände, die aus verdünnten Teilen bestehen, haben einen stärkeren Geruch; in der Tat ist der Geruch der des Dampfes, und der Dampf hat seine Grundlage in verdünnter Substanz. Das gleiche Prinzip findet sich in Getränken, die ohne Destillation hergestellt werden und dennoch berauschend sind, wie der Met für die Moskowiter. Er wird aus Honig und Hopfensamen hergestellt und in mit Pech versiegelten Gefäßen aufbewahrt – obwohl kaum etwas von den einzelnen Bestandteilen ausreichen würde, um berauschend zu wirken.

Eine andere Methode für ein edleres Getränk, das Strahlen wie rotglühendes Eisen aussendet: vier Teile Zethum, ein Teil Honig, ein mittlerer Teil Myrtensamen. Sie werden zusammen gekocht, und der Schaum wird entfernt, bis er sich nicht mehr bildet. Dann werden sechs Teile Zethum hinzugefügt und vierzig Stunden lang zugedeckt aufbewahrt. In den gewöhnlichen Met wird anstelle des Zethums die gleiche Menge Wasser gegeben; der Rest ist wie bei dem vornehmeren Getränk. Zusätzlich werden jedoch anstelle der Myrtenkörner Hopfensamen hinzugefügt, die separat gekocht werden, wobei am Ende eine nicht unangenehme Bitterkeit zu erkennen ist. Nach einigen Wiederholungen werden der Geruch, die Kraft und die Attraktivität durch das Urteil der Sinne und der Vernunft, der Herrin über sie, beurteilt.

Hopfensamen zusammen mit Gerste oder Winterweizen oder normalem Weizen ergibt Zethum oder Zythum, was die Deutschen **Bier** nennen. Die Methode, die Nicolaus Pollio, der Arzt des Kaisers, aufgeschrieben hat, lautet: Gerste in Wasser einlegen, bis sie zerfällt, dann trocknen, fein reiben und unter einen Mahlstein legen. Andere befeuchten sie nur drei Tage lang in Haufen, und wenn sie zu keimen begonnen hat, streuen sie sie aus und trocknen sie weitere drei Tage lang. Später breiten sie sie auf Leinentüchern aus und rösten sie im Ofen. Unglaublicherweise sagt man, dass sie durch diese Art des Röstens eine angenehme honigartige Süße erhält. Man nehme zwei Teile davon und sieben Teile Wasser; sie werden zusammen gekocht, bis ein Drittel des Wassers verschwunden ist. Dann nimmt man die Hälfte dieses Wassers, fügt einen vierzigsten Teil Hopfensamen hinzu und die gleiche Menge Gerste wie zuvor; das Ganze wird etwa drei oder vier Stunden lang gekocht. Dann nehmen sie den verbleibenden mittleren Teil der Flüssigkeit, seihen ihn ab, mischen ihn mit der vorherigen Flüssigkeit und kochen ihn erneut, bis er auf die Hälfte reduziert ist. Schließlich schütten sie die ausgetretene Flüssigkeit in ein Holzfass und fügen eine mäßige Menge Hefe hinzu. Die Bewohner des Nordens machen Zethum aus Gerste und Winterweizen und normalem Weizen. Ebenso machen die Bewohner des Südens, wenn der Gebrauch von Wein durch gesetzlichen Aberglauben verboten ist, **Zethum aus Reis**, und alle diese Getränke können zu Rauschzuständen führen. Aber der aus Reis hergestellte ist sanfter, nicht weil Reis kälter ist als Gerste, sondern weil dieser Art von Zethum der Hopfen fehlt. Hopfen ist ungemein heiß und trocken, sodass niemandem der Genuss des Getränks versagt bleibt; es gibt in der Tat keinen Ort, an dem Reis nicht wächst. Dieser Reiswein ist viel angenehmer und gesünder als anderer Zethum. Und am wirksamsten ist derjenige, der einen Vorrat an Myrten- oder Hopfensamen enthält. Deshalb haben die Daker und Sarmaten mehr hineingetan. So wird allen Sterblichen Wein gewährt, und dazu noch etwas doppelt Angenehmes: Auch Honig gibt es überall.

Gesünder als jedes Zethum ist das alte **Oxymel**, wenn auch ein wenig teurer. Es bestand aus dreißig Teilen Honig, fünfundzwanzig Teilen Essig, neunzehn Teilen

Wasser, drei Teilen Salz; man fügte Bohnenkraut hinzu, kochte es zehnmal auf, füllte es in ein Gefäß und ließ es in einem Kessel reifen. Manche Leute haben den Wasseranteil erhöht, andere arbeiten ohne Bohnenkraut. Da er wie Wein durch Verdünnung genauso viel Wasser aufnehmen konnte, war er gesünder und kostete weniger.

Die Äthiopier (ich glaube, weil ihre Weine nicht haltbar sind und sie als Christen Wein für die Eucharistie brauchen) befeuchten täglich Rosinen mit Wasser, trocknen sie mäßig und pressen sie aus. Dieses Getränk ist ebenso viel besser wie weniger attraktiv. Ihm fehlen die Kraft und die Nachteile des Weins, und – was das Größte ist – die übermäßige Anziehungskraft, die der **Wein** für das Verderben und die Trunkenheit des Menschen erzeugt. Das macht deutlich, dass die Natur eher Honig als Wein zum Trinken vorgesehen hat; jede Region produziert Honig. Derselbe Honig ergibt einen Wein, denn mit der Zeit entsteht aus einer Zubereitung von Honig und Wasser Wein. Die kältesten Regionen bringen dagegen keinen Traubenwein hervor, und in den heißesten ist er nicht haltbar.

Wein aus den übrigen Früchten sind schwer zu konservieren. Man macht ihn aus Quitten, Granatäpfeln, Birnen, Äpfeln, Pflaumen, Berberitzen, Brombeeren (besonders wilden), Mispeln, Elsbeeren und überhaupt aus allen Früchten, die einen angenehmen Saft haben, gesund sind und sich halten können. Denn Saft, der nicht haltbar ist, kann nicht zu Wein werden, da er nicht geklärt werden kann; daher wird weder aus Kirsche noch aus Pfirsich Wein gemacht. Deshalb fügt man gewöhnlich Ingwer, Pfeffer, Nelken, Zimt, Macir oder Muskatnuss hinzu. Die Säfte, die bis zum richtigen Punkt gekocht werden, bleiben haltbar. Aber während sie eindicken, sind sie kein Getränk, nicht einmal Wein; es handelt sich also um Traubensaft, der zu einem Sirup eingekocht wird. Weißer Wein aus Trauben wird mit dem Alter gelb, weil der wässrige Anteil freigesetzt wird. Aber starker, dunkler Wein, der über viele Jahre hinweg gelagert wird, nimmt den Geruch und den Geschmack von Alkohol an und wird praktisch weiß, wobei er sicherlich weniger Farbe hat als ein goldgelber Wein; der dickere Teil wird abgetrennt, der Rest wird verdünnt. Auf diese Weise wird Alkohol hergestellt. Er wird an kühlen Orten gelagert.

Ich habe siebzig Jahre gelagerten Wein gesehen, der von fünfundzwanzig Krügen auf fünfzehn geschrumpft war und von einer dunklen Farbe schließlich blass geworden war; im Vergleich zu Branntwein je weicher er ist, umso schwächer. Er ist nützlich für schlecht verdaute Säfte und bei kalten und feuchten Krankheiten. Wie ich höre, rühmt sich der Senat von Lübeck damit, dass er Rheinweine zweihundert Jahre lang in Lagerräumen aufbewahren kann. Vor langer Zeit in Falerno, später in Sorrent, danach in Sezza, war der Preis sehr hoch, weil dort vornehme und bemerkenswerte **Weine für viele Jahre gelagert** wurden. Dunkle Weine gehen beim Durchseihen durch Indischen Stein in weiße über und verlieren ihren Geschmack und Geruch. Der dickere und dunklere Teil wird im Stein zurückgehalten, und was durchgeht, wird von seiner hervorragenden Kälte verändert. Indischer Stein soll eine Art Marmor sein.

Es gibt noch **andere angenehme, berauschende Getränke**, wie z.B. Mignol in Senegal[37], das sich ein wenig in Richtung Äquator über die Kanaren hinaus erstreckt. Dieser Saft ist in seiner Substanz und Farbe der Molke von Milch nicht unähnlich, abgesehen davon, dass er zu der aschigen Farbe eines verletzten Baumes neigt.

Ein weiterer bemerkenswerter Saft wird aus der **Kokosnuss** gewonnen (es handelt sich um eine Palmenart). Dieser Baum wächst reichlich in Chimam, einer Provinz

[37] »Mignol apud Senegam«.

an der Küste von Surenum, ist groß, hat die Blätter einer Palme und eine Frucht, die größer ist als der Kopf eines Mannes. Diese Frucht ist von der Schale bis zur Mitte mit Membranen und Fasern bedeckt. Aus dem dickeren Teil werden Seile gewebt, aus dem dünneren Teil Gewänder. In der Mitte befindet sich eine Schale, die der einer Walnuss gleicht, und darunter ein dünner weißer Kern, der in Geschmack, Substanz und Beschaffenheit frischen Mandeln gleicht. Außerdem gibt der Kern, wenn er frisch gequetscht wird, eine Milch ab, die genauso süß ist wie Tiermilch. In der Mitte dieses Kerns befindet sich ein Saft, der an Attraktivität mit keinem anderen Getränk vergleichbar ist. Da die Schale, die den Kern umgibt, glänzt und dunkel und hart ist, werden aus ihr Becher hergestellt, die sehr angenehm zu verwenden sind. Die Italiener nennen diese Frucht die »Indische Nuss«. Sie wird bei uns als ganzes Stück verkauft. Aber da wir die Kokosnuss erwähnt haben, ist es an der Zeit, sie zu besprechen, denn es gibt keinen Baum, der so viele Verwendungsmöglichkeiten bietet. Indien bringt sie hervor, und zwar im Monat August, und in der Zwischenzeit fließt ein glänzender weißer Saft aus, wie es auch bei den Reben üblich ist. Kocht man ihn bis zum dritten Tag, so verwandelt er sich in einen ganz köstlichen Honig. Wird er jedoch weder gekocht noch getrunken, verwandelt er sich in Essig. Und wenn man den Honig vom Wasser befreit, verwandelt er sich im Laufe von zwanzig Tagen in Wein. Aus den Kernen der Frucht wird ein Öl gewonnen. Und sie werden anstelle von Walnüssen oder Mandeln gegessen. Aus der äußeren Schale wird Holzkohle hergestellt, während aus der inneren Rinde Kleidung gesponnen wird, noch zarter als Baumwolle, fast so gut wie Seide. Anstelle von Ziegeln verwenden sie die Blätter zur Bedachung ihrer Häuser. Obwohl alle Palmenarten viele Verwendungszwecke haben, ist die Kokosnuss die bemerkenswerteste. Die Palme hat sehr lange, stachelige und grüne Blätter, die wegen ihrer Länge gekrümmt sind und an der Spitze wie eine Mähne zusammenstehen. Die Rinde ist weich und hat sehr große Schuppen, die übereinander liegen, alle ungleich, wie bei den Fischen, deren Rücken mit Schuppen bedeckt ist. Ich habe einen solchen Baum im Friedenstempel in Genua gesehen, aber er trug keine Früchte. Einige verpflanzte Bäume überleben nicht, wie das Aloe-Gehölz, das aus Indien nach Italien gebracht wurde; einige überleben, tragen aber keine Früchte, wie die Palme in Genua; einige tragen Früchte, aber beeinträchtigte Früchte, wie der Pfeffer bei uns; und einige sind tolerant gegenüber beiden Klimazonen und tragen perfekte Früchte, wie die Weinreben, die aus Spanien nach Indien gebracht wurden. Der oberste Teil des Palmenstammes ist weich, wo sich die Blätter und Zweige in einem erhabenen Grat vereinigen, und wird, wenn man ihn abschneidet, nicht nur gekaut, sondern auch als Leckerbissen betrachtet; aber es fehlt ihm an Geschmack und ist ziemlich bitter. Das gesamte Holz ist fleischig, aber nur an dieser Stelle ist es weich genug, um gegessen zu werden, mehr als bei jedem anderen jungen Baum. Sie ist lange jung, denn wer eine Palme sät, sieht die Früchte kaum, so spät beginnen sie zu tragen. Und diese Pflanze scheint eine Art von Empfindung aufzuweisen: In Data, einer Stadt in Numidien, wo sie reichlich vorkommt, entwickeln sich, wenn ein Zweig einer männlichen blühenden nicht mit Zweigen einer weiblichen vermischt wird, die Früchte verkümmert, übel schmeckend und mit zu großem Stein. Und wenn er keine Unterstützung durch die männlichen Zweige erhält, neigen die Früchte dazu, abzufallen. Werden jedoch seine Asche oder Blätter oder Rinde verstärkt, bringt er Früchte zur Reife. Es ist kein Wunder, dass das, was von ähnlichen Dingen genährt wird, durch sie gestärkt wird. Es ist daher besser, mit Platon zu denken, dass die Pflanzen eine Art von Empfindung besitzen.

Die Triebe der Kokospalme haben den gleichen Geschmack und die gleiche fleischige, weiße, feste Substanz, aber ihr unterer Teil, der mit der Wurzel verbunden ist, ist der einzige Teil, der gekaut wird. Die Zweige, die den Blättern der Palme ähneln, sind ebenfalls weiß, aber holzig und nicht zum Essen geeignet. Der Geschmack ist derselbe wie der des oberen Teils des Palmenstammes, der daher gewöhnlich mit Salz, Pfeffer und Öl gegessen wird. Aber die Triebe unterscheiden sich sehr von der Palme. So wie eine hohe Palme ein Baum ist und Datteln trägt, tragen sie die Früchte wie Weintrauben; die anderen Palmen sind ähnlich. Aber diese Palme ist in einer Eigenschaft überlegen: Sie erregt das sexuelle Verlangen wunderbar und stärker als alle anderen Liebestränke. In der dritten Kochung gibt es viel Abfall und es führt zu viel Blähungen, und ist sehr anregend und verweilt lange im Magen.

Sizilien ist reich an dem Strauch, aus dem auch **Bdellium** gewonnen wird, allerdings dunkel und weniger wirksam, dafür aber mit der Kraft eines angenehmen Geruchs. Die beste Art war einst hoch geschätzt, sodass Moses es in der Genesis zu den besonderen Gegenständen zählte und es mit Gold in Verbindung brachte; entweder nur wegen der Vorzüglichkeit des Saftes oder auch wegen der Nützlichkeit der Pflanze. Offensichtlich war er der Meinung, dass eine so außergewöhnliche Pflanze mit einer Frucht, aus der sich ein erlesener Weihrauch ergießt, in einen Garten der Freuden gehören sollte. Aber es scheint, dass Moses eine andere Art von Pflanze im Sinn hatte, und zwar aus der baktrischen Gegend; denn dort entspringt das Bdellium nicht aus einem Strauch, sondern aus einem Baum, der die Größe eines Ölbaums, das dunkle Blatt einer Eiche und die Frucht einer wilden Feige hat; daher stammt das Bdellium, und nicht aus einem Palmenzweig. Denn das, was Moses preist, ist von hervorragendem Duft, unseres dagegen riecht schlecht, noch weniger kann es zum Weihrauch gerechnet werden.

Aber Palmensprossen kommen an trockenen Zweigen vor, und ebenso einige andere Kräuter mit ziemlich fetten Blättern, wie die Aloe und der Lauch, und die Kokospalme mit einem ziemlich großen Blatt, das aber nicht so fett ist wie das der Aloe, aber auf der Rückseite bemerkenswert stachelig, obwohl die Stacheln klein sind. Da also fette Pflanzen viel Feuchtigkeit enthalten, so rufen die stacheligen Gemüse (wie alle Arten von Disteln) Urin hervor, weil feurige Feuchtigkeit in ihnen reichlich vorhanden sein muss. Aber da die Aloe sehr bitter ist, warum hat sie dann sehr fette Blätter? Sie ist dem Lauch sehr ähnlich, aber schwärzlich und von der Größe einer Elle, wie ich oft gesehen habe. Der Grund ist, dass, da sie an der Spitze der Blätter stachelig ist, in dieser übermäßigen Feuchtigkeit viel Hitze und Trockenheit sein muss, um die Stacheln bilden zu können; da sie also im Vergleich zur Größe der Blätter wenig vorstehen, muss die Feuchtigkeit im Inneren ausgebrannt und der Saft sehr bitter gemacht werden.

Aber ich kehre zu den Bäumen zurück, vor allem zu den seltenen, aus denen das **Guajak**, das so genannte »heilige Holz«[38] gewonnen wird. Dies Holz wird von den westindischen Inseln importiert, von wo sich auch die Syphilis eingeschlichen hat. Und da wir bereits acht Bücher über die Natur dieser Krankheit veröffentlicht haben, habe ich mich entschlossen, die Form des Baumes hier zu beschreiben. Er wird in Spanien und auf den nahegelegenen Inseln der Neuen Welt angebaut, ist etwas kleiner als ein Walnussbaum, hat eine fleckige, abwechselnd grüne und aschige Rinde und ein Blatt, das kleiner und grüner ist als das einer Walderdbeere. Die Blüte ist glänzend weiß, die Frucht safrangelb, ihre Form und Größe ähnelt zwei miteinander verbundenen Wildlupinen. Der

[38] » lignum sanctum«.

Baum ist so weit verbreitet, dass man überall Haine sieht, wie bei uns Eichenwälder. Wir gewinnen aus ihm (und nicht nur aus ihm, sondern auch aus anderen Bäumen) einen Saft, der teurer ist als das eigentliche Holz, und zwar auf folgende Weise: Das Holz wird in fingerdicke Scheiben geschnitten und diese dem Feuer ausgesetzt, dann wird der im Holz befindliche Saft aufgefangen.

Es gibt zwei **Arten von Saft**: den flüssigen und den trockenen; und auch den rohen, wie den der Kirsche und der Pflaume, und den fetten, wie den aller Kiefern (er brennt). Warum die letzteren brennen und die ersteren nicht, wurde bereits erklärt. Aber es ist noch nicht erklärt worden, warum die letzteren flüssig werden und die anderen trocken bleiben. Sie verflüssigen sich, weil sie wenig Erde enthalten; die Ränder, die am meisten Erde enthalten, verflüssigen sich nicht. Der Saft von Kiefern ist also zusammengesetzter und besser zum Reifen geeignet. Aber er ist nicht heißer, denn der Saft von Wolfsmilch ist der heißeste, obwohl er von der milchigen Art ist und nicht wie die Tränen des Holzes.

Wolfsmilch ist die Milch einer dornigen Pflanze, aber eine nicht besonders glänzend weiße, und weil sie mit der Zeit austrocknet, wie der Saft des Mastixbaums, vergilbt sie auch die Zähne, was ein Zeichen ihres Alters ist. Ähnlich verhält es sich mit der Barbarawurzel[39] wenn sie geerntet wird: Der Saft ist scharf, auch deshalb, weil alle so genannte Milch entweder von der Fäulnis oder der Kälte oder der Trockenheit der Pflanzen herrührt. Da dieser Saft aber nicht gerade glänzend weiß, sondern gelblich ist, entsteht er nicht durch Kälte. Wir werden später deutlich machen, dass jede stachelige Pflanze übermäßig trocken ist; so ist auch die Wolfsmilch übermäßig trocken. Aber sie ist sehr heiß, und aus diesem Grund kann sie, wenn sie einen Tag lang auf nackte Knochen gelegt wird, die Oberfläche von ihnen entfernen, so stark ist ihre Kraft. Auf dieselbe Weise zersetzt diese Milch Zähne.

Aber du wirst sagen: Da es nur vier feuchte Dinge in Gemischen gibt, welcher Art wird der Saft zugeordnet? Der Saft ist bei den Bäumen das, was der Schleimsaft bei den Kräutern ist. Letzterer ist bei den Pflanzen kaum vorhanden, während der Saft bei den Kräutern ungewöhnlich ist. Der Schleimsaft ist im Verhältnis zum Fett des Öls unvollkommen, der Saft aber hat fettige Feuchtigkeit, gemischt mit Wässrigkeit und Erdigkeit. In jedem Saft ist also Öl enthalten, und er lässt sich daher leicht extrahieren. Säfte sind trocken, wie Styrax und Griechisches Pech und Pech für Schiffe. Diese werden aus Kiefernscheiben gewonnen, die in einen Ofen gelegt werden, um einige Zeit zu brennen; das sogenannte Schiffspech destilliert schwarz und klar, es nimmt Öl auf und wird dadurch gereinigt. Der Pflanzensaft wird durch das Öl gereinigt, das Öl durch Kleie. Behälter, die mit Pech beschichtet sind, saugen Öl auf, wenn es in sie hineingegeben wird, und zwar aufgrund ihrer Trockenheit in Verbindung mit Verdünnung. Denn alles Gummi[40] ist ja fett, und von einer wässrigen Substanz ist auch alles durchsichtig, selbst dort, wo es reichlich vorhanden ist.

Wenn man Lichter hinter dünne Lärchenbretter stellt, beginnen sie zu glühen, so sehr, dass sie ganz in Flammen zu stehen scheinen. Lärchenholz ist in der Tat rötlich und durchscheinend; das machte es den Barbaren und Menschen vor langer Zeit leicht, das gemeine Volk mit diesen Tricks zu beeindrucken; jetzt genügt es, sie als Bühnenbild zu verwenden.

Griechisches Pech wird aus dem Saft der Fichte und dem so genannten Kolophonium hergestellt, das für Plektren[41] geeignet ist. Der Saft der Kiefer ist im Rohzustand Kolophonium und nach dem Erhitzen griechisches Pech; das, was beim Erhitzen in den

[39] »barbara radix«.

[40] »gummi«.

[41] »vocant colophoniam, apta plectris«.

Öfen aus dem Holz ausgeschwitzt wird, ist Pech für Schiffe. Bleibt nur noch zu erklären, warum alles Fett eine durchscheinende Feuchtigkeit ist. Es ist so, weil in ihm die himmlische Hitze gedeiht, und von ihr kommt das Zusammenbrauen. Die himmlische Hitze bringt Klarheit, wie sie von der Sonne, dem Mond, den Sternen und ihrer Beleuchtung ausgeht. Wenn also viel Erde beigemischt ist, glänzt es; wenn wenig, glänzt und leuchtet es und ist durchscheinend.

Aber genug von diesen Themen; zurück zu unserem Plan. Es gibt eine Frucht, deren hohlen Stiel man in jenen Gegenden **Cassia** nennt; sie hat eine glatte Schote, rostfarben oder schwarz, von der Größe eines Daumens, manchmal länger als eine Elle, schräg gestellt, mit einem sehr süßen, aber unangenehmen Saft, kleine Steine wie Lupinen, aber viel härter; der Stamm hoch, mit dem Blatt eines Nussbaums, aber schmaler und dünner; die Blüte gelbbraun, dem Ginster sehr ähnlich, kälteunverträglich, sehr feuchtigkeitsbedürftig, sodass sie ihre Wurzeln bis in das darunter liegende Wasser ausstreckt. Dies verhindert ihre Entstehung in unseren Gegenden, denn die Unbeständigkeit des Wetters behindert sie von Anfang an, und während sie wächst, fehlt ihr die Feuchtigkeit; in unseren Gegenden liegt die Nässe ziemlich tief.

Und die Kräfte der Bäume sind auch aus dem Schatten bewundernswert: Sie sind tödlich, denn sie sind giftig, Walnuss, Wolfsmilch, die ausgewachsene Feige, der indische Götterbaum, Eisenhut, Eibe, Oleander. Diese Bäume, die in unserem Land häufig sind, tragen eine Frucht, die der schwarzen Kastanie und nicht der Mandel ähnelt; der Stiel ist voller Äste. Dioskurides hat dies übersehen und sich über die Frucht getäuscht, sodass ich den Baum, den wir haben, nicht als Oleander, sondern wegen der Ähnlichkeit der Frucht als **dunkle Cassia** ansehen würde. Er wird jedoch nicht als Cassia akzeptiert, aber da er mit seinem Blatt und seiner Blüte für Lasttiere, Schafe, Ziegen und Schweine tödlich ist, möchte ich die Meinung derer hören, die so neugierig auf Details sind. Für den Menschen ist er schädlich, wenn auch nicht tödlich.

Wohltuende Früchte sind der Lotus, die Buche und das indische Hobium. Einige sind wegen ihres Duftes von Nutzen, wie die Rose, die Myrte, die Narde, die Zitrone, der Wacholder, ebenso wie der Buchsbaum schadet. Und mit diesen konkurriert der **Brasilium** wegen die Vielfalt seiner Farben, manche nennen ihn Verzinum. Die Provinz Brasilia ist so benannt nach den Hainen, die aus diesem Holz bestehen, der Baum ist nicht so groß wie Enzina, sondern dünner und mehr schräg gestellt. Die Blätter ähneln denen der Eiche, sind aber nicht rau. Die Rinde fällt durch die Trockenheit eher von selbst vom Baum ab. Aber da wir erwähnten, dass er der Enzina ähnelt: Die Enzina ist eine Art von Eiche in Spanien, kleiner und nicht so gerade; ihre Eicheln werden wegen ihrer Süße gegessen. Mit dem Alter wächst Brasilium besser und wird röter und unterscheidet sich dadurch von dem unechten Brasilium. Er ist leicht, süßlich und hat einen adstringierenden Geschmack. Es hat eine bemerkenswerte Kraft zum Färben und zum Schreiben, und diese rote Tinte wird auf viele Arten zubereitet. Manche Leute geben den mit einem Glas abgeschabten Staub in eine starke, noch kochende Lauge. Ein Achtel Holz ist genug, mit einem mäßigen Zusatz von Alaun unter die heiße Asche, und es wird eine Stunde lang gekocht, und sofort in Gebrauch genommen, und kein Gummi Arabicum[42] ist erforderlich. Ich habe die Gewohnheit, es auf eine andere Weise zu machen: Ich schneide das Holz in sehr dünne Streifen und lege sie in zehnmal so viel Wasser nach Gewicht, und lasse es mindestens sechs Stunden lang einweichen. Dann koche

[42] »lachryma Arabica«.

ich das Wasser, bis drei Viertel verschwunden sind, und die Farbe wird rötlich und glänzend. Wenn man es etwas länger kocht, wird es blutrot, wenn noch länger, blau. Nach beiden Methoden zubereitet, ist die Farbe nicht lange haltbar, wenn sie nicht sofort verwendet wird. Es ist charakteristisch für alle Farben, die aus Pflanzenteilen entstehen, dass sie sich mit der Zeit verändern und überhaupt nicht rein sind, weil die Materie der Pflanzen schwach und voller Feuchtigkeit ist. So werden aus ein und derselben Pflanze alle indischen Farben[43] durch mehr oder weniger langes Erhitzen gewonnen.

Eine sicherere und lebhaftere rote Farbe ist die aus **Zinnober.** Sie wird in Wasser aufgelöst, das mit arabischem Saft gefärbt ist, oder in Eiweiß, das nach langem Schütteln das Aussehen von Wasser annimmt. Darin liegt aber auch der Nachteil: wenn man viel Feuchtigkeit hineinmischt, wird die Farbe beim Absetzen des Zinnobers verdünnt; wenn man nur wenig hineinmischt, wird sie sehr schnell wieder entfernt, weil Zinnober zu trocken ist.

In der Liste der **Baumarten, die sich durch die Vielfalt ihrer Farben** auszeichnen, steht an erster Stelle die Ulme, gefolgt von der Olive. Deshalb sind die Gefäße und Bretter, die aus diesen Bäumen stammen, nicht nur wegen ihrer Farbe, sondern auch wegen ihres leuchtenden Aussehens am attraktivsten im Gebrauch. Der Grund für die Vielfalt der Farben ist die Vielfalt der Hitze, und der Anteil des Öls. Wie bei der Kleidung, so verändert auch in diesen Fällen das Öl die ursprünglichen Farben und verdirbt sie. Was aber bei den Kleidern als Makel bezeichnet wird, ist bei diesen eine willkommene Abwechslung, weil sie mit Glanz verbunden sind.

Die höchste Wertschätzung würde der **Birke** zuteil werden, wenn sie bei uns so verbreitet wäre wie bei den Geten und den Sarmaten. Auf ihr Wurzelholz werden Bilder von Pflanzen, Vögeln, Vierbeinern gemalt. Der Baum selbst liegt sozusagen in der Mitte zwischen der Pappel und der Kiefer und trägt kleine Ranken wie Haselnüsse und eine Frucht, aus der sie Brot machen. Unter der Rinde befindet sich eine angenehme Flüssigkeit, die den Durst löscht. Häuser werden mit der Rinde gedeckt. Die Ruten dieses Baumes sind so widerstandsfähig, dass die römischen Liktoren sie zum Auspeitschen benutzten. Das eigentliche Holz bricht nicht leicht, sodass es als Material für Schilde verwendet wird. Es ist auffallend weiß und ein Holz, das sich in sehr dünne Stücke spalten lässt. Die Landbevölkerung verwendet die Zweige zum Binden von Dingen, da die Substanz so flexibel ist. Sie gedeiht an den kältesten Orten und ist gastfreundlich für Schlangen, von denen man oft eine große Menge in den Wurzeln finden kann. Der Saft einer Zitrone lenkt die Aufmerksamkeit auf ihre Farbe, indem er sie in den Schalen abwechselnd verändert; während er die frühere Farbe verdirbt, soll er durch die Beibehaltung des Glanzes die Farbe abwechslungsreich und nicht fleckig machen.

Und die Wurzeln des Indischen Schilfes sind von vielfältiger Farbe und von angenehmem Glanz. Und bei all diesen Merkmalen sind es die Bäume, die auf den Bergen wachsen, die eher auffallen als die in niedrigeren Lagen.

Das Holz der **Eibe** wird zu den schönen Hölzern gezählt, aus denen Bögen gemacht werden. Es hat eine helle, rosige Farbe. Aber der schönste von allen ist der Stamm der **Esche**; er wird in dünne Stücke geschnitten, daraus werden Bretter und Tische von hohem Wert gemacht. Er hat eine eigene Schönheit, die in der feinen Verschiedenheit seiner Maserung besteht, und wenn Leinsamenöl darauf gestrichen wird, werden die Linien der Maserung so sehr verstärkt, dass sie golden aussehen. Die Linien absorbieren das Öl aufgrund ihrer Hitze und Verdün-

[43] »Indi colores«.

nung und der feinen Substanz des Öls. Durch diese Absorption wird ein Glanz und eine Farbe hinzugefügt, die nicht vorübergehend, sondern dauerhaft sind; jedes Öl glänzt, wie ich gesagt habe, aber dieses besonders, sodass es auch andere Hölzer schöner macht.

Die Esche stammt aus Deutschland, die Eibe aus Madeira[44], einer Insel im Westen. Aber während diese Bäume sehr schönes Holz liefern, ist der schönste Baum die **Platane.** Einst erwarb sie sich die Zuneigung von Xerxes, dem König der Könige. Zunächst bewunderte er sie. Dann verliebte er sich so sehr in sie, dass er auf seiner Expedition einen ganzen Tag unter ihr verbrachte; dann reiste er ab und hinterließ Wachen und Geschenke für seine Geliebte. Er hängte sogar Armbänder, Kränze, Mäntel und andere edle Schmuckstücke an seine Zweige, um seine Liebe zu bezeugen. Vielleicht werden Sie sich fragen, woher diese Schönheit bei Pflanzen kommt. Man ist sich einig, dass sie von einem dichten und immergrünen Grün, von starken, sich ausbreitenden Ästen, von gesundem und reichlichem Schatten, von einem runden, dicken und festen Stamm mit tiefen Wurzeln, die ständig von einer klaren Quelle bewässert werden, von einem blühenden Aussehen des Grüns und von Winden, die den Baum emsig schütteln, herrührt. Dies sind, so sage ich, die Merkmale, die einen großen König dazu bringen könnten, ihn zu lieben.

Daher gebührt dem **Lotosbaum**[45] der zweite Ehrenplatz für Schönheit. Er ist in Italien nicht so verbreitet, kommt aber dort vor, in dem berühmten Mutterland aller guten und schlechten Dinge gleichermaßen. Der Lotus ist ein hoher, ausladender Baum mit einer glatten, blauen Rinde und der Frucht eines kleinen Kirschbaums, die süß und wohlriechend ist. Der Baum hat eine so große Anziehungskraft, dass sie sogar bis zu seinem Namen reicht; es gibt ein gleichnamiges Kraut, von dem die Dichter erzählen, dass diejenigen, die es gegessen haben, von einem solchen Entzücken ergriffen werden, dass sie den Ort, an dem es reichlich wächst, nicht mehr verlassen können. Aber dies ist kein Ort für Märchen; es soll ein ernsthafter Bericht gegeben werden.

Wir haben also gesagt, **dass Pflanzen alle Farben erhalten, aber nicht alle Geschmacksrichtungen**, es wird angenommen, dass ihnen die salzige fehlt. Sie haben die anderen: bitter, süß, scharf, sauer. Bitter sind Enzian, Aloe, Santonicum (eine Art des Wermuts). Süß sind Süßholz, Zucker, Polypodium. Scharf sind Pfefferkraut, Pfeffer, Kapuzinerkresse, Knoblauch, Zwiebeln. Sauer sind z.B. wilder Sauerampfer, Spitzampfer[46]. Geschmacklos sind Rüben, Malven, Beete. Aber Theophrast meint, dass keine Pflanze salzig schmeckt, obwohl Moos salzig ist, aber nicht sehr. Er sagt, der Grund dafür sei, dass die Nahrung der Pflanzen in keiner Weise salzig sein kann. Da es viele salzhaltige Erden gibt und die Kräuter, die am Meer wachsen, nicht salzig sind, kann man nicht annehmen, dass der Grund dafür der Mangel an salzhaltiger Nahrung ist.

Wir sagen also, dass eine Reihe von Pflanzen salzig sind, aber nicht so viele wie bittere oder süße, und auch nicht so offensichtlich. Da der salzige Geschmack der einzige ist, der korrodiert, die Pflanzen aber ihre Abfallstoffe langsam ausscheiden, ist es kaum möglich, dass eine Pflanze besonders salzig ist; sie ist nämlich feucht, und feuchte Dinge korrodieren einen salzigen, wie wir auch bei den Tieren gesehen haben, die nur von einer Feuchtigkeit, der diesen Geschmack bevorzugt, korrodiert und aufgefressen werden. Da einige Pflanzen (z. B. Bitterorangen, Zitronen, Orangen) salzige Erde nicht gut vertragen, so vertrocknen sie, wenn man sie nicht häufig gießt, auf der Stelle. Wo die Salzigkeit sich nicht mäßigt, tötet sie die Pflanze

[44] »Medera«.

[45] »lotos arbor«.

[46] »Oxylapathum«.

sofort ab. Da außerdem alle Geschmäcker außer dem salzigen in verdünnter Substanz existieren können, wird eine Pflanze, die nur verdünnte Nährstoffe anzieht, auch alle Geschmäcker außer dem salzigen anziehen können. Auch hier ist das Salzige der schwächste der Geschmäcker; man braucht viel Salz, um Wasser salzig zu machen. Da also das Salzige wenig nährt und nur schwer angezogen wird, weil es dickflüssig ist und viel Schaden anrichtet und wenig auf den Geschmackssinn einwirkt, muss es wenig salzige Pflanzen geben, und die, die so sind, erscheinen nur wenig salzig. Das Indische Meer aber nährt ein salziges Kraut, das **Sargassum**[47] genannt wird, das immer auf seiner Oberfläche schwimmt und so reichlich vorhanden ist, dass es blumigen Wiesen ähnelt; es ist teils grün, teils gelb und wird nicht durch Salzigkeit, sondern (wie ich sagte) durch fettige Feuchtigkeit genährt, die mit Salz verbunden ist. Auch unser eigenes Meer trägt eine sehr weiche Art von Kraut, die **Alge** genannt wird, die sich auf derselben Grundlage von Fettigkeit ernährt und die Salzigkeit zurücklässt, sodass sie im Frühling sprießt und im Sommer gedeiht und im Winter abstirbt. Da sie sich von Fettigkeit ernährt, eignet sie sich auch gut für den Transport von Krügen, sodass die Venezianer Glasgefäße zu uns transportieren, die darin verpackt sind. Auch **Coralina**, eine Art Meeresmoos, ist ausgesprochen salzig, aber nur an der äußeren Oberfläche; so bleibt nach dem Kauen am Ende nur der adstringierende Geschmack übrig. Es ist ein Kraut mit einem dünnen Stängel und winzigen Blättern; das beste ist scharlachrot oder violett und glänzend. Es bietet großen Schutz gegen Würmer, besonders wenn es mit Milch eingenommen wird. Und so bleibt der salzige Geschmack nur an ihm haften, anstatt darin zu sein.

Aber woher kommen die **Pflanzen im Wasser**? Aristoteles sagt mit Recht, dass, wenn das Wasser ruht, der oberste Teil durch die Hitze der Luft verdorben wird und verrottet und auf diese Weise Leben erhält. Weil aber das Wasser in Bewegung ist, entsteht ein Kraut ohne Blätter und Wurzel. Der Beweis dafür, dass normale Kräuter aufgrund der Stille entstehen, ist, dass in Flüssen das Wasser die ganze Zeit fließt und kein Kraut entsteht. Wenn ihr also ein Kraut im Wasser wachsen seht, dann zeigt euch das, dass das Wasser ruht und sich zersetzt. Um fortzufahren: Weil ein blattloses Kraut nicht auf dem Wasser existieren kann, und wir sagten, dass dieses Kraut keine Blätter hat, wird die Pflanze selbst wie gesäte Blätter sein. Das Fehlen von Blättern weist darauf hin, dass es sich um Kräuter handelt, die auf dem Wasser entstehen. Binsen haben kein Laub, obwohl sie nicht auf dem Wasser wachsen, sondern an den Kanälen und Ufern von Wasserläufen. Die Wellen würden sie dazu zwingen, Laub oder Blätter abzuwerfen, wenn es welche gäbe. Auf einer ähnlichen Grundlage sind sie biegsam, wie Dante in seiner *Göttlichen Komödie* elegant erklärt, und das gilt auch für alle anderen Pflanzen, die den Wellen im Wasser ausgesetzt sind, wie z. B. Schilf. Sie würden von den Wellen gebrochen oder abgetötet werden, wenn sie nicht biegsam wären.

Für jede Art von Schilf und **Bambus** ist es wichtig, hohl zu sein; ein dickes Ding kann sich nicht biegen, wenn es nicht hohl ist. Aber stellen Sie sich dicke, feste und doch biegsame Bambusrohre vor: Werden sie sich durch ihr eigenes Gewicht von selbst verdrehen? Damit sie gerade sein können, werden sie groß, leer und hart gemacht. Die eleganten Gehstöcke der älteren Menschen werden aus ihnen und aus Holzstäben hergestellt. Aber einige indische Bambusse scheinen astfrei zu sein, möglicherweise eine andere Art, auf jeden Fall hohl und sehr leicht. Dort wachsen sie zu einer unglaublichen Größe heran, sie sind mittelweich, wenn sie leben,

[47] »salgazum«.

hart, wenn sie trocknen. Sie ernähren sich von fettiger, nicht salziger Feuchtigkeit. Deshalb ist der indische Boden als sehr fetthaltig und wenig salzig anzusehen, denn dort wachsen Bäume zu enormer Größe heran. Man sagt sogar, dass man dort einen Baum gefunden hat, der zur Art der **Ceiba** gehört (das ist die Art des größten Baumes von allen), der zwischen den übrigen Bäumen in drei Stämme geteilt war, und jeder seiner Stämme hatte einen Umfang von zwanzig Fuß. Die Lücken zwischen den Stämmen in Bodennähe betrugen ebenso viele Fuß, und durch die Lücken konnte ein beladener Wagen leicht hindurchfahren. Aber dort, wo sich die Stämme zu einem einzigen vereinigten, etwa fünfzehn Fuß über dem Boden, betrug die Dicke des Baumes fünfundvierzig Fuß. Von der Unterseite des dickeren Stammes bis zu dem Punkt, an dem die ersten Äste abgingen, waren es achtzig Fuß. Es gab keine Möglichkeit, den oberen Teil zu messen, von dem die Äste herabhingen. Die Ursache für diese enorme Höhe war der günstige Boden, das robuste Klima und die Beschaffenheit des Baumes; sein Holz ist sehr leicht, hat einen mäßigen Anteil an Erde und eine eher dünne Beschaffenheit und ist sehr feucht.

In der Regel werden **große Bäume** von tieferen Wurzeln gestützt, sodass die Wurzel dort, wo die Gegend trocken ist, bis zu drei oder sogar vier Ellen tief reicht. Und Bäume, die aus festerem Material bestehen, können nicht groß werden, wie es auf der Insel Hispaniola der Neuen Welt der Fall ist. In den dortigen Bergen, wo die Bäume keine Wurzeln bis zum Erdboden schicken, sind die Menschen tückisch und unzuverlässig, weil entweder die übermäßige Trockenheit oder der ständige Wechsel der Winde den Charakter der Sterblichen wandelbar und unverantwortlich und daher tückisch und unzuverlässig macht. Die Menschen folgen im Allgemeinen der Natur ihres Klimas. Bäume, die keine tiefen Wurzeln schlagen können, weil der Boden trocken ist, können nicht lange überleben. Die Natur der Bäume verlängert sich in der Tat bis zu einem ungeheuren Alter. Josephus berichtet, dass eine Eiche Abrahams zu seiner Zeit noch stand; der Zeitraum zwischen der Zerstörung Jerusalems und Abrahams Traum beträgt genau zweitausend Jahre. Nach der Eiche kommen die Palme, die Platane, die Buche, der Olivenbaum, die Kiefer, die Ulme. Theophrast sieht das anders; aber die Fakten sind glaubwürdiger als die Launen der Griechen. Die Größe der Bäume und die Ausbreitung ihrer Wurzeln zeigen, dass sie ein hohes Alter erreichen. Die Ursache für ein längeres Leben ist die Fruchtarmut und (um es so auszudrücken) die Unfruchtbarkeit, u und dann die feste Substanz des Holzes. So bleibt Eichenholz unter Wasser unbegrenzt intakt und wird lediglich schwarz. Da es fest ist, wird es durch Wasser nicht beschädigt und kann auch nicht leicht zerstört werden, solange es lebt.

Der Baum, der die Früchte des Paradieses trägt, hat dagegen ein sehr kurzes Leben; der Stamm verdorrt im zweiten Jahr; er trägt Früchte in Trauben wie die Trauben des Weins, aber so groß wie ein Apfel, und manchmal sind es hundert in einer Traube, sodass sie die Größe einer Truhe erreicht.[48] Sie ist von einer gelben Hülle umschlossen, und wenn diese entfernt wird, liegt darunter eine sehr süße und angenehme Frucht. Sie trägt ein Blatt, das so lang ist, dass es einem stehenden Mann entspricht, und auch ziemlich breit ist. So wird er durch die zahlreichen Früchte und die großen Blätter erschöpft. Daher gibt es fast keine Bäume mit großen Blättern von beträchtlichem Alter, sondern man findet sie an Kräutern, Kohl, Sauerampfer, Kürbis. Und diesem letzten, dem Kürbis, hilft die Größe nicht, denn er stirbt im selben Jahr seiner Geburt; große Blätter brauchen reichlich Feuchtigkeit; da diese reichlich

[48] Es sind offenbar Bananen gemeint.

vorhanden, aber nicht fett ist, führt sie schnell zum Tod. Deshalb leben die wilden Pflanzen länger als die kultivierten, und die auf der Erde geborenen länger als die im Wasser geborenen. Diese Ursachen machen den Lorbeer mit seinem schwammigen Holz, den Granatapfel, auch die Feige und die Früchte, die sie trägt, kurzlebig; sie alle tragen zu viele Früchte für die Größe des Baumes.

Unter den fruchttragenden Bäumen möchte ich die **Weinrebe** nicht unerwähnt lassen, die manchmal dreimal im Jahr Früchte trägt, sodass man sie »trifera« nennt, die letzte Traube wird aber nicht reif. Von der Feige ist bekannt, dass sie im selben Jahr zweimal Früchte trägt, die erste spärlicher und größer, die zweite dichter und entsprechend kleiner. Es ist offensichtlich, dass außer der Feige jeder Baum so oft blüht, wie er Früchte trägt.

Es gibt auch Bäume wie den Efeu, der sich an andere Bäume klammert, und andere wie die **Mistel**, die auf anderen Bäumen wächst. Wenn ihr Samen von einer Elster oder einer Drossel gefressen wird, wird er nicht verdaut, aber wenn er auf den Baum fällt, vermischt mit Dung, Hitze und Feuchtigkeit, bildet er Wurzeln. Der Baum hat drei Vorteile: Da er mehr Dung hat, kann keine große Menge in der Erde gesammelt werden; dank der Äste, die ihn bedecken, wird er nicht so leicht durch Regen oder Sonne beschädigt; und er wird nicht durch die Feuchtigkeit des Bodens ausgedünnt. So ist er ausgesprochen kompakt, weil er nicht in den Mägen der Vögel zusammengebraut wird, und braucht wenig Feuchtigkeit und viel Hitze. Es wächst am besten auf Tanne, Eiche und Kiefer; es ist immergrün, auch auf Laubbäumen, es scheint tatsächlich eine familienbegründende Kraft zu haben. Aristoteles berichtet, dass das Kraut **Linozostis** sehr stachelig war, um auf dieser Grundlage ein anderes aus sich selbst zu gebären. Denn da es im Wasser stand und stachelig war, pflegte es zwischen seinen Stacheln viel Feuchtigkeit zu sammeln, die mit der Zeit durch die Hitze verfaulte und eine andere Art von Kraut hervorbrachte.

Es ist also klar, wie und warum eine Pflanze aus einer anderen Pflanze entsteht. Zu hinterfragen ist, ob das, was wächst, immer dasselbe ist; es scheint nämlich, dass ein Kraut, das auf einem anderen wächst, auf bestimmte Arten beschränkt ist. Nicht jede Pflanze kann so wachsen; meistens ist es die gleiche, nicht immer. Und alle Pflanzen, die auf anderen wachsen, scheinen etwas von bemerkenswerterer Natur zu besitzen und sich in ihren Kräften zu übertreffen. Die Natur macht regelmäßig Dinge, die von anderen abhängen, bemerkenswerter: Der Endpunkt hat eine Grundlage, die in einem anderen und aus einem anderen entsteht. Dinge, die schnell absterben (wie Klee, obwohl er Wasser und Tau enthält), erzeugen nichts anderes. Übrigens ist es ein allgemeines Merkmal, dass Pflanzen auf allen Bäumen wachsen, wenn deren Rinde klafft oder rissig wird oder durch Alterung versagt, oder wenn sich auf irgendeine Weise Saft oder Wasser wegen einer ebenen Fläche zusammen mit Erde sammelt. Ich sage Saft, weil sie sich sehr oft von der eigenen Feuchtigkeit der Pflanze ernähren, wie es beim Efeu der Fall ist. Daher die Bemerkung, dass kriechender Efeu die Kräfte des Baumes abtötet, scherzhaft gesagt dass also eine Pflanze, die an ihrer Mutter hängt, sie zerstört.

Die Herkunft bestimmt also die Art der Pflanzen in fester Weise, aber nicht immer und nicht genau. Die **Zypresse** ist ein sehr großer Baum, und doch ist sie auf Kreta entstanden, entweder spontan oder aus einem winzigen Samen. Sie könnte daher als ein dreifaches Wunder erscheinen, wenn wir nicht vorher erklärt hätten, dass dasselbe in den Pflanzen sowohl spontan als auch aus dem Samen entsteht. Aber ich weiß wirklich nicht, was bemerkenswerter sein könnte, als dass ein so großer Baum aus einem Samen oder ohne Samen geboren wird. Er ist ein äußerst trockener Baum, mit sehr fettiger und stark gebundener Feuchtigkeit; daher verabscheut er Mist und Dung und trocknet an Gewässern aus. Sein Holz ist wohlriechend und verliert den Geruch auch im Alter nicht. Es wird weder von Holzwürmern angefressen noch anderweitig verdorben. Wenn seine Blätter auf der Kleidung zerrieben oder mit Getreidekörnern vermischt werden, kann dies außerdem alle Schäden durch Motten und Kakerlaken verhindern. Es ist erstaunlich, dass sein Samen von Ameisen geliebt wird. Dieses Holz sondert auch einen Saft ab, und zwar, wie nicht anders zu erwarten, einen ätzenden.

Die Prinzipien der Pflanzen verändern also nicht ihre Art, sondern vergrößern oder verkleinern ihre Größe, Form und Kräfte. Pflanzen haben zwei Prinzipien: den Standort und den Boden. Und deshalb wachsen verschiedene an verschiedenen Orten oder in verschiedenen Böden. So wie vor langer Zeit dort, wo die Bewohner von Ambrysus in Phocis sind, eine Beere wuchs, mit der noch heute unser Purpur gefärbt wird. Es ist ein Strauch (wie Pausanias, ein überaus glaubwürdiger Mann, berichtet) wie eine Binsenpflanze, aber mit weicheren und dunkleren Blättern. Die Frucht ist wie die der Nachtschattengewächse und hat die Größe einer Wicke. Wenn sie zu früh reif ist, wird aus ihr ein mückenähnliches, aber kleineres Wesen geboren, das davonfliegt. Daher wird sie normalerweise geerntet, bevor das Wesen ausbricht. Auf einer ähnlichen Grundlage wächst die Berberitze in den Ebenen Frankreichs, vor allem in der Provinz Lyon, und der Buchsbaum in den Bergen. Frankreich, wie man gewöhnlich sagt, vor allem dieser Teil, ist felsig und windig und aggressiv. Der Buchsbaum gedeiht also auf steinigem Boden, in einem leicht kühlen Klima und freut sich über Winde. Die Seekiefer wächst normalerweise in den kälteren Tälern und Bergen. Auf der Insel St. Thomas, die unter dem Äquatorialkreis liegt, verwandelt sich der Mais aufgrund der Bodenbeschaffenheit und des Klimas in ein Kraut und frustriert die Bauern. Dasselbe geschieht in unseren Gegenden, da die Niederschläge zu stark sind. Und auf der gleichen Grundlage verwandeln die Reben die Trauben in Weinranken wegen der übermäßigen Regenfälle. Und da sich der Himmel nicht ändert, kann sich nur der Boden verändern. Dies geschieht, wenn die Felder mit einer bestimmten Asche, mit ausgehobener Erde oder mit Dung fett werden. Alle Flüsse nähren besondere Kräuter oder Bäume; ebenso sind Fäulnisstoffe oder Asche aufeinander abgestimmt. In der Regel aber erfreuen sich alle Pflanzen an ihren eigenen Bestandteilen, da sie bei der Verwesung der Materie etwas von ihrer früheren Natur bewahren und daher dieselbe bleiben. Aber Verwandlung und Ernährung sind besser und leichter aus Gleichem.

Die Kirsche genießt diese Ähnlichkeit am meisten. Und dieser Zusammenhang gilt nicht nur für Pflanzen, sondern auch für die meisten Tiere, die aus fauligem Material entstanden sind. So behält die Asche von Würmern einen Funken von Würmern und erzeugt andere Würmer, und der Abfall von Skorpionen erzeugt Skorpione, und im Allgemeinen werden alle Dinge aus der Verwesung ihrer eigenen Art erzeugt, wie wir bereits erklärt haben. So verändert die Nahrung die Pflanzen, sodass der Cashewnussbaum[49] eine brennende rote Frucht trägt, die wie eine Bohne oder eine kleine Mandel aussieht und im Inneren Honig enthält. Er kommt in der Nähe der Feuer auf Sizilien vor und nur selten anderswo. Man könnte ihn vielleicht mit dem Mandelbaum vergleichen, denn außer dem Honig ist in der Frucht ein weißer Stein wie eine kleine Mandel eingeschlossen. Mit dem Alter verfärbt sich alles dunkel, und so wird durch die Qualität der Sonne und des Standortes aus einer sehr sanften Pflanze Gift.

Nicht nur die Region, sondern auch der Standort spielt eine große Rolle, denn Pflanzen, die die östliche Sonne vertragen, wachsen schnell, solche, die die westliche Sonne

[49] »anacardus«.

empfangen, langsam. Weil sie goldenes Laub hat, hat Chrysocomos weder Blätter noch Früchte, goldene Trauben und eine schwarze Wurzel; sie wächst an trockenen, schattigen Orten. Sie ist also kalt und trocken, und daher ohne Blätter und Früchte. So erscheinen in der Art der Pflanzen wie in der der Tiere einige versehrte und dunkle Individuen; die Ernährung verändert also alles. In Spanien hat die Milch entweder keine oder nur sehr wenig Molke. Wenn man also versucht, sie gerinnen zu lassen, fügt man Wasser hinzu. Die Weiden sind in der Tat ziemlich trocken, es gilt also »nicht überall und nicht immer«, eine Regel, die allgemein zu verstehen ist, wenn man über die Fehler der Natur spricht. Die Natur weicht ab, und zwar nicht von sich aus, sondern durch Fehler in der Sache.

Die Milch der Esel enthält aufgrund der Natur des Tieres ein Minimum an Käse, was sie besonders entschlackend und gesund macht. Die **Milch** besteht aus sechs Teilen: Schaum, Fett, Butter, Käse, Erstmilch und Molke. Und es spricht nichts dagegen, dass es noch mehr gibt. Die Molke ist der wässrige Teil, der nach der Entfernung aller Fettstoffe übrig bleibt. Andere nennen Erstmilch »recoctata«, das durch Extrahieren von Butter und Käse durch Kochen der Molke gewonnen wird, schlaffördernd und kräftig feucht und kalt. Außerdem bestehen Schaum, Butter und Fett aus demselben Stoff, sodass, wenn man einen davon entfernt, der Rest aufhört zu existieren. Fett ist sehr süß und anziehend. Wenn Milch in einem leeren Zylinder durch einen Kolben gerührt wird, verfestigt sich der größere Teil des Fetts zu Butter. Wird dieselbe Milch geschüttelt, entsteht Schaum. Insgesamt enthält die Milch also, wie auch der Wein und das Blut, drei Teile: den wässrigen, die Molke, den erdigen, der der Käse ist, und den luftigen, der die Butter ist. Daraus ergibt sich auch, wie wir an anderer Stelle schon oft gesagt haben, dass es nur drei Elemente gibt: Mehr Stoffe als diese kann man eigentlich nicht finden, weder im Olivenöl, noch im Honig, noch in der Milch, noch im Wein, noch im Blut, noch in einer anderen Flüssigkeit. Und selbst wenn es ein viertes Element gäbe, würde es nichts nützen. Es sind aber nicht wirklich drei Elemente in den gemischten Elementen, sondern eigentlich nur zwei, und noch mehr, wenn man die Wirkung des Himmels mit einbezieht. Die fettige Feuchtigkeit kommt in der Tat vom Wässrigen, und der feurige Teil besteht aus dem Erdigen.

Jemand wird vielleicht fragen: Was ist diese fette Feuchtigkeit, von der wir oft gesprochen haben? Es ist die feuchte Wässrigkeit, die die Kraft der himmlischen Hitze so lange unterstützt hat, dass sie sie einschließen konnte. Es ist also klar, dass es sich um ein Ding handelt, das für Seele und Leben bereit ist und daher auch Helligkeit in sich trägt. Wenn das Wasser zur Ruhe gekommen ist, nimmt es Hitze auf, durch die es sich verändert und für die Ernährung und Erzeugung von Pflanzen und Tieren geeignet wird. Dann aber wird es kompakter, weil lockerer strukturiert, wie das Fett im Vergleich zum Öl und das Öl im Vergleich zum Saft der Bäume.

Die **Fettigkeit** der Steine und aller Metalle ist wie ein sehr dünnes Öl, sehr fest und dürftig, und hat bei den Griechen und den Lateinern keinen Namen, weil sie bis heute fast unbekannt ist. Das Fett von Kräutern und der Hülle, die das Fruchtgehäuse umgibt, ist ein schleimiger Saft; alle Säfte von Kräutern und Blättern sind so; aber wir nennen sie nur wegen ihres hervorstechenden Merkmals, in dem eine offensichtliche Ähnlichkeit mit Schleim zu erkennen ist, schleimig. Der Saft von Hölzern ist ein fettes Ding, Samenöl ist ein fettes Ding, tierisches Schmalz oder Fett (oder Talg) ist ein fettes Ding. Da der Mensch ein Wesen ist, das besser ist als die Tiere, übertrifft sein Fett wahrscheinlich das der anderen. Es glänzt, ist voll von mäßiger Hitze und lässt sich schwer austrocknen oder verbrauchen. Es dehnt sich in sehr dünnen Längen aus, gleichmäßig und gleichförmig; es kühlt nicht, verrottet nicht und brennt nicht, oder nur schwer. Wie die metallische Hitze das Feuer anfacht, so ist das menschliche Fett die Feuersbrunst des Fiebers, und es ist nicht geteilt.

In Milch und Eiern steckt viel feuchtes Fett, wie in der Milch viel Nahrung und in den Eiern viel Samen. So nehmen diese Dinge die Funktion von Nahrung an: Menschen und fleischfressende Tiere verzehren Eier genauso wie sie Tiere verzehren. In der Milch gibt es dann zahlreiche Bestandteile, die durch **Gerinnung** getrennt werden. Die Milch gerinnt durch Hitze, nicht durch irgendeine Eigenschaft. Sie ist nicht lebendig und wird nicht durch ein Lebewesen geronnen. Dies ist die Art und Weise, wie die Hitze die Milch gerinnen lässt: Sie zerbricht den dünneren Teil der fettigen Feuchtigkeit, und sie zerbricht auch das Band, durch das die fettige Feuchtigkeit mit dem wässrigen Teil verbunden ist. Daraus wird ersichtlich, wie vielfältig die Gerinnung sein kann: Sie kann allein durch Hitze erfolgen, indem sie in zinnernen Gefäßen erwärmt und dann in kaltes Wasser getaucht wird. Das ist die solideste Methode. Oder man kann das Lab eines Jungtiers untermischen oder den Samen einer Färberdistel, und die Molke zieht den Schleim ab. Oder mit Feigenmilch, und dann spült sie sowohl die Galle als auch den Schleim aus. Aus dem Gesagten geht auch hervor, dass Milch durch den Saft einer beliebigen Pflanze gerinnt, auch durch die rötliche Blüte der Distel, die auch gewöhnlich in den weißen Flaum der Distel übergeht. Und auch durch Oxymel, diese Methode ist heilsam für den Menschen. Auch die Substanz der Milch verändert sich, nachdem sie aus dem Blut von Lebensmitteln gewonnen wurde. Und so kann man, nachdem man eine Ziege oder einen Esel gekauft hat, durch die Fütterung eine heilkräftige Milch produzieren, indem man entweder Polypodium für die schwarze Galle gibt, Senna, um alle Säfte auszuleiten, oder Lärchenschwamm oder Wolfsmilch gegen Wassersucht, oder den Rauch der Erde[50], oder Hopfen, um das Blut zu reinigen, oder Quecksilber und Malve, um den Darm zu entlasten.

Wie gesagt, **die Körper werden durch die Nahrung verändert**, und zwar zuerst das Blut und die Gewohnheiten, dann die Milch und das Sperma und der Fötus und schließlich das Fleisch und die Kräfte, und zwar wie durch Bezauberung. So sind die Deutschen, da sie sich hauptsächlich von der Milch von Tieren, besonders von Kühen, ernähren, schlecht gelaunt, furchtlos und wild. Stiere, die die gleiche Nahrung zu sich nehmen, sind ebenso. Und da die Bewohner der Insel Korsika sich von Hundewelpen ernähren, nicht nur von zahmen, sondern auch von wilden, sind sie schlecht gelaunt, grausam, verräterisch, verwegen, reaktionsschnell, flink, stark; das ist die Natur der Hunde. Wer aber das Fleisch von einem Wolf (vor allem das Herz) isst, wird wilder, verwegener und tückischer. Das ist bei den Tieren deutlicher als bei den Menschen, und bei den Pflanzen deutlicher als bei den Tieren, weil sie nicht aus anderen Quellen verändert werden.

Und während Bäume durch ihre Nahrung verändert werden, werden Kräuter noch mehr und öfter verändert: Weidelgras zu Weizen und Weizen wieder zu Weidelgras[51], fast so, wie aus Blinden und Lahmen nicht Blinde und Lahme geboren werden, sondern Gesunde, und doch werden aus den Gesunden Blinde und Lahme geboren. Durch die Kraft des Bodens und der Sonne geht das Weidelgras in den Weizen über, und das Unvollkommene in das Vollkommene, und durch die Schwäche eines jeden von ihnen das Vollkommene in das Beein-

[50] »fumus terrae«.

[51] »lolium«.

trächtigte. Euer Dichter, mein Prinz, hat diesen Wandel schön ausgedrückt, als er sagte:

Wo wir den Fluren so oft großkörnige
Gerste vertrauten, sprosst unseliges Weidelgras und taub aufwachsender Hafer.[52]

Und Weizen geht im dritten Jahr in eine weichere Sorte über, wenn er an einem kalten, feuchten Ort gesät wird, sodass unser Weichweizen das gleiche alte Getreide ersetzt. Es jedoch offensichtlich, dass es eine Weizensorte gibt, die »Tosella« genannt wird, die dicker und runder ist und deren Brot heller und viel attraktiver ist; aber der Pflanze scheinen die Ähren zu fehlen, sodass sie dichter aussieht. Manche Leute glauben, dass Emmerweizen ein Weichweizen ist, und sicherlich wird daraus ein sehr leichtes Brot hergestellt. Ob das nun stimmt oder nicht, es gibt einige Pflanzen, die sich beim Zurückschneiden verändern, wie zum Beispiel die Eiche, die weder stirbt noch unversehrt nachwächst, sondern sich normalerweise in eine Eiche von geringerer Größe verwandelt, was aus vielen Gründen auch bei Ginster vorkommt.

Etablierte Bäume werden jedoch offensichtlich verändert, durch eine **Pfropfung mit einem Zweig in die Rinde eines anderen Baumes** werden, wie z.B. Pfirsich in Walnuss, wobei der Baum dann kleine grüne, bittere, harte Pfirsiche trägt, was auf eine Vermischung der beiden Pflanzen hindeutet, wie es bei Maultieren von Esel und Stute geschieht. Es sollte richtige Zeiten für das Tragen von Früchten geben, die zu den Pflanzen passen, wie es auch bei den Tieren der Fall ist. Wenn eine frühe Kirsche, die verspätet auf eine Mispel gepfropft wurde, Nährstoffe einzieht, liefert der Stamm sie nicht. Wenn das Pfropfreis diese liefert, zieht er sie nicht ein, weil die richtige Zeit verstrichen ist, da er bereits erkaltet ist und seine Blätter verloren hat. Man sagt, dass eine auf eine Kirsche gepfropfte Rebe zu früh Trauben trägt, was nicht immer und nicht überall der Fall ist. Aber es gibt eine erfolgreichere Technik in diesen Fällen: Bohren Sie den Stamm einer drei Jahre alten oder etwas älteren Kirsche an. Durch das Loch steckt man einen Zweig einer zweijährigen Rebe, die neben der Kirsche zu wachsen begonnen hat. Füllen Sie die Stelle mit Dung auf, verschließen Sie sie mit Wachs und Werg, sodass der überstehende Teil des Zweiges von beiden Pflanzen genährt wird. Nach zwei Jahren in einer warmen Gegend oder nach drei Jahren in einer kalten Gegend schneidet man den Zweig der Rebe in der Nähe der Kirsche ab, sodass die Rebe nur noch von der Kirsche genährt wird. Und so wie diese Rebe früh Trauben tragen wird, so werden sich auch die Pfropfreiser am Apfelbaum verhalten, und die Rosen werden mitten im Winter Blüten tragen.

Der Zusammenhang ist derselbe, wenn Leinsamen in Zwiebeln eingepflanzt ein Kraut mit dem Blatt von Flachs, aber einem scharfen Geschmack erzeugt. Der Nährwert sollte angemessen sein. Und nach diesem Plan wurde meines Erachtens eine Schalotte entwickelt, deren Form und Schale an Knoblauch, deren Geruch, Geschmack und Substanz aber an Zwiebeln erinnern. Sie sieht also genau in der Mitte zwischen den beiden aus; die Mitte liegt völlig zwischen allem, entweder durch die Natur oder durch technisches Geschick.

Einige Bäume färben ihre Blätter zur Sonnenwende, zum Beispiel die Olive, die Linde, die Ulme, die Weide und die Weißpappel. Andere **folgen dem Lauf der Sonne** in einem vollständigen Halbkreis an einem einzelnen Tag, zum Beispiel Lupinen und der Heliotrop, der daher seinen Namen hat. Die Ursache dieser Drehung ist die verdünnte Feuchtigkeit, die sich zur Hitze der Sonne verhält wie die Tierhäute zum Feuer. Denn wenn sie in der Nähe des Feuers steht, wenden sie sich ihm zu. Wenn Blumen

[52] Vergil, *Ekloge* 5, 37.

durch die Hitze der Sonne getrocknet wurden, sind sie dünn und porös und ziehen sich bei Sonnenuntergang, wenn die Kälte einsetzt, zusammen. Aber nachdem sie die nächtliche Feuchtigkeit getrunken haben, sind sie mit Saft gefüllt und geschwollen und müssen sich mit der Morgenwärme der Sonne öffnen. Andererseits haben die Pflanzen, deren Blätter sich mit der Sonnenwende umdrehen, eine andere Grundlage für das Wunder, das sie vollbringen. Wenn die Blätter tatsächlich kurz vor dem Abfallen stehen, weil es feucht ist, werden sie beharrlicher gedreht, und die dadurch bedingte Veränderung der Blätter kann offensichtlich sein. Und so geschieht dies bei allen Bäumen.

Aber wir bemerken es nur an den Blättern von Bäumen, deren kultivierte Formen sich farblich sehr von den wilden Formen unterscheidet. Ihr würdet jedoch nicht glauben, dass diese ganze Veränderung am Tag der Sonnenwende geschieht (das wäre fast ein Wunder), sondern dass das, was allmählich geschieht, während es seine Arbeit tut, von den Menschen mit dem Zeitpunkt verbunden wird, an dem es vollendet wird. So glaubt man zum Beispiel von einer Zwergnussart, dass sie in der Nacht vor dem Fest des Heiligen Johannes des Täufers Blätter, Blüten oder Früchte hervorbringt. Wenn das so wäre, welchen klareren Beweis für unsere Religion gegen die hartnäckigen Juden oder die stolzen Verehrer Mohammeds oder die geschwätzigen Philosophen könnten wir uns wünschen? Aber wie gesagt, dass die Natur des Baumes mit der Zeit übereinstimmt, das ist alles ein Vers in der Religion dieses erhabensten Gottes.

Es gibt auch Angehörige der Gattung der Bäume und Kräuter, wie die Weinraute, von der wir bereits gesprochen haben, Salbei, Kohl; und im Königreich Senegal gibt es eine Bohne, die zu einem Baum heranwächst, die bereits erwähnt wurde. Diese Bohne wird in Hülle und Fülle vom Baum produziert. Sie sind klein und rot, mit einem schwarzen Auge. Es gibt eine andere indische Bohne von der Größe einer Mandel, die ich bei mir habe und getestet habe. Sie entspricht in keiner Weise der Form einer echten Bohne; aber in der Größe und in der Substanz sowohl der Schale als auch des Steins ist sie den Mandeln sehr ähnlich. Die Schale brennt besser als jede Kiefer. Sie enthält viel Öl, und zwar ein so scharfes, dass ihre Wirkung auf der Zunge stärker ist als die des Pfeffers. Aus diesem Grund gilt sie als wunderbar wundheilend. Der Stein ähnelt dem Geschmack einer Pistazie. Wenn es sich um ein Kraut handeln würde, wäre die Einfuhr ein sehr einträgliches Geschäft. Ein aus den Schalen gewonnenes Öl zur Verwendung in Lampen würde bereits die Kosten einbringen. Das ganze Fruchtfleisch wäre noch ein Bonus.

Kräuter, die in einzelnen Jahren aufgrund des schwankenden Klimas auftauchen, verändern sich nicht so sehr, dass sie keine oder nur unfruchtbare Samen abgeben. Mit dem Ablauf vieler Jahre und dem Nachlassen ihrer Kräfte degenerieren die Samen zweifellos. Aber wenn es nach Ihren Wünschen geht, können Sie sich im folgenden Jahr mit den reichen Früchten Ihrer Bemühungen versorgen. Die Enttäuschung über ein verlorenes Jahr kann wenig Schaden anrichten. Aber bei Bäumen ist ein Versuch mit vielen Pflanzen nicht so wertvoll, da der Nutzen des Feldes verloren geht und die Arbeit umsonst war.

Welcher Schaden auch immer aus vielen erfolglosen Aussaaten von Kräutern resultieren könnte, er wäre bei einem einzigen Verlust von Bäumen vorhanden, wenn sie nach der Aussaat entweder nicht aufgingen, oder wenn sie aufgingen, nicht reiften, oder wenn sie reif werden, keine Früchte tragen oder nutzlose Früchte produzierten. Es ist also riskant, eine große Anzahl von Bäumen zu testen, und nutzlos, nur wenige zu testen, weil es viel Zeit in Anspruch nimmt; und nicht lohnend, selbst wenn es gut gelaufen ist. Mit einer langen Wartezeit, während wir begreifen, dass wir den Vorgang wiederholen müssen, quält die Hoffnung die Menschen eher, als dass sie sie ermutigt. Der erste Mann, der in Mailand Maulbeeren pflanzte, wurde nicht für eine kluge, sondern für eine kühne Erfindung belohnt. Aber es waren seine Nachfolger und nicht der Erfinder, der den Lohn erntete.

Doch zurück zur indischen Bohne: Sie wächst in der Region Benin. Die Einheimischen verwenden ihre Haut anstelle von Ingwer und nennen sie Unias. Benin ist ein Bezirk im Osten, auf der Route, die von Portugal nach Calicut führt. Unsere Bohne ist der Samen eines Krauts, wie die übrigen Hülsenfrüchte auch. Der Grund dafür, dass sich ein Kraut in einen Baum verwandelt, ist die reichlichere Feuchtigkeit in einem heißeren und trockeneren Klima und Boden. Wir haben ja bereits gezeigt, dass die Art der Kräuter im Allgemeinen feuchter ist als die der Bäume. Aber wie bei den Hunden spricht nichts dagegen, dass kleine und abgestorbene Kräuter in ihrer Art mit lebendigen und großen Bäumen übereinstimmen.

Die Behandlung dieses Themas erinnert mich daran, die Natur des Öls zu erwähnen, das im Königreich von Senegal entsteht. In der Farbe ähnelt es dem Safran und färbt das Essen mehr als dieser. Sein Geruch ist der von Veilchen und sein Geschmack ist der unseres Olivenöls.

Das beste Öl war in der Vergangenheit das der Titorenser in Phokis, das dem spanischen an Farbe und Süße überlegen war. Daher galt es sozusagen als das beste Öl für die Herstellung von Salben. Jeder ölhaltige Samen wird danach ausgewählt, ob er das reichhaltigste oder das beste Öl enthält. Das Olivenöl ist einfach das beste. Einige, wie Leinöl oder Sonnenblumenöl, sind gut gegen Krankheiten. Diejenigen, die sich durch ihre Produktivität auszeichnen, sind Oliven, Leinsamen, Nüsse, Mandeln, Sonnenblumenkerne und Rüben sowie die Kräuter von Henna. Aber es gibt noch eine Reihe anderer, die aus Unwissenheit weggeworfen werden; alle Kerne, wie die der Kirsche und der Pflaume, enthalten Öl. Die Schale der Benin-Bohne ist an achter Stelle zu nennen. Und dies soll die Erklärung über Öle sein, die als Zusammenfassung einer bekannten Sache dienen soll.

Es gibt einen Baum, der auf der Insel Porto Santo bei Madeira wächst, der eine kirschähnliche Frucht trägt, die jedoch eine blaue Farbe hat. Ich glaube, sie gehört zu den Kirschen, aber die Verschiedenheit der Regionen bringt es mit sich, dass ihr Saft anstelle von Lack verwendet wird; er ist ziemlich rot und glänzend; er wird zu Pastillen verkocht, und ein alter Saft soll besonders die Zähne stärken. Dieser Saft ist entweder von sich aus flüssig, oder er ist es, wenn der Baum verwundet ist, und ist dann minderwertig gegenüber dem Original.

Der nächste Ehrenplatz für diese Pflanzenfarbe geht an den **Färberwaid**[53], die blaue Farbe, mit der Kleider gefärbt werden. Das gemeine Volk nennt ihn »Guadum«, und es gibt kein anderes Kraut, für das so viel Silber gezahlt wird, denn die Einnahmen aus einem so billigen Produkt belaufen sich auf viele tausend Goldmünzen. Obwohl dieses Kraut ertragreicher ist, ist das schönste von allen der Steinsamen[54]. Die Samen, die sehr hart sind, glänzen zwischen seinen Blättern mit dem glänzenden Weiß von Perlen. Ich meine die kretische Art; die italienische ist wesentlich minderwertiger.

Aber vielleicht fragt jemand nach dem **Palmholz:** Warum wölbt es sich bei Belastung, während sich die anderen nach unten biegen? Die Geschichte ist weit verbreitet, und Theophrast bezeugt ein solches Wunder. Xenophon ist die Autorität, dass dies auch bei Packeseln geschieht. Ich denke, der Grund dafür ist, dass es sich biegt, bevor es zusammengedrückt wird; da es bereits gekrümmt ist, biegt es sich dann nach oben; es hat Fasern, die in einer Richtung schräg sind. Oder wenn es sich in beide Richtungen biegen kann, dann geschieht dies

[53] »isatis«.

[54] »Lithospermum«.

aufgrund der Trockenheit, wie es auch bei Häuten der Fall ist; ein Gewicht kann etwas trocknen aufgrund des Drucks, den es ausübt. Plutarch meint, da es reich an feuriger Kraft sei, werde es durch das Gewicht aufgewühlt und ziehe sich dann, wenn es getrocknet sei, mit neuer Kraft zusammen. Oder dies geschehe, weil es durch die ausgetriebene Luft stärker werde und sich mehr in die entgegengesetzte Richtung biege. Um eine Ansicht aus vielen zu machen: Wenn das Holz durch ein Gewicht belastet wird, verflüchtigt sich entweder Feuchtigkeit oder Wasser oder Luft; und so wird es kürzer und zieht sich zusammen.

Es scheint, dass dies auf ähnliche Weise geschieht wie beim **Maulbeerholz**, das nie an der Luft trocknet, sondern in den Tälern der Flüsse und der rauschenden Wasser. Da es reich an sehr fetthaltiger Feuchtigkeit ist, widersteht es der Luft und trocknet nicht aus. Aber die Feuchtigkeit wird durch das Wasser auf vielerlei Weise verteilt, zunächst durch die Bewegung, die sie abreibt, und dann durch die Kälte, die sie teils kondensiert und auspresst, teils abkühlt. Das Holz selbst ist schön, fest und dunkel und daher für viele Zwecke verwendbar. Diese beiden Hölzer erfahren also gegensätzliche Wirkungen von Gegensätzen.

Nicht weniger verwunderlich ist, dass **Statuen schwitzen**. Der Grund dafür liegt auf der Hand, denn feuchtes Fett erzeugt das Aussehen von Schweiß, wenn es durch die Kraft der Hitze ausgepresst wird. Daher schwitzen Statuen aus Zedern-, Oliven-, Wein- und Zypressenholz am meisten. Dies geschieht vor allem bei Südwinden, weil die Feuchtigkeit dann reichlicher und verdünnter ist. Aber Hölzer, die auf schwefelhaltigem oder bituminösem Boden wachsen, wenn sie von luftiger und feuriger Substanz sind und wenig Erde und Wasser enthalten (Beispiele sind Erle, Tanne, Kiefer und harzige Hölzer), geben im Allgemeinen feurige Funken ab, während sie brechen, besonders wenn sie bereits faul sind. In ähnlicher Weise werden die Rinden einiger von ihnen im Alter so weiß und glänzend, dass sie nachts wie Raureif schimmern.

Ich werde auch nicht zögern, in die **Liste der pflanzlichen Wunder** aufzunehmen, was Theophrast in seinem vierten Buch *Von den Sträuchern* erzählt: dass es ein Kraut gibt, das vom Indus importiert wurde, und dass er, nachdem er es gekaut hatte, sieben Mal an einem Tag die Freuden der Venus vollziehen konnte. Ob dies wahr ist oder nicht, möchte ich lieber nicht sagen; für meinen gegenwärtigen Zweck genügt es, hinzuzufügen, dass für die Freuden der Venus offensichtlich zwei Dinge benötigt werden: Atem[55] und Samen. Dementsprechend ist bei der Satyriasis der Penis ständig vergrößert, ohne dass der Wunsch nach den Freuden der Venus besteht. Und es spricht auch nichts dagegen, dass es ein Kraut gibt, das bei der Verkostung dasselbe bewirkt. Aber wenn es langsam gegessen wird, wird es auch langsam Samen erzeugen.

Die heutigen Inder an der Küste von Bethel tragen es aus diesem Grund immer bei sich, obwohl sie nicht übermäßig lüstern sind, vielleicht wegen der Natur der Region mit seiner übermäßigen Hitze. Wenn es grün ist, scheint es **besonders hilfreich für die Freuden der Venus** zu sein. Aber wenn es gekaut wird, schwärzt es die Zähne.[56] Seine Pflanze kriecht wie Efeu. Das Blatt ist lorbeerähnlich und mit fünf Linien versehen, wie auf der Abbildung zu sehen ist. An Größe übertrifft es die Palme, und in Geruch und Geschmack ähnelt es dem Lorbeer perfekt. Die inneren Adern befinden

[55] »flatum«.

[56] Offenbar ist die Betelnuss gemeint.

sich eher am Rand als in der Mitte. Sie sind auf dem Waldteil[57] sehr deutlich zu sehen. Es handelt sich also weder um Malabathrum, noch um eine Pflanze, die Dioskurides bekannt war. Dennoch habe ich ihre Besprechung mit großem Eifer vorangetrieben, weil ein großes Blatt davon, wenn man es verschluckt, die Menschen wunderbar aufmuntert, und zwar so stark, dass es alle Angst vor dem sofortigen Tod beseitigt, wobei die Empfindungsfähigkeit erhalten bleibt. Das ist eine bemerkenswerte Eigenschaft. Wenn man die Empfindungsfähigkeit beseitigt, beseitigt man auch den Kummer und die Angst, wie bei denjenigen, die betrunken oder dumm sind, und bei denjenigen, die die Früchte der Schlafnachtschattenpflanze[58] oder Strimonium gegessen haben. Aber die Fähigkeit, Angst und Furcht loszuwerden, während die Kraft der Empfindung bleibt, ist wunderbar und selten. Man sagt, dass die Türken aus diesem Grund Opium verwenden.

Manche Leute schreiben dies aber auch dem Safran zu. Um das sexuelle Verlangen zu wecken, verwenden die Inder oft ein Medikament namens Amphiam, von dem die Spanier sagen, es sei Opium. So fragen einige Leute zu Recht und mit gutem Grund, wie Mohnsaft (der übermäßig kalt ist, und zwar so sehr, dass er tötet) das sexuelle Verlangen erregen kann. Und so nehmen sie an, dass Mohnsaft etwas anderes ist als Amphiam. Aber auch Amphiam ist bei den Indern ein Gift, eines von der Art, die ohne Leiden töten. Jeder weiß, dass dies eine Eigenschaft des Mohnsaftes ist. Vielleicht ist es aber auch etwas anderes, das Ängste lindert, das sexuelle Verlangen anregt und schläfrig macht: so etwas wie Amomum und Safran. Wir haben also gezeigt, dass es einige Mittel gibt, die übermäßiges sexuelles Verlangen stimulieren, und welche das sind, werden wir auch in der vollständigen Darstellung der Pflanzen erklären.

Jetzt ist es angebracht zu erklären, warum die Blüten nicht alle die gleiche Farbe haben wie die Blätter. Dies geschieht, weil die Feuchtigkeit ausgetrocknet ist und nicht mehr zugeführt wird. Da den Blättern fortwährend Feuchtigkeit zugeführt wird, müssen sie unter der Einwirkung der Hitze alle grün sein, weshalb auch die Oberseite stehender Gewässer so ist, und ebenso die nassen Stellen, die unter den Tropfen von Dächern auf dem Boden sind, wohin die Sonnenstrahlen nicht gelangen. So ist in der ganzen Pflanze der feuchteste Punkt immer, und im allgemeinen der kälteste, das Blatt. Der heißeste und trockenste ist der Samen, in der Mitte dazwischen soll die Blüte stehen. Es gibt auch Blüten, die in einem Teil grün und in einem anderen blau sind; man sagte früher, sie hätten die Form eines Korbes und gehörten zur Gattung der Hyazinthen, mit sehr wenig Geruch und ziemlich feucht.

Außerdem ist die Wurzel der kälteste und trockenste Teil, so wie die Frucht der wärmste und feuchteste Teil ist. In der Mitte dazwischen liegt der Stamm, der aber näher an der Wurzel liegt. Der heißeste und trockenste Teil des Stammes wiederum ist die Rinde, der feuchteste und kälteste das Mark. Das Holz befindet sich sozusagen in der Mitte dazwischen. Aber wie gesagt, der Stamm als Ganzes ist kalt und trocken. Blätter bedecken den Stamm, die Blüten, die Früchte, die Samen. Wie die Knochen bei den Tieren stützt das Holz alles und wird zum Schutz von der Rinde bedeckt. In manchen Fällen ist es aber auch die Rinde, durch die die Nahrung transportiert wird; auch das Mark dient in manchen Fällen der Ernährung. In allen Fällen befeuchtet es das Holz.

Daher sind alle Pflanzen ohne Mark reich an Saft, zum Beispiel der Guajakbaum. Diejenigen, die eine reichliche Substanz des Marks haben, haben keinen Saft, zum Beispiel der Holunder. Die Wurzel dient dazu, Nahrung aus der Erde zu ziehen, die Blüten

[57] »sylvestri parte«.

[58] »halicacabum«.

sind wegen der Frucht oder des Samens (denn sie verwandeln sich immer in diese), die Früchte sind wegen des Samens, denn er ist in jeder Frucht unter dem Fruchtgehäuse enthalten. Die Frucht wird also als die Vollendung einer Pflanze gesehen, aber der Same dient der Vermehrung der Art. In Fällen, in denen es keine Früchte gibt, bietet der Samen Vorteile und Nutzen.

Die Natur scheint die Pflanzen in dieser Hinsicht weniger freundlich behandelt zu haben als die Tiere, denn im Winter werfen die Pflanzen ihre Kleidung ab, während den Tieren ihr Fell mehr wächst. Genauso wie die Tiere hat die Natur **die Pflanzen bewaffnet** mit Härte, Größe, Biegsamkeit und auch mit Stacheln. Sie hat die Blätter in der Tat auf vier Arten verstärkt: mit den Stacheln der Rosen (wie ich schon sagte) und mit kleineren Stacheln, wie beim Borretsch; mit Wolle, wie bei der wilden Minze; mit Haaren, wie beim Veilchen und jeder Art von Habichtskraut. Das Fell ist dicker als die Wolle und hat daher keine gleichwertige Eigenschaft, Wunden zu verbinden.

Wie bei den Tieren treten **Fehler** auf, und zwar umso häufiger, je wertloser sie sind; so sind sie auch bei winzigen Tieren, bei solchen, die aus verfaulter Materie gezeugt werden, und bei Fischen und bei Metallen häufig, ebenso wie bei Pflanzen. Aber bei den vollkommeneren Tieren wurden Ungeheuer wegen ihrer Seltenheit »zeigend« genannt, »monstrando«, also Monster, der Name kann sich auch auf Pflanzen erstrecken. Da die Pflanzen ihre eigene Ordnung haben, sind sie nicht nur in bestimmten Teilen gleich, sondern auch in der Anzahl der Blätter. Die Natur war auch im Detail so klug, man erkenne den Grund dafür: Da den Pflanzen die Fähigkeit fehlte, sich zur Fortpflanzung zu bewegen, war es unerlässlich, beide Geschlechter nah beieinander zu sammeln, sodass sich eine Anzahl sehr oft zu einem vereinigt.

So war bei den Tieren ein einziges **Rückgrat** notwendig, wie bei einem Schiffskiel, in das alle Knochen eingepflanzt werden konnten, und bei den Pflanzen übernahmen die Fasern die Rolle des Rückgrats. Es war daher notwendig (wie bei der Faser der Pflanzen, wenn es eine einzige gab, oder bei den einzelnen, wenn es mehrere gab), dass auf der anderen Seite Blätter herauswuchsen, gleichberechtigt rechts und links, und dann Zweige. Auch bei den Tieren sieht man, dass alles doppelt ist, wie Aristoteles zu Recht erwähnt. So wie ein einzelnes Blatt an der obersten Spitze eines Stecklings wesentlich war, aber von da an paarweise an den einzelnen Zweigen, so war es in dieser Anordnung notwendig, dass sie an den einzelnen Ästen zwei Blätter und an dem obersten drei hatte. Und so entsteht, wenn die Pflanze trocken ist und keine Blätter mehr hervorbringen kann, ein »einsames Blatt«, das diese Form hat.

Das Einsame Blatt[59] hat einen kurzen Stängel ohne Adern und Fasern, der dem weicheren Efeu sehr ähnlich ist. Daran entspringt ein einzelnes Blatt, und an der Stelle, wo das Blatt in den Stängel übergeht, entsteht eine faltige, dünne und grüne Hülle, die länger als ein Blatt ist und in der kleine Samen enthalten sind. Das ganze Kraut ist ziemlich grün, die einzelne Wurzel hat die Form eines Schlangenkopfes, und da es im April auf den Wiesen wächst, trocknet es in der Nähe von Pavia im Mai aus. Es hat keinen Geruch und gilt aufgrund seines Geschmacks als gut für Wunden. Da hier also keine Materie zugeführt wurde, musste das Blatt aus der Faser entstehen, und zwar an der Spitze: denn sonst kann die ganze Pflanze nicht bedeckt werden. Auf dieser Grundlage ist die Materie beim Einsamen Blatt fett und spärlich, beim Klee mittel und spärlich; aber fetter bei der Nieswurz, denn wäre sie dünn, wären nicht so viele Blätter nötig. Im

[59] »Enophyllum«.

Fingerkraut und im Pentaphyllum ist es sehr dünn, weil die spärliche Materie in spärlichere Blätter reduziert worden wäre, wenn es dick gewesen wäre. Viertens gibt es in der Tat mehr Blätter, wenn der Stängel nicht dick ist, sodass sie dünner sein müssen. Außerdem gibt es dort, wo die Substanz trocken und spärlich ist, wenig oder keine Fasern (wie beim Einsamen Blatt, Klee und Fingerkraut). Wo viel vorhanden ist, gibt es mehr Fasern, wie bei Bäumen. Jede Faser behält ihre Ordnung bei; wenn es mehr von ihnen gibt, scheinen sie die Ordnung und Anzahl der Blätter durcheinander zu bringen. Auch die Bewegungen der Planeten erscheinen, selbst wenn sie aus mehreren gleichen Bewegungen bestehen, verworren und ungleich.

Damit ist bereits klar, dass die **Anzahl der Blätter** an der obersten Stelle der Pflanzen ungerade sein muss. Entweder entspringen sie aus der Faser allein, dann entsteht ein Einsames Blatt, oder sie entstehen aus verschiedenen Punkten wie beim Klee, Fingerkraut, Pentaphyllum und Nieswurz (der neun Blätter hat). Wenn es tatsächlich mehr sind, ist es besser, wenn zwei und zwei in der Nähe der Knoten über die ganze Pflanze verteilt sind, dann muss der Steckling nicht so viel Last tragen. Wenn es aber nur wenige sind, war es besser, sie alle an die Spitze der Pflanze zu bringen: die Blätter schützen dort besser die ganze Pflanze und damit auch die Blüten und Früchte. Die Blätter werden offenbar geschaffen, um die Blüten und Früchte zu schützen, denn die Blätter werden vor den Blüten und lange vor den Früchten gebildet. Und wo die Blätter dauerhaft sind, gibt es auch das ganze Jahr über Früchte oder Blüten. Und wenn die Blätter später als die Blüten entstehen, verdirbt der größte Teil der Früchte, und wenn die Blätter im Winter fallen, entstehen weder Blüten noch Früchte, und die Blätter scheinen genau dafür geschaffen zu sein. Dann sind die Blätter der Pflanzen ungleich, denn die an der Schnittstelle müssen ungleich sein, und danach erscheinen andere auf beiden Seiten, gleich rechts und links. Dies zeigt erstens, dass keine Pflanze, die einen kahlen Stamm hat, an der Spitze gleiche Blätter haben kann; zweitens, dass ein mittleres Blatt immer größer, dicker und kräftiger wird als die übrigen, und die näheren größer sind als die entfernteren; und dass auf der der Faser gegenüberliegenden Seite immer ein angrenzender Hohlraum im Stamm vorhanden ist, und so biegt sich der Stamm leichter in den Hohlraum als in die Faser. Auf der gleichen Grundlage sind auch die **Fasern** der Blätter ungleich, wie im Fall des Wegerichs; es sind entweder fünf oder sieben oder sogar mehr; in der Tat verläuft eine zentrale über die seitlichen, die paarweise angeordnet sind. Aber wenn das Material der Pflanzen für die Blätter reich an Fasern und Adern ist, so sind sie dennoch auf die gleiche Weise an der Spitze ungleichmäßig, zwei und zwei an jedem Knoten durch die ganze Pflanze. Wenn aber am Stamm mehr Fasern als Paare vorhanden sind, gibt es an den Ästen Vierergruppen oder zwei und zwei, aber nicht an der gleichen Stelle, sondern am Schnitt Sechser- oder Zehnergruppen. Dasselbe System gilt für die Zweige, sodass man (sofern nicht irgendeine Beschädigung oder etwas Monsterartiges eingetreten ist, was, wie gesagt, bei Pflanzen häufig vorkommt) in allen Fällen die Anzahl der Blätter nach einem bestimmten Plan anordnen kann.

Ähnlich die **Früchte.** Ich möchte ein schwieriges Beispiel anführen: Granatäpfel, die jeder nach seiner Art und von demselben Baum wachsen, enthalten eine bestimmte Anzahl von Körnern, einige 944, einige 128 und einige eine andere Anzahl, wobei alle von dem breiteren Umfang der Rinde in einer festen Anordnung zur schmalen Mitte hin entstehen. Ähnlich sind die Kerne der Birne, des Apfels oder der Mispel. Sie alle sind durch kleine Stiele angebunden, weil auf diese Weise die wässrige Feuchtigkeit besser von der Luft abgeführt wird und die Früchte dadurch auch besser genährt werden. Aber die darin enthaltenen Samen, zu deren

Gunsten die Früchte geschaffen werden, fallen kräftiger aus, und ihre Erzeugung ist besser eingestellt.

Ein Beweis dafür ist, dass die Früchte des Maulbeerbaums ohne Stiel am Stamm wachsen; da dieser Baum (wie gesagt) eine sehr fetthaltige Feuchtigkeit besitzt, hat er es nicht nötig, dass sein Saft an einem Stiel weiter getrocknet wird. Aus diesen Gründen trägt er viermal im Jahr Früchte, die nur reifen, wenn der Baum beschnitten wird. Bei der Feige und der Weinrebe, die öfter im Jahr Früchte tragen, müssen wir eine Entscheidung treffen: Die Früchte sind reich an fetthaltiger Feuchtigkeit, reifen spät oder schwer und liegen schwer im Magen, wie die Maulbeere. Der Baum sollte von einer Sorte sein, die so viele Früchte trägt, dass die Bewohner sie anstelle von Getreide essen können und sie den Bedarf des menschlichen Lebens decken. Dementsprechend haben Pflanzen, die eine einzige Frucht hervorbringen und schnell reifen, wenig Fettfeuchtigkeit und werden so reif, dass sie schnell verfaulen, wie Kirschen; diejenigen, die nicht reifen, aber eine einzige Frucht haben, sind kalt und trocken, wie Elsbeeren und Mispeln. Diejenigen, die mehrere Früchte hervorbringen, wie die Feige, die Weinrebe, die Maulbeere, bringen alle die letzte Frucht nur schwer zur Reife und sind sehr feucht, und die Menschen füttern sie viel mit Fettfeuchtigkeit, und sie werden langsam zusammengebraut.

Einige Früchte werden nach dem Pflücken **gelagert** und trocknen ein, wie Walnüsse und Haselnüsse. Andere, wie Granatäpfel, werden gelagert, trocknen aber nicht ein; andere, wie Kirschen, werden nicht gelagert. Diejenigen, die trocken gelagert werden, werden wieder grün, als ob sie gerade von der Pflanze gepflückt worden wären, wenn man die Schale durchlöchert und sie in einen Sack legt und acht Tage lang in einen Brunnen hängt oder sie fünfzehn Tage lang in feuchter Erde vergräbt. Cato lehrte, dass diese und unreife Trauben in Glasgefäßen unter der Erde gelagert werden.

Es gibt vieles, was sich auf diese Themen bezieht, aber nicht das, was jetzt zur Vervollständigung dieses Berichtes ausgeführt werden muss, wie zum Beispiel die Art und Weise, wie Pflanzen von einer Region in eine andere **überführt** werden, zum Beispiel von Indien nach Italien. Einige werden durch Samen überführt, andere komplett in Gefäßen und mit Erde bedeckt. Bei anderen werden Zweige in Honig gelagert. Da die Feuchtigkeit des Honigs verdünnt, süß und gemäßigt, nicht fettig ist, ist er nicht anfällig für Fäulnis und sehr gut geeignet für die Ernährung der zarten Triebe. Daher werden auch Walnüsse ein ganzes Jahr darin grün gehalten, und Früchte und Fleisch für eine ganze Reihe von Tagen, ohne zu verfaulen.

Aber nachdem die Säfte geschäumt haben (so zerfällt die wässrige Feuchtigkeit, die die Grundlage der Fäulnis ist), werden sie durch Übergießen **mit Öl konserviert**. Aber der Saft des Gemeinen Erdrauchs geht auf diese Weise vom Bitteren ins Scharfe und Saure über, da der erdige Teil, die Ursache der Bitterkeit, beim Abstieg einen geschmacklosen Saft zurücklässt. Wenn dieser durch Luft beeinträchtigt wird, geht er in Säure über, wie alle süßen und geschmacklosen Dinge. Am besten ist es also, wenn man ihn lange gekocht und an einem sehr kühlen Ort aufbewahrt hat.

Alle **Fäulnis** ist, wie gesagt, heiß, daher werden Trüffel, die sich bilden, durch den Schnee, der direkt über ihnen liegt, verflüssigt. Während die faulige Hitze die erdige Feuchtigkeit abtrennt, bringt sie Wurzeln ohne Triebe hervor, die wir Trüffel nennen. Umgekehrt, wenn sie kalte, feuchte, verdünnte Materie zusammenbraut, bringt sie Sprossen ohne Wurzeln hervor, die wir Pilze nennen. Je feuchter die Pilze sind, desto sicherer sind die Trüffel. Lassen Sie uns im Allgemeinen darauf achten, dass sie nicht verrotten, weder durch Trocknen noch durch Abkühlen oder durch Bedecken mit feuchtem Fett. Was verfault, muss wässrig sein, um

Feuchtigkeit zu besitzen und durch Hitze zu verfaulen. Trockene Dinge, die entweder ganz kalt oder sehr fett sind, können nicht verfaulen. Es gibt drei Möglichkeiten, etwas trocken zu machen: mit lebendiger Hitze (drei Möglichkeiten: Feuer, Rauch oder Sonne), oder durch Abreiben der Feuchtigkeit (durch Wind oder Salz), oder durch langsames Trocknen, wie mit Aloe oder Myrrhe. Gekühlte Dinge verrotten nicht, sodass viele Dinge im Eis nicht verrotten. Bei den Sarmaten hält sich Fisch fünf Monate lang frisch. Aale, die im Wind getrocknet und roh gegessen werden, schmecken angenehm. Außerdem werden Leichen, die mit Quecksilber bedeckt sind, konserviert, vorausgesetzt, das Metall kann auch nach innen dringen. Feuchtes Fett konserviert alles, was wenig anfällig für Fäulnis ist, wie Würste, Fleisch, das mit Öl eingestrichen wurde, und gebratener (oder besser frittierter) Fisch, obwohl auch diese Methode zu den komplexen gehört. Einige Dinge werden durch eine gemischte Ursache konserviert, zum Beispiel Dinge, die durch Honig konserviert werden, wie die meisten Früchte, da er fettig ist und trocknet, oder durch Essig, der gleichzeitig trocknet und kühlt.

Obwohl also die Fäulnis ein Weg zum **Feuer** ist, so sind es doch nicht die Dinge, die verfallen, die das Feuer aufnehmen, weil sie noch wässrige Feuchtigkeit besitzen, sondern die Dinge nach der Verwesung. Die Pilze, wie z.B. die Trüffel, brennen nicht, weil die Verwesung ein Produkt aus Fettigkeit und Wässrigkeit ist; sie sind nicht der Rückstand der Verwesung. Aber Lorbeerblätter, die ein Rückstand nach einer gewissen Verwesung und trocken sind, brennen schnell, auch der Wacholder, weil er sehr trocken ist. Aber weil sie schnell Feuer fangen, bevor die wässrige Feuchtigkeit ausgestoßen oder ausgetrocknet ist, knistern sie unweigerlich. Das ist der Grund, warum Lorbeer- und Wacholderblätter beim Verbrennen so stark knistern. Es gibt Leute, die glauben, dass man mit brennenden Lorbeerblättern wahrsagen kann, entweder weil der Baum selbst Apollo heilig ist, oder weil seine Flamme in verschiedenen Formen umherflackert, oder weil seine Natur etwas enthält, das den Geist anregt. Es gab Leute, die glaubten, dass ein angezündeter Wacholderstamm, der mit seiner eigenen Asche bedeckt ist, ein Jahr lang das Feuer hält. Eine so lange Zeitspanne wäre sicherlich ein Wunder, aber überhaupt eine lange Zeitspanne ist kein Wunder; denn seine Substanz ist ziemlich kompakt und fett und nicht anfällig für Verderb durch Gebrauch. Abgesehen davon, dass er in unserem Teil der Welt schlecht wächst, und wo er wächst, wird er Zeder genannt. Die Zeder unterscheidet sich vom Wacholder nur durch die Röte ihrer Früchte und durch ihre Größe.

Der Saft des Wacholders wird **Firnis**[60] genannt; er ist nützlich, um ihn auf Papier zu sprenkeln, damit die Tinte sich nicht ausbreitet; weil er trocken und dünn ist, absorbiert er Flüssigkeit und hemmt ihre Bewegung. Bimsstein, wie trocken er auch sein mag, brennt nicht, weil er dickflüssig und ohne Hitze ist. Auch hier gilt: Wenn Sie ein bereits zerkratztes Stück Papier nur mit dem Daumennagel zusammendrücken, wird die Tinte weniger verstreut, als wenn Sie Bimssteinpulver hinzufügen. Aus diesem Grund wird mit trockenem Firnis und Leinöl ein flüssiger Firnis hergestellt, der sehr gut geeignet ist, um allen Witterungseinflüssen zu widerstehen, weshalb er oft auf Gemälde aufgetragen wird. Früher wurden stattdessen sehr dünnes Wachs oder Eiweiß und künstlicher Zinnober oder Kreide sowie Salpeter verwendet. Mit Wachs schützte man die Bilder vor der Hitze der Sonne und den Winden sowie vor Schäden durch salzhaltigen Regen und Dämpfe. Mit Eiklar und Zinnober wurde neben dem Schutz auch eine purpurfarbene Hitze[61] beigesteuert. Aber Kreide und

[60] »vernix«.

[61] »calor purpureus«.

Salpeter geben einen herrlichen Glanz. Apelles schützte Bilder vor Staub und Schmutz und anderen Verletzungen mit einer sehr dünnen Tinte (diese Flüssigkeit wurde nach ihrem Gebrauch benannt, nicht nach ihrer Hitze) und fügte ihnen außerdem durch die Reflexion des Lichts eine große Klarheit hinzu. Zu all diesen Vorteilen unserer Zeit trägt auch der Firnis bei. In reiner Form erfreut er sich der Gunst, dass er die Farben nicht beeinträchtigt; er ist durchsichtig, sehr dünn, hell, sodass er die Farben aufhellt und nicht abstumpft. Er reflektiert das eigentliche Licht und ist so fest und haltbar, dass er Wasser, Salzlake, Wind, Staub und Sonne unbeschadet und dauerhaft standhält.

Aber, um auf meinen Bericht über Pflanzen zurückzukommen, eine häufig gestellte Frage ist: **Warum haben einige von ihnen krause Blätter** und andere Blätter, die einen Kopf bilden, wie es bei Kohlpflanzen der Fall ist? Der Grund ist die reichlich vorhandene feuchte Erde. Die Fasern wachsen später und sind erdig, aber die Substanz eines Blattes ist feuchter. Da sein Inhalt nicht leicht zu trennen ist, da er kompakt ist, biegt er sich und muss sich kräuseln. Die Pflanzen, die krause Blätter haben, sind von dieser Art: wie der Kopfsalat, der Alant, der Sauerampfer. Diejenigen, die ausgestreckt sind, sind entweder mit dünner oder magerer Feuchtigkeit ausgestattet. Die kopfigen sind sehr kraus oder eher träge, sodass sie sich nicht trennen, sondern sich zusammenschließen und um denselben Punkt herum ausdehnen.

Mir ist bewusst, dass ich mit meiner Darstellung der Pflanzen zu Ende gekommen bin, aber da ich die Zusammensetzung der roten und scharlachroten **Tinte** erklärt habe, werde ich auch die der übrigen Farben erklären. Blau ist aus blauer Erde oder dem Lapislazuli, Gold aus Purpurina oder Gold. Alle anderen Farben werden aus Metallen hergestellt, und zwar nach den beiden genauen Methoden, nach denen wir oben erklärt haben, dass Rot aus Zinnober gemischt wird.

Gewöhnliche schwarze Tinte, wird wie folgt hergestellt: Nehmen Sie ein Pfund frische, zerkleinerte Gallnuss, arabischen Saft und reife Ligusterbeeren, jeweils ein halbes Pfund. Weiche sie acht Tage lang in sechs Pfund Wasser[62] ein. Danach koche sie, bis ein Drittel des Wassers verkocht ist. Wenn es gekocht und vom Feuer weggezogen wurde, füge ein Pfund fein gemahlenes Grünsalz hinzu. Man mischt alles, bis es abkühlt, und nach zehn Tagen filtert man es durch ein sehr dichtes Tuch ab und bewahrt es auf.

In der Antike wurde der Ruß von Bädern und Öfen zum Schreiben von Büchern verwendet. Und jetzt verwenden die Drucker Ruß aus Flachsöl, zusammen mit dem Öl selbst. Ich weiß von jemandem, der ein sehr gutes Buch gemacht hat, aber sechs Monate später war es ganz von den Seiten verschwunden, mit großem Unheil. Der Grund dafür muss also untersucht werden. Wie wir wissen, bleiben erdige Dinge bestehen, aber nicht feuchte; und was verdünnt ist, verschwindet sehr schnell, daher löst sich Alkohol schnell auf. Kupfer, der zu Alkohol reduziert und mit zäher Materie vermischt ist, kann dies bewirken. Daher kann das, was als großes Wunder über Apollonius von Tyana berichtet wird, ganz ohne jedes Wunder geschehen sein (wenn die Geschichte tatsächlich wahr ist unter so vielen schamlosen Lügen und bloßen Fabeln des Philostratus): Er berichtet, dass er zweimal angeklagt wurde, aber der Text der von seinem Ankläger vorbereiteten Anklage wurde auf mysteriöse Weise unleserlich.

Aber Schriften werden auch ohne diese Tricks auf viele Arten gelöscht, entweder mit einem sehr dünnen Stahlklinge oder mit dem Staub unseres Alauns, den ich oft als nützlich empfunden habe, oder mit destilliertem Wasser, Grünsalz, Salpeter und Lärchensaft. Und das Aqua Secunda wird mit Wasser

[62] »sex libris aquae«.

gelöscht; wir werden es später für die Entfernung von Haaren beschreiben. Aber die Art und Weise der Anwendung erfordert mehr Wissen als die Entdeckung. Wenn nämlich Buchstaben mit Pulver gelöscht werden müssen, sollte das Pulver leicht mit den Fingern verrieben werden. Wenn sie mit einer Klinge entfernt werden muss, sollte sie schnell und sehr leicht angefasst werden. Wenn sie mit Wasser gelöscht werden sollen, muss man aufpassen, dass man das Papier nicht zerreißt, während man mit dem Abkratzen der Schrift beschäftigt ist. Zusammenfassend lässt sich sagen, dass man eine so heikle Angelegenheit nicht grob behandeln sollte.

Wir haben bisher über die Elemente, den Himmel, das Licht, die Gemische, die Metalle, die Steine und die Pflanzen gesprochen. Kommen wir nun zu den Tieren, und zwar zunächst zu den Insekten.

Buch IX: Über Tiere, die durch Verwesung entstanden sind

Es gibt zwei primäre Arten von Tieren: Die erste ist diejenige, die einen eingekerbten Teil hat und darin Leben bewahrt; sie wird Insekt genannt.[1] Das hat mit Unvollkommenheit zu tun, denn das Gleiche passiert bei Pflanzen. Die anderen sind die vollkommenen Tiere, auf die dies kaum zutrifft. Aber eine Gesamtdarstellung der Tiere bedarf einer tieferen Untersuchung, und zwar zunächst, warum die Tiere nicht so sehr in einer geraden Linie wachsen wie die Pflanzen, sondern in die Breite und Tiefe. Dann, warum die Natur einige Tiere aus Samen hervorgebracht hat, andere aber nicht. Und schließlich, warum sich manche Tiere von anderen ernähren, andere aber nur von Pflanzen. Es ist nicht dasselbe, ob die Tiere aus Verwesungsstoffen entstehen, ob sie unvollkommen sind oder ob sie Insekten sind: Eidechsen und Schlangen werden zu den Insekten gezählt und entstehen doch nicht aus Verwesungsstoffen, sondern aus Eiern. Und Vipern gehen aus einem Mutterleib hervor, obwohl sie aus Eiern geboren werden. Aber es ist das Tier, nicht das Ei, das geboren wird, denn es wird aus dem Ei im Mutterleib befreit. Mäuse wiederum entstehen aus fauligem Material, gehören aber nicht zu den Insekten. Außerdem besitzen viele Schlangen alle Sinne, und doch haben sie ihren Ursprung im Eiter als Materie. Und so ist es nicht unangemessen, dass ein vollkommenes Tier aus fauliger Materie entsteht, so wie umgekehrt ein unvollkommener Maulwurf aus einem Tier seiner Art entsteht.

Wir werden also hier die Schlangen, dann die Insekten besprechen. Diese Behandlung ist nicht rein und allgemein, aber da der größte Teil der Insekten auf diese Weise ohne Ei oder Gebärmutter (ganz zu schweigen von einem Elternteil) geboren wird, und ebenso die große Zahl der Schlangen, so habe ich mich entschlossen, alle diese hier zu behandeln. Außerdem, um auf meine geplante Diskussion zurückzukommen: Der Grund, warum Pflanzen meist gerade nach oben wachsen, Tiere aber nicht, die stattdessen in die Breite und in die Tiefe wachsen, liegt darin, dass die Feuchtigkeit der Tiere fetter ist und sich daher mehr in alle Richtungen ausdehnt; die Hitze der Pflanzen liegt in der Wurzel und treibt sie daher in die Richtung, in der sie mehr Kraft zum Ausbrechen hat. Wenn sie einmal ausgebrochen ist, kann sie nicht mehr so leicht von ihrer früheren Bewegungsrichtung abweichen. Das Ergebnis ist, dass in weicher Erde die Pflanzen dicker und weniger hoch werden, und umgekehrt in fester Erde in der Nähe von Gewässern, dass die Feuchtigkeit weniger fett ist.

Es muss gezeigt werden, **warum sich manche Tiere nur von Pflanzen, andere aber von anderen Tieren ernähren.** Es konnte nicht sein, dass es nur Tiere gab, die sich vom Fleisch anderer ernährten. Wenn eines das andere verzehrte und keine andere Nahrung zur Verfügung stand und sich immer etwas von den Abfällen am Ort ansammelte, würde die ganze Masse der Tiere zunächst an Menge und Zahl abnehmen und schließlich (und auch schnell) zugrunde gehen. Würden sich aber alle Tiere von Pflanzen ernähren, hätte die Natur keine Vollkommenheit erreicht, da das wichtige Blut

[1] »insectus« = eingeschnitten.

und Fleisch nicht aus zersetzten und wohltemperierten Elementen bestehen würde. Deshalb ist auch kein Tier, das sich nicht von Fleisch ernährt, weise und klug, außer dem Elefanten. So konnte die Natur weder weise Vögel noch Fische noch Tiere erschaffen, die lediglich Füße haben und Klugheit, Weisheit und menschliches Verhalten besitzen. Diejenigen Geschöpfe, die sich von Fleisch ernähren, stehen dem Menschen in ihrer Empfindungsfähigkeit näher als diejenigen, die sich von Pflanzen ernähren. Beispiele sind Hunde, Wölfe, Meerkatzen, Katzen, Löwen, Delfine, Bären, Adler.

So gibt es **drei Arten von Tieren, die sich durch ihre unterschiedliche Nahrung unterscheiden**: Einige, zum Beispiel Pferde, Esel, Ochsen, Schafe, Ziegen, ernähren sich nur von Pflanzen. Einige, zum Beispiel Löwen, Delfine, Panther, ernähren sich nur von Tieren. Einige, zum Beispiel Menschen, Meerkatzen, Hühner, Schweine, ernähren sich von beidem. Diejenigen, die sich von Tieren ernähren, sind, wenn man von den Tieren absieht, die ihnen als Nahrung dienen, freundlich zu den anderen, wie die Krähe zum Fuchs, die Lerche zu den Milanen, der Fuchs zur Schlange, das Krokodil zum Goldhähnchen oder der Barsch zur Meeräsche. Von den Tieren aber, die sich von Pflanzen ernährten und stumpfe Zähne brauchten, waren einige von Natur aus mit Hufen bewaffnet, zum Beispiel die Pferde, Esel und Kamele, andere mit Hörnern, zum Beispiel die Ochsen und Ziegen. Und da der Schutz durch Hufe und Hörner bei kleinen Tieren die Flucht verlangsamt und wegen ihrer schwachen Kräfte wenig hilft, hat die Natur ihnen beides vorenthalten, zum Beispiel den Hasen und Kaninchen. Aber alle wilden Tiere und die, die sich von Fleisch ernähren, stattete sie mit Zähnen aus, und zwar mit sehr scharfen Zähnen, außer bei den Vögeln, denen sie einen hakenförmigen Schnabel gab. Aber fast alle Tiere, die keine Zähne haben, wie die Vögel, oder die schwache Zähne haben, wie die Katzen und ähnliche Tiere, haben von der Natur starke, gebogene Krallen bekommen. So stattete die Natur die Fleischfresser mit Zähnen und Krallen aus, die sanfteren Tiere mit Hörnern oder Hufen, wenn sie groß waren, und die kleinen Tiere mit Schnelligkeit.

Wenn das nun deutlich geworden ist, bleibt mir noch zu erklären, **warum manche Tiere durch Verwesung, andere durch Vermehrung entstehen**. Der Grund für diesen Unterschied liegt darin, dass die Natur wollte, dass die Zeugung sehr kleine Dinge erfordert, und daher ursprünglich beabsichtigte, dass die Zeugung bei allen Tieren aus fauliger Materie erfolgen sollte. Da es aber lange dauerte, bis die vollkommenen Tiere vollendet waren, hätte die Materie nicht so lange ohne Bewegung aufrechterhalten werden können, vor allem nicht ohne ein Gefäß, das die im Laufe der Zeit auftretenden Veränderungen aufnehmen konnte. Es bedurfte also einer Gebärmutter oder einer Eierschale, in der der Fötus bis zu seiner Vollendung aufbewahrt werden konnte. Und auch hier geht es um die Zeugung aus Samen. Es ist also klar, dass die einzige Absicht der Natur die Entstehung aus dem Verfall und dessen schnelle Vollendung war. Der Rest wurde aufgezwungen und war nicht die Absicht der Natur, sondern kam später. Bei den Geschöpfen, bei denen die Zeugung ohne jede Hilfe möglich war (wie bei den Würmern in den Früchten), brauchte die Natur nichts; in anderen Fällen bedient sie sich des Unrats ohne bestimmte Materie, wie bei den Fliegen. Die vollkommeneren Geschöpfe entstehen aus einer bestimmten Materie, die das Tier selbst besudelt, wie die Bienen aus dem Honig, den sie mit ihrem Kot ausschütten, und die Hornissen in ähnlicher Weise aus wildem Honig. Andere Lebewesen brauchen ein Ei.

Am vollkommensten sind jedoch die, die im Mutterleib entstehen. In diesen fünf Ordnungen hat die Natur den Gipfel der Vollkommenheit erreicht. Die Frage, ob die Erzeugung von Dingen, die aus verfaulter Materie entstehen, immer weitergeht und ob sie jemals scheitern, ist eine Frage für mein Buch *De arcanis aeternitatis*. Denn Bücher sind, während sie gelesen oder geschrieben werden, der Geist; aber diese Dinge sind ewig.

So unterscheiden sich die Zeugungen aus Samen und die aus fauliger Materie dadurch, dass im Samen eine Materie vorhanden ist, die immer Hitze empfängt, wie die Hitze, aus der der Samen erzeugt wird. In anderen Fällen ist eine Hitze vorhanden, aber was geschieht, ist, dass die Materie entweder hier oder dort ist, sodass die Erzeugung solcher Dinge zufällig ist. Die meisten davon sind also sehr klein und unvollkommen; sehr klein, weil nicht viel Materie zur Hand ist, die zur Erzeugung geeignet ist, wenn sie zufällig gesammelt wird, und unvollkommen, weil eine solche Erzeugung wenig Ruhe hat und daher schnell erfolgt. Und was schnell gemacht wird, kann, wie bei Kunstwerken auch, nicht vollkommen sein.

Daher kann absolut kein Tier, das aus der Verwesung hervorgegangen ist, vollkommene und vollständige Sinne haben, obwohl es sie alle besitzt. Ihnen fehlen alle äußeren Sinne, und noch viel mehr die inneren, ja es fehlt ihnen völlig die Klugheit, und sie sind dumm. Die Bienen aber sind klug. Sie sind aus einer bestimmten Materie hervorgegangen, und es fehlt ihnen nicht an einem Elternteil. Oder wenn sie aus einem Kalb hervorgegangen sind, so ist es das Werk der Natur und nicht ihr eigenes, wie die Färbung der Blüten einer Hyazinthe, die kein vernünftiger Mensch der Klugheit der Pflanze zuschreibt, sondern der Natur. Ameisen scheinen zwar klug zu sein, stammen aber aus Samen und Eiern. Daraus folgt, dass kein Tier, das aus fauligem Material entstanden ist, erzogen oder gezähmt werden kann; das Prinzip des Lernens ist nicht in ihnen. Aber die Grundlage der Größe ist eine andere, und sie ist ein unzuverlässiges Maß, auch wenn die meisten Dinge, wie ich sagte, klein sind. Sie ist in der Tat auf die Art der Tiere zurückzuführen, nicht auf ihre Entstehung. Aber Aristoteles leugnet, dass solche Tiere entstehen, und er hat Recht, aber nicht, weil ein Tier einer anderen Art geboren wird, auf der Grundlage der Materie. Aber ich werde die wahre Ursache dafür erklären.

Die Fähigkeit zur Zeugung ist eine Verpflichtung der robusten und perfekten Tiere. Der Beweis dafür ist, dass sie keine verstümmelten und beschädigten und sehr kleinen Nachkommen hervorbringen, oder nicht oft. Von unvollkommenen, durch Alter oder Krankheit geschwächten oder noch nicht erwachsenen Lebewesen kann es keine Zeugung geben. So erzeugen die Tiere, die aus fauliger Materie entstanden sind, da sie meist schwach sind, keine Nachkommen. Oder wenn sie es doch tun, dann erzeugen sie etwas, das schwächer ist als seine Eltern, wie Läuse, Nissen und Mäuse. Mäuse erzeugen andere Mäuse, bei denen die Zeugungskraft so schwach war, dass sie nicht so etwas wie sich selbst erzeugen konnten.

Was also bleibt, ist, dass die aus der Verwesung hervorgegangenen Tiere sich meist gar nicht fortpflanzen; einige tun es, aber schwach, und nicht, um ihresgleichen hervorzubringen. Einige wenige in einer heißen Gegend wie Ägypten oder durch Glück sind robust und gehen in eine fortbestehende Art über und werden wie die übrigen Tiere vermehrt.

Diejenigen, die sich nicht fortpflanzen, sind nicht deshalb unfruchtbar, weil sie aus fauliger Materie entstanden sind, sondern weil sie nach ihrer Fortpflanzung unter die Vollkommenheit ihrer Art fallen, was dazu führt, dass die meisten von ihnen Ungeheuer sind. Damit ist die berühmte Frage geklärt, ob die Mäuse, die aus fauliger Materie erzeugt werden, von einer anderen Art sind als die, die durch Erbfolge erzeugt werden. Sicherlich nicht. Die Form ist dieselbe, und die Tätigkeiten, aber sie unterscheiden sich nur so, wie sich ein **Monster** von einem intakten Tier seiner Art unterscheidet. Niemand wird tatsächlich sagen, dass ein Mensch mit einem Auge oder mit sechs Fingern ein Tier anderer Art ist als ein Mensch; es ist ein monströses menschliches Wesen. Wir werden daher die Maus, die aus fauligem Material entsteht, eine schwache und monströse Maus nennen. Nissen sind also Monster, die aus Läusen entstehen, und alle diese Monster sind eigentlich keine Art. Ich bin ganz erstaunt über Aristoteles, denn obwohl er allem so viel Form, aber so wenig Materie zuschreibt, hat er in diesem Fall der Materie den Vorrang vor der Form gegeben. Bei dieser Unterscheidung zwischen den Tieren ist jedoch offensichtlich, dass für eine volle Form und Gestalt und Lebensweise nichts fehlt außer der Zeugungskraft, die auch bei kastrierten, schwachen, alten und zu jungen Tieren nicht vorhanden ist.

Aber wenn dies nur ein Fehler des Aristoteles war und nichts in seinem Kontext fehlt, sodass es eher die Schlussfolgerung anderer Leute ist, hat Theophrast sicherlich den Fehler korrigiert. Dieser Mann ist nach Galens Ansicht über Aristoteles zu stellen, und das zu Recht, wenn wir nur die Schriften beachten, die wir haben. Die Schlussfolgerungen aus den Schriften des Aristoteles (die an vielen Stellen korrupt sind) sind eindeutig. Die Seele wird durch die himmlische Hitze bestimmt, und alle Arten haben ihre eigene Zahl. Solange eine Art fähig ist, eine Form anzunehmen, wird sie durch die Materie nicht verändert. Abweichungen aufgrund der Materie, wie sie bei denen auftreten, die von Eltern erzeugt werden, sind auf Ungeheuer zurückzuführen. Wenn man sie aber auf die Arten zurückführt, gibt es Arten ohne jede Grenze.

Es gibt noch einen weiteren Beweis, denn wir sehen Fliegen in Italien, Deutschland, Indien und Äthiopien und anderen Regionen, die so weit voneinander entfernt sind, Fliegen, die aus so unterschiedlicher Materie erzeugt werden und sich doch in Form und Lebensweise ähneln. Wäre diese Kraft aber nicht im Himmel und würden aus unterschiedlicher Materie unterschiedliche Arten entstehen, gäbe es fast so viele Fliegenarten wie Fliegen. Es ist an anderer Stelle gezeigt worden, dass Dinge, die aus fauliger Materie entstehen, sich ewig fortpflanzen können.

Dann ist schon gezeigt worden, welche Tiere von verschiedener Art sind und welche einfach defekt sind und es verdienen, Monster genannt zu werden. Wir werden nun zeigen, dass kein Tier, das aus der Verwesung hervorgeht, zahm werden kann, sondern alle solche Geschöpfe ganz wild sind. Dies geschah ursprünglich, weil sie (wie gesagt) schwache innere Sinne haben; diejenigen, die zahm werden, sollten ein Vorstellungsvermögen und ein Gedächtnis besitzen, da sie blutlos sind; dies macht sie furchtsam; Furcht, wie wir später erklären werden, hindert sie daran, zahm zu werden. Außerdem sind sie meist kurzlebig; Tiere, die zahm werden sollen, brauchen Zeit. Und schließlich wird keine Spur dieser Zahmheit oder Vertrautheit von den Elterntieren übernommen, was sehr hilfreich ist, um die Tiere vorzuschlagen, die wir zähmen wollen. Wir werden dies später erklären. Und falls es von Bedeutung ist: Da alle diese Kreaturen ein unansehnliches und abstoßendes Äußeres haben, wird niemand die Vertrautheit mit ihnen wünschen, selbst wenn er hofft, sein Ziel erreichen zu können.

Aber einige von ihnen sind eindeutig von Nutzen für uns, wie z.B. Bienen, mit denen wir wegen des Nutzens zwangsläufig umgehen. Aber sie sind eher Insekten als Dinge, die aus fauligen Stoffen entstehen. Einige Insekten können fliegen, wie Bienen und Fliegen. Andere, wie Würmer und Eidechsen, leben in der Erde; andere, wie Ameisen, sind von unklarer Art; andere leben im Wasser, wie Tausendfüßler; andere fliegen und leben doch im Wasser, wie Fluss-Spinnen; andere leben im Wasser und auf dem Land, wie Krokodile. Von allen sind drei Arten am bedeutendsten: Schlangen wegen ihrer Größe, Bienen und Seidenraupen wegen der Arbeit, die sie verrichten. Dass **Schlangen** sehr groß werden können, beweist die Begebenheit, dass Marcus Attilius Regulus am Fluss Bagrada in Afrika eine 120 Fuß lange Schlange mit Kanonen tötete. Und zur Zeit des Kaisers Claudius fand man ein unversehrtes Baby im Bauch einer Boa, als diese getötet wurde. Schlangen dieser Art ernähren sich von Milch und säugen an Kühen. Man sagt auch, dass es Drachen gibt, die einen Elefanten ganz aussaugen und ihn so töten.

Auch in Calicut in Ostindien gibt es schlangenähnliche Tiere, d.h. mit Maul, Augen, langem Schwanz, ohne Haare, von der Größe eines Ebers, manchmal mit einem ziemlich großen Kopf, aber sie haben vier Beine und kein Gift. Auf der Insel Hispaniola in Westindien essen die Menschen solche Tiere, die Leguan[2] genannt werden, mit einem stacheligen Rücken, stimmlos, vier Beinen, dem Schwanz von Eidechsen, sehr scharfen Zähnen, größer als Kaninchen, von der Größe her wie Hasen, die ohne Unterschied in Bäumen, auf dem Boden und im Wasser leben. Sie halten tagelang den Hunger aus, ihre Haut ist mit verschiedenen Farben gezeichnet und glatt, wie die der übrigen Schlangen, der Bauch ist hoch wie bei den Vögeln, aber sehr breit vom Kinn bis zur Brust.

Es gibt auch so genannte **Gürteltiere**, die den mit Stirn- und Brustschmuck gezierten Pferden ähneln. Sie sind schildkrötenartig, wohlschmeckend, von der Größe eines Kaninchens, weiß und aschgrau gezeichnet; sie leben normalerweise in Erdhöhlen, die sie mit ihren Pfoten graben. Sie haben vier Beine, eine Haut und einen Schwanz wie eine Schlange; die Westindischen Inseln bringen sie hervor, in der Nähe derselben Insel. Im goldenen Kastilien sind **Vipern** häufig, zwanzig Fuß lang, der Kopf so groß wie der eines Kindes. Und im Königreich Senegal gibt es Schlangen von bemerkenswerter Größe ohne Beine und Flügel, und andere werden wie die erwähnte Boa gefunden. Sumatra bringt größere Schlangen hervor. Einst pflegten die Epidaurier sehr große Schlangen zu füttern und zähmten sie, daher auch die Erzählung von Alexander bei Lukian. Und die Römer waren dem Aberglauben verfallen, weil in der Äskulap-Statue eine Schlange versteckt war. Diese Schlangenart hat die Angewohnheit, sich zu verstecken, und kann dies lange Zeit tun, da sie wegen der Enge ihrer Eingeweide, ihrer geringen natürlichen Hitze und der Trockenheit ihres Temperaments mit wenig Nahrung zufrieden ist. Die Marktschreier und Gaukler wissen das und tragen sie in einer Holzkiste herum, und zwar ganz bequem mit ein wenig Kleie darin.

Aber der Grund für die Größe der Schlangen ist die Hitze der Region, denn Schlangen haben ein zähes Fleisch, das sie groß werden lässt. Auch Bäume wachsen sehr stark, weil sie eine kompaktere Substanz haben; das ist auch bei Elefanten so. Ihre kalte Natur behinderte früher die Schlangen, sodass sie nur in den heißesten Regionen eine solche Größe erreichen konnten. Diejenigen aber, die nicht mithilfe von Hitze wachsen können, müssen von sehr trockener Natur und daher sehr zerstörerisch sein. Man sagt, dass der **Regulus** oder **Basilisk** Menschen allein mit seiner Stimme oder seinem Blick töten kann. Wenn das stimmen sollte, muss jeder Geist von Luft durchdrungen sein, denn das Bild, das er mithilfe von Licht aussendet, kann keinen Anteil an Gift haben. Frauen können während ihrer Menstruation Spiegel verderben. Ebenso können Menschen und Tiere durch die Stimme oder den Blick von Schlangen beeinflusst werden. Es ist auffallend, dass Schlangen und andere giftige Tiere nicht im Klee leben oder auf der Lauer liegen, weil dieses Kraut für sie tödlich ist, so wie es für andere Tiere tödlich ist, und deshalb wird es an den heißeren Orten gesät. Auch Vipern, die im Wasser leben, behalten wenig oder gar kein Gift; sie können eigent-

[2] »Hyuana«.

lich nicht trocken sein. Aber Gift ist entweder ein Übermaß an Trockenheit oder es ist mit ihr verbunden. Nicht alle Schlangen sind also giftig, und auch nicht alle giftigen Tiere sind Krabbeltiere. Die Skorpione und Kröten und Spinnen und einige Krabbenarten in Westindien und einige Ameisen haben kein Gift, obwohl sie Beine haben, während Wespen und viele andere Kreaturen keines haben.

Unter den Spinnenarten gibt es nichts Wunderbareres als die **Tarantel**, die diejenigen, die sie gebissen hat, durch deren Erstarrung tötet. Es ist bekannt, dass Musik Erleichterung bringt, denn sie regt die Opfer zum Tanzen an. Das Tanzen vertreibt die Trägheit und mit ihr das Gift, das von Natur aus sehr kalt ist. Nach Platons Erzählung im *Phaidos* wurde Sokrates von seinem Henker zur Ruhe ermahnt, damit der Schierling die Kraft habe, ihn zu töten. Es ist also nicht die Musik, sondern die Anstrengung, die das Gift vertreibt, und die Opfer der **Vogelspinne** werden durch verschiedene Arten von Musik zur Anstrengung angeregt. Diese Art von Gift zieht nämlich den Geist ins Innere zurück, und der Geist wird von Natur aus durch Musik angeregt, wie es bei Pferden, Knaben und Idioten der Fall ist. Er wird also doppelt durch sie unterstützt.

Warum hat die Natur dann so wenigen Tieren mit Beinen **Gift** gegeben, und auch nicht viel davon? Das liegt daran, dass sie zu zerstörerisch wären, wenn sie starke Beine hätten, und so hat die Natur sie als langsame und kleine Kreaturen gezeugt. Eine Spinne auf den Westindischen Inseln wird so groß wie ein Sperling, weil dieses Tier von Natur aus (wie gesagt) kalt ist, was wir auch mithilfe von Gift erklärt haben. Aber wo sie größer sind, sind sie weniger giftig. Aus diesem Grund hat die Natur keinen giftigen Vogel geschaffen. Oder wenn sie einen geschaffen hat oder schaffen wird, so wird sein Gift schwach sein, wie das der Wespe, oder es wird kein großer oder langlebiger Vogel sein, oder er wird selten und klein sein oder in Wüsten leben. Es ist also klar, warum Schlangen keine Flügel und Beine haben.

Aber dies ist ein Punkt der Schlussfolgerung: Wird nach dem richtigen Grund gesucht? Wir haben gesagt, dass die Tiere mit Gift übermäßig trocken sind, und deshalb hat die Natur Hörner, Klauen und Knochen in ihren Körper eingebaut und sie nicht mit Federn geschmückt. Dementsprechend ist der Geruch von Schlangenkot in der Regel gut, ebenso wie der der riesigen Eidechsen, die Krokodil-Eidechsen genannt werden. Sie sind so groß wie ein Krokodil und von ähnlicher Form und kommen in Westindien und auch anderswo vor, aber selten in größerer Entfernung von dort. In der Tat riecht der Kot der Schlangen, die eine auf den Kopf gemalte Markierung haben, sehr gut. Der gute Geruch kommt, wie ich sagte, von der Trockenheit, aber Schlangen sind, wie ich sagte, von Natur aus trocken, und so ist ihr Kot wegen der Enge ihrer Eingeweide vorzüglich zusammengesetzt und riecht deshalb gut. Auch die Vipern, die unter Eichen leben, werden zu dieser Art gezählt. Man sagt, dass sie einen weißen Kamm wie eine Krone auf dem Kopf tragen. Es gibt sie in den Nischen von teilweise verbrannten Häusern, selbst bei den entferntesten Sarmaten, und zwar so viele, dass sie den neuen Bewohnern dieser Häuser Angst machen. Olaus Magnus erwähnt, dass die Schlangen Gift in verschiedenen Farben ausspucken und dass er als Junge seine Kleidung damit befleckt hat und dass bloße Haut davon nicht geschädigt wird.

Es gibt auch einige, deren Atem so weit zu riechen ist, dass er Moschus ähnelt. Diese befinden sich in Ostindien zwischen Calicut und Canonor. Aber aus dem doppelten Grund riecht der Geist nach Dung. Es gibt noch andere, äußerst unheilvolle Schlangen, die auf der Stelle töten, und diese werden Mandali genannt. Außerdem gehören sie zur Gattung der **Vipern**, da wir die gefährlichsten Schlangen als Vipern bezeichnen. Diese Art zeichnet sich durch einen breiten, hohlen Kopf in Form eines Rhombus, lebhafte

Augen, zwei Eckzähne aus; eine Kralle an der Nase oder am Schwanz; der Schwanz kurz, Körper kurz, von greller Farbe; Angriff und Bewegung schnell, Kopf aufrecht. Da das Gift dieser Art auch noch bei toten Exemplaren vorhanden ist, ist ihr Fleisch für die Zusammensetzung von Theriak geeignet.

Es gibt einige **giftige Tiere, die tatsächlich ihr Gift** beim Tod verlieren, wie tollwütige Hunde und Skorpione; einige behalten es, wie die Vipern. Und ihr Fleisch könnte keinen Nutzen in Theriak haben, wenn es völlig frei von Gift wäre. Woher sonst kommt das Anschwellen der Haut wie bei Aussatz[3] durch das Essen von Vipern, wenn nichts von ihrer Wirksamkeit darin erhalten ist? Einige Menschen sind beim Zerteilen von Ochsen umgekommen, die durch das Gift eines Tieres getötet worden waren und aufgeschwollen waren. Diese Menschen wurden von einer ähnlichen Krankheit befallen, aber einige entkamen nur knapp. Es scheint, dass diese Ansteckung auf tote Tiere übergeht. Bei Vipern gibt es aber noch einen anderen Grund: Das Gift bleibt wegen der starken Austrocknung potenziell erhalten, sodass man sie im toten Zustand ungestraft anfassen, aber nicht essen kann. Bei manchen Lebewesen ist nur ein Teil des Fleisches mit dem Gift behaftet, nicht das ganze, zum Beispiel der Stachel bei Skorpionen, die Zähne bei Hunden; diese verlieren ihr Gift beim Tod.

Und die Vipern werden je nach Region giftiger, wie in Numidien, wo sie sowohl heftiger als auch zerstörerischer sind, und die Skorpione ebenso, so wie die aus den Bergen schlimmer sind als die aus dem Wald. Andere werden durch die Nahrung giftiger, zum Beispiel diejenigen, die die roten Frösche, Kröten genannt, fressen. Ihr Blut wird durch die Nahrung beeinträchtigt, und ihre Gliedmaßen. Vor allem aber wird ihr Speichel giftig, und so hat man eine Methode gefunden, Pfeile zu vergiften: Die Zähne werden als Pfeilspitzen verwendet. Durch die Trockenheit häuten sich die Vipern mit ihrer trockenen Haut. Dasselbe widerfährt den Menschen, die an Aussatz leiden, nämlich dass die Haut durch die Ausdünstungen des verdorbenen Körpers trocknet und abblättert. Vipern häuten sich im Frühjahr, ausgetrocknet durch langes Fasten, so wie es Katzen tun; der Hunger trocknet den Körper aus und verdirbt die Körpersäfte, und sie beginnen die Häutung am Kopf.

Da die natürliche Praxis der Vipern dem nicht natürlichen Fall der an Aussatz Erkrankten ähnelt, muss das Fleisch der Vipern den an Aussatz Erkrankten helfen, so wie man Epileptikern hilft, indem man ihnen die Galle von Eseln oder Hirschen verabreicht. Wenn sich jemand die Augen jeden Morgen mit Schlangenextrakt einreibt, so sagt man, wird er nicht durch eine Verminderung der Sehfähigkeit oder Grauen Star beeinträchtigt. Weniger wahr, aber umso bemerkenswerter ist es, dass, wenn die Haut verbrannt wird, während der lichterfüllte Mond im ersten Teil des Widders steht, und die gesammelte Asche auf den Kopf des Patienten gestreut wird, schreckliche Träume zerstreut werden. Wird das Gesicht damit gewaschen, sieht man furchterregend aus; hält man sie unter der Zunge, erscheint man weise und beredt; legt man sie unter die Fußsohle, wird man von Fürsten und der Obrigkeit mit Wohlwollen betrachtet. Auch alle Schlangen, die entweder eine Klaue am Schwanz oder ein Horn auf der Stirn haben, sind übermäßig trocken und daher sehr tödlich. Damit Schlangen also Gift besitzen, mussten sie auf Haare, Federn, Beine und andere Dinge verzichten, und sie haben wenig Bedürfnis zu trinken und rote Augen zu haben.

Daher sind **fast keine Fische giftig**, aber wenn sie sich in einem sehr trockenen Bereich befinden, gibt es solche, wie z. B. Seehasen[4] und Meerspinnen[5]. Außerdem gibt es

[3] »elephantiasis«.

[4] »lepus marinus«.

[5] »araneus pisce«.

Wespen mit einem Stachel, der an der trockensten Stelle sitzt. Das zeigt, wie viel Schaden sie bei den übrigen Tieren anrichten könnten, wenn es mehr Schlangen gäbe, die laufen oder fliegen könnten, denn außer dem Tiger ist kaum ein Tier so raubgierig und schnell. Und Menschen können kaum Regionen bewohnen, in denen sich Schlangen wie Wurfspieße von den Bäumen stürzen. Schlangen haben ebenso wie Fische viele verschiedene Formen, sodass es ein Betrüger unserer Zeit gewagt hat, eine Schlange mit zwei Beinen und sieben Köpfen nachzubilden, wie es in der Apokalypse geschrieben steht: der mittlere Kopf länger und dicker, die übrigen, gleich weit von ihm entfernt, gleich und gleich groß; je weiter sie sich von ihm entfernten, desto dünner und kürzer waren ihre Hälse. Die Köpfe waren Vipernköpfe, die Augen hinter den Ohren, die Zähne sehr ähnlich wie Hundezähne, aber dünner, die vorderen klein, die seitlichen länger; die Zunge breit wie eine menschliche und der Kopf wie ein menschlicher Kopf; die Haut sehr hart, ungebrochen, mit knorpeligen Stacheln wie bei einem fleckigen Stör. Aus dem Körper ragten voneinander getrennte Hälse hervor. Der Schwanz war halb so lang wie der ganze Körper, wie der Schwanz von Schlangen. Sie fügten lebende Exemplare hinzu, die sie gefunden hatten, und zwar von beiden Geschlechtern; aber als ich das für eine Erfindung hielt, weil ich meinte, dass zwei Prinzipien nicht in einem Tier derselben Art vorhanden sein könnten, geschweige denn mehrere, und dass die Hydra eine Erfindung sei, erklärte mir der gelehrte Johannes Meona aus Pisa die ganze Sache. Ich meine, dass dieses Monster in Mantua untersucht wurde, es war eine ausgedachte Fiktion. Ich wüsste allerdings nicht, welches das größere Wunder wäre: dass es von der Natur hervorgebracht wurde oder dass es von der Kunst so geschickt erfunden wurde. So groß ist die Macht des fürchterlichen Goldhungers.

Aber es ist eine weit verbreitete Frage, ob ein Tier zwei oder mehr Prinzipien haben kann. Der **Salamander** ist ein sehr bekanntes Tier (und Eidechsen sind fast genau dasselbe), das in Quellen, den Zwischenräumen von Mauern und unter der Erde gefunden wird. Er ist auch in Italien sehr häufig, vor allem in der Nähe von Padua, wo ich einmal einen sah, als ich das Bett eines Baches durchquerte. Er sah aus, als sei er mit Kieselsteinen bestreut. Er war von fleckiger, gelblicher Farbe und hatte fast einen Schlangenschwanz, der selbst von kleinen Feuern kaum berührt wird und sie durch Ausstoßen von Feuchtigkeit löscht. Wenn er in der Mitte zerteilt wird, geht er mit dem vorderen Teil nach vorne und mit dem hinteren nach hinten. Deshalb wird angenommen, dass er zwei Bewegungsprinzipien besitzt. Es bedarf aber eines klaren Beweises, wie ein Tier zwei Bewegungsprinzipien haben kann und wie nicht.

Es spricht also nichts dagegen, dass manche Ungeheuer mit zwei Köpfen geboren werden, denn auch solche Kinder hat es gegeben, wie wir weiter unten erklären werden. Was die Natur bei manchen Menschen bewirkt, kann sie erst recht bei den unvollkommenen Arten bewirken. Es wurde bereits gezeigt, dass es monströse Arten gibt, die tatsächlich von diesen Tieren geboren werden, die aus der Verwesung hervorgehen. Solche Geschöpfe haben die Ähnlichkeit einer Art, sind es aber nicht; sie sind Tiere, die durch ein Erzeugungsprinzip verstümmelt sind. Es ist unmöglich, dass die Natur in Bezug auf das System ihrer Bestimmung nicht richtig funktioniert, wenn sie in keiner Weise behindert wird. So ist es ein Zufall, wenn ein Tier zwei Köpfe hat, obwohl es bei einer Anzahl von Tieren nach derselben Form vorkommt. Alle diese Tiere entstehen aus denselben Tieren nach ihrer Art und aus solchen, denen dasselbe Instrument fehlt. Aber Salamander sind keine Monster, noch besitzen sie mehr als ein Bewegungsprinzip. Aber wenn sie in zwei Teile gespalten sind, haben sie ein sehr mangelhaftes Vorstellungsvermögen. Ist das verwunderlich, da sie bei normaler Gesundheit über ein schwaches Empfindungsvermögen verfügen?

Ich beziehe mich auf die äußere Empfindungsfähigkeit; was soll man über die innere sagen? Der Grund für diese Art des Fortschreitens ist, dass sie zwar eine sehr schwache Vorstellungskraft haben, diese sie aber anleitet, Leid und Schaden zu vermeiden. Wenn ihr Körper in zwei Teile geschnitten wird und ein Teil vom anderen abgetrennt wird, empfinden beide Teile Schmerz; so meint der vordere, die Wunde sei hinten, und der hintere, sie sei vorne. Damit beide Teile dem Schmerz entgehen können, bewegt sich der vordere Teil nach vorne und der hintere nach hinten. So entsteht der Anschein, dass ein Tier zwei Bewegungsprinzipien besitzt. Kein Tier (außer einem monströsen, von Natur aus unvollkommenen) kann also natürlicherweise zwei Köpfe besitzen, sowohl weil die Natur nicht mit zahlreichen Mitteln das tut, was mit weniger vollendet werden kann, als auch weil ein solches Tier mit sich selbst uneins sein und streiten könnte. Dies sind die überzeugenden und anschaulichen Gründe, die in meinen Büchern *De arcanis aeternitatis* ausgeführt werden.

Aber Sie werden sagen: **Krabben bewegen sich nach beiden Seiten**, haben aber die Füße nach vorn gerichtet, bewegen sich also nicht nach einem Prinzip nach beiden Seiten; hätten sie ein Prinzip der Bewegung nach beiden Seiten, so hätten sie Sinne auf beiden Seiten und damit Instrumente der Bewegung. Diese Tiere sind von Natur aus geteilt, sie sind rechts und links, und auch ihre Sinne sind nach den Seiten verteilt, und auch nach vorne und hinten. So leben sie ein gespaltenes Leben und sind weit davon entfernt, perfekt zu sein, weil ihnen viel Hitze fehlt. Der Beleg dafür ist das, was Leo Africanus erwähnt, was in Ägypten geschah: Ein Mann wurde vom Henker zur Strafe in zwei Teile geschnitten und mit dem oberen Teil auf eine Feuerstelle gelegt, auf die man Branntkalk gestreut hatte, er überlebte eine Viertelstunde und erkannte Menschen und gab Antworten. So behält ein Tier überall seine Empfindungen, sofern seine Hitze es zulässt, und behält auch jede Funktion, wenn dessen Instrument nicht zugrunde gegangen ist. Auf diese Weise kann man so viele Aussagen von Leuten klären, die nicht akzeptieren können, dass ein Tier ohne Kopf leben kann, und von anderen, dass man ohne Herz leben kann. Ohne Kopf können sie nicht fühlen, sind aber lebendig; ohne Herz fühlen sie, aber ihre Hitze und Bewegung und ihr Leben gehen sehr schnell aus. Wenn also ein Tier in zwei Hälften geteilt wird, bleibt seine Empfindung bestehen, solange seine Hitze erhalten bleibt. Aber die Insekten, die wenig Hitze brauchen, leben und bewegen sich und haben unvollkommene Vorstellungen, solange das Leben oder die Lebenswärme bestehen, etwa ihre Fähigkeit, sich die Zukunft vorzustellen. So bewegen sich die Teile eines Salamanders in verschiedene Richtungen, um Schmerzen zu vermeiden (das betrifft die Zukunft), wie man sagt.

Aber um zu meinem Plan zurückzukehren: Der Scharlatan zeigte eine andere Schlange, die er einen **Drachen** nannte, halb so groß wie die vorherige. Sie besaß zwei untere Gliedmaßen, alte Beine, einen Hals und einen Kopf wie eine Schlange. Er hatte zwei kleine knorpelige Flügel wie eine Fledermaus, und wegen der schlechten Qualität dieser Flügel würde ich nicht glauben, dass er fliegen könnte, selbst wenn er lebendig wäre. Es gab jedoch keinen Zweifel, dass es sich um einen Drachenfisch handelte, aber um einen, der als eine andere Art beschrieben wurde, mit eingefügten Beinen.

Wir haben einen echten Drachen gesehen, als wir bei unseren Freunden, den Madios, waren, mit einem langen Schwanz und Hals; auf dem Hals gab es zwei Stacheln auf der Seite, und auf dem Schwanz die gleiche Anzahl von Federn oder eher Stacheln; diese und alle anderen waren wie die Zähne eines kleinen Welpen. Sie waren am Schwanz in dreifacher Reihe angeordnet, sechzig an der Zahl. Und einige zwischen den Flügeln und auf dem Rücken, und vor dem Beginn des Schwanzes einzelne auf beiden Seiten. Große Flügel aus Membran, wie die von Fledermäusen; es war wie die Haut eines Engelshais, mit der sein ganzer Körper bedeckt war. Der Kopf war klein und mit der gleichen Haut bedeckt, ebenso wie die gesamte Wirbelsäule, aber mit einer Art Schnabel versehen. Aber auf dem Kopf saß etwas, das einer Art Filzhut ähnelte. Das Maul war weit und vollständig geöffnet; die Lippen waren mit knöchernen Körnchen verdickt. Die Eckzähne waren auf beiden Seiten gepaart: einer im Oberkiefer, der andere im Unterkiefer. Mittelzähne wie bei den Hunden, ziemlich kurz. Einzelne Backenzähne am Oberkiefer auf jeder Seite hatten einen Platz auf dem unteren Teil der doppelten Zunge, und ich glaube nicht, dass die Zunge beschädigt war. Die Augenhöhlen sehr weit. Aber dieser Scharlatan besaß auch zwei lebende Schlangen, die von der Art der Viper waren, zwei Ellen lang, mit einem violetten Schwanz, glänzend und gelblich, Kralle oder Horn an der Nasenspitze, nach oben gebogen; der Rest der übliche Vipernkopf, Augen und Zähne.

In meinen Händen habe ich ein weiteres Exemplar, das fast genauso aussieht und fast frei von jedem Verdacht ist, künstlich hergestellt worden zu sein. Aber es hatte keine Flügel. Es wurde in den Nischen eines abgerissenen Hauses in Mailand gefunden. Der Kopf hat die Größe eines Eis und ist im Verhältnis zum Körper sehr groß. Ich habe einen Knochen davon bei mir behalten. Zähne wie Vipernzähne in beiden Kiefern; Körper von der Größe einer Eidechse und von ähnlicher Form. Aber nur zwei untere Gliedmaßen und kurze Unterschenkel, sodass es offensichtlich ist, dass es von der Natur nicht bequem genug konstruiert wurde, da für eine solche Länge vier Beine erforderlich gewesen wären; aber sie sind groß und mit großen Krallen, wie sie Katzen haben. Der Schwanz entspricht der Länge des ganzen Tieres; an seinem Ende befindet sich ein Knubbel, der so groß ist wie der Kopf einer italienischen Eidechse und fast abgerundet. Ich könnte mir vorstellen, dass er zu den Basilisken gehört. Wenn er aufrecht steht, könnte er wie ein Hahn aussehen, nur dass er mit Haut und nicht mit Federn bedeckt ist und keine Flügel hat.

Aber lassen wir das beiseite und **kehren wir zu den Bienen** zurück. Sie entstehen durch Vermehrung, und zwar nicht nur aus dem Verfall von irgendetwas, sondern von Ochsen, so wie Wespen aus Pferden, Drohnen aus Eseln und Hornissen aus Maultieren entstehen. Wenn also einzelne Gegenstände verwesen, scheinen sie eine entsprechende Tierart hervorzubringen. Eine Art von Raupe entsteht aus Nachtschattenblättern und befindet sich dann in einer Jasminpflanze. Er ist von grüner und spreuähnlicher Farbe, hat einen Umfang von weniger als einem Daumen, ist länger als eine Handfläche, an der nach oben gerichteten Seite grün und hat drei schwarze Beine auf jeder Seite in der Nähe des Kopfes. Unter seinem Bauch hat er auf jeder Seite vier Auswölbungen, die er anstelle von Händen benutzt, um sich sicher zu befestigen.

Anstelle eines Schwanzes trägt er ein Horn von dieser Form und Größe, von gelblicher Farbe, das mit weißen Körnchen übersät ist. Doch seltsamerweise verschwindet dieses, wenn das Tier vergeht, und dann trägt er auf beiden Seiten neun schwarze Flecken, die das Aussehen von Löchern so gut imitieren, dass man eine Nadel bräuchte, um die Täuschung aufzudecken. Ein dünner, dunkler Schnabel mit zwei hakenartigen Gebilden auf jeder Seite, mit dem es jeden Tag so viele Jasminblätter verzehrt, dass ihr Gewicht dem des Wurms entspricht. Das Ergebnis ist, dass er Kot ausscheidet, der geruchlos, dunkel, glatt, abgerundet, gestreift und fast so dick

wie die Raupe selbst ist. Das Weibchen hat keinen Haken am Schwanz und dunkle Flecken auf beiden Seiten des Kopfes. Wie die anderen Vertreter seiner Gattung geht es in eine staubige, aschfarbene Seidenraupennymphe[6] über, die größte ihrer Art und träge in ihrer Lebensweise. Auch die Weide hat ihre Wanzen, und die Weinraute hat tödliche kleine Würmer: Die Pappel hat eine andere, und die Tanne noch eine andere. Und so findet man, dass Vergil über den Ursprung der Bienen gesungen hat:

> Dann wird ein Ochse gesucht, der gerade seine Hörner auf einer Stirn von zwei Sommern Wachstum wölbt. Er kann sich noch so sehr wehren, man hält ihm beide Nasenlöcher zu und den Atem aus dem Maul; dann wird er zu Tode geprügelt, und sein Fleisch wird durch die unversehrte Haut zu Brei geschlagen. Während er so liegt, lässt man ihn in seinem Gefängnis liegen und streut unter seine Seiten gebrochene Zweige, Thymian und frische Kassia. Dies geschieht, wenn die Zephiren die Wellen zu regen beginnen, bevor die Wiesen mit ihren frischen Farben erröten, bevor die schnatternde Schwalbe ihr Nest an die Dachsparren hängt. In der Zwischenzeit gärt die Feuchtigkeit, die sich in den erweichten Knochen wärmt, und Geschöpfe von wundersamer Weisheit, zuerst fußlos, bald auch mit schwirrenden Flügeln, schwärmen aus, und mehr und mehr zerlegen sie die leichte Luft, bis sie wie ein Schauer, der sich aus den Sommerwolken ergießt, hervorbrechen, oder wie Pfeile aus dem Rückstoß der Sehne, wenn die leichtbewaffneten Parther zur ersten Schlacht antreten.[7]

Aber obwohl Aristoteles unsicher genug über ihre Entstehung ist, steht fest, dass weder Honig noch Bienenwachs aus irgendeinem anderen Tier entstehen können; Honig muss notwendigerweise aus dünner Feuchtigkeit, gemischt mit Fettigkeit und Tau, entstehen. Es müssten also kleine Tiere sein, die sich niederlassen würden (fliegende Tiere, die schnell zurückkehren würden, die viel sammeln würden, was sehr klein ist), ernsthafte Tiere, die eine Aufgabe genau erledigen würden. Aber solche Lebewesen könnten kein Ei ausbrüten, und so entstehen Bienen aus Honig. Diese Art gedeiht auch in sehr kalten Regionen durch einen klugen Plan der Natur: Sie halten Winterschlaf. Und so gibt es in der Region Moskaus eine Fülle von Honig und Bienenwachs, genug bis zum Überdruss. Die lange Dauer der Tage dort entschädigt für die Kälte der Region; er ist achtzehn und mehr Stunden lang.

Die Art und Weise, wie in einem heißeren Klima **Seidenraupen** erzeugt werden, unterscheidet sich nicht von der Art und Weise, wie Bienen aus Ochsen erzeugt werden. Offensichtlich wusste Aristoteles dies, er sagt nämlich:

> Pamphyla, die Tochter des Plates auf der Insel Kos, lehrte als erste, wie man Seidengewänder aus einem von einer Seidenraupe hergestellten Faden webt.

Dieses Tier wird ursprünglich von einem Wurm seiner Art geboren, der Hörner hat; dann entsteht daraus eine Raupe, danach eine Seidenraupe, dann eine Seidenraupennymphe, wobei die ganze Umwandlung in sechs Monaten vollzogen wird. Er ist wie ein Schmetterling, aber er produziert Eier aus der Kopulation von Männchen und Weibchen. In der Zwischenzeit frisst er nichts, sondern vertilgt die produzierten Eier. Er fliegt nicht, außer um einen Sprung zu imitieren. Und es ist erstaunlich, dass, als dies vor langer Zeit bekannt wurde, Seidenbekleidung so wertvoll wurde.

Procopius berichtet, dass Mönche während der Regierungszeit des Kaisers Justinian (und damit etwa 840 Jahre nach Aristoteles) die Eier einiger Würmer aus der Stadt Serinda in Indien importierten, und Vergil sagt:

[6] »necydalus«.

[7] *Georgica*, 4, 299-314;

> Die Chinesen erkennt man an ihrer Seide, nicht an ihren Gesichtern.

Und an anderer Stelle:

> Die Chinesen kämmen ihre dünne Seide mit Blättern aus.

Und Plinius:

> Die Chinesen sind berühmt für die Wolle, die sie in ihren Wäldern finden; sie tränken sie in Wasser und kämmen einen weißen Belag von den Zweigen ab.

Ich glaube jedoch, dass unsere Seide die berühmte ist, die von den Alten gerühmt wurde und Aristoteles bekannt war (wie ich schon sagte). Aber die Fäden wurden aus Indien gebracht, begleitet von einer bestimmten Art der Pflege, wobei die Tradition, oder was Pamphyla lehrte, ausstarb. Die Menschen webten sie seit dem Siegeszug Alexanders, führten aber nicht die Seidenraupen ein.

So gelangten unter Justinian sowohl die Eier als auch die Kunst der Aufzucht durch die Mönche zu uns. In der Zwischenzeit, während sie in Vergessenheit geraten waren, waren die Alten davon überzeugt, dass die Fäden aus einer Ablagerung auf den Ästen der Bäume gekämmt wurden. Entweder schien dies wahrscheinlicher, oder weil Seidenraupen dort spontan in den Wäldern entstehen, oder weil die Bewohner hofften, auf diese Weise die Herkunft der Seide besser verbergen zu können. Aber dank dieses Kaisers und seines Onkels erfuhr die ganze Welt davon und es wurde allgemein bekannt, dass es keine andere Art von Seide gibt als die chinesische. Die Seidenraupen sind also äußerst nützlich, gleich nach den Bienen.

Heutzutage werden Tiere zu uns gebracht, um eine purpurfarbene Seide herzustellen, Tiere, die wie Wanzen ohne Kopf aussehen, und wegen ihnen ist der Preis für rote Seide um die Hälfte gesunken, denn früher wurde sie aus kleinen Würmern hergestellt, die auf der Wurzel der Pimpernelle wachsen. Und es gibt Tiere, die transportiert werden und von der Pimpernelle geerntet werden; der Beweis ist faules Fett an der Pimpernelle und ganz faules Fett an den Würmern. Diese Materie ist fett, sodass sie fest klebt, und sie ist blutfarbig, sodass sie eine lebendige Farbe behält; die purpurne Farbe wurde einst aus einem Tier gewonnen. Aber die Würmchen stammen aus der Pimpernelle in Deutschland und sind mit Butter vermischt, sodass man nichts als faulenden Dreck erkennen kann. Aber ein fettes Ding bewahrt die Farbe für ein anderes fettes Ding, während die Substanz verwest. Für jedes Pfund Seide braucht man vier Pfund dieses Stoffes oder von der indischen Art kaum ein halbes Pfund, denn sie ist rein und trocken, und so ist ihre Farbe weniger anhaftend und lebhaft. Würde sie aber durch etwas Fettstoff konserviert, so würde die Farbe zweifellos heller und länger anhaltend sein; es ist eigentlich unvermeidlich, dass mit der unnützen Feuchtigkeit auch etwas Nützliches verschwindet. Bei der Herstellung dieses Purpurs werden gewöhnlich viele Dinge zugesetzt, so scharfsinnig ist das menschliche Gewinnstreben, unter anderem Weinstein, Arsen, Alaun, Nussgalle, Zedernholz, Seifenschaum und Kleiecreme.

Heuschrecken scheinen dagegen zum Nachteil der Menschheit vorgesehen zu sein; sie sind nicht überall zu finden, da diese Plage praktisch auf Afrika beschränkt ist, und, was noch bemerkenswerter ist, sie verrichtet ihr Werk fast ausschließlich im Wechsel der Jahre. Wie durch ein Wunder bedecken die Heuschrecken den Himmel wie eine dichte Wolke. Regionen, über die diese Katastrophe hereingebrochen ist, werden in einer einzigen Nacht in ihrer Ernte und in jedem Trieb verwüstet. Man könnte sagen, dass es die ganze Nacht geschneit hat, wenn sie so strahlend weiß wären, wie sie in Wirklichkeit dunkel sind. Ihre Form ähnelt der der italienischen Heuschrecken, aber von dunkelroter Farbe, ein wenig größer und mit der Fähigkeit zu fliegen. Manche meinen, dass sie aufgrund ihrer Häufigkeit und der Entfernung zu ihrer Heimat von den Winden über das Meer zu uns getragen werden und nicht aus eigenem Antrieb. Sie werden in der Nähe von Sümpfen erzeugt, und während sie in kultiviertes afrikanisches Land fliegen, erzeugen sie nichts oder nur sehr wenig. Diejenigen, die in den Sümpfen zurückbleiben, können sich nicht so stark vermehren, sodass sie zur Nahrungssuche ausfliegen müssen, sich aber mit Reisig und Sumpfkraut begnügen. Dies hat zur Folge, dass sie in der Regel nur in abwechselnden Jahren in eine Provinz eindringen, und das auch nur sehr selten. Diejenigen, die die Provinz verlassen, wenn die Ernte verzehrt ist, und die gezwungen sind, zur Nahrungssuche auszufliegen, werden vom Wind ins Meer geschleudert. Manchmal, wenn die Winde hartnäckig und die Heuschrecken stark sind, werden sie bis in die afrikanischen Regionen getrieben, ein Unglück, das in Sizilien und später in Italien nicht unbekannt war. Im Jahr 1543 sahen wir sie in Italien; sie suchten das Ackerland von Turin heim, ein unglücklicherer Verlust als jeder andere. Diese Region wurde in den folgenden fünfzehn Jahren von einem endlosen Krieg verwüstet, obwohl sie zuvor sieben Jahre lang in Bedrängnis gewesen war. Durchgehend von der ersten bis zur sechsten Stunde haben die vorbeiziehenden Geschwader die Sonne verdeckt. Die Erfahrung zeigt, dass sich die Anstrengung, die Eier durch Feuer zu vernichten, lohnt, weil ihnen die Nachkommenschaft entzogen wird. Aber wenn man sich nicht anstrengt, wird man feststellen, dass diese Katastrophe im folgenden Jahr wieder aufflammt, und zwar mit größerem Ärger. Zusätzlich zu der unvermeidlichen Unfruchtbarkeit besteht auch die Möglichkeit, dass die Pest eingeschleppt wird, und eine Vorahnung des kommenden Krieges.

Dennoch sind sie für manche Leute von Nutzen; nichts aus jeder Richtung ist so glücklich oder so unwillkommen. Die Araber und die libyschen Völker machen die von der Sonne getrockneten Heuschrecken zu Brot; sie essen auch frische. Kein Wunder, denn Moses, der bei der Auswahl der Nahrungsmittel sehr einfallsreich war, erlaubte den Hebräern, Heuschrecken zu essen, da sie gesund seien. Und Johannes der Täufer ernährte sich in der Wüste von ihnen, zusammen mit wildem Honig. Menschen, die keine Erfahrung mit der Natur der Dinge haben und sie nicht kennen, wundern sich darüber und erfinden viele böse Geschichten, dass ein einzelner Mann in der Wüste keine Heuschrecken essen konnte. Tatsächlich haben einige deutsche Soldaten, die gut mit Vorräten versorgt waren, die Seidenraupen, die wir in der Hoffnung auf Seide gezüchtet hatten, gebraten und als Leckerbissen gegessen, und das mit Recht, denn Dinge, die harmlos sind, sind auch frei von fauligem Geschmack und Geruch und haben sie nur angeblich. Die Italiener essen tatsächlich Quappen[8], die sich von den Würmern nur durch die Farbe unterscheiden, denn die Quappen sind dunkel, die Würmer aber rot. Und sie gelten als Delikatesse, obwohl sie wie Heuschrecken und Seidenraupen aus Verwesung, nicht aus Eiern entstehen. Ähnlich essen wir Austern und Muscheln so gern, dass wir sie sogar roh verzehren, Austern und Muscheln, von denen wir wissen, dass sie aus Verwesung entstanden sind. Abgesehen von diesen dreien kenne ich kein Tier, das allein aus Fäulnisstoffen stammt und kulinarisch verwendet wird. Die Deutschen verabscheuen Frösche (die Fische mit einer Stimme sind), aber unsere Leute essen ohne zu zögern diejenigen, die Kröten ähneln und allein durch ihr Aussehen abstoßend und durch ihre Ähnlichkeit mit Kröten auch gefährlich sind. Solche Macht hat die Sitte in allen Fällen. Es ist aber nichts Bemerkenswertes dabei, aus Heuschrecken Brot zu machen. Wenn sie trocken sind, gehen sie leicht in Mehl über und haben eine leichte Substanz und enthalten feuchtes Fett, was als gemeinsames Merkmal aller Tiere deutlich gesagt

8 »mustelas«.

wurde. Wenn man also die Heuschrecken mahlt, zerstampft und einkocht, kann man aus ihnen ein ausgezeichnetes Brot machen.

Ich sage »ausgezeichnet«, nicht im einfachen Sinn, sondern für die Regionen und Menschen, die rustikal und wild sind, die nichts Gutes haben. Die feuchte Fettigkeit bleibt erhalten, während die Wässrigkeit von der Sonne ausgetrocknet wird; und das ist kein Wunder, denn es ist die Art von Feuchtigkeit, die sogar gegen Feuer immun ist und nicht brennt. Andernfalls würde verbranntes Kupfer kein Öl freisetzen, aber das tut es, weil diese Feuchtigkeit mit seiner Substanz verbunden ist; wenn eine Eisenstange Feuer fängt, würde, wenn die gesamte Feuchtigkeit brennen würde, das Eisen nicht gelöscht werden, aber die Asche schon. Es gibt also eine Art Öl, ein fettes, feuchtes Öl, das nicht leicht Feuer fängt. So ist die Feuchtigkeit der festen Metalle, wie Eisen, Gold, Kupfer, Quecksilber.

Aber obwohl einige von ihnen kleiner als Bienen sind, warum können sie (ich meine Ameisen, Schmetterlinge und Heuschrecken) **Eier legen**, aber Bienen nicht? Der Grund dafür ist, dass sie bei der Eiablage nicht fliegen, sondern die Form einer Raupe oder einer Aurelia beibehalten oder zusammen mit diesen untergehen, wie es bei Seidenraupen und Heuschrecken der Fall ist; Eier in solch winzigen Tieren würden den Flug behindern. Da es also für die Bienen besser wäre, langlebig zu sein, weil sie so außerordentlich nützlich sind, wurde ihr Leben in der Tat bis ins siebte oder sogar achte Jahr verlängert, und es wurde ihnen unmöglich, Eier zu legen. Und wir sollten akzeptieren, dass nicht nur solche winzigen Lebewesen, sondern auch größere Tiere, ja, alle Tiere, ihren Ursprung im Zerfall haben, denn es ist unbestritten, dass Mäuse und Süßwasserfische spontan entstehen. Da, wie gesagt, die Verwesung zuerst eingetreten ist, wird das Fettige von der Asche getrennt, und die Hitze ergießt sich sofort in eine Seele, die dieser Materie entspricht. Deshalb setzen alle Tiere, die aus fauliger Materie entstehen (wie Motten und Würmer und Asseln), den Schmerzen, die überall entstehen, eine Grenze, abgesehen von allem anderen, was sie tun. Sie kommen nämlich aus sehr heißer und feuchter Materie. Es ist daher nicht verwunderlich, wenn **Spanische Fliegen** dies nicht tun, sie entstehen tatsächlich aus Eiern. Statt dieser Kräfte haben sie andere: in mäßiger Dosis erzeugen sie sexuelle Erregung und eine sehr starke Erektion. In größerer Dosis verletzen sie die Blase und erzeugen Blut im Urin. In noch größerer Dosis machen sie Menschen verrückt.

In gleicher Weise sind die **Großen Leuchtkäfer** (lampyris auf Griechisch), die Italien hervorbringt, so groß wie Fliegen, aber dünner und vergleichsweise länger, in Sommernächten fliegend und glitzernd, mit sechs Beinen, mit Flügeln, die härter sind als die von Fliegen, sind eigentlich von der Art der Hornissen, mit sehr weißen Eingeweiden. Die äußere Haut so gut poliert, dass sie während des Lebens glänzt. Sie leuchten so stark, dass ich manchmal in der Dämmerung geschriebene Briefe lesen konnte, als hätte ich die Hilfe einer Kerze. Sie verwandeln sich von der Raupe in das Glühwürmchen, oder (was eigentlich wahrscheinlicher ist) vom Glühwürmchen in die Raupe. Da die Raupe größer als das Glühwürmchen ist und weniger leuchtet, als wäre sie im Alter abgenutzt, werden die Eier wahrscheinlich zu diesem Zeitpunkt abgelegt und nicht während des Fluges.

Die Lektion dieser Tiere für uns ist, dass eine Flüssigkeit entstehen kann, die in der Lage ist, **in der Dunkelheit zu leuchten**; das ist es, was in den verrottenden Dingen vorkommt, die ein Höchstmaß an strahlendem Weiß, Licht und Durchsichtigkeit haben. Ich bin mir sicher, dass dies geschehen kann, aber ich bin mir noch nicht sicher, aus welcher Quelle oder wie. Aber eine Erklärung kann von den Quallen abgeleitet werden. Wenn man sie auf Hölzer streicht, lässt sie diese nachts wie Fackeln leuchten. Die

Ursache ist die feuchte Fettigkeit, die das Leuchten erzeugt, und die darin enthaltene Leuchtkraft. Dinge, die glänzen und nicht lange von der Wirkung der himmlischen Hitze entfernt sind, leuchten in der Nacht. Dies wird also die Erklärung für solche Erscheinungen sein. Folglich leuchtet die Rinde von Eichen und alles, was feuchtes, festes Fett aus der Verwesung aufnimmt, nachts wie ein Feuer, während es verrottet. Ähnlich verhält es sich mit morschem Holz und Baumpilzen; sie sind von einem stark glänzenden, trockenen Weiß.

Ein noch größeres Wunder als das Glühwürmchen stellt der **Cucujo**[9] dar; Hispaniola in der Neuen Welt bringt dieses Tier hervor, das offensichtlich zur Gattung der Käfer gehört. Seine Größe gleicht der unserer Käfer, die wir wegen ihrer Hörner Hirschkäfer nennen. Er fliegt so viel wie das Glühwürmchen, und sein Körper leuchtet, aber seine Augen noch viel mehr, sodass sie einer Kerze ähneln. Sie sind sehr groß und auffallend im Vergleich zu seiner Körpergröße. In ihrem Licht kann man lesen und schreiben, die Indianer pflegten allein mit ihrem Licht Feste zu feiern. Sie enthalten in sich ein so großes und helles Licht, dass man kein größeres Wunder finden oder brauchen kann. Wenn ihr Leben abnimmt, erlischt es, und das ganze Leben geht mit ihm unter, so eng ist seine Kraft mit der lebendigen Seele verbunden. Die berühmte Flüssigkeit, die einst leuchtete, bleibt jedoch in ihren Augen und in ihrem Corpus, und wenn sie damit beschmiert werden, macht sie ihre Haut so rötlich und hell wie Holzkohle, entweder weil sie noch etwas Leuchtkraft behält, oder weil sie die Haut mit ihrer Hitze entzündet.

Wunderbar ist auch die **Pyrausta**, die wie ein Glühwürmchen leuchtet. Aristoteles berichtet, dass die Pyrausta zwischen den Feuern in den Schmelzöfen Zyperns lebt, so wie er über die roten haarigen Würmer im Schnee berichtete. Es wird gesagt, dass die Pyrausta in Feuern entsteht oder in ihnen ihr Leben verbringt, nachdem sie anderswo entstanden ist, was wahrscheinlicher ist und geglaubt werden sollte, da Feuer nichts erzeugen kann. Sie entstehen also aus der Schlacke am Boden des Feuers und des Schnees. Würmer sind sehr heiß und vertragen daher große Hitze, die Pyrausta ist dementsprechend sehr kalt. So entsteht die Pyrausta aus dem Zerfall der festesten Feuchtigkeit der Metalle, in einer Umgebung nahe am Feuer, um zu verhindern, dass die Feuchtigkeit durch das Feuer verdorben wird, und sie entsteht nicht weit davon entfernt, obwohl sie, wenn sie ausgereift ist, das Feuer nicht mehr verträgt. In ähnlicher Weise entstehen auch die Würmer im Schnee durch die Kondensation einiger heißer Dämpfe, die von der Kälte eingeschlossen werden, und sie verfaulen, nachdem sie den Rest der Feuchtigkeit mit sich genommen haben. Dies ist die Art und Weise, in der die Erzeugung solcher Dinge stattfindet. Und da sie in der äußersten Kälte erzeugt werden, ist es nicht verwunderlich, dass sie in derselben Kälte erhalten bleiben, obwohl keine Kälte etwas erzeugt. In der Tat kann in der äußersten Kälte (wie der von Schnee oder Eis) nichts mehr erzeugt werden als im Feuer. Alles muss also durch eine gemäßigte Hitze erzeugt werden, aber die Temperatur ist nicht für alles gleich. Man sagt, dass in den Bergen Armeniens riesige Würmer geboren werden, die Teredines genannt werden und unter dem Schnee entstehen. Sie sollen sehr angenehmes Wasser enthalten, sodass diejenigen, die sie fangen, ihre äußere Hülle zerreißen und es trinken. In ähnlicher Weise soll es unter dem Schnee hohle Klumpen geben, die eine Membran enthalten, in der sich Wasser verbirgt, das angenehm zu trinken ist. Die Autoritäten hierfür sind Apollonides und Theophanes, zitiert von Strabo.

Bei Cicero findet sich auch der bekannte Bericht über den **Ephemerus**: ein Tier mit

---

[9] »Cocoyum«.

vier Beinen und ebenso vielen Flügeln wird in der Nähe des Hypanis, einem Fluss des Bosporus, geboren und führt sein Leben vom Morgen bis zum Abend, wovon es seinen Namen ableitet. Er ist morgens ein Junge, mittags ein Jüngling, abends ein Greis und stirbt mit der untergehenden Sonne. Man sieht also, dass die Natur viel mehr Mühe und Zeit auf die Zeugung verwendet als auf die Funktion des Lebens. Man kann sich also zu Recht über die große Sorgfalt der Natur wundern, die ein so kurzlebiges Tier mit so vielen Instrumenten und Fähigkeiten ausgestattet hat. Es sieht, es hört, es fliegt, es geht.

Die Natur hat die **Stechmücke** zu unserem Schaden aufgerüstet; ein winziges Tier, das sehr zahlreich ist und nur in der Nähe von Wasser bequem existieren kann. Mit einem kräftigen Rüssel, sodass die Natur über den Elefanten zu sinnen scheint, während sie dieses Tier zeugt. Sie sticht nicht nur in die menschliche Haut, sondern auch in die von Pferden, trinkt Blut und verursacht Schmerzen, und schließlich stört sie den Schlaf in Sommernächten mit einem außerordentlichen Summen, sodass nichts abscheulicher sein könnte. Sie sticht nicht im Vorbeigehen zu, wie die Fliegen, die wahllos jeden angreifen, sondern wählt aus, wen sie sticht: Sie hat nur Lust auf süßes Blut. Die Fliege ist verhasst, wird aber durch Netze abgewehrt; sie fürchtet sich, ihre Flügel zu verheddern, und das ist durch die Erfahrung hinreichend bewiesen. Der gleiche Plan wird bei der Abwehr von Mücken zu befolgen sein.

Auch das Ameisenvolk wird mit zunehmendem Alter geflügelt. Kein Wunder, denn in Phrygien haben sogar die Skorpione **Flügel**. Auch wir haben uns manchmal durch die Berührung eines geflügelten Skorpions erschreckt, aber er hat uns nicht gestochen, und wir sind nicht zu Schaden gekommen. Dies geschah auch auf dem Gebiet der Paduaner in der Nähe der Stadt Sacca, im Jahr 1527, wenn ich mich recht erinnere. Viele solcher Lebewesen, darunter auch Seidenraupen (wie ich schon sagte), legen mit zunehmendem Alter Flügel an. Die Natur tröstet sie über ihre Schwäche hinweg, indem sie sie mit dem Flug ausstattet. Aber sie überleben nicht lange, nachdem ihnen die Flügel gewachsen sind. Ovid berichtet von einer noch außergewöhnlicheren Verwandlung, die sie durchmachen, mit diesen Worten:

> Wenn man der Seekrabbe die hohlen
> Scheren abschneidet und den Rest in der
> Erde vergräbt, kommt aus der dort vergrabenen toten Krabbe ein Skorpion
> hervor, der mit seinem gebogenen
> Schwanz droht.

Die Natur hat offensichtlich die Art der **Ameisen** nicht übersehen, wie diese Veränderung, ihr langes Leben, ihre verschiedenen Arten und der Staat, den sie unterhalten, zeigen. So wie die Bienen ihr Reich bewachen, kümmern sich auch die Ameisen um die Organisation ihrer Gemeinschaft. Einige von ihnen vermehren sich in heißen Gegenden so stark, dass Rhazes berichtet, dass in einer berühmten Stadt in Persien eine Ameise auf öffentliche Kosten gefüttert wurde, die täglich ein Pfund Fleisch verzehrte. Auf dem westindischen Isthmus[10] bauen andere Ameisen kleine Häuschen wie Bienen, die so hart sind, dass sie kaum mit Äxten gespalten werden können, und zerstören auf diese Weise Bäume.

Unter den Arten der flügellosen Schaben sind die des Getreides bemerkenswert. Wenn sie unter der Kleie Nahrung finden, brechen sie in erstaunlicher Fülle hervor, in einem Zeitraum von wenigen Tagen zehn bis dreihundert von ihnen. Sie wachsen zur Fütterung von Meisen und Nachtigallen, und im Winter gibt es für sie keine bessere Nahrung; sie entschlacken und wärmen Tiere, die wenig Brennstoff zum Leben besitzen. Die Arten mancher Schaben verändern sich wie die

[10] »Isthmo Sur & Nort occidentalis Indiae«. Gemeint ist wohl die Landenge zwischen den beiden amerikanischen Kontinenten, heute Panama.

der Bienen, durch ein großes Wunder der Natur, einer Natur, die sie bei einer so mannigfaltigen Metamorphose nicht übersehen zu haben scheint. Und unter den übrigen gibt es eine Art von Raupen, die während der Verwandlung in Aurelien die Form eines stramm gewickelten Säuglings nachahmt, mit einem fast menschlichen Gesicht, dazu ein Turban und Hörner. Andere sind von goldener oder silbriger Farbe, sodass es kein Wunder wäre, wenn etwas Besonderes an ihnen wäre, das uns entgeht. Vielleicht ist das auch nur ein Zufall, aber bei einer ganzen Art kann es kein Zufall sein. Aber es gibt wohl eine Art von ihnen, die in ununterbrochener Abfolge aus Eiern oder nur durch Fäulnis entstehen.

Die kleinsten dieser Art gehören zu denen, die schon Aristoteles kannte: der **Acaris**, der in Wachs vorkommt. Heute gibt es in Westindien eine andere neue Art, Garapatem, feiner als gemahlenes Salz, und auch eine schreckliche Plage aus der Art der Flöhe, Niguam. Dieses Tier ist viel kleiner als ein Floh und verursacht, wenn es sich an einem Menschen festkrallt, eine derartige Verstümmelung, während es unsichtbar und nicht greifbar ist, dass es in einigen Fällen die Füße des Opfers zerstört, in anderen die Hände. Abhilfe kann man schaffen, indem man die Stelle mit Olivenöl einreibt und mit einem Rasiermesser abkratzt.

Der **Schaden**, den diese Schädlinge anrichten, ist nicht ganz zu vernachlässigen, denn je kleiner diese Tiere sind, desto zahlreicher und ekelhafter sind sie. So sammelte sich bei den alten Achaiern, die am Meer wohnten und deren Gebiet durch die rege Flut gereinigt wurde, durch den einfließenden Fluss Mäander Sand an und bildete einen Sumpf. Daraus entstand eine solche Fülle von Mücken, dass sie gezwungen waren, ihre Stadt zu verlassen. Denn wie gesagt, solche Kreaturen beeinträchtigen alles durch ihre Fülle und ihr ekelhaftes und fauliges Wesen. Aber zu allem anderen fügen die Mücken noch ein feindseliges Summen hinzu und greifen aggressiv an, sodass es tagsüber unangenehm ist, in der Nähe von Sümpfen und Mooren zu leben (die Mücken lieben sie), und in der Nacht sogar sehr unangenehm. Deshalb haben die Alten **viele Mittel gegen dieses Unglück** aufgeschrieben. Ein allgemeiner Ansatz sollte auf dem Tastsinn, einer auf dem Geruch und der dritte auf dem Geschmack beruhen. Auf der Grundlage von Sehen und Hören kann es keinen allgemeinen Ansatz geben, da diese Sinne bei diesen Geschöpfen sehr schwach sind. In der Tat sind, wie gesagt, alle ihre Sinne schwach, da ihre Erzeugung wenig Zeit in Anspruch nimmt und auch ihr Körper winzig ist. Die Sehkraft und das Gehör aber (sie sind, wie wir später erklären werden, weniger lebensnotwendig) sind bei ihnen insgesamt schwach, sodass den klugen Tieren (besonders den geselligen, Bienen und Ameisen, wie eben erwähnt) einer von ihnen ganz fehlt. Den Bienen fehlt das Gehör, weil sie fliegen und das Sehvermögen brauchen, und den Ameisen fehlt das Sehvermögen, weil ein erdgebundenes Tier kein solches Bedürfnis hat. Ihre Hörner sind eine Hilfe, sie dienen als eine Art Taststock, um den Weg zu ertasten, wie es bei Schnecken der Fall ist. Ameisen haben wegen ihres trockenen Temperaments keine Augen, und Schnecken, weil sie so klein sind; da sie blind sind, haben sie Hörner anstelle eines Taststocks bekommen. Ein Tier ohne Augenlicht kann nicht vorsichtig genug fliegen, um nicht gegen etwas zu stoßen und zu fallen. Die Natur hat den Bienen das Gehör genommen, da sie klein sind und ihre Augen brauchen, falls ein Paar Sinne, das in einem so kleinen Kopf untergebracht ist, durch Unvollkommenheit nutzlos wäre. So waren die Ameisen blind und die Bienen verdientermaßen taub. Doch vielleicht behalten beide eine gewisse Wahrnehmung des fehlenden Sinns.

Aber die anderen drei Sinne, so unvollkommen sie auch sein mögen, blühen umso mehr auf, weil sie für das Leben notwendig sind. Das sind, wie gesagt, Geschmack, Geruch und Tastsinn. Man hat ein System entdeckt, das mit ihnen zusammenhängt, um diese Tiere abzustoßen. Durch Berührung meiden sie Metalle und Steine, weil diese kalt sind; da sie blutlos sind, sind sie kalt und werden durch die Kälte wegen des Mangels an Hitze enorm geschädigt. Bettwanzen werden durch Einreiben mit Kalk abgetötet, da sie in Ritzen von Zimmerwänden leben. Es ist also ratsam, die Betten von den Zimmerwänden wegzustellen. Sie leben und sind in den Büchern voller Blut, denn es besteht kein Zweifel, dass sie solche von Natur aus sind, weil sie es trinken. Daher hängt ihre Erzeugung sehr stark vom menschlichen Geist ab.

Sie können durch Geruch abgestoßen werden, da sie alle den Geruch von verbrannten Lebewesen ihrer eigenen Art meiden. So meiden Heuschrecken, von der Natur gelehrt, den Geruch von Heuschrecken, und Ameisen den von Ameisen, und Hornissen den von Hornissen. Und sie meiden jeden übermäßig trockenen Geruch und halten sich daher von Zedernharz (auch wenn es nicht verbrannt ist) und von Hirschhorn, wenn es verbrannt ist, fern. Da diese Tiere trocken sind, wie ich schon sagte, werden sie von trockenen Dingen stark gestört.

Wegen des Geschmacks meiden sie bittere Dinge, wie Wermut und Absinth. Daher meiden sie solche Dinge, wenn sie in die Kleidung gestreut werden, sowie Blätter von Citrium und Narde und das Harz der Zeder. Diese aus einem doppelten Grund: erstens, weil sie bitter sind, und zweitens, weil sie einen starken, trockenen Geruch verbreiten. Aus demselben Grund vertreibt der Geruch von Essig Mücken und dergleichen; er ist stechend. Aber er vertreibt nicht die Fliegen, denn (wie das Sprichwort sagt) die Mücke mag Süßes mehr, da sie im Wasser und an feuchteren Orten entsteht als die Fliege. Deshalb sagt man, dass ein Schwamm mit scharfem Essig, der in der Mitte eines Schlafzimmers aufgehängt wird, das Eindringen von Mücken in dieses Zimmer verhindert. An Orten, wo es viele Mücken gibt, schließt man die Fenster der Kammern, bevor man Licht macht; wie die meisten ihrer Art sucht dieses Tier eifrig nach dem Schein eines Lichts, sodass es eine Art von Motten gibt, die sich einem Licht so oft und so nahe nähert, dass am Ende ihre Flügel vom Feuer verbrannt werden und sie tot herabfällt. Im allgemeinen Sprachgebrauch wird diese Art Farfalla genannt. Da sie keinen lateinischen Namen hat, kann man sie auf Griechisch Erophon nennen. Die Dinge, die sie vertreiben, sind (wie gesagt) alle scharf und bitter, aber aus einem seltsamen Grund stößt sie Stephanskraut[11] so sehr aus, dass, wenn man sich mit Öl einreibt und ein Tuch, das damit getränkt ist, um den Kopf bindet, alle Läuse verschwinden oder sterben. Mücken werden durch blühenden Hanf, der am Schlafgemach befestigt wird, ferngehalten. Die Leute glauben auch, dass sie nicht eindringen, wenn man Rosshaar vor dem Zimmer aufhängt, aber und das klingt eher nach einer Fabel als nach einem Trick. Zu den früher verwendeten Arten gehören die wilde Gurke, die schwarze Nieswurz, das große Drachenwurz und der Rettich. Man sagt, dass diejenigen, die mit ihrem Saft eingerieben werden, immun gegen Schlangenbisse sind. Außerdem treibt der Geruch von verbranntem Fell, der im Allgemeinen auch auf hysterische Frauen beruhigend wirkt, Schlangen in die Flucht. Es gibt eine Sage, nach der ein Mann, der im Schlaf eine Viper verschlungen hatte, durch den Rauch eines verbrannten Fells befreit wurde, da die Viper aus dem Rauch floh, den der Kranke mit dem Mund aufnahm. Gewiss, alle Schlangen werden durch Feuer in die Flucht geschlagen, und nicht nur Schlangen, sondern die meisten wilden Tiere. Und was die Schlangen in die Flucht schlägt, tötet und vertreibt auch alle Insekten. Aber viele Insektenarten lieben etwas Feuer und Licht, zum Beispiel Fliegen, Mücken, Motten; und

[11] »staphisagria«.

Krebse und die Meeräsche, zu ihrer eigenen Vernichtung. Alle diese Tiere haben jedoch Angst vor einem großen Feuer. Das Feuer tötet sie und vernichtet ihre Eier und den Unrat, durch den ihre Art (wie gesagt) neu geschaffen wird. Auch alles, was sich gewöhnlich in der Nässe aufhält, geht in der Sonne sehr schnell zugrunde. Kürzlich (im Juli) wollte ich Skorpione in Öl einlegen, ein Präparat, das ich regelmäßig gegen Fieber herstelle. Ich legte sie in die Sonne, und sofort begannen sie wegzukrabbeln. Es waren etwa zehn Stück. Ich dachte, die Hitze hätte sie lebendiger gemacht, aber in einem Augenblick waren alle tot. Es wäre ein Wunder, wenn das Gleiche nicht auch bei Maulwürfen geschehen würde.

Manche Dinge wirken durch eine besondere Eigenschaft abweisend, so wie die Platane auf Fledermäuse wirken soll; man sagt, dass diese Tiere sich ihr nicht nähern. Es ist eine unschätzbare Entdeckung, dass man den wässrigen Rückstand von Oliven mit Kalk gemischt hat, um Schubläden für Stoffe einzureiben, um Spinnen oder Motten davon abzuhalten, die Tücher zu befallen, und es hält die Feuchtigkeit auf. Und vielleicht wehrt der wässrige Olivenrückstand durch eine besondere Eigenschaft alle Insekten ab, sei es durch den Geruch, sei es durch die Feuchtigkeit, die verhindert, dass sie entstehen. Sie entstehen durch Feuchtigkeit oder durch all diese Dinge. Wir werden später noch einige Punkte dazu entwickeln, insbesondere ein Mittel gegen Bettwanzen (mit einem besonders üblen Geruch) und gegen Ameisen.

Dies soll nun als Erklärung für diese Fragen genügen. Vor unserer Zeit haben die Alten das Problem nicht erkannt und waren so blind, dass Plinius leugnet, dass Heuschrecken Augen haben, als ob er nie Heuschrecken gesehen hätte. Ihre Augen sind offensichtlich und sehr groß, aber von stumpfer Sehkraft, wie wir sagten. Selbst wenn wir nie Heuschrecken gesehen hätten, hätten wir den Mut gehabt, zu behaupten, dass sie Augen haben, denn es ist unmöglich, dass ein Tier, das fliegen kann, blind ist. Außerdem, wenn man einem fliegenden Tier die Augen aussticht, hört es auf zu fliegen, wenn man das Risiko bedenkt. Diese und andere Fragen lassen sich anhand einer Demonstration nachvollziehen.

Bei Tieren, die aus der Verwesung hervorgehen und Insekten sind, scheint es angemessen, dass ihre abgetrennten Teile nachwachsen, wie die Schwänze von Schlangen und Eidechsen, die Krallen von Krebsen, die Augen von Schwalben und (wie viele Leute denken) auch von Schlangen. Der Grund dafür ist, dass sie unvollkommen sind; so wachsen die Augen bei Schwalben nicht nach, wohl aber bei Schwalbenküken. Und sehr oft werden auch bei Föten beschädigte Teile wiederhergestellt, während sie sich im Mutterleib befinden. Mediziner würden sagen, dass dies daran liegt, dass sie feuchter sind. Man könnte vielleicht sagen, dass beide Gründe zutreffend sind.

Unter den Insektenarten wird es also Schildkröten und Krokodile und Chamäleons und alle Vierfüßler geben, die aus Eiern erzeugt werden; sie werden nicht durch irgendeine Notwendigkeit aus Eiern erzeugt, wie es bei Fischen oder Vögeln der Fall ist, wie wir später zeigen werden, sondern wegen der Unvollkommenheit ihrer Natur. Die abgetrennten Teile solcher Geschöpfe werden also wiederhergestellt; die Natur eines Eis ist ununterscheidbar, und kaum eine Spur von Samen ist in ihnen zu erkennen.

Außerdem haben diese drei eine bemerkenswerte Natur. Wir sollten zuerst über das **Krokodil** sprechen. Es ist ein Tier, das einer Eidechse sehr ähnlich ist, aber es hat sehr scharfe, nach außen ragende, große Zähne und starke Krallen, eine undurchdringliche Haut wie eine Rinde und einen sehr kräftigen Schwanz. Erstens ist es das einzige Tier, das den Oberkiefer bewegen kann, während der Unterkiefer unbeweglich bleibt. Eine zweite Besonderheit: Es wächst so lange, wie es lebt. Es lebt bis zu sechzig Jahren und hat so viele Zähne, und in der gleichen Anzahl von Tagen schlüpft es aus dem Ei und legt Eier in der gleichen Anzahl, sodass es dieser Anzahl sehr zu entsprechen scheint. Aus einem Ei, das einem Gänseei gleicht, wächst es manchmal bis zu einer Länge von achtzehn Ellen heran. Ein fünftes bemerkenswertes Merkmal dieses Tiers besteht darin, dass es, obwohl es ein Landtier ist, sein Leben wie ein Fisch verbringt. Es hält sich fast immer im Wasser auf, besonders im Nil. Dort hat es die wundersame Eigenschaft, dass es oberhalb der Stadt Kairo wütet und Menschen tötet, während es unterhalb mild ist. In den siebenhundert Jahren, in denen die Anhänger Mohammeds diese Region besaßen, sollen sie viel wilder geworden sein als früher. Der Grund dafür ist, dass diese Anhänger in den Fundamenten eines Tempels eine Bleistatue eines Krokodils mit ägyptischen Schriftzeichen fanden, und als diese eingeschmolzen wurde, wurden die Krokodile daraufhin wütend. Die Priester zähmten sie auf bemerkenswerte Weise, obwohl kein Tier, das im Wasser lebt, wirklich zahm wird, schon gar nicht dieses extrem grausame. Ich möchte die wahren Worte von Strabo zitieren, die in diesem Punkt auch von Aristoteles und anderen bestätigt werden. Hier sind sie:

> In der Präfektur von Arsinoe wird ein Krokodil auf besondere Weise verehrt und ist ihnen heilig; es wird in einem See gesondert gefüttert und ist sanft zu den Priestern und wird Suchus genannt. Und so kam ein Wirt, ein bei den anderen sehr angesehener Mann, der uns die Riten zeigte, an den See und brachte einen kleinen Kuchen und gebratenes Fleisch und ein Gefäß mit Honig und Wein vom Abendessen. Wir fanden das Tier am Ufer des Sees; einer der Priester öffnete sein Maul und ein anderer gab die Leckerbissen hinein, dann das Fleisch und den Honig mit Wein. Das Tier sprang in den See und überquerte ihn bis zur anderen Seite.[12]

Doch dieses so starke und riesige Tier hat Angst vor den Tentyriten (auch sie sind Ägypter). Strabo sagt sogar kurz darauf, dass, als Krokodile nach Rom gebracht wurden, um sie zu sehen, die Tentyriten ihnen folgten. Für die Tiere wurde ein Fischteich angelegt, der an einer Seite einen Spalt hatte, sodass sie aus dem Wasser in die Sonne hinausgehen konnten. Die Tentyriten waren dort und führten die Tiere manchmal an einer Leine in die Sonne, damit sie von den Zuschauern gesehen werden konnten, und manchmal stiegen sie ins Wasser und zogen sie zurück ins Becken. Man glaubt, dass sie die Krokodile beruhigen, indem sie ihnen ein Medikament geben; Medikamente töten die kleinen Tiere, beruhigen aber gewöhnlich die großen. So gibt es bei diesem Tier so viele verschiedene Eigenschaften zu sehen, die ein Erstaunen wert sind. Es hat einen sehr scharfen Blick, wenn es sich aus dem Wasser erhebt, und da es sich nicht leicht umdrehen kann, folgt es einem Flüchtenden, der schräg läuft, nicht; andernfalls wäre die Flucht sehr schwer. Viele tote Exemplare werden zu uns gebracht und sind von den größeren Eidechsen zu unterscheiden, die aus Indien stammen und deren Kot sehr gut riecht, oder sie sind an ihrem Körper, mit dem unbeweglichen Unterkiefer und den Zähnen zu erkennen.

Das **Chamäleon** ist weniger häufig und viel kleiner, wird aber durch ein viel größeres Wunder in dieses Buch aufgenommen. Ich werde also zunächst berichten, was Aristoteles darüber geschrieben hat, der es, wie wir aus seinen Worten leicht ableiten können, kannte und sorgfältig behandelte und es auch sezierte. Zum Schluss werden wir hinzufügen, was wir von anderen erfahren haben. Dies sind die Worte von Aristoteles:

> In der Form seines ganzen Körpers ähnelt das Chamäleon eindeutig einer

[12] Strabo, *Geographie*, 17, 38.

> Eidechse: Die nach unten gezogenen Rippen sind mit dem Bauch verbunden, wie bei den Fischen, und die Wirbelsäule ist ausgeprägt wie bei den Fischen. Die Schnauze ähnelt der eines Affen mit dem Gesicht eines Schweins. Der Schwanz ist sehr lang, endet in einem dünnen Teil und ist in zahlreichen langen Ringen um sich selbst gewunden, wie ein Band. Er befindet sich höher über dem Boden als eine Eidechse, hat aber gebogene Beine wie die Eidechsen. Die einzelnen Füße sind zweigeteilt, und die Teile stehen zueinander in einem Verhältnis wie der Daumen zum Rest der ihm zugewandten Hand. Aber auch die übrigen Teile sind zu einem kleinen Teil in Zehen gespalten: die vorderen mit einer dreifachen inneren und einer doppelten äußeren Spaltung, die hinteren mit einer doppelten inneren und einer dreifachen äußeren. Kleine hakenförmige Klauen, der ganze Körper ist rau, wie bei einem Krokodil. Die Augen sind in einer hohlen Vertiefung versenkt, sehr groß, abgerundet, mit einer Haut bedeckt wie der übrige Körper, und mit einem sehr kleinen mittleren Teil, durch den sie sehen können, unbedeckt. Diese Öffnung zum Sehen ist nirgends mit Haut bedeckt. Nicht durch die Bewegung der Pupille, sondern durch die Drehung des gesamten Auges kann es in jede beliebige Richtung sehen. Wenn es sich aufbläht, ändert es seine Farbe: dunkel, nicht unähnlich einem Krokodil, und blass wie die Eidechsen, und mit dunklen Flecken gezeichnet wie der Leopard. Die Farbe ändert sich am ganzen Körper: Sowohl der Schwanz als auch die Augen haben die gleiche Farbe wie der Körper. Es bewegt sich langsam, wie eine Schildkröte, und wenn es stirbt, wird es blass und ändert nach dem Tod ihre Farbe nicht mehr. Die Speiseröhre und die Luftröhre befinden sich an der gleichen Stelle wie bei einer Eidechse. Sie hat nirgendwo Fleisch, außer am Kopf und am Kiefer, und ein wenig vom Schwanz am Rücken. Kein Blut, außer im Herzen und in den Augen sowie an einer Stelle oberhalb des Herzens und in den dorthin führenden Venen. In der Tat gibt es in ihnen keinen großen Blutvorrat, sondern nur eine winzige Menge. Das Gehirn befindet sich oberhalb der Augen, nahe bei ihnen und berührt sie fast. Das Auge ist von einem dünnen, hellen Kreis wie ein Messingring umgeben, der sichtbar wird, wenn man die äußere Haut des Auges abzieht. Die Membranen, die sich über den ganzen Körper erstrecken, sind zahlreich und stark und viel robuster als bei den anderen Tieren. Auch wenn es völlig zerlegt ist, atmet er noch lange weiter, wobei eine winzige Bewegung um die Herzbasis erhalten bleibt. Es kann alle Teile seines Körpers sehr stark zusammenziehen, selbst die Rippen. Eine auffällige Milz hat es nicht. Es geht in Höhlen und versteckt sich nach Art der Eidechsen.

Aristoteles, sage ich, der sich sonst so kurz fasst, ist hier so langatmig, angezogen von dem großen Staunen über dieses Tier. Diejenigen aber, die es in unserer Zeit gesehen haben, fügen folgendes hinzu: Sein Körper ist fast grün, mit einem gewissen Glitzern, und mit Flecken, die mit mattem Weiß und Blau gezeichnet sind. Unter dem Bauch ist die grüne Farbe jedoch schwächer, und dort, wo sich die Flecken befinden, stellen sie die Form von Schlüsseln dar, da sie hervorzustehen scheinen und ein wenig abgerundet sind. Sein Blick ist recht lebhaft und fröhlich, denn seine Augen sind grün, und mit einer Mischung aus glänzendem Weiß und Gelbbraun nehmen sie viel Licht auf, sodass es fröhlicher aussieht. Aber wenn entweder mattes Weiß oder Blau auf die grüne Farbe gelegt wird, blüht seine normale ursprüngliche Farbe auf, ohne dass sich die anderen beiden verändern. Jede bleibt in ihren eigenen Anteilen erhalten. Aber wenn die grüne Farbe über die dunkle Farbe gelegt wird, wird sie merklich getrübt und matt, und die Flecken verändern sich. Dasselbe geschieht mit ihm ohne Farben: wenn es bedrängt oder gewaltsam festgehalten wird, verwandelt es die Flecken in dunkle, und die grüne Farbe wird verdunkelt. Wenn es fröhlich und lebhaft ist, verdoppelt und belebt es seine natürlichen Farben, sodass es offensichtlich ist, dass der Farbwechsel des Tieres aufgrund seiner geistigen Erfahrungen erfolgt. Wenn es sich der Sonne zuwendet, empfängt es deren Strahlen mit offenem Mund und schluckt Luft. Allmählich schwillt sein Hals an, dann der Rest, bis mit der Luft, die in die Tiefen seines Magens gelangt, auch dieser Teil anschwillt. Es stammt aus Sokotra, einer Insel in Ostindien. Außerdem behauptet Aristoteles in den oben geschriebenen Worten, dass es Luft verzehrt, aber er sagte nicht, dass es keine andere Nahrung zu sich nimmt. Entweder ist dies also nicht wahr, oder er wusste es nicht. Es gibt Leute, die immer wieder behaupten, dass es Nahrung und nicht Luft zu sich nimmt, weil es ausscheidet.

Vielleicht wird jemand sagen: Inwieweit ist es richtig, die Schriften des Aristoteles mit so vielen Worten in dieses Buch zu übertragen? Aber unser Ziel ist es, die Ursachen von sehr obskuren Dingen darzustellen, sodass die Diskussion keinen Zweck hätte, wenn ihre Zuverlässigkeit nicht durch das Zeugnis eines so angesehenen Mannes geschaffen und verstärkt würde. Die Punkte, die es zu beweisen gilt, sind also, wie dieses Tier seine Farbe ändert und wie es ohne Nahrung leben kann.

Aber ihr werdet sagen: Es lebt nicht ohne Nahrung. Das bestreite ich nicht. Aber es ist allgemein bekannt, dass viele Tiere, wie Bären, Kröten und Schlangen, lange Zeit ohne Nahrung leben. Auch bei Zikaden wurde beobachtet, dass sie auf diese Weise leben. Wenn ich also erklärt habe, auf wie viele Arten ein Tier ohne Nahrung leben kann, denke ich, dass ich etwas erreicht habe. Aber zuerst muss ein anderes Problem gelöst werden. Das ist es: **Warum wechselt ein Chamäleon seine Farbe?** Jeder weiß, dass wütende Menschen rot werden und fast schwarz werden, aber wenn sie sich erschrecken, werden sie blass, so blass, dass manche von ihnen wie tot aussehen. In der Verlegenheit ist das ganze Blut aufgewühlt, die Hitze kommt und geht, und besonders bei Knaben, wie Ihr Mantuaner Dichter Vergil, wenn ich Sie daran erinnern darf, uns schön gelehrt hat, indem er sagte:

> Aber wenn der Mond eine jungfräuliche
> Röte in sein Gesicht zaubert ...

Wo also die Haut dünn ist und das Blut leicht zum Aufsteigen bewegt wird, muss es eine andere Farbe geben, und eine solche Veränderung sieht man im ersten Lebensalter der Menschen, und noch häufiger, wenn die Feuchtigkeit dünner geworden ist. Wenn also die Haut dünn und durchscheinend ist und die Feuchtigkeit dünn, und wenn die Reaktionen an dieser Stelle stark sind und es dort keine Haare gibt, muss es eine Veränderung der Farbe geben. All diese Merkmale sind beim Chamäleon vorhanden: durchscheinende dünne Haut, dünne Feuchtigkeit, keine Haare, und es ist starken Reaktionen wie Angst und Trauer ausgesetzt. Es ist in der Tat ein sehr blutarmes und daher von Natur aus ängstliches Tier und wechselt daher leicht von Freude zu Trauer. So ist es kein Wunder, dass das Chamäleon durch seine Reaktionen verändert wird.

Aber jemand wird sagen: Es verändert sich nicht nur durch seine Reaktionen, sondern auch durch das Vorhandensein einer Farbe, und zwar in eine Farbe, die der vorhandenen Farbe gleicht. Aber wie ich schon gesagt habe, verändert es sich nicht in irgendeine Farbe, sondern nur auf die beschriebene Art und Weise. Stellen wir uns also vor, dass eine mattweiße Farbe vorhanden ist; während es sie sieht, wird der mattweiße Teil befeuert und verdoppelt so seine Farbe. Bei den Menschen sehen wir, dass, wenn sie die Frau, die sie lieben, geistig vor Augen haben, ihr Penis erregt ist, aber alle anderen Teile sind völlig unberührt. Wenn es etwas Schreckliches gibt, flattert das Herz, nicht der Fuß oder der Penis. Dasselbe geschieht beim Chamäleon. Die gleichfarbigen Teile ziehen wässrige, klare Feuchtigkeit an sich, und so werden alle Farben aufgehellt. Nimm dir ein Beispiel an den Goldschmieden: Sie legen Silberblätter unter Karfunkel, Smaragde und Saphire, und so leuchten sie alle und die Edelsteine strahlen ihre Farbe heller aus. Zu alledem kommen noch die verschiedenen Lichterscheinungen hinzu, die der Glanz der Haut mit sich bringt, wie auf dem Hals einer Taube: Dieser nimmt durch eine mäßige Veränderung die Helligkeit in unterschiedlicher Weise auf. Dazu trägt vor allem die Luftzufuhr bei, die ihn aufbläht; im Hals der indischen Pfauen (sie wechseln die Farben ihrer Haube in mattes Weiß, Rot und Scharlach, wobei auch andere Flecken dazwischen schimmern) ist so viel Luft enthalten, dass man sagen könnte, er sei eine aufgeblasene Trommel. Auf diese Weise werden diese beiden Tiere mit Luft vollgestopft und durch starke Reaktionen gequält, wobei sie ihre Farbe sichtbar verändern. Die stärkere Ursache, in der sie übereinstimmen, ist also der eingeschlossene Atem und eine daraus entstehende Aufblähung.

Aber es gibt noch einen **Grund, warum es ohne Nahrung lebt:** Wie ich bereits sagte, leben nach Aristoteles auch Zikaden ohne Nahrung. Der Beweis dafür ist, dass sie keinen Mund haben, und wenn man sie seziert, haben sie nichts in ihrem Magen. Und das ist umso bemerkenswerter, als die meisten von ihnen den ganzen Tag zirpen, Eier produzieren, wachsen, eine harte Haut haben und sich paaren, alles Arbeiten, die mit Nahrung zu tun haben. Früher, bevor sie ihre Puppenhaut ablegten, wurden sie gegessen, weil sie süß waren, und ihre Eier auch, wie Aristoteles behauptet. Die Zikade ist nämlich zunächst ein Wurm, der aus einem Ei geboren wird, dann eine Puppe, schließlich, wenn sie ihre Haut abgelegt hat, eine Zikade, und dann ist sie härter. Die Eier sind glänzend weiß und schmecken sehr süß. Es ist also klar, dass sie gefüttert werden, und zwar ohne Essen und Trinken. Denn sie gedeihen in trockenen und heißen Gegenden ohne Regen, und sie lieben den Olivenbaum wegen des spärlichen Schattens. So werden sie vom Tau des Himmels genährt. Aus dem Tau wird das Manna gemacht, von dem sich das hebräische Volk in der Wüste ernährte. Und da es klar ist, dass auch heute noch Menschen von Manna ernährt werden, wie viel mehr könnte es Nahrung für ein so kleines Tier sein? Sie werden also vom Tau genährt, und auch von der Luft selbst; die Luft enthält immer etwas korpulente Feuchtigkeit. Der Beweis dafür sind die Steine von der Art der Feuersteine oder Marmorsteine, die immer feucht sind, und die Strahlen der Sonne. Da also die Hitze sehr verdünnt ist, sammelt sich diese Feuchtigkeit. Zu anderen Zeiten wird sie zerstreut, und wenn sie gesammelt ist, wird sie zusammengebraut und ist fett. Der Beweis dafür ist die Süße des Manna. Das Leben mit einer großen Nahrungsaufnahme passt auch zu Schlangen (wie bereits erwähnt) und Kröten und Bären und Haselmäusen und all diesen Tieren, die bei ihrem Winterschlaf keinen Vorrat haben. Ein Tier kann also immer in doppelter Hinsicht ohne Essen und Trinken überleben: entweder, weil es die Reste seiner ursprünglichen Gefräßigkeit verbraucht, oder weil es sich von der Art Luft ernährt, die wir selbst nutzen. Und diese letztere Nahrungsquelle ist kontinuierlich, während die erstere nur zeitweise auftritt, wie man gewöhnlich sagt. Manchmal kommen diese Ursachen zusammen, sodass es Menschen gibt, die lange Zeit ohne Nahrung gelebt haben; über sie wird an der richtigen Stelle zu berichten sein.

Deshalb bin ich erstaunt über die Leute, die so eifrig versuchen, das, was über das Chamäleon gesagt wurde, zu widerlegen. Denn selbst wenn es nicht ohne Nahrung leben würde, könnte es dennoch überleben, da Zikaden so leben. Aber ist es nicht lebendig? Sicherlich ist dies, wie die Juristen sagen, eine Frage des Sachverhalts, bei der es nicht darum geht, ob es geschehen kann, sondern ob es so geschieht. Und vielleicht können wir dem Bericht in dieser Hinsicht vertrauen.

Nachdem diese Punkte geklärt sind, bleibt nur noch, **die Wunder der Schildkröte** aufzuzeigen: Erstens kann dieses Tier einen ganzen Tag lang mit abgeschlagenem Kopf überleben, kein anderes kann so lange leben wie sie. Wie auch Aristoteles behauptet, kann sie mit herausgeschnittenem Herzen lange leben, obwohl sie Blut besitzt. Es gibt drei Arten von Schildkröten: die Landschildkröten, die in Wäldern leben; die Wasserschildkröten, die im Meer leben; und die Sumpfschildkröten, die in Sümpfen geboren werden. Die Meeresschildkröten haben breite Knorpel anstelle von Beinen. Die Natur hat die Gliedmaßen so konstruiert, dass sie für jeden Zweck gut geeignet sind. Die Meeresschildkröten und die anderen wachsen in heißen Regionen wie Afrika zu enormer Größe heran; feuchtes Fett (wie bereits erwähnt) ist in heißen Regionen weit verbreitet. Daher werden Schildkröten, Fische, Schlangen, Elefanten, all diese Tiere riesig. Der Westindische Ozean bringt die größten hervor, sodass sechs Männer kaum eine tragen können. Ich habe in Padua eine von ihnen gesehen, die dort gestorben war, aber sie war nur so groß wie ein Schild. Manche Leute behaupten, sie hätten einen Schildkrötenpanzer gesehen, der hundertdreiundzwanzig Pfund wog. Man stelle sich vor, wie groß die ganze Kreatur gewesen sein muss. Es ist bekannt, dass die Panzer so groß sind, dass die Indianer die kleineren als Schilde und die größeren als Dächer für ihre Häuser verwenden.

Bei den Römern der Vergangenheit waren die Panzer indischer Schildkröten sehr begehrt. Sie wurden in Stücke geschnitten und zu Platten mit verschiedenen Verwendungszwecken verarbeitet, die mit Elfenbein- oder Goldbändern versehen wurden, eine Technik, die auch heute noch verwendet werden kann. Es wird behauptet, dass das Fleisch afrikanischer Schildkröten, das sieben Tage lang ununterbrochen mit Brot eingenommen wurde, wunderbarerweise der Aussatz eines Mannes geheilt hat, der sieben Jahre an dieser Krankheit gelitten hatte. Der Grund dafür liegt in der Trockenheit dieser Fleischsorten, zusammen mit der Stärke und dem Temperament der dünnen und angemessen fettigen Feuchtigkeit. Das Eiweiß unserer eigenen Schildkröten gerinnt nicht, wenn es auf Feuer erhitzt wird, daher brauchen sie nicht viel Erdiges zu essen; Dinge, die erdig sind, wie Ziegel oder Gips, gerinnen eindeutig. Ihre Lebensdauer wird als lang eingeschätzt, aber darüber kann ich nichts Sicheres sagen. Ganz sicher ist, dass dieses Tier eine sehr große Leber hat und die einzige Blase unter den eierlegenden Tieren besitzt. Das wird jeden verunsichern, warum so viele Wunder bei diesen unvollkommenen Tieren geschehen und so wenige bei den Pflanzen und den vollkommenen Tieren. Der Grund ist ein doppelter: der eine ist, dass bei den letzteren statt Wundern Mängel vorkommen; es gibt unter ihnen zahlreiche Ungeheuerlichkeiten, wie schon gesagt wurde. Der andere Grund ist, dass diese Tiere in ihrem Saft nicht den vollkommenen entsprechen, denn alle vollkommenen haben einen einzigen Saft, nämlich Blut. Aber diese Individuen haben ihren eigenen Saft, und dementsprechend hat jedes seine besonderen und eigentümlichen Kräfte, die außerordentlich erscheinen, wenn sie nicht denen der ganzen Art entsprechen. Seltenheit erzeugt immer Erstaunen, Häufigkeit lässt eine Sache natürlich erscheinen.

Die Natur scheint die eigenen Nachkommen so sehr geliebt zu haben, dass sie wollte, dass die angenehmsten Fischarten ohne Samen und ohne Elternteil entstehen wie die bereits erwähnte Quappe und der **Aal**. Unter den bluthaltigen Tieren der Aal das einzige, das aus der Fäulnis hervorgegangen ist, und er ist geschlechtslos und hat nicht einmal einen Anfang für seine Zeugung. Er lebt lange Zeit ohne Wasser, sogar bis zu fünf oder sechs Tagen, da er wenig Kühlung braucht und sich an verdünntem Wasser erfreut. Wie bereits erwähnt, enthält die Luft immer einen gewissen Anteil an verdünntem Wasser. Man glaubt, dass er aus Quappen entsteht, die man die Eingeweide der Erde nennt. Und sicherlich besteht eine große Ähnlichkeit zwischen ihnen, und die naheliegende Vermutung ist, dass es für Aale keinen anderen Ursprung und für Quappen kein anderes Ende gibt. Wir haben jedoch in Lyon oft zwei Pfund schwere Quappen gegessen, und auch größere, aber nicht die Art unserer kleinen italienischen Quappen. Unsere sind runder und erreichen nicht dieselbe Größe, leben nicht im Wasser, sondern im Schlamm und sind dunkler. Der Geschmack der französischen Fische ist weniger attraktiv als der der Aale. Ein gemeinsames Merkmal ist das völlige Fehlen von Knochen. Anstelle einer Wirbelsäule haben sie eine abgerundete faserige Membran wie ein Seil.

Da sie in Italien so selten sind, halten viele Leute die großen Quappen für besser als Aale. Die Rhone und die Loire bieten im Frühjahr viele von ihnen. Die Natur hat auf diese Weise mit jeder Art von Tieren gespielt und das oberste mit dem untersten und das unterste mit dem obersten verglichen; bei einer so niedrigen Art gibt es kein Beispiel für Auferstehung. In der Tat glaubt man, dass Fliegen und Sardellen ins Leben zurückkehren. Im Falle der Fliegen ist das bemerkenswert, aber bei den Sardellen mache ich mir keine großen Sorgen: Sie entstehen so leicht aus verrottendem Mist und dem Dreck vieler anderer Fische, dass es kein Wunder ist, dass aus ihren verrottenden Exemplaren andere intakte entstehen.

Es gibt viele bemerkenswerte Merkmale darin, aber **das kommende Zeitalter wird andere und größere Dinge zeigen.** Es möge uns genügen, dass wir die Hauptpunkte und die ganze Untersuchung im Umriss erreicht haben, indem wir die Ursachen verbinden, sodass man von diesen zu den übrigen übergehen kann, die hier übergangen werden. Wenn ich dazu komme, sie im einzelnen behandeln zu wollen, werden sie zahllos ausfallen. Und man kann aus dem hier Gesagten wissen, was wahr ist, was absurd ist, was möglich ist und was nicht, und kann die Fabel von der Wahrheit trennen, was die Absicht des vorliegenden Werks ist.

Die einzige Frage, die vielleicht geeignet ist, das Erstaunen vieler Menschen zu erregen, ist die, warum diese fast unbrauchbaren Geschöpfe von der Natur mit zahlreichen Hilfsmitteln zum Selbstschutz ausgestattet wurden, andere aber fast gar nicht. Das Chamäleon zum Beispiel, dessen Name an einen niederen oder irdischen Löwen denken lässt, hat keine Zähne, keinen Galopp, keine Kraft, keine Klauen, das Krokodil hat den scharfen Blick eines solchen furchterregenden Tieres, sehr scharfe und starke Klauen und mörderische Zähne und eine solche Schnelligkeit, dass es sogar die weniger schnellen Hunde jagt. Daher kommt auch das Sprichwort: »Er ist wie ein Hund in Ägypten, der beim Trinken immer rennen muss, weil er Angst hat, von einem Krokodil geschnappt zu werden.« Seine Haut ist undurchdringlich, sein Schwanz ist so stark, dass er kleine Schiffe umwirft. Es wirft mit einem einzigen Schlag alle Pferdebeine um, sodass es scheint, als könne man sich nichts weiter für seine Sicherheit ausdenken. Ein letzter Zusatz, der größte: Es lebt in beiden Elementen ohne Unterschied, ein Privileg, das keinem anderen Tier so frei gewährt wird. Wenn es also auf dem Land von einer Gewalttat bedroht wird, bringt es sich im Wasser in Sicherheit; und wenn es auf dem Wasser von einem stärkeren Feind bedroht wird, zieht es sich an Land in Sicherheit. Vielleicht sollte man dieses Tier tatsächlich zu den vollkommenen Tieren zählen. Der Elefant gehört zu den Vierbeinern, der Adler zu den Vögeln, der Wal zu den Fischen, der Mensch zu allen

Tieren, der Regulus (es sei denn, das Fabeltier ist gemeint) zu den Schlangen, so wie das Krokodil zu den Amphibien[13] gehört.

Bei der Entwicklung jeder Art hat sich die Natur besonders viel Mühe gegeben. Das Krokodil ist nicht wegen seiner bescheidenen Herkunft aus einem Ei entstanden, wie die Raupen, Spinnen und Eidechsen, sondern wegen der Bequemlichkeit, wie im Falle der Vögel. Mit diesen Punkten werden wir uns im nächsten Buch befassen, und so wollen wir dazu übergehen.

13 »amphibia«.

Buch X: Über perfekte Tiere

Auch wenn Aristoteles diese nicht kannte, leben einige der vollkommenen Tiere nur in der Luft und haben keine Beine, zum Beispiel die Paradiesvögel[1]. Andere leben in der Luft und auf dem Boden, wie der Adler und die meisten anderen Vögel; andere sind Landtiere, ähneln aber Vögeln, wie der Strauß. Wieder andere teilen sich Wasser und Land, wie der Biber. Andere sind schwimmende Vögel, wie Schwäne. Andere sind fliegende Fische, wie die Seeschwalben. Wieder andere sind reine Landtiere, wie der Hund; andere leben unter der Erde, wie der Maulwurf; wieder andere leben nur im Wasser, wie der Delfin.

Wir haben nicht vor, uns mit allen Unterscheidungen zu befassen, sondern nur mit diesen neun Gattungen und den bemerkenswerteren Arten innerhalb dieser Gattungen. Es gibt eine weitere Unterteilung nach Verhalten, eine weitere nach Lebensweise und eine weitere nach Art der Zeugung. Nach dem Verhalten, denn einige sind ungezähmt, andere zahm, einige domestiziert, andere wild. Nach der Lebensweise: die einen ernähren sich von Fleisch, die anderen von Pflanzen und dergleichen. Und nach der Art der Zeugung: einige entstehen aus Eiern, andere aus Verwesung, wieder andere aus Tieren. Aus Eiern auf vier Arten: die Vögel, die Fische, die Schlangen und einige niedere Insekten, wie Seidenraupen, Zikaden, Raupen. Zunächst einmal sind also drei Punkte zu erklären. Erstens, **warum alle Vögel aus Eiern entstehen**, obwohl sie vollkommene Tiere sind. Zweitens, warum dies bei Fischen so ist. Und drittens, warum unvollkommene Lebewesen kein Tier hervorbringen können.

Der erste Punkt scheint also aus gutem Grund geschehen zu sein: Es war notwendig, entweder wenige Küken oder viele Vögel zu erzeugen. Hätten kleine Vögel nur wenige Küken hervorgebracht, wäre ihre Art schnell ausgestorben, denn kleine Vögel werden von großen Vögeln gefressen, in Netzen gefangen und von Schlangen ergriffen, bevor sie fliegen können. Währenddessen werden ihre Eier gestohlen, sie sterben an Hunger und Kälte und tausend anderen Gefahren. So bringen kleine Vögel, ja, alle kleinen Tiere, zahlreiche Küken oder Junge hervor. Große Vögel bringen große Küken hervor. Deshalb würden große Vögel, wenn sie große Föten in ihrem Bauch trügen, durch die anhaltende schwere Last ermüden, oder das Küken müsste bald entbunden werden, und so wären die Vögel notwendigerweise keine vollkommenen, sondern unvollkommene Tiere. Bei den Kleinen wiederum würde die Mutter, wenn sie alle Föten zusammen in ihrem Bauch trüge, durch das übermäßige Gewicht überlastet; trüge sie eines nach dem anderen, wäre sie das ganze Jahr über mit dem Füttern und Gebären der Küken beschäftigt. Außerdem wäre sie in schwierigen Jahreszeiten wilden Tieren und Raubvögeln schutzlos ausgeliefert. Es war also nicht möglich, Vögel aus Vögeln zu zeugen, so wie Tiere aus Tieren gezeugt werden. Doch daraus, dass die Küken aus dem Ei schlüpfen, ergibt sich ein vierfacher Vorteil: Das Männchen ist nicht gezwungen, das ganze Jahr über zu begatten, denn die Begattung ist wegen der Trockenheit äußerst schädlich für die Vogelart. Daher überlebt der Sperling nicht länger als zwei Jahre. Auch die Mutter wird schnell

[1] »Manucodiata«.

entlastet; ein Ei entwickelt sich innerhalb eines einzigen Tages oder maximal in zwei Tagen von der Kleinheit zur vollen Größe. Wer Hühner seziert, die in der Regel an einem einzigen Tag ein Ei produzieren, kann das gut erkennen: ein großes Ei, ein mittelgroßes, das offensichtlich übermorgen gelegt werden sollte, und die vielen Eier, die übrig bleiben, ähneln Körnern von Sorghum oder Hirse. Einmal gelegte Eier, die der Vogel zunächst lange Zeit ohne Nachteil bebrütet, können ein vollkommenes Tier hervorbringen. Und es werden mehrere gleichzeitig bebrütet, sodass das, was durch das Tragen von Küken im Mutterleib in vier oder sechs Monaten kaum zu schaffen wäre, in Eiern in einem einzigen Monat vollendet wird. Es ist also klar, warum die Vögel keine Küken gebären, sondern Eier legen.

Einige aber tragen ein Tier, wie die Fledermaus; sie, das einzige Tier unter den geflügelten Geschöpfen, trägt ein Tier, nicht ein Ei, denn sie fliegt nicht viel. Sie hält Winterschlaf und fliegt nur während des übrigen Jahres und nur in der Dämmerung. Sie hat Zähne, keinen Schnabel, Brüste mit Milch, um seinen Nachwuchs zu ernähren, und Flügel, die aus einer Membran und nicht aus Federn bestehen. Diese Eigenschaften hat sie mit den Flughunden gemeinsam. Diese sind keine Vögel, auch wenn sie fliegen. Lebewesen, die eigentlich Vögel sind, tragen ein Federkleid, haben einen Schnabel und keine Zähne, haben keine Blase, keine Brüste und keine Milch und legen ein Ei. Die Eier von Vögeln sind zweifarbig, die von Fischen jedoch nur einfarbig. **Fische produzieren unvollständig entwickelte Eier**, die ihre Entwicklung äußerlich abschließen. Der Grund für die unvollständige Entwicklung ihrer Eier und ihre einheitliche Farbe und ihre normale Erzeugung aus Eiern ist die große Anzahl der Eier. Ein Fisch kann nicht so viele Tiere erzeugen wie er Eier erzeugt. Ein Fisch wiederum erzeugt Eier, denn wenn das Tier in einer Gebärmutter erzeugt würde, würde es aus Blut entstehen, und der Fisch wäre sanguinisch und heiß, sodass er eine Lunge und Luft bräuchte, dann wäre er kein Fisch. Folglich atmet auch die Robbe, ein Tier, das keine Eier legt, und sie hat ein haariges Fell, weil sie warm ist. In einem so kalten Element wäre es schwierig, genügend Hitze zu speichern, aus der ein perfektes Tier entstehen könnte. Der Grund für den Überfluss an Fischen ist die einfache Handhabung des Elements; Wasser ist das Prinzip der Erzeugung. Ein weiterer Grund ist, dass die kleinen Fische die Nahrung der größeren sind. Es gibt dort nämlich nicht so viele Pflanzen, Getreide und Früchte für die Fische zu essen wie an Land. »Nahrung« und »Tier« sind fast dasselbe; die Nahrung kommt meist von Tieren (ich beziehe mich auf die größeren). Auch hier gilt, dass Fische nur über geringe Fähigkeiten ihrer Sinne verfügen. Und sie sind Tiere, denen die Fähigkeit zu lernen fehlt, sodass es unvermeidlich war, dass ein Fötus von seinen Eltern vernachlässigt wurde und folglich die meisten von ihnen umkamen, sodass es notwendig war, viele zu erzeugen.

Tiere lieben und beschützen ihren Fötus im Verhältnis zum Ausmaß ihrer Sinnesfähigkeiten und ihrer Klugheit. In der Tat entsteht der Schutz aufgrund der Fürsorge, und die Fürsorge entspringt der Fähigkeit zu lernen. Daher kümmern sich die sehr unvollkommenen Tiere nur so lange um den Fötus, wie sie ihn im Mutterleib halten. Diejenigen, die vollkommener sind, tun dies, bis sie ihn aus dem Ei ans Tageslicht gebracht haben. Sie bewachen die Eier, sie ignorieren das Tier, sobald es flügge ist. Die vollkommenen bewachen ihre Nachkommen, bis sie ausgewachsen sind, wie es Hunde, Adler und Krähen tun. Aber die Vollkommensten, wie der Mensch und der Elefant, lieben ihre Nachkommen fast für immer. Tiere, die unvollkommen sind, können niemals ein Tier aus sich selbst hervorbringen. Noch viel weniger können sie diejenigen lieben, die hervorgebracht worden sind. Aber diese werden entweder aus Eiern oder aus Verwesung erzeugt.

Da es unter jeder Art etwas Vollkommenes gibt, wird irgendeine **Art der Erzeugung** vollkommen sein, eine weder aus Eiern noch aus Verwesung. Viele auf diese Weise erzeugte Geschöpfe sind unvollkommen, und daher kann nur die Erzeugung im Mutterleib vollkommen sein. Unvollkommene Tiere werden entweder erzeugt, weil die Natur keine vollkommeneren Tiere schaffen konnte oder es nicht wollte. Die Natur kann aber nicht mit dem Guten unzufrieden sein oder das Gute nicht vorziehen. Es bleibt also die Möglichkeit, dass unvollkommene Geschöpfe erzeugt werden, weil vollkommene nicht erzeugt werden können. Vollkommene Dinge können aber nicht durch Zeugung vollkommen werden, das ist unmöglich und widersinnig. Daher kann ein unvollkommenes Tier nicht durch vollkommene Zeugung erzeugt werden, und die Zeugung erfolgt aus einem Tier heraus. Wiederum bedarf die vollkommene Zeugung mehr und größerer Mittel als die Instrumente und Fähigkeiten der Sinne. Diese Tugend besitzt nicht sofort eine entsprechende Funktion im Neugeborenen, sondern braucht das entsprechende Alter. Diejenigen also, denen die Fähigkeit des Erzeugens verliehen wurde, haben auch alle Sinne. So sind die vollkommenen Tiere. Aus diesem und anderen Gründen wird also kein unvollkommenes Tier im Mutterleib erzeugt, sondern dies ist nur die Erzeugungsart der vollkommenen Tiere.

Aber vielleicht würde uns jemand den Fall des Maulwurfs entgegenhalten, der blind von einem **Maulwurf** geboren wird, der daher nicht vollkommen ist. Ein Maulwurf hat fünf Sinne, nur sein Sehvermögen ist aufgrund seiner Bestimmung beeinträchtigt: Da er unter der Erde lebt, würde er, wenn er sehr scharfe Augen hätte, betrübt sein, weil er nichts sieht, da es völlig dunkel ist. Und wenn er scharf sehen könnte, hätte er empfindliche Augen und würde bei jeder Begegnung mit dem Erdreich leicht verletzt werden. Der Zweck des Sehens ist bei denen, die ständig unter der Erde leben, nicht gegeben, der Maulwurf lebt nicht in Höhlen, sondern dauerhaft unter der Erde. Wenn er gezwungen wird, an die Erdoberfläche zu kommen, um sich zu ernähren, muss er sein Gehör nutzen, um den Gefahren der Nahrungssuche und der Gewalttätigkeit der anderen Tiere zu entgehen. So wurde das Sehvermögen durch ein schärferes Gehör ausgeglichen, er hört extrem gut. Aber er ist nicht ganz ohne Augen; er hat ganz kleine, hervorstehende dunkle Augen, die unter seinem Fell verborgen sind. Es ist also alles, was aus einem vollkommenen Tier hervorgeht, ein vollkommenes Tier, und die Einordnung dieses Organs ist nun erklärt.

Zusätzlich zu diesen Unterscheidungen gibt es solche von **Tieren, die aufgrund ihrer Form perfekt sind**. Einige haben keine, andere zwei, wieder andere vier Beine. Diejenigen, die Flügel haben, haben im Allgemeinen zwei Beine, aber die Fledermaus hat vier. Es gibt welche, die Federn haben. Und unter den Fischen gibt es welche, die mehrere Beine haben, die man aber nicht richtig als Beine bezeichnen kann. Krebse haben mehr als vier Beine. Aber diese Anzahl ist ausreichend für die Tiere, die wirklich Beine haben. Anstelle von zwei Vorderbeinen hat der Mensch Arme und Hände, so wie die Vögel Flügel haben. Und die Tiere unterscheiden sich durch die Form des Mundes und durch ihre Haut, die bei einigen von ihnen Haare, bei anderen Schuppen, Stacheln, einen Panzer oder Federn hat.

Es gibt einige von anderer Art und ungewisser Natur, wie jenes Tier, das wir am neunzehnten Januar in Pavia gesehen haben. Es war von der Größe eines Wolfes, etwas länger, mit dem Gesicht und dem Grinsen eines Hasen, mit langen Haaren und zwei sehr langen Zähnen, so lang wie ein menschlicher Finger, die wie die eines Eichhörnchens herausragen. Die Augen waren die einer Schlange, denn sie hatten keine Winkel und waren dunkel. Auf dem Kopf trug es eine Kappe, die dem Bart eines Ziegenbocks ähnelte, aber auch dem Kamm eines Pfaus. Es hatte das wunderschöne Fell eines Wiesels, außer dass es oberhalb des Halses glänzender weißer Wolle glich; die Vorderbeine waren wie Eiben, die Ohren und die Hinterbeine nicht anders als die menschlichen, außer dass an den Füßen Bärenkrallen anstelle von menschlichen Nägeln waren. Auf dem Rücken und dem hintersten Teil der Wirbelsäule ragten etwa hundert Vorsprünge hervor, von denen einige an der Spitze gebogen waren. Wenn sich die Kreatur bewegte, erzeugten sie ein lautes Getöse, während sie aufeinander krachten. Der Schwanz einer Gans, aber die Federn endeten in Stacheln. Wenn man den Rest nicht sah, konnte man es für eine Gans halten, mit glänzend weißen und aschfarbenen Stacheln wie Federn und einem breiten Gesäß, das dem einer Gans ähnelt. Die Stimme war ziemlich undeutlich, heiser wie die eines bellenden Hundes. Das Tier ist wütend, kann aber von einem Tierbändiger leicht gehandhabt werden. Früher wurde es von Hunden mit großer Feindseligkeit verfolgt. Das Geschlecht weiblich, das Alter jugendlich. Kein Getränk; die Nahrung bestand aus mit Wasser angefeuchtetem Brot. Es wird angenommen, dass es sich um ein **Stachelschwein**[2] handelt oder um einen Nachkommen eines Stachelschweins, das sich zum Beispiel mit einem Bären oder einem Affen gepaart hat. Einst war das Stachelschwein auf Afrika beschränkt; jetzt gibt es in Frankreich und Italien Schweine mit Stacheln, die sie oft gegen Hunde einsetzen, sodass dieses Stachelschwein vielleicht anders war als die Schweine. Die Stacheln sind jedoch nicht kleiner als die dieser Schweine; sie sind handtellergroß, sehr scharf, hell, weiß und dunkel gezeichnet. Der Igel hat auch Stacheln, aber kleine am ganzen Körper, nicht beweglich, und das Tier selbst ist viel kleiner als das Stachelschwein und rollt sich zu einer Kugel zusammen. Aber glücklicherweise wurde er für die Gesundheit des Menschen geschaffen: Durch seine Trockenheit und sein Temperament unterstützt er Leber, Nieren, Blase, Magen und Lunge.

Das **Schaf** ist sein Gegenstück aus der Region, mit seinem sehr weichen Fell. Karges Futter erhöht die Feinheit der Wolle. Und so schreibt Vergil:

> Wenn Sie sich Sorgen um die Wolle machen, sollten Sie zunächst den rauen Wald und die Kletten beseitigen und üppiges Weideland vermeiden.

Und deshalb wird die englische Wolle heute gerühmt wie einst die Milesische Wolle. Also noch einmal Vergil:

> Rund um Milesia pflückten die Nymphen die Wolle.

Jetzt ist Britannien also angesehen für seine Wolle. Kein Wunder, denn hier gibt es kein giftiges Tier, nicht einmal ein aggressives, abgesehen von Fuchs und Wolf in der Vergangenheit; jetzt, da auch die Wölfe ausgerottet sind, streift das Vieh in Sicherheit umher. Die Herden stillen ihren Durst mit dem Tau des Himmels und sind von allen anderen Getränken ferngehalten, weil das Wasser dort für Schafe tödlich ist; und auch, weil es im feuchten Futter Würmer im Überfluss gibt. Die Zahl der Krähen ist so stark angewachsen, dass die Schäden an den Feldfrüchten vor kurzem dazu geführt haben, dass der öffentliche Rat eine Belohnung für diejenigen ausgeschrieben hat, die sie töten. Wo es Futter gibt, findet man Tiere, die sich davon ernähren, und zwar im Übermaß, und dann vermehren sie sich, da es überall im Überfluss vorhanden ist. Wie ich schon sagte, ist Britannien frei von Schlangen, und zwar aus drei Gründen: Wegen der großen Kälte können sich nur wenige von ihnen bilden, und weil es sehr gut bewirtschaftet wird, werden die, die sich bilden, ausgerottet. Nachdem es einmal frei von Schlangen war, konnten sie nicht von anderswo kommen, denn es ist eine Insel, und das Meer ist im Weg. Ähnlich verhält es sich mit den Wölfen.

[2] » Histricum«.

Es gibt ein Wunder, das ich von so vielen Menschen gehört habe, dass es schlimmer wäre, eine Lüge von so vielen Zeugen nicht zu glauben, als die Wahrheit angesichts ihrer Autorität zu bewahren. Das Wunder besteht darin, dass, wenn man den Bauch des Wolfsfisches (den die Italiener Hecht[3] nennen) aufschlitzt, damit der Rogen zum Vorschein kommt, und ihn dann zusammennäht und zu den Schleien in den Fischteichen legt, der Fisch durch ihre Feuchtigkeit geheilt wird, während der Wolfsfisch sich mit seinem Bauch an ihnen reibt. Der Grund dafür liegt auf der Hand, denn die Eingeweide sind nicht beschädigt, und die Feuchtigkeit selbst ist klebrig, und Luft zum Verderben ist kaum vorhanden. Und ich weiß nicht, ob dies das Ergebnis wäre, wenn man es in Italien versuchen würde. Was zeigt uns dies?

Um auf meine Erzählung von den Schafen zurückzukommen, so ist sie sicherlich bemerkenswerter wegen der Regionen, denn in den warmen Regionen wachsen die **Schwänze der Schafe** so gewaltig, dass Leo Africanus berichtet, dass er in der Stadt Arsinoe in Ägypten einen von achtzig Pfund Gewicht gesehen hat, und man erzählt, dass einige bis zu 150 Pfund gewachsen sind. Fünfzehn oder zwanzig Pfund zu erreichen, ist normal. Ich habe einen von etwa drei Pfund gesehen, soweit ich es ohne Messung schätzen konnte. Aber dort übertreffen die Schwänze der Widder die der unseren im Allgemeinen an Größe. Das kommt daher, dass dieses Tier sehr feucht und kalt ist. Und da die anderen Knochen nicht gedehnt werden können, verlagert das Tier, wenn es von seinem eigenen Fett überwältigt wird, seine ganze Feuchtigkeit in den Schwanz, und er wird riesig an Fleisch und Fett. Die Knochen dehnen sich auch aus, und die Sehnen ziemlich viel; durch ihre feuchte Natur sind sie immer zum Wachstum geeignet, wie es bei Fischen der Fall ist.

Aber ist es nicht bewundernswert bei der **Anzahl der Hörner**, dass manche Hirschkühe vier Hörner haben, wie wir sie auch in Mailand haben? In Schottland ist es gang und gäbe, ebenso wie bei den Sarmaten mit sechs oder acht; selten mit fünf oder sieben, die Zahl ist ungerade; manchmal sogar mit einem einzigen Horn, das aber nicht in der Mitte steht. Und das sind kleinere Wunder als das, von dem Aristoteles berichtet, dass eine Ziege mit einem Horn am Bein gesehen wurde. Dies geschieht zweifellos durch einen Irrtum der Natur und durch Überschuss oder Mangel an Stoffen, die für die Bildung von Hörnern geeignet sind. Da aber der Kopf dieser Tiere schwach ist, hielt es die Natur für besser, die Last zu teilen, als das Tier mit einem schädlichen Gewicht zu belasten.

Manchmal kommt es vor, dass **ein Widder mit einem einzigen Horn** in der Mitte seiner Stirn geboren wird, wie es im Haus des Perikles geschah in der Zeit, als er der führende Staatsmann in Athen war. Die Wahrsager sagten eine allgemeine Verwirrung und eine Verringerung der Macht der Stadt voraus, und das zu Recht, denn zwei unterschiedliche Dinge waren zu einem verschmolzen. Genau das trat ein: zunächst der verheerende Peloponnesische Krieg, auf den eine Hungersnot und dann eine grausame Pest folgten, und schließlich auch die Sklaverei. Aber Anaxagoras, der Lehrer des Perikles, deutete das Ereignis geschickt um: Er sagte, dies sei passiert, weil die Hirnhälften des Widders zu einer einzigen zusammengewachsen seien. Und als man das Tier sezierte, zeigte sich, dass dies der Fall war. Aber wenn dies der einzige Grund war, dann sollte es bei der Geburt des Horns geschehen und nicht bei der Geburt des Widders. Es spricht nichts dagegen, dass die Irrtümer der Natur Ursachen sind und Vorhersagen für die Zukunft liefern. Deshalb kommt es in allen Dingen, also auch in der Philosophie, zu Wechselfällen und zur Zerstörung der Menschheit oder

[3] »lucium«.

zu ihrem Heil. Es erstaunt mich weniger, dass Nero einst die Philosophen aus Rom vertrieb, wie wir in unserem *Encomium Neronis* geschrieben haben. Durch die Habgier mancher Menschen ist die Weisheit weniger heilsam als zerstörerisch. In einem bösen Geist ist die Philosophie nichts als ein Schwert in der Hand eines Räubers. Was trägt ein Philosoph bei, der Fürsten und Völker belehrt, dass das Universum ewig, die Seele sterblich, Gottes Vorsehung nicht existent ist? Ist es nicht so, als ob er sagen würde: Nimm an, du bist ein offenkundiger Wucherer, ein Ehebrecher, ein Mörder, ein Giftmörder, ein Verräter, arbeite dich durch alle Verbrechen hindurch – alles gut, solange es im Verborgenen bleibt? Nun, der törichte Widder hat es geraten. Die doppelte Weisheit der Athener (die Weisheit des Führers und die des Philosophen) hat ihr Vaterland gestürzt. Wundere dich nicht, dass ich gesagt habe, der Widder sei töricht; die Tiere mit geteilten Hufen sind einfältiger als die mit einem einzigen Huf, und die mit einem einzigen Huf mehr als die, die Zehen an ihren Füßen haben.

Ein besonderes Unterscheidungsmerkmal der Tiere ergibt sich aus der **Beschaffenheit ihrer Füße**: Manche haben einen einzigen Huf, manche haben geteilte Hufe, manche haben Zehen. Manche Einhufer sind robust, aber nicht ausdauernd, wie Pferde; manche sind belastbar, aber nicht so wie Esel; manche sind belastbar und robust, wie Kamele. Damit die **Esel** die Arbeit gut vertragen, wurden sie dumm erschaffen. Wenn sie trinken, tauchen sie ihre Schnauze nur sparsam ein, wegen des Schattens ihrer Ohren; sie sehen ihn sehr groß im Wasser und erschrecken, wenn das Wasser ihre Ohren benetzt und der Schatten ihrer Ohren auf ihre Augen trifft. Außerdem ist dieses Tier von Natur aus trocken und daher kein Freund des Wassers. Ein weiblicher Esel trägt seinen Nachwuchs ein Jahr lang aus. Ein männlicher Esel kann dreißig Jahre alt werden, obwohl er wegen seiner harten Arbeit nur selten diese Lebensspanne erreichen kann. Mit dem Pferd, dem männlichen und dem weiblichen Hirsch und auch mit dem Kamel teilt er die Eigenschaft, keine Galle zu haben; beim Kamel ist dieser Punkt jedoch ungeklärt. Der Grund dafür ist, dass sie ein trockeneres und arbeitsfähigeres Fleisch haben. **Pferde** sind edleren Gemüts als Esel, aber weniger trocken und daher weniger arbeitsfähig. Die so genannten Berber-Pferde[4] stammen aus Afrika und sind aufgrund ihrer Ausbildung sehr flink. Sie wählen Stuten aus, die aus Angst vor wilden Tieren wild geworden sind und sich jeden Tag austoben. Ihre Fohlen werden deshalb weggenommen und mit Kamelmilch gefüttert, und wenn sie ausgewachsen sind, mit Stroh und Stoppeln. So werden sie durch ihre Nahrung, die Luft und die Bewegung sehr schnell. Dies würde auch in unseren Gegenden geschehen, allerdings erst nach mehreren Generationen. Auch bei einer Ernährung mit Kuhmilch würden sie gute Fortschritte machen, denn die Ernährung verändert die Seelen, ganz zu schweigen von den Körpern. Dieses Tier hat ein Gespür für Ruhm und für seine Pflichten. Man sagt, dass die Pferde in Irland sehr brav und fügsam sein müssen, damit sie sich besonders auf den Reiter einstellen können. Ein Beweis für die Klugheit der Pferde ist ihre große Zuneigung zu ihren Nachkommen; kein Tier liebt seine Nachkommen so sehr wie eine Stute ihr Fohlen. Die Länge ihres Lebens ist wegen der Arbeit, die sie verrichten, unbestimmt. Einige von ihnen haben bei uns sogar fünfzig Jahre erreicht, aber sie überschreiten selten dreißig Jahre. Die Stuten leben länger. Aristoteles berichtet von einer Stute, die fünfundsechzig Jahre alt wurde. Diese beiden Tierarten werden wegen der Ähnlichkeit ihrer Natur verwechselt, als ob ein Handwerker[5] auf den Vorteil der Menschheit bedacht gewesen wäre. Es gibt

[4] »barbaros«.

[5] »opifex«.

Maultiere, die mit der Geduld der Esel und der Kraft der Pferde geschaffen wurden. Wilde Esel, Onager genannt, sind verbreiteter als wilde Pferde, deren Fleisch als Nahrung geschätzt wird. Das Fleisch von domestizierten Eseln kommt dem von Kälbern nahe, solange die Esel jung sind. Es ist nicht klebrig und abscheulich wie Pferdefleisch. Die Menschen irren sich, wenn sie die mit kräftigen Hörnern und einer Mähne ausgestatteten und in anderer Hinsicht deformierten Tiere, die anderswo als Bisons[6] bezeichnet werden, Wildesel nennen. Daher ist es wahr, dass es nicht mehr als einen Stamm geben kann, aber von der Art her gibt es kein Hindernis. Aristoteles berichtet, dass es in Phönizien auch fruchtbare Maultiere einer eigenen Art gibt, und unter ihnen kann es mehr oder weniger geben, entweder an Lebhaftigkeit und Kraft und Beweglichkeit, oder an Verträglichkeit für die Ausführung von Arbeiten.

Aber das **Kamel** ist das herausragendste von allen. Das afrikanische Kamel hat einen Höcker oder Wulst, das zentralasiatische[7] zwei, ich kenne beide Arten. Die afrikanischen sind fast wie Esel gefärbt, die baktrischen rostfarben. Die Kamele sind nicht wirklich einhufig, sondern praktisch paarhufig, aber auch nicht genau, sondern der Fuß zeigt einen leichten Eindruck von fünf Zehen, der in einem Teil der Sohle fleischig ist, und daher für diejenigen, die zwischen Felsen unterwegs sind, nicht von Nutzen ist. Aber, und das ist das Außergewöhnliche, da es keine Hörner hat, fehlen ihm als einzigem die Vorderzähne des Oberkiefers, wie dem Hirsch und dem Ochsen. Es wiederkäut auch wie diese, was wesentlich ist: Die Tiere wiederkäuen nicht, weil sie Hörner haben, sondern weil ihnen die oberen Vorderzähne fehlen, die auch dem Kamel fehlen. Es gibt seinen Urin nach hinten ab, weil es einen nach hinten gerichteten Genitaltrakt hat. Es jagt Pferde mit einer natürlichen Abneigung und ist fast so groß wie ein Elefant, was aber an der Länge seines Halses liegt. Daher hat auch der Vogel Strauß (»Struthiocamelus«) seinen Namen. Der ganze Körper des Kamels ist schlanker als der des Pferdes, der Kopf klein, die Augen groß und markant. Seine Schnauze, wenn ich sie so nennen darf, gleicht der des Ochsen. Aber sie unterscheiden sich sehr voneinander, vor allem in der Größe, so sehr, dass man auf dieser Grundlage drei Arten unterscheidet. Die größten mit einem Höcker werden Hugium genannt, die kleinsten Raguahil, und sie legen hunderttausend Schritte am Tag zurück. Sie sind sehr leicht und eignen sich besser zum Reisen als zum Tragen von Lasten. Kamele laufen schneller als die Nissan-Pferde[8], weil ihre Beine so lang sind und weit auseinander stehen.

Die mittlere Art wird Becheti genannt und hat zwei Höcker. Am besten aber sind die afrikanischen, die von den baktrischen abgeleitet sind. Sie trinken nur alle fünf Tage, und wenn sie früher trinken, bekommt ihnen das schlecht. Sie ertragen Durst bis zu fünfzehn Tagen, sowohl aus Übung als auch, weil das Tier trocken ist und weil die Natur dafür gesorgt hat, dass ein Tier, das in Wüsten lebt, kaum häufiges Trinken braucht, wo es kaum etwas zu trinken gibt. Ebenso ist es sehr duldsam gegenüber Hunger. Wenn es doch einmal dünn wird, dann werden zuerst der Höcker und der Rücken dünn, wegen der Last und der Sonne, dann der Bauch, weil dieser Teil weicher ist und reichlich Hitze abgibt, schließlich die Beine, und dann ist es schon in Not. Sein Fleisch ist sehr schmackhaft, und seine Milch ist sehr schmackhaft und gesund. Aber wie Wein sie er mit der gleichen oder sogar der doppelten Menge an Wasser getrunken. **Das Tier tanzt zur Flöte** und scheint Freude an der Musik zu haben, aber es kommt mehr auf die Geschicklichkeit und die Übung an als auf den Sinn für Har-

6 »bison«

7 »Bactrianus«.

8 »equis Nissanis«.

monie. Wenn es jedoch müde wird, regt der Gesang es an, die Reise fortzusetzen. Wenn es jung ist, stellt man es auf ein heißes Pflaster, während jemand auf einer Flöte oder Cithara spielt, und das Kamel hebt wegen der Hitze die Füße; auf diese Weise schenkt es dieser Darbietung täglich seine Aufmerksamkeit. Der Modus entspricht dem Heben der Füße. Wenn ein Jahr nach diesem Muster vergangen ist, hebt das Kamel seine Füße im Rhythmus, auch auf kaltem Boden; so lernt das Kamel zu tanzen.

Aber was ist daran bemerkenswert, dass das Kamel (ich nannte es ein geschicktes Tier) eine Kunstfertigkeit erlernt, wenn selbst Esel zur Flöte tanzen und sich von selbst auf den Rücken legen, wenn eine Stimme ihnen ins Ohr flüstert? Auch mit geschlossenen Augen blähen sie sich auf, als hätten sie Gift getrunken, und lassen sich weder durch Drohungen noch durch Schläge dazu bewegen, aufzustehen. Aber mit Schmeicheleien, Lockungen und der Aussicht, schöne Frauen zu tragen, stehen sie schnell und eifrig auf. Aber wenn sie gehört haben, dass alte Frauen getragen werden sollen, senken sie ihre Ohren und hinken. Fragt man sie wiederum, ob sie schöne junge Frauen mögen, nicken sie mit dem Kopf. Schließlich suchen sie sich in einer Menschenmenge den schönsten Mann aus. Dieser ägyptische Esel scheint sich also kaum von dem berühmten Esel des Lukian zu unterscheiden. Aber die Geschichte, die Leo Africanus erzählt, ist wahr: In einem Vorort der Stadt Kairo namens Bab al-Louq sah er mehr als einmal fahrende Schausteller, die fast jeden Tag der Venus (ein mohammedanisches Fest, das dem jüdischen Sabbat und dem christlichen Sonntag entspricht) mit diesem Kunststück ein großes Publikum unterhielten.

Einem Esel etwas beizubringen, dürfte kein Wunder sein, denn seine Sinnesorgane sind für jeden Zweck geeignet. Und ein Esel ist selbst mit einer empfindsamen Seele ausgestattet. Die Schere einer Krabbe zeigt dies, sie wird auf so viele verschiedene Arten bewegt, ohne jeden Gedanken, allein zum Gebrauch. Wie es nach und nach dazu kam, kann man aus dem ersehen, was gerade über das Kamel gesagt wurde und was später über den Hund gesagt wird. Die ganze **Kunst der Tierdressur** besteht aus zwei Teilen: der Übung und der Kombination von Handlungen. Und so wird angenommen, dass die einhufigen Tiere klüger sind als die Paarhufer. Und sowohl unter den einhufigen als auch unter den Paarhufern ist das Kamel herausragend. Daher wird jemand guten Grund haben, unentschieden zu sein, welches Tier als das vollkommenere bezeichnet werden sollte: der Hund oder das Kamel. In der Tat ist das Kamel, was die Lebensdauer betrifft, dem Menschen näher als der Hund: Das Kamel lebt manchmal hundert Jahre, das Leben des Hundes endet im zwanzigsten Jahr. Daher hat Homer recht, wenn er darstellt, dass der Hund des Odysseus im letzten Jahr starb. Aber wie das Kamel selten sein sechzigstes Jahr erreicht, so erreicht der Hund noch seltener sein vierzehntes. Auch mögen Kamele Musik, Hunde kaum. Aber Hunde lassen sich besser trainieren. Ich würde also sagen, dass die Feuchtigkeit des Kamels fetter und die Substanz des Hundes verdünnter ist, und aus diesen Gründen ist das eine Tier dem Menschen näher als das andere.

Aber noch eine andere Ungewissheit entsteht: Da es so aussieht, **als sei das Kamel eigentlich mehr um des Menschen willen geschaffen**, nicht um seiner selbst willen – doch niemand, der gelesen hat, was wir weiter unten geschrieben haben, wird bezweifeln, dass dies falsch ist –, sondern es scheint ganz der Fall zu sein: Wozu sind die Höcker auf dem Rücken da, wenn nicht, um Gewichte zu tragen? Wozu vier Knie, wo doch Pferd und Esel, aber auch Ochsen und Hirsche nur zwei haben? Kamele beugen ihre Hinterbeine nach vorne, und sie können sie nach hinten anwinkeln wie die menschlichen Beine und wie die Vorderbeine der Pferde. Wozu dient der Vorsprung, auf dem es sitzt und der sich unter ihm befindet, während es auf die Knie gebeugt ist? Es sei denn, damit es, da es sehr langbeinig ist, in die Knie gehen kann, während es eine Last aufnimmt? Wenn es also ein Tier gibt, das für den Menschen geschaffen wurde, dann scheinen das Kamel und der Hund für ihn geschaffen worden zu sein, da sie sich leicht mit uns verbinden lassen. Aber, wie gesagt, es ist lächerlich, so etwas zu glauben; es ist besser anzunehmen, dass ein Kamel einen Höcker bekommt, weil dieser feuchte Teil bei einem Tier, das ein einsames Leben führt, viel dazu beiträgt, Durst und Hunger zu ertragen. Es ist bewiesen, dass auch beim Menschen ein Buckel im Allgemeinen durch eine unausgegorene Feuchtigkeit entsteht, und weil (wie erwähnt) ein Kamel, wenn es durch harte Arbeit, Hunger und Durst erschöpft ist, vor allem an dieser Stelle dünner wird. Der Grund für die Knie und den vorderen oder unteren Höcker war, dass das Kamel dazu bestimmt war, lange, dünne Beine zu haben, und gezwungen war, eine lange Reise zu machen, und während seines Daseins in trockenen und unkultivierten Gegenden auf der Suche nach Nahrung und Wasser Ruhe brauchte, die es nicht sicher durch Hinlegen erreichen konnte, wie es Esel und Pferde tun. Deshalb ruht es sich auf seinen Knien und dem darunter liegenden Höcker aus. Wenn es sitzt, ist dieses Tier so angeordnet wie ein Mensch. Diese Merkmale wurden also nicht für den Menschen, sondern für das Kamel geschaffen; die Natur muss wohl sehr vorsichtig sein, wenn sie bei diesem Tier so viele große Vorkehrungen getroffen hat, damit es eine Last so kurz tragen kann, während der Mensch den Mangel an Körpergröße durch gesunden Menschenverstand, Hocker, Leitern und andere Methoden ausgleichen kann. Die Formen, die den Tieren eigen sind, sollen also wirklich einer besonderen Anwendung entsprechen.

Aber jemand wird sagen: Warum haben all diese herausragenden Tiere eine **Form**, die sich sehr von den anderen unterscheidet? Zum Beispiel der Mensch, der Elefant, das Kamel, das Krokodil, und unter den Fischen der Delfin? Es steht außer Zweifel, dass dies die vornehmsten Tiere sind, vorausgesetzt, der Mensch darf ein Tier genannt werden. Der Grund dafür ist ein dreifacher: erstens, weil diese Tiere, wenn sie vollkommen sein sollen, langlebig sein müssen. Daher sind sie mit einer Feuchtigkeit ausgestattet, die sich mit Fettigkeit vermischt. Sie konnten sich die Kräfte nicht durch ihr Temperament aneignen, aber sie hatten sie nötig, sodass eine verfeinerte Form erforderlich war. Der zweite Grund ist, dass das Ende von der Mitte weiter entfernt ist als die Mitten voneinander: denn die Mitte ist doppelt oder das Ende ist doppelt so groß. Aber es ist das vollkommenste Ende, deshalb ist es am weitesten von den anderen entfernt, und es scheint eine besondere Form zu haben. Der dritte Grund ist, dass die vollkommensten Tiere die Vorteile vieler Arten in sich vereinen und daher in der Mitte dieser Arten zu stehen scheinen und daher eine eigene besondere Form haben. Das Kamel steht offensichtlich in der Mitte zwischen den Paarhufern und den Einhufern, und obwohl es keine Hörner hat, ist es den gehörnten Tieren sehr ähnlich; es hat darüber hinaus seinen besonderen Höcker. Der Mensch liegt zwischen den Zweibeinern und den Vierbeinern, aber er ist unbehaart, und das ist eine besondere Eigenschaft von ihm, die er nicht von einem anderen Tier übernommen hat; es sei denn, man nimmt die Schlangen oder Fische hinzu. Entweder ist er weit von ihrer Natur entfernt oder er nimmt die Natur aller an und hat in der Tat einen Anteil an ihnen allen. Das Krokodil liegt in der Mitte zwischen den Fischen und den Vierbeinern und Eidechsen. Sein besonderes Merkmal ist, dass es seinen Oberkiefer bewegt und der Unterkiefer fest ist. Der Elefant liegt in der Mitte zwischen den Tieren mit Hörnern und den Tieren ohne Hörner, die Zehen an den Füßen haben und einhufig sind, und er hat seinen besonderen Rüssel. Und wenn wir seine Zähne erwähnen, so sind sie groß und äußerlich hervorstehend. Dasselbe sage ich über den Delfin.

Aber nun geht meine Darstellung in eine andere Richtung und würde nicht aufrechterhalten werden, wenn sich nicht das eine Problem stellen würde, das ich gerade erwähnt habe: **Warum sind Maultiere unfruchtbar?** Die Frage war für Aristoteles und die übrigen Philosophen ermüdend, aber wir arbeiten zumindest an dieser Suche. Es wurde oben gesagt, dass Tiere mit unvollkommener Zeugung steril sind. Da aber die Samen von Pferd und Esel sich so sehr unterscheiden, dass sie sich an der äußersten Grenze derjenigen befinden, die sich zur Fortpflanzung verbinden können, ist es offensichtlich, dass das, was aus ihrer Vermischung entsteht, steril ist. Weniger steril als diese sind die indischen Hunde, die aus einer Tigerin und einem Hund entstehen, und noch weniger steril sind die Wolfshündinnen, die aus einer Hündin und einem Wolf geboren werden. Ebenso der Laconicos, der von einem Fuchs und einem Hund abstammt. Da sie sich kaum von der Natur ihrer Eltern unterscheiden, sind sie sehr fruchtbar und gehen in ununterbrochener Folge in das andere Aussehen ihrer Eltern über. Dies könnte sicherlich nicht geschehen, wenn sie aus einem eigenen Grund steril geworden wären, den sie durch den Unterschied ihrer Eltern erworben haben.

Aber wie gesagt, es gibt eine gemeinsame Ursache für alles, was durch **unvollkommene Zeugung** entsteht, sei es durch Fäulnis oder durch eine große Diskrepanz zwischen dem männlichen Samen und dem weiblichen Blut. Daher wird dies als die allgemeine Ursache der Unfruchtbarkeit angesehen. Wenn der männliche und der weibliche Same innerhalb der Grenzen des Temperaments waren, findet die Zeugung statt, und was geboren wird, ist fruchtbar. Wenn aber beide Samen mit gegensätzlichen Eigenschaften vorhanden waren, werden sie sich zwar erzeugen, aber das, was erzeugt wird, wird unfruchtbar sein. Wenn sie aber an einem ähnlichen abnormen Temperament leiden, werden sie sich nicht entwickeln. Es gibt auch sterile Männer, bei denen der Penis nicht erigiert. Sie werden von gealterten Eltern geboren, wenn dies von Natur aus geschieht. Es gibt einige Menschen, bei denen der Samen fehlerhaft ist, zum Beispiel bei denen, denen die Hoden entfernt wurden. Die Arten werden also durch diese Vermischung verändert, und sie hören auf zu existieren. Die **Elche**, die es zu Cäsars Zeiten mit Sicherheit gab, waren möglicherweise von dieser Art. Aber jetzt ist es unsicher, ob sie existieren und was sie sind. In ähnlicher Weise gab es zur Zeit des Pausanias indische Kamele, die in ihrer Farbe und ihrer Vielfältigkeit dem Leoparden völlig gleich waren; aber jetzt gibt es sie entweder nicht oder sie sind sehr selten. Die Entstehung und die Natur jedes unvollkommenen Tieres ist, wie ich sagte, widersprüchlich.

Aber jetzt ist es an der **Zeit, zu den vollkommeneren Tieren überzugehen**, die Zehen an den Füßen haben, nicht Hufe. Innerhalb dieser Klasse sind die **Hunde** besonders vollkommen, die vor langer Zeit von den Wölfen abstammen. Wenn sie wild werden, verwandeln sie sich zuerst in ungezähmte, dann in **Wölfe**. Ebenso verwandeln sich domestizierte Wölfe im Laufe vieler Generationen in Hunde. Für die Lycisca, die aus Wolf und Hund hervorgegangen sind, ist der Unterschied in der Stimme also kein Problem, denn auf der Insel Hispaniola in Westindien bellen die Hunde nicht, umso mehr heulen sie. Ein Beweis dafür, dass die Hunde vom Wolf abstammen, ist die **Tollwut**, eine Krankheit, die beiden gemeinsam ist und sehr zerstörerisch wirkt. Aber beim Wolf ist sie noch schlimmer und völlig unheilbar, sodass ein tollwütiger Wolf bis zu sechzig Tiere verschiedener Art getötet hat, unter denen sich mehr als zwanzig Menschen befanden. Kein Mensch und kein Tier, das von ihm verletzt wurde, entkam, denn selbst ein Pferd, das nur von seiner Klaue, nicht aber von seinen Zähnen gekratzt wurde, verendete. Einer der Männer war von zahlreichen Wunden erschöpft und hatte viel Blut verloren. Die Tollwut ist eine Krankheit, die von der Trockenheit ausgeht. Daher ist sie bei einem wilden Tier, das bereits spontan trocken ist, aggressiver. Aber jede Tollwut ist unheilbar, sobald die Opfer die Angst vor Wasser erreicht haben. Daher schrieb Ovid:

> Keiner, der das Wasser fürchtet,
> wird geheilt.

Ein Hund kann mit einem Fuchs und einer Tigerin kopulieren, mit gemeinsamen Söhnen, die die Form von beiden reproduzieren. Sie können sich paaren, wenn die Zeiten der Trächtigkeit im Mutterleib passen, wie es bei den Bäumen der Fall war, und wenn es eine gemeinsame Nahrung gibt. Ein Alopeca, das Produkt eines Hundes und eines Fuchses, den ich gesehen habe, war männlich und stumm; ich weiß nicht, ob das alle sind. Dieses höchst begabte Tier scheint sich absichtlich mit dem Menschen zu verbinden, denn die Natur strebt immer danach, Gleiches mit Gleichem zu verbinden, und die Ähnlichkeit ihrer Gewohnheiten erzeugt und erhält die Freundschaft. Ein Hund wäre schroff zu einem Menschen, wenn die Natur nicht so klug wäre. Der Hund wird wegen seiner Gewissenhaftigkeit und seines Talents geliebt, die ihn auszeichnen. Auf Korsika sind sie sehr wild und stark und groß, sowohl wegen der Luft (in feuchter Luft wird das, was von Natur aus trocken ist, groß) als auch wegen ihrer Anstrengung und Ausbildung. Sie haben einen sehr großen Kopf im Vergleich zu ihrem Körper, der ebenfalls groß ist. Die Nahrung, der Kampf, die Luft, ihre Ausbildung, ihre Natur verändern sie so sehr, dass sie sich in ihrer Art zu unterscheiden scheinen. Sie werden darauf abgerichtet, bestimmte Menschen zu verabscheuen, so wie einst Hunde auf Rhodos darauf abgerichtet wurden, Türken zu hassen, und der **Bezerillo**, Indianer zu hassen. Laut Gonzalo Fernando Oviedo war dies ein Hund, der Indianer von Spaniern unterscheiden konnte. Sie sind von Menschenfleisch ganz verrückt geworden und haben übernatürlich scharfe Sinne, sodass dieser Hund darauf abgerichtet wurde, die Willigen zu führen, die Verweigerer zu zerfleischen und die Gefallenen zu verschonen. Was diese Leute dem Willen und der Nachsicht Gottes zuschreiben, führe ich auf das Fressen von Menschenfleisch zurück, oder auf Übung, oder vielmehr auf dämonische Hilfe. Ich bin überzeugt, dass Gott eine solche Grausamkeit nicht gefällt. Dieser Hund war in der Lage, die Sprache der Kämpfenden und die der Zurückweichenden zu verstehen, und er hat gelernt, diejenigen anzugreifen, zu zerfleischen und mitzuschleifen, auf die er mit dem Finger oder mit dem Namen hingewiesen wurde.

Der Rosomacha oder **Vielfraß** in Litauen lehrt uns, dass in manchen Gegenden Tiere geboren werden, die in ihrer Art den Menschen ähneln, mit der Größe eines Hundes, dem Gesicht einer Katze, dem Rücken und Schwanz eines Fuchses, rauen und zähen Füßen und Krallen und auch Zähnen. So sehr, dass selbst Hunde, die keine Angst vor Wölfen haben, sich von ihm fernhalten. Seine Haut ist weiß mit einer Mischung aus gelbbraun, und sie zeigt verschiedene Formen mit ausgedehnten Linien. Das sieht man auch an den Tüchern, die aus Asien importiert werden und Zambeloti heißen. Sie werden angeblich aus Ziegenhaar hergestellt und sind gewellt. Die Natur hat solche Formen in den Fellen der Vielfraße geschaffen, die die Hitze festhalten, wenn sie sie aufgenommen haben. Sie nehmen sie sofort auf, weshalb sie wegen ihrer Schönheit und ihrer Knappheit ein Kleidungsstück für Fürsten sind, obwohl sie wilde Träume auslösen. Sie legen Hinterhalte legen und sind gefräßig, und die Angst regt sie an. In der Tat rufen die Dinge, die wir essen, Träume hervor, je nach ihrer Beschaffenheit: Die duftenden Nahrungsmittel rufen gewöhnlich Feuer hervor, die süßen rufen Wasser hervor. Und das Fell der Vielfraße überträgt Feuchtigkeit und Ausdünstungen. Ihre Krallen tragen außerdem zu Tinnitus[9] und Schwindelgefühlen bei. Wenn sie auftauchen, erschrecken sie Hunde und Katzen durch ihren Geruch und ihr Aussehen. Ihren Zähnen wird eine magische Kraft zugeschrieben. Ihr Schmalz ist wirksam bei der Heilung aller Wunden. Bei Hochzeiten trinkt man ihr Blut mit Honig und Wasser vermischt; es ist unklar, ob für die Verbindung oder zum Schutz. Saiten aus ihren Eingeweiden machen einen sehr rauen Ton auf einer Leier. Das Tier ist so gefräßig, dass es, wenn es sich von Aas ernährt und sein Magen ganz voll ist, das Gefressene aus seinem Darm zwischen zwei eng nebeneinander stehenden Bäumen herausquetscht, es geht dann wieder zurück, um sich weiter vollzustopfen. So sind die Litauer besonders gefräßigsten unter den Menschen. Entweder ist die Haut in ihrer Potenzialität so und wird durch die menschliche Hitze in die Wirklichkeit gebracht. Oder dies geschieht, wenn der Magen kühlt ist, denn der Magen ist kaum zufrieden mit zu viel oder zu wenig Hitze.

Doch **zurück zu den Hunden**: Kein Tier ist so fügsam. Es wird gelehrt zu jagen, zu suchen und zu tragen. Um talentiert zu sein, sollte es trocken sein. Diejenigen, die den Kopf gerundet und die Nase ganz gesenkt haben, sind begabter. Sie werden gelehrt, einen Spieß zu drehen, wie im Gasthaus von Leo von Pavia, man kann dort sogar mehrere sehen, die dies können. Die Natur hat ihnen einen sehr scharfen Geruchssinn mitgegeben. So eignen sich die großen zum Jagen, die kleinen kraulen ihre Herren im Bett und im Dunklen. Wo eine Katze begraben wurde oder wenn sie ihr trockenes Fell finden, umkreisen sie es; sie genießen den Geruch der toten Kreatur, die sie im Leben gehasst haben. Aber vor einer verwesenden Katze laufen sie davon; der Geruch von trockenem, verfaultem Fleisch stört sie und alle Menschen. Das Tier ist jähzornig und ebenso streitlustig wie der Mensch, es stürzt sich in einen Kampf, jagt und verfolgt flüchtige und lärmende Tiere, auch solche, die ihm völlig unbekannt sind. Sie heulen bei Glocken- und Trompetenlärm, beim Schnauben wilder Esel und vielen anderen lauten Geräuschen. Das Heulen ist ihr Weinen, weil sie den Zorn nicht ertragen. Das ist auch der Grund dafür, dass sie beim Anblick des Mondes bellen und heulen, weil sie annehmen, dass er sie verachtet, und das übel nehmen. Kleine Jungen und Frauen weinen auf die gleiche Weise, wenn sie für ihr Unrecht keine Vergeltung fordern können. Da ihr Penis knochig ist, heben sie beim Urinieren das Bein an, um ihren Bauch nicht mit Urin zu bespritzen. Der Beweis ist, dass weder Hündinnen noch Welpen dies tun. Die Hündinnen haben keinen Penis, die Welpen schon, aber einen so weichen, dass er sich zum Boden hin biegen kann, und so verschmutzen sie ihren Bauch beim Urinieren nicht.

Sie sind so klug, dass sie einen müden Hirsch, der in einer Herde flieht, von den anderen trennen können, damit sie den müden Hirsch leichter fangen können, indem sie ihn bedrängen und quälen. Sie jagen fast spontan und sind darauf abgerichtet, die Umgebung zu erkunden. Einige suchen Vögel nach ihrem Geruch, und diese werden Spürhunde genannt. Andere jagen Hasen und Rehe und haben daher ihren Namen. Es gibt auch Netzhunde, die Rebhühner und Wachteln durch ihren Anblick erschrecken, bis sie in den Netzen gefangen werden. Allen Hunden ist gemeinsam, dass sie ihr Heim bewachen, Besucher anbellen und Arme und Menschen in zerrissener Kleidung jagen. Man bringt ihnen nach und nach bei, Dinge herbeizubringen, indem man ihnen zunächst ein Stück Brot zuwirft, aber so, dass der Hund dazu gebracht wird, einem Menschen zu gehorchen, wenn er ihn zu sich ruft. Später wird das Brot in einer Schachtel mit einem Stift verschlossen, sodass das hungrige Tier,

[9] »tinnitus«.

wenn es nach dem Brot geschnappt hat, auf Zuruf die Schachtel bringt, um das Brot nicht zurückzulassen. In all diesen Fällen ist der Hunger der Lehrmeister, wie es Persius formuliert hat:

Der Künstler folgt der Stimme des
Bauchs.

Über einen Zeitraum von sechs Monaten habe ich einen Hund so gut erzogen, dass kein Kind gefügiger erscheinen oder besser auf Befehle reagieren konnte, da er selbst ein Nicken des Kopfes verstehen konnte. Und obwohl man alles dem Fleiß des Lernenden zuschreiben könnte, wählt man doch Hunde, die behaart sind, und deren Haar keineswegs gerade, sondern dünn und weich und nach unten fließend ist. Sie scheinen begabter und bereitwilliger gegenüber harter Arbeit zu sein. Und sie sind gehorsamer und neigen weniger zum Bellen, wie die sehr beliebten Malterserhunde[10], die jedoch kaum brauchbar sind, weil sie so klein sind. Es gibt weder eine bestimmte Größe des Hundes, noch ein bestimmtes Talent, noch eine bestimmte Farbe, noch eine bestimmte Stimme. Manche sind fast so groß wie ein Ochse, manche nicht größer als eine Maus, manche sind stumm, manche laut, manche heulen sogar. Rötlich, weiß glänzend, bräunlich, dunkel, bunt, manche fett, manche gute Läufer, manche mager, manche grob und ungehobelt, manche zahm, grausam, manche wild, manche furchtsam, und in der Tat zu allem bereit, ob stark in ihren Sinnen oder in ihrem Talent. Zusammenfassend lässt sich also sagen, dass es nichts gibt, das in seiner Lebensweise und Vielfalt die verschiedenen Menschentypen so gut nachahmt wie der Hund.

Es gibt aber auch Menschen, die **Elefanten** oder Affen den Hunden vorziehen, weil sie fleißig und klug sind. Arrianus berichtet, dass er einen Elefanten gesehen hat, der zwei Zimbeln in den Ohren hatte, die er abwechselnd mit seinem Rüssel im Rhythmus berührte, und der zu der rhythmischen Abfolge tanzte, wobei andere ihn nachahmten und den Tanz anführten. Dieselben Geschöpfe sind für Mitleid empfänglich, verehren einen König, erkennen einen Eid an und halten ihn ein, verehren die Sterne und fühlen sich selbst in Bedrängnis. Sie erkennen ihren Treiber und fordern Rache von denen, die sie ungerecht behandelt haben, und sie scheinen nur durch das Fehlen der Sprache hinter der Menschlichkeit zurückzubleiben, da viele Menschen in ihren Praktiken und Bewegungen wilder erscheinen als Elefanten.

Wir haben einen jungen, dreizehn Jahre alten Elefanten gesehen (er gehörte Königin Maria von Böhmen, der Tochter von Kaiser Karl dem Fünften). Sie sind in ihrer Blütezeit um ihr sechzigstes Lebensjahr herum und werden sicherlich **zweihundert Jahre alt**. Es gibt viele Berichte darüber, dass sie dreihundert Jahre alt werden, und ich glaube es, aber es kommt nicht häufig vor. Ähnlich ist es beim Menschen: Obwohl achtzig Jahre in der Regel ein sehr langes Leben sind, erreichen einige in sehr seltenen Fällen hundertzwanzig Jahre. Dieser Elefant war so zahm, dass er seinen Treiber so gut verstand, wie es ein Mensch könnte. Er stellte Forderungen an ihn und warnte ihn, ein Wort genügte. Wenn er aufsteigen wollte, winkelte er sein rechtes Bein an und hob es an, sodass er langsam aufsteigen konnte. Wenn der Stock, mit dem er gesteuert wurde, herunterfiel, hob er ihn mit seinem Rüssel auf und gab ihn seinem Treiber. Er liebte diesen so sehr, dass er, wenn dieser sich versteckt hatte und jemand sagte »Finde deinen Treiber«, er sofort anfing zu suchen und ihn fand und sich an ihn schmiegte. Als der Erzbischof von Mailand zu Besuch war, wurde der Elefant darüber informiert und begrüßte ihn, indem er die Vorderbeine und den Kopf neigte. Wenn er aufgefordert wurde: »Sag etwas«, brüllte er.

Aber es ist gut, **die Gestalt des Elefanten** genau zu beschreiben. Erstens war er so groß, dass ein Mann mit ausgestreckten

[10] » melitei gratiores«.

Händen nicht an seinen Rücken herankam, dabei war es wie gesagt ein junges Tier. Die Breite ist die von zwei Ochsen, bei erwachsenen und sehr großen Elefanten entspricht die Körpermasse manchmal der von fünfundzwanzig Ochsen. Bei Elefanten gibt es, wie bei Pferden und anderen Tieren, einen deutlichen Unterschied zwischen Regionen und Abstammungen. Bei sehr großen Elefanten erreicht die Höhe zehn Ellen, was sich auch leicht anhand der Größe der Stoßzähne abschätzen lässt. Bei diesem hier waren die Zähne in der Tat nicht mehr als anderthalb Ellen lang, obwohl ich mehr als einmal Stoßzähne gesehen habe, die fast sechs Ellen erreichten und zudem gekrümmt waren. Wenn sie gerade gewesen wären, wären sie länger als sieben Ellen gewesen. Ludovico de Varthema berichtet, er habe zwei gesehen, die 325 Pfund wogen. Jeder kann darüber nachdenken, wie groß ein solches Tier sein müsste.

Die Länge eines Elefanten ist kaum größer als seine Höhe. Er hat abgerundete Beine wie Säulen und mit Gelenken in ihnen. Seine Hüften verlaufen gerade nach unten und sind nicht nach vorne gestreckt wie bei den Ochsen. Die Kniegelenke haben eine ununterbrochene Kontur, so ununterbrochen, dass man, wenn man nicht sieht, wie sich die Beine biegen, denken würde, sie hätten kein Gelenk. Ich denke, dass dies der Grund für die Annahme mancher Leute ist, dass er keine Gelenke habe, eine Vermutung, die durch seinen Gang noch verstärkt wird: Er geht mit ausgestreckten Beinen, als ob er keine Gelenke hätte. Seine Vorderbeine sind länger als die Hinterbeine. Außerdem deutet die besondere Gangart mit ausgestreckten Beinen auf große Kraft hin und ermöglicht einen schnelleren Gang. Er bewegt sich schwerer, weil Beine länger sind, wie bei Speeren, die schwerer geschleudert werden können, wenn man sie an einem Ende hält statt in der Mitte; und ein gleicher Winkel überspannt eine Strecke, die umso größer ist, je weiter der obere Teil vom Knie entfernt ist. Die Füße sind abgerundet und in fünf Zehen unterteilt, aber die Unterteilung ist schwer zu erkennen. Sie sind flach und völlig ungeschützt, sodass die Römer auf die Idee kamen, die Füße mit Äxten abzuschneiden; sie sind breit, wie die bleiernen Schüsseln, die wir zum Füttern benutzen. Das Männchen hat einen sehr großen Penis, der fast bis zum Boden reicht, auch wenn einige Leute dies bestreiten. Die Weibchen haben nur zwei Brüste, und die sind so klein, dass sie unter den Achseln versteckt liegen. Der Schwanz hat die Proportionen eines Schweins, ist aber fast unbehaart und ziemlich lang, sodass sein Ende kaum eine Handbreit über dem Boden hängt. Die Haut hat in der Tat eine sehr harte äußere Schicht und ist ebenfalls unbehaart; es sind höchstens hier und da ein oder zwei Haare zu finden. Die gesamte Haut ist sichtbar faltig. Der Elefant ist auf dem oberen Teil seines Rückens (der auch in gewisser Weise zu einem Buckel neben den Nieren ansteigt) und auf seinen Ohren behaart, die sehr groß sind, und nicht wie Ohren, sondern wie Vierecke geformt sind. An diesen beiden Stellen ist die Behaarung ebenso reichlich wie bei den übrigen Tieren.

Die Farbe des Körpers ist überall einheitlich dunkel und aschgrau, sodass man den einen nicht vom anderen unterscheiden kann. Der Hals ist kurz, der Kopf ist kaum vom Hals getrennt. Die Augen sind sehr klein, aber dennoch hat er einen scharfen Blick.

Der Rüssel erstreckt sich von der Spitze der Stirn nach außen und sitzt nicht am Kopf wie die Nase bei anderen Tieren, sondern ist separat und reicht bis zum Boden, sodass seine Länge fast so groß ist wie die Körpergröße des Tieres. Die einen nennen ihn Rüssel, die anderen Proboscis, und die meisten nennen ihn Hand. Wie ich schon sagte, zweifelt niemand daran, dass er anstelle der Nasenlöcher ist, nachdem er wie die Nasenlöcher geteilt ist, und der Elefant atmet und fängt damit Gerüche ein. Sein Ende ist wie eine Schweinenase in Farbe, Rundheit, Teilung. Aber die Substanz des Rüssels unterscheidet sich sehr von der der Nase: seine Verwendungsmöglichkeiten sind vielfältig. Er ist ganz faserig und lederartig, sodass er ihn nach Belieben verkürzt und verlängert. Manchmal macht er ihn so kurz, dass er kaum eine Elle misst, und dann ist er sehr breit, und manchmal verlängert er ihn so, dass er schmal ist und den Boden erreicht, kaum dicker als ein menschlicher Arm. Er ist jedoch von weicherer Substanz als die übrige Haut, weshalb die Römer ihn abzuschneiden versuchten. Der Elefant bewegt ihn nach allen Seiten und mit enormer Geschwindigkeit; wenn er will, trinkt er damit, nimmt Nahrung auf und steckt sie sich ins Maul. Er frisst eigentlich nicht mit dem Rüssel, sondern mit dem Maul, kann aber ohne Rüssel weder essen noch trinken. Sein Maul liegt unter dem Kopf verborgen, wie das eines Schweins, aber es fehlen ihm sowohl die oberen als auch die unteren Zähne völlig. Er hat kahles Zahnfleisch und keine anderen Zähne als die Backenzähne, mit denen er isst, und jene zwei sehr langen, die auf jeder Seite herausragen, die vom Oberkiefer ausgehen und zum Boden hinunterlaufen und zwischen denen der Rüssel liegt. Sie verlaufen so, dass der Ansatz des Rüssels davor liegt. Der Blick des Tieres geht nach oben, sodass es, wenn es den Kopf hebt, mit der Wölbung seiner Stoßzähne leicht einen Holzbalken oder einen quer liegenden Menschen anheben kann. Außerdem hat der Rüssel eine solche Kraft, dass sie mit einem oder einem zweiten Schlag, indem sie ihren Rüssel herumwickeln, Bäume umlegen, die zwanzig Männer nicht umstürzen können. Wir haben einen gesehen, der sich mit dem Kopf an den Baum drückte, den er umlegen wollte, und dabei wurde er von den hervorstehenden Stoßzähnen unterstützt. Seine Zunge ist so klein, dass sie kaum sichtbar ist. Er hat zwei Arten von Stimmen: eine raue Stimme aus dem Rüssel, wie ein Trompetenruf, und eine Stimme aus dem Maul, wie ein Mensch, der gleichzeitig spricht und atmet, sodass Aristoteles es Hecheln nennt. Es liegt auf der Hand, dass diese Stimme zum Ausdruck von Emotionen, insbesondere von Mitleid, geeignet ist. Daher ist es nicht verwunderlich, dass Pferde keine so große Angst vor dem Tier haben, wie sie es vor seinen beiden Stimmen haben.

In der Kriegsführung pflegten die Inder ein zwei Ellen langes Schwert an ihn zu binden, und damit tötete er seine Feinde. Normalerweise erkennt er allein an der Stimme seines Besitzers, wen er schlagen und wen er verschonen soll. Und sein Körper ist so stark, dass zwei von ihnen zusammengeschirrt ein sehr großes, beladenes Boot an Land ziehen können. Früher und auch heute noch verwenden die Inder oft zwei Eisenketten, die sie unter dem Bauch zusammenbinden, um zwei Packsättel zu befestigen, einen auf jeder Seite, und setzen eine hölzerne Burg darauf, in der ein Gespann von sechs Männern (und manchmal bis zu vierzehn) aufrecht steht und mit allen möglichen Waffen kämpft. Aber heutzutage, mit der Entwicklung der Kanonen, hat diese Art des Kampfes ihren Wert verloren, vor allem, weil die Elefanten Angst vor Feuer haben, und so tragen die Inder regelmäßig Fackeln gegen sie, die sie so sehr erschrecken, dass sie durch ihre Flucht der eigenen Seite weit mehr Schaden zufügen als dem Feind. Die Weibchen sind jähzorniger und wilder und robuster als die Männchen, wenn auch von kleinerem Körperbau. Und, bemerkenswert, da sie so langsam reifen, sie tragen einen Fötus im Mutterleib ab dem zwölften Jahr (wenn sie sehr früh beginnen) oder ab dem fünfzehnten (wenn sie sehr spät beginnen). Sie tragen ihn insgesamt zwei Jahre lang. Ebenso beginnt das Männchen im fünften Jahr mit der sexuellen Aktivität, kopuliert tatsächlich und kehrt nur alle drei Jahre zu ihr zurück. Er hat keine Lust, einem Weibchen, das er schwanger verlassen hat, erneut zu begegnen.

Bei der Geburt ist der junge Elefant so groß wie ein drei Monate altes Kalb, und wenn er läuft, macht er nach und nach Fortschritte, sodass er wie ein dressiertes Maultier oder ein asturisches Pferd aussieht. Wenn sie größer sind, bewegen sie sich so geschmeidig, dass diejenigen, die es nicht gewohnt sind, auf ihnen zu reiten, oder die auf ihnen in hölzernen Sänften befördert werden, von Übelkeit übermannt werden wie Menschen auf einer Seereise, so groß ist der Körper des Tieres. Selbst wenn sie langsam gehen, kann ein eiliger Mensch sie kaum einholen. Sie brauchen sehr viel zu essen und zu trinken, eine unglaubliche Menge. In kälteren Gegenden werden sie mit gekochtem Getreide und Honig gefüttert, um dem Klima standhalten zu können. In ihrer Heimat ernähren sie sich von Kräutern, Ästen und Früchten, weshalb sie auch Bäume fällen. Sie leben in sumpfigen und schlammigen Gegenden und in heißen Regionen. Sie sind begierig nach Ruhm, und was sie am Tag lernen, darüber meditieren sie in der Nacht. Man sagt, dass sie die Stimme von Wildschweinen nachahmen, sodass sie Pferde erschrecken. Aber die Pferde schienen so furchtlos vor dem Tier zu sein, das wir gesehen haben, dass Maultiere (die sonst sehr scheu sind) sich ihm spontan näherten. Daher denke ich, dass der Bericht über den Kampf und die Stimme des Tieres so verstanden werden muss, dass wütende Elefanten gemeint sind.

Sein Rüssel ist so geschickt, dass er sogar einen Stock aufheben kann. Daher der Satz von Augustus: »Wie jemand, der einem Elefanten einen Stock reicht«. Er zieht ihn unten zusammen, wie es ihm gefällt, und streckt einige Teile aus, zieht andere zusammen, sodass ein Mensch, der etwas mit den Fingern aufhebt, es nicht besser kann. Das Wertvollste an ihnen sind die Stoßzähne, die herausragen, und der Penis (auch bei den Indern), der für einen sehr hohen Preis verkauft wird, für keinen anderen Zweck, den ich kenne, als zur Luststeigerung, und deshalb von den Königen sehr begehrt ist. Und die Stoßzähne, weil aus ihnen das beste Elfenbein besteht. Es wird aus allen Knochen der Elefanten gemacht, aber die beste Qualität aus den Stoßzähnen, die billigste aus den Knochen, die mittlere Qualität aus den Backenzähnen. Alle Elfenbeine sind fest, solide und glänzend weiß, sodass sich nichts besser für Kämme eignet. Es ist so wertvoll, dass es mit Gold und Edelsteinen vergleichbar ist, obwohl es bei guter Behandlung billiger sein müsste. Man konserviert es mit Öl oder Wasser, oder man trocknet es. Beim Trocknen verliert es zuerst seinen Glanz, dann wird es abgetragen, schließlich wird es sogar rissig. Deshalb wird es mit Öl oder Wasserdampf vor Beschädigungen durch die Luft geschützt. Die jungen haben weißere und weichere Zähne, wie bei jeder Tierart; die alten haben größere, härtere, trockenere, dunklere. Die besten für jede Anwendung sind die der erwachsenen Tiere.

Es ist unklar, ob diese Stoßzähne nachwachsen; wenn ja, muss ein vollständiger Austausch nur einmal erfolgen. Dies gab Anlass zu einem Streit zwischen Pausanias und Philostratus: Pausanias behauptete, es handele sich um Hörner, Philostratus, dass es Zähne seien; in der Tat ein hübscher Streit, aber nach der griechischen Mode (und vor allem der Mode ihrer Redner) nicht von Nutzen. Juba und Pausanias sagen, es seien Hörner. Juba sagt zuerst, dass die Hörner nie ersetzt werden, wie bei Ochsen und Ziegen, aber die Zähne werden ersetzt. Die Stoßzähne der Elefanten werden nicht ersetzt, es sind also keine Zähne, sondern Hörner. Pausanias kommt von der gegenteiligen Annahme zu demselben Schluss: Er sagt, dass die Hörner ersetzt werden, wie bei den Hirschen, aber die größeren Zähne werden nie ersetzt; die hervorstehenden Zähne der Wildschweine werden nicht ersetzt. Aber die Stoßzähne der Elefanten werden ersetzt; die Stoßzähne der Elefanten sind also keine Zähne, sondern Hörner. Ferner wachsen Zähne aus dem Kiefer, Hörner aus den Schläfen. Die Stoßzähne der Elefanten aber wachsen aus den Schläfen, nicht aus dem Kiefer, sagt Pausanias, und er habe dies am Schädel eines Elefanten gesehen. Die Zähne, die beim Wildschwein als Donnerkeile bezeichnet werden, wachsen aus dem Unterkiefer. Aber beim Elefanten ist es offensichtlich, dass sie, wenn sie tatsächlich aus einem Kiefer stammen sollten, dann aus dem Oberkiefer. Der Elefant hat auch die Angewohnheit, sie zu schärfen, so wie ein Stier seine Hörner schärft, was bei Zähnen ungewöhnlich ist. Schließlich werden die Stoßzähne der Elefanten durch Feuer erweicht und gebogen, eine Eigenschaft der Hörner; Zähne werden durch Feuer eher verbrannt als erweicht.

Juba und nach ihm Pausanias nutzten diese fünf Argumente, um zu zeigen, dass die Stoßzähne des Elefanten richtigerweise nicht als Zähne, sondern als Hörner bezeichnet werden sollten. Wir haben zwei stärkere Argumente hinzuzufügen. Das erste ist, dass die Stoßzähne der Elefanten glatt und genau abgerundet sind und keine Kante haben, wie es sich für Hörner gehört; alle Zähne haben eine spitze Spitze, wie die des Ebers und der Hunde und aller anderen. Auch fehlen dem Elefanten, wie schon erwähnt, die Zähne im vorderen Teil, nicht nur des Oberkiefers, sondern auch des Unterkiefers, was nur bei gehörnten Tieren der Fall ist. Dies sind also die Hörner des Elefanten.

Philostratus führt drei Argumente an, um zu zeigen, dass es sich um Zähne und nicht um Hörner handelt. Das erste ist, dass an Hörnern Ringe an der Basis im Verhältnis zur Anzahl der Jahre wachsen, wie es bei Ochsen und Ziegen der Fall ist. Nicht so bei den Zähnen, sie sind rundherum glatt, und nichts außer der Größe wird durch die Anzahl der Jahre hinzugefügt. Aber die Stoßzähne der Elefanten sind auch glatt und ohne Ringe. Sie sind rundherum fest und haben keinen leeren Teil außer einem sehr winzigen Hohlraum. Hörner sind innen hohl, wie man bei den Ochsen sehen kann. Auch gibt es kein Tier mit Hörnern außer denen, die Hufe haben, und zwar paarweise, wie Hirsche, Rehe, Ochsen und Ziegen. Aber der Elefant hat keine Hufe an den Füßen, sondern Zehen, und seine Füße sind nicht paarhufig, sondern in fünf Teile geteilt. Die beiden Griechen streiten darüber in erstaunlicher Unerfahrenheit. Das erste Argument derer, die sagen, es seien Hörner, ist so lächerlich, dass ihre gegensätzlichen Hypothesen jeweils zu demselben Schluss führen. Einer der beiden (Juba) behauptet, dass die Stoßzähne der Elefanten niemals ersetzt werden, Pausanias das Gegenteil; doch ob man nun das eine oder das andere akzeptiert, es löst die Frage nicht, da es einige Stoßzähne und einige Hörner gibt, die ersetzt werden, und einige, die es niemals tun – zum Beispiel ersetzen Hirsche ihre Hörner, Ochsen nicht. Bei den Wildschweinzähnen werden die Donnerkeile nicht ersetzt, ebenso wenig wie die vorderen Backenzähne.

Wenn Philostratus sagt, dass die Stoßzähne der Elefanten den Namen Zähne verdienen, weil sie nicht hohl sind wie Hörner, zeigt das eine große Unkenntnis – erstens, weil nicht alle Hörner hohl sind, die meisten sind eher fest, wie die von Ziegen und Hirschen; die von Ochsen und Büffeln sind hohl. Ein zweiter wichtiger Punkt, der darauf hindeutet, dass er beim Verfassen dieser kleinen Geschichte unaufmerksam war und nicht einmal einen Elefantenstoßzahn gesehen hat, von dem es seit jeher sehr viele gibt: Er wagte es zu behaupten, dass die Stoßzähne der Elefanten innen nicht hohl sind, obwohl sie es offensichtlich sind, genau wie die »Donnerkeile« der Wildschweine. Aber nicht alle Zähne sind massiv, wie er annimmt, denn (wie ich schon sagte) die Hauer der Wildschweine sind in dem gesamten Teil, in dem sie mit dem Kiefer verbunden sind, hohl und leer. Eine solche Dummheit beschämt mich, diese praktisch sinnlose Frage, die von der Substanz der Sache her zu beantworten wäre; das Problem könnte mit ein paar Worten gelöst werden. Es ist klar, dass es Zähne gibt; ihre Substanz ist mattweiß, wenig lichtdurchlässig und nicht leicht zu biegen; wenn man versucht, sie zu biegen, brechen sie. Das ist die richtige und brauchbarste Lösung der Frage. Allerdings können sie durch Feuer verformt werden, das gebe ich zu, und wir werden erklären, dass auch Steine durch Feuer geformt werden, aber nicht so leicht wie Hörner.

Der wichtigere Punkt, den man ansprechen sollte, ist, warum die Stoßzähne eines Elefanten eine solche Form haben, insbesondere warum die der Männchen rein konkav sind, während die der Weibchen nach unten gebogen sind, wie Sie auf der Abbildung sehen. Wir haben das bei den Weibchen nicht selbst gesehen, aber wir vertrauen auf die klare Aussage des Aristoteles. Es ist nicht anzunehmen, dass die Natur dies zufällig getan hat, sondern aus einer großen Notwendigkeit heraus und mit großer Weisheit. So etwas kann nicht geschehen, ohne dass ein Zweck in Sicht ist. Wie wir später erläutern werden, besteht der Zweck darin, dass die

Natur in jeder Hinsicht die ideale Vollkommenheit anstrebt, d.h. sozusagen den Göttern ähnlich werden soll. Elefanten zeichnen sich besonders durch Langlebigkeit, Glückseligkeit, Weisheit und Seelenfrieden aus. Das Bestreben der Natur war es, ein solches Tier zu schaffen, soweit es möglich war. Die Langlebigkeit dieses Tieres ist ein Merkmal, das die Lebensprinzipien, nämlich Hitze und Feuchtigkeit, in hohem Maße benötigte. Ähnlich verhält es sich mit der Größe, um es nicht nur vor Verletzungen durch andere Tiere zu schützen, sondern auch gegen die Gewalt der Luft resistent zu machen. Kein kleines Tier kann sehr langlebig sein; wenn es aus dünnen Teilen besteht, wird es durch das ständige Pulsieren der umgebenden Luft erodiert und zerstreut. Ist es aber von dicker Substanz, so geht es schnell von selbst zugrunde, wie es die Ochsen tun.

Auch die Größe war für die Sicherheit angemessen, ebenso wie ein gutes Temperament für die Weisheit erforderlich war, ebenso wie ein langes Leben und Redlichkeit. Um aber Hitze und Feuchtigkeit im Überfluss zu erhalten, sollte er in heißen Regionen geboren werden und in sumpfigen Gegenden leben. Daher findet man ihn nur in Indien und Afrika, das sind die heißesten Regionen. Die Indischen Elefanten sind den Afrikanischen an Kraft und Körpermasse weit überlegen, weil Indien reich an Wasser ist, Afrika aber trockener. Es muss sich von Pflanzen, Früchten und Kräutern ernähren, denn sonst könnte das Tier kein gutes Ansehen haben. Denn alle Tiere, die sich von Fleisch ernähren, sind kurzatmig, hinterlistig, grausam und stolz. Ein weiterer Punkt war, dass für eine solche Masse eine große Menge an Nahrung benötigt würde, sodass der Elefant gezwungen wäre, entweder ewig hungrig zu sein oder alle anderen Tiere zu vernichten. Außerdem müsste er ständig in Bewegung sein, um wilde Tiere zu jagen, was für eine so große Masse mühsam wäre. Da aber Gras wenig Nährstoffe liefert, wäre sein Leben kurz, wie Hippokrates sagt. Daher ist es für den Elefanten angebracht, sich von Baumstämmen und Früchten zu ernähren.

Aber es ist viel Erde darunter gemischt, und manchmal auch Kieselsteine, sodass es für seinen Körper wichtig war, nicht durch das Fressen solcher Dinge aus dem Gleichgewicht gebracht zu werden, sonst würde es ihm für immer unwohl sein. Aber Obst und Baumzweige sind oft höher, als die Natur ein Tier groß genug machen konnte, um sie zu erreichen. Also rüstete sie es mit einem harten Kopf und Rüssel und mit Stoßzähnen aus, um Bäume umzustoßen.

Und die Länge des Rüssels hilft beim Pflücken von Früchten und Ästen, damit er nicht gezwungen ist, alle Bäume umzustoßen, was für ihn eine schwere Aufgabe wäre und nicht nur ihm selbst, sondern auch anderen schaden würde, weil er ihnen die Nahrung für die Zukunft entzieht. Und um sich vor Löwen zu schützen, hat die Natur diese Stoßzähne geschaffen. Hörner waren aus zwei Gründen ungeeignet: weil sie, um sie zu benutzen, ihren Hals beugen müssten und weil sie ihren Feind nicht so gut sehen könnten. Die Beugung des Halses erfordert jedoch einen langen Hals. Damit der Elefant sehr stark sein konnte, musste er einen kurzen Hals haben, der nur wenig beweglich ist. Aus diesem Grund beugen auch Löwen ihren Hals selten oder nur sehr wenig. Und auch beim Menschen ist das ein Zeichen von Stärke und Kraft, wenn es von der Natur kommt. Als also die Natur diese Stoßzähne geformt hat, hat sie sie nicht in den Unterkiefer eingepflanzt, auch nicht in den Oberkiefer, sondern in die Schläfen, sodass sie sehr stark und nützlich sind. Denn nur der Unterkiefer bewegt sich zum Essen, die oberen Zähne nie, obwohl viele Menschen dies nicht einmal bei sich selbst beobachten. Wären also die Stoßzähne im Unterkiefer eingepflanzt, so müssten sie so klein sein, dass sie keine Kraft besitzen könnten, und bei großer Anstrengung würden sie die Gefahr des Verrutschens hervorrufen und beim Fressen schnell müde werden und den Elefanten verlangsamen.

Da aber viel Materie benötigt wurde, um so große Stoßzähne zu formen, entfernte die Natur alle Vorderzähne, sowohl die oberen als auch die unteren, um daraus die Stoßzähne zu machen, aber in Kombination mit dem kurzen Hals bildeten die Stoßzähne ein Hindernis, mit dem Maul den Boden zu erreichen. Und da der Elefant keine Vorderzähne hatte, konnte er weder Nahrung vom Boden aufheben noch aus Quellen trinken. Bei all diesen Problemen half ihm die Natur mit dem langen, hohlen Rüssel, der mit seiner sehr zähen Haut und seinen Fasern, Bändern und Knorpeln alles wie eine Hand umgreift. Und die Natur hat es so eingerichtet, dass er sich nach Belieben zusammenziehen oder ausdehnen oder in jede Richtung drehen lässt; auf diese Weise zerquetschen er und der Schwanz Fliegen und Hornissen.

Wenn aber die Menge dieser Schädlinge zu groß ist, als dass der Schwanz oder der Rüssel sie alle zusammen vertreiben könnten, und zwar wegen einiger Punkte, die weder der Schwanz noch der Rüssel bequem erreichen können, löst die Natur diese Probleme auf zwei Arten. Erstens durch die faltige Haut, in der der Elefant die gefangenen Schädlinge zerquetscht. Zweitens war die Tatsache, dass die Haut sehr hart und dick war, nicht nur sehr nützlich, sondern auch unentbehrlich, sowohl um die Angriffe der Luft abzuwehren als auch um sich vor Löwen und anderen großen Tieren zu schützen.

Das Ergebnis ist, dass sich Haare als ungünstig erwiesen haben, da die Haut so dick und hart ist. Wenn sie vorhanden wären, würden sie erhebliche Schwierigkeiten verursachen, wenn sich der Elefant im Wasser oder in Sümpfen bewegt. Mit einem einzigen Schütteln entfernt er Dreck und Wasser und wird sehr bald trocken. Da die Zunge aber wegen der Zähne da ist und der Elefant keine Vorderzähne hat, ist eine kleine, im Inneren verborgene Zunge erforderlich, da sie die Backenzähne pflegen soll. Wäre sie ebenfalls groß, würde sie den Transport der Nahrung bis zu den Backenzähnen durch den Rüssel behindern.

Da aber die Nahrung für ein langes Leben sehr gut gekaut werden muss und durch die fehlenden Vorderzähne nicht zerkleinert werden kann, wurden die Backenzähne so stabil und bequem gebaut, dass (wie Aristoteles bestätigt) die gesamte Nahrung sofort zu Mehl zermahlen wird. Wegen der Länge seines Lebens wird der Nachwuchs lange im Mutterleib getragen. Dies ist auch ein Grund, weshalb das Weibchen, obwohl es zwei Jahre trächtig ist, viele Nachkommen austragen kann. Umgekehrt kann kein Tier, das nur kurze Zeit im Mutterleib getragen wird, ein langes Leben haben.

Da die Augen nicht versteckt werden können, sind sie klein und sind so sicherer gegen Schläge. Sie können nicht weiter hinten liegen, weil sie sonst nicht sehen könnten, was vor ihnen geschieht. Die Augen müssen seitlich liegen, um Schäden durch die heftig arbeitenden Zähne und den nahen Rüssel zu vermeiden; denn sonst würde das Tier, das sehr langlebig ist, früh erblinden. Wegen seiner Stärke und wegen der Stoßzähne braucht der Elefant einen großen Kopf, daher ist er groß, unansehnlich und ohne Rundungen. Jede Art von Ergänzung, die ihn schöner gemacht hätten, hätte seine Größe enorm erhöht; deshalb haben Elefanten einen sehr hässlichen Kopf.

Wir haben über seine Langlebigkeit und seine Sicherheit gesprochen, die ebenfalls mit enormer Stärke verbunden sind. Seine Klugheit entspringt seiner Veranlagung und wird durch die Länge seines Lebens größer und stärker. Daher sind die alten Tiere klüger, und die, die von ihnen geboren werden. Kein kurzlebiges Tier kann sehr klug sein. Daher sind die klügsten Tiere das Kamel, der Elefant und der Mensch. Diese übertreffen alle anderen an Lebenslänge. Ich meine die Art von Klugheit, die das Ergebnis der Umstände ist, nicht die angeborene Art, die sogar Insekten besitzen. Aus der Klugheit entspringt die Aufrichtigkeit, wir haben dies in unseren Büchern *De Sapientia* gezeigt. Aber aus den gleichen Gründen, wie gesagt, aus der Länge des Lebens und der Weisheit selbst. Der Zweck der Aufrichtigkeit und der Klugheit besteht darin, dass das Tier glücklich ist und gleichzeitig in einer Herde lebt, was auch viel zu seiner Sicherheit beiträgt. Die einsamen Tiere sind am unglücklichsten. Alles Glück, das nicht zu zählen ist, wird durch die Gewohnheit erlangt, durch die wir unsere Lieben schützen und pflegen, und sie kümmern sich im Gegenzug um uns.

Und so ist es schon klar, warum die Natur den **Elefanten zugleich als das größte, stärkste, langlebigste, klügste, zahmste, sicherste und glücklichste aller Tiere** geschaffen hat. Denn im Einzelnen waren fünf dieser Dinge von höchster Vollkommenheit, in Nachahmung jener höchsten Vollkommenheit, die in Gott ist; die anderen beiden sind für diese fünf wesentlich. Daraus geht hervor, dass der Mensch von einer anderen Art ist, getrennt von der Natur aller Tiere, und etwas Unsterbliches. Die Natur hat dem Elefanten in der Tat die höchste Vollkommenheit verliehen, die aus sterblicher Materie geschaffen werden konnte.

Der Elefant scheint eine gewisse Ähnlichkeit mit dem **Schwein** zu haben: der Schwanz, der Rüssel, die Haut, das Temperament und die Lebensweise. Wenn er gereizt wird, ist er wild, aber ansonsten sanftmütig; und auch Schweine ziehen in Herden umher, bevorzugen sumpfige Orte und haben kleine Augen. Aber Schweine haben einen gespaltenen Huf, während Elefanten fünf Zehen haben, die nicht geteilt, sondern nur leicht getrennt sind. Und Elefanten haben keine Vorderzähne, Schweine haben sie, und Stoßzähne auch im Unterkiefer, nicht im Oberkiefer oder in den Schläfen.

Dieses Tier lebt in Feindschaft mit dem **Nashorn,** das ist sozusagen der indische Stier. Es hat einen Körper, der fast so groß ist wie der des Elefanten, kürzere Beine, eine Farbe wie Buchsbaum und ist von Natur aus mit einer Art Schild aus Schuppen bewaffnet. Seinem Namen entsprechend trägt das Männchen auf der Nasenspitze ein Horn, das etwas größer als eine Handfläche ist, sehr hart, sehr zäh, gerade und sehr scharf, aber nach vorne gebogen, und es schärft es für den Kampf. Einige von ihnen haben noch ein weiteres kleines Horn auf dem Rücken. Die Geschichte besagt, dass im Jahr 1513 n. Chr. ein Nashorn am ersten Tag des Monats Mai zum König von Portugal gebracht wurde, und zwei Jahre später ließ der König es zur Unterhaltung in Lissabon gegen einen Elefanten kämpfen, und das Nashorn gewann. Der Elefant war hier nicht vor Schaden sicher. Aber das Nashorn ist das Einzige, das einen Elefanten stören kann (manche sagen, dass auch eine Schlange das kann). Die Zugehörigkeit zur Herde schützt den Elefanten vor beidem, und er ist keiner Gefahr ausgesetzt, es sei denn, eine Ursache trennt ihn von seiner Herde. Pausanias hat ein Nashorn gesehen, und Plinius wusste davon, aber nicht

Aristoteles. Man ist sich einig, dass es ganz anders ist als das Einhorn[11] und mit ihm nur den Namen gemeinsam hat.

Das **Einhorn** ist ein seltenes Tier von der Größe eines Pferdes, mit Haaren wie ein Wiesel, dem Kopf eines Rehs, auf dem ein einzelnes Horn wächst, drei Ellen lang, in der Mitte der Stirn und gerade, unten breit, sich zur Spitze verengend. Der Hals ist kurz, der Kamm ist sehr spärlich und fällt nur zu einer Seite. Die Beine sind dünn wie die eines Rehs, die Außenseite der Hinterbeine ist struppig und stark behaart, die Hufe sind gespalten. Zusammenfassend lässt sich sagen, dass diese Kreatur einem Hirschen nicht unähnlich ist, abgesehen von seinem Horn. Es ist sehr wild. Es wird in Äthiopien geboren, inmitten von unbewohnten Orten, kargem Boden und Schlangen, und man glaubt, dass sein Horn Gifte auf außergewöhnliche Weise abwehrt. Ich glaube, dies ist das Tier, das Aristoteles die Oryx nennt.

Aber ein Tier lebt unter dem Nordpol in einer völlig entgegengesetzten Luftqualität; es gleicht einem Hirsch, hat ziemlich lange Vorderbeine und ein fleischiges Anhängsel, wenn auch ein kurzes, und wenn man seine Hufe um den Hals eines Menschen hängt, so glaubt man, dass es Epilepsie so gut heilen kann wie nichts anderes. Während das Tier von Epilepsie befallen ist, kann es nicht geweckt werden, bis es den Huf seines Hinterbeins in sein Ohr steckt, dann ist es sofort von der Krankheit geweckt. Es ist ängstlich und unglaublich schwach und stirbt an jeder noch so kleinen Wunde. Es hat ein sehr kaltes Herz und ein Gehirn, das nicht nur kalt ist, sondern auch vor Schleim überquillt. Es hat Hörner, die eine besondere Form haben und denen kaum eines anderen Tieres gleichen: unten sind sie dick, und dort, wo sie sich erheben, sind sie mehr als eine Hand breit. Manche nennen ihn **Onager** oder **Wildesel**, weil er lange Ohren hat, manchmal auch einen festen Huf, wenn auch selten. Er ist sicherlich sehr schnell, sodass er zweihundert Meilen in vierundzwanzig Stunden zurücklegen kann. Während dieser ganzen Zeit lebt er ohne Essen und Trinken. Bei den Dakern und in den angrenzenden Regionen ist es weit verbreitet, und im Volksmund wird es als das große Tier bezeichnet. Aber es ist ganz anders als der Elch; denn der Elch, wie Cäsar ihn beschrieb, ist wie eine Ziege und hat gefleckte Haut und Beine ohne Gelenke. Aber wir können seine Gelenke sehen, und ein Fell wie ein Hirsch. Wir werden jedoch später über den Elch sprechen.

Äthiopien bringt **ein anderes Tier** hervor, mit einem Vorderteil wie ein Fuchs, dem Schwanz und dem Hinterteil eines langschwänzigen Affen, den Vorderbeinen eines Menschen, den Ohren einer Fledermaus, und es hat einen Beutel unter seinem Bauch, in dem es seine Jungen in alle Richtungen trägt und sie nicht loslässt, außer wenn es sie säugen will. Und auf den Westindischen Inseln lebt das Frettchen[12] aus der Familie der Wiesel, die ihre Söhne auf die gleiche Weise mit sich führt.

In demselben Äthiopien gibt es eine andere Art von **Ochsen**, mit dunklem Fell und den Hörnern eines Hirsches. Wenn ich aber alle Arten von Ochsen aufzählen wollte, wäre eine ausführlichere Beschreibung nötig, als sie in dieses Buch passen würde. Kürzlich nahm die Königin von Böhmen zwei spanische Ochsen mit, von denen einer zwei Ellen lange Hörner hatte. Von der gleichen Art gibt es auch europäische Bisons, über die Aristoteles einen Bericht gibt. In Italien gibt es schwarze Ochsen mit schwarzen Hörnern, die für Kunstwerke sehr willkommen sind; die Einwohner nennen sie Büffel. Man findet sie nicht in ganz Italien, sondern nur jenseits des Apennins. Sie sind so wild, dass man sie nur mit einem Eisenring in der Nase herumführen kann; sie werden durch Rot und durch eine Mischfarbe erregt und werfen Menschen nieder. Sie sind so stark, dass sie

[11] »Monoceros«.

[12] »Chiurca«.

das Gewicht von zwei Ochsen ziehen können. Ihre Hörner sind biegsamer und eignen sich zur Bearbeitung. Eine dunkle Farbe ist besonders hilfreich, sie haben wenig Haare und einen kurzen Schwanz. Und wenn sie alt sind, ist ihr Fleisch kaum noch genießbar. Sie unterscheiden sich so sehr von der allgemeinen Art der Ochsen.

Aber warum verwende ich so viel Zeit darauf? Es ist sehr gut, die Unterschiede zwischen allen gehörnten Tieren, ihre Nützlichkeit und ihre Natur zu kennen, wobei das Prinzip, wie es sich gehört, tiefgründiger zu suchen ist. Es wurde bereits gezeigt, dass die Tiere, die sich von Kräutern ernähren, stumpfe und nicht sehr scharfe Zähne haben, und das ist der Grund (neben ihrer Natur, die vor dem Verzehr von Fleisch zurückschreckt), dass sie nicht für die Verteidigung mit Zähnen geeignet sind. Deshalb sind sie zum Teil mit Hörnern und zum Teil mit kräftigen Klauen bewaffnet. Aber die Klauen wurden bereits behandelt. Es bleibt also zu zeigen, dass von den Tieren, die Hörner besitzen, einige mit festen und einige mit hohlen Hörnern ausgestattet sind. Alle, die mit hohlen Hörnern versehen sind, haben zwei, wie die Ochsen. Aber die mit festen Hörnern versehenen haben entweder eines, wie das Einhorn und das Rhinozeros, oder zwei, wie die Ziegen und die Gämse, oder mehr, wie die Hirsche und dergleichen (wie die Rehe). Diese haben verzweigte Hörner, statt zahlreichere zu haben.

Wenn die Natur vorgehabt hätte, **zusätzliche Hörner** zu erzeugen, wären sie, wenn sie über den ganzen Kopf verteilt wären, erstens alle bis auf zwei zur Verteidigung nutzlos; zweitens wären sie nicht in der Nähe der Ohren. Die Ohren sind von Natur aus trocken, aber die anderen Sinne würden durch die Materie der Hörner behindert werden. Daher besitzt kein Tier mehr Hörner, die über den ganzen Kopf verteilt sind, mit Ausnahme einiger bereits erwähnter Hirschartigen. Es wird jedoch gesagt, dass Rentiere drei Hörner haben, und dass der gehörnte Rapfen[13] sieben hat (Plinius sagt vier Paare). Bei Schnecken gibt es vier, aber zwei sind sehr lang, zwei sind kurz, und alle können sich zusammenziehen. Bei zwei besonderen Insektenarten gibt es noch mehr. Aber sie sind den Schnecken zum Fühlen gegeben, und den Rapfen zur Täuschung; während der übrige Körper im Sand verborgen liegt, ragen die Hörner wie Grashalme hervor und dienen also nicht der Verteidigung und dem Kampf, sondern (wie gesagt) der Täuschung. Die gleiche Funktion haben die Hörner bei den Insekten oder bei allen anderen, außer im Kampf bei einigen Käferarten; bei diesen und anderen, die mit Hörnern kämpfen. Käfer haben bewegliche Hörner und die, die als Waffen dienen, sind nur zwei. Es wird auch gesagt, dass es einige Tiere gibt, die mit mehreren und verschiedenen Arten von Hörnern ausgestattet sind, die als von verschiedenen Tierarten hervorgebracht angesehen werden sollten.

Aber um auf die frühere Einteilung zurückzukommen: Die Hörner der Hirsche sind verzweigt, ebenso die der skythischen Rentiere der gleichen Art. Auch Rehe haben **verzweigte Hörner**. Alles, was verzweigte Hörner hat, hat also praktisch viele Hörner; das ist in der Tat die Absicht der Natur. Und dieselben Geschöpfe haben notwendigerweise feste, harte Hörner. Und sind ängstlich, dumm und leichtfüßig. Dies bedarf einer Erklärung. Dabei gehen wir von drei Annahmen aus. Die erste ist, dass die Natur alle Glieder der Klassifikation ausgefüllt hat, soweit es möglich war, sonst wäre es unsinnig gewesen. Denn als befohlen wurde, die Welt zu schmücken, konnte die Natur es nicht besser tun, als alle Arten von Tieren hervorzubringen, die unter die erste Abteilung fallen, nicht anders, als wenn ein Garten angelegt würde. Die zweite Annahme, dass die Natur der Tiere nicht ausreicht, um sich

[13] »Cerasta«. Plinius, *Nat. Hist.* 8, 85.

zu behaupten, ist notwendigerweise unzureichend, denn sonst hätten sie nicht überlebt. Es gibt also in allen Arten genug Kräfte, um für den eigenen Schutz zu sorgen. Die dritte Annahme ist, dass alle Tiere um ihrer selbst willen und zur allgemeinen Verschönerung geschaffen wurden, nicht zur Verschönerung der anderen Tiere. Unter diesen drei Voraussetzungen, als beschlossen war, Tiere mit Hörnern wie Bäume zu schaffen und das erste Glied der Klassifizierung zu vervollständigen, war es unvermeidlich, dass es erstens nicht mehr als zwei Hörner gab, sondern verzweigte; verzweigte, die hart und fest waren, um nicht zu brechen. Da sie nicht lebendig sind (sie wären mit Adern und Nerven versehen gewesen) und nicht weich waren (weiche Waffen taugen nicht zum Kampf), durften sie nicht biegsam sein, daher mussten sie hart sein. Jedes weiche Ding ist für den gewaltsamen Gebrauch ungeeignet, es sei denn, es ist biegsam. Ein biegsames Ding ist feucht und lebendig, wie es die Äste der Bäume sind. Daraus folgt, dass Holz, das nicht lebendig ist, entweder trocken ist oder (wenn es hart ist) biegsam ist. Hörner müssen also sowohl hart und trocken als auch fest sein. Aus einem hohlen Ding kann nichts Festes entstehen, auch nicht aus einem hohlen Ding mit Festigkeit. Verzweigte Hörner sind also fest und trocken und hart.

Da diese Materie aus dem Gehirn strömt und aus Blut erzeugt wird, haben die Hörner Blut und ein trockenes Gehirn und sind reich an vielen erdigen Elementen. Aber wir haben gezeigt, dass alles, was so ist, nicht voll entwickelt ist, sodass sie alle dumm und furchtsam sind. Das sind die Folgen von reichlich schwarzer Galle, ob im Gehirn oder im Blut. Da sie töricht und ängstlich sind, müssen sie flink sein, um zu überleben. Wie wir sagten, können diejenigen, die nicht schnell sind, keine Art gründen. Sie werden schnell durch Übung und durch Angst. Alles, was nur mit zwei Hörnern bewaffnet ist, und diese Hörner sind fest, ist sowohl töricht als auch furchtsam und hat Hörner, die hart und trocken sind.

Diejenigen aber, die nicht sehr furchtsam oder töricht sind, sind aus den genannten Gründen leichtfüßig. Von dieser Art gibt es viele: **Rehwild, Gämse, Ziegen** oder die aschfarbenen **Steinböcke**, die auf Bergkämmen leben und blind werden, wenn sie nicht an sehr kalten Orten leben. Ihre Hörner haben manchmal achtzehn Verzweigungen, von denen jedes für ein Jahr steht. Die Größe der Hörner übersteigt zuweilen ein Gewicht von vierzehn Pfund, sodass sie als Trinkgefäße geschätzt werden. Wir haben sie in Sicini und in der Villa von St. Maurice oder bei den Sedusiern und den Antvertern gesehen; sie sind sehr dunkel. Die Gämse in Deutschland, die leicht sind und wie Ziegen aussehen, haben breitere Hörner, da sie trockene und schwache Tiere sind und durch die Kälte dünner werden. Breit bedeutet schwach, so wie rundlich stark bedeutet. So leben diese Tiere inmitten des Gerölls, denn sie werden nicht durch die Hörner auf dem Kopf beschwert, und es fehlt ihnen auch nichts an Leichtigkeit und Robustheit, da sie sehr trocken sind. Die Ziegen sind zahmer als die Tiere mit verzweigten Hörnern, sodass ich gesehen habe, wie eine dressierte Ziege sieben übereinanderliegende Rundhölzer hinaufkletterte, bis sie die Decke erreichte. Ferrando (einst ein Türke, jetzt Christ) pflegte ein Rundholz aufzustellen, das nicht mehr als eine Faust breit war, und die Ziege pflegte zuerst einen Fuß darauf zu setzen, dann den anderen Vorderfuß und danach die Hinterfüße in der gleichen Reihenfolge. Wenn sie hinaufgeklettert war, stellte Ferrando ein anderes Holz auf, das er unter einen Fuß stellte; dann setzte sie nach und nach einen der Vorderfüße darauf, und die Hinterfüße in der gleichen Weise, bis nach und nach das eine auf dem anderen stand. Während er die Hölzer bis zum siebten zusammenhielt, arbeitete sich die Ziege auf die gleiche Weise nach oben, bis sie fast mit dem Rücken unter den Decken stand. Das Tier erwies sich also nicht als so störrisch, dass es völlig untrainierbar gewesen wäre. Außerdem hatte dieselbe

Ziege gelernt, sich über geordnete Kacheln zu bewegen, indem sie ihren Herrn, der ein Seiltänzer war, nachahmte. Aufgrund einer natürlichen Eigenschaft verabscheuen die Ziegen den menschlichen Speichel und fressen nichts, was der Mensch zuvor gekostet hat. Die Natur der Eidechsen ist das Gegenteil und sie lecken ihn begierig auf.

Aber wie unter den Tieren, die feste Hörner haben, die Ziege am fügsamsten ist, so ist es das **Rentier** unter denen, die verzweigte Hörner haben. Die Menschen zähmen die Rentiere, die in Lappland gefangen wurden; sie werden dort geboren und anstelle von Pferden vor Wagen gespannt und legen mehr als 150 Meilen am Tag zurück. Sie sind von kräftigerem Körper, haben aber schlankere Hörner als Hirsche.

Und vielleicht haben sie nur zwei Hörner, wie es der Natur entspricht, aber eher zufällig. Man sagt, dass sie auch bei den Hirschkühen vorkommen. Da sie nämlich verzweigter sind als Hirsche, glaubt man, dass es sinnlos ist, mehr **Hörner** zu besitzen. Oder aber, wie bei Pflanzen, die recht üppig keimen (z. B. Apfel- und Haselnussbäume), entspringen aus ihrem Fuß Äste und Zweige, die normalerweise aus Sprossen hervorgehen. Auf diese Weise entstehen aus der Wurzel von zwei Hörnern Triebe, obwohl sie aus dem Stamm kommen müssten. Insgesamt hat das Rentier in der Regel drei Hörner: zwei sehr lange an den Seiten und eines in der Mitte, ein kleines; sie sind alle verzweigt. Warum aber bei den vergleichbaren Tieren, bei der Oryx, dem indischen Esel und den äthiopischen Stieren nur ein einziges vorkommt, ist eine Frage, die durch Sezierung zu klären ist. Da es in allen Fällen rechts und links gibt, ist es richtig, dass es auch nur Zwillingshörner gibt, was bei den Pflanzen dem Prinzip der Anzahl der Blätter entspricht: nur Paare, wegen des Gewichts. Wo aber die Teile des Gehirns zu einem einzigen zusammenwachsen, ist es besser, wenn es nur ein einziges Horn gibt, nicht zwei, um die Kraft zu erhalten. So hat jedes Tier, das nur ein Horn besitzt, ein hartes, festes und großes Horn.

Das gemeinsame Merkmal von Tieren mit mehr als zwei Hörnern scheint zu sein, dass das Weibchen keine hat. Daher glaubte Plinius, dass Zähne im Oberkiefer nicht zu Hörnern werden. Denn die weiblichen Tiere haben keine Vorderzähne im Oberkiefer, aber ebenfalls keine Hörner. Der Grund ist zweifach, das heißt, aus dem Zweck und der Wirksamkeit wird die Ursache abgeleitet: Wenn die Mütter die Föten im Mutterleib tragen, müssen sie leicht und flink sein, sodass sehr große und verzweigte Hörner für sie ein Hindernis wären. Diese Art von Tieren ist außerdem sehr scheu, besonders die Weibchen, und Hörner würden ihnen nichts nützen. Es fehlt auch an Hitze, um den Stoff für die Hörner zu erzeugen und sie wachsen zu lassen. So sind die Hörner für die Hirsche das, was der Bart für den Menschen ist: Sie scheinen nur zur Zierde gemacht zu sein, und beide sind nicht beim weiblichen Geschlecht vorhanden. Dieses System ist auch beim Nutzvieh sichtbar: die Stiere sind gehörnt, die Kühe nicht.

Überall auf den Gebirgskämmen sehr kalter Regionen haben jedoch auch die Weibchen Hörner, da durch die Kälte der Luft ihre natürliche Hitze verstärkt wird. Widder kämpfen mit ihren Hörnern, obwohl die Hörner bei diesen Tieren eher Schatten und Formen von Waffen sind, keine echten Waffen. Aber ihr werdet sagen: Was sorgt für ihre Sicherheit, wenn nicht ihre Hörner?

Entweder gibt es also keine Schafsart, oder die **Schafe** scheinen nicht für sich selbst, sondern für den Menschen geschaffen worden zu sein. Aber das Schaf stammt aus Sarmatien, wo es Suas genannt wird. Dort gibt es Herden sehr schneller Tiere, die Wolle ist aschfahl, das Fleisch so zart, dass die Könige der Parther und Skythen (beide Regionen werden heute unter dem Namen Tartaren zusammengefasst) die Jagd auf sie nicht verachteten. Es ist glaubhaft, dass sie auf dieser

Grundlage entstanden sind und gezähmt wurden, denn sie sind mit Wolle gegen die Kälte ausgestattet, wie andere Tiere aus anderen Regionen mit eher teuren Fellen. Warum die Wolle aschfarben ist, scheint keine Frage zu sein, die es kaum wert ist, erforscht zu werden. In der Tat sind in kalten Regionen die meisten Tiere von **mattweißer Farbe**, z.B. sind die Amseln im Felsen von Kyllini ganz mattweiß, und Pausanias sah glänzend weiße Adler in Sipylus um den Sumpf von Tantalus. Der Berg Sipylus liegt in Kleinasien in der Nähe von Phrygien, und Kyllini liegt in Arkadien. Derselbe Autor erinnert sich, dass er in Thrakien weiß glänzende Wildschweine und Bären, in Rom weiß glänzende Hirsche und in Libyen weiß glänzende Hasen gesehen hat. Die Menschen nannten die weißglänzenden Adler schwanenähnlich, weil sie so herrlich weiß waren und den Schwänen sehr ähnelten. Aber der Grund, warum sich weißglänzende Tiere in kalten Gegenden entwickeln, ist klar: Graue Haare entstehen durch Schimmel, Schimmel durch Nichtgebrauch, Nichtgebrauch durch Hitzeschwäche und Hitzeschwäche durch übermäßige Kälte der Luft, vor allem in der Haut, die ständig der Luft ausgesetzt ist und auch wenig Hitze in sich selbst hält. Sie entsteht auch manchmal, wenn auch selten, durch äußere Hitze, wobei die angeborene Hitze ausatmet. Daher ist es in heißen Gegenden wie Libyen nicht abwegig, dass Hasen mattweiß sind. Auf Gebirgskämmen in Deutschland ist das Vorhandensein von weißen Hasen und Rehen und glänzend weißen Hirschen nicht nur kein Wunder, sondern mit der Vernunft vereinbar. Pausanias behauptet jedoch, dass er in Rom glänzende weiße Hirsche gesehen hat, weiß aber nicht, woher sie importiert wurden. In Rom gab es einen Überfluss an solchen und anderen Gegenständen, denn sie waren die Herrscher der Welt. Dabei taucht in mir eine Erinnerung an die Poesie des Titus Calpurnius Siculus in seinem *Bucolicum* auf:

> Ich habe hier alle Arten von Tieren gesehen, schneeweiße Hasen und Wildschweine mit Hauern. Wir sahen die Mantichoras und in den Wäldern, in denen sie vorkommen, auch Elche und Bullen, bei denen aus den Schulterblättern ein hässlicher Wulst herausragt, wenn sie den Kopf heben, während bei anderen ein haariger Kamm den Hals umspielt, und bei anderen das Kinn von einem rauen Bart bedeckt ist und die Wamme mit Borsten bebt. Ich habe auch Seehunde und Bären gesehen, die mit ihnen kämpften, und Tiere, die unter dem Namen Pferde bekannt sind, die aber sehr unförmig sind, weil sie in dem berühmten Fluss leben, der die Felder an seinem Ufer mit seinen Frühlingswellen bewässert.

Hier wird nichts Fabelhaftes beschrieben, obwohl ein Dichter am Werk ist. Es hat eine wunderbare und kaum glaubliche Form. Wir wissen, dass der Bericht über die **Flusspferde** gut bekannt ist. Man sagt auch, dass sie Meerestiere sind. Und wir erklären, dass ihre Zähne wie Elfenbeinzähne sind. Im vorderen Teil ähneln sie Pferden, im hinteren Teil enden sie als Fische. Wir werden die Robben weiter unten beschreiben. Es gibt **Stiere** aus Päonien mit zotteligem Kamm, bei denen das Haar am ganzen Körper zottelig ist, besonders aber auf der Brust und am Unterkiefer. Pausanias berichtet, dass er sie gesehen hat. Und diejenigen, die einen ausgeprägten Bart am Kinn haben, nennt man **Auerochsen**. Das sind stämmige Bullen in Deutschland, und unter ihrem Kinn liegt ein Bart wie bei den Ziegenböcken. Die Regionen haben in der Tat ihre eigenen, z.B. hat Sardinien den **Muflum**, der einem Hirsch sehr ähnlich ist. Ja, er ist einer, aber mit den Hörnern eines Widders, und wir können ihn mit Recht auch **Subulo** nennen. Aber wenn sich Subulo und Muflum unterscheiden, dann dadurch, dass der Subulo längere und festere Hörner hat, wie die Ziege: der Muflum hat kürzere, gedrehte Hörner, und sie sind durchgehend hohl wie beim Widder. Die Arten vermischen sich in der Tat auf außerordentliche Weise, entweder durch die Kopulation (wie schon bei diesem bemerkenswerten Tier erwähnt), oder durch die Wirkung der Region. Wie wir sagten, haben die Auerochsen einen langen hervorstehenden Bart und einen größeren Körper, die päonischen sind haarig, die libyschen (in ihrer Muttersprache **Lant** genannt) haben einen glänzend weißen Körper, schwarze Klauen oder vielmehr Hufe, mit undurchlässiger Haut, und aus diesem Grund und wegen ihrer Schönheit ist die Haut kostbar. Dieses Tier ist schnell, wegen seiner Gewohnheiten und seiner Nahrung.

Auch **die Farben der Schlangen** variieren je nach Region: In Äthiopien und Libyen sind die Vipern dunkel, wie auch die Menschen, wie Pausanias bezeugt. Da sie haarlos sind, verbrennt ihre Haut, wie auch die der Menschen wegen der übermäßigen Hitze, weshalb es üblich ist für Menschen, in diesen Regionen schwarz zu sein, ebenso für Vipern. Sie verändern sich auch mit dem Alter, wie die Mäuse, die im Alter grau werden. Und nicht nur die Tiere selbst, sondern auch die von ihnen Gezeugten zeigen die Spuren hohen Alters, wie bei Pferden und bei Menschen, deren Gesicht faltig ist, wenn sie von geschwächten Eltern geboren werden. Wenn die Kraft des Herzens abgestumpft ist, zieht es die Haut zusammen, und das weist auf bereits schwache Hauptorgane hin. Das haben wir in der Tat schon oft festgestellt.

Das erste **Prinzip der Veränderung** ist also auf die Vermischung der verschiedenen Arten zurückzuführen, das zweite auf die Regionen, das dritte auf das Alter und die Abstammung von zu jungen oder durch das Alter erschöpften Eltern. Die größte Veränderung findet in Regionen statt, die sich nach Süden oder Norden neigen, dann von Osten nach Westen, später in Sümpfen oder trockenen Gebieten und schließlich in der Vielfalt der Berge und des Flachlandes. Libyen bringt viele Monster hervor, nicht nur wegen der großen Hitze und Trockenheit, sondern auch wegen des Wassermangels, der dazu führt, dass sich Tiere verschiedener Art vermischen: zum Beispiel einige Bullen, die wir als Nashörner bezeichnet haben. Andere zeichnen sich durch einen Höcker aus, wie die Kamele, an die sich der Dichter erinnert. Der **Elch** wurde oben erwähnt, und dass er selten zu sehen ist. Pausanias gibt den Grund dafür an, wenn er sagt:

> Er kann einen Menschen von weitem riechen, und wenn er einen entdeckt hat, versteckt er sich in Schluchten und sehr tiefen Höhlen, und man kann ihn allein nicht jagen, sondern nur zufällig auf ihn stoßen, wenn die Jäger einen Raum von tausend Stadien auf der Jagd nach anderen wilden Tieren eingeschlossen haben. Er sagt, in der Form zwischen Hirsch und Kamel, vielleicht weil er einen Buckel auf dem Rücken hat.

Oder es handelt sich um ein anderes Tier als das, das Caesar beschrieben hat. Der **Mantikor**, halb Mensch halb Löwe, ist nicht zuverlässig belegt, ich halte ihn für eine poetische Gestalt. Ktesias (dem Plinius folgt) beschreibt ihn, und Aristoteles erinnert sich aufgrund seiner Autorität an ihn, obwohl er ihm nicht ganz traut. Aber es ist erstaunlich, dass er weder von so vielen Generationen von Römern noch von Pausanias gesehen wurde. Man vermutet ihn in Indien; aber wie gesagt, Libyen liegt in der gleichen Region, ebenso wie Äthiopien, in dem **Tiger** so zahlreich sind wie Wölfe bei uns. Der Tiger soll ein geflecktes Fell haben. Wir haben in Florenz zwei von ihnen gesehen, von denen die Leute sagten, sie seien Tiger, obwohl sie Leoparden ähnelten.

Der **Löwe** wird an denselben Orten geboren. Er ist fast der kühnste unter den Vierbeinern, und man sagt, dass seine Knochen Feuer sprühen, wenn man sie zusammenschlägt. Sie sind sehr hart und fest und praktisch ohne Mark; langer Körper, gelbbraune Farbe, scharfer Blick, langer Schwanz, den er sehr oft schüttelt, das Haar vorne nicht glatt, sondern weich und lockig. Die Haut ist völlig undurchdringlich. Der Körper ist hinten kürzer, der Kopf ist groß, das Maul klafft weit auseinander. Der Hals und die Zähne sind so stark, dass er ein Kamel im Maul tragen kann. Er ist so mutig, dass er allein zweihundert Ritter angreifen kann; er ist mit sehr großen und harten Krallen bewaffnet; sein Brüllen klingt rau. Die Natur hat eine zornige Kreatur geschaffen, die sehr mutig ist. Und da sie von so heißer Natur ist, wird sie oft krank und brüllt, nicht jeden Tag, aber zu bestimmten Stunden; vielleicht nicht alle Löwen, aber die, die in Gefangenschaft sind.

Es gibt auch Tiere, die eher für ihre **Pelze** bekannt sind, wie z. B. Luchse und viele Wieselarten: verschiedene Marder, Lardironi, Frettchen, Piroli, Hermeline, Ginsterkatzen. In Spanien gibt es Tiere, die in ihrer Form und Lebensweise den heimischen Wieseln ähneln, die wir Frettchen nennen, mit einem abwechslungsreichen Fell, das abwechselnd mit schwarzen und aschigen Flecken gezeichnet ist. Die Zobel sind wegen ihrer Schönheit und Seltenheit weitaus kostspieliger. Die Lappen züchten sie im äußersten Norden. Sie sind der Sonne ausgesetzt und meist unbehaart, weil diese Tiere im Schatten leben und die Kraft der Sonne dort sehr schwach ist. Man glaubt, dass sie bei Frauen die Lust auf die Freuden der Venus steigern. Und diese sind vornehmer als die Felle der Marder, mit weicherem und dichterem Haar und einem Haar, das seine Position behält, wenn es in irgendeine Richtung gestrichen wird. All diese Tiere haben sehr scharfe Krallen und Zähne, besonders der Zobel. Sie haben einen behaarten Schwanz, den sie gleich einem Eichhörnchen wie ein Segel benutzen, um sich mit einem Sprung von Baum zu Baum zu bewegen. In der Nähe des Pols, bis zum dreizehnten Grad, sind sie besonders zahlreich, weil die Region unwirtlich und mit dürftigen Wäldern bedeckt ist. Außerdem sind die Felle dort schöner und besser. Ihre Arten sind nicht zu zählen, wenn man die verschiedenen Farben der Felle und die Natur und Lebensweise der Tiere beachtet. Die Haut am Hals ist meist länger haltbar, wie beim Fuchs und Frettchen und »Sardirole«. Die Natur hat diesen Teil mit einer festeren Haut versehen, weil er besonders gefährdet ist, und so ist es dazu gekommen, dass diese Haare länger erhalten bleiben.

Aristoteles leugnete, dass Tiere angenehme **Gerüche** haben können, und zwar nie. Aber er stellt fest, dass bestimmte Tiere den Geruch des Panthers anziehend finden, außer im Frühling, und Theophrast widerspricht dem nicht. Da aber der Dung der Tiere reichlich und feucht ist, kann er die Annehmlichkeit des Geruchs verdecken. Anders ist es bei den Pflanzen, die mäßig und trocken und zusammengebraut sind. Bei den Tieren, die einen wohlriechenden Kot haben, soll er also mäßig und trocken sein, wie bei den großen Eidechsen, von denen wir vorher gesprochen haben und die wir Krokodile genannt haben, und bei den Schlangen.

Damit die Natur nichts unangetastet lässt, hat sie sich also sehr bemüht, ein wohlriechendes Tier zu schaffen, nicht nur auf eine, sondern auf viele Arten. So entstand die **Zibetkatze**, die einer Katze sehr ähnlich ist, aber größer. Sie stammt aus Spanien, ist mit Zähnen bewaffnet und sehr wild, und sie wird mit der Zeit nicht weniger wild. Sie ist ziemlich rau behaart und hat ein längliches Maul, ähnlich wie der Dachs. In den Genitalien sowohl des Männchens als auch des Weibchens dieses Tieres hat es einen kleinen Beutel gebildet, aus dem der Samen in einem silbernen Löffel aufgefangen wird. Er ist so wohlriechend, dass selbst drei Körner ein Gewicht von mehreren Pfund eines stark duftenden Baumes übertreffen. In einem solchen Kampf gegen ein schwieriges Problem hatte die Natur das Bedürfnis, etwas Großes zu erreichen. Auch der Mensch, der mit einem schwierigen Problem konfrontiert ist, versucht gewöhnlich, etwas zu erreichen, das Bewunderung verdient, und wenn eine

Grenze überschritten werden soll, versuchen wir, dies mit einem erheblichen Vorsprung zu tun. Die Natur verwendet die gleiche Regel im Fall des **Moschushirsches.** Ich habe nur einmal ein totes Exemplar in der Straße der Fahnen in Mailand gesehen, Zibetkatzen dagegen habe ich lebend gesehen, tatsächlich lebende, männliche und weibliche. In Größe, Form und Behaarung gleicht der Moschushirsch dem Reh, nur dass er eine blaugraue Farbe hat und dass sein Fell dicker ist. Er hat ein Zahnpaar oben und unten und unterscheidet sich nur darin und in seinem Geruch vom Reh. Die Abweichung der Haare könnte von der Region herrühren, da Tiere, die an einen anderen Ort gebracht werden, Nachkommen hervorbringen, die sich viel mehr von ihnen selbst unterscheiden als im Verhältnis zur Abweichung der Haare durch die Vielfalt der Region. Man sagt, dass sein Blut in einer Blase unterhalb des Nabels gesammelt wird, ein Blut, das an Tiefe und Anziehungskraft seines Duftes alles Bekannte überragt und übertrifft. Es wird aber nicht rein zu uns gebracht, sondern oft wird das ganze Fleisch mit den Knochen zerkleinert in ganz alte Blasen gelegt und als echt verkauft. Der Beweis dafür ist, dass überall in unserem Moschus kleine Knochenstücke zu finden sind. Und dennoch ist er so wohlriechend, dass offensichtlich weder Aristoteles noch Theophrast Tiere dieser Art kannten. Und es ist nicht verwunderlich, dass auch Galen (für den beide von großer Bedeutung waren und der mehr als vierhundert Jahre nach ihnen lebte) fast nichts über Moschus wusste, obwohl heutzutage keine Salbe ohne ihn ist. Ich kann also kaum sagen, auf welche Weise das Tier durch diese Blase einen angenehmen Geruch verströmt, auch wenn es (wie gesagt) nicht nur tot war, sondern schon lange Zeit. Und wenn dieser Beutel viele Jahre lang in Truhen aufbewahrt wird, nehmen alle darin aufbewahrten Kleidungsstücke einen herrlich duftenden Geruch an. Der Moschus selbst wird aus Persien importiert. Dort soll er, wenn er frisch und nicht verfälscht ist, von so starkem Geruch sein, dass wenn man die Blase in die Nähe der Nase eines Fastenden bringt, diese sofort zu bluten beginnt. Varthema schreibt, dass dies bei vier Männern nacheinander geschehen sei. Das Ergebnis ist, dass wir glauben, dass nur ein verfälschtes Produkt zu uns gelangt. Es altert nach einem Zeitraum von zehn Jahren. Wie ich festgestellt habe, verströmt die schlanke, dunkle und sehr kluge Art der Langschwanzaffen einen Geruch, es sei denn, die Salben haben mich getäuscht; sie riechen nicht alle nach Moschus.

Die Hoden des **Bibers** riechen auch, aber anders. Dieses Tier soll die Größe eines Hundes haben, aber länglich sein. Es ist zahm, mit dunklem, glänzendem Haar; ich habe seine Haut gesehen, die zu den teuren gezählt wird. Und darin unterscheidet es sich vom Otter, der raues, langes Haar hat, während das Haar des Bibers kurz ist. Der Schwanz ist breit und lang wie eine Sandale, aber sehr fett, daher wird er auch Aluthra genannt, der einen spitzen, behaarten Schwanz hat; der des Bibers soll schuppig sein. Die Vorderbeine sind kurz, wie bei einem Affen, und man sagt, dass er sie als Hände benutzt. Die Hinterbeine sind wie bei einer Gans, und so schwimmt er im Wasser mit der doppelten Hilfe seiner Hinterbeine und seines Schwanzes. Er baut mit wundersamer Technik Hütten aus Holz; er benutzt die Schneide seiner Zähne (die stark sind) wie eine Säge, um Holz zu schneiden. Ein gezähmtes und im Haus aufgezogenes Weibchen soll, als man ihre Jungen wegnehmen wollte, mit ihren Zähnen Eisenstangen zerbrochen und sie ungestüm aufgefressen haben. Und man sagt, sie hätten einen König, dessen Schwanz diese Form hat, während der der anderen stumpf ist. Bei den Moskowitern werden Biber in großer Zahl gehalten, und man stellt fest, dass es einige gibt mit rauem, ungepflegtem Fell, und hervorragende mit weicherem Haar. Es hat kleine Hoden, wie die von Hähnen, und im Inneren versteckt. Diese haben einen solchen Geruch, dass sie als Medikament verkauft werden. Es ist eine Flüssigkeit, die auch bei Zibetkatzen gefunden wird. Dieser Schleim ist zunächst wie Öl und gerinnt dann zu einer honigähnlichen Substanz. Und diese Säfte sind hervorragend. Wir haben sie auch bei Vögeln beobachtet, wie wir an anderer Stelle gesagt haben. Wichtiger scheint noch, dass sie nach Aussagen der Menschen zwar am Wasser leben, sich aber kaum von Fischen ernähren, sondern von Blättern und Büschen. Da sie Bauten errichten, ist es nicht weiter notwendig, die Art vom **Otter** zu unterscheiden. Wenn dies aber falsch wäre, wären sie von derselben Art, obwohl sie sich durch Schwanz und Haare unterscheiden; das ist klar genug. Was auch immer wahr sein mag, die Hoden des Fischotters haben die gleiche Kraft wie die des Bibers. Der Biber, der aus den heißen Regionen des Ostens stammt, hat viel stärkere Kräfte. Aber die Samenflüssigkeit und die Geschlechtsorgane selbst sind bei allen Tieren sehr heiß und müssen bei den Tieren, die wegen ihrer Hitze am und im Wasser leben, wie Biber und Otter, noch heißer sein. Der Otter bewegt sich gewöhnlich gegen die Strömung des Wassers, sodass er, wenn er satt ist, sich mit der Strömung zu seinem Schlafplatz zurücktreiben lassen kann.

Alle Tiere, die ihre Beute nicht leicht finden, z. B. Wolf und Fuchs und Otter, stopfen sich, wenn sie darauf stoßen, so voll, dass sie zu platzen scheinen, was bei Tieren, die sich von Früchten oder Pflanzen ernähren, nicht vorkommt, da ihre Nahrung überall zu finden ist. Diese Tiere sind auf dem Land und im Wasser verbreitet, wie auch das Krokodil, aber im Gegensatz zum **Flusspferd**, das zwar auf dem Land und im Wasser verbreitet ist, aber zu den Fischen gehört und zu den Landtieren gezählt wird. Es lebt in den Flüssen Nil und Niger. Der Nil fließt in Ägypten und Äthiopien, der Niger in dem Teil Afrikas, der zwischen dem Kap Vert[14] und dem Teil, der Mansa genannt wird, liegt. Der Fisch hier hat vier Füße, kurze Beine, die Form einer Kuh, und er geht auf dem Boden. Er hat zwei vorstehende Zähne von drei Handflächen Länge, die den Stoßzähnen eines Elefanten ähneln, aber weißer und härter sind und ihren Glanz länger behalten, was sie teurer macht, den Kamm und die Stimme eines Pferdes, woher sein Name stammt, Hufe und Knöchel wie Ochsen, eine hochgezogene Schnauze, einen Schwanz von der Größe eines Ebers und Eingeweide wie die eines kleinen Pferdes oder Esels. Da Aristoteles dieses Tier so genau beschreibt, ist anzunehmen, dass er es selbst gesehen hat.

Alle wilden Tiere werden nach der Geburt sofort in die Nähe von Frauen oder Hunden gegeben, von denen sie gefüttert oder gesäugt werden. Auf diese Weise werden Katzen zahmer gemacht und begleiten ihren Herrn. Man hat aber auch schon Otter gesehen, die auf Fingerzeichen hin Fische aus einem Fischteich fangen und sie dem Koch bringen.

Es gibt auch **eine Art von ungewöhnlichem Affen**, ohne Schwanz, mit einem Gesicht und den Gliedmaßen eines Mannes, doch überall auf dem Rücken mit Haaren bedeckt.[15] Es gibt kein Tier, das so lange aufrecht stehen kann, außer dem Menschen. Es liebt Jungen und Frauen, nicht weniger als die Menschen seiner Region, und wenn er seinen Fesseln entkommen ist, versucht er offen sie zu begatten, wie wir gesehen haben. Aber er ist wild und doch von solchem Fleiß, dass man sagen würde, manche Menschen hätten weniger Verstand; nicht etwa unsere Leute, sondern Barbaren, die in Gegenden mit rauem Klima leben, wie Äthiopier und einige Numidier und Lappen.

Aber gehen wir zu anderen Dingen über, zu denen **der leichte Hund**[16] gehört. Nur die Westindischen Inseln bringen dieses Tier hervor, das die Größe eines Hasen hat, aber

[14] »caput Nigrum«.

[15] Forrester mutmaßt, ob ein Schimpanse oder ein Gorilla gemeint sein könnte, gibt aber keiner Möglichkeit den Vorzug.

[16] »Canis leuis«. Forrester vermutet *Aotus trivirgatus*, aber es wäre auch ein Faultier denkbar.

fast so dick ist, wie es lang ist, so fett ist es. Es hat sehr dünne Beine, sodass es, wenn es läuft, wegen seines Gewichts seinen Bauch auf dem Boden schleift; der schwere Körper kann kaum von den sehr dünnen Beinen getragen werden. Es hat vier Krallen, aber an jedem seiner Füße ungeteilte, ja miteinander verbundene, scharfe und hakenförmige, wie bei den Vögeln, mit denen es auf Bäume klettert. Es geht kaum auf dem Boden, nur fünfzig Schritte am Tag, aber es ist kühn im Klettern auf Bäume. Die Augen und das Maul sind klein, daher beißt er nicht; das Gesicht ist rundlich, wie das eines Uhus, der Hals ist rundlich, und er dreht sich in verschiedene Richtungen, als ob er überrascht wäre. Ein Haarkranz umgibt sein Gesicht, der es zu verlängern scheint, er hat keinen Schwanz, und sein Haar ist weiß bis aschfarben glänzend. Das alles ist zwar erstaunlich, scheint aber nicht ganz im Widerspruch zur Natur zu stehen. Aber weil er sich von Luft und Tau zu ernähren scheint, und weil er praktisch die ganze Nacht mit sechs Tönen ruft, die sich immer nach unten bewegen, sodass das musikalische Verhältnis von eins und einem Achtel mit einem Halbton in der Mitte erhalten bleibt, das ist einem großen Wunder nicht unähnlich. Tagsüber ist er stumm und sieht wenig, sodass er von den vierbeinigen Tieren das einzige ist, das man als nachtaktiv bezeichnen kann.

Es gibt noch andere, die das sein können, aber **die nachtaktiven Vögel** sind häufiger: der Uhu, die Fledermaus, der Steinkauz und eine Reihe von anderen. Der Grund dafür ist, dass es in der Luft für Vögel im Flug nicht solche Hindernisse gibt wie für Vierbeiner, die auf dem Boden laufen. Außerdem ist die Nahrungssuche bei Nacht mühsamer als bei Tag, vor allem für die Raubtiere, und zwar zu einer Zeit, in der die übrigen Tiere in Deckung gehen und sicher sind; durch ihre eigene Kraft, wie die Wildschweine, oder weil ihr Platz gut gewählt ist, wie der der Nachtigall zwischen Gestrüpp und Dornen, oder weil er hoch gelegen ist, wie der der Raben oder Krähen in Türmen, oder weil das Nest eng ist, wie das der kleinen Vögel, oder befestigt, wie das der Füchse. Ein Tier, das nur nachts umherstreifen muss, sollte entweder Flügel haben oder sehr hungrig sein. Tatsächlich suchen Katzen, Wölfe und Füchse ebenso wie Rehe nachts nach Nahrung, aber der Tag ist für sie ebenso wichtig wie die Nacht. Und so gibt es Vögel, die wir als nachtaktiv bezeichnen können, aber keine Vierbeiner, abgesehen von dem genannten Tier.

Obwohl also **die Unterscheidungsmerkmale der Tiere** sehr zahlreich sind, lassen sie sich auf zwei reduzieren: die des Körpers und die der Seele. Die seelischen sind zahm und wild, nachtaktiv und tagaktiv, und dies besonders bei den Vögeln. Es gibt auch Zwischenformen unter den Vögeln, wie der Qualea, den manche, ja die meisten, für die Wachtel halten, und den Hahn und den Ortolan. Dieser Vogel ist aschfarben und größer als ein Stieglitz, er singt nachts und ist in Etrurien bekannt. Auch wenn der Ortolan in der Nacht singt, kann er nicht sehen. Nachtaktive Vögel gelten als böses Omen, aber nicht die der Dämmerung. Auch bei den Vögeln gibt es ein besonderes Unterscheidungsmerkmal: Einige werden durch ihren Gesang identifiziert, andere sind stumm, wieder andere sind dazwischen. Der Sarau ist der bedeutendste unter den Singvögeln und steht dem Papagei am nächsten. Der Papagei ist der erste unter **den sprechenden Vögeln**, dann folgen die Elster, die Drossel, die Amsel und der Star. Auch die Raben sind gesprächig, und die einsamen Spatzen. Die Menschen hassen die Spatzen, wenn sie allein sind, und man glaubt, dass ein Spatz, der in einem Käfig in einem Haus gehalten wird, auch wenn er noch so lieblich singt, den Tod vorhersagt. Und die Menschen hassen Raben aus demselben Grund wie die Geier, weil diese Vögel sich von menschlichen Leichen ernähren. Drei Arten von Vögeln gelten als unglücklich: einsame Vögel, nachtaktive Vögel und solche, die gierige Blicke auf Leichen werfen. Dunkelheit und Licht, Hunger und Wein werden eingesetzt, um Vögel das Sprechen zu lehren; und sie werden ausgewählt, wenn sie jung sind und eine breitere Zunge haben, auch unter den Papageien, die zum Sprechen besonders gut geeignet sind. Außerdem ist der Hunger das entscheidende Mittel, um sie zum Lernen zu bewegen, wie Persius sagte:

> Wer hat den Papagei mit seinem ›Hallo‹ ausgestattet und die Elster gelehrt, die menschliche Sprache zu versuchen? Es war der Meister des Fachwissens, der Verleiher von Talenten: der Bauch, ein Experte im Kopieren von Lauten, die von der Natur verweigert werden.

Dunkelheit macht Vögel aufmerksamer und verbindet Empfindung und Gedächtnis. Daher erinnern sich auch die Menschen besser und denken und grübeln im Dunkeln. Aber eine Lampe wird verwendet, weil die Vögel in völliger Dunkelheit schlafen und ängstlich werden, sodass die Empfindung verdrängt und nicht verstärkt wird, also ist eine kleine Lampe erforderlich. Einige Menschen haben versucht, den Menschen mithilfe von Vögeln etwas vorzugaukeln, wie Hanno von Karthago. Er fing eine Anzahl Jungvögel und lehrte sie zu sagen: »Hanno ist Gott«. Dann ließ er sie frei und hoffte, dass die Menschen durch diese Bemerkung in den Aberglauben hineingezogen würden und ihm als Tyrann zustimmen würden, wie er es vorhatte. Das hätte ihm vielleicht gelingen können, aber als die Vögel ihre Freiheit erlangt hatten, vergaßen sie zu sprechen. E hätte sie eine Zeitlang in Freiheit halten und sie dann durch Hunger zwingen müssen, das gewünschte Ergebnis zu erzielen.

Um noch einmal auf die Katzen zurückzukommen. Weil diese Tiere von mittlerer Natur waren, gab ihnen die Natur blaugrün schimmernde **Augen**, sodass sie nachts sehen konnten. Auch Pferde und Wölfe sehen nachts besser als der Mensch. Dem Menschen hat die Vernunft Lampen ermöglicht, folglich hat die Natur auch für das Nachtsehen keine so große Sorgfalt aufgewendet. Daher wird angenommen, dass die Pupillen von Katzen dem Mond entsprechend größer und kleiner werden. Die menschliche Pupille verändert sich nicht nur an verschiedenen Tagen, sondern auch an ein und demselben Tag, sodass sie manchmal groß und nach einigen Stunden wieder kleiner aussieht. Mit Pupille meine ich den dunklen Teil in der Mitte des Auges. Der umgebende Teil unterscheidet sich zwischen Mensch und Tier und wird Iris genannt. Um die Iris herum befinden sich die Pessi, und um die Pessi herum das Weiß des Auges. Die inneren Winkel werden Fontes genannt, die äußeren Ecken Ziegen oder Paropien, und der Umfang des Auges wird Eon genannt.

Doch zurück zur **Katze**: Es gibt verschiedene Arten, und fast alle wilden und ähnlichen Tiere sind ihr ähnlich: die Panther, die Luchse, die Leoparden, die Tiger. Ein gemeinsames Merkmal ist die Größe und Stärke der Krallen, das Fell mit Flecken, vielfältig und schön in der Farbe, der runde Kopf, das kurze Gesicht, der lange Schwanz, der flinke Körper, die Wildheit und die durch die Jagd gewonnene Nahrung. Ein gemeinsames Merkmal aller Lebewesen ist es, sich von denen zu ernähren, aus denen sie hervorgegangen sind. Wo sonst kann es seine Nahrung bekommen, wenn nicht dort, wo es geboren wurde, da es zu Anfang schwach ist? Bei Lebewesen, die aus verrottendem Material entstanden sind, bleibt diese Angewohnheit fast immer bestehen, da sie kaum zu Kräften kommen; so ernähren sich die kleinen Fliegen von Weintrauben, die Würmer vom Dreck, die Raupen und die übrigen von denselben Blättern, auf denen sie entstanden sind. Vögel und Vierbeiner mit einer härteren Schnauze oder mit bereits vorhandenen Zähnen suchen nach einer anderen, festeren Nahrung. Wenn es ein Tier im Überfluss gibt, bringt die Natur in der Regel ein anderes hervor, das sich von ihm ernährt, was einen doppelten Nutzen hat: Es wird verhindert, dass das erste Tier in Massen auftaucht und der Umwelt großen Schaden zufügt, und es bietet denjenigen, die sich von ihm ernähren, Nahrung.

So entsteht, wenn in manchen Gegenden Westindiens die Ameisen zu zahlreich sind, ein Tier, das sie **Ameisenbär** nennen, das sie mit seiner Zunge aufnimmt und verschlingt. Und so ist das Tier gegen eine Katastrophe für die Region gewappnet, da es zu keiner anderen Funktion bereit zu sein scheint; es ist weder wild noch zum Beißen geneigt und wird eher wegen seiner körperlichen Ähnlichkeit als wegen seiner Stärke oder Wildheit Bär[17] genannt. Er zerstreut und zertrümmert mit der Feuchtigkeit seiner Zunge die festesten Ameisenbauten, und dann, nachdem diese zertrümmert sind, schleppt er die an seiner Zunge haftenden Lebewesen zu sich und verschlingt sie. Bei anderen Tieren, die nicht so leicht zur Nahrung werden können, sorgt die Natur dafür, dass sie nicht zu einer großen Menge heranwachsen, sei es, dass sie nur wenig Nachkommen haben, sei es, dass sie nur eine kurze Lebensdauer haben, sei es, dass sie rauere Luft brauchen, sei es, dass sie Schwierigkeiten haben, Nachkommen zu gebären oder aufzuziehen.

Doch kommen wir nun **zu den Fischen.** Man findet sie manchmal in heißen, schwefelhaltigen Gewässern, wie in Buda, einer Stadt in Pannonien, und manchmal in alaunreichen Gewässern wie in Zuglio. In den Gewässern, vor allem im Meer, und noch mehr im Ozean, besonders in der Brandungszone, gibt es riesige Lebewesen, da dort die Hitze und die Feuchtigkeit für Wachstum und der Salzgehalt für Konservierung sorgen. Einige, wie die **Wale**, sind unglaublich groß und brüllen. Sie sprudeln so viel Wasser aus Öffnungen, die eine Elle breit sind, in der Nähe ihrer Nasen, dass sie sogar sehr große Schiffe überwältigen. Aus ihren Flossen werden sehr schöne Stäbe gewonnen, die wie Knochen oder Horn aussehen. Sie sind dunkel, wie die Hörner von Büffeln, und so biegsam, dass sie nie brechen; sie glänzen auffallend in der Sonne, sodass sie golden aussehen. Einzelne Fäden bilden einen einzigen Stab, und so gibt es sehr viele Stäbe in einer Flosse; die Flossen bestehen sichtbar aus Stäben. Das Maul am Kopf ist so weit, dass man ein kleines Schiff daraus machen könnte. Wie Sebastian Münster schreibt, werden sie von mit Wasser verdünntem Bibergeil[18] vertrieben, denn sie sinken sofort. Es ist wahrscheinlich, dass die Fische den Geruch des wilden Verfolgers hassen, und so haben die Schiffe diesen einen Schutz gegen die riesigen Ungeheuer. Es ist glaubhaft, dass die anderen durch den Geruch von Bibergeil, wie auch durch den Lärm von feurigen Geräten erschreckt werden können.

Es gibt auch noch andere Ungeheuer im Meer, Ungeheuer wie (unter anderem) der **Schwertwal**[19], der auf zwei riesigen Flügeln über die Meere fliegt und den Triremen eher Angst als Gefahr bringt. Im Schwarzen Meer gibt es einen **Schwertfisch**[20], der so groß ist, dass er eine Robbe verschluckt. Die **Robbe** ist auch als Meereskalb bekannt und soll später wegen ihrer außergewöhnlichen Form beschrieben werden. In demselben Meer gibt es auch eine Art von Orcas, die sich durch ihren Buckel und ihre Beweglichkeit auszeichnet und **Springual** genannt wird, von der man annimmt, dass sie wegen ihrer enormen Größe zur Art der Orcas gehört. Fische von äußerster und unglaublicher Größe werden **Orcades** genannt, ein Name wie die Inseln, die bei Britannien im Ozean liegen. Sie sind Feinde der Bartenwale. Der Sägefisch, der Physeter, der Oktopus und der Rota gehören alle zu den **Walfischen.** Das Wort »Ketos« bedeutet im Griechischen zwar Wal, aber auch groß und riesig, daher Ketoeis. Es gibt auch verschiedene Formen der gleichen Art, wie der Bartfisch, mit zwei Hörnern,

[17] »vrsum formicarium«.

[18] »castoreum«.

[19] »Orca«.

[20] »ziphus«.

einem schmaleren und kürzeren Hinterteil, einem quadratischen Kopf, dem Augenumfang von fünfzehn oder zwanzig Fuß. Auch der Nashornfisch hat einen gebogenen Rücken und eine verborgene Nase, die in einem Horn endet; er hat zwölf Flossen und frisst Krabben. Der Kuhfisch[21] ist ebenfalls gehörnt, und es gibt einen weiteren Fisch mit einem völlig knochigen Körper und zahlreiche andere.

Aber wundersamer als jedes andere Monster ist der **Triton**. Pausanias berichtet, dass er bei den Tanagraern in Böotien im Bacchustempel einen Triton gesehen hat, und bei den Römern einen anderen, der diese Form hatte: Die Tritonen haben Haare auf dem Kopf wie die kleinen Frösche, die in den Sümpfen leben, wobei sie die Ähnlichkeit sowohl in der Farbe als auch dadurch haben, dass die Haare nicht voneinander getrennt werden können. Der Rest des Körpers endet in einer dünnen Flosse und hat die gleiche Stärke wie die Nashornfische. Sie haben Kiemen unter den Ohren und eine menschliche Nase. Eher ein breites Maul, die Zähne eines Tieres. Pausanias berichtet von ihren blaugrauen Augen. Sie haben auch Hände, Finger und Fingernägel, die wie Laffen von Löffeln aussehen. Unterhalb von Brust und Bauch haben sie einen Schwanz anstelle von Beinen, wie es bei Delfinen der Fall ist. Man sagt, dass viele von ihnen im nördlichen Ozean gesehen werden, aber nach dem Gesetz der Fischer frei herumschweifen dürfen, was meiner Meinung nach nicht richtig sein kann, denn wenn sie in Gruppen unterwegs wären, würde die besessene Gier der Könige sie zusammentreiben, ohne Rücksicht auf die Gefahr. Aber wenn sie einzeln wären, würde die Raffgier der Fischer dies ohne zu zögern tun. Wenn sie auf der Meeresoberfläche zu sehen sind, jedenfalls diejenigen, die zur Walart gehören, kündigen sie schwere Stürme an, und sie streifen vor allem auf der Suche nach Menschen umher.

Im indischen Meer bei Borneo, das an den Äquator grenzt, gibt es so große **Austern**, dass die meisten von ihnen Fleisch von 25 Pfund enthalten, und einige werden mit Fleisch von 44 Pfund gefunden. So scheinen im Meer alle Figuren aus Tieren zu bestehen, und nicht nur aus Tieren, sondern auch aus Instrumenten. Besonders im Indischen Ozean gibt es **Monster** von ungeheurer und unglaublicher Größe. Ich denke, der Grund für die mannigfaltigen Formen ist die Leichtigkeit der Erzeugung und des Lebens. Da Hitze und Feuchtigkeit für die Erzeugung und Nahrung für das Leben zusammenkommen, gibt es im Meer reichlich Hitze und Feuchtigkeit und Nahrung; es gibt Salz im Meer, Öl im Salz, und Öl ist feucht und fettig, und daher auch Nahrung. Wegen der Bewegung gibt es auch keine Pest, wie sie in der Luft vorkommt; das Meer bewegt sich jeden Tag, die Luft dagegen ist manchmal ruhig. Das hat zur Folge, dass man jede beliebige Form von Fisch leicht konservieren kann, in der Luft ist das nicht so. Außerdem können sich die Fische im Meer ohne Anstrengung fortbewegen, die Landtiere aber nicht. Daher müssen die Landtiere hungern oder sind durch extreme Anstrengung erschöpft. Das Meer friert nicht und siedet nicht wie das Land und das Flusswasser, außer an den Rändern, wo es von der Luft berührt wird. Aufgrund dieser Vorteile und der Vermischung verschiedener Arten entstehen im Meer sehr viele Monster, sodass manchmal, wenn das Meer mit der Flut stärker anschwillt, bis zu dreißig Arten von Ungeheuern am Ufer des westlichen Ozeans zurückbleiben. Aus demselben Grund überleben in Ägypten die Monster nach der Geburt viele Monate: Lebewesen mit schwacher Lebenskraft können im Meer noch überleben. Aber diejenigen, die sich nicht von anderen Fischen ernähren, vermischen sich leichter mit Fischen als mit grasfressenden Landtieren. Aber die Fische, die sich von Fleisch und anderen Fischen ernähren, haben es schwer, weil sie weniger

[21] »Vacca piscis«.

Empfindungsvermögen haben und deshalb weniger lieben; die Liebe kommt mit der Empfindung; deshalb zeigen die Fische kein Mitleid, wie es die Löwen manchmal tun, und verschonen kein Beutetier.

Man sagt auch, dass der **Rochen**[22] einem Menschen, der sich im Wasser in Gefahr befindet, hilft, nicht unterzugehen oder von den Meerestieren zerrissen zu werden. Aber wenn der Rochen dies tut, dann wegen einer besonderen Eigenschaft: Er ist der einzige unter den Meeresfischen, der sich mit einer anderen Art, dem Engelshai, kreuzt, wie wir wissen. Außerdem verfolgt der Rochen keine lebenden Tiere und frisst (vielleicht) kein Fleisch. Der Grund, warum sich nur der Rochen und der Engelshai mit einer anderen Art paaren, liegt darin, dass sich die meisten anderen Tiere in den Tiefen des Meeres aufhalten. Fleischfresser sind mehr auf Beute aus, weniger auf Paarung. Die meisten friedlichen Fische haben Angst, vertrauensvoll zu sein. Solche Fische bewegen sich gewöhnlich in Schwärmen, um keinen Partner ihrer eigenen Art zu verlieren, besonders zu einer Zeit ihrer sexuellen Aktivitäten. Es gibt also viele Gründe, warum nur die Mischung aus Rochen und Engelshai als einzige Kreuzung im Meer anzutreffen ist. Für die Größe der Tiere im Meer (vor allem im indischen Meer) gilt derselbe Grundsatz wie für ihre Form: Wegen der Feuchtigkeit und der Hitze und der fast überall vorhandenen Nahrung, aber auch, weil sie sich ohne Beine bewegen und ohne Anstrengung große Strecken im Meer zurücklegen, werden Fische im Vergleich zu den Landtieren riesig und weit größer als Vögel. Stellen Sie sich ein riesiges Landtier vor, viermal so groß wie ein Elefant, wenn es überhaupt existieren könnte: Es würde sehr viel Nahrung an Land benötigen, und nachdem es diese verbraucht hat, wird dieses große Gewicht unter Mühen andere Gegenden aufsuchen müssen. Und so wird es leicht an einer Krankheit sterben oder verhungern, wenn es langsam und schleichend von einer Region in die andere kommt. Und selbst wenn es sicher und ohne Anstrengung hinüberkommt, was wird es davor bewahren, von menschlichen Fallen gefangen zu werden? Im Meer gibt es keine dieser Gefahren oder Hindernisse; es gibt weder einen Mangel an Nahrung, noch einen mühsamen Weg von einer Region zur anderen, noch könnten sie mitten im Meer menschlichen Fallen ausgesetzt werden, selbst wenn ein Herrscher die ganze Welt beherrschen würde.

Die **Fische** sind folglich die größten Tiere, die Vögel die kleinsten; die Landtiere liegen dazwischen. Der Grund, warum die Vögel kleiner sind als die Landtiere, liegt auf der Hand: Ein Tier kann sich an Land leichter auf den Beinen abstützen als in der Luft auf den ausgebreiteten Flügeln. Die Seefische liegen in der Mitte zwischen den Landtieren und den Meerestieren. So findet man im Allgäu in Schwaben in den Seen den Wels[23], der unter dem Kinn zwei Schnüre trägt, und der manchmal bis zu vierzig Pfund schwer wird. Mit diesen Schnüren jagt er andere Fische und sogar Vögel. Diese Schnüre sind in der Position des Rüssels beim Elefanten, und der Fisch kann mit Recht »Wal der Seen« genannt werden wegen seiner Größe. Er ist so viel kleiner als der Meerwal, wie die Seen kleiner als das Meer sind; und das Wasser der Seen ist so kalt und die Seen so karg, dass sie dem Meer für die Erzeugung und Ernährung unterlegen sind. So hat die Natur, wie gesagt, die Formen der Landtiere in Fischen, den Menschen im Triton, die Frau in der Nereide (Nereiden sind nicht fabelhaft, Sirenen aber schon), den Elefanten im Wels und andere dieser Art ausgedrückt.

Aber alle Fische, selbst wenn sie vorne wie Tiere aussehen mögen, die auf Beinen gehen, enden im hinteren Teil fast ausnahmslos als Fisch. Der Grund dafür ist, dass der Schwanz des Fisches den Kurs bestimmt, so wie das Ruder am Heck eines Schiffes.

[22] »raia pisces«.

[23] »Vualmin«.

Infolgedessen haben fast alle Fische einen geteilten Schwanz. Sie sind so zahlreich, dass beim gallischen Narbonne bei einer Gelegenheit so viele und so große Fische in einem der Netze gefangen wurden, dass sie ein unglaubliches Gewicht von 390.000 Pfund erreichten, was auf ihre Größe und ihren Überfluss zurückzuführen sein könnte. Die anderen Arten von Lebewesen übertreffen die Fische an Fülle, Größe und Kraft und an Formenvielfalt, so etwa diejenigen, denen es nicht an Füßen mangelt, wie der **Oktopus**, der wegen seiner Vielzahl von Füßen so genannt wird. Hippokrates empfahl die kleinen, über Holzkohle gebratenen zur Förderung der Empfängnis, und das mit Recht, denn der Oktopus empfängt leicht und trägt Junge, ist mit faseriger Substanz versehen und wird langsam zusammengebraut. Deshalb vertreibt sein Kopf schlechte Träume, wegen des harten Gebräus stößt er schwarze Dämpfe aus wie Zwiebeln, aber viel stärker. Andere sind unförmig, wie ein Ding mit einer Haut wie Schweinsleder, fast so groß wie ein Elefant, der Kopf eines Schweins, riemenartige Beine, zahnlos, kleine Augen, zwei Öffnungen unter dem Bauch in der Nähe des Schwanzes; Schwanz sehr lang, breiter als ein Arm, das Maß eines Armes breiter, die Haut dicker als ein Finger. Viele Fische haben keine Zähne, wie der Stör, aber wenige nehmen keine Nahrung auf.

Dagegen ist das **Walross**, den manche den Rosmarum nennen, ein Fisch von der Art der Robben, nach seiner Behaarung, Form, Lebensweise, in Iachis im nördlichen Ozean bei Moskau. Die Zähne sind so groß, dass man Schwertgriffe daraus macht; sie sind in ihrer Weiße dem Elfenbein sehr ähnlich, aber fester, schwerer, stärker.

Es gibt auch **duftende Fische**, wie eine große Art von Oktopus, und eine besondere Art von fliegenden Käfern unter den Insekten; auch unter den Vögeln, die Hühner der Westindischen Inseln, die mehr eine Art Geier sind. Sie machen sich über Leichen und verfaulte Dinge her, riechen aber gut, wegen der starken Hitze und der Trockenheit ihres Temperaments.

Und es gibt Fische mit wundersamen Kräften: der **Zitterrochen**, den die Genueser Tremoriza nennen, und er gehört zur Gattung der Rochen, weil er einen Mund in Form des Mondes hat. Wenn man ihn berührt, werden die Hände betäubt und Schmerzen gelindert, aber der Tod des Fisches macht diese große Kraft zunichte. Und die Echeneis, eine Muschelart mit dem lateinischen Namen Remora, die Echinus genannt wird, weil sie ein Schiff aufhalten kann, indem sie sich an deren Rumpf festsetzt. So hielt sie die Trireme des Kaisers Caligula auf, mit einem schlechten Omen für ihn. Sie sieht aus wie eine große Schnecke und ist so selten, dass man sie nach dieser Zeit nicht mehr gesehen hat. Man sagt auch, dass es im Fluss Arotan auf der gesegneten Insel Ceylon, die wir später beschreiben werden, eine Art von Fisch gibt, der ein Fieber hervorruft, wenn er in der Hand gefangen wird, und das sofort nach der Berührung. Diese Geschichte, deren Autorschaft ungewiss ist, wird nicht viel Glauben finden; dennoch ist sie ebenso bemerkenswert wie das, was oben über den elektrischen Rochen und die Remora gesagt wurde. Die Seelen sind mit verschiedenen Kräften ausgestattet, und das ganze Meer ist lebendig, so sagt man, und wimmelt von Ungeheuern.

Die Natur hat bei den Tieren, die dort entstehen, am wenigsten getan, um sie zu befähigen, Scharfsinn oder außergewöhnliche Empfindungsfähigkeit zu erwerben, und das aufgrund der Beschaffenheit des Ortes, an dem sie sich befinden. Die **Fische sind in der Tat so gefühllos**, dass man über viele von ihnen kaum sagen kann, ob sie zu den Tieren oder zu den Pflanzen gehören, zum Beispiel die Schwämme und die Seeanemone. Wenn sie an Steinen befestigt sind, zeigen sie keine Spur von einem Tier, außer dass sie sich bei Berührung zusammenziehen und Bewegung zeigen. Auch bei Teilen von Bäumen ist dies vielleicht nicht zu leugnen, z.B. in den Stämmen von Palmen. Und in den Blättern eines Baumes, die denen des Maulbeerbaums ähneln, ist es offensichtlich und deutlich zu sehen, außer dass sie zwei Füße haben. Man sagt, dieser Baum stamme aus den Wäldern der Insel Limbulon bei den Molukken, acht Grad vom Äquator entfernt, und habe Blätter, die umherwandern, wenn man sie eine Woche lang vom Baum schüttelt. **Dieser Baum sei empfindungsfähig und ein Tier**, so wie die Seeanemonen und die Quallen und Schwämme baumartige Tiere sind, auch wenn Quallen nicht zu den Pflanzen zu rechnen sind. Da auch bei ihnen die Bewegung von der Empfindung abhängt, spricht in einer heißen Region und einem fettigen Boden nichts dagegen, dass sich Teile der Pflanzen, die sich oft ablösen, bewegen können. Die dünne fettige Feuchtigkeit, von der sie sich ernähren, kann für diese Tiere sogar die Art sein.

Aber **warum leben außerhalb des Meeres keine unbeweglichen Tiere?** Es gibt im Meer so viele Arten davon und eine solche Fülle, z.B. außer den Seeanemonen und Schwämmen eine so große Menge an Muscheln, und so viele verschiedene Arten von ihnen. Ein Tier muss sich ernähren, also muss es Bewegung geben, entweder durch das Tier oder durch die Nahrung. Im Wasser gibt es Bewegung, also auch in der Nahrung und im Wasser, das sie mit sich führt. Daher fehlt Tieren, die aus Früchten geboren werden, manchmal offensichtlich die Bewegung (ich meine die fortschreitende Bewegung).

Unter den Meerestieren gibt es einige, die sich nicht bewegen, wie zum Beispiel die **Austern**, bei denen man sieht, dass die Natur ein wundersames Spiel mit einer Vielfalt von Farben gemacht hat. Der Grund dafür ist, dass die Bäume und Kräuter je nach ihrer Art Formen und Farben erhalten, die Farben aber später nicht ihre Fülle an Feuchtigkeit behalten, so bleibt die Farbe bei den Muscheln wegen ihrer erdigen Substanz erhalten und wird verstärkt. Auch in der festen Ordnung der Furchen auf der Schale liegt eine Verschiedenheit, da ein kleines Ding, wenn es variiert und sogar zufällig gemischt wird, während des gleichmäßigen Wachstums der Intervalle immer in einer festen Ordnung geformt aussieht. Aber ein allgemeines Merkmal aller anderen Tiere ist, dass ihre Hufe und Krallen und Haare und Hörner und Schnäbel der Hautfarbe folgen, obwohl dies nicht immer zwingend ist.

Doch zurück zum Meer: Es ist selbst der Vater der Monster. Was im Salzwasser unbeweglich bleibt, wird hart; das gilt für Austern, Muscheln und Korallen, wobei letztere weich sind, solange sie unter Wasser bleiben. Aber warum härten Muscheln aus, aber nicht Algen, die auch im Meer entstehen? Der Grund dafür ist, weil die Algen wachsen, können sie den Wellen des Meeres nicht widerstehen und wurden daher von der Natur geschaffen, um dünn zu sein, sodass sie durch Nachgiebigkeit den Angriffen des Meeres entkommen und sich von ihnen fernhalten. Muscheln und Austern bleiben am Boden und sind von vornherein dick angelegt. Wir haben bereits erwähnt, warum Seetang weich ist und es besteht Einigkeit darüber, dass Muscheln im Gegensatz dazu hart sind. Der beste Fisch dort ist die **Seekuh**[24], die kaum von zwei Ochsen in einem Wagen transportiert werden kann. Ihr Fleisch ähnelt dem eines Kalbes so sehr, dass man, wenn man nicht wüsste, dass es Fisch ist, schwören könnte, es sei Fleisch. Dies geschieht, weil große Hitze die Feuchtigkeit erzeugt. Darin unterscheidet sich das Fleisch tatsächlich von der Substanz des Fisches, denn die Feuchtigkeit des Fisches wurde durch leichte Hitze erzeugt. Man sagt, dass sich im Kopf dieses Fisches ein Stein befindet, der sehr gesund für die Nieren ist. Sie hat Brüste, in die sie in seltenen Fällen die Jungen legt, die sie zur Welt gebracht hat. Sie gebärt Zwillinge, deren Anzahl der ihrer Brüste entspricht. Es

[24] »Manatus«.

gibt Leute, die sie Boa nennen, weil sie einen Kopf wie ein Ochse hat, zwei (sozusagen) Arme, einen flachen Rücken, eine Flosse und eine sehr zähe Haut. Sie kann wie ein Hund dressiert werden, ist ziemlich zahm und erinnert sich an ihre Verletzungen. Es gibt auch einen Hai namens Tiburo, der leicht zu fangen ist, weil er so gefräßig ist. Er ist nützlich, weil er so groß ist und gesundes, schmackhaftes Fleisch hat. Er gehört zu den größten Wundern des Meeres, denn das Männchen hat ein doppeltes Geschlechtsorgan und das Weibchen eine einzige Vulva. Er hat eine doppelte Zahnreihe, und er bringt einen Fisch seiner Art zur Welt, keine Eier.

Die **Robbe** ist ein viel größeres Wunder; sie hat Brüste und Haare und schnarcht wundersam, wenn sie am Ufer schläft. Die Spanier ziehen es vor, sie als Wolf zu bezeichnen. So viele behaupten noch heute, dass sich die Haare auf ihrer Haut mit den Gezeiten aufrichten und senken, dass wir Plinius, dem Urheber dieser Aussage, zu Dank verpflichtet sind. Aber vielleicht ist es ganz natürlich; in der Tat werden sie durch südliche Winde aufgeblasen und heben sich so, und werden durch nördliche geleert und sinken ab; Rondelet hat dies beobachtet. Wir besitzen einen Gürtel aus ihrer Haut, an dem wir unser Schwert beim Reiten tragen. Die Haare fallen langsam aus, die Haut gleicht der eines Büffels, die Haarfarbe ist unterschiedlich und ähnelt in gewisser Weise einem Luchspelz. Man sagt, dass ihr rechtes Ohr, unter den Kopf gelegt, Schlaf verschafft und ihn aufrechterhält. Und dies ist der Fisch, von dessen Haut wir zuvor sagten, dass sie vor Blitzen schützt. Und wenn alle Erzählungen über sie wahr sind, bezweifle ich, dass die Natur noch etwas Wunderbareres vollbracht hat; denn dieselbe Haut, wenn sie getragen wird, soll auch einige Krankheiten heilen. Mit ihrem Fett beschmierte Strümpfe lassen kein Wasser eindringen. Und wenn die Planken von Schiffen damit eingerieben werden, sind sie immun gegen Eis. Das ist eine Eigenschaft, die alle Walarten haben. Olaus Magnus sagt, dass damit eingeriebenes Leder nicht von Mäusen angefressen wird, und deshalb wird Pferdegeschirr regelmäßig so behandelt. Zu diesem Zweck muss ein Geruch vorhanden sein. Robben sind besonders schädlich für Sardellen, von denen sie eine große Menge verzehren. Man sollte davon ausgehen, dass Robben langlebig sind, denn sie sind groß, sanguinisch und atmen.

Man sieht, dass sie sich den Älteren unterordnen, denen, wenn sie ins Meer hinabtauchen, die Jüngeren folgen. Die Jungen und die Alten leben gewöhnlich getrennt am Ufer. Wenn ein Mitglied einer Gruppe gefangen oder geschlagen wird, folgen die anderen, um Hilfe zu holen, wie Schweine, denen sie auch in der Stimme ähneln. Dadurch sind sie der List der Fischer ausgesetzt, die sich ein dunkles Fell umhängen und die Stimme der weiblichen Robbe imitieren und viele Männchen in die Fallen locken. Fast in jedem Meer gibt es eine Art von Robben, aber es gibt kaum Unterschiede zwischen denen im Mittelmeer, im südlichen und im nördlichen Ozean und anderswo, wie bei den Schweinen. Man sagt auch, dass sie dressierbar und lernfähig sind und ihre Bekannten wiedererkennen, und dass sie manchmal die Menschen in Rom mit einem Schimpfen und einem Winken begrüßt haben. Die Natur hat (wie das Schicksal) einigen von ihnen alles verweigert und anderen alles gewährt hat.

Aber die Natur scheint **der ganzen Gattung der Fische** nichts verweigert zu haben, außer einer verfeinerten Empfindungsfähigkeit. Zugegeben, Beine wären den Fischen zum Schwimmen nicht nützlich und daher nur für wenige von ihnen von Vorteil. Dennoch hat die Natur auch einigen von ihnen Beine gegeben, entweder um auf dem Meeresgrund oder am Ufer zu gehen, oder als Waffen, oder um sich bei Stürmen fester an Felsen festzuhalten, oder als Hände, wie die Scheren bei Krebsen. Und aus all diesen Gründen scheinen Kraken, Krabben, Hummer und Krebse Beine bekommen zu haben, und deshalb schwimmen sie auch langsam. In einer kleinen Quelle bei Lyon sahen wir kleine Fische mit zwei Beinen vorne, wie unter den Flügeln. Es gab auch echte Fische, die ich gerne Meeräschen nennen würde, wegen ihrer großen Köpfe, die denen von Fröschen ähneln, mit einem breiten, niedrigen und großen Maul. Es scheint, dass die Natur sie in die Lage versetzt hat, ihre Nahrung am Ufer suchen. Gehören sie zur Gruppe der Frösche, die lebend geboren werden? Ist das der Cordylus von Aristoteles? Aber der Cordylus hat vier Beine.

Dagegen ist der Fisch, der **Sägefisch** und von anderen Pristis genannt wird, von keinem Nutzen, obwohl er groß ist, denn sein Fleisch ist nicht angenehm. Aber seine Form ist bemerkenswert, wie einer, der auf seiner Stirn ein knorpeliges Ding wie ein Schwert trägt, vier oder mehr Handflächen lang, mit scharfen, starken Zähnen von oben bis unten versehen. Bellonius nannte ihn die Säge und sagt, er habe achtundfünfzig Zähne. Ich habe oft die Säge gesehen, aber nie den Fisch. Auch **fliegende Fische** kommen dort vor; sie sind klein und geflügelt, haben lange Flügel in der Nähe ihrer Kiemen, eine Handfläche größer als die Fische selbst sind. Solange die Flügel feucht sind, halten sie den Fisch oben. Aber wenn sie trocken sind, lassen sie ihn fallen. Sie ziehen in Schwärmen umher und sind mit den Goldbrassen verfeindet. Viele von ihnen findet man in der Nähe von Bermuda oder der Insel Garza. Ich kenne viele Arten von ihnen.

Die Fische werden nur sehr wenig erzogen, da sie von geringem und stumpfem Intellekt sind. Delfine hingegen sind sehr **zähmbar** und auch die schnellsten unter den Fischen, da sie am begabtesten sind und die menschlichen Gefühle kennen, besonders die des Mitleids. In gleicher Weise sind fast alle Vögel zähmbar. Unter den Vierbeinern, die von mittlerer Begabung zwischen Vögeln und Fischen sind, sind einige zahm, andere nicht. Die Angst verhindert, dass einige gezähmt werden, zum Beispiel bei Mäusen und Hasen. Wie willst du jemanden mögen, von dem du überzeugt bist, dass er dein Leben bedroht? Aber die Furchtsamen überzeugen sich davon: Das ist der Grund, warum Tyrannen von niemandem gemocht werden: Auch wenn sie vielen Menschen viel Gutes tun, leben sie in ständiger Furcht. So war es mit Nero; und glaubt nicht, dass er nicht für viele Menschen ein Segen war.[25] Und so lassen sich auch die Fische kaum zähmen, wegen der Grobheit ihrer Begabung und der Schwierigkeit, sie zu beherrschen. Wie ich schon sagte, ist meistens auch Angst dabei. Da der Delfin eine starke Veranlagung hat, sehr kühn ist und atmet und sich daher vorteilhaft zähmen lässt, muss er entweder der einzige Fisch sein, der gezähmt werden kann, oder viel mehr als alle anderen. Wenn er in Wasserbecken gehalten wird, unterscheidet er sich in seiner Zahmheit kaum von einem Hund.

Nachdem wir nun zur Erörterung der Mäuse gekommen sind, muss etwas über sie und ihre Arten gesagt werden, die sehr zahlreich sind, mit einer gründlicheren Untersuchung des Prinzips. Wie wir schon erklärt haben, werden die Tiere auf verschiedene Weise unterschieden, darunter auch aus dem **Unterschied in der Nahrung**: Entweder sie ernähren sich von der Feuchtigkeit unter den Elementen, oder wie das Chamäleon von der Luft, oder wie der Stör und viele andere Fische vom Wasser, oder wie die Kröten von der Erde. Dabei ist die Erde nicht ihre Nahrung, sondern das bisschen fettige Feuchtigkeit, das in der Erde enthalten ist. Oder sie ernähren sich von Pflanzen, wie die Einhufer und die meisten gehörnten Tiere, und diese sind vorzüglicher als die vorigen. Oder sie ernähren sich von Fleisch, wie die Löwen und Hunde, und sind den beiden vorigen überlegen. Eine vierte Art ernährt sich von Früchten, und diese ist die edelste. Zu dieser

[25] Cardano hat ein Buch über Nero geschrieben: *Encomium Neronis.*

Art gehören der Mensch, der Elefant, das Schwein und der Bär, auch Mäuse und alle Vögel außer den fleischfressenden, sie alle ernähren sich in der Tat von Samen und Früchten. Alle diese, außer dem Elefanten, verzehren auch Fleisch, außer den Vögeln, von denen sich einige (Hühner und Elstern und Krähen) auch von Fleisch ernähren.

Tiere, die sich von Fleisch ernähren, verzehren auch Eier, Milch und Blut. Alle diese fressen nur, was tot ist, und töten nichts außer Vögeln. Vögel, die sich von Fleisch ernähren, verzehren dieselben Tiere, wenn möglich sogar lebendig, wie Hühner Würmer verzehren. Da die Tiere in kalten Regionen kleiner und in gemäßigten Regionen am größten sind, ist es überraschend, warum sie in heißen Regionen am kleinsten sind: Wir haben nämlich indische, die den anderen in Gestalt, Stimme und Lebensweise gleichen, und auch in der Fortpflanzung; sie werden nach zwei Monaten geboren, nicht nach drei Wochen wie Kaninchen, und sind doch viel kleiner als Kaninchen. Ihr Fleisch ist schmackhaft, sie beißen nicht und sind auch nicht zahm, aber sie laufen sehr schnell, wie die meisten Kleintiere. Sie sterben nicht so leicht wie Kaninchen, sie trinken nur gelegentlich und sparsam. Ihr Leben ist kurz, und sie sterben auch an der Kälte. Deshalb würde ich es nicht wagen, sie indisch zu nennen, sondern (wegen ihrer Trockenheit) klein, weil sie vielleicht aus Afrika stammen. Hitze kann der Größe nicht im Wege stehen, auch nicht Feuchtigkeit, aber Kälte oder Trockenheit; deshalb sterben sie an Kälte und trinken nicht. Sie ernähren sich hauptsächlich von Kohl, Kleie und Hafer. Sie kümmern sich um ihre Jungen, anders als die anderen, und wie die Kaninchen fressen sie ihre Föten. Sie haben fünf Finger, an den Füßen sogar sechs oder mehr; sie haben ganz weiches Haar, das die Farbe aller Vierbeiner hat; sie haben einen Mund, keinen Schnabel, und ihre Geschlechtsorgane sind im Inneren verborgen. Sie haben Zähne wie Kaninchen und gebären voll ausgebildete Föten, wie Schweine; die Neugeborenen begleiten die Mutter sofort (im Allgemeinen gebären sie drei in einem Wurf). Die Augen ähneln denen von Mäusen, sodass manche sie für indische Mäuse halten, aber da sie fast keinen Schwanz haben, würde man sie sozusagen als eine Mischform bezeichnen.

Aber obwohl ich vorhatte, mich mit Mäusen zu befassen, war ich zu Schweinen übergegangen. Dabei habe ich nicht übersehen, dass jedes dieser Tiere seine Größe durch die Fülle oder Knappheit seiner Nahrung während der Entwöhnung verändert, wie es auch Hunde und Schweine und alle anderen tun. Und damit zurück zu den **Mäusen.** Es ist keine alltägliche Geschichte, ein so unbedeutendes Tier, wenn die Natur ihr Spiel so außergewöhnlich auch mit kleinen Dingen spielt. In der Tat ist sie in erster Linie sehr fruchtbar. Theophrast berichtet, dass in Persien weibliche Mäuse noch in der Gebärmutter schwanger waren, das ist völlig unglaubwürdig, es sei denn, die leichte Zeugung ist eher mit Nützlichkeit als mit Auszeichnung verbunden. Alles sehr Unwichtige wird sehr leicht gezeugt und zur Vollendung gebracht, sowohl sehr schnell als auch in jeder anderen Hinsicht. Der Elefant oder der Delfin oder der Mensch sind nicht so. Und so werden sie durch den Regen so sehr vermehrt, dass es schwer zu sagen ist, was das größere Wunder ist: die Leichtigkeit, mit der sich ihre Art fortpflanzt, oder die, mit der sie stirbt. Sie sterben nicht weniger schnell als sie wachsen. Wie gesagt, der Grund liegt auf der Hand: Alles, was sehr unbedeutend ist, wird durch seinen eigenen Abfall und Unrat erzeugt, und auf dieselbe Weise sterben sie an jeder noch so kleinen Ursache. Die Leichtigkeit des Todes und der Erzeugung sind dieselbe. Für ihre leichte Erzeugung gibt es einen einzigen Grund: dass sie leicht zur Vollendung gebracht werden. In jeder Art sind die kleinen und schwachen Dinge diejenigen, die leicht zur Vollendung gebracht werden. Es ist also jene Art, die leicht sterben muss, was nicht nur bei den Arten, sondern auch bei den einzelnen Menschen zu verstehen ist.

Das menschliche Wesen erscheint als eine einzige Art, nicht in seiner Ewigkeit oder seiner Bedeutung, sondern in seiner Potenzialität und seiner Vollkommenheit. Auf Gyaros, einer Insel des Archipels, heißt es, dass die Mäuse Metalle abfressen und alle Bäume töten, die sie mit ihren Zähnen berühren. Dies ist ein Beweis für eine gewisse Tollwut und für übermäßige Trockenheit. Der Grund dafür, dass sie in eine so große Trockenheit gebracht werden, ist, dass sie sehr leicht zu verändern sind; weil sie von Natur aus sehr schwach sind. Sie erwerben und behalten die Kraft, weil sie sonst vollständig und blutleer sind. Es gibt unzählige Arten von ihnen, zahme, wilde, Eichhörnchen, Siebenschläfer und die Avellanei, die kleiner sind als die anderen und den ganzen Winter über schlafen. Die alpinen Tiere, die die Mailänder Murmeltiere nennen, gehören zu dieser Art. Ein allgemeines Merkmal der alpinen Tiere, der Eichhörnchen, der Siebenschläfer und der Avellanei, ist, dass sie zahm sind. Außerdem schlafen sie alle im Winter, mit Ausnahme der Eichhörnchen. Aber die Avelanei, die unter den Fliedersträuchern leben, sind rot. **Eichhörnchen** legen sich im Winter eher hin, als dass sie schlafen. Ein allgemeines Merkmal aller Eichhörnchen ist auch, dass sie im Sitzen fressen und dabei ihre Vordergliedmaßen als Hände benutzen. Sie werden im Winter sehr dick, sodass es den Anschein hat, als würden sie eher durch Schlaf als durch Nahrung dick werden, obwohl sie oft einen großen Vorrat an Kastanien und anderen Nüssen in den Bäumen verstecken. Mithilfe ihres Schwanzes und ihres geringen Gewichts sind Eichhörnchen flink genug, um von Baum zu Baum zu springen. Sie schwimmen durch Flüsse, wobei sie ihren Schwanz als Segel benutzen und sich auf Zweigen abstützen. Das Fleisch derjenigen, die in der Nähe des Pols gefangen werden, ist schmackhaft, da sie dort normalerweise fett werden. Man glaubt, dass ihre Zähne als Amulett dienen. Die **Murmeltiere**, die größten von allen, sind recht klug und haben außer ihrem Namen nichts mit den Mäusen gemeinsam. In den Bergen haben sie einen von ihnen als Ausguck, der die Gruppe warnt, während sie sonst mit dem Sammeln von Reisig beschäftigt sind. Sie sammeln daraus biegsame Stücke und legen sich zurück, indem sie sich mit den Füßen daran festhalten, dann wird einer von ihnen beladen und lässt sich von einem anderen am Schwanz ziehen, wie ein Fuhrwerk, sodass er sein Bettzeug mit sich fortschleppt, das er auf andere Weise nicht holen könnte. Es gilt als erwiesen, dass das Fleisch der Tiere, wenn sie sehr fett werden und nur wenig unangenehm zu essen sind, viel zur Förderung von Schlaf beiträgt.

Auch die Eichhörnchen sind sehr zahm, aber die Siebenschläfer und die Avellanei fast gar nicht, so klein sind sie. Die Cusetas (so nennen unsere Mitbürger die Eichhörnchen) scheinen den Alpenbewohnern diametral entgegengesetzt zu sein. Die Alpenbewohner bewegen sich nur langsam und ruhen sich gerne aus, aber die Eichhörnchen ruhen sich nie aus, sodass ihr Fleisch übermäßig heiß und trocken sein muss. Kürzlich wurde aus Asien eine Maus mitgebracht, von der man früher sagte, sie sei indisch, in Maul und Schwanz genau wie unsere Mäuse, aber von der Farbe und Größe eines Dachses. Der Dachs ist größer als ein Fuchs, von der Farbe der Asche, mit langen Haaren, weit geöffneten Kiefern und beißt gerne mit seinen sehr scharfen Zähnen. Um zu den Mäusen zurückzukehren: Wir haben sehr glänzende weiße gesehen, die im Alter grau werden; sie werden auch weiß bei Kälte und durch weiße Nahrung. Olaus sagt, er habe Erfahrung mit Zucker, er meint, die Bienen seien dunkel, weil sie sich von einer einzigen Nahrung ernähren; und die Wespen seien verschiedenfarbig, weil sie verschiedene Nahrung haben. Wie dem auch sei, schwache Lebewesen verändern sich in Abhängigkeit von der Nahrung stark, in ihrer Farbe, ihrem Körper und ihrer Lebensweise.

Ein weiterer Punkt ist das, was im Meer wie auf dem Land geschieht: Es gibt dort **Regionen, die leblos sind**, und andere, die reich an Fischen sind; in einigen ist die Nahrung reichlich vorhanden, in anderen nicht. Auch durchtränken verschiedene Arten von Land die Gewässer mit unterschiedlichem Geruch und Geschmack, dem die Fische entweder folgen oder vor dem sie fliehen. Die Ufer sind oft reich an Fischen, weil es dort viel zu fressen gibt, und auch die Strudel sind reich an Fischen, weil sie dort sicher sind. Es gibt einen so großen Unterschied zwischen den Gewässern im Meer, dass in der Nähe von Indien, fast dreihundert Meilen in einer geraden Linie nach Äthiopien, das Meer weiß wie Milch ist, anderswo ist es blau, anderswo dunkel, anderswo grün. Die **Farbe des Meeres** ist weiß, wenn weißer Sand unter einem flachen Meer liegt; grün, wenn das Meer von mittlerer Tiefe ist; blau, wenn es sehr tief und in Bewegung ist. Aber wenn es ruht, ist die Farbe silbern. Auf unserer Reise nach Paris sahen wir im Lago Maggiore nahe bei uns zwischen den wogenden Wellen des ganzen Sees einen Teil, der unbeweglich war und eine silbrige Farbe hatte, während der ganze Rest blau war. Der Grund dafür ist, dass der Wind durch einen Berggipfel gebremst wird, so wie ein Schatten. Auf dem Teil, der zum Berg hin drückte (die Ruhe erreichte nicht den Fuß des Berges), nahm er seinen Anfang, wo sein Aufprall in der Nähe des Felsens verlangsamt wurde. Durch seinen Aufprall zu den Seiten gezwungen, wirbelte er den Teil in der Mitte auf. Und das Wasser ist dunkel, wenn dunkler Sand unter seichtem Wasser liegt, oder wenn die Tiefe in Aufruhr ist. Es wird berichtet, dass in Calicut, das sowohl eine Stadt als auch eine Region in Indien ist, die Pest nie wütet; ich denke, wegen der milden Luft und der gesunden Nahrung, und vielleicht wegen der Zurückhaltung beim Essen. Ähnlich ist es in einigen Teilen des Meeres, wo es viel Fisch gibt, weil die Nahrung und das Wasser dort sehr gesund sind. Bei den Fischen stellt sich für uns nicht die Frage, wie sie leben, denn sich darüber zu irren, ist nur menschlich.

Auf derselben Grundlage ist die Luft reich an **Vögeln**, die übrige Luft ist sozusagen leblos. Eine große Anzahl von Vögeln jeder Art ist in zweifacher Hinsicht ein Beweis für die Gesundheit der Luft, sowohl weil sie selbst die Eigenschaften der Luft kennen, als auch weil sie Nahrung liefert. Dieser Hinweis ist aber auf die Regionen und nicht auf ihre Teile zu beziehen. Es ist nämlich möglich, dass es in einem Tal viele Vögel gibt, obwohl die Luft dort im Vergleich zu Ebenen und Hügeln schwer ist. Aber Hügel und Ebenen sichern die Gesundheit der Luft.

So wird auf den Molukken zur Zeit der Tagundnachtgleiche ein toter Vogel ohne Füße an Land oder auf dem Meer gesammelt, den man normalerweise nie lebendig sieht, obwohl Aristoteles bestreitet, dass irgendein Vogel keine Füße hat. Diesen Vogel habe ich dreimal gesehen, und er ist sozusagen der einzige, der keine Füße hat, weil er in den Lüften und weit weg von jedem menschlichen Blick lebt. Sein Körper und sein Schnabel haben die Größe und Form einer Schwalbe, die Flügel- und Schwanzfedern übertreffen die des Falken an Größe, mit ausgebreiteten Flügeln, und entsprechen fast denen eines Adlers. Die Dicke der Federn kann man sich ausrechnen: Sie ist so, wie es die Vernunft für einen so kleinen Vogel nahelegt. Sie sind also sehr dünn und ähneln, abgesehen von ihrer Dünnheit, ganz und gar den Federn der Pfauen. Sie sind nicht wie die des Pfaus, da sie keine Augen haben, wie man sie am Schwanz des Pfaus sieht. Der Rücken des Männchens dieses Vogels ist nach innen gekrümmt, und die Vernunft selbst sagt uns, dass es die Eier der Weibchen in diese Höhlung legt, da auch das Weibchen einen konkaven Bauch hat, sodass es in den beiden Höhlen Eier ausbrüten kann.

Beim Männchen steckt ein Faden im Schwanz, der länger als drei Handflächen ist, von dunkler Farbe, in der Mitte zwischen einer quadratischen und einer runden Form, weder dick noch sehr dünn, aber nicht unähnlich dem, den Schuster zum Nähen von Sandalen verwenden. Wir nehmen an, dass das Weibchen, während es die Eier ausbrütet, ganz fest mit dem Männchen verbunden ist. Und es ist nicht verwunderlich, dass es die ganze Zeit in der Luft lebt, denn mit seinem Schwanz und den kugelförmig ausgebreiteten Flügeln besteht kein Zweifel, dass es an sich selbst hängt. Wenn sie müde wird, kann eine Veränderung der Bewegung sie abwerfen. Ich glaube, sie bekommt keine andere Nahrung als den Tau des Himmels, der zugleich Nahrung und Getränk ist, und so hat die Natur es auf so wunderbare Weise eingerichtet, dass sie in der Luft leben kann. Aber ich denke, dass es unwahrscheinlich ist, sich von Luft zu ernähren, weil sie zu dünn ist. Vielleicht ernährt sie sich von kleinen Tieren? Auch das nicht, denn dort gibt es nicht viele davon, und man findet sie nicht in den Mägen der Vögel, wie es bei Schwalben der Fall ist. Aber das ist nicht schlüssig, denn es ist glaubhaft, dass **Paradiesvögel** allein durch das Alter sterben. Sie ernähren sich auch nicht von Wasserdampf, da dieser in der Tiefe häufiger vorkommt und man sie von dort herunterkommen sieht. Außerdem ist Wasserdampf manchmal zerstörerisch. Es ist also wahrscheinlich, dass sie sich nachts von Tau ernähren. Er gehört zu den Vögeln, die sich nicht auf dem Boden aufhalten. Im Gegensatz dazu verlässt der **Strauß** nie den Boden, sodass man ihn nicht als Vogel bezeichnen kann, wenn man nicht auf seine Form achtet. Er hat seinen Namen[26], glaube ich, weil er das Kamel in der Länge seines Halses und seiner Beine nachahmt; er ist sogar ein wenig größer als ein Mensch. Und der Strauß heißt auf Griechisch Sperling, als wäre der Name ironisch zusammengesetzt, als würde man einen Pygmäen[27] einen Riesen oder einen kleinen Riesen nennen. Der Strauß gehört zur Gattung der Vögel, hat aber einen Hals von der Länge eines Kamels, Schnabel, Augen und Kopf einer Gans, die aber zu seiner besonderen Größe passen; Flügel und Schwanz mit Federn von verschiedener Farbe, aschfarben, glänzend weiß, dunkel; diese drei Farben, da sie wenig glänzen, sind ihm angeboren; eine rötliche Farbe ist ungewöhnlich und kaum sichtbar. Doch gibt es keinen anderen Vogel wie diesen, und auch die Federn der anderen Vögel sind nicht so schön, sodass die Soldaten ihre Helme mit keinem anderen schmücken. Zwar gibt es Leute, die die Flügel und den Schwanz des Paradiesvogels an ihrem Hut befestigen, weil er selten ist, aber es gibt auch einen Aberglauben, dass jemand mit einer Straußenfeder im Krieg nicht verwundet wird. So ist sein Körper mit seltenem Gefieder bedeckt und seine Beine mit noch seltenerem. Sie sehen aus wie Menschenbeine, nicht wie Vogelbeine; in Größe und Rundung und dadurch, dass sie sich in der Nähe des Knies verjüngen (nicht viel, aber ein wenig), ahmen sie einen menschlichen Oberschenkel mit weißem Fleisch nach, da sie dort keine Federn haben. Gespaltene Füße, wie die von Ochsen mit Hufen, ein Bein wie das einer Gans, aber von proportionaler Größe, ein langsamer Gang. Der eine, den ich gesehen habe, war sanftmütig; ich kenne das Verhalten der anderen nicht. Sie legen Eier von der Größe eines Babykopfes, die rund sind und mit zunehmendem Alter Elfenbein ähneln. Sie werden oft in Tempeln aufgehängt und bleiben dort lange Zeit, weil sie sehr hart sind, und wenn man die Flüssigkeit herauszieht, werden sie wie Knochen. Der Strauß hat Wimpern im oberen Augenlid, er läuft so schnell wie ein Pferd; man sagt, ein Pferd hält sich von ihm fern und riskiert nicht, ihn anzusehen. Er läuft mit erhobenen Flügeln, fliegt aber nicht, und man sagt, es kann mit seinen Füßen Steine schleudern und Eisen verdauen, was wegen der großen Hitze und

[26] »Struthiocamelus«.

[27] »pigmaeum«.

der Dicke seines Magens geschieht. Und er brütet Eier mit seinen Augen aus, aber er brütet sie nicht aus, er schaut sie nur an; die Jungen werden tatsächlich durch die Hitze der Sonne ausgebrütet. Seine Stimme habe ich noch nie gehört. Er ist sicherlich der größte unter den Vögeln, wenn man ihn überhaupt als solchen bezeichnen kann.

Das größte und am meisten gefürchtete Flugtier bei uns ist der **Adler**, den jeder kennt und der sehr edel ist. Er ist viel größer als eine Gans, vor allem mit seinen Flügeln und seinem Schwanz, jedoch nicht mit seinem Körper und seinem Gewicht. Er ernährt sich auch von Schlangen, und manchmal wird er von ihnen überwältigt, verfängt sich und stürzt ab. Die edleren unter ihnen können die Sonne betrachten, ohne zu blinzeln. In Iurrha in Skythien gibt es den **Gerfalken**, der unter dem Bauch glänzend weiß ist, mit einer Art Glanz, in den Flügeln und im Schwanz sogar größer als der Adler. Die anderen Vögel fürchten sich so sehr vor ihm, dass sogar der Adler selbst bei seinem Anblick niedergeschlagen ist, obwohl sein Körper den des Adlers nicht übertrifft.

In Indien soll es einen Raubvogel geben, der viel größer als ein Adler ist, dunkel und violett, mit weißen Federn durchsetzt. Sein Schnabel ist gelbbraun und mit blauer oder scharlachroter Färbung gezeichnet, so schön, dass es nichts Schöneres geben könnte. Wegen seiner Schönheit und Größe werden aus dem Schnabel dieses Vogels häufig Schwertgriffe angefertigt; es ist bekannt, dass der Schnabel sehr hart ist. Er wird als der größte der fliegenden Vögel angesehen.[28] Daher müssen solche Vögel große Flügel haben – denn je größer sie sind, desto schwerer fliegen sie. Aber wenn sie weich sind, dürfen sie nicht allzu groß sein, da sie sich sonst biegen und behindern. Wie bei den Schwänen, die sich von den Gänsen fast nur durch ihre Größe unterscheiden, obwohl sie ganz weiß glänzen und von allen Vögeln am süßesten singen. Ihre Stimme ist die einer Gans, wie ich sie oft nach dem Ohr beurteilt habe. Diese so gepriesene Vogelart reißt ihre Artgenossen in Stücke und verzehrt sie, singt aber selbst im Tode noch lieblich. Daher die Worte von Ovid:

> Auf das feuchte Gras geworfen, singt der weiße Schwan
> an den Wassern von Maeander, wohin ihn das Schicksal ruft.

Es gibt eine Art von fischfressenden Vögeln auf den Westindischen Inseln, die durch die Größe ihres Schnabels und ihres Körpers auffällt. Sie wird **Albatros**[29] genannt und zeichnet sich durch ein aschfarbenes und safranfarbenes Gefieder aus, wobei der Schnabel zwei Handflächen lang ist und spitz zuläuft. Der Schnabel des Storches und des Kranichs ist jedoch nicht viel kürzer. Der **Specht** [30]hat einen Schnabel, der größer ist als sein ganzer Körper, aber sein Körper ist nur etwas größer als der einer Wachtel. Sein Schnabel ist ziemlich lang und an der Stelle, wo er mit dem Kopf verbunden ist, breit und gekrümmt; er bohrt damit Löcher in Bäume und schützt sich dort durch Geschicklichkeit und seinen Schnabel auf hübsche Weise vor den Meekatzen, obwohl er recht klein ist. Merkwürdig an diesem Vogel ist, dass er statt einer Zunge eine Feder hat, wodurch er sich sehr von der Natur anderer Vögel unterscheidet. Er pfeift stark, und ihn ernährt das gleiche Gebiet wie den Albatros.

Und unter den großen Vögeln gibt es die **Geier**, die wegen ihrer Größe und ihrer Seltenheit Romulus zur Weissagung dienten. Einige Leute behaupten, dass ihre Nester nie gesehen wurden, obwohl sehr viele Nester neben einer Festung auf den Felsen des Teils von England, der jetzt Schottland heißt, sichtbar sind. Dieser Geier frisst Fleisch, tötet aber kein Tier und wird deshalb als heilig angesehen. Ihr Gefieder dient zusammen mit

[28] Vielleicht ist der Andenkondor gemeint. Die Bezeichnung »Indien« kann bei Cardano immer auch Westindien, also die Neue Welt meinen.

[29] »Alcatraz«.

[30] »picus«.

ihrer Haut als Felle und wird so stark erhitzt, dass es verbrennt. Das Gefieder der anderen Vögel, insbesondere das der Schwäne, ist für den gleichen Zweck geeignet. Geier können besonders weit sehen, und sie suchen Schlachtfelder auf in verhängnisvoller Vorahnung der Zerstörung des Teils, in deren Nähe sie sich niedergelassen haben. Diesen Vogel kannten die Alten gut, und er ist immer noch zu sehen. Viele Leute haben erklärt, dass der **Phönix** mehr zur Fabel als zur Wirklichkeit gehört, obwohl Ovid schrieb:

> Es gibt nur einen Vogel, der sich selbst erneuert und wiederherstellt:
> Die Assyrer gaben dem Phönix seinen Namen.

Aber einige Leute berichten, dass es im Inneren Indiens einen Vogel namens **Semenda** gibt, der einen dreifach gegliederten Schnabel hat, der rundherum durchlöchert ist wie bei Öllampen. Wenn er im Begriff ist zu sterben, singt er süß wie die Schwäne, sammelt dann Feuerholz, entzündet es mit der Bewegung seiner Flügel und verbrennt darin. Aus der Asche wird ein Wurm wiedergeboren und aus dem Wurm der Vogel. Ich habe es vorgezogen, dies wegen meiner subtilen Wahrnehmung der Geschichte, die den Ursprung der Welt und der Tugend betrifft, aufzunehmen, anstatt die unglaubliche Erzählung des Beschriebenen wegzulassen.

Aber die Regionen unterscheiden sich sowohl in der **Größe als auch in der Kleinheit ihrer Vögel**. Bei uns ist sicherlich das Goldhähnchen der kleinste Vogel, der durch das Dickicht huscht, halb so groß wie ein Sperling. Aber aus demselben Indien stammt der Kolibri, und jeder, der ihn fliegen gesehen hat, würde ihn wohl für eine Hornisse oder Wespe halten, weil er so schnell und so klein ist. Er hat goldene und grüne Flügel und verschiedene andere Farben, ist kaum größer als eine Biene, sein Schnabel ist so dünn wie eine Nadel und der ganze Vogel wiegt mit dem Nest kaum 24 Weizenkörner. Er baut sein Nest aus Gras; er ist frech und sorgt für Staunen bei denjenigen, die nach dem Nest suchen, umso sicherer wegen seiner Schnelligkeit und geringen Größe. Da er einen Schnabel, Beine, eine Zunge, Flügel, Eingeweide, ein Gefieder, Krallen und ein Gehirn sowie viele andere Dinge hat, sollte er von subtiler Substanz und gut durchdacht sein. Und ich denke, das ist der kleinste aller Vögel. In demselben Indien lebt auch der klügste Vogel, den man im umgekehrten Sinne »Dummer Spatz« nennt. Es ist ein dunkel gefärbter Vogel, mit unruhig schimmernden Federn auf dem Hals; von der Größe einer Drossel, der sich gegen die Meerkatzen (sie sind dort unglaublich zahlreich) auf eine Weise hütet, dass selbst ein Mensch nicht so viel finden könnte, um ihm gegen Gefahr zu helfen. Erstens wählt er einen hohen, mit Dornen bestückten Baum, sodass ein Affe durch die Höhe erschreckt und durch die Schikanen der Dornen abgewehrt würde. Er hängt sein sehr hartes Nest an den stacheligsten Ästen dieses Baumes auf, sodass ein Feind es nicht zerbrechen kann; es baut einen engen Eingang, um einen Feind abzuwehren und sich selbst hineinzulassen. Das Nest ist in der Tiefe geräumig, sodass er bequem mit seinen Küken zusammenleben kann, vor allem, weil es deren Exkremente zwangsläufig an derselben Stelle sammeln muss, da kein anderer Ausgang offen ist als der Eingang. Da sein Feind aber seine Hand wie ein Mensch zu gebrauchen weiß, hat er die Länge des Nestes auf vier Handflächen ausgedehnt, sodass eine Hand, wenn sie hineingesteckt wird, noch weit vom Innenraum entfernt ist, und auf diese Weise schützt er die Eier oder die Küken, die tief im Inneren liegen.

Die **Vögel als Gattung** zeichnen sich durch eine erstaunliche Begabung und Klugheit aus, denn sie ernähren sich von Früchten, nicht von Pflanzen oder schlimmerem Unrat, und sie leben in reinerer Luft. Unter anderem ist da der **Papagei**, der einen großen Kopf hat und in einem gesunden Klima in Indien geboren wird. So hat er auch gelernt, nicht nur zu sprechen, sondern auch zu planen. Sie planen aus Ehrgeiz nach Ruhm, daran haben sie Anteil, und an der Liebe, sodass sie kein gewöhnliches Gedächtnis haben. Sie weisen eine große Farbenvielfalt auf, sodass sie auch bei den Indern als sehr hübsch gelten. Zu dieser hübschen Farbenvielfalt kommt noch eine Art von strahlendem Glanz. Die Besonderheit dieses Vogels besteht darin, dass er den oberen Teil seines Schnabels bewegt, allerdings nicht so oft und offensichtlich wie den unteren Teil. Der untere Teil, der mit dem Hals verbunden ist, ist gespalten; durch diese beiden Merkmale unterscheidet sich der Papagei von jeder Tierart. So lobte Cäsar Scaliger ihn teils, weil er den oberen Teil bewegt, teils verglich er ihn fälschlicherweise mit dem Krokodil.

Ich glaube, dass die Natur keinen schöneren Vogel als unseren **Pfau** erschaffen kann, es sei denn, ich würde einen sehen mit so vielen Augen in einem so langen Schwanz, der dicht mit Gefieder bedeckt ist, mit einer solchen Vielfalt an Farben, einem solchen Glanz, auch so gut gewählten Farben, dass er kein mattes Weiß zulässt (das die anderen Farben trüben würde) und auch kein Schwarz, da das sehr düster wäre. Aber es gibt einige, die am ganzen Körper glänzend weiß sind, und diese sind sehr schön. Sie sind ausgezeichnete Wächter für Häuser, denn wenn sie Diebe oder ein Feuer sehen, kreischen sie unaufhörlich, um ihren Herrn und auch die Bediensteten zu warnen. Aber zu anderen Zeiten sind sie ein Ärgernis, zerbrechen Dachziegel und bringen die ganze Nachbarschaft mit ihrem Geschrei durcheinander. Ein Exemplar war lange Zeit in Griechenland zu sehen und wurde auf Alexanders Befehl aus dem Orient nach Europa gebracht, und zwar wegen seines dekorativen Wertes. Er ist sich seiner Schönheit bewusst und schreit beim Anblick seiner Füße, ohne auf deren Hässlichkeit zu achten, und öffnet seinen Schwanz zu einem Rad und setzt ihn der Sonne aus, um ihn schöner aussehen zu lassen, und genießt die Bewunderung der Menschen, die ihn ansehen, sodass er seinen Schwanz hochhält, bis er müde ist. Der indische Pfau bewundert sich und seinen eigenen Schwanz, obwohl er unserem Pfau an Schönheit weit unterlegen ist. Die Haut seines Kopfes ist sehr schmuckvoll und er kann die Farbe dieser Haut nach Belieben ändern. Sie ist von unterschiedlicher Farbe, weiß und grau, und wird mit dem Einströmen von Blut mal blau und mal rot. Und wenn er wütend ist, zeigt er das Aussehen und den Zustand eines wütenden Mannes. Eine andere Erscheinung ist die, dass er manchmal diese Haut zusammenzieht, sodass sie kaum sichtbar ist, und dann wird er blass. Manchmal dehnt er sie so weit aus, dass sie den ganzen Schnabel bedeckt, und dann sieht sie meist lila aus. Das deutet darauf hin, dass sie sich mit Blut gefüllt hat. Ich habe aber auch schon gesehen, dass sie gleichzeitig blass und gefüllt war. Sie erscheint also manchmal zusammengezogen und manchmal stark gedehnt, wenn sie dünn und locker ist wie die Hodenhaut. Lockerheit und Dünnheit sind hier die Ursachen für Ausdehnung und Zusammenziehen. Aber darüber haben wir bereits gesprochen.

Unser **Hahn** hat immer einen auffälligen und rötlichen Kamm, es sei denn, er ist in schlechter Verfassung. Selbst wenn er ein seltenes Tier wäre, würde er Bewunderung verdienen, nicht nur wegen seiner Form, sondern auch wegen seines Gesangs. Er ruft mit seiner Stimme, die weithin zu hören ist, und zwar bis zu tausend Schritte weit, selbst in der Nacht. Er singt oft mit der Mittagssonne und mitten in der Nacht, und wenn die ersten Strahlen des Morgens zu dämmern beginnen. So folgt er der Kraft der Sonne und teilt den ganzen natürlichen Tag in acht Teile, nicht mit dem Aufgang der Sonne, sondern wenn sie das Ende der Morgendämmerung erreicht, also vor dem Mittag. Es wird vermutet, dass sich die Menschen im Norden sehr genau an die Stundengrenzen halten; sie glauben, dass sie dadurch vor nächtlichen Schrecken geschützt sind. Sie genießen den angenehmen Geruch und die

Anziehungskraft des schweren Geschmacks von Wacholder. Sie greifen mit ihrem Gesang in Schlachten und Geburten ein, das erachten sie als ein Vorzeichen. Bei den Römern wurde als Strafe für einen Vatermord der Mörder zusammen mit einem Hahn, einer Schlange, einem Hund und einem Affen in einen Sack gesteckt und ins Meer geworfen. Ein Affe ist kein Mensch, sieht aber wie einer aus, das Gleiche gilt für einen Menschen, der seinen eigenen Vater tötet. Eine Schlange lauert in einem Hinterhalt und ist der menschlichen Rasse sehr feindlich gesinnt, genau wie ein Elternmörder. Der Hund scheint alle zu hassen, und dieses Tier ist das einzige, das niemanden schont, nicht einmal seinesgleichen. Der Hahn, der an diesem Verbrechen unschuldig ist, wird hinzugefügt, vielleicht wegen der Ähnlichkeit seiner Rasse, die von den Römern sehr verabscheut wird, vielleicht weil er sehr verächtlich ist. Er wird ins Meer geworfen, als ob er keines Elements würdig wäre, und durch die Verbindung mit ihm werden Luft, Erde und Wasser verdorben; deshalb wird er in den Sack eingenäht, nachdem er mit blutbefleckten Ruten geschlagen wurde.

Aber wenden wir von diesem Aberglauben ab und kehren wir zu den heiligsten und weisesten Gesetzen der Natur zurück. Es wurde beschlossen, **Vögel** zu erschaffen, die fliegen und die Luft verschönern sollten. Dieses Beispiel der Vögel wurde als Prinzip für die anderen Tiere gewählt, und so müssen sie einen sehr leichten Kopf haben; daher haben die Vögel von allen Tieren den kleinsten Kopf. Sie haben dünne Knochen, ein kleines Gehirn und große Flügel. Zwei Nachteile waren die Folge des kleinen Kopfes: der eine, dass sie dumm waren, der andere, dass sie keine Zähne hatten; ein kleiner Kopf musste einen leichten Schnabel haben. Zähne hatten keinen Nutzen, weil sie auch keine Kraft haben konnten; dies hindert sie daran, kauen zu können. Der erste Nachteil wurde durch Hitze und Trockenheit des Temperaments beseitigt. Es war auch nützlich für die Bildung von Federn und für die Leichtigkeit des ganzen Körpers. Damit der ganze Körper trocken sei, kann er durch einen kleinen Trunk gesättigt werden, und deshalb braucht er auch auf keine Blase. Dem Mangel an Zähnen begegnen die Vögel mit einem Zwillingsmagen, damit harte Dinge darin allmählich verdaut werden. Da harte Dinge nicht zerkleinert werden können, brauchten sie früher eine längere Zeit und einen festeren und engeren Magen, in dem eine kleine Mahlzeit untergebracht werden konnte, die für den Körper nicht ausreichte. Es musste also ein anderer Magen eingerichtet werden, in dem die Nahrung halb verdaut werden konnte, und der so groß war, dass er genug Nahrung aufnehmen konnte. Die Natur schuf auch den Vögeln kleine Beine, weil dieses Gewicht beim Fliegen nicht von Nutzen wäre, und einen scharfen Blick, weil sie weit sehen und von oben herabschauen müssen. Und wenn einige Vögel vom Muster abweichen, erreichen sie trotzdem nicht den vollständigen Nutzen. Wenn sich manche Menschen wünschen, dass Sturmtaucher oder Basstölpel Zähne haben, dann wäre das eher für die Vielfalt als für den Nutzen erforderlich. Eine Fledermaus hat Zähne, aber keine Federn, und ihre Flügel und ihr ganzer Körper sind knorpelig. Aber wenn sie auf der Erde gelandet ist, kann sie sich nur mit größter Mühe wieder in die Luft erheben.

Alle Vögel sind fast von Natur aus zahm, vor allem diejenigen, die kein Fleisch fressen. Daher hatten auch viele Eremiten zahme Vögel, wie Spatzen und Raben, die wild lebten. In der Neuen Welt, als die Schiffe zum ersten Mal auf unbewohnten Inseln landeten, ließen sich viele Vögel (vor allem Tauben) mit der Hand fangen, die Vögel hatten keine Angst vor Menschen, es sei denn, die Erfahrung lehrte sie, sie zu haben.

Aber kommen wir von den Vögeln zu einem Tier, das unter der Erde lebt, einer anderen Art, die **Maulwurf** genannt wird. Er ist von dunkler Farbe, in Form und Größe wie eine Maus, nur dass er keine Augen hat;

was nützen Augen einem Wesen, das immer unter der Erde lebt? Und er verabscheut die freie Luft so sehr, dass er, wenn man ihn ans Licht holt, sehr schnell stirbt. Auch sein Schwanz ist anders; wozu einen langen Schwanz formen, wenn er unter der Erde lebt? Aus demselben Grund hat er auch sehr kurze Beine und sehr scharfe Krallen; die kurzen Beine werden benötigt, um sich einen Weg durch enge Gänge zu bahnen, und die scharfen Krallen, um sich bequem durch die Erde zu graben. Diese Aufgabe erledigt er so schnell und ausgiebig, dass diejenigen, die zum ersten Mal sehen, wie ein Maulwurf die Erde ausgräbt, sehr beeindruckt sind. Es ist also offensichtlich, dass die Natur sich wunderbar um alle Dinge gekümmert hat, und zwar nicht zufällig, sondern dass sie für alles ausreichend vorgesorgt hat, auch für die Menschen. Gott hat den Menschen die Gunst gewährt, dass sie die erste Ursache der Dinge entdecken können, und dass die Natur, die diese Dinge geschaffen hat, nicht von einer anderen Art ist als der Verstand derer, die ihre Ursache und warum die Dinge so gemacht wurden, vollständig verstehen kann.

So ist außer dem Maulwurf kein Tier gefunden worden, das Blut besitzt und dauerhaft unter der Erde lebt. Einige Arten von sehr schädlichen Schlangen und Fröschen sind nicht nur unter der Erde und in alten Gräbern gefunden worden, sondern (und das ist noch bemerkenswerter zu berichten) sogar im Inneren von festen Felsen. Diese sind jedoch blutleer und bringen kein Tier ihrer eigenen Art hervor, sondern entweder Eier oder gar nichts.

Es gibt eine andere Kreatur von unbestimmtem Leben und unangenehmer Form, die mit dem Namen **Krebs** bezeichnet wird. Es gibt sehr viele Arten von ihr, eine Meeresart und eine Flussart. Es gibt auch eine Landart, die tief in der Erde lebt, besonders auf den Westindischen Inseln. Die Art, die einen Schwanz hat, wird Hummer genannt; sie bildet glänzende weiße Steine in ihren Augen. Wenn sie ihre harte Schale abwirft, zieht sie eine weiche an, und dann werden die Steine sehr groß, da die Materie der Schale in die Steine aufgenommen wird. Der Krebs geht seitwärts.

Diese Schilderung der missgestalteten Tiere soll genügen. Nun müssen wir uns damit befassen, welche unterschiedlichen und besonderen Arten von **Puls** und welche Muster von Atem bei den einzelnen Tieren auftreten, etwa bei Hunden und Ziegen, was sie vom Menschen und voneinander unterscheidet. Manche Organe behalten diese Art von Pulsation auch bei, nachdem sie aus dem Ganzen herausgerissen wurden (obwohl Aristoteles und Galen dies abweisen). Eine Ochsenzunge z. B. kann einen ganzen Tag lang pulsieren, weil die in ihr verkörperte Kraft noch vorhanden ist, oder weil sie es tut, während die besondere Hitze abgeführt wird. Oder Luft in Wasser setzt Gefäße in Bewegung. Sogar trockene Kieselsteine und verbranntes Horn und bittere Aloe in Wasser setzen Gefäße in Bewegung, während Wasser eindringt, um Luft zu ersetzen. Was wir also über die Ochsenzunge gesagt haben, ist bemerkenswert genug, aber die Leute sagen, dass eine Kalbszunge, die in Wasser gelegt wird, sich auch bewegt, aber ich selbst habe das noch nicht gesehen.

Noch außergewöhnlicher ist, was Solinus berichtet, dass zu seiner Zeit in den Herkulestempel in Rom niemals ein Hund oder eine Fliege eindrang. Vor einigen Jahren hörte man, dass es in Venedig das Haus eines Stummen gab, in das keine Fliegen eindrangen; es war bei einer allgemeinen Feuersbrunst abgebrannt. Aber vielleicht wurde es von den Fliegen gemieden, weil es hoch gelegen und gut belüftet war, mit viel Eisen und Marmor? Fliegen verabscheuen Metalle, weil sie kalt sind und sie sich nur schwer an ihnen festhalten können. Aber im Falle der Hunde muss es einen anderen Grund geben, es sei denn, es wurde etwas in der Vorhalle vergraben oder aufgehängt, das die Hunde meiden. In unserer Stadt gibt es einen heiligen Faustina-Tempel, der einst vom Sohn des heiligen Philippus geweiht wurde und jetzt Nabor und Felix geweiht ist, in der Nähe des Ambrosius-Tempels, von dem die Leute sagen, dass kein Vogel hineinfliegt, obwohl er nach allen Seiten offen ist, mit einem alten Dach und breiten Fenstern. Und obwohl er vernachlässigt und überwuchert ist, ist er nicht durch Spinnennetze verunreinigt, durch die Geheimnisse der Natur oder göttlichere Ursachen oder Abschreckungen. Seit Bonaventura Castellioneus (unser alter Freund) dies in seinem kleinen Buch über die Bischöfe von Mailand und den Ursprung der Religion erzählt, haben wir es noch nicht als unwahr empfunden. Die Kartäusermönche haben mir oft gesagt, dass sie nicht von Bettwanzen befallen werden, und so viele haben es versichert, dass es mir peinlich ist, zu leugnen, was leichtfertig zu glauben ist. Die Mönche essen kein Fleisch und geben das als Grund an. Ich konnte bisher nicht herausfinden, ob es wegen der Sauberkeit oder einer anderen Technik ist. Aber ich bemühe mich nicht zu sehr, den Grund herauszufinden, da ich mich noch nicht mit der Frage beschäftigt habe, ob es wahr ist.

Nachdem wir nun dargelegt haben, was es mit den Tieren auf sich hat und zur Erörterung des Menschen übergehen, taucht zuvor noch die berechtigte Frage auf: Welches Tier ist dem Menschen am nützlichsten? Das muss nicht lange überlegt werden: Das **Pferd** gewinnt in jeder Hinsicht: Es eignet sich hervorragend zum Tragen von Lasten. Und aus einem Pferd und einer Eselin, oder einer Stute und einem Esel, entstehen Maultiere, die mehr als ihr eigenes Gewicht tragen können. Sie gehen mit einem sehr gleichmäßigen Schritt. Pferde besitzen auch eine große Zahmheit und Gelehrigkeit, zwei Eigenschaften, bei denen ihnen kein Tier gleichkommt. Außerdem haben sie einen zähen Huf, der in seiner Gesamtheit unempfindlich ist und sowohl Sandalen als auch eiserne Schuhe tragen kann, was das Kamel in dieser Hinsicht bei weitem übertrifft. Es übertrifft die anderen Tiere in der Ausdauer beim Laufen, und wenn auch ein einzelnes Pferd ein einzelnes Kamel über einen Tag hinweg besiegen kann, so schlagen doch mehrere Pferde, die an den Etappenposten angeordnet sind, die gleiche Anzahl von Kamelen. Wenn ein Kamel müde ist, lässt es ein wenig nach, und ein intaktes und starkes kann es nicht mit einem galoppierenden oder gar trabenden Pferd aufnehmen. In vielen Punkten übertrifft das Pferd also die anderen Tiere an Bedeutung. Es ist kampfeslustig und ruhmbegierig, wird durch den Klang der Trompete entflammt und versteht die Zügel so gut wie der Mensch die menschliche Stimme. Es ist fast immer auf der Hut und legt sich nur hin, wenn es müde oder faul ist, und es kann mit billigem Futter gefüttert werden, mit Heu, Maisspelzen, Kraut, Kleie, Hafer. Und es scheint allein dazu geboren zu sein, alle menschlichen Leistungen zu erbringen: Es trägt Lasten, es transportiert, es rennt, es springt, es kämpft. Es wird unter siebenundzwanzig Bedingungen bewiesen: neun Tiere werden genommen, nämlich drei von jedem von ihnen. Das jugendliche Alter einer Stute erstreckt sich vom vierten bis zum achten oder zehnten Jahr. Das Pferd hat Zahmheit und Gehorsam, sodass es weder beißt noch tritt, nicht ins Wasser stürzt, nicht stur und ungehorsam ist, sich von jedermann führen und anleiten lässt. Seine Schönheit liegt wie bei den Frauen im Gesicht und in der Breite der Brust und der Ebenmäßigkeit der Gliedmaßen. Der Charakter eines Adlers, sodass sein Auge sehr lebhaft ist, es einen kleinen Kopf hat und ihn aufrecht hält. Der Charakter eines Gänsekükens oder Rosamacha, sodass es gierig ist, schnell frisst und nichts verschmäht. Es hat geschwungene Hüften, nicht schmale, und geht auf auseinander stehenden Beinen. Der Charakter eines Löwen ist, dass er temperamentvoll und mutig ist, dass er vorne stolz aufrecht ist, in der Mitte nicht ausgehöhlt, hinten nicht höher, dass er ganz knochig und robust ist: das sind die Merkmale eines Löwen. Der Hirsch soll schnell, sprungstark und leicht sein. Und der Esel soll harte Hufe, ein kräftiges Fell und einen starken Rücken haben. Du wirst ein Pferd meiden, das sich beim Aufsteigen wegdreht und deinem Gewicht nachgibt. Und ein Fuchs soll einen schönen Schwanz haben, der nicht nur zum guten Aussehen beiträgt, sondern auch Stärke anzeigt, weil er aus den Rückenwirbeln entspringt und es ihm ermöglicht, sich leicht in jede Richtung zu drehen. In dieser Art von Beweglichkeit kommt kein Tier dem Fuchs gleich oder kann die Attraktivität seines Fells erreichen. Der Ochse hat einen großen Fuß und ziemlich dicke Beine (dünne können nicht gut für ihn sein), mit kurzen, festen Gelenken, damit er sich sicher fortbewegen kann; ein Ochse stolpert nie. Die besonderen Eigenschaften eines Pferdes sind, dass es sich schnell und bequem fortbewegt, dass es wachsam ist und dass es weiß, wie man den Zügeln und dem Sporn gehorcht. Ein allgemeines Merkmal, das für alle gilt und an sich selbstverständlich ist, ist die Gesundheit: Es ist ein Teil seiner Gesundheit und ein ausgezeichnetes Zeichen dafür, dass ein Pferd bei seiner Arbeit kaum schwitzt. Die Wachsamkeit erkennt man daran, dass es wiehert und nicht stillhalten kann, und wenn es bedrängt wird, kämpft es mit dem Gebiss und schlägt mit dem Huf. Daher sagt euer Dichter Vergil:

> Das Pferd steht und kämpft mit schäumendem Gebiss.

In der Geschichte gibt es zwei herausragende Pferde: das eine ist das von Alexander dem Großen, das Bucephalus genannt wurde, entweder wegen seines großen Kopfes oder wegen seiner Anmut, das Wort βουζ im Griechischen hat beide Bedeutungen. Als es in Indien im Kampf mit König Porus fiel, gründete er eine Stadt, die er nach dem Pferd Bucephala nannte; der große König zollte dem Pferd so großen Tribut. Das andere war eines mit menschlichen Fingernägeln, welches Julius Cäsar die Herrschaft über die Welt voraussagte. Unglaublich, dass es sowohl Hufe als auch Zehen besaß, aber einen Reiter konnte es nicht ertragen. Aber auch ein Elefant hat im Huf Trennlinien ohne tatsächliche Teilung, die den Anschein von Zehen erweckten. Bucephalus pflegte niemanden außer Alexander auf seinem Rücken zu akzeptieren, weniger aus Wildheit als aus Ehrgeiz. So kam es, dass er sich bei diesem ehrgeizigsten aller Könige sehr beliebt machte.

Wenn du auf dem Markt ein Pferd kaufen willst, schaue dir zuerst seinen Kopf an, der klein und gut aussehend sein sollte, hoch gehalten, mit lebhaften Augen und frei von jedem Fehler, kleinen geraden Ohren, einem kurzen breiten Hals, einer eleganten Mähne, einer breiten Brust, wobei der vordere Teil etwas höher sein sollte, einem geraden und steifen Rücken, ohne Anzeichen von Narben, einer breiten Wirbelsäule, gerundeten, vollen Hüften, einem angenehmen Schweif, geraden Beinen, die beim Gehen nicht aneinander schlagen und nicht nach außen gebogen sind, sondern mit festen kurzen Gelenken, einem breiten Fuß und einem ziemlich dicken Huf.

Untersuche dann die Zähne, um das Alter des Pferdes zu erkennen, und drücke die Kehle zusammen, das nimmt es übel, wenn es schlecht Luft hat. Dann ziehe am Schweif. Wenn er nachgibt, ist es schwach. Dann drücke die einzelnen Gelenke, besonders die an den Füßen, und drehe sie ein wenig nach innen; wenn es Schmerzen hat, weigert es sich, still zu stehen, und leidet an einer früheren Krankheit. Achte auch auf die Farbe: Am besten ist eine helle Farbe, da sie auf ein edles und gut gepflegtes Pferd hinweist. Von den anderen ist die dunkle Wieselfarbe gut, die die Menschen in ihrer Muttersprache »baius« nennen. Steig dann auf, und du wirst sehen, ob es vor seinem Reiter zurückschreckt, ob es einen Buckel macht: Das sind sehr schlechte Eigenschaften. Dann wende es zu beiden Seiten, und du wirst sehen, ob es sich gut wenden kann. Bringe es in Bewegung, du wirst sehen, ob es einen angenehmen Schritt hat, wie schnell es ist und welche Gangart es hat. Versuche es im Galopp: Wenn es zurückgezogen wird, wie es dem Gebiss und den Zügeln gehorcht; wie es im Galopp den Sporen gehorcht. Dann wirst du feststellen, wie leicht es ist, wie schnell, wie sicher, wie schwer oder leicht der Atem ist.

Bring es dann zum Wasser; du wirst erkennen, ob es von sich aus hineinspringt. Lass es trinken: Wenn es die ganze Nase und das Maul eintaucht, besonders nach einem Rennen, ist es gesund in Brust und Atem. Bring es auch in die Nähe von drehenden Rädern: Wenn es sich widerwillig nähert, ist es nervös; wenn es nicht will, ist es stur. In der Muttersprache nennt man das »restium«. Biete ihm dann Nahrung an: Frisst es mit Begeisterung, ist es gut; frisst es langsam, ist es entweder träge oder wählerisch. Wenn ihm Hafer angeboten wurde, wird deutlich, ob es dazu neigt, zu treten oder zu beißen. Legt es sich hin, wenn der Hafer entfernt wurde, ist es träge und beginnt nur langsam mit der Arbeit; ein edles Pferd legt sich nur nach großer Anstrengung hin. Wird es mit Zaumzeug, Zügel und Schabracke versehen, wiehert es, kaut auf dem Gebiss, besonders wenn es schäumt, schlägt mit dem Huf auf den Boden und spitzt die Ohren, so ist es heftig und lebhaft. Lass es springen, du wirst seine Leichtigkeit und die Stärke seines Rückens erkennen.

In unseren Büchern *De Rerum Varietate* haben wir über Krankheiten von Pferden und ihre Behandlung gesprochen. Doch nun ist es an der Zeit, uns mit dem zu befassen, was von größtem Nutzen ist, ein Thema, das einer subtilen Betrachtung bedarf, nämlich Pferde in Bezug auf Geschwindigkeit und Bequemlichkeit. Es gibt drei Punkte, um ein schnelles Vorankommen zu erreichen. Der erste besteht darin, dass das Pferd seine Beine schnell bewegt, sodass sein Lauf schneller ist als das Traben[31]. Der zweite Punkt ist, dass es zwei Füße auf einmal bewegt, nicht nur einen; wenn sich zwei Füße gleichzeitig bewegen, bewegt sich das Pferd in einer gepaarten Bewegung, aber wenn es nur einen bewegt, benötigt es vier Bewegungen, um voranzukommen. Trab und Schritt[32] sind also schneller als einfaches Gehen. Der dritte Punkt ist, dass die Füße des Pferdes einen großen Abstand zurücklegen sollten, wenn sich das Bein während des Fortschreitens an seinem Gelenk als Achse dreht. Dabei achtet man besonders auf die hinteren Füße, denn wenn deren Abdrücke vor denen der vorderen Füße liegen, muss das Pferd durch die Bewegung von zwei Füßen (dem hinteren und dem vorderen) mehr vorankommen als der Abstand zwischen dem hinteren und dem vorderen Fuß.

Jeder weiß, dass dies die Hauptursache für ein schnelles Fortschreiten ist: Nehmen wir an, dass die Vorderfüße des Pferdes AB und die Hinterfüße CD sind, und dass A wegbewegt und C an seine Stelle gesetzt wird; wenn B bewegt wird, wird D an seine Stelle gesetzt; so schreitet das Pferd von CD zu AB fort und schreitet somit um die Entfernung seiner Hinterfüße von seinen Vorderfüßen fort. Aber wenn A wegbewegt wird, wenn C bei E steht, dann wird, wenn B wegbewegt wird, D bei F stehen. Das Pferd wird von CD nach EF gehen, ein größerer Abstand als der zwischen den Vorder- und den Hinterfüßen, aber dies geschieht nur schwer. Wenn jedoch C nur bei G und D bei H platziert wird, ist es vernünftig, dass diese Gangart fast allen Pferden gemeinsam ist. Und wenn C bei E und D bei F und A bei L und B bei M steht, dann ist L so weit von A und M von B entfernt wie E von C und F von D. Andernfalls, wenn sie mehr oder weniger weit entfernt sind, nähern sich C und D allmählich A und B an oder werden so weit von ihnen entfernt, dass das Pferd fällt. Da wir dies nie sehen, ist es sicher, dass sich die Vorderfüße immer gleichmäßig mit

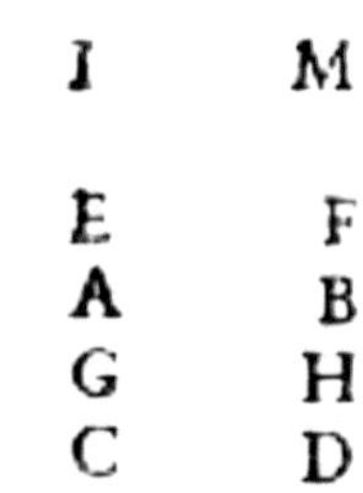

[31] »velitatio«.

[32] »gradarius«.

den Hinterfüßen bewegen. Es ist jedoch nicht leicht zu erkennen, dass der Fortschritt der Vorderfüße gleich dem der Hinterfüße ist, weil ihre Fußspuren undeutlicher sind. Für Unwissende ist es nicht leicht zu erkennen, dass sich die Hinterfüße immer gleich schnell wie die Vorderfüße bewegen, denn wenn die Vorderfüße viel vorankommen, bewegt sich das Pferd schnell. Aus diesem Grund wird der Fortschritt der Pferde normalerweise anhand der Bewegung der Hinterfüße und nicht der Vorderfüße gemessen, obwohl das Prinzip dasselbe ist.

Wenn man genau hinsieht, bewegen nicht nur Pferde, sondern auch alle anderen Tiere von Natur aus zuerst den rechten Vorderfuß, dann den linken Hinterfuß, dann den linken Vorderfuß und dann den rechten Hinterfuß. Würden sich die beiden Vorderfüße gleichzeitig bewegen, z. B. von AB nach EF, dann würde sich das Tier von CD nach EF strecken; das würde seine natürliche Fortbewegung behindern. Würde der rechte hintere Fuß dem rechten vorderen folgen, und zwar gleichzeitig, so würde das Tier auseinandergedreht und hätte keine Stütze. Daher ist es günstiger, wenn der linke hintere Fuß dem rechten vorderen folgt. Auf diese Weise wird das Tier in der Zwischenzeit von dem rechten hinteren und dem linken vorderen Fuß gestützt. Dem Menschen kommt diese Bewegung entgegen, bei der ein Teil ruht, während der andere in Bewegung ist; wenn der Mensch beide Füße gleichzeitig bewegt, muss er unruhig sein, als ob er springt; beim Gehen und Laufen ist immer ein Fuß in Ruhe, während der andere sich bewegt. Wenn also der ganze Mensch hochgehoben wird, muss auch das Ganze herunterfallen und wird so durchgeschüttelt. Und wenn jemand den ganzen Tag lang unablässig springt, merkt man dann nicht, dass alle seine Eingeweide zerrüttet sind? Und wenn das Gleiche mit einem Pferd geschieht, so geschieht das Gleiche auch mit seinem Reiter, nur dass ihm die Füße nicht weh tun, denn der Reiter ruht nicht auf seinen eigenen Füßen, sondern auf den Satteldecken und dem Pferd. Ein Pferd kann also nicht vier Füße gleichzeitig bewegen; ein Mensch muss beim Springen die Knie beugen, aber ein Pferd beugt seine Knie nicht, bevor es in der Luft ist, also kann ein Pferd nicht vier Füße auf einmal bewegen. Aber es ist absurd, dass es auch nicht drei Füße auf einmal bewegen kann, also bewegt es entweder einen oder zwei Füße auf einmal. In Übereinstimmung mit dieser Theorie ergeben sich **acht Bewegungsarten von Pferden**: drei mit einem Fuß und fünf mit zwei. Wenn es also zuerst den rechten Vorderfuß bewegt, dann den linken Hinterfuß, oder auch den rechten (wir sehen das auch bei einigen, und es gibt keinen großen Fortschritt), dann nennt man das einfache Bewegung, sanft und langsam. Langsam, weil es mit einem Fuß ist, und dieser Fuß wenig Boden bedeckt; sanft, weil der Reiter nur auf einer Seite bewegt wird: abwechselnd rechts und links. Diese Gangart ist für Pferde bequemer und ermüdet das Pferd auf keiner Seite, da sie der Natur entspricht. Wenn aber der hintere Fuß fast mit der Stellung des vorderen übereinstimmt und der Fuß schnell auf den vorderen folgt, nennt man dies Propassus, d.h. größere Progression. Das ist praktisch, und dadurch schlagen viele Pferde die Hinterfüße an den Vorderfüßen auf, wie es »verdrehte« Pferde tun. So stoßen die Pferde ihre Füße an, wenn sie langsam sind, und legen durch die Bewegung ihrer Füße einen größeren Abstand zurück.

Wenn aber der rechte Vorderfuß bewegt wird, wenn die rechte Hinterhand, nicht die linke, schnell folgt, ist der Gang sanft, was das gemeine Volk Traina nennt; er ist charakteristisch für Maultiere und ermüdet den Reiter nicht. Ja, bei gleicher Geschwindigkeit sogar weniger als der Propassus, weil sich erst die rechte Seite, dann die linke Seite bewegt. Aber der Propassus, der die linke Hinterhand mit der rechten Vorderseite und die rechte Hinterhand mit der linken Vorderseite verbindet, scheint, wenn er schnell ist, den ganzen Reiter auf einmal zu bewegen und rüttelt ihn daher auch auf. Wenn sich aber zwei Füße auf einmal bewegen, oder zwei auf derselben Seite, z.B. zwei rechte, dann zwei linke, das nennt man den Gradarius, und es ist die Gangart der asturischen Pferde. Von allen Pferdegangarten ist diese gewiss die vornehmste, weil sie schnell ist, weil sie mit zwei Füßen auf einmal geschieht, und auch schneller, insofern sich die Füße flinker bewegen und einen größeren Abstand zurücklegen. Und sie ist angenehm, denn während die eine Seite in Bewegung ist, ist die andere in Ruhe. Dies ist die bekannte und sehr gerühmte Art des Fortschritts, die das gemeine Volk Portans nennt.

Bewegt sich aber der rechte Vorderfuß mit dem linken Hinterfuß, so ist das die Gangart der gedrehten Pferde, und da sie beide Seiten des Pferdes bewegt, so bewegt sie auch den ganzen Reiter und schüttelt ihn durch, und zwar umso mehr, je höher die Füße vom Boden gehoben werden. Es ist immer so, dass Pferde, die ihre Füße beim Fortschreiten höher heben, das Reiten schwerer, wenn auch weniger gefährlich machen, weil sie weniger über Steine stolpern. Bewegen sich aber die Vorderfüße zusammen, dann die Hinterfüße zusammen, zwar nicht sehr schnell, aber es muss schnell sein, so ist diese Gangart der Velitus, das ist der Flug. Wenn sehr schnell, ist es der Lauf. Beide erschüttern und ermüden den Reiter, weniger als das verdrehte Pferd, weil die Hinter- oder Vorderpartie des Reiters ruhen, aber mehr als die des asturischen Pferdes, weil für dieses die Ruhe eines Teils nicht natürlich ist. In der Tat bewegt der Reiter zuerst seine Vorderpartie, dann die Hinterpartie, aber die rechte vor der linken, oder andersherum. Wenn jedoch die Hinterfüße angehoben werden, während die Vorderfüße noch nicht in Ruhe sind, kommt es zu einem Sprung. Es gibt also drei Unterscheidungen der Zeiten: Die erste, bei der der vordere Teil des Pferdes angehoben wird, während der hintere Teil ruht, erschüttert den Reiter, wie gesagt, nur wenig, weil der hintere Teil ruht. Die zweite, bei der die Vorderfüße noch nicht in Ruhe sind und die Hinterfüße angehoben werden, führt nicht zu einer Erschütterung, sondern die Biegung ermüdet die Nieren durch die Umkehrung der Bewegung. Die dritte, bei der alle Füße auf einmal oder die vorderen zuerst herunterkommen. Wenn tatsächlich alle Füße auf einmal herunterkommen, wird der Reiter stark erschüttert, da dies aus einer Höhe geschieht. Wenn nur die vorderen Füße zuerst herunterkommen, ist der Magen wegen der Schräglage beunruhigt.

Das ist die Erklärung für die Bewegung der Pferde. Aber auch ihre **Lernfähigkeit der Pferde** ist außergewöhnlich, so groß, dass einige von ihnen ein herabfallendes Schwert mit den Zähnen ergreifen und es ihrem Herrn präsentieren, wie es ein Elefant tut. Andere (eine geringere Leistung) beugen ihre Knie. Wie schon bei den Hunden erwähnt, werden sie in jungen Jahren geschult, indem man sie hungern lässt und dann Brot oder Heu an einem Schwert befestigt, und während sie eifrig das Heu abreißen, heben die Trainer das Schwert hoch, ziehen den Griff ab und ermöglichen so einen leichten Zugang zum Futter. Außerdem reiben sie das Schwert mit Honig ein, damit die Tiere es sich gerne schnappen.

Wenn dann die Gewohnheit entwickelt ist (dieselbe Hartnäckigkeit hat mir auch beim Zureiten von Pferden gute Dienste geleistet), greifen die Tiere von selbst mit ihren Schneidezähnen nach dem nackten Schwert; Pferde merken sich, was ihnen gepasst hat und was nicht. So gibt es keine bessere Methode, ein Pferd zu korrigieren, das sich spontan ins Wasser stürzt, als wenn zwei kräftige Männer es an den Ohren packen, wenn es bereits untergetaucht ist, und es so lange unter Wasser halten, bis es fast ertrinkt. Danach erinnert es sich an die Gefahr und die Angst und wagt es nicht mehr, sich in diese Gefahr zu begeben. Dasselbe gilt für ein Pferd, das sich sträubt und sich weigert, vorwärts zu gehen: Man zieht es willkürlich zurück, bis es in Feuer oder in Dornen gerät, und erlaubt ihm nicht, vorwärts zu gehen, bis es in äußerster Lebensgefahr ist. Und wenn es sich aufbäumt, wird sein Kopf mit Stacheln durchbohrt und er darf nicht wieder herunterkommen. Andere schlagen ihm mit einem Stock auf den Kopf, womit man viel erreichen kann.

Es ist nun viel und ausführlich über die Tiere gesagt worden, und das soll genügen, was die einzelnen gegen den Mangel an Speise und Trank, zur Erhaltung des Fötus und der Nachkommenschaft, gegen Krankheiten, gegen Schäden durch den Lauf der Zeit, gegen andere Tiere, und endlich mit besonderem Interesse gegen den Menschen, der der klügste sein sollte, wappnet. Erstens gegen Nahrungsmangel durch Galoppieren, Schlauheit und auch dadurch, dass man dort geboren wurde, wo es ein gutes Angebot gab. Sexuelle Lust und Fürsorge für die Nachkommenschaft zur Erhaltung der Art. Sümpfe, Gewässer, Berge, Täler, Höhlen, Verstecke, Wälder, Dickichte, Äste, Zweige, all das zum Schutz der Jungen. Und die Natur lehrt Kräuter für Gesundheit und Enthaltsamkeit und Ruhe (mehr als für die Menschheit, wegen der Unerfahrenheit der Ärzte), Hilfe aus den Mitteln der ärztlichen Kunst. Gegen Wetterkatastrophen: Bäume, Berge, Gruben, Felle, Wolle, Haare, Federkleid. Gegen andere Tiere: Stacheln, Zähne, Laufen, Springen, Flügel, Klauen, Verstecke, Gift, Wasser, List, Hörner.

Die Natur hat die Fische mit ihrem Element ausgestattet, das den vollkommensten Schutz darstellt, sodass sie sich, wenn sie nicht durch ihre Gier in die Irre geführt werden, in Strudeln in Sicherheit vor dem Menschen bringen können. Sie hat die Schlangen mit einem tief liegenden Körper ausgestattet, der es ihnen ermöglicht, sich im Winter in Verstecken niederzulassen, und wenn sie herauskommen, bleiben sie im Gras verborgen. Für den Tag hat die Natur die Vögel mit Flügeln und die Vierfüßler mit Schnelligkeit ausgestattet. Für die Nacht hat sie den Menschen unfähig gemacht, ohne Lampe zu sehen, obwohl alle Vierfüßler sehen können, Hunde, Wölfe, Hasen, Pferde, Esel, Ochsen, und sich daher in Sicherheit bewegen und Essen und Trinken genießen können, da der Mensch am Tag im Besitz aller Möglichkeiten ist. Da aber auch den Vögeln nachts das Licht verwehrt ist, bieten ihnen Baumkronen, Turmspitzen und Dornengebüsch ein Bett, damit sie durch die Unzugänglichkeit und das schwache Licht des Ortes vor menschlichen Fallen sicher sind.

Eine Ergänzung dieser Vorkehrung für alle Tiere ist etwas Nützliches für den Menschen, da er in der Nacht Licht gebrauchen konnte, denn da er äußerst weise sein sollte, war ein sehr feuchtes und kühles Gehirn notwendig; er sollte ein sehr heißes Herz haben, damit ein sehr weicher Körper der harten Arbeit gewachsen sei. Aber ein weicher Körper war erforderlich, damit eine dünne Materie vorhanden und für einen Geist geeignet sei, der mit so großen Herausforderungen umgehen kann. Und so war es unmöglich, glitzernde trockene Augen (wie sie Katzen und nachtaktive Vögel besitzen, die ein sehr trockenes Gehirn haben) in einem sehr feuchten und kalten Gehirn zu finden. Daher werde ich nun mit der Darstellung der Notwendigkeit und des Glücks des Menschen beginnen.

Buch XI: Über die Notwendigkeit und Form des Menschen

Es soll zunächst geklärt werden, aus welchem Grund alles erschaffen wurde und ob alles nur um des Menschen willen geschieht und ob der Mensch ein Tier ist. Die Frage, ob der Mensch ein Tier ist, soll also den Anfang der Disputation bilden. Sodann, ob die Tiere selbst der Natur allein als Gattung bekannt sind oder ob auch die Teile und Besonderheiten bekannt sind. Dies ist selbst beim Menschen zweifelhaft. Ferner, ob die Tiere selbst und die Pflanzen und die anderen Dinge um ihrer selbst willen oder um des Menschen willen existieren. Und wenn sie um des Menschen willen existieren, ob sie unmittelbar um des Menschen willen existieren oder ob sie um anderer Dinge willen in irgendeiner Reihenfolge existieren; das Gras zum Beispiel um der Hasen willen, die Hasen aber um der Füchse willen und die Füchse um der Bequemlichkeit des Menschen willen. Eine schönere und schwierigere Erörterung als diese hat man in der Vergangenheit nie gefunden. Es besteht tatsächlich eine große Unsicherheit darüber, warum es nicht mehr Arten dieser Tiere gibt, wenn die Natur versucht hat, alles zu erfüllen, was sie erreichen konnte, oder warum sie sich mit diesen zufrieden gegeben hat. Ich begegne dieser Ungewissheit auf vielerlei Weise. Epikur sagte sehr schön, die Natur habe getan, was sie konnte, aber es sei nur das übrig geblieben, was eine herausragende Kraft besaß, um sich zu schützen. Das ist es, was er tatsächlich sagt:

> Es gab auch viele Wunder der Erde, mit wundersamer Erscheinung und Gestalt: der Androgynus, zwischen Mann und Frau, und doch nicht anders als beide.[1]

Dann fügt er noch hinzu:

> Denn was immer ihr seht, das sich vom Lebensatem nährt, muss entweder durch Schlauheit oder durch Mut oder zumindest durch Schnelligkeit von Anfang an bewacht und bewahrt worden sein, und wir haben vieles, was uns gut dient, was bewährt bleibt, uns zu unserem Schutz überliefert.

Dann etwas später:

> Aber die Dinge, denen die Natur nichts von alledem zugestanden hat, konnten auch nicht von sich aus leben, und so wurden sie zu Fall gebracht.

Schließlich fügt er hinzu:

> Sie fesselten alle in ihren grausamen Fesseln, bis die Natur diese Art ins Verderben stürzte.

Aus dieser Meinung Epikurs folgt kein geringer Vorteil, nämlich dass es möglich ist, den ungeheuerlichen Formen eine Ursache zuzuordnen: dass die Natur oft Tierarten hervorbringt, die dann, da sie nicht imstande sind, sie zu erhalten, als Monster angesehen werden. Aber er irrt in zweierlei Hinsicht: erstens, weil es noch Zweifel gibt, denn es hätten auch andere Tierformen entstehen können, die sich erhalten hätten, wie Wölfe mit Hörnern oder Hunde mit scharfen Krallen. Zweitens, weil er fälschlicherweise will, dass die Natur alles zufällig erschaffen hat. Es scheint mir also, dass eine von zwei Alternativen zutreffen muss: entweder, dass die Formen der Lebewesen durch die Kräfte der Sterne festgelegt sind oder durch den Wech-

[1] Lucretius, *De rerum natura*, 5. 837–839 (über die Auffassung Epikurs.)

sel der Jahreszeiten ständig verändert werden. Der Beleg dafür ist ihre Verschiedenheit in den Regionen und in den Jahreszeiten. Es ist offensichtlich, dass nicht alle diese Formen, wenn man die Einzelheiten berücksichtigt, für den Menschen oder für andere Lebewesen geschaffen wurden; so etwa leben und sterben die Maulwürfe für sich selbst. Auch nicht zum größten Teil, sondern nur dem Schein nach, sofern sie um anderer Tiere willen geschaffen zu sein scheinen. So sind die eigentlichen Arten der Dinge entweder für sich selbst oder für den Menschen gemacht. Es wäre völlig verrückt zu behaupten, dass so viele für den Menschen tödliche Schlangenarten (und ihre tödlichen Gifte) um des Menschen willen geschaffen wurden.

Was gibt es da noch zu sagen? Es hat **eine Reihe von Handwerkern**[2] gegeben, und jeder hat für den Vorteil seines eigenen Werks gesorgt. Derjenige, der für den Menschen sorgte, baute ihn so auf, dass er sehr klug war und alle anderen gut gebrauchen konnte, oder jedenfalls die meiden konnte, die nicht von Nutzen waren. So war der Handwerker, der für den Adler sorgte, weiser als der, der für den Kuckuck sorgte, und doch sorgte jeder für die Dauerhaftigkeit dessen, was er schuf. Als also die Natur den Menschen so geschaffen hatte, dass er alle anderen bequem gebrauchen konnte, schien der Mensch so geschaffen, dass alles nach ihm aussah. Aber so ist es nicht. In Wirklichkeit ist alles für sich selbst erschaffen, und die Wachtel ist ebenso wenig wegen des Habichts erschaffen wie die Tiere wegen des Menschen. Deshalb sehen die Dinge, die auf einer schlechteren Ebene geschaffen werden, so aus, als seien sie um der besseren willen geschaffen worden; aber das sind sie nicht. Daraus ergibt sich die Lösung eines anderen Problems: Warum gibt es unter den Tieren einige, die unglücklich sind (und als unglücklich angesehen werden), wie z. B. Hasen, Frösche, Gämse? Daher pflegte der Dichter zu sagen:

Wir unkriegerischen Tiere,
was sind wir anderes als Beute?

Sie wären von Natur aus glücklich genug, aber die Weisheit anderer Handwerker steht ihnen im Wege; so sind sie alle bekannt, aber nach ihrer Art. Allein bei der menschlichen Gattung herrscht große Ungewissheit über die herausragenden Einzelheiten. Was ich herausragende Einzelheiten nenne, sind diejenigen, deren Macht in vielen Fällen ausgeübt wird, besonders durch Könige und weise Männer. Die höchste Weisheit eines so großen Handwerkers zeigt sich für mich also in zwei Punkten: dass in einer so großen Masse nichts ungenutzt bleiben sollte, sondern alles entweder lebendig oder Nahrung für Lebendiges sein sollte; denn aus dieser so schmutzigen Schlacke würde er etwas formen, das fähig ist, alle diese niederen Geschöpfe zu beherrschen und das den von ihnen getrennten höchsten Substanzen ähnlich sein würde. Es war offensichtlich, dass er ein Wissen aller Dinge besitzen müsse. Und so gab er ihm einen so großen Anteil an Empfindung, Gedächtnis und Klugheit, wie es möglich war, in einer so rohen Materie unterzubringen. Und da diese die Sterblichen in fünf Bereichen übertrafen (Weisheit, Glück, Rechtschaffenheit, Lebenslänge und Freiheit von Angst), konnte er den Sterblichen nicht frei von Angst erschaffen, sondern schenkte ihnen den Rest, so viel er konnte.

Da die Materie zerbrechlich und unentwickelt ist, brauchte sie viel Hilfe. Man brauchte Hitze, damit sie dünn und für die Bewegungen geeignet sei; und Dünnheit für die Fähigkeit, Festigkeit für ein langes Leben, Temperament für Liebenswürdigkeit und Zurückhaltung im Verhalten. Jeder kann sehen, dass diese Dinge in zweierlei Hinsicht unvereinbar sind. Aber ein sehr kompletter Zusammenbau sorgte für alles. Allerdings gab es fast unendlich viele Hindernisse, die der Vollkommenheit im Wege standen. So kam es, dass statt mutiger Män-

[2] »opifex«.

ner die meisten nervös, ängstlich statt zurückhaltend, gierig statt sparsam, verschwenderisch statt freigiebig, grausam statt streng, übermütig statt gefällig waren, und am Ende wurden viele verrückt, gestört und mit einem Wort unzurechnungsfähig.

Mit den Gaben des Körpers ist es ebenso wie mit den Gaben des Geistes: Viele werden missgestaltet, schwach, kränklich, abstoßend, faul, unkriegerisch, kurzlebig geboren. Und der Mensch ist nicht wegen der einen oder anderen dieser Eigenschaften geschaffen worden, sondern wegen der vollkommensten Exemplare und der ganzen Gattung Mensch, die alle ihr verliehenen Vorzüge umfasst. Wir kultivieren die Bäume nicht wegen der abgefressenen, faulen und unreifen Früchte, die durch irgendeinen Fehler von selbst abfallen. Ebenso interessiert sich die Natur nicht für uns wegen des Ungesunden, sondern für die Früchte wegen der vollkommenen Früchte, für einen Baum wegen der allerbesten. Sie hat also in den niederen Schöpfungen Spuren ihrer ursprünglichen himmlischen Materie hinterlassen, da sie diese sterbliche Materie am Anfang von ihr getrennt hatte. Man kann ihr nicht vorwerfen, dass sie wegen der schlechten Exemplare die besten nicht verlassen hat, oder dass sie uns nicht die Dinge präsentiert hat, die der sterblichen Natur widerstreben. Sie hat also alles mit einer Seele versehen und die lebenden, empfindungsfähigen und schließlich intelligenten Dinge mit einer besseren ausgestattet, soweit es ihr möglich war. Und so hat sie der Menschheit alles geschenkt. In diesen Fällen ging sie dann in einer festen Reihenfolge von den unvollkommensten zu den vollkommensten Dingen über, soweit es die jeweilige Art der Materie zuließ.

Der Anfang waren die Erze, dann die Metalle, die Steine, die Pflanzen, die Meerestiere, Schwämme, Seeanemonen und Muscheln, Würmer, Ameisen, Mücken, Fische, Vögel, Hasen, Hunde, Elefanten, langschwänzige Affen, und schließlich wurde der Mensch geschaffen.

Sie fragen: Wozu ist eine Fliege wirklich gut?, um ein sehr wertloses und ungewohntes Tier zu erwähnen. Meine Antwort ist, dass das Tier selbst, solange es in seiner Art bleibt, auf sich selbst gestellt ist und die Welt verschönert, und alles, was es braucht, nicht nur zum Leben, sondern zu einem glücklichen Leben, gesichert hat. Es ist um seiner selbst willen gemacht worden, nicht um ein Feind des Menschen zu sein. Nicht jede Fliege ist ein Feind des Menschen, einige bleiben dauerhaft in den Wäldern; und in manchen Gegenden gibt es keine, wie bei den Lappen, und es gibt auch wenige in Westindien. Folglich sollte das allgemeine Wohl Vorrang vor den Unannehmlichkeiten einiger weniger haben. So hat die göttliche Weisheit in jedem Fall das beste Ergebnis erzielt, das aus einer solchen Angelegenheit erdacht werden konnte. Viele Hasen sind unglücklich, aber nicht alle; einige haben noch nie einen Menschen oder einen Hund gesehen oder wurden gejagt. Mit einer Art und den Tieren selbst verhält es sich ähnlich wie mit einem Menschen und seinen Teilen. Wer würde den Verlust einiger Glieder ablehnen, um nicht unterzugehen? Die Glieder eines Tieres sind so mit der Art verbunden, dass es viel besser ist, zu sterben, während die Art intakt bleibt, als dass die Art selbst entweder abgeschafft wird oder nie entsteht. Was aber im Falle der Art viel besser ist, ist das, was bei den allerwenigsten Tieren so gut erhalten ist wie bei den zahlreichsten, und absolut kein Funktion geht verloren. Wenn ein Glied eines Tieres stirbt, stirbt auch die Funktion, und das Tier wird lahm oder blind und zieht es vor, am Leben zu bleiben, selbst wenn es hinfällig ist. Wie viel mehr gilt dies für eine Spezies, der es an keiner ihrer Funktionen mangelt, die nicht deformiert ist und die Unsterblichkeit erlangt hat, auch wenn sie sich in den seltensten Tieren befindet!

Damit also der Mensch alle Annehmlichkeiten erlangen kann, ist er letztlich aus den zerteilten Elementen entstanden. Die Pflanzen ernähren sich zuerst von den Elementen, die Tiere von den Pflanzen, die Menschen von den Tieren. Deshalb sind alle Fleischfresser schärfer im Geruch als Kreaturen, die kein Fleisch essen, und Vierfüßler und Vögel sind schärfer im Geruch als Fische, und zwar aus zwei Gründen: erstens, weil sie Nahrung haben, die zu entkommen versucht; sie muss entdeckt und verfolgt werden, während es für den Rest genügt, sie zu entdecken. Die andere Ursache ist, dass die Nahrung selbst (ich meine das Fleisch) aus abgestumpften Elementen besteht. Deshalb ist kein Fleisch sehr heiß, wie man oft an Pflanzensamen und Pflanzenteilen sehen kann.

Und so könnte ein Mensch, der sich auch von Fleisch, besonders von dem von Vögeln, ernährt, gleichzeitig von sehr verdünnter und kompakter, sehr heißer und sehr gemäßigter Natur sein. Insofern er sehr viel Luft und Hitze hat und die kalten Elemente in ihm (besonders Erde und Wasser) von ihrer besonderen Natur abgewichen sind, ist er sehr heiß. Da aber nichts gründlicher zusammengebraut ist, als es sein sollte, und er sehr wenig und sehr reines erdiges Element enthält, ist er äußerst gemäßigt. Wenn ein Mensch vergeht, bleiben daher kaum fünf oder sechs Unzen reiner Erde zurück.

Und das erscheint glaubwürdig, denn **der Mensch ist kein Tier**, und das hat man aber bisher geglaubt. Der Mensch ist ebenso wenig ein Tier, wie das Tier eine Pflanze ist. Denn wenn ein Tier ernährt wird und lebt, so verdient es nicht den Namen Pflanze, noch ist es überhaupt eine Pflanze, weil es im Gegensatz zur Pflanze eine Seele hat, die fühlt. Da der Mensch im Gegensatz zum Tier einen Verstand hat, hört er auf, ein Tier zu sein. Er hat, wie Aristoteles bezeugt, eine andere Art von Seele, weil er fühlen und verstehen kann. Wenn sich eine Form tatsäch lich von einer anderen unterscheidet, kann die eine nicht unter die andere subsumiert werden. Der Mensch fühlt offensichtlich wie ein lebendes Tier, aber der Mensch ist kein Tier, wie ein Tier keine Pflanze ist. Wenn der Mensch tatsächlich ein Tier sein sollte (d.h. das Tier, dessen letzte Form die Seele ist, die die Empfindungen hervorbringt), dann ist es auf der gleichen Grundlage offensichtlich, dass er auch eine Pflanze ist. Aber niemand nimmt das an, niemand glaubt es. Und die Grundlage, auf der die Empfindungskraft in einem Menschen enthalten ist, ist genau dieselbe, auf der sie in einem Tier lebt. Aber es ist nicht nur deshalb ein Tier, weil es lebendig ist; das ist auch eine Pflanze, ebenso ist ein menschliches Wesen kein Tier. Wenn schließlich der Mensch ein Tier ist, ist er dann eines, das die Vernunft einsetzt, oder eines, das keine Vernunft hat? Er ist nicht vernunftlos, das würde ihn zu einem Tier machen. Er benutzt also die Vernunft. Und so ist der Gebrauch der Vernunft ein Unterscheidungsmerkmal der Tiere (wie etwa das Unterscheidungsmerkmal eines Ochsen oder eines Hasen). Eine Seele, die fühlen kann, ist also fähig, die Vernunft zu gebrauchen oder nicht zu gebrauchen; ein Intellekt befindet sich in ihr. Es ist wirklich klar, dass jedes Unterscheidungsmerkmal in dem Wesen existieren kann, zu dem es gehört. Könnte die Empfindungsfähigkeit auch verstehen können? Der Mensch ist also mit Leben und Empfindungsfähigkeit ausgestattet; es ist lächerlich, ihn ein Tier oder eine Pflanze zu nennen. Es gibt Leute, die den Menschen für ein Tier gehalten haben, wegen der Übereinstimmung der Natur bei Krankheiten der Seele und des Körpers, und weil manche Krankheiten vom Tier auf den Menschen übertragen werden, wie z.B. die Vitiligo, die vom Pferd (besonders die weiße Vitiligo) allein durch Berührung auf den Menschen übergeht, sodass jeder, der mit einem Pferd zu tun hatte, das von einer solchen Krankheit befallen ist, sofort selbst von der Krankheit befallen wird. Es gibt auch Dinge, die von Pflanzen auf Tiere übergehen, sodass man nicht sagen darf, dass Tiere Pflanzen sind. Kommen wir nun zur Diskussion über den Menschen.

Der Mensch ist für **vier Aufgaben** geschaffen: erstens, um Wissen über die göttlichen Dinge zu erlangen; zweitens, um das Bindeglied zu sein, das die sterblichen Dinge mit ihnen verbindet; drittens, um über die Sterblichen zu herrschen. Etwas Ausgezeichnetes und sehr Wichtiges war bei dieser Art, genau wie bei der himmlischen Art, notwendig, um die Kontrolle über die anderen zu behalten, in einer Richtung durch Gewalt und in der anderen durch Zustimmung. Viertens, was auch immer der Verstand sich ausdenken kann, könnte von dem großen Handwerker allein durch den Gedanken ausgeführt werden, ein Tier könnte dies nur durch Vortäuschung. Aber die Tiere können nicht betrügen, weil sie dumm sind. Dies ist nicht das eigentliche Ziel, denn das Ziel ist gut, aber es ist mit dem Ziel verbunden. Das ist etwas, das es zu vermeiden gilt, ebenso wie den Tod. Denn manche Dinge müssen vermieden werden, weil es Übel sind, und dennoch gehören sie zur Zierde des Universums; und wenn sie nicht überhaupt völlig unnütz sind, wie Muttermale und Fliegen und alles, was zum Wohle des Ganzen und nicht eines einzelnen Teils zu sein scheint.

So wird der Mensch durch seine Intelligenz den Göttern gleich, und durch seine Verderbtheit den Tieren. So ist die Menschheit dreifach, sie hat das Göttliche, das nicht täuscht und nicht getäuscht wird; das Menschliche, das täuscht und nicht getäuscht wird; und das Tierische, das nicht täuscht und getäuscht wird. Das, was in die Irre führt und in die Irre geführt wird, und was allein den größten Teil der menschlichen Art ausmacht, ist nicht ein einfacher Gegenstand, sondern eine Mischung aus dem Tierischen und dem Menschlichen.

Ich werde nun erzählen, wie Nationen und Provinzen, auch Könige und Weise, für die Behüter der erste Prinzipien erkannt werden. Zu Beginn übergehe ich, was wir in dem Buch *De Immortalitate Animorum* gezeigt haben; das heißt, dass jede Einzelheit dadurch bekannt wird, dass man die Möglichkeiten durch viele allgemeine Aspekte zusammensetzt. Dies ist nicht, um sie zum ersten Mal zu kennen, sondern auf einer anderen Grundlage. Aber ich mache mich jetzt daran zu erklären, dass Königreiche und Völker, dann Könige und Weise, von sich aus bekannt sind, und zwar viel besser als verdorbene und private und ununterscheidbare Menschen. Das ganze Menschengeschlecht ist bekannt, und auch das ganze bewohnbare Land; ein ausgewählter Teil davon ist bestimmt, etwa ein Hundertstel oder ein Tausendstel, und auch das Volk, das es bewohnt, ist bekannt, sodass ein Teil des ganzen Menschengeschlechts bestimmt ist. Aber die Könige und die Heere und die Weisen sind die Ursache für diese und für die Provinzen, die entweder untergehen oder in anhaltender Glückseligkeit gedeihen. Und so sollten diese Ursachen bekannt sein, nicht für sich allein, sondern in ihrer Beziehung zu Provinzen, Königreichen und Städten. Sie sind also bekannt, und Zeichen und Wunder haben ihr Entstehen und Vergehen regelmäßig begleitet; man hat sich also sehr um sie gekümmert.

Der Art nach ist der Mensch nackt geschaffen, damit er schöner, dünner und feuchter sei. Da aber die Nacktheit Gefahren birgt, wurde er mit drei Verteidigungsmitteln ausgestattet: **mit Talent**, um das Nötige zu erfinden; **mit Sprache**, um sich Hilfe zu holen; **mit Händen**, um all das zu vollenden, was er mit seinem Talent erdacht oder durch Sprache von anderen gelernt hatte. Kein anderes Tier kann wirklich sprechen, denn ihre Laute kommen nicht vom Verstand, und sie haben auch keine Hände, sondern so etwas Ähnliches wie Hände. Und so beginnt der Mensch das Wesentliche zu finden, indem er seine Vernunft einsetzt: Wohnung, Kleidung, Waffen, Nahrung. Dann misst er Land und Meere aus; und weil er sich damit nicht begnügt, ruft er mithilfe von Planisphäre, Gnomon und Armillarsphäre die Weite des Himmels auf die Erde herab, die für den Verstand kaum vorstellbar ist, und er verkleinert und verengt sie vor seinen Augen und Sinnen. So begründete er die Naturphilosophie und die anderen Wissenschaften. Schließlich wandte er sich Gesetzen zu, mit denen die Menge leben konnte. In der Tat unterschieden sich die Menschen früher voneinander und tun es auch jetzt noch, so wie sich die Tiere von den Menschen unterscheiden, in den Gesetzen, in der Sprache, in den Provinzen, in den Lebensformen. Ein Christ ist unter den Anbetern Mohammeds nicht mehr wert als ein schurkischer und wertloser Hund, und ein Jude unter diesen beiden nicht; er wird verlacht, getreten, geschlagen, beraubt und schließlich getötet; er wird in die Sklaverei getrieben, mit üblen und groben Beleidigungen und Misshandlungen überfallen, schlimmer als von einer Tigerin, deren Junge er entführt hat.

Es gibt vier Gesetze: das der Götzen, der Juden, der Christen und der Mohammedaner. Der Götzenanbeter zieht sein Gesetz vor, und zwar mit vier Argumenten. Das erste ist, dass er den Juden im Krieg so oft überlegen war, bis er diesem Gesetz ein Ende setzte. Daher glaubt er, dass für den obersten Handwerker und Herrscher die Anbetung vieler Götter ebenso angenehm ist wie die eines einzigen, des obersten Handwerkers und Herrschers. Zweitens, weil es in einem Volk mit einem obersten Herrscher für Jeden angemessener ist, sich in privaten Fällen an die Beamten und Höflinge des Herrschers zu wenden (vor allem an die unbedeutenderen), als den König selbst mit jedem Fall zu belästigen. Da dieser höchste Gott sich nur wenig um diese niederen Menschen kümmert, die Geschäfte von Privatpersonen aber einen winzigen Teil dieser niederen Menschen sichern, halten sie es für angebrachter, dass sich die Diener dieses höchsten Herrschers bei unwichtigen Angelegenheiten an die Götter wenden, als in solch niederen Fällen denjenigen mit ihren Gebeten zu quälen, den man nicht einmal in Gedanken belästigen sollte. Zusammenfassend kann man sagen, dass durch dieses Gesetz und diese Beispiele (während sie hoffen, von der Sterblichkeit zur göttlichen Verehrung zu entkommen) sehr viele berühmte tugendhafte Gestalten hervorgegangen sind, wie Herkules, Apollo, Jupiter, Merkur, Ceres. Was die Wunder betrifft, so scheint es, dass es bei ihnen nicht weniger Fälle von göttlichem Beistand durch ihre Götter gab und weniger Orakel als bei allen anderen Religionen. Unsere Ansicht über Gott und den Ursprung der Welt ist nicht weniger absurd, ja weit absurder als ihre, wie aus dem Widerspruch zwischen den Gesetzen und ihrer Verachtung durch die Philosophen als Autoritäten für die Wahrheit an anderer Stelle deutlich wird.

Aber in Wahrheit wenden sie sich gegen menschliche Opfer, gegen die Verehrung stummer Statuen, gegen die Vielzahl der Götter, die sogar von ihnen selbst verspottet werden; und auch gegen ihre eigenen unsäglichen Verbrechen, für die sich jeder schämen würde, sie auch nur zu erwägen, ein undankbares Vergessen des höchsten Handwerkers.

Umgekehrt erhebt sich der Jude gegen den Christen: »Wenn es in unserem Gesetz irgendwelche Legenden gibt, so sind sie alle auf euch übergegangen, die ihr Empfänger unseres Gesetzes seid. Niemand verehrt die Einzigkeit des einen Gottes so aufrichtig wie wir, und der Anfang dieser Verehrung war unser Werk: Es gab größere Wunder und Wundertaten als in jedem anderen Gesetz und die Auszeichnung unseres Volkes.« Dann die, die dagegen sprechen: »Gott war nicht zufrieden mit dem, was geschehen war, denn sie haben gegen seine Propheten gewütet; ihr Geschlecht war Christen und Mohammedanern immer zuwider.« Wenn dies herausgekommen ist, streitet wieder der Christ gegen den Mohammedaner. Dieser Kampf ist erbittert und zieht große Kräfte auf jeder Seite an, und von ihm hängt die Sicherheit von Königreichen und Provinzen ab. Der Christ stützt sich vor allem auf vier Grundlagen: erstens auf das Zeugnis der Propheten, die alles, was im Zusammenhang mit Christus geschehen wird, so gewissenhaft erzählen, dass niemand sie für Vorhersagen halten würde, sondern sie für nachträglich erzählt halten würde. Sie sagen dagegen nichts über Mohammed. Als nächstes berufen sie sich auf die Wunder Christi – zum Beispiel die Auferstehung der Toten, des Lazarus, des Mädchens und des Sohnes der Witwe –, die so groß und außergewöhnlich sind, dass sie mit den Wundern der Mohammedaner nicht zu vergleichen sind. Aber die Wunder der Mohammedaner, dass schwarze Vögel Steine auf die Feinde herabfallen ließen, oder das Verstecken in einer Höhle, wie es ihr Koran lehrt, oder dass er in einer einzigen Nacht von Mekka nach Jerusalem gesandt oder getragen wurde, oder dass er in den Himmel aufgenommen wurde, oder dass er den Mond gespalten hat: für all das fehlt entweder ein Zeuge oder es sind keine Wunder. Steine, die von Vögeln fallengelassen werden, selbst wenn es erstaunlich wäre und als geschehen anerkannt wird, machen noch kein Wunder. Dass der Mond gespalten aussieht, ist weder ein Wunder noch ein Wunderwerk. Von Mekka nach Jerusalem versetzt zu werden oder in den Himmel aufgestiegen zu sein, wäre ein Wunder, aber es fehlt ein Zeuge.

Der dritte Grund liegt in den Geboten Christi, die nichts enthalten, was nicht mit der Moral- oder Naturphilosophie übereinstimmt. Denn niemand, und sei er noch so gut, kann seinem Leben gleichkommen, aber jeder kann ihm nachfolgen. Was ist möglich? In der Tat, je weiter man sich von seinem Beispiel entfernt, desto mehr begibt man sich in eine schlechte Lebensweise. Aber Mohammed befürwortet Schlachten und Kriege und einen Turm im Paradies, ein Paradies, in dem die Menschen heiraten, schöne Knaben zu Tisch sitzen, die Menschen Fleisch und Äpfel essen, Nektar trinken, auf seidenen Kissen liegen und im Schatten von Pflanzen Juwelen und seidene Überwürfe besitzen. Wer mit gesundem Verstand könnte das ertragen? Ist es nicht absurd, dass Gott von der Erde in den Himmel aufsteigt und die Dämonen seinen Dienern einen Eid schwören? Was soll man von der mehr als fünfmal wiederholten Geschichte über das Kamel halten (auch wenn es eine solche ist, wenn es sich eher um eine Fabel handelt)? Es kommt hinzu, dass unser christliches Gesetz von so wenigen ungeschickten und armen Männern gegen so viele Kaiser und reiche Heiden verkündet wurde und schließlich die ganze Welt eroberte, so geschwächt sie auch durch interne Sekten war.

Auch die Mohammedaner haben starke Gründe. Erstens, dass die Christen selbst nicht dieselbe Einfachheit in Gott praktizieren wie sie, und die Christen verehren Bilder und erscheinen als Anbeter von Göttern, nicht von einem einzigen Gott. Es folgt das Argument, dass sie bereits Siege errungen und Provinzen besetzt hatten, denn man könnte kaum sagen, das christliche Gesetz sei ein gewisser Teil des mohammedanischen Gesetzes, wenn nicht durch den Willen des Kaisers andere Teile der Welt hier und da schon von der christlichen Religion durchdrungen worden wären. Sie sagen, dass Gott wahrscheinlich diejenigen unterstützt, die den besseren Standpunkt einnehmen, und er lässt die vielen, die er mit geringer Hilfe retten könnte, nicht gern im Stich. Ihr Leben und ihre den unseren gegensätzlichen Praktiken, wenn wir als Nachfolger Mohammeds und sie als Nachfolger Christi auftreten, verleihen ihrem Gesetz beträchtliche Autorität: Sie beten, sie fasten, sie praktizieren einen einfachen Gottesdienst, ja den einfachsten, sie enthalten sich des Schlachtens, des Würfelspiels, des Ehebruchs, der unsäglichen Lästerungen und der prinzipienlosen Taten gegen Gott, vier Laster, durch welche das christliche Volk fast vollständig erdrückt wird. Was ist mit dem guten Ruf ihrer Frauen und dem Gottesdienst in ihren Moscheen? Schließlich zu den Wundern: Sie sagen, wir haben sie nur als Überlieferung, und sie haben sie in der Gegenwart. Einige von ihnen fasten viele Tage lang, andere werden mit Feuer verbrannt und mit Eisen geschnitten, ohne dass sie Schmerzen zeigen. Es gibt viele, die aus ihrer Brust in Stimmen redeten und die man früher Engastrimuthi nannte. Dies geschieht vor allem, wenn sie an Orgien teilnehmen und sich im Kreis drehen. Diese drei Kunststücke sind vollkommen authentisch und stellen Wunder für die natürliche Vernunft dar, die wir bereits erwähnt haben; im Gegensatz dazu gibt es das berüchtigte Kunststück, dass Kinder von Frauen ohne Geschlechtsverkehr geboren werden.

Aber die Philosophen, für die dieser Bericht zusammengestellt wurde, haben mit diesen Dingen wenig zu tun. Gehen wir **zu den Wundern der Provinzen** über. Der Wechsel des Ortes macht einen so großen Unterschied, dass unter jedem Pol sechs Monate lang immerwährende Nacht herrscht und die gleiche Anzahl von Tagen darauf folgt. In den nächstgelegenen Orten gibt es eine Nacht von vier Monaten, in den weiter entfernten von zwei oder von einem Monat. Auch in Nowgorod, einst eine sehr reiche Stadt, jetzt unter dem König Moscho, immer noch bemerkenswert durch einen sehr großen Tempel, wo Honig in den Wäldern ohne Anbau entsteht, dauert im Sommer ein einziges Tageslicht viele Tage, und dies stimmt mit der Theorie der Sphären überein. Aber was nicht damit übereinstimmen kann, ist das, was Haitomus über eine ferne Region der Hanse berichtet (sie liegt zwischen den Bergen Moschicum und Antitaurum, nicht weit von der Stadt Zoriga): dass sie in immerwährender Dunkelheit und daher unzugänglich ist.

Und es gibt noch ein weiteres Unterscheidungsmerkmal zwischen den Regionen, ein Merkmal, das sich aus **Hitze und Kälte** ergibt: alle Regionen, die sich in der Nähe der Pole befinden, zittern vor Kälte, während die Regionen unter dem Gürtel, den die Sonne drückt, vor Hitze kochen. In der Mitte liegen die Regionen, die den gemäßigten am nächsten sind. Unter den Polen kann es keine bevölkerungsreichen Städte geben, da der Boden unfruchtbar ist und der Transport von Feldfrüchten schwierig ist; daher müssen die Menschen umherziehen oder in kleinen Dörfern leben. Die Bewohner der gemäßigten Zonen haben gemäßigte Städte. Sie transportieren die Ernten bequemer dorthin und leben in ihnen besser und sicherer als in Dörfern. Sie sind in einer Menschenmenge und innerhalb von Mauern sicherer, und technische Fertigkeiten können ihnen dementsprechend besser helfen. Rom war anders. Weil es sich die Macht über den Erdkreis gesichert hatte, erwarb es nicht nur gewaltige Mauern, sondern eine riesige Bevölkerung. Im Gegensatz dazu sind in heißen Regionen sehr große Städte erforderlich, weil ein Teil des Bodens entweder unfruchtbar ist, wenn es an Wasser mangelt, oder sehr fruchtbar, wenn genügend Wasser vorhanden ist. Wenn ein geeigneter Ort gefunden wird, der eine große Bevölkerung ernähren kann, ist es wegen dieser Uneinheitlichkeit vernünftig, eine große Stadt zu gründen und eine zahlreiche Bevölkerung in ihr zu versammeln.

Es gibt noch einen anderen, wichtigeren Grund: Wenn die Waren von weit her kommen, durch Wüsten und gefährliche Gegenden, müssen die Händler zu ihrer Sicherheit gemeinsam und in einer Art Kolonne reisen. Wenn sie sich also in einer Stadt niedergelassen haben, wäre es nicht nur für die Kaufleute, sondern auch für die Städte ein zu großes Ärgernis, wenn diese Gesellschaft umherziehen würde. Daher ist es besser (und viel einfacher), wenn sich alle Nachbarn an diesem Ort zusammenschließen; und wenn dies über viele Jahre hinweg andauert, entwickelt sich selbst aus einem kleinen Dorf **eine bevölkerungsreiche Stadt**. Von dieser Art sind Quisnai, Singui,[3] Cambala und Kairo. Gehoar, ein illyrischer Sklave, baute diese Stadt in Ägypten für die Sicherheit des mohammedanischen Priesters Elcaim, und sie wurde Pontifex Elcaira genannt, und dann Kairo, durch eine Verfälschung des Namens.

[3] Zwei Städte zwischen Tibet und China, die Marco Polo in seinem Reisebericht erwähnt.

Wenn jemand Byzanz, auch bekannt als Konstantinopel, erwähnt, obwohl es wenig Anspruch darauf hat, mit diesen Städten verglichen zu werden, die einen Umfang von sechzig oder mehr Meilen haben, so liegt das an seiner Macht. In der Antike war keine Stadt bemerkenswerter als Lykosoura in Arkadien. Vor ihr, sagt Pausanias, hatte die Sonne keine Stadt gesehen. Sie wurde von Lycaon, dem Sohn des Pelasgus, auf dem Lykaion Berg erbaut. Städte hängen von ihrer Lage und ihren Bewohnern ab. Die Lage sollte gesund, uneinnehmbar und leicht zugänglich sein. Eine Stellung kann nur dann uneinnehmbar sein, wenn sie auf einem Berg, in einem Sumpf oder auf dem Wasser liegt. In Bergen ist der Zugang schwierig, in Sümpfen ist er nicht gesund. Die Ewige Stadt muss am Wasser liegen. Aber nicht an irgendeinem Wasser, sondern an einem Wasser mit vielen Untiefen und Furten. Untiefen und Furten sind auch nicht genug; am Süßwasser kann die Luft sogar ungesund sein. Und wenn sie weit vom Festland entfernt ist, werden die Furten entweder vom Meer überflutet oder trocknen aus. Wenn sie austrocknet, muss ihr Ansehen untergehen. Denn es gibt keinen Platz für die Schifffahrt, und im Meer kann es keine Felder geben. Venedig ist ein solcher Ort, und Singui, wo es sechs Meilen steinerne Brücken gibt, und Quisnai, wo es zwölf Meilen gibt, und in Amsterdam, der Stadt der Bataver oder von Holland. Alle diese Städte sind zweifelsohne sehr groß und sehr wohlhabend.

Der Mensch besteht aus zwei Teilen: Körper und Geist. Wir verwenden unseren Körper für die Anweisungen und Befehle des Geistes. Der Geist kann nicht rein sein, noch kann allen freiwillig gehorcht werden, es sei denn, das Reinste davon wird abgetrennt und herrscht. Diesen Teil des Verstandes nennt man das Gesetz. Nur in einer Stadt, in der das Gesetz regiert, regiert nicht der Mensch; und ein in militärischer Härte geschulter menschlicher Körper und eine Situation, die sowohl gesund als auch sicher und leicht zugänglich ist, können in dauerhafter Freiheit bleiben, das heißt, langlebig sein. Dies ist der Zustand der Venezianer, sodass der Titel der einzigen oder freiesten Stadt auf die Stadt der Venezianer Anwendung verdient. Dies wird an anderer Stelle erörtert.

Die dritte Art von Unterscheidungsmerkmalen ergibt sich aus der **Sprache**; darin unterscheidet sich ein Mensch mehr als in allem anderen, da die übrigen Tiere dieselben Gefühle durch dieselben Laute ausdrücken. Der Mensch allein hat so viele Sprachen, dass er von anderen so wenig verstanden wird wie eine Schwalbe von einem Löwen. Ich kann kaum aufzählen, wie viele Unterschiede es zwischen den Sprachen gibt. Es gibt jedoch sechs einfache Arten: aus dem Mund, und diese scheinen zu zischen; von der Zunge zwischen den Zähnen, von der herausgestreckten Zunge; dann sind diese doppelt, zum Beispiel in den Lippen und im Gaumen; aus der Kehle und aus der Brust. Fast alle diese Unterscheidungen sind in Italien zu beobachten: die Florentiner erzeugen sie mit der Speiseröhre, die Venezianer mit dem Gaumen, die Neapolitaner mit den Zähnen, die Genueser mit den Lippen. Zusammenfassend lässt sich sagen, dass die Zunge auf vier einfache Arten Sprache produziert: scharf, zurückgebogen, höher, tiefer und frei. Die römische Zunge ist frei, die englische ist nach oben gebogen. Und es gibt sechsundfünfzig zusammengesetzte Arten, zu denen sechs einfache hinzukommen; aus den Unterschieden der Stimmerzeugung ergeben sich zweiundsechzig Arten der Sprache. Aber diese einzelnen sind nach der Basis ihrer Namen verändert, sodass »homo« im Lateinischen gleichbedeutend ist mit ἄνθρωπος, anthrōpos, im Griechischen, mit »hombre« im Spanischen, selbst wenn es keine Veränderung in der Aussprache gäbe. Und es gibt einen gewissen Unterschied in den Aussprache: entweder wird ein und dasselbe Wort mit mehreren Arten von Aussprache behandelt, oder einige Wörter mit diesen und einige mit jenen. Kennt nicht jeder die endlosen Arten von Sprachen? Darunter sind auch solche, deren Namen keine so große Ähnlichkeit haben, wie »Römisch« und »Spanisch«. Einige Sprachen verwenden mit bemerkenswertem Erfolg zusammengesetzte Worte, wie das Griechische und das Deutsche.

Die letzte Unterscheidung ergibt sich aus der **Lebensweise:** Es gibt zum Beispiel Menschen, die Menschen essen, und eine Art von ihnen lebt noch immer in der Neuen Welt auf der Insel Hispaniola. Diese Menschen müssen wild sein und haben die gleiche Einstellung wie Wölfe zu Lasttieren. Am Anfang stand die Abneigung; dann lockte der Geschmack und die Trägheit, und schließlich ging das Böse auf uns über und die Strafe wurde üblich.

Zu diesen Unterscheidungsmerkmalen kommen noch die natürlichen des Geschlechts, des Alters und des Temperaments hinzu, **sodass sich ein Mensch mehr von einem anderen unterscheidet** als eine Ziege von einem Wolf. Die Menschen unterscheiden sich zunächst durch ihre Größe, und diejenigen, die riesig sind, werden Riesen genannt, und diejenigen, die klein sind, Pygmäen oder Zwerge. Viele Aufzeichnungen bezeugen, dass es Riesen gegeben hat, aber was besonders dafür spricht, ist, dass zur Zeit von Claudius Cäsar ein Araber namens Gabbara neun Fuß und neun Zwölftel Fuß groß war, in unserem Maß sieben Holzellen und ein Viertel und ein Sechzehntel. In unserem Zeitalter ist es weniger erstaunlich, da in der Neuen Welt eine Insel der Riesen gefunden wurde. Ich weiß jedoch nicht, ob derjenige, den unser italienischer Kaiser zum großen Erstaunen des Publikums vorzeigte, von dieser Insel stammt. Aber ein Punkt wird genügen: Gabbaras Größe war außergewöhnlich, denn selbst ein großer Mann ist keine drei Ellen groß. Ich lasse mich von der Autorität von Leuten leiten, die über militärische Angelegenheiten geschrieben haben und die gesagt haben, dass die mittlere Größe von Rekruten fünf Fuß beträgt. Der alte Fuß ist also ein Viertel weniger als das Maß unserer Elle; Gabbara war also fünf Ellen und drei Viertel oder neun Zwölftel. Das ist doppelt so groß wie die allgemeine Körpergröße der Menschen seines Alters. Man kann also sagen, dass ein Mensch von solcher Größe weder nach der Zeit des Claudius noch tausend Jahre lang vor Augustus gesehen wurde. Zur Zeit des Trojanischen Krieges war Ajax der Telamonier von enormer Größe. Pausanias berichtet, dass sein Grab durch eine Überschwemmung freigelegt wurde, die den Zugang ermöglichte, und auf dem Knie war eine Kniescheibe zu sehen, die so groß war wie der Diskus eines jugendlichen Fünfkämpfers. Da dies größer ist als der Umfang eines menschlichen Kopfes von normaler Größe, ist es klar, dass Ajax größer war als Gabbara. Die Knochen des Hyllos, die zur gleichen Zeit wie die des Kaisers Hadrian freigelegt wurden, erschienen so groß, dass man sie nicht für die eines Menschen, sondern für die eines Tieres hielt. Hyllos lebte zur Zeit des Herkules, er war einer seiner Söhne.

Was die Zwerge betrifft, so wurde im vergangenen Jahr ein volljähriger Mann von einer Elle Größe in einem Papageienkäfig herumgezeigt. Aber die Größe von Riesen wie die von Zwergen ist für die Erfahrung des Geistes nutzlos. Es gibt noch andere Menschen von ungewöhnlicher Natur, wie Colanus, ein Taucher aus Catania (einer Stadt in Sizilien), ein Bürger, der wie man sagt etwas vor unserer Zeit oder sogar gleichzeitig lebte. Er pflegte drei bis vier Stunden am Stück wie ein Fisch unter Wasser zu bleiben. Und das ist nicht sehr bemerkenswert, denn in unserer Zeit bleiben Perlentaucher auf den Westindischen Inseln eine ganze Stunde unter Wasser, um nach Austern zu suchen. Und sie sind von außergewöhnlicher Gestalt, wie auch Protophanes Magnesius, der bei den Olympischen Spielen am selben Tag im Ringen und im Faustkampf siegte. Als seine Leiche unter Kaiser Hadrian wieder ans Tageslicht kam, fand man anstelle der Rippen einen einzigen Knochen vom Hals bis zur Leiste.

Und es gab **andere, die noch bemerkenswerter waren**, wie sich herausstellte, z.B. Aristomenes von Messenien, der großes Glück hatte. Erst wurde er im Kampf von den Spartanern gefangen genommen und zusammen mit den anderen Gefangenen in die Ceadas, eine sehr tiefe unterirdische Grube, geworfen. Nachdem die anderen in zwei Tagen gestorben waren, lag er unter ihnen, als wäre er tot. Als er einen Fuchs erblickte, der die Leichen verzehren wollte, ergriff er dessen Schwanz und ließ sich von ihm zu der Stelle ziehen, durch die der Fuchs eingedrungen war. Dort gab es einen sehr engen Durchgang, und er kam heraus. Er heiratete, bekam einen Sohn und wurde wieder gefangen genommen; durch den Traum eines Mädchens, das sein Sohn später heiratete, entkam er. Schließlich starb er als alter Mann an einer Krankheit, sein Sohn überlebte ihn, und es hielt sich hartnäckig die Meinung, er sei unsterblich, sodass die Menschen in Griechenland viele Jahrhunderte später behaupteten, er sei am Leben und sei gesehen worden.

Ein nicht minderes Wunder ist das von Leonardo da Pistoia, der sich nach und nach in einen solchen Zustand gebracht hatte, dass er nur noch einmal in der Woche Nahrung zu sich nahm. Und unter Papst Clemens, dem siebten dieses Namens, gab es einen jungen Schotten mit rotem Haar und (wie man sah) mit Galle. Er ließ sich absichtlich elf Tage lang ohne Nahrung einschließen, nachdem er es zu anderen Zeiten bis zum zwanzigsten Tag zu tun gewohnt war. Und nachdem er bis zu dreißig Tage in dieser Hungersnot ausgeharrt hatte, erhielt er eine Belohnung für dieses Wunder. Über die Gründe dafür haben wir bereits gesprochen.

Was ist von Hamar, dem Afrikaner, zu halten, der in der Wüste an entzündeten Augen erkrankte und den Sand roch und sagte: »Wir sind schon nahe an bewohntem Land«? Er konnte den Geruch menschlicher Besiedlung von Ägypten aus wahrnehmen, als er 480 Meilen entfernt war, und von den drei Städten Berdea in Libyen 1000 Meilen und 40 Schritte. Ein Geruch wird durch Hitze getragen und durch Trockenheit bewahrt, sodass er in jenen Gegenden einen fauligen Geruch wahrnehmen konnte, den der Unrat sowohl von Tieren als auch von Menschen ausatmet, ein Hund würde nicht weniger stinken. Es gibt noch andere ähnliche Monster[4], wie zum Beispiel Männer mit dicken Lippen und einer dicken Nase bei den Äthiopiern in der Region Cassena in Afrika. Jemand, der die Natur der Dinge nicht kennt, wird sich wundern, wenn er nicht gelesen hat, wie Hippokrates in seinem Buch über die *Luft, Wasser und Ortslage* große Köpfe und ihre Ursachen beschreibt. Und wir selbst haben Johannes Petrus Bosisius gesehen, den Sohn eines Holzarbeiters in unserer Stadt, der im östlichen Teil der Stadt neben einer Gemeinschaft von Sklaven lebte. Er war ein junger Mann von zwanzig oder mehr Jahren, der es nie nötig hatte, seine Nägel zu schneiden. Wir haben sorgfältig darüber nachgedacht, ob wir vielleicht getäuscht wurden, aber wir haben gesehen, dass die Spitzen seiner Finger so gut durch Fleisch geschützt waren, dass Fingernägel weder nötig noch angebracht waren. Aber seine Nägel waren kurz und alle abgeschnitten.

Wir haben auch den dreijährigen Sohn des Holzhändlers Bernardino Komeri gesehen; als er sich von Fieber und Krämpfen erholt hatte, waren seine Oberschenkel aufgebläht und sein Herzklopfen stark. Und der Körper hüpfte ständig mit bewegungslosen Füßen, wie manche Akrobaten es tun. So habe ich erkannt, dass die Störung, die sie »Tanz« nennen, eine Krankheit und real ist, da er an einem echten Kind auftrat.

Andere zeichneten sich durch ihre schöne Gestalt aus, wie Cratinus von Ägina,

[4] »monstris«.

der Achivus, der schönste aller Männer, nach ihm Alcibiades von Athen. Andere zeichneten sich durch ihre Schnelligkeit aus, wie Ladas von Korinth. An **Erfindungsgeist**[5] ragen die Inder aus Cambay heraus; von ihnen haben wir die Schreibweise für unsere Zahlen erhalten. Diese sind für die Theorien des Rechnen von enormem Wert. In der Tat wird Genie durch Mathematik bewiesen, Urteil durch Naturforscher, Gedächtnis durch eine Reihe von Wörtern. Nach den Indern kommen die Griechen, und nach ihnen die Spanier, Sizilianer und Italiener.

An **Beispielen für außergewöhnliche Körperkraft** mangelt es nicht. Vor uns tanzte ein Tänzer, der Zwillinge auf den Schultern, ebenso viele auf den Armen und ein Kind am Hals trug. Ein anderer Akrobat hob mit seinen Haaren einen Stein, den vier Männer nicht tragen konnten. Derselbe Mann – es ist unglaublich – pflegte einen Schiffsmast zunächst in den Zähnen zu halten, dann schob er ihn auf seine Schulter und von dort auf die andere, ohne die Hände zu benutzen, während der Mast die ganze Zeit aufrecht blieb. Aus der Antike ist überliefert, dass Martius, ein römischer Bürger, Sohn eines Schmieds, aus den spanischen Legionen, anstelle des Scipios an die Spitze gewählt wurde, weil er so stark war. Er hielt regelmäßig herannahende Wagen auf, indem er sich an einen Baum oder einen Stein lehnte – er konnte jeden von ihnen dahin schieben oder ziehen, wo er wollte. Er pflegte den Feind mit einem in der Faust geschlossenen Finger zu schlagen, sodass nur ein Gelenk herausschaute, und zwar so, wie man es mit einer Keule getan hätte. Auch über Sicinius Dentatus gibt es viele Berichte. Und man ist sich einig, dass auch Herkules eine riesige Kraft und eine bemerkenswerte Weisheit besaß. Die größte Kraft eines Menschen von nicht mehr als mäßiger Größe kommt ins Spiel, wenn er ein Gewicht von tausend Pfund trägt, was am bequemsten geht, wenn er ein Korsett und bleierne Beinschienen anlegt. Obwohl dies alles bemerkenswert aussieht, gibt es vier Faktoren, die dazu beitragen: die Beschaffenheit des Klimas, die Übertragung, die Ernährung und die Geschicklichkeit. Einige Regionen bringen, wie gesagt, große Menschen hervor, andere kleinere. Es ist möglich, Kleinheit zu erzeugen, wie bei den Hunden aus Mljet; sie werden von einem kleinen Vater und einer kleinen Mutter geboren, sie werden in enge Bandagen gebunden und nur sparsam gefüttert. Wie schön wäre es, wenn diese Entdeckung so nützlich wie einfach wäre. Nach demselben Prinzip werden große Nachkommen von großen Eltern erzeugt, sie werden reichlich erzogen und ernährt und nicht in Bandagen gebunden. Aber das Prinzip trügt in Bezug auf große Größe, nicht auf Kraft und Natur. Taucher werden aus Tauchern geboren, danach helfen Technik und Geduld der Natur. Und obwohl es in all diesen Fällen möglich ist, immer weiter fortzufahren, soweit es die menschliche Natur erlaubt, gibt es einen Weg zurück von dort.

Der Senegal-Fluss (die Provinz liegt an der westlichen Grenze Afrikas) zeigt das Ausmaß des Einflusses einer Region, wenn die Menschen, die nördlich auf dieser Seite des Flusses leben, aschfarben und von kleinem Körperbau sind; aber die Menschen, die jenseits des Flusses leben, sind schwarz, von großer Statur und stämmig. In der Tat ist diesseits die ganze Region grün, aber der andere Teil ist unfruchtbar.

Jetzt aber, wo ich auf die **Erziehung** zu sprechen komme, wird klar, warum die meisten Menschen, die vaterlos[6] aufwachsen, einen schlechten Charakter haben und selten gute Früchte bringen. Denn sie werden von unwürdigen und ungesitteten Frauen geboren. Andere wiederum stammen von schamlosen, lügenden, gefräßigen, widerspenstigen Huren ab, und wenn sie ihrer Mutter folgen, werden sie selbst zu solchen.

[5] »ingenio«.

[6] »spurius«.

Daher wird ihre Erziehung vernachlässigt. Gewöhnlich ist auch der Vater von einer schändlichen und übermäßigen Liebe besessen. So hat die Natur der Mutter den größten Einfluss, dann die Erziehung und schließlich der emotionale Zustand des Vaters. Damit die vaterlosen Menschen ehrenhaft und bescheiden bleiben, wähle kein Dienstmädchen oder eine Hure, sondern eine Jungfrau, arm, aber ehrlich, die du mit gesunden Sitten und Mäßigung erziehen wirst. Wenn du von ihr anerkannte Söhne hast und sie großzügig erziehst, werden sie wie rechtmäßige Kinder sein. Wähle also eine Amme, die nicht auf einem Auge blind ist, noch eine Trinkerin, noch eine Kranke, noch eine Unzüchtige; eine, die auf einem Auge blind ist, wird den Säugling dazu machen, nicht durch ihre Milch, sondern durch Gewöhnung an ihre Blicke. Eine Betrunkene macht ihn anfällig für Krämpfe und schwächt ihn, macht ihn trunken und unbeherrscht. Eine Kranke macht ihn krank, eine Verrückte macht ihn verrückt. Die Amme hat großen Einfluss auf die Moral und die Gestaltung seines Körpers, so sehr, dass eine Amme mit dunklen Augen die Augen des Kindes verdunkelt, auch wenn sie von Natur aus hell sind. Aber diejenigen, die am meisten Umgang mit dem Säugling haben, tun am meisten für seine moralische Erziehung und die Stellung seiner Augen. Vereinige also keine schielende Magd oder Dienerin mit ihm; wähle eine Amme mit der Art von Augen, die du für den Knaben wünschst.

Nachdem das Kind genug zu essen hat, sieh zu, dass es diese vier Dinge hat, die keinerlei Kosten verursachen und daher auch jedem Armen zur Verfügung stehen: einen schönen Namen, schöne Manieren, einen beweglichen Körper und es sollte beidhändig[7] sein, wie auch Platon erkannte. Es gibt noch andere Dinge, die von großem Nutzen sind und mäßige Ausgaben erfordern, aber den Armen nicht so leicht zur Verfügung stehen. Auch sie sind vier an der Zahl: vornehme Geschicklichkeit, das Leben in einer Stadt, die Fähigkeit zu schreiben und zu rechnen. Vor allem müsst ihr darauf achten, dass es nicht zum Dieb wird. Dafür hilft folgendes Mittel: Schickt das Kind an verschiedene Orte, bevor ihr es mit einem Einkauf beauftragt; beobachtet es, wie es sündigt, und die Schläge, die es deswegen erhält. Wenn es sich merkt, dass ihr wisst, von dem es dachte, dass ihr es nicht wisst, wird es merken, dass euch nichts entgeht, und wird sich auf diese Weise hüten, euch zu betrügen. Kaufe auch das Notwendige, damit es kein Geld zu haben braucht; ich sage, das Notwendige, alles, was du ihm schenken willst. Auf diese Weise wirst du es durch Geschicklichkeit bis zur Jugend bringen. Dann, als Mensch mit vollem Alter und Empfindsamkeit und Körper, sollst du es seiner eigenen Lebensweise überlassen.

Wenn es aber darum geht, **einen betrügerischen Verwalter zu überführen**: Nehmen Sie eine schriftliche Abrechnung entgegen, tun Sie so, als hätten Sie sie verloren, fordern Sie eine zweite an, vergleichen Sie die beiden. Und wenn sie nicht übereinstimmen, werden Sie erkennen, dass ein Betrug vorliegt. Achten Sie darauf, dass Sie nicht so viel Zeit verstreichen lassen, dass er sich vernünftigerweise darauf berufen kann, dass er es vergessen hat. Als einige Leute die unehrliche Schenkung eines Mannes nachwiesen, eines Mannes, der bereits seit einem Tag tot war, und auf die Spesenhefte des Toten stießen, aus denen hervorging, dass er in einer anderen Stadt gewesen war, hatten sie die Oberhand in dem Fall. Andere Leute stellen einen Mann vor, der nach Vereinbarung verkauft, und suchen dann in den Rechnungen nach dem Preis. Das sind kleine und alltägliche Punkte, aber nicht zu klein, um sie anderen, vornehmeren Subtilitäten zur Schonung des Familienvermögens vorzuziehen. Sie zu verachten oder zu ignorieren, hat selbst für

[7] »ambidexter«.

die reichsten Männer zur Katastrophe geführt. Und sie sind nicht so abgenutzt, dass es nicht viel mehr Menschen gibt, die sie ignorieren, als solche, die sich einreden, sie zu kennen. Es gibt in der Tat viele weitere Arten von ihnen, aber darüber haben wir das umfangreiche Buch *Technae calidae* geschrieben.

Dies ist die **Form des perfekten menschlichen Körpers**: Das Gesicht ist ein Zehntel der gesamten Länge vom Haaransatz bis zum Ende der großen Zehe. Teilt es in drei gleiche Teile: den Abstand von der Nasenspitze bis zum Haaransatz und von dessen Unterseite bis zum Kinn, sodass die Nase ein Drittel des gesamten Gesichts und ein Dreißigstel der Höhe des gesamten Körpers ausmacht. Der Abstand des Mundes oder seine Länge ist gleich der Breite der Augen, die sich vom äußeren Augenwinkel bis zum Tränenkanal erstreckt. Dieser Abstand ist jedoch gleich dem Abstand zwischen den Augen, sodass eine Dreiteilung besteht, die vom äußeren Winkel des einen Auges bis zum äußeren Winkel des anderen Auges reicht, das heißt, beide Augen und der Abstand zwischen ihnen.

Diese Summe ist das Doppelte der Nasenlänge, sodass die Breite eines Auges oder der Abstand des Mundes das Doppelte des neunten Teils der Gesichtslänge ist; daher ist auch die Nasenlänge das Anderthalbfache der Breite eines Auges und des Abstandes des Mundes, und da sie das Dreifache des Abstandes vom Nasenboden zum Mund ist, wird dieser Abstand die Hälfte des Abstandes des Mundes oder der Breite eines Auges sein. Der Umfang des Mundes ist doppelt so groß wie die Länge der Nase und dreimal so groß wie ihr Abstand. Die gesamte Länge des Gesichts entspricht also dem Anderthalbfachen des Mundumfangs oder dem Abstand zwischen den äußeren Augenwinkeln – dieser Abstand ist gleich dem Mundumfang. Der Umfang der Nase an ihrer Unterseite ist gleich ihrer Länge, aber ihre Länge ist gleich der Länge eines Ohres und der Umfang des Ohres selbst gleich dem des Mundes. Das Nasenloch ist ein Viertel der Breite eines Auges. Sie sind also folgendermaßen aufgebaut:

Gesicht	18 Teile
Von Außenwinkel zu Außenwinkel der Augen	12 Teile
Länge der Nase	6 Teile
Umfang an der Unterseite der Nase	6 Teile
Länge des Ohrs	6 Teile
Vom Haaransatz bis zur Nase	6 Teile
Nasenunterseite vom Kinn	6 Teile
Breite des Mundes	4 Teile
Umfang des Mundes	12 Teile
Vom Scheitel bis zum tiefsten Punkt des Halses	24 Teile
Von der Oberseite der Brust bis zum obersten Punkt; Haarwurzeln	30 Teile
Vom oberen Ende der Brust oder der Gabel bis zum oberen Ende des Kopfes	42 Teile
Umfang des Ohrs	12 Teile
Breite des Auges	4 Teile
Trennung der Augen	4 Teile
Von der Unterseite der Nase bis zum Mund	2 Teile
Vom Mund zum Kinn	4 Teile
Formen der Nase	1 Teil
Umfang der Oberseite der Stirn	18 Teile
Handfläche von der Gelenkstelle bis zur Spitze des Mittelfingers	18 Teile
Vom Kinn bis zum Scheitel	30 Teile

Fuß	20 Teile
Unterarm	30 Teile
Brustkorb	30 Teile
Der ganze Körper	**180 Teile**

Außerdem entsprechen die Schläfenmuskeln proportional der Länge des Gesichts und die Ohren der Nase, wie wir bereits festgestellt haben. Auch der Umfang der Ferse, wo der Fuß abknickt, ist gleich dem Umfang der Wade – hier wird das Maß für die Beinschienen genommen. Vom Handknoten bis zur Spitze des Mittelfingers ist ein Zehntel der Gesamtstrecke vom Nasenrücken bis zum Scheitel, oder vom Scheitel bis zu den unteren Teilen des Halses ist das Doppelte der Strecke vom äußeren Augenwinkel bis zum äußeren Winkel des anderen Auges. Von der Haarwurzel bis zum Scheitel ist es so weit wie vom Kinn bis zur Nasenspitze. Von der Gabelung des oberen Brustkorbs bis zu den Haarwurzeln und der Begrenzung der Stirn ist es so weit wie ein Unterarm oder die Breite des Brustkorbs, also ein Sechstel der gesamten Körpergröße. Die Länge des Fußes entspricht einem Neuntel der gesamten Körpergröße. Von der oberen Gabelung bis zum Scheitel des Kopfes sind es wiederum zweiundvierzig Teile. Die Angabe bei Vitruv sollte in diesem Sinne geändert werden, da die Grundlage nicht stimmen kann, dass die Differenz von einem Achtel und einem Zehntel zu einem Sechstel einen vierten Teil des Ganzen ausmacht. Sind die Hände ausgestreckt, so ist die Höhe des ganzen Körpers genau ausgefüllt, und wenn man Füße und Hände auseinanderzieht, so ist der Nabel in der Mitte, sodass aus der früheren Figur ein Quadrat, aus der späteren ein Kreis entsteht, beide die vollkommensten Figuren in ihrer Art, die eine aus rechtwinkligen, die andere aus schrägen Linien. Die Natur wendet eine so genaue Sorgfalt im Messen an, aber ebenso sehr im Temperament und in der Mischung. Und so ist jetzt schon die Zeit gekommen, darüber zu sprechen, ausgehend von der Erzeugung selbst.

Buch XII: Über die Natur und das Temperament des Menschen

Wenn der väterliche Same den mütterlichen beherrscht, sind die Söhne geistig wie der Vater; wenn das Gegenteil der Fall ist, wie die Mutter. Und wenn der väterliche Same das Menstruationsblut beherrscht, werden die Söhne wie der Vater gemacht; wenn er überwunden wird, macht dies die Söhne geistig wie ihre Väter, aber körperlich wie ihre Mütter. Das Menstruationsblut ist im Allgemeinen stärker als der väterliche Same, weil es reichlich vorhanden ist, so wie der väterliche Same stärker ist als der mütterliche Same, der weniger und dünner ist. Nach dem gleichen Prinzip werden Söhne, die mehr wie ihr Vater reifen, geschaffen, wenn die Mutter im zarten Alter ist. In der Tat entstehen die männlichen Nachkommen aus der Hitze und die weiblichen aus der Kälte; denn das Vollkommenere überwältigt das Unvollkommene, sei es durch seine Fülle oder durch die Hitze seiner Lage. Daraus ergibt sich der Weg zur Zeugung von Söhnen, der dreifach ist. Erstens sollte der Mann sich bewegen, recht feste Nahrung zu sich nehmen und seltener die Freuden der Venus haben; so wird der Samen heißer. Zweitens sollte sich die Mutter auf die rechte Seite legen und sich nach den Freuden der Venus sofort auf dieser Seite ausruhen. Hippokrates sagte nämlich, dass Männer auf der rechten und Frauen auf der linken Seite entstehen. Zu diesem Zweck hilft auch das Kraut, das Bingelkraut genannt wird, dessen Samen wie Hoden aussehen; für ein Mädchen sind es Trauben, nach der Autorität von Dioskurides, von dem Plinius dies erhielt. Ich habe sie in unserem Garten zusammen mit dem Arzt Thomas Iseus betrachtet, als ich dies schrieb. Durch die Beachtung dieses zweiten Punktes haben viele Menschen auf meinen Rat hin ihren Wunsch erfüllt; der dritte Punkt ist noch nicht erprobt worden. Wie die Leute sagen, ist es ein guter Plan, Bingelkraut zu reinigen und es mit der Nahrung zu trinken anzubieten, und wenn sie schwanger geworden ist, die Blätter der männlichen Blume zu essen zu geben.

Für den Menschen ist es charakteristisch, zusammen mit den sehr kleinen Tieren, dass er das ganze Jahr über die Freuden der Venus haben und auch zeugen kann. Da die Öffnung des Gebärmutterhalses immer offen ist, können schwangere Frauen die Freuden der Venus haben, und wenn sich der Gebärmutterhals öffnet, kann es zu einer Superfetation kommen. Wiederum kann aus einer einzigen Geburt eine ewige Laktation entstehen. Ich kannte eine Frau, die nach einer einzigen Geburt drei Kinder in einem Zeitraum von sechs Jahren gestillt hat. Aber die Milch verschlechtert sich mit der Zeit nach der Entbindung; die Schwangerschaft und die Geburt reinigen das Blut. Nach der erneuten Reinigung der Gefäße, in denen die Milch gebildet wird, wird die Milch bei einer erneuten Milchbildung reiner. Denn von jedem Saft, ob von der Natur oder von der Kunst, bleibt etwas Stärke in den Gefäßen zurück, und solange die Entstehung andauert, kann er nicht ausgewaschen werden.

Zwillinge werden nach dem Zeugnis des Hippokrates auch zur gleichen Zeit gezeugt und am gleichen Tag geboren. Und so besteht das Verhältnis eines Teils zu einem anderen Teil in der Bewegung der Sonne in der Schwangerschaft, da die Zahl der Tage dieselbe ist und das Maß eines Tages nicht anders als durch die Bewegung der Sonne in demselben Teil bestimmt werden kann; oder weil die menschliche Natur nicht länger als einen Tag aushalten kann, wenn sie durch eine frühere Geburt gereizt ist.

Ich merke, dass ich bereit bin, über unermesslichen **verborgenen Unterschiede der menschlichen Natur**, von Mann und Frau, Alter und Jugend, von Nationen und Teilen zu sprechen. Einige von ihnen unterscheiden sich tatsächlich so sehr, dass sie kaum als eine einzige Art angesehen werden. Die meisten Numidier waschen sich weder die Hände noch das Gesicht und trinken kein Wasser; sie haben kein Schwert, sondern begnügen sich mit Kamelmilch und Fleischsaft, ein so ärmliches Mahl, dass man sie für Tiere halten könnte. Wie könnte man diese unzivilisierten Bauern mit den vornehmen und begabten Völkern von Cambay vergleichen? Die Älteren erfreuen sich an Dingen, die ihnen in ihrer Jugend Spaß gemacht haben, wie zum Beispiel Würfelspiele, und sie ertragen es nicht mit Gleichmut, von begeisterten Jugendlichen geschlagen zu werden. Die Alten ziehen es daher vor, ihren Geist zu trainieren, die Jungen ihren Körper, und das sind ganz unterschiedliche, ja gegensätzliche Beschäftigungen. Alte Menschen sind geizig, düster und nervös; junge Menschen sind verschwenderisch, eifrig und kühn. So erscheinen die Bestrebungen der verschiedenen Altersstufen nicht so sehr als gegensätzliche Bestrebungen, wie die von Lebewesen einer anderen Art. In der Tat ist die menschliche Natur (wie an anderer Stelle bemerkt wurde) eine große Ansammlung von allem, und in ihrer Anordnung liegen viele und große Dinge; das Menstruationsblut, aus dem sie zusammengesetzt ist, hat große Kraft. In der Tat verfärbt eine menstruierende Frau durch ihren Atem einen Stahlspiegel mit Rost und verdirbt das Getreide, an dem sie vorbeikommt. Das Badewasser ihres erstgeborenen Sohnes, in dem sich die Reste ihres Blutes befinden, reinigt den Aussatz, wie ich bereits dargelegt habe. Die Ursache ist meiner Ansicht nach in der Sympathie[1] zu suchen. Das verdorbenere Blut, das in die Arterien und Venen des Aussätzigen eingedrungen ist, zieht das Verderben an. Das Blut, das von der Geburt ausgeflossen ist, ist in seiner Potenzialität wie das unsrige, und in seinen Kräften noch heißer als das der Geburt und eines Knaben. Daher ist es kraftvoll stimulierend, reinigend und löschend, so wie die Sonnenstrahlen die Flamme eines Feuers überwältigen und zum Verschwinden bringen.

Aber um zu meinem Thema zurückzukehren: Im zweiten Buch meiner *Contradicentia Medicorum* habe ich gezeigt, dass alle Söhne etwas von ihrem Vater oder Großvater im Detail behalten, ich meine eine Warze oder eine Narbe oder eine Ähnlichkeit oder eine Lebensweise oder Linien an den Händen. Und wenn diese Samen gut vermischt und mit den kleinsten Teilen verbunden sind, entstehen kräftige Kinder. Deshalb sind uneheliche Kinder kräftiger, denn die Leidenschaft der Liebe vermischt die Samen stark. Ebenso sind die Nachkommen derjenigen, die nur wenige Nachkommen zeugen und deren Samen nicht wirklich zusammenkommen, in besserem Zustand und stärker, weil das, was nicht zusammenkommt, einen starken Grund für die Vermischung erhält, wenn die Vermischung stattfindet. Aus demselben Grund sind Maultiere langlebiger als die Pferde und Esel, von denen sie abstammen. Und das liegt nicht daran, dass sie den Koitus vermeiden, denn einige von ihnen tun das nicht und leben dennoch lange, und Pferde, die sich des Koitus enthalten, sind kurzlebig. Die andere Schlussfolgerung ist, dass dies durch eine starke Vermischung geschieht, denn wo eine starke Vermischung stattfindet, wird die Substanz dünner, und wo eine dünne Substanz ist, ist sie auch fest. Wenn Dinge, die gemischt werden müssen, unterschiedlich sind, brauchen sie viel Bewe-

[1] »sympathia«.

gung, um verdünnt zu werden, und so werden sie dünn und fest. Das Ergebnis ist, dass zwei Menschen mit demselben Temperament eine unterschiedliche Lebensspanne erreichen, obwohl sie der gleichen Lebensregel folgen; der eine wird in der Jugend sterben, der andere in hohem Alter. Denn jemand wird ein sehr langes Leben führen, wenn er aus fester und feiner Substanz besteht, und ein kurzes, wenn er aus feiner und dünner Substanz besteht, ein mittleres, wenn er aus dicker und dünner Substanz besteht. Denn, wie ich sagte, kann er nicht aus fester und dicker Substanz bestehen.

Es gibt Leute, die die Dauer des Lebens anhand der Form der Zähne abschätzen. Augustus aber, der 76 Jahre alt wurde, hatte seltene, kleine und raue Zähne; und glitzernde und funkelnde Augen, wie die von Alexander dem Großen, wie Adamantius, der Sophist, berichtet. Auch ein sparsamer Gebrauch der Freuden der Venus sorgt für langes Leben und Kraft, denn dabei wird viel von jenem wichtigen arteriellen Blut und dem reinsten Geist ausgeschüttet. Denn das Erzeugen erfordert diese, das Erzeugen, für das das Liebesspiel selbst geschaffen ist. Es erschüttert den Körper, bringt das Gehirn zum Stolpern und die Nerven zum Zittern, es beschleunigt das Alter und schwächt besonders graue Haare und die Augen.

Da vom arteriellen **Blut** die Rede war, darf man nicht übersehen, dass es in uns doppelte Adern gibt: dünne und unbewegliche an der Oberfläche des Körpers, in der das Blut warm und rot ist, andere dicke und pulsierende, in der gelbrotes und sehr heißes Blut enthalten ist, das vom Herzen ausgeht, während der Ausgangspunkt des ursprünglichen Blutes die Leber ist. Diese dickeren Venen pulsieren zusammen mit dem Herzen und im gleichen Takt, und durch diese Bewegung wird die natürliche Hitze bewahrt und alles Rußige, das sich ansammelt, ausgestoßen. Wenn sie geweitet sind, werden sie gekühlt, und wenn sie zusammengezogen sind, wird der Ruß ausgestoßen. Der starke Puls, das Bedürfnis zu atmen, das Feuer des Körpers und der Schweiß nach einem Lauf zeigen, dass die Hitze durch die Bewegung selbst angeregt wird.

Doch zurück zu den Annehmlichkeiten der **Atmung**: Alle Tiere atmen, entweder offen oder unbemerkt. Vögel, Schlangen und Vierbeiner mäßigen ihre Hitze in der Luft; Fische mäßigen ihre Hitze durch ihre Kiemen im Wasser. Es ist klar, dass sie ersticken, wenn sie in die Luft übergehen, ebenso wie Vierbeiner unter Wasser. Krebse können sowohl Wasser als auch Luft zum Atmen nutzen. Fliegen, Mücken und Seidenraupen atmen offensichtlich auch. Man sieht kaum, dass die langsamen Wanderer atmen; die Krabbe, die Schildkröte, die Schnecke, der Käfer, das Chamäleon, der Salamander. Der Grund dafür ist in ihrem Fall, dass, wenn die Bewegung häufig ist, häufige und umfangreiche Atmung erforderlich ist; wenn die Bewegung klein ist, ist schnelle und umfangreiche Atmung nicht erforderlich. Daher haben große Tiere, die wenig und langsam atmen, ein kurzes Leben, wie z. B. Ochsen. Eine geringe Atmung ist ein Beweis für eine geringe Hitze, die eine große Masse nicht lange kontrollieren kann.

Aber das wichtigste **Zeichen für ein langes Leben** ist es, viel und langsam zu wachsen. Danach kommt das kleine und langsame Wachsen. Ist aber das Wachstum viel und schnell, so deutet es auf ein kurzes Leben hin. Ist es aber klein und schnell, so ist es ein Beweis für ein sehr kurzes Leben, denn die Feuchtigkeit, die sehr leicht gedehnt werden kann, wird auch schnell verbraucht. Was langsam verbraucht wird, ist fett und fest und sehr wenig wässrig, und wird deshalb auch nicht leicht gedehnt. Deshalb gilt der Elefant, dann der Mensch und dann das Kamel (das manchmal hundert Jahre alt wird) als das langlebigste Tier.

Aus Unterlagen in den Archiven habe ich erfahren, dass von der Geburt meines Urgroßvaters Aldo bis heute bereits 269 Jahre verstrichen sind, sodass keine Familie in Italien langlebiger ist. Mütterlicherseits war es fast genauso, und von meinem Urgroßvater Aloysius bis zum heutigen Tag sind 170 Jahre verstrichen. Der Grund für die Langlebigkeit eines Menschen ist die extreme Hitze und der Überfluss an feuchtem Fett sowie die ununterbrochene Verdünnung. Der Grund für ein kurzes Leben ist jedoch eine große Ausschweifung.

Der Mensch ist also von Natur aus sehr heiß und sehr feucht. Daher hat er schlechte Sitten; aus der Hitze ist etwas Grausames, Hinterlistiges, Schlechtgelauntes und Unzuverlässiges entstanden. Aus der Feuchtigkeit etwas Schwaches, Träges, Arbeitsunwilliges und Vergnügungssüchtiges, das Völlerei mit Zügellosigkeit verbindet. Das ist auch der Grund, warum die Weisen, die von sehr heißer Natur und sehr feucht sind, die Schlimmsten von allen sind, wenn sie nicht in der Philosophie bewandert sind. Dabei hilft ihnen der Fleiß, den sie sich durch ihre Studien angeeignet haben, und die Melancholie, die durch die Ausschweifung des fetten Gemüts durch übermäßige Studien und Schlafmangel entsteht. Wenn man also sagt, dass die Weisen schreckliche Dinge erlitten und dann getan haben, so heißt das nur, dass sie ihrer Natur gefolgt sind und dass das Studium der Philosophie sie nicht weitergebracht hat.

Und die Ausschüttung von Feuchtigkeit ist eine Ursache für ein kurzes Leben, wie ihr Überfluss für ein langes Leben ist. Auch nach dieser Theorie leben die Tiere weniger lang als die Pflanzen. Sie müssen sich bewegen und damit Hitze besitzen, die sie verbrauchen; wenn die Hitze die Feuchtigkeit verbraucht, ist das Leben, wie gesagt, kürzer. Nochmals, wenn die Verdünnung mit der Festigkeit verbunden ist, ist sie für alles nützlich, angenehm und willkommen, und bei kleinen Lebewesen sogar unerlässlich. Die Bienen, die aus dünner Substanz bestehen, sind daher klug und leben lange, bis zu sieben Jahren. So schreibt Vergil: »Der siebte Sommer wird nicht mehr verlängert«. Auch die Ameise lebt lange, so lange wie die Biene. Es gibt Leute, die das Leben der Schildkröten auf sechzig und mehr Jahre angeben, mit der Begründung, dass sie viel und langsam wachsen, ein Argument, das (wie gesagt) nicht nur für den Menschen, sondern für alle Tiere und Pflanzen gilt.

Das Grabmal des Alessandro de Medici zeigt, dass der Mensch von allen die dünnste Substanz hat, ebenso wie sein Fett. Obwohl das Grabmal aus dem weißesten und dichtesten Marmor gefertigt war, drang das Fett des Leichnams durch. Das Grabmal war mit einem Fleck verunreinigt, und dann auch der Sockel, auf den von den Säulen Tropfen rannen. Obwohl der Leichnam des Alphonsus Avalus mit zahlreichen Arzneien und dann mit Salz und Sand getrocknet wurde, drang das Fett in das Blei ein, tropfte aus einem Zwischenraum auf die darunter liegenden Steine und verunreinigte sie; und das, obwohl die Körper der Toten nicht so verdünnt sind wie die der Lebenden.

So gibt es zwei herausragende Gaben an die Sterblichen, die von der Verdünnung selbst ausgehen, wie von einem Elternteil: langes Leben und Vortrefflichkeit. Der Mensch ist daher von allen Landtieren am ehesten zu **sexuellen Beziehungen** bereit, weil er am heißesten und feuchtesten ist. Er wird nur von den Vögeln übertroffen, weil sie selbst im Verhältnis zu ihrem Körper nur eine recht geringe Menge Samen ausstoßen und weil sie innenliegende Hoden haben. Die Weisen neigen weniger zu den Freuden der Venus, weil sie nachdenklich sind, denn ihr Geist ist durch das Studium zerstreut und wird vom Herzen in den Geschlechtsorganen gegenüberliegenden Teil, d.h. zum Gehirn, geleitet. So zeugen sie Söhne, die schwach und ihnen sehr unähnlich sind. Daher ist es sehr hilfreich, viel Zeit mit hübschen Mädchen zu verbringen und erotische Geschichten zu lesen. Vielleicht haben Sie sogar schöne junge Frauen in Ihren Räumen gemalt. Sie sollten auf das Liebesspiel auf keinen Fall lange Zeit verzichten, zumal es nichts Besseres gibt, um Ihre Sorgen zu lindern. Bäder sind auch für diejenigen hilfreich, die aufgrund ihrer lockeren Struktur zu entspannt sind. Die Erektion des Penis findet auf der dickeren Seite statt, und manchmal erigiert der Penis, während er nach unten gedrückt wird, vor Aufregung oder aus Mitleid. Ich habe bei einigen Menschen, die gehängt wurden, eine Erektion des Penis gesehen, und das ist eine Art von Krampf. Bei manchen Menschen wiederum erregt die Vorstellung von der Not eines anderen die Lust, und zwar so sehr, dass es (wie Giovanni Pico della Mirandola berichtet) einen Mann gab, der sich nicht erregte, wenn er nicht heftig geschlagen wurde. Auch andere werden von den Freuden der Venus abgehalten, aus Scham oder weil sie fürchten, dass sie Ziel von Giftmördern sind. Es gibt viele Dinge, von denen angenommen wird, dass sie diesem Übel entgegenwirken: Mit einer Salbe aus Holunderbaumöl und fliegenden Ameisen wird der Penis eingerieben, und viele andere, die bereits erwähnt wurden und später noch erwähnt werden, die die Einbildung und die Medikamente betreffen.

Was aber ein Aderlass bei Blutüberfluss und ein Bad gegen Müdigkeit tut, das tun die Freuden der Venus für Leute, die glauben verzaubert zu sein, mit dem auf dem Rücken liegenden Mann. Wenn die Frau auf dem Mann liegt und sein Penis durch seine eigenen Fesseln zum Bauch ausgerichtet wird und wegen der Fesseln weder umfallen noch zurückgezogen werden kann, weil er in der Vagina ist, dann wird er gezwungen, seinen Samen freizusetzen, und wenn dies geschieht, gewöhnt sich der Mann allmählich daran, so zu liegen.

Die Freuden der Venus sind eine Gewohnheit, und so ist es schwierig, sie einer Frau vorzuenthalten, die daran gewöhnt ist. Jungfrauen werden sie vorenthalten, da die Gewohnheit für sie keine Rolle spielt, und so bringen sie ihnen keine Hilfe. Das ist auch der Grund, warum diejenigen, die oft mit dem Liebesspiel beschäftigt sind, nicht davon abgehalten werden können.

Das **Entfernen der Hoden** beseitigt das sexuelle Verlangen. Darüber hinaus verhindert dies Kahlheit und Bartwuchs, und es schützt den Mann vor Gicht. Wenn aber Kahlheit oder Haarausfall auftreten, ist Weinsteinöl das beste Heilmittel, welches das ausfallende Haar wiederherstellt und die noch nicht begonnenen Haare zum Wachsen bringt. So tut die Natur nichts ohne guten Grund, denn es ist eine besondere Hitze, die das Haar hervorbringt. Aber dieses Öl ist sehr dünn und heiß.

Der Mensch ist wegen der Hitze und der Feuchtigkeit sehr schwer, und selbst wenn er Flügel hätte, wären ihm die Arme im Weg, daher könnte er nicht fliegen. Wenn er vier Füße hätte, würde er mit dem Kopf nach unten schauen. Also konnte er nur auf zwei Beinen stehen, aufrecht und ohne Hilfe, und dafür braucht er große und lange Füße. Und so hat kein Tier größere Füße als der Mensch. Das Gleiche gilt für die anderen. Aber da Galen in seiner Schrift *De Usu Partium* ausführlich darüber geschrieben hat, gibt es für mich keinen Grund, zu wiederholen, was er gut dargelegt hat.

Ein einziger Punkt sei angemerkt: Die Teile des Menschen sind so subtil ausgearbeitet, dass die oberen **Zähne**, wenn sie ein wenig nach innen gebogen würden, sehr schnell ausfallen würden; wenn sie nach außen gebogen würden, schnell, aber nicht ganz so schnell. Denn wenn sie beim Sprechen und Essen nicht genau aufeinandertreffen, schwächen sie sich gegenseitig und fallen deshalb aus. So erging es meinem Freund Marc Antonio Maioraggio, einem gewiss sehr gelehrten und beredten Mann. Die gleichmäßige Anordnung der Zähne ist zwar für das Sprechen sehr praktisch, aber nicht ideal zum Schneiden; Hunde und Wölfe haben ungleiche Zähne, die wie eine Säge angeordnet sind. Außerdem greifen sie besser ineinander und es bleiben weniger Reste ihrer Mahlzeiten haften. Und so spitzen einige

Indianer, die nicht so sehr auf eine entwickelte Form der Sprache bedacht sind, ihre Zähne mit einer Feile an, um das Muster einer Säge zu erhalten. Sie greifen näher an der Wurzel ineinander; sie treffen sich nicht oben, sondern berühren sich an den Seiten und lassen sich leicht wieder voneinander lösen. Wenn aber die schrägen Zähne nicht ineinandergreifen, so wie bei einem gezogenen Zahn, lispeln sie. Manchmal wachsen Zähne auch im Alter, und zwar später, als man meint, aber das ist ein Wunder und entspricht nicht der allgemeinen Regel. In Genua habe ich Antonius Benzus gesehen, aus einer Stadt am Hafen von Mauritius, vierunddreißig Jahre alt, blass und mit spärlichem Bartwuchs, aus dessen Brüsten so viel Milch floss, dass er ein Kind hätte säugen können. Sie lief nicht nur aus, sie spritzte heraus. Er war Soldat und musste dafür sein ganzes Leben lang große Unannehmlichkeiten verkraften. Bei Säuglingen ist das nicht bemerkenswert: Kürzlich gebar die Frau meines Freundes Martinus Borglinus, die fünfzehn Jahre lang unfruchtbar war, einen Sohn, der im ersten Monat reichlich Milch produziert hat, und die Brustwarzen der Mutter sind geschwollen und verhärtet, die Hebammen riefen ein Erbrechen der Milch hervor, konnten aber die vorherige Erkrankung nicht heilen.

Doch zurück zum Aufbau des Menschen: Der **Schädelknochen** muss aus mehreren Teilen bestehen, um sicherer zu sein. Wenn ein Teil bricht, muss das Ganze nicht beeinträchtigt werden, damit die Venen und Arterien bequem hineinkommen und die rußigen Ausscheidungen austreten können. Die Natur hat die Teile mit sehr dünnen Nähten verbunden, damit sie fester zusammenhalten, damit die Hitze des Gehirns nicht verschwindet, damit ein kleinerer Eingang für die Kälte offen bleibt und damit die Membranen fester an ihnen haften. Und obwohl die Nähte dünn sind, sind die Knochen sehr dick. In manchen Fällen sind die Schädelknochen übermäßig dick und unnachgiebig. Wie Oviedo berichtet, gibt es solche Knochen auf Hispaniola in Indien, und sie sind so hart, dass die Spanier vereinbart haben, dass sie nicht geschlagen werden dürfen, selbst wenn sie ungeschützt sind, weil die Schwerter dabei brechen. Herodot sagt, er habe dies an den Köpfen der Ägypter bemerkt: Wenn sie rasiert sind und Sonne und Regen ausgesetzt waren, verhärteten sie sich, und das geschieht auch in unseren Gegenden. Starke Hitze hat diese Fähigkeit, besonders wenn es nicht an Materie mangelt. Daher werden solche Menschen nicht so leicht kahl und grauhaarig. Ihre Haut ist kompakter, und ihre Hitze wird durch Feuchtigkeit besser kontrolliert. Sie haben auch härtere Knochen und Membranen und härtere Gehirnsubstanz, sodass sie meist dumm, zerstreut und schwer zu belehren sind. Denn die Membran des Kopfes, die das Gehirn umgibt, muss bei gemäßigten Menschen sehr dünn sein, damit sie nicht durch ihre Schwere das Gehirn schädigt, und entsprechend härter, damit ihre Substanz bei Erschütterungen nicht zerspringt. Sie kann auch nicht dick sein, ohne dem Gehirn zu schaden, es sei denn, das Gehirn selbst ist dicker als es sein sollte. Eine andere Membran liegt gleichmäßig darüber; da sie das Gehirn nicht beschweren kann, weil sie am Knochen aufgehängt ist und das eigentliche Gehirn nicht berührt, wurde sie nicht nur hart, sondern auch dick gemacht.

Eine ähnliche Sorgfalt erstreckt sich auch auf das **Haar**: da der Kopf kein Fleisch hat und eine Bedeckung braucht, hat die Natur das Haar als eine sehr leichte und sichere Bedeckung erdacht und dafür gesorgt, dass es viel wächst. Und so legte sie nicht nur bei Frauen, sondern auch bei Knaben, an denen sich die Alten erfreuten, darin einen sehr wichtigen Teil der Schönheit. Daher sind die goldenen und die glänzenden, die offensichtlich die dünnsten und schönsten sind, besonders wichtig. Aber je mehr dunkles Haar davon abweicht, desto dicker ist es auch. Beim Menschen hat die Natur viele Beispiele von Dünnheit hervorgebracht, aber keines erreicht auch nur annähernd den Grad der Subtilität, den man im **Gesicht** sieht. Daraus ergeben sich zwei Wunder: Erstens, dass bei einer so großen Zahl von Menschen und einem so geringen Ausmaß des menschlichen Gesichts jeder von jedem anderen so unterscheidbar ist, dass nicht nur keine zwei Menschen gleich sein können, sondern sie auch von Bekannten immer erkannt werden. Zweitens, dass die Natur manchmal einen so kleinen Teil des menschlichen Körpers mit so viel Schönheit versehen hat, dass wir bereitwillig dafür sterben wollen und von der Qual eines nicht mehr gesehenen Gesichts in den Wahnsinn getrieben werden. Zuweilen bringt aber hier die Natur eine solche Hässlichkeit hervor, dass sie allein bei der Erinnerung Übelkeit und Abscheu erregt, obwohl sie im Bau der beiden Augen, der Nase, des Mundes, der Zähne, der Stirn und der Wangen nicht gefehlt hat. Ein weiteres, drittes Merkmal dieses Teils, das selbst eine Offenbarung der Klugheit der Natur ist, dass man durch kleine Veränderungen des Gesichts erkennen kann, ob eine Person glücklich oder traurig ist, mutig oder ängstlich, zornig oder des mitleidig, liebend oder hassend, hoffnungsvoll oder verzweifelt, gesund oder krank, sterbend oder in einem der unzähligen anderen Zustände des Geistes und des Körpers.

Es gibt nun eine weitere innere Offenbarung der wunderbaren Subtilität und Sorgfalt der Natur: die **Scheidewand der Lunge**, durch die die Luftröhre von der Lungenvene getrennt ist. Die Luft dringt bei der Ein- und Ausatmung frei hindurch, aber es gibt keinen Ausweg für das sehr dünne Blut, das in der Lungenvene eingeschlossen ist. Es ist daher bemerkenswert, auf welcher Grundlage Galen zu sagen glaubte, dass der Geist dünner sei als die Dämpfe, da die Dämpfe frei ausströmen können, während der Geist im Inneren bleibt.

So wird **die Reihenfolge der Teile des menschlichen Körpers** sein: der dünnste Teil von allen ist der Geist, dann die Galle, dann das Fett, dann das Mark, dann das arterielle Blut, dann die Milch, dann das venöse Blut, dann die schwarze Galle, dann der Schleim, das Gehirn, die Lunge, das Fleisch, die Milz, die Leber, die Venen, die Arterien, die Nerven, die Membranen, die Bänder, die Knorpel, und die Knochen sind die dicksten. Die engsten Gänge sind (wie bereits erwähnt) diejenigen, die von der Luftröhre in die Lungenvene führen, dann folgen diejenigen, die von der rechten zur linken Herzkammer führen, durch die Scheidewand. Dann folgen die Verbindungen zwischen den Ästen der Pfortader und denen der Hohlvene in der Peripherie der Leber. Keine von ihnen ist für das Auge sichtbar, sie werden allein durch den Verstand entdeckt. Danach kommen die Äste, die von den Venen in die Arterien münden, dann die der Knochen, dann die der Haut, die für das Auge sichtbar sind und aus denen die Haare herauswachsen. Wir nennen sie gewöhnlich mit ihrem griechischen Namen »Poren«. Sie sind so wichtig, dass, wenn sie verengt oder verstopft sind, das Fieber eindringt. Durch sie strömen ständig Ausdünstungen und oft Schweiß, gelegentlich auch Blut, also blutiger Schweiß, wenn durch seelische Not ein dünnes, durch feurige Hitze verdünntes Blut herausgepresst wird. Obwohl Aristoteles im dritten Buch von *De Partibus Animalium* dies der Grausamkeit zuschreibt. Und an siebter Stelle stehen die Enden der Venen und Arterien, durch die das eigentliche Blut in die feste Substanz der Organe gelangt. Es ist diesen fünf Transmutationen gemeinsam, durch die es in den Tau, dann in die Hohlräume der Organe übergeht, dann wird es angehängt, verbunden, assimiliert, sodass der unreine Teil abgetrennt und der dünnere und kompaktere Rest bis zu dem Punkt reduziert wird, an dem er die Substanz der Organe erreicht. Ein Mangel an Blut unterstützt die Kräfte und den Körper nicht richtig; ebenso ist ein Übermaß belastend. Es zeigt, dass der Körper nicht ernährt wird, denn auch ein sehr reichhaltiges Blut muss Unrat enthalten.

Wenn das Blut den Körper ernährt, werden die Adern verdünnt, und der Körper wird vergrößert. Im Alter kann das Fleisch auf jeden Fall fest bleiben, aber in der Jugend ist es auch fest. Ein Tier und eine Pflanze werden vergrößert, weil der Grund der Vergrößerung bei beiden dasselbe ist, da es das Werk der Natur ist, und was vergrößert wird, kann sich ausdehnen.

Wie Alexander von Aphrodisias richtig erklärt hat, ist die Art und Weise, wie etwas vergrößert wird, so: Angenommen, die weiche Schale eines Eies wird von seinem Inhalt genährt, dann bleibt die Form erhalten, aber die Materie wird verändert. Da also der ganze Hohlraum des Körpers mit Saft gefüllt ist, dehnt er sich aus, während die Form bestehen bleibt. Die Vergrößerung folgt also der Form, die bestehen bleibt, nicht der Materie, die ihr immer wieder hinzugefügt wird. Weil sie vergrößert oder genährt wird, bleibt sie bestehen, und darin unterscheidet sie sich von der Zeugung. Bei jeder Hinzufügung zum Körper wird ein Teil abgetrennt, und der Rest wird verdünnt und verdichtet. Dies geschieht auch bei der Erzeugung von Sperma und Milch.

Außerdem ist **Milch** dicht und dünn, und da sie auch süß ist, nährt sie richtig, neben allem anderen, was sie tut. Daher trägt sie auch sehr zur Langlebigkeit bei; nach ihr kommen Olivenöl und Honig. Und sie ist ebenso nützlich wie diese, aber eher unsicher, wenn sie gerinnt. Daher sollte er nur frisch und von Ziegen, die mit dünnen Kräutern gefüttert wurden, und auch nur von jungen Ziegen, getrunken werden, und gleich morgens, und nachdem sie sich abgesetzt hat.

Aber jemand wird sich fragen: Warum sind kompaktere Dinge dünner? Der Grund ist nicht dunkel: Dünne Dinge kleben richtig zusammen und lassen keine Risse oder Poren hinein, das macht sie kompakt. Das Gebräu, das sich von den Abfällen trennt, ist also dünnflüssig, führt zur Kondensation und macht das Produkt mal schwerer, mal leichter. Wo es wenig oder gar nicht trennt, macht es das Produkt schwerer, wie bei Früchten, die, wenn sie reif sind, schwerer werden.

Um auf das Thema zurückzukommen, mit dem wir uns ursprünglich beschäftigt haben: Eine Ursache für die **Langlebigkeit** ergibt sich aus der Kompaktheit der Materie; daneben steht der Beitrag der Hilfsmittel zum Leben; dann die Lebensregel; an vierter Stelle steht die gute Versorgung mit fetthaltiger Feuchtigkeit; der letzte Platz wird der Luft zugewiesen. Britannien verlängert das menschliche Leben bis zum einhundertzwanzigsten Jahr, aber in Indien währt es noch länger. Nicolaus, ein venezianischer Graf, berichtet, dass in der Nähe einer portugiesischen Stadt an der Küste des Roten Meeres im Jahre 1539 ein von dort stammender Mann zum Anführer der türkischen Armee (in ihrer eigenen Sprache Bassa genannt) gebracht wurde, der nach dem Zeugnis aller Nachbarn mehr als dreihundert Jahre alt war. Es wird nicht möglich sein, ein so langes Leben immer und überall in Indien zu finden. Man sollte also nach einem Bericht über solche Menschen suchen und anhand des Berichts nach dem Grund dafür suchen. Es ist ein heißer Ort, und folglich ist die Luft wegen der Winde dünn und rein, da es an der Meeresküste liegt; wegen des Wassers ist es auch kaum trocken. Wegen der Götzenverehrung ist ihre Ernährung frei von Wein und Fleisch (insbesondere Rindfleisch) und besteht wegen des gemäßigten Klimas aus hervorragendem Obst und Zucker. So hat sich über eine lange Zeitspanne und über Generationen hinweg die Lebenslänge allmählich erhöht, zuerst auf hundert Jahre, dann auf 120, 150 und 170 und 200, und schließlich 300, dem äußersten Ende der sterblichen Dinge. Wir haben gesagt, dass sich durch lange Fortpflanzung alles zum Guten oder zum Schlechten verändert; so schön, groß, klein, kleinäugig, wie die Bewohner einer Region Chinas; stark wie die Frauen von Tarnaffati (auch das ist eine Region Indiens), die dem Brauch ihres Volkes folgen, sich beim Tod ihres Mannes ins Feuer zu werfen, während sie von ihrem Geliebten sprechen, und ohne eine Miene zu verziehen ein mit Öl befeuchtetes Tuch auf ihrem nackten Arm anzünden, um es zu verbrennen, ohne auch nur das begonnene Gespräch zu unterbrechen. Diese Ausdauer ist nicht aus Gewohnheit oder aus der Gegend entstanden, sondern aus der Hartnäckigkeit gegen das Leiden, die über viele Generationen verstärkt wurde, sodass das schwächste Geschlecht größere Beispiele der Tapferkeit hervorbringt als die, die wir bei einem Mucius Scaevola, dem Römer, bewundern. Da sie mit großer Mühe errungen wurde, besitzt sie große Kraft. Und es ist wie bei dem, der zu dem alten Mann, der Palmen sät, spricht: »Für wen säst du? Für deine Urenkel? Wer sein Leben lang nur nach Nahrung oder Land für sich selbst sucht, hat sich vergeblich bemüht. Auch nicht für den Sohn: aber wenn Sie fortfahren, werden die Urenkel ernten.«

Wir haben in diesem und in vielen anderen Büchern über Nahrungsmittel und Lebenshilfen gesprochen. Feste Substanz wird durch Nahrung und Bewegung erzeugt, da diese viel fetthaltige Feuchtigkeit enthalten. Aber es bleiben erhebliche Zweifel über die Luft: Trägt dünne oder dicke Luft am meisten zur Langlebigkeit bei? Einige sind der Meinung, dass die Luft dicker ist, wenn sie sich in Meeresnähe befindet, das Meer ist feucht und feucht ist dick. Was dick ist, scheint auch weniger Schaden anzurichten. Aber wenn wir richtig denken, ist alles, was in einem dünneren Element lebt, lebendiger, so wie Fische lebendiger sind als Würmer, Landtiere lebendiger als Fische, Vögel lebendiger als Landvierbeiner, weil Vögel in reinerer Luft leben als Vierbeiner. Die Würmer leben eigentlich ein sehr kleines Leben; sie leben im Boden und werden nur durch die Feuchtigkeit des Bodens gekühlt. Maulwürfe leben, wie ich an anderer Stelle ausgeführt habe, nicht in der Erde, sondern unter der Erde. Daher ist dort, wo die Luft am dünnsten ist, das Leben am längsten; solche Luft verzehrt nichts Bemerkenswertes. Folglich lebt alles, was im Äther lebt, so lange, dass man es ewig nennen könnte. Es gibt auch Menschen, die das Leben ohne Schaden bis ins hohe Alter verlängern, wie Laurentius Bonincontrius, dessen handgeschriebenes Buch über Astronomie mir erhalten geblieben ist. Aurelio Lippo Brandolini berichtet in seinem Büchlein über den Zustand des menschlichen Lebens von einem Achtzigjährigen, der ein so intaktes Gedächtnis hatte, dass alles, was ihm als Kind widerfahren war, und alles, was er in seiner Jugend gelesen hatte, so gut in seinem Gedächtnis erhalten war, dass man glauben konnte, er habe es an diesem Tag gesehen oder gelesen. Die größte Hilfe nicht nur für ein langes Leben, sondern auch für die Vermeidung der Nachteile des Alters ist eine maßvolle Ernährung ohne übermäßigen Genuss von starkem Wein oder den Freuden der Venus, ein heiteres Gemüt, ein langer Schlaf und körperliche Bewegung; nicht durch Medikamente und nicht durch Aderlässe. Die ideale Luft ist rein, luftig und feucht und wird von Winden aus dem Osten bewegt. In Britannien ist die Luft feucht und kühl, und ihr Salzgehalt macht sie fast frei von Fäulnis. Ein auf Milch basierendes Ernährungssystem ist für die Langlebigkeit äußerst günstig. Hippokrates schrieb sogar, dass die schwächeren Nahrungsmittel das Leben verkürzen. Menschen, die kompakter sind, leben also länger, und das Gegenteil dieser Kompaktheit ist nicht Weichheit, sondern Schlaffheit. Weiche Menschen können also langlebig sein, schlaffe dagegen kaum oder nur mit großen Unannehmlichkeiten. Der Mensch könnte der Weichheit nicht entkommen, der Schlaffheit aber schon. Denn über die Tatsache hinaus, dass ein Mensch sehr feucht und möglichst frei von einem erdigen Teil, also weich, und mit abgestumpften Elementen ist, entwickelte sich der daraus folgende Vorteil, dass seine Sinne sehr leicht und genau arbeiteten. Deshalb haben Knaben blühende Sinne und sind mit weicherem Fleisch ausgestattet als Männer, und unter ihren Organen ist das Gehirn weich, da es die Grundlage aller Sinne ist.

Aber um auf die Lebensdauer zurückzukommen: Die Inder leben von Natur aus sehr lange, so sehr, dass einige von ihnen in bestimmten Gegenden hundert Jahre, andere hundertzwanzig, wieder andere hundertfünfzig Jahre alt werden. Die Luft dort ist besser, und die Nahrungsmittel und die Gewohnheiten, und so ist auch das Leben länger und gesünder.

Mir scheint, dass die Natur vier Dinge mit größter Sorgfalt geschaffen hat: das erste ist der Mensch mit einer gewissen Göttlichkeit, ganz zu schweigen vom Übrigen; an zweiter Stelle sehe ich den Elefanten, wegen seiner Langlebigkeit und Gelehrigkeit, zusammen mit seiner so kompakten Haut (der Mensch hat eine weiche). Unter den Edelsteinen der Diamant, wegen seines Glanzes und seiner Härte, und weil das Feuer ihm nichts anhaben kann. An vierter Stelle steht das Gold, weil es aus einer sehr dünnen und reinen Substanz besteht, von keinem Rost angegriffen wird, weder Wasser noch Feuer noch der Zeit nachgibt und so viel schwerer ist, wie der Diamant leichter ist.

Das sind die Belohnungen der Subtilität. Aber sehen Sie, wie viel Hilfe die Subtilität auch bei der **Erzeugung**[2] selbst bietet: beginnen wir mit dem Beispiel eines Eis. Zuerst verwandelt der Samen des Huhns durch die Hitze, die es ausbrütet, allmählich das bekannte Eiweiß in Röhren, und dann einen Teil des Dotters, denn aus dem Dotter werden die Flügel und Beine gemacht. Dies ist offensichtlich, da Küken aus einem doppeldotterigem Ei ohne Trennmembran mit einem Kopf, aber vier Flügeln und der gleichen Anzahl von Füßen geboren werden und als Wunder angesehen werden, wie es in Mailand in der Vergangenheit vorkam. Und so wird alles, was in den Blasen eingeschlossen ist, geschüttelt und getrocknet und geht über in die Membranen, Nerven und härteren Teile. Dann entstehen zuerst Arterien und Venen, und dort, wo sich der Samen befindet, ist der Platz für das Herz. Da sich der Samen in der Mitte des Tieres befindet, sollte das, was zuerst entsteht, auch in der Mitte sein. Das sind das Herz und die Leber. Aber das, was in der Nähe ist, rund um die Membranen, ist weniger trocken, und so umhüllt eine einzige Membran alles im Inneren, und die Knochen müssen rundherum mit Membranen bedeckt sein. Und so gab es dieselbe Notwendigkeit in der Erzeugung und der Nützlichkeit in den erzeugten Dingen, offensichtlich, damit es einen Übergang auf halbem Wege von der äußersten Härte zu sehr weichen Dingen geben konnte. Wenn aber die Hitze weiter gesteigert wird, bohrt sich der Geist sozusagen durch die Materie, die aus dem Ei oder von der Mutter zugeführt wird, bis er die Eimembran erreicht; bei einem lebendgebärenden Vierbeiner aber bis zum Mutterleib. So folgen Hitze und Bewegung und die Röhre und das Trocknen und Formen aufeinander, bis das Tier geschaffen ist. Die tierische Hitze ist nicht immer notwendig, sondern wird in manchen Fällen in den Eiern erhalten, wie bei den Fischen. In anderen Fällen werden die Föten im Bauch aufgezogen, wie bei den Vipern. In einigen Fällen werden die Eier ausgestoßen, bleiben aber bis zur Geburt der Föten am Körper haften, wie bei den Krebsen. In anderen Fällen genügt etwas, das der mütterlichen Hitze ähnelt, und auf diese Weise werden Küken aus Eiern ohne Henne erzeugt. Man füllt zwei Kissen mit Hühnerkot, den man zuletzt zermahlt, und heftet dann weiche und dicke Hühnerfedern an jedes Kissen, legt die Eier mit dem dünneren Ende nach außen auf das eine Kissen, legt das andere Kissen darüber und stellt die Kombination schließlich an einen warmen Ort und lässt sie zwei Tage lang ungestört liegen. Danach dreht man sie bis zum zwanzigsten Tag um, damit sie rundum

[2] »generatione«.

gleichmäßig bebrütet werden. Am festgelegten Tag (um den einundzwanzigsten) werden dann die fiependen Küken nach und nach aus dem Ei gezogen. Es ist nicht verwunderlich, dass sie in Ägypten keinerlei Hilfe benötigen, obwohl Aristoteles sagt, dass sie in Syrakus unter der Erde ausgebrütet werden. In unserer Zeit hat man herausgefunden, dass man ein sanftes Feuer und Dung darunter legen kann, um Küken zu erzeugen, aber aus zahlreichen Eiern schlüpfen nur wenige Küken. Die Menschen legen Feuer darunter, damit der Mist nicht abkühlt. Es ist wirklich nicht verwunderlich, dass die Küken durch die Hitze des Dungs ausgebrütet werden, denn sowohl aus den Eiern der Krokodile als auch der Strauße entstehen von selbst Föten. Es ist in der Tat die Hitze der Sonne, die die Erzeugung bewirkt, unterstützt durch die Hitze des Dungs und des Huhns. Obwohl feurige Hitze nichts erzeugt, beseitigt sie ein Hindernis und macht es unschädlich, Kälte ist eines davon. Nicht alle Eier erzeugen also etwas, nicht einmal die meisten; nur eine Minderheit enthält eine solche Menge an Hitze. Sie benötigen also eine geringe Hitze, nicht viel, aber diese geringe Hitze muss aufrechterhalten werden. Wenn tatsächlich das, was in der Potenzialität lebendig ist, durch die Hitze des Feuers wirklich lebendig werden könnte, würden Küken nicht nur in Ägypten und in Syrakus, sondern sogar in Deutschland mithilfe von Feuer ausgebrütet werden können, denn bevor die tierischen Körper zur Vollendung gebracht werden, sind sie in der Potenzialität in Bezug auf die Seele und bereit, sie aufzu nehmen. Nachdem sie das getan haben, sind sie in der Potenzialität in Bezug auf die Handlungen. In sich selbst ruhen sie, und solange dies andauert, wird es Schlaf genannt; wenn sie wegen des Fehlens eines Gegenstandes ruhen, ruhen sie nicht wirklich. Während sich die Formen vervollständigen und das Ding entsteht, nimmt es unvollständige Formen ohne Zahl an, so viele, dass die Sinneskraft ihre Zahl nicht erfassen kann. So sind die unvollkommenen Formen unendlich an der Zahl, die vollendeten aber können in jedem Zeitabschnitt durch eine Zahl erfasst werden. Da die Materie begrenzt ist, und weil sie eine vollständige Seele hat, verlangt sie eine feste Menge, es kann nicht eine unendliche Anzahl von Arten der Dinge geben. Aber es ist Thema meiner Bücher *De arcanis aeternitatis*, darüber nachzudenken, ob eine Seele mehr Seele sein kann als eine andere; ich habe mir vorgenommen, in diesem Buch nur das zu behandeln, was einer wahren Beweisführung unterzogen werden kann. Nach Aristoteles muss ein echter Beweis durch die Sinne bestätigt werden. Deshalb habe ich in diesem Buch auf alle tiefgreifendsten Fragen verzichtet, auch auf die unsicheren.

Doch **zurück zu den Prinzipien der Erzeugung und Ernährung**: Dass beides durch Hitze und Feuchtigkeit bewirkt wird, versteht man aus folgendem Gedankengang: Wenn man Wolltücher spannt oder ausrichtet, befeuchtet man sie zuerst, dann hält man sie ans Feuer, formt sie und zieht sie herum. Wenn man also die nassen und heißen Tücher geschickt spannt, kann man viel mehr tun, als es natürlich ist. Die Kochung[3] erfolgt durch eine Hitze, die trockener ist als die Hitze, die zur Erzeugung oder Ernährung verwendet wird, wenn auch süße Dinge am besten gekocht werden: und solche wie Melonen erkennt man an der Bitterkeit des Stiels, dem starken Geruch und der Dicke der Schale: aber das alles geschieht mehr durch das Trockene als durch das Feuchte. Und deshalb ist die Ernährung des menschlichen Körpers am besten, denn der Körper ist feucht und sehr fett.

All das ist in sich konsistent, und wie Hippokrates sagte, atmet es durch den menschlichen Körper und durchdringt ihn, so sehr, dass man kaum zwei Glieder gleichzeitig mit unterschiedlichen Bewegungen

[3] »concoctio«.

oder zu unterschiedlichen Zeiten bewegen könnte. So ist die Zeitmessung gleichmäßiger, wenn sich zwei Gliedmaßen bewegen, als wenn sich nur eine bewegt. Und der Kontakt bahnt sich seinen Weg zwischen Körpern und Gemütern, und Dispositionen und Defekte tun dies von Gemütern zu anderen Gemütern, und von Körpern zu Körpern. Alle Sympathie findet durch Kontakt statt. Die Berührung ist vierfach: entweder mit dem Körper, wie bei der Haut; oder mit der Materie, wie bei Geschwüren; oder mit einem Element, wie bei der Pest; oder allein durch Strahlen und Ähnlichkeit, wie beim Gebrauch der Augen. Daraus wird ersichtlich, welches die ansteckenden Krankheiten sind: die der Haut, wie Lepra, Psora, Krätze, Vitiligo; die der Lunge, der Brust, des Halses und der Geschlechtsorgane, wie die französische Lues; die des Herzens und des Gehirns und die der Augen.

Aber ich komme auf den Punkt zurück, von dem ich abgewichen bin. Ein sehr langes Leben war für den Menschen unerlässlich, um alles zu bedenken und zu wissen; es beschränkt sich auf hundertzwanzig Jahre, meistens weniger. Aber es ist ein seltenes Ereignis, so weit ohne erhebliche Beeinträchtigung zu kommen; von Moses wird jedoch gesagt, dass er dieses Alter ohne Beeinträchtigung erreicht hat. In der Tat waren weder seine Augen geschwächt, noch fielen ihm die Zähne aus; die beiden größten Probleme, die ältere Menschen plagen. Aber das ist nicht sehr besonders, denn viele Juden erreichten dieses Alter nach ihm, jedoch nicht in so guter Verfassung. Ohne göttlich zu sein, muss Moses als ein bemerkenswerter Mann angesehen werden, weil er so viele Jahre über ein so widerspenstiges und raues Volk herrschte und ihnen ein so nützliches Gesetz überlieferte. Aber die Langlebigkeit verdanken die Juden ihrer Art der Ernährung, dem Verzicht auf Unreines und dem gemäßigten Klima, in dem sie lebten.

Aber warum fallen die **Zähne** bei älteren Menschen aus, während sie bei Tieren nur unansehnlich werden? Ursprünglich brauchte man zusätzliche Zähne, falls der Verlust oder die Erosion eines Zahns die anderen beeinträchtigte. Dann mussten die vorderen Zähne schlanker sein und schneller ausbrechen, weil sie zuerst ausfallen. Sie hätten nicht so einfach überdauern können, und so wollte die Natur nicht, dass ausfallende Zähne erneut wachsen, die hinteren schon gar nicht. Sie reichten aus, um die Langlebigkeit der vorderen zu erreichen. Ohne die vorderen, also wenn sie ausgefallen waren, gab es keine Verwendung für die hinteren. Da die Knochen mit dem Alter austrockneten, mussten diese Zähne ausdünnen und konnten nicht an ihrem Platz bleiben, da sie nicht rundum vom Knochen gehalten wurden. Daher sind für die Menschen Zahnbeschwerden genauso unvermeidlich wie das Alter oder der Tod. Außerdem führt die unentwegte Arbeit des Gehirns zu einer Austrocknung des Knochens, was wiederum zu einem schlechten Zusammenhalt und zu einer vorzeitigen Alterung der angrenzenden Teile führt. Deshalb müssen die Zähne porös werden und schließlich ausfallen. In der Kindheit fallen sie einmal aus, um neu gebildet zu werden, da die Wurzel nicht ausgefallen ist. Wegen ihrer Weichheit sind sie mit dem Kieferknochen verbunden, aber bei bereits erwachsenen Menschen fällt die Wurzel meist gleichzeitig mit dem Zahn aus. Wenn sie aber nur abgebrochen sind und nicht von unten, wachsen sie wieder nach. Bei Hunden und anderen Tieren sind sie länger haltbar und fester, da diese ein kurzes Leben haben.

Die **Trübung der Augen** entsteht, weil die Augen viel Geist und einen dünnen Geist brauchen, und im Alter fehlt beides. Der Mensch kann sich jedoch mit etwas Geschick vor diesem Problem besser schützen als vor einer Schädigung der Zähne. Es gibt Menschen, deren Zähne geschwächt sind, weil das Zahnfleisch erodiert und defekt ist. Andererseits habe ich einen Mann gesehen, bei dem durch häufiges Erbrechen von den Säuren des Magens das Zahnfleisch so stark gewachsen war, dass es die gesamten Zähne überdeckte. Da ich glaube, dass es nichts gibt, was diesem Saft ähnlicher ist als Essig mit einem Bodensatz, veranlasst mich diese Erfahrung zu der Annahme, dass, wenn man seinen Mund mit Essig und dessen Bodensatz spült, das Zahnfleisch ein deutliches Wachstum annimmt. Da er in der Tat adstringierend ist, erodiert er auch das steinige Material, das sich zwischen den Zähnen bildet, wodurch das Zahnfleisch zerstört wird. Und das Trinken von Bier[4] verdirbt die Zähne, wie man bei denjenigen sieht, die es tun.

Wir haben über die Vielfalt der Getränke gesprochen, es wäre schade, wenn wir nicht auch über das **Brot** sprechen würden. Ich sage nichts weiter über die vereinzelten Völker, die Brot aus getrocknetem Fisch herstellen, der mit einem Mühlstein zermahlen und dann mit Wasser zu einem Teig geknetet wird. Es gibt fünf Getreidesorten, aus denen Brot üblicherweise hergestellt wird: in der Nähe des Nordens aus Weichweizen, in den gemäßigten und heißen Regionen aus normalem Weizen. Es gibt aber zwei Arten von normalem Weizen: den asiatischen, der dunkler, weniger schwer und süßer ist als der unsrige, und der nicht in Ähren, sondern in einem Büschel wie Hirse wächst, und nicht so weich ist, da eine Ähre aus mehreren besteht. In Westindien backen sie Brot aus Maissamen, aus dem sie auch Wein machen. Es ist die Frucht oder der Same eines Krautes, mit einem Stängel und Stiel und Blättern, die unserer Hirse oder Milica (Plinius nennt sie »loba«, eine rote und größere Art der indischen Hirse) ähneln, und der eigentliche Stängel ist mit Blättern umgeben, was bei der italienischen Hirse nicht der Fall ist. Aber ich denke, dies geschieht wegen der Unterschiedlichkeit der Region. Diese ist auch süßer, aber zerbrechlich wie Hirse und nicht fett oder zäh. Sie bringt eine jährliche Ernte mit der gleichen Fruchtbarkeit, und zwar umso reichlicher, je besser Klima und Boden übereinstimmen. Ich wage es jedoch, die verachtete Sorghumhirse bei ihrem richtigen Namen, Mais oder Mais-Sorghum[5] zu nennen. Äthiopien hat sein Teff, ein Getreide, das besser ist als Mais, weil es nicht verdorben wird. Reis ist das allgemeine Nahrungsmittel für alle, da er überall zu finden ist: denn überall ist Wasser.

Die fünfte Art von Brot wird aus der Hyuca-Wurzel[6] hergestellt. Dieses Kraut ähnelt dem Hanf, hat aber eine Wurzel, die der Karotte sehr ähnlich, aber größer ist; das Innere ist glänzend weiß, das Äußere ist rau und fast weinfarben. Es ist eine seltsame Sache bei dieser Art, in Bezug auf den Zustand des Menschen: denn das Brot ist gesund für den Menschen, und was aus dieser Wurzel, aus der der Saft ausgepresst wurde, gemacht wird, hält sich ein Jahr lang. Aber der Saft selbst, wenn er getrunken wird, tötet auf der Stelle und es gibt kein Mittel dagegen. Wie ich bereits sagte, ist der Tod mit der Gesundheit verbunden und er lauert immerwährend. Während sie das Brot machen, drücken sie deshalb sorgfältig den ganzen Saft aus, einen Saft, von dem man sagt, er gehöre zu der Art des Schierlingssaftes, sei aber stärker. Diejenigen, die einen freiwilligen Tod wünschen, töten sich selbst, indem sie ihn trinken, in der Annahme, er bringe ein sanftes Ableben. Dort, wo wir Mais verwenden, ist Weichweizen die Reserve; wenn er knapp wird, bürgt Hirse für beides.

Um die Rolle des Brots zu begreifen wie viele Bestandteile es haben kann, halte ich es für wesentlich, seine Eigenschaften zu kennen. Es sind fünf: Es soll gut nahren, eine solide Ernährung bieten, den Geschmack befriedigen, nicht leicht verderben und leicht zu finden sein. So können Samen, Früchte, Gemüse, Wurzeln oder Fleisch kein Brot

[4] »zethi«.

[5] »Maizum Sorgum«.

[6] Vermutlich ist die Maniokwurzel gemeint.

sein. Fleisch verdirbt und ist, wenn es gesalzen ist, unangenehm; Wurzeln und Gemüse nähren nicht gut; Früchte trocknen aus, und Samen sind geschmacklich unangenehm, und die meisten von ihnen verderben mit der Zeit. Es ist also klar, dass jede Art von Brot durch Feuer behandelt werden muss, sonst ist es nicht sehr angenehm im Geschmack und kann nicht von größtem Wert als Nahrungsmittel sein. Zwei Eigenschaften scheinen in der Regel miteinander verbunden zu sein: Tatsächlich aß ich unter den Deutschen reines Brot aus Roggen und Weizen und einem besseren Weizenschrot: bei der Herstellung wird das Mehl gut gemahlen und ist weicher, und statt Wasser wird Salz beigemischt und eine Abkochung von wildem Hopfen, »lupus salictarius«, wie sie es nennen. Dieses Brot aus Weizen gilt auch unter Franzosen und Italienern als Genuss.

Aber in Westindien sind neben den oben erwähnten Pflanzen die Früchte des Mamey ein Leckerbissen. Sie haben die Größe eines großen Pfirsichs, eine Schale, die rauer als eine Birne ist, sind härter und kompakter, von rostiger Farbe und haben eine ziemlich runde Form. Das eigentliche Fruchtfleisch ist etwa fingerdick, die Farbe nicht unähnlich der Rinde, der Geschmack wie bei einer Quitte. In der Mitte befindet sich ein knochenharter Stein, der oberhalb von einem dünnen Häutchen umgeben ist, das sehr bitter schmeckt, aber aus einer kastanienähnlichen Substanz besteht. Dieses ist gespalten, manchmal sogar dreigeteilt, und darin unterscheidet es sich von der Quitte, der es sonst sehr ähnlich ist.

Es gibt auch die Frucht Guanabana, die von einem Baum in der Form einer Kiefer stammt. Es ist eine Frucht von der Größe einer Wassermelone, mit fingerdicker Schale, innen flüssig anstelle eines Kerns, von angenehmem und willkommenem Geschmack, mit Samen, die in Größe, Form und Farbe Schoten ähneln. Der Baum ist ausladend, mit langen, breiten Blättern; die Frucht ist sehr gesund, kann leicht gekocht werden und verfault nie.

Nun, es ist wahr, dass alle Völker ihre eigenen Besonderheiten haben, und einige sind allen eigentümlich, nicht nur in dem, was die Natur betrifft, sondern auch in den Lebensweisen. Alle Menschen verwenden Brot, aber der Stoff, aus dem es gemacht ist, ist verschieden; alle gebrauchen irgendein gesundes, wohltuendes Getränk, aber je nach der Gegend gibt es das eine oder das andere. Wenn ihre Verwandten und Vertrauten sterben, zeigen fast alle **Trauer**, und sie ändern ihre Lebensweise; das Ergebnis ist, dass einigen ein Bart wächst, die ihn früher nicht trugen, andere lassen sich Haare wachsen, die früher kurz waren; andere schneiden sich die Haare ab, die sie früher trugen, wie es Frauen tun; andere verzichten auf einen Bart, die ihn früher trugen; diejenigen, die normalerweise dunkle Kleidung tragen, haben glänzendes Weiß als ihre Trauerfarbe; diejenigen, die normalerweise glänzende Kleidung tragen, haben mattes Schwarz. Wir sehen also, dass es in der Trauer aller Menschen das gleiche Prinzip gibt, aber unterschiedliche Praktiken. Tränen und Seufzer lindern den Kummer, sie ziehen den Ruß[7] aus dem Herzen, den der Kummer dort festgehalten hat, um das Herz zu kühlen. Aber Tränen drücken den überhitzten Teil des Blutes aus, damit der Geist ungehindert hindurchströmen kann. Wenn Kummer und Schlaflosigkeit regelmäßige Eindringlinge sind, werden sie durch Seufzer, Tränen und Fasten überwunden. Ich bin gegenüber den Meinen eine liebevolle Natur: Als die Schwester meiner Mutter, Tomaxina, ihren Mann, zwei Söhne und zwei Töchter durch die Pest verloren hatte und aus Respekt vor meinem Vater, einem ernsten und strengen Mann, nicht auf die übliche Weise weinen und klagen wollte, stieß sie plötzlich einen großen Schrei aus und fiel tot um, innerlich gebrochen. Ich weiß von

[7] »fuligo«.

anderen, die schnell an bösartigem Fieber starben, das sie aus verstecktem Kummer um einen Bruder mit sich trugen. Und wenn es gut ausgeht und der Tod nicht eintritt, ist graues Haar der sichere Lohn für zurückgehaltenen Kummer. Wenn also der Ansturm der Trauer ein wenig nachgelassen hat, wappne dich mit Philosophie und ihren Geboten gegen den Kummer. Aber noch im größten Schmerz darüber nachzudenken, ist weder leicht noch sicher.

Du wirst sagen: Wenn die allgemeinen menschlichen Gewohnheiten gleich sind, wie kommt es dann zu der großen **Vielfalt der Sprachen**? Das liegt in der Natur der Sache. So haben die Italiener große Schwierigkeiten, ihre Stimme mit der Brust zu erzeugen. Die Hebräer dagegen können sehr leicht sprechen und können nur mit einem bestimmten Ton fest sprechen, daher verschlechtert sich die übersetzte Sprache, wenn sie nicht ihre eigene Aussprache verwenden. Aber die einfachen Leute, während sie sie ohne Sorgfalt aussprechen, verderben und verfälschen sie: Daher hat die Vielfalt der Sprachen immer ihren Ursprung im Volk und erobert dann die Menge. Und so tauchen auf den Märkten bei einem Wirrwarr von Völkern und Sprachen immer wieder andere Wörter auf, und wenn sie auftauchen, so wie auch die Menschen, verschwinden unweigerlich ihre Vorgänger. Der Wert, der sich aus der Vielfalt der Sprachen ergibt, besteht darin, dass alle Zustände des Geistes ausgedrückt werden können. Das ist offenbar der Fall, weil man ein Gefühl von Homer weder in Latein noch in unserer Muttersprache, noch eines von Vergil in Griechisch oder unserer Muttersprache hätte ausdrücken können, noch könnte man das Gefühl in den Gedichten von Francesco Petrarca, die er in seiner Muttersprache geschrieben hat, in Latein oder Griechisch wiedergeben. In der Tat ist die Vielfalt der Sprachen nützlich, so auch beim Handel. Bei den meisten Völkern war eine doppelte Sprache in Gebrauch, wenn es um den Handel ging. Es gab auch eine, die die Plebejer von den Patriziern unterschied, wie im Falle der Römer, wie Cicero bezeugt. Daraus ergibt sich die umstrittene Frage: Haben Cicero, Livius und Sallust in ihrer Muttersprache geschrieben? Es ist sicher, dass es eine zweite Sprache gab, die geschliffener war als die der Plebejer, sich aber nicht so sehr von der Muttersprache unterschied wie die unsere vom Latein. Das sieht man deutlich, wenn man den Stil von Vitruv, einem Plebejer, mit dem von Cicero, einem Mann vom Rang eines Konsuls, vergleicht. In ähnlicher Weise haben die Griechen heute eine gewöhnliche und abgenutzte Sprache, die sich von der unterscheidet, in der so viele bedeutende Bücher der alten Griechen verfasst sind. Und die Türken haben ihre eigene Sprache für den allgemeinen Gebrauch, die Patrizier sprechen Illyrisch, die Gelehrten schreiben und übersetzen Arabisch. Auch die Juden haben die Sprache der Region, in der sie leben, und ihre eigene, die hebräische. Und wir haben das Italienische, das sich vom Lateinischen unterscheidet, und eine andere, feinere, die wir Toskanisch oder Etruskisch nennen, sodass die einzelnen Völker jetzt nicht mehr zwei, sondern drei Sprachen haben. Auch die Römer hatten, wie gesagt, anstelle der Volkssprache und der Patriziersprache, die für sie das war, was das Etruskische für uns ist, Griechisch anstelle unserer lateinischen Sprache. Und die alten Griechen hatten eine volkstümliche und eine verfeinerte Sprache. Statt einer äußeren gab es eine andere Art von Sprache, was jeder, der ihre Gedichte liest, bemerken wird. Auch die Afrikaner haben eine dreifache Sprache: neben der verfeinerten und der volkstümlichen eine eigentliche afrikanische, über die Leo Africanus feststellt, dass eine Reihe von Büchern in Übersetzungen aus dem Lateinischen überlebt haben. Ich meine jetzt nicht die Muttersprache, sondern ich nenne sie arabisch. Es wird angenommen, dass sehr viele Werke von Galen und anderen Griechen in die arabische Sprache übersetzt worden sind, Werke, die uns fehlen. Und ein wenn auch nur sehr kleiner Teil dieser Werke ist bei uns erhalten geblieben. Viele sind durch Unachtsamkeit verloren gegangen, andere wiederum sind an abgelegenen Orten erhalten. Sebastian Münster erwähnt, dass in einem Kloster der Stadt Fulda in Deutschland, in der Nähe der Hauptkirche, die den heiligen Bonifatius beherbergt, der die Deutschen zum christlichen Glauben bekehrte, eine von Karl dem Großen vor siebenhundert Jahren eingerichtete Bibliothek mit jeder Art von Büchern existiert, die noch erhalten ist. So schlummern überall Denkmäler großer Männer, die in Sprachen erhalten sind, die manchmal nicht die Muttersprachen, manchmal auch nicht ihre eigenen Sprachen sind. Die Deutschen haben denselben dreifachen Sprachgebrauch, den auch alle anderen haben. Die Nationen unterscheiden sich nicht nur in ihren Zeichen zum Lesen, Schreiben und Sprechen, sondern auch in der Art und Weise, wie sie schreiben: Die Lateiner schreiben von links nach rechts, die Hebräer von rechts nach links, die Inder aus Cambay von oben nach unten. Andere Schreibweisen können nicht entwickelt werden, es sei denn, jemand will es schräg machen.

Es ist in der Tat sehr schwierig, zwei entgegengesetzte Bewegungen gleichzeitig durchzuführen, zum Beispiel, während man die Hand hebt, den Fuß zu senken; den Atem aus dem Mund zu blasen, während man ihn durch die Nasenlöcher einatmet, wie es die Flötenspieler in Moskau tun. Die Leierspieler tun das eine oder das andere; beides zu tun, wird durch Übung gelernt. Diese letzte Kunstfertigkeit ruft Bewunderung hervor, wenn man den Flötenspieler sieht, wie er die ganze Zeit seine Wangen aufbläst, und sie ist auch nützlich, weil sie z. B. zur Weissagung verwendet werden kann und viel Gewinn abwirft.

Wir bezeichnen gewöhnlich folgende Menschen als **verstümmelt**[8]: Blinde, Taube, Schielende, Hinkende, Menschen mit sechs Fingern und solche natürlichen Monster[9], die von einer schlechten Beschaffenheit sind. Die Astronomen lösen das Problem sehr leicht, indem sie sagen, dass sie die Herrschaft über das Schädliche haben. Wir sagen, dass die Natur in den einfacheren Dingen abweichend ist, weshalb sie in den schwierigsten Dingen umso mehr versagt: Deshalb sind, wie alle Verstümmelten böse sind, nicht alle, die körperlich unversehrt sind, von gutem Charakter. Denn es braucht mehr, um einen makellosen Geist zu formen, als einen intakten Körper. Am schlimmsten sind die Buckel, denn der Fehler liegt um das Herz herum, dem Ausgangspunkt des ganzen Körpers. Als nächstes kommen die Blindheit und das Schielen, weil die Natur im Bereich des Gehirns einen Fehler gemacht hat. Dann Stummheit und Taubheit, da die Natur in einem weniger wichtigen Teil des Gehirns versagt hat. Dann kommen das Hinken und die Schädigung einer wichtigen Gliedmaße; dann die sechs Finger und die Schwimmhäute. Hier hat die Natur hat in weniger wichtigen Bereichen versagt. An letzter Stelle stehen Warzen und Spuren, die Narben ähneln. Natürliche Warzen können mit Vitriolöl vernichtet werden. Es macht auch eine kahle Stelle, wenn man sie zuerst mit Öl einreibt und dann ein Tuch mit einer Lauge befeuchtet, in der Kalk und Orpiment erhitzt und aufgelöst wurden. Dieses Mittel kann die Haare an der Wurzel zerstören, und wenn man es nicht mit Öl verstopft (wie erwähnt) oder wenn es ziemlich lange anhaftet, zieht das Mittel die Haut ab. Dasselbe wird durch das erste Destillationswasser des Gipses und durch kristallisiertes Salz erreicht; letzteres ist stechender. Sehr saurer destillierter Essig entfernt Pockennarben und sommersprossenähnliche Flecken. Die Stelle sollte am nächsten Tag mit Wasser gewaschen werden, in dem Kleie und Malve gekocht wurden.

Da ich nun aber von der Verschönerung spreche, muss ich von dem sprechen, was zur **Schönheit** beiträgt. Dafür gibt es drei

[8] »mutilos«.

[9] »monstra naturae«.

Überschriften: entweder die natürliche Schönheit zu bewahren, oder sie zu schmücken, oder sie mit angenehmen Düften zu verschönern. Auf die einzelnen Punkte einzugehen, steht nicht auf unserem Plan, sondern gehört in meine Bücher *De Rerum Varietate*.

Zunächst werden die Zähne mit in Wasser umgewandeltem Zahnstein, der in einem Marmorgefäß aufbewahrt wird, von Flecken gereinigt. Dieses wird aus dem ersten Wasser hergestellt, das bei der Destillation von Salpeter und Alaun abtropft. Die **Zähne werden auch gereinigt**, wenn man sie beständig mit einer Malvenwurzel abreibt. Und das ist eine ausgezeichnete Sache, denn ihre Weichheit verhindert, dass sie das Zahnfleisch angreift, und sie reinigt die Zähne mit ihrer Rauheit, das wurde erprobt. Eine Brotkruste wird so lange verbrannt, bis sie sich in Holzkohle verwandelt, dann wird sie zerkleinert und die Zähne werden damit eingerieben und dann mit klarem Wasser gewaschen. Obwohl viele Mittel stärker riechen als Sellerie, ist er als Heilmittel gegen Mundgeruch so gut wie alles andere. Liegt das daran, dass er, abgesehen von dem Ausmaß seines Geruchs, der den schlechten Geruch überdeckt, ihn kraftvoll aufbricht und schwächt, und dass er wegen der Fettigkeit seiner Feuchtigkeit gut klebt? Zur Entfernung von Unreinheiten im Gesicht verwenden wir Weinstein und Waschungen mit Malvenwasser, in dem Weizenkleie belassen wurde. Mittel, die Glanz und Schimmer erzeugen, werden aus Eiweiß, Eischnee oder Malvenblüten hergestellt, auch aus Zucker. Auch was glänzend ist, ist von dieser Art, z. B. Quecksilber. Aber viel besser und harmlos ist Talk mit der Braunalge Fucus, wenn es sozusagen natürlich gemacht wird.

Um die **Hände zu glätten** und sie weich und weiß zu machen, entweder Rindergalle mit viel Wasser, oder die Reste wie Glasscherben aus den Martiacocta-Gefäßen, oder Seife aus Palmöl. Diese reinigen die Hände wunderbar. Manche Leute fügen der gewöhnlichen Seife gemahlene Iriswurzel hinzu, andere Muschelschalen, wieder andere Oktopusasche. Diese Zusätze sind durch Experimente bestätigt worden.

Die Mittel, die **Lippen und Hände vor Rissen schützen** und sie weich und wohlriechend machen, sind Fette, und von dieser Art sind die parfümierten und reinen die empfohlenen. Das Verfahren ist wie folgt: zerkleinern und mischen mit derselben Menge frischem Fett plus die Hälfte von Amaracum, allgemein Majoran genannt, oder Rosen, oder Myrte oder Blätter von Zypergras, und aufteilen in Pastillen. In einem geschlossenen Gefäß im Schatten vierundzwanzig Stunden (mehr oder weniger) aufbewahren. Dann werden die Pastillen mit Wasser übergossen, leicht gekocht und abgeseiht. Dann wiederholt man den Vorgang mit einer halb so großen Menge desselben parfümierten Krauts (gleich welcher Art), zerkleinert es, schneidet es in Scheiben und legt es wieder in ein sauberes Gefäß, in dem man es ebenso viele Stunden lang aufbewahrt. Zuletzt sammelt man die Stücke, übergießt sie mit Wasser, kocht sie auf, gibt sie nach dem Sieben wieder zurück und fügt das duftende Kraut noch einmal hinzu. Und wenn man dies drei- oder viermal gemacht hat und das Parfüm eingezogen ist, erhält man das reinste Produkt und fügt nach Belieben Nelken oder Krokus oder Moschus oder Zibet hinzu. Die Stücke sollten immer mit Wein beträufelt werden, und zwar mit einem wohlriechenden Wein, damit das Fett den Geruch besser aufnimmt. Oder man kocht das Fett öfters mit Wein auf, in den Geruchsstoffe eingelegt wurden, bis es den Geruch aufgenommen hat. Wein wirkt schneller als Wasser, um den Eigengeruch des Fettes zu entfernen und das Fett mit dem Geruch der Aromastoffe zu durchtränken, und er verhindert wirksamer, dass es verfault oder ranzig wird, was, wie gesagt, ein besonderer Fehler des Fettes ist. Von dieser Art ist eine Zusammensetzung von Pigmenten, die Pomata genannt wird und die Hände weich macht, Falten und Risse in ihnen sowie in den Lippen verhindert und einen angenehmen Geruch verleiht. Und sie vertreibt Juckreiz, vor allem, wenn ein Drittel Styrax (den sie Liquid nennen) hinzugefügt wird. Überhaupt ist sie für alle Hautfehler gut geeignet und daher bei den Italienern in großem Gebrauch. Ihre Zusammensetzung, die außergewöhnlich ist, ist wie folgt: Hirschfett oder das eines weiblichen Ferkels, ein Viertel, und die gleiche Menge Hirschmark. Mischen. Manche ersetzen das Hirschfett durch Ziegenfett, andere lassen das Mark weg. Man befreit sie von allen Abfällen und Häuten, wäscht sie mit Weißwein und presst sie wiederholt aus, bis der ganze Wein und alle Unreinheiten entfernt sind und das Fett gesund, trocken und sehr rein ist. Zu zwei Pfund dieses reinen Fettes fügt man acht oder zehn Pfund des gereinigten, zerkleinerten Fruchtfleisches appianischer Äpfel, eine halbe Unze dünner Nelken, eine Viertelunze Muskatnuss, sechs Körner aus der indischen Ähre und vier Pfund bestes Rosenwasser. Kochen Sie alles über einem langsamen Feuer in einem zugedeckten Gefäß, bis fast das ganze Wasser verbraucht ist, dann fangen Sie das abgeseihte Produkt in einem Gefäß auf, das wiederholt mit Rosenwasser ausgespült wird, und fügen danach vier Unzen reines, glänzendes, weißes Wachs und sechs Unzen süßes, frisches Mandelöl hinzu. Es wird flüssig, und nach dem Abseihen wird alles in einem sauberen Gefäß aufgefangen und wiederholt mit Rosenwasser ausgespült. Um es schließlich zu sammeln, wird das Rosenwasser nach Zugabe des Moschus und der anderen parfümierten Wässer wiederholt gerührt und lange mit einem hölzernen Stößel gemischt, bis es einen sehr angenehmen Geruch annimmt, und in einem Glasgefäß im Nordschatten aufbewahrt wird. Dies sind Beispiele für Gegenstände, die kosmetischen Zwecken dienen, denn wir sprachen vorhin über die Entfernung von Haaren, und so wollen wir zu unserer geplanten Reihenfolge zurückkehren und über die Fälle sprechen, in denen die Natur weiter in die Irre geht als bei den Versehrten.

Es sind die **Monster**. Es gibt zahlreiche Arten, und sie sind nicht in Arten eingeteilt, sodass sie von unbegrenzter Art sind. In Krakau soll ein Säugling mit einem Rüssel anstelle einer Nase geboren worden sein, mit runden und geflügelten Augen, Eselsohren, zwei weiteren Augen oberhalb des Nabels, dem Schwanz einer Maus, aber gegabelt und so lang, dass er über den Kopf reichte, die Hände und Füße mit vier Fingern, genau wie die eines Falken, aber sie waren durch drei Membranen verbunden, wie die von Gänsen. Unter den Achseln, zwischen den Ellbogen und über den Knien ragten einzelne Hundeköpfe hervor, insgesamt sechs. Es heißt, dass ein solch schreckliches Monster drei Stunden lang überlebte, sodass man sich nicht zu wundern braucht, wenn Pausanias sagt, dass zu seiner Zeit noch viel schrecklichere Monster als der Minotaurus geboren wurden. Bemerkenswert ist jedoch, dass er davon sprach, dass diese überlebten; der Minotaurus, wenn er nicht tatsächlich eine Fabel ist (wovon ich eher ausgehe), soll bis ins Erwachsenenalter überlebt haben. Sebastian Münster berichtet, dass in Mainz zu unserer Zeit zwei Frauen zufällig miteinander sprachen, und eine war schwanger. Eine andere Frau kam im Laufschritt heran und schlug die Köpfe der Gesprächspartnerinnen zusammen. Als die Schwangere gebar, prägte sie den Kindern die Zeichen der Angst ein, und zwar brachte sie zwei Mädchen zur Welt, die im Gesicht von der Stirn bis zur Nase verbunden waren, sodass sie nur zur Seite schauen konnten. Dieses Monster überlebte noch bis zum zehnten Lebensjahr. Ein anderer Fall, eines der Mädchen war tot, und nachdem es von dem lebenden Mädchen getrennt worden war, starb auch dieses. Es ist nicht klar, ob dies aus Angst oder Scham geschah oder aus der seelischen Not heraus, die das arme Geschöpf erlitten hatte, während das andere krank war und dahinsiechte. Sicher ist, was viele Menschen schon immer vermutet haben, nämlich dass der Zustand schwangerer Frauen Föten im Mutterleib schädigen kann. Das erklärt die vielen Flecken an Säuglingen, die die Farbe von Portwein, Schweinsleder, granatapfelähnlicher Haut und Ähnlichem haben. Denn als die Mutter dieser Mädchen von Angst befallen war und das Bild des zerquetschten Kopfes hatte, verschmolzen die Köpfe der Mädchen zu einem einzigen. Ich hätte eigentlich nicht geglaubt, dass dies das Werk des Zerquetschens allein war, obwohl es wesentlich dazu beitrug. Denn nicht selten schlagen Frauen mit einer größeren Wucht auf den Bauch als bei der Gelegenheit, bei der sie auf den Kopf schlug, und dennoch verschmelzen Zwillinge nicht. Wenn der Zusammenstoß die einzige Ursache dafür wäre, wäre es nicht nur der Kopf, sondern auch der Rücken oder der Bauch. Man sagt, dass unter den Ungeheuern eines überlebt hat, dem das Mittelteil eines Knaben unterhalb des Nabels angeheftet war, sodass es durch den Penis des Knaben urinieren konnte. Dieses Monster wanderte umher und wurde von einem jungen Mann von fünfundzwanzig Jahren vor sich hergetragen, wobei der angeheftete Teil einem Zehnjährigen glich, ob man nun seine Beine oder seine Füße betrachtete.

In diesem Jahr sahen wir ein anderes aus Deutschland, das dem vorigen sehr ähnlich war, Alter etwa fünfundzwanzig, Geschlecht unsicher; ein männlicher Säugling, der herabhing (er urinierte aus einem Penis), Arme und Hände und Beine, die geschrumpft waren, aber nur die Beine von fötaler Größe, der Rest war sehr schlank, kein Anus, das Gesäß wie zusammengeschnürt. Es müsste ohne Empfindungsfähigkeit sein, denn wenn ein Tier seines Kopfes beraubt ist, muss ihm sowohl die Bewegung als auch die Empfindung fehlen. Aber wenn das Tier die Seele einer Frau besessen hätte (sein Gesicht sah eher wie das einer Frau aus), hätte es sich als vollkommenes Tier bewegen können. Aber Aristoteles und wir selbst haben an anderer Stelle gezeigt, dass dies unmöglich ist. Aber nichts hindert die Teile daran, sich getrennt zu bewegen, wie es die Finger tun. Es gibt also viele Fragen, die einer Erklärung bedürfen. Erstens: Warum leben die meisten Ungeheuer im Mutterleib, sterben aber nach der Geburt? Welche Monster können dann überleben und welche nicht? Weiter: Verfolgt die Natur bei der Erzeugung von Ungeheuern einen bestimmten Zweck? Ist die Abweichung und Aufgabe von der richtigen Ordnung und Möglichkeit immer sinnlos? Und sind Ungeheuer das, worauf ihr Name durch seine Ableitung von »zeigen«[10] hinweist, lassen sie also etwas Kommendes erahnen? Und schließlich: Wie kommt es, dass in Ägypten, wo die Fruchtbarkeit größer, die menschliche Tugend kräftiger und die Luft besser ist, Ungeheuer häufiger vorkommen? Daraus folgt: In welchen Regionen und aus welchen Gründen entstehen menschliche Ungeheuer?

Am Anfang leben die Ungeheuer sehr leicht im Mutterleib und werden zur Vollendung gebracht, denn sie werden erzeugt, und was erzeugt wird, muss auch durch dieselben Ursachen erhalten werden, durch die sie ins Dasein kommen. Da sie aber von ihrer eigenen Natur abgewichen sind und schwach und höchst ungesund sind, sterben sie, sobald sie geboren sind. Als Ableger leben sie in Gemeinschaft, weil die gemeinsam erzeugten Geschöpfe am Leben derer teilhaben, mit denen sie erzeugt wurden. Es ist viel schwieriger, in Isolation zu leben als in Gemeinschaft. Wenn sie also geboren werden, stirbt das, was im Mutterleib lebendig war, sogleich. Es gibt noch einen anderen Zusammenhang: Wenn sie zu erzeugen beginnen, entsprechen sie nicht ganz der Erzeugung vollkommener Geschöpfe. Wenn zum Beispiel ein Salat und eine Eiche zu sprießen beginnen, sind beide kaum voneinander zu unterscheiden. Wenn sie aber zur Vollendung gebracht

[10] »Monstrum«, von »monstrare« = zeigen, vgl. »demonstrieren« oder »Monstranz«

werden, sind sie so verschieden, dass niemand sie verwechseln kann. Wenn zwei Linien von demselben Punkt ausgehen und sehr nahe beieinander liegen, trennen sie sich umso mehr, je weiter sie gehen. Dementsprechend weichen die Geschöpfe im Mutterleib, wenn sie weniger weit von ihrem Ausgangspunkt entfernt sind, auch weniger von ihrer natürlichen Form und Beschaffenheit ab. Je mehr ein Monster also aus sich selbst herauswächst, desto schwächer wird es und desto näher kommt es dem Tod. Einmal geboren, trifft es auf kühlere Luft, und so leben Monster in heißeren Regionen länger, zum Beispiel in Ägypten; in Italien aus diesen Gründen weniger lang und in Deutschland noch viel weniger. Es gibt Ungeheuer, die weniger von ihrem natürlichen Zustand abgewichen sind, und zwar in ihren wichtigeren Organen. Deshalb hat ein zweiköpfiges Ungeheuer noch nie lange überlebt. Und wie bereits erwähnt, überleben sie leichter in warmer Luft als in kalter. Von denen, die überleben, leben die umso länger, je passender ihre Form ist. Und die Größe durch ihre Position, und die Position durch die Form, und die Form durch die Anzahl weichen weniger von der Natur ab. Und da sie von der menschlichen Form abgewichen sind, leben sie umso weniger lange, je mehr sie sich von ihr entfernt haben und sich der Form von wilden Tieren und Fischen und Schlangen zugewandt haben.

Aber warum ist die Abtreibung von Monstern selten? Weil Abtreibungen selten sind, Ungeheuer noch seltener, also ist die Abtreibung von Ungeheuern sehr selten. Und eine Ursache, die die Ordnung der Natur überwunden hat, muss so mächtig sein, dass sie nicht leicht besiegt werden kann, es sei denn, es wurde eine Änderung vorgenommen. Deshalb treiben Mütter Monster selten absichtlich ab.

Nun ist aber zu zeigen, ob ein Ungeheuer ein bloßer Irrtum der Natur ist, oder ob es auch ein Ziel verfolgt, wie z. B. aus einem Menschen einen Widder zu machen. Wenn es absolut kein Ziel hätte, wäre das, was geboren wird, formlos. Aber es ist nicht immer formlos. Manche, wie Aristoteles, haben die Ansicht vertreten, dass die Natur, wenn sie abweicht, ihr Ziel in der nächstliegenden Art erreicht, zum Beispiel ein Weibchen statt eines Männchens, einen Zweibeiner statt eines Menschen, oder, wenn das unmöglich ist, einen Vierbeiner aus menschlicheren Geschöpfen, mit dem Argument, dass sie selten Fische und nie Bäume hervorbringt. Aber wenn das so ist, würde sie häufiger Vögel als Widder hervorbringen. Und wenn die Natur eine Art anstrebt, muss sie auch eine Art dieser Art hervorbringen. Wenn sie also ein entsprechendes Ziel nicht erreichen kann, konstruiert sie offenbar aus der Art das nähere Ziel, das nicht unbestimmt ist, ohne Widerstand der Materie. Wenn also die Materie aus verschiedenen Teilen besteht, wird ein vielgestaltiges Ungeheuer erzeugt. Wenn die Materie ganz unbrauchbar ist, wird das Ungeheuer völlig formlos sein. Daher leben die Monster, denen die Form gänzlich fehlt, mit einem Leben, das kaum besser ist als das einer Pflanze, und sterben sofort. Wenn ein Teil der Materie mäßig von ihrer eigentlichen Beschaffenheit abgewichen ist, entsteht in diesem Teil ein kleiner Fehler. So hatte zum Beispiel eine edle Jungfrau in den Frauengemächern des Prinzen von Luxemburg einen doppelten Knochen anstelle der Zähne und erlangte nichts anderes als eine außergewöhnliche Ernsthaftigkeit des Lebens. Das wirft die Frage auf, ob Ungeheuer etwas voraussagen. Melanchthon, ein gelehrter Mann, berichtet, dass vor dem Krieg, den der Kaiser gegen die Deutschen führte, in einem Dorf in Franken ein Säugling geboren wurde, und sofort sah man ein Schwert aus seinem Bauch herausragen, und es konnte erst herausgezogen werden, als es eiterte. Melanchthon fuhr fort, dass dieses Wunder auf einen Bürgerkrieg in Deutschland hindeutete.

Aber warum ein Schwert? Ich denke, das Material war hart und von eisenähnlicher Farbe, da es kein Eisen sein konnte. Aber es ist die Aufgabe meiner Bücher *De arcanis aeternitatis*, zu zeigen, ob solche Vorkommnisse immer etwas voraussagen. In Ägypten sind Vorhersagen häufig, da Ungeheuer häufig sind. Der Grund dafür ist ein doppelter: Erstens, weil die Frauen bei einer einzigen Geburt mehr Kinder zur Welt bringen. Daher degenerieren sehr viele Kinder von ihrer eigentlichen Natur und gehen in Monster über, sowohl durch Schwäche als auch dadurch, dass die Föten sich gegenseitig bekämpfen. Auch leben die Ungeheuer sehr leicht sowohl im Mutterleib als auch außerhalb, wegen der gesunden Luft, sodass sie dort mit acht Monaten geboren werden, und daher werden in Ägypten mehr Ungeheuer bei Menschen und Tieren geboren. Der Grund für die Entstehung von Ungeheuern ist also die Leichtigkeit der Entstehung, sodass sie bei Pflanzen sehr häufig sind, dann bei den wertloseren Tieren, dann bei den wichtigen und fruchtbaren. Schließlich bei den vollkommenen und weniger fruchtbaren, wie dem Menschen und dem Elefanten, sind sie sehr selten. Weitere Gründe sind monströser Geschlechtsverkehr, absurde Bilder und verkehrte Temperamente. Deshalb werden solche Geburten, wenn auch fälschlicherweise, dem Zorn Gottes zugeschrieben. Und monströse Menschen treten mit Auszeichnung und Vollkommenheit auf, ob sie nun Propheten oder Weise genannt werden, entweder aufgrund der außergewöhnlichen Natur der Eltern oder aufgrund von Kometen und Konstellationen oder vorhergehenden Kombinationen von Sternen oder weil die Natur die Kraft vieler Organe in ein einziges übertragen hat. Dadurch kam es vor, dass diese Menschen zuweilen weniger arbeitsfähig waren.

Aus diesem Grund und weil Entdecker des Entdeckens müde werden, kommt es vor, dass berühmte Männer Jünger hinterlassen, die an Ansehen und Werken größer sind als sie selbst, so wie Sokrates Platon, Platon Aristoteles, Aristoteles Theophrast hinterließ. Diese Lektion wurde auch von Christus gelehrt, als er sagte: Du wirst dies und größere Dinge tun. Der Jünger ist nicht größer als der Meister. Aber der Mensch ist wie eine Trommel, die nichts ist, wenn sie nicht geschlagen wird. Und wenn sie geschlagen wird (auch wenn der Mensch es nicht will), zieht sie die Aufmerksamkeit auf sich. Da die Schüler berühmter Männer sich so verhalten, als wüssten sie sonst gut Bescheid über deren Entdeckungen, werden die Nachfolger großer Männer oft für größer gehalten als die eigentlichen Erfinder.

Nun bleibt am Ende, da wir alles behandelt haben, nur noch der eigentliche Ausgangspunkt zu besprechen, ich meine das **Herz.** Es scheint in vielerlei Hinsicht Ausgangspunkt zu sein: entweder der des Ursprungs, wie der Same, oder der der Zeugung, wie die primären Arterien und Venen, die am Nabel enden, weshalb man sagt, dass diejenigen, die in Ägypten zur Strafe gehäutet werden, nicht sterben, bevor der Nabel gehäutet wurde. Und es steht dem Henker nicht frei, diesen Teil ohne Erlaubnis zu häuten, damit der Verurteilte länger gequält werden kann. Der Grund dafür ist also, dass der gehäutete Mensch den Geist in alle Richtungen ausgeatmet hat, aber nicht alle zusammen, sondern er atmet ihn alle zusammen durch den Nabel aus, weil dort das Bauchfell wegen der Zeugungsorgane durchlöchert ist. So wird der Mensch, wenn er endlich an dieser Stelle gehäutet wird, schwach und stirbt auf der Stelle.

Und es gibt einen Ausgangspunkt für die Bewegung, wie es das Gehirn ist, oder für die Erzeugung, wie es die Hoden sind. Der eigentliche Ausgangspunkt und derjenige für alles ist das Herz, auch wenn es oft anders gesagt wird. Wir sollen jetzt von ihm sprechen, weil es die erste und größte Bewunderung verdient. Die Art und Weise, wie es sich bewegt und wie es in Liebesangelegenheiten springt und klopft, ist hinlänglich erörtert worden. Aber diese Bewegung ist natürlich.

Wenn sie nicht dem Willen gehorcht, ist sie keine freiwillige Bewegung; wenn der Ausgangspunkt der Funktionen nicht erlahmt, ist sie nicht gewaltsam, also ist sie natürlich. Aber eine natürliche Bewegung ist einfach, eine andere ist zusammengesetzt; sie wird durch ihr Vermögen ausgedehnt und auch zusammengezogen, sie beruhigt sich nicht von selbst. Bei den Schwachen zieht sie sich langsam zusammen, und das Zusammenziehen folgt auf die gute Zufuhr von rußiger Luft; also ist sie zusammengesetzt. Ist sie nun Hitze oder Seele? Es ist besser, die Hitze als Instrument zu bezeichnen, die Seele aber als die treibende Kraft, denn die Hitze kann nichts in entgegengesetzte Richtungen auseinanderziehen, die Seele aber schon. So gleicht sie der himmlischen Bewegung, weil sie von der Seele hervorgebracht wird und weil sie eine Rückbewegung hat, die nie aufhört und regelmäßig ist. Aber die letztere ist in ihrer Richtung und Wirkung zusammengesetzt, die erstere einfach. Die erstere ist nicht kreisförmig, sondern von einem Mittelpunkt und zu einem Mittelpunkt, die letztere ist kreisförmig. Die erstere ändert sich in Abhängigkeit von den Bedingungen, die letztere ist unveränderlich. Die erstere wird durch den Mittelpunkt der Hitze hervorgerufen, die letztere durch die Seele selbst. Die anderen Unterschiede zwischen den beiden sind die Nachteile der Sterblichkeit. Außerdem bewegen die Bedingungen des Geistes das Herz, und mit der Bewegung des Instruments des Herzens muss sich auch der Körper bewegen. So wird der ganze Körper offensichtlich nur durch die Bedingungen des Geistes verändert. Die tatsächlichen Bedingungen erreichen uns durch unsere Sinne, die nun zu besprechen sind.

Buch XIII: Über die Sinne, das Wahrnehmbare und das Vergnügen

Am Anfang stellten wir drei Dinge als notwendig fest (die Erhaltung der Menschen, das höchste Glück und die Ewigkeit ihrer Art) und ordneten die Sinneskraft der Erhaltung, den Verstand dem höchsten Glück und die Zeugungskraft (die die Natur durch Fortpflanzung verewigen konnte) der Ewigkeit der Art zu. Da es sich um drei verschiedene Eigenschaften handelt, sind auch ihre Vorzüge vielfältig: Der Verstand zeichnet sich durch die Vortrefflichkeit seines Ziels aus, die Zeugungskraft durch den dauerhaften Bestand, und **die Sinne** zeichnen sich durch eine Vielzahl von Annehmlichkeiten aus. Sie sorgen in der Tat für richtiges Wissen und die Gesundheit des Geistes. Es müssen fünf an der Zahl sein: Diejenigen, die uns erreichen, sind zum Teil nahe und zum Teil weit entfernt. Diejenigen, die uns nahe sind, erreichen uns entweder von außen (so der Tastsinn), oder sie werden innerlich wahrgenommen (und da sie innerlich nur mit unserem Einverständnis erworben werden, genügt es, sie vorher durch den Geruchssinn zu erforschen; wenn sie einmal erworben sind, erkennt der Geschmack sie). Dinge, die wir nicht berühren, sondern von uns entfernt sind, nehmen wir im Voraus wahr durch das Sehen, sodass wir die Flucht ergreifen können, wenn sie uns direkt begegnen. Wenn sie aber von der Seite kommen, sind sie gezwungen, die Luft zu bewegen und ein Geräusch zu machen, wofür das Gehör zuständig ist.

Es ist also klar, dass wir und die vollkommeneren Tiere fünf Sinne brauchen; und wenn die Natur einen sechsten eingerichtet hätte, wäre er nicht von Nutzen. Und so wird es nur fünf Sinne geben. Aristoteles versuchte, dies zu beweisen, ging dabei aber von allgemeinen Annahmen aus. Obwohl die Theorie des Ziels klar zu sein scheint, dass es in den Dingen nichts anderes gibt als diese fünf den Sinnen zugänglichen Eigenschaften, gibt es eine große Unklarheit, falls es eine uns unbekannte Eigenschaft gibt; zum Beispiel die Art und Weise, wie Hunde ihre Besitzer aufspüren, scheint zwar den Geruchssinn zu betreffen, aber vielleicht gibt es etwas Besseres und Herausragenderes, das sie wahrnehmen? Die den Sinnen zugänglichen Merkmale sind allen gemeinsam und sind ebenfalls fünf an der Zahl: Größe, Anzahl, Bewegung, Ruhe und Form. Das Sehvermögen allein erfasst sie alle vollkommen, und es benötigt Licht; der Tastsinn tut dies weniger vollkommen, aber er kann in der Dunkelheit erkennen. Bei Licht ist der Tastsinn ausreichend, um die ihm zugehörigen Merkmale zu erkennen, nämlich heiß, kalt, feucht, trocken, schwer, leicht, weich, hart, zäh, krümelig, glatt, rau.

Das **Sehvermögen** ist der wichtigste unter allen Sinnen, die das Äußere wahrnehmen, denn es unterscheidet zwischen weiter entfernt, zahlreicher, unterscheidbarer, schneller, verschiedener und göttlicher. Wer zweifelt, dass wir in der Ferne erkennen, wo wir doch die Sterne sehen können? Da es nichts gibt, was ohne Licht oder bestimmte Farbe ist, gibt es zahlreiche Dinge, die für beide Augen primäre Objekte sind. Und zwar sehr genau, denn kein Sinn erfasst so feine Unterscheidungsmerkmale wie das Sehen. Er ist sehr schnell, er ist der einzige Sinn, der sofort wahrnimmt; denn das Ohr wartet auf die Ankunft des Tons, und der Geruchssinn braucht einen Atemzug. Der Sehsinn erkennt mehr Farbunterschiede und alle allgemeinen Merkmale, die den Sinnen zugänglich sind, und zwar entweder allein oder im Vergleich zum Tastsinn. Der Tastsinn ist göttlicher, da er der Sinn ist, der für sich allein unbeeinflusst und unbehelligt von der Wahrnehmung ist und der als einziger der Sinne dem Intellekt am ähnlichsten ist. Und so ist es kein Wunder, wenn wir in der Dunkelheit Angst haben, als hätten wir einen sicheren Führer verloren. Es ist also nicht die Schwärze oder die Unklarheit der Dunkelheit, die uns Angst macht, sondern dass wir uns ohne die Hilfe unserer Augen schwach und jeder Verletzung ausgesetzt fühlen. Die Geselligkeit zeigt, dass dies so ist, indem sie die Angst lindert, obwohl die Dunkelheit und die Unklarheit bestehen bleiben. Es kann kaum jemanden geben, der sich inmitten zahlreicher Freunde fürchtet, selbst in der dichtesten Dunkelheit, und es ist wahr, dass wir uns an unbekannten und unvertrauten Orten mehr fürchten als an vertrauten. Deshalb sind die Augen selbst der Schutz so vieler Freunde und Wegbegleiter. Aus diesem Grunde hat die Natur nur dem Auge Augenlider gegeben, damit es wie ein König nicht zur Arbeit gezwungen werden kann, es kann sehen, wann es will und was es will, und unterlässt es, wenn es ihm nicht gefällt. Das Ohr aber ist gezwungen, gegen seinen Willen zu hören, und der Tastsinn ist ebenso gezwungen, zu fühlen.

Drei Merkmale weisen darauf hin, dass das Auge und das Sehen des Wahrgenommenen von sehr dünner Substanz ist: dass es sehr fein unterscheidet; dass das Bild des Gesehenen in keinem Subjekt wohnt (wenn es das täte, hätte es seinen Standort hauptsächlich in der Luft und würde daher von Windstößen zerrissen werden, was nicht geschieht); schließlich dass es durch sexuelles Verlangen, durch Blutvergießen und durch alles, was das Blut gerinnen lässt, stark gestört wird. Das Beste in uns ist also das Genaueste. Dieser Sinn ist in einem wässrigen Medium angesiedelt, da sowohl das Licht als auch die Beleuchtung in einem transparenten Ding angesiedelt sein müssen. Wir sagten aber, dass die Luft nicht in die Mischung eindringen sollte, könnte sie also nur in Wasser gebildet werden? Auch die Geister sind so dünn, dass sie bei Hitze oder Trockenheit verzehrt werden. Und Trockenheit ist nicht erforderlich, um Arten zu halten und eine Beurteilung folgen zu lassen, da Licht und Beleuchtung bleiben. Da aber der Schall[1] nicht bestehen bleibt, muss er in der Empfindung erhalten bleiben, damit eine Beurteilung folgen kann. Deshalb wurde der Schall in einem trockenen Medium angesiedelt. Weil also das Auge in einem kalten und feuchten Medium angesiedelt ist und das Geruchsvermögen in einem heißen und trockenen und in der Nähe angesiedelt wurde, haben diejenigen, die gut und in der Ferne sehen, einen schwachen Geruchssinn, und diejenigen, die einen guten Geruchssinn haben, sehen gewöhnlich nicht in der Ferne. So nutzt das Auge Beleuchtung und Farben.

Aber es gibt zahlreiche **Arten von Farben**. Aristoteles teilte sie in sieben ein und fügte ihnen die gleiche Anzahl von Geschmacksrichtungen bei, sodass die sehr angenehmen mit den sehr angenehmen, die sehr unangenehmen mit den sehr unangenehmen und die mittleren mit den mittleren übereinstimmen können. Als wir festgestellt hatten, dass er sie auf sieben reduziert hatte, da er keiner Zahl Ehre machte, sagten wir, er hätte sie von der Zahl der Planeten genommen, und wir ordneten demzufolge die Farben und Geschmäcker den entsprechenden Planeten zu:

matt weiß/gelb	süß/fett	Venus
safrangelb	herb	Jupiter
scharlachrot	bitter	Mond
lila	sauer	Merkur

[1] »sonus«.

grün	scharf	Sonne
blau	salzig	Mars
schwarz/dunkel	bitter/scharf	Saturn

Aber warum gibt es nicht die gleiche Anzahl von Arten bei Gerüchen und Tönen und bei Qualitäten, die mit den Sinnen wahrgenommen werden können? Es gab mehr Arten unter diesen Qualitäten, und der Tastsinn ist nicht einfach, er scheint vierfach zu sein. Die eine Art unterscheidet zwischen heiß, kalt, feucht und trocken. Die zweite erkennt Schmerz und Lust. Die dritte Art ist diejenige, die die Freuden der Venus wahrnimmt, da wir in keinem anderen Teil des Körpers ein Gefühl dieser Art oder ein ähnliches empfinden. Die vierte unterscheidet zwischen schwer und leicht. Und sie nimmt Raues und Glattes wahr, wie auch Schmerz und Vergnügen. Rauheit ist das, was Unbehagen hervorruft, Glätte das, was ein angenehmes Gefühl hervorruft; sie ist es, die bröckelig und hart wahrnimmt. Es gibt also vier Arten der Berührung, und es ist unangemessen, so vielen Arten nur sieben Unterschiede zuzuordnen. Im Geruch sind die eigentlichen Qualitäten und ihre Unterschiede verborgen, so dass dieser Sinn in uns am schwächsten ist. Da aber die Töne von einem einzigen Prinzip ausgehen und nicht von den vier primären Eigenschaften, war es nicht möglich, so viele Arten unter ihnen zu entdecken. Es ist also klar genug, warum sie nur im Geschmack und im Sehen vorkommen.

Lernen Sie aus diesen beiden Experimenten, **was das Auge alles kann.** Erstens: Mit einem Spiegel kannst du die Höhe und Entfernung eines Turms messen, und dann auch die Tiefe des Meeres. Stelle einen Spiegel auf und schau von ihm aus auf die Turmspitze, und messe den Abstand von deinen Füßen in Ellen. Dann markierst du vorsichtig die Position des Spiegels und entfernst dich mit dem Spiegel um eine bestimmte Anzahl von Ellen von deiner vorherigen Position, sodass du die Spitze des Turms wieder sehen kannst. Multipliziere den Abstand der Positionen des Spiegels mit dem Abstand des Spiegels von deinen Füßen in der zweiten Position. Dann teile das Ergebnis durch den Abstand zwischen den Füßen und dem Spiegel in der ersten und zweiten Position. Das Ergebnis ist die Anzahl der Ellen des Abstands des Spiegels in der zweiten Position vom Boden des Turms. Mit diesem ermittelten Abstand multiplizierst du die Höhe deines Auges mit dem bereits gefundenen Abstand des Spiegels vom Fuß des Turms und teilst dies durch den Abstand zwischen dem Spiegel und deinen Füßen in der zweiten Position, und was dabei herauskommt, ist die Anzahl der Ellen des Abstands des Spiegels in der zweiten Position vom Fuß des Turms.

Ein Beispiel: Der Abstand zwischen den Füßen und dem Spiegel beträgt zwölf Ellen, der Abstand des zweiten Spiegels vom ersten vier Ellen, dann sind die Füße vierzehn Ellen vom Spiegel entfernt, und meine Höhe beträgt sechs Ellen. Multipliziere vier (der Abstand der Stellen des Spiegels) mit vierzehn (der Abstand des Spiegels und der Füße in der zweiten Position), und sie ergeben sechsundfünfzig Ellen. Teile diese durch zwei, die Differenz zwischen vierzehn und zwölf der Abstände der Füße und des Spiegels: Es ergeben sich achtundzwanzig Ellen als Abstand des Spiegels in der zweiten Position vom Boden des Turms. Multipliziere dies mit sechs (deiner Körpergröße), es werden 168; teile durch den Abstand zwischen dem Spiegel und deinen Füßen in der zweiten Position, der vierzehn war; was als die Höhe des Turms herauskommt, sind zwölf Ellen.[2]

[2] Forrester schreibt: Die Erklärung dafür könnte sein, dass der Spiegel flach auf dem Boden liegt und der Betrachter darin das Bild der Turmspitze sieht. Zunächst betrachtet er es, wenn der Spiegel in einem Abstand x von der Basis steht und sein Auge 12 Ellen weiter entfernt ist; dann, wenn der Spiegel in einem Abstand x+4 von der Basis steht und sein eigenes Auge dann 14 Ellen entfernt sein muss. Die Höhe beträgt dann 12 und x = 24.

Wir werden die Tiefe des Meeres auf dieselbe Weise messen:[3] Wir halten den Spiegel über unsere Augen, sodass wir vom Heck aus einen Stein am Meeresgrund sehen können, von dem wir annehmen, dass er sich senkrecht unter dem Bug befindet, wir ziehen den doppelten Abstand unserer Füße von der Senkrechten des Spiegels ab, von einem Intervall, das durch die Position direkt über der Position des Steins und der deiner Füße definiert ist, und was übrig bleibt, multiplizieren wir mit der Höhe des Spiegels, der sich über deinen Augen befindet und der verlängert ist. Wir teilen das Produkt durch den Abstand deiner beiden Füße und des Spiegels, und was herauskommt, wird die Tiefe des Meeres sein.

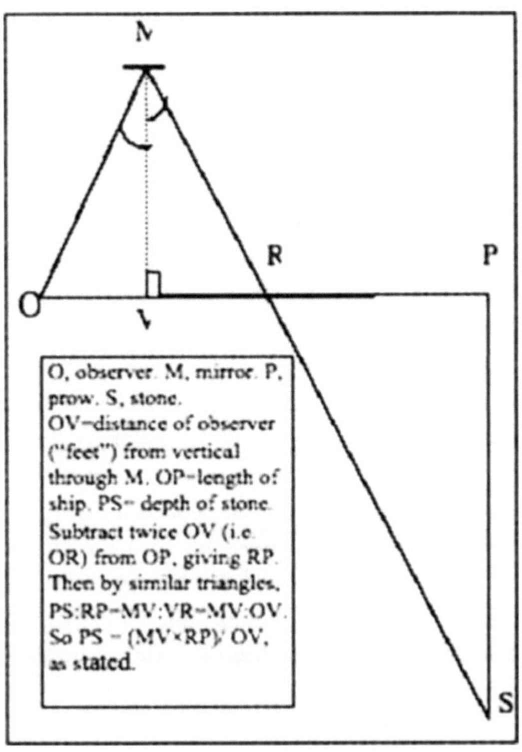

So haben die Augen solche Fähigkeiten, dass wir aus einer unendlichen Zahl zwei recht einfache Beispiele auswählen könnten: aber jeder Sinn erfreut sich besonders an dem, was er erkennt. Wenn sie beim Hören erkannt werden, werden sie Zusammenklänge oder Harmonien genannt, beim Sehen das Schöne. Was ist also **Schönheit**? Eine Sache, die vom Sehen perfekt erkannt wird; wir können nicht lieben, was nicht erkannt wird. Das Sehen erkennt, was in den Proportionen doppelt, dreifach, vierfach, eineinhalbfach, eineindrittelfach aufgebaut ist, wie wir es im Zusammenhang mit dem menschlichen Gesicht erwähnt haben. Bei Säulen, die nach diesem Muster angeordnet sind, oder Bäume oder Teile des Gesichts, wenn das Sehen sofort die Gleichheit und Symmetrie in ihnen erfasst, ist es erfreut. Die Freude liegt im Erkennen, so wie der Kummer im Nicht-Erkennen liegt. Darüber hinaus wird das Unklare und Unvollkommene nicht erkannt, weil es unendlich, verworren und unbestimmt ist; da solche Dinge unendlich sind, können sie nicht erkannt werden. Daher kann das Unvollkommene weder Freude bereiten noch schön sein. Daher ist alles, was angemessen ist, gewöhnlich auch angenehm.

Aus diesem Grund gibt es die verschiedenen Arten der Anordnung von Säulen: pycnostylum, systylum, diastylum, eustylum, areostylum,[4] im Vergleich der Länge, der Dicke, mit Zwischenräumen und Architraven. Aber das Auge erkennt nicht die Proportion der kleinen Zahlen, und das entlarvt das ganze Unterfangen als unpassend, grob und ungeschliffen. Es war der Rat von Vitruv, bei Tempeln und ihren Teilen die Theorie von den Ohren auf die Augen zu übertragen.

Bei der **erotischen Anziehung**[5] suchen wir daher nach Schönheit, Vornehmheit und Vielfalt. Wie ich bereits sagte, ist die Schönheit an sich erfreuend, und bei den Farben suchen wir nach Purpur und Rosa, einer Farbe, die am weitesten von den Extremen entfernt ist. Das Edle ist mit dem Seltenen verbunden; wir lieben das Seltene mehr, da

[3] Forrester schreibt: Ich verdanke das Diagramm Professor Alex Craik, der davon ausgeht, dass sich O und P auf Meereshöhe befinden, wobei die Höhe des Beobachters und des Decks ignoriert wird, und dass es keine Lichtbrechung gibt.

[4] Vitruv, *De Architecture*, 3.3.1 ff. und 3. 4. 3.

[5] »venereis«.

es nicht leicht ist, es zu erreichen. Aber wir begehren immer das Verbotene und wollen das, was uns verwehrt ist. Zur Seltenheit gehören Abwechslung und Veränderung und Unberührtes. Und manchmal quält uns das Unerlaubte mehr, weil es schwerer zu erreichen ist. Unser ganzes Vergnügen liegt also entweder in dem, was an sich liebenswert ist (d.h. schön ist oder vom Auge bekannt ist), oder in dem, was uns vor uns selbst vornehm erscheinen lässt. Aber erscheinen wir vornehm, wenn wir dem nachjagen, was für andere unerreichbar oder wichtig oder selten oder unberührt oder mit einem Schutz versehen oder mit Tugend ausgestattet oder unerlaubt ist? Daher erfreut und entzückt sich der Geist an all diesen oder an einem Teil davon und opfert dafür sogar Ruhm, Vermö gen und Leben. Dies ist die grausame Liebe, von der ich später sprechen werde.

Diejenigen, die scharf sehen können, lieben also weniger, und nicht nur weniger, sondern auch seltener, denn ein makelloses Gesicht ist bei sorgfältiger Betrachtung eine Seltenheit, zumal eine glatte, unbehaarte Haut und eine rosige Farbe als Schönheit gesucht werden. Die meisten Menschen sind also verliebt, weil ihr Sehvermögen beeinträchtigt ist, oder sie sind verliebt, bevor sie das, was sie lieben wollen, anschauen. Deshalb sind sehr viele Menschen auch gegen ihren Willen verliebt. Sie werden durch ein Bild der Schönheit dazu gezwungen, so wie diejenigen, die vom Kummer zerfressen sind, und die Vorstellungskraft stimmt nicht ganz mit dem Willen überein. Und wenn ihr euch etwas Schönes vorstellt, seid ihr nicht frei, eure Liebe zurückzuhalten. Wenn also eine schöne Form in die Vorstellungskraft aufgenommen wird, werden wir sogar gegen unseren Willen in die Liebe hineingerissen. Deshalb lieben wissbegierige Menschen aufgrund der Stärke ihres Vorstellungsvermögens mehr. Und so kommt es aus demselben Grund, dass übermäßige Liebe die Freuden der Venus stört. Denn der Wille zieht den Geist zusammen und ruft ihn zu höheren Themen zurück und behindert das Vorstellungsvermögen, das die größte Hilfe für die geschlechtliche Liebe ist. Es ist eine menschliche Eigenschaft, sich nicht mit zwei Dingen gleichzeitig richtig beschäftigen zu können. Aber Mitfühlen[6] und Kraft begünstigen die geschlechtliche Liebe; denn es weitet den Geist und regt ihn auf und nähert sich dem Widerstand, so dass die Einbildungskraft angeregt wird

Die **Erektion** entsteht in der Tat durch die Vorstellungskraft. Wenn zum Beispiel ein angenehmes Bild vom Gehirn an die Seele weitergegeben wird, überträgt das Herz (wo die Seele wohnt) Geist und Hitze auf den Penis und erregt ihn durch die Ner ven des Gehirns. Daher löst die Hitze, die ihm entgegenstrebt, die Feuchtigkeit, die im Weg ist, und verwandelt sie in eine Blähung[7]; bei ihrem Einfließen in das bimssteinartige Fleisch des Penis kommt es sofort zur Erektion. Das macht deutlich, dass die primäre und ganze Seele im Herzen ist. Und ein warmes Herz trägt viel zum sexuellen Verlangen bei. Daher sind die Ursachen für die verschiedenen Zustände offensichtlich: Bei denjenigen, deren Erektion leicht und langanhaltend ist, gibt es viel geballte Fettfeuchtigkeit, aber bei denen mit mäßiger Erektion und Schlaffheit ist sie dünn. Bei denjenigen, die nach einem früheren Beischlaf eine stärkere Erektion haben, ist der kältere Teil des Penis abgesondert worden; dies ist der Fall, wenn die Samenflüssigkeit durch Zeitablauf beeinträchtigt wurde.

Bei Menschen, die Gewalt erleiden, fließen **Tränen**, weil sich Herz und Gehirn in der Trauer vor lauter Hoffnung zusammenziehen und so die vorhandene Feuchtigkeit nicht nur im Gehirn, sondern auch im gesamten Blut über die Augen herausgepresst wird. Auch Pferde und Fasane vergießen Tränen, wenn sie eine drohende Gefahr se-

[6] »commiseratio«.

[7] »flatus«.

hen. Aber wenn die Hoffnung fehlt, gibt es keine Bewegung und keine Träne. Deshalb gibt es in extremer Angst oder Trauer kein Weinen. Die Dichter haben also gut daran getan, Niobe beim Tod ihrer Söhne als zu Stein geworden zu beschreiben, nicht als weinend. Und es fließen auch Freudentränen, darin wird das Blut mit Heftigkeit herausgezogen. Auch aus diesem Grund sind manche Menschen vor Freude gestorben.

Die Augen zeigen alle Zustände des Geistes und auch die Lebensweise an, vor allem aber Freude und Kummer. Die Ohren liegen weit hinter den Augen, daher zeichnen sie sich dadurch aus, dass sie Disziplin vermitteln und die Neigungen der Seele erregen.

Es gibt drei Arten von **Geräuschen**: hohe, tiefe und mittlere Töne. Manche unterscheiden sich durch schnell oder langsam oder mittel; laut und leise und mittel durch die Stärke des Anschlags. Glatt und rau hängen von der Art des Instruments ab. Es gibt seltene und häufige und mittlere, auch missklingende und wohlklingende und mittlere. Von allen Zuständen, die die Sinne bewegen können, ist der Klang der einzige, der die Sinne maximal bewegt, denn er ist der einzige, der eine offensichtliche Bewegung aufweist. Ein lauter, rauer und energischer Ton, der nicht harmonisch ist, erregt die Menschen in erheblichem Maße zu Wut und Kämpfen, sodass ein Mensch sich selbst vergisst. So tun die Soldaten in der Schlacht, besonders zu Beginn, recht daran, mit Trompeten und Trommeln zu lärmen und zu schreien; es ist in der Tat keine Kleinigkeit, seinen Tod zu riskieren. Und so tadelte Caesar Pompeius zu Recht, der nur scheinbar in die Schlacht zog oder über die Possen der Philosophen debattierte. Leise, langsame, kleine und übereinstimmende Töne lassen den Menschen Mitgefühl empfinden. Leise, schnelle, kleine, übereinstimmende Töne führen zur Wachsamkeit. Leise und mittlere Töne am Ende und gemischt aus rau und mittel, auch langsam und klein, führen zu Keuschheit und Besonnenheit.

Es ist eine bemerkenswerte Sache und jeder kann es ausprobieren: eine Klinge, die eine Leier oder den Mund eines Menschen berührt, wenn man auf der anderen Seite die Klinge mit den Zähnen hält, ist es, als ob das Geräusch mit den Zähnen zu hören wäre; er wird Stimmen und Worte aus der Ferne hören, deren Klang er ohne sich selbst nicht hören könnte.[8] Sehen Sie schließlich, welche emotionalen Zustände im Geist erzeugt werden, und wählen Sie die Art von Klängen, die diese Zustände erwecken. In der Tat reagieren die Menschen auf Klänge einheitlicher als auf andere Dinge, die man wahrnehmen kann, denn ein Klang ist ein sehr einfaches Ding und unterscheidet sich nur in allgemeinen Unterscheidungsmerkmalen. Auch Geschmäcker, Gerüche und Farben entstehen aus einer Mischung primärer Qualitäten.

Dies sind die **gemeinsamen Bedingungen aller sinnlichen Dinge**: Das Erste ist, wie gesagt, die Proportion. Solche Dinge sind bekannt und machen daher Freude. So kommt es, dass, wenn ein Ton zweimal (ein Oktavintervall) vorhanden ist, dies die Ohren erfreut; dann zweimal ein Oktavintervall (viermal), und nach der Oktave noch eine Quinte (dreimal), dann eine Quinte (anderthalbmal), und danach anderthalbmal (die Quarte). Der Doppelton zu einem und einem Viertel, und dreimal ein Halbton ergibt das Anderthalbfache, fügt ein und ein Fünftel hinzu, wobei ein Achtzigstel abgezogen wird, wie ich in meiner *Arithmetik* erklärt habe. Das Gesetz der Intervalle der Stimmen stimmt auch fast mit den ganzen Proportionen überein: der über den Dreien hält die Quinten, der andere Obere die Terzen.

Eine zweite Bedingung ist, dass alles in Maßen angenehm ist. Es gibt in den Bergen der Insel Hispaniola weder einen tiefen Ton,

[8] Es scheint, dass Cardano etwas Ähnliches wie das Prinzip eines Grammophons beschreiben würde: Schwingungen werden in Töne umgewandelt und umgekehrt.

der so stark ist, dass er die Menschen taub macht, noch einen, der so leise ist, dass er den Zuhörer beim Hören ermüdet. Das Gleiche gilt für das Schnelle und das Langsame, das Hohe und das Tiefe, das Weiche und das Raue. Eine dritte Bedingung ist, dass in allen Fällen das Bessere Freude bereitet, und darauf folgt das Schlechtere; was stört, ist das Gegenteil. So gibt es Licht nach Dunkelheit, Süßes nach Bitterem, Rosen nach Dill, konsonante Stimmen nach dissonanten. Vergnügen und Freude müssen in der Tat in einem der Sinne liegen, und jeder Sinn ist mit Veränderung verbunden, und Veränderung mit Gegensätzen. So gibt es zum Beispiel Veränderung von Gut zu Schlecht, und das ist Kummer, so wird Freude aus der Veränderung von Schlecht zu Gut kommen, aber das Schlechte muss zuerst da sein. Wer hat Freude am Essen ohne Hunger, am Trinken ohne Durst, am Liebesspiel ohne Lust oder am Geldverdienen ohne Gier? Die Freude am Glücksspiel ist deshalb so groß, weil sich Verlust und Gewinn häufig abwechseln. Daher auch die häufige Wiederholung des Vergnügens. Und auch beim Lernen gibt es Vergnügen, weil wir lernen, was wir nicht wissen. Gibt es denn Vergnügen bei der Betrachtung dessen, was wir bereits wissen? Sicherlich entweder keine oder eine geringere Freude als die, die beim Lernen auftritt. Wir haben keine Freude an der Fortsetzung der Handlung, wenn nicht zuerst Unwissenheit da war. Die Armen scheinen also mehr Freude zu empfinden als die Reichen und die Fürsten, weil sie mehr Kummer haben. Das Intervall von einer Quinte bei hohen Tönen und einer Quarte bei tiefen Tönen stört das Ohr, während der umgekehrte Fall Vergnügen bereitet: Ein tiefer Ton nach einem hohen Ton fällt dem Ohr auf und bleibt bestehen. Wenn also ein tiefer Ton, der einfacher ist als ein hoher, erklungen ist, wird er Vergnügen bereiten, aber das Gegenteil wird stören.

Wir haben schon oben gezeigt, dass die Quinte eine einfacherer Zusammenklang ist als die Quarte. Auf derselben Grundlage ist die Quarte über der großen Terz für das Ohr wohltuend, aber wenn sie darunter liegt, beleidigt sie das Ohr. Es ist leichter, eine anderthalbfache Quarte zu erkennen als eine anderthalbfache Terz, weil die anderthalbfache Quarte von dem »Anderthalbfachen« abhängt. Bei den Tönen, wie bei den Bildern, soll das, was stört, mit dem, was erfreut, vermischt werden, aber nach einem doppelten Grundsatz: erstens, dass das, was stört, dem Gehör weniger auffällt als das, was erfreut; zweitens, dass, da der Sinn sie nicht wahrnimmt, sie nicht zu genau zergliedert werden sollen. Wir haben gesagt, dass ein Akkord oder eine Harmonie ein Muster aus mehreren Stimmen ist, ein Muster, das vom Ohr wahrgenommen werden kann. Wenn sie aber so fein zerteilt sind, dass sie für die Sinne nicht mehr wahrnehmbar sind, gefallen sie nicht nur nicht, sondern sie beleidigen sogar. So wird ein Bild mit winzigen Blumen weder geschätzt noch bereitet es Freude, ebenso wenig wie eine winzige Schrift. In diesen Fällen, wie auch bei der Gravur von Edelsteinen, verunstaltet ein winziger Fehler sie. Der Sehsinn erkennt die Details durch Vergleich, und so entdeckt er große Fehler in großen Dingen und kleine in kleinen Dingen. In der Tat erkennt das Gehör kleinere Unterschiede als das Sehen und als jeder andere Sinn. Bei hohen Tönen nimmt es tatsächlich sehr schön einen Teil von dreiunddreißig wahr, ja, sehr schön von achtzig. Es bestimmt, dass eine große Terz ohne diese Verminderung hart ist, und dass sie ohne sie angenehm ist. Bei der Unterscheidung der Zeit unterteilt es einen einzigen Schlag in sechzehn Teile. Das Hören ist also feiner als das Sehen, entweder weil (wie gesagt) sein Sinn der einzige ist, der von Bewegung begleitet wird, oder weil die Gegenstände des Sehens (z. B. die Farben) sich durch ihre Kraft, durch ihre Nähe gegenseitig beeinträchtigen, oder weil das Sehen mit vielen Gegenständen, das Hören aber mit einem einzigen, sehr einfachen Gegenstand zu tun hat. Und so trägt die Vergrößerung der Wirkung und die Ausdehnung der Zeit viel zum Vergnügen bei, wie bei einer Hemiole. Es ist der einzige Zeitunterschied, den die Musiker unserer Zeit kennen und sollte in neun oder sieben Teile unterteilt werden. Da ich das nur einmal gehört habe, habe ich zu Recht erstere angeführt. Denn alles, was selten ist, ist wertvoll.

Da Musik die Emotionen anregt, ist die Kraft, die in ihr steckt, offensichtlich. Ich finde zwei bemerkenswerte Beispiele unter vielen antiken, in denen Töne die Macht hatten, die Gefühle der Seele zu erregen. Das erste ist das von Timotheus, der Alexander den Großen durch einen Wechsel der Musik dazu brachte, vor Tatendrang aufzubrausen. Der andere erzählt, dass Agamemnon, als er im Begriff war, sein Vaterland zu verlassen und nach Troja zu ziehen, an der Treue seiner Frau Klytämnestra zweifelte und daher einen Leierspieler zurückließ. Dieser brachte sie mit dem Klang seiner Leier so stark zur Keuschheit und Enthaltsamkeit, dass Aegisthus sie erst verführen konnte, nachdem er den Leierspieler getötet hatte.

Aber die Klänge, die am meisten Freude bereiten, neigen selbst zur Begehrlichkeit und machen die Menschen zu sehr auf die Musik neugierig. Nero zum Beispiel vernachlässigte nicht seine Wasserorgeln, die ihn mit ihrer wundersamen Süße betörten, trotz der Gefahren für sein Leben und seine Macht, der Abtrünnigkeit seiner Armeen und Gefolgsleute und seines offensichtlich bevorstehenden Todes. Diese Orgeln enthielten Wasser, und die durch zahlreiche Rohre geleitete Luft erzeugte eine Modulation des Wassers, die mit einem Flüstern vermischt war. Vitruv überliefert diese Theorie, aber man ist sich einig, dass seine Bücher nach Neros Zeit veröffentlicht wurden, und ich halte es für unwahrscheinlich, dass diese Orgeln von Nero so geliebt wurden, da sie nach einem populären Plan gebaut waren. Und so betrachte ich die Theorie von Vitruv als gute Methode.

Aber nicht nur der verschwenderische Kaiser hatte Freude an Musikinstrumenten, auch David, ein sehr tapferer König und ernster Mann, war fasziniert von der Süße einer Harfe[9], und eine solche beruhigte auch den wütenden[10] Saul. Und es ist nicht anzunehmen, dass die Harmonie dieses Instruments alltäglich ist, da es in den heiligen Schriften so oft erwähnt wird und die Menschen es für die Feier des göttlichen Lobes für besonders geeignet hielten. Es besteht aus zweiundsiebzig Saiten, hat eine genau dreieckige Form und ist unvergleichlich in seiner Harmonie. Wir haben auch andere Instrumente von bemerkenswerter Attraktivität und Kunstfertigkeit gesehen, wie zum Beispiel solche, die den Klang von Trompeten, Trommeln, Pfeifen, Schilfrohren, Leiern, Hörnern, Schildpattleiern, Phorminx, Syringa, Heptachord, sogenannten Orgeln und die Sambuca[11] wiedergeben. Die Wasserorgeln ahmen den Vogelgesang so gut nach, dass man sie für einen Vogel halten würde, wenn man sie nicht sehen würde. Die Hörner kommen der menschlichen Stimme am nächsten, mit dem Zusatz von Löchern, während sie vor langer Zeit ohne diese die Soldaten zum Kampf riefen. So schreibt Vergil:

Die Hörner schmetterten ihren Gesang.

Das war sicherlich eine grobe Musik ohne Melodie und ähnelte eher dem Donner. Der Donner gibt einen tiefen Ton von sich, kraftvoll und grob, so sehr, dass er manchmal Küken im Ei und den Fötus im Mutterleib tötet. Das also spricht gegen die Musik. Es ist jedoch möglich, dass aus mehreren solchen Klängen in einem gewissen Abstand voneinander eine Harmonie entsteht, die, wenn man sie hört, für wunderbar gehalten wird.

[9] »Psalterium«.

[10] »furientem«.

[11] »tubarum, tympanorum, fistularum, tibiae, lyrae, cornuum, testudinis, phormingis, syringae, heptachordij, organorum propriae dictorum sambucaeque«.

Aber in unseren Büchern über *Musik* haben wir die Töne und ihre Wirkungen ausführlich behandelt. Für den Moment genügt es, hinzuzufügen, dass ein Ton stärker wird, wenn der Stoß[12] mit größerer Kraft erfolgt: jeder Ton entsteht durch einen Zusammenstoß und ist höher, wenn das, was zusammenstößt, durch engere Stellen getragen wird. Der Anschlag wird aber auch durch die Enge des Ortes unterstützt, und hohe Töne sind auf weite Entfernungen zu hören. Diejenigen aber, die spontan in den Ohren entstehen und dünner sind als die des Tinnitus, sollen etwas ankündigen, rechts Lob, links Tadel: bei manchen Menschen scheint dies auf Dämonen zurückzuführen zu sein, bei anderen auf eine Schärfe des Gehörs; dies geschieht bei gesunden Ohren, ohne jeden Hinweis auf eine Krankheit. Bei anderen durch Übereinstimmung; denn die Kraft, die einen anderen bewegt, bewegt auch den Sinn dessen, zu dem sie getragen wird. Aber das geschieht nicht immer und nicht in jedem Fall.

In seiner Bedeutung kommt der **Geruch** dem Klang am nächsten, mit seiner besonderen Eigenschaft, die Fähigkeit entweder wiederherzustellen oder zu zerstören, was das Gehirn durch sich selbst sucht. Weder Klang noch Farbe noch Geschmack noch Hitze oder Kälte werden dem Gehirn direkt übermittelt. Daher kann allein der Geruch dieser gefühlten Dinge einen Menschen entweder töten oder wiederbeleben. Denn der Geist, in dem das Werk der Seele aufleuchtet, wird entweder vom Guten genährt oder vom Bösen zerstört. Dies ist der Grund, warum Weihrauch für die Götter verbrannt wird, denn der göttliche Teil in uns hat Freude an Gerüchen. Und deshalb wird es auch als ein ausgezeichnetes Omen und ein Hinweis auf die Anwesenheit einer Gottheit angesehen, wenn ein guter Geruch ohne Ursache entdeckt wird. Und obwohl andere Leichen stinken, glaubt man, dass die von Heiligen gut riechen, weil die Kraft ihrer Göttlichkeit gegen die Anordnungen der Natur ankämpft. Aber es ist möglich, dass ein frischer Leichnam aus natürlichen Gründen nicht stinkt, wie es von Alexander erzählt wird, oder wenn er alt und gut getrocknet ist. Da der Leichnam mancher toter Tiere gut riecht, das menschliche Temperament aber eine Ähnlichkeit mit jedem Tier hat, ist es klar, dass einige menschliche Leichen gut riechen können. Es gibt in der Tat einen guten Geruch entweder in einem sehr trockenen Tier oder in dem trockensten Teil eines solchen. Dies gilt umso mehr, als viele Leichen, die verehrt werden, in der Regel mit Balsam, Aromen oder Salben von Gewürzen konserviert werden.

Der Geruchssinn scheint der einzige zu sein, der zwischen Seele und Körper geteilt wird, und er wird mit Dämpfen übertragen, wie manche Dinge mit dem Tastsinn und dem Geschmack, und ist abgesehen von diesen frei von jeglicher Materie, wie die Dinge, die man sieht oder hört. Daher nennen wir diejenigen klug, deren Geruchssinn ausgezeichnet ist, aber nicht ihre anderen Sinne, zum Beispiel Hunde und Geier. Menschen mit einem guten Geruchssinn sind begabter, da ein heißes und trockenes Gehirntemperament den Geruchssinn übertrifft. Ein solches Temperament ist wegen der Hitze schnell in der Vorstellungskraft und bleibt wegen der Trockenheit bei den Bildern. Es gibt kein Tier, das sich an einem Geruch erfreut, nur der Mensch. Und selbst wenn Hunde die Düfte von Blumen wahrnehmen, sind sie dennoch nicht davon begeistert. Es war weder möglich noch sinnvoll für die Tiere, sich am Geschmack oder an der Berührung zu erfreuen. Für sie war es notwendig, nicht zu verhungern, sich fortzupflanzen und Schaden zu vermeiden, daher konnten sie Lust und Schmerz durch Geschmack und Berührung wahrnehmen. Aber, wie ich sagte, an anderen Merkmalen, die wahrgenommen

[12] »collisio«.

werden können, konnte es weder Lust noch Schmerz geben. Denn das Vergnügen liegt in dem Wissen um das Ebenmaß, die Proportionen der Dinge, die empfunden werden, wie etwa eine Verdoppelung oder eine Hemiole. Um diese zu erkennen, bedarf es aber einer höheren Tugend, als sie bei den Tieren vorhanden ist; sie können also weder betrübt oder erfreut sein. Es ist auch viel weniger nützlich für sie: Sie lassen sich leicht von Bildern, Geräuschen oder Gerüchen verführen und gehen in Fallen.

Das ist offenbar der Fall, weil Hirsche, die sich nicht am Klang der Leier erfreuen, auf diese Weise der List des Menschen ausgesetzt sind; ebenso Wachteln, wenn das Gurren des Weibchens nachgeahmt wird, und kleine Wildvögel durch andere, die in einen Käfig gesperrt sind. Welches Unheil bringt ihr Geruchssinn den Wölfen und Fischen, und sie sind der menschlichen List jämmerlich ausgeliefert! Aber es wäre noch elender, keinen Geruchssinn zu haben, denn er war unerlässlich. Es wäre also sinnlos, wenn die Natur die Tiere mit einer Freude an den anderen Sinnen ausstatten würde, die ihnen nichts nützt und ihnen stattdessen Unheil bringt.

Die Köche haben recht, wenn sie dem Geschmack Gerüche beifügen, einige von ihnen sind attraktiv, wenn man sie dem Geschmack beifügt, aber nicht für sich allein, Knoblauch zum Beispiel. Knoblauch auf dem Essen macht Freude, aber der Geruch an sich ist unangenehm, und nachdem man ihn gegessen hat, riecht der Atem sehr schlecht. In manchen Fällen ist dies einen Tag später noch stärker der Fall, da seine dicke Substanz im Laufe der Zeit eine Reihe von recht dünnen Dämpfen erzeugt. Auch Blut, das auf dem Weg in die Lunge ist, behält den Geruch bei, und die Ausscheidungen riechen nach verfaultem Knoblauch. Auch etwas aus dem Magen sickert durch die Speiseröhre in die Lunge.

Aus diesem Grund hat man herausgefunden, dass ein Geruch nur durch Schmecken wahrgenommen wird. Er wird nicht zurückgegeben und verursacht auch keine Probleme. Das ist der Fall, wenn man den Knoblauch in Essig einlegt und auf dem Teller verreibt und die eigentliche Substanz wegwirft. So sollte man auch mit Pfeffer, Ingwer und Zimt verfahren, deren Geschmack und Geruch einen erfreut, deren Schärfe aber unangenehm ist. Aber Apicius hat in seinem kurzen Buch über das Kochen eine andere Methode dafür. Bei dieser Methode bleiben der Geruch und der Geschmack erhalten, und eine halbe Unze Zimt reicht für ein ganzes Jahr. Nehmen Sie dünnen, duftenden Zimt und schneiden Sie ihn in Scheiben von einer halben Unze Gewicht. Diese legen Sie unter zwölf oder sechzehn geschälte Mandeln und zerdrücken sie. Wenn man sie zum Gebrauch herausgenommen hat, lege man den Rest weg. Und auf diese Weise wird alles, was Sie essen, mit geringem Aufwand mit dem Duft des Moschus versehen.

Und wenn Sie beim Kochen einen kräftigen Geschmack hinzufügen möchten, verwenden Sie scharfen Senf. Das führt auch zu einem sehr schnellen Garen von Gemüse und Fleisch, und zwar bis zum Weichwerden. Er bahnt sich seinen Weg durch seine Hitze und Dünnheit, worin er sich auszeichnet, und verflüssigt sich. In ähnlicher Weise verleiht ein Spieß aus Wacholderholz allem Fleisch, das darauf gebraten wird, einen angenehmen Geruch. Viele Leute benutzen Holzspieße anstelle von Eisenspießen. Ihr solltet also darauf achten, aus welchem Holz eure Spieße gemacht sind. Wo der Geschmack und der Geruch ist, dort werden auch die Kräfte sein. Damit ist klar, dass diese und ähnliche Dinge einen Beitrag zur Gesundheit leisten. Der Geruch ist aber nicht nur durch die Technik, sondern auch durch die Natur mit dem Geschmack verbunden. Ein Braten ist am besten und sollte vom Feuer genommen werden, wenn er am besten riecht; der Geruch signalisiert den Geschmack.

Die einen mögen den scharfen, die anderen den salzigen Geschmack, sodass früher **Garum** sehr häufig verwendet wurde. Seine

Beschreibung: Eingeweide, Blut und Kiemen von Thunfisch werden in ein Gefäß gegeben und mit viel Salz bestreut; nach zwei Monaten ist die Flüssigkeit fertig. Eine andere Art wird aus den Eingeweiden von großen Fischen, aber auch von kleinen Fischen (insbesondere Donaufischen) hergestellt, die mit Salz eingelegt werden. Die Alten haben es, wie gesagt, gerne verwendet, und es hat auch ihrer Gesundheit genützt, aber bei uns ist es jetzt überholt.

Jemand wird sich fragen, warum manche Nahrungsmittel den Geschmack eines Getränks in die entgegengesetzte Richtung verändern, zum Beispiel bittere Dinge. Ein Getränk erscheint durch ihre Wirkung süß, und andere Dinge, wie scharf schmeckende, tun dasselbe. Aber ein Getränk erscheint doch nicht durch Bitterstoffe wie Aloe süß, oder doch, und tun das ähnliche Gerüche immer?

Man spricht zum Beispiel von mit Kiefernholz gebackenem Brot. Julius Scaliger schrieb, dass es einem Getränk den Geruch nimmt, wenn man ihm glauben darf. Denn Gerüche, die sich auf der Zunge befinden, werden vom Getränk an den Geruchssinn weitergeleitet, wobei Teile verdünnt werden; denn das Feuchte löst sich leichter im Atem auf als das Trockene. Und jene Nahrungsmittel, die den Geschmackssinn beeinträchtigen, vermitteln einen Geschmack wie das betroffene Instrument. Diejenigen, die keinen Schaden anrichten, geben das Bild des Genusses durch die Ähnlichkeit mit Schmerz, wie ein Wermutgetränk, das mit Bitterkeit einen bitteren Geschmack wegspült.

Essig entsteht durch die Zugabe von Salz und jedem scharfen Ding, das nicht verrottet (ich habe es selbst mit Pfeffer versucht), und mit großem Gewinn, wenn man Pfefferkraut verwendet. Und er wird durch Feuer hergestellt. Wenn er kocht, dann in die Sonne gestellt wird und bereits Essig beigemischt ist, wird alles leicht sauer. Ein anderes ausgezeichnetes Rezept: Man nehme Kornelkirschen, wenn sie anfangen, rot zu werden, und Brombeeren und Zentimora, die auf den Wiesen wachsen, wenn sie bitter sind. Man zerstampft sie, wenn sie trocken sind, sammelt sie in Essig und formt sie zu kleinen Kugeln. Wenn diese getrocknet sind, verwandeln sie beispielsweise Wein in Essig. Der Grund dafür ist, dass das Feuer und die Sonne das feuchte Fett verschwinden lassen, sodass es sauer wird, da seine Substanz dünn ist. Wenn sie aber dick ist, wird sie salzig, dann bitter. Diese Mischung ist von saurer Potenzialität, in der die Hitze eingeschlossen ist, und sie lässt alles Fettige wegatmen. Auf diese Weise kann sogar verdorbener Wein in Essig verwandelt werden. Der verdorbene Wein wird in einem Gefäß erhitzt und der Schaum sorgfältig entfernt, bis er sich um ein Drittel vermindert. Er wird in Gefäßen aufbewahrt, die zur Aufbewahrung von Essig verwendet werden, mit der Art von Zusätzen, die ich erwähnt habe, die üblicherweise zur Herstellung von Essig verwendet werden. Und auch mit Thymian, dieses Kraut ist gut bekannt und scharf und sehr geeignet zur Herstellung von Essig. Wilde Birnen sind so geeignet für die Herstellung von Essig, dass man ihn sogar nur aus ihnen und Wasser herstellen kann. Das Wasser selbst, nicht nur der Wein, wird zu Essig, wie Galen berichtet. Die Methode zur Herstellung ist folgende: Wilde Birnen werden drei Tage lang auf einem Haufen aufbewahrt, dann wird dreißig Tage lang täglich ein wenig Wasser darüber gegossen. Dies kann danach wiederholt werden, denn mit der Entfernung des süßen Teils geht das Wasser mithilfe der Fäulnis in Essig über. Datteln und Feigen und Weintrauben, bei denen der süße Saft ausgepresst und erstens Wasser, zweitens Wein und drittens sehr saurer Essig hinzugefügt wird. Und das ist oft meine Erfahrung gewesen. Essig wird also nicht speziell aus Wasser hergestellt, sondern aus bitterem Saft, während Wasser darüber gegossen wird. Denn der Essig besteht aus zwei Teilen, dem Bitteren und dem Sauren. Manche erwecken den bitteren Geschmack, manche den sauren, manche beides. Der bittere Geschmack wird durch Bitteres, wie Pfeffer, Pfefferkraut, Knoblauch, der saure durch saure Kornelkirschen, Holzbirnen und dergleichen, auch durch jede Hitze, wie die der Sonne und des Feuers, hervorgerufen. Das lässt seinen eigenen Geschmack hervortreten. Wo immer rein Erdiges wie Weinstein mit Wässrigem vermischt wird, entsteht ein saurer Geschmack, denn Weinstein ist sauer.

Will man aber andererseits **verhindern, dass Wein sauer wird**, so hängt man Speck an den Deckel des Gefäßes. Durch seinen Fett- und Salzgehalt verhindert er die Trennung und Abschwächung, die die Ursache für die Entstehung von Essig sind. Mit der gleichen Technik, aber nicht aus dem gleichen Grund, entfernt man gleichzeitig den muffigen Geruch vom Wein und vom Gefäß, indem man Mispeln an einen ledernen Deckel hängt. Man schneidet sie in vier Teile, näht sie mit einem Faden fest und lässt sie einen Monat lang in den Wein hängen. Und obwohl die Leute ständig bekräftigen, was ich sagte, ist mir dies nicht so klar, wie ich es wollte. Eine sicherere Entdeckung, die auf einer festen Grundlage beruht, ist die, dass, wenn man den unvergorenen Saft in ein Gefäß gibt, das innen und außen mit Pech bestrichen und fest verschlossen ist, und das Gefäß selbst einen Monat lang in einem Fluss versenkt, er ein ganzes Jahr lang süß bleibt, vorausgesetzt, dass er von Anfang an so war. Der Wein wird dann durch die Hitze des Pechs für die Zukunft konserviert, und die Kälte des Wassers verhindert, dass er sich erhitzt, und verhindert somit, dass die süßen Teile abgeatmet werden. Durch die Hitze geht der Most in Wein über. So bleibt er süß und trüb.

Ein **Wein** zeichnet sich durch drei Dinge aus: entweder durch seinen Geschmack, durch seine Süße oder durch seine Stärke. In all diesen Punkten gibt es nichts Besseres als kretischen Wein. Der nächste ist der, der aus Spanien importiert wird; denn er ist weich, fett, glatt, dick, durchsichtig, so wohlriechend, dass er in die Nase sticht. Von Natur aus gesund und unverdorben. Aber die getrocknete Traube von Kreta ist viel hervorragender als die spanische; allein von ihrer Kraft her sind die pechhaltigen Weine Griechenlands[13], die die Venezianer Romania nennen, eine große Hilfe bei Schmerzen im Mutterleib, nicht nur wegen des Weines, sondern auch wegen des Pechs oder der üblichen Zusätze. Der Wein, den die Genueser amabile nennen, zeichnet sich durch Kraft und Anmut aus und ist daher sehr gut für den Magen. In Geschmack und Anmut gibt es den weißen Florentiner Wein, der Tribiana genannt wird, und den hellgelben vom Gardasee, der Vernaciola oder Vinaciola genannt wird.

Um jedoch zu verhindern, dass sie verschüttet werden, während sie aus einem Behälter gezogen werden, wird Teil D des Rohrs AD in den Behälter eingeführt, und A ist fest. Ein weiteres Rohr, in dem sich eine schmale Öffnung befindet, aus der der Wein über den Kanal B befördert wird. In B wird ein anderes Rohr mit einer Öffnung F hineingedrückt, das den Wein aus einer schmalen Öffnung C aufnimmt und ihn unten durch die Öffnung G abgibt. Wenn er um F herumfließt, läuft, da es in der Nähe der Öffnung C keine Öffnung gibt, überhaupt nichts aus, da das Rohr EFG fest in B eingeführt ist. Geschmolzenes Pech wird in die Gefäße gegossen und so geschüttelt, dass es rundherum klebt. Dann fügt man ein Pfund Illyrische Schwertlilie, je anderthalb Unzen Safran und

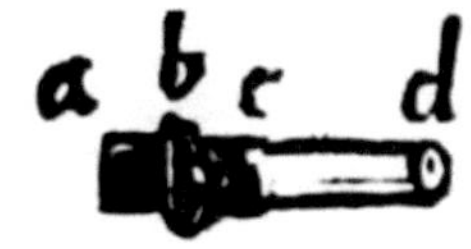

[13] Es ist wohl Retsina gemeint.

Aloe-Holz und je zwei Pfund Ysop und Narde hinzu. Man fügt sie hinzu, bevor das Pech abkühlt und sich verfestigt, sodass sie am Pech haften bleiben, aber nicht, solange es noch sehr heiß ist, da sie sonst verkohlt würden. Diese Menge an Duftstoffen sollte in ein Gefäß mit einem Fassungsvermögen von zehn Amphoren gegeben werden. Das Fassungsvermögen einer Amphore ist fünfunddreißig unseres Maßes, und acht Amphoren entsprechen drei unserer Brents. Eine Amphore enthält einundachtzig Pfund Wein im Gewicht.

Die Beschichtung mit Pech erfolgt jährlich oder zumindest jedes zweite Jahr. Weine, die in ein mit Pech beschichtetes Gefäß gefüllt werden, gehen, sofern sie nicht stark sind, in flachen Wein über. Deshalb werden in unseren Regionen die Gefäße nicht mit Pech beschichtet.

Wenn der Wein gestört wird und bevor er ganz verdorben ist, sollte man von diesem Mittel Gebrauch machen, auch wenn ich mich erinnere, dass ich schon viel darüber gesagt habe. Zwei Eier, oder auch mehr, mit dem Eigelb, wenn der Wein rot ist; wenn er weiß ist, nur vom Weißen der Eier. Drei Teile zerkleinerte Flusssteine, zwei Teile fein gemahlenes Salz. Fünfmal innerhalb von drei Tagen, oder noch öfter täglich, unter Schütteln mischen und vorher in ein sauberes Gefäß umfüllen. Wenn noch Hoffnung besteht, heilt dies den Verderb. Das Eigelb verbindet sich mit dem Bodensatz, das Eiweiß mit dem Wein. Andere Leute mischen zum Weißwein Kalk und Sand statt Salz und Steine. Es ist auch besser, wenn man so viel Honig wie Salz hinzufügt. Diese drei Dinge, Honig, Eier und Salz, spülen alle Flüssigkeiten aus. Der Stein hilft erheblich beim Abwärtsziehen. Außerdem zeigt die Erfahrung zuverlässig, dass Kirschen klären, während sie den Wein erwärmen.

Früchte wie frische Feigen kann man auf diese Weise ein ganzes Jahr lang in Wein aufbewahren: Nachdem man sie ohne Wasser und Tau gepflückt hat, legt man sie in ein neues Tongefäß, sodass sie sich nicht berühren. Darauf setzt man ein viereckiges Gefäß, das man sorgfältig mit einem Deckel verschließt, sodass es auf dem Wein schwimmt, wie es durch die darin enthaltene Luft geschieht. Die Feigen halten sich so lange, wie der Wein gesund bleibt. Es ist offensichtlich, dass das Gefäß dünn sein muss, damit der dünne Teil des Weins die Feigen aufbewahren kann; die Feuchtigkeit des Weins verhindert, dass sie austrocknen. Da dieselbe Feuchtigkeit nicht dem Verfall unterworfen ist, verhindert sie, dass sie verderben; ja, wie ich sagte, wir nehmen gesunden Wein. Und wenn man vorhat, im Winter die frühen Früchte vom Baum zu ernten, ist es am besten, sie abzuschütteln, solange sie noch klein sind. An ihrer Stelle wachsen andere, denn der Feigenbaum bringt keine Blüten hervor. Granatäpfel und Quitten und viele andere Früchte dieser Art werden haltbar, indem man sie mit Gips oder Kreide bestreicht. Wenn man sie an einem kalten Ort aufbewahrt, bleiben sie durch die Kälte und Trockenheit gesund. Andere geben sie, bevor sie ganz reif sind, in Tongefäße, die sie sorgfältig an dem Baum befestigen. Die Öffnung des Gefäßes wird mit einem Ast geschlossen, damit die Luft nicht eindringen kann, und so werden sie aufbewahrt.

Wenn sich die Granatäpfel jedoch von selbst öffnen, können drei große Steine, die aus einem Flussbett genommen und auf die Wurzeln gelegt werden, oder eine in der Nähe gepflanzte Scilla dies verhindern. Dieselbe Scilla bewahrt alle Samen vor Nagetieren; sie meiden seinen scharfen Geruch. Und wenn man die Samen, die man aussäen möchte, in den Saft der Hauswurz taucht, bewahrt das den Samen vor dem Verderben. Kleine Tiere und Vögel meiden den Geruch, da er schädlich ist und weil er ein sehr kaltes Kraut ist. Um frühe Früchte zu erhalten, gieße häufig mit warmem Wasser, setze ihn der Sonne aus, halte ihn mit Tauben- und Pferdemist oder mit Kalk (für Früchte, die ihn vertragen, wie Kirschen) warm und schneide allmählich nutzlose Zweige und alles Unnütze ab. Will man aber späte Früchte haben, so stellt man sie in den Schatten und hält sie mit viel Laub bedeckt. Man schneidet bereits wachsende Früchte mitsamt den Zweigen ab, bevor sie reif werden. Sie werden noch einmal blühen und andere Früchte hervorbringen. Um diese zur Reife zu bringen, schließt man sie im Winter in Tongefäße ein, die am Baum hängen. Aristoteles schreibt, ein Baum, der eine zu harte Rinde hat, wird unfruchtbar; aber wenn man die Wurzel spaltet und einen Stein in die Spalte steckt, wächst er wieder. Denn wenn die Rinde dick ist, wird sie durch mäßige Hitze fruchtbar.

Wenn aber die Früchte am Baum verfaulen oder Tiere darin wachsen, so ist das die Folge von reichlicher Feuchtigkeit. Steche also den Baum von unten her an, sodass du einen Aderlasses hast; alle überflüssige Flüssigkeit wird hervorbrechen. Kirschen verfaulen leicht, da sie von einem Baum stammen. Erdbeeren, Gurken und Melonen sind zwar krautig, aber schwierig. Unter den Baumfrüchten sind Granatäpfel, Mispeln, Elsbeeren, Quitten sauer oder bitter. Haselnüsse produzieren schnell einen Wurm, auch wenn sie keine Saisonfrüchte sind. Ebenso die Feigen, obwohl sie zu den Saisonfrüchten gezählt werden können. Die Ursache der Fäulnis ist feuchte, fettige Rohheit, bei Bäumen feuchte Fettigkeit, die aber nicht in allen Fällen auftritt; der Beweis dafür sind frühe Kirschen, Trauben und späte Feigen. Haselnüsse, die Samen sind, liefern ein gehaltvolles Öl. Alle krautigen Früchte sind roh. Wenn die Früchte vorzeitig abfallen, wird ein umgewickeltes Bleiblech den Stamm halten, da es keine übermäßige Feuchtigkeit durchlässt. Dies gilt vor allem für Bäume, die von der Rinde und nicht vom Mark ernährt werden. Die meisten von ihnen werden auf beiden Wegen ernährt. Wenn entweder ringsum etwas Rinde entfernt oder das ganze Mark herausgezogen wird, gehen fast alle Bäume zugrunde, besonders die Obstbäume; einige später von der Rinde, wie die Feige, andere nie vom Mark, wie die Weide. Aber dieser Baum trägt keine Früchte.

Wenn Sie die **Farben der Früchte** ändern wollen, setzen Sie in den Baum ein Pfropfreis ein, der eine Frucht in dieser Farbe trägt. Wenn eine Zitrone in eine Traube gepflanzt wird, wird eine rote Zitrone geboren, wenn die Trauben rot sind. Man glaubt, dass auf diese Weise entdeckt wurde, wie man rosafarbene Äpfel erzeugen kann: zunächst durch Aufpfropfen eines Apfelzweigs auf einen roten Maulbeerbaum, dann durch die Vermehrung der Pflanze durch eine Reihe von Pfropfen. Der Beweis ist, dass diese Äpfel nicht nur ihre Farbe, sondern auch ihren Geschmack und ihre geringe Größe behalten haben. Der gleiche Plan und die gleichen Ratschläge gelten dann für die Veränderung von Duft, Geschmack und Farbe. Es ist jedoch ratsam, neue Pflanzen mit solchen zu nähren, die in Farbe und Duft oder Geschmack gleich sind. Bei jeder Veränderung bleibt eine Spur derjenigen erhalten, von der die Veränderung ausgeht. Die Veränderung sollte also langwierig oder intensiv sein. Da Bäume eine intensive Veränderung nicht vertragen, muss es ein langwieriger sein.

Pflanzen verändern sich auch sichtbar als Reaktion auf die **Regionen oder Standorte**, in die sie verpflanzt werden, und auf den Standort, der als Nahrung dient, oder auf Wind und Sonne. Auch geschädigte Pflanzen verändern sich, in der Farbe so oder so, und in Geschmack und Duft selten zum Besseren, es sei denn, sie bringen bittere oder saure Früchte hervor. Und es gibt Leute, die meinen, dass Pfirsiche, die zwischen roten Rosen gepflanzt werden, sich rötlich verfärben, als ob die Bäume durch eine Art Phantasie verändert würden, ein Phänomen, das bei der Palme bekannt ist, wo die weibliche Pflanze von der Liebe für die männliche verzehrt wird und vergeht.

Es gibt zwei Bäume, die jede Art von Baum als **Pfropfreiser** akzeptieren: die wilde Feige und die Quitte, weil ihre Natur so freundlich ist. Und manchmal wird ein Olivenbaum auf einen Weinstock gepfropft, was vor langer Zeit von Varro über Macius Maximus bemerkt wurde und Eleostaphylon genannt wird. Seine Frucht ist wie eine Olive, die den Geschmack einer Traube in sich trägt. Sie wird nach dem oben erwähnten Plan so veredelt, dass die Veredelung einer Rebe auf eine Kirsche möglich ist; diese Übertragung ist sicherer. Manche Bäume, wie Pfirsich, Kiefer und andere mit Stein, die auf eine Weide gepfropft sind, sollen Früchte ohne Stein tragen, aber das habe ich bis jetzt noch nicht gesehen. Indem man Zweige pflanzt, die in der Mitte geteilt sind wie ein Weinstock, das Mark sorgfältig entfernt und sie wieder zusammenfügt, behaupten manche, es sind Früchte ohne Stein entstanden, und dasselbe bei anderen Bäumen, die durch das Pflanzen von Trieben vermehrt werden. Denn wenn die Samen in Trauben aus erdigem Material entstehen, muss der Stoff, aus dem sie stammen, durch den dünneren Teil des Baumes transportiert werden. Dieser Teil ist zweifellos das Mark. Eine Feige hat eine kompaktere Rinde und ein dichteres Holz, durch das der Saft fließt. Wenn also die Pflanze die Entfernung des Marks überlebt hat, müssen die Trauben ohne Kerne entstehen. Ihre Materie kann weder durch die kompakte Substanz der Rinde oder des Holzes noch durch den leeren Raum, den das Mark hinterlässt, übertragen werden.

Infolgedessen werden die Trauben kleiner, wobei ein Teil der dickeren Feuchtigkeit verloren geht, und die Rinde wird dünner und die ganze Substanz dünn, wie bei den Rosinen. Mit diesen hat man die meiste Erfahrung, sowohl wegen der großen Sorgfalt, die man walten lässt, als auch weil es viele Bäume gibt, die ohne Mark nicht überleben können, und andere nur schwer. Es gibt Leute, die den Stein von der Außenhaut lösen, sobald er sich von selbst geöffnet hat, und ihn in Wolle einwickeln und dann vergraben. So soll die Tarentnuss ohne äußere Hülle entstehen: Sie wird mit Wolle umwickelt, für den Fall, dass der Stein von Würmern gefressen wird, damit etwas anderes entstehen kann.

Am nützlichsten sind jedoch die Pfropfung des Pfirsichs auf die Mandel und die der Traube auf die Myrte. Aus der einen entsteht ein Pfirsich mit einem Stein von angenehmem Geschmack, der in Italien angebaut wird. Aus der anderen wird dem Geschmack der Traube ein angenehmer Myrtenduft hinzugefügt. Und Mandeln werden nicht nur, wie die meisten anderen Früchte, wegen ihres Geschmacks geschätzt, sondern auch wegen ihrer bemerkenswerten Kräfte. Man glaubt, dass sie das Gehirn und die Nieren ernähren. Man sagt, dass Bittermandeln Füchse töten können, wenn sie sie fressen. Athenaios und Plutarch berichten, dass der Arzt des Drusus die Germanen zu einem Wetttrinken herausforderte, weil er glaubte, wenn sie vorher gekaut werden, sollen sie den Rausch verhindern. Ihre Trockenheit entzieht dem Wein den dünneren und geruchsintensiveren Teil. Süße Oliven sind fruchtbar und in der Küche willkommen und sehr gesund.

Wenn man die Zweige verschiedener Trauben in der Mitte durchschneidet und nach unten drückt, aber das Mark belässt und sie miteinander verbindet, werden sie von demselben Baum und denselben Zweigen verschiedenfarbige Früchte hervorbringen, und das ist besonders bei den Weintrauben der Fall, sodass es weiße, dunkle und grüne gibt. Und nicht nur Pfropfreiser von anderswo verändern die Früchte der Pflanzen, sondern wenn der Stamm beschnitten wird und Zweige desselben Baums eingepfropft werden, entstehen Früchte, die sich von den ursprünglichen stark unterscheiden. Auf diese Weise haben sich so viele Apfel- und Birnensorten entwickelt. Jeder Baum wird durch Pfropfen weicher. Wildpflanzen sind tatsächlich trockener als domestizierte, haben daher eine rauere Rinde, mit dichteren (aber kleineren und weniger schönen) Blättern und Früchten, auch kleineren, dünneren und duftenderen Blüten. Die ganze Pflanze selbst ist kleiner und hat mehr Dornen, falls sie bei dieser Art vorkommen.

Jemand mag fragen, **warum eine Rose Dornen hat**. Der Grund ist, dass sie duften sollte, und zwar von einem stabileren Duft und kaum erwärmt, um angenehmer zu sein. Denn kalte Düfte erfrischen die Seele mehr, weil das Gehirn wegen der Bewegung von ständiger Hitze angegriffen wird. Da es sich um eine Blüte handelt, sollte sie von dünner Substanz sein und daher mit Erdigkeit in Verbindung stehen. Die Blüte der Rose hat also eine erdige, heiße, dünne Substanz, sonst würde sie nicht duften. Aber wenn es so sein sollte, dann sollte die ganze Pflanze so sein, und zwar aus dickeren Teilen, so dass die Blüte mit dem dünnen Teil separat sein sollte. Aber da die ganze Pflanze erdig und trocken war, war es notwendig, die Erde entweder zurückzuhalten oder auszutrocknen. Müsste man sie aber ausstoßen, könnte sie sich tatsächlich mit den Blättern vermischen und diese unnachgiebig machen, und dann wären sie wegen der übermäßigen Trockenheit bald abgefallen. Deshalb bleibt das letzte und besser gemachte übrig: dass diese trockene, verbrannte Materie, die wie der Bodensatz einer Blume ist, nach außen ausgestoßen wird. Da die Dornen nicht aus der ziemlich harten Rinde hätten herausragen können, wenn sie nicht stachelig wären, sind sie aus diesem Grund herausgewachsen. Und je enger und spitzer sie sind, desto mehr bringen sie die Rose dazu, duftender, dünner und heißer zu sein. Und sie ist auch besser zum Reinigen[14] geeignet, denn der Duft ist anhaftend. Die Blüte der wilden Rose besteht aus fünf Blütenblättern. Scharfe, winzige, eng gesetzte Dornen bedecken sogar die eigentlichen Blätter, sodass man sie kaum berühren kann. Und die domestizierten Rosen haben eine Blüte mit kompakten, fetten Blättern, sodass die Blüten duftender, die Dornen aber dicker, spärlicher und weniger scharf erscheinen. Die Blüte selbst ist wegen ihrer fetteren Substanz besser zum Aromatisieren von Zucker oder Wasser geeignet.

Nachdem wir nun bereits über Blumen gesprochen haben, müssen wir erklären, wie man das ganze Jahr über blühende Blumen haben kann, z. B. Nelken. Blumen sind in unserem Land das ganze Jahr über zu haben, und in ähnlicher Weise sammelt man Früchte von Pflanzen, die Obst tragen. Die Beschaffung von Blumen ist schwieriger als die von Obst, denn Bäume, die ständig grün sind, tragen ständig Früchte, zum Beispiel Zitronen, Orangen, Zitronen, Zypressen und Kiefernzapfen. Blüten gibt es bei ihnen, wenn die Pflanzen, die an einem recht warmen Ort gehalten werden, in der Mitte des Winters so weit gewachsen sind, dass sie eine Art Reife erreichen. Jede Pflanze blüht in einem kräftigen oder besser gesagt grünen Alter, auch wenn dies im Winter geschieht.

Die **Blätter und Blüten können auch bemalt werden**, wie ich herausgefunden habe. Zuerst mit Feigenmilch, dann, wenn die Zeichnung oder die Buchstaben getrocknet sind, wird Farbe oder Blattgold aufgeträufelt, dann mit einem Lappen abgewischt: übrig bleiben die Buchstaben oder das Bild. Manche sagen, dass dies mit jeder Milch möglich ist. Dies zeigt, dass mit Milch geschriebene Buchstaben, obwohl sie an sich unleserlich sind, durch das Bestreuen mit Holzkohlepulver und das Abwischen mit einem Lappen dennoch sichtbar werden. Der fetthaltige Teil der Milch absorbiert die Farben, vor allem Schwarz. Die Wässrigkeit wird absorbiert, sodass sie die Farben nicht verwässern lässt. So kann man sehr gut mit Milch sowohl auf Papier als auch auf Pergament schreiben.

Um **große Gemüsesorten und Wurzeln** wie Lauch, Sellerie und vieles mehr zu erhalten, vergräbt man mehrere Samen der gleichen Art in Ziegenmist. Man wird über das Ergebnis erstaunt sein, denn die zusam-

[14] »purgandum«.

mengedrückten Triebe wachsen so, dass sie wie eine einzige Pflanze sind, das ist die Erfahrung. Wenn Sie die Samen von Salat, Rucola, Sellerie, Basilikum und Lauch zusammengedrückt in denselben Mist gepflanzt haben, wird ein Kraut wachsen, das den Geschmack und den Geruch von Lauch, Salat, Rucola, Sellerie und Basilikum in sich vereint. Willst du aber dem Obst oder Gemüse die Farbe, den Geruch, den Geschmack oder die Kraft des Theriak oder die reinigende Kraft der Pflanzen hinzufügen, so versenke den Samen drei Tage, bevor du ihn aussäst, in etwas dergleichen; zum Beispiel für die Süße in neuem Wein, für einen angenehmen Geruch in einer Salbe, für die reinigende Kraft im Saft einer Gurke, gegen Gifte im Theriak. Dann wird die Pflanze zunächst mit solchen Dingen genährt. Die Sache wird wirksamer und vollständiger, wenn man beim Einsetzen der Triebe das Mark entfernt und solche Dinge an seine Stelle setzt und die Triebe vor dem Einpflanzen drei Tage lang in diesen Flüssigkeiten einlegt. Auf diese Weise hat man herausgefunden, dass, wenn Samen vor der Aussaat in Salpeter getränkt werden, das, was daraus wächst, besser zusammengesetzt ist. Auch bringen alle Samen, die in Salpeter gesät werden, mehr Früchte hervor, da Salpeter sie wärmt und befeuchtet. Auch Linsen werden mit Kuhmist vermischt und dann vergraben.

Die Selleriewurzel entwickelt sich im Verhältnis zur Größe des leeren Raums, in den der Samen eingegraben wurde, und zwar nicht nur im Verhältnis zu ihrer Länge, sondern auch zu ihrer Dicke. Das Wachstum des Selleries hält lange an, und die Pflanze ist fett und lebendig. In der Antike wurden die Blätter in Gefäße eingeschlossen, um eine Form zu erhalten, die ihrer Form ähnelt. Daher vermute ich, dass in den Gegenden, in denen Theophrast lebte, der Sellerie seine Blätter den ganzen Winter über behielt. Es ist ein allgemeines Merkmal derjenigen, die ihre Blätter nicht verlieren, wie Majoran und Basilikum unter den Kräutern und Buchsbaum und Myrte unter den Sträuchern, dass sie eine Form behalten, die der Form der Gefäße oder der Anordnung ihrer Befestigungen entspricht.

Auch Rüben gedeihen in Italien in bemerkenswertem Maße, so sehr, dass einige ein Gewicht von hundert Pfund erreicht haben sollen. Sie sind sehr fettreich und feucht, denn, wie an anderer Stelle erwähnt, wird vor allem aus den langen Rüben ein reichliches Öl gewonnen. Und jene Bitterwurzeln, die die Italiener Remolazos nennen, Abkömmlinge von Rettich und Rübe, in denen der Geschmack des Rettichs und die Größe der Rübenenthalten sind, sie wachsen zu einer enormen Größe heran. Ich habe fünf von ihnen gesehen, die mehr als zwanzig Pfund Gewicht erreichten, und andere, die größer waren als ein dreijähriges Kind. Und in Italien werden die Stiele mit dem Stamm der Rüben als gut essbar angesehen. Lauch, dessen Blätter und Wurzeln abgeschnitten sind, wird mit einem Ziegel darüber gepflanzt, und da er nicht nach unten wachsen kann, wächst er seitwärts und wird Dickkopf genannt. Die Alten kannten sie, weil sie attraktiver waren; attraktiver, weil zarter. Sie sind eigentlich ganz wie Zwiebeln.

Pilze bekommt man, wenn Regen auf verbrannte Zweige fällt, oder auch ohne Regen, wenn man die Reste von verbranntem Reisig mit Wasser besprengt. Oder fällen Sie eine dunkle Pappel und gießen Sie mit Hefe versetztes Wasser in die Bruchstücke und entlang des Stammes. Die Fliegenpilze, die so wachsen, können keinen Schaden anrichten. Ein Sud aus Pilzen bringt ebenfalls Pilze hervor. Einzelne Dinge (und besonders solche, die auf Fäulnis beruhen) sind geeignet, ihresgleichen zu erzeugen. Die schädlichen sind breit und haben Blasen, und die rötlichen mit klebriger Feuchtigkeit, die sich leicht durch Fingerberührung zerstreuen, und die grünen, wenn sie aufgeschnitten werden, dann die roten, die düsteren, die blauen danach, und schließlich die düsteren, wenn ein Moment der Zeit alles verändert, sodass jeder durch vergrabene Farben getäuscht werden könnte. Und wenn Sie es noch zuverlässiger untersuchen wollen, legen Sie es in Milch, und Sie werden sehen, dass die Fliegen sterben, sodass der Gebrauch mit der Erfahrung kombiniert werden kann.

Von allen Pilzarten sind die Steinpilze am sichersten, und die, die auf Bäumen wachsen und ziemlich lang sind, mit einer dünnen, faltigen Kappe. Man sagt, dass dort, wo Trüffel sind, spärliche, feste, safrangelbe Pilze wachsen, die praktisch deren Blüten sind, also deren oberirdischer Teil. Man sagt, dass die so wachsenden Pilze sehr sicher und sehr angenehm sind. Sie wachsen auch auf einer Art breiter, eingegrabener Steine, die Tischen ähneln. Diese findet man in der Gegend von Samnium vier Finger tief in der Erde. Sie kommen in den Wäldern häufig vor und wachsen schnell. Sie brauchen eine trockenere Hitze, weshalb es praktisch war, einen Ort zu haben, an dem diese Steine verbrannt wurden. Pilze entstehen plötzlich und fast ohne Wurzel, aber nichts entsteht wirklich ohne eine solche. Wenn er tatsächlich Nahrung aufnimmt, wenn er lebendig ist oder sich vergrößert, auch wenn er nicht lebendig ist, dann nimmt er sie aus der Erde auf. Und das, was das Aufnehmen macht, sollte mit der Quelle verbunden sein, aus der es aufnimmt. Der Teil, der verbunden ist, ist die Wurzel.

Die Entstehung aller Pflanzen, ihre Vergrößerung, ihre Form, ihr Geschmack, ihr Geruch, ihre Farbe, ihre Substanz und alles, was es sonst noch gibt, geschieht durch die Veränderung ihres Ortes und ihrer Nahrung, durch die Veränderung der Samen, die durch das, was auf sie gegossen wird, hervorgerufen wird, durch die Verbindung mit anderen, durch das Beschneiden von Teilen, durch Befestigungen oder Gefäße und durch das Verrotten ihrer Substanz, wie sie bei der Quetschung, der Verpflanzung, der Veredelung und der langen Vermehrung auftritt. Manche Pflanzen werden von ihresgleichen, manche (wie Pilze) von Ungleichem vermehrt. Der Mensch hat sie nicht für den Gebrauch, sondern für den Gaumen gezüchtet.

Disteln können unbedenklich gegessen werden. Es handelt sich um kugelförmige Köpfe, die oben auf allen Seiten mit Stacheln bedeckt sind, die als Kelch der Blüte dienen, aus der die Samen hervorgehen. Im Frühjahr sind sie in Paris und Venedig eine Delikatesse, während die Disteln ohne Stacheln weniger schmackhaft sind. Deshalb werden sie auch nicht von Mäusen gefressen, wenn sie zwischen die stacheligen gesät werden; die stacheligen werden gefressen. Nach dieser wichtigsten Art folgen zahlreiche andere, und so scheint das ganze Jahr unter ihnen aufgeteilt zu sein. Die kleineren Wilddisteln kommen gegen Ende des Sommers und im Herbst, sind dafür aber umso schmackhafter. Zu Beginn des Winters und den ganzen Winter hindurch gibt es dann die Kardendistel, ein buschiges weißes Gewächs, sehr bitter, mit Stacheln besetzt. Und nicht nur die Blätter können gekaut werden, sondern auch der untere Teil des Stängels und der obere Teil der Wurzel, die etwas knollig ist. Mit Beginn des Frühlings und bis in den Sommer hinein finden die Walddisteln Gefallen, nicht an ihren Blättern (die weich behaart sind) und auch nicht an ihrer Wurzel (die hart ist), sondern am unteren Teil des Stängels und dem holzigen oberen Teil der Wurzel. Bei fast allen bitteren Pflanzen ist der holzige Teil, wenn er zu Blättern mit reichlich Saft auswächst, sanft und weniger bitter und behält die Attraktivität des Geschmacks, verliert aber den unattraktiven Aspekt des Geschmacks. All diese Dinge, mit Salz, Essig, Olivenöl und Pfeffer verzehrt, sind nicht nur angenehm, sondern auch gesund. Das Salz wirkt zusammenziehend und macht den Geschmack anziehend. Der Pfeffer verstärkt außerdem den Geruch. Der Essig bricht die Schärfe des Ganzen, so wie das Öl die Trockenheit bricht, während es zusätzlich zum Wohlgeschmack eine Menge beiträgt.

Eine fünfte Art von Stachelgewächsen ist der spanische Scolymos, der als Medizin verwendet wird, aber als Nahrungsmittel unbrauchbar ist. Während alle Arten von stacheligen Pflanzen dem Magen viel Gutes tun, die Nieren reinigen und Giften entgegenwirken, wirkt diese besondere Art von Distel Wunder bei pestilenten Krankheiten, weil sie eine natürlich gespaltene Wurzel hat.

Eine sechste Art wird aus Indien geliefert und heißt Cerium, weil sie mit ihren geraden und glänzenden weißen Stacheln an Wachskerzen erinnert, aber sie ist groß genug, um Lanzen zu gleichen, und hat eine Frucht, die nicht größer als eine Nuss ist, recht angenehm, rot, voller Körner. Es gibt dort auch die Pithaia, mit einer Frucht wie die Aubergine, aber von auffallender Größe, wie das, was wir Kürbisse oder Wassermelonen nennen, die die Araber Bathecas nennen. Die letzte der wichtigsten Arten von Stachelkräutern, eine, die auch in Indien vorkommt. Tuna[15] genannt. Deren Frucht zieht viel Blut aus dem Urin, für den Magen ist sie von geringem Nutzen.

Oliven unterscheiden sich geschmacklich etwas von all diesen, aber die Technik hat noch etwas dazu entdeckt: Man schließt sie in die Vertiefung einer Platte und schlägt sie mit Holzhämmern und drückt die Kerne heraus; in Genua werden sie nicht anders gegessen. Mit Olivenöl sind die Oliven viel besser, ein bemerkenswerter Beweis für ausgezeichnete Trockenheit. Die bei weitem beste aller Olivenarten sind die Colymbadesoliven aus Spanien. Sie werden zusammen mit den Zweigen entnommen, in Wasser gewaschen und einen Tag lang getrocknet. Dann werden sie mit Salz eingerieben und mit Salzlake übergossen, wie wir bereits erklärt haben.

Die feuchteren Früchte, wie **Granatäpfel, Birnen und Weintrauben**, können sehr lange aufbewahrt werden, wenn sie nach einer langen Schönwetterperiode gepflückt und mit einem Stiel in heißem Pech geröstet werden. Oder wenn es an Wein mangelt, werden sie zwei Tage lang in der Sonne getrocknet und zwischen Strohhalmen angeordnet, damit sie sich nicht berühren. Da alle Fäulnis von wässriger Feuchtigkeit ausgeht, wie an anderer Stelle gezeigt wurde, wird es notwendig sein, diese zu entfernen, um ein Verderben der Früchte zu verhindern, und sie wird vor allem an der Stelle entfernt, an der sie eingeführt wird, das heißt am Stiel.

Wassermelonen werden durch ein anderes Verfahren haltbar gemacht: Wenn sie in einem geschlossenen Steinguttopf in den Bodensatz von Süßwein gelegt werden, bleiben sie so lange unverdorben wie der Bodensatz. Alternativ können Sie Gurken und Melonen in süßen Most tauchen, um sie haltbar zu machen. Achten Sie unbedingt darauf, dass der Saft süß bleibt; andernfalls werden die Melonen weinartig. Und wenn man sie früh haben will, so säe man sie in Körbe, gieße sie mit warmem Wasser, stelle sie an einen warmen Ort und setze sie bei bewölktem Wetter dem Feuer, bei wolkenlosem Wetter der Sonne aus. Da sie besonders feucht und lebendig sind und von selbst gedeihen, so verdirbt oder verbrennt das Feuer sie nicht, sondern seine Kraft wird abgeschwächt; eine Kraft, die bei trockeneren oder weniger lebendigen Pflanzen schädigen und töten würde. So werden sie im Frühjahr mit der ganzen Erde aus den Körben herausgenommen und unter freiem Himmel ausgepflanzt. Wenn ihre Früchte vor der Sonne geschützt und vor Wind bewahrt werden, können sie eine wunderbare Größe erreichen. Sollen sie aber den Winter über grün bleiben, so sät man sie in der Nähe eines Brunnens aus, und wenn sie reif sind, lässt man sie in der Nähe des Wassers in den Brunnen hinunter. So vertrocknen sie nicht, werden nicht von der Sonne getrocknet und nicht von den Winden geschrumpft, sondern

[15] Forrester schreibt: Dieses Wort für eine Kaktusfeigenart stammt wahrscheinlich aus Haiti, und so muss mit »Indien« hier die Westindischen Inseln gemeint sein.

werden durch den Dampf und die Hitze des Wassers grün. Sollen sie aber nachwachsen, schneidet man die unreifen Früchte bis auf den Boden ab, bedeckt die eigentliche Pflanze mit Erde und zertritt sie. Die grünen Wurzeln und Stämme werden wieder Früchte bilden. Dasselbe System sollte auch bei Blumen im Allgemeinen befolgt werden. Die übrigen Gemüsesorten, wie Rüben, Cretanus, Brunnenkresse, werden, wie ich herausgefunden habe, nur mit Essig konserviert, aber es hilft, Fenchel zu allen hinzuzufügen. Bei anderen ist es besser, sie einzulegen: Kürbisse, die Schale von Melonen und Bitterorangen, das Fruchtfleisch von Zitronen, ganze Nüsse und Zitronen. Sie werden in Wasser eingeweicht, das sorgfältig gewechselt werden muss. Man kocht sie weich und trocknet sie im Schatten, dann übergießt man sie mit Honig oder Zucker, der am Feuer geklärt wurde. Nach sieben Tagen, nachdem die Flüssigkeit abgezogen und über den Topf gegossen wurde, wiederholst du es drei- oder viermal, damit sie sehr süß und klar werden. Ich habe es schon gesagt: Sie werden muffig, wenn eine wässrige Feuchtigkeit übrig bleibt. Honig und Zucker und die übrigen Säfte werden durch Eiweiß und Wasser, durch Abschöpfen und Erhitzen geklärt. Man sagt, es sei gekocht, und es ist gekocht, wenn ein Tropfen gerinnt.

Früchte werden auch auf andere Weise konserviert, wie z. B. **Feigen:** zunächst die späten Früchte, wenn die unreifen Früchte, die vom Baum fallen, durch Kälte reif werden. Mit Spätfrüchten sind die Früchte gemeint, die wachsen, nachdem die früheren Früchte vor der Reife abgeschnitten wurden. Die innere Hitze wird konzentriert und durch Kälte abgekühlt. Andere werden in Flüssigkeiten konserviert, wie Weintrauben in Essig; wenn Sie Honig hinzugefügt haben, ist das nicht falsch. Ich habe sogar schon welche gesehen, die grün zu sein schienen. Weintrauben werden in kälteren Gegenden konserviert, indem sie bis zum Frühjahr nach Norden aufgehängt werden. Nüsse lassen sich sehr gut mit Honig konservieren. Sie werden süß, aber der Honig wird arteriell, er tut der Kehle sehr gut. Aber die Zusammenhänge für Honig sind allgemein, ebenso wie die für Essig und Olivenöl: Die Flüssigkeiten, die konserviert werden, konservieren auch, es sei denn, die wässrige Feuchtigkeit ist ganz vorherrschend. Aber Essig verdirbt den Geschmack und Öl den Geruch. Honig ist besser, da er potenziell heiß, trocken und fettig ist.

Sie können nicht ganz durchgegartes **Fleisch im Sommer trocknen**, indem Sie das Wasser eine Stunde lang an einem schattigen, luftigen Ort vorsichtig herausdrücken, es dann mit weißem Essig und Salz und zerstoßenem Wacholder bestreuen, in ein Glas an einem kühleren Ort stellen und es täglich wenden. Diese Konservierungsmethode reicht für zehn Tage. Der gute Geschmack und Geruch wird Sie überraschen.

Weiche Dinge werden nicht gekocht, wenn man sie konservieren will, außer **Fisch.** Fisch wird in Olivenöl leicht gekühlt und zwischen Lorbeer- und Myrtenblättern aufbewahrt, nachdem er mit Salz bestreut wurde. Lorbeerblätter konservieren nicht nur den Fisch, sondern bessern verdorbenes Wasser aus und machen es unschädlich und wohlriechend und helfen sofort gegen Gifte. Auch Kalk macht es wieder gut, und auch Kochen, aber Lorbeerblätter sind am besten.

Wasser wird durch dieselben Dinge verdorben, die es selbst verdirbt. Das sind Weizen und Leichen, besonders menschliche. Wenn sie von Tag zu Tag mehr vom Wasser verdorben werden, müssen sie umgekehrt das Wasser verderben. Lupinen und Flachs verderben es, sodass ich mich im Stadtgraben über die Menge der Fische wunderte, die dort auf diese Weise getötet wurden. Da es insgesamt sehr viele Dinge gibt, die Wasser verunreinigen, kann man sie in zwei Arten einteilen: entweder solche, die im Wasser verunreinigt werden, oder solche, die von sich aus schon tödlich sind. Aber nichts ist schlimmer, als wenn das Wasser ruht, ebenso wie es nichts Besseres als Bewegung gibt, um es zu reinigen. Aber die Bewegung reinigt das Wasser nur langsam, die Ruhe aber verdirbt es schnell. Ist aber das Wasser oder der Wein in den Gefäßen warm, so tauche man diese Gefäße in eine andere Menge Wasser, in dem Salpeter aufgelöst ist, und erzeuge so eine vorsichtige Bewegung. Das Wasser auf der Außenseite wird gekühlt, da seine Dämpfe wie von einem Feuer getrieben abfließen, aber nicht so, dass andere Dämpfe durch das Feuer erzeugt werden. Die Menge und Methode ist folgende: In hundert Pfund Wasser nimmt man bis zu 20 oder 25 Pfund Salpeter. Schütte zwei von drei Teilen davon hinein und rühre es mit einem hölzernen Stößel nach und nach um, zuerst langsam, dann etwas kräftiger, bis es mit zunehmender Kälte sehr schnell und immer in der gleichen Richtung umgerührt wird. Man prüft häufig mit dem Finger, wann es den Tiefpunkt der Kälte erreicht hat. Dann gibt man den Rest des Salpeters oder ein Sechstel des Ganzen hinzu und rührt weiter. Wenn es den Tiefpunkt erreicht hat, schadet es nicht, wenn man es ein wenig in die entgegengesetzte Richtung rührt; aber vorher würde ein großer Teil der Kälte entfernt werden. Der gelöste Salpeter verdampft durch Aufkochen des Wassers wieder, und dies ist lange genug geschehen, wenn er sich beim Ausgießen mit einem Löffel auf dem Pflaster verfestigt. Dies ist ein allgemeineres und subtileres **Verfahren zur Kühlung von Wasser** und in Wasser versenkten Weinen, aber dennoch wird Wasser besser durch Eis und Schnee gekühlt. Dieses wird bis zum Ende des Sommers in großen reinen Brocken aufbewahrt, die durch lange Kälte gehärtet sind, wie die von Sebastian Münster erwähnten aus den Walliser Alpen. Diese Gegend ist so kalt, dass das Eis in keiner Sommerhitze schmilzt, sondern durch die Hitze eines Feuers oder der Sonne aufgelöst wird, jedoch langsam. Ein Stück dieses Eises von der Größe eines Eies kühlt ein großes Gefäß mit Wasser oder Wein ab, und zwar schnell. Münster sagt, er habe eine Art von Eis gesehen, das durch seine Größe und seine Risse so furchterregend sei, dass es selbst tapfere Männer in Angst und Schrecken versetzen könne. Und wenn es bricht, gibt es einen so großen, schrecklichen Donner von sich, dass die Welt zusammenzubrechen scheint. Dieses und jedes andere Eis hält umso länger, je länger es zum Gefrieren braucht. Die Zeiten für das Schmelzen und für die Entstehung entsprechen einander; je länger es zum Erstarren braucht, desto schwerer und kompakter ist es, und folglich auch weniger schmelzbar. Das haben wir schon bei den Ausführungen über das Eisen gezeigt. So lagert es lange Zeit in schattigen Berghöhlen oder zwischen Steinen, Marmor- und Strohstücken oder zwischen Bergkristallen in einem nach Norden offenen Weinlager.

Ich komme zu den **Wurzeln**, die man aufbewahren will, sowohl die härteren als auch die anderen, von denen wir die zarteren wählen. Diejenigen, die ungekocht aufbewahrt werden müssen, lassen sich gut mit Essig und Pfeffer konservieren, auch mit dem Zusatz von Nelkendüften und anderen. Man muss bedenken, dass manche Gerüche besser zu anderen passen und dass das menschliche Empfinden für sie nicht einheitlich ist, ebenso wenig wie für den Geschmack. Das, was wir mit Honig konservieren wollen, sollte jedoch in mittlerem Maße gekocht und getrocknet werden, da es dann weicher ist und Geschmack und Geruch besser aufnimmt. Dadurch werden sie auch schmackhafter.

Mit ähnlich feinem Gespür geht die Betriebsamkeit des Menschen an die Fertigkeiten heran, die das Auge erfreuen. So hat unser Freund, der Buchhändler Nicolaus Landrianus, Bilder so auf Leder geprägt, dass sie aussehen, als wären sie aus Kupfer. Wenn er das Leder etwas angefeuchtet hat, wird es vorsichtig warm eingelegt, mit Mustern aus Holz oder anderem Material. Wachs wird hinzugefügt, um den Hohlraum perfekt auszufüllen, und mit darüber gezogenem Papier wird das Werk zwischen den Platten einer Weinpresse zusammengedrückt und der Teil, der eingraviert ist, mit geeigneten Farben bemalt. Zur gleichen Übung gehört es, Kräuter zum Leben (wie man sagt) auf Papier zu malen. Ein grünes Kraut, das mit Rost und gemahlener Holzkohle auf eine Farbgrundlage gelegt wird, die das eine oder andere hervorhebt, wird auf Papier geprägt, sodass die Spur einer Art Grundriss sichtbar ist. Andere zeichnen den Grundriss aus einem zusammengedrückten Blatt und kleinen Zweigen, dann stellen sie ein Kraut mit Kräutersaft und Blumen mit Blumensaft dar, pressen aber das Wasser aus und fügen das Gummi hinzu, das sie Dragachantum nennen. Auf der einen Seite gibt es großartige Dekorationen für Szenen: Gewitter, Schauer, Schneestürme; diese werden aus Baumwollsamen hergestellt, mit Blasebalgpumpen. Auf der anderen Seite sind Sonnen, Sterne und der Mond auf einem fabrizierten Himmel zu sehen, den Nicolaus Siccus (ein Mann von höchstem Rang und gelehrt in jeder Art von Wissen und den edleren Künsten) in der Komödie darstellte, die er auf Euren Wunsch hin in Anwesenheit von Philipp, dem Prinzen von Spanien, und dem Sohn unseres Kaisers organisierte, produzierte und entwarf. Wir sahen die Sonne und die Sterne an einem klaren Himmel leuchten, der von schwarzen Wolken verdeckt und von weißen umhüllt war, eine Bewegung mit einem Stern, die der Zeit entsprach, die die Erzählung darstellte. Dort fertigten Menschen Saphire, Chrysolithen, echte Pyrope, in Glas verborgene Lichter, mit Dodekaedern und Ikosaedern in der natürlichen Farbe von Glas. Aus der Kulisse donnerte es, während man auf Schiffe blickte, die scheinbar auf dem Meer segelten und sich hoben und senkten.

Die Mühe, die man sich hier machte, um **Tiere zu fangen**, ließ nichts unversucht: Schlingen, Haken, Netze, Bögen, Hunde, Falken. Und Tricks sind nicht genug, wenn nicht auch Fallen im Spiel sind. Insgesamt gibt es drei davon, die alle wilden Tiere oder Fische oder Vögel fangen: List, Gewalt und Gift. Gewalt wird gegen Vögel mit Pfeil und Bogen, gegen Fische mit Dreizack und Netzen, auch mit Kalk, der in einem Beutel geschüttelt wird, angewandt. Er tötet auch solche, die nichts schmecken, oder macht sie geistig umnachtet, wie es Bäder bei Menschen tun. Und Hunde und Netze fangen wilde Tiere. Die Gifte sind Eisenhut, Wolfsmilch, alle Arten von Hahnenfuß, die, mit Nahrung vermischt, alle Vögel, Tiere und Fische ohne Unterschied töten. Brechnuss, wie ich gefunden habe, tötet Hunde sofort. Dasselbe betäubt Vögel, wenn es mit ihrer Nahrung vermischt wird. Ich erinnere mich, dass ich einmal diesen Samen zermahlen in Fleisch gemischt hatte, und ich konnte Krähen mit der Hand fangen. Wenn kleine Vögel Körner fressen, die entweder in Weinsud mit Schierlingssaft oder auch nur in dem Bodensatz eines ziemlich starken Weines oder in einem Sud aus weißer Nieswurz mit der Galle eines alten Ochsen eingelegt waren, werden sie betäubt. Diejenigen, die in Schwärmen umherfliegen, werden in Schwärmen gefangen, zum Beispiel Rebhühner, Gänse mehr als Rebhühner, Enten am allermeisten. Die zahmen Exemplare ihrer eigenen Art mit gestutzten Flügeln sollten am Wasser gefüttert werden, wobei eine Mauer um sie herum gebaut werden sollte, mit reichlich und sehr attraktivem Futter. Für Enten bedeutet das (unter anderem) ungekochtes Sorghum in Wasser. Während die zahmen Enten nachts quaken, kommen die wilden Enten zum Futter. Alle Tiere stimmen in vier Rufen überein: nach Nahrung, nach Partnern zur Fortpflanzung, nach Aggression und nach Angst, und sie verstehen sich gegenseitig. Wenn dann die Netze eingezogen werden, bleiben die Vögel hängen und werden eingeschlossen. Man sagt, dass manchmal tausend Enten auf einen Schlag gefangen wurden. Und auch wenn es außergewöhnlich erscheinen mag, ist es sicher, dass keine andere Art des Vogelfangs erfolgreicher ist. Von den zahmen Vögeln werden diejenigen ausgewählt, die den wilden Vögeln in der Farbe am ähnlichsten sind.

Auch die **Fische** werden mit Nahrung gefangen. Die Nahrung muss vier Bedingungen erfüllen: Sie muss wohlriechend sein (da sie die Fische schon von Weitem anlockt), wie Anis, Saft von Rispen und – besser als alle anderen – Kumin[16]; sie muss einen angenehmen Geschmack haben, um sie anzulocken und zu täuschen, wie Blut (besonders Schweineblut), Käse (besonders Ziegenkäse), Brot (besonders Weizenbrot) und Schmetterlinge. Es sollte eine Nahrung sein, die den Kopf trifft, um die Kraft des Giftes schnell dorthin zu tragen, z.B. Alkohol, Weinsediment. Schließlich sollte es ein Gift sein, das sie betäubt; von dieser Art ist die Caltha-Blume (Calendula genannt)[17], die in jedem Monat blüht. Dieses Kraut hat gelbe Blüten, die, wenn man sie kleinschneidet, selbst große Fische innerhalb einer Stunde betäuben. Es gibt einen Kalk, der Fische tötet, auch wenn er das Wasser verbessert. Und es gibt den Saft aller Wolfsmilcharten, die Brechnuss und den sogenannten Methel, den Schlafbringer. Aber nichts ist bemerkenswerter als die aus dem Osten importierte Frucht, die Cogolum genannt wird. Es ist eine dunkle Beere, die einer Lorbeerbeere sehr ähnlich ist, aber kleiner und runder. Unser bewährtes Rezept zum Fischfang lautet: eine viertel Unze orientalische Beeren, je eine sechstel Unze Kumin und Alkohol, eine Unze Käse, drei Unzen Mehl. Diese werden zu Pastillen gepresst und verstreut. Die Königskerze tötet ebenfalls Fische. Plinius berichtet, dass die Fischer Kampaniens in seiner Gegenwart Pfeifenblumenwurzel mit Kalk ins Meer warfen: Die Fische schwammen heran und wurden getötet. Krabben fängt man mit oben gespaltenen Stöcken, in die man einige Eingeweide oder auch Froschkörper steckt, und stellt sie in der Nähe von Strudeln oder Plätzen auf, wo sie sich gewöhnlich aufhalten, zehn oder zwölf Stück. Dann geht der Fischer mit einem Netz herum, hebt die Stöcke einen nach dem anderen hoch und legt sein Netz darunter. Die Krabbe kann sich nicht schnell genug entwirren und fällt so ins Netz. Der Fischer kann sich glücklich schätzen, ein- oder zweihundert Krabben nach Hause zu bringen, kräftige und lebhafte und große. Die kleinen kommen nicht so leicht an das große Futter heran, und wenn sie es geschafft haben, schlüpfen sie heraus, bevor sie gefangen werden.

Es gibt nicht nur Dinge, die anziehen, sondern auch **Dinge, die abstoßen**, wie der Saft von Kürbisblättern, und wenn jemand die Haare von Maultieren oder Pferden im Hochsommer darin getränkt hat, sind sie wie durch ein Wunder frei von der Plage der Fliegen. Der Bodensatz von Essig und schwarzem Kumin ist ebenfalls von Nutzen. Aber lassen wir die Verlockungen der Sinne beiseite und wenden wir uns dem edleren Teil der Seele zu.

[16] »cyminum«.

[17] »calthae flos (calendulam vocant)«

Buch XIV: Über die Seele und den Verstand

Wir wollen uns nun den Kräften der Seele nähern, insbesondere der menschlichen Seele, denn (wie der Philosoph zu Recht sagte), die Seele wird als alles gesehen. Die Dinge, die wahrgenommen werden können, sind es wegen der Sinne, und die Dinge, die verstanden werden, sind es wegen des Verstandes. Ich erinnere daran, dass in dem Buch *De Immortalitate Animorum* und auch in anderen Büchern, die wir geschrieben haben, mehr dazu gesagt wurde. Wenn wir es wirklich mit dem sinnlichen Teil der Seele zu tun haben, muss ich jedoch zu dem tieferen Anfang zurückkehren. Denn die sinnliche Erkenntnis ist vierfach: die äußere, die bewahrende, die verbindende, die urteilende. Die äußere ist in die fünf Sinne geteilt. Die bewahrende ist eine vierfache Bewegung, und ein Zustand wie der eines Lautenspielers, der ohne zu denken vor sich hin spielt. Das Sehen oder die Phantasie umfasst das Gesehene, das Gedächtnis die anderen Sinneseindrücke, insbesondere das Hören. Obwohl jedem Sinn die entsprechende Bewahrungskraft zugeschrieben wird und die Bewahrungsfähigkeiten ausführlicher und wahrer genannt werden sollten, denn wir erinnern uns an Gerüche und Geschmäcker und an das, was wir durch Berührung wahrnehmen, und doch gibt es keine Erinnerung daran: Je näher ein Sinn an der Materie ist, desto weniger erinnern wir uns an das, was wir wahrnehmen, wie im Falle des Tastsinns. Aber sie meinen, dass den vier Sinnen das Gedächtnis gemeinsam ist, weil sich diese wenig voneinander unterscheiden, sich die Vorstellung von Farben nicht von der Erinnerung an die von Tönen unterscheidet, und auch weil sie im Gedächtnis vereint und verstanden zu sein scheinen, als ob diese Kraft allen gemeinsam wäre. Und so scheint es vier Arten zu geben, von denen die letzte Mimnesis[1] genannt wird. Sie besteht aus einer vielfältigen Erinnerung oder Vision, einem bestimmten Gedanken.

Das Kombinieren ist nicht die Kraft, die eines nach dem anderen begreift. Denn auf diese Weise soll auch das Sehen kombinieren, und das Gedächtnis, das die Gesamtheit einer Äußerung auf einmal einschließt: aber nicht, wenn mehrere Dinge als eines erkannt werden, wie das Weiß an einer Wand zusammen mit seiner Größe, sondern wenn mehrere Dinge als mehrere Dinge nebeneinander liegen oder miteinander in Konflikt stehen oder verglichen werden oder wenn eines von einem anderen eingeführt wird. Es kann also vier Arten geben: Kombination, Unterscheidung, Vergleich und Fortsetzung. Das Urteil ist nun die Zusammenstellung mehrerer vernunftverständlicher Dinge mit ihren Bedingungen untereinander, woraus sich eine Wahl ergibt. So kommt es, dass diejenigen, die ein starkes Urteilsvermögen haben, sich in allen Arten von Wissen auszeichnen. Neben allen genannten Arten gibt es sechs kombinierte Kräfte: die Genauigkeit, die Lust oder der Schmerz, die Begierde zu verfolgen oder zu fliehen, und dies mit einer bequemeren Weise und Assimilation, und das Erkennen dessen, was es gemeinsam zu empfinden gibt. Wenn das Auge eine grüne Wand erkennt, nimmt es auch ihre Anzahl und ihre Ruhe und Größe wahr, und gleichzeitig, dass die Wand weder rot noch weiß ist. Es unterscheidet jedoch nicht, es freut

[1] »μιμνέσις«.

sich auch an dem Anblick der Wand und wünscht, ein dunkles, violettes Ding zurückweichen zu sehen, ohne dass eine andere Verstandestätigkeit stattfindet; so wie wir deutlich sehen, dass ein Arm zurückweicht, wenn man ihn sticht, ohne dass ein anderer Gedanke auftaucht. Es ist ein Phänomen, das wir auch an den amputierten Schwänzen von Eidechsen sehen, wenn sie gestochen werden, sie fliehen. Während das Auge sieht, erkennt es nicht, dass Grün nicht Weiß ist; denn sonst würde es vergleichen, aber während es Grün erkennt, kennt es Weiß nicht. In dem »Was ist, ist dies« erkennt es, dass es nicht etwas anderes ist, und ebenso folgt es in Verbindung mit dem Erkennen einem geraden Weg, wenn auch einem kürzeren. Dies ist wie bei den Steinen, die zum Mittelpunkt der Erde gehen. Wir sehen, wie die Menschen dem folgen, wenn sie gähnen und niesen. Abgesehen vom Denken werden wir zu denselben Handlungen angeregt, wie zum Tanzen und Laufen und Urinieren. Alle diese Kräfte und empfindungstragenden Wahrnehmungen zeigen sich mehr oder weniger vollkommen in verschiedenen Tieren.

Jetzt bleibt nur noch die Schwierigkeit des gesunden Menschenverstandes, der nicht notwendig erscheint: nicht, weil grün nicht süß ist, denn grün ist auch nicht weiß; auch nicht, weil grün anders ist als süß, denn das zu berechnen, bedeutet zu vergleichen; auch nicht, weil grün grüner ist als Süßes süß ist; jeder Sinn begreift dies von selbst; das Urteil gehört zum Verstand. Denn Größe ist zweifach: die eine Seite ist die des Ausstoßens, die andere die des Ausdehnens, und beide sind unter dem gemeinsamen Sinn enthalten. So sind die Tiere nur mit einem einfachen und bewahrenden Erkennen begabt, obwohl sie sehr klug sind, wie die Affen, Elefanten, Hunde, Füchse, Schwalben, Papageien und Seidenraupen. Sie können also nicht vergleichen und wissen nicht, was ein substanzielles Wort bedeutet und haben kein Urteilsvermögen. Die erste allgemein akzeptierte Schlussfolgerung daraus ist, dass Lebewesen, die gemessen an ihren Techniken extrem klug erscheinen, wie Seidenraupen, Bienen und Ameisen, dies offensichtlich nicht sind. Es ist wahrscheinlich, dass auch Schwalben ihr Nest auf die gleiche Weise bauen wie Bienen und Seidenraupen. Außerdem lernen Papageien und Elstern zwar gut sprechen. Aber (obwohl sie sehr wissende Tiere sind) wurde nie eines von ihnen gefunden, das den Dingen Worte zuordnen konnte, denn dazu ist es nicht fähig, obwohl es seinen Herrn und dessen Namen erkennen kann. Aber es gibt keinen Grund, ihnen solche Leistungen zuzuschreiben, denn ohne sie gibt es eine Übereinstimmung mit aller Erfahrung. Dem entgegengesetzt kann man anführen, dass Hunde auf der Jagd nach wilden Tieren einen geraden Weg einschlagen. Sie schmeicheln ihrem Herrn und bellen Fremde und Feinde an. Ihre Mutter scheint die Zahl ihrer Jungen zu kennen, da sie den Verlust eines in ihrer Abwesenheit entfernten Jungen bemerkt. Und wenn er einen Hasen verfolgt, geht er nicht auf den Hasen zu, sondern auf den Ort, auf den der Hase zielt. Und er sucht seinen abwesenden Herrn an den Orten, an denen er sich aufzuhalten pflegte. Ein Schaf erkennt sein Junges und ein Lamm seine Mutter. Und ein Esel hat Angst vor einem Kamel, weil es so groß ist, aber nicht vor einem Schaf. Andererseits fürchten sie sich vor dem Feuer und vor einem Wolf, den sie nicht gesehen haben, der aber aussieht wie etwas anderes, das ihnen geschadet hat. Und ein Fuchs lässt seinen Schwanz im Wasser baumeln und hält ihn dort, bis er spürt, dass er mit Krebsen und Elritzen beladen ist; er täuscht den Tod vor, um Krähen zu fangen. Und ein Elefant, der sich auf ein Schiff begibt, verlangt einen Schwur, dass er zurückkehren wird. Und wenn er ein gesundheitsförderndes Kraut gefunden hat, hebt er es zum Himmel, sodass es scheint, als würde er den Göttern danken. Und schließlich scheint ein Tier schlauer zu sein als ein anderes, sodass es den Anschein erweckt, es sei schlauer als das andere, und erkennt es an.

Es ist also gut, diese Tiere zu kennen, denn sie besitzen allein **das unmittelbare Erkennen**. Das ihre übertrifft im allgemeinen das, was der Mensch hat, z.B. sein Sehvermögen und sein Gehör und sein Gedächtnis. Und da sie so viele gute und überragende unmittelbare Erkennungsleistungen haben, haben selbst angesehene Philosophen sie mithilfe dieser fünf Kräfte als mit List und Erkennen, die miteinander verbunden sind, und mit denkender Tätigkeit ausgestattet angesehen. Aber es mangelt ihnen nicht an Wahrheit in einer einfachen und klaren Vision, wie Hunde, die im Traum bellen wegen dem, was sie sehen. Wer leugnet, dass sie Empfindungsfähigkeit haben, verdient nicht unsere Widerlegung, sondern nur, dass man ihn auf ein blindes Pferd setzt, das auf einem holprigen Weg die Beine eines bissigen Hundes zu stoßen scheint. So ist es erstens eine Sache der Erfahrung, dass sie wegen der vierten Kraft ihren Herrn bewundern; wegen der dritten erkennt eine Mutter den Verlust eines Jungen; wegen der sechsten erkennt sie die Zahl nicht, was auch viele Menschen nicht tun; denn das Auge ist nicht früher zufrieden.

Dementsprechend ist die Zahl ein allgemein empfundenes Element, und eine verwirrte Menge, wie sie richtig definiert ist, gehört zur Vernunft. Der Grund, warum ein Hund einem Hasen zuvorkommt, ist der folgende. Nehmen wir an, ein laufender Hase bewegt sich von A nach B, er geht nach C, der Hund ist bei D, von der vierten Potenzialität würde er nach B gehen, ein kürzerer Weg ist nach E, von der fünften Potenzialität, also mit einer zusammengesetzten Bewegung nach C, und doch ohne Verstandestätigkeit. Denn wenn er eine solche Verstandestätigkeit hätte, wie könnte er sie so unerwartet ausarbeiten, dass sie selbst einem gelehrten Manne nicht einfallen würde?

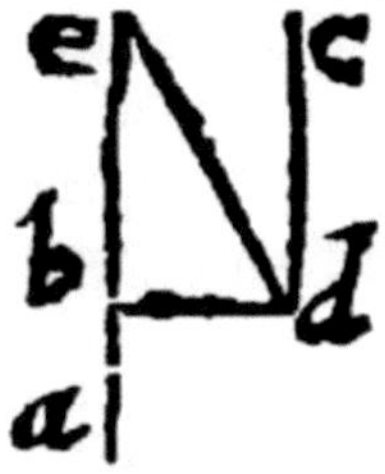

Dann müsste man sagen, dass sich ein Stein, während er sich bewegt, durch Gewalt zur Seite und durch Natur zur Mitte hin bewegt, also auf einer Mittellinie, weil dies durch das Erkennen des so denkenden Steins geschehen würde. Der Hund sucht seinen abwesenden Herrn, indem er sich eine Phantasie vorstellt, und findet ihn in der dritten Art des gefühlsmäßigen Erkennens und mithilfe des Gedächtnisses. Er erkennt in diesem Menschen seinen Herrn, nicht dass dieser Mensch sein Herr ist. Das Mutterschaf und das Lamm erkennen einander am Geruch und an der Stimme. Wir sagten, dass das unmittelbare Erkennen eigentlich die hervorragendsten unter den Operationen des Geistes sind, weil die Tiere nicht an zusammengesetzten Dingen beteiligt sind. Aus dem Gedächtnis oder aus der natürlichen Veranlagung, die es von seinen Vorfahren erworben hat (wie es bei der Schwalbe beim Nestbau geschieht), wird der Esel angeregt, das Kamel aus der dritten oder sechsten Kraft zu fürchten. Und der Wolf aus seiner Veranlagung, er fürchtet das Feuer nicht aus Vernunft, sondern weil er es für dasselbe hält wie das, das ihm geschadet hat. Was den Fuchs und den Elefanten betrifft: Nachdem durch die Vernunft eingeräumt ist, dass kein anderes Tier ihre Klugheit besitzt, bedeuten diese Beispiele (die auf so viele Arten beobachtet werden können), dass wir nicht in den Verdacht zu geraten brauchen, dass solche Tiere Klugheit besitzen. Da aber, wie gesagt, ihre Sinne ausgezeichnet sind, scheinen einige von ihnen klüger zu sein als andere, obwohl sie es nicht wirklich sind. Da ihnen das Positive fehlt, muss ihnen auch das Komparative fehlen. Es gibt also vier Teile des menschlichen Geistes: Kombination, Urteil, Verstand und Wille. Und da der Appetit zweigeteilt ist, der eine ohne die Kraft der Empfindung, der andere mit ihr, sitzen im Willen und im empfindenden Teil der Seele die Neigungen selbst, wie Mitgefühl, Grausamkeit, Zorn, Milde, Tapferkeit, Furcht, Treue, Verrat, Bescheidenheit, Schamlosigkeit, Hass und Liebe, Glück, Trauer, Begierde, Enthaltsamkeit, Trägheit, Trägheit, Lüsternheit, Selbstbeherrschung. Das erste Thema wird also der Intellekt und der Wille sein.

Der **Verstand** ist das verstandene Ding selbst: genauso wie wenn ich ein Pferd verstehe, ist mein Verständnis die Form des Pferdes, also eine allgemeine Form und sozusagen die primäre Materie. Der Wille aber ist, wenn er nach außen getragen wird, dem Gegenstande nachgeordnet, und ist nicht dasselbe wie dieser Gegenstand, sondern ihm ähnlich. Sie unterscheiden sich also hauptsächlich in zwei Merkmalen: erstens, weil der Verstand das eigentliche Verstandesding ist, der Wille aber nur ähnlich; zweitens, weil der Verstand im selben Augenblick wie das Verstandesding entsteht. Und der Wille ist ihm nachgeordnet. Wie Licht und Finsternis sich auf das Auge beziehen, so Hass und Liebe auf den Willen, und falsch und wahr auf den Verstand. Warum aber folgt die Wahrheit sowohl aus den Falschheiten als auch aus den Wahrheiten, die Falschheit aber niemals aus den Wahrheiten? Der Grund dafür ist, dass etwas von der Wahrheit in der Falschheit enthalten sein kann, so wie »dass er ein Esel ist« in einem Menschen vorhanden ist, weil er fühlt. Aber in der Wahrheit, sofern sie rein ist, kann nichts Falsches enthalten sein. Da also eine Deduktion vom Ganzen auf einen Teil ausgezeichnet sein kann, kann aus der Falschheit die Wahrheit entstehen, aber niemals die Falschheit aus der Wahrheit. Aber die Wahrheit geht niemals aus der Unwahrheit hervor, sondern nur aus dem Teil Wahrheit, der in der Unwahrheit liegt.

Der **Intellekt** wird also von der Erkenntnis der Wahrheit beeinflusst, und zwar mit großer Freude, und zwar aus drei Gründen: erstens, weil dies die einzige Aufgabe ist, die uns eigen ist und die wir nur mit den Göttern teilen. Zweitens ist diese Aufgabe von größerer Tugend; die Aufgabe selbst ist die Vollkommenheit der Tugend. Drittens wegen der Nützlichkeit, die aus dem Verständnis und der Erkenntnis der Wahrheit folgt. Die Unwahrheit ist immer um ihrer selbst willen verhasst, aber sie ist willkommen, weil sie zuweilen zur Befriedigung der Begierde beiträgt.

Aber wir sind entzückt von geschickt zusammengestellten Fabeln, weil sie wie die Wahrheit aussehen und Wunder enthalten, und deshalb gefallen sie den Kindern mehr als den Alten und den Dummen mehr als den Weisen, weil die Kinder und die Dummen vermuten, dass in ihnen mehr Wahrheit steckt. Ferner ist das Gehörte erfreulicher als das Gelesene; und unter dem Gelesenen ist das in einer fremden Sprache Geschriebene willkommener, und je knapper die Bücher sind, desto mehr Freude bereiten sie. Der Grund für all dies ist offensichtlich die Seltenheit. Seltenes Material ist in seltenen Büchern vorhanden, die nicht vielen Menschen bekannt sind und seltener sind als schwierige Bücher; das Gehörte ist seltener, weil weniger Menschen es kennen, und am seltensten von allem ist das, was uns allein erzählt wird. Nichts erfreut also den Menschen mehr als Abhandlungen über große und geheime Dinge; was jeder weiß, wird billig, auch wenn es an sich wertvoll ist. Daher wollten die Priester, dass ihre Zeremonien im Geheimen weitergegeben werden, und es gab keine von ihnen, außer denen, die im Dunkeln umrissen wurden. Aber die Dunkelheit ist ein Beweis für die Unwissenheit, die sich nicht mit dem Verständnis der Schriften verträgt, so wie die Mäßigung ein Beweis für die Weisheit ist. Es ist die Aufgabe der Weisheit, zuerst die schönen Zweifel zu äußern, und selbst wenn dies möglich ist, dann nützliche Lösungen und die Ursache zu nennen, und nichts Lächerliches über die Darstellung der Ursache zu sagen. Auf diesem Gebiet sind die Platoniker die größten Sünder.

Es gibt in der Tat drei Kriterien des Verstandes, die er anwendet: die Prinzipien, die Erfahrung und deren Folgen. Da er von sich selbst oder von den Sinnen erhält, was er von vornherein weiß, oder er erfährt es von diesen, ist es offensichtlich, dass es nicht mehr Kriterien geben kann, die der Verstand verwendet. Aber andere haben andere Prinzipien, die den Sinnen bekannt sind, oder Konsequenzen. Über diese hat sich der Verstand nicht den Kopf zerbrochen; sie sind in der Tat ewig, ebenso wie die Arten. Einige der ewigen Dinge ändern sich nicht, wie Gott; einige ändern sich wiederkehrend, wie der Himmel; einige in einem Zyklus. So sind die Arten unbeweglich, doch nicht wie die des höchsten Intellekts, sondern wie der Verstand. Der Verstand arbeitet nicht, weil er nicht in der Zeit ist, vielmehr regt die Kontemplation selbst die Seele an und verlängert die Jugend. Wir sind eigentlich nur lebendig, während wir kontemplieren, denn das ist wirklich das einzige Leben, das den Göttern in der Ewigkeit angemessen ist, und das einzige in uns ist wie dies.

Die Art und Weise, wie Worte von der Schrift in die Stimme und weiter zum Intellekt übertragen werden, mag einfach erscheinen, da sie häufig verwendet wird und zu einer einzigen Methode gehört, aber sie ist schwierig und umfasst verschiedene Methoden. Bevor wir also von Diskurs sprechen, müssen wir die Dinge, die wir erleben, entweder an uns selbst oder an den Tieren beschreiben. Wenn die Tiere durch die Kraft der Empfindung einen Laut von sich geben, wie es die Hengste tun, wenn sie eine Stute sehen und wiehern, dann erkennen sie einen Gegenstand zunächst durch einen äußeren Sinn, dann durch das Sehen, das seinerseits der einzige (oder der wichtigste) innere Erkennungsvorgang ist. Dann sind sie befriedigt über das Gesehene, und von der Befriedigung werden sie angezogen und ungeduldig. Aus der Anziehung entsteht dann nicht nur eine Bewegung zu dem Gesehenen hin, sondern auch ein Ausdruck der Freude, und aus der Bewegung folgt die Lautbildung. Diese Verwandlung wird also durch sieben Fähigkeiten oder Funktionen vollzogen. Ein weiterer beachtenswerter Punkt ist, dass die Tiere diese Umwandlung vollziehen, ohne sich zu verbinden. Dies wurde zuvor gezeigt, und dennoch können sie durch keine Technik dazu erzogen werden, aus dem, was sie gesehen haben, verständliche Laute zu erzeugen. Kleinkinder dagegen werden erzogen, bevor sie verstehen können. Diese natürliche Umwandlung ist den Tieren also gegeben, und die Umwandlung von Gehörtem in einen erfundenen Laut, wie bei den Papageien, geschieht bei Säuglingen ebenfalls durch das Sehen. Wenn man nun den Verstand ausklammert, so unterscheiden sich die Tiere vom Menschen nur durch das Kombinieren. Unsere Erörterung bezieht sich nun auf den Willen oder das Urteil. Es lohnt sich zu fragen, warum die Kombination notwendig ist, die Kombination zwischen dem Gesehenen und der Veranlagung, die Stimmmuskeln zu bewegen. Bei den anderen Muskeln scheint ein ähnliches Verhältnis bei Kleinkindern und Tieren zu bestehen; obwohl in der Tat die Tiere vom natürlichen Appetit geleitet werden, die Kinder aber von der aus dem Gedächtnis erworbenen Angst. Dies macht aber keinen Unterschied zwischen ihnen, da das Verhältnis zwischen Lust und Schmerz bei beiden dasselbe ist, und es macht keinen Unterschied, ob sie das eine meiden oder das andere suchen. Die Angst jedoch kommt mit etwas größerer Kraft als der natürliche Appetit; aber wegen seiner langen Gewohnheit muss es als natürlich angesehen werden.

Es besteht also ein völliges Ungleichheitsverhältnis in der Kombination zwischen dem Sehen von Wörtern und der Darstellung von Tönen. Denn die Tiere sind nicht zum Kombinieren ausgebildet, auch wenn sie im Gedächtnis ein Wort und auch Silben an ein anderes Wort anhängen könnten, aber sie können nicht von der Vorstellung eines Gesehenen in die Vorstellung eines Tones übergehen. Die Erfahrung hat uns dies hinreichend gelehrt, wenn Kinder lesen lernen und aus dem Sehen eine Lautbildung erzeugen. Daher sind diejenigen, die von Natur aus taub sind, zwangsläufig auch stumm. Diese Kinder nehmen den Klang von Wörtern nicht wahr, doch erkennen sie den Klang.

Aber Sie werden sagen: Das scheint eine umfassendere Unterscheidung zu sein, als du früher vorgeschlagen hast; wir gingen davon aus, dass es eine Unterscheidung zwischen dem Anblick der Sprache und dem Vergnügen gibt, Merkmale, die aufeinander folgen, wie ein dritter Rang auf einen zweiten folgt. Nun aber zeigt sich eine Absprache zwischen dem Anblick und dem Klang der Sprache, ja zwischen dem zweiten und dem letzten Rang, sodass die Frage, bei der es sich um eine Rückkehr zum ursprünglichen Problem handelt, und die ganze Schwierigkeit der Frage immer noch vorhanden ist. Aber beides ist richtig. Wenn nämlich die Worte von dem kleinen Kind nicht verstanden werden, kann auch kein Schmerz oder Vergnügen entstehen, wie es bei den Tieren der Fall ist. Es gibt also diesen primären Unterschied zwischen den intelligenten Menschen und den Tieren, aber der zweite ist der zwischen Kleinkindern und Tieren, in Bezug auf den Erwerb von Wissen durch Sehen und durch Hören.

Dann gibt es noch eine weitere Schwierigkeit: Warum sollte eine Verbindung zwischen Dingen, die mit verschiedenen Sinnen wahrgenommen werden, hergestellt werden, aber nicht zwischen Dingen, die mit demselben Sinn wahrgenommen werden, und zwar umso mehr, als selbst Tiere den Übergang von Sinn zu Sinn zu vollziehen scheinen. Wenn sie Milch aus einiger Entfernung sehen oder durch den Geruch wahrnehmen, erinnern sie sich an ihre Süße und machen sich auf den Weg zu ihr, um sie zu genießen. Und hier liegt sicherlich die größte Schwierigkeit. Sie tun dies nicht, weil sie wissen, dass sie süß ist, sondern sie kehren (sozusagen) zu einer weißen Sache zurück, die ihnen früher Freude bereitet hat. Das wissen sie nicht, und sie können es auch nicht dauerhaft bemerken. Es geht darum, dass dieses weiße Ding süß ist, nicht darum, es in der Vorstellung zu erreichen, aber wie wir oben sagten, ist alles Wissen, das auch die Tiere haben, sei es äußerlich (wie es mit den fünf Sinnen verbunden ist), sei es innerlich, von Anziehung oder Vermeidung begleitet, in Bezug auf das Gefühl von Schmerz oder Vergnügen. Daraus folgt die Lösung der ersten und schwierigsten Frage: Wenn die Dinge, die wahrgenommen werden können, von der gleichen Art sind, wenn z.B. ein Papagei eine gehörte Stimme wiedergibt, ist weder Wissen noch Vorstellung nötig. Die Gewohnheit ist das Prinzip der Muskelbewegung.

Wir sagten, dass die Veranlagung nicht die Aneignung von Wissen ist. Es bleibt dabei, dass das Gedächtnis allein für die Lautbildung wesentlich ist. Es muss also damit gerechnet werden, dass diese Aneignung von Wissen ein doppelter Vorgang ist, und der Mensch kann beide gleichzeitig richtig gebrauchen (nachdem dies allen Menschen und keinem Tier zugestanden wurde, denn alle Menschen besitzen einen Verstand, aber kein Tier), und zwar wegen des Vorhandenseins der Doppelseele, die im Menschen vorhanden ist, nämlich des Verstandes und der sinntragenden Seele. Das macht uns klar, dass der Mensch vom frühesten Kindesalter an einen Verstand besitzt, weil er lernt.

Die Art und Weise, wie der Verstand entsteht, ist aus den schriftlichen Quellen leichter zu erkennen: aus der Empfindung entsteht das Sehen; aus dem Sehen entsteht die Kombination; aus einer Anzahl von Kombinationen entsteht das allgemeine Verständnis; aus dem allgemeinen Verständnis entsteht ein allgemeiner Satz; der Verstand entsteht aus einem allgemeinen Satz durch die Art der Kombination, die man Vernunft nennt und die an vierter Stelle steht, wenn eine Schlussfolgerung aus einer anderen gezogen wird. Daher gibt es kein Verständnis des Einfachen und keinen Verstand: aber so zu verstehen ist göttlich.

Bei einem Thema, das für manche Menschen sehr schwierig, aber für alle sehr nützlich ist, werde ich ein sehr einfaches Beispiel anführen. Zunächst sehen wir viele Tiere versammelt, und das geschieht, während sie mit Brandzeichen markiert werden, und wir erkennen dies. Aber die Kraft, die kombiniert, ist diejenige, die merkt, dass dies der Fall ist. Aus diesen drei gesammelten Funktionen fühlt das Tier den Satz, und das allgemeine Verständnis wurde durch das Gedächtnis wiederholt. Auch wenn es anrüchig ist, dies auf Lateinisch zu erwähnen, werde ich dies und jenes wegen ihrer offensichtlichen Nützlichkeit erwähnen, ebenso wie alles andere, was ein Tier wahrnimmt, und daraus wird wiederum ein allgemeiner Satz gemacht, und jedes Tier fühlt ihn. Und insofern bedarf es nicht der Eigenschaft eines Verstandes, sondern der sinnlichen Seele, insofern sie mit dem Verstand verbunden ist, daher fühlt das Tier, allgemein und dem Verstand eigen. Auch von diesen gibt es also sieben Sinnesstufen: das äußere Vorstellen, das Kombinieren, das Gedächtnis, das allgemeine Begreifen, den allgemeinen Satz und das eigentliche Allgemeine, das für den Verstand besonders ist. Und so scheint es, dass die Seele die Fähigkeit einer Amme hat, dass sie mit der allgemeinen Seele von allen verbunden ist und ihre Kräfte entsprechend gebraucht. So geht von dieser der sinntragende Verstand aus, und von ihm wiederum der Verstand des Sinnträgers. Die Seele der Welt wird gewissermaßen von allem unterstützt. Dies sind also die Ordnungen der Seelen, deren Spitze der Verstand ist.

Wahrlich, und abgesehen vom Wissen, werden alle anderen Neigungen verändert, der Körper selbst und damit auch das Leben, was auch aus dem Folgenden deutlich wird: Alle Sinne werden durch das eine oder andere erfreut und betrübt. Durch die Freude selbst werden die Geister nach außen getragen, und durch die Trauer ziehen sie sich nach innen zurück, und zwar schnell bei starken Emotionen, aber langsam und allmählich bei kleinen. Es ist offensichtlich, dass auch das Blut mit dem Geist mitgerissen wird. Wenn es nach außen getragen wird, wird es vergrößert, gekühlt und gestärkt, wenn die Kräfte stark sind. Wenn es zusammengezogen wird, wird es unterdrückt und verzehrt. Wenn die Hitze verstärkt wird, kommt es zu einem Gebräu, Schlaf wird gewonnen, die Verdauung arbeitet, Krankheiten werden geheilt; wie wir auch weiter unten erklären werden. Wird die Hitze jedoch reduziert, wird der Schlaf verhindert, die Verdauung wird beeinträchtigt, die Ausscheidungen werden zurückgehalten und Krankheiten entstehen.

Wir müssen uns also jetzt mit einigen Dispositionen der Seele befassen, damit wir andere in gleicher Weise angehen können. So sammelt sich bei der Angst sofort das Blut in den inneren Teilen. Daher zittert der Mensch, die Stimme verliert sich oder stockt, der Körper wird blass. Und wenn dies andauert und beträchtlich ist, kommt es zum Grauwerden der Haare. Bei manchen Menschen fallen die Haare aus, manchmal sogar die Nägel und mit dem sich im Innern sammelnden Blut geht der Mensch entweder zugrunde, oder mit dem Aufwallen des Phlegmas steht er in Todesgefahr: einige werden sogar plötzlich ausgelöscht.

In der Trauer kehrt die Hitze nicht plötzlich zurück, sondern nach und nach. Und so schwanken die Beine nicht, die Menschen sterben nicht plötzlich, aber sie wachen; es entsteht kein Gebräu, ihre Herzen ersticken: die Jungen gehen zugrunde. Die im fortgeschrittenen Alter neigen zu verdorbenen Körpersäften, schlechter Farbe und verschiedenen Krankheiten. Aus diesem Grund oder aus Furcht erzählt man sich die Geschichte von Meliboia, der Tochter von Amphion und Niobe: Nachdem ihre Mutter so mit der großen Zahl ihrer Kinder geprahlt hatte, töteten die Götter daraufhin alle bis auf eine Schwester und sie selbst, und sie wurde sie für immer blass. So wurde sie danach Chloris, die Bleiche, genannt. Der Zorn schüttet plötzlich äußerlich Hitze aus, aber vorher ist er so warm, dass er bei heißeren und trockeneren Temperamenten Fieber hervorruft. In allen diesen Fällen erwärmt sich der ganze Körper, sodass der Zorn denen nützt, in denen Schleim oder Traurigkeit reichlich vorhanden ist, oder der Körperbau verkümmert vor Angst.

Ein starkes Gefühl von **Glück** leitet reines Blut nach außen, sodass es bei den Starken regelmäßig Krankheiten heilt, bei den Schwachen aber tödlich ist, und ein Heilmittel gegen Zorn, mehr aber noch gegen Angst ist. Die **Hoffnung** aber ist das Gegenteil des Kummers, und wenn sie frei von Furcht ist, verteilt sie die natürliche Hitze allmählich. Daher ist von allen Seelenzuständen allein die Hoffnung für jeden von Nutzen. Sie erzeugt Verdauung und süße Träume und macht so auch den Körper gut gefärbt und übermäßig fett. Aber die Hoffnung ist der Freude sehr ähnlich und erlaubt keinen Schlaf. Jede starke Bewegung des Blutes vertreibt den Schlaf, denn der Schlaf ist die Ruhe der Geister und des Blutes. Die **Scham** besteht ja aus Hoffen und Bangen, und dementsprechend ebbt und fließt bei ihr das Blut in einer doppelten Bewegung, wie sie Jungen und Mädchen vertraut ist, und es errötet das Gesicht mit anziehender Kraft und wird nicht bedrängt, denn aus Angst bringt sie weniger Schaden, sondern eher Unmut.

Der **Hass** ist das Produkt der Hoffnung, aber auch der Traurigkeit, nicht der Angst. Neid ist eine schwächere Form des Hasses. Es ist also klar, welche Zustände des Körpers dem Hass und dem Neid entspringen. Da aber Liebe das Gegenteil von Groll ist, wird Freude mit Misstrauen betrachtet; Misstrauen ist das Gegenteil von Hoffnung, ich meine von beständiger Hoffnung, so wie Angst das Gegenteil von veränderlicher Hoffnung ist. Misstrauen ist ein wenig Angst, so wie Tapferkeit die größte Hoffnung ist. Sie unterscheidet sich von der Freude, denn in beiden gibt es eine ständige Hoffnung, aber in der Tapferkeit ist das Ergebnis ein Zwischenstand; in der Freude ist sie glücklich. Man sollte sich dies ins Gedächtnis rufen, damit man versteht, was dabei herauskommt. Das alles verändert den Körper so sehr, dass es in Verbindung mit melancholischem Saft eine Verzückung hervorruft: Wenn man sie verbrennt oder mit einem Rasiermesser schneidet, wird man feststellen, dass sie nichts spüren. Andere legen sich willig hin, als ob sie tot wären, wieder andere praktizieren Wahrsagerei, und unter den Unerfahrenen werden diese Dinge für große Wunder gehalten, obwohl Hippokrates sagt:

> Wenn die Zunge plötzlich unbeherrscht wird oder ein Teil des Körpers in Taubheit herabsinkt, ist dies melancholisch.

Aber Galen hat die Bedeutung dieses Satzes nicht verstanden und ist daher über die Worte des alten Meisters erstaunt.

Die Zustände der Seele verändern also die Körper, und Klänge verändern die Seele. Daher müssen Klänge auch die Körper verändern. Die größten aller Affekte sind Angst und Tapferkeit, und Klänge können diese erregen. Das zeigen die Trompeten, die spartanische Erfindung der Trommeln, die Hörner der Barbaren und das Geschrei der Römer. Zu Beginn einer Schlacht pflegten die Römer einen so großen Lärm zu machen, dass Josephus seinen jüdischen Soldaten befahl, sich die Ohren zuzuhalten, damit sie sich nicht erschreckten oder betäubt wurden. Es kommt oft vor, dass vorbeifliegende Vögel wegen dieses Lärms zu Boden fallen.

Man ist sich also einig, dass Klänge viel zur Stärkung beitragen, und auch zu anderen Zuständen der Seele. Heutzutage wird das Schreien durch das Dröhnen und den tödlichen Lärm von feurigen Maschinen ersetzt. Wie sehr die Körper von den seelischen Zuständen beeinflusst werden, zeigen diejenigen, die so konzentriert sind, dass sie weder sehen noch hören. Ihre Augen sind offen, ebenso ihre Ohren, aber sie können weder sehen noch hören. Aber sie können sich konzentrieren und fühlen folglich weniger, sodass sie zuweilen bei der Konzentration nicht einmal Schmerz empfinden. Der Körper muss von seelischen Zuständen betroffen sein, denn diese Menschen werden nicht körperlos. Aber der Verstand wird nicht verändert, es sei denn, dass er mit dem Denken und der Vorstellungskraft arbeiten muss, oder dass der ganze Mensch Freude am Verstehen hat. Der Verstand selbst ist vom Körper völlig getrennt.

Während ich dies schreibe, ist mein **Intellekt** das, was ihr durch das, was ich geschrieben habe, begreift: Medizin, während ich über medizinische Dinge spreche; Arithmetik, während ich über Zahlen schreibe, sodass ich, wie es jedem anderen passieren muss, der ein Autor verschiedener Werke gewesen ist, während ich über das, was ich geschrieben habe, nachdenke, dass ich mich von der Person, die ich jetzt bin, unterscheide. Aber mitten in seiner Tätigkeit kann der Mensch nicht erfassen oder wahrnehmen. Wenn also ein Mensch schläft oder noch ein Kind ist oder betrunken ist, versteht er, obwohl er untätig zu sein scheint, aber die Tätigkeit findet nicht mit dem statt, der er sonst ist. Denn wenn er zur Besinnung kommt, versteht er ohne Mühe wieder.

Es ist ein Hinweis darauf, dass wir zwar sehen, aber nicht wahrnehmen, dass wir sehen, es sei denn, wir achten darauf. Ein Sinn ruht in Abwesenheit eines Objekts, er ist einfach passiv. Aber die Seele ist aktiv, und wenn sie will, versteht sie sofort. Warum also hält sie an? Auch die Sinne nehmen schnell wahr, aber die Seele ist göttlicher, sodass sie keine Zeit braucht und zuverlässiger wahrnimmt. Sie ist frei von Materie. Erwärmung, Abkühlung und Durchdringung mit Gerüchen dagegen sind Ereignisse, die allmählich stattfinden.

Wenn wir etwas verstehen, merken wir dann immer, dass wir es tun? Ist das notwendig oder vielleicht unmöglich? Außer wenn wir wahrnehmen, was wir verstehen? Ein fast göttlicher Vorgang? Denn dann ist das Verstehen und das Verstandene dasselbe. Im Übrigen nehmen wir wahr, dass wir verstanden haben und verstehen werden, denn es ist nur eine gewisse Anzahl an Taten gleichzeitig möglich. Die Form des Intellekts ist also ewig, während du diese Dinge liest und darüber nachdenkst, bleiben sie bestehen und existieren, und die Formen und Arten der universellen Dinge sind für immer dieselben. So sind die Seelen besonders der Weisen unsterblich, und die Seele ist eine Art Flamme, oder nicht ohne sie, denn sie kann ohne Bewegung nicht bestehen. In einer Empfindung gibt es keine Veränderung, und dementsprechend vergeht sie, und selbst das, was wir fühlen, bleibt nicht gleich. Daher führen wir das Vorstellungsvermögen oder den Gebrauch unseres Verstandes nicht auf dieselbe Weise aus.

Das **Gedächtnis** ist sozusagen mehr dem Intellekt ähnlich. Es wird durch seine Ordnung unterstützt, denn was in Ordnung existiert, wird so leicht zusammengehalten, dass es wie eine Einheit aussieht. Es gibt eine doppelte Ordnung, die der Dinge und die der Worte: die eine schützt die andere, sodass sie ebenfalls doppelt ist. Das Gedächtnis, das aus Bildern von Dingen besteht, wurde vor langer Zeit von Cicero und Quintilian entdeckt und überliefert, durch die die Worte zusammengehalten werden. Und das Gedächtnis der Worte, durch das die Dinge und auch die Worte zusammengehalten werden; es besteht aus den Anfangssilben der Worte oder sogar aus den Anfängen der Worte, aus denen auch Worte und Gedichte gemacht werden. Von der gleichen Art ist das Gedächtnis, das in einer Kombination von Zahlen besteht. Es ist außerordentlich, wie viel jede Methode zu improvisierten Handlungen und Spielen beiträgt. Wir haben also den Lohn unserer so hübschen Erfindung geerntet, nämlich die Ansicht des Gedächtnisses, die uns am meisten geholfen hat, obwohl das Ganze auf einen Stein und auf diese Entdeckung zurückzuführen ist, was auch immer das Ganze ist, jenseits des passiven Gedächtnisses, das in uns gedeiht. Das aktive Gedächtnis, und vor allem beide Arten des künstlichen Gedächtnisses, wird besonders durch die Phantasie unterstützt. Und das künstliche Gedächtnis ist praktisch nichts anderes als die Übertragung von Dingen und Wörtern, je nach Rang und Vorstellungskraft. Dennoch bietet es so viel Vorteil (künstliches Gedächtnis von Wörtern und Zahlen), dass man hundert davon mit seiner Hilfe leichter wiederholen kann als zehn ohne. Die Fähigkeit zur Vernunft ist von allen menschlichen Tugenden die wichtigste und für den Menschen besonders, da er sterblich ist. Da er aber einen Verstand besitzt, pflegt er die Künste und Wissenschaften und einige technische Erfindungen, die nicht mit den Künsten verwandt sind, da es ihnen an Nützlichkeit fehlt oder sie von unbestimmter Art sind. Jede Kunst ist von einer bestimmten und nützlichen Art. Wir müssen uns nun den unbestimmten und nutzlosen Dingen zuwenden.

Buch XV: Über nutzlose Subtilitäten

Ein solcher Punkt ist folgender: Wenn man auf eine Platte schlägt, warum wird eine darunter liegende Platte nicht so stark zertrümmert, wie es beim Einschlagen von Keilen der Fall ist? Das liegt sicher daran, dass der Schlag auf die gesamte darunter liegende Platte verteilt wird, sodass weniger von ihr in einzelne Teile zerbricht und kein Teil gezwungen ist, nach unten zu wandern und einen anderen zurückzulassen: der Hauptansatzpunkt des Bruchs. Und wenn er in der Mitte liegt, wird der Schlag verteilt. Auch die Luft kann, wenn sie ohne Impuls ist, nicht gewaltsam in Richtung der zweiten Platte eindringen und sie daher auch nicht spalten.

Eine ähnliche Frage lautet: Warum zerbrechen Glasgefäße nicht, während sie noch glühend heiß geblasen werden, wenn sie durch ein Stück Holz getroffen werden? Da sich das Holz nicht erhitzt, zwingt es die Glasteile, sich zu vermischen. Weil das Holz sich nicht erhitzt und die Teile des Glases miteinander vermischt; aber es zerbricht, weil das feuchte Wasser nach dem Aufblasen umgedreht wird.

Und wahrhaft nutzlos ist das Spiel der sieben Ringe:[1] Eine dünne Eisenplatte, einen Finger breit, eine Handfläche lang, dünn und mit sieben abgerundeten Öffnungen darin, schmal und in gleichen Abständen der Länge nach angeordnet, nimmt sieben dünne, fast einen Zoll lange Stäbe auf, die unten beweglich sind und oben umgebogen werden, sodass sie geschlossene Ringe von der Größe eines Fingers halten. Die Stäbe selbst werden von dem nachfolgenden Ring unterhalb der Biegung gehalten. Folglich werden alle Ringe (außer dem ersten) durch den vorangehenden Ring daran gehindert, frei aus der vorderen Stange herauszuspringen. Alles ist aus Eisen, und es gibt ein kleines eisernes Schiffchen (wir zeigen hier am Rand eine Abbildung), das entsprechend der Größe der darunter liegenden Schicht lang und breit ist. Mit diesem Werkzeug wurde ein Spiel von wunderbarer Subtilität erfunden. Der erste und zweite Ring wird durch den leeren Raum A gesteckt, und dann das Schiffchen durch die gleichen Ringe. Danach wird der erste von ihnen durch den leeren Raum A geführt, worauf der dritte Ring wie die ersten beiden durch den leeren Mittelteil des

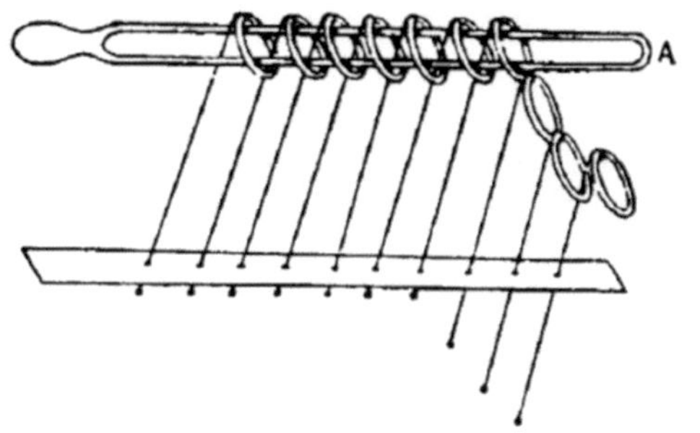

Bootes nach oben gezogen und in das Boot geschoben wird. Dann, wenn der erste nach oben gezogen ist, bewegen sich schon drei um das Boot herum. Man zieht die ersten beiden heraus, nachdem man das Boot zuerst herausgenommen hat; so bleibt im dritten nur das Boot verschlossen. Dann kann man einen vierten herüberziehen, sodass die ganze schwere Arbeit durch drei Anweisungen abgedeckt ist. Erstens, dass der hochzuziehende und abzulassende Ring nur einen vor sich haben soll, in dem das Boot eingeschlossen werden soll. Zweitens, dass man beim Herunterlassen immer die ersten beiden zusammen herunterlässt und einen

[1] Nach Forrester ist hier ein sehr schwieriges Rätselspiel namens »Patience Puzzle« gemeint.

hochzieht, oder beim Herunterlassen die ersten beiden hochzieht. Drittens: Je nachdem, welches hochgezogen oder heruntergelassen wird, müssen alle davor liegenden hochgezogen und wieder heruntergelassen werden. Die ersten beiden werden also durch keine anderen blockiert. Derjenige, den ich den ersten Ring nenne, ist derjenige, der in vierundsechzig Wechseln frei ist. Wenn die Operation fehlerfrei ist, ist das Boot in allen Ringen eingeschlossen und schließt alle Ruten in einunddreißig anderen ein, sodass es fünfundneunzig sind vom Ziel bis zum Durchgang des ersten oder des letzten, und die gleiche Anzahl zurück. So wird der Kreis in einhundertneunzig Umläufen vollendet. Dies ist an sich nicht von Nutzen, lässt sich aber auf die Verschlüsse von Truhen übertragen.

Das **Latrunculi-Spiel** hat eine ähnliche Subtilität, ist aber durch seine Vielfalt und seinen Wettbewerb noch angenehmer; so wie das Schiffchen eine sehr raffinierte Erfindung seiner Art ist, so ist es Latrunculi unter allen Spielen. Wir haben in der Vergangenheit vier Bücher über Spiele geschrieben.

Von der gleichen Art ist das Verfahren zur Identifizierung der erdachten Karte.[2] Jemand soll sie sich in seinem Kopf vorstellen, dann zeige sie ihm Detail für Detail. Wenn er genickt hat, markierst du das Papier heimlich mit dem Finger und mischst es sofort durch, dann zeigst du das gefundene Papier. Andere legen es vor eine Markierung und mischen es, und bevor es getrennt wird, schauen sie nach, trennen es dann oder überlassen es den Mitspielern. Sie werden oft durch andere Zahlen dividiert.

Unnütz ist auch jene Genauigkeit, die lehrt, dass alle Geschäfte zum Preis eines Viertels abgewickelt werden, selbst wenn die Sache Millionen wert ist. Nehmen wir zum Beispiel ein Pferd im Wert von zehnmal Hunderttausend, das Sie mir für diese Summe verkaufen wollen. Ich möchte zeigen, dass der Verkauf durch ein Viertel geteilt werden kann. Denn wenn ich fünfhunderttausend anbiete und du lehnst das ab, biete ich neunhunderttausend an, und wenn du das nicht annimmst, biete ich neunhundertfünfzigtausend an. Wenn du das ablehnst, biete ich neunhundertachtzigtausend an. Wenn Sie dies annehmen, biete ich neunhundertsiebzigtausend. Wenn Sie dies nicht annehmen, biete ich neunhundertfünfundsiebzigtausend. Wenn Sie das nicht annehmen, erhalten Sie zum Beispiel neunhundertachtundsiebzigtausend. Ich frage Sie, ob Sie tausend weniger akzeptieren werden? Dann fünfhundert? Am Ende kommen Sie auf hundert und fünfzig, dann auf zehn, dann auf einzelne Pfennige, dann auf halbe Pfennige. Am Ende kommen Sie auf zehntel Pfennige, bis der Verkauf durch einen zehntel Pfennig geteilt wird. Sie werden dies deutlicher sehen, wenn Sie die Fragen mit Erhöhungen von einzelnen auf zehntel Pfennigen stellen. Er wird gezwungen sein, in eine von zwei lächerlichen Münzen zu fallen, sodass er tatsächlich bei der Hinzufügung eines zehntel Pfennigs das verkaufen kann, was er vorher nicht verkaufen konnte, bevor der zehntel Pfennig hinzugefügt wurde, oder sich weigerte, um jeden Preis zu verkaufen. Und so nützt unsere schlaue Erfindung mit ihrer herausragenden Subtilität nichts, außer den Befragten in eine sophistische Fragerei zu verwickeln und zu ermüden. Aber in jeder Nahrung gibt es Abfall, und wo es Abfall gibt, gibt es immer Nahrung.

Eine dritte Art von nutzloser Spitzfindigkeit findet sich in den Büchern von Raimundus Lullus. Es ist ganz und gar lächerlich, eine vollständige Lehre weitergeben zu wollen, ohne sie zu kennen! Aber wie wir sehr sorgfältig bemerkt haben, ist die Entdeckung nicht ganz zu verachten. Es ist in der Tat möglich, die Gesamtheit einer Kunst wie der Medizin auf höchstens zwölf Bögen Papier zu vermitteln. So haben wir nicht nur die Medizin, sondern auch die

[2] »chartam excogitatam«.

gesamte Chirurgie und Pharmazie mit den Zeichen und Naturprinzipien sowie Beispielen auf sechsundzwanzig Bögen auf dieser Grundlage behandelt, mit dem Zusatz von Autoritäten und Demonstrationen, wo ich sie für notwendig erachtete. So wird dieses Buch erscheinen.

Aber jetzt sollen eine Methode gelehrt werden über die **Geheimnisse der Arithmetik**. Jede Kunst, die Dinge und nicht Meinungen umfasst, kann in zwanzig einfachen Regeln gefasst werden. Tatsächlich sind 1.048.375 Kombinationen aus den zwanzig vorgeschlagenen Begriffen möglich. Die vollständigste Grundlage für diese Zahl ist die folgende: Einheit 20. Für 19 das gleiche. Für 18 und 2 multipliziert man 40 mit 19, was 760 ergibt; teilt man durch 2, erhält man 380. Für 17 und 3 multipliziert man 18 mit 380 und dividiert durch 3; das ergibt 2280. Für 16 und 4 multiplizierst du 2280 mit 17 und teilst durch 4; das ergibt 9690. Für 15 und 5 multipliziere 9690 mit 16 und teile durch 5, und so multiplizierst du immer das Aggregat, gehst durch die größere vorangehende Zahl und teilst das Produkt durch die kleinere Zahl, dann kommst du in der Folge zu 10, die in der Mitte liegt. Da ihr eine Gleichheit fehlt, multipliziere das vorangehende Aggregat, das 335.920 ist, mit 11, auf einer allgemeinen Basis wird es 3.695.120. Teilt man durch 10, so erhält man 369.512. Da diese Zahl aber aus Gleichen besteht, nehmen wir nur den Mittelwert an, der 184.756 beträgt. Wenn alle zusammengezählt werden und die Einheit um der Regel willen hinzugefügt wird, die aus allen Gleichen gemacht ist, wird es, wie ich sagte, nach allen Regeln, 1.048.575. Da alle Bücher der mathematischen Kunst, die griechischen, die arabischen und die lateinischen, nicht einmal ein Zwanzigstel davon enthalten, ist man sich einig, dass die einfachsten Regeln entweder nicht die gleiche Anzahl haben, oder dass nicht alle Kombinationen erfüllt sind. Da also zwanzig Regeln sowie die Kombinationsmethoden auf zwei Bögen festgehalten werden können, wird die ganze Kunst festgehalten. So sind in den drei Bücher Galens über die *Schwierigkeit des Atmens* zwei Regeln enthalten (da er eine dritte ausgelassen hat). Was von der menschlichen Meinung abhängt, ist ausgenommen: Jurisprudenz, Grammatik, Geografie, Theologie, Rhetorik, Poesie, Geschichte, denn diese bestehen aus mehreren einfachen Regeln.

Das Verfassen von Büchern kann aus demselben Grund nutzlos verschwendete Mühe sein. Wenn man darin etwas von der ganzen Grundlage des Arguments nicht zeigen kann, würde alles völlig zusammenbrechen. Betrachte zum Beispiel jemanden, der den Ursprung und die Prinzipien der natürlichen Dinge aus den Orakeln der Sibylle und den zweideutigen und fabelhaften Autoritäten der Dichter erklären wollte und sich bemüht zu zeigen, was sie sind: Sie scheinen eine höchst verlockende Beschäftigung für die Sterblichen zu lehren, ich meine, die Zeit zu vertreiben. Und so ist es richtig, dass diese Art des Schreibens von Galen in seinen Büchern über die *Entscheidungen des Hippokrates und Platons* verurteilt und abgelehnt wird. Was könnte absurder, ja törichter sein, als bei Orakeln und Dichtern, deren Geist sich um nichts Geringeres drehte als um das, was sie aufschreiben würden, Zeugnis über ernste Themen und solche, die den zuverlässigsten Beweis erfordern, zu suchen? Und sie waren nur darauf aus, die Verszeile zu vervollständigen und das Gedicht erklingen zu lassen. Zur gleichen Klasse gehören die Theologen, die mit natürlichen Argumenten gegen die Philosophen streiten, und die Entdecker aller Irrlehren, und diejenigen, die von der Herstellung von Vorhersagen unter bestimmten Himmelszuständen sprechen, und diejenigen, die sich mit natürlicher Magie befassen, die von einer numerischen Grundlage abgeleitet ist, wie Agrippa der Unglückliche. Wie Aristoteles richtig sagte, können die Zahlen von Handlungen und Veränderungen keine Prinzipien sein.

In der Tat sollte das, was niedergeschrieben wird, drei Eigenschaften haben: einen unmittelbaren Nutzen, ein bestimmtes Ziel und eine unangreifbare Grundlage. Die Subtilität des Hrabanus sollte daher zu den unnützen Dingen gezählt werden – ein Werk von enormer Arbeit und überaus akribisch. Er befolgt gleichzeitig das Gesetz der Poesie und der Zahlen und erklärt dann das Bild der Zahlen in der Position der Buchstaben, einschließlich der Buchstaben in der Figur. Dann setzt er den Sinn und die Geschichte der Figuren zusammen, und mit diesen baut er auch seine Gedichte auf. Er erklärt die ganze Bedeutung der enthaltenen Figur durch eine ganze Reihe von Gedichten von neuem. So stellt er durch seine Kunst Kreuze, Bäume, Vögel und andere Dinge ohne Zahl dar, und das folgende ist ein Beispiel.

> O Baum, stark im Duft, mit weitem Blätterdach, aus dem im Frühling der höchste Reichtum in heiliger Ordnung strömt, ein reicher Garten, der an Blüten und Blättern seinesgleichen sucht in der Welt. Reich an tausendfacher Frucht, alle hohen Wälder an Majestät übertreffend, wenn große Ehre und Herrlichkeit euch alle fromm kleidet, wahre Ehre euch umgibt. Der glückliche Mann, der dort steht, sagt diese Dinge im Gebet. Der furchtbare Zorn des schwarzen Dämons verbietet es den Menschen, dies zu erkennen oder zum Lobpreis bewegt zu werden. O einziger Baum, der von Natur aus verschiedene Farben hat, der mit Tau glänzt, der von königlichem Purpur berührt wird, du existierst in ewiger Helligkeit, denn darauf stehen die aufgetürmten Gebäude, die fromm miteinander verbunden sind, und sind daraus entstanden …

Wie Sie sehen, wird dieses Gedicht von oben nach unten gelesen: »Die heilige Form des Kreuzes glänzt mit erhabenem Gewand«. Und wieder, während man von rechts nach links geht, dieser andere Punkt in der Anlage: »Große Ehre kleidet mich, ich freue mich, dies dem Volk zu sagen.« Plautus verwendete ein ähnliches Kunststück, indem er den Namen eines Stücks mit den Anfangsbuchstaben der Wörter schrieb, die am Anfang des Stücks stehen. Aber das war für einen Komö-

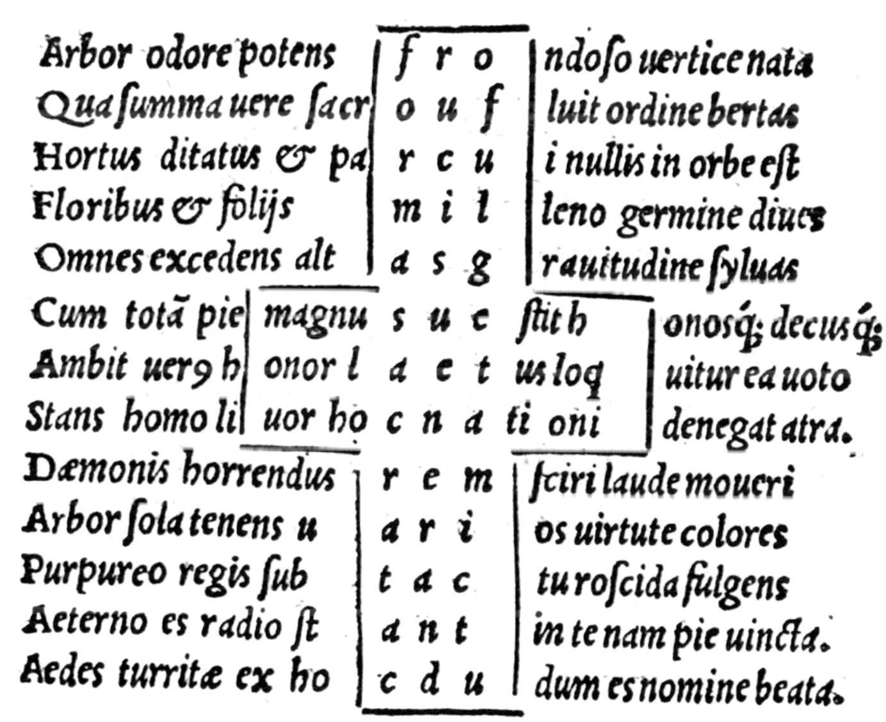

dienschreiber angemessener, als wenn er dieses Schema von vornherein ansetzte und sich ihm ganz widmete. Zum Beispiel Hugbaldus Gallus, ein Elvomensermönch vom Orden des heiligen Benedikt, der das Lob Karls des Kahlen, des Königs von Frankreich, in einhundertsechsunddreißig Gedichten verfasst hat, von denen die einzelnen Wörter den Buchstaben C als Anfang haben und deren Anfang lautet: Carmina clarisonae caluis cantate camoenae (»Singe, o Poesie, dem Kahlen klar klingende Lieder«). Ähnlich ist das Werk des Placentius Porcius, der in etwa dreihundert Zeilen, deren einzelne Worte mit dem Buchstaben P beginnen, die Schlacht der Schweine besingt: Plandite porcelli, porcorum pigra propago (»Klatscht, ihr Ferkel, ihr müßigen Sprösslinge der Schweine.«) Wenn damit irgendein Nutzen verbunden wäre, würde ich den Mann in den höchsten Tönen loben; aber jetzt können wir uns über seine Bemühungen genauso lustig machen, wie wir sein Talent bewundern.

Ein Zitat kann Freude bereiten, viele davon führen sicher zu Langeweile. Und dieses eine haben diese Dinge, die für die Menschheit nutzlos sind, mit Sicherheit gemeinsam. Sie ähneln fast der Kunstfertigkeit jenes Mannes, der mit einer Kichererbse werfen und jede beliebige Stelle treffen konnte; zur Belohnung erhielt er dafür von Alexander ein Maß Kichererbsen. Alexander war mehr von der sinnlosen Tätigkeit angewidert als von seinem Können beeindruckt. Ein ähnlicher, aber etwas nützlicherer Fall sind die vier *Geometrischen Bücher* des Proklos zu den *Elementen* des Euklid. Sie lehren eigentlich nichts Neues, sodass sie für die Kunst wenig bedeutsam sind. Da aber die Feinheiten vielfältig sind und nicht alle von einer Art, wie bei Hrabanus und Lullus, sollten sie nicht völlig verworfen und als nutzlos verachtet werden. Da es viele Beispiele für Subtilitäten gibt, wird auch die Kunst eine sein.

So entdeckten ich und Ludovico Ferrario mit einem ähnlichen Ziel wie Proklos, aber mehr mit jugendlichem Stolz als mit offensichtlicher Nützlichkeit, in wenigen Tagen die Art und Weise, wie alles, was Euklid bewiesen hatte, von uns perfekt gezeigt werden konnte, indem wir die Breite des Zirkels (in welcher Breite auch immer) veränderten, weg von der entgegengesetzten und vorgeschlagenen unveränderlichen Breite; mit Ausnahme der Einschreibung und der Umschreibung von Kreisen. Obwohl Ludovico diesen ganzen Beweis sehr gut gesetzt veröffentlicht hatte, wurde diese Arbeit um des Streites willen geschrieben, und ich bezweifle, dass sie überleben wird, da sie fast nichts anderes von Bedeutung enthält. Und wenn es einige bemerkenswerte Punkte gibt, so stehen sie für sich und sind nicht von derselben Art, sodass sie Materie erfordern. Daher halte ich es für der Mühe wert, dies hier noch einmal hinzuzufügen, um zu verhindern, dass eines Tages ein so seltener Fall von Subtilität untergeht. Aber wie? Mit kurzen Beweisen, für den Fall, dass diejenigen, die vor der Geometrie zurückschrecken, sich langweilen.

So wird zunächst der vierte Satz des ersten seiner *Elemente* so bewiesen, wie es Euklid getan hat, denn er bedarf keiner Unterstützung durch einen anderen, vorhergehenden Satz. Dann der fünfte Satz: So weit der Beweis geht, braucht er nur den vierten (den wir den ersten nennen werden, wie wir den fünften den zweiten nennen werden). Für die Verlängerung der Linien wird die Größe des uns vorgeschlagenen Kreises genügen, denn die Linien können beliebig weit gerade verlängert werden. Dann gibt es für uns noch ein drittes, das Euklid im ersten Buch seiner *Elemente* als achtes bezeichnet. Wenn man ein anderes Dreieck gegenüber auf die Basis legt und eine gerade Linie von Scheitelpunkt zu Scheitelpunkt zieht, so nimmt man an (wie auch Proclus im dritten Buch aus dem zweiten Satz zeigt), und aus der Meinung des allgemeinen Verstandes, dass die Dreiecke die obersten Winkel haben und die Seiten, die sie enthalten, gleich sind; so sind aus dem ersten Satz die Dreiecke gleich, und die Dreiecke können vertauscht werden, wie Euklid in seinem vierten Satz annimmt.

Unsere vierte wird die neunte von Euklid in seinem ersten Buch sein: das ist das Buch, das ich meine, bis ich ein anderes Buch nenne. Mit den Linien, die den Winkel enthalten, der in Bezug auf die vorher festgelegte Breite des Zirkels gleich gemacht wurde, werde ich also zwei Kreise mit der gegebenen Zirkelbreite zeichnen, mit Zentren an den Enden der Linien, die sich in einem vorwärts und rückwärts gerichteten Winkel schneiden, und mit Linien, die von den Zentren der Kreise zu diesem Schnittpunkt gezogen werden, und dann von Schnittpunkt zu Schnittpunkt von dem dritten dieser Kreise, und von der Definition eines Kreises ist der Satz sofort offensichtlich.

Wenn aber jemand so irregeleitet ist, dass er nicht akzeptiert, dass Kreise sich anderswo als in einem Winkel schneiden, dann werden wir, indem wir eine gerade Linie zwischen den Enden der Linien ziehen, die einen Winkel enthalten, Kreise an jedem Ende so oft wiederholen, bis sie sich schließlich entweder schneiden oder berühren. Mit dem zweiten und ersten dieser Sätze werden wir Erfolg haben, und mit dem dritten schließlich wird der fragliche Winkel durch eine gerade Linie, die vom Winkel zum gegenüberliegenden Schnittpunkt der Kreise gezogen wird, in zwei Teile geschnitten. Wir werden unsere fünfte zur zehnten von Euklid machen, da die Potenz und die Figur im vorhergehenden Beispiel gezeigt wurden.

Die sechste wird seine elfte sein; von beiden Richtungen aus, von einem bestimmten Punkt aus, werden wir das Maß der Breite des Kreises nehmen. Beide sind nach der fünften in zwei geteilt worden, und die Teile, die in dem Punkt vereinigt werden sollen, werden die Hälfte der Breite der Zirkel sein, und die Breite wird diejenige der beiden verbundenen sein; daher wird, wenn man die Enden dieser Linie als Zentren benutzt, wo die Kreise sich schneiden, eine Linie, die zu dem gegebenen Punkt gezogen wird, senkrecht von dem dritten von ihnen sein. So werden wir den dreizehnten, vierzehnten und fünfzehnten von Euklid als den siebten, achten und neunten von diesen aufstellen, da sie nun hier von keinen anderen als den bewiesenen abhängen.

Die Rolle des Dreizehnten

Der zehnte Satz lautet: Wenn zwei ungleiche Linien vorgeschlagen werden, die sich berühren, muss von der längeren eine Länge abgeschnitten werden, die der kürzeren entspricht. Dies ist ein Teil des dritten Satzes von Euklid; aber Euklid beweist ihn auch für nicht verbundene Linien. Um dies zu beweisen, soll der Winkel, den sie enthalten, durch eine unendliche Linie geteilt werden; später werde ich einen Kreis zeichnen, dessen Mittelpunkt auf das Ende der kürzeren Linie fällt, einen Kreis, der auf das Ende der kleineren Linie fällt, und er wird die größere Linie an der Stelle der Gleichheit mit der kleineren schneiden. Nachdem man dann die Dreiecke, deren Scheitelpunkte auf dem Verbindungspunkt der genannten Linien liegen, umgedreht hat, wird man die Kreise mit den Linien so schneiden lassen, dass die Basis, die sich in der Mitte teilt, allen gemeinsam ist, nach der Methode, die Euklid in seinem vierten Satz des ersten Buches der *Elemente* überliefert hat – es sei denn, die gegebenen Linien sind gleich geworden; dann ist der Teil gleich dem Ganzen, was unmöglich ist. Wenn du aber sagst, dass ein Kreis, dessen Mittelpunkt auf dem Ende der kleineren Linie liegt, die mittlere nicht erreicht, so lass diese Winkel nach dem vierten Satz in zwei Teile geteilt werden – oft genug, um sich zu berühren; dann wird mit der Wiederholung des Beweises der Satz wie zuvor stehen.

Nun, da wir die Dreiecke vertauschen, ist es nicht zulässig, dies zu tun, um irgendetwas zu konstruieren; es wäre fast gleichbedeutend mit dem Ziehen einer Linie parallel zu einem Kreis, aber nur in Theoremen, um den Beweis zu erreichen.

Der Teil des Ersten und Elften
Die elfte wird sein, ein gleichschenkliges Dreieck auf der gegebenen Linie anzulegen; wir werden es in zwei Teile teilen, wir werden eine Senkrechte vom Schnittpunkt gemäß der sechsten aufrichten, und der Satz ergibt sich gemäß der ersten, wenn das Dreieck fertig ist. Aus diesem und dem vorhergehenden, ohne Kreise, werden wir nach Euklids Methode seinen zweiten beweisen, der unser zwölfter sein wird. Daraus aber wird Euklids dritter Satz allgemein nach seiner Methode bewiesen werden, der der dreizehnte sein wird.

Die sechzehnte von Euklid und die fünf folgenden werden so bewiesen, wie sie von Euklid aufgestellt sind, und nehmen bei uns den Platz der vierzehnten und der fünf folgenden ein, da sie bis jetzt keine anderen von uns brauchen als die bereits bewiesenen. In ähnlicher Weise werden die sechsundzwanzigste und die vier folgenden an die Stelle unserer zwanzigsten und der vier unmittelbar folgenden treten. Unsere fünfundzwanzigste wird die dreiundzwanzigste bei Euklid sein, die folgendermaßen bewiesen wird: Ihr macht Linien, die einander gleich sind und einen Winkel entsprechend der gegebenen Breite des Zirkels enthalten. Wenn man dann eine gerade Linie darunter verlängert, wird sie um das Achtzehntel kleiner sein als beide Seiten des Dreiecks, das den gegebenen Winkel enthält. Wir werden also auf dieser Basis, beim Dreizehnten, eine gleiche Linie auf der Linie abschneiden, mit dieser gegebenen Ausstichstelle. Dann machen wir auf beiden Seiten wieder Endungen und zeichnen Kreise in den Zentren der abgeschnittenen Linie, die sich, wie gesagt, vom Achtzehnten abschneiden werden. Mit den Linien, die von der gemeinsamen Schnittlinie der Kreise bis zu den Enden der darunter liegenden Linie gezogen werden, wird nun klar, dass der Winkel auf dem gegebenen Punkt gleich dem Gegenstandswinkel ist. Dann werden wir die Sechste in der Position der Sechsundzwanzigsten sehr leicht aus der Dreizehnten durch einen Beweis zeigen, der ihren Widerspruch auf das Unmögliche reduziert. Aber ich möchte es durch einen echten Beweis zeigen: Also werde ich ein anderes Dreieck aus dem vorherigen bilden, mit einer Basis, die gleich der Basis ist, und Winkeln über seiner Basis, die gleich den Winkeln über der Basis des vorgeschlagenen Dreiecks sind. Wenn man dann Basis an Basis legt, wird man nach der allgemeinen Meinung des Verstandes zweimal feststellen, dass die Seiten gleich sind, wenn man sie andersherum legt.

Pars	*primae*
2	12
3	13
16	14
17	15
18	16
19	17
20	18
21	19
26	20
27	21
28	22
29	23
30	24
23	25
6	26
24	27

So wie Euklid die siebte aus seiner sechsten bewiesen hat, so wird die siebenundzwanzigste aus der vorhergehenden bewiesen. Die vierundzwanzigste und fünfundzwanzigste von Euklid folgen diesem, und die einunddreißigste von Euklid; aber seine erste wird von uns so an zweiunddreißigster Stelle bewiesen, indem wir ein gleichseitiges Dreieck in der Nähe der Zirkelbreite auf dieselbe Weise wie Euklid machen, aber an den Enden der gegebenen Linie, mit zwei Winkeln, die denen des Dreiecks vom fünfundzwanzigsten dieser Dreiecke gleich sind, und so wird es vom einunddreißigsten ein drittes zum dritten geben, aber vom zweiten dieser Dreiecke sind die Winkel des vorhergehenden Dreiecks gleich, und daher die des zweiten Dreiecks. Daher wird das zweite Dreieck, das auf der gegebenen Linie aufgestellt wird, ab dem sechsundzwanzigsten gleichseitig sein.

Die dreiunddreißigste wird die zwölfte des ersten der *Elemente* sein. Ich ziehe von dem gegebenen Punkt nach dem dreißigsten von diesen eine Parallele, und dann nach dem sechsten, das oben abgeleitet wurde, ziehe ich ein Lot von demselben Punkt, bis es von demselben Teil aus die gegebene Linie erreicht; wenn es auf sie trifft, wird es senkrecht liegen, vom dreiundzwanzigsten, obwohl das vorherige in einer geraden Linie liegt. Da nichts weiter geliefert wird als das, was bewiesen wurde, wird es uns danach möglich sein, bis zum letzten Satz des ersten Buches vorzudringen und nur den zweiundzwanzigsten zurückzulassen.

Das ganze zweite Buch folgt auf derselben Grundlage, nur mit Ausnahme des letzten Satzes. Auch die ersten sechzehn des dritten Buches und der erste Teil des einunddreißigsten Satzes desselben, den wir seinen vierunddreißigsten nennen werden; wenn eine Linie von der Mitte aus gezogen wird, so ist man nach dem zweiten dieser Sätze damit einverstanden, dass der obere Winkel gleich den beiden eingeschlossenen ist, die gleich über der Basis liegen. Und da diese drei gleich zwei rechten Winkeln sind, so muss man vom einunddreißigsten aus zustimmen, dass der obere, der in einem Halbkreis liegt, ein rechter Winkel sein muss. Wenn man dieselbe Methode anwendet, mit der sie hier bewiesen werden, kann man auch die übrigen Teile dieses Satzes beweisen. Da das gesamte fünfte Buch nicht von den anderen abhängt, lässt es sich auch leicht mit der Argumentation Euklids beweisen; dann die zwölf Eingangssätze des sechsten Buches der *Elemente*, da sie nur das brauchen, was bewiesen ist. Statt des fünfunddreißigsten soll nun der dreizehnte des sechsten Buches bewiesen werden; nachdem ich die Linien AC und CB nach dem dreizehnten gerade zu einem Punkt verbunden habe, werde ich AF nach dem sechsten zeichnen, das ich nach dem dreizehnten doppelt so breit wie den Zirkel mache, und nachdem ich BF gezeichnet habe, werde ich CE nach dem dreißigsten zeichnen, parallel zu BF, und werde CG gleich EF und CK gleich EA machen, nach dem dreizehnten.

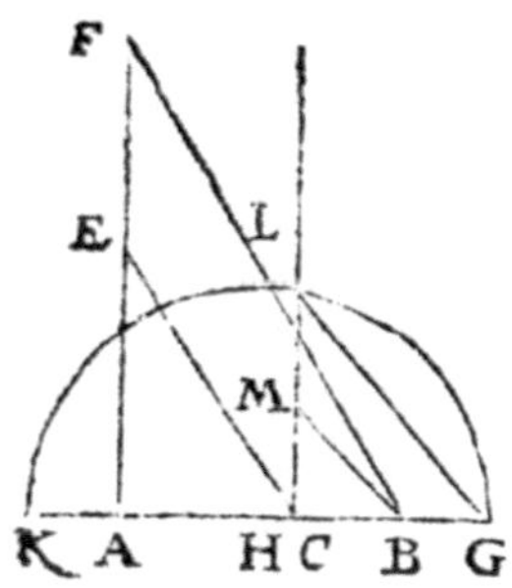

Da nach dem Vierten des Sechsten Buches der *Elemente* das Verhältnis AF:AB gleich AE:AC ist, so ist nach dem Neunzehnten des Fünften Buches der *Elemente* AE:AC gleich EF:CB, also KC:AC gleich CG:CB, nach dem Siebten desselben Fünften Buches der *Elemente;* und daher nach dem Vierzehnten desselben, wenn KC größer als AC, gleich oder kleiner ist, wird dementsprechend CG größer als, gleich oder kleiner als CB sein. Da also KG gleich AF ist, in der Mitte bei H geteilt, so wird nach der fünften ein Halbkreis von der vorgeschlagenen Größe beschrieben, weil AF nach der sechsten doppelt so breit war. Ich ziehe also ein Lot CM auf, und nachdem ich GL aus dem Querschnitt des Kreises gezogen habe, und zwar ein Lot, werden wir BM parallel dazu zeichnen, gemäß der Sechsunddreißigsten; so wird angenommen, dass CM proportional in der Mitte zwischen AC und CB liegt; denn wie bewiesen wurde, ist KC:CA gleich CG:CB; folglich ist KC:CG gleich AC:CB; aber ab dem vierten des sechsten Buches ist CG:CB gleich LC:CM, aber ab dem achten des sechsten Buches der *Elemente* und dem vierunddreißigsten davon sind KC und CG in einem mittleren Verhältnis, also ist auch CM in einem mittleren Verhältnis zu AC und CB. Daraus ergibt sich der letzte Satz des zweiten Buches der *Elemente,* der der sechsunddreißigste ist.

Auf die gleiche Weise werden wir durch Euklids Beweise alle Sätze des sechsten Buches der *Elemente* mit Ausnahme des letzten vervollständigen. Dann werden wir uns an das siebzehnte Buch der Elemente machen, das das siebenunddreißigste sein wird. Nachdem ich also eine gerade Linie durch den Mittelpunkt des Kreises gezogen habe, werde ich eine Mittellinie nach dem fünfunddreißigsten des Ganzen nehmen, die von einem Punkt aus genau auf den inneren Kreisumfang und den sich daran anschließenden äußeren Kreisumfang zuläuft, dann schließe ich das Dreieck über dem Ende der Linie, das ich gefunden habe, indem ich ein Lot nach der Länge des Radius des Kreises aufstelle, an das ich von dem angegebenen Punkt aus eine Tangente ziehe.

Wenn also eine senkrechte Linie vom Ende zu diesem enthaltenen Winkel oder zu dem ähnlichen gegenüberliegenden gezeichnet worden ist, mache ich gemäß dem fünfundzwanzigsten Satz einen gleichen Winkel in der Mitte zum gewählten Punkt, von dem aus eine gerade Linie, die zum Ende der Linie gezogen wird, die den Winkel bildet, tangential sein wird, ich meine, wenn sie den Kreis berührt. Denn nach dem sechsten Satz des zweiten Buches der *Elemente* und dem siebenundvierzigsten des ersten Buches ist eine Linie, die von einem Punkt zum Mittelpunkt führt, gleich einer Linie, die schließlich gezogen wird und direkt gegenüber liegt; nach dem ersten dieser Sätze ist der Winkel an der Basis, die an den Kreisumfang angrenzt, ein rechter Winkel, und nach dem sechzehnten des dritten Buches der *Elemente* ist die Linie, wenn sie verlängert wird, tangential.

Alle übrigen Teile des dritten Buches mit Ausnahme des vierzehnten und dreiunddreißigsten ergeben sich aus den bereits bewiesenen. Im vierundzwanzigsten Buch werden wir die Lage des Mittelpunktes beweisen, wie Euklid es getan hat; es ist nicht möglich, den Kreis zu vervollständigen, da dies nicht mit den Behauptungen übereinstimmt; dennoch werden wir es verwenden, weil es nur bei der Umschreibung von Kreisen oder beim Zeichnen von Kreisen ohne das Auffinden eines Mittelpunktes nötig ist, wie wir zeigen werden. Auch im dreiunddreißigsten Teil des dritten Buches werden wir so viele Winkel, wie wir wollen, über der gegebenen Linie vervollständigen, denn wenn ein Kreis darüber gezeichnet würde, würden sie alle innerhalb seines Umfangs liegen. Wir werden dies mithilfe des vierunddreißigsten vervollständigen, der ohne den dreiunddreißigsten in dem von dir gewählten Kreis bewiesen ist, dann vom fünfundzwanzigsten über der festgelegten Linie. Diese werden also für uns anstelle des achtunddreißigsten und neununddreißigsten stehen, so wie das letzte des sechsten Buches der *Elemente* für das vierzigste steht.

Später werden wir das erste des vierten Buches der *Elemente* beweisen, das unser einundvierzigstes sein wird. Aus dem zwölften des sechsten Buches der *Elemente*, einer Linie, die so festgelegt ist, dass sie die Breite des Zirkels hat, der bei A liegt, sodass sie den Radius des Kreises hat, in den eine Linie eingeschrieben werden soll, um eine Linie einzuschreiben, dann, wenn A in dem Kreis liegt, der mir zur Verfügung steht, vervollständige ich ein Dreieck mit zwei gleichen Seiten und einem Winkel in der Mitte des Kreises, der mir zur Verfügung steht, den eine Linie unterspannt, die gleich A ist, und ich mache es gemäß dem fünfundzwanzigsten in der Mitte des gewählten Kreises. Und so wird man aus dem einunddreißigsten von diesen übereinstimmen, dass Dreiecke ähnlich sind, wenn eine gerade Linie unter ihren Radien gezogen wird, also im Falle des Radius, der A gewährt wird, wie der des Radius, der sich auf die darunter gezogene Linie bezieht, aus dem vierten des sechsten Buches der *Elemente,* war es von der Art des Radius des Kreises, der sich auf die vorgeschlagene Linie bezieht, und so ist die darunter gezogene Linie gleich der vorgeschlagenen.

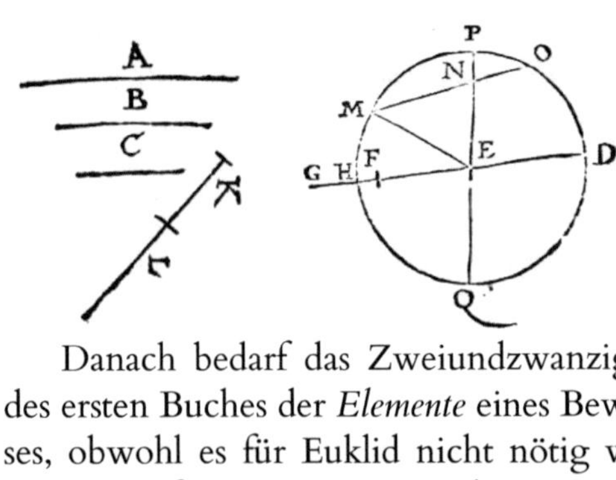

Danach bedarf das Zweiundzwanzigste des ersten Buches der *Elemente* eines Beweises, obwohl es für Euklid nicht nötig war, sondern er fügte es nur wegen des Zweiundzwanzigsten hinzu, das bereits oben bewiesen wurde. Es werden also drei Linien A, B,

C vorgeschlagen, unter einer an derselben Stelle hinzugefügten Bedingung, und ich nehme einen mir gewährten Kreis an, dessen Durchmesser DH und dessen Mittelpunkt E ist, und A sei größer als B, und B größer als C, und aus dem zwölften des sechsten Buches der *Elemente,* das bereits bewiesen ist, sei DE:EF gleich A:B, und EF:FG sei gleich B:C; und weil B und C als länger als A angenommen werden, so wird das ganze EG länger sein als ED, und so wird der Punkt G außerhalb des Kreises fallen; aus demselben zwölften des sechsten Buches der *Elemente* ist GF:FH gleich DF:K, und zu K sei auch L genommen, gleich GF; dann ist DF:K gleich L:FH. Da aber HF die kleinste der vier Mengen einer einzigen Proportion ist, wird DF die größte sein, und die ganze DH ist größer als die ganze K plus L, aus dem fünfundzwanzigsten des fünften Buches der *Elemente.* Daher werden wir vom vorhergehenden einundvierzigsten an K plus L in einen Kreis legen, wie es uns beliebt, sodass es MO sein kann, und vom dreizehnten an werde ich MN gleich L machen, und NO wird gleich K sein, und ich werde ENP vom Zentrum aus gerade gegenüber Q ausdehnen, und wieder vom selben Zentrum aus EM. Vom sechzehnten des sechsten Buches der *Elemente an* ist das Produkt von K und L, d.h. das Produkt von MN und NO, gleich dem Produkt von DF und FH, weil K und L in einem mittleren Verhältnis zwischen DF und FH standen; und vom fünfunddreißigsten des dritten Buches der *Elemente* an ist das Produkt von PN und NQ gleich dem Produkt von MN und NO; also ist von PN bis NQ so viel wie von DF bis FH. Da also PQ gleich DH ist, wird NP gleich FH sein, und EN gleich EF; EM ist gleich ED, und FG gleich L, und L gleich MN, also ist FG gleich MN, sodass das Dreieck EMN aus drei Linien besteht, die gleich DE, EF, FG sind, und aus dem Verhältnis A zu B zu C; dann nehmen wir an, dass es gleiche Winkel M und E über A gibt, aus dem fünfundzwanzigsten, und das Dreieck EMN wird ähnlich sein; daher aus dem vierten des sechsten Buches der *Elemente,* das Verhältnis von A zu den übrigen Seiten ist wie EM zu EN und EM zu MN, war aber dasselbe wie A zu B und A zu C; daher aus dem elften des fünften Buches der *Elemente* und dem neunten desselben, die Seiten B und C werden gleich sein, das war, was vorgeschlagen wurde.

Wenn diese zweiundvierzigste bewiesen ist, werden wir die dreiundvierzigste beweisen, die die zehnte des vierten Buches der *Elemente* sein wird. Angenommen, es gibt eine Linie AB, die ich (wie das elfte des zweiten Buches der *Elemente* zeigt) bei C teile, und durch den vorherigen Satz mache ich ein Dreieck auf AB, von dem eine Seite gleich AB ist, und angenommen, es gibt eine andere Seite AD, die gleich AC ist, und angenommen, es gibt eine Seite BD. Und da AC in einem mittleren Verhältnis zwischen AB und BC steht, wird es nach dem siebzehnten Buch des sechsten Buches auch gleich BD sein und in einem mittleren Verhältnis zwischen AB und BC stehen; wenn also die Linie DC gezogen wird, wird es ein Dreieck BAD und ein anderes Dreieck BDC mit einem gemeinsamen Winkel B geben, und mit den einschließenden Seiten in demselben Verhältnis wie die Seiten, nach dem sechsten Buch des sechsten Buches der *Elemente.* Daher ist BD gleich CD, und daher ist DC gleich CA, und aus dem zweiten dieser Sätze sind die Winkel CDA und A gleich, und aus dem einunddreißigsten ist DCB gleich beiden, und daher ist es doppelt im Verhältnis zu A.

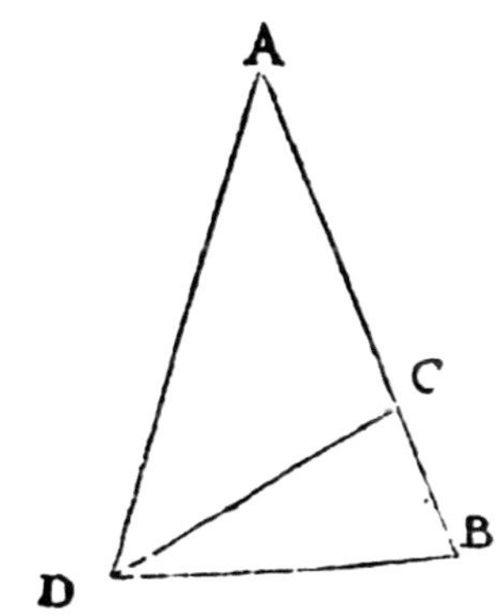

Aber durch die zweite von diesen ist DCB gleich B, und durch dieselbe ist B gleich ADB, also ist ADB ebenso wie B doppelt im Verhältnis zu A, was der Satz war.

Daraus geht hervor, dass alle Sätze des vierten Buches bewiesen sind, mit der Ausnahme, dass es nicht zulässig sein wird, einen Kreis zu umschreiben oder einzuschreiben, sondern nur einen Mittelpunkt zu finden und tatsächliche gleichseitige und gleichwinklige Figuren zu konstruieren, und die gesamte Lehre des Euklid ist nun bis zum Ende des sechsten oder neunten Buches abgedeckt worden.

Damit wir das Ende der übrigen Bücher erreichen, werden wir das vierundvierzigste beweisen, von einem beliebigen Punkt auf dem vorgeschlagenen Durchmesser ein Lot aufzurichten, um den Umfang eines Kreises zu berühren; durch das fünfunddreißigste werden wir ein Mittel im Verhältnis finden, und durch das sechste werden wir dieses Lot auf die vorgeschlagene Linie von dem gegebenen Punkt aus verlängern, und es wird den Umfang des Kreises berühren, dessen vorgeschlagene Linie der Durchmesser ist, aus dem Beweis des dreizehnten des sechsten Buches der *Elemente*, den Euklid anwendet. Und wenn wir den fünfundvierzigsten Beweis erbringen wollen (der so lautet: auf einer gegebenen Linie ein Dreieck aufstellen, das oben einen rechten Winkel hat und von diesem Winkel auf die gegebene Linie herabschaut, wobei eine Seite des Dreiecks aus der zugewiesenen Linie besteht, die kleiner ist als die erste), so werden wir den uns bereits zugestandenen Kreis abstecken und mit dem aus dem zwölften des sechsten Buches abgeleiteten Durchmesser unten eine Linie verbinden, zu der der Durchmesser dasselbe Verhältnis haben soll, wie die erste Linie zu jener Seite hat. Diese Linie wird also kleiner sein als der Durchmesser des gewährten Kreises, sodass wir sie ab dem einundvierzigsten innerhalb des Kreises platzieren und das Dreieck ausfüllen werden. Von der fünfundzwanzigsten aus werden wir also einen Winkel über der ersten Linie an ihrem Ende machen, und von der dreizehnten aus werden wir diese Linie gleich der zugewiesenen zweiten Linie verlängern; folglich wird das Dreieck von der sechsten des sechsten Buches der *Elemente* aus, wenn es vollendet ist, wie das erste und rechtwinklig sein. Wenn dies gefunden worden ist, werden wir das Ende von allem, was Euklid geschrieben hat, sowie von dem, was Hypsikles der Alexandriner hinzugefügt hat, ohne irgendein Hindernis erreichen. Aber diese (wie sie hier stehen) und ähnliche Entdeckungen wurden gemacht, um das eigene Talent zu zeigen, und waren praktisch nutzlos.

Buch XVI: Über die Wissenschaften

Die Eigenschaften der sechzig Figuren, die ich hier einfügen möchte, sind nicht ohne Nutzen. Ein Kreis entsteht durch die Bewegung eines unbeweglichen Gegenstands, der an seinem anderen Ende befestigt ist, ebenso wie eine gerade Linie durch die Bewegung einer Ebene, die an derselben Stelle bleibt, wie im Falle eines Rades auf einem ebenen Untergrund. Sie entstehen auch durch gerade Ausdehnung. Daraus ist ersichtlich, dass ein gerades Ding in der Technik vor einem kreisförmigen kommt, ein kreisförmiges aber von Natur aus vorgeht. Das sind die Enden und damit das Gegenteil eines Kreises, und er ist ein viel kleinerer Kreis. Alle anderen Linien liegen zwischen der geraden und der kreisförmigen und sind sozusagen zusammengesetzt zwischen diesen. Die Basis des Kreises und der geraden Formen ist also bestimmt, die der anderen aber unbestimmt, es sei denn, dass die eine von der Erzeugung der anderen abhängt, wie die Fläche eines Kegels von der Geraden und die einer Parabel von der eines Kegels. Von Flächen sagt man, dass keine Fläche außer einer kreisförmigen erzeugt wird, und schon gar nicht eine der geradlinigen Körper. Sie werden geradlinig, sie werden nicht so erzeugt; das einfachste ist das, was gerundet ist, wie die Kugel unter den Körpern und der Kreis unter den Flächen. Der Kreis hat zwölf Eigenschaften. In dieser ersten Eigenschaft bilden die Linien, die sich schneiden, Teile, die im gleichen Verhältnis stehen. Und der Winkel, der in ihrem Schnittpunkt enthalten ist, mit den Winkeln, die im Umfang über jedem Bogen gleichmäßig eingeschlossen sind, ist gleich. Das darin eingeschriebene Viereck hat immer zwei gegenüberliegende Winkel, die gleich zwei rechten Winkeln sind.

Und zwei Rechtecke desselben, die aus gegenüberliegenden Seiten bestehen, werden ebenfalls als gleich dem Rechteck der Durchmesser des Vierecks angenommen. Die beiden gegenüberliegenden Seiten eines in einen Kreis eingeschriebenen Vierecks sind gleich den beiden übrigen gegenüberliegenden Seiten. Es ist in der Tat die umfangreichste aller Figuren in Bezug auf ihren Umfang. Und alle Figuren, die sich in ihm befinden, sind die geräumigsten von denen, die in denselben Seiten gehalten werden können; die Figuren in diesem Viereck sind auch gleichwinklig. Es hat einen Punkt in seiner Mitte, von dem aus alle Linien, die sich auf den Umfang erstrecken, gleich sind. Legt man einen Punkt außerhalb des Kreises fest, so ergeben so viele Linien, wie auf den gegenüberliegenden Teil des Kreises gezogen werden, wenn sie auf den äußeren Teil gezogen werden, ein Rechteck, das dem Quadrat der Tangente von demselben Punkt aus entspricht. Wird aber ein Durchmesser um einen beliebigen Betrag nach außen verlängert, aber in der Mitte von einem anderen Durchmesser rechtwinklig geschnitten, so wird, wenn man von seinem Ende aus ein Viertel des Umfangs in ebenso viele gleiche Teile teilt, durch den letzten von diesen eine Gerade zu demjenigen gezogen, der nahe außen rechtwinklig zum Durchmesser liegt. Diese wird an den Durchmesser angrenzen und gleich allen Geraden sein, die vom Umfang der Teilungen mit senkrecht auf den darunter liegenden Durchmesser gezogenen Punkten bis zum gegenüberliegenden Teil des Umfangs gezogen werden. Alle diese Geraden sind, wie ersichtlich, parallel zum äußeren Durchmesser gezogen. Zieht man aber von demselben Ende des Durchmessers aus eine beliebige Anzahl von Linien, entweder nach innen oder nach außen, einige von ihnen nach außen in die angrenzende Fläche, einige nach innen in einen anderen Teil des Umfangs, so sind die Rechtecke in den äußeren Flächen von der Gesamtheit der Linie in den durchschnittenen Teil des Kreisumfangs und in den inneren Flächen von der Gesamtheit in den durch den verbleibenden Durchmesser durchschnittenen Teil, die an den Geraden liegen, wenn ein Kreis in das Quadrat eingeschrieben ist, immer gleich. Diese Eigenschaften sind dem Kreis, der Hyperbel und der Ellipse gemeinsam.

Ein Lot, das von der Tangente auf einen Durchmesser gezogen wird, der direkt auf den Punkt zuläuft, von dem aus die Tangente gezogen wird, teilt die Teile des Durchmessers in demselben Verhältnis, das die ganze Linie von dem Punkt, von dem aus die Tangente auf ihrem Weg zum Mittelpunkt des Kreises verlängert wird, bis zum anderen Teil des Umfangs zum äußeren Teil besitzt. Der halbe Durchmesser steht auch in einem mittleren Verhältnis zwischen der Linie, die vom Mittelpunkt zum äußeren Punkt verläuft, und derjenigen, die vom Mittelpunkt zu der Stelle verläuft, an der ein Lot vom Ort der Tangente über denselben Durchmesser fällt. Wenn zwei Tangenten von den Enden eines Durchmessers, von denselben Punkten durch denselben Punkt des Umfangs gegenseitig zu einer anderen Tangente gezogen werden, wird es der Fall sein, dass unterhalb der Teile der Tangenten, die durch diese letzten Linien begrenzt werden, ein Rechteck enthalten ist, das dem Quadrat auf dem Durchmesser entspricht.

Wenn ein Halbkreis mit festem Durchmesser so lange gedreht wird, bis er an seinen Platz zurückkehrt, entsteht ein Körper, der als Kugel bezeichnet wird. Ist der Teil aber kleiner als ein Halbkreis, entsteht ein eiförmiger Körper, der Oval genannt wird. Was aus einem größeren Teil entsteht, hat keinen Namen. Wird aber ein rechtwinkliges Viereck gedreht, entsteht ein Zylinder, den man Säule nennen kann.

Dreht man jedoch ein rechtwinkliges Dreieck auf die gleiche Weise, wobei eine der Seiten, die den rechten Winkel enthalten, fixiert und die andere auf einer Ebene verlängert wird, entsteht ein rechter Kegel oder eine Pyramide. Es gibt drei Arten davon, entsprechend der gleichen Anzahl von Unterscheidungsmerkmalen der Seiten, die den rechten Winkel enthalten. Sind die Seiten gleich, entsteht ein rechtwinkliger rechter Kegel. Ist es die größere Seite, die fixiert ist, entsteht ein spitzer rechter Kegel. Wenn aber die größere Seite gedreht wird, entsteht ein stumpfer rechter Kegel. Ich nenne einen Kegel einen rechten, um ihn von denen zu unterscheiden, deren Spitze gekippt ist und deren Basis kein Kreis ist. Um es gleich vorwegzunehmen: Die gesamte Basis eines rechten Kegels ist ein Kreis, wenn sie auf einer Ebene ruht, egal ob sie stumpf, rechtwinklig oder spitz (oder oxygonius) ist. Der oberste Punkt eines Kegels wird Scheitelpunkt genannt. Eine Linie, die vom Scheitelpunkt zum Mittelpunkt der Basis gezogen wird, nennt man die Kegelachse. Wird ein Kegel auf seiner Achse durch eine ebene Fläche oder (kürzer) durch eine Ebene geteilt, so ist der Umriss, der sich aus der im Kegel enthaltenen Ebene ergibt, immer ein gleichschenkliges Dreieck, das durch die Achse des Kegels immer gleichmäßig in zwei Dreiecke geteilt wird. Jedes dieser Dreiecke ist rechtwinklig, gleichseitig und gleich und gleichwinklig zu dem Dreieck, aus dem der Kegel gebildet wird.

In der ersten Figur sei also ein rechtwinkliges Dreieck ADC, und durch seine Drehung entstehe ein rechter Kegel ABC, dessen Basis der Kreis BECF sei, von dessen Mittelpunkt aus eine Linie DA, die die feste Seite des Dreiecks sei, die Kegelachse genannt werde, und dessen oberes Ende ein Punkt A sei, der Scheitelpunkt des Kegels.

Wenn nun eine Ebene den Kegel auf der Achse AD teilt, wird der Teil der Ebene

ABC, der sich innerhalb des Kegels befindet, ein gleichschenkliges Dreieck ABC sein, das den Kegel eindeutig gleichmäßig teilt. Und es ist klar, dass das Dreieck durch die Achse AD des Kegels in zwei rechtwinklige Dreiecke ADB und ACD geteilt wird, von denen jedes gleich und gleichseitig ist, und gleichwinklig mit dem ursprünglichen Dreieck ADC, dessen Drehung den Kegel bildete. Wenn also die Seite AD gleich der Seite DC ist, spricht man von einem rechtwinkligen rechten Kegel, wenn AD größer als DC ist, von einem spitzen rechten Kegel, und wenn AD kleiner als DC ist, von einem stumpfen rechten Kegel. Doch diese Einteilung ist fast überflüssig, denn egal wie man sie nennt, sie sind jedem Kegel gemeinsam, solange es sich um einen rechten Kegel handelt – egal ob er rechtwinklig, spitz oder stumpf ist.

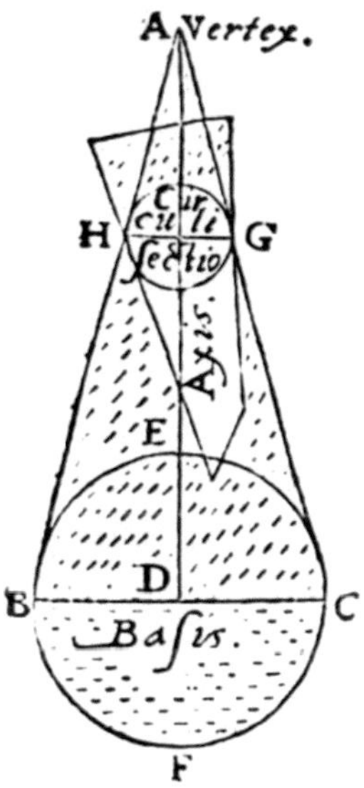

Da also ein rechter Kegel (von nun an wird es genügen, ihn der Kürze halber nur Kegel zu nennen, da ich mit »rechter Kegel« nur einen Kegel meine) durch eine Ebene geteilt wird, die im rechten Winkel auf dem Dreieck ABC steht, sodass sie durch einen Punkt außerhalb des Scheitelpunktes verläuft, sagen wir G; dann ist entweder die Achse oder der Durchmesser der Figur, die im Kegel eingeschlossen ist, parallel zur Basis und schneidet beide Seiten des Dreiecks, und dann muss diese Figur ein Kreis sein, wie der Kreis GH in der ersten Abbildung. Ich habe in der ersten Abbildung sowohl »Basis« als auch »Fläche, die vollständige Kreise schneidet« geschrieben, damit Sie sie erkennen können. In den anderen späteren Abbildungen sind die Kreise jedoch zu lang, um sie im Verhältnis zu ihrer Breite abzubilden, sodass der Kegel und die von einer Ebene auf das Bild eines Körpers übertragenen Schnitte besser dargestellt werden können.

Wenn aber diese Ebene, die durch G geht und senkrecht auf dem Dreieck steht, da sie den Kegel in zwei Richtungen schneidet (das ist notwendig), auch die beiden Seiten des Dreiecks ABC schneidet, und der Durchmesser dieser Figur nicht parallel zur Basis des Kegels sein soll, sondern (sozusagen) gekippt wird, entsteht eine zweite Figur, die Ellipse genannt wird. Nehmen wir an, es gäbe einen Kegel ABCE, dessen Dreieck durch die Achse ABC läuft, und ebenso einen Punkt auf der Oberfläche des Kegels und auf einer Seite des Dreiecks hinter dem Scheitelpunkt, den ich immer G nenne; ebenso soll eine Ebene durch den Punkt G, die senkrecht auf dem Dreieck ABC steht und den Kegel in zwei Teile teilt, immer K genannt werden. Wenn also GH, das im Kegel eingeschlossen und Teil der Ebene K ist, eine Achse GH hat, wie in der zweiten Figur, die die beiden Seiten AB und AC teilt, aber nicht parallel zur Ebene der Basis BCE ist, sondern entweder darüber oder darunter gekippt ist, so soll diese Figur eine Ellipse (d.h. »Defekt«) genannt werden, weil sie nicht unendlich ausgedehnt werden kann wie die beiden folgenden Figuren.

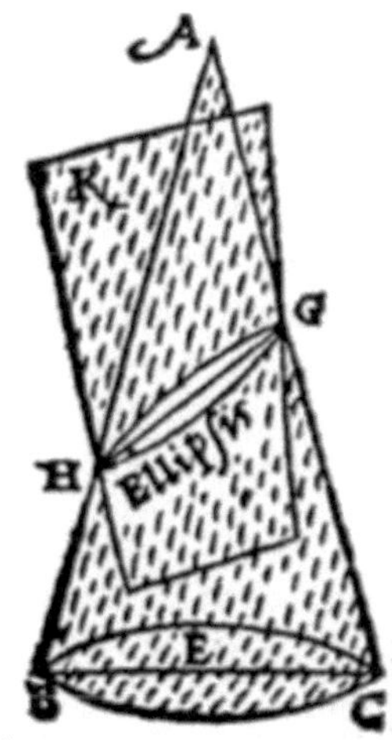

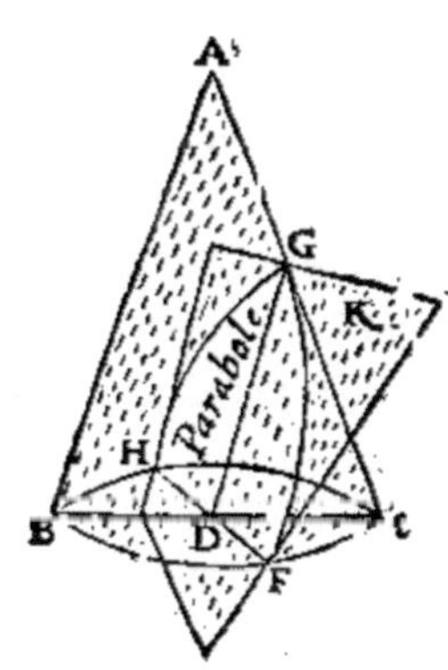

Und wenn man eine Figur auf einer Ebene K macht, die durch den Punkt G gezogen wird und den Kegel schneidet, und die Achse der Figur parallel zur dritten Seite ist, wird diese Figur eine Parabel genannt. Wie bei der dritten Figur, bei der die Ebene den Kegel teilt, soll die im Kegel eingeschlossene Figur (die GHDE ist) eine Achse G haben, die parallel zu AB, der dritten Seite des Dreiecks, verläuft, und dann wird diese Figur eine Parabel genannt, d. h. »außerhalb der Region«, denn wie sehr sie auch mit dem Kegel selbst verlängert wird, sie liegt immer außerhalb der Region der anderen Seite. Da also die beiden vorhergehenden Figuren beide Seiten des Dreiecks ABC schneiden, schneiden diese und die nächste nicht die gegen

überliegende Seite AB, wie man sieht. Wenn also eine Ebene, die senkrecht auf dem Dreieck AEC steht (wie ich es immer verstanden wissen will, auch dass sie durch einen Punkt außerhalb des Scheitelpunktes geht), die gegenüberliegende Seite beim Schneiden des Kegels nicht geschnitten hat, und dennoch nicht parallel zur Achse ist, die im Kegel eingeschlossen ist, (so wäre sie eine Parabel) und nicht die gegenüberliegende Seite innerhalb des Kegels schneidet, wie ich sagte, weil es eine Ellipse wäre, wie erwähnt, sondern die gegenüberliegende Seite außerhalb des Kegels schneidet, dann kann sie als Hyperbel bezeichnet werden, d.h. als Exzess, weil der von der Achse der Figur und der Seite des Dreiecks eingeschlossene Winkel bei einer Hyperbel größer ist als bei einer Parabel.

Es sei also eine Ebene, die den Kegel in zwei Richtungen schneidet und im Lot auf dem Dreieck ABC steht, und es sei eine Figur GHF, wie in der vierten Beschreibung, und ein Durchmesser dieser Figur GD; sie schneide die Seite AB nicht innerhalb des Kegels, noch sei sie parallel zu ihr, sondern sie sei verlängert, um sie außerhalb des Kegels bei E zu treffen, was notwendig ist, da sie nicht parallel zu ihr ist, noch trifft sie sie innerhalb des Kegels: dann wird diese Figur eine Hyperbel genannt, weil der Winkel AGD in ihr größer ist als in einer Parabel. Daraus geht hervor, dass in einem Kegel durch die Vervollständigung einer Ebene, die senkrecht auf dem Dreieck steht, den Kegel entlang seiner Achse teilt und durch den gegebenen Punkt hinter der Spitze verläuft, vier Figuren entstehen: ein Kreis, eine Ellipse, eine Parabel und eine Hyperbel; und aus einem einzigen Kegel lassen sich keine weiteren Arten finden; es gibt eine fünfte mit einer Ebene, die zwei gleichwinklige Kegel teilt, die sich im Scheitelpunkt gegenüberliegen (Sie haben eine Illustration in der fünften Figur), und dann muss es zwei Hyperbeln geben; Apollonius nannte diese beiden »gegenüberliegend«, als ob es zwei Kegel gäbe,

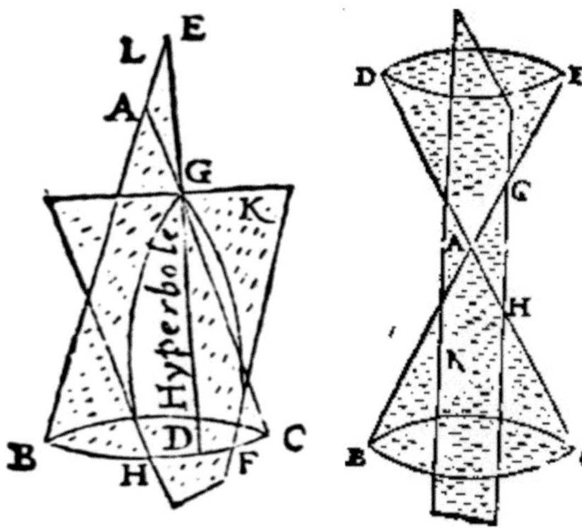

die miteinander verbunden sind, ABC und ADE, ebenso sind die Linien BAE und CAD gerade, und es gibt Dreiecke durch dieselbe Achse in derselben Ebene, ABC und ADE, und Punkte hinter dem Scheitelpunkt, die in dem einen Fall als G und in dem anderen als H bezeichnet werden, und eine Ebene K, die durch beide Punkte senkrecht auf beide Dreiecke gezogen wird, und es ist klar, dass sie zwei Hyperbeln bildet, weil die Achsen der Figuren die gegenüberliegende Seite außerhalb des Dreiecks treffen. Da sie in beiden Ebenen so sind, d.h. die der beiden Dreiecke und K, werden diese Figuren beide Hyperbeln sein, und Apollonius nennt sie »entgegengesetzt.«

Daraus geht hervor, dass alle diese Figuren darin übereinstimmen, dass sie auf zweierlei Weise aus einem Kegelschnitt oder aus Kegeln entstehen: durch eine Ebene, die senkrecht auf die Oberfläche von Dreiecken aufgerichtet wird, sodass sie nicht durch die Spitze des Kegels geht; und weil die Seiten ihrer Oberflächen schräge Linien sind; und weil es nicht mehr als diese fünf geben kann. Alle diese fünf haben gemeinsam, dass, wenn zwei Linien, die sie direkt berühren, sich zu einer vereinigt haben und eine gerade Linie vom Ort ihres Zusammentreffens zum gegenüberliegenden Teil der Figur oder zum »gegenüberliegenden« Teil gezogen wurde, das Verhältnis der ganzen Linie zu ihrem außerhalb der Schrägen liegenden Teil so ist wie das der Teile innerhalb der Schrägen zu der Linie, die die Berührungspunkte der abgeschlossenen Linien verbindet.

Da also (wie gesagt) die dritte Seite des Dreiecks, die den Kegel in der Kegelachse teilt, bei ihrer Verlängerung auf die Achse der Hyperbel außerhalb des Kegels treffen muss, wird der Teil der Hyperbelachse zwischen dem Scheitelpunkt der Hyperbel und dem Schnittpunkt des Dreiecks mit der gegenüberliegenden Seite »Versa« genannt, und der Punkt in der Mitte des »Versa« ist der Mittelpunkt der Hyperbel. Und in der vierten Abbildung haben wir ein Beispiel: A wird als »Versa« bezeichnet, und L ist der Mittelpunkt der Hyperbel.

Es gibt drei hervorstechende Eigenschaften einer Hyperbel, von denen die erste darin besteht, dass, wenn in jedem Teil ihres Umfangs zwei Punkte genommen werden, von denen aus zwei gerade Linien zu den Asymptoten verlängert werden, die sich nicht berühren und parallel zueinander sind, die Rechtecke, die von den Linien, die von unten kommen, und von ähnlichen Paaren, die von anderen Punkten aus gezogen werden, enthalten sind, einander gleich sind. Die zweite Eigenschaft besteht darin, dass es möglich ist, zwei Linien in derselben Ebene zu finden, von denen die eine gerade ist und die andere eine Seite einer Hyperbel, und sie werden sich immer wieder annähern, aber niemals berühren. Die dritte Eigenschaft hängt von der zweiten ab, dass es leicht sein wird, zwei Linien zu finden, die sich in derselben Ebene immer weiter annähern werden, und selbst wenn sie ins Unendliche verlängert würden, werden sie sich nie näher als zum Beispiel tausend Schritte sein. Wenn die zweite Eigenschaft bewiesen ist und man eine Linie parallel zu der geraden Linie nimmt, die ihr in tausend Schritten Entfernung gegenüberliegt, wird das Gesagte offensichtlich sein. Wir werden also die zweite Eigenschaft beweisen, und obwohl sie von Apollonius bewiesen wird, möchte ich dennoch den Beweis von Rabbi Moyses von Narbonne, der in einem Buch mit dem Titel *Directio dubitantium* den Ausspruch des ägyptischen Rabbi Moses Maimonides erläutert, der lautete:

»Es gibt Dinge, die man verstehen kann,
aber die man sich nicht vorstellen kann.«

Daraus folgert er, dass sich der Intellekt von der Vorstellungskraft nicht nur durch seine Neuartigkeit, sondern auch durch seine Leichtigkeit und Schönheit unterscheidet.

Es sei also ein Kegel ABCD; nun verstehe ich, dass es kein Dreieck gibt, das ihn schneidet. Aber mit ABD meine ich die konvexe Fläche des Kegels, in der ich AC vom Scheitelpunkt zur Basis verlängere. Und sei K eine ebene Fläche, die den Kegel in der Geraden AC berührt; diese Fläche sei so zu verstehen, dass sie sich zusammen mit der Oberfläche des Kegels ins Unendliche erstreckt. Ich behaupte zunächst, dass diese ebene Fläche die Oberfläche des Kegels nirgendwo anders als auf der Geraden AC berühren kann; wenn dies möglich ist, soll sie sie bei G berühren, und ich zeichne einen Kreis durch G parallel zur Basis BCD; da also der Kreis in einer einzigen Fläche liegt, werden die Berührungspunkte der Ebene K und des Kreisumfangs auf einer Geraden liegen, so im elften Buch der *Elemente* von Euklid. Da diese Gerade den Kreisumfang bereits in der Linie AC berührt, wird sie nach dem, was Euklid im dritten Buch der *Elemente* bewiesen hat, außerhalb des Kreisumfangs VXG liegen und somit den Kegel im Punkt G nicht berühren.

Ich nehme also eine Gerade EF an, die parallel zu AC in der Fläche K verläuft und so nahe an der Geraden AC liegt, dass die Fläche H, die senkrecht zur Fläche K gezogen wird, den Kegel und seine Fläche in Punkten, nennen wir sie S und Gm schneidet. Aus dem Gesagten ergibt sich, dass der Teil der Fläche, der von H durch den Kegel eingeschlossen wird, eine Hyperbel ist, und die Linie GS, die in der Fläche des Kegels liegt, ist die Seite der Hyperbel. Man ist sich nun einig, dass die Seite GS der Hyperbel in derselben Fläche liegt wie die Linie EF, d.h. in der Fläche H; und dass, da diese beiden Linien in derselben Ebene H liegen, sie sich niemals berühren; wenn doch, so könnten sie sich z.B. auf der Linie AC berühren, und so treffen sich AC und EF als Parallelen, was einen Widerspruch bedeutet; oder aber außerhalb der Linie AC, und da GS immer auf der Fläche des Kegels liegt und EF auf der Fläche K, so würde K den Kegel außerhalb der Linie AC berühren, und wir haben das Gegenteil bewiesen. Ich behaupte einfach, dass, da EF

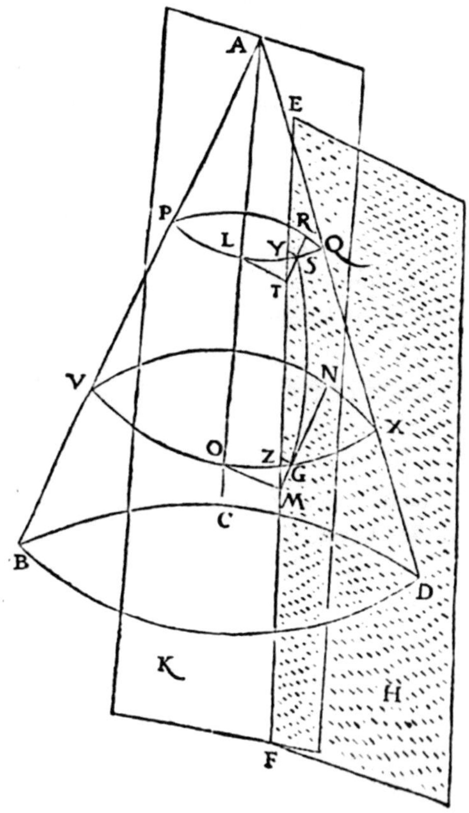

eine Gerade und GS eine Seite der Hyperbel in derselben Fläche H ist, und sie sich nie treffen, selbst wenn sie bis ins Unendliche ausgedehnt werden, obwohl sie sich immer umso mehr nähern, je mehr die Kegel von ihrem Scheitelpunkt aus gedehnt werden. Und es würde genügen, in einem Fall zu zeigen, dass z. B. G und M näher beieinander liegen als S und T; dann wird es klar sein, dass diese beiden Linien sich umso mehr annähern, je weiter man sie verlängert. Als Beispiel nehme man den Kreis PSQ und ziehe TSR so, dass sie den gegenüberliegenden Teil des Umfangs erreicht; ebenso ziehe man MGN in die Fläche H, sodass GN den Umfang des Kreises VGX erreicht: und man ziehe LT und OM gerade in die Fläche H, sodass sie die Kreise QLP und XOV berühren, weil sie von der Berührungsstelle aus gezogen werden; und weil O und M in der Fläche des Kreises OXV liegen (denn M ist das Ende der Linie NM, die in der Fläche des Kreises OXV liegt), wird die Linie OM in der Fläche desselben Kreises liegen, und so wird LT in der Fläche des Kreises PLQ liegen.

Aber solche Flächen sind parallel, weil sie jeweils parallel zur Basis des Kreises sind, und die Linien OM und LT liegen beide in der Fläche K und sind somit parallel. Und nun sind LO und TM parallel; sie sind Teile von parallelen Linien, und so sind LT und OM gleich. Und da sie die Kreise PLQ und VOX berühren, ist nach Euklids Beweisen im dritten Buch der *Elemente* das Quadrat auf TL gleich dem Rechteck TR.TS, und das Quadrat auf OM ist gleich dem Rechteck MN.MG, und das Quadrat auf TL ist gleich dem Quadrat auf OM, also ist das Rechteck TR.TS gleich dem Rechteck MN.MG.

Aus den Beweisen des sechsten Buches der *Elemente* von Euklid ergibt sich also, dass das Verhältnis von ST zu GM gleich dem von MN zu TR ist. MN ist aber größer als TR, denn wenn man durch N eine parallele Fläche ziehen würde, würde die Fläche außerhalb von R liegen, sonst würde sie auf K treffen, denn der Durchmesser QP ist kleiner als XV, und die Flächen der Kreise sind parallel, also ist ST größer als GM. SY und GZ werden also senkrecht zu EF gezeichnet, und die Winkel SYT und GZM sind gleich, da sie rechte Winkel sind. Ebenso sind die Winkel STY und GMZ gleich, weil ST und GM parallel sind; sie liegen beide in derselben Fläche (H) und in den beiden parallelen Flächen der Kreise; so besitzen nach dem zweiunddreißigsten Satz des ersten Buches der *Elemente* die Dreiecke STY und GMZ gleiche Winkel; so ist nach dem vierten des sechsten Buches desselben Werkes das Verhältnis von ST zu GM gleich dem von SY zu GZ.

Aber wie bewiesen, ist ST größer als GM, also ist SY größer als GZ. Aber SY ist die kleinste Linie, die vom Punkt S zur Linie EF gezogen werden kann, weil jede andere Linie als die Senkrechte, die vom selben Punkt zur Linie EF in irgendeine Richtung gezogen

Lineæ nunquam concurrentes.

wird, einem größeren Winkel entgegengesetzt ist als SY, weil sie einem rechten Winkel entgegengesetzt ist; also ist der Punkt G näher an der Linie EF als der Punkt S, was zu beweisen war. Die meisten Menschen scheitern an diesem letzten Teil, weil sie eine falsche Argumentationskette annehmen. Also machte ich einen Kegel aus einer Rübe, wie Rabbi Moses rät, und fertigte die Flächen K und H aus Papier an, und als die Linien AC, EF, SG gezeichnet wurden, stellte sich heraus, dass sich die Linien EF und SG nicht treffen, wie man an der Seite sehen kann. Aber es ist schwer, diese Linien zu beschreiben, ohne sie mit dieser Technik auszuarbeiten.

Die **Ellipse** hat zwei Eigenschaften: Die erste besteht darin, dass ihr Verhältnis zur Oberfläche eines Kreises so ist wie das eines Rechtecks mit den Durchmessern der Ellipse zum Rechteck mit den Durchmessern des Kreises, das ein Quadrat ist. Die zweite Eigenschaft ergibt sich aus der Tatsache, dass das Verhältnis einer Ellipse zu einer anderen Ellipse das Verhältnis der Rechtecke ist, die in ihren Durchmessern enthalten sind.

Die Parabel hat sechs besondere Eigenschaften. Die erste ist, dass das Verhältnis der Teile der Achse in diesem ist: das Verhältnis der Senkrechten, die von den Punkten selbst auf den Umfang der Parabel gezogen werden, ist ihr Quadrat. Zweitens, da das Lot gleich dem Teil der Achse ist, der am Scheitelpunkt durch das Ende desselben Lotes begrenzt wird, wird das Lot selbst der Latus rectum der Parabel genannt, und dieser wird immer ein Verhältnis von der Achse zum Umfang haben wie das des Lotes selbst zu dem Teil der Achse, der zwischen dem Lot selbst und dem Scheitelpunkt des Abschnitts liegt; diese senkrechten Linien werden Ordinaten genannt. Es ist also klar, dass zu jedem Teil der Achse der Parabel und zu ihrem Lot immer dieselbe Linie in fortgesetzter Proportion gezogen wird. Drittens, wenn man einen Punkt auf ihr, nicht auf der Achse, markiert und von ihm eine Tangente zieht, und zu dieser sehr viele Parallelen von einem Kreisumfang zu einem Kreisumfang von demselben Berührungspunkt zieht, schneidet eine Parallele zur Achse in gleichen Teilen alle Linien, die parallel zur Tangente gezogen werden. Auch die auf beliebige Weise gezogenen Teile mit gleichem Durchmesser sind gleich. Und die Fläche ist gleich einem Rechteck aus der gesamten Basis multipliziert mit zwei von drei Teilen der Achse. Sechstens, wenn drei Tangenten den Umfang der Parabel schneiden, die beiden äußersten und die mittlere, so ergibt sich ein einziges Verhältnis von drei Teilen der Linien, nämlich des unteren Teils zu dem oberen, und einer oberen zu der mittleren, und der mittleren von diesen, die am Umfang der Parabel enden.

Eine Spirallinie hat sechs besondere Eigenschaften. Erstens, dass, wenn eine Tangente von ihrem Ende aus gezogen wird, sie auf eine Senkrechte vom Ausgangspunkt aus trifft, die immer so viel von der Tangente abschneidet, dass sie ein Verhältnis zum Umfang eines Kreises der gleichen Ordnung hat, der der Ordnung einer Zahlenreihe folgt. Es ist also klar, dass der Teil der ursprünglichen Spirale, der von der Senkrechten ausgeht, gleich dem Umfang des ersten Kreises ist, und der Teil der Senkrechten, der von der zweiten Spirale ausgeht, doppelt so groß ist wie der Umfang des zweiten Kreises, und der Teil, der von der dritten Spirale ausgeht, dreimal so groß ist wie der Umfang des dritten Kreises, und so weiter. Zweitens trifft eine Tangente, die von einem beliebigen Punkt der ersten Spirale aus gezogen wird, auf eine Senkrechte, die vom Anfang desselben Durchmessers aus gezogen wird, und schneidet von dieser einen Teil ab, der genauso groß ist wie der Teil des Kreisumfangs, dessen Radius eine Linie vom Anfang der Spirale bis zu einem Punkt auf der Tangente ist, die zwischen der ersten Geraden der Spirale, die als in Bewegung befindlich verstanden wird, und dem Ort liegt, den die Spirale in ihrer Bewegung in gerader Linie mit dem Ort der Tangente erreicht. Und es gibt eine dritte besondere Eigenschaft: dass die Intervalle der Spirale so sind: das erste ist von einer Art, das zweite von sechs Arten, das dritte von zwölf Arten, das vierte von achtzehn Arten, und so weiter in fortgesetzter Addition von sechs Arten. Die vierte besondere Eigenschaft ist die Proportion eines jeden Kreises zu dem Intervall seiner Spirale, das in derselben Spirale zusammen mit einer Geraden enthalten ist, und ist wie die des Quadrats des Radius des Kreises zu dem Rechteck, das durch den Radius des Kreises in der Geraden der vorhergehenden Spirale gebildet wird, wobei ein dritter Teil des Quadrats des Radius des Kreises die erste Windung der Spirale umgibt. Die fünfte besondere Eigenschaft besteht darin, dass das Verhältnis des Kreissektors, der einen primären Spiralabschnitt umschreibt, zu dem eigentlichen Spiralabschnitt, der in der Mitte endet und denselben Winkel wie der Sektor hat, dem Verhältnis des Quadrats des Radius desselben Kreises zu dem Rechteck aus Geraden, die einen Spiralsektor enthalten, entspricht, wobei noch ein dritter Teil des Quadrats der Differenz derselben Geraden hinzukommt. Die sechste besondere Eigenschaft ist, dass, wenn man einen Sektor mit einem kleineren Kreis abschneidet, einen Sektor zwischen zwei Kreisen, deren Radien durch irgendeine Drehung vergrößert werden, die Fläche der Spirale, die vom Ende der kleineren Linie zu der der größeren Linie verläuft, in zwei Teile teilt, und das Verhältnis des äußeren von diesen zum inneren ist das des kleineren Radius mit dem doppelten Drittel der Differenz der Radien zum Radius des kleineren mit dem Drittel der Differenz der tatsächlichen Radien.

Es ist eine allen geradlinigen Figuren gemeinsame Eigenschaft, dass, wenn einzelne Seiten verlängert werden, alle Außenwinkel zusammengenommen, auch wenn es tausend wären, gleich vier rechten Winkeln sind. Davon hängt ab, dass alle Innenwinkel so viele rechte Winkel ergeben, wie die doppelte Anzahl der Seiten oder der Winkel, von denen vier abgezogen werden, was von der Theorie der Dreiecke abhängt, in die die Figur geteilt wird. Denn die drei Winkel eines beliebigen Dreiecks sind zusammengenommen gleich zwei rechten Winkeln, ein Außenwinkel aber ist gleich den beiden gegenüberliegenden Innenwinkeln zusammengenommen. Auch ist die Fläche gleich dem Produkt aus der halben Summe aller Seiten und der Differenz einer beliebigen Seite aus derselben Hälfte, indem man alles auf einmal multipliziert, ohne sie zu verbinden, sodass drei Multiplikationen stattfinden.

Ein Quadrat zeichnet sich dadurch aus, dass seine Seiten in einem mittleren Verhältnis zwischen der Summe seines Durchmessers und der Differenz desselben liegen. Dies kommt dadurch zustande, dass der Durchmesser eines Quadrats ein Quadrat bildet, das doppelt so groß ist wie das Quadrat, dessen Durchmesser es war. Die Seite eines gleichseitigen und gleichwinkligen Fünfecks ist der größere Teil einer Linie, die nach einem Verhältnis geteilt ist, das eine Mitte und zwei Enden hat, im Vergleich zu einer Linie, die von zwei Seiten desselben Fünfecks begrenzt wird. Und die Seite eines Sechsecks, vorausgesetzt, dass das Sechseck gleichwinklig und gleichseitig ist, ist gleich dem Radius des Kreises, der das gleiche Sechseck umschreibt.

Die Seite eines **Heptagons** und die Linie, die von zwei seiner Seiten begrenzt wird, und die Linie, die von drei von ihnen begrenzt wird, bilden zusammen ein Dreieck, wenn es gleichseitig und gleichwinklig wäre, dessen Verhältnis des Aggregats aus der Seite und der Unterseite drei zu den zwei der Unterseite ist; es ist wie mit zwei der Unterseite zur Seite derselben Figur, und wiederum von der Seite und der Unterseite mit zwei, zur Unterseite mit drei, es ist wie mit drei der Unterseite zur begrenzten Linie mit zwei Seiten desselben Heptagons. Dies wird unten bewiesen werden.

Körper und ebene Flächen haben beide schräge Eigenschaften; so ist zum Beispiel die Oberfläche einer Kugel das Vierfache der Fläche ihres maximalen Kreises, und von allen Körpern hat die Kugel das größte Fassungsvermögen im Verhältnis zu ihrer Oberfläche. Sie enthält fünf Körper und kann von fünf Körpern enthalten werden, die als einzige alle gleiche Flächen, gleiche Raumwinkel und gleiche Seiten haben können.

Die Teile einer Kugel, die durch eine senkrecht zur Achse verlaufende Ebene geteilt werden, haben drei besondere Eigenschaften. Die Oberfläche eines solchen Teils der Kugel ist gleich einem Kreis, dessen Radius eine Linie vom Scheitelpunkt des Teils der Kugel zum Ende des Kreises ist, der die Basis desselben Teils ist. Daraus ist ersichtlich, dass das Verhältnis der Oberflächenteile einer Kugel zur Ebene der Teilstücke dem Verhältnis der Teile des Durchmessers zur Ebene entspricht, da der Durchmesser der Kugel senkrecht zur Ebene steht. Die Proportion der Körperteile einer Kugel, die eine einzige Ebene durch Teilung des Durchmessers senkrecht zu ihr definiert, ist wie die des Körpers, die durch ein Quadrat des größeren Teils der Achse auf einer festen Linie aus dem kleineren Teil und durch die Hälfte der Achse am Körper, die aus einem Quadrat des größeren Teils auf der Linie aus der Hälfte und dem größeren Teil der Achse gebildet wird.

Dies folgt aus der Tatsache, dass ein Kegel, der die gleiche Basis mit einem Teil einer Kugel hat, wenn seine Höhe ein solches Verhältnis zur Höhe des Teils hat, wie das Aggregat aus der Höhe des Restteils und aus der Hälfte der Achse zur Höhe des gleichen Restteils, der Kegel gleich dem Teil sein wird.

Daraus ergibt sich, dass jede Kugel das Vierfache des Kegels ist, dessen Basis der Großkreis ist, dessen Höhe aber der Mittelpunkt des Kugeldurchmessers. Außerdem ist jeder Kegel gleich einem Sektor einer Kugel (mit »Sektor« meine ich einen Körper, der im Mittelpunkt der Kugel endet und dessen Basis ein Teil der Kugeloberfläche ist; es ist auch klar, dass er aus einem Teil der Kugel und einem Kegel besteht, dessen Basis die ebene Oberfläche desselben Teils ist), da die Höhe des Kegels der Radius der Kugel war und seine Basis gleich der Oberfläche des Sektors ist, sodass die Basen und Höhen dann gleich sind.

Bei einem durch eine Ebene geteilten rechteckigen Kegelkörper ist der von der Spitze begrenzte Teil eineinhalbmal so groß wie der Teil eines Kegels mit gleicher Basis und Achse. Außerdem behalten rechteckige Kegelkörper, wenn sie durch eine Ebene geteilt sind, das Verhältnis der Achsen der gleichen Teile zum Quadrat bei. Wenn aber ein stumpfwinkliger Kegel durch eine Ebene geschnitten wird, ist das Verhältnis des im Scheitelpunkt begrenzten Teils zu dem Teil eines Kegels, der dieselbe Basis und denselben Teil der Achse besitzt, wie das einer Linie, die aus dem Teil der Achse des Kegelteils mit dem Dreifachen der Linie besteht, die vom Mittelpunkt einer Hyperbel oder der schrägen Linie der Form zu demselben Teil der Achse verläuft, mit dem Doppelten derselben, die vom Mittelpunkt der Hyperbel verläuft.

Aber es gibt vier besondere Eigenschaften von **Sphäroiden:** Wenn sie durch eine Ebene durch den Mittelpunkt geteilt werden, werden sie in gleiche Teile geteilt, und jeder Teil wird das Doppelte des Kegels sein, der eine Basis und eine Achse hat, die gleich dem Teil des Sphäroids selbst ist. Schneidet man das Sphäroid durch den Mittelpunkt, so ist das Verhältnis dieses Teils zu einem Kegel mit gleicher Höhe und Basis in gewisser Weise das der halben Achse mit der Achse des verbleibenden Teils zu dem gleichen verbleibenden Teil der Achse des anderen Teils des Sphäroids. Daraus ergibt sich die vierte besondere Eigenschaft, dass, wenn ein Sphäroid und ein Teil einer Kugel die gleiche oder eine gleiche Höhe und Basis haben, sie selbst wiederum gleich sein werden. Dann haben Zylinder zwei besondere Eigenschaften. Ein Zylinder hat das dreifache Volumen eines Kegels, der die gleiche Höhe und Grundfläche hat. Aber ein Zylinder ist das Anderthalbfache einer Kugel mit einem Durchmesser, der seiner Höhe entspricht, und einem Großkreis, der der Grundfläche des Zylinders entspricht.

Dies sind die sechzig Eigenschaften der geometrischen Figuren, sowohl der Flächen als auch der Körper, die sich durch ihre Unterscheidbarkeit, Schönheit und Wertschätzung auszeichnen. Dennoch entgeht mir nicht, dass es Eigenschaften gibt, die praktisch unzählig sind, aber nicht mit diesen an Eleganz verglichen werden können, entweder weil ein Beweis für sie noch nicht gefunden wurde, oder weil sie nicht durch das Kriterium ihrer Namen allein verstanden werden können, oder weil sie nicht mit der Gleichheit zusammenhängen, sondern sozusagen Wanderer sind; Gleichheit ist ein Ziel der Geometrie.

Was ist, wenn etwas anderes gezeigt wird, nämlich größer oder bekannter? Größer ist ebenso willkommen, und bekannt bedeutet gleich dem, was bekannt ist. Wir können dies auf dreierlei Weise verfolgen, und man nennt es die Schlussfolgerung des Arguments, wenn es direkt weitergeht, oder durch Negation, wenn das Befragte zu etwas Unerwünschtem gezwungen wird. Und

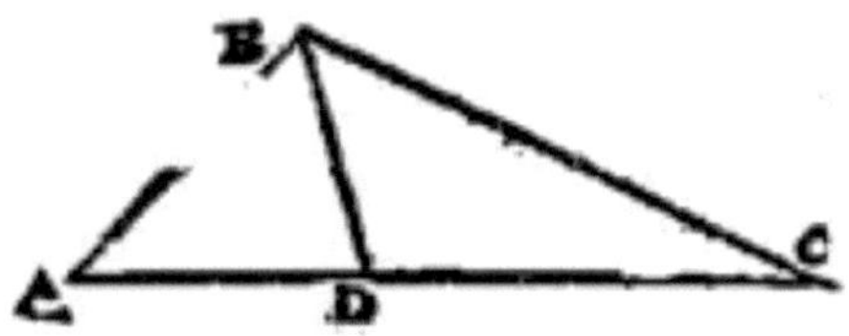

durch Beharrungskraft, wie wenn die Größe einer Parabel oder der Oberfläche einer Kugel durch Archimedes bewiesen wird; und dies ist die Methode, die wir normalerweise bei den interessantesten Entdeckungen anwenden. Dies ist eine doppelte Methode: die einfache Methode ist diejenige, die in der Gegenüberstellung von Größerem und Kleinerem besteht, wie bei der Bestimmung der Größe der Oberfläche einer Kugel; die andere ist diejenige, die von Proportionen ausgeht, die kein Ende haben, wie bei der Fläche der Parabel. Es ist also kein Wunder, dass die Geometrie von allen Wissenschaften die subtilste ist; und obwohl sie von den naheliegendsten Punkten ausgeht, hat sie mit gutem Grund einen Köder angeboten, der es ermöglicht, sie vor allem den Kindern beizubringen. Es ist außerordentlich, wie schnell sie von einigen wenigen, sehr klaren Axiomen zu sehr obskuren Punkten führt. Ebenso steigt sie schnell von den niedrigsten zu den erhabensten Themen auf.

Allerdings häufen sich in der Mathematik unvollständige Beweise und (in gewisser Weise) Irrtümer. Unvollständige Beweise finden sich vor allem bei den Proportionen der unvollkommenen Natur, wie die von uns erfundene Reflexproportion. Und da sie die Frucht des subtilsten Studiums ist und allen gleichseitigen Figuren, die in den Kreis eingeschrieben sind, gemeinsam ist, soll sie hier gezeigt werden, zumal wir mit ihrer Hilfe zur Entdeckung der Seiten des Heptagons fortschreiten, und wir lernen eine Methode anzuwenden, die zur Entwirrung fähig ist. Obwohl es also außerhalb der Reihenfolge ist, veranlassen uns viele wichtige Gründe, den Beweis dieser Proportion hier anzuhängen. Da es also drei Mengen gegeben hat, deren Verhältnis in der Summe der ersten und zweiten zur dritten gleich dem der dritten zur zweiten war, wird dieses Verhältnis Reflex genannt werden. Bei den Zahlen nehme ich zum Beispiel 9, 16, 20. Das Verhältnis 25, des Aggregats 9 und 16, zu 20, das wie 20 zu 16 ist, wird reflexives Verhältnis genannt. Denn 9 ist die erste Menge, 16 die zweite, 20 die dritte. Und wenn die Proportion der ersten des Aggregats und der dritten darüber hinausginge, wie die der zweiten zur ersten, so würde man sie doppelt reflexiv nennen. Dieses Verhältnis kann nicht durch ein Zahlenbeispiel verdeutlicht werden, sondern hat seinen Ursprung im Siebeneck, wie wir erklären werden. Ich sage also, dass ein einfacher Reflex zwischen zwei Seiten besteht, die in einem Dreieck einen doppelten Winkel enthalten, und zwar zwischen der Seite, die dem doppelten Winkel gegenüberliegt, und der Seite, die dem Winkel gegenüberliegt, der unter dem doppelten Winkel liegt.

Es sei also ein Dreieck ABC, dessen Winkel B das Doppelte des Winkels A ist; ich sage, dass das Verhältnis des Aggregats von AB, BC zu der Seite AC, die dem doppelten Winkel B gegenüberliegt, wie das von AC zu BC ist, die dem Sub-Doppel A gegenüberliegt. Denn aus dem neunten Satz des ersten Buches der *Elemente*, teile ich den Winkel ABC gleichmäßig durch die Linie BD. Dann ist in den beiden Dreiecken ABC und BCD der Winkel C gemeinsam, und A ist gleich CBD, da beide die Hälfte des Winkels B sind, und der Winkel CDB nach dem zweiunddreißigsten des ersten Buches der *Elemente* ist gleich dem Winkel B; daher werden diese beiden Dreiecke gleiche Winkel haben. Und dementsprechend ist nach dem vierten des sechsten Buches der *Elemente* von Euklid (aufgepasst!) das Verhältnis von AC zu CB das gleiche wie das von CB zu CD. Das Verhältnis AC zu CD ist also doppelt so groß wie das Verhältnis AC zu BC. Da aber der Winkel B gleichmäßig geteilt ist, ist nach dem dritten des sechsten Buches der *Elemente* das Verhältnis der Seiten gleich dem der Teile der Grundfläche, d.h. AB zu BC ist gleich AD zu DC. Aus der kombinierten Proportion ergibt sich also aufgrund des achtzehnten des fünften Buches der *Elemente* das Verhältnis des Aggregats AB und BC zu BC als AC zu CD.

Aber AC zu CD ist doppelt so groß wie AC zu BC, also ist das Verhältnis von AB und BC zu BC doppelt so groß wie das von AC zu BC. Aus der Definition des doppelten Verhältnisses ergibt sich also, dass das Verhältnis des Aggregats AB und BC zu AC das gleiche ist wie AC zu BC, was es zu zeigen galt. Es gibt also eine Seite AB einer beliebigen gleichseitigen Figur, die in einen Kreis eingeschrieben ist, nehmen wir an, eine mit dreizehn Seiten, und lassen Sie AD die Basis auf zwei Seiten der gleichen Figur AC und CD sein, und lassen Sie BD verlängert werden, weil dann AB gleich AC ist, und auch auf der gleichen Basis CD; es werden einzelne Bögen AC und CD gleich dem Bogen AB sein, und so ist der ganze Bogen AD das Doppelte des Bogens AB, von dem, was im dritten Buch der *Elemente* von Euklid bewiesen ist, und dem letzten des sechsten Buches desselben, der Winkel ABD ist das Doppelte des Winkels ADB; daher, von dem, was soeben bewiesen wurde, ist das Verhältnis des Aggregats der Seiten AB und BD zu der Seite AD wie das

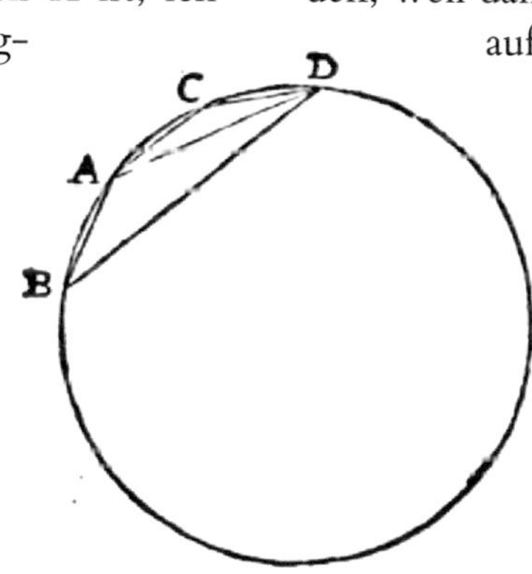

der Seite AD zu der Seite AB. Und ebenso das Verhältnis der Unterseiten zu den vier Seiten und den zwei Seiten, und der Unterseiten zu den sechs Seiten und den drei Seiten, und dann die Unterseiten der anderen mit der gegenüberliegenden Seite. So ist das Verhältnis vielfältig in gleichseitigen Figuren, die in Kreise eingeschrieben sind, und in solchen, die aus ihnen zusammengesetzt sind.

Aber keine Figur ist besser als die eines in einen Kreis eingeschriebenen gleichseitigen Siebenecks. Wenn also ein Heptagon als ABCDEFG bezeichnet wird, und die Untersehne zu den beiden Seiten AF und BF, und

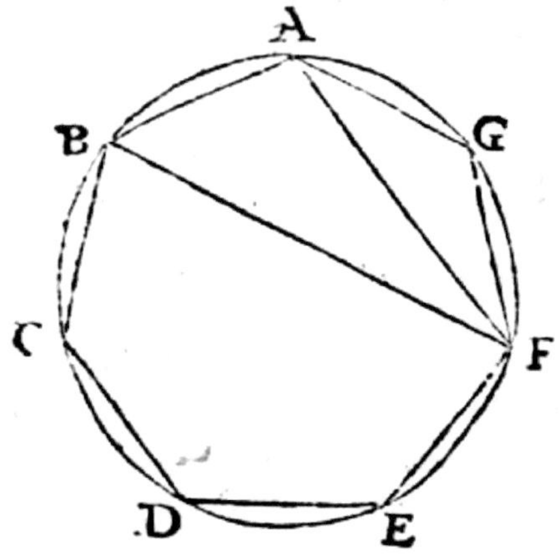

die Untersehne AB und AF, und wie gezeigt wurde, ist der Winkel FBA das Doppelte des Winkels AFB, und der Bogen BCDEF ist das Doppelte des Bogens AGF, auf dem gleichen Argument – der Winkel BAF wird das Doppelte des Winkels ABF, also von dem bewiesenen Verhältnis BA und BF sind zu AF als AF ist zu AB; wieder, auf dem gleichen Argument AB und AF sind zu BF als BF ist zu AF. Diese Proportion wird also als doppelte Reflexion bezeichnet.

Nehmen wir nun an, dass AB neun ist, nachdem wir angenommen haben, dass AF sechzehn und BF zwanzig ist; wenn das Verhältnis neunundzwanzig zu sechzehn so wäre wie das von sechzehn zu neun, hätten wir die Seiten des Dreiecks ABF.

Da aber das Verhältnis neunundzwanzig zu sechzehn größer ist als das von sechzehn zu neun, werden wir AF auf sechzehn setzen, und man wird fast die Position AB=200, AF=359, BF=448 haben, oder nach der Aliza-Regel mit AF gesetzt, BF wird 1 sein, R geändert 7/54 in 2 1/3 m 1/3 nach einer ersten Schätzung. Wenn in dieser Situation eine Linie von B durch den Mittelpunkt gezogen wird und eine Linie nach F und nach A in die Peripherie des Kreises fällt, hat man ein Viereck mit zwei Durchmessern und zwei Seiten, von denen einer der Durchmesser ist. Außerdem wird man zwei rechtwinklige Dreiecke haben, deren Basis ein Durchmesser des Kreises sein wird; daher wird das verbleibende Thema der Durchmesser beiseitegelassen, da das Rechteck der Durchmesser gleich den beiden Rechtecken ist, die aus den einander gegenüberliegenden Seiten des Vierecks gebildet werden, wie Ptolemäus gezeigt hat – und daraus, wie wir in der *Ars Magna* erklärt haben, wird durch das Zusammensetzen kleinerer Fälle das Verhältnis des Durchmessers des Kreises zu AB der Seite des Heptagons bekannt werden. Daraus ergibt sich ein in der Heilkunst unübertroffenes Beispiel für die Lösungsmethode, die Galen so oft in Erinnerung gerufen hat. Der Vorschlag ist, ein Heptagon mit bekanntem Durchmesser in einen Kreis einzuschreiben; nehmen wir an, dass dies geschehen ist, und lassen wir es wie oben beschrieben sein; so müssen wir, wenn der Durchmesser gegeben ist, wissen, wie AB zu berechnen ist. Um es herauszufinden, muss das Verhältnis von AB zum Durchmesser gefunden werden; dafür muss das Verhältnis zu AF und FB gesucht werden; um das zu erhalten, muss das Verhältnis der Winkel, das alles ist, was offensichtlich ist, wieder entdeckt werden. Wenn man das gefunden hat, muss man herausfinden, was dieses Verhältnis zwischen den Seiten bestimmt. Und das nennt man ein doppeltes Reflexionsverhältnis. Da sie sich aus einfachen Reflexen zusammensetzt, müssen wir sie geteilt darstellen. Und das ist das Ziel der Auflösungsmethode.

Die zusammengesetzte Methode, die wir in einer Demonstration der Seiten eines

Heptagons dargelegt haben, geht von diesem Ziel aus. Aber dabei entsteht manchmal ein Irrtum, wenn jemand nicht sorgfältig und vollständig aufpasst. Ein Beispiel dafür ist das folgende: Es sei ein Kreis ABC, darin ein Durchmesser BC und darauf ein Lot DA. Aus A ergibt sich, dass eine Linie gezogen werden kann, die BC schneidet, z. B. AEF, sodass CE zu EA wie AE zu EF ist, weil CB beliebig vergrößert werden kann, was aber unmöglich ist; selbst wenn es möglich wäre, bräuchten wir die Aliza-Regel nicht, weil BC als 10 festgelegt ist. Nehmen wir an, AE sei 6; ED würde sofort bekannt werden, und folglich EC und EB, und weil das Verhältnis von CE zu EA so ist, wie EF zu EB, aus Euklids Beweisen im dritten Buch der *Elemente*, würde es der Fall sein, dass mit dem Aggregat der ersten und vierten Menge, und dann der dritten, die Mengen bekannt werden würden. Die Lösung des Trugschlusses besteht darin, dass AD bereits in der Mitte zwischen den Teilen CD und BD liegt, da es an sich bekannt ist, und dass das Verhältnis von AE zu EF immer größer wird, als das von CE zu EA; daher ist das Verhältnis von CE zu EA kleiner als das von AE zu EF. Wo immer aber ein Punkt im Umfang AB angenommen werden kann, wird er immer erweiterungsfähig sein, denn der Anteil des Teils CB, der an dem von diesem Punkt bis zum Lot verlängerten Teil endet, ist größer als der Rest des bis zum Lot AD verlängerten Teils, dem er immer gleich ist, und der frühere Anteil ist weniger vermehrt als der spätere, sodass sie immer irgendwann Gleichheit erreichen werden. So entstehen Trugschlüsse im Universum, entweder wenn bei der Konstruktion des Problems etwas vorausgesetzt wird, wovon wir im Beweis keinen Gebrauch machen, oder wenn wir einen unwahren, aber plausiblen Ausgangspunkt verwenden, oder wenn wir etwas nicht Bewiesenes als bewiesen annehmen, oder etwas in der Mitte, das es nicht ist. All dies kommt eher in sinnesfernen Zusammenhängen vor, wie bei Körpern und Mengen verschiedener Art. Der Nachweis einer Falschheit im Schluss oder in der Mitte oder die Enthüllung eines Fehlers aus diesen Worten zeigt einen Irrtum an.

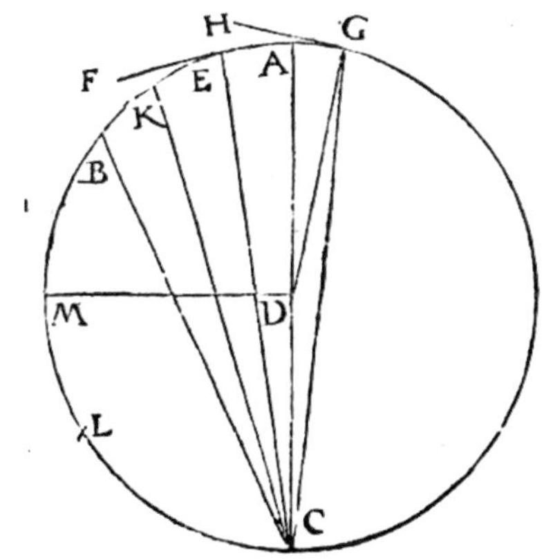

Aber ein größerer und schwierigerer Irrtum ergibt sich in einem anderen Zusammenhang: Nehme ich z. B. einen Kreis ABC und ziehe CDA durch den Mittelpunkt, und CE, CK und CB gleich weit voneinander entfernt, und auch CG auf der anderen Seite, so sind die Winkel CBL, CKL, CEL, CAL auf dem Umfang, die von einer Geraden eingeschlossen werden, spitz; dies lässt sich leicht beweisen, indem man (z. B.) DE vom Mittelpunkt aus zeichnet, und EF eine Tangente; dann ist FED ein rechter Winkel; aber CEL ist kleiner als DEF, als der Winkel DEC, und als der Berührungswinkel FEK; also ist CEL spitz; Ebenso ist CAL spitz, wie aus dem Buch III von Euklid hervorgeht, und dennoch ist CEL größer, da CEL größer ist als CKL und CKL größer als CBL; dies ist offensichtlich, weil alle Berührungswinkel in ihren Winkeln, die gleich sind, wie wir im dritten Buch unserer *Elemente* gezeigt haben, zu kurz sind; und sie sind auch in dem rechten Winkel, der durch den Radius und die Linien CB, CK, CE enthalten ist, zu kurz – diese sind immer größer, je weiter die genannten Linien von der Linie CA entfernt sind. So ist nach dem allgemeinen geistigen Empfinden der Winkel CBL kleiner als der Winkel CKL, und der Winkel CKL kleiner als der Winkel CEL, und CEL größer als der Winkel CAL. Aber der Winkel CGA ist größer als ein rechter Winkel; mit GH als Co-Tangente gezeichnet, und DG als Radius, DGH wird ein rechter Winkel, von den Beweisen von Euklid (wie ich erwähnt) im dritten Buch der *Elemente,* und der Winkel DGC ist größer als der Winkel der Kontakt, wie es dort als eine logische Folge abgeleitet wird. Zieht man also vom rechten Winkel DGH den Berührungswinkel ab und fügt DGC hinzu, so ergibt sich, da der Winkel CGL gebildet wird, nach allgemeinem Empfinden CGL als stumpf. Geht also die Linie CB allmählich von B rechts nach G, so werden die Winkel, die der Umfang und die Gerade enthalten, immer größer werden, und zwar allmählich und um jede Art von Größe bis zur Stumpfheit, wie klar ist – und doch wird er nie ein rechter Winkel werden, wie bewiesen wurde, denn bei A und vor A ist er immer spitz, und nach A ist er stumpf; so ergibt sich die Tendenz.

Ein noch größerer Irrtum als dieser tritt in anderer Form auf, und zwar folgendermaßen. Eine Menge wächst unaufhörlich auf mehr als das Doppelte ihrer Größe, oder jedenfalls auf das Doppelte, bis sie eine viel größere Menge als eine andere erreicht, etwa das Hundertfache, und doch wird sie, bevor sie diese extreme Menge erreicht, nie gleich oder größer als die kleinere Menge. Und das scheint aus zwei Gründen unmöglich. Der erste ist, dass sie (wie in der letzten Situation) nicht gleichmäßig, d.h. auf das Doppelte, sondern auf mehr als das Hundertfache anwachsen müsste. Der zweite Grund ist, dass die kleinere Menge die andere minimale Menge nicht um einen größeren Betrag übersteigen kann, als sie selbst hat, und dass sie, wenn die minimale Menge sich verdoppelt, schließlich diese Menge übersteigen müsste – was sie aber nicht tut. Und noch ein größeres Wunder folgt, nämlich dass ich zwei Mengen annehme, die sich in ihrer Größe nur wenig unterscheiden, und dass, wenn die größere sich bis ins Unendliche verdoppelt und die größere in der Mitte bis ins Unendliche geteilt wird, diese kleinere, wenn sie wächst, niemals einen Teil dieser größeren, durch die Mitte geteilten Menge übersteigen wird.

Ich zeige dies alles durch einen einzigen Beweis. Ich nehme irgendeinen kleinen Winkel (lasst es K sein), aber geradlinig, den man gleichmäßig bis ins Unendliche teilen kann, und das ist leicht zu erreichen, indem man die Seiten immer weiter ausdehnt, sodass der Winkel durch fortgesetzte Teilung spitzer wird; seine Basis wird also immer größer werden, und daher werden die Basen der Winkel die gleiche Größe erreichen können. Und dann, mit einer Linie, die von der Teilungsstelle der Basis zum Winkel gezogen wird, wird, wenn die Basis gleich geteilt ist, auch der Winkel gleich sein.

Dann nehme ich drei Kreise AB, AC, AD in einem beliebigen fortgesetzten Verhältnis, die sich in einem Punkt A berühren; und nach dem, was Euklid im dritten Buch der

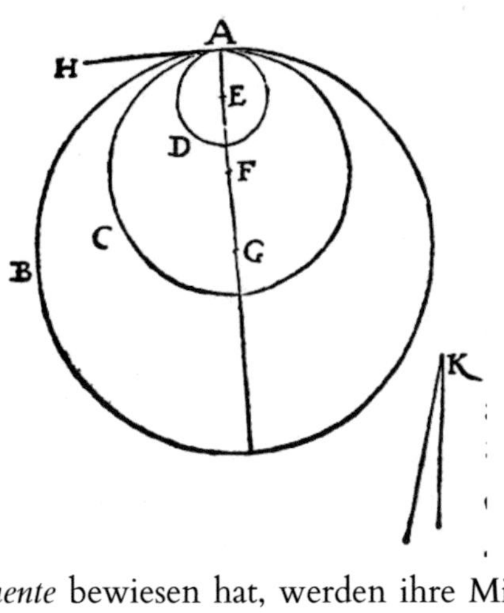

Elemente bewiesen hat, werden ihre Mittelpunkte in einem einzigen Durchmesser liegen, der AEFG sein soll, und dann ist es sicher, dass der Winkel BAD größer ist als die Winkel BAC und CAD für sich genommen, da das Ganze größer ist als sein Teil. Dann ist entweder der Winkel BAC gleich dem Winkel CAD, und dann ist der Winkel BAD doppelt so groß wie der Winkel BAC; oder der Winkel BAC ist größer als CAD, und der Winkel BAD ist mehr als doppelt so groß wie der Winkel CAD. Oder wenn der Winkel CAD größer sein soll als der Winkel

BAC, dann ist der Winkel BAD größer als das Doppelte des Winkels BAC. Es wird also vereinbart, dass der Winkel BAD doppelt oder mehr als doppelt so groß sein muss wie einer der Winkel BAC oder CAD. Dann nehme ich die beiden Winkel BAC und K. Dann sage ich, dass, wenn man den Winkel BAC ewig verdoppelt und den Winkel K so weit teilt, wie man will, selbst wenn man bis ins Unendliche fortschreitet, sich der Winkel BAC niemals so weit vergrößern kann, dass er den kleinsten Teil des Winkels K erreicht oder übersteigt, obwohl der Unterschied zwischen diesen Winkeln minimal ist, da die Winkel selbst schon minimal sind, zum Beispiel K ein Tausendstel Grad. Denn bei den kleineren Kreisen, die immer in demselben fortgesetzten Verhältnis, in dem DA zu BA steht, eingeschrieben sind, wird der innere Winkel verdoppelt, der sich aus dem konvexen Teil des Umfangs des Inneren zusammen mit dem konkaven Teil des Umfangs des Kreises AB ergibt, und das geht so lange weiter, bis er die Größe des Winkels erreicht, der durch zwei Geraden am Umfang enthalten ist – eine Größe, die nur insofern geringer ist, als es zwei Berührungswinkel gibt; Man vergrößere ihn nach Belieben durch die Kleinheit des inneren Kreises und ziehe eine Tangente AH an den größeren Kreis, die auch den kleineren berühren muss, da, wie bewiesen, der Durchmesser des größeren Kreises gleich dem Durchmesser des kleineren Kreises ist. Wenn wir also AH zu einer Seite eines Teils des Winkels K machen, wie klein auch immer dieser Teil sein mag, muss die verbleibende Seite in den Umfang des kleineren Kreises fallen, oder eine Gerade könnte zwischen der Tangente AH und dem kleineren Kreis liegen, obwohl Euklid im dritten Buch das Gegenteil bewiesen hat. Wenn also eine Gerade in den Umfang des kleineren Kreises fällt, wird der Berührungswinkel der Kreise zu einem Teil des Winkels, den die Geraden einschließen. Da also ein Teil kleiner ist als das Ganze, wird der Berührungswinkel, wie groß er auch sein mag, kleiner sein als der geradlinige Winkel, wie klein er auch sein mag; das war der zu beweisende Satz. Es scheint also eine Widerlegung des ersten Arguments vorzuliegen, dass dieser Winkel durch die Bewegung der Linie CB nicht gleichmäßig vergrößert wird, sondern je näher er an A herankommt, desto stärker ist der Fall; demnach ändert er sich sofort von spitz zu stumpf, ohne ein rechter Winkel zu sein. Der Beweis dafür ist, dass bei der Bewegung des ersten Mittelpunktes des Halbkreises von C nach M nur der Winkel CML, bei der Bewegung des anderen Mittelpunktes des Kreises von M nach A nur der Winkel CMA entsteht; aber der Winkel CMA ist größer als der Winkel CML in dem von Geraden eingeschlossenen Winkel CMA, der ein halber rechter Winkel ist. Der Winkel, der von der Geraden und dem Umfang in der Mitte des Halbkreises MA eingeschlossen wird, ist also viel größer als der von CM. Mit den zusammengesetzten Teilen des Halbkreises MA verhält es sich genauso. So ist der Zuwachs des Winkels CEK über CKB größer als der Zuwachs von CKB über CBL; und der Zuwachs von CAE über CEK ist größer als der Zuwachs von CEK über CKB. So ist es auch der Fall, dass eine Linie durch alle dazwischen liegenden Punkte von B nach K, aber nicht von K nach E, und noch viel weniger von E nach A und dementsprechend nicht von A nach G verläuft.

Aber die zweite ist nicht auf derselben Grundlage widerlegt, und doch gibt es viele Wege zu Beweisen, und noch viel zahlreichere Wege zu Vermutungen; in vielen von ihnen war es gut zu wissen, was der Fall war, wie wir ein wenig später bei der Erzeugung der Zahl des kubischen Körpers gezeigt haben. Und dass das größte Produkt aus einem Teil einer beliebigen Menge im Quadrat des Restes liegt, wenn ein dritter Teil der Menge mit dem Quadrat des Restes multipliziert wird; dies haben wir in der Tat im zwölften Buch der *Geometrischen Elemente* bewiesen. Buch der Geometrischen Elemente bewiesen. Aber die Alten waren bereit, dies zu verschweigen, um mehr Verehrung zu erlangen, was für uns von großem Nutzen war und auch für sie eine Hilfe war. In der Tat haben wir in vielen Fällen durch unsere gesamte Technik Prinzipien entdeckt. Ich denke, dass Apollonius dies erreicht hat und Archimedes, aber nicht Euklid oder irgendein anderer Philosoph; sie hatten die Hilfe von dem, was andere bewiesen hatten. Man sagt, dass Pythagoras von Samos den vorletzten Satz des ersten Buches der *Elemente* entdeckte und über seine Entdeckung so erfreut war, dass er einen Ochsen opferte; aber das ist eine wenig glaubwürdige Geschichte, da Pythagoras tatsächlich auf das Schlachten von Tieren verzichtete. Sicher ist jedoch, dass die Geometrie durch einen Beweis von Archites von Tarent, einem Schüler des Pythagoras, über die Entdeckung von zwei Linien, die zwischen zwei anderen in kontinuierlicher Proportion verbunden sind, vor der Zeit von Euklid von Megara entdeckt wurde und dass sie eine große Blüte erlebte. Es war keine Kleinigkeit, dass Euklid alles auf eine so gut durchdachte Ordnung reduzierte und ergänzte, was fehlte.

Aber wenn das Ziel nicht so sicher ist, ist die Entdeckung sicherlich schwieriger. Die Lösung mancher Fragen ist durchweg äußerst schwierig: Was z.B. könnte der größte Anteil der doppelten dritten Menge am Aggregat der ersten und vierten einer fortgesetzten Proportion sein? Das ist in der kleineren Proportion ein und ein Viertel mal, und in der größeren ein und ein Fünftel mal. Nimmt man also 64 und 80 und 100 und 125, so ist das Doppelte der dritten Menge 200, und die Summe der ersten und vierten 189. Das Verhältnis 369/341 ist kleiner als 299/189. Und 360 ist das Doppelte der dritten Menge, und 341 ist das Aggregat der ersten und vierten im »Sesquiquinta«-Verhältnis, sodass die Mengen selbst 125 sind. 150. 180. 216. Dies kann durch Multiplikation von 360 mit 189 bewiesen werden und ergibt 68040. Das ist weniger als 68200. In solchen Fällen ist es also sehr schwer, einen Beweis zu finden; umso mehr, wenn der Vergleich zweier Mengen verschiedener Art, die keine Gleichheit erreichen, in einer vollkommenen Art stattfindet. Denn wie Archimedes gezeigt hat, ist das Verhältnis einer Parabel zu dem in ihr liegenden Dreieck genau die »epitrita«, die in der fünften von uns oben dargelegten besonderen Eigenschaft enthalten ist. Dies war also der Ausgangspunkt, von dem aus Archimedes die Proportion und die Maßeinheit der Parabel entdecken konnte. Aus seinem Beweis geht klar hervor, dass Archimedes diese Proportion nicht hätte beweisen können, wenn sie auf eine lächerliche Größe angewandt worden wäre, die sich nicht in Zahlen beschreiben ließe. Auch die Theorie des doppelten Verhältnisses von Kugel und Kegel stammt aus seinem Werk, und in Euklids Werk findet sich das präzise dreifache Verhältnis von Zylinder und Kegel. Nach diesen Entdeckungen war es leicht, die Theorie der Teile der Reihe nach aufzustellen; diejenigen, die nicht durch eine rationale Proportion miteinander verbunden sind, wurden gewöhnlich durch den Mittelwert zweier Proportionen bekannt.

Daher ist es nicht möglich, ein Quadrat zu finden, das einem Kreis entspricht, und diejenigen, die es versucht haben, scheinen die Beweise von Archimedes oder Apollonius oder Euklid nicht gelesen zu haben; oder wenn sie sie gelesen haben, haben sie ihnen keine Aufmerksamkeit geschenkt. Denn der gesamte Ausgangspunkt für die Entdeckung ergibt sich aus der Anordnung, und die Verteilung folgt der Anordnung. Aber in der Anordnung muss das Ziel bekannt sein, daher muss man in der Art der verschiedenen Mengen ihr Ziel und ihre Theorie kennen. Aber in der Größe des Kreises, ob seine Oberfläche mit der Oberfläche eines Quadrats oder sein Umfang mit seinem Durchmesser verglichen wird, gibt es kein Verhältnis, das von sich aus bekannt ist; Archimedes hat gezeigt, dass das Verhältnis des Umfangs zum Durchmesser kleiner als 22 zu 7, aber größer als drei und

10/71 ist. Das heißt, es ist kleiner als drei und 10/70, aber größer als drei und 10/71, oder zwischen dem Verhältnis 1562/497 und 1561/497. Nicht so bei den Flächen: Bei einem Durchmesser von 7 ist das in den Kreis eingeschriebene Quadrat 24 1/2. Aber die Fläche des Kreises, wie Archimedes und wir gezeigt haben, ergibt sich aus der Hälfte des Durchmessers und der Hälfte des Umfangs, sodass sie 308 1/2 beträgt. Das Verhältnis ist also 77 zu 49, also 11 zu 7.

Aber wie gesagt, der Umfang ist um eine unmerkliche und nicht rationelle Größe kleiner als 22; aber das Quadrat im Innern wird nicht verändert, sodass das Verhältnis des Kreises zu dem eingeschriebenen Quadrat etwas kleiner als 11 zu 7 ist, also lächerlich und unbekannt. Sehr viele der Alten und andere unserer Zeit, deren Zahl und Namen kaum genannt werden können, haben es versucht, aber das Unmögliche hat die Klarheit ihres Talents getrübt. Aber dieser vergebliche Versuch geht auf Worte des Aristoteles zurück, die falsch interpretiert wurden. Er sagte zum Beispiel, er zähle die Quadratur des Kreises zu den Dingen, die man wissen kann, aber noch nicht weiß; und wenn sie nicht bekannt ist, gibt es kein Hindernis, das es unmöglich macht, erkannt zu werden. Er hat jedoch nicht gesagt, dass es bekannt sein kann. Was geschieht, ist, dass sie auf zwei Arten bekannt werden kann: entweder auf eine Art und Weise, die obskurer ist, als wenn sie unbekannt ist, zum Beispiel durch die schraubenförmigen Linien, die Archimedes verwendet, und er beschreibt eine gerade Linie, die gleich dem Umfang eines Kreises ist; oder aber durch die »translatio«, die bisher niemand zu versuchen gewagt hat, teils wegen ihrer Schwierigkeit, teils wegen der unbekannten Methode des Beweises – einige, weil sie zuversichtlich waren, sie durch eine einfachere Methode zu finden, andere haben es nicht versucht, weil die Schriften der Alten, die für diese Art des Beweises benötigt wurden, fehlten. Da sie aber ohne einen Beweis nicht zu einem endgültigen Begriff gelangt, kann sie nicht vor dem Beweis erdacht werden, wie es manchmal zufällig bei einigen arithmetischen Problemen geschieht. So viel zu den Beweismethoden, in denen wir vor allem die Subtilitäten der geometrischen Kunst gelehrt haben.

Die Arithmetik folgt als nächstes, und ihre subtilste Entdeckung ist die Kunst, die wir die Große Kunst nennen, die von uns entdeckt und in unseren Büchern *Ars Magna* veröffentlicht wurde; andere haben sie **Algebra** genannt, und sie hat mannigfaltigen Nutzen, schärft den Verstand, entdeckt und entwirrt die unbekannten Seiten von Mengen und beschreibt sie durch Linien in Übereinstimmung mit den geometrischen Lehren oder durch Ebenen und Körper; das Lösen von gestellten Problemen und Rätseln und die Fähigkeit, falsch gelöste Probleme zu widerlegen, wie z.B. die Seite des Fünfecks, eine von Bovillus falsch berechnete Größe, und die Gleichheit einer Geraden mit dem Umfang eines Kreises, die von Nikolaus von Kues aus einer Steigung fabriziert und von Regiomontanus richtig verworfen wurde. Alles hängt von einer sehr einfachen Figur ab, die Linien, Flächen und auch Körper zeigt, aber auch die sechs Sätze, die auf den vierten des zweiten Buches der *Elemente* von Euklid folgen. Es gibt auch eine andere Art, eine feste kubische Zahl zusammenzusetzen, die für die Arithmetik geeignet ist, bei der die Art der Lösung, die sich aus einer Anordnung ergibt, klar ist. Jede kubische Zahl setzt sich zusammen aus dem Quadrat ihrer Seite und dem doppelten Produkt ihrer Seite und aller vorangehenden Zahlen bis zur Einheit; ich nehme zum Beispiel 512, deren Seite acht ist; ich sage also, dass 8 mit sich selbst multipliziert 64 ergibt, und durch das Doppelte der Summe der vorangehenden Zahlen, die 1, 2, 3, 4, 5, 6, 7 sind, ausgehend von der Einheit, wie man sieht, und das Doppelte davon ist 56, und das Produkt aus 8 und 56 ist 448. Sie ergeben den Würfel selbst, also 512, denn 448 und 64 zusammen ergeben 512.

Von Anfang an schien es, dass dies nicht bewiesen werden konnte, aber wir haben es durch die Methode der Auflösung bewiesen: da jede kubische Zahl aus dem Quadrat einer Seite auf ihrer Seite entsteht, wird sie auch aus dem gleichen Quadrat der Seite reduziert durch die Einheit entstehen, aus dem zweiten Satz im ersten Buch von Euklids *Elementen.* Aber das Produkt eines Quadrats und der Einheit ist immer gleich dem Quadrat, wie wir zu Beginn des sechsten vollständigen Werks gezeigt haben, und selbst die Sinne merken, dass das Produkt eines Quadrats und der Seite, wenn die Einheit abgezogen wird, gleich dem Produkt der Seite und dem doppelten Aggregat aller vorangegangenen Zahlen ist; so ergibt sich der Satz.

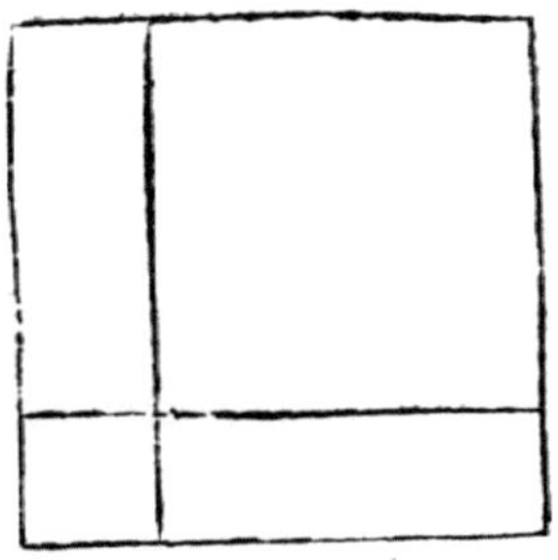

Auch dies bedarf einer Lösung: Wie das Verhältnis eines Quadrats zum Doppelten dieses Aggregats, so ist das Verhältnis einer Seite zu sich selbst minus der Einheit. Aus Euklids Beweisen im sechsten Buch der *Elemente* geht also hervor, dass sich aus einer Seite, die mit dem Doppelten dieses Aggregats multipliziert wird, derselbe Wert ergibt wie aus einem Quadrat, das mit einer Seite minus Einheit multipliziert wird. Wir sollten diese Proportion noch einmal zeigen, und das ist der Beweis: denn das Doppelte dieses Aggregats ist immer gleich dem Produkt aus der größten Zahl und einer um die Einheit größeren Zahl, zum Beispiel ist das Doppelte des Aggregats der Zahlen bis 7 gleich 56, und das ergibt sich aus 7, der größten Zahl, multipliziert mit 8, der größten Zahl plus der Einheit. Da also von einer Seite, die mit sich selbst multipliziert wird, das Quadrat auf der Seite entsteht, und von einer Seite, die mit sich selbst minus der Einheit multipliziert wird, das bekannte Doppelte entsteht, so ergibt sich aus dem, was Euklid gezeigt hat, dass das Verhältnis des Quadrats einer Seite zum Doppelten das gleiche ist wie das einer Seite zu sich selbst mit abgezogener Einheit, was wir als das angenommen haben, was zu beweisen war.

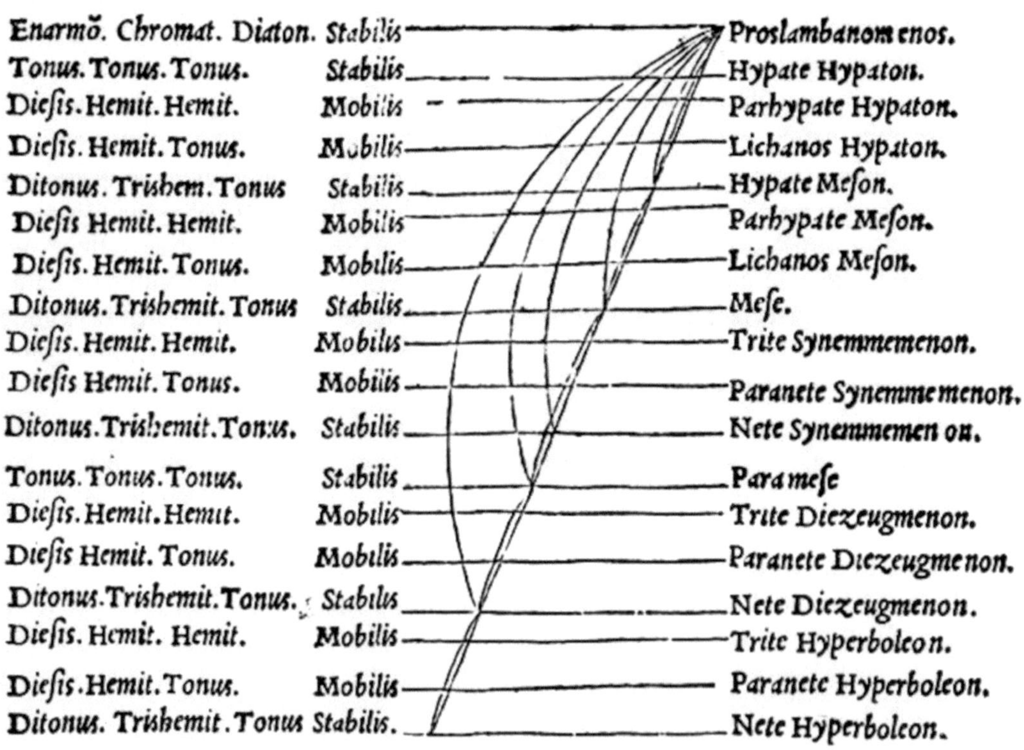

Dies wäre also vollständig bewiesen, außer dass es noch nicht anerkannt ist, dass von jeder Zahl, die mit sich selbst multipliziert und um die Einheit reduziert wird, das Doppelte der Summe aller vorhergehenden Zahlen kommt. Der Beweis ist folgender: zwei beliebige Zahlen, die gleich weit vom Mittelwert entfernt sind, ergeben das Doppelte des Mittelwerts, sodass alle Zahlen, die von der Einheit ausgehen und in Reihe stehen, so viel ergeben, als wenn man statt der Zahl ihrer Enden die mittlere Zahl annähme. Die größte Zahl aber schließt gerade ihre Ordnung ein, also alle von der Einheit aus in Reihe stehenden Zahlen; verbunden ergeben sie so viel, als ihr Mittelwert bis zur größeren Zahl reicht. Das Doppelte der Summe solcher Zahlen ist also gleich dem doppelten Produkt aus dem Mittelwert und der größten von ihnen. Aber die Zahl, die um die Einheit größer ist als die größte, ist das Doppelte des Mittels, also ist von der größten Zahl zur größeren um die Einheit das Doppelte des Aggregats aller Zahlen von der Einheit bis zur größten Zahl. Und der Mittelwert ist eine Grenze der Anordnung. Aber in dem, was bisher gesagt wurde, kann das, was gelöst wurde, durch Anordnung gesammelt werden, und so kann man einen Beweis des Satzes erreichen. Und wir werden einige bemerkenswerte Entdeckungen beklatschen, wie die Entdeckung der Seiten durch Michael Stifel, die wir in das erste Buch unseres Werks[1] aufgenommen haben.

Es folgen die musikalischen Entdeckungen, einst von der dreifachen Ordnung der Quarte[2], von denen heute nur noch eine, die diatonische bekannt ist, während die anderen Ordnungen entweder durch Versehen oder durch ihre Schwierigkeit verloren gegangen sind. Erläutern wir nun in aller Kürze die von uns vorgenommene Wiederherstellung dieser Ordnungen, die in unserem ersten und zweiten Buch über Musik behandelt werden. Die Chromatik entsteht durch eine modifizierte Musik, bei der nicht nur aus b f a b mi, sondern auch aus e la mi und a la mi re ein Halbton erzeugt wird, wie es besonders bei der Harfe der Fall ist, aber auch Orgeln können auf dieser Grundlage musizieren. Dieser Modus erscheint im Vergleich zur diatonischen Art sehr süß, wegen der Frequenz des Halbtons; kleine Intervalle und Verhältnisse der Noten verleihen den Stimmen Attraktivität. Die chromatische Art hängt von Halbton, Ton und anderthalb Ton ab, wobei der Doppelton vermieden wird. Das sind kleine Intervalle, aber kleiner sind die enharmonischen, die durch Vierteltöne getrennt sind, und folglich süßer als die chromatische Harmonie. Um ein Beispiel für die phrygischen Pfeifen zu geben: Wie wir im fünften Buch der *Musica* erklärt haben, macht ihr zittriger Klang mit einer kaum geöffneten Öffnung ein Intervall von Halbtönen, aber kaum von Ganztönen; dieses ewige Verschwinden in den einzelnen Stimmen trägt zu einer unglaublichen Attraktivität bei. Nehmen wir ein anderes Beispiel auf der Harfe (da Orgeln dazu nicht in der Lage sind). Sie wissen, dass auf der Harfe die einzelnen Töne durch einen Halbton getrennt sind; Sie fühlen die zittrigen Stimmen, die nur die Hälfte des Intervalls einer Stimme überschreiten und daher einen Viertelton von so großer Süße bewahren; stellen Sie sich vor, dass die zittrigen Stimmen mit den einzelnen Schlägen der eilenden Hand durchsetzt sind, und überlegen Sie, welch unglaubliche Harmonie Sie dann hören werden. Aber auf der Harfe wird sich eine Person nicht ausdrücken können. Die Leier ist bequemer, weil sie die Stimmen besser festhält. Die Alten bauten Instrumente, die dafür geeignet waren, und zwischen ihren Saiten wurden Vierteltonintervalle eingerichtet. Die Endsaiten befanden sich an denselben Stellen, die einen Akkord ergeben, also notwendigerweise bei jedem Vierteltonintervall. Aber wir fügten bei der Diatonik zwei

[1] Forrester schreibt, dass dies nicht zu finden ist.

[2] »Diatessaron«.

Sehnen hinzu, eine unter der tiefsten, die andere über der höchsten, sodass das Intervall von Halbtönen festgelegt wurde. Vor nicht allzu langer Zeit baute Nicolaus Vincentius ein in Vierteltöne unterteiltes Monochord, sodass er einzelne Töne in fünf und kleine Halbtöne in zwei unterteilen konnte. In dem gewöhnlichen Instrument gibt es dreißig glänzende weiße Tasten, also einundzwanzig Töne; acht kleine Halbtöne im unteren Rang. In der oberen Reihe sind zwanzig schwarze Klappen, und 49 Halbtöne. Dieses chromatische Instrument hat also fünfzig Klappen, 49 Intervalle. Größere Halbtöne 20, kleinere 28, Töne 21. Er rechnet also in diesen vier Reihen, von denen zwei höhere, zwei niedrigere, zwei weiße Tasten und ebenso viele schwarze sind, mit den kleinen Tönen, die in zwei Vierteltöne geteilt sind, sodass sie 56 ergeben; mit den großen Tönen in drei, sodass sie 60 ergeben; insgesamt 116, aber 117 Tasten, dann sind statt eines ungeteilten Tons (von dem ich sprach) fünf Vierteltöne und ebenso viele Tasten vorhanden. Das enharmonische Monochord hat 121 Stimmen und eine Tonart mehr als diese. Sicherlich ist dies aus Gründen der Bequemlichkeit kein unnützes Verhältnis, aber dennoch nicht ganz präzise. Auch Lucretia, ein deutsches Mädchen in Bologna, fügte der Harfe sechs Saiten hinzu, sodass in den oberen fünf Rängen 17 Dreiergruppen vorhanden waren. Und die höchste Note war als einzige ein Zwilling. Die Saite, die den Platz des tiefsten Tons einnahm, hatte zwei Unisono-Saiten und eine dritte im Abstand einer Oktave; die vier mittleren Saiten behielten die Unisono-Konkordanz von drei Saiten.

Diese Anordnung hat einen doppelten Nachteil: den begrenzten Abstand, sodass, wenn die Finger nicht sehr schlank und lang sind und der Harfenspieler nicht ausgezeichnet ist, wie die genannte Lucretia, die mit ihren siebzehn Lebensjahren nicht weniger als jeder andere geschätzt werden konnte, beträchtliche Schwierigkeiten und Verwirrungen zu erwarten sind. Und eine solche Anzahl von Saiten kann kaum lange in der notwendigen Spannung bleiben. Aber die Schwierigkeit verlieh ihr etwas Besonderes, und die Vortrefflichkeit ihrer Kunst verlieh ihr eine wunderbare Lieblichkeit.

Da es zwei Extreme bei den verschiedenen Stimmen gab und eine Mitte, die Tenor genannt wird, wurde **eine vierte Stimme, der Altus**, hinzugefügt, so dass sie, da sie die Lücke füllt, den anderen die Süße[3] verleiht. Da etwas künstlich zu einer Sache hinzugefügt wird, was bereits perfekt war, trägt sie gewöhnlich zu einer reichen Verzierung bei. Daher passt die Altstimme mit ihrer wunderbaren Kunst zu allen Stimmen. Sie bewahrt in einzigartiger Weise den gewichtigen Ton, gegen den sie sich oft in die Höhen erhebt, zuweilen verwandelt sie sich selbst in eine gewichtigen Ton, sinkt in die Tiefen und bewahrt mit ihrer erhabenen Stimme die ganze Harmonie durch ihre gegenläufige Bewegung. Meistens jedoch bewegt sie sich in den mittleren Räumen. Daher kommt es, dass sie die edelste ist, und dass sie die hervorragende Natur und das Talent des Sängers erfordert, und ohne diese kommt gar nichts heraus.

Es ist einfach, die **Noten** zu singen; wir nennen sie Ut, Re, Mi, Fa, Sol, La. Aber die Wörter zu singen ist schwieriger. Da Kinder zuerst die Notenlaute lernen, haben sie oft große Schwierigkeiten, zu den Wörtern überzugehen. Dieser Übergang geschieht auf drei Arten. Der erste Weg besteht darin, dass das Kind nach dem Gehör die Quinte, die Oktave, die Quarte lernt, ebenso sollte es die Septe und die None und die Sekunde nach Gehör lernen und sie mit seiner Stimme vortragen. Und so sollte es unter der Größe dieser Stimmen Wörter und Silben kraftvoller aussprechen. Dies ist sehr schwierig, da die Sexte und die Terz doppelt sind und es nicht möglich ist, sie vorzutragen, ohne sich

---

[3] »suavitas«.

die Noten vorzustellen. Und wenn Sie die eine durch die andere ersetzen, werden Sie mit den übrigen Stimmen um einen halben Ton abweichen. Der zweite Weg besteht darin, dass man sich im Geiste, auf welchem Intervall und welcher Linie auch immer, vorstellt, welche Stimme da sein soll und wie groß sie sein soll. Und auf diese Weise erzeugt man Silben dort, wo der Ort der Noten ist. Dieser Weg ist besser als der erste, aber da künstliche Vierteltöne, Halbtöne oder Töne vorkommen, wäre er nicht befriedigend, und sie würden nur schwer erzeugt werden. Der dritte Weg ist der beste von allen, in der Vorstellung und Stimme die Töne und die Größe der Stimmen zu bewahren und mit der Zunge die vorgeschlagene Silbe zu erzeugen. Und dieser beste Weg ist auch der schwierigste.

Wir werden auf drei Arten vorgehen: entweder durch langes Üben, sodass Sie allmählich den Ton loslassen und die Silbe in den Tönen erzeugen, zuerst in den langen Tönen und im Unisono; dann allmählich ansteigend und absteigend, im Unisono, und eine Quinte und eine Quarte; auch in Akkorden, die Kadenzen genannt werden, schließlich in anderen Stimmen, und später gehen Sie zu den kurzen Tönen über. Eine andere Methode besteht darin, die Zunge bewegungslos zu halten und so die Stimme ohne Noten oder Silben zu äußern. Immer nach einer einzelnen Silbe, nämlich unter A oder E. Sie konzentrieren sich schließlich auf das Herausbringen von Silben. Diese Methode erhält ihre Vielfalt durch die Art der Erzeugung, wie die erste durch die eigentliche Sache oder das Lied. Die dritte, meines Erachtens bessere Methode, erfolgt mithilfe einer anderen Person, die die Töne erzeugt, während Sie die Silben singen; denn auf diese Weise wird sowohl die Zeit als auch die Lautstärke der Stimme gesichert, und Sie werden sich nach und nach gewohnheitsmäßig auf das Schwierigste begeben.

Es gab noch eine andere Kurzform des Lernens, die man ohne die Hand am besten lernt. Das wird aber passieren, wenn man dem Schüler alle Stimmen auf der ersten Tonleiter beibringt, die übrigen laufen alle in der gleichen Ordnung ab, und damit die Veränderungen für die Tonarten, die wegen der Halbtöne immer an drei Stellen erscheinen. Denn die veränderten Tonarten werden so miteinander verglichen, dass sie alle auf zwei reduziert sind, obwohl sie sechs zu sein scheinen: drei, genannt B, weich, und die gleiche Anzahl ohne dieses. Wenn Sie sie sorgfältig notiert haben, werden Sie sie auf nur zwei reduzieren, auf einer Basis, die nicht nur wunderbar und kompakt, sondern auch einfach ist. Aber dies wird ausführlich in *Musica* behandelt, wie ich gesagt habe.

Danach kommt die **Optik**, deren subtilste Erfindung die Uhr ist, die die Stunden durch ihren Schatten anzeigt, und die Vitruv wie vieles andere in seinem Werk dargestellt hat. Tatsächlich scheint diese Wissenschaft der Optik die Mitte zwischen der Mathematik und der schönsten Wissenschaft der Naturdinge zu sein, die wir Philosophie nennen und deren Umfang sehr weit reicht. Wir haben über die wichtigsten Teile davon in unseren Büchern *De arcanis aeternitatis*, *De Immortalitate Animorum* und *De rerum varietate* geschrieben. In der Tat ist der edelste Teil derjenige, der uns lehrt, die Natur der Jahreszeiten und die Temperatur der Luft vorherzusehen; er ist von Nutzen für Bauern, Seeleute, Kaufleute, Generäle. Und in der Tat ist er für das gesamte menschliche Geschlecht sowohl erfreulich als auch gesundheitsfördernd. Die Beschaffenheit der Luft hängt von zwei Merkmalen ab, von denen das eine mit Kälte und Hitze, das andere mit Feuchtigkeit und Trockenheit zu tun hat. In dieser Gattung gibt es fünf Arten: Ob es schön oder windstill ist: windig, bewolkt, regnerisch, Hagel oder ein schrecklicher Sturm. Im Winter tritt Schnee anstelle von Regenfällen auf.

Die **Anzeichen für Wind** sind nach den Naturgesetzen folgende: einer Ausstülpung, die mit dem Mond verbunden war, die ich gesehen hatte, folgte unmittelbar ein sehr starker Wind. Eine kleine Wolke um die beiden Esel[4] sagt Winde aus derselben Richtung voraus. Rötliche Wolken, die über den ganzen Himmel verstreut sind, oder ein roter Mond und Sonnenuntergang unter rötlichen Wolken, flüchtige Wolken; der Klang von Glocken, der in einem Moment sehr gut zu hören ist und in einem anderen kaum wahrnehmbar ist; wenn sich Fahnen auf den Spitzen von Türmen bewegen; Flächen um den Mond, die plötzlich verschwinden: diese verraten, woher die Winde kommen werden. Aber wenn ein klarer Mond unter- oder aufgeht, und die Sterne und die Sonne weiß und klar untergehen, oder wenn die Sonne mit ein paar Wolken untergeht, und die Raben in Scharen krächzen, als ob sie sich freuen, und die kleine Eule in der Nacht anhaltend schreit: das kündigt schönes Wetter an.

Ich glaube nicht, dass ich die **Vorzeichen der Stürme** besser erkennen kann als Euer Dichter, selbst wenn ich die Möglichkeit hätte, frei zu sprechen; lasst es sozusagen an die Zeilen Vergils gebunden sein. Zuerst spricht er so in den *Georgica*:

> Aber wenn es aus der Richtung des wilden Nordens hell wird, und die Wohnung des Ost- und Westwindes donnert, und das ganze Land mit vollen Gräben überschwemmt ist, und jeder Seemann auf dem Meer seine nassen Segel einrollt, hat nie ein Schauer den Unvorsichtigen heimgesucht, noch flohen die aufsteigenden Kraniche in den Talsohlen davor, noch blickte die Kuh zum Himmel auf und fing die Brisen mit klaffenden Nasenlöchern ein, noch flog die schrille Schwalbe um die Seen, und im Sumpf quakte der Frosch sein altes Klagelied. Oft hat auch die Ameise ihre Eier in ihren bewachten Kammern abgelegt und ihre schmale Reise fortgesetzt, und der riesige Regenbogen trinkt die Feuchtigkeit, und ein Heer von Saatkrähen, die in einer langen Kolonne von der Weide kommen, schreit mit eng aneinanderliegenden Flügeln. Auf den Wiesen von Kaystrus sieht man nun die verschiedenen Seevögel, und die, die in den süßen Sümpfen Asiens suchen, wetteifern darum, die üppige Gischt mit ihren Schultern zu verstreuen; mal stecken sie den Kopf ins Wasser, mal laufen sie in die Wellen, man sieht sie in der reinen Freude der Erleichterung jubeln. Dann ruft die Krähe mit lauter Stimme den Regen herbei, und sie stolziert allein auf dem trockenen Sand. Nicht einmal ein weitsichtiges Mädchen hat eine Ahnung von dem Sturm, sie würden die Schale mit Feuer sehen.[5]

Er fügt dies hinzu:

> Wenn die Luft des Halbmonds von schwarzer Dunkelheit erfasst wird, drohen dem Landmann und dem Schiffer unendliche Güsse.

Dann dies von der Sonne:

> Wenn sie, in einer Wolke verborgen, ihren Morgenaufgang mit Flecken geschmückt hat und sich in die Mitte des Kreises flüchtet, hüte dich vor Schauern; denn dann drückt der Südwind aus der Höhe und bedroht Bäume, Feldfrüchte und Herden. Oder wenn ihre mannigfaltigen Strahlen sich unter dem Licht in dicken Wolken zerstreuen, oder wenn die blasse Morgendämmerung sich aus dem Safranbett des Tithonus erhebt, ach, dann schützt das Weinlaub die zarten Trauben schlecht. Solch reichlicher Hagel springt zackig und knisternd auf die Dächer. Es wird helfen, dies mehr im Gedächtnis zu behalten, wenn sie ihren Lauf auf dem Olymp genommen hat; wir sehen oft wechselnde Farben über ihr Gesicht streifen. Blau kündigt Regen an, feurig kündigt Ostwind an; aber

[4] Der nördliche und südliche Esel im Sternbild Krebs.

[5] Vergil, *Georgica*, 1, 370–392

> wenn sich Flecken mit rötlichem Feuer
> zu mischen beginnen, dann sieht man alles kochen vor Wind und Wolken.
> Möge niemand mich in dieser Nacht
> über die Tiefe ziehen, noch die Taue
> vom Ufer lösen.[6]

Zahlreiche Halos oder ein Halo mit kräftigen Farben; Ochsen, die sich die Hufe lecken und brüllen und sich in ihre Ställe zurückziehen; Hühner, die Staub über sich verteilen; Mäuse, die quieken; auch Katzen, die sich mit den Pfoten den Kopf kämmen, all das bedeutet Regen. Der Klee spürt kommende Stürme auf außergewöhnliche Weise und zieht sich zusammen, biegt und kräuselt sich; da er sehr feucht und faserig ist, zieht er sich bei Kälte und dicker Luft zusammen, da er bereits an Veränderungen gewohnt ist und manchmal adstringierend, manchmal expandierend ist. So wird dies vielleicht nicht bei allen seinen Arten vorkommen, und noch viel weniger wird es in allen Fällen oder immer offensichtlich sein. In allen Fällen gilt dies für gleiche Breitengrade. Bei Windstille deuten geringere Zeichen auf Wolken und einen nebligen Tag hin. Starker Wind mit Regen deutet auf Hagel hin, Regen ohne Wind ist klar. Frost verdirbt die Reben und Bäume und deutet auf eine schlechte Weinernte hin, wenn die Bäume gerade austreiben (in unseren Gegenden ist dies im März, April und Anfang Mai der Fall) und wenn bei kaltem, klarem Wetter Vollmond herrscht, oder jedenfalls, wenn der Mond volles Licht hat.

Was die Wut der Winde anrichten kann, ruft Erstaunen hervor; die Winde wüten auf den Gebirgskämmen so heftig, dass, als ich den Apennin überquerte, eine Böe meinen Filzhut anhob und ihn mit ihrer Kraft wie einen Pfeil aus einem Skorpion forttrug. Er fiel fast zusammen mit dem Regen auf die nahe gelegenen Villen, wie ein Vorzeichen. Das Pferd, auf dem ich ritt, sprang seinetwegen zwei Schritte zur Seite, sodass ich fast herunterfiel. Das überzeugt mich davon, dass Poggios Geschichte nicht märchenhaft ist. Er schreibt, dass ein Wind eine Stadt namens Borgetum, sechs Meilen von Rom entfernt, umstürzte und einen Tempel der Heiligen Rufina und ein ganzes Gasthaus verschob. So ist es kein Wunder, dass es Frösche, Elritzen und Steine regnet. Frösche und Fische werden durch die Kraft des Windes von den Bergkämmen verweht. Und Staub wird verweht, der durch die Kraft des Windes zu Steinen verdichtet wird. Es ist bewiesen, dass sie nicht weit von den Bergen herunterfallen, wie einst auf dem Albaner Berg und in den Tälern von den nahen und höheren Berggipfeln. Georgius Agricola erwähnt, dass bei Chemnitz braune Erde mit Wasser herabregnete. Und in Schwaben zeichnete im Jahr 1534 die Luft immer wieder ein rotes Kreuz auf die Kleidung; das lag am Staub, der mit den Regenschauern herabgetragen wurde, und die Kreuzform entstand durch Fäden, die beim Weben die Form reproduzieren.

Auch die Eier kleiner Tiere werden verweht, ebenso wie die von Fröschen und Fischen, die inmitten von Wirbelstürmen und Regenschauern Tiere freisetzen, die herabzuregnen scheinen. Die Beweise sprechen also eher dafür, dass dies auf den Verfall und die Verbindung mit der Erzeugung zurückzuführen ist, als dass sie verlagert werden, da dies eher in der Nähe von Bergwerken und dort, wo es viel Pech gibt, geschieht als anderswo. Und es kommt häufiger vor, dass Weizen und anderes Getreide herabfällt als Tiere; Getreidekörner können leichter verlagert werden. Bemerkenswert ist jedoch die Erzählung von Olaus Magnus über den Lemming: eine Mäuseart, die im Norden so zahlreich aus den Wolken fällt, dass sie alles Grün verzehrt, wie es die Heuschrecken tun. Die Marder ernähren sich von ihm, und wenn die Geschichte wahr ist, die anderswo erzählt wird, so heißt es, dass, wenn man einen Marder aufschneidet und den Magen öffnet, grünes Gras zum Vorschein kommt –

[6] Vergil, *Georgica*, 1, 441–457

sodass es scheint, als seien Lemminge verändert worden, nicht erzeugt. Es ist also kein Wunder, wenn man nach den Ursachen Ausschau hält; diese Dinge geschehen nur bei großen Windbewegungen.

Daher waren sie in der Zeit der Römischen Republik weit verbreitet, weil auch sehr starke Winde häufiger auftraten. In der Tat war die Windkraft in der Vergangenheit größer, weshalb nicht nur diese Dinge, sondern auch Überschwemmungen und Überflutungen auftraten.

Diese Wunder sind furchtbar, weil sie aus übermäßigen Winden resultieren. Aber übermäßige Winde entstehen durch Hitze und große Trockenheit; daher bringen sie Verrat hervor, wie das Sprichwort sagt: »Bei großem Wind gedeiht Verrat.« Denn entweder geht die Ursache dieser Winde von den Sternen aus, vom Triumph des Merkur und des Mars und von den mächtigeren Sternbildern, dem Hund, dem Arktur, dem Orion; oder aber, um uns selbst näher zu kommen, eine heiße, trockene Verfassung, welche schwache Köpfe quält, treibt sie zu Verrat, Aufruhr und Gemetzel. Das gemeine Volk hat gewöhnlich solche Köpfe, wegen seiner beschränkten Erfahrung der Dinge und seiner Unmäßigkeit, und deshalb werden die Schlimmsten von ihnen zum Verbrechen getrieben. Es kommt aber auch vor, dass sie in die Irre geführt werden, und dann glaubt man, dass die an die Götter gerichteten Bitten Wirkung gezeigt haben.

Fische werden durch starke Winde in Teiche und zu neuen Gewässern getragen, und neue Samen in fremde Länder, wie Theophrast über die Laserwurz-Pflanze berichtet. Daher muss es als sicher angesehen werden, dass der Ursprung der Fische und der neuen Pflanzen aus der Verwesung stammt. Es ist bewiesen, dass diese Phänomene vor allem nach Stürmen auftreten und nie nach längerem klaren Wetter. Auf die gleiche Weise wird manchmal, wenn auch nicht oft, eine neue und unbekannte Vogelart aus fernen Gegenden in die unsrige gebracht, und zwar ebenfalls durch die Kraft der Winde, die sie tragen. Ähnlich, aber (sozusagen) göttlicher ist die Art und Weise, wie die Medizin die Eigenarten der Jahreszeiten zur Vorhersage der körperlichen Gesundheit und der Arten von Krankheiten nutzen kann, womit sich vor allem Hippokrates im dritten Teil seiner *Aphorismen* und Aristoteles im ersten Teil seiner *Probleme* befasst haben, mit einem außerordentlichen Maß an Subtilität. Für den Augenblick genügt es mir, die **Anzeichen einer kommenden Pestilenz** darzulegen, da sie nützlicher und offensichtlicher sind, und dann mit dem zu beginnen, was die Alten mit weniger Genauigkeit behandelt haben. Unter diesen ist das erste und zuverlässigste und natürlichste nicht nur ein Zeichen, sondern eine Ursache: anhaltende Regenfälle am Ende des Frühlings oder im Sommer, und zwar ohne Windstöße, aber mit heftiger Hitze, und wenn es nicht regnet, sieht die Luft trüb und neblig aus. Hippokrates beschrieb vor langer Zeit eine solche Lage in der Stadt Krannon; es folgte eine ungeheure und furchtbare Plage, bei der außer tödlichem Fieber und Tuberkeln und Karbunkeln auch ganze, von der Pest geschrumpfte Gliedmaßen abfielen. Wie gesagt, Hitze und Feuchtigkeit sind die Erzeuger des Verderbens, wenn die Bewegung sie nicht mildert.

Ein anderes Zeichen wird oft am Himmel gesehen, nämlich dann, wenn große Sonnenfinsternisse auftreten oder Kometen oder feurige Flammen in der Luft. Was die Luft verderben kann, ist in der Regel eine übermäßige Trockenheit und ein bituminöser Dampf, aber wenn nichts anderes dazu kommt, ist das Zeichen irreführend. Tatsächlich gab es 1531 und in den darauffolgenden Jahren viele Kometen, und von 1539 bis 1551 wurden so viele Sonnenfinsternisse und große Mondfinsternisse gesehen, dass mehr und größere nie aufgezeichnet wurden. Und dennoch hat Italien von 1524 bis zum heutigen Jahr 1559 keine nennenswerte verheerende Plage erlitten, ja nicht einmal die Spur einer solchen. Wenn man jedoch Bäume in Flammen sieht, ist das ein sichereres Zeichen für ein bevorstehendes Unheil, denn es ist unsere Luft, die dabei gestört wird, nicht die Luft über uns, die uns weniger betrifft.

Wenn aber eine Art von staubiger Luft einige Monate lang anhält, so ist das ein Vorzeichen für eine besondere Art von Seuche: die Unreinheit, die hineingezogen wird, beeinträchtigt das Herz, vor allem aber das Gehirn. Da die Seuche aus Wasser und Luft besteht, betrifft die aus Wasser bestehende Seuche vor allem das Herz, die aus Luft bestehende das Gehirn. Im Gehirn gibt es nämlich keine so kompakte Trennwand wie in der Lunge, obwohl das Gehirn atmet. Die Substanz des Gehirns selbst ist weicher als die des Herzens und blutleerer. Das Ergebnis ist, dass die Menschen zunächst durch den Defekt des Gehirns ohnmächtig werden und dann, da auch das Herz leidet, einem Zusammenbruch und dem Tod zum Opfer fallen. Daraus können wir also die Ursachen und dann die Art der Krankheit erkennen. Und wenn Brot, das der Luft ausgesetzt ist, über Nacht Schimmel annimmt, dann hat man schon Anzeichen für verdorbene Luft, und die Pest ist in der Nähe, auch wenn sie noch nicht ausgebrochen ist.

Und wenn eine alte Frau oder ein Mädchen geglaubt haben, dass sie Unheil vorhersehen, folgte die Pest. Denn wenn sie dies gesehen und gehort haben, irren sie sich nicht? Wenn sie dies aber nicht sehen, sondern irrtümlich glauben, es zu sehen und zu hören, dann ist durch die schlechte Qualität der Luft bereits schwarze Galle im Blut, die sich verschlimmert und die Pest hervorruft. Auch die Tollwut, die bei Hunden vorkommt, verkündet die Pest, weil sie entweder durch Wasser oder durch Luft zur Tollwut getrieben werden; wir haben bereits erwähnt, dass die Tollwut durch verdorbenes Wasser entsteht. In ähnlicher Weise weisen Wölfe, die in eine Stadt eindringen und eine Plage darstellen, auf eine gewisse Tollwut in ihnen hin; übermäßige Furchtlosigkeit ist ein Zeichen für Tollwut. Es sind also die Ursachen, die sie tollwütig machen, die den menschlichen Geist verderben und die Pest hervorrufen. Infolgedessen kommt es auch manchmal vor, dass Vögel ihre Eier und Nester und unterentwickelte Küken vor einer Seuche aufgeben. All dies sind Anzeichen für ein Überwiegen der schwarzen Galle, die auf verdorbene Luft oder Wasser zurückzuführen ist. Vor allem Schafe werden vor dieser Zeit von der Katastrophe heimgesucht; da sie von Natur aus schwächer und dem Menschen ähnlich sind, leiden sie an der Pest aus denselben Gründen wie der Mensch. Auch eine Plage von Fröschen und Kakerlaken in den Wänden entsteht durch überflüssige Fettfeuchtigkeit und schadet der menschlichen Natur und bringt ihr Verderben. Und wenn Würmer und Schlangen auftauchen, auch Maulwürfe, so geschieht es, weil sie ihre eigenen Nester verlassen wegen der Belästigung durch den unter der Erde gehaltenen Dampf, der aufsteigt, um die Luft durch eine so schädliche Veränderung zu verderben, dass er den Schlangen und noch viel mehr den Menschen zum Verhängnis werden kann. Praktisch kann nichts wirklich Unterirdisches für den Menschen gesund sein, und im Allgemeinen kann es das überhaupt nicht sein. Wenn also solche Vorgänge oft und überall auftreten, andauern und zunehmen, dann kündigen sie zweifellos eine kommende Seuche an. Sogar Vögel sind, wenn sie sich mit dieser Krankheit anstecken, ein Anzeichen für eine große Plage; Joachim Schaelerus berichtet, dass bei jener sehr schweren Plage in England die Vögel häufig tot unter den Bäumen gefunden wurden, mit Pusteln unter den Flügeln. Wenn also die trockeneren und unabhängigeren Tiere von dieser Krankheit befallen werden, leiden auch die Menschen darunter, und noch viel mehr; sie scheint auch auf die Pferde überzugreifen.

Außerdem wird die Frucht der Eiche, die Galla genannt wird, nicht selten im Monat März manchmal von Würmern, manchmal von Spinnen und manchmal von Fliegen durchstochen. Wenn sich ein Wurm bildet, kündigt er die Pest an. Der Wurm entsteht durch viel schlecht verarbeitete Feuchtigkeit. Wenn sich eine Fliege bildet, kündigt sie Fruchtbarkeit an; sie kündigt dünne Feuchtigkeit an, die gut gebraut ist. Dies lehrt, dass die Hitze der Luft gemäßigt ist, was Fruchtbarkeit bringt. Bricht aber eine Spinne aus, so deutet dies auf Unfruchtbarkeit hin; die Spinne ist ein kaltes, trockenes Geschöpf, und deshalb spinnt sie Netze. Kälte und Trockenheit sind allem Werden und Leben entgegengesetzt.

Um fortzufahren: Die **Zeichen für Fruchtbarkeit und Unfruchtbarkeit** sind insgesamt in vier Arten zu unterteilen. Erstens bei den Sternen, aber diese wurden bereits deutlich an ihren eigenen Stellen erwähnt. Bei den Elementen ist jedes Übermaß zu beachten, wie z.B. ein Übermaß an Hitze oder Kälte oder Trockenheit oder Feuchtigkeit; und übermäßige Ruhe und Abnormität der Luft, wie z.B. ein warmer Winter, ein trockener, ruhiger Frühling, ein mäßiger Sommer. Bei den Pflanzen warnen Phänomene wie leichte oder verdorbene Getreidesamen vor der kommenden Unfruchtbarkeit dieser Art. Und wenn dies beim Erscheinen des Hundssterns geschieht, vertrocknen sie schnell. Wenn dieses Unglück schwerwiegend ist, zieht es sich über mehrere Jahre hin, wie die Hungersnot Josephs in Ägypten, die sieben Jahre dauerte. Deshalb wählen die Bauern dann bessere Samen aus. Ähnlich verhält es sich mit den Früchten, bei denen es fast ein ständiges Merkmal ist, dass auf die höchste Fruchtbarkeit die höchste Unfruchtbarkeit folgt, sei es durch Erschöpfung der Kräfte der Bäume oder durch irgendeine Beschädigung der Knospen, aus denen die Triebe hervorgehen, wie es auch durch Hagel geschieht. Durch Unfälle und Zeichen: Erdbeben und Heuschrecken waren schon oft die offensichtlichen und wirksamen Ursachen der Unfruchtbarkeit. Fische werden durch reichliche Feuchtigkeit erzeugt, und Weizen durch ein feuchtes Temperament. Deshalb gedeiht er nicht auf der Insel St. Thomas, wie wir bereits sagten. Umgekehrt führt ein Überfluss an Weizen zu wenig Fischen.

Aber wenn ich mich bemühe, alles zu beschreiben, werde ich nie zu einem Schluss kommen. Es gab diesen Maler, so hervorragend er auch war, dem Apelles den Vorwurf machte, dass er nie wusste, wann er den Pinsel aus der Hand legen sollte. Zumal für einen Menschen nichts schwieriger ist als **die Zukunft vorherzusagen**. Sie ist in der Tat so verborgen, dass eine Vorhersage nur mithilfe einer göttlichen Eingebung zu Ruhm führen kann. Deshalb waren die, die sich darin auszeichneten, nicht viele und verdienten ihren Titel »göttlich«. Unter den Männern waren der Athener Musaeus und der aus derselben Stadt stammende Lycus, Sohn des Pandion, sowie der Böotier Bacchides, dann Tiresias (ein weiterer Böotier), der Zypriot Eucleus und der berühmte Epimenides aus Kreta. Ähnlich war es bei den Frauen: die Sibylle, so genannt von »sibullian«, was prophezeien bedeutet, oder von »sious«, was »von den Göttern« bedeutet, und »boule«, einem Ratschlag. Die bedeutendsten von ihnen lebten in Erythrea und Cumae und wurden Amalthaea, Demophile oder Erophile genannt; ihre Orakel wurden von den Römern besonders geschätzt.

Es gibt **vier Möglichkeiten, die Zukunft zu erahnen**: entweder durch ungewöhnliche Ereignisse, wie der Fall, der aus der Schweiz berichtet wird, wo zwei Löwen gesehen wurden, die in der Luft miteinander kämpften, und der eine schlug dem anderen den Kopf ab. Oder aus bewaffneten Männern und Schlachtreihen, wie zur Zeit der Makkabäer und vor der Zerstörung Jerusalems, die vierzig Tage lang ununterbrochen am Himmel zu sehen waren. Es wäre nicht abwegig, diese Phänomene auf die

Nebel zurückzuführen, oder auch den unterschiedlichen Formen der Wolken, aber das wurde bereits an anderer Stelle erörtert. Oder auf die prophetische Kraft, über die wir kürzlich gesprochen haben. Oder auf eine natürliche Kunst, wie Astrologie, Physiognomie, Metoposkopie, Chiromantie, Navigation, Landwirtschaft, Medizin, Traumdeutung. Oder auf Wunderkräfte, Omen und Weissagungen sowie auf in Verruf geratene Fähigkeiten, über die wir im vierten Buch von *Über die Weisheit* gesprochen haben.

Es gibt so viele wichtige Wege, Vorhersagen für zukünftige Ereignisse zu machen, so unterschiedliche und unzuverlässige, dass es weder seriös wäre, sie zu beachten, noch sicher, sie ganz zu ignorieren. Und da jeder nach Belieben protestiert und schlechtere Vorhersagen akzeptiert als die, über die er schimpft, gibt es nur wenige Gelehrte auf diesem Gebiet, die wissen, was sie als echt erkennen und was sie als falsch ignorieren sollten. Denn alle Wahrheit ist göttlich und geht von den Besten aus.

In den verschiedenen Disziplinen finden sich viele **hervorragende Männer, und ich habe zwölf von ihnen ausgewählt**, wobei ich jedem sein eigenes Urteil überlasse. Archimedes ist der erste, nicht nur wegen seiner inzwischen veröffentlichten Werke, sondern auch wegen der technischen Erfindungen, mit denen er wiederholt die römischen Streitkräfte vernichtete, wie Plutarch bezeugt. In seinem *Leben des Marcus Marcellus* beschreibt er wundersame Erfindungen des Archimedes, und wir erwähnen andere, ebenso bemerkenswerte, auf der Grundlage von Galen, der nicht so sehr der erste Autor auf beiden Gebieten war, sondern einer, der unnachahmlich war. Auch der Mann, der die Graeculos verachtete (Cicero verwendet diesen Namen gewöhnlich für die Griechen), lobte Talent und Werk des Archimedes. Er suchte sein Grab in den Ruinen der Stadt Syrakus und ließ es von Gestrüpp befreien.

An zweiter Stelle steht Aristoteles, der Lehrer Alexanders des Großen von Mazedonien, der wunderbare Arbeiten über die natürlichen und göttlichen Dinge und über die Dialektik verfasste. Er untersuchte das Leben, die Gewohnheiten und die Anatomie der Tiere mit wunderbarem Gespür. Auf den einzelnen Fachgebieten schrieb er, was ihm gefiel, doch über so viele Jahrhunderte hinweg konnte kein nennenswerter Fehler in seinen Schriften gefunden werden. Nach ähnlichen Argumenten geht der dritte Platz an Euklid, an Scotus und an Richard Swineshead (gewöhnlich genannt »der Kalkulator«), und zwar mit gleicher Hoffnung; aber aus der Antike erhält Euklid den Vorzug. Er hat zwei herausragende Stärken: die unerschütterliche Stabilität der Lehren des Buches der *Elemente* und eine Vollkommenheit, die so vollständig ist, dass man kein anderes Werk mit diesem vergleichen kann. Daraus folgt, dass nur diejenigen, die Euklid nahe stehen, in der Lage sind, bei schwierigen Problemen Wahrheit und Lüge zu unterscheiden. Er stammte aus Megara, und er schrieb noch viele andere Werke, die noch erhalten sind, von gleicher Subtilität, aber viel weniger nützlich.

Dann kommt Johannes Scotus, wegen seiner Heimat Schottland so genannt, und seine Lehre brachte ihm überall die gleiche Anerkennung als scharfsinniger Lehrer ein. Richard Swineshead (bereits erwähnt) war ein Bewohner derselben Insel; alle Nachwelt hat sich bemüht, ein einziges Problem von ihm zu lösen, das der Erfahrung über die gegenseitige Wirkung widerspricht. Man sagt, dass er im Alter weinte, weil er seine Entdeckungen nicht mehr verstand, als er sie las. Ich denke, das macht es sicher, wie ich in dem Buch *De Immortalitate Animorum* geschrieben habe, dass die Barbaren uns an Intelligenz nicht unterlegen sind, da Britannien unter einem nebligen Himmel und durch eine ganze Sphäre geteilt, zwei Männer von so hervorragendem Talent hervorgebracht hat.

Der sechste Platz gebührt Apollonius von Perge, der fast gleichzeitig mit Archimedes lebte. Er schrieb acht bemerkenswerte Bücher über die Elemente der Kegelschnitte, von denen aber bisher nur die ersten vier veröffentlicht wurden, die vom Übersetzer so verunreinigt wurden, dass man sie nicht einmal als veröffentlicht bezeichnen kann.

Neben ihm, aber viel älter, sollte Archytas von Tarent stehen, sodass auch ein Italiener seinen Platz unter solch angesehenen Männern einnehmen kann. Neben der fliegenden Taube aus Holz, die er konstruiert haben soll, fand er einen echten Beweis dafür, wie man zwei Linien in fortgesetzter Proportion zwischen zwei andere vorgeschlagene Linien setzen kann, einen Beweis, den Eutocius neben zehn anderen falschen überlieferte. Nach ihm kommt Mohammed al-Chwarizmi, der Araber, genannt Algorismi, der sozusagen die Kunst der Algebra erfunden hat. Wegen dieser Erfindung hat er seinen Namen erhalten. An neunter Stelle steht Alkindus, ebenfalls ein Araber. Ein Beispiel für seine Veröffentlichungen (an die sich Averroes erinnerte) ist das überlieferte Buch auf der Grundlage der sechs Mengen, das wir zum Druck weitergeben werden, da es nichts Klügeres gibt.

Nach ihm kommt Geber Hispalensis für eine sehr berühmte Entdeckung: während Ptolemäus mit großer Mühe die sechste der fünf Mengen suchte, suchte dieser Mann die vierte von denselben drei. Er hat auch vieles zum Besseren verändert, was zum Himmelszustand gehört: Denn wir können nun leicht verstehen, dass die größte Hitze viel weniger Kälte und eisigen Temperamenten ausgesetzt ist.

Der elfte in der Subtilität, aber der berühmteste in der Kunst ist Galen, mit seinen Schriften *Methodus medendi* und *De locis affectis* und seinen Sezierungen. Aber er war so wortreich und so ermüdend in seiner Rechthaberei, dass es kaum zu ertragen ist. Nach ihm fand ein großer Verfall der Künste statt, den die Ärzte unserer Zeit wieder gut zu machen versucht haben.

Als letzter von allen kommt Vitruv, und wenn er über seine eigenen Entdeckungen und nicht über die anderer geschrieben hätte, hätte man ihn zu den ersten zählen können. Einige Errungenschaften stechen hervor: So ist bei Archimedes die Gleichheit der Kugel mit dem Zylinder auf seinem Grabstein eingemeißelt; bei Euklid die Ordnung, bei Aristoteles der logische Zusammenhang, bei Galen die Kunst der Unterscheidung. Auch andere haben hervorragende Begabungen, auch wenn sie nicht für ihre Subtilität bekannt sind. Wer bewundert nicht die Leidenschaft bei Homer? Die Feierlichkeit bei Vergil, die Fähigkeit, Mitleid zu erwecken, und die Fülle bei Cicero, die hohe Qualität der Redekunst und die mit der Bedeutung der Worte verbundenen Effekte bei Quintilian? Es ist nicht eine einzige Art von Subtilität, in der sich die Autoritäten unterscheiden, sondern es ist eine ganze Reihe. Aristoteles ist berühmt für sein Talent, um das ihn Theophrast und Scotus beneiden; Archimedes für sein Talent und seine Vorstellungskraft; für Vorstellungskraft der Kalkulator; Euklid für das Verstehen mit Vorstellungskraft; der Algebraiker al-Chwarizmi für das Urteilsvermögen; Vitruv für den Verstand zusammen mit der Erfahrung. Mit diesem wetteiferte Heron, ein Mann von großem Ansehen für seine Erfindungen, obwohl sie von geringem Nutzen waren. Am meisten zeichnete Vitruv die Art und Weise aus, wie seine Uhren funktionierten, entweder durch Schwimmer und Wasser oder durch die Anpassung an den Aufgang der Sterne des Tierkreises oder durch ein Analemma, das für ebene und sphärische Öffnungen verwendet wird. Diese Männer waren alle von außergewöhnlichem Talent. Aber es gibt **drei Männer, die die menschlichen Kräfte übertroffen zu haben scheinen** und der Göttlichkeit näher waren: Ptolemäus von Alexandrien, Hippokrates von Kos und Plotin. Dem letzteren verdanke ich meine Überzeugung, dass ich viele Dinge verstehen kann; dem zweiten das Wissen um die Kunst; den ersten bewundere ich, weil ich ihn kaum verstehen kann. Ich stelle den Ruhm dieser Männer nebeneinander, denn wenn die Werke der anderen untergegangen wären, sehe ich nicht ein, warum ich diese nicht mit diesen dreien wiederherstellen sollte, selbst wenn ich nicht die Hilfe hätte, auf die sich diese Männer verließen. Aber ich verstehe gut genug, dass ich in meinem ganzen Leben keine sieben Zeilen des Werkes eines von ihnen schaffen könnte.

Diejenigen aber, die Galen für gleichwertig mit Hippokrates halten, geben mit dieser Aussage zu erkennen, dass sie keinen von beiden verstehen; Hippokrates ist von Galen weit mehr verschieden als Galen von irgendeinem Kind. Daher kann derjenige, der noch keinen von diesen dreien versteht, wirklich denken, dass er gebildet ist. Er erwirbt Wissen aus dem Verständnis anderer, aber er denkt nicht, er nimmt nicht an, dass er selbst überhaupt etwas weiß. Aber dies ist das Ziel der menschlichen Erkenntnis.

Wie jeder **die Planung der ganzen Bücher** und die Art und Weise, wie jede Kunst gelehrt werden kann, auffassen kann, finde ich niemanden, der es mir genauer übermittelt hat, ausgenommen Galen. Wenn wir uns rechtzeitig daran gehalten hätten, so hätte uns das viele Mühen erspart. Das ist dieselbe Grundlage, auf der ich bis jetzt gezwungen war, meine Werke sehr oft zu ändern, Werke, die anderen eher zu gefallen schienen als mir. Aber jetzt gibt es einen Plan für das Schreiben derer, die veröffentlicht werden sollen, der mich ebenso zufriedenstellt wie andere; zumindest glaube ich das. Bis jetzt hatte ich niemanden, der mir beim Verfassen meiner Bücher geholfen hat, außer Gott. Und ich wünschte, niemand wäre ein Hindernis gewesen. Und so, als ich eine Gedankenkette in Gang gesetzt hatte, um zu entscheiden, dass es auch für dieses Geschäft eine Grenze gibt, bot sich eine Gelegenheit, nicht ohne göttliche Gunst, Galens Ansicht darüber zu verstehen. Die Ansicht war folgende: Wenn man eine Lehre über ein Thema vollständig und vollkommen weitergeben will, und das ist die Pflicht eines jeden Verfassers, so kann man dies auf bequeme Weise erreichen, wenn man das behandelte Thema in Arten aufteilt und sie in andere, kleinere unterteilt, bis man die Grenze erreicht hat. Der gleiche Plan muss bei den Zuständen befolgt werden, die bei diesen Arten gezeigt werden können Dies ist die erste Regel. Eine weitere wird sein, dass wir zeigen müssen, dass es sowohl in den Arten des behandelten Themas als auch in den Zuständen keine weiteren Arten von Gliedern innerhalb des behandelten Themas gibt und geben kann, und dass die beschriebenen Glieder alle darin enthalten sind. Der eigentliche Anfang dieser Teilung muss dem Ende der Kunst entnommen werden, sonst irren wir im Ungewissen. Auf diese Weise hat uns Galen die besten Regeln des Bauens gelehrt, und von dort aus, wer in jeder Kunst der bedeutendste gewesen sein muss.

Aber nun, nachdem wir beim Künstler angelangt sind, wollen wir uns den Künsten zuwenden, die in unserer Zeit so berühmt geworden sind, dass das, was ich hier schreibe, bei der Nachwelt wenig Glauben finden wird. Aber wenn man bedenkt, dass jedes Zeitalter seine eigenen Wunder besitzt, das älteste Zeitalter auf so viele Überschwemmungen, Brände, Orakel und auch Wunder blickt, dann gibt es keinen Grund, warum die Nachwelt an den technischen Entdeckungen unserer eigenen Zeit zweifeln sollte; noch wir an dem, was Bewunderung verdient und von anderen, die in einem früheren Zeitalter lebten, überliefert wurde. Jeden Tag gibt es neue technische Entdeckungen, und es gibt keine Grenzen, die man sich setzt. In manchen Fällen reicht es, zu wissen, was man will. Kürzlich ist jemand auf die Idee gekommen, ein Schwert mit einem Lanzenstiel zu versehen; wenn man das

Schwert darauf aufsetzt, verdoppelt es seine Länge, und indem die Verbindung mit einem Haken verstärkt wird, ähnelt es einer eisernen Lanze, deren Spitze das eigentliche Schwert ist.

Ein anderer machte eine eiserne Hand, die zwischen dem Geld in einer Geldbörse versteckt war. Sobald ein Dieb sie berührte, griff sie zu und umklammerte die Hand des Diebes. Der Erfindungsgabe sind also keine Grenzen gesetzt, man muss sie nur richtig einschätzen. Unser Zeitalter ist reich an hervorragenden und sehr großen Erfindungen.

Buch XVII: Über die Künste und Artefakte

Ist nicht unter den anderen Erfindungen diejenige, die am meisten Respekt verdient, der **Kompass** der Seefahrer, mit dem so viele Meere durchpflügt worden sind? Und mit ihm sind die Sicherheit so vieler Menschen und so große Ressourcen, ja das Leben von Fürsten den Tiefen des Ozeans, dem Abfall der Gewässer und dem Wirbeln der Winde anvertraut; und einem so kleinen Gefäß und einem kleinen Stab, ja einer bescheidenen Nadel. Es reicht auch nicht aus, dass diese Dinge geglaubt werden, es sei denn, sie leiten und lehren uns auch; und ein Stein ohne Empfindungsvermögen übertrifft so viele weise Männer mit ihrem Sehen und Hören.

Die nächste Auszeichnung könnte der Erfindung der militärischen **Artillerie** zuteilwerden, wenn sie nicht eher zur Vernichtung der Menschheit als zur Nützlichkeit erfunden worden wäre. Daher ist der Name des Erfinders verabscheuungswürdig.

Es folgt die wunderbare Technik des **Buchdrucks** mit Lettern, die nach der ersten an Nützlichkeit, Wert und Subtilität unübertroffen ist. Und selbst wenn man ihr den ersten Platz zuweisen würde, wäre dies kein Fehler. In der gesamten Antike gibt es nichts, was mit diesen drei gleichzusetzen wäre. Ich lasse den Rest der wunderbaren Erfindungen der Gegenwart weg, die eher eine Ergänzung zu den alten Techniken darstellen, als dass sie die Fähigkeiten unserer Urgroßväter übertreffen. Wenn ich sie aufzählen wollte, würde ein ganzes Buch nicht ausreichen, aber ich werde einige Beispiele hinzufügen.

Bögen und Kuppeln in Tempeln; Glocken in Kirchen; Steigbügel an Sätteln; Federn in Uhren; das Hervorheben weißer Linien in Glas; Form und Geschwindigkeit beim Prägen von Goldmünzen; ein Rad, auf dem viele Fäden gleichzeitig gesponnen werden, das in Venedig absichtlich unterdrückt wird, um verarmte Frauen und ihre Kinder zu schützen.[1] Auch Entdeckungen, die schon lange nicht mehr genutzt werden, wie die Struktur von Quinqueremen und die Zusammensetzung von Chrysokoll. Und die Struktur der thrakischen Brustpanzer, die Pausanias in seiner *Attika* erwähnt, als ob sie bereits existierte und bekannt wäre:

> Da die Sauromaten kein Eisen haben und sich nicht darum gekümmert haben, es zu kaufen oder durch Tausch zu bekommen, aber viele Pferde haben, pflegten sie, wenn die Pferde starben, die Hufe einzusammeln und zu reinigen und sie zu Armreifen zu schneiden; dann nähten sie sie mit den Sehnen von Pferden oder Ochsen in die Form der schuppigen Haut einer Schlange, sodass sie für jeden, der sie nicht gesehen hat, an die Frucht der grünen Pinie erinnern. Und solche Panzer stehen in Nützlichkeit und Eleganz den attischen Panzern aus Eisen in nichts nach; ob sie von Speeren aus einiger Entfernung oder von Schwertern aus

[1] Forrester führt dazu an: »Im März 1570 beantragte eine ... Witwe ein Privileg für eine Maschine, die entweder zum Spinnen ... verschiedener Stoffe ... oder zum Zwirnen und Doppeln von Seide, Flachs und anderen ähnlichen Stoffen verwendet werden konnte. Aber sie wurde gewarnt, dass, wenn sich das Gerät als wirksam erweisen sollte, es zum Schaden der Armen sein würde, weil diese Maschine Arbeitslosigkeit unter den armen Spinnerinnen und anderen armen Frauen verursachen würde, die das oben genannte Handwerk ausüben, d.h. Seide spinnen«. (L. Mola, *The Silk Industry of Renaissance Venice,* Baltimore: Johns Hopkins University Press, 2000, 198–199)

nächster Nähe getroffen werden, sie halten wunderbar stand.

Pausanias sagt, dass zu seiner Zeit einer im Äskulap-Tempel in Athen hing. Wenn er jetzt wieder für diese und andere Zwecke verwendet wird, würde ich nicht damit rechnen, dass der Erfinder seine Mühe verschwendet.

Die Fertigkeiten, die besonders von der Subtilität geprägt sind, sind die Malerei, die Bildhauerei und das Gießen. Wenn ein Auge auch nur ein wenig zu hoch, ein Nasenloch zu eng oder eine Lippe zu schräg ist, ist die ganze Mühe, die man investiert hat, umsonst. In der Bildhauerei waren die Alten so hervorragend (man führt das auf die Juden zurück), dass die Hand damals mehr wusste, als das Auge heute erkennen kann. Ich sah zwei Karneole dieser Art in Gestalt unbekannter Tiere. In der Tat ist die Subtilität die einzigartige Mutter aller Dekoration – und nicht nur der Dekoration, sondern auch sehr oft der Stabilität; zum Beispiel im Fall von Wänden macht die exakte vertikale Struktur das Werk sehr stabil und dauerhaft – und wenn es ein wenig davon abgewichen ist, bricht es bemerkenswert schnell zusammen.

Die Fertigkeiten, die nur unterstützt, wenn nicht gar durch Subtilität verschönert werden, sind die folgenden: militärische Fertigkeiten, Magie, Chemie[2] und Ingenieurwesen, das in der Architektur enthalten ist. Die Malerei wird nicht nur unterstützt, sondern auch verschönert. Sie ist in der Tat die subtilste und wichtigste aller technischen Fertigkeiten. Denn was auch immer der Guss oder die Bildhauerei versucht, die Malerei gestaltet es wundervoller, sie fügt Schatten und Farben hinzu und verbindet die Optik mit sich selbst, wobei einige neue Erfindungen hinzugefügt werden. Ein Maler muss alles wissen, weil er alles nachahmt. Der Philosoph ist auch ein Maler, ein Architekt und ein Fachmann im Sezieren. Es ist erwiesen, dass die bemerkenswerte Nachahmung des ganzen menschlichen Körpers vor einigen Jahren von Leonardo da Vinci in Florenz begonnen und fast vollendet wurde. Aber das Werk bedurfte eines so großen Praktikers und Naturforschers wie Vesalius.

Um nun etwas über die **Prinzipien der Kunst und des Gießens** zu sagen: Man muss zunächst die beiden gemeinsame Eigenschaft akzeptieren, die auch für den Kupferstich und die Bildhauerei gilt, dass es schwieriger ist, beide Seiten eines Gesichts zu gestalten als nur eine. Es kommt vor, dass die Darstellung eines Gesichts dreifach ist: die Mitte, das Ganze und die drei Viertel. Das Gesicht wird als Beispiel genommen, weil der Mensch schwieriger nachzubilden ist als das Tier, das Tier schwieriger als die Pflanze, die Pflanze schwieriger als die Landschaft und seine Teile. Von den Teilen des Menschen und seinen Eigentümlichkeiten ist das ganze Gesicht am schwersten darzustellen; erstens, weil die Arbeit in der Regel doppelt ist. Und wenn der Handwerker[3] zu einer halben Figur Zuflucht genommen und dabei zahlreiche Merkmale wie Größe, Anzahl, Form, Farbe, Makeln, Falten, Vertiefungen weggelassen hat, zeigt er so die Schlechtigkeit seiner Arbeit.

Wer also etwas modellieren will, sollte (sozusagen) zuerst in seinem Gedächtnis die von seinem Verstand gesehene Form konzipieren und dann eine subtilere Figur deutlich nachzeichnen. Präsentieren Sie dann, was Sie sich vorstellen, und notieren Sie jedes Detail, um es sofort zu vervollständigen. Denn in jedem der Teile ist eine gewisse Symmetrie verborgen, und wenn Sie nicht im Geist beginnen und sich nur auf die Augen verlassen, um die Details auszudrücken, werden Sie die Mühe verschwendet haben. Und Sie werden auch keine Hälfte (z.B. eine Seite) formen, denn niemand sieht einen Menschen so an, sondern mit einem leicht

[2] »chymistica«.

[3] Hier »artifex«, nicht wie oben öfters »opifex«, also Kunstmacher statt Werkmacher.

gebeugten Kopf zwischen einer Position und einer anderen.

So kommt es, dass die Mitte eines Gesichtes leichter wiederzugeben ist als das Ganze. Da, wie gesagt, die Mitte mehr Stellen hat, so folgt daraus, dass ihre Form in einer gewissen Breite besteht. In der höchsten Vollkommenheit der Darstellung würde das Ganze sozusagen in einem einzigen Punkt liegen. Es ist viel leichter, etwas zu erreichen, das eine Quantität hat, als ein Ding, das keine Unterteilung hat und nur durch Vorstellungkraft erdacht wird. Es scheint drei Arten der Darstellung zu geben: die erste in Oberflächen, und sie wird Gemälde genannt; die zweite in bereits vorhandenen Körpern, durch Gravieren und Schnitzen; die dritte erschafft die Körper tatsächlich und wird Guss genannt. Es ist klar, dass die **Malerei** die schwierigste von allen ist und daher die wichtigste. Sie besteht aus drei Teilen: Umriss, Schatten und Farbe. Da sie Körper auf einer Fläche darstellen muss, braucht sie die Hilfe von Schatten und Umrissen und ist daher schwieriger als die anderen Künste, die die Ähnlichkeiten auf den Körpern selbst ausdrücken. Eine matte weiße Farbe macht kleinere Dinge sichtbar, ebenso wie eine dunkle Farbe größere Dinge sichtbar macht. Ein Beweis dafür sind gedruckte Bücher, deren Tinte die Buchstaben umso kleiner erscheinen lässt, je verdünnter sie ist. Alles, was wir sehr klein malen wollen, malen wir also in Weiß, wie in der Malerei des berühmten Guillaume Du Choul, Präfekt der Allobroger Berge, in dessen Haus wir während unseres Aufenthalts in Lyon viele originelle und hervorragende Werke gesehen haben. Er ist ein sehr gelehrter und humaner Mann. Neben vielen Wundern der Natur zeigt er ein Kunstwerk, der Winter, sehr natürlich auf einem Gemälde dargestellt. Darauf ein Ritter in der Ferne zwischen Bergen, sodass er kaum zu sehen ist, und er ist mit künstlerischem Geschick in Weiß gemalt, sodass er noch kleiner erscheint, als er sichtbar sein könnte, und doch kann man ihn sehen. Die weiße Farbe ist dem Licht sehr nahe, sodass kein Teil von ihm, noch vom Licht selbst, unbemerkt bleiben kann. Nichts wird in der Tat ohne die allgemeine Fähigkeit der Empfindung gesehen. Also helfen auch Farben zu täuschen, und das ist eher ein Farbstoff als ein Gemälde. Es kommt oft vor, dass wir altes Holz mit Farbe anstreichen, und es sieht neu aus. Ich übergehe dies im Moment, da es sehr einfach ist und je nach Beschaffenheit des Holzes variiert. In den Schatten wird es durch die Dunkelheit unterstützt, und manchmal durch einen Beitrag der Modellierung. So wie diese beiden im Abendmahl des Heiligen Heilands (das ist sein Name bei den Bewohnern von Pavia) verbunden sind, ist die Wirkung, dass nirgends ein besser gemaltes Säulentheater als echt angesehen werden kann. Der echten Bogen in der Mitte des Bildes, die dunkle Umgebung und die wunderbare Sorgfalt des Malers täuscht die Augen so gut, dass man nicht unterscheiden kann, ob das Ganze gemalt oder tatsächlich konstruiert ist.[4]

Diese Kunst hat sich zu einer bemerkenswerten Kühnheit entwickelt, die so groß ist, dass sie versucht hat, Donner, menschliche Stimmen, geistige Erfahrungen, die Abfolge der Jahreszeiten und Merkmale darzustellen, die nicht gemalt und kaum beschrieben werden können. Die Abfolge der Jahreszeiten und Orte ist so angelegt, dass die ersten in den Vordergrund treten und größer sind und wie Schatten vergänglich erscheinen.

Ein Beispiel: Der Verlauf eines Latrunculi-Spiels soll gemalt werden. Du lässt die Stellen leer, die die Räuber (so nennt man die Spielsteine) zuerst verlassen haben, denn die Erfahrenen sind sich einig, dass dort zu Anfang ein Räuber war. Die Steine, die sich nur einmal vorwärts bewegt haben, malt man in

[4] Forrester schreibt, dass hier wohl *Das letzte Abendmahl* von Leonardo da Vinci gemeint ist, bei dem ein gemauerter Bogen in das Bild integriert ist.

effektvollen Farben, genauso wie die, die sich gar nicht bewegt haben, und entsprechend kleiner die, die sich weiter bewegt haben; und die auf der gegenüberliegenden Seite entsprechend größer. Hat sich aber eine Figur schon zweimal weiterbewegt, so sollst du sie, je näher sie ist, umso größer malen, aber der Erscheinungsform des ersten Zuges ist verdünnter und (sozusagen) unscheinbarer. Und der Platz, an dem sie zuletzt ist, zeigt gleichsam die ganze Form der Farben. Angenommen, ein Räuber ist dreimal vorgegangen: An der ersten Stelle wirst du ein schattenhaftes Zeichen machen, an der zweiten ein deutlicheres, an der dritten ein vollständiges. Nehmt den zum Maßstab, der seinen Platz öfter gewechselt hat; lass ihn, der schon fünfmal seinen Platz gewechselt hat, am Ende freigelassen und mit effektvollen Farben bemalt werden, nicht anders, als hätte er sich nie bewegt. An der vorletzten Stelle wird der Räuber müde sein und gemalt werden müssen, als wäre das Bild bereits gealtert. An dritter Stelle ist der Räuber bereits schäbig, kann aber noch unbeeinträchtigt aussehen, da die Reste seiner Farben noch vorhanden sind. Auf dem zweiten Platz werden die Räuber das Aussehen von Schatten haben, ohne Farbunterstützung, aber noch intakt. An erster Stelle werden nur Spuren des Schattens zu sehen sein, und Teile des Aussehens werden herausgefallen sein, als ob sie verstümmelt wären, aber so, dass man die Form des Räubers erkennen kann, und manchmal kann der Verstand nachvollziehen, dass er schon einige Zeit dort gewesen ist. Die Ähnlichkeit des Restes ist also aus den letzten Sequenzen zu entnehmen, nicht aus den ersten. Wenn also kein großer Positionsunterschied besteht, wird es leicht sein, mithilfe der Unterscheidungen der Teile die Sequenz zu reproduzieren, sodass diejenigen, die sich früher bewegt haben, sozusagen am äußeren Rand platziert werden.

In ähnlicher Weise zeigt der Maler die Gesichter von Menschen und Tieren in Bewegung. Wenn aber eine große Entfernung im Widerspruch zur zeitlichen Abfolge steht, nehmen die meisten Maler den Eindruck einer Abfolge weg, indem sie nicht nur die Größe, sondern auch die Farbe entfernen. Im Gegensatz zu ihnen werden wir also nicht einen Gegenstand den ersten Ort mit einem Bild malen, der wegen der Nähe groß wiedergegeben wird, sondern in der Ferne mit einem kleinen und schattenhaften, indem wir die Abfolge der Zeit wegnehmen. Aber sicherlich werden wir ein großes in der Nähe malen, aber gerade wie einen Schatten, sodass es nicht das darstellt, was so ist, sondern das, was so war; und in der Ferne ein kleines im Verhältnis zur Entfernung, und verschwindend, aber nicht so sehr wie das erste, noch mit einem Teil, der (sozusagen) vergänglich ist.

Aber was noch bewundernswerter ist und einem Wunder näher kommt, ist, ein Gesicht zu malen, das in alle Richtungen blickt (was wir einmal gesehen haben). Aber dazu haben wir schon viel gesagt, also müssen wir zu den **Prinzipien der Gravur** und des Schnitzens übergehen. Ich sage, dass es ein Schnitzen oder Meißeln ist, wenn wir Bilder machen, die hervorstehen, wie bei Statuen und Münzen, die die Bilder von Fürsten wiedergeben. Gravieren ist, wenn man aushöhlt, wie bei Siegeln und Edelsteinen, die man in Wachs eindrückt, um Bilder zu reproduzieren. Es ist viel schwieriger als das Schnitzen: Schnitzer tun das, was sie sehen können; Graveure sehen das eine, während sie das andere tun. Während sie sehen können, können sie nichts tun; während sie etwas tun, können sie nicht sehen. Während sie etwas tun, können sie nichts tun; während sie etwas tun, können sie nicht sehen. Ebenso können sie sich beim Gravieren nicht vorstellen, was sie tun werden, während die Schnitzer es können. Der Hohlraum ist sowohl in seiner Natur als auch in seinem Nutzen unbekannt. Und wenn man beim Vergrößern dessen, was aus dem Wachs herausragen soll, einen kleinen Fehler macht, hat man mit dem vergrößerten Hohlraum im

Edelstein einen Fehler geschaffen, der nicht korrigiert werden kann, ohne das ganze Werk zu verderben.

Aber in der Bildhauerei und in der Prägung ist es am Anfang leichter, nicht zu viel wegzunehmen, sondern es zu belassen, als etwas durch die Gravur nicht aufzufüllen; wenn man dann sogar viel zu viel wegnimmt, ist es leichter und bequemer, das ganze Werk wiederherzustellen, wenn es ausgebeult ist, als wenn es ausgehöhlt ist. Beim Gravieren entspricht die rechte Seite der linken Seite und die linke der rechten, was bei dieser Arbeit am schwierigsten ist, wenn man ein ganzes Bildnis gravieren will – während in der Bildhauerei die rechte Seite rechts und die linke links bleibt. Aus all diesen Gründen ist es viel schwieriger, zu gravieren als zu schnitzen. Ein ganzes Gesicht zu gravieren ist eine sehr schwierige Aufgabe der besonderen Art, und noch schwieriger ist es, dies auf einem kleinen Edelstein zu tun. Deshalb habe ich auf vielen Edelsteinen (Chrysolithen, Hyazinthsteinen und anderen) mein Konterfei eingravieren lassen, mein halbes Gesicht oder sogar drei Viertel davon, mit meinem Namen und Vornamen. Diejenigen, die drei Viertel malen oder gravieren oder schnitzen oder modellieren, fügen einen Teil des anderen Auges hinzu. Diese Art, das Erkennen eines Menschen zu erleichtern ist besser als die Art, nur das halbe Gesicht abzubilden. Aber sie ist in der Eleganz der Darstellung ebenso minderwertig, wie sie in der Leichtigkeit des Erkennens überragt. In der Mitte des Gesichtes sind Muttermale und Falten und auch Linien und Flecken, und man kann von dieser Seite aus genau alles wiedergeben. In der Dreiviertelansicht kann dies nicht elegant gemacht werden, da es keiner sichtbaren Erscheinung folgt.

Der vollständige **Guss** ist das Schwerste von allen, außer der Malerei, und ist wenig wert, wenn er nicht durch Schnitzen unterstützt wird. Alle Schwierigkeiten, die ein Graveur hat, hat der Gießer, und noch mehr: Er hat die Anordnung des Materials und die Kenntnis der Temperatur des Feuers und die Gefahr vieler, ja zahlloser Katastrophen. Denn die Statuen werden aus den zuvor eingravierten Figuren hergestellt, in die Flüssigkeit gegossen wird. Wie kann also jemand, der falsch graviert hat, den Guss richtig machen? Sebastian Münster berichtet, dass es in Worms fünf Säulen mit wunderbaren Gussarbeiten gibt. Ich wollte dies hinzufügen, denn wenn er nicht fälschlicherweise »gegossen« statt »gemeißelt« geschrieben hat, ist dies ein ernsthafter Beweis für herausragendes Können und Anerkennung für den Handwerker. In der Tat ist das Gießen bei sehr kleinen und sehr großen Werken mehr oder weniger gleich und äußerst schwierig; bei den größten Werken jedoch viel schwieriger als bei den kleinsten. Aber bei mittelgroßen Werken viel weniger, sodass man sie als leicht bezeichnen kann. Wir haben eine ganze Reihe von Handwerkern gesehen, die sich für hervorragend hielten, weil sie über Statuen von mäßiger Größe befriedigt waren, die sie für riesig hielten, und sie gaben ein Beispiel für ihre Unwissenheit und für die Unsicherheit ihrer Arbeit, wenn diese Statuen unvollendet blieben. Was meinen Sie, was passiert, wenn man einem großen Werk eine subtile Ausführung der Linien und Details hinzufügt? Wird sich das Werk nicht fast über die menschlichen Kräfte und die Möglichkeiten des Einfallsreichtums hinaus ausdehnen? Wenn ich also diese fünf Säulen erwähne, dann ist das richtig, vorausgesetzt, es handelt sich um Gussarbeiten und nicht um eine andere Art, wie ich sagte.

Bei sehr kleinen Werken ist weniger Fleiß erforderlich, solange ein recht feinkörniges Material zur Verfügung steht. War man nicht einst in der Lage, sehr große Säulen, Kolosse und andere Werke dieser Art herzustellen? Ich erinnere mich, in Lyon ein Buch in griechischer Sprache gelesen zu haben, in dem erklärt wird, dass die Bewohner der Insel Rhodos mit dieser Technik riesige Werke gebaut haben. Es wird auch berichtet, dass die vier riesigen Säulen, die die Spitze des Athenaeus-Tempels in Lyon tragen, von dieser Art sind. Und sie sind mit Sicherheit erhaben. Manche behaupten, dass es eine Technik gab, bei der zunächst Eisenspäne[5] und sehr harte Steine, die auf dem Grund von Flüssen gefunden wurden, dann ziemlich harter pulverisierter Marmor und Eiweiß verwendet wurden, um Säulen und Gefäße durch ein Gussverfahren zu formen und sie viele Jahre lang zu vergraben. Ich glaube, es gehörte zur Technik, sie lange zu zerstampfen und bis zum feinsten Pulver zu zermahlen. Gips und Schwefel sind die Stoffe, die am genauesten durch Feuer geformt werden. Es gibt auch ein weißes Material aus Papier, das mit Wasser vermischt und ohne Feuer bearbeitet wird. Die Produkte sind schön, aber nicht wertvoll.

Aus Kalk und seinen Steinen, die sehr fein gemahlen werden, wird eine Art Zement hergestellt (unsere Leute nennen ihn **Stuck**), der so weiß und hart wie Marmor wird. Dieses Material ist durch die Technik des Gießens von einigem Wert. Die Menschen gießen Bäume und Jagdszenen und auch andere Gegenstände in so feiner Ausführung, dass sie, wenn man noch Farbe hinzufügt, Preise von vielen Talenten erzielen. Manche Leute reiben dieselben Steine mit frischem Ochsenblut ein. Daraus entsteht Tuffstein, der so hart ist, dass jeder Gegenstand, der aus zermahlenem Pulver davon hergestellt wird, sich nicht von dem ursprünglichen Stein unterscheidet. All dies haben wir gesehen.

Aber nichts ist außerordentlicher, als wenn man die Toten oder auch die Lebenden mit Gips übergießt und kalt so einritzt, dass man mit Öl und übergossenem Gips oder mit Papier oder Schwefel einen Menschen so gut formt, dass sich das Bild in keinem Punkt von dem Menschen unterscheidet, außer in der Farbe, und dass es nicht atmet. Diejenigen, die sich sorgfältig eine solche Totenmaske herstellen, fügen den abgeschabten Bart und die rasierten Haare des toten Bildes zusammen und fügen dann Farbe hinzu, um ein lebendiges Abbild zu schaffen. Als ich mich vorübergehend in Frankreich aufhielt, sah ich, dass dies mit dem kürzlich verstorbenen Franz I., König von Frankreich, im Haus des sehr angesehenen Kardinals von Tournon gemacht worden war. Die Technik kann nichts erschaffen, was einem Menschen ähnlicher ist als dieses Abbild; und es sah nicht aus wie von jemandem, der nicht mehr lebte. Außerdem wurde das Bildnis in einem Leichenzug mitgeführt.

Es wurde auch ein Weg gefunden, wie man in kurzer Zeit **große Bildnissen in kleine übersetzen** kann. Auf welche Weise? Es zieht sich beim Trocknen zusammen. Das kann es, weil es feucht und weich ist und aus dünnen Teilen besteht, die sich beim Trocknen zusammenziehen. So wird das Innere eines heißen Brotes bemalt und schrumpft beim Trocknen. Auf diese Weise werden die Bilder aufgenommen und getrocknet, und von dort werden sie mit Gips übergossen und gehen getrocknet allmählich in eine kleinere Form über.

Es wird auch mit Hilfe von dünnen Leintüchern gemacht, die sich an ein Bild anschmiegen, und sie ziehen sich sofort zusammen. Und durch verformbare Kegel. Besonders bei Bildern und Statuen und Figuren, die im Relief geformt sind, kann die Proportion der Erscheinung bewahrt werden, um die Kunstfertigkeit sichtbar zu zeigen. Einige Bilder müssen von direkt gegenüber, andere von der Seite, andere von einem höheren Punkt und einige aus der Ferne betrachtet werden; Statuen im Licht, von einem dunklen Punkt; alle kleinen Dinge im Dunkeln, vom Licht aus, falls sie sich erschöpfen. Ebenso wirken Farben in der Dunkelheit lebendiger; daher die Praxis, einen Vorhang vor Geschäften anzubringen, die mit Stoffen handeln.

[5] Eigentlich »spuma ferri«, also »Schaum des Eisens«.

Obwohl es sich hierbei um Beispiele von großer Subtilität handelt, sind die meisten wichtigen Techniken fast unsichtbar, sowohl wegen der noch unbekannten Eigenschaften der Dinge als auch weil sie eine subtilere Strategie für ihre Entdeckung erfordern. Es gibt auch viele **Erfindungen, die noch nicht gemacht worden sind**, wie z.B. die Methode zur Herstellung von zähem Glas, das Finden von Schätzen, die Entdeckung, wie man der Luft einen pfeifenden Ton verleiht, wie man Bleiweiß entzieht, wie man nützliche Dinge von überall her abbaut, und wie man die Farben verändert. Das vollständige System zur Umwandlung von verdorbenem Wein in Essig, das zu meiner Zeit entdeckt wurde, aber ebenfalls zu meiner Zeit in Vergessenheit geraten ist, obwohl wir viele recht nützliche Verfahren weiter oben überliefert haben. Die richtigen Kräfte der Dinge zu erkennen. Die Kunst, das Leben zu verlängern, über die wir bereits gesprochen haben. Die Herstellung eines Materials, das den feuernden Maschinen widersteht. Die Erfindung des Fliegens, die kürzlich zwei Männern ausprobiert wurde und sehr schlecht endete. Da Vinci, über den wir zuvor gesprochen haben, hat es versucht und ist gescheitert; er war ein hervorragender Maler. Vor allem ist es die Magie des Tiridates, die ihm von Nero ein großes Geldgeschenk und das Königreich Armenien einbrachte, während er sie lehrte, Dinge zu tun, die nicht getan werden können.

Aber es gibt auch Erfindungen, die lange Zeit im Verborgenen blieben, wie Uhren ohne Seil. Anstelle eines Seils gibt es Räder, und auf einigen von ihnen sind Federn angebracht, schneckenförmig, mit 26 Zahnrädern, oder in manchen Fällen sogar mehr. Diese treiben eine gezahnte Achse an, die die ganze Vorrichtung antreibt. Bei einer anderen Erfindung ist ein Rad mit 48 Zähnen unten angeordnet, das mit einem anderen Rad ineinandergreift, sodass, wenn es durch die Torsion der Feder unten gedreht wird, das andere Rad, das mit der gleichen Anzahl von Zähnen ineinandergreift und gedreht wird, die ganze Vorrichtung mit sich herumdreht.

Nach einem ähnlichen Prinzip wurde eine Erfindung gemacht, um den Reisestuhl des Kaisers so zu gestalten, dass er unabhängig von der Position, in der er aufgestellt wurde, unbewegt und bequem sitzen konnte, während er mitgeführt wurde. Dieser ist konstruiert wie mit Armreifen: Es sind drei eiserne Ringe, die oben und unten, vorne, hinten, rechts und an den Enden beweglich sind; mehr Achsen sind nicht möglich. Das führt dazu, dass der Wagen selbst, wie er auch bewegt werden mag, immer in Ruhe bleibt. Das hat etwas Ähnliches wie die Lampen, die nach einem ähnlichen Plan gebaut sind: Selbst wenn sie herumgewirbelt werden, läuft das Öl nicht aus.[6]

Kürzlich wurde auch jene **universelle Weltmaschine** wiederhergestellt, die einst von Guglielmo Zelandino in Mailand gebaut wurde und durch Vernachlässigung zerbrochen und in der Dunkelheit verfallen war, nachdem ich (unter einem glücklichen Stern geboren, um die guten Künste im Vorübergehen wieder einzuführen, ebenso wie durch harte Arbeit) es wieder ans Licht gebracht hatte. Nach diesem Beispiel fertigte jemand zur Zeit Kaiser Karls V. eine weitere an, auf der man sowohl die Bewegung der Jahreszeiten als auch die Teile der einzelnen Sternbilder sehen und die sehr langsame Bewegung der achten Sphäre beobachten kann. Man kann darin auch die verschiedenen Unterteilungen der Sternbilder, die Häuser genannt werden, und die gleichen und ungleichen Stunden, und passend zu den Teilen des Universums untersuchen, als ob das Gerät

[6] Cardano beschreibt hier das, was nach ihm **kardanische Aufhängung** genannt wird, das Prinzip der doppelten Achsen, die in drei Ringen rechtwinklig zueinander stehen. Mit zwei rechtwinklig zueinander stehenden Achsen funktioniert auch die nach ihm benannte Kardanwelle.

wirklich das ganze Universum darstellt, und wir können hineinsehen. Ich erwähne nicht den Vor- und den Rücklauf der Planeten,[7] die Breiten- und Höhengrade und andere Details, die nicht zu zählen sind, sodass das Thema insgesamt nicht weniger bekannt ist, als es an Zuverlässigkeit gewonnen hat. Es wird erzählt, dass der Perserkönig Schapur ein Gerät dieser Art aus Glas bauen ließ, das so groß war, dass er in seiner Mitte sitzen konnte, als ob er sich in der kleinen Erdkugel befände, und dass er, wenn er zwischen seinen Beinen hindurchschaute, die Konstellationen und die auf- und untergehenden Sterne sehen konnte. Und so erschien er, obwohl er sterblich war, über dem Schicksal und der Erwartung der Sterblichkeit zu stehen. Und gewiss, was könnte größer oder göttlicher sogar für einen König sein, um den Menschen aufzufallen, als im Besitz des Himmels und der Sterne, der Wohnung Gottes, zu erscheinen, nachdem er bereits im Besitz der Erde und der Ozeane war?

Honoratus Ianius Valentinus, Lehrer des hochberühmten Prinzen von Spanien, Philipp, den er in den humanistischen Schriften unterrichtete, gelehrt und höchst human, berichtete:

> Dieses Gerät wurde einst aus Glas hergestellt, wie du richtig sagst, und nicht aus Metall, wie es jetzt der Fall ist; die Autorität dafür ist Claudian, aber auch Cicero.

Aber ich möchte, sagte er, die Verse des Claudian wiedergeben, falls es jemand bezweifelt:

> Als Jupiter hinunterblickte und den Himmel in einer gläsernen Kugel sah, lachte er und sagte zu den anderen Göttern: Ist die Macht der menschlichen Anstrengungen so weit gegangen? Wird mein Werk nun in einer zerbrechlichen Kugel nachgeahmt? Ein alter Mann aus Syrakus hat auf der Erde die Gesetze des Himmels, die Ordnung der Natur und die Anordnungen der Götter nachgebildet. Irgendein verborgener Einfluss im Inneren der Kugel lenkt die verschiedenen Bahnen der Sterne und versetzt die lebensechte Masse in bestimmte Bewegungen. Ein falscher Zodiakus durchläuft ein eigenes Jahr, und ein Spielzeugmond nimmt Monat für Monat zu und ab. Nun freut sich die kühne Erfindung, ihren eigenen Himmel kreisen zu lassen, und setzt die Sterne durch menschlichen Verstand in Bewegung. Warum sollte ich mich über den harmlosen Salmoneus und seinen Spottdonner ärgern? Hier hat sich die schwache Hand des Menschen als Rivale der Natur erwiesen!

Ich frage mich, sagt er, auf welche Weise, einschließlich des Geistes, diese Masse durch so verschiedene Bewegungen bewegt werden konnte, wie Claudian erzählt? Warum wurde sie vor langer Zeit aus Glas und jetzt aus Metall hergestellt? Ich antwortete: Der Grund, warum die Vorrichtung der Himmelskugel einst aus Glas war, liegt darin, dass, da sie wirklich den Himmel nachbildete, das Kleinere im Größeren eingeschlossen war. Man hätte das Innere und die Sterne nicht sehen können, wenn sie nicht alle aus durchsichtigem Material gewesen wären. Und so sind die heutigen Erbauer dieser Strukturen wegen der Zerbrechlichkeit von Glas gezwungen, ein unnatürliches Modell der Einrichtung des Universums zu haben, indem sie Kugel in Kugel einschließen, und da sie aus Metall sind, kann man nicht hindurchsehen. Aber es gibt so viele Kugeln, wie es Sphären gibt, oder zumindest sechs aus der Sonnenkugel, die sich mit der Venuskugel vermischt, und sie verbinden sich in alle Richtungen, das heißt aus Rädern, Gewichten, Federn, kleinen Wagen, Zahnrädern, Glocken, Stangen, Seilen und anderen Bestandteilen. Sie sind im Inneren nicht zu sehen, obwohl unser Handwerker weder

[7] In der Ptolemäischen Darstellung des Kosmos sah es so aus, als wenn die Planeten sich willkürlich in verschiedene Richtungen bewegen, vor- und zurücklaufen.

Gewichte noch Seile einbezogen hat, sondern alles aus Eisen und Zahnrädern mit wunderbarer Geschicklichkeit gebaut hat; und die Wanderungen können ungehindert betrachtet werden, die auf Hölzern aus den Kreisen herausragen. Es ist klar, dass die antike Struktur viel vornehmer und schöner war als unsere, aber unsere ist die langlebigere. Und wenn sie aus hartem, durchsichtigem Material hergestellt worden wären, wie der erwähnte Kristall, dem Silber beigemischt wurde, dann hätte man eine natürliche runde Form gemacht und eine Struktur der Kugeln, bei der eine in der anderen eingeschlossen war, und in der Transparenz und Schönheit verbunden wäre mit Beständigkeit.

Und nun habt ihr den Grund für das Glas: es war schwierig, besonders damals, dieses durchsichtige Gerät zu machen, noch dazu aus Glas, zumal diese Geräte damals viel größer waren als die heute aus Metall hergestellten. Daraus geht hervor, dass solche Vorrichtungen nicht durch Gewichte angetrieben wurden. Diese hätten kaum ins Innere gelangen können, und wenn sie ins Innere gelangt wären, hätten sie keine fortwährende Bewegung besessen und das gute Aussehen des Werks beeinträchtigt. Wenn die äußeren Kugeln nur von einer Seite bewegt worden wären, hätten sie eine starke Kraft auf das Glas ausgeübt. Deshalb war es einfacher, dies mit dem Geist von Archimedes zu tun, und zumal er den Kugeln ein und dieselbe Bewegung hinzugefügt und sie alle um denselben Mittelpunkt herum platziert hatte, wie Calippus und Eudoxus, und eine kleine kugelförmige Erde in der Mitte mit mannigfaltigen Bewegungen. Ich kann nicht sagen, welche Kunstgriffe er angewandt hat.

Denn so dachte Archimedes, dass der Himmel aus Teilen besteht,[8] wie er in seinem kleinen Buch *Über den Sand* deutlich zeigt. Dies ist die Ansicht, die Nikolaus Kopernikus in unserer Zeit übernommen hat. Ob es genau stimmt, ist nicht hinreichend belegt, denn es ist nicht sicher, ob Archimedes meinte, dass die Sphären des Mondes von den Elementen selbst umgeben sind, wie Kopernikus es tat.

Aus zwei Gründen ist es also klar, dass es für Archimedes einfacher war, diese Struktur aus Glas zu machen und sie von Geist ohne andere Einwirkung bewegen zu lassen, als es in unserer Zeit von Leuten getan wird, die den Ansichten des Ptolemäus folgen. Aber ich halte es kaum für verwunderlich, dass diese Maschine durch Geist angetrieben werden konnte, wenn wir bedenken, mit welcher Kraft die in Deutschland hergestellten Maschinen kleine Kugeln ausstoßen, obwohl sie es einfach durch Luftdruck tun. Vielleicht verstand Claudian den Geist anders, nämlich als die in den Federn verborgene Kraft, von der wir zu Beginn sprachen. Mit den systematisch verborgenen Gliedern oder, wie wir vor kurzem sagten, unter Zuhilfenahme von Zahnrädern, konnte sich die Maschine scheinbar von selbst bewegen, und zwar mit einem gewissen Geist. Dies sollte nicht nur im Zusammenhang mit der Bewegung verstanden werden, durch die die Sterne vom Osten in den Westen getragen werden, denn Cicero sagte dies:

> Wenn das Sphärenmodell, das unser Freund Posidonius kürzlich angefertigt hat, und deren einzelne Umdrehungen für die Sonne und den Mond und die fünf Planeten dasselbe tun, was am Himmel während der Tage und Nächte vor sich geht, nach Scythien oder Britannien gebracht würde, wer in diesen wilden Ländern würde daran zweifeln, dass diese Sphäre durch die Vernunft zustande gebracht worden ist? Gewisse Leute zweifeln, ob das Universum, aus dem alles entsteht und gemacht ist, ob es selbst eine zufällige Schöpfung oder das Ergebnis einer Notwendigkeit oder eines Plans oder des göttlichen Geistes

[8] »Nam sic Archimedes existimauit orbis partes se habere«

> gewesen sein könnte. Und man meint, Archimedes habe sich bei der Modellierung der Sphärendrehungen als klüger erwiesen als die Natur bei ihrer Erschaffung, obgleich bei dieser in vielen Stücken die Herstellung vollkommner ist, als dort die Nachahmung.[9]

Diese Worte machen deutlich, dass nicht nur Archimedes vor Cicero, sondern auch Posidonius in Ciceros Zeitalter alle Bewegungen der Sterne mit jener Maschine oder Kugel nachahmte, die die Sphären reproduziert. Und so konnte Claudian recht gut erklären, wie die in den Gliedern und der Kraft der Federn enthaltene Macht zu erklären ist, ein verborgenes und (wenn nicht verlorenes) Abbild einer Maschine, die aus sich selbst heraus arbeitet und sich durch ihren eigenen Geist bewegt, nicht als Luft anstelle des Geistes, sondern als eine Art Seele. Kürzlich fand einer meiner Freunde eine Technik, um gesponnenes Gold zum Glänzen zu bringen. Er fand auch eine Methode, die es ermöglichte, mit Seide vermischtes Gold zu spinnen, und sie haltbar zu machen; zuvor war die Textur aufgrund von Ungleichmäßigkeiten leicht zerbrochen. Für die erste Erfindung erzielte er, nachdem er ein nur paar Tage Arbeit damit hatte, jährlich fünfzig Goldkronen, für die zweite zweihundert. Er pflegte zu sagen, dass er, wenn er das Geschäft des Goldpolierens ein ganzes Jahr lang betreiben würde, einen Gewinn von tausend Goldkronen erreichen würde. So kann in großen Dingen eine kleine Anstrengung einen Mann ernähren, und in kleinen Dingen eine große Anstrengung; die Beispiele sind zahllos.

Es gibt auch **Beispiele für Subtilität der Handwerkskunst**, die nichts mit der Kunst zu tun haben, zum Beispiel wurde Homers Ilias so klein auf ein Pergament geschrieben, dass es in die Schale einer Nuss passte. Ein Schiff aus Elfenbein, das eine kleine Biene mit ihren Flügeln verbarg. Die Memnon-Statue, die immer dann einen lauten Ton von sich gab, wenn sie von der aufgehenden Sonne beleuchtet wurde, kam einem Wunder nahe. Und dies ist keine fabelhafte Geschichte, denn auch der ehrwürdige Cornelius Tacitus erinnerte sich daran, und Strabo berichtet, dass er sie gehört hat: Es gab in Theben in Ägypten einen Ort namens Syringa, die über dem Nil liegt. Nur die untere Hälfte der Statue ist erhalten geblieben, denn Kambyses, der König von Persien, hatte die obere Hälfte bis zum Nabel abgetragen. Und doch erzeugte ein so kleiner Teil den Klang. Pausanias, der die Statue sah und den Klang hörte, sagt, es sei wie bei einer Leier, wenn die Saiten reißen. In der Vergangenheit gab es einen von Myrmecides gefertigten Wagen, den eine Fliege bedecken konnte, und von Callicratides aus Elfenbein gefertigte Ameisen, deren Teile von anderen Augen nicht erkannt werden konnten. In Ägypten berichtet Leo Africanus von einer Kette, die für einen Floh gemacht wurde. Sie sind erstaunt? Sie wurde in Deutschland hergestellt und nach Mailand exportiert. Der außergewöhnliche Floh, an dem die Kette befestigt war, pflegte sich zu ernähren, während er durch ein Haar gesichert war. Sind diese Kunststücke nicht eher Ausdruck von Dummheit als von Luxus oder Subtilität? Auch in unserer Zeit werden Käfige aus Buchsbaumholz hergestellt, die die Größe einer Haselnuss haben und in denen sich ein perfekter Vogel befindet. Und was noch bemerkenswerter ist, sie werden innerhalb von sieben Stunden hergestellt. Und in unserer Zeit passierte dem Prinzen von Urbino folgendes: Er bekam einen Ring an den Zeigefinger gesteckt, in dem ein Edelstein steckte, auf dem sich eine perfekte Uhr befand, die außer einer Linie, die die Stunden anzeigte, ihren Träger durch einen einzigen Schlag in den einzelnen Stundenintervallen warnte. Das sind wunderbare Werke der Subtilität, die weder dauerhaft noch nützlich sind, da sie

[9] Cicero, *Natura deorum* 2. Buch, § 88.

nur den Augenblick füllen. Aber sie erzeugen einfach ein Erstaunen, und sind daher für den Handwerker wie auch für den Käufer gut. Ihre Kleinheit dient als Beweis für eine besondere himmlische Natur, und zeigt eine Verarbeitung von so winzigen Einzelteilen, dass es völlig nutzlos ist. In der Tat ist es eine Aufgabe für irgendeine göttliche Fertigkeit, in jedem Fall das Kleinste zu trennen und zu wissen, wie man dies tut. Auf diesem Gebiet zeichnen sich die Inder aus. Sie verwenden die kleineren Federn von Papageien und einigen kleinen Vögeln, um so naturgetreue Abbilder zu schaffen, dass sie der Malerei weder an Treue noch an Anmut noch an Feinheit nachgehen; und sie übertreffen sie sogar noch an Leuchtkraft. Eine langwierige Arbeit, die mit Schilf durchgeführt und vollendet wird, nicht mit den Fingern.

schnellem Schritt und starrem Blick: Wenn er ein alter Mann und unbewaffnet ist, halten Sie Ihre Zunge bereit; wenn er ein junger Mann und bewaffnet ist, halten Sie Ihre Hand bereit. Mit diesem kleinen Manöver können Sie Ihr Leben und Ihren Ruf retten. Es ist hier nicht nötig, ins Detail zu gehen.

Aber ich gehe weiter zu einer Grundlage des Verbergens, den **Geheimschriften.** Diese ist dreifach: die Grundlage der Substitution, die in Gebrauch war, wie Sueton vor langer Zeit über Caesar schrieb, als ob D anstelle von A und N anstelle von B geschrieben wird. Die zweite ist die »Übersetzung«, die zweierlei ist. Die erste ist, wenn wir z.B. alles mit drei Buchstaben schreiben, mit einem hinzugefügten Aspirativ, sodass überhaupt keine Vielfalt außer dieser vorhanden ist:[10]

Cb‘abb‘aacb acaccab‘bb ababbbaa cabbca‘ab b‘abcbacab bbb‘aca bbcbbabbabb‘ab ‘b cbaabbaacb‘b‘aac ababb bab cabcbbbaac bbb‘ a a‘ac aaabaa bbb‘ca cbabb‘aba cababbaa‘ca ‘abbc a‘cbabab.

Es gibt Fertigkeiten, die sich durch besondere Subtilität auszeichnen, aber nicht göttlich sind: Darunter sind vier, die sich auf dem gesamten Gebiet auszeichnen: Magie, die verborgenen Zeichen und Chemie. Fügen wir noch einige Beispiele dazu hinzu. Das Studium der Zeichen findet zum Beispiel statt, wenn jemand auf dich zukommt.

Die Zeichen der innersten Gefühle der Seele sind: die Worte, die Bewegung der Augen, die Ursache, der Ort, die Zeit, das Verhalten des Geistes, die Haltung des Körpers, das Aussehen, Gesellschaft, das Bewusstsein, die Kraft, die Gelegenheit, die Sie ergreifen. Wenn Sie dies alles rich tig abwägen, werden Sie leicht einschätzen können, was im Kopf Ihres Besuchers vorgeht. Manchmal genügt es, drei Merkmale zu erraten: Ein Feind nähert sich Ihnen mit

Es gibt noch eine weitere Methode der »Übersetzung«, sodass in manchen Verdachtsfällen die Zeichen unbemerkt bleiben können. So ist es bei den spartanischen Zylindern, und bei anderen bleibt überhaupt nichts zurück, was die eleganteste Methode ist. Ihr erhaltet zwei gleiche Pergamente, die für das Schreiben vorgezeichnet sind, und auf den eigentlichen Linien kleine Löcher, die von einer Stelle auf beiden verstreut sind, aber ihr macht sie im Verhältnis zur Größe oder Höhe der Elemente. Einige werden sieben, einige drei, einige acht oder zehn Elemente enthalten, sodass alle Löcher zusammen Elemente enthalten, wobei alle, die geschrieben werden können, miteinander verbunden sind. Sie geben eines dieser Pergamente der Person, der Sie schreiben möchten. Wenn es nötig ist, können Sie

[10] Zu dieser Abbildung gibt Forrester leider keine Auflösung.

Ihren ersten Satz sehr schnell schreiben, und zwar so, dass der Satz weniger Elemente enthält als die Zwischenräume. Dann schreibst du diesen Satz auf ein Pergament, das du unter die Löcher legst, und noch einmal auf ein anderes. Schließlich füllst du die Zwischenräume des ersten Pergaments auf, indem du die Sätze vervollständigst, löschst und auffüllst, bis der Sinn klar wird. Den zweiten Satz füllst du auf dem zweiten Pergament so aus, dass die Wörter und der Satz zusammenzuhalten scheinen. Und auf einem dritten Pergament ordnest du den ganzen Satz, die Anzahl der Wörter und ihre Größe so an, dass die ersten Buchstaben unangetastet bleiben und ihre Ordnungsmäßigkeit erhalten bleibt. Wenn du das getan hast, lege das Muster, das du aus Pergament in der gleichen Größe ausgeschnitten hast, darauf und markiere an den Enden der Löcher sehr kleine Punkte, soweit die Buchstaben reichen, die du schreiben willst. Dann nimmst du das Pergament und den Brief in fortlaufenden Worten mit einem geeigneten Muster und einer geeigneten Größe der Zwischenräume und der Buchstaben, wie der erste Satz; und lässt seine Worte zwischen den Enden der Punkte halten. So bleibt dann kein Verdacht einer Täuschung; wenn dein Korrespondent den Satz mit dem darüber gelegten Muster erhält, folgt er sofort dem Sinn deines Geistes.

Und obwohl es eine ziemlich harte Arbeit ist, gibt es nichts Vergleichbares, um seinen Freunden in gefährlichen Zeiten die eigene Meinung mitzuteilen. Um die Sache zu erleichtern, lohnt es sich, mehrere Tafeln dieser Art bereitzuhalten, in verschiedenen Größen und mit unterschiedlicher Anordnung. Eine dritte Art des Verbergens findet statt, wenn Buchstaben in Alaun geschrieben werden. Obwohl sie versteckt sind, werden sie lesbar, wenn sie in Wasser getaucht werden, weil das Wasser das Pergament verdunkelt und der Alaun darin glänzt. Mit Ammoniaksalz geschriebene Buchstaben werden sichtbar, wenn sie der Hitze ausgesetzt werden. Andere sind in Zitronensaft oder dem Saft von Zwiebeln geschrieben, und alle sind lesbar, wenn sie einem Feuer ausgesetzt werden, ansonsten sind sie unsichtbar. Aber es ist ein großer Aufwand nötig.

Die Schrift wurde früher auf einer ziemlich dicken und wenig bekannten Art von **Papier** gemacht, von dem mir mein Schüler Taddeo Duno ein Stück zeigte; er ist jetzt ein angesehener Arzt und in vielen Sprachen bewandert. Auf diesem Stück Papier waren griechische Buchstaben geschrieben. Ich bemerkte eine weitere Besonderheit, nämlich dass griechische Bücher früher ohne Akzente und Atemzeichen geschrieben wurden. In früheren Zeiten schrieb man mit Baumrinde und Holztafeln. Sogar die Bücher von Hippokrates wurden auf diesen geschrieben, wie Galen berichtet. Und geschrieben wurde mit Blei, und Buchstaben sogar mit Wachs. Was dauerhaft sein sollte, wurde in Bronze geschrieben. Aber die größte Bequemlichkeit bot der ägyptische Papyrus. Daran erinnert Apuleius zu Beginn seines Buches über den *Goldenen Esel* mit den Worten:

> Sieh dir das nur an, wenn du das ägyptische Papier nicht verachtest, das mit einer Feder aus Nilschilf geschrieben wurde.

Und es gab ein Pergament aus Ziegenhaut, das immer noch häufig verwendet wird, das haltbarer ist als alle Papiersorten und nur von Bronze übertroffen wird, die sehr teuer ist. Kurz vor unserem Zeitalter wurden die Werke der Kirchenväter meist auf Pergament geschrieben, da der Buchdruck noch nicht erfunden war, weil etwas Wertvolles ein teureres Material zuließ. Später, mit der Erfindung des Buchdrucks, wurde es billiger. Denn unser Papier, das aus lange in Wasser eingeweichten und gestampften Leinenstücken hergestellt und sehr dünn über eine Messingform gespannt wird, damit das Wasser ablaufen kann, und dann zwischen Lagen von Wolltuch gelegt wird, bis es trocknet, geht in eine wunderbare Weiße, Dünnheit und Leichtigkeit über. Nach einer weiteren Befeuchtung mit Wasser, in dem Gummi Arabikum[11] aufgelöst wurde, lässt es die Tinte nicht mehr verlaufen.

Ich erinnere mich, ein solches Papier gesehen zu haben, auf dem vor der Erfindung des Buchdrucks Bände der Geschichten des Eutropius geschrieben worden waren (sie gehörten meinem Onkel Paolo Cardano, einem Mann von großer Gelehrsamkeit), die genauso gut aussahen wie Pergament.

Aber unsere Epoche, die zu sehr auf Gewinn aus ist, zieht alles nach unten, und diese **Buchkunst**, ob man nun das Material oder die Schönheit oder die Leichtigkeit der Herstellung betrachtet, scheint einen Gipfel der Vollkommenheit erreicht zu haben, sodass man sich nach nichts mehr sehnen kann, was sie nicht bietet, selbst wenn man es wollte. Und es gibt keine andere Kunst als diese, der man nichts hinzufügen könnte. Da sie später als die anderen erfunden wurde, besteht die Gefahr, dass sie, nachdem sie so schnell zu Kraft und Reife gelangt ist, wieder in die Vernachlässigung abrutscht, aber für hervorragende Dinge schwierig erscheint.

Die **Kunst der Chemie** besitzt eine Reihe bewundernswerter Eigenschaften, viele sinnlose, viele unsichere, nicht wenige schöne, einige gesunde, einige andere so wirksam, dass sie göttlich erscheinen, sehr viele ohne Bedeutung, andere mit großen Erwartungen und schließlich andere, die zahlreicher sind als alle anderen und von großem Aufwand. Es gibt chemische Entdeckungen: wie man Glas in sehr lange Fäden ziehen kann, wie man es dazu bringt, zäh und sehr hart zu werden. Es ist sicherlich seit langem bekannt, dass ich eine dünne Glaskugel gesehen habe, die durch keinen Aufprall beschädigt wurde und nicht auf einem Steinboden zerbrach, sondern immer wieder an die Decke prallte. Von dieser Art Glas gab es auch einige, die mit weißen Linien gekennzeichnet sind. Ich denke, dass die Kleinheit und Rundheit viel zur Zähigkeit beitragen, weil die Luft leicht in die eine oder andere Richtung strömt. Kürzlich sah ich ein Stück Glas, das anstelle des Edelsteins Aquamarin zum Verkauf angeboten wurde, für goldene Kronen und von wunderbarer Schönheit, die die natürlichen an Glanz übertreffen. Es gehört, wie gesagt, zur gleichen Kunst, etwas mit weißen Linien zu streifen oder Abdrücke einzugravieren, falsche Edelsteine herzustellen, Kampfer zu reinigen, Metalle zu mischen, sie umzuwandeln oder wichtigere Dinge umzuwandeln. Auch Seide wird auf diese Weise durch Schwefelrauch geweißt; sie trocknet zu sehr, sie streift sogar Blumen, besonders Rosen, aus demselben Grund, denn in einem weißen Teil wird eine verschiedene Farbe wiederhergestellt.

Es soll nun erklärt werden, **wie man Gefäße zum Schmelzen von Metallen herstellt:** Man macht sie vor allem aus den Spitzen von Widderhörnern und aus Knochen, die man zu Staub zermahlt und mit einem Stößel pulverisiert und zerquetscht. Wenn man Schmirgel oder gebrannte Hirschhornspitzen oder Hechtbacken, die zwei- oder dreimal in Essig abgeschreckt wurden, hinzufügt, zerbrechen die Gefäße nicht, und das Metall entweicht nicht. Man fügt sie von innen und rundherum hinzu, um die Absorption zu verhindern, besonders aber am Boden. Dieselbe Quelle erklärt den Gebrauch der Destillation, ihre Vorteile, ihre Kräfte, die Gefäße dafür. Aber über die Anwendung, die Kräfte und die Vorteile der Destillation ist oben schon genug gesagt worden. Jetzt wollen wir nur noch die Gefäße und ihre Arten besprechen, falls diese Technik allein unzureichend vermittelt erscheinen sollte. Zweifellos werden in diesem Buch alle Techniken, mit denen wir uns beschäftigen, genau vermittelt. Aber wenn ich das nicht gut gemacht haben sollte, dann möge man mir allgemein misstrauen, und das zu Recht; die Techniken

[11] »lachryma Arabica«.

werden hier nicht zerstreut vermittelt, sondern unter Überschriften. Und wenn ich nicht auf alle Rubriken eingegangen wäre, hätte ich unsere von Galen übernommenen Gebote des Verfassens von Büchern nicht beachtet. Wenn ich mich nicht mit den wichtigsten Überschriften befasst hätte, wäre dies kein Buch über Subtilität. Wenn ich also alle Rubriken behandelt habe, sowohl die sehr großen als auch die sehr schwierigen, ist es klar, dass jeder, der dem hier Geschriebenen folgt, eine perfekte und vollständige Kenntnis der gesamten Technik besitzt. Ich habe die Art und Weise erklärt, wie man sich durch die Lösungsmethode dem Begreifen von allem anderen nähern kann – sowohl von dem, was dem Ziel nahe ist, als auch von dem Ziel selbst.

Aber nun komme ich auf das zurück, was ich über die **Gefäße** sagen will, die ich zufällig gesehen und in der Hand gehabt habe, da mein Vater dieser Technik die größte Aufmerksamkeit schenkte, nicht nach irgendeiner Methode, sondern empirisch. Die Gefäße, in denen die Destillationen stattfinden, sind von vier Arten: entweder findet die Destillation in einem einzigen glockenförmigen Gefäß statt, wobei die

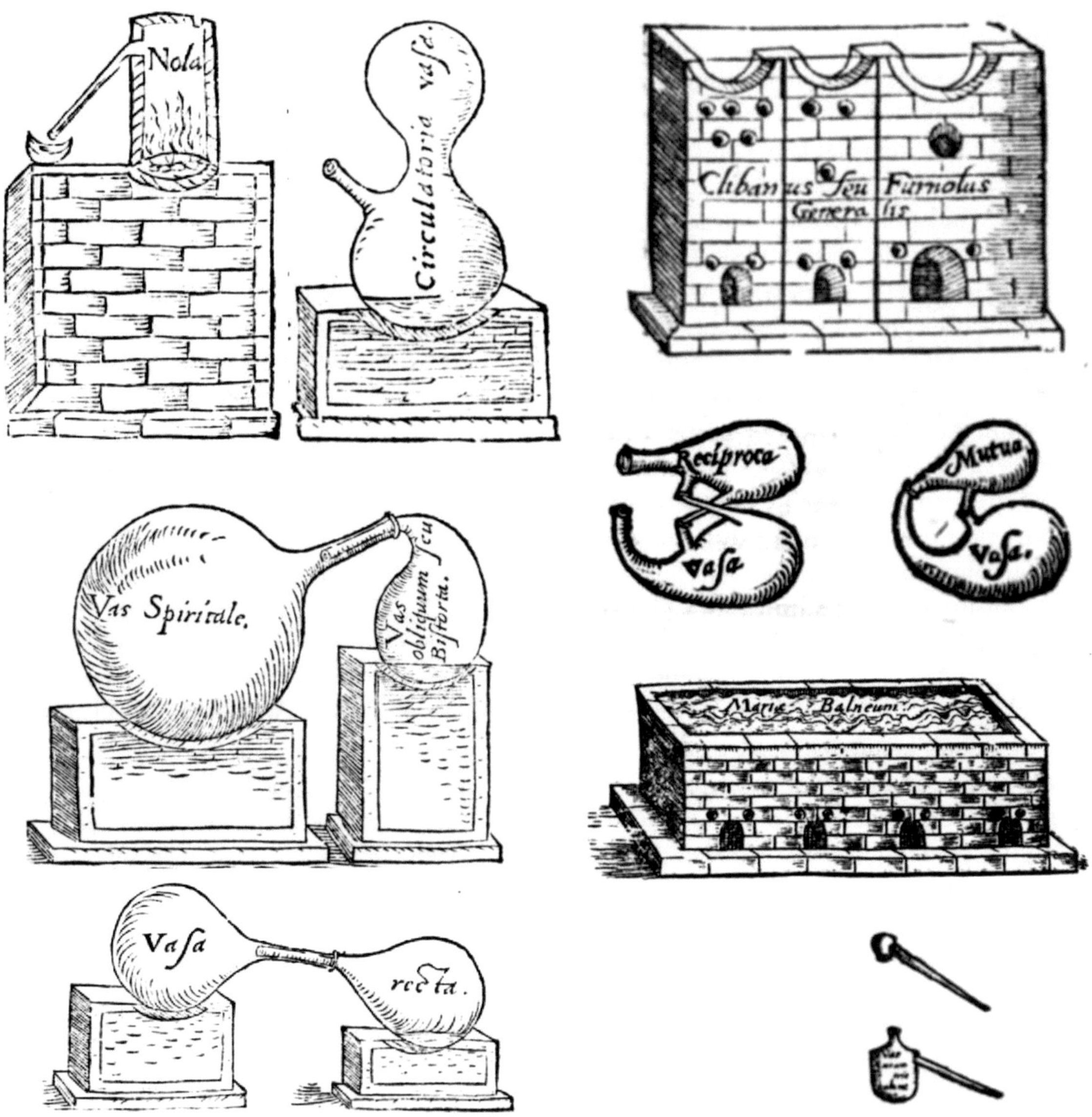

Bestandteile, die spontan brennen, mit der Glocke auf dem Kopf stehend destilliert werden. Was spontan brennt, wie Schwefel und Pech, tut dies, wie gezeigt wurde, weil feuchte Fette Flammen empfangen. Was sich aber in Rauch verwandelt, kondensiert beim Abkühlen am Boden einer Glasglocke zu Feuchtigkeit; das ist Fett, wie oben gezeigt wurde. Aus dem Kanal strömt dann Öl aus. Oder die Destillation wird in zwei Gefäßen durchgeführt. Dies geschieht auf zweierlei Weise (wobei man das Ausatmen, das im geraden Teil dieser Gefäße auftritt, vorläufig weglässt, wie man weiß, besonders wenn die Materie darin austrocknet): Entweder kehrt das Destillierte in dasselbe Gefäß zurück, was man Zirkulation nennt, oder in ein anderes, und dies geschieht auf zweierlei Weise, entweder in schrägen oder in geraden Gefäßen, von denen ich beide Exemplare aufbewahrt habe. Wenn drei gleichzeitig benötigt werden, wird eines von den Barbaren Bozia genannt; wir werden es ein Conceptaculum nennen. Darauf wird eine Filzkappe gesetzt, die manchmal oben breiter ist, und sie hat zwei Öffnungen: eine kürzere, durch die sie auf das Reservoir gesetzt wird, und die verbleibende breitere, durch die der Empfänger, das dritte Gefäß, mit ihr verbunden wird. Und ich habe die Form des Ofens, der mehreren Gefäßen dient, erklärt, wobei drei Punkte zu beachten sind: erstens, dass der Boden durchlöchert sein muss, wo man ein starkes Feuer nicht ganz aufnehmen will; zweitens, dass er unten Öffnungen zum Anzünden des Feuers haben muss; drittens, dass er, wenn man mit einem leichten Feuer destillieren will, auch oben Öffnungen haben muss, durch die die Kraft des Feuers gemildert werden kann. Ich habe auch den Umriss von einem Maria Balneum, einem Wasserbad abgebildet, damit Sie folgen können. Sie wird gewöhnlich lang gemacht, um eine Anzahl von Gefäßen unterzubringen. Sie sollte eine Reihe von Löchern haben, damit sich das Wasser gleichmäßig erwärmen kann. Er braucht nicht hoch zu sein, da das Wasser mit einem kleinen Feuer kocht. Und was darauf destilliert wird, braucht gemäßigtes Feuer.

Die Gefäße werden aus verschiedenen Materialien hergestellt: Silber, Bronze, Tonwaren. Aber die besten von allen sind aus Eisen, Gold und Glas gemacht. Aus Eisen, wenn wir große Hitze anwenden wollen, wie beim Kupferöl. Aus Gold, wenn es um unsere Gesundheit geht und sein Versagen einen hohen Preis fordern würde, wie beim gelösten Gold, beim ätherischen Wasser und beim sogenannten Elixier. Und vom Glas zur Verarbeitung der meisten anderen Dinge. Während das Glas keinen Beitrag leistet, so tut das Gold etwas für die Vollkommenheit solcher Dinge. Damit die Glasgefäße nicht zerbrechen, müssen sie dicker und von weißem Glas sein und länger im Ofen erhitzt werden, damit sie ganz frei von Blasen und folglich von homogener Substanz und frei von allen Verunreinigungen sind. Außerdem sollte es allmählich erhitzt und wieder abgekühlt werden. Man legt eine weiche Unterlage darunter, und wenn sie dem Feuer ausgesetzt werden sollen, werden sie in fingerdicken Schlamm und Dung eingemischt und sehr gut getrocknet. Es ist weniger zerbrechlich, wenn es nicht direkt mit der Hitze in Berührung kommt, sondern wenn ein Körper dazwischen liegt.

Einfachere Bestandteile werden im Allgemeinen in Messing und Blei destilliert, zum Beispiel in einem Gefäß mit drei Öffnungen, das aus zwei Teilen besteht; der Boden kann vom Rest getrennt werden, sodass der Bodensatz beseitigt werden kann. Und es hat oben eine Öffnung, durch die Material eingeführt werden kann, und an der Seite einen langen Kanal, durch den es mit dem Gefäß verbunden ist. Aber in unserer Zeit setzt man gewöhnlich ein bleiernes Gefäß mit einer Rinne auf ein Messinggefäß in Form einer Rührschüssel und vermeidet so eine zweite Öffnung; das Material wird an derselben Stelle eingefüllt, an der der Bodensatz herausgenommen wird.

Außerdem will ich jetzt erklären, warum es eine so **vielfältige Verwendung von Gefäßen** gibt, wobei ich die Glocke, von der wir sprachen, weglasse. Wenn wir etwas von recht dünner Substanz destillieren oder eine größere Dünnflüssigkeit herstellen wollen, ist sehr milde Hitze erforderlich, oder das Material wird verbraucht. Die milde Hitze wird auf vier Arten erzeugt: entweder in der Substanz selbst, wenn wir in der Sonne oder im Dung destillieren, nicht auf einem Feuer; oder in der Menge, wenn wir eine mäßige Menge Feuer verwenden. Aus Weidenholz macht man ein kleineres Feuer als aus Steineichenholz; oder man legt etwas zwischen das Feuer und das Gefäß, wie Asche oder Wasser. Wasser ist am besten, denn wenn man **Branntwein** in einem Wasserbad destilliert, so werden die besten Teile am wenigsten zersetzt, und es kommt kein übler Geruch hinzu; oder wenn man oben im Gefäß destilliert, so muss man das Wasser ziemlich oft auf ein Tuch auftragen; es verhindert die Zersetzung und Zerstörung durch das Feuer. Wir nutzen den Kreislauf also, wenn es darum geht, dieses Wasser der ätherischen Natur zuzuführen, oder wenn wir es durch Zugabe von Medizin mit dessen Kräften anreichern wollen.

Diese Methode erfordert immer eine mäßige Hitze, sodass Feuer und eine lange Verzögerung kaum von Nutzen sind, sodass für jemanden, der sich richtig mit der Sache beschäftigt, sechs Monate kaum ausreichen würden. Es findet also entweder ein einfacher Wechsel statt, wie bei den zirkulierenden Gefäßen, oder ein gegenseitiger Wechsel, wie bei den wechselseitigen Gefäßen. Aber selbst wenn sie sich bei dieser mehrfachen Bewegung ein wenig erwärmt, übt die dünne Substanz einen so geringen Druck aus, dass sie aller Hitze beraubt zu sein scheint; der Rest des Branntweins ist in jedem Fall sicher. Entweder durch den großen Vorrat an wässriger Feuchtigkeit, der bei der ersten Destillation beigemischt wird, oder nach zahlreichen Destillationen und Umwälzungen erscheint er dann wegen der Verdünnung völlig ohne Hitze. Und er ist von so verdünnter und dünner Substanz, dass er oben auf dem Öl liegt; was nach unten gelangt, ist unvollkommen. Er kann aus jedem Wein gewonnen werden, aber der beste kommt von dem, der von Natur aus am besten und am wenigsten verdorben ist. Die Hälfte wird gewöhnlich bei der ersten Destillation abgezogen, der gleiche Anteil bei der zweiten, wenig geht bei der dritten verloren, fast nichts bei der vierten und viel weniger bei den folgenden, wenn man sie richtig ausgeführt hat.

Er hat viele Vorteile und ist nicht zu vernachlässigen; er bewahrt manches, wie das, was verdorben ist, indem er die Rolle von Balsam übernimmt; er verändert manches zum Besseren, wie den menschlichen Körper, der vor Kälte schmachtet; er kocht manches, wie Eier und Fleisch, das darauf gelegt wird. Er nimmt schnell die Kräfte aller auf ihn gegossenen Arzneien auf, zum Beispiel die der dünneren in vier Stunden, die der anderen in acht, die der härteren in zwölf, sodass er fast nie einen ganzen Tag benötigt. Dann wird er erneut destilliert, wobei die Kräfte erhalten bleiben und der Bodensatz und alle Abfälle entfernt werden. Deshalb nennen die Alchemisten diese Art des Aufgusses gewöhnlich das »Fixieren der Sterne am Himmel«. Und in der Tat ist vielen Menschen durch seine Anwendung geholfen worden. Die Nützlichkeit reicht vom achten Teil einer Unze bis zu einer ganzen Unze. Der Kreislauf wurde also genau zu diesem Zweck erfunden. Was für Zunder verwendet wurde, wurde bereits erwähnt. Schräge Gefäße wurden wegen der bequemen Lage entwickelt. Große, um ätzende Flüssigkeiten aufzunehmen, und in ihnen wird Grünsalz, Salpeter, Alaun und dergleichen destilliert. Wenn große Brände nötig sind, die den Rauch und die daraus hergestellten Flüssigkeiten sehr ätzend machen, muss das Aufnahmegefäß sehr geräumig sein, damit es nicht zerbricht, weil es durch Brände mit Luftgehalt zu sehr verdünnt wird, und damit die trockensten und heißesten Rauche in Flüssigkeit verwandelt werden können. Gerade Gefäße werden regelmäßig länglich und gleichsam gleichförmig gemacht, wenn ein schneller Durchgang erforderlich ist und der Dampf ziemlich schwer ist, wie im Falle von Metallen; oder wenn man über einem sanften Feuer ein ätzendes Wasser auffangen will, in dem Silber oder Gold unter Auslassung des Metalls aufgelöst worden ist.

Die Filzkappe dient dazu, den Aufprall des Dampfes zu absorbieren; daher werden auch ätzende Gegenstände auf diese Weise destilliert. Die Kappe sollte im oberen Teil geräumig sein. Dies geschieht auch, um Kosten zu vermeiden; die besten sind doppelt gedreht, werden teurer verkauft und lassen sich nur schwer mit den Kappen der Gefäße verbinden. Wir haben bereits den Vorteil eines Messinggefäßes erläutert, und dass in den Öfen unten Öffnungen vorhanden sind, um das Feuer stärker anzufachen. Die oberen Öffnungen haben einen doppelten Zweck: Sie lassen den Rauch ab und beruhigen die Kraft des Feuers. Und wenn man etwas Leichtes, wie sehr starken Spiritus, in der Sonne destillieren will, stellt man die Mitte des Gefäßes in den Mittelpunkt einer **Stahlparabel**. Nicht nur der Punkt in der Mitte, sondern das ganze Gefäß und alles, was innerhalb der Begrenzung der Parabel liegt, kocht und brennt. Vergessen Sie nicht, dass der Stahl poliert sein muss.

Es gibt so viel technische Kunstfertigkeit, dass sie über die bereits erwähnten Unterscheidungen zwischen den **Holzkohlen** hinaus noch weitere beisteuern kann; sie hält die aus dem Talholz für besser als die aus dem Bergholz; das Talholz ist lockerer und damit auch seine Holzkohle, aber ein gelegentliches Feuer verwüstet leicht alles. Bei der Herstellung von Holzkohle funktioniert es jedoch hervorragend, sodass nicht nur unter der Erde (wie es üblich ist), sondern auch darüber Holzkohle hergestellt wird, weil sie besser brennt und von größerem Nutzen ist.

Es ist bemerkenswert, welchen Unterschied es macht, wie das Feuer bei der Behandlung von Metallen eingesetzt wird, ebenso wie bei den Rückständen, die durch das Feuer entstehen; der Unterschied, den das Feuer macht, ist besonders offensichtlich bei Blattgold. Es kommt also sehr darauf an, ob man ein kontinuierliches oder unterbrochenes Feuer anwendet, ein heftiges oder sanftes, ein großes oder kleines, allmählich oder abrupt, rundherum oder von einer Seite, durch Blasebalg angeregt oder in Ruhe, lang anhaltend oder kurz, in Berührung oder außerhalb des Gefäßes, mit einer Flamme oder nur mit Glut, begrenzt oder frei, einfach oder reflektiert, aus Holzkohle oder Holz, oder (was noch wichtiger ist) mit anderem brennenden Material, das so hinzugefügt wird, dass es seine eigene Kraft im Feuer behält. Es kommt sehr darauf an, womit jeder geschmolzene Gegenstand verbunden ist: Marmor, Bleiglanz, Blei, Eisenspäne in Verbindung mit den Steinen, in denen Metalle enthalten sind, unterstützen deren Schmelzen auf wunderbare Weise und erhalten ihre Substanz. Während des Schmelzens verhindern sie, dass die dünne Feuchtigkeit, die in den Steinen enthalten ist, verbraucht wird, das Gegenteil von dem, was oben in Bezug auf die Gifte erwähnt wurde. Wenn also der Stein erhitzt und nicht getrocknet ist, und schließlich das Feuer wegen seines Feuchtigkeitsgehalts überhitzt ist, muss man das eigentliche Metall im Inneren des Steins schmelzen.

Aber warum **schmelzen Metalle** nicht leichter, wenn man Wasser oder ein anderes feuchtes Mittel hinzufügt, sondern schwerer? Liegt es daran, dass Wasser kalt und dünn ist und wegen seiner Dünnheit nicht schmelzen kann und wegen seiner Kälte nicht richtig erhitzt werden kann, bis es verbraucht ist? Das ist auch die Art und Weise, wie die Kruste, die auf einem Metall schwimmt, es am Schmelzen hindert. Indem sie so sehr erstarrt, dass sie alle Teile abkühlt und so ihr Schmelzen behindert, oder der ganze dünnere Teil des Metalls wird von der Kruste verbraucht, die, wenn sie entfernt wird, das Metall nicht auflöst. Ebenso schmelzen Metalle nicht, wenn sie am Boden haften, auch nicht bei starkem Feuer, da die Hitze nach oben drängt, aber das wenige, das am Boden bleibt, entfernt sofort die Feuchtigkeit und verhindert das Schmelzen. Das sind die beiden Gründe, warum ein Metall am Boden des Gefäßes nicht schmilzt. Wir fügen noch einen dritten Grund hinzu: das Einbringen von Wasser. Es verhindert nicht nur das Schmelzen, sondern zwingt auch bereits geschmolzene Metalle zum Umkippen, was für die Umstehenden meist sehr schädlich ist. Einige haben behauptet, dass die dünne Feuchtigkeit des Wassers, das sich mit den geschmolzenen Metallen vermischt und durch die Hitze in Dampf umgewandelt wird, da es einen größeren Raum einnimmt, die Tropfen des geschmolzenen Metalls zum Umkippen zwingt. Aber das Wasser, das viel leichter ist als das Metall, scheint nicht in dessen Substanz eindringen zu können. Es ist besser zu glauben, dass die heiße Oberfläche des Metalls, die bereits voll von seinem eigenen Geist ist, durch die bekannte Kälte des Wassers zusammengezogen wird, und wie im Falle eines Balls, der getroffen wurde, prallt er sofort mit einem großen Aufprall vom Boden zurück.

Aber die Entdeckungen dieser Technik sind nur ein winziger Teil derer, die gemacht werden konnten, wie die Zusammensetzung des Elektrums, die Weichheit von Glas ohne Brennen, der echte Purpur. Denn was jetzt in Gebrauch ist, ist es nur dem Namen nach, und diese einmal gefundenen werden nun vergehen: die Zusammensetzung von sehr schönen und harten Steinen und von sehr verdünnten Wässern; mit den ersteren kann man Gefäße herstellen, mit den letzteren Gold und Silber aus Gestein gewinnen. Man könnte noch viel mehr schreiben, aber ich habe diese als Beispiele eingefügt. In der Regel ist die die Wahrheit einer Sache bei ihr meist verborgen. Der Nutzen oder die Notwendigkeit der militärischen Artillerie und des Buchdrucks kamen nicht vor der Erfindung der Technik ans Licht.

Es ist auch eine Aufgabe der chemischen Technik, **Horn weich zu machen**, was durch langes Kochen geschieht, wobei dem Wasser vor allem eine mäßige Menge Asche oder Kalk zugesetzt wird; dies geschieht erst in der achten Stunde. Daraus werden Griffe und Schwertgriffe, Kämme und Schachfiguren hergestellt. Tintenfässer, Schachteln und andere Gefäße, werden auf die gleiche Weise hergestellt. Und es gibt noch eine weitere Entdeckung der Franzosen in dieser Technik, eine weitaus bedeutendere. In der Vertiefung eines Horns, wie ich es oft gesehen habe, befestigen sie ein scharfes Eisen und schmieren dann Öl auf das Horn und halten es ans Feuer, wobei sie es fleißig drehen. Inzwischen haben sie eine Rinne aus Messing, eine Handfläche länger als das Horn, und unten so eng, dass sie schmaler ist als jedes Horn, aber am Anfang etwas breiter, als ein Ochsen- oder Büffelhorn aufnehmen kann, vollkommen gerade, und sie erhitzen diese mit dem schmaleren Teil im Feuer und dem anderen, der aus ihr herausragt, lange genug, bis der breitere Teil, der herausragt, sicher mit der Hand ergriffen werden kann. Dann wird das Horn CD, nachdem es mit seinem dünneren Teil (d.h. D) in die Messingrinne eingeführt wurde, mit einem abgerundeten Keil und Schlegel eingeschlagen, bis D fast bis B reicht. Dann wird es nach einer kurzen Pause, bevor es abgekühlt ist, mit Holz und Schlegel aus dem Teil B der Rinne herausgeschlagen und mit demselben Keil und Schlegel wieder auf den gegenüberliegenden breiteren Teil (C) gestoßen, bis man sieht, dass es sich beim Schlag nicht weiter nach unten bewegt. Dann wird die Rinne mit dem Horn in Wasser getaucht und dort abgekühlt und gehär-

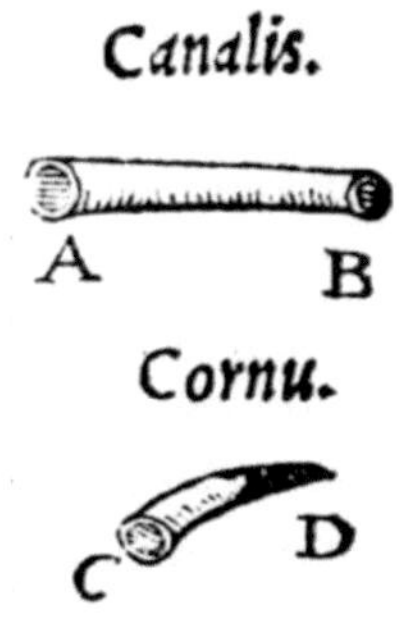

tet; nach einigen Stunden wird ein Horn herausgezogen, das gerade, fest und auf beiden Seiten glatt ist. Ohne Erhitzung kann es später nicht mehr gebogen werden. Daher ist es am besten, die Beize ohne Feuer zu verwenden. Das Gefäß AB besteht aus gutem zypriotischem Messing und muss innen sehr glatt sein und fleißig gedreht werden, während es auf dem Feuer und über Holzkohle erhitzt wird. Es ist klar, dass es wünschenswert ist, viele solcher Gefäße zu haben, und einen Tisch mit Löchern, in denen das Horn fest stecken kann, während es eingesetzt wird. Aus Hörnern, die durch diese Technik in eine gerade Form und feste Substanz gebracht wurden, werden Tintenfässer und andere Gefäße hergestellt, die sowohl schön als auch nützlich sind. Es liegt auf der Hand, dass kaltes oder leicht erwärmtes Horn durch Essig, Spiritus und Kupfer geschwärzt wird. Es gibt aber auch welche, die ihre Substanz und ihre Farbe behalten.

Es heißt, dass auf ähnliche Weise auch Knochen durch den Saft von Sellerie, Schafgarbe, Rettich und Lauch mit Essig erweicht werden können, wenn sie in diesen eingetaucht und mit Pferdemist bedeckt werden.

Aber gehen wir nun zu den Beweisen für die Subtilität verschiedener Techniken über. Ich möchte fünf aus der Architektur herausgreifen. Erstens, **die Befestigung von Städten.** Man ist sich einig, dass es sich dabei um eine dreifache Technik handelt: Invasionsverhinderung, Abwehr von Eindringlingen und Schutz der Verteidiger; außer diesen dreien gibt es nichts. Wir verhindern eine Invasion durch drei Mittel: Wasser, Graben, Mauer. Der Wassergraben erschwert den Angreifern die Annäherung, schon wegen des Abstiegs, aber noch viel mehr wegen des Aufstiegs. Deshalb sollte das Ufer auf jeder Seite steil sein, besonders aber auf der Seite nahe der Stadt oder des Ortes; vierzig Meter breit, tief, mehrfach. Wenn man einen dreifachen Graben zieht, ist er nicht nur uneinnehmbar, sondern bringt die kämpfenden Angreifer zur Verzweiflung. Er soll sieben Meter fließendes Wasser haben, denn was da fließt, kann durch keine Technik aufgehalten oder entfernt werden. Solange es da ist, ertränkt es die Angreifer. Diejenigen, die es nicht ertränkt, bekommen rutschige Füße und werden vom Wasser beschwert, sodass sie nicht aufsteigen können. Und es verhindert das Graben von Minen; Mauern werden durch sie untergraben. Außerdem wird alles, was hineingeworfen wird, zerstreut und zertrümmert, und es wird verhindert, dass sich Feuer, das hineingeworfen wird, ausbreitet und die Mauern zerstört. Mauern mit einer Dicke von 30 Metern, dünnem Zement, mit Stein- oder Ziegelmauerwerk, das außen lebendig und hart ist und ein wenig in eine abgerundete Form vorsteht. Mauern einfach in einzelnen Armen (diese Art der Messung wird erklärt: bei uns enthalten sie 20 Ziegel, die mittleren 32. Ihre Höhe beträgt 100, da zwei unter dem Graben liegen, 60 bis zur Grabenoberkante, 30 darüber, und sie wird durch einen sehr dicken Wall im Inneren gestützt. Dies gilt für Städte; weniger ist genug in Städten, in denen der Schutz bei den Soldaten liegt. Wenn sie dort sind, wird die Stadt völlig uneinnehmbar gemacht werden. Die Abwehr besteht aus Wällen und Türmen alle 200 Fuß, mit einer Mauer, die in der Mitte gerade ist, aber oben gegen die Stadt geneigt. So verhindert sie nicht die Einschläge der Türme, und die feurigen Kugeln des Feindes werden unwirksam gemacht. Der obere Teil der Mauer ist abgerundet, damit die von der Artillerie geschleuderten Brocken die Verteidiger nicht töten können. Im inneren Teil befindet sich ein Durchgang, durch den die Wachen in Sicherheit gehen können. Die Erde am Boden ist ausgehöhlt, sodass die Schläge der Minengräber hörbar sind und die Soldaten sicher umhergehen können. Für die Bögen gilt: Je runder sie sind, desto fester sind sie, bis hin zur Form eines vollständigen Kreises. Die Bögen sind unten dicker und werden nach oben hin immer schlanker. Die Seiten bestehen aus breiten und dünneren Ziegeln auf beiden Seiten, wo die Aushöhlung beginnt, damit die Fuge besser hält, wenn die Nähte dicht beieinander liegen.

Das Fundament ragt heraus, und wenn es an der Wand anliegt, wird die Wand weggeschnitten, sodass sie das Fundament des Bogens aufnimmt und stützt, wie ein Stützmauerwerk. Die Dicke dieser Wand sollte im Vergleich eineinhalb Mal so groß sein. Aber noch fester und dicker sollte das sein, was sich darunter erstreckt. Alle hundert Schritte ein Abort und ein Brunnen, denn das Bedürfnis nach Wasser veranlasst die Soldaten, sich zurückzuziehen, und das Wasser kann, wenn es erhitzt wird, gegen Feuer und gegen die Köpfe der Feinde geschleudert werden; es bietet tausend andere Vorteile. Der Gestank von Ausscheidungen verdirbt die Luft. Versteckte Wege von den Mauern ins Innere einer Stadt verhindern zahlreiche Unannehmlichkeiten und bringen den verteidigenden Soldaten großen Nutzen und lassen ihnen keinen Grund, sich zurückzuziehen. Weitere vier oder fünf Wege, die nur dem Fürsten bekannt sind, sollten fünf Meilen oder noch weiter entfernt in dichten Wäldern enden, Wälder, die man aus alter Gewohnheit nicht abholzen darf. Auf diese Weise lassen sich leichter Boten aussenden und Vorräte und Garnisonen heranschaffen. Die Mauern der Häuser der Stadt selbst sollten, wie gesagt, von einer weiteren Mauer umgeben und verteidigt sein, und kein Haus sollte überstehen. Als Bura[12] vor kurzem eingenommen wurde, stürzte die Hütte eines Hauses unter dem Beschuss der Artillerie ein (sie ragte heraus), und die Fürsten der Stadt, die sich dort zur Beratung versammelt hatten, wurden niedergemetzelt. Und während die Franzosen unsere Stadt belagerten, kamen Marcantonio Colonna und Camillo da Trivulzio durch ein ähnliches Ereignis ums Leben; das Ergebnis war, dass ihre Macht erst gebremst, dann gebrochen und schließlich die Herrschaft ganz aus Insubrien herausgerissen wurde. Es ist praktisch notwendig, eigene Kräfte einzusetzen, die heimlich aus einer Stadt herausgeführt werden, um Späher auszusenden. Man sollte nicht sofort zu diesem Mittel greifen, aber man sollte es auch nicht so lange hinauszögern, dass der Kampf verloren ist, sondern es tun, wenn die Belagerung stark und unentschieden ist.

> In der Nacht zum Dienstag werden wir den Feind um die sechste Stunde angreifen; ihr sollt mit allen Soldaten ausrücken und kühn kämpfen; davon hängt unsere ganze Sicherheit ab.

Und es gibt noch eine andere Lösung für das Problem der Übermittlung von Plänen an belagerte Städte, eine, die sicher und immer verfügbar ist; und es ist ebenso praktikabel, die Absichten derer zu erfahren, die zur Rettung kommen oder dies tun werden, wie den Zustand der Stadt zu offenbaren, und es ist nicht viel anders als ein Brief. Wenn also die Stadt selbst einem Späher oder dem Anführer des Heeres, das zur Rettung kommt, ihre Absicht signalisieren will, sollen einzelne brennende Fackeln auf fünf Türmen aufgestellt werden, die so weit voneinander entfernt sind, dass sie einzeln gesehen werden können, und die einzelnen Leute, die sie halten, sollen die Worte, die sie signalisieren wollen, schriftlich vor sich haben. Und wenn der Buchstabe auftaucht, der zu seiner Fackel gehört, oder zwei oder

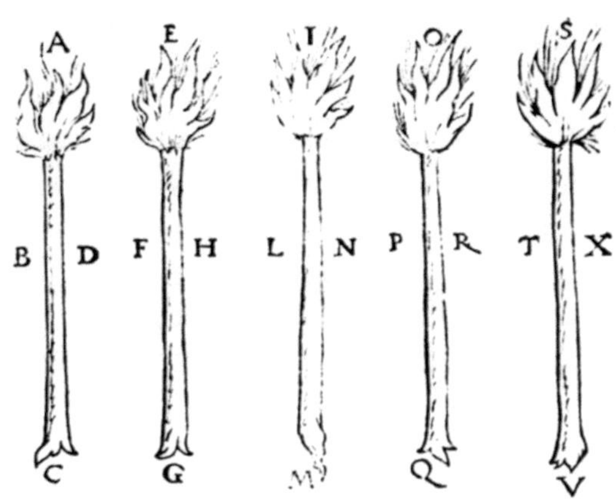

Nocte poſt diem Martis hora ſexta nos hoſtem aggrediemur: uos exite cum omni milite, fortiterq; pugnate: tota enim noſtra ſalus ex hoc pendet.

[12] Vielleicht ist Büren in Westfalen gemeint.

drei Buchstaben, soll er sie signalisieren, indem er seine Fackel hebt oder senkt oder sie nach rechts oder links neigt. Nach einem ähnlichen Plan kann jeder, der von einem sehr hohen Turm aus schaut, die Buchstaben miteinander verbinden und so die Pläne des Anführers, der zur Rettung kommt, erkennen, selbst wenn die feindliche Armee dazwischen ist, ohne dass der Feind es merkt und in Unkenntnis, weil die Fackeln der Retter tief unten sein werden.

Doch zurück zur Stadtbefestigung. Wenn sie aus hohen Mauern besteht, hat dies neben den extremen Baukosten auch einen Nachteil, denn wenn die Mauern durch Artilleriebeschuss niedergerissen werden, bieten sie dem Feind eine sehr praktische und sichere Brücke. Niedrigere, aber sicherere, gegen die von den Belagerern errichteten Rampen machen weder die Häuser noch die Soldaten sicher. Was auch immer fallen muss, bringt es zum Einsturz, bevor der Aufprall zu hören ist. Da das Gerüst noch gestützt wird, hat es etwas, das es aufrechterhält, und das muss vor dem Einsturz zerbrochen werden; während es zusammenbricht, erfolgt der Aufprall. Daher gibt es bei manchen Menschen einen einzigen Zusammenbruch, bei anderen mehrere, bei manchen passiert es lange vorher, bei anderen sofort. Auch Risse in Wänden, bei denen ein Teil klafft, sagen schon lange vorher ein Risiko voraus. Manche sagen, dass die Spinnen die Flucht ergreifen; die Natur ist so sehr darauf bedacht, klüger zu erscheinen als der Mensch! Aber nichts ist so unsicher wie eine Schieflage in den Mauern; auch wenn kein Gewicht auf sie drückt, stürzen sie von selbst ein. Die Türme werden oft zur Zierde gebaut, wie früher, als Mailand dreihundert hatte; oder manchmal zur Prahlerei, wie in Pavia und Pisa; manchmal zum Schutz, doch auch zur Zierde. Julius Cäsar hatte einst in Straßburg eine Stadt mit 52 Türmen errichtet, und zwischen je zwei benachbarten Türmen gab es sieben erhöhte Teile der Brüstung. So bildeten die Türme die Wochen des Jahres und die erhöhten Teile der Brüstung die Wochentage. Generell gilt aber, wie für viele, die dies lesen, oder wir können mit einem einzigen Wort an etwas Bekanntes erinnern: Bei großen Gebäuden tragen die eigenen Kutschen für den An- und Abtransport wesentlich dazu bei, die Kosten zu senken.

Doch gehen wir zu einem anderen Beispiel über, das zwar subtiler, aber ebenso nützlich ist. Sein Urheber war Caius Julius Caesar, wie er im vierten Buch seines Gallischen Krieges berichtet. Er stellte eine **Brücke über den Rhein** in zehn Tagen nach

Schema medietatis pontis ab uno latere.

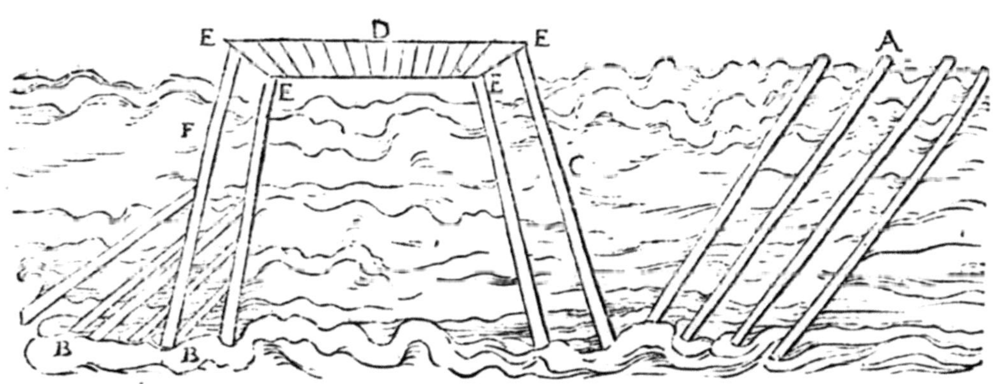

A, Sublicæ ſuperiores aduerſus flumen.
B B, Sublicæ inferiores annexæ ponti.
C, Tigna bina ſuperiora.
D, Trabs latitudinis duorum pedum.
E, E, E, E, Fibulæ connectentes D trabem cum tignis ſuperioribus & inferioribus.
F, Tigna bina inferiora.

folgendem Plan fertig, den wir zu erläutern versuchen, da ihn nur wenige Menschen verstehen. Man nehme ein Paar Balken (in der Zeichnung mit dem Buchstaben C gekennzeichnet), die anderthalb Fuß dick und so lang sind, dass sie, wenn sie auf dem Grund des Flusses befestigt sind, die Oberfläche erreichen, und verbinde sie mit einem Abstand von zwei Fuß auf jeder Seite. Mach sie von unten nach oben sehr scharf, stecke sie mit Maschinen ein, verstärke sie mit Stroh und befestige sie auf einer Seite mit der Strömung des Flusses nach vorne geneigt, sodass eines der Hölzer näher am Ufer liegt. Befestige die gleiche Anzahl von Hölzern gleicher Größe, die in gleicher Weise miteinander verbunden sind, in gleichmäßigem Abstand von vierzig Fuß im unteren Teil des Flusses und lehne sie gegen seine Strömung. Verbinde die oberen Verbindungen C und F mit einem Balken, der zwei Fuß breit ist, d.h. im Verhältnis zur Größe der Verbindung, mit zwei Stiften auf jeder Seite, die von der Innenseite des Holzes aus befestigt werden. Die Stifte werden von den Balken umschlossen und festgehalten und sind so angebracht, dass sie den Balken umso fester einschließen, je weiter sie voneinander entfernt sind, da sie ihn von der gegenüberliegenden Seite drücken. Baut mehr gleich diesen und stellt sie direkt auf den anderen Teil des Flusses, sodass der Balken D parallel zu dem anderen Balken ist und ähnlich verbunden. Und er errichtete bei derselben Arbeit die mittleren Ränge, soweit es erforderlich war.

Verbinde diese Balken, die neben der Strömung des Flusses liegen, mit vielen anderen Querbalken, die auf ihnen liegen und miteinander verbunden sind; die Brücke wird mit langen Pfählen und Eisengittern auf der Oberseite vervollständigt. Zu deiner Sicherheit werden im oberen Teil des Flusses viele Balken angebracht, die gegen die Strömung des Flusses geneigt und vom gesamten Bauwerk getrennt sind. Im unteren Teil sind ebenfalls Pfähle gegen den Aufprall des Flusses zu befestigen, die jedoch viel stärker geneigt sind als die Balken und fest mit dem gesamten Bauwerk verbunden sind. So nehmen die oberen Balken den Aufprall des Flusses und die verstreuten Balken auf, und je mehr die Masse von den Wellen gedrückt wird, desto fester wird sie durch die gemeinsame Verflechtung. Dies ist eine robuste Brücke, und kann jeder Belastung standhalten. Die schnelle Konstruktion wird nur durch die Seile und Spille, die aufgeblasenen Häute oder die verbundenen Hölzer verraten.

Subtiler, aber weniger nützlich, ist der Plan für **ein Amphitheater**, den Plinius erwähnt. Er geht so: Als der Sohn des Marcus

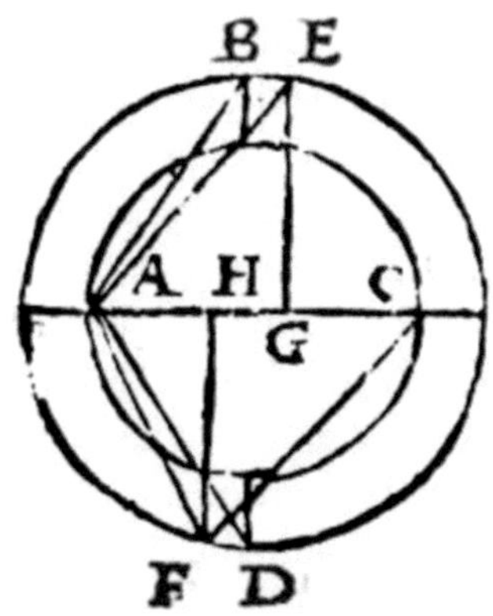

Scaurus zu Ehren seines Vaters Begräbnisspiele veranstalten wollte, konnte er nicht mit der Prozession des Curtius mithalten, denn Curtius hatte sie mit größtem Aufwand veranstaltet, da er viel reicher war, und der Sohn des Scaurus versuchte, ihn an Fleiß zu übertreffen. So baute er zwei halbkreisförmige Theater mit einer Bühne, die sich bei der Aufführung auf Drehzapfen drehen und ein Amphitheater ausbreiten sollten. Während er die Spiele in dem Orchestra und auf den Bühnen inszenierte, wurden die Menschen gedreht. Wenn die lateinische Bühne neunzig Grad vom höchsten Punkt des Theaters entfernt ist und der gesamte Durchmesser 120 Grad beträgt, wie Vitruv erklärt, ist die Frage berechtigt, welche Technik es ermöglichen könnte, beide Theater zu einem Amphitheater zu vereinen, ohne dass die Bühne verschoben wird.

Nehmen wir an, es gäbe zwei Halbkreise ABC und ADC mit den Mittelpunkten B und D. Es gäbe die Bögen AE und CF, von denen der größere einen dreiundneunzigsten und der kleinere einen sechsundneunzigsten Grad hat. Folglich sind AE und CF größer als 87 und kleiner als 89. Wenn also die Drehpunkte bei E und F liegen, ergeben sich GE und HF, der größere 59 2/3 und der kleinere 59 11/12. Sie sind in der Tat weniger als ein halber Durchmesser, weil die Drehpunkte von den Punkten B und D entfernt sind, die die Mittelpunkte der Halbkreise sind, und dieser Abstand, wie angenommen, größer als drei Grad und kleiner als sechs ist. AE und CF ragen also über die Gerade AC hinaus, d.h. über einen Halbkreis um mehr als siebenundzwanzig 1/12 Grad und weniger als neunundzwanzig 1/3. Aber die Bühne ragt um dreißig Grad über den Halbmesser hinaus, weil sie neunzig Grad von den Punkten B und D entfernt ist. Wenn also A und C sich drehen, werden sie die Bühne nicht berühren. Aber sie werden sich auch nicht gegenseitig blockieren, denn AE und AF sind kleiner als 169 2/3 in 1/60 Teilen, aber AB und AD sind größer als 169 2/3 in 1/26. Die Quadrate von AB und AD sind gleich den Quadraten von AF und AE, weil sie gleich dem Quadrat des gesamten Durchmessers sind. Da also AB und AD einander gleich sind und AE und AF ungleich sind, werden AB und AD, wenn sie zusammengefügt sind, größer sein als AE und AF, wenn sie um 1/18 eines Grades zusammengefügt sind. Es muss also eine Situation gefunden werden, in der sich drehende Theater nicht gegenseitig blockieren. Die Drehung sollte also allmählich und abwechselnd erfolgen, da, wie gesagt, der Unterschied, durch den sie voneinander getrennt werden können, kaum mehr als 1/18 eines Grades betragen wird. Es gibt auch noch zwei andere, weniger elegante Arten, Theater auf dieser Grundlage zu bauen. Aber bei der einen nehmen die Theater die Form eines Eis an, sind also nicht rund. Bei der anderen Art wird das Amphitheater zwar in der Mitte geteilt, aber nicht richtig und nicht entsprechend dem Durchmesser.

Ein vierter Fall von Subtilität findet sich bei **Flaschenzügen**. Sie funktionieren so: Das Gewicht A ist mit dem unteren Flaschenzug verbunden, in dem sich zwei Flaschenzüge B und C befinden, die sich drehen. Im oberen Block gibt es zwei andere, D und E; ein Seil wird um D herumgeführt und läuft durch F nach unten zu C, und steigt durch G auf, und dreht sich zu E, durch H absteigend, läuft es um B herum, und aufsteigend wird es mit dem Flaschenzug bei K verbunden. So wird das Gewicht von L gezogen, und weil es von FGHK gehalten wird, wird es nur ein Viertel des Gewichts A sein, das von einzelnen Seilen gehalten wird, sodass es von einem Viertel der Kraft gezogen werden kann. Und wenn es drei Rollen in den einzelnen Flaschenzügen gäbe, kann es mit einem

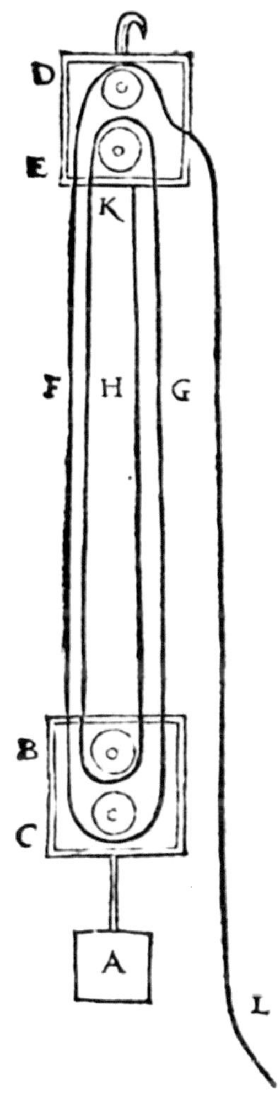

Sechstel gezogen werden. Und so wird sogar ein Kind in der Lage sein, ein großes Gewicht nach oben zu ziehen, vorausgesetzt, dass es kein Hindernis durch das Gewicht der Seile, die Rauheit der Rollen und die Schwierigkeit der Bewegung gibt. Es gibt ein Verhältnis der Zeit, die gebraucht wird, ebenso wie ein Verhältnis der Kraft. Durch zwei Rollen wird der Zug viermal langsamer sein; durch drei Rollen sechsmal langsamer, als wenn er mit der gleichen Kraft, oder sogar etwas mehr, mit einem einzigen Seil hochgezogen würde, und viel langsamer, sechs- oder viermal langsamer, wegen des Betrages, den die Länge des Seiles zum Gewicht hinzufügt. Das Ergebnis ist, dass das Kind mit diesen Flaschenzügen im Laufe einer Stunde kaum ein Gewicht hochziehen kann, das ein sechsmal stärkerer Mann, der mit einem einzigen Seil darüber steht, auf einmal heben kann. Und so ist es ein Problem der Technik und des Einfallsreichtums, jeden Menschen in die Lage zu versetzen, jedes Gewicht zu heben. Damit aber ein Seil von mehreren Personen gezogen werden kann, wird es unter einem Flaschenzug parallel zur Erde gezogen. Und wenn man leichter ziehen will, benutzt man einen Spill, ein geläufiges Werkzeug. Wenn seine Achsen angetrieben werden, zieht das um ihn gewickelte Seil beliebige Gewichte. Aber auch hier kann man die Arbeit beliebig verringern, und zwar durch die Länge der Achsen; sie ziehen umso leichter, je länger sie sind.

Schrauben werden nach einem ähnlichen Prinzip hergestellt, und wir nennen sie Reben. Die Schraube AB, männlich innen, oder die Rebe CD, die wie üblich gedreht wird; die Achse EF, die mit der männlichen Schraube verbunden ist, wird mit dem Griff GH leicht gedreht, auf dem Prinzip erwähnt. An der Unterseite befindet sich KL, die senkrecht mit der männlichen Schraube verbunden ist, und an ihr ist ein Gewicht von (wie zu erwarten) etwa 100.000 Pfund angebracht, das M. Wenn GH sich dreht, wird KL nach oben gezogen, und das Gewicht M steigt. Wenn GH in die andere Richtung gedreht wird, wird KL nach dem gleichen Prinzip gedrückt; und das Eisen, das ihm gegenüberliegt, von unglaublicher Dicke, wird gebogen.

Beweisen wir also, dass das Gewicht M bewegt werden kann, und nach welchem Prinzip: Da M ein Gewicht von 100 hat, das auf L ruht, und da die einzelnen Fäden es tragen, werden, wenn es zehn davon gäbe, auf jedem zehntausend sein. Aber auf jedem Faden halten diese zehntausend Pfund so viel Gewicht zurück, wie das Verhältnis der Rundheit zu dem Seil ist, an dem M aufgehängt ist. Je mehr Fäden es also in CD gibt, und je niedriger sie sind (d.h. je näher sie am Kreis liegen, desto größer sind sie), desto leichter wird das Gewicht von M, und desto leichter ist seine Bewegung. Und je leichter sie ist, desto langsamer wird sie. So kann die Schraube ein Intervall von zwei Ellen haben, mit so breiten und niedrigen Gewinden, dass das Gewicht M von einem zehnjährigen Jungen leicht hochgezogen werden kann. Aber, wie gesagt, je leichter sie sich bewegt, desto langsamer wird sie. Wenn sie also bis nahe an LK gezogen wurde, muss die Länge M an den Stützen des Geräts bei N und O aufgehängt werden. Und wenn das Gerät dann durch eine entgegengesetzte Bewegung wieder hinausgeschickt wurde, fügen wir das Gewicht zu KL hinzu, und wir werden noch einmal ziehen und um das Intervall KL erhöhen, bis wir, indem wir es recht häufig festbinden, ein Schiff aus dem Meer oder aus einem Fluss oder irgendein anderes großes Gewicht herausgezogen haben.

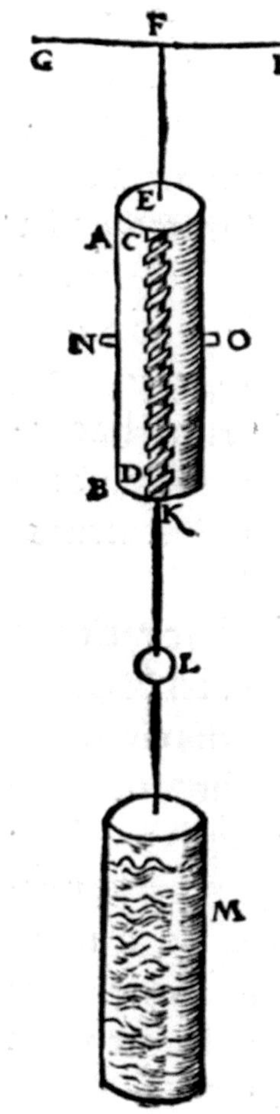

Dies ist als ein Gerät des Archimedes zu betrachten, das durch das Können und die Erfahrung die Leichtigkeit der Griechen verstärkt wurde, wodurch er die Bewunderung der Alten auf sich zog. Auf diese Weise kann ein Kind leicht ein beladenes Schiff ziehen, das nicht einmal zwanzig Ochsenpaare verschieben könnten. Es ist aus dem härtesten Stahl gemacht, damit es sich nicht verbiegt, und aus dem leichtesten, damit es nicht behindert wird, und es ist mit Öl geschmiert; Öl ist für die Bewegung sehr hilfreich, weil es glatt ist. Und es ist resistent gegen Verrosten. Von den Mitteln, die eine leichte Bewegung ermöglichen, ist das Olivenöl das wichtigste; wirksamer ist jedoch das Öl, das aus schleimig-feuchten Stoffen wie dem Bockshornklee hergestellt wird. Josephus berichtet, dass er bei der Verteidigung von Jotapata eine Brücke mit einem Extrakt aus Bockshornklee so glatt machte, dass die römischen Soldaten die begonnene Belagerung abbrachen, da sie sich nicht halten konnten; je kleiner das Mittel ist, desto mehr Erstaunen erzeugt es.

Nach diesem Prinzip ist **eine Vorrichtung zum Heben großer Gewichte** erfunden worden, die aus einem Schraubwerkzeug und einer Spillwinde besteht. AB sei eine Kette, das zu hebende Gewicht H, der Balken, an dem die Kette befestigt ist, sei AD. Auf einem senkrecht stehenden Holz C sei eine Stelle, an der ein Bolzen im Holz befestigt ist, auf dem der ausgehöhlte Balken AD ruht, sodass A sich auf und ab bewegen kann, während D sich nach unten bewegt. DE sei ein weiteres senkrechtes Holz, das wie eine Schraube geschnitzt ist und von dem Balken bei D aufgenommen wird; und die Winde sei FG. Der Teil des Balkens, der eine männliche Schraube darstellt, ist E, so wie im Balken der weibliche Teil der Schraube D ist. Das Holz DE kann von der Winde gedreht werden, und DC ist Teil des Balkens und dreimal so lang wie der äußere Teil AC. FG ist zum Beispiel achtmal so dick wie DE. Das Verhältnis zwischen der Breite und der Tiefe der Schraube sei das Fünffache; wir multiplizieren dies (aus dem, was hier und im ersten Buch gezeigt wurde), acht mal fünf, was vierzig ergibt, was mit drei multipliziert 120 ergibt.

Wenn also H ein Gewicht von 1200 Pfund ist, so wird es, da dies geteilt durch 120 10 ergibt, von einer Kraft, die 10 Pfund heben kann, mit der gleichen Anstrengung angehoben, mit der diese zehn Pfund gehoben werden. Bleibt aber die Nabe D in der Schraubenmuffe, wie es vernünftig ist, wenn sich die Winde nicht bewegt, so kann H mit einem Seil oder einer Kette, die an dem Gewicht angebracht wird, um es in der Zwischenzeit an einem anderen, in der Nähe von AB befestigten Holz aufzuhängen, auf eine beliebige Höhe gezogen werden, wenn der Balken AD wieder an seinen Platz gesetzt wird.

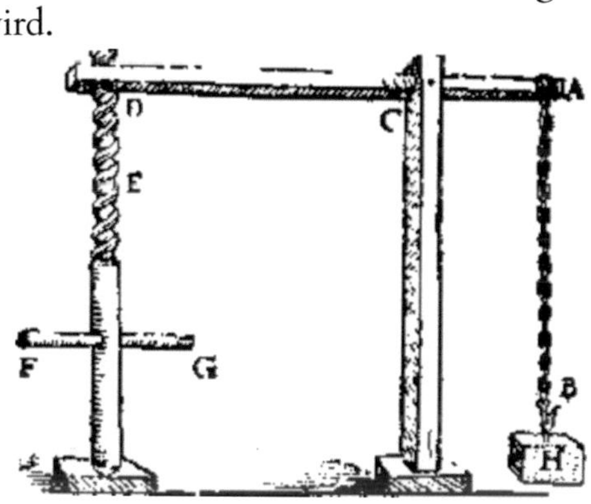

Sebastian Münster berichtet, dass im Elsass das Wasser aus den tiefsten Brunnen durch Wagenräder und Gefäße aus Ochsenhaut gepumpt wird, und zwar mit einer solchen Kraft, dass die Räder, obwohl sie aus Holz sind und nass sind, Feuer fangen. Dieses Gerät weist also drei bemerkenswerte Merkmale auf: Höhe, Kapazität und Geschwindigkeit.

Aber lassen wir das beiseite und gehen wir zu den **Wagen und Kutschen** über. Alle Wagen, die sich auf große Räder stützen, fahren auf weichem Boden sehr leicht und schnell, weil sie nicht tief in den Schlamm einsinken und dieser daher kaum hinderlich ist. Ein größeres Rad kommt auch immer schneller über den Boden, wenn es für das Tragen von Lasten gebraucht wird. Je weniger Räder es gibt, desto schneller ist die Reise beendet. Wenn es mehr sind und sie klein sind, decken sie mit ihrem geringeren Umfang weniger Boden ab. Wenn sie groß sind, tragen sie mit ihrem Gewicht zur Kraft bei, kommen aber weniger mit dem Boden in Berührung und bewegen sich daher langsamer. Deshalb wurden die römischen Kaiser in einem Essedum transportiert, d.h. in einem Wagen mit zwei großen Rädern. Wenn das Gewicht nicht so groß ist oder von zusätzlichen Pferden gezogen wird, ist die Reise sehr schnell beendet. Aus diesem Grund wird militärische Artillerie mit hohem Gewicht in Esseda transportiert. Der Grund für die Leichtigkeit der Fortbewegung ist genau das Gegenteil: Auf festem Boden sind mehr Räder leichter als wenige, und kleine Räder sind leichter als große; das Gewicht wird sozusagen auf die Räder verteilt, sodass es eine Addition ihrer Beiträge gibt, keine Multiplikation. Beispiel: Das Doppelte multipliziert mit dem Sechsfachen ergibt ein Verhältnis von 64 zu eins. Das Gleiche verknüpft ergibt das Zwölffache. Es gibt einen solchen Unterschied zwischen Addition und Multiplikation. Da also ein Gewicht auf einem Rad 60 Pfund und auf sechs Rädern 10 Pfund ausmacht, ergibt sich die Hilfe aus der Kleinheit, denn je langsamer die Reise, desto leichter ist sie. Es heißt aber, dass die Gewichte auf kleinen Eisenrädern langsamer fahren und gezogen werden als auf großen Rädern, und zwar in dem Maße, wie sie leichter fahren.

Es gibt noch einen dritten Grund für die Leichtgängigkeit: Die Achse steht weniger unter Druck und dreht sich daher freier. Deshalb werden große Gewichte auf festem Boden in kleinen und niedrigen Wagen auf den Weg gebracht, die nicht auf Achsen mit mehreren Rädern ruhen. Aber auf nassem Schlamm befördern wenige große Räder die Lasten nicht nur viel schneller, sondern auch leichter. Und da gerade aus der Achse herauslaufende Speichen das Rad schneller und leichter drehen lassen, tragen sie, wenn sie etwas überstehen, die Last besser und sind leichter zu reparieren. Diejenigen, die hinten größere Räder haben als vorne, sind leichter zu ziehen, als ob die Last auf ihnen lasten würde, da sie sich selbst nach vorne schieben, und bei einer Steigung werden sie gleich, obwohl bei ihnen die vorderen Teile unter mehr Druck stehen, als es richtig ist.

Wir sprachen von den Achsen der Spille, weil sie ziemlich lang sein sollten; die Anzahl der Griffe reduzieren das Gewicht im Verhältnis zu ihrer Länge. Die so verdoppelten Griffe reduzieren es auf die Hälfte, und so reduzieren es vier auf ein Viertel. Das ist so wahr, dass, wenn vier Männer auf einer einzigen Achse von einer Elle Länge hundert Pfund transportieren oder ziehen können, dieselben Männer auf vier Achsen von je sechs Ellen Länge 240 Pfund tragen können, allerdings unter Abzug des zusätzlichen Gewichts der Achsen, das aber minimal ist. Bei der Erörterung des Stahlgerüsts wurde dieser Zusammenhang bereits nachgewiesen. So kommt es, dass mit Rädern, in deren Inneren Menschen gehen und um deren Achsen Seile gewickelt werden, die größten Gewichte gehoben werden. So wie das Verhältnis des Raddurchmessers zum Achsendurchmesser ist, so ist das Verhältnis des durch das Seil angehobenen Gewichts zum Gewicht und zur Kraft der Menschen, die sich im Rad bewegen.

Ähnlich ist es mit den Schlägen: Wenn eine **Axt** mit einem Schlag schlägt, spaltet sie nicht durch das größte niedergedrückte Gewicht, und doch wird das Gewicht eine größere Kraft im Schlag bewirken. Der Grund ist, dass die Luft nicht mit einem Schlag entweichen kann: denn trotz der scharfen Schneide kann sie doch nicht in einem so kurzen Moment entweichen. Damit sie sich nicht zu sehr verdichtet, ist sie gezwungen, in die Poren des darunter liegenden Holzes einzudringen und es wie ein Keil zu spalten. Das ist offenbar der Fall, weil ein etwas langsamerer Schlag einen sehr großen Unterschied in der Spaltung bewirkt, da die Luft zur Seite entweicht. Aber wenn der Schlag auf einen breiten Gegenstand schnell ist, zerbricht das, was darunter liegt, wenn die Luft eindringt, scheinbar zu nichts; wie es bei denjenigen der Fall ist, die von der Kugel einer Kanone getroffen werden, was sie Bombardierung [13]nennen. Aber ein Mensch kann kaum etwas Großes sehr schnell bewegen, selbst wenn es sehr leicht ist; deshalb muss das, was getroffen wird, in Luft und Geist zerfallen. Warum aber schlägt ein Schwert am meisten an seinem Ende zu? Weil das Zentrum der Bewegung die Hand ist. Der Umfang liegt in der Spitze, und so werden auch Rüstungen und Helme leichter in diesem Abstand durchdrungen. In ähnlicher Weise sind wir sicherer, wenn wir in der Nähe von ausschlagenden Pferden sind, als wenn wir etwas weiter weg sind. Die Zugkraft trägt viel zur Kraft bei, denn wenn das, was geteilt wird, nicht zur Seite gezogen wird, behindert es die Teilung. Beim schnellen Wegziehen wird das, was hinderlich ist, entfernt, und so schneidet der Schlag in Verbindung mit der Zugkraft am Ende des Schwertes auf dreifache Weise besser. Auch richten längere **Speere** mehr Schaden an und durchbohren mehr als kurze, weil sie schwerer sind und mit größerer Kraft geschleudert werden, auch wenn die übliche Sichtweise uns täuscht.

Mir kommt dabei folgendes in den Sinn, und wenn es nicht jeden Tag geschähe, würde man es fast für ein Wunder halten. Ein Schiff so schwer beladen, dass kaum vierzig Ochsen es bewegen können, wird nur vom Wind angetrieben. Das große **Segel** ist sehr dünn und kann sogar mit einem Finger leicht durchbohrt werden, aber wenn es gebläht ist, bewegt es eine solche Masse und zerreißt nicht. Der Grund für die leichte Bewegung ist ein dreifacher: die Größe des Segels, mit der viel Wind gesammelt wird, und die Höhe, wie gezeigt wurde, und der Schwung der früheren Bewegung: denn anfangs wird es kaum bewegt.

Aristoteles zweifelte daran, er meint, dass heftige Bewegungen gegen Ende abnehmen. Es wird angenommen, dass bei gleichbleibendem Wind die Bewegung eines Schiffes immer schneller wird, wenn der Rest gleich bleibt. Sicherlich nicht endlos, aber bis zu einer gewissen Grenze? Es ist offensichtlich, dass sie am Anfang zunimmt. Und dafür gibt es einen Grund, denn wie wir bereits sagten, nimmt die Bewegung selbst dann zu, wenn das, was sie auslöst, aufhört, und noch viel mehr, wenn die Ursache weiterbesteht. Noch mehr im Wasser, wegen des größeren Widerstandes. So bewegen sich die

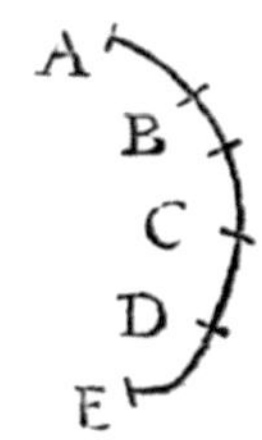

Schiffe schneller als am Anfang; den Grund dafür haben wir schon gezeigt, wie ich sagte. Wie kommt es aber, dass so dünnes Leinen einer solchen Kraft widersteht, dass die eigentlichen Masten und Taue leichter brechen als die Segel? Das ist der Grund: Weil die Kraft des Windes auf die Teile des Segels aufgeteilt wird. Es sei ein Segel ABCDE, und wenn die ganze Kraft, die das Schiff antreibt, im Teil A zusammenkäme, und da auch B doppelt so viel und dreimal so viel und bis zur Anzahl der Teile ausgeblasen wird, würde es sich dann schneller bewegen? Aber es bewegt sich nicht, und so ist die ganze Kraft nicht in einem Teil versammelt. Also muss die Kraft entsprechend der Größe der Teile des Segels verteilt werden. Und dieses Sammeln geschieht auf der Grundlage der Multiplikation, nicht der Addition; so wird durch einen kleinen Stoß ein großes Gewicht bewegt. Wenn man das Dreifache mit dem Vierfachen verbindet, entsteht das Zwölffache; wenn man multipliziert, ist das Verhältnis 81 zu eins. So werden durch Addition aus sechs Fünffachen 30, und aus fünf verdoppelten kommen wiederum 32. Wenn man sie miteinander vergleicht, bewegen fünf Doppelte ein Gewicht von sechs Fünffachen. Daher reißen große Segel bei gleichmäßiger Bewegung schwerer als kleine. Es gibt auch

[13] »bombarda«.

keinen Grund für die Bewegung der Segel. Denn eine Leinwand, die zehn Schritte braucht, bewegt sich umso schneller, wenn sie ein Schiff 1000 Schritte vorantreibt, vier in jeder Stunde, was 15 Schritte der Größenordnung dauert, als das Verhältnis des Überschusses von 15 zu der Größe, bei der sich das Schiff zum ersten Mal zu bewegen beginnt, zum Überschuss von zehn Schritten zu demselben. Ebenso über die Höhe.

Aber es gibt noch einen anderen Gedankengang. Eine sanftere Substanz des Windes, und eine ähnliche Bewegung sorgt für den Schutz der Segel. So wie eine Kollisionsbewegung, zu der auch eine zitternde Bewegung gehört, stark zum Reißen neigt, so gibt es eine flüchtige Bewegung, die bei Segeln vieles ausschließt, da jede Bewegung um etwas Ruhendes herum stattfindet.

Die **Grundlage der Schlüssel** ist einfacher, aber von der gleichen Art: Wenn sie in der Breite geteilt sind, kann nur ein kleiner Haken eingesetzt werden, sodass der Bolzen, wenn er ein wenig von der Achse entfernt ist, nicht zurückgeschoben werden kann. Auch ein lang angezogener Haken hat keine Kraft und Stärke. Stärkere Riegel und eine größere Anzahl von ihnen, die durch Trennwände abgegrenzt sind, sind sicherer gegen Haken. Ein sehr sicherer Türriegel ist ein solcher, der auf der einen Seite des Schlüssels eine hochzuziehende Falle und auf der anderen Seite einen Riegel hat, wobei zwischen der Falle und dem Riegel eine Trennwand liegt. Wenn ich hier die verschiedenen Arten von Türschlössern beschreiben will, wird das Thema langweilig. Ich füge nur ein Beispiel für einen solchen hinzu, den Ianellus gebaut hat. Es konnte unter jedem Namen, der aus sieben Buchstaben bestand, genau verschlossen werden, und es konnte unter keinem anderen Namen als dem, mit dem es verschlossen wurde, aufgeschlossen werden. Erstens war die Kugel massiv, und von der gegenüberliegenden Seite ragte in ihrem vorderen Teil eine leichte Rinne gerade aus der Mitte heraus; in ihrer Spitze befand sich eine kurze männliche Schraube. Am Rande dieser Kugel befand sich eine weitere, leere, abgerundete, gleich große und parallele Rinne, und gegenüber markieren zwei kleine Linien einen Gürtel. Auf diesen Linien waren die sieben Buchstaben des Wortes in einer geraden Linie zu platzieren, indem man kleine Scheiben in der Reihenfolge, die man festgelegt hat, umdrehte und einstellte; zum Beispiel, wenn der Name mit sieben Buchstaben Serpens sein soll, werden die einzelnen Scheiben ihren Buchstaben gerade entlang des Intervalls zwischen den beiden Linien bilden, sodass er geschlossen oder geöffnet werden kann.

Am Rand befinden sich tatsächlich sieben Scheiben, die ein Alphabet tragen, von denen ich eine als Muster am Rand dargestellt habe; oder die gleiche Anzahl wie die Anzahl der Buchstaben, unter denen es geschlossen werden soll. In der Mitte befindet sich ein breiter Kreis, der so viele Abstände aufweist, wie Buchstaben am Rand vorhanden sind.

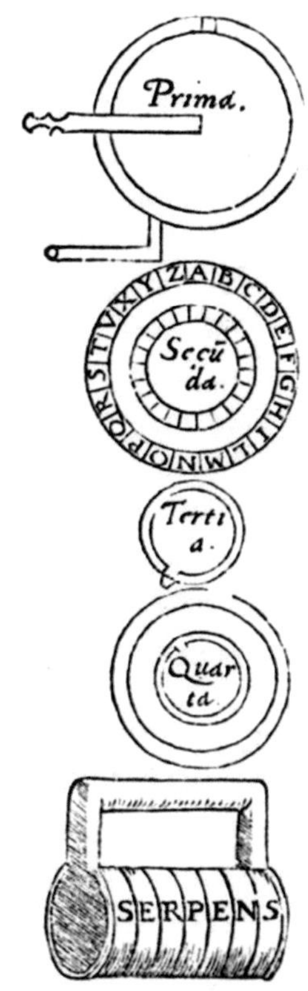

Auch die gleiche Anzahl von gezahnten Scheiben, wie es Reihen des Alphabets gibt. Ich habe diese in der dritten Figur mit dem Zusatz eines Zahns dargestellt; oder, wie in der vierten Figur, den hinteren Teil der Scheiben der zweiten Figur, mit einer Lücke in der Mitte der Scheibe, in die der Zahn einer kleinen Scheibe eingesetzt wird. Es ist klar, dass die zweite Scheibe, wenn sie so umgedreht ist, auch die dritte mit sich zieht, und doch kann nur durch die Fixierung des Buchstabens an seinem Platz eine

Scheibe mit der anderen verbunden oder von ihr gelöst werden. Wenn der Türriegel geschlossen ist, drehen sich die Scheiben ungehindert, sodass die Reihenfolge der Buchstaben durcheinander gerät.

Aber lassen wir das, was mehr kurios als nützlich ist; erklären wir lieber etwas, das für das tägliche Leben von Bedeutung ist, nämlich die Art und Weise, wie man **Bargeld in einer Truhe verstecken** kann, sodass keine Spur des Ortes zu sehen ist, und wenn man ihn kennt, kann man Bargeld oder Juwelen herausholen, ohne die Truhe zu zerschlagen. Zu wissen, dass sie da sind, ist für viele Menschen von Vorteil. Auch wenn sie nicht wissen, wo, ahnen sie es, suchen sie und nehmen sich manchmal solche Freiheiten, dass sie sich daran machen, sie aufzubrechen. Nichts entfacht den Eifer von Dieben und Räubern mehr als das Wissen und die Gewissheit, dass eine Beute vorhanden ist, auch wenn sie nicht genau wissen, wo sie ist. Andererseits schadet nichts ihrem Wagemut so sehr wie die Frage, ob überhaupt Beute da ist. Und so bedarf es zur Sicherheit besonderer Anstrengungen, um das Nest unentdeckt zu lassen. Und dann, wenn sie wissen, dass es da ist, es ihnen so schwer wie möglich zu machen. Man weiß, dass das Material des Eisens und die Dicke der Bretter von entscheidender Bedeutung sind. Dann gibt es alltägliche Dinge: einen doppelten Boden für die Truhe, oder kleine Truhen an den Seiten, und versteckte kleine Briefkästen und verborgene Nischen, von denen sich ein Mann der Einsicht aber nicht täuschen lässt, wenn er die Dicke der Teile und Seiten miteinander verglichen hat. Es ist also eine kleine Öffnung in den Seiten oder in den Winkeln gemacht worden, an einer nach unten gerichteten Stelle, und innen ist ein Hohlraum in einer Platte, so groß, wie wir wollen. Ja, dort wird mehr Geld weggeschlossen, und der Hohlraum wird mit Hanf, dann mit sehr feinem Sägemehl aufgefüllt, und wo die Öffnung ist, wird sie mit Eiweiß verschlossen, sodass sogar der Mann, der sie verschließt, getäuscht wird. Eine andere Methode: Eine Platte verschließt den Hohlraum so fest, dass kein Riss entsteht.

In einem abnehmbaren Teil befindet sich eine kleine Metallschraube, über die ein Schlüssel gesteckt wird. Weitere derartige Schrauben sind in der ganzen Truhe in einer bestimmten Form angeordnet; wenn die Stelle aufgeschlossen werden soll, wird eine männliche Schraube eingesteckt, der Schlüssel abgezogen und das Stück der Platte entfernt. Denken Sie immer daran, dass der leere Raum mit Hanf oder einer anderen weichen Füllung gefüllt ist, damit er nicht widerhallt, wenn Sie etwas darauf legen. Auf diese Weise können Sie eine Reihe von Verstecken schaffen.

Ein weiteres, sehr gutes Hilfsmittel: Man verbindet eine Türstange oder ein Eisenblatt, mit dem die Abdeckung der Truhe gehalten wird, fest mit einer Platte, deren Schlüssel die Form einer Schraube haben. Unter der Stange oder dem Blatt müssen sich kleine Öffnungen oder Hohlräume befinden. Wenn man aufschließen will, muss man ein Eisenstück (wie auf der Seite abgebildet) mit einem Hohlraum an seinem Ende haben, das die Köpfe der Schlüssel fest umschließt, sodass die Türstange gewaltsam gedreht oder das Blatt von der Truhe getrennt werden kann. Die Arbeit muss gleichmäßig sein, um die Schrauben nahe an die Schlüssel heranzubringen; Schrauben, die die Schlüssel fest umschließen sollen, und um die Schrauben auf der Seite der Truhe unter den sogenannten Blättern zu platzieren. Bei Truhen, die innen mit Stoff ausgekleidet sind, kann man sich viele andere Methoden ausdenken, aber im Großen und Ganzen muss man sich bemühen, die Öffnung entweder ganz zu verbergen, wie wir es im ersten Beispiel erklärt haben, oder sie sehr stark zu schützen und durch das übliche Blatt zu verbergen. Auf diese Weise wird sie besser verborgen, und die

Öffnungen einer zerlegbaren Truhe sollten durch die eingefügten Oberseiten der Platten verdeckt werden.

Aber kommen wir zurück zu den Rädern. Edelsteine werden mit wunderbarer Kunstfertigkeit graviert und durchlöchert. Ein großes hölzernes Rad ist mit einem Seil umwickelt, und dasselbe Seil ist auch um ein kleines Rad gewickelt, das über dem großen Rad angebracht ist, wobei die Räder nach dem Muster gezeichnet sind, das Sie an der Seite sehen.

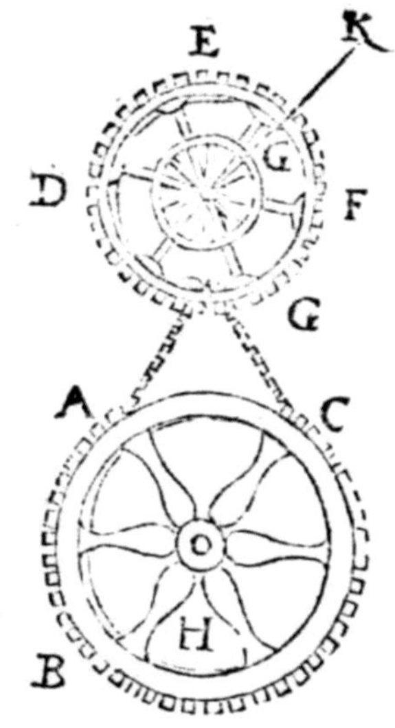

Wenn dann der gesamte Teil AB des Seils ABC, der die gleiche Größe wie DEF hat, umlaufen wird, wird das kleine Rad G gedreht. AB ist so viele Male in ABC enthalten; das kleine Rad DEF wird mehrfach in einer Umdrehung des größeren Rades, das H genannt wird, gedreht werden. Das Verhältnis der Größe des Umfangs oder der Achse von H zum Umfang oder zur Achse von G ist also das der Anzahl der Umdrehungen von G zur Anzahl der Umdrehungen von H. So wird G mit der maximalen Geschwindigkeit gedreht werden. Daher wird die Achse GK Edelsteine durchbohren und zerschmettern. Je größer das Rad, desto schneller dreht sich das andere, da die Zähne beider Räder ineinandergreifen. Die Kraft der ursprüngliche Bewegung muss groß und die Räder sehr leicht sein.

Mit der gleichen Subtilität konstruierten die Alten **Balliste und Skorpione**, die Geschosse und Pfeile abschießen. Werden sie überdehnt, zerbrechen sie, werden sie unterdehnt, geben sie schwache Schläge ab. Die Frage braucht also ein Maß. Vitruv ist der Meinung, dass dieses Maß anhand des Schalls geschätzt werden sollte. Diese Geschosse wurden früher mit solcher Wucht geschleudert, wie Josephus berichtet, dass der Schädel eines Mannes durch das Gerät weggeschossen wurde und drei Stadien weit schleuderte. Und ein Säugling wurde in einer Entfernung von einer halben Meile aus dem Bauch seiner Mutter geschossen. Die Römer waren so geschickt im Töten, dass sie den Wundern unserer modernen Kanonen nahe kamen. Viele Dinge wurden unbrauchbar, weil sie durch bessere ersetzt wurden, andere durch mangelnde Sorgfalt; einige davon, weil kein Maß oder Gewicht dauerhaft erhalten blieb; Gewicht setzt ein festes Maß voraus, und jedes Maß muss an einem **Maßstab** verglichen werden können. Der Maßstab darf sich nicht ändern, wenn er dauerhaft gelten soll. Und das, was sich nicht verändern darf, ist entweder himmlisch oder stammt aus Elementen oder ist ein Element oder ein Teil davon. Dinge, die aus Elementen stammen, unterscheiden sich je nach der Fülle oder Knappheit ihrer Materie, nicht nur je nach den Jahreszeiten, sondern auch je nach Ort und Umständen. Wie ich schon sagte, leben in Indien Männer, die die Gestalt von Riesen haben, andere waren so klein, dass man sie Zwerge nennen könnte. Die Deutschen sind größer als die Italiener, und auch bei ihnen ist das Maß nicht einheitlich, da einige von ihnen klein sind. Was ist mit Steinen? Sollen wir bei den Metallen nach einer festen Größe suchen? Und auch die Samen variieren: Der türkische Weizen ist viel kleiner als unserer, aber vielleicht ist er von einer anderen Art. In Italien hat er nicht überall das gleiche Gewicht, und er ändert sich in den einzelnen Jahren und hat nicht einmal im selben Haufen die gleiche Größe. Und auch in der Bewegung sind die Dinge nicht alle gleichartig: Bei dem, was bewegt wird, ist das Gewicht entweder größer oder kleiner, aber das steht noch nicht fest. Oder ein Tier ist in ähnlicher Weise entweder größer oder kleiner oder schwach oder kräftig oder energisch. Auch im Himmel sind die Dinge nicht gleich; da sie sehr groß sind, können sie nicht gemessen

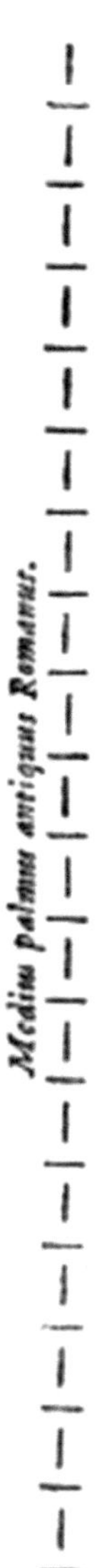

werden, nicht nur wegen ihrer Größe, sondern auch wegen ihrer Entfernung. Sie müssen also zusammengesetzt werden; und was zusammengesetzt ist, ist dem Verfall ausgesetzt; es bleibt nicht für alle Zeiten gleich. Kein Maß und schon gar kein Gewicht kann daher als dauerhaft bezeichnet werden oder an die Nachwelt weitergegeben werden. Was es gibt, sind die **Proportionen**, und die sind dauerhaft, oder die Größen in Massen, und die Gewichte mit ihnen, diese überdauern eine lange Zeit, durch Ersetzungen. Das ist so bei den Pyramiden in Ägypten; sie sind sehr groß, oder das Labyrinth in Theben, oder wie Kairo unter den Städten und unter den Flüssen der Nil. Diese vier sind sehr groß, und nur Ägypten hat sie. Wenn jemand für eine zuverlässige Messung den hundertsten Teil der Höhe oder Breite einer bestimmten Pyramide festlegt, so wird sie bei allen Völkern und für viele Jahrhunderte gelten und mit dem Maß ein gewisses Gewicht.

Eine andere Methode können wir aus Büchern übernehmen. Zum Beispiel fand Sebastiano Serlio in Rom das antike Maß einer Handspanne in einen Stein gemeißelt, der der Nachwelt überliefert wurde. Er übertrug es genau in sein Buch, und daher haben wir eine mittlere römische Handspanne[14] hier in unserem Buch platziert, wie Sie am Rand sehen.

Auf diese Weise kann man von der Höhe der Säulen der großen Kirche von Mailand, der am meisten verehrten Kirche der Christenheit, ein Maß nehmen, das viele Jahrhunderte überdauert, ein Hundertstel oder etwas anderes. Von der Länge kann man es nicht ableiten, denn sie ist noch weit von der Vollendung entfernt. Auch die Breite ist nicht ganz sicher, weder durch Hinzufügen von Verzierungen noch durch zufälliges Wegnehmen von etwas. Wenn man jedoch die größte Breite wählt, wird man sich nicht irren, denn wenn sie in so viele Teile geteilt ist, ist der Fehler unerheblich.

Mit diesem etablierten Maß soll das Verhältnis von Gewicht zu reinem Gold übersetzt werden. Gold lässt überhaupt keine Blasen zu, und seine große Vollkommenheit führt dazu, dass es sich wenig verändert. Dem Gold am nächsten kommt das Quecksilber, das ebenfalls keine Blasen zulässt und sehr schwer ist, wenn auch nicht in vollem Umfang. Wir müssen von den größten Dingen jeder Art ausgehen, damit der Fehler bei der Unterteilung in sehr kleine Maße geringer ist. Deshalb entnahm Ptolemäus die Bewegungen der Gestirne den ältesten Beobachtungen, soweit er konnte. Aber wie gesagt, diese Sorgfalt ist ausreichend für einen langen Zeitraum, aber kaum für immer. Nur Dinge dreierlei Art können ewig sein: entweder in ihrer Substanz, wie der Himmel, wenn er wirklich so ist; oder in ihrer Abfolge, da sie von Natur aus so sind, wie die Arten; oder wie die Proportionen und Zahlen, weil das Wirken des Verstandes sie von der Materie unterscheidet. Davon ist oben bereits die Rede gewesen.

Was die vorliegende Erörterung angeht, müssen wir sehen, ob es unter den technischen Errungenschaften auch das **Perpetuum mobile** geben kann. Es besteht kein Zweifel, dass es im Himmel eine natürliche und immerwährende Bewegung gibt. Ebenso in einem System der Abfolge, wie bei Flüssen, die sich ewig einen Hang hinunter bewegen, solange Wasser erzeugt wird. Und die Handlungen, die sich daraus ergeben, wie bei den Mühlsteinen, die vom Wasser gedreht werden. Und es ist nicht anzunehmen, dass eine immerwährende Bewegung von diesen gesucht werden kann, um wirklich ewig zu sein; über einen langen Zeitraum, und besonders wenn sie in Bewegung sind, werden alle natürlichen Körper

[14] An der Abbildung steht »Medius palmus antiquus Romanus«, also die antike römische Handspanne. Die Skala hat 48 Unterteilungen und nach Forrester eine Länge von 12,7 cm. Die historischen Angaben über die Länge dieser Maßeinheit variieren jedoch und reichen von 7 bis über 20 Zentimeter. Sie erfüllt also nicht das, was Cardano hier sucht: die sichere und dauerhafte Festlegung einer Maßeinheit.

abgetragen und zerstört. Ist es also eine angemessene Frage, ob eine Bewegung gefunden werden kann, die die Ursache ihrer eigenen Kontinuität verkörpert, ohne eine neue Erzeugung? Wie bei Uhren: Wenn die Fortbewegung des Zeigers die Gewichte wieder hochziehen würden, wäre die Aufgabe vollendet. Es kann nur drei Arten von natürlichen Bewegungen geben, durch die schwere Gegenstände bewegt werden: entweder in Richtung des Zentrums an sich; oder nicht einfach in Richtung des Zentrums, wie beim Wasser; oder durch irgendeinen Einfluss der Natur, wie der des Eisens auf einen Magneten. Folglich ist man sich einig, dass die Anordnung von zwei primären Punkten abhängen muss: Es gibt eine natürliche Bewegung, die eine gewisse Gewalt beinhaltet, wenn etwas entweder zu stark auseinandergezogen oder zu stark zusammengezogen wird: Diese beiden Arten sind in den Federn von Uhren sichtbar. Jetzt in jeder Situation, wo es einen Anfang und ein Ende gibt. Und die sich danach sozusagen um das Zentrum bewegen werden, außer im Himmel und in der Luft: Aber im Widerspruch dazu haben Dinge, die sich nach ihrer rechten Stellung bewegen, ihren Ursprung aus etwas Gleichem. Das Wasser selbst bewegt sich, wie gesagt, auch nach einer geraden Anordnung. Wenn die Bewegung dauernd sein soll, muss also das, was mitgenommen wird, wieder zurückgeführt werden, nachdem es am Ende angekommen ist. Es kann aber nicht zurückgeführt werden, es sei denn aus einer Abweichung. Dann wird entweder die Kontinuität der Bewegung aus dem, was der Natur entspricht, erfolgen, oder es ist keine gleichmäßige Bewegung. Was ständig reduziert wird, kann nicht beständig sein, es sei denn, es wird wieder ergänzt. Aber nun wollen wir zu anderen Problemen übergehen.

Es wurde gesagt, dass es in den Werken der Natur und der Kunst Subtilität gibt: Es gibt auch eine dritte Art, nämlich im Material der Werke selbst. Zum Beispiel eine **Subtilität bei einem Textilien**, wenn es sehr dicht ist, ist es im Verhältnis zu seinem Gewicht besser und länger haltbar. So gibt es beim Sarsenett[15] zweitausend Fäden auf der Breite eines Unterarms, wie groß, wurde schon oben gezeigt. Es ist schräg gewebt, nicht quer. Ich habe eine Art von Kleidungsstück gesehen, dessen Gewebe so dünn ist, dass es unübertrefflich ist, um Wasser abzuhalten. Es wird Bernucium genannt. Ähnlich ist das Beni, das aus Kamelhaar hergestellt wird, aber etwas dicker ist und Wasser von sich abweist, sodass es wie ein Behälter ist; es wird aus Asien importiert. Eleganter ist der sehr leichte und dicke Stoff, der (so sagt man) aus aschfarbenem Biberhaar hergestellt wird. Ich habe Mützen aus diesem Stoff, aber er wird leicht von Motten befallen und saugt außerdem Wasser auf. Attraktiv ist er nur wegen seiner Leichtigkeit. Eine Paenula ist besser als eine Mütze, das Wasser läuft schneller ab, aber sie wird schnell unschön, weil sie leicht Haare verliert. Sie werden aus Polen importiert und sind teurer als alle anderen. Dünnheit bedeutet bei allen Werken der Natur nicht nur Eleganz, sondern auch Stärke und Festigkeit, denn die Teile halten hervorragend zusammen, genau wie bei sehr dünnem Sand, der zum Gießen von Metall verwendet wird. Es wird akzeptiert, dass für ein so kleines Ding ein so hoher Gewinn beim Verkauf erzielt wird. Aber einmal ist es die Natur, ein anderes Mal die Technik, die einen Teil dazu beiträgt. Die Natur ist es sicherlich im Fall eines Stoffs, Bissinum genannt, eine Art sehr feines Leinen, der aus Elis stammte und so dünn war, dass man nach Pausanias' Aussage sein Gewicht in Gold eintauschte. In der Tat ging diese Dünnheit mit Stärke und Glanz einher. Wenn beides vorhanden ist, macht es alles teurer. Und diese Kunst verdient es, nachgeahmt zu werden: die Kunst ist die Nachahmerin der Natur. Aber in den Ding-

[15] »sarza«.

en, die von der Kunst geschaffen sind, die gewebt und in die Textur eingelassen werden, ist Dünnheit das eigentliche Ziel.

Auch bei Dingen, die an sich schon als dünn gelten, gibt es ein System, um sie dünn zu machen, z. B. wenn ein Kleidungsstück oder ein Faden **durch einen Fleck verunreinigt** ist: Sie werden mit Kalk oder Eichenasche oder Weinstein oder Zitrone oder Seifenflüssigkeit gereinigt. Diese können in Kombination oder auch einzeln verwendet werden. Auch scharfer weißer Essig kann dies tun. Von derselben Art sind die Ochsengalle und der gemeine Alaun und das Salz, das Chali genannt wird, und die Mittel, die von selbst glänzen. Diese werden an anderer Stelle behandelt. Es gibt auch einige Wässer, die durch Destillation hergestellt werden, wie das Borretschwasser[16]. Aber in allen Fällen ist neben dem Gegenstand selbst auch eine Technik erforderlich; zum Beispiel sollte man bei der Fleckenentfernung zuerst auswaschen, dann kräftig auspressen und wieder anfeuchten und auspressen. Wenn man dies vier- oder fünfmal gemacht hat, wird man sehen, dass das Kleidungsstück von Öl oder Fett befreit ist. Aber Vorsicht, wenn die Farbe durch Katzenurin verschwunden ist. Dann kommt ein Fleck zum Vorschein, der kein echter ist, und dann man muss die Farbe wiederherstellen, nicht den Fleck auswischen: karminrot mit dem Beerenfarbstoff, rötlich mit Brasilium, blau mit Indigo und Färberwaid, aber mit Zusatz von Violett, ohne das die Stelle grün ist, wie rostiges Holz mit Brasilium, safrangelb mit Indigo und Färberwaid, und dunkel mit Schwärze. Man sagt, dass Fettflecken durch die sehr feine Asche aus den Knochen kastrierter Tiere stark entfernt werden, wenn sie vierundzwanzig Stunden lang auf den Fleck gestreut und zwischen Brettern und Leinentüchern gepresst wird.

Aber Sie werden sagen: Warum kann das, was bei allen anderen Farben funktioniert, keine Flecken in strahlendem Weiß oder Safrangelb entfernen? Liegt es daran, dass die Mittel, die entfernen, weil sie stark sind, einen weiteren Fleck auf dem Weiß verursachen? Bei Safrangelb entfernen die Mittel die eigentliche Farbe. Und doch gibt es Mittel, die in der Lage sind, Flecken in allen Materialien zu entfernen. Nur die Methode und das Material unterscheiden sich bei Leinen, Wolle und Seide.

Es gibt jedoch Gegenstände, die nicht auf eine einzige Art von Technik reduziert werden, selbst wenn sie auf wunderbarer Subtilität beruhen. Wenn du zum **Beispiel ein Manuskript in Ordnung bringen** willst, wirst du ein anderes Buch herstellen und das Papier durch einen dünnen Hammer härten. Dann nimmst du einen starken doppelten oder vierfachen Faden, den du von oben nach unten ziehst und auf beiden Seiten verknüpfst, und nimmst zwei völlig gleiche Exemplare, neben der Form einer Schrift, und du teilst die Sätze auf, von dem einen von vorne, von dem anderen von hinten, und du legst sie unter die, die du willst, zwischen die Fäden und das Papier, und änderst und transponierst, fügst hinzu und nimmst weg, so oft, bis die Reihenfolge nicht nur der Sätze, sondern auch der Wörter in allen Richtungen stimmt. Dann nimmst du etwas Kleber und klebst die Teile der Hefte auf sauberes Papier. Auf diese Weise wirst du das ganze Buch in drei Tagen in eine bessere Ordnung bringen, und zwar leichter, als wenn Sie sich ein ganzes Jahr lang für die Abschrift abmühen würden. Oft ist die vorherige Umordnung nicht zufriedenstellend, wenn eine bessere angeboten wird. Bei dieser Umstellung ist der Ort der Änderung immer offensichtlich. In dieser Kategorie gibt es viele außerordentlich raffinierte und äußerst nützliche Hilfsmittel, aber es genügt, drei Beispiele anzuführen: Mit diesen vier als Leitfaden wird jeder in der Lage sein, sich auch in anderen Fällen zufriedenzustellen.

[16] »borago«.

Vlt.	Primus
7	1
3	2
2	3
1	4
10	5
9	6
6	7
8	8
5	9
4	10

Tabula prima.

Prim.	Secund.
1	4
2	3
3	2
4	10
5	9
6	7
7	1
8	8
9	6
10	5

Tabula secunda.

Die erste ist, wenn du ein Durcheinander auf eine feste Reihenfolge nach einem bestimmten Plan festlegen willst, zum Beispiel die eines anderen Buches. Sie werden jedem die Zahlen von der Einheit in der Reihenfolge der Zahlen voranstellen; und Sie werden das ganze Durcheinander in zehn Teile aufteilen, oder neun oder elf, und das Ganze auf diese Überschriften reduzieren. Setze der ersten 1, der zweiten 1, der dritten 2 usw. nacheinander vor, sodass sie, abgesehen von der anfänglichen Einheit, zu den übrigen Punkten hinzugefügt wird. Diejenigen, die unter der anfänglichen Einheit enthalten sind, wirst du wieder zur Ordnung bringen. Wenn es wenige gewesen sind, von eins bis zehn; wenn sehr viele, von eins bis tausend, wenn mittelmäßig, von eins bis hundert. Auf diese Weise werden diejenigen, die unter 1 stehen, wenn wenige, von zehn bis zwanzig; wenn sehr viele, von tausend bis zweitausend; wenn mittelmäßig, von hundert bis zweihundert. Mit denen, die unter der 2 stehen, machst du in der gleichen Reihenfolge weiter, bis du alles genau geordnet hast. Danach stellst du andere Zahlen vor, die der Zahlenfolge entsprechen, die größeren an die größeren, die kleineren an die kleineren, sodass die, die am Anfang gleich sind, im Endrang gleich sind, aber einander nicht entsprechen. Streiche alle dazwischenliegenden Zahlen, dann bleiben dir zwei Reihen, die erste und die letzte, die du der Kürze halber auf zehn erweitern solltest. Die erste gibt die Reihenfolge an, in der das Durcheinander geschrieben wurde, die letzte diejenige, in der es geschrieben werden sollte. Um also die eine in die andere umzuwandeln, schreibst du die gleiche Anzahl von Zahlen hintereinander auf eine andere Tafel, sodass die ursprüngliche Reihenfolge die der zweiten Tafel wird. Suche also in der ursprünglichen Reihe der ersten Tafel jede Zahl, der sie entspricht, am Ende der ersten Tafel, und suche diejenige, der sie in der zweiten Tafel in der ersten Reihe entspricht (das ist sehr einfach, da die Zahlen dort in der natürlichen Reihenfolge angeordnet sind). Und wenn du sie gefunden hast, setze ihr die Zahl in der ersten Reihe der ersten Tafel gegenüber. Auf diese Weise wirst du die Aufgabe in kürzester Zeit lösen, denn du wirst ohne Schwierigkeiten die drei gesuchten Zahlen finden: die der ersten Tafel des ersten Ranges, weil du immer nach unten gehst; die des letzten Ranges, weil sie aus dem Bereich der gefundenen Gegenstände stammen; die des ersten Ranges der zweiten Tafel, weil sie nach der natürlichen Zahlenfolge angeordnet sind. Wie in diesem Beispiel: Zuerst finde ich im ersten Rang der ersten Tafel 1, aus der Region finde ich 7, ich suche die 7 im ersten Rang der zweiten Tafel, aus deren Region ich 1 schreibe. Dann finde ich 2 in der ersten Reihe der ersten Tafel, direkt gegenüber von der ich 3 finde. Ich suche die 3 in der ersten Reihe der zweiten Tabelle, direkt gegenüber der ich die 2 aus der ersten Reihe der ersten Tabelle schreibe. Auf diese Weise wird die zweite Tafel vervollständigt. Die erste Reihe zeigt an, dass sie zuerst behandelt werden muss; die zweite Reihe zeigt an, wann diejenige, die wir in Bezug auf die Fakten behandeln wollen, aus dem Durcheinander genommen werden muss. Dann müssen alle Zahlen des letzten Ranges der ersten Tafel gestrichen werden.

Ein zweiter Fall von Subtilität in diesem Zusammenhang ist: Wenn du **etwas zu einem bereits geschriebenen Manuskript hinzufügen** willst, wirst du dies bequem tun, wenn du die Einzelheiten, die du hinzufügen willst, mit einer erhaltenen Reihe von

Nummern gekennzeichnet hast, und du hast dieselbe Nummer an die Stelle im Buch geschrieben, an die sie übertragen werden müssen. Wenn aber, nachdem diese Hinzufügung vollendet ist, andere auftauchen, die du nicht übersehen, aber auch nicht abschreiben willst, so mache ein anderes Büchlein mit Nummern, die du den einzelnen Hinzufügungen in einer natürlichen Reihenfolge voranstellst; wenn aber die erste Hinzufügung nicht über tausend hinausgegangen ist, so werden die Nummern der zweiten Hinzufügung von tausend anfangen und in der Reihenfolge weitergehen. Und ähnliche Zahlen müssen von der Region aus eingeschrieben werden, an Stelle des früheren Buches oder des ersten Zusatzes, zu dem der Zusatz gehört. Und so werdet ihr, wenn ein drittes oder sogar viertes Mal neues Material hinzugefügt werden muss, die Addition ohne jede Mühe oder Verwirrung aus dem dritten oder vierten Satz von tausend beginnen. Ihr werdet genau das tun, was ihr beim ersten und zweiten Mal getan habt. Wenn die Arbeit fortgeschritten ist und du sie lesen oder die ganze Masse der Reihe nach abschreiben willst, nimmst du das erste Buch und blätterst es durch, bis die Zahl auftaucht. Ist dies der Fall, so ist, wenn sie 1 ist, der erste Zusatz der ersten Beilage zu lesen. Wenn es 1001 ist, ist der erste Zusatz der zweiten Beilage zu lesen. Wenn sie 2001 ist, ist die erste Ergänzung der dritten Ergänzung zu lesen. Und wenn du beim Lesen dieser z.B. 1002 aus der Nachbarschaft findest, dann sollte der zweite Zusatz des zweiten Nachtrags darauf folgen. Und so kannst du ungehindert eine beliebige Anzahl von Nachträgen der Reihe nach und ohne Durcheinander ordnen – und einmal geordnet, kann du sie mit Vergnügen lesen.

Vielleicht ist es in diesem Fall bequemer, die indischen Symbole für Zahlen zu verwenden als die alten. Und ich habe eine Möglichkeit gefunden, mehrere Kopien auf einmal zu suchen und zu korrigieren (solange eine Kopie von einer anderen aus derselben Serie abgeschrieben wurde), und jede braucht einen Zuhörer. Vergleiche das letzte mit dem ersten; wenn alles in Ordnung ist, sind auch alle Zwischenstufen in Ordnung. Wenn ein Fehler vorliegt, gehe von der letzten zur ersten zurück, indem du die einzelnen Kopien änderst, bis du eine erreichst, die mit der ersten übereinstimmt. Dies ist ein wichtiges Verfahren.

Auch das Folgende ist ziemlich nützlich, ich kann gar nicht sagen, wie sehr es mir bei der Beobachtung dessen, was ich las, geholfen hat. Der Entdecker dieser Idee könnte mit Schweigen übergangen werden, da ich nicht sagen kann, ob in den drei Büchern, die er über die *Okkulte Philosophie* geschrieben hat, irgendetwas anderes wahr ist. Er schien mir so verrückt, als er dies schrieb; viel verrückter als in seiner *Geschichte der Dänen*, ich weiß nicht, wer der Saxo Grammaticus war, der diese Geschichte voller Fabeln schrieb. Ich möchte jedoch nicht, dass jemand durch seine eigenen Erfindungen getäuscht wird. Dieser Cornelius Agrippa mit den vielen Vornamen ist der Verfasser dieser schönen Details. Allerdings bin ich ihm auch hier nicht genau gefolgt, denn er war in diesem Punkt nicht sorgfältiger als in den anderen. Es handelt sich um ein System, das sich besser durch eine vor Augen gelegte Tabelle erklären lässt als durch eine lange Rede. Nehmen wir zum Beispiel an, dass ich 5572 auf diese Weise aufschreiben will. Und wenn ich 7240 schreiben will, mache ich es so, wie Sie es am Rand sehen. Und wenn ich 12509 schreiben will, dann schreibe ich zuerst 9000 in der Form, dann setze ich ein Multiplikationszeichen quer, das heißt 3000, dann habe ich 12000, zu dem ich 509 addiere, und ich habe die Zahl, die Sie am Rand sehen.

Aber wenn ich 25553 wollte, was die größte Zahl ist, die hier ohne Verwirrung geschrieben werden kann, dann bekommen

Sie sie so, wie ich sie schließlich dargestellt habe. Die einzelnen Teile ergeben 23, wenn sie also addiert werden, wie Sie hier sehen, ergibt das die Zahl 25553.

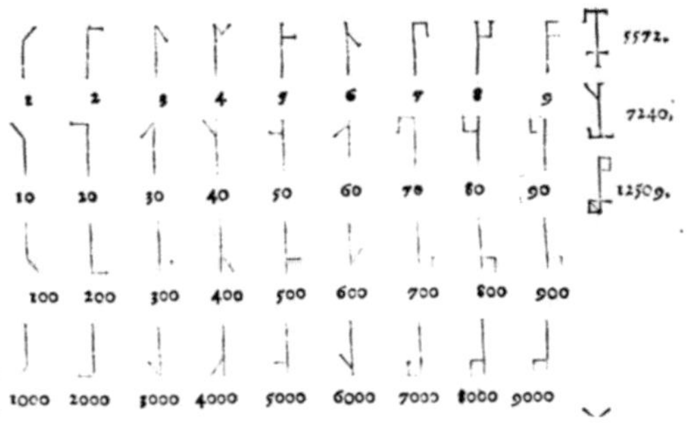

Es wird auch möglich sein, durch einfache Herstellung von Zahlenfiguren aus einer Querlinie wie dieser, die gleiche Anzahl von Zahlenkombinationen zu addieren, sodass die höchste Zahl 9.000.000 ist. Und wiederum durch Querlinien nach rechts.

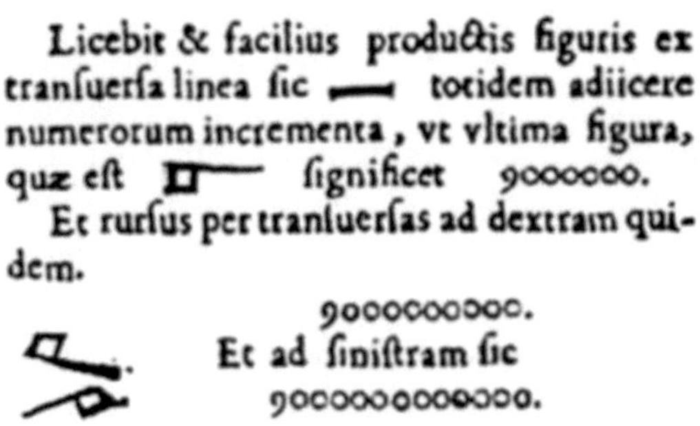
Licebit & facilius productis figuris ex transuersa linea sic totidem adiicere numerorum incrementa, vt vltima figura, quæ est significet 9000000.
Et rursus per transuersas ad dextram quidem.
9000000000.
Et ad sinistram sic
9000000000000.

Und so kann ich jede große Zahl ohne Verwirrung allein mit dem Fingernagel und mit geraden Linien ausdrücken. Aber Agrippa erreicht kaum zehn- oder zwanzigtausend, und diese Zahlen mit Mühe und Verwirrung. Dennoch haben wir ihm dies zu verdanken.

Es gibt Menschen, die Blinden auf diese Weise das Schreiben beigebracht haben: Auf einer Messingtafel sind ausgehöhlte Buchstaben in alphabetischer Reihenfolge eingraviert; darauf bewegt der Blinde seinen Griffel Element für Element und behält ihre Reihenfolge im Gedächtnis, bis er durch langes Üben lernt, dies mit einem Stift zu schreiben. Erasmus berichtet, dass mehrere Menschen auf diese Weise mit einer **Blindenschrift** gelernt haben, richtig zu schreiben, wenn auch mit großer Anstrengung. Dieses Geschäft braucht einen fleißigen Betreuer und lange Übung. Und wenn der Griffel sehr scharf und die Wachsschicht dünn ist, lernen sie leichter und besser. Die Leistung ist sehr außergewöhnlich, aber nicht so nützlich. Ich erinnere mich zum Beispiel daran, dass ich jemanden gesehen habe, dem die Arme völlig fehlten und der mit seinem rechten Fuß einen Speer hielt und damit zielte, Kleidung nähte, aß, schrieb und eine Nadel einfädelte. Ich nehme an, dass es nicht an Zeugen eines solchen Wunders mangelt, da das Thema von öffentlichem Interesse war.

Um auf die Geräte zurückzukommen: Es geht um ein Werkzeug, an dem man sich mit den Händen aufhängt, und während man zieht, wird man noch stärker gezogen. Es ist folgendermaßen aufgebaut: AB ist eine obere Ebene, der Anfang des Zugseils ist C, DE ist Holz oder Eisen, das mit großer Kraft gebogen wird, und daran ist ein Seil CD befestigt. DF ist ein Holz, das unter der Decke liegt und verhindert, dass ED zurückkehrt. An ED ist ein Gewicht GF befestigt, sodass FD in Richtung E gedreht werden kann, wenn FD nicht von ED gedrückt wird. Denn FD ist in einem Ring befestigt; wenn dann an CD gezogen wird, gleitet FD zurück nach E, aber wegen des Gewichts G von der Seite, sodass das Eisen ED, das von FD zurückgehalten wurde, zurück zur Decke HE gleitet und DC nach oben zieht.

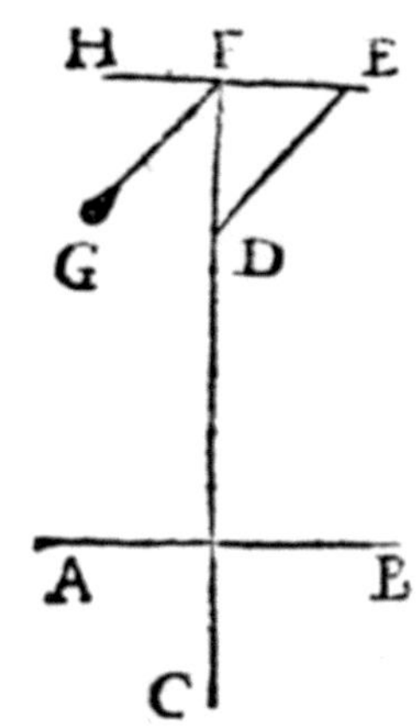

Ein Gerät, mit dem man **einen Menschen leicht nach oben ziehen** kann: ein Flaschenzug mit einem eisernen Haken, darin ein gewöhnlicher Ring, um den ein Seil gelegt ist, an dem Seil ist ein Gewicht A, das etwas weniger schwer ist als das Gewicht deines Körpers; auf der anderen Seite ein Querstab B. Dann ziehst du mit dem Haken an B, wie an A unten, das Gewicht bewegt sich nach oben und erreicht B unten. Dann setzt du dich auf B, und auf der anderen Seite hältst du AC mit deinen Händen, weil das Gewicht A etwas geringer ist als das Gewicht deines Körpers. A wird sich wieder absenken, während du mit großer Leichtigkeit nach oben gehst. Wenn du nach unten willst, wirst du dies von allein tun, da dein Körper schwerer ist als A, sodass du das Seil loslässt und zügig absteigst.

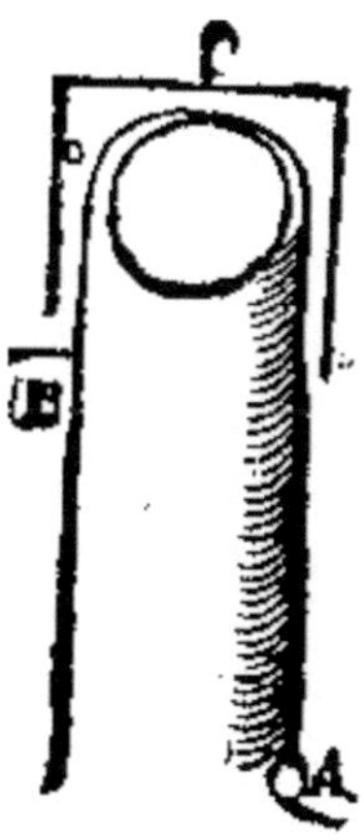

Agrippas **Gerät zum Aufstieg an einem Seil** ist ein weiteres. Er fertigte Zwillingszangen an, die völlig gleich sind; am Rande ist ein Bild einer solchen Zange abgedruckt. KMO und LMN, Stücke aus Stahl, sind bei M verbunden, mit einer Drehbewegung um einen Stift, und sie bilden ein komplettes Zangenpaar. Die oberen Teile KM und LM treffen sich so, dass, wenn sie zusammengedrückt werden, einer in den anderen eindringt und die Form einer Schraube nachbildet. Zwischen ihnen liegt ein Seil, wenn es benutzt wird. Die geraden Stücke NM und OM haben unten einen Ring, in den eine starke Schnur MO eingeführt wird. Das ist ihre Verwendung: wie gesagt, das Seil wird mit KM und LM gegriffen, und durch die Verengung von NO wird es verengt, wenn ein Fuß auf NO gesetzt wird; je schwerer der Körper, desto mehr wird NO gekrümmt, und desto fester wird das Seil durch die Zange eingeengt. Je schwerer der Kletterer also ist, desto sicherer ist sein Aufstieg. Dann verbindet man eine weitere Zange, eine Elle höher, mit dem ersten Seil, und indem man den Fuß hineinsteckt, während man die andere Zange anhebt, entfernt man den unteren Fuß und die untere Zange und setzt sie genau über die zweite Zange, und so steigt man sicher, wie auf einer Leiter, bis zum Gipfel mit einem einzigen Seil mit einem Haken und zwei Zangen hinauf; denn die Form der Schraube verhindert ein versehentliches Durchrutschen des Seils der Zange.

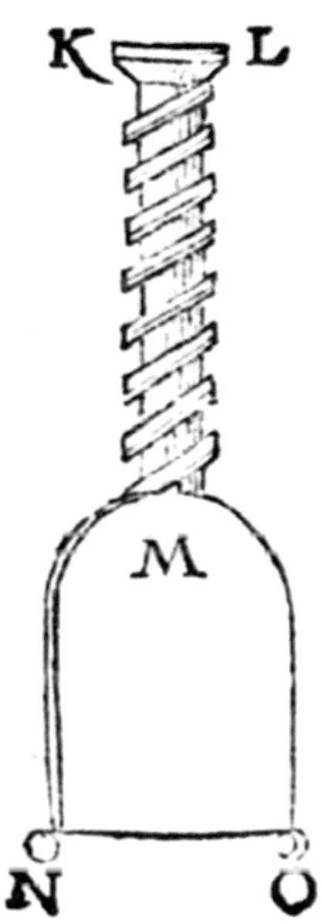

Aber diese Art des Aufsteigens ist im Vergleich zu anderen Vorrichtungen ungeeignet für das Absteigen. Also erfand er **eine einfache Art des Absteigens.** Eine Schraube aus Stahl, eine Handbreit lang und innen hohl, um ein Seil HG aufnehmen zu können, soll AB genannt werden, und um sie herum ein leichtes Gehäuse oben aus Messing, unten durchlöchert. Unten hat es zwei Aufsätze, in denen die Schnüre C und D sind, die die Eisenstange EF tragen, und wenn der Absteigende darauf sitzt, kommt er sehr schnell und ohne Unannehmlichkeiten herunter. Und wenn er das Seil G nach unten zieht, oder ABC zu sich zieht, wird die Schraube nicht nach unten rutschen, weil die Dehnung GH gerade macht und die Schraube nicht gleiten lässt. Wenn er G zu sich zieht und es nach oben dreht, wird er sich in keiner Weise nach unten bewegen, sondern ohne Anstrengung stehen bleiben. Das wissen auch die Seeleute, die sich auf einen einfachen Stock setzen, um den ein Seil drei- oder viermal gewickelt ist, und

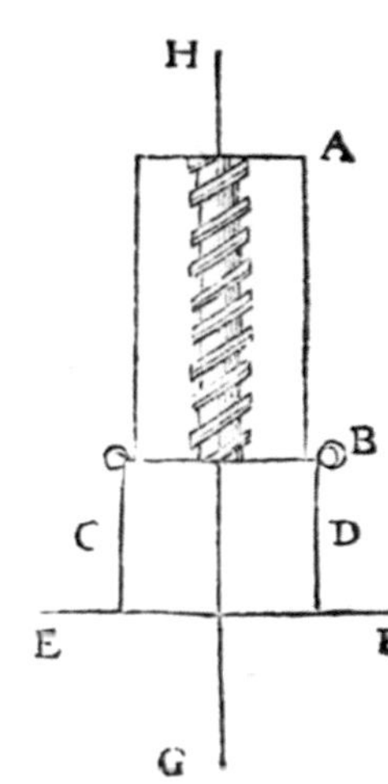

sich am Seil G festhalten. Wenn sie es allmählich loslassen, kommen sie herunter, aber wenn sie stark daran ziehen, bleiben sie sitzen. Das ist wichtig, denn wer sich auf einen Stock setzt, stürzt leicht, da er durch die Schräglage des Seils in Schieflage gerät, es sei denn, er ist erfahren und sicher. Aber dieses Gerät (ich habe es mehrmals gesehen und gehandhabt), das bei EF immer im Gleichgewicht ist, ist nicht beängstigend, und jeder, auch wenn er unerfahren ist, kann sicher darauf sitzen.

Nachdem ich nun aber die Theorie der Maschinen und Gewichte hinreichend erläutert habe, sodass weitere Ausführungen überflüssig zu sein scheinen, stellt sich die Frage nach der Wirkungsweise eines alltäglichen Geräts, das jedoch von erstaunlicher Stärke ist. Sie wird von den **Holzarbeitern** benutzt und stützt einen Balken und einen Mann auf dem Balken und zusätzlich den Aufprall der herunterkommenden Säge. Die Vorrichtung ABC besteht aus aneinandergezurrten und mit Holzstiften befestigten Hölzern. Unter B und C sind kleine Füße, kleiner als eine Handfläche, mit denen A vom Boden angehoben wird, wenn das Gerät auf dem Boden steht;

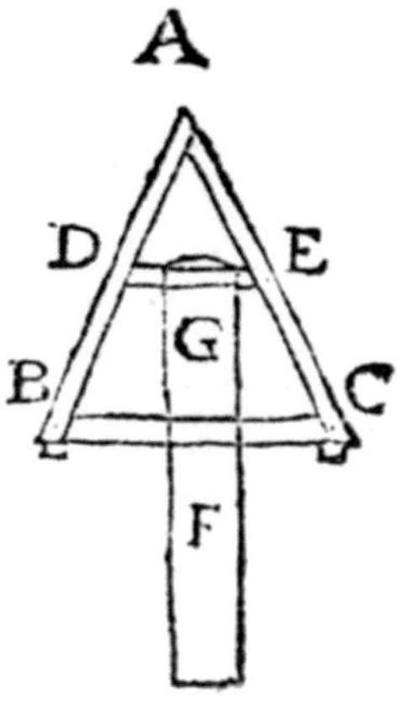

DE ist ein Stift, der auf dem Balken liegt; die Frage ist, warum, wenn F viel schwerer ist, es A nicht anhebt und herunterfällt? Der Grund liegt darin, dass, wenn er ein wenig aufgerichtet wird, der vorspringende Teil G länger ist, er in einem kleinen Verhältnis zum ruhenden Teil steht und ihn daher nicht anheben kann. Ist G klein, so ist es viel weniger, denn E ist weniger weit von der Senkrechten entfernt und erhöht daher das Gewicht nur wenig.

Es gibt auch Dinge, die von sich aus gestützt zu werden scheinen und sogar andere unterstützen, ohne dass es eine Verbindung zwischen ihnen gibt. Ich nehme zum Beispiel AB, ziehe es und lege CD darauf. Auf CD lege ich EF, sodass EF unter AB fällt; dann sage ich, dass sie nicht fallen können, wenn sie nicht losgelassen werden – AB wird von FE gestützt, und EF von CD, und CD wird von AB gehalten, sodass keines von ihnen fallen kann. Der Ort BDF wird gestützt und stützt; aus der Erfahrung heraus ist das klar, also wird er von etwas gestützt, und somit von allem, da alles auf der gleichen Basis steht – ist er also sehr sicher? Je mehr man auf ihn drückt, desto sicherer ist er, und er fällt nicht auseinander, es sei denn, einer von ihnen bricht.

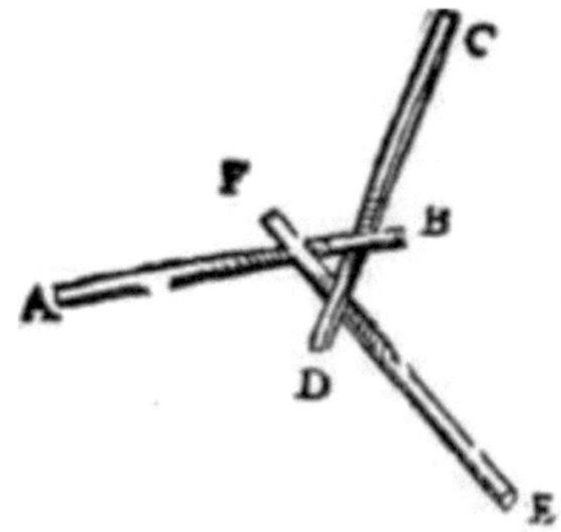

Wir haben über Dinge gesprochen, die mehr tragen, als man annehmen könnte, und über Dinge, die sich gegenseitig stützen; nun müssen wir zeigen, **wie etwas scheinbar selbsttragend ist.** Nehmen wir eine flache Platte und einen Stock CE, dessen äußerer Teil sich unter dem Henkel D eines mit Wasser gefüllten Topfes GFH befindet, und zwischen dem Stock CE und F (dem Boden des Topfes) wird ein gerades Stück Holz EF so angebracht, dass es nicht herausrutschen kann: Ich sage, dass der Topf hängt und nicht fällt. Man ist sich einig, dass, da F der Boden des Topfes ist, EF der Stock, und F der Schwerpunkt ist, und der Erdmittelpunkt K und der Mittelpunkt des Topfes L ist, sie sich auf einer geraden Linie befinden, die KFLE ist. Wenn der Topf also fällt, dann entweder entlang der geraden Linie FK, oder eine Seite (wie G oder H) wird zuerst gekippt. Wenn er dann nach

H gekippt wird, nach M, zeichne ich KM. Da also zwei Linien von K, KE und KM zu einem Kreis führen und KE durch den Mittelpunkt des Kreises, d.h. des Topfes, wird entsprechend den Beweisen Euklids im dritten Buch der *Elemente* KF kleiner sein als KM. Der Schwerpunkt F ist also nicht genau über dem Erdmittelpunkt K, und das Gewicht hebt sich durch natürliche Bewegung von selbst, was unmöglich ist. Der Topf sinkt also nicht nach unten, indem er sich in eine bestimmte Richtung neigt. Aber auch nicht entlang der geraden Linie KF, denn der Winkel FEC ist ein

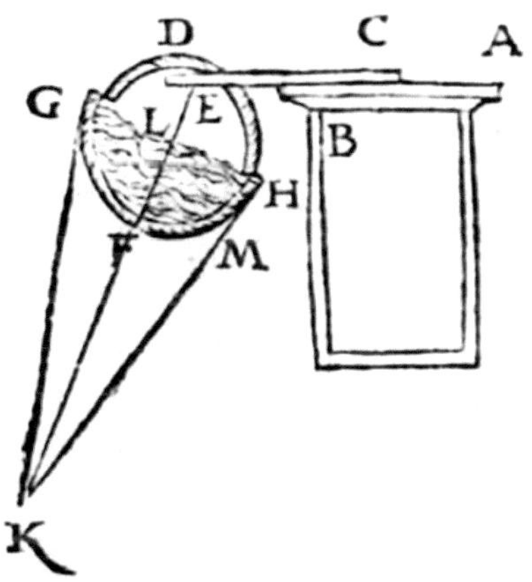

rechter Winkel und konstant. Wenn sich D nach unten in Richtung L bewegt, soll LB eingezeichnet werden; so ist EB gleich. Wenn also LB einem rechten Winkel gegenübergestellt wird, hat das Dreieck LEB entweder nach dem fünften Satz des ersten Buches der *Elemente* zwei rechte Winkel, oder die größere Seite liegt nicht dem größeren Winkel gegenüber, und beides steht im Gegensatz zu dem, was Euklid im ersten Buch der *Elemente* gezeigt hat.

Daraus folgt ein noch größeres Wunder, dass nämlich etwas, das im Begriff ist, von selbst zu fallen, dies nicht tut, nachdem ein Gewicht hinzugefügt wurde: Wenn der Teil des Stocks BD, der größer ist als DC, abgesetzt wird, wird der Stock fallen, weil sich sein Ende bei seinem Fall K, dem Erdmittelpunkt, nähert, und so wird C sich heben können und so fallen. Und dennoch wird er, wenn das Gewicht des Topfes hinzugefügt wird, nicht fallen. Du musst sehr vorsichtig sein, falls der Versuch zur Belustigung der Zuschauer misslingt. Wenn die Sache nicht gelingt, tadeln ungebildete Leute nicht den Mann, sondern die Erklärungen: Sieh zuerst zu, dass die obere Fläche der Platte vollkommen eben ist und das Holzstück genau gerade und nicht biegsam; und ebenso, dass das Holzstück EF gerade und eng zwischen dem Boden des Topfes und CE verbunden ist, sodass das Holzstück CE fest am Griff D klebt. Und dass der Punkt F der Schwerpunkt ist und die Kanne abgerundet ist. Deshalb werden viele Menschen dies lesen, aber nur wenige werden es befolgen können; man sollte mehr begreifen als das, was aufgeschrieben ist, auch wenn nichts zur Perfektion fehlt.

Es gibt auch ernsthafte Anwendungen der Heilkunst, die sich aus der Subtilität ergeben. Die erste ist die **Mischung** von Heilmitteln, wodurch die schädlichen Kräfte verschwinden und der Rest auf die richtigen Teile des Körpers verteilt wird. Die Ärzte sind überzeugt, dass heiße Medikamente von kalten Körperteilen angezogen werden und kalte von heißen. Ebenso werden die trockenen von den feuchten und die feuchten von den trockenen angezogen, und auf derselben Grundlage verwendet unser Körper neben diesen primären auch sekundäre und tertiäre Qualitäten. Es ist eine Aufgabe dieses Buches zu erklären, wie man dies in verschiedenen Teilen des Körpers oder sogar ohne diese wunderbare Anziehungskraft und Weisheit tut. So sei Pfeffer mit Salat gemischt, und jemand, der dies zu sich nimmt, habe einen kalten Magen, aber eine heiße Leber. Es ist zunächst offensichtlich, warum diese Nahrung oder dieses Medikament kühlt, und der Salat, aber nicht der Pfeffer, die Leber wärmt. Im Magen ist der Pfeffer bereits gekühlt, aber der Salat wird kälter gemacht, und er wird in seiner eigenen Kälte verstärkt. Es ist also nicht verwunderlich, warum der Pfeffer die Leber nicht wärmt, der Salat sie aber kühlt. Das einzige Problem ist, warum der Salat den Magen nicht kühlt, da er selbst nichts von etwas anderem erfahren hat, als der Pfeffer vom Magen erfahren hat. Zunächst einmal wird der Magen durch den Pfeffer genauso viel oder mehr erwärmt, als er durch den Salat gekühlt wird. Dann, wenn der Magen kälter ist als der Salat, wird er durch beide auf einen gemäßigten Zustand gebracht. Schließlich, da das Temperament des Magens mehr von der Natur des Pfeffers abweicht als von der des Salats, wird der Pfeffer mehr vom Magen beeinflusst als der Salat. Und das Prinzip für die anderen Qualitäten scheint dasselbe zu sein wie für die primären Qualitäten.

Es wird angenommen, dass es **vier primäre Qualitäten** gibt: heiß, kalt, feucht und trocken. Sie sind so benannt, entweder weil die anderen von ihnen ausgehen, oder, wie Galen meint, weil sie die einzigen sind, die das Innerste erreichen, und ihre Wirkung als primäre Qualitäten darin besteht, ein Ding wie sich selbst zu machen: Ein weiches Ding wird nicht weich durch den Kontakt mit einem weichen Ding, so wie ein heißes durch den Kontakt mit einem heißen Ding heiß gemacht wird. Unter den primären Qualitäten ist die Kraft der Hitze am offensichtlichsten, dann kommt die der Kälte. Die Feuchtigkeit eignet sich besser zum Wirken als die Trockenheit, weshalb alle Lebewesen aus heißem und feuchtem Material bestehen. Denn aus einem doppelten Grund sind die Wirkungen bei diesen stärker: weil die Hitze besser als die Kälte zum Wirken und die Feuchtigkeit besser als die Trockenheit zum Wirken geeignet ist.

Darüber hinaus sind die Aufgaben der Hitze, zu erhitzen, zu verdünnen, zu zerstreuen, zusammenzufügen, zu erweichen, zu verdünnen, zu verdauen, zusammenzukochen, zu trocknen und schließlich zu verbrennen. Die Aufgaben der Kälte bestehen darin, zu kühlen, einzuengen, einzuschränken, hart und roh zu machen, zu befeuchten, einzufrieren. Die Trockenheit soll trocknen, rau und hart machen. Die Feuchtigkeit soll befeuchten, glatt und weich machen. Im Übrigen kondensiert die Kälte (von selbst, die Hitze tut es per accidens), während sie ständig alles sehr Dünne verdaut, und sie lässt es dicker werden. Während die Hitze heizt, löst sie sich auf, und ihre eigene Arbeit nimmt zu. Die Kälte behindert sie, indem sie sie verdichtet. Deshalb ist, wie oben gezeigt, die Tätigkeit der Hitze größer als die der Kälte, sie ist deutlicher und schneller. Es wurde zuvor gezeigt, dass die Hitze eine himmlische Eigenschaft ist, während die Kälte eine bloße Entbehrung ist, die einem Element angemessen ist. Feuchtigkeit ist eine Eigenschaft eines Elements, und ihr Entzug ist Trockenheit. Die Aktivitäten der Entbehrungen sind sozusagen Hindernisse, keine Errungenschaften. Sie werden auf zwei Arten bezeichnet, entweder in Verbindung mit einer Substanz oder ohne sie. Zum Beispiel ist »heiß« ein Geist, seine Qualität ist Hitze. Von »heiß« geht die Hitze aus, entsprechend der Ähnlichkeit, und »heiß« wird von der Hitze genannt, aber nicht aus ihr gemacht. »Heiß« ist, wenn die Hitze von der Erzeugung selbst kommt, wie bei einem Menschen oder einer Pflanze.

Dann ist das Feuer dem Namen nach heiß, aber in Wirklichkeit ist es die vorwiegende Hitze. Das Feuer ist keine Substanz, es sei denn, dass etwas verdorben ist. Was verdorben ist, ist auch keine vollkommene Substanz, sondern wird verändert; auch ist es nicht Feuer, sondern Gegenstand des Feuers. Es gibt also keine Eigenschaft, die im eigentlichen Sinne wirksam ist, außer der Hitze. Die Feuchtigkeit ist wirksam, weil sie sich vermischt, oder aber, weil sie verhindert.

Aber du wirst sagen: Wenn die Trockenheit überhaupt nichts bewirkt, warum wirkt dann das, was mit der Trockenheit erhitzt wird, so viel heftiger? Weil es keine Feuchtigkeit hat, die es hemmt. Wenn es wiederum die Feuchtigkeit ist, die sie behindert, und die trockene Hitze rein ist, dann ist die himmlische Hitze, da sie rein ist, trocken und erzeugt folglich nichts. Es wurde zuvor gezeigt, dass trockene Hitze nichts erzeugt. Aber die himmlische Hitze ist an sich rein, aber wenn sie sich mit einem Element vermischt, wird sie feucht. Die Hitze aber, die nicht völlig vermischt ist, ist trocken; sie ist nicht vermischt, weil sie, wenn sie so reichlich vorhanden ist, nicht zur Erzeugung geeignet ist. Nicht alle reine Hitze erzeugt also, aber die Hitze, die es tut, ist rein, und daher hat sich das Reine mit einem Element vermischt; und weil es das getan hat, ist es feucht geworden, das heißt, mit der Materie vermischt. Die ganze Materie eines Elements ist feucht, aber die Erde weniger, denn sonst würde sie nicht zusammenhalten. Die Hitze kann nicht ruhen, sondern muss mit Bewegung verbunden sein; sie ist eine Eigenschaft in einem Ungleichartigen, kann also nicht bestehen, sondern kann etwas anderes erzeugen. Das Erzeugen ist in der Substanz. Was also vermischt ist, muss durch Bewegung ein Gleichartiges erzeugen; was nicht vermischt ist, muss in eine fremde Natur übergehen. Wenn also die trockene Hitze nicht vermischt ist, ist sie rein von der Materie, aber nicht von der fremden Eigenschaft. Es ist also klar, dass die Hitze des Feuers und die Hitze, die in den belebten Wesen durch Bewegung erregt wird, trocken ist; und dass die trockene Hitze unrein ist, doch nicht von ihrer Materie, sondern von einer fremden Qualität, und daher etwas Reines erzeugt, das Feuer aber nichts erzeugt.

Aber, wie gesagt, sowohl bei der Hitze als auch bei anderen Dingen scheint vieles zu geschehen, weil das, was verhindert, entfernt wird. Die vier Qualitäten, die zu diesen hinzukommen und aus ihnen hervorgehen, werden **sekundäre Qualitäten** genannt: ausdünnen, verbrennen, ziehen, das Weiche rau und locker machen. **Tertiäre Qualitäten** sind, das Blut zu reinigen, Samen oder Milch zu erzeugen, gut für die Augen zu sein oder für die Freuden der Venus oder für die Unfruchtbarkeit.

Primäre Qualitäten sind die Substanzen der Elemente, in Mischungen teils Substanzen, teils Eindrücke; die übrigen werden Akzidenzien genannt. Vier Grade kommen in ihnen allen zusammen, besonders aber in den ersten. Die erste ist, wenn die eigentliche Qualität nur schwach wahrgenommen wird. Die zweite, wenn sie deutlich wahrgenommen wird, aber ohne Schaden anzurichten. Die dritte ist, wenn sie Schaden anrichtet, aber ertragen werden kann. Die vierte, wenn sie kaum erträglich ist. Unter den Qualitäten dieses Grades sei das Opium ein Beispiel, unter den Geschmäckern das Pfefferkraut, das viel schärfer ist als Pfeffer. Das ist in jeder Hinsicht so: Pfeffer wird zweifellos in den dritten Rang der scharfen und erhitzenden Dinge gestellt werden.

Wenn also diese Dinge gemischt werden, sollte das Maß so genau eingehalten werden, dass das Überflüssige weggeworfen, das Schädliche verborgen und nur das Nützliche übrig bleibt. So wird **ein ausgezeichnetes Medikament** gemacht, das sehr stark hilft, und das, was schaden muss, wird völlig eingeschläfert. Das weiß man aus Erfahrung, und deshalb hat sich Galen (meiner Meinung nach zu Unrecht) von falschem Ehrgeiz leiten lassen, dem Theriak des Andromachus etwas hinzuzufügen. Wenn du siehst, dass ein kräftiger alter Mann sich mit einem wilden jungen Mann zusammentut und sich zu Freundschaft und Händeschütteln herablässt, dann wird er statt eines erbitterten Feindes zu einem heilsamen Freund, durch den unbesiegbar erscheinende Tyrannen in vier Stunden aus ihrem Haus vertrieben werden (wie ich es habe geschehen sehen), und die Bestien mit sieben Namen und die übrige Schar der Geringeren werden durch ein großes Wunder ihre lange gewohnte Zuflucht aufgeben. Und wenn das dunkle Bild des Janus mit der wilden Jugend verbunden ist, wird es einen Menschen glücklich machen. Und das sind die größten Leistungen, die die Heilkunst zu bieten hat, und nichts anderes ist zu wünschen als das, was wir noch nicht erlebt haben: dass der Äther vollendet wird.

Bei der **Auswahl von einfachen Medikamenten** ist große Vorsicht geboten. Ich übergehe die ausgefressenen, verdorbenen oder alten, sondern ich spreche jetzt von der geeigneten Substanz. Bei Öl und anderen fetthaltigen Arzneien zum Beispiel ist der obere Teil zu wählen. Alles Fett ist von Natur aus leicht und rein, und das, was oben ist, ist leichter und reiner, also auch fetter. So wird der beste Wein nach seiner Stärke beurteilt: Was in der Mitte ist, ist stärker, denn was oben ist, wird durch die Luft und das Gefäß verdorben; was unten ist, durch das Gefäß und den Bodensatz; also ist das Beste in der Mitte. Es ist der untere Teil des Honigs, der geschätzt wird wegen seiner Süße. Auch ist er am süßesten, weil er am dichtesten ist; das Dichteste ist das Schwerste, und das Schwerste in Flüssigkeiten sitzt immer am Boden. So liegt reiner Honig, der beste, auf dem Boden des Gefäßes. Dies war eine Entdeckung vor langer Zeit, von der Macrobius berichtet. Aber die Ärzte sind reich an solchen Entdeckungen, sogar bis zum Überdruss.

Von den ärztlichen Eingriffen ist das Niederhalten des grauen Stars im Auge der subtilste, und das Entfernen eines Steins aus der Blase. Wenn man nur ein wenig abweicht, wartet statt des Lichts die Blindheit und statt der Gesundheit der Tod. Alles Gute und Schlechte der Sterblichen hängt an einem so dünnen Faden. Das aber ist die Übung und die Regel für alle menschlichen Angelegenheiten: dass, wer sie richtig bedenkt, sich weniger um den Tod sorgt, da er für uns alle unausweichlich ist, und sich mehr um das Leben kümmert. Diese Fragen werden in meinem Buch *De Fato* ausführlich behandelt.

Aber da die Folgen und Anfänge der Dinge verborgen sind, kann kein weiser Mensch ein wahres Glück unter den Sterblichen sehen, noch irgendetwas, das der Bewunderung wert wäre. Alles ist wie ein Traum, ein oder mehrere Dinge, die uns Freude bereiten oder uns mit kurzem, aber leerem Kummer betrüben. So sind die Dinge, auch wenn ein Orakel spricht. Aber lassen wir jedem seine Sicht, und lassen wir sie in einer unbegründeten Überzeugung glücklich sein. Aber sie werden nicht leugnen, dass wenigstens ihre größten Erlebnisse, diese großen Glückseligkeiten, aus den kleinsten Anfängen entspringen, und deshalb sollte jeder unter den Sterblichen, der glücklich erscheinen will, nicht nur auf Kleinigkeiten achten: er muss es tun.

Die subtilste unter den medizinischen Künsten ist die Beobachtung des Pulses. Aber auch auf anderen Gebieten gibt es Themen, die anziehend und beachtenswert sind: zum Beispiel in der Natur und Lage der Wolken. Es ist sicher, dass alle **Wolken** flach sind, sowohl weil sie von dieser Art sind und auf den Bergen gesehen werden, als auch weil sie waagerecht von den Winden getragen werden. Alles, was kugelförmig ist, wenn es waagerecht getragen wird, wird nach innen gebogen und bricht, auch weil es keine Ursache gibt, die diese Rundung aufrechterhalten kann. So sei eine Wolke GD und das Auge H, ein Punkt senkrecht über dem Auge A; da wegen der Entfernung HK, DK wegen der Winkel DHK sehr klein ist, und des kleinen Verhältnisses, das es zu HD und HK erhält, scheint AD die Erde bei K zu berühren; auf derselben Grundlage werden BL und

CM kleiner als AH erscheinen, sodass ABCD und AEFG Teile von Kreislinien sein werden, die die Erde bei G und D berühren. Die Wolke selbst wird bei A höher erscheinen als in einem anderen Teil, sich allmählich aufspaltend und wie die innere Oberfläche und ein Teil einer Kugel oder Glocke, sodass der Punkt A am weitesten von der Erde entfernt zu sein scheint. Und so erscheint eine Wolke höher über dem Kopf und neigt sich dann allmählich zur Erde hinunter, wie es für den Betrachter immer aussieht. Und da dies überall gleichzeitig geschieht, ist klar, dass die Wolke nicht rund, sondern flach ist. Da DK also nicht sichtbar ist, berührt die Wolke an dieser Stelle scheinbar die Erde. Dies geschieht, wenn HD und HK das Sechzigfache von DK enthalten, aber da DK gleich AH ist, erreicht es niemals 2000 Schritte; daher erscheint weder eine Wolke noch ein Regenschauer weiter als 120.000 Schritte entfernt, genauer gesagt, nicht mehr als 100.000 Schritte. Auf dieser Grundlage wird niemand in Mailand sagen, dass es in Frankreich geregnet hat. Da die Wolken in der Regel, vor allem wenn es regnet, nicht weiter als fünfhundert Schritte aufsteigen, kann man selten einen Regenschauer weiter als 30.000 Schritte entfernt sehen.

Aus demselben Grund sehen die **Feuer, die durch den Himmel herunterkommen**, am höchsten aus, wenn sie über uns sind. Wenn sie aufsteigen oder untergehen, scheinen sie an der Erde zu kleben; nicht weil sie herunterkommen oder aufsteigen, sondern sie werden gerade entlang getragen, parallel zur Ebene der Erde und des Horizonts. Aber die Veränderung in ihrer Erscheinung bewirkt, dass sie tiefer aussehen, je weiter sie entfernt sind.

Es gibt auch Produkte der **Subtilität in Worten**, Akzent und Sprache. Unter den Wörtern hat »Zephyrus« in dreifacher Hinsicht einen süßen Klang: erstens, weil es ein Z hat, zweitens ein Y, das das Lateinische nicht hat. Das Lateinische hat nichts so Weiches, und das Griechische hat nichts anderes. Die dritte Hinsicht ist die Bedeutung, die einen sehr sanften Wind meint, den wir Favonius nennen und was wir als sehr angenehm empfinden. Auch die Akzente oder Dialekte zeugen von enormer Subtilität, denn sie können sich von Gegend zu Gegend, von Stadt zu Stadt und Dorf zu Dorf, und sogar in derselben Stadt (unglaublich!) zwischen einzelnen Stadtteilen unterscheiden. Man sieht, wie mächtig die Worte sind: Mit zwei Silben stürzen Königreiche oder bleiben erhalten, Unschuldige werden getötet, Schuldige entkommen, alles menschliche Unglück und Glück ist da. Im Einzelkampf verschafft ein kleines, unbedacht ausgesprochenes Wort dem Gegner die Wahl und den Sieg, seinem Sprecher aber Tod und Schmach. In einer Botschaft führt Hochmut, Unbesonnenheit, ein unbedacht geäußertes Wort zu so vielen Kriegen, Gemetzeln und Unruhen; es stürzt Königreiche und verwüstet ganze Regionen.

So herrscht die Subtilität in allem, und Könige, Provinzen, Städte, Dörfer und einzelne Häuser spüren ihre Macht. Daher ist ein gutes Urteilsvermögen bei Botschaftern wichtiger als bei militärischen Führern; letztere erklären gewöhnlich, wie man das geringere Übel wählt, aber erstere können verhindern, dass das Übel geschieht. Die Unbesonnenheit eines Anführers ist jedoch zerstörerischer, da die Folgen unmittelbarer sind. Affektierte Rede ist unangenehm; was spontan fließt, ist angenehm, weil hier die Kunst eigentlich die Natur nachahmt.

Es gibt **sieben Arten der Subtilität in der Redekunst**, und unter ihnen einzelne, die sie undurchsichtiger machen. Die erste davon ist die grammatikalische: metuo, me tuo, me tu o. Die zweite ist die sophistische, z.B. wenn ich lüge. Die dritte ist die mathematische und ist dreifach: entweder kombiniert, z.B. welcher Punkt eines Kreises näher am Umfang liegt; oder aus den Annahmen, z.B. ob die Annahmen im Beweis des Archimedes durch die Spiralen[17] die Dinge über die gerade Linie, die gleich dem Umfang eines Kreises ist, klar machen; oder aus dem, was bewiesen wurde, z.B. ob eine allgemeine Regel für einen Würfel, der gleich den Dingen und einer Zahl ist, existieren kann. Die vierte ist physischer Natur, und zwar eine doppelte: von der Sache und von der Ursache. Von der Sache: ob in den einzelnen Jahreszeiten neue Arten von Dingen vorhanden sind. Von der Ursache her, ob die Bewegung des Himmels exzentrischen Kreisen folgt.

[17] »elicas«.

Die fünfte besteht in der ununterbrochenen Kontinuität der Rede, wie in dem kleinen Buch *De Immortalitate Animorum,* wenn wir einen Menschen allmählich von einer Sache zur anderen ziehen. Die sechste besteht im Übergang von einer Art zur anderen, wie wenn wir das Hochziehen von Wasser mit einer Schraube erklären, denn während sich untere Teil dreht, steigt es an. Das siebte kommt aus dem Recht: Wer nicht die Hälfte der Stimmen erhält, soll nicht freigesprochen werden, wer nicht zwei Drittel der Stimmen erhalten hat, soll nicht verurteilt werden. Da aber die Fälle vieler der Übrigen unentschieden bleiben, werden sie nach einem anderen Gesetz als frei oder verurteilt beurteilt, je nachdem, wie nahe jeder von ihnen an der Zahl der Stimmen war. Wenn es zwölf Richter sind: jemand wird von sieben verurteilt und von fünf freigesprochen. Hätten ihn acht verurteilt, würde er bestraft; hätten ihn sechs freigesprochen, würde er freigelassen. Bei fünf Freisprüchen und sieben Verurteilungen wird er geometrisch verurteilt, aber nach einem besonderen Vorrecht, das die Freigesprochenen begünstigt, freigelassen; rechnerisch ist sein Fall unentschieden. Es gibt noch viele andere Verfahren dieser Art, die ich der Kürze halber übergehen möchte, da sie sich aus dem Vorangegangenen ergeben.

Kehren wir zu den natürlichen Fragen zurück, die sich besser erforschen lassen: Warum ist der **Urin** unter allen Flüssigkeiten aus der Ferne heller als aus der Nähe, während für die anderen das Gegenteil gilt? Dadurch ist er leicht zu erkennen. Der Urin enthält eine fetthaltige Feuchtigkeit, die ihn aus der Nähe abdunkelt, aus der Ferne aber erhellt, weil er ein feuriges Licht besitzt. Die anderen Flüssigkeiten haben keine Abdunklung, weil sie rein sind. Oder wenn sie es nicht sind, dunkelt das Unreine das Ganze ab, daher sind sie, wie ich an anderer Stelle gesagt habe, umso dunkler, je weiter sie entfernt sind. Und der Urin ist wegen seiner Hitze von sehr dünner Substanz, sodass er, obwohl er salzig ist, immer noch heller wird als Wasser, aber nicht ganz. Deshalb ist der Urin gut bei einem Blähbauch, und zwar viel mehr als salziges Wasser. Durch seine Dünnheit dringt er ins Innere ein und trägt die Kraft des Salzes mit sich, das den Blähbauch auflöst und die Därme stärkt. Die Verdünnung erfolgt durch die Hitze; deshalb wählt man frischen, warmen Urin von einem unverschmutzten Jungen (er ist der heißeste, je nach Geschlecht und Alter). Es ist eine Eigenschaft des Urins (nicht des gesamten Urins, aber fast nur des Urins unter allen Flüssigkeiten), sich zu trüben. Auch Wein wird trübe; er wird nicht wieder zu normalem Wein, Urin aber wird mit der Hitze des Feuers klar. Meiner Meinung nach gibt es nichts Vergleichbares, außer Olivenöl. Solange es flüssig ist, ist es auch klar, aber wenn es erstarrt, ist es überhaupt nicht mehr klar. Das Fett ist also der Grund für die Trübung, weshalb sich sehr trockener Urin nie verändert. Wenn sich durch die große Hitze bei einem Fieber die Körpersäfte und das Blut und das Fett verflüssigen, entstehen trübe Urine; wenn sie sich nicht setzen, werden sie nicht klar. Wenn sie sich dann absetzen, besteht Hoffnung. Denn das, was die Trübung macht, ist erdig; wenn nicht, nicht, dann ist es fettig. Vieles wird aber auch von robusten Kräften im Laufe der Zeit überwunden. Urin, der nicht trübe wird, ist frei von Fettsäften. Die Trübung ist also nicht eine Verderbnis der Substanz, sondern eine Gerinnung des Fetts. Deshalb ist der Urin feucht-erdig, wenn sich bei der Trübung viel Feuchtigkeit abgesetzt hat, ansonsten aber wässrig und luftig.

Aber jemand wird sagen: Wenn das, was gerinnt, schon im Urin war, warum hat es ihn dann nicht von Anfang an trübe gemacht? Denn es ist offensichtlich, dass der gesamte Urin trübe wird. Wie können also Teile gerinnen, aber nicht vermindert werden? Dinge, die gerinnen, ziehen sich zusammen, und während sie sich an andere Dinge anlagern, müssen sich die ursprünglichen Dinge zurückziehen. Es scheint, dass das Öl nicht nur nicht abnimmt, sondern sogar zunimmt, während es gerinnt. Während also der fette Teil in der feuchten Wässrigkeit gerinnt, wird die ganz dünne Flüssigkeit in Luft umgewandelt und nimmt zu, wodurch der Rest kondensiert und trüb wird. Daher müssen in allen trüben Ölen, auch im Urin, wegen der Kälte sehr viele Teile durchsichtig sein, und zwar mehr, als sie vorher trübe waren. Wenn aber die Klümpchen dicht dazwischen liegen, sieht das Ganze trübe aus. Der erdige Teil im Urin ist dünn und nicht frei von Hitze.

Wässer, die spontan heiß sind, sind ganz wie Urin. Diejenigen unter ihnen, die Schwefel und Alaun oder Salz oder Asphalt enthalten, sind ziemlich trübe, da sie durch äußere Hitze vermischt werden. Aber diejenigen, die Eisen oder Silber oder Kupfer enthalten, sind klar. Durch die Natur, die die Vermischung vornimmt, werden sie so aus den Abfallstoffen der Metalle. Die Technik kann diese nicht nachahmen, wohl aber die vorigen.

Es gibt nämlich jene **himmlische Hitze**, die sich wirklich vermischt, wie schon oft gesagt wurde, und die etwas schafft, das wie sie selbst ist, weil sie es in der Potenzialität hat. Die himmlische Hitze ist in dem, was einen Menschen in der Potenzialität enthält, aber sie zeugt einen Menschen in der Wirklichkeit. Aber unsere natürliche Hitze macht in der Potenzialität die Art von Ding, in der sie enthalten ist. Zum Beispiel erzeugt ein Mensch nicht plötzlich und ohne Zwischenstufe einen Menschen; nein, der Samen tut es, weil er ein Mensch in der Potenzialität ist, da er von einem Mann während seines Lebens ausgeschieden wird.

Aber so wie es einen Unterschied gibt, so gibt es auch eine Ähnlichkeit, und es bedarf tiefer Überlegungen, um sie zu erforschen. Dort die Sterne, hier die Edelsteine, dort der Verstand und die bewegten Stoffe, hier die Tiere verschiedener Art, dort die verschiedenen Stoffe der Körper und der Grad der Dichte, hier die große Vielfalt der Erde, des Wassers und der Luft, dort die Wunder und die zahlreichen Zeichen, wie die Schlachtreihen oder die Schwerter, hier die doppelköpfigen Nachkommen, die haarigen Kinder mit den Zähnen, dort die Stoffe, die mit den Körpern verbunden sind, wie hier die Pflanzen und die Metalle, dort die ständigen Bewegungen, hier die Umdrehungen des Wassers, dort das Licht und die Erleuchtung, und hier auch. Um mit dem, was oben ist, zu wetteifern, hat die Natur im Universum so viele und so große Dinge geschaffen, wie es dort gab, nach ihren Arten und Gattungen und Akzidenzien. Die Kraft der Natur ist in ihnen, aber in den Sterblichen ist sie deutlicher.

Aber da manche Dinge geheimnisvoll erscheinen, haben sie einen Grund, nach einem verborgenen Muster zu funktionieren. Zum Beispiel, warum ist es so, dass Kalbfleisch, da es feuchter ist, saftiger und fetter ist als Rindfleisch? So bezeugt es auch Galen; aber der Saft von Rindfleisch ist saftig und fett, der von Kalbfleisch dagegen fade und geschmacklos. Der Grund dafür ist, dass das Fett im Rindfleisch kompakter ist als im Kalbfleisch und daher auf das Feuer hin nur wenig Dampf abgibt und das Wasser fett macht. Warum verhindert Butter manchmal das Sieden von Wasser? Weil sie kompakt, luftig und fett ist und die Dämpfe, die das Wasser zum Sieden bringen, an sich zieht? Warum zieht Töpferton Verunreinigungen an? Weil er hartnäckig ist, wird er durch die Hitze nicht aufgelöst, sondern verdichtet. Wenn sie also kochen, werden sie vermischt, und Stroh und Staub und Erde und alles, was damit zu tun hat, bleibt daran hängen. Warum werden beim Kochen Hühner durch Walnüsse schneller gar? Sorgen sie dafür, dass die Luft und die Hitze eindringen, weil sie eine scharfe Eigenschaft hat, so wie es vorhin über den Senf gesagt wurde?

Ein weiterer Gedanke: Warum konnte **Balsam** nur aus einem bestimmten Brunnen in der Nähe des Nils gewonnen werden? Weil alles, was genährt wird, seinem Nährstoff ähnelt? Und so ist das Nilwasser sehr dünn und von luftiger Substanz. Dasselbe Wasser, das mit einer bestimmten Art von Pech durchsetzt ist, kann Balsamsträucher nähren, und kein anderes kann das, wenn es ihm nicht gleicht. In ähnlicher Weise sagt man, dass die Anthropophagen (von manchen Kariben, von anderen Kannibalen genannt) ein so aggressives, grimmiges und furchterregendes und auch mitleidloses Aussehen haben, dass die übrige Menschheit ihren Anblick selbst als Gefangene oder Leichen kaum ertragen kann. Ernst zu nehmende Autoren berichten dasselbe über den siebenfachen Konsul Marius, als er gefangen war, und über Nero, als er tot war. Die Nahrung verändert also das Aussehen und die Natur; dies wurde bereits im zweiten Buch des *Contradicentia Medicorum* vorzüglich bewiesen. So ist es leicht, durch Übung und die Art der Ernährung die Gewohnheiten und die Gestalt der belebten Geschöpfe zu verändern und ihnen auch wunderbare Eigenschaften zu verleihen.

Bei manchen Erkrankungen liegt die Ursache auf der Hand: zum Beispiel, warum Menschen, die von Kindheit an mit einem Auge schlecht oder gar nicht sehen, schielen. Der Grund ist: Wenn ein Auge nicht von der gegenüberliegenden Seite sieht, ist es gezwungen, sich nach innen zu drehen und zu verdrehen, und aus Gewohnheit schielen sie. Die Augen sind zur Nase hin geneigt und blicken nach hinten. Aber wenn dies nach dem Kindesalter eintritt, schielen sie nicht so sehr, und zwar aus zwei Gründen: der eine ist, dass das Auge bereits daran gewöhnt ist, in seiner eigenen Position zu bleiben und sich nicht ablenken zu lassen; dann sind die Nerven bereits hart und tun nicht bereitwillig Dienst für neue Bewegungen; der andere Grund ist, dass Erwachsene absichtlich ihren Hals drehen, anstatt ihr Auge.

Aber andererseits ergibt sich daraus eine sehr subtile Untersuchung, die Galen zugegebenermaßen nicht zu lösen wusste: **die Art und Weise, wie die Muskeln bewegt werden.** Unerfahrene Menschen und Kinder und Tiere bewegen sie angemessen, und für die Handlungen, die sie beabsichtigen, obwohl sie ihre Funktionsweise nicht kennen, ja nicht wissen, dass sie Muskeln haben. Da es also zwei Voraussetzungen für eine angemessene Bewegung gibt (die Wahl des Körperteils und der Muskeln in dem Teil), müssen wir davon ausgehen, dass sie aus der Seele und dem Geist stammt und der Rest aus der Gewohnheit. Wenn man kleine Kinder sieht, die versuchen zu gehen, ziehen sie alle ihre Muskeln an, mal diesen, mal jenen, und gewöhnen sich schließlich daran, für jede Bewegung den entsprechenden Muskel zu verwenden. Das sieht man deutlich bei denen, die eine Leier zupfen: Sie kommen allein durch Übung dahin, die Saiten richtig zu zupfen.

Ich glaube aber, dass es ein größeres Problem mit den Körperteilen gibt, denn der Mensch bewegt zum Sprechen seine Zunge, nicht seine Hände, und das Tier bewegt zum Laufen seine Beine, nicht seinen Kopf. Aber auch dies hat dieselbe Ursache: Wenn man ein neugeborenes Hündchen ins Wasser wirft, bewegt es alle seine Teile; es fühlt sich nämlich mit ausgestrecktem Kopf weniger erdrückt und mit bewegten Vorderbeinen besser gestützt. Durch die Fähigkeit, die die Griechen Phantasia nennen, hält es den Kopf so weit wie möglich über Wasser, dann bewegt es den Schwanz, dann mehr die Hinterbeine und vor allem die Vorderbeine. Aber es fühlt nicht, dass ihm das hilft, es hört auf, sie zu bewegen, bis es sich schließlich an angemessene Bewegungen gewöhnt. Es ist offensichtlich, dass ein Tier besser schwimmt als ein anderes, je nach seinem natürlichen Lernwillen, und das erwachsene Tier macht es besser als das neugeborene, und das erfahrene Tier besser als eines, das noch nie geschwommen ist. Und so verhält es sich auch bei anderen Bewegungen.

Alle diese Bewegungen beruhen also auf zwei Prinzipien: erstens, dass jedes Tier auch eine, wenn auch unvollkommene, Fähigkeit besitzt, durch die es dem nachgeht, was ihm

Freude macht, und sich von dem entfernt, was ihm schadet. Was bleibt, ist eine Art Gedächtnis oder Veranlagung, durch die es gelernt hat, Teile und Muskeln zu bewegen. Welche Teile und welche Muskeln zu dieser Bewegung passen, hat es schon anderswo entdeckt. Und aus diesem Grund sehen wir manche Menschen durch lange Krankheit gezwungen, wie kleine Kinder wieder laufen zu lernen. So haben ihre Muskeln und Glieder durch Übung gelernt, im richtigen Moment zu funktionieren.

Von allen Künsten sind die subtileren diejenigen, die erklären, wie man **Vorhersagen** trifft, denn wie ich schon sagte, ist es fast göttlich, die Zukunft zu erkennen. Die wichtigeren Künste sind hier, neben denen, die die Natur der Jahreszeiten berücksichtigen, wie wir schon sagten, die Astrologie und die Theorie der Pulse. Diese allein erreichen beinahe ihr Ziel. Im Falle eines Kranken sieht der Arzt mit ihrer Hilfe tatsächlich den Tod in weiter Ferne stehen. So ist ein weiser Mensch wirklich viel gesegneter als ein König. Denn wenn der weise Mensch sich auf das besinnt, was er weiß, und erkennt, wie weit er von der allgemeinen Gesellschaft entfernt ist, wird er sicher und zufrieden leben. Wenn aber ein König die Mühsal, die Knechtschaft, die Gefahren und alles, was er bald verlieren wird, erkennt, lebt er in Ungewissheit und Angst und zittert auf Schritt und Tritt vor Furcht. Dies ist also das größte Glück, das Gott dem Menschen zugestehen kann oder will. Wenn der Rest in der Ungewissheit liegt, hat die Seele selbst, die aus der dünnsten Substanz besteht, einen übermäßigen Anteil an der Unsterblichkeit und an einem besseren Leben in irgendeiner Form, als es inmitten des Elends möglich wäre.

Um diese **Weisheit** zu erlangen, ist die Freude am Studium erforderlich. Wir werden zuerst Euklid behandeln, dann Al-Kindi, um unser Vorstellungsvermögen zu stärken, und dann Swineshead, den Kalkulator. Die Vorstellungskraft wird gestärkt, wenn sie von allen Sinnen befreit ist. Danach soll die Arithmetik erlernt werden, und zwar nach unseren eigenen Schriften, in den Büchern der *Ars Magna* und den Gärten der Zahlen. Dann werden wir zu Archimedes, Apollonius und Eutocius übergehen. Dann zu Scotus mit Aristoteles und seinen Auslegern, Theophrast und Alexander, dann Themistius, Simplicius, Philoponus, Averroes und die klassischen Männer dieser Art. An sechster Stelle steht Ptolemäus und an siebter Stelle Vitruv. Von hier aus gehen wir zu der Kunst über, die wir wählen: Medizin, Jurisprudenz oder Theologie. Und dies ist die Reihenfolge der Wissenszweige. In den einzelnen Zweigen sollte man alle besten Autoren lesen, denn (wie alle Weisen sagen): Unser Leben ist kurz. Wer diese Autoren sind, ist schon zum Teil erwähnt worden. In der Regel sollte niemand in irgendeiner Kunst geschätzt werden, der nicht viel geschrieben hat, außer in der Poesie und der Mathematik. Denn da die übrigen Künste neben dem Entdecken auch aus Urteilen bestehen: Urteilen geht aus dem Wissen vieler Dinge hervor. Wenn die Liebe zum Ruhm sie anregt und eine Feder zur Verfügung steht, ist es für diejenigen notwendig, die viele Dinge wissen und sie besonders gut kennen, viele Dinge zu schreiben. Ruhm ist in der Tat ein süßes Vergnügen und die Ewigkeit des eigenen Namens, und weit besser als die Statuen und Bilder, mit denen Könige ihr eigenes Andenken pflegen. Denn wie unterscheidet sich nun diese Schrift von meinem Verstand? Der Verstand ist mein, er ist das, was in mir gut ist. Jeder, der dies nach zweitausend Jahren liest, wird also meinen Verstand sehen und ihn schätzen. Und das ist die Beständigkeit des Intellekts eines jeden Menschen, aber nicht seine Ewigkeit. So bleibt das Beste in uns nach der uns zugewiesenen Zeitspanne erhalten, sogar über das hinaus, was wir geschrieben haben, und die Zeitalter werden mich sprechen hören. So wird aus einem sterblichen Menschen etwas erzeugt, das für immer bleibt. Der Verstand und das, was verstanden wird, sind eins und eine ewige Substanz. Davon ist an anderer Stelle die Rede gewesen.

In der Poesie hingegen kann ein Mensch, der wenig schreibt, von der Ekstase ergriffen sein und Ansehen genießen. Und in der Mathematik, weil nur das, was eine Schlussfolgerung hat und was zum Beweis der Schlussfolgerung erforderlich ist, wohlwollend betrachtet wird. Wenn auch Euklid und Archimedes viel mehr wussten, als sie niederschrieben, so wird in diesen Bereichen denen, die mehr schrieben (wie Homer, Vergil, Ovid, Archimedes, Euklid, Ptolemäus), mehr Lob und Anerkennung zuteil als denen, die wenig schrieben (wie Theokrit, Persius, Catull oder Nikomachos, Diodes und Archytas).

Theon von Alexandria, der die *Elemente* von Euklid und das große Werk von Ptolemäus erläuterte, sollte in die Reihe der berühmten Autoren aufgenommen werden. Neben anderen Entdeckungen bewies er, dass die **Kugel** der geräumigste aller Körper ist. Die Vernunft zeigt dies, und wir erkennen seine Wahrheit auch aus der Kunstfertigkeit. Wir erkennen, wenn auch nicht genau, in welchem Verhältnis das Fassungsvermögen der Kugel zu dem der anderen Körper steht. Wenn also die Seite eines Würfels 4 ist, so ist sein Volumen 64 und die Fläche aller seiner sechs Oberflächen 96; eine Kugel aber, deren Oberfläche 96 ist, hat nach Archimedes einen Großkreis von genau 24; ihr Durchmesser ist also nach Archimedes nahe fünfeinhalb, da die Fläche 24 ist. Ein Zylinder, dessen Basis dieser Großkreis ist, hat also den Wert 132; er ergibt sich nämlich aus dem Durchmesser multipliziert mit der Basis. Aber ein Zylinder auf dem Großkreis der Kugel ist nach Archimedes das Eineinhalbfache der Kugel; wenn also der Zylinder 132 ist, wird die Kugel etwa 88 sein. Wenn also die Oberfläche des Würfels 96 ist, ist das Volumen des festen Würfels 64, und wenn die Fläche der Kugel 96 ist, ist das Volumen der festen Kugel 88. Das Verhältnis zwischen einer Kugel und einem Würfel ist also bei gleicher Oberfläche nahe bei 11 zu 8. Wir haben in unseren Büchern *De Rerum Varietate* alle festen Körper, die in einer Kugel enthalten sein können, soweit sie auf einer Ebene gezeichnet werden können, auf einer bestimmten Grundlage erklärt.

Der Vorschlag besteht nun darin, eine Kugel mit geringem Aufwand und kleinem Fehler aus ihrer Oberfläche zu formen. Ob wir nun eine himmlische oder eine irdische Kugel formen wollen, das Folgende wird für die Kunst des Typographen[18] sehr praktisch sein. Schlagen wir eine Kugel vor, deren Äquatorialkreis 44 ist, und teilen wir sie in zwölf gleiche Teile durch sechs Großkreise, die durch die Pole verlaufen; und lassen wir diese zwölf Zonen getrennt sein; ich sage, dass sie ohne Verzerrung auf eine Ebene projiziert werden können.[19] Daher wird von der Fläche zum Festkörper und vom Festkörper wieder zur Fläche ohne einen bemerkenswerten Fehler ein gegenseitiger Übergang stattfinden: damit das, was sich im festen System befindet, in der Ebene gedacht werden kann. Und wenn es irgendeinen Unterschied gibt, wird er in der Mitte am größten sein.

Jeder Teil beträgt 3 2/3 (also 44/12) in der Kugel. Sein Sinus ist also ein vierter Teil des Durchmessers, d.h. 3 1/2 zum Quadrat wird zu 12 1/4 und muss nur noch aus 14 (dem Durchmesser) geteilt durch zwei hergestellt werden. Die Teile sind also etwa 13 1/16 bis 15/16, das ist also die Sagitta.[20] Der Sinus zum Quadrat, verbunden mit der Sagitta zum Quadrat, ist also 13 33/256. Die Sehne, die durch einen Bogen von 3 2/3 Einheiten gebildet wird, unterscheidet sich also nur

[18] »Typographicae«.

[19] Cardanos Zeitgenosse Mercator wird mit seiner Lösung dieser Frage berühmt. Später, S. 588, kommt er noch einmal darauf zurück.

[20] Forrester schreibt: Die Sagitta oder der Pfeil ist hier der Teil des Radius, der sich in der Mitte des Segments außerhalb der Stelle befindet, an der die Sehne das Segment schneidet, was im vorliegenden Fall 15/16 lang ist.

wenig von 3 5/8. Die Differenz zwischen dem Bogen (3 2/3) und seiner Geraden (3 5/8) beträgt also 1/24. Daher ist 1/88 in Bezug auf den durchschnittenen Teil des Äquators eine sehr geringe Abweichung. Und diese Beziehung ist in allen parallelen Zonen zu befolgen, wie aus dem ersichtlich ist, was wir im siebten Buch über Euklid gezeigt haben, und wird in einem kleinen Maßstab sichtbar sein. Ob es also auf Papier oder auf Papyrus ist, solange es ausgedehnt ist, macht es keinen Unterschied. Und auf diese Weise können die Sinne das Verhältnis der Kugel zu allen anderen Körpern erfassen, die eine gleiche Gesamtfläche haben. Und da wie erwähnt die Kugelform glatt ist und mehr enthält, sodass alles sinnvoll zu sein scheint: Je mehr sie enthält, desto widerstandsfähiger wird sie. Und so nehmen die flüssigen Elemente, vor allem Luft und Wasser, und weniger deutlich die Erde, von sich aus eine runde Form an, die am sichersten gegen Beschädigungen von außen ist.

Außer diesem latenten Sinn besitzen die Lebewesen selbst noch andere Fähigkeiten, die drei Hauptfähigkeiten: Erzeugung, Ernährung, Wachstum. Dazu kommen vier: die Anziehung, die durch große Hitze und viel Feuchtigkeit entsteht; die Zurückhaltung, die eine Art von milder Anziehung ist, da das, was anzieht, auch zurückbleibt, und so von größerer Hitze angezogen wird, und diese Hitze keine Feuchtigkeit braucht. Ist die Hitze gering und die Feuchtigkeit reichlich vorhanden, so wird sie ausgetrieben; ist aber die Hitze und die Feuchtigkeit sehr groß, so wird sie zusammengezogen. Daher wird sehr große Hitze entweder von sehr großer Feuchtigkeit begleitet und zieht zusammen, oder mit mittlerer Feuchtigkeit und zieht an. Mittlere Hitze mit viel Feuchtigkeit vertreibt, und ohne Feuchtigkeit hält sie zurück. Es gibt drei Arten von Ursachen, von drei Tugenden bei Tieren außer diesen: denn was hält, zieht, austreibt, aber nicht was verdaut, kann aus Haar oder Fasern bestehen. Sie werden auch aus Muskeln gemacht, die dem Willen gehorchen; drittens aus einem Vakuum, wie im Fall des Herzens. Dies ist an anderer Stelle behandelt worden. Ausstoßungen gibt es auch bei den Pflanzen, und ein Beispiel dafür sind ihre Safttropfen. Sie scheinen das, was sie ausstoßen, zu verabscheuen und stoßen es aus, so weit sie können. Da sie nicht die Mittel besitzen, um zu entkommen, treiben sie stattdessen aus. Einige Tierarten aber, wie Kraniche und Schwalben, kommen im Frühjahr zu uns, indem sie aus der schwülen Gegend fliehen. Im Herbst, aus Angst vor dem Winter, ziehen sie in Scharen in die warmen Gegenden, und so sieht man sie in Alexandria.

Es würde ewig dauern, wenn ich über die wunderbaren Entdeckungen jeder Technik berichten wollte. Ich habe beobachtet, dass Menschen von einem hohen Punkt aus viel weiter springen, und wollte die Theorie dazu herausfinden. Nehmt also eine Ebene AB an; lasst den Sprung in der Ebene von A nach C stattfinden; lasst eine Wand auf der Ebene AD errichtet sein. Ich sage, dass der Springer von D aus über AC hinaus und weniger als das

Doppelte von AC springen wird. Dasselbe sage ich über das Werfen eines Steins, denn er bewegt sich zunächst auf dem Umfang eines Kreises, sozusagen parallel zu AC. Der Impuls kann nicht über das Doppelte seiner Stärke hinaus wirken, also bewegt er sich auf einem Kreisumfang, der gleich dem ersten ist. Dieser geht über die kleinere Kurve AC hinaus, kann also nicht über C hinausgehen, über ein Intervall von der Größe von AC, was zu beweisen war. Wenn dann AD viel größer als AC sein sollte, wird es einen Punkt E des Sprungs geben, der praktisch weniger als doppelt so weit wie CA von dem Punkt A entfernt ist, nämlich weniger als durch DA und AC verbunden, und mehr als die Linie durch DC.

Eine ähnliche Frage ist, warum die Beine beim Klettern so müde werden und der Mensch schnell außer Atem kommt. Der **Unterschied zwischen einer Steigung und der Ebene** ist nicht unbedeutend. In der Tat ist es für jemanden anstrengender, 500 Schritte bergauf zu gehen als 4000 in der Ebene. Der Grund für die harte Arbeit beim Klettern durch die Steigungen ist ein dreifacher: Der erste Grund ist ein gemeinsamer Grund für alle Bewegungen, da die Muskeln und alle Gliedmaßen bewegt werden. Der zweite Grund, der auch für das Besteigen von Leitern gilt, besteht darin, dass man gezwungen ist, seinen Körper um eine Höhe zu heben, die so groß ist wie die Stufe; der Körper ist schwer, und ihn mühsam zu heben ist auch eine schwere Aufgabe. Zwar wird auch in der Ebene der Körper eine Zeit lang angehoben, aber so wenig, dass es kaum spürbar ist. Je höher die Stufen von Leitern sind, desto anstrengender ist es, sie zu besteigen. Der dritte Grund ist ein besonderer für eine schräge Lage. Da man nur mit den Füßen flach auf dem Boden ruhen kann und die Oberfläche eines Abhangs nicht gleich weit vom Erdmittelpunkt entfernt ist, ist man gezwungen, sich sowohl beim Klettern als auch beim Stehenbleiben mit einer beträchtlichen Anstrengung aufrechtzuerhalten, da die Fußsohlen nicht in Ruhe sind. Man ist also gezwungen, eines von drei Dingen zu tun: entweder nur auf dem vorderen Teil der Füße zu stehen, oder den ganzen Körper nach vorne zu beugen, oder sich mit Muskelanspannung aufrechtzuerhalten, eine anstrengende Aufgabe.

Daher gilt es als große Kraftprobe, einen Hang mit aufrechtem Körper und flachen Füßen zu erklimmen. Es liegt auf der Hand, dass es mit zunehmender Steigung viel schwieriger wird, und ein gleichmäßiger Rhythmus lässt sich nicht beibehalten. Überlegungen wie diese ergeben sich also im Zusammenhang mit beruflichem Geschick und beinhalten wunderbare Subtilitäten, aber keine der Künste kann mit der Subtilität des Komischen verglichen werden, geschweige denn mit der der Magie.

Daher ist es nun an der Zeit, sich mit den Ursachen von Wundern zu befassen.

Buch XVIII: Über Wunder und die Art und Weise, verschiedene Dinge jenseits des Glaubens darzustellen

Ich erinnere mich, dass, als der seligste Kaiser Karl V. nach Mailand kam und der Fürst Franciscus Sforza, der zweite dieses Namens, war, es im Gefolge des Kaisers einen Spanier namens Damautus oder Dalmagus gab. Dieser vollbrachte solche Wunder und blendete die Augen der Zuschauer so geschickt, dass diejenigen, die keine Philosophie hatten, ihn für einen Zauberer hielten, und nicht, wie ich annahm, für die Art, die in unserer Zeit oder in viel älteren Zeiten gesehen wurde, denn er pflegte unerhörte und unglaubliche Kunststücke zu vollbringen. Kürzlich wurde ich auf Franciscus Soma aus Neapel aufmerksam, einen edlen jungen Mann, der kaum sein zweiundzwanzigstes Lebensjahr erreicht haben mochte. Außer einer ungewöhnlichen Vertrautheit mit der Musik, sodass er auch im Zupfen der Harfe seinesgleichen sucht, beherrschte er viele Kunststücke, die unglaublich waren. Unter den anderen Kunststücken, die ich und andere Freunde von mir oft gesehen haben, und deren natürliche Erklärung ich nie herausfinden konnte, pflegte er das folgende vorzuführen: Er fächerte einen Stapel Karten auf einem Tisch aus und for derte uns auf, eine zu wählen und sie zu verstecken. Dann nahm er den Stapel, mischte ihn und sagte voraus, welche die entfernte war. Dies könnte vielleicht auf **Taschenspielertricks** zurückgeführt werden, aber nicht das, was folgte: Nachdem er die Karte wieder in den Stapel gesteckt und den Stapel abgelegt hatte, forderte er den einen oder anderen von uns auf, eine Karte zu ziehen. Wir sahen, dass derjenige immer dieselbe Karte zog hatte, als ob er uns dazu gebracht hätte, immer dieselbe zu ziehen, oder die Vorderseite der Sache verändert hätte. Auch der schlaue und wissbegierige Mann, den ich zu der Vorführung mitgebracht hatte, gab zu, dass er nicht nachvollziehen könne, wie dies geschehen konnte. Er war allerdings nicht der Meinung, dass dies ein Grund sei anzunehmen, dass es in dieser niederen Welt eine Macht gibt, zusätzlich zu der Macht, die wir den Dingen von Natur aus verliehen sehen. Und so besiegte dieser Trickbetrüger all unsere Sorgfalt und überwand unsere Klugheit. Er murmelte die ganze Zeit etwas, während er seinem Geschäft nachging, als ob er rechnete, obwohl es sicher war, dass die Erklärung nicht in den Zahlen lag. Als einer von uns einen Blick auf die Karte warf, die er herausgenommen hatte, bevor er sie ablegte, sagte Soma:

> Du hast alles durcheinander gebracht
> und meinen Plan zunichte gemacht.
> Aber die Karte ist dieselbe, die du vorher
> entfernt hattest, und wir können sehen,
> dass sie es ist.

Obwohl er mir noch einige andere wundersame Kunststücke gezeigt hat, deuteten die Anzeichen doch darauf hin, dass sie alle das Werk irgendeiner Gaukelei waren, und nicht entweder das Werk von Dämonen oder gar Wunder. Es war jedoch zu außergewöhnlich, als dass wir es mit menschlichem Verstand hätten nachvollziehen können. Und wenn er uns nicht manchmal gebeten hätte, verschiedene Karten zu ziehen, hätte ich vermutet, dass er ein Spiel mit Karten derselben Art bereitgelegt hätte. Dies würde es jedem, der eine Karte zieht, ermöglichen, scheinbar immer auf dieselbe Karte zu kommen. Aber (wie gesagt) die Vielfalt der übrig gebliebenen Karten stand dieser Theorie im Wege.

Was auch immer der Trick gewesen sein mag, ich erinnere mich, gelesen zu haben, dass diese Technik und die Zauberei aus der Neuen Welt importiert wurden, wo es außergewöhnlich Kunstfertige gibt. Es ist sicher, dass die Autoren des Altertums sie nicht kannten und nicht verehrten, wie es in Bezug auf den Pharao und auf Simon Magus berichtet wird. Und obwohl diese Kunstfertigkeit so wunderbar ist, wird sie für wertlos gehalten, da ein außergewöhnlicher Koch größere Wertschätzung erhält.

Ich glaube, der Grund dafür ist vielfältig: erstens, weil es sich um unnütze Dinge handelt; zweitens, weil es von Leuten ohne Ansehen ausgeübt wird; drittens, weil sie sich einst auf göttlichen Schutz verließen, ihn nun aber aufgegeben haben. Außerdem werden sie von den Gesetzen verurteilt. Und weil die Fürsten in der Vergangenheit zu falschen Hoffnungen verleitet wurden, sind sie der Verachtung preisgegeben. Denn was nützt es, Feuer zu schlucken oder es auszublasen? Diejenigen, die es schlucken, löschen es mit Speichel, den sie zuvor unter ihrer Zunge gesammelt haben; diejenigen, die es ausatmen, wickeln es in Baumwolle oder Werg ein. Das sind eher Zeichen der Tapferkeit als des Talents. Es gibt kein Ende der Erfindungen dieser Fertigkeit, Dinge zu verschieben, zu verstecken, zu verschlucken, Fluten von Flüssigkeit aus den Augen oder der Stirn auszustoßen, Nägel und Schnüre aus dem Mund zu produzieren, Glas zu kauen, Arme und Hände mit einem Dorn zu durchbohren, Eisenketten zu vereinen, während die Glieder unversehrt bleiben. Ja, ich habe ein noch größeres Kunststück gesehen: Drei Ringe wurden hochgeworfen und kamen zusammenhängend herunter, obwohl sie vor und während des Hochwerfens ungebrochen und getrennt waren. Sie zeigen verschiedene Formen in ein und demselben Buch, die immer von ersterem abstammen. Sie biegen ein Schwert mit dem nackten Bauch und drücken es von der Spitze bis zum Griff. Andere Menschen scheinen es zu verbergen und verstecken es auf dem Weg nach innen. Sie zeigen ein Kind ohne Kopf, und den Kopf ohne Kind. Aber sie sind alle lebendig, und das Kind kommt in der Zwischenzeit nicht zu Schaden. Wenn ich aufzählen würde, wie viele und wie beeindruckende Dinge man mit kleinen Holzfiguren (das gemeine Volk nennt sie »magatelli«, Marionetten) machen kann, würde mir das Tageslicht ausgehen. Sie spielen, sie kämpfen, sie jagen, sie tanzen, sie blasen auf der Trompete, sie üben sich in der Kochkunst, und all das ist zwar bemerkenswert, aber, wie gesagt, nicht von Nutzen. Und wenn man das System, mit dem sie das Auge täuschen, durchschaut hat, besteht es aus verschiedenen Werkzeugen, die zu diesem Zweck angefertigt wurden, und aus Taschenspielertricks, und wenn sie dich unterrichten wollen, wird man dich nicht für geeignet halten, es aus Gefälligkeit zu lernen. Nur die im Mund versteckten Gegenstände folgen einem natürlichen Plan: Sie bleiben hinter dem Gaumenzäpfchen in einem weiten Raum verborgen, der zwischen der Luftröhre und dem Rachen- und Gaumenknochen liegt; einige von ihnen können sogar schlucken und (wenn sie wollen) erbrechen, unterstützt durch lange Übung.

Andere Leute täuschen Wunden vor, und zwar so naturgetreu, dass sie sogar die Chirurgen täuschen. Auf dem Handrücken drücken sie einen Klumpen einer dünnen Masse mit darin eingebetteten Leier-Saiten aus; sie spalten ihn mit einem Schwert bis auf die Haut, bis zu den Rissen in ihr, und bespritzen ihn mit frischem Blut; Sie werden erstaunt sein! Ein griechischer Freund von uns pflegte viele solcher Kunststücke gegen Bezahlung vorzuführen. Vor nicht allzu langer Zeit legte Phratrius, ein alter Mann aus Mantua, eine frisch geschärfte Axt auf die Haut des Petrus Maria Locarnus in der Nähe der Milz und schlug mit einer eisernen Keule, die er in der rechten Hand hielt und die zwölf Pfund wog, an einem einzigen Tag sechs gewaltige Hiebe (unglaublich!) auf die Axt, die er mit der linken Hand festhielt; und drei am nächsten Tag, und schnitt nicht in die Haut, sondern die Axtkante hinterließ eine Art Rille. Doch in den inneren Organen fanden sich Wunden, die wie Falten zugefügt worden waren. Und dieser außergewöhnliche Mann verabreichte ein Brechmittel, mit dem er den Mann fast tötete, und sein Magen wurde nicht weniger geschwollen, noch zerbrach seine Milz. Man nimmt also an, dass die Axt wegen dem nachgiebigen Magen und der Geschicklichkeit des Händlers, der die Hiebe ausführte, und nicht wegen dem jämmerlichen Gemurmel des Opfers nicht durchgedrungen ist. Vielleicht war auch die Schneide heimlich mit Wachs bedeckt worden. Ihr würdet eher alles vermuten als ein Wunder, das unwirksam ist: entweder einen Zauber oder Dämonen, wo keine Sinnestäuschung, sondern ein ernstes Geschäft vor sich geht oder etwas geteilt oder gebrochen wird, oder nicht geschieht, obwohl es geschehen sollte, oder verschoben wird. Seid euch bewusst, dass Dämonen aus Fleisch und Blut geschickter sind als echte Dämonen.

Aber Menschen, die Gifte zu sich nehmen, und wenn sie das oft vortäuschen, geben sie ein noch gefährlicheres Beispiel ab, das für viele Menschen schlecht ausgegangen ist. Wenn es keinen Platz für Tricks gibt, wappnen sich Gaukler gegen diese Gifte, in dem sie vorher viel Butter zu sich nehmen. Andere Leute hantieren mit Schlangen, aber die sind entweder harmlos, oder man hat ihnen vorher die Giftzähne entfernt, oder sie sind durch Hunger abgemagert, oder sie sind träge vor Kälte, oder sie wurden in der Familie abgerichtet. Daher vermitteln sie anderen Menschen nur Leichtsinn, ohne ein Heilmittel, und schaden durch diese Beispiele außerordentlich den Einfältigen und Kindern und setzen sie Gefahren aus. Daher werden sie mit Recht Gaukler und Betrüger und Hochstapler genannt und gelten als verrufen. Auch heutzutage werden sie in manchen Städten bestraft, weil sie Schaden und keinen Nutzen bringen. Es gibt diejenigen, die sich einbilden, dass sie zufällig von göttlicher Inspiration getroffen werden und die Dinge aufgrund der Beharrlichkeit, die sie sich durch Gewohnheit erworben haben, ganz erstaunlich sind. Andere gehören zum Stamm der Schauspieler oder sind Tänzer, die nicht nur harmlos sind, sondern auch viel Vergnügen bereiten und nirgends durch Gesetze verboten sind.

Noch kühner als diese sind die sogenannten **Seiltänzer**. Bei ihnen gibt es in der Tat eine Komponente der Geschicklichkeit und mehr eine natürliche Grundlage; dementsprechend werde ich mit der Erörterung beginnen, als ob sie vom Anfang zum Ursprung der natürlichen Magie führten. Es ist in der Tat Magie, wenn durch natürliche, aber verborgene Methoden etwas Wunderbares vollbracht wird. Dies ist also das Prinzip der Seiltänzer. Ein kühner und geübter Mann geht barfuß auf einem stark gespannten Seil. Er hält in der rechten und linken Hand ein Gewicht von zehn oder fünfzehn oder sogar zwanzig Pfund Blei. Wenn er nach rechts kippt, spannt er den linken Arm an und streckt ihn, den rechten lässt er locker und zieht ihn zusammen, und so gleicht er, bevor der rechte Arm durch seine Kraft den linken überwiegt, die Gewichte aus und bringt seinen Körper wieder ins Gleichgewicht, um dann allmählich die Gewichte und seine Arme wieder in ihren ursprünglichen Zustand zu bringen. Das ist unerlässlich, denn bevor er zu fallen droht, muss eine Seite in einem bestimmten Verhältnis schwerer sein als die andere. Da dieses Verhältnis allmählich erreicht wird, kippt er, bevor es erreicht ist, durch Ausstrecken und Anspannen seines Arms auf die andere Seite, und so fällt er nicht. Er kann also fallen, wenn das Seil nicht fest gespannt ist, wenn seine Glieder erlahmen und wenn sein Körper nicht stark angespannt gehalten wird, wenn er sich erschreckt, wenn er müde wird, wenn es ihm an Geschicklichkeit oder Übung mangelt, sodass er zu langsam anspannt, bis er kippt, oder zu stark angespannt ist, sodass er auf die Seite kippt, die der gefürchteten gegenüberliegt. Ich lasse das Detail aus, dass die Gewichte in einem bestimmten oder annähernden Verhältnis zum Gewicht, zur Größe und sogar zur Kraft der einzelnen Teilnehmer stehen sollten. Wenn diese sechs Bedingungen erfüllt sind, besteht also keine Gefahr für ihn. So gab es einen Jungen mit Holzkugeln an den Füßen, und manchmal wurde er bis auf seine Arme ganz in einen Sack eingeschlossen. Er lief auf einem Seil, das zwischen den Spitzen zweier Türme gespannt war, während ich mir große Sorgen um die Gefahr für sein Leben machte.

Ein anderer Mann pflegte sich vom untersten Stockwerk auf einen Turm zu begeben, was schwierig ist, da die Hüften[1] bei dieser Anstrengung viel arbeiten. Er ließ sich ohne Gewichte an einem Seil vom Turm herab und ließ sich mit ausgestreckten Händen zu Boden sinken. Die Kraft seiner Hände und Arme war so dauerhaft und beständig, dass er sie anstelle von Gewichten benutzte. Derselbe Mann pflegte sich an einem dünnen Seil an den Füßen aufzuhängen, eine sehr erbärmliche Angelegenheit, wenn er ganz nahe an einem Turm war, ein schockierender und beängstigender Anblick. Mit seinen kräftigen Hüften und seinem Rücken ergriff er einen Schäkel und brachte sich so wieder auf das Seil zurück. Beide taten so, als würden sie kopfüber fallen, und hielten sich mit dem Kopf an einem Fußende am Seil fest. Man kann sich vorstellen, wie viel von dieser sensationellen Kraft in den Füßen benötigt wurde: Sie wurden nur durch die Krümmung ihrer Zehen gehalten.

Es gab auch einen Jungen, der kopfüber mit den Füßen Bälle zu werfen pflegte, und er hing mit einem der Bälle an einem Seil, das zwischen seiner Fußsohle und dem Ball befestigt war, ich weiß nicht, auf welcher Grundlage, ohne wegen seiner Rundheit abzurutschen. Aber die Geschicklichkeit und der Wagemut zweier Türken übertrafen alle Erwartungen und Vorstellungen: Ich spreche von dem, was für Sie und die ganze Stadt sichtbar war. Es waren zwei junge Männer, nicht groß, aber schlank; zuerst nahm jeder von ihnen eine Person auf die Schultern und kletterte ohne Hilfe von Gewichten ein fünfundvierzig Grad geneigtes Seil hinauf. Dann befestigten sie etwa drei handbreitgroße, sehr scharfe Schwerter an ihren Knöcheln und stiegen mit derselben Person wieder hinauf, wobei ihre Füße so weit auseinanderstanden, dass es nicht einmal auf einer ebenen Fläche leicht zu gehen wäre. Mit einem Brett, das an einem Seil befestigt war, und den Füßen, die auf hölzernen Brettern standen, ging er auf dem Brett, das so schmal war, dass es kaum einen Schatten warf. Dann befestigte er an seinen Füßen auf jeder Seite fünf runde Holzstücke, die mit einem ziemlich dicken Eisendraht fixiert und miteinander verbunden waren (allerdings so, dass keines gerade auf dem anderen liegen konnte); und mit ihnen ging er auf dem Seil, obwohl auf ebenem Boden niemand so gehen oder gar stehen kann, mit runden Holzstücken, die nicht dicker als ein Arm sind.

Später ging er an einem Seil auf kleinen Messingplatten, die nicht festgebunden waren und die er durch die Streckung seiner Füße halten musste. Dann saß er in einem Kessel (so nennen die Italiener ein großes Kupfergefäß), der Kessel hing über einem Seil, und er hatte einen schrecklichen Gesichtsausdruck. Und was einem Wunder gleichkam: Er zog die Halterung des Gefäßes weg, sodass der Kessel in der Luft zu hängen schien. Er stand zwischen dem Kessel und dem Seil, und dann brachte er die Halterung wieder an. Er tanzte rhythmisch auf dem Seil im Takt einer Trommel und stürzte sich kopfüber davon, (ich habe es mit meinen

[1] »renes«.

Augen gesehen), wobei er sich manchmal nur mit der Ferse am Seil festhielt. Es wäre für jedermann verblüffend zu sehen, wie einer dieser Menschen auf einem ganz dünnen Seil steht, nicht dicker als ein Daumen, und, ohne seinen oberen Teil zu bewegen, seinen unteren Teil mit dem Seil mit solcher Kraft schüttelt, dass er sich sehr schnell, wie durch einen Pfeilwurf, hin und her bewegt, mehr als zwölf Handbreit.

Eine weniger außergewöhnliche, aber für menschliche Kräfte unvorstellbare Leistung war folgende: Nachdem er auf der jovianischen Zitadelle auf einen sehr hohen Turm hinaufgeklettert war, kletterte er von der Spitze des Turms an einem Seil, das so

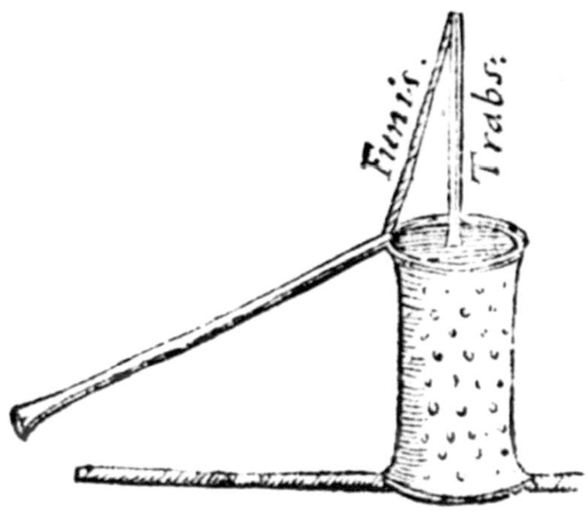

angebracht war, dass es mehr als drei Viertel eines rechten Winkels von der Ebene abwich, auf einen senkrechten Holzbalken. Durch ein noch größeres Wunder kam er wieder herunter, als er hinaufgeklettert war, und war offensichtlich im Begriff, sich auf den Kopf zu stürzen. Es wurde bemerkt, dass er diese Kraft aufrechterhalten hatte, indem er das Seil mit jedem großen Zeh gegen die anderen Zehen drückte, wie mit einer Eisenzange. Es gab keine andere Möglichkeit, entweder mit dem Seil so senkrecht nach oben zu klettern oder auf dem Weg nach unten nicht kopfüber zu fallen. Dabei wollte er jemanden auf seinen Schultern tragen, denn es war eine große Belohnung vorgesehen, aber er konnte niemanden finden, der den Mut dazu hatte.

So ist es nicht verwunderlich, dass einige der größten Fürsten von einem solchen Spektakel begeistert waren, da es sich um etwas ganz Außergewöhnliches handelte, und dass die gewöhnlichen Menschen es für das Werk dämonischer Geschicklichkeit hielten, da es jenseits menschlicher Kräfte lag. Aber das Erstaunen endete, als er durch die Großzügigkeit und durch die Überzeugung eines von ihnen Christ wurde, ein seltenes Beispiel unserer Zeit, und die gleichen Schauspiele zeigte. Wir haben ihn oft gesehen, wie er mit einer dreizinkigen hölzernen Gabel drei runde, nicht sehr tiefe Tongefäße ergriff, die in der Mitte mit einer hohlen Messingkugel von der Größe eines Nagelkopfes hatten und mit Seide um den Ring herum versehen waren, um zu verhindern, dass der Inhalt ausläuft; und kaum bewegte er seine Hand, wirbelte er sie so schnell herum, dass sie nicht mehr zu sehen waren. Die Erklärung ist die Leichtigkeit des Metalls in Verbindung mit dem Gleichgewicht und der verborgenen Kraft, von der wir oben im Zusammenhang mit der Bewegung eines Rings gesprochen haben.

Obwohl also das, was wir über die Seiltänzer gesagt haben, einem Wunder nahe kommt, ist es immer noch weniger als das, was wir bei Sueton lesen: dass Kaiser Galba bei einem Fest den Seiltanz von Elefanten aufführen ließ. Das ist bei ihnen wunderbarer als bei einem Kind, weil ihnen die Vernunft fehlt, sie sind so viel schwerer, und sie stehen auf zwei Seilen, nicht auf einem. Aber so groß ist die Kraft der Erziehung und die maßlose Gier des Menschen und die außerordentliche Fugsamkeit dieses Tieres, das dem Menschen an Begabung am nächsten steht.

Zum **Überqueren von Flüssen** ist ein lederartiger, größerer Darm recht nützlich; er wird bei Bedarf aufgeblasen und mit geschlossenen Enden unterhalb der Arme umgebunden. Auf diese Weise überqueren Kavallerie und Infanterie Flüsse auch unter schwierigen Umständen sicher, und manchmal haben sie es gewagt, sie allein mit diesem

Mittel zu überqueren. Auch mit Ledertrommeln[2], die unter die Füße gelegt werden, und mit einem Stock, an dem eine Trommel befestigt ist, lässt sich der Fluss sicher überqueren. Nicht nur über das Wasser zu schwimmen, sondern auch auf dem Wasser zu gehen, kann fast wie ein Wunder wirken. Es ist klar, dass es auch hier, wie bei den Seiltänzern, auf Wagemut, Übung und Körperkraft ankommt. Wenn dann noch ein geringes Gewicht hinzukommt, wird das Spektakel noch attraktiver, und ich habe erlebt, dass einige Leute dies vorgeführt haben. Wir haben schon viel über das Thema Magie berichtet, als wir über Spiegel und über den Magneten des Fleisches sprachen, sowohl in den vorherigen Büchern des vorliegenden Werkes, als auch in denen über Medizin und im neunten Buch über Arithmetik. Wir wollen uns aber vorläufig nur mit den Themen befassen, die wir noch nicht berührt haben, um an wenigen Beispielen zu zeigen, wozu die Subtilität des menschlichen Verstandes fähig ist.

Um auf das Thema zurückzukommen: Der Fall der Seiltänzer ähnelt dem derjenigen, die einen Stab oder einen Speer aufrecht auf dem Finger tragen. Andere tragen eine Stange an der Fingerspitze, die wegen eines Schwerts, das von der anderen Seite hineingesteckt werden, schief steht. Ein Experiment, das jeder ausprobieren kann: Allein mit der Faust können wir einen flachen Stein zerbrechen, der zuvor schon vergeblich mit einem Hammer angegriffen wurde. Man legt den Stein auf ein ebenes Stück Holz oder besser auf ein Stück Stein. Man hebt ihn an einer Seite an, sodass er nur an seinem anderen Ende auf dem Boden aufliegt, und dann schlägt man mit der Faust auf den angehobenen Teil, und der Stein zerbricht. Schlägt die Faust zu schnell zu oder an der falschen Stelle, geht der Schlag fehl und der Stein wird nicht zerbrochen. Auf diese Weise konnten wir mit einem nur leichten Schlag Ziegelsteine zerbrechen. Während das Ende der Oberfläche gleichzeitig mit der Kraft des Schlags zerdrückt wurde, ist das Gewicht mit dem Aufprall verbunden, und die Situation ist so, als ob sie von einem kräftigen Hammerschlag getroffen worden wäre. Dies möchte ich nun beweisen. Es sei eine ebene Fläche AB, darauf ein Stein CD, und er wird so heftig auf AB geschleudert, dass die Luft dazwischen, senkrecht unter E, nicht herausrutschen kann; jede Bewegung braucht Zeit. Wenn sie nicht herausrutscht, muss sie den Stein zerbrechen. Denn zwei Körper können einander nicht durchdringen, es sei denn, das Feste wird gespalten. Daraus geht hervor, dass der Stein umso leichter zerbricht, je länger er ist und je gleichmäßiger seine Oberfläche ist, und je mehr wir den Stein anheben und je schneller der Schlag ist. Wir haben gesehen, wie jemand Steine zerbricht, die auf ein Seil gelegt werden. Das ist die Kraft der Übung, wenn sie zur Präzision gebracht wird.

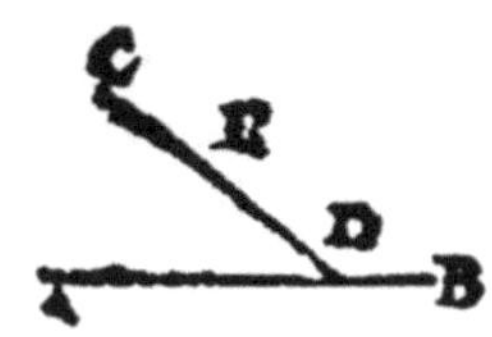

Ein neues dickes **Seil wird durch Geschicklichkeit zerrissen**: Sein Ende ist mit einem Nagel befestigt oder es wird mit einem Haken fixiert, und dann wird es dreimal, viermal oder noch öfter um die Hand gewickelt, und schließlich wird das verbleibende Ende des Seils nahe der Oberseite der Handfläche zwischen dem Zeigefinger und dem Daumenteil des Seils geführt, das zum Nagel zeigt, und der Anfang wird wieder zurück zur Unterseite der Handfläche geführt, woher es kam, und noch einmal wird es ein- oder zweimal herumgedreht. Auf diese Weise wird er durch einen vibrierenden Stoß an dem Teil, auf dem das Seil reitet, zerrissen. Das Seil schneidet durch den Aufprall über das Seil, zumal der Teil zwischen der Hand und dem Nagel besonders weich und die Hand stabil ist, und der Aufprall gerade und schnell erfolgt. So haben wir oft diese Dinge

[2] »tympanum«.

gesehen, die fern von jedem Wunder sind und doch wunderbar erscheinen. Und es gibt Menschen, die mit beiden Händen allein Seile zerreißen, und zwar solche, die leicht einem Ochsen standhalten.

Es ist wahr, und ich habe es erlebt, dass ein Mann einen anderen Mann auf seinen Schultern trug und dabei zwei andere, die fast die gleiche Kraft hatten, gegen ihren Willen wegziehen konnte. Es gibt solche Dinge, die von der Sympathie abhängen; **Sympathie** nenne ich das Zusammentreffen von Dingen ohne offensichtlichen Grund, so wie ich ihren Konflikt **Antipathie** nenne. Dass beides in den Dingen vorhanden ist, zeigen zahllose Beispiele, etwa, dass eine Eidechse die Anwesenheit eines Menschen genießt, obwohl diese mit einer gewissen Gefahr verbunden ist, weshalb sie den menschlichen Speichel eifrig meidet. Man nimmt an, dass Pferde die Gesellschaft von Widdern schätzen und zu ihren Augen und ihrer Gesundheit beitragen, und aus diesem Grund füttern sie normalerweise Widder in Ställen. Sicherlich empfinden sie eine außerordentliche Zuneigung zueinander. Der Affe verabscheut die Schildkröte und wird von ihr regelrecht abgestoßen. Diese wandern zwischen Tieren, Pflanzen und Steinen umher, und der Mensch hat keine Erfahrung mit ihnen. Man glaubt, ein Mensch wird stumm, wenn ein Wolf ihn zuerst sieht, daher die Zeile von Vergil:

> Es sahen zuerst wohl die Wölfe den Moeris.[3]

Das liegt nicht an der Angst, denn das passiert nicht bei denen, die von einem Löwen oder Bären gesehen werden, und es ist nicht gerecht, dass es passiert, wenn der Wolf den Menschen zuerst sieht, aber nicht, wenn der Mensch den Wolf zuerst sieht. Wir haben die Erfahrung gemacht, dass das manchmal der Fall ist; sie werden nicht ganz stumm, aber sie werden heiser. Und weil das nicht immer der Fall war, hat man gesagt, der Grund dafür sei, dass der Mensch den Wolf zuerst gesehen hat. Der Grund liegt also in den Augen des Wolfes. Er hat etwas für den Menschen Schädliches, durch das sein Geist gefesselt wird, und das heftige Ausatmen des Geistes, das für die Stimme nötig ist, kann nicht stattfinden. Aus einem ähnlichen Grund sagt man, dass, wenn Pferde lange Zeit der Spur eines Wolfes folgen, ihre Hufe betäubt werden; ist die Spur frisch, stört sie der Geruch. Daher wird zuweilen der Mensch nicht stumm und das Pferd nicht betäubt, denn jeder Eindruck, auch vom Himmlischen und von der Zeit und von der Kleinheit und der Vernunft des Gegenstandes und von der Gegensätzlichkeit des Wesens, das betroffen ist, wird abgeschwächt und dann vernichtet. Aus dem gleichen Grund sagen sie, dass der Schwanz von Wölfen in den Ställen von Ochsen oder Pferden aufgehängt wird, um zu verhindern, dass sie sie fressen. Auch wenn dies nicht stimmt, so könnte es doch so sein, da die durch den Geruch erschreckten Lebewesen, obwohl sie hungrig sind, das Essen vergessen, wie es auch den Menschen passiert, wenn sie sehr erschreckt sind.

Tatsächlich ist die Ursache dieser Art von Antipathie und Sympathie ihre Zuneigung oder Ablehnung, während sie lebten. Wenn z. B. Lautensaiten aus Lämmerdarm gegen solche von Wölfen schlecht klingen, obwohl dasselbe bei fast allen Sehnen verschiedener Tiere, wie Hund und Lamm, geschieht. Auch bei Trommeln ist dies recht deutlich zu hören: In Gegenwart von Trommeln aus Wolfsfell verstummen Trommeln aus Schafsfell fast und quieken. Es ist nicht verwunderlich, dass das Fell eines von einem Wolf zerrissenen Lammes Juckreiz auslöst; es wird durch den Schrecken und durch die gegenteilige Natur geschädigt. Selbst wenn der Tod die endgültige Strafe ist, ist der Körper bei der einen Art mehr betroffen als bei der anderen. Ein Mann fürchtete sich mehr vor dem Tosen des Meeres als vor seinen Fein-

[3] Vergil, *Bucolica*, 9, 51.

den. Man glaubt, dass ein Wolfskopf, der in einem Taubenschlag aufgehängt ist, entweder wegen seines Geruchs oder wegen seiner Art, Frettchen und Wiesel abhält. Was ist daran bemerkenswert? Wir würden uns nicht in die Nähe eines Löwenkopfes begeben, es sei denn, wir haben einen Plan. Wer könnte uns vor diesen Tieren schützen, wenn hinter dem sichtbaren Kopf der Rest des Körpers auf der Lauer läge? Es ist fast schon bemerkenswert, dass der eingegrabene Schwanz eines Wolfes die Fliegen abhält, falls das stimmt. Sicher ist, dass Wolfsmist, -därme und -felle, wenn sie gegessen oder auch nur getragen werden, Koliken abwehren. Diese Gegenstände stärken tatsächlich den Darm.

Aber starke Organe vertreiben Krankheiten, es sei denn, sie sind durch ein Geschwür geschwächt; diese Teile des Wolfes verstärken die Därme, indem sie austrocknen und auch durch ihre eigene Natur und dadurch, dass sie sehr stark sind. Ein Wolf verdaut sogar Erde und leidet nie an Fressgier, auch wenn er nach langem Hunger frisst; und oft verzehrt er Fleisch, das fast faul ist. Man sagt, er habe einen besonderen Darm, der in allen seinen Teilen die gleiche Form und Größe hat und nicht wie bei den anderen Tieren zusammengerollt ist; er ist neun Fuß lang.

Ich habe noch nicht ausprobiert, ob ein im Ofen getrockneter Wolfspenis, wenn er gekaut wird, sofort sexuelles Verlangen und die Kraft für die die Freuden der Venus auslösen kann. Es ist nicht unvernünftig, aber es ist lächerlich, dies ständig zu tun. Es ist erwiesen, dass der größte und schnellste Anreiz für sexuelles Verlangen eine Phantasie von der Person ist, die wir lieben, um sie zu gewinnen.

Noch wundersamer ist die Erzählung, dass ein Zahn oder der linke Fuß eines Dachses, der an den rechten Arm gebunden wird, das Gedächtnis stärkt. Vielleicht glaubwürdiger ist die Erzählung von Symeon Seth, dass die Galle eines Rebhuhns, die einmal im Monat auf die Schläfenarterien gestrichen wird, um sich ihren Weg ins Innere zu bahnen, das Gedächtnis stärkt. Aber auch Honig tut dies und schärft den Verstand, und wenn er gegessen wird, macht er aktiv, was auch die Kresse bewirken kann. Und ein Hühnerhirn ist so gut für den Verstand und das Gedächtnis, dass manch einer, der anfing, verrückt zu werden, wieder zur Besinnung kam. Darüber hinaus sorgt Honig für ein ruhiges Gemüt und vertreibt Ängste und sorgt für Heiterkeit. Beim Abendessen gegessen, macht er den Schlaf angenehm, so wie Kohl ihn düster, Bohnen ihn unruhig und Knoblauch und Zwiebeln ihn schrecklich machen. Daraus entstand der Glaube, dass Menschen, die sich von Sellerie, Kastanien, Bohnen, Zwiebeln, Kohl und Brechbohnen ernähren, im Schlaf von Lamien an verschiedene Orte versetzt und dort je nach Temperament auf verschiedene Weise beeinflusst werden. Unterstützt werden sie dabei von einer Salbe, mit der sie sich überall einreiben. Manche sagen, dass sie aus dem Fett von Kindern besteht, die aus Gräbern ausgegraben wurden, und aus dem Saft von Sellerie und Eisenhut, auch aus Fingerkraut und einer weichen Weizenart. Es ist nicht zu glauben, was für große Dinge sie sich einreden zu sehen: Frohsinn, Theater, Gärten, Fischereien, Kleider, Prachtstücke, Tänze, schöne junge Männer, Freuden der Venus, wie sie sie besonders begehren, auch Könige und Richter mit ihrem Gefolge und alle Pracht und Herrlichkeit der Menschheit und viele andere vornehme Dinge, wie sie in Träumen und auf Bildern erscheinen, Dinge, die größer sind als die, die die Natur zu bieten hat. Und die Gegenbeispiele: Trauer, Raben, Gefängnisse, Einsamkeit, Folter. Es ist kein Wunder, obwohl es verzaubernd wirkt, aber es muss auf natürliche Ursachen zurückgeführt werden. Ich habe oft die vielgerühmte Salbe namens Populeon aus Pappelfrüchten auf die Arterien meiner Füße und Hände aufgetragen. Manche empfehlen sogar, auch auf Leber und Schläfen, um guten Schlaf und heitere Träume zu erreichen. Denn der Saft frischer Blätter erheitert die

Seele und bietet einen Anblick, der von Helligkeit und Farbe durchdrungen ist. Es gibt keine heiterere Farbe als Grün.

Ähnlich verhält es sich mit den Nahrungsmitteln: die meisten Gemüsesorten regen zum **Träumen** an, entweder wegen ihrer Dünnflüssigkeit, wie Honig, oder wegen ihrer Schärfe, wie Knoblauch, oder wegen ihrer Turbulenz, wie Kohl. Dann führen alle Dinge, die nicht zusammengebraut sind, wie alle Wurzeln, zu düsteren Träumen, aber angenehme Träume ergeben sich aus Dingen, die durch Dünnheit zusammengebraut sind, wie Honig und die italienische Ochsenzunge[4]. Es gibt tatsächlich einige, die die Ursache des Schlafes sind, einige die Ursache der Träume, einige die Ursache der Qualitäten der Träume, andere die Ursache dafür, dass sie die Wahrheit darstellen oder Hindernisse dafür. Es gibt Ursachen des Schlafes, die den Kopf beschweren und ausfüllen; von dieser Art sind kalte und feuchte Dinge, oder wenn es zu viele von einer dieser Eigenschaften sind. Aber was keinen Tiefschlaf herbeiführen kann, führt zu Schlaflosigkeit. Träume treten eher bei leichtem Schlaf auf. Nachtschatten und Stechapfel und alles, was sehr grün ist, bewirken angenehme Träume, nur Kohl ist eine Ausnahme. Aber wenn die Bohnen trocken geworden sind, sind die Träume schrecklich. Mittel, die eingerieben sind, bewegen die Bilder im Traum mehr, da sie mehr auf die Geister wirken. Dinge, die etwas Verbranntes an sich haben, wie Ruß, lassen die Menschen Fackelfeuer sehen, Theater und Schrebergärten, Saft von Sellerie und von weichen, hellen Kräutern. Alles, was zu trocken ist, lässt viele, aber unbeständige Träume erscheinen. Ich habe es noch nicht ausprobiert, aber man sagt, dass Zähne eines Hengstes, die entweder um den Hals oder am linken Arm getragen werden, vor schlechten Träumen heilt und dass Menschen, die aus solchen Gründen während des Schlafes aufstehen, befreit werden und die Ursache beseitigt ist.

Ich bin der Meinung, dass man dem **Schlaf** große Aufmerksamkeit schenken sollte. Er ist nicht nur für die menschliche Gesundheit wichtig, sondern nimmt auch ein Drittel des Lebens in Anspruch. So verwandeln sich Anwendungen, die auf die Schläfen-, Hand- und Fußarterien und noch mehr auf die Halsarterien aufgetragen werden, wo die Arterien liegen, die wir einschläfernd nennen, in Dämpfe und Ausdünstungen und besetzen sofort den Geist und das Gemüt, sodass sie sogar während der wachen Stunden viele Erscheinungen hervorrufen können. Ähnlich verhält es sich mit dem Rauch bestimmter Dinge, der eher einem Gift als einem Schlafmittel ähnelt. Schreckliche Träume gehen oft großen Katastrophen voraus oder folgen ihnen nach. Wenn sie auf Säfte zurückzuführen sind, sagen sie den Tod oder eine schwere Krankheit voraus, denn die Ursache dafür liegt im Körper. Und wenn sie von den Sternen ausgelöst werden, deuten sie auf Gefängnisse, Verletzungen, Verbannung und Verfall des Körpers hin. Ein Eindruck hat keine Bedeutung außer der einprägenden Ursache. Aber die Bedeutung liegt im Menschen. Kommt dies von der Seele, wird es durch Mitleid hervorgerufen und erklärt den Verlust eines geliebten Menschen. Diese Dinge führen dazu, dass der Schlaf unruhig wird, denn die Ruhe wird dann von Emotionen überwältigt. Oder der Schlaf kann ganz fernbleiben.

Es ist auch eine gute Idee, zu prüfen, ob etwas zu Wildes die Seele zuvor gestört hat: zum Beispiel Essen oder Trinken im Übermaß oder von schlechter Qualität oder zur falschen Zeit eingenommen; oder große Aufregung des Körpers oder des Geistes, wie starke Angst. Das sind Dinge, die häufig unbegründete Ängste und unbegründete Hoffnungen hervorrufen. Aber wir haben die Deutung von Träumen nun ausreichend behandelt. Es gibt keinen Grund, warum ich nicht erklären sollte, wie man Wachheit er-

[4] »buglossum«.

zeugt: Kampfer mit Essig auf die Adern gestrichen macht wach, auch wenn es den Augen weniger gut tut, ebenso wie Weinraute und Rizinus.

Es gibt **viele weitere Wunderdinge**: Dass das Einreiben des Gesichts mit Bärenfett den Verstand erweitern soll, hat keinen ersichtlichen Grund, auch wenn es wahr ist. Aber ob das Trinken von Maultiermark dumm macht, ist, selbst wenn es möglich ist, meiner Meinung nach nicht sicher. Und dass der Schweiß eines Maultieres eine Frau daran hindert, schwanger zu werden, wenn er auf die Gebärmutter aufgetragen wird, ist ziemlich wahrscheinlich. Dass ein schwarzes Hundeauge, das man in der Hand hält, Hunde am Bellen hindert und Dieben und Ehebrechern eine nicht unerhebliche Hilfe ist, könnte aufgrund seines Geruchs möglich sein; bekanntlich haben Hunde eine hohe Empfindlichkeit für Gerüche. Ob dies tatsächlich der Fall ist, könnte man mit einem frischen, nicht mit einem vor langer Zeit ausgegrabenen Auge prüfen.

Nicht jeder Rhabarber reinigt die Galle, auch nicht jedes Mal; ein alter, leerer, leichter und fauler Rhabarber tut es zum Beispiel bei einem phlegmatischen Menschen und in einem ziemlich kalten Winter oder bei einem kräftigeren Körper. Warum willst du also, dass das, was hier gesagt wird, in jedem einzelnen Fall zutrifft? Wenn doch alles Sterbliche dem Irrtum unterworfen ist. Und doch ist das, was ich gesagt habe, in alle Richtungen gedreht worden, und ist das, was ich geprüft habe. Es wird gesagt, dass ein Stein, der von einem Hund gebissen und in ein Getränk gegeben wird, einen Menschen zum Bellen bringt. Wenn er also bellt, tut er es entweder unter Zwang oder freiwillig. Wenn er unter Zwang bellt, muss es ihm merklichen Schaden zufügen. Aber es wird nicht gesagt, dass es Schaden anrichtet. Wenn er spontan bellt, dann macht er sich entweder einen Spaß daraus, und es ist alles ein Witz, oder er hat den Verstand verloren. Man müsste dann hinzufügen: »Das Getränk wurde einem Säufer gegeben«, und ich weiß nicht, ob das auch so stimmen würde. Aber es schadet, und jedenfalls ruft ein Stein, der von einem Hund gebissen und dann in ein Getränk gegeben wird, Zorn hervor. Vielleicht haben sie recht, wenn sie sagen, dass der Schaum eines Kamels, der einem Säufer zu trinken gegeben wird, ihn dämonisch macht. Da er übermäßig trocken ist, erregt er ein ohnehin schon schwaches Gehirn mit Gewalt.

Der Magen eines Widders, der in Wasser und Wein gekocht und als Getränk verabreicht wird, heilt die meisten Schafskrankheiten; eine wohlbegründete Überlieferung, da sie auf Sympathie beruht. Ebenso verwandelt sich das Horn eines Widders, wenn es vergraben wird und verwest, in Spargel. Obwohl ich es nicht ausprobiert habe, könnte ich es nach vielen Zeugenaussagen glauben. Das ist nicht weit von einer Metamorphose entfernt, aber die Verwesung ist, wie ich an anderer Stelle sagte, die Mutter vieler Dinge. Wenn man dasselbe Horn in der Nähe eines Feigenbaums vergräbt, trägt es dazu bei, dass seine Früchte schnell reifen. Der rechte Hoden des Leoparden löst die Menstruation aus. Seine Galle ist ein Gift, das an einem Tag tötet. Ebenso hilft die Zunge einer Gans gegen Würgereiz. Die Hoden und die Gebärmutter eines Hasen sind wunderbar gut für die Fortpflanzung. Auch der Flusskrebs ist dafür geeignet. Bei mir hat er manchmal Erfolg gehabt; man sollte die Hindernisse beseitigen und den Körper und den Schoß reinigen.

Wenn Kinder direkt nach der Geburt sterben und nicht heranwachsen können, sollte eine schwangere Frau eifrig Schildkröteneier essen. Wenn sie aber oft Quitten isst, wird ein Junge oder Mädchen geboren mit Talent und Fleiß. Was für ein Wunder, denn wer von Säufern gezeugt wird, oder wer Zwiebeln isst, oder wer oft fastet, oder wer zu eifrig ist, wird in der Regel wahnsinnig. Wenn die Nahrung des Gehirns, und mit ihr der Geist, in einen schlechten Zustand gebracht wird, zeugen sie Nachkommen, die ihrem Zustand gleichen. Und so werden düstere Menschen von düsteren Menschen geboren, oder eifersüchtige Menschen von eifersüchtigen Menschen.

So wehren Quitten die Dämpfe aus dem Gehirn ab, was die Substanz des kindlichen Gehirns reiner macht, sodass die Begabung deutlicher hervortritt, wie Galen und alle medizinischen Zeugen berichten. Es wird allgemein behauptet, dass ein Affenherz Herzrasen verhindert, Epilepsie heilt und den Mut und den Intellekt verbessert. Das ist nicht verwunderlich, denn Gleiches wird durch Gleiches besonders gefördert. Das sehen wir, wenn wir Hühnermägen essen, die unseren Magen wunderbar stärken. Das kommt daher, wie ich gesagt habe, dass das, was genährt wird, dem ähnlich wird, was es nährt. Aber manche Dinge sind nicht gleich, wie zum Beispiel die Birnenkerne, die für die Lunge recht nützlich sind, wie Simeon berichtet.

Doch zurück zum Affenherz: Man sagt, dass es, wenn es unter einen Schlafenden gelegt wird, dem Schlafenden im Schlaf wilde Tiere zeigt. Die Asche eines Igels trocknet Fisteln und alle Geschwüre aus und nimmt, wenn sie gegessen wird, die überschüssige Feuchtigkeit der Teile auf. Seine Leber und Nieren sind besonders gut, und sie wird von Ärzten gesammelt. Man sagt, dass sich Flöhe auf seinem Fett versammeln. Ich habe Flöhe gefunden, die sich auf dem Blut eines Ziegenbocks versammelten, der auf dem Herd lag, und das ist kein Wunder: Sie gehen zu dem, was ihnen süßer erscheint. Ich habe einmal gesehen, hatte es aber vergessen, dass jemand Fett auf eine Holzkugel strichen, um Wanzen anzulocken. Dann stieß er ein Schwert hinein und tat so, als würde er ihnen etwas vorsingen, aber sie stürzen sich auf das Essen, nicht auf die Worte. Es war außerordentlich, diese Kugel mit Wanzen bedeckt zu sehen, sodass man das Holz kaum sehen konnte.

Solche Dinge sind so und müssen so sein, aber sie müssen bekannt sein. Die Leute behaupten, dass das Herz einer Fledermaus die Ameisen vertreibt, aber ich glaube, dass der Schwefel sie wegen seines üblen Geruchs abhält. Auf Bäumen ist nichts sicherer als Wasser, wie ich herausgefunden habe; sie sind von Wachs umgeben und mit Wasser gefüllt. Aristoteles berichtet, dass sie von mit Schwefel vermischtem Oregano vertrieben werden. Das ist vernünftig, da beide einen starken, schweren Geruch haben, und er ist ein vertrauenswürdiger Zeuge. Und es ist nicht verwunderlich, dass die Haut der rechten Ferse eines Geiers, die auf den rechten Fuß eines Gichtkranken gelegt wird, und die seines linken Fußes auf seinen linken, seine Schmerzen lindern kann. In ähnlicher Weise hat die Nabelschnur eines Säuglings, die bei der Geburt abgeschnitten und in einem silbernen Ring so getragen wurde, dass sie die Haut berührte, vor meinen Augen vielen Menschen, die an Darmschmerzen litten, geholfen, sodass sie sich mit diesem Schutz viele Jahre vollkommener Gesundheit erfreuten. Vielleicht tat ihnen ihr Vertrauen gut, denn es ist kaum glaublich, dass dies in allen Fällen geschehen konnte, wie ich oben gesagt habe. Es gab immer Zweifel daran, was nützlich war, aber der Verlust trat nicht ein. Ein Freund von uns fand großen Nutzen für seine Gicht aus einer sehr großen Wurzel einer männlichen Pfingstrose, die er am Tag des Vollmonds sammelte und sich um den Hals hängte. Aber ich würde es nicht wagen zu sagen, dass es jedem nützt. Aber viele verlässliche Dinge können aus unserem Körper gezogen werden, aufgrund von Sympathie.

Mumia war früher das geronnene Blut von ägyptischen Leichen, Leichen, die mit Myrrhe, Aloe und anderen Duftstoffen wie Cassia und Balsam begraben wurden. Diese Art von Medizin war sehr nützlich, wo immer eine Blutung war, und für beschädigte und zerquetschte Eingeweide. Einige, die die Gebräuche und Schriften der Griechen schätzten, zogen es vor, Kranke lieber sterben zu lassen, anstatt Hilfsmittel zu benutzen, die sie nicht kannten, um sie zu heilen. Und die Verachtung ist gewachsen, weil jetzt

Leichenteile in Schiffen der Toten über das Rote Meer zu uns gebracht werden, darunter auch solche, die in der Hitze des Landes im Sand erstickt und vertrocknet sind, um als Mumien zu dienen. Doch selbst diese Art von Mumia ist trotz ihrer Fäulnis und ihrer Düsternis brauchbar als Medikament, um Blutungen zu stoppen, solange sie an der richtigen Stelle Ort aufgetragen wird.

Alles zittert vor seinesgleichen, besonders wenn dieses Gleiche verdorben ist; so fressen Hunde mehr Hundekörper als Menschenfleisch oder das von Wölfen, Ochsen und Schafen. Daraus entstand der verbindende Hass oder das Gift der Liebe. In der Tat, damit ich die Arten der wunderbaren Wirkungen durch Überschriften unterscheiden kann: **Die wunderbaren Dinge geschehen auf sieben Arten:** entweder durch die Natur oder durch die Kräfte des Körpers oder durch eine Begabung oder eine Eigenschaft oder bestimmte, aber außergewöhnliche Kräfte, oder weil die Ursache absichtlich verborgen ist, oder in einem einfachen Sinn.

Ich habe zahlreiche Beispiele für Eigenschaften und körperliche Kräfte und absichtlich verborgene Ursachen angeführt, als ich über Damautus oder (wie andere sagen) Dalmago und die türkischen Seiltänzer schrieb und meinen Bericht über den Wolf schrieb. Ich habe die Ursachen, die durch offensichtliche, aber außergewöhnliche Kräfte wirken, am Beispiel der Pfingstrosenwurzel illustriert. Ich werde im Folgenden noch viele Beispiele von solchen hinzufügen, die einfach eine unbekannte Ursache haben, diese Art bezieht sich auf Zaubersprüche. Gifte z. B. beziehen sich teils auf die fünfte, teils auf die siebte Art.

Es bleibt mir noch übrig, die Wunder zu erwähnen, die von der Natur geschehen, und die durch die größten Kräfte des Verstandes zustande kommen. Wir haben bis jetzt viele Beispiele der Natur erzählt. Aber die Monster sind nicht mehr dem Versagen des Handwerkers, sondern seinem Fleiß geschuldet.

Eines wurde durch die Autorität von Konrad Gessner im Jahr 1531 in einer Waldschlucht bei Meißen[5] entdeckt: mit seinem ganzen Körper und Gesicht menschlich, aber den Füßen und Krallen eines Adlers, und stumm. Er beschrieb es als gelblich, bärtig und mit einer Art Haarkranz. Der obere Teil des vornübergebeugten Rückens, die Beine (die menschlich waren) und die Arme waren behaart, und er war mit einem Schwanz versehen. Was sollte man anderes sagen, als dass ein ausgesetzter Säugling ohne Lehrer zu einem Vierbeiner gemacht worden war? Daher das Versäumnis, sprechen zu lernen, und die langen Nägel, die denen von wilden Tieren ähnelten, und die anderen Ergebnisse einer rauen Umgebung. Gefüttert von der Güte eines Tieres (was auch immer es war), dann von Feldfrüchten, versteckt in Höhlen, hatte es eher durch die Kraft seines Schicksals und seiner angeborenen Zähigkeit gelebt als durch irgendeinen Verstand. Ähnlich waren auch zwei Gefangene, von denen Albertus Magnus berichtet, einer männlich und einer weiblich, in den Wäldern Deutschlands. Auch sie waren sozusagen vierbeinig.

Es handelt sich um ungewöhnliche Ereignisse, die auf ungewöhnliche Ursachen zurückzuführen sind. Und die außergewöhnlichen Merkmale, die man bei ihnen sieht, gibt es aus diesem Grund bei anderen nicht. Niemand soll uns etwas vorwerfen, denn wir sind nicht unwissend. Und es wird genügen, drei Beispiele wunderbarer Begabung hinzuzufügen. Erstens: Wir bekommen, was wir gesucht haben. Zweitens, dass wir immer Fortschritte machen können, aber nie zu einer genauen Erkenntnis gelangen. Drittens, weil es jenseits menschlicher Kräfte liegt und nicht unbemerkt in Vergessenheit geraten durfte.

[5] »in saltu Hamesberbio Misniae«

Das erste ist dann, wenn wir in einer Kutsche oder in einem Schiff herausfinden wollen, wie viele Meilen es zurückgelegt hat. Ein Rad mit einem Umfang von zwölfeinhalb Fuß, und eine Trommel um eine Achse mit einem Zahn, der, wenn das Rad gedreht wird, in ein Rad von vierhundert Zähnen greift, und einen von ihnen überträgt. Wenn also vierhundert Umdrehungen des ersten Rades vollendet sind, werden von fünftausend Fuß tausend Schritte zurückgelegt. Und wenn dieses Rad mit einem anderen Zahn gedreht wurde, kann es einen kleinen Stein freigeben, der in ein darunter liegendes Messinggefäß fallen kann, sodass aus dem Geräusch und der Anzahl der Steinchen die Anzahl der Schritte angezeigt wird. Oder es zeigt durch Drehen eines Zeigers auf einem anderen Rad die Meilen an. So ist es, wie Vitruv erklärt, leicht, durch raffinierte Vorrichtungen eine genaue Kenntnis der Dinge zu erlangen.

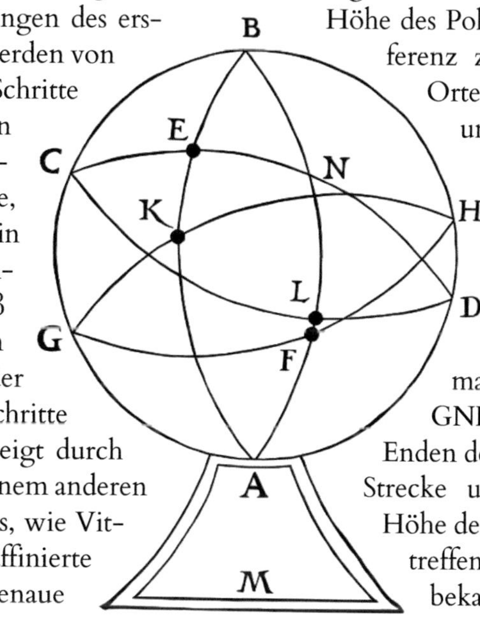

Ein Beispiel dafür findet sich in meinen Überlegungen, wie bei den Himmelskreisen, die hier dargestellt werden, und in den Verhältnissen von Kugelkreisen, die durch ihre Sinuskurven sehr genau nachgewiesen werden. Besonders, wenn man die Entfernung eines Ortes mithilfe des Meteoroskops feststellt, kennt man seine Länge und Breite; oder wenn man die Entfernung und Breite kennt, erfährt man die Länge.

Es gebe also einen Meridiankreis AEBF, der auf einer Basis AM steht. Die Pole auf ihm seien bei KF und der Kopf bei E. Ein weiterer unbeweglicher Äquatorialkreis sei ABCD, der auf der Basis AM befestigt ist und den vorigen Kreis AKBF im rechten Winkel schneidet. Es sei ein weiterer Kreis FGKH, der durch die Pole geht und sich an den Polen F und K drehen kann. Es sei ein weiterer Kreis CEDL oben, der sich an Pflöcken drehen kann. Es sei eine Strecke EN, markiert und gerade, und die Grade in CED bis EN seien nummeriert (durch Teilung der einzelnen Kreise von diesen in 360 Grad), und CND sei festgelegt, auf einer geraden Strecke von eurer Stadt zum Ort N, und wo der Punkt N liegt, sei GKHF gezeichnet, ein beweglicher Meridiankreis. So hast du durch den Bogen KN die Breite des Ortes oder die Höhe des Pols und durch GC die Differenz zwischen der Länge des Ortes N und der deiner Stadt; und da die Länge deiner Stadt schon bekannt ist, wird es auch die Länge von N sein. Wenn aber die Höhe N bekannt wird und die gerade Strecke EN, dann zieht man die Kreise CED und GNH so lange, bis sich die Enden der Bögen EN der geraden Strecke und KN der bekannten Höhe des Ortes N in einem Punkt treffen; dann ist der Bogen GC bekannt, d.h. die Differenz zwischen der Länge des Ortes N und der deines Heimatlandes.

Und es ist offensichtlich, dass, da die Längen- und Breitengrade der Orte auf einer entgegengesetzten Basis gehalten werden, die Entfernung auch bekannt sein wird. Wenn Sie dies tun wollen, sodass das Instrument für jede Region dienen kann, machen Sie Pflöcke EL, beweglich in einem Meridiankreis AKBF, sodass der Scheitel Ihres Kopfes unter jeder Höhe lokalisiert werden kann. Ferner machen Sie Unterteilungen in einzelnen Zehnergruppen, fett, und in Fünfergruppen, weniger fett, und dann in Fünfergruppen von fünfhundert in einer goldenen Farbe, sodass sie sorgfältig unterschieden werden können. Die Anzahl ist nicht entscheidend, denn der Ausgangspunkt kann beliebig gewählt werden. Wir erreichen dies auch durch Demonstration, aber auf eine schwierigere Art und Weise; und all dies muss präzise sein. Was aber immer besser zu erreichen ist, ist das Verhältnis des Umfangs eines Kreises zu seinem Durchmesser [π], das Archimedes mit wunderbarem Geschick entdeckt hat. Da dies sehr einfach ist, möchte ich es in vier Worten anfügen. Es bedarf dreier Annahmen: erstens, dass der Umfang eines Kreises größer ist als die Summe der Seiten einer einbeschriebenen Figur und kleiner als die einer umschriebenen Figur. Dies ergibt sich für die eingeschriebene Figur aus der Definition einer geraden Linie; für die umschriebene Figur ist es, obwohl manche Leute dies für offensichtlich halten, von uns in den Büchern über die Elemente durch Antiparalogismus bewiesen.

Die zweite Annahme ist, dass bei jeder bekannten Linie, die sich in einem Kreis befindet, das geradlinige Teilstück ihres in der Mitte geteilten Bogens bekannt sein wird. Obwohl dies von Ptolemäus bewiesen wurde, werde ich das Problem mit einem Verfahren in Worten verdeutlichen, sodass jeder eine Grundlage für die Entdeckung des vorgeschlagenen Verhältnisses haben kann.

Lassen Sie AB im Verhältnis zu BC bekannt sein, und lassen Sie den Bogen AB gleichmäßig bei D geteilt werden, und lassen Sie AD gezeichnet werden; ich sage, es ist bekannt, wenn DCK gezeichnet wird, von den Demonstrationen in Euklid EA wird in mittlerer Proportion zwischen KE und ED sein, und das Quadrat von DA wird gleich den Quadraten von AE und ED sein. Aus dem fünften des zweiten Buches der *Elemente* von Euklid werde ich das bekannte Quadrat AE, denn AE ist die Hälfte von AB, aus dem bekannten Quadrat CD herausnehmen, und das bekannte Quadrat CE zurücklassen, also CE. Wenn also CE aus CD entfernt wurde, bleibt das bekannte ED übrig. Ich werde also die Quadrate AE und ED verbinden, und aus dem vorletzten Satz des ersten Buches der *Elemente* werde ich das Quadrat AD als bekannt nehmen.

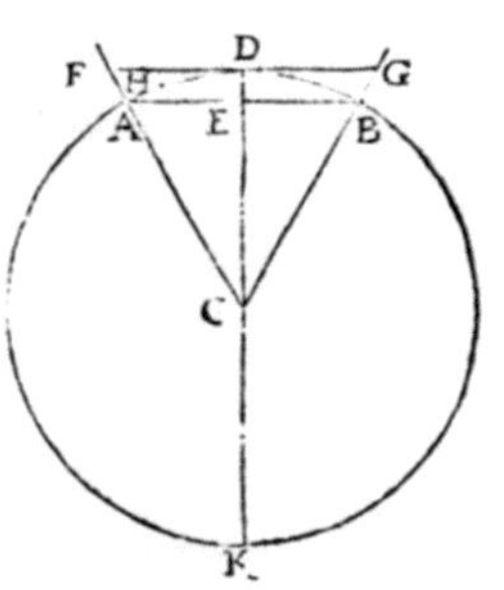

Die dritte Vermutung ist, dass ich, wenn ich die Seite der Figur, die in den Kreis eingeschrieben ist, kenne, auch die Seite des umschreibenden Kreises kennen werde. Obwohl dies von Euklid im vierten Buch der Elemente zusammengestellt ist, werde ich es hier dennoch mit einem Wort anfügen, damit wir eine Demonstration mit einem Verfahren haben können. Eine Seite AB der einbeschriebenen Figur und eine Seite EG der umschriebenen Figur seien im selben Winkel in der Mitte enthalten, und A und COG seien eingezeichnet. Da AB bekannt ist, ist auch AE bekannt, und entsprechend KE und ED, wie bewiesen wurde. Aber wie CE zu CD ist, so ist AB zu FG. Wenn also AB nach CD gezeichnet wird und das Ergebnis durch CE geteilt wird, stellt sich FG als bekannt heraus. Also mit AB angenommen, wie die Seite eines Sechsecks, die von dem, was Euklid bewiesen ist gleich der Hälfte des Durchmessers, aus der zweiten Annahme werde ich die Seite einer Figur von zwölf Basen, und aus dem gleichen von einer Figur von 24 Basen, dann von 48, dann von 96, dann von 192 und 384 und 768, und ich kann ohne Fehler fortfahren, und zwar ohne Extraktion der Wurzeln.

Nehmen wir zum Beispiel die Situation einer Seite einer Figur von 768 Seiten, so werde ich nach der dritten Annahme die Seite einer umschriebenen Figur von 768 von ihnen haben. Wenn man beide durch die Anzahl der Seiten multipliziert, wird man den Umfang der inneren und äußeren Figur haben, und ihr Verhältnis zum Durchmesser des Kreises. Der Umfang des Kreises ist aber größer als der Umfang der eingeschriebenen Figur und kleiner als der der umschriebenen, sodass ich aus der ersten Annahme das Verhältnis des Umfangs des Kreises zu seinem Durchmesser haben werde, zwischen denen die Verhältnisse liegen müssen. Und doch kann es keine vollkommene Erkenntnis und Grenze erreichen. Daraus geht hervor, dass

Archimedes weder das, was Ptolemäus entdeckte, noch Sinustabellen nötig hatte, und dass die Geometrie diesen Stand der Erkenntnis ohne sie genauer und reiner erreichen konnte als mit ihnen.

Was aber nicht erreicht werden kann, ist die **Projektion einer Kugel auf eine Ebene** ohne enormen Fehler. Ptolemäus, sage ich, lehrt einen Teil zu beschreiben, der dem vierten Teil ziemlich nahe kommt. Aber in Bezug auf das Ganze sollte man zuerst annehmen, dass das, was verbunden ist, am weitesten voneinander entfernt sein muss. Wie du die geteilten Teile auf diese Weise projizieren kannst, habe ich es dir schon oben[6] erklärt, fast ohne jeden Fehler. Wir nehmen an, dass AB eine gerade Linie von Pol zu Pol ist, die ganz zusammenhängt und durchgängig ist, und dass CD gleich ist, und dass ein anderes CE auch gleich ist und direkt

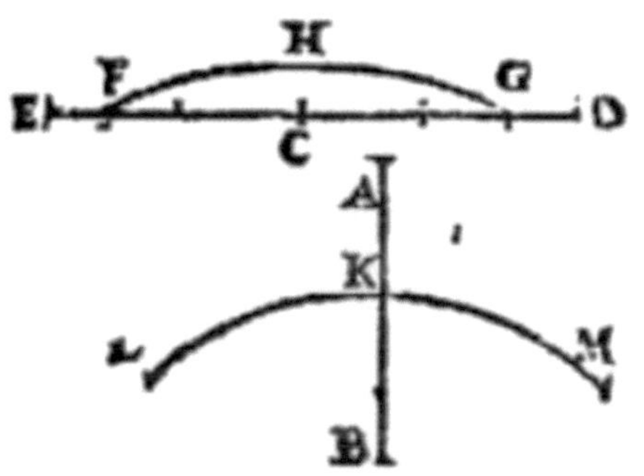

zusammenhängt, und dass ED zweimal AB sein wird. Wir werden CD und CE gleichmäßig in vier Teile teilen, sodass EF ein Viertel von EC und CD ist, und wir werden den Bogen FHG gleich ED zeichnen. Wir machen es so: Aus dem, was hier gezeigt wurde, geht hervor, dass das Verhältnis des Umfangs eines Kreises zu seinem Durchmesser sehr nahe an dem von 47 zu 15 liegt, jedenfalls in einfachen Zahlen. Wenn wir annehmen, dass der Umfang eines Kreises 360 beträgt, wie Ptolemäus es tut, ist der Durchmesser der gleichen Teile 115; der Unterschied ist winzig. Aber Ptolemäus gibt ihn mit 120 an. Ihr werdet in der Tabelle der Bögen und Sehnen einen Bogen suchen, der das Eineindrittelfache seiner Geraden sein soll, wobei ein vierundzwanzigster Teil abgezogen wird, und seine Gerade; ihr werdet ihn ohne Verkleinerung annehmen. Es werden ungefähr 147 Grad sein. Dann teilst du FG in so viele Teile und nimmst daneben zwei Linien an, die 60 sind, aus denen und FG ein Dreieck gebildet wird, und du wirst einen Kegel als Mittelpunkt haben. Dann, nachdem du FHG gezeichnet hast, zeichnest du eine gleiche Linie oberhalb von K und auf demselben Halbmesser einen Mittelpunkt AB, der LKM sein soll, sodass er auf jeder Seite zur Hälfte übersteht. Dann nimmst du die Tabelle der parallelen Kreise und zeichnest jeden der Kreise auf demselben Mittelpunkt in der erforderlichen Entfernung auf der nahen und der fernen Seite von LKM und mit der erforderlichen Größe, indem du diejenigen, die näher an LKM liegen, über die Linien hinaus verlängerst, die aus dem gemeinsamen Mittelpunkt nach L und M hervorgegangen sind. Und je näher die Parallelen kommen, desto genauer ist die Projektion auf die Ebene. Dann teilen Sie jeden der Kreise in 360 Grad und ziehen durch sie Linien anstelle der Meridiane von Pol zu Pol, die weder gerade Linien noch Teile von Kreisen sind, sondern in Bezug auf die Symmetrie und die Neigungen des Auges gezeichnet werden müssen. Die geografische Länge wird also doppelt so groß sein wie die geografische Breite, und der Abstand der Kreise bleibt erhalten. Auch die Meridiane erscheinen nicht größer, als sie sein sollten, es sei denn durch die Schräglage. Man wird also sehen, dass diese Art der Übertragung von einer runden auf eine ebene Figur alle anderen übertrifft und unsere gemeinsame Entdeckung für die Projektion von Himmel und Erde war. Aber wie gesagt, jemand wird dies und dergleichen vielleicht nicht als zu

[6] S. 571

den Wundern gehörig beurteilen, sondern nur Gifte und andere ähnliche Dinge dazu zählen.

Außerdem gibt es **vier Arten von Gifttränken:** in unbelebten Dingen, in Pflanzen, in Tieren und in Menschen. Bei den Menschen gibt es elf Arten: einige gewinnen Liebe, einige säen Hass, einige verursachen Verderben, andere töten vollständig, wieder andere rufen Abgeschlagenheit hervor, andere lassen die Menschen Wahrsagerei betreiben, einige heilen Krankheiten, einige befähigen die Impotenten zu den Freuden der Venus, einige erhöhen das Glück, einige sind völlig unglücklich, andere erregen den Geist. Diejenigen, die den Geist aufrütteln, sind ebenfalls von sieben Arten: einige rufen Schrecken hervor, andere Wagemut, einige Trauer, einige Wahnsinn; andere bewirken, dass man im Schlaf oder sogar wirklich und im Wachzustand Gespenster sieht. Aber im Wachzustand haben die Dinge, die Gespenster erscheinen lassen, mit einer absurden Fähigkeit oder mit Dämonen zu tun, manchmal aber auch mit Vergiftung. Es gibt auch solche, die nicht nur den Geist, sondern auch den Körper der Menschen betäuben, sodass einige von ihnen einen ungestörten Geist haben und andere keine Qualen spüren.

Die Gründe dafür sind vier: die Macht der Dinge, die offenkundig und verborgen sind, und der Glaube, und das, was uns unbekannt ist, oder Dämonen, oder die Unterwelt, oder etwas Besseres und Vorzüglicheres. Die Materie in Speisen und Getränken, in Gewölben, in Lichtern, in Räucherungen, in Stühlen, in der Berührung, in den Worten, in den Bildern an der Schwelle des Hauses und in den Zeichen, die die Personen herbeirufen, in den Opfergaben, in den geistigen Schlägen, in den Versprechungen, in den Morden, in den heiligen und weltlichen Prozessionen und in unendlich vielen anderen Ereignissen, die aufzuzählen lange dauern würde. Der kleinste Teil von ihnen ist zulässig, das heißt diejenigen, die einen guten Zweck haben und entweder auf den Kräften der Natur oder auf einfachen Bitten beruhen. Ich werde noch andere Beispiele anführen, damit man begreift, dass man diesen und ähnlichen Dingen wenig Vertrauen schenken darf. Keines von ihnen, dem ein natürlicher Gegenstand fehlt, ist von Dauer, und sie scheitern öfter als sie erfolgreich sind.

Aber wenn er es durch die Gnade des Glaubens vollbringt, ist er dann nicht eine sehr gemeine und undankbare Person, die ein Geschenk gegen den Geber ausnutzt? Und die Menschen sollten wissen, wie wenig Nutzen sie bringen, selbst wenn sie mit ihren unangemessenen Gebeten Erfolg haben. Sie können dadurch nicht mehr Reichtum durch Handel erlangen, Weisheit und Studium oder militärischen Ruhm, statt durch energische Taten. Auch ist das Leben dieser Leute gewöhnlich skandalös und verhängnisvoll, ihr Ruf befleckt, ihr Ansehen verachtet, und ihr Ende unglücklich. Wer in unserer Zeit hat mehr von dieser Art versprochen als Cornelius Agrippa, und jeder weiß von seinen Missgeschicken, seinem Leben, seiner Armut, seinem Ableben? Und unter den Fürsten war Ludovico Sforza der einzige aus seiner Familie, der elendig in Gefängnissen starb. Und sein Vetter, der Bischof von Lodi, starb, obwohl er auf solche Dinge achtete (es war kaum zu glauben), selbst in Armut, obwohl er von edlem Blut stammte und ein Bischof war. Ihr Vermögen war sicher, und ebenso ihre Einkünfte so sicher wie nur möglich. Wer hatte mehr Freude an diesen Dingen als Papst Martin der Siebte[7], der auch wie es heißt ein Buch dieses Aberglaubens bei sich trug? Jemand, der zu den wenigen gehörte, die in einem sehr seltenen Fall von einem Konzil seiner päpstlichen Würde enthoben wurde. Schließlich wird dies für jeden von Vorteil sein, der den Sterblichen solche

[7] Einen Papst Martin VII. hat es nicht gegeben, es gab nur einen Martin V., aber nicht er, sondern seine Voränger wurden abgesetzt.

Dinge vorträgt, damit diejenigen, die es nicht gutheißen, vor dem Verbrechen dieser Leute sicher sein können und wissen, was angenommen und was vermieden werden sollte. Viele Menschen werden so ängstlich und abergläubisch, dass sie, während sie darauf bedacht sind, das zu vermeiden, was nicht vermieden werden sollte, in einer vergeblichen Flucht vor dem **Aberglauben** abergläubisch werden. Aberglaube entsteht nicht nur, wenn man tut, was nicht getan werden sollte, sondern auch, wenn man vermeidet, was nicht vermieden werden sollte.

Diese Fertigkeiten blühten auf, als das wahre Licht Christi noch nicht zu uns gekommen war; aber dass sie wenig Macht hatten, zeigt ihr Erfinder, Zarathustra selbst, der von Kambyses seines Königreichs und seines Lebens beraubt wurde. Pausanias berichtet, dass in der kleinen Stadt Pionia in Mysia in der Nähe des Flusses Caicus während eines Opfers für Pionis (der von Herkules abstammte) der Rauch aus seinem Grab aufstieg. Was spricht dagegen, dass dies durch einen Trick geschah? Und zwar wenn man annimmt, dass sich unter dem Altar ein Kanal befand, der zum Grab führte, und dass am Anfang des Kanals Pech oder Weihrauch oder etwas anderes als das, was als Opfer auf dem Altar verbrannt wurde (entweder nach dem Muster des Wassers oder nach dem Muster von Heron, wenn er erklärt, dass sich die Tempeltüren während des Opfers von selbst öffneten) verwendet wurde, um den Rauch aus dem Grab aufsteigen zu lassen. Aber es könnte auch durch eine andere natürliche Ursache geschehen, ohne dass es einen Trick gibt. Und in Hypoepis und Hierocaesarea, Städten in Lydien, sah Pausanias Asche auf einem Altar, die sich farblich nicht unterschied, und wenn die Gebete der Barbaren darüber ausgesprochen wurden, entflammte und verbrannte ein Haufen trockenen Holzes, der darauf gelegt wurde. Das könnte auf verschiedene Weise geschehen: Entweder war der Altar heiß, oder jemand spuckte darauf, denn Kalk wird durch Wasser entzündet. Und wir werden später erklären, wie man einen Stein herstellt, der durch jede Feuchtigkeit entzündet wird. Welchen anderen stärkeren Beweis wünscht ihr euch? Man kann diese Zeichen auf so viele Arten erklären, dass ich mich nicht damit aufhalten muss: Das Feuer könnte in der Asche verborgen sein, oft glüht im Ruß noch ein winziger Funke. Dann erzählt er noch eine ganz andere Geschichte: Als in der Gegend von Methana der Wind aus Afrika die Triebe der Reben abzubrechen drohte, hielten zwei Männer einen Hahn mit zwei weißen Flügeln auf jeder Seite. Sie rissen ihn auseinander und liefen mit einem Stück davon auf der anderen Seite um die Reben herum, bis sie sich trafen. Dann vergruben sie den Hahn, und der Wind hörte auf. Diese Überzeugung kann viel zur Täuschung beitragen, und umso mehr, wenn sie von der Religion gefördert wird. So sind die Windstöße mancherorts recht kurz, selten dauern sie lange. Vielleicht hat der Glaube in Verbindung mit den Genien des Ortes selbst eine gewisse Wirkung. Oder das Ereignis selbst folgt einer verborgenen natürlichen Ursache, oder es gibt einen Dämon, der diese kontrolliert. So brechen oft Stürme aus, während sie beschworen werden. Vieles geschieht auch in diesen Dingen, als ob sie wären, was aber nicht der Fall ist. Ein ganz bemerkenswerter Fall ist der bronzene Hengst, von dem er schreibt, dass es ihn in Herakleia in Elis, einer Provinz des Peloponnes, an einem Ort namens Altis gab, mit kupiertem Schwanz und auch sonst alles andere als schön. Die anderen Hengste versuchten, ihn zu begatten und taten dies mit großer Entschlossenheit. Aber sie rutschten ab, weil die Bronze glatt war, doch versuchten sie es häufig, bis sie mit Stockschlägen vertrieben wurden. Sie wieherten, als wären sie auf eine Stute gestoßen, und von den vielen Statuen fielen sie über diese eine her und ließen die anderen in Ruhe. Vielleicht kann uns hier die Bemerkung des Dichters in den Sinn kommen:

> Was auch immer Griechenland an Lügengeschichten überliefert hat, bringen Sie es mir, damit mein Buch gefüllt werden kann, auch wenn es nicht zu rechtfertigen ist.[8]

Aber ich halte Pausanias für unschuldig an diesem Versäumnis, nicht weniger als einen der Italiener. In Bezug auf das, was er sah, bestätigt die in unserer Zeit durchgeführte Untersuchung seine Darstellung. Was gibt es Absurdes bei Xenophon oder Thukydides? Herodot und einige andere haben den Ruf der griechischen Geschichte beeinträchtigt, aber jeder kann die Fälschung von der echten unterscheiden. Es ist klar, dass das bronzene Pferd durch Technik erschaffen wurde, und wer auch immer der Bildhauer war, er arbeitete mit natürlicher und nicht mit dämonischer Hilfe. Es würde mich nicht überraschen, wenn er dem Rohmaterial seiner Statue das beigemischt hat, was manche Leute Hippomanes nennen, ein Sekret von brünstigen Stuten, oder das Blut einer menstruierenden Stute oder irgendeinen anderen Liebestrank, der die Hengste in sexuelle Raserei versetzt. Was mich mehr wundert, ist, dass diese Mittel, wenn sie mit geschmolzenem Messing vermischt wurden, ihre Wirkung nicht verloren und bei der Verbrennung den Geruch von Rauch und nicht von Gift behielten. Doch selbst wenn sie diesen Geruch beibehalten hätten, wie konnten sie ihn so lange und über so viele Jahre hinweg beibehalten? Oder wenn die Liebestränke nicht vollständig mit dem Messing vermischt waren, wie konnten sie dann nicht verrotten? Es ist wahrscheinlich, dass diese Mittel im Inneren des Pferdes versteckt und mit einem nicht verrottbaren Gummi vermischt war, wobei einige Öffnungen erhalten blieben. Oder dass der Samen zuvor erhitzt wurde, um zu verhindern, dass er verrottet, die Hengste erregt hat, zusammen mit der Form der Statue. Pferde haben einen stumpfen Blick und wiehern manchmal sogar bei gemalten Pferden, kein Wunder, dass sie sich von einer Statue und einem Geruch täuschen lassen. Aber sie hatten die Messingstatue entdeckt; dann wurden sie von konzentrierter Raserei befallen, und der Huf, mit dem sie auf die Statue drücken, verliert völlig das Gefühl, und der Geruch und die Form reizen sie weiter. Es gibt keinen Grund, sich über das Geschlecht zu wundern, denn Hengste unterscheiden das Geschlecht durch den Geruch, nicht durch das Sehen. Der Bildhauer beschloss, das Geschlecht zu ändern, vielleicht um wie Affranius Beispiele seiner Kunstfertigkeit zur Schau zu stellen. Vielleicht wollte er den Schwanz ein wenig anheben, damit der Geruch die Hengste mehr erregt.

Was soll ich von Berichten halten, nach denen die Schwaben durch **Zauberei** Eisschollen in der Bewegung hemmen? Diese Erzählungen sind zu unglaubwürdig. Andere Leute schreiben diese Ereignisse den Sternen zu. Leo Africanus erzählt, dass auf der Spitze einer Zitadelle in Marokko drei goldene Äpfel liegen, die 1350 Pfund wiegen. Viele Könige, die in Not waren, haben versucht, sie zu erbeuten, aber immer wurden sie durch unglückliche Umstände daran gehindert. Man sagt, dass darin die Halsketten und Edelsteine der Frau des Königs Jakob Almansor eingeschmolzen sind und ihre Verwünschungen gemeinsam mit der Kraft der Sterne sorgen dafür, dass niemand sie rauben kann. Und wenn es sich dabei um Gold handelt und nicht um ein anderes Metall, das von den Fürsten heimlich durch ein Gerücht ersetzt wurde, das auf die Angst des Volkes zurückzuführen ist, dann muss das Muster auf das übertragen werden, was oben über die Halskette der Hermione geschrieben wurde.

Derselbe Leo erzählt, dass in Fez in Marokko, der bedeutendsten Stadt Afrikas neben Kairo, die Wahrsager aus Formen im Sand verblüffend genaue Vorhersagen machen. Matthiolus, der Arzt, berichtet, dass es

[8] Juvenal, *Satiren*, 10, 174 f.

in der Nähe von Rom einen alten Einsiedler gab, zu dem viele Menschen stellvertretend für Leute kamen, die von Schlangen gebissen worden waren. Der Einsiedler pflegte den Boten zu fragen: »Willst du selbst die Heilung für den Kranken übernehmen?« Und wenn der Bote zustimmte, sagte er ihm, er solle seinen nackten Fuß auf die Erde drücken, die er mit der Schneide eines Messers markiert hatte. Dann würde er den Fuß zur Seite schieben und diese Worte schreiben: »caro caruze sanum reducere, puta sanum emanuel paracletus«, und mit der Schneide desselben Messers wegkratzen, was er damit geschrieben hatte, sodass keine Spur übrig blieb. Diese Erde schüttete er in eine Schale mit Wasser und ließ sie stehen, bis sie sich gesetzt hatte, und nachdem er sie mit dem Hemd des Boten gesiebt hatte, gab er sie ihm zu trinken, und der abwesende Kranke war sofort geheilt. Erklären Sie mir das doch einmal! Sie werden vielleicht schmunzeln und sagen: Ich schreibe unerhörte Dinge! Die Glaubwürdigkeit liegt beim Autor.

Aber auch wenn ich darüber nachdenke, was dem Sohn des Hieronymus Legnanus in unserer Stadt widerfahren ist, kann ich nicht umhin, mich zu wundern. Er litt vor meinen Augen an einem Abszess zwischen Schamgegend und Nabel, und es wurde schlimmer. Als er sich zu einem Geschwür entwickelt hatte, verzweifelten alle berühmten Chirurgen an seiner Heilung. Damals war er ein Junge von acht Jahren, und wie man mir berichtete, versuchten sogar die Fäkalien aus seinem Nabel herauszukommen, obwohl ich das nicht gesehen hatte. Er war völlig verkümmert und fiel in die Hände eines gewissen Antonius aus dem Dorf Gallarate, der ihm Brunnenwasser verabreichte und einige Worte dazu sprach, wodurch er geheilt wurde. Und als ich einige Monate später seine kranke Mutter besuchte und glaubte, er sei längst gestorben, lief dieser Junge heran und sah aus wie ein Ungeheuer. Die Krankheit war so weit fortgeschritten und er war so gebeugt geblieben, dass sein Brustkorb und sein Kopf parallel zum Boden waren. Und der unglückliche Junge lebte so weiter, obwohl er gesund geboren war. Sein Vater ist ein Notar und angesehener Rechtsanwalt.

Solche Vorkommnisse sorgen sicherlich für große Verwunderung: Wenn einem Tier, das von einer Viper gebissen wurde, die Wurzel der schwarzen Nieswurz unter die Haut eingenäht wird, und es geheilt wird, scheint dies eher eine Leistung der Magie als der tierärztlichen Kunstfertigkeit zu sein, hat jedoch einen offensichtlichen Grund. Denn da diese Pflanze über eine ausgezeichnete Anziehungskraft verfügt, ruft sie die verstreuten Kräfte des Giftes vom Herzen zu den gegenüberliegenden Enden der Arterien. Jede Arterie mit Empfindung, außer der in der Lunge, hat eine Öffnung im Herzen und eine andere unter der Haut. Was die Arterien bei den Tieren tun, ist fast dasselbe, was die Wurzeln bei den Pflanzen tun. Daher sagt man, dass in nördlichen Gegenden Pflanzen gedeihen, die ständig in Blättern stehen: Obwohl es der Natur der Gattung widerspricht, lauern Gruppen von Schlangen in ihren Wurzeln, hauptsächlich bei Birken. Die überschüssige Feuchtigkeit wird ausgetrocknet, und der Baum selbst erwärmt sich mit dem Gift der Schlangen. Die trägen einfachen Leute halten diese Bäume für heilig.

Es gibt noch andere **Dinge, die den Verstand** auf ähnliche Weise trüben, wie z.B. Weinreste, Bilsenkraut und Wolfsmilchwurzel, besonders die Art, die man Cyparissias nennt. Deshalb werden Vögel und Fische und alles, was ein schwaches Gehirn hat, in ihrem Verstand erschüttert. Einige, wie die Vögel, haben ein schwaches Gehirn, weil sie klein sind, andere, weil sie kalt sind, wie die Fische; wieder andere, weil sie unvollständig sind, wie Mäuse und Kaninchen. Deshalb stirbt ein Kaninchen sofort, wenn man ihm auch nur einen leichten Schlag mit der Hand auf den Hinterkopf versetzt. Aber bei einen Menschen sind solche Dinge kaum ausreichend. Die Mittel, die die Schläfrigkeit herbeiführen, müssen übermäßig feucht und kalt sein; sie können nicht den Stoff für einen so schweren und beständigen Schlaf liefern. Wenn man ein wenig davon mischt, wird man trotzdem nicht gut schlafen. Aber wenn es zu viel ist, wirst du den Menschen töten. Und es wird eher das Herz als das Gehirn beansprucht. Was also mit diesen Mitteln gemischt werden sollte, ist das, was schnell für den Kopf wirkt. Alle diese Dinge sind verdünnt, sodass sie sich leicht in Dämpfe auflösen. Was verdünnt ist, ist sehr heiß; also sollte dieses Medikament kalte und feuchte, auch heiße und verdünnte Bestandteile enthalten. Da diese jedoch zu kalt und feucht sind, können sie nicht gekocht werden, und was nicht gekocht ist, hat einen schweren Geruch. Was aber stark riecht und mit heißen und verdünnten Bestandteilen kombiniert wird, riecht besonders stark; der Geruch liegt in der verdünnten Substanz, dem Heißen und dem Trockenen. Was also an sich Müdigkeit hervorrufen kann, zeigt sich durch seinen schweren Geruch. Aber es gibt Menschen, die ihn mit Wein mischen, und dann ist neben der Abgeschlagenheit auch ihr Geist beschädigt, wenn sie wieder zu sich kommen.

Daher verdienen diejenigen, die solche Dinge verabreichen, genauso viel Strafe wie diejenigen, die Gift verabreichen. Sie tun es gewöhnlich, um Ehebruch zu begehen. Aber es ist möglich, durch äußere Gerüche Müdigkeit hervorzurufen, wenn man etwas sehr Verdünntes mit Schlafmitteln vermischt. Diese Mittel dienen dazu, die Schlaflosigkeit der Gelehrten zu beseitigen; gerade sie und die Alten werden von Schlaflosigkeit geplagt. In Opium eingelegte Früchte und geronnener Alraunensaft, Weinreste und Zibet können in großzügiger Menge süßen Schlaf bewirken. Aber auch hier wird das Gute oft in das Böse verwandelt.

Da war Nelphus, über den eine hübsche Ode des Aurelius Augurello überliefert ist, in der die Geschehnisse geschildert werden. Er ging als Sieger aus einem Turnier in Padua hervor, setzte seinen Helm ab, um zu atmen, und wurde von jenen getötet, die eifersüchtig auf ihn waren, weil er ein Plebejer war, und zwar mit einer reichlichen Menge Opium, die in den Helm gestreut war. Die Hitze des Helms und sein Geist hatten den gesamten tödlichen Dampf, der sich in der Kopfbedeckung befand, aufgenommen. Durch die Hitze waren alle Venenöffnungen geweitet, und das, was sofort in ihn eindrang, tötete den Mann. Tugend kann oft nur zum Tod führen, was ebenso viel lehren kann wie Verbrechen. Manch einer mag sagen, dass diese Art von Ereignissen nicht gelehrt werden sollten. Aber in diesen Dingen ist es hilfreicher, Vorsicht zu lehren, als Gefahren aufzuzeigen. Wer dies tut, schickt bereits jemanden in den Tod. Und wer dies schon getan hat, wird viele Möglichkeiten finden, Schaden anzurichten. Aber es ist einfacher, etwas zu entdecken und durcheinander zu geraten, als gar nichts zu entdecken. Es gibt also beim Lehren mehr Hilfe als Gefahr.

Aber Dinge, die an sich nicht richtig entdeckt worden sind (zum Beispiel Gift oder eine unbekannte Pflanze mit schädlicher Kraft und ähnlich einer Krankheit, die jedoch vergeht, oder andere Dinge, die für niemanden, der sie findet, ohne weiteres brauchbar sind), wenn jemand dies lehrt, ist es schlimmer als Giftmischerei, wie ein Volk, das gegen einen Mann wütet. Was ist das Problem mit einem Volk? Zeigt es sich nicht als Lehrer und Führer aller Verbrecher? Und was Giftmischerei schlimmer macht als Diebstahl, ist, dass es schwieriger ist, versteckte Fallen zu vermeiden als offensichtliche. Ich wollte also nicht nur vermeiden, solche Dinge zu lehren oder zu erfahren – ich wollte vermeiden, sie zu kennen, denn es gibt genug reiche Ernte an nützlichen Dingen, die man anwenden kann, selbst wenn man in den Zeiten der cumäischen Sibylle lebt. Aber ich wollte diese Dinge nicht um ihrer Nützlichkeit willen erfahren, sondern um sie zu erforschen.

Aber ich kehre zu meinem Thema zurück und **suche nach nützlichen Dingen,**

deren Sinn unklar ist. Es heißt, dass ein Flusskrebs, der auf eine Wunde gelegt wird, Pfeile herauszieht. Und wer mit Löwenfett eingerieben wurde, ist sicher vor wilden Tieren, denn diese erschrecken vor dem Geruch eines lebenden oder eines toten Löwen. Das gilt vor allem, wenn man sich ohne Furcht gestellt hat; denn wenn du flüchtest, werden sie den Geruch kaum wahrnehmen. Auf einer ähnlichen Grundlage wird behauptet, dass der Saft eines Rettichs, wenn man ihn gründlich auf die Hände reibt, einen in die Lage versetzt, mit Schlangen sicher umzugehen; entweder nehmen sie die Schärfe des Geruchs wahr und haben Angst, zuzubeißen, oder sie werden sogar von ihm getötet. Wenn sie Knoblauch mit den Zähnen probieren, trauen sich Wiesel und Eichhörnchen kaum noch, zuzubeißen, und werden auf diese Weise zahm. Unglaublich, dass der Sporn des rechten Fußes eines Hahns Menschen siegreich machen kann; oder noch viel unglaublicher, dass menschliches Blut über achtzig Tage hinweg zu einer menschlichen Gestalt gerinnt, oder dass, wenn man diese Gestalt neun Tage lang in Gerstenmehl vergräbt und ihr dann die Kehle durchschneidet, das daraus fließende Blut, das man sich ins Gesicht reibt, einen an königlichen Höfen willkommen und für jeden attraktiv macht. Was könnte noch lächerlicher sein? Zu den weniger unglaublichen Wundern gehört, dass Wein in den Hundstagen nicht verdirbt (was normalerweise wegen der Hitze und der Gewitter geschieht), wenn die Gefäße selbst in das Fell eines Seehundes eingewickelt werden.

Verwünschungen[9] liegen auf halbem Weg zwischen Giften und Tricks; sie sind echter als die letzteren und bemerkenswerter als die ersteren. Die hilfreichen Maßnahmen sind vor den Verbrechen zu erklären. Es ist von Nutzen, den Glauben zu verweigern und sich mit den richtigen Edelsteinen zu schützen. Sie zeigen, dass der Hass der Fürsten keine Verhexungen sind. Wenn überhaupt, dann bestehen sie aus verfaulten Lebensmitteln, verunreinigter Kleidung, Unrat, menschlichen Körperteilen und Einbildung. Aber Hippomanes und der Uterus eines Welpen sind keine Liebeszauber. Jener pietätlose Agrippa füllte das vierte Buch seiner *Von der Ungewissheit und Eitelkeit der Wissenschaften* mit solchen Dingen, die sich mit Verhexungen und Vergiftungen befassen; ein sehr eitler Mann, er schrieb über die Eitelkeit der Wissenschaften. Er war in völliger Unkenntnis über das, was er verurteilte, und schrieb aus Unkenntnis, und wenn es wahr gewesen wäre, hätte es dem Menschengeschlecht geschadet. Nur was man isst oder anfasst, hat Wirkung, aber auch was man sich vorstellt, ist nicht ohne Risiko. Als würde man täglich in das menschliche Innerste blicken oder den pflügenden Tod von hinten malen. Der Rest schadet nicht, außer durch die Eigenart des Bannspruches und die Seelenschwäche derer, gegen die diese Mittel errichtet werden. Folglich sind solche Dinge nicht schädlich für Fürsten und tapfere und weise Männer, sondern eher für Frauen und Kinder, und nicht für alle von ihnen, sondern für die weniger Würdigen. Und es ziemt sich nicht für einen ehrlichen oder aufrichtigen Mann, solche Dinge zu kennen oder sich danach zu erkundigen, es sei denn, jemand hält seinen Geist bereits so rein, dass er Geld verachten kann. Aber solche Dinge zu lehren ist etwas für einen Mörder.

Lasst uns daher diesen Teil der bösen Magie, wie natürlich er auch sein mag, verlassen und zum nützlichen übergehen. Doch zuvor wollen wir ihre Falschheit in einigen Punkten widerlegen. Dieses Buch enthält allgemeine Ratschläge, und die Einzelheiten haben wir in den Büchern *De rerum varietate* dargelegt. Man sagt, wenn man mit einer Wachskerze, die bei einer Beerdigung war, eine Vagina oder einen Penis berührt, ist er oder sie von den Freuden der Venus ausge-

[9] »veneficia«.

schlossen. Entweder sind dem Mann also die Freuden der Venus mit jeder Frau untersagt oder nur mit der Frau, deren Name verwendet wird. Wenn nur mit ihr, da nichts zu ihr gehört außer den Worten, haben die Worte eine Kraft, die über die Zustimmung der Menschen hinausgeht. Wenn mit irgendeiner Frau, dann sollte es für immer sein (was nicht der Erfahrung entspricht) oder für eine bestimmte Zeit. Da es nichts gibt, was die Erzeugung von Samen oder die Phantasie oder den Wind, durch den er gelenkt wird, aufhalten kann, ist es klar, dass dies nur bei einigen Menschen geschieht, nicht immer und nicht bei allen.

Um nun zu meinem Thema zurückzukehren: Zunächst einmal messen die Menschen den Bildern[10] bedeutende Kräfte zu: dem der Sonne für Ämter, Ehren, Gunst bei den Fürsten; dem des Jupiters für Reichtum und Freunde; dem der Venus für Vergnügungen; dem des Mars für Mut; dem des Merkur für List; dem des Saturn für Ausdauer bei harter Arbeit; dem des Mondes für die Gunst des Volkes. Und ich wünschte, ich wüsste, was für jeden förderlich wäre. Ich bin mir bewusst, dass Steine und die Möglichkeit der Bildhauerei helfen, und die Figur tut dies überhaupt nicht. Aber vielleicht kann die Figur, während wir den Geist betrachten (wie ich sagte), etwas mehr verändern als der Stein oder die Verfassung. Aber damit werde ich mich an anderer Stelle beschäftigen. Es wird angenommen, dass Talk und gelöschter Kalk im Saft der Maulbeere und Quecksilber, wenn man die Hände damit einreibt, vor Feuer schützen können.

Wenn man eine große Kröte mit Salz tötet, das Salz in Wasser auflöst und ein Hemd in diesem Wasser wäscht, sagt man, dass der Mann, der es anzieht, von starkem Juckreiz befallen wird. Das stimmt entweder ganz oder teilweise oder ist wahrscheinlich. Auch der Fall der Frau, die durch das Tragen eines goldenen Löwenbildes von Nierenentzündung geheilt wurde, ist mir nicht entgangen. Aber die Begründung muss vom Himmel verlangt werden. Manche Dinge sehen tatsächlich wahrer aus, als sie sind, aber manche sind auch wahrer, als sie aussehen.

Von dieser letzten Art ist die von Boethius überlieferte Erfahrung, die hinlänglich bekannt ist und die wir oft gesehen haben, wenn wir Zeit hatten. **Man nehme zwei Leiern oder ähnliche Instrumente** und lege eine auf den Rücken, die bereits gestimmt ist. Dann lege ein Stück Stroh auf die zweite und erste Saite des Instruments, das auf dem Rücken liegt, und zupfe die erste Saite des anderen Instruments, das du in den Händen hältst. Wenn es einen Ton von sich gibt, der dem des auf dem Rücken liegenden Instruments entspricht, wird das Stroh sofort springen und tanzen, als ob es von etwas getroffen würde; und indem du einen Teil des Strohs auf diese Weise entlang einzelner Saiten verschiebst, wirst du die Instrumente mit wundersamer Geschicklichkeit in eine gleiche Stimme, ja in dieselbe, bringen. Die Erklärung für einen so besonderen Effekt scheint unbekannt geblieben zu sein. Liegt es daran, dass sie nicht einfach hochspringt, wenn sie einen gleichen Schall abgeben kann? Oder weil die Luft selbst, die die gleiche Kraft besitzt, die Bewegung machen kann, aber nicht, wenn sie zu locker oder stärker angeregt ist? Aber auch das ist nicht wahr, da die lockerere Spannung einer dünneren Saite, die geeignet ist, einen gleichen Ton zu erzeugen, die Bewegung macht; eine gleiche Spannung bewegt sich nicht mit einem ungleichen Ton. Es scheint mir, dass dies tatsächlich geschieht, weil die bewegte Luft in den Saiten immer einen Ton hervorruft, obwohl man ihn nicht hört. Aber wenn die Bewegung gleich ist, arbeitet die Luft in einer einzigen Bewegung zusammen, sie wird auf derselben Grundlage bewegt und leistet keinen Widerstand. Sie wird also von der Kraft, durch die sie bewegt wird, unver-

[10] »sigillis«.

sehrt auf die ruhende Saite übertragen und bewegt sich mit fast der gleichen Größe der Kraft, die sie bewegt.

Dinge, die weniger wahr sind, als sie scheinen, sind: zum Beispiel ein Stein, der durch Spucke entzündet wird. Er wird aus drei Pfund Branntkalk, drei Unzen griechischem Pech und einer Unze Magnetstein hergestellt. Diese werden zermahlen und in einem mit Ziegeln verschlossenen Tongefäß gekocht, dann fünfzehn Tage lang in Lorbeeröl eingelegt und anschließend an einem trockenen Ort aufbewahrt. Das ist weniger glaubwürdig, weil es sich nicht immer entzündet. Aber Leier-Saiten, die zur Gleichheit gebracht werden, bewegen immer das Stroh, und doch ist der Fall dieses Steins besser mit einer offensichtlichen Erklärung seiner Wirkung versehen.

Bei vielen Wundern ist es mit dem Staunen vorbei, wenn man die Erklärung erfährt: Schwefel, gleichmäßig in Wachs aufgelöst, macht es unauslöschlich; aber der Schwefel muss sehr rein sein. Ebenso wird eine mit Schwefel- und Kohlenstaub überzogene Kerze, wenn sie im Winter in Wasser getaucht und ihr oberer Teil in Papier eingewickelt wird und sie dort aufgehängt wird, wo ein Tropfen fällt, von ziemlich dickem Eis umgeben und brennt dann, wenn sie angezündet wird, und das Eis sieht für die Betrachter durch ein großes Wunder lichterloh aus. So erzeugen Leierschnüre, die über heißes Fleisch gespannt sind, ein Bild von Würmern, wenn sie gedreht werden. Symeon Seth berichtet, dass ein Lampendocht, der in mit Grünspan vermischter Sepiatinte liegt, wenn er ohne anderes Licht angezündet wird, alles Anwesende teils schwarz, teils grün erscheinen lässt. Solche Dinge habe ich oben erklärt, als ich mich mit Licht und Beleuchtung beschäftigte. Und destilliertes Wasser aus Kapern macht wirklich Schnurrhaare und Haare grün.

Unter den echten und natürlichen Experimenten ist dieses zu erwähnen, dass alle Früchte in jede beliebige Form gebracht werden können, besonders die größeren ohne Stein, wie Birnen, Quitten, Granatäpfel, Gurken, Kürbisse, Auberginen. Dies ist die Technik: Formen Sie die gewünschte Form aus Holz in der Größe der ganzen Frucht; umgeben Sie sie mit in Wasser aufgelöstem Gips in der Dicke des kleinen Fingers und teilen Sie sie in zwei Teile. Trocknen Sie diese Form und nehmen Sie sie aus dem Holz heraus; dies ist einfach, wenn Sie das Holz vorher mit Öl bestrichen haben. Nimm diese hohle Form aus dem Gips, teile sie in zwei Hälften und binde sie fest auf eine wachsende Frucht, die mehr als die Hälfte der richtigen Größe hat. Warte ab, bis die Frucht die richtige Größe erreicht hat. Du erhältst eine Frucht in der Form, zu der das Holz geformt wurde, und du kannst darauf schreiben, was du willst; zum Beispiel kannst du wahrhaftig sagen: »Wachse und erhebe dich aufrecht, als mein Anspruch auf Ruhm.«

Das gleiche Experiment gelingt mit Wurzeln (wenn auch nicht mit allen), allerdings auf einer ganz anderen Grundlage. Es sollten sehr große und gesunde Wurzeln genommen werden, wie die von Moos, und solche, die verholzt und langlebig sind; und beide Arten von Rüben und Rettich können auf die gleiche Weise versucht werden. Man vergräbt sie, nachdem man sie mit einer Klinge bearbeitet hat, wieder in der Erde, bis sie die Narbe bedeckt haben. So verwandelt sich eine Wurzel von der Moosbeere in eine Alraune, deren Geschlechtsorgane mal männlich und mal weiblich geformt sind. Die Borsten von ausgesäten Gerstenkörnern, so sagt man, werden in der Nähe der Wurzelspitze hinzugefügt, sodass die Pflanzen veredelt werden können.

Selbst menschliche Körper werden geformt, indem man einen Säugling von Anfang an auf bestimmte Weise quetscht. Wenn es Ihnen gefällt, neue Formen zu markieren, kann man dies in einem heißen Raum erreichen, indem man **die Hautoberfläche mit einem Rasiermesser einritzt**, nachdem Sie sie vorher mit Tinte bemalt haben. Dann füllt man die Risse mit Zinnober oder einer blauen oder erdigen Farbe auf, die man einmalen möchte, und sofort gerinnt die Haut mit der durch die Hitze des Raumes aufgenommenen Farbe zu dem Bild. Andernfalls, wie ich es durch Ausprobieren gelernt habe, und ohne ein Bad: Lassen Sie Kantharidin einen ganzen natürlichen Tag lang mit Scheidewasser vermischt stehen; dann zeichnen Sie auf der Haut die Buchstaben oder eine andere Form, die Sie wünschen, so auf, dass Spuren dieses Wassers zurückbleiben; weiße Blasen werden sich sofort an den Stellen zeigen. Wenn diese von selbst aufgeplatzt sind und sich eines Tages setzen, entsteht eine dauerhafte weiße Narbe, die ohne Gewaltanwendung nicht mehr zu entfernen ist; sie bildet die aufgemalte Form perfekt nach. Um dieses Verfahren zu verdeutlichen, möchte ich einige Details hinzufügen. Das Scheidewasser ist in der Tat so, denn es braucht kein Feuer, um Silber zu schmelzen. Kantharidin ist ein Mittel, das die Haut verletzen kann. Es wurde bereits gezeigt, dass, wenn solche potenziellen Wirkstoffe mit solchen kombiniert werden, die tatsächlich so sind, die gesamte Kraft auf den letzteren übergeht. Das Scheidewasser, das mit den Kräften des Kantharidin durchdrungen ist, wird also ausblühen, und zwar sofort. Denn es ist von der gleichen Art wie das Kantharidin, wenn es eine Zeit lang an der Haut haftet und begonnen hat, durch die Kraft der natürlichen Hitze zu wirken. Dann, wenn es angefangen hat zu wirken, wirken sie sofort. Ebenso werden abgemagerte Kinder, wenn ihre Haut davon befreit ist, nach und nach fett und fleischig: denn die Natur des Wachsens lässt nichts leer. Und diese Dinge bestehen tatsächlich in der Natur.

Das ist eine wahre **Metamorphose der Gestalt.** Die von Substanzen ist eine andere Sache, wie wenn wir einen Pyrophilus-Stein[11] herstellen wollen. Wir lassen zwei Pfund menschliches Blut fünfzehn Tage lang unter Pferdemist verrotten. Dann machen wir eine Destillation, behalten das gewonnene Wasser und trocknen den Bodensatz in einem Gefäß, das man Tiegel nennt, in dem man im Allgemeinen Metalle schmilzt, indem man Holzkohle darunter legt, bis er in eine Art Kalk übergeht. Anschließend gibt man diesen Kalk in ein Glasgefäß und vermischt ihn mit dem aufbewahrten Wasser und verwandelt ihn auf kleinem Feuer in einen Stein, entweder indem man ihn an der Luft erstarren lässt, wie Ziegelsteine, oder indem man ihn eingräbt. Agrippa beschreibt in seinem *De veneficiis ac experimentis*, dass dieser Stein rötlich und hell ist. Ich habe gesehen, dass diese Bücher auf das vierte Buch *Von der Ungewissheit und Eitelkeit der Wissenschaften* verweisen, und es trägt den Titel »Die Praxis dessen, was in den drei vorangegangenen erklärt wurde«, von denen keines erschienen ist.

Dieselbe Umwandlung kann bei Pflanzen und bei Teilen der Tiere in Steine geschehen, und zwar nach denselben Prinzipien. Und jede Gattung krautiger Pflanzen geht in verschiedene Arten von Würmern oder Schlangen über, die mit verschiedenen Formen und Kräften ausgestattet sind. Und dies ist es, was wir die große Metamorphose nennen; wie wir vorher sagten, da die fette Feuchtigkeit bei der Fäulnis von der erdigen getrennt wird, verrottet alles, was verrotten kann, z. B. Kräuter, Pflanzenblätter, Fleisch, Eier, Milch, während des Einschlusses in ein Glasgefäß und des Vergrabens in dampfendem Pferdemist. Wenn diese Dinge auf diese Weise vergraben werden, müssen sie ihre fettige Feuchtigkeit ausscheiden, und wenn diese entfernt wird, entsteht ein lebendes Tier. Diese Entstehung kann nicht verhindert werden, es sei denn, man verbrennt die Abfälle, wobei eine Beimischung von fettiger Feuchtigkeit bestehen bleibt. Es gibt tatsächlich Dinge, denen man nicht ansieht, dass sie verrotten, wie z.B. bittere und herbe

[11] »Pyrophilum lapide«. Auch Forrester gibt keine Erklärung.

Dinge. Sie erzeugen in der Tat kein Tier, da dies so langsam vor sich geht, dass das, was an fettiger Feuchtigkeit vorhanden ist, ausgeatmet wird, bevor es abgetrennt wird. In der Tat besteht jede Erzeugung, wie gesagt, in der Trennung. Folglich verdorren solche Dinge eher, als dass sie verwesen. Bitteres verfault leichter als Hartes; in Wermut findet man häufiger Würmer als in Knoblauch oder Zwiebeln. In der Tat ist nicht alles, was für uns bitter ist, auch für die Tiere bitter. Die Autorität ist der Dichter, der von den Ziegen sagt:

Sie weiden auf den bitteren Weiden.[12]

Und wenn Ingwer verrottet, ist er nicht nur fett, sondern auch weniger hart. Bei den Dingen, die verwesen, ist die Vielfalt der Materie die Erklärung für die verschiedenen Formen der Tiere, die entstehen. Wenn also Dinge, die sich in der Form unterscheiden, sich in der Art unterscheiden, und Dinge, die sich in Art, Kräften und Lebensweise unterscheiden und aus unterschiedlicher Materie hervorgehen, sich in der Form unterscheiden, dann muss es der Fall sein, dass das, was aus unterschiedlicher Materie hervorgeht, unterschiedliche Kräfte hat, wie es zuvor über Wespen und Hornissen gesagt wurde.

Es gibt Zeiten, in denen verschiedene Tierarten aus derselben Materie, aber mit einer anderen wirksamen Ursache, hervorgehen. Zum Beispiel erzeugen bei uns Wassertropfen im Sommer Flöhe; dieselben Dinge verwandeln sich in Panama, einer Provinz der Neuen Welt, sogleich in Kröten. Es scheint mir also nicht lächerlich, dass dort, wo jemand gespuckt hat, innerhalb einer halben Stunde anstelle des Speichels kleine Frösche auftauchen. Wir haben in der Tat erklärt, wie die menschliche Natur alles nachahmen kann, was die Natur der Luft tun kann. Und vielleicht wurde sie durch einige Dinge unterstützt, die gut gekaut worden waren, wie man es von Froschasche oder einem Teil von Fröschen erwarten könnte. Wir haben gezeigt, dass bei den Tieren, die aus Schmutz erzeugt werden, ihre Erzeugung einfach ist. Und dass sie aus ihrem eigenen Schmutz erzeugt werden. Ein Regenschauer bedeutet für sie eine kurze und rasche Zeugung, da sie aus feuchter Substanz stammen. So kann man davon ausgehen, dass die Zauberer vor dem Pharao ohne ein Wunder Stöcke in Schlangen verwandelten. So werden den Dingen und Gegenden wundersame Eigenschaften zugesprochen.

Schlamm nährt ein giftiges Tier nicht und ist dennoch warm. Die Erklärung ist entweder, dass die Nahrung darin fehlt, oder dass die Luft selbst ein Hindernis ist, weil sie sich verändert; gute Gerüche sind vorbeugend und zerstörend für sie. Obwohl es viele adstringierende und erhitzende Dinge gibt, ist die Weinraute hervorragend stärkend für den Magen und alle Därme. Bohnen verderben die Luft in ihrer Umgebung, obwohl sie harmlos sind, wenn sie gegessen werden, in der Tat halten sie durch irgendeine Eigenschaft die Ausscheidungen des Kopfes auf. Und obwohl es vielleicht eine andere Erklärung für die Frucht, für die Pflanze, und auch für die grüne und die getrocknete Frucht gibt, ist diese Pflanze doch nicht feucht genug, um die Luft zu beeinflussen.

In unseren Gegenden hat man festgestellt, dass Seidenraupen die Luft mehr verpesten als Bohnen. Diese Tiere (und alle Arten von Würmern und Heuschrecken) tun dies wegen ihrer Ausscheidungen und dem Geruch von fettiger Feuchtigkeit; sie sind, wie oben erwähnt, reich daran. Aber unter den Hülsenfrüchten sind die Bohnen selbst reich daran; der Beweis ist die wiederholte Erzeugung von Tieren in ihnen. Daraus folgt, dass es auch bei Erbsen so sein wird. Wie oft gesagt wird, entstehen die meisten Dinge aus einer Ursache, die einigen Menschen unklar, anderen aber bekannt ist. Zitronen- oder Orangenfrüchte verfaulen sehr schnell durch die Hitze von Brot, obwohl sie

[12] Vergil, *Eklogen*, 1. 78.

durch viele viel heißere Dinge weniger verdorben werden; da diese Hitze feucht ist, kann sie nicht trocknen und verursacht so Fäulnis. Daher ist es vernünftig, dass die Hitze von Brot die Fäulnis von allem fördert, aber in einem Fall mehr als in einem anderen. Auf einer ähnlichen Grundlage finden es manche Leute erstaunlich, dass Färberkrapp[13] den Urin färben kann, wenn man ihn lange in der Hand hält. Ihnen ist nicht bewusst, dass Kantharidin blutigen Urin hervorruft und ein brennendes Gefühl auslöst, wobei die beiden offensichtlich eine gemeinsame Erklärung haben. Denn durch die Hitze der Hände werden solche Dinge hervorgerufen: und wenn sie nach innen gezogen werden, werden sie von den Arterienöffnungen zur Blase geleitet. Es war also sinnvoller zu untersuchen, was daraus folgt. Erstens ist es notwendig, dieses Arzneimittel zu haben, da es so leicht in die dünnsten Stellen eindringt. Dann, da es in die Blase gelangt, muss es etwas mit der Natur der Blase gemeinsam haben. Wenn es mit irgendetwas anderem verbunden ist, kann es seine Kraft sehr leicht auf die Blase und von dort aus auf den ganzen Körper übertragen. Eine solche sorgfältige Suche ist nicht nur schön, sondern auch in vielen Zusammenhängen nützlich.

Um allmählich fortzufahren: Die **Erklärung mancher Dinge ist etwas undurchsichtig**: zum Beispiel, dass für Gemüse schädliche Tiere von Wasser ferngehalten werden, in dem Krabben zehn Tage lang der Sonne ausgesetzt waren. Der jüngere Bruder des Königs von Frankreich litt an einem Geschwür von ungeheurer Bösartigkeit; er wurde geheilt, indem ein zwölfjähriger Junge ständig darauf atmete. Und das ist auch verständlich: Der Atem aus dem Herzen eines Kindes im gesetzten Alter, aber vor der Pubertät, ist rein und kann verdorbene Säfte korrigieren. Wenn man Weizenmehl mit Eidechsenfett, Salpeter und Kümmel mischt und an Hühner reichlich verfüttert, dann werden, die Menschen, die sie essen, so fett, dass sie auseinanderzureißen drohen. Diese Dinge sind im Einklang mit der Natur und daher ziemlich oft wahr. Es ist eine Sache, ziemlich oft wahr zu sein, und eine andere, sehr häufiger wahr zu sein. Immer wird das, was mit der Natur übereinstimmt, öfter als wahr angesehen, aber nicht immer häufiger, wie im Falle des Magnetsteins. Man sagt, eine Sache sei losgelöst von der Natur, weil ihre Ursachen völlig unklar sind, zum Beispiel, dass das verbrannte Horn und der Dung eines Büffels aus der Richtung eines drohenden Sturms Pflanzen und Feldfrüchte vor Mehltau schützen, wie man sagt.

Hier ist eine völlig wahre Entdeckung von uns: Basilikumsaft, von einer halben Unze davon getrunken, zusammen mit einem halben Skrupel Safran, tut Wunder gegen Keuchen und Atemlosigkeit.

Ich könnte ewig so weitermachen, denn der unbekannte Ursprung dieser Dinge löst Erstaunen aus, und das nicht nur bei Pflanzen, Tieren und Menschen, sondern, wie gesagt, auch bei Regionen, Böden, Gewässern und Verfahren. Wenn der Ischias sehr schmerzt, wirkt Musik oft heilend. Kann es sein, dass dieser Schmerz, da er kein Hauptorgan betrifft, dadurch gelindert wird, dass die Geister von anderswoher zum Vergnügen übertragen werden, und dann durch die Musik die Ursache des Schmerzes durch die entstehende Hitze abgewendet wird? Tauben kann man durch folgende kleinen Pastillen anlocken: Mais oder Sorghum, 60 Pfund; Kumin, sechs Pfund; Honig, zehn; Königswurz, ein Pfund; Vitex, fünf Pfund. Das alles wird in Wasser gekocht, bis das Wasser verkocht ist, dann wird eine ausreichende Menge wohlriechenden, ausgezeichneten Weins hinzugefügt, dazu fünfzehn Pfund alter Schutt, und das Ganze wird in der Mitte des Taubenhauses aufgehäuft. Wenn andere Tauben den Geruch wahrgenommen haben, kommen sie an den Ort. Sie nehmen ihn

13 »erythrodanum«.

auch wahr, wenn sie sich mit den einheimischen Tauben vereinen; wenn sie einmal dort waren, können sie nicht mehr weg, angelockt durch die Anziehungskraft der Nahrung.

Größere Unsicherheit besteht bei **Vergiftungen ohne Nahrung.** Es gab ein Volk, das dem Dämon Moloch die eigenen Kinder opferte. Als der König seinen eigenen Sohn in den Mauern geopfert hatte, wollte er damit die Einnahme der Stadt durch die Juden verhindern. Ein anderer, so berichtet Plutarch in den *Römischen Fragen*, hielt sein eigenes Begräbnis ab und täuschte dann vor, selbst neu geboren zu sein und so einem gewaltsamen Tod zu entgehen, was, wie er glaubte, sein vorherbestimmtes Schicksal war. Plutarch berichtet ebenfalls, dass Acteius, der Tribun der Plebejer, gegen Marcus Crassus Flüche und Drohgebete zu den Göttern ausschüttete, die Crassus vernichtet haben sollen. Unter den Christen gibt es anstelle der Gebete und Flüche die Anweisungen aus dem Tal von Iosaphat. Durch sie wurde ein öffentlicher Bann verhängt, und es wird angenommen, dass die Schuldigen (und diejenigen, die ihre Schulden leugnen oder wegen ihrer Macht nicht hingerichtet werden konnten) durch diese innerhalb eines Jahres zu Tode gehetzt wurden. Diese Dinge geschahen, soweit ich weiß, in der Gegend von Bergamo. Andere Leute haben Hilfe von der Technik gewählt, nicht von denen da oben; zum Beispiel jemand, der einem Schuldner ein Halsband aus Stahl umlegt, das niemand abnehmen kann außer dem, der es angelegt hat. Vor einigen Jahren wurde unser Mitbürger Zafaronus von seinem Gläubiger Vincentinus überlistet und starb an dieser Missetat, denn Vincentinus hatte ihn fester angelegt, als er beabsichtigt hatte.

Aber ich komme zurück zu den **Flüchen.** Es gibt Leute, die im Haus ihres Feindes eine Kerze anzünden und sie in die nächstgelegene Kirche bringen, wo sie furchtbare Flüche aussprechen. Manche nehmen an, dass unser Patrizier Gaspar Vicomercatus auf diese Weise starb. Ich werde meine Ansicht darlegen. Die Furcht unterstützt die Kraft einer Verwünschung, eines Fluches[14] oder die Erwartung desjenigen, gegen den sie gerichtet ist, und desjenigen, der sie ausgesprochen hat oder in festem Glauben verharrt, sehr. Auch wenn zu den Worten »Zufall« und »Glück« noch etwas ganz anderes hinzukommt. Schließlich gibt es ein gewisses Geheimnis, das jedem Menschen eigen ist, nicht nur der Art, sondern auch der Einzigartigkeit dieses oder jenes Menschen. Ich finde jedenfalls bei Arrianus, einem zuverlässigen Historiker, im siebten Buch seiner *De gestis Alexandri*, dass der Seher Pythagoras, der Alexander auf seinen Feldzügen begleitete, für ihn ein Tier opferte, und es zeigte sich, dass dessen Leber keine Lappen hatte. Dasselbe war schon bei einem Opfer für Alexanders Freund Hephaistion der Fall gewesen, und dieser starb kurz darauf. Auch den Tod des Perdiccas und des Antigonus hatte er vorausgesehen. Es ist jedoch überliefert, dass Alexander von den Chaldäern davor gewarnt wurde, Babylon zu betreten, da dies sein Ende bedeuten würde. Als er also eintrat, verließ er die Stadt sofort wieder und untersuchte den Pollacopa-Graben des Euphrat. Aber es gibt Leute, die sagen, dass diese Propheten diese Vorhersage durch Betrug erdacht haben und dass sie sich der Entgegennahme hoher Bestechungsgelder schuldig gemacht haben.

Auch in uns selbst gibt es gewisse Spuren von zukünftigen Ereignissen: in unseren **Fingernägeln** und sogar in unseren Zähnen. In einigen Fällen zeigen diese Flecken die Ereignisse an, in anderen nur leere Hoffnungen. Aber je nach der Beschaffenheit der Hand und der Finger und ihrer Farben und ihrer Veränderung. Im Daumen: Ehre und Vergnügen; im Zeigefinger: Gewinn; im kleinen Finger: kleinere Angelegenheiten;

[14] »veneficium«.

im Mittelfinger: Gedanken und Aufgaben; im Ringfinger: Ehre. Schwarze Flecken kündigen Unheil an, weiße sind Glücksschläge; große bedeuten große Schläge, glänzende deutliche Schläge, kleine kleine Schläge. Dunkle Glücksschläge vermindern das Unglück, manchmal vergrößern sie es sogar. Den Älteren und weniger Fähigen werden Hoffnungen statt Taten versprochen. Schwarze Flecken bedeuten Ängste, aber nicht so oft unbegründete Ängste, ebenso wie weiße Flecken Hoffnungen bedeuten; die menschliche Natur neigt mehr zum Bösen als zum Guten. Und verschiedene Lebensabschnitte und Krankheiten können das Gute verhindern und das Böse erwecken. Aber wenn es hell geleuchtet hat, bietet es etwas mehr als Hoffnung oder Angst: die rechte Hand vom Fleiß, die linke vom Glück, es sei denn, jemand hat eine ziemlich starke linke Hand. Es ist Zeit für einen Anfang, wenn Flecken an der Nagelwurzel erscheinen, und für ein Ergebnis, wenn sie das Ende erreichen. Das macht den Unterschied zwischen Hoffnung und Angst vor dem Ergebnis aus, denn je weiter die Flecken fortschreiten, desto deutlicher werden sie und wachsen, während andere schrumpfen und verschwinden. Die Zeit, in der der gesamte sichtbare Teil eines Nagels umgewandelt wird, beträgt drei bis sechs Monate; für den gesamten Nagel ist es schwer abzuschätzen, aber meiner Meinung nach kann es bis zu einem Jahr dauern.

Der Teil der **Zähne** (d.h. der, der aus dem Zahnfleisch herausragt) verändert sich in einem Zeitraum von etwa sieben Jahren, aber der ganze Zahn braucht etwa zwölf Jahre oder etwas weniger. Aber das ist nicht ganz unumstritten, und es spielt auch keine Rolle. Ich habe das auch bei Frauen beobachtet, bei einer Mutter und einer Tochter. Die Mutter hatte eine S-Spur, die Tochter eine wie ein O; beide weiß, ja schneeweiß; vom Austritt aus dem Zahnfleisch an verschwand sie rundherum, als der Zahn sich abnutzte, und es vergingen etwa sechs Jahre; dann heiratete sie einen vornehmen jungen Mann, obwohl sie selbst arm war.

In manchen Fällen werden Hoffnungen und in manchen Wirkungen versprochen, und zwar ganz schnell oder ganz langsam: Eine Mutter hat zum Beispiel einen sehr vornehmen Mann bekommen, ihre Tochter nur eine Hoffnung. Das macht deutlich, dass das Wachstum der Nägel auf den Mond zurückzuführen ist, das der Zähne aber auf die Sonne. Diese Beobachtung ist also kein Aberglaube. Aber es ist auf dieselben Ursachen zurückzuführen, die uns und unseren Angelegenheiten helfen (also Sonne und Mond), dass diese Spuren entstehen. Und sie erscheinen besonders an diesen Stellen, weil sie sich dort wegen ihres Glanzes und ihrer Durchsichtigkeit leichter einprägen. Es ist gewiss, dass diejenigen, denen solche Dinge widerfahren, eine äußerst schlaue und weise Seele haben, wie von diesen Frauen gesagt wurde. Die Flecken auf den Zähnen sind in Bezug auf die Natur aussagekräftiger, weil sie mit der Sonne in Verbindung stehen, so wie die auf den Nägeln in Bezug auf das Glück aussagekräftiger sind, weil sie mit dem Mond in Verbindung stehen. Nach meiner eigenen Beobachtung schien dies wahrer zu sein als andere Arten von Weissagung und war von beträchtlicher Hilfe. Die Weissagung scheint von so viel Hilfe zu sein, wie es das Schicksal erlaubt.

Und es gibt viele Tricks auf diesem Gebiet: zum Beispiel Leute, die **auf ein Ei schreiben**, und das, was sie beabsichtigen, erscheint im Inneren, weil die Schale durchlässig ist und Farben durchlässt. Man knetet Essig mit Alaun und zerkleinerte Galläpfel und schreibt dann mit dieser Flüssigkeit auf die Schale, was man will, und wenn sie trocken ist, legt man sie in Salzlake. Oder man bestreicht das Ei mit Wachs und schreibt die Buchstaben mit einem Griffel darauf, sodass das Wachs angeritzt wird und die Wachsreste übrig bleiben, auf die man die Flüssigkeit geben kann. Koche das trockene Ei, bis es hart wird, und tauche es dann in starken

Essig; auf diese Weise dringen die Buchstaben ein, und du wirst sie auf dem Ei sehen, wenn du die Schale entfernst. Denn Essig macht die Eierschale weich, sodass sie in eine schmalen Öffnung stecken kann, aber Wasser härtet sie aus. Da ich die Erklärung dieser beiden von mir durchgeführten Experimente beifüge, habe ich das Thema behandlungswürdig gemacht und werde einen Weg zur Entdeckung weiterer Experimente dieser Art eröffnen. Die Erweichung der Schale durch die Kraft des Essigs geschieht, weil sie, wie die Griechen sagten, Poren hat; sie schwitzt, also nimmt sie den Essig auf. Der Essig ist von verdünnter Substanz und dringt so in die Substanz der Schale ein. Da die Eierschale aus Kälte besteht und von zarter Substanz ist, wird sie durch Feuchtigkeit aufgelöst. Aber wegen ihrer übermäßigen Kälte drückt das Wasser den Gehalt an verdünnter Feuchtigkeit in der Substanz heraus und lässt den Rest gerinnen. So wird eine Eierschale, die in Essig weich geworden war, im Wasser hart. Wenn man also Galläpfel und Alaun in Essig geknetet hat, erwirbt der Essig die Kraft eines jeden, und daher dringt der Essig, wenn die Buchstaben geschrieben sind, durch die Öffnungen der Schale ins Innere.

Ein Gallapfel hinterlässt im Eiweiß eine matte Safranfarbe. Aber der Alaun verhindert, dass sie vom Feuer angegriffen wird. So bleibt die Farbe stark haften, als ob sie in Salzlake getrocknet wäre; die Form der Buchstaben wird sich festsetzen. Dann wird es in starken Essig getaucht, um entweder das, was durch die Salzlake konserviert wurde, von der Schale mehr auf das Eiweiß zu übertragen, oder, wenn es im Feuer eingekocht wurde, zieht es den in der Schale verbliebenen Rest ein. In der Tat kommt es durch die primäre Kraft des Essigs dazu, dass das Muster in die Schale gelangt, nicht aber, dass der größere Teil ganz in das Eiweiß gelangt, weil es an Essig mangelt.

Zweitens wird das Muster auf die Oberfläche des Eiweißes übertragen. Denn alles, was an einer Handlung teilnimmt, empfängt ein Bild von dem, was in Aktion ist, und überträgt es, wenn es es nicht verdirbt. Die Muster sind bereits durch das Feuer auf der Schale in Aktion, und der scharfe Essig ist in Aktion. Tatsächlich löst er, wie gezeigt wurde, die Eierschale ohne Hitze auf. So überträgt der Essig das Bild der Buchstaben und löscht die auf der Schale aus, sodass sie unsichtbar sind. Wenn du also die Schale abnimmst oder jemand anderes das Ei unvorsichtigerweise wieder kocht, wobei die Bilder aufgrund der Kraft des Alauns erhalten bleiben, werden die Buchstaben auffällig erscheinen, wenn die Schale abgenommen wird.

Lassen wir dies hinter uns und kehren wir zu den echten Visionen zurück. Es gibt drei Arten von Visionen: einige im Schlaf, einige in Trance, einige im Wachzustand. Ich werde Beispiele dafür anführen. Im Schlaf wurde ich mehr als einmal **gedrängt, dieses Buch zu schreiben**, und es sollte in 21 Teile gegliedert sein; die Themen waren vielfältig, und um die Mitte herum einige Teile Geometrie. Dann, während der ganzen Zeit, verschiedene neuartige Diskussionen, ziemlich raffiniert, und mit wahren Themen; mit mehr als gewöhnlicher Klarheit der Sprache, sehr elegante und wahre Dinge; und dann die Kontinuität des Stils und die Subtilität der Argumentation ließ das Projekt für mich geradezu göttlich erscheinen, so sehr, dass ich im Schlaf von so viel Vergnügen überwältigt wurde, dass ich nie etwas Ähnliches gefühlt habe. Ich schien wie von Sinnen zu sein, und nach dem Schlaf bereitete mir sogar die Erinnerung an dieses Vergnügen eine wunderbare Freude. Ich konnte den Stoff erkennen, der alles abdecken würde, und den Namen des Buches, ein schlankes und schönes Zeichen. Das Buch schien in einiger Entfernung gedruckt worden zu sein, und es gab nur wenige Exemplare in der Stadt. Drei Dinge stimmten nicht überein: Das Buch schien früher von jemand anderem zu sein, nicht von mir; sein Umfang war viel größer und sein Stil eleganter als meiner. Vielleicht wird sich das eines Tages zum Besseren wenden, oder, wie es bei Spiegeln geschieht, wird dasselbe Buch zufällig auftauchen, aber auf einem anderen Plan, größer, schöner und mit einer anderen Ordnung, zum Beispiel, weil das Träumen einige Dinge vergrößert und andere verkleinert. In der Tat vergrößert es die Erscheinung von Schmerzen, die noch nicht begonnen haben, aber verkleinert die von Krankheiten, die uns bereits leiden lassen.

Als mir das häufiger passiert war, begann ich das Buch mit vier Bögen; später erhöhte ich es auf sieben, dann auf 35. Und nie hörten in der Zwischenzeit dieselben Bilder auf, auch nicht das Vergnügen, das ich beim Lesen im Schlaf zu empfinden pflegte. Aber je seltener es in einen Traum zurückkam, desto mehr wuchs das Buch weiter. Es wuchs später auf 57 und schließlich auf 76 Bögen an und wurde dann zum ersten Mal mit einem beigefügten Register veröffentlicht. Aber da es offensichtlich nur halb so umfangreich war wie das, das mir im Traum gezeigt wurde, dachte ich, dass es von jemand anderem fertiggestellt werden sollte. Denn dasselbe Buch war schon dreimal gedruckt worden, zuerst in Nürnberg, dann in Lyon und schließlich in Paris. Als ich aber auf Galens Worte[15] stieß, in denen die Art und Weise, Bücher zu vollenden, dargelegt ist, nahm ich den Faden wieder auf und vollendete es nach diesem Vorbild, indem ich fast so viel hinzufügte, wie in der ersten Auflage vorhanden war, und mich dabei auf fast die Mittel stützte, die ich schließlich im vorhergehenden Buch angewandt hatte. Der Gesamtzuwachs beläuft sich auf 56 Bögen, und das ganze Buch auf 132. Mit den hinzugefügten Illustrationen unterscheidet es sich wohl kaum von dem, das ich während der Ruhezeit gesehen habe. Aber ich kann es nicht noch mehr erweitern, selbst wenn ich es wollte, erstens, weil die Abfolge vollständig ist, und zweitens, weil es notwendig wäre, die ganze Sache von Anfang an zu betrachten, was für mich jetzt nicht nur unbequem, sondern unmöglich wäre.

Wenn aber die drei Bücher *De rerum varietate*, die dasselbe Thema behandeln, beigefügt sind, dann werden die Schriftart und die Größe des Buches und die Stelle, an der die mathematischen Zahlen erscheinen (nicht in der Mitte, sondern am Ende des Buches), fast genau meinem Traum entsprechen; die Naturgeschichte des Plinius schien in der Größe dem Band zu entsprechen, den ich in der Ruhe zu lesen pflegte.

Außerdem wurden bei dieser letzten Korrektur 37 Monate gebraucht, ein Monat mehr als drei Jahre. Für manche Menschen haben Träume eine so große Macht. Aber für mich sehen sie nicht wie Träume aus, sondern wie etwas Größeres. Zum Beispiel der Traum, der mich zum Schreiben anregte und von dem ich einen Bericht auf der Rückseite unserer Kupferplatten eingravieren ließ. Und der Traum, in dem ich den Tod meines Freundes Alciatus sah, wenige Tage bevor er starb. Und der Traum, in dem ich nach meinem Tod im Himmel zu sein schien und in dem mir die Bücher *De rerum varietate* gezeigt wurden.

Aber das sind Merkmale unserer Art, die von beiden Elternteilen vererbt werden: In der Nacht vor dem Tag, an dem er von der Pest befallen wurde, wurde mein Vater durch einen Traum gewarnt, dass dies am folgenden Morgen geschehen würde. Weder Balken noch Riegel konnten die Vorhersage des Traumes verhindern. Und als meine Mutter zwei von sechs Söhnen (mich nicht mitgezählt) überlebte, sah sie in der Nacht, in der sie zu erkranken begannen, bevor sie sich beklagten, wie beide ihr entrissen wurden und in die himmlischen Gefilde gelangten. Das Ergebnis zeigte sich tatsächlich, beide gelangten in der achten Nacht nach ihrem

[15] Forrester schreibt: Vivian Nutton vermutet, dass die fragliche Passage in Galens Traktat *Methodus Medendi* (Buch 7. 1; ab K. 10: 456) zu finden ist.

Traum und dem Ausbruch der Krankheit dorthin. Wir haben zehn Bücher über Träume geschrieben. Alles, was ich hinzufügen möchte, ist, dass die Menschen wissen sollten, dass es etwas in uns gibt, das nicht nur in uns ist. Ich meine, in allen menschlichen Wesen. Es regt diejenigen, die es wollen, zu Tugenden an, aber andere zum Schlachten und Vergiften. Was hältst du vom Geist eines Verbrechers? Gibt es dort jemanden, der allein ist? Gibt es dort Schrecken, Hass, Verdächtigungen, Wut und seelische Qualen, sodass jemand, der sich in ihre Macht begeben hat, nicht für sich selbst verantwortlich sein kann? In Jedem sind die Samen und Triebe der Gegenpartei vergraben. Daher kann niemand zur Tugendhaftigkeit angeregt werden, noch die Wahrhaftigkeit der Träume prüfen, der verdeckt und vergräbt, was außer ihm selbst noch in ihm ist.

Es gibt **drei Gruppen von Träumen**: die der bösen Dämonen, die des klaren Lichts und die der Lust. Und die Gruppen der Dämonen und des Lichts sind einander ähnlicher als die Gruppe derer, die nur auf Gewinn aus sind. Denn diese sind in allen Dingen aus dem Fleisch und der körperlichen Hülle entstanden. Folglich erleben sogar Verbrecher wahre Träume, Visionen der Zukunft und Wunder. Ein Dämon ist ohne Körper, das hat er mit dem Licht gemeinsam, aber sonst nichts. Ich weiß, was man gegen mich einwenden kann, nämlich dass ich gerne als göttlich angesehen werden möchte. Hält man mich für so dumm, dass ich nicht wüsste, dass dies in den Augen der Menschen eher der Eitelkeit als meiner Ehre zuzuschreiben wäre? Aber ich kann nicht schweigen über das, was ich gesehen habe und weiß, selbst im Angesicht einer großen Gefahr. Es ist mir eine große Hilfe, dass, als Galen dasselbe widerfuhr, dieselbe Angst, derselbe Verdacht, von dem er zugibt, dass er ihn gut kannte, er es dennoch vorzog, der Verpflichtung Folge zu leisten und das, was er wusste, nicht zu verbergen und sein Ansehen zu opfern, anstatt dem Ruf des Volkes zu folgen. Wer zu den Schafen gehört, soll nicht beurteilen, was es bedeutet, kein Fleisch zu anzurühren. Wenn aber jemand vermutet, dass ich den Ruf eines Heiligen anstrebe, so soll er wissen, dass keiner der Alten so beständig die Zerstörung unseres Geistes beklagte wie Galen, und dass wir stets in der Gefahr des Irrtums sind, sodass die Erklärung dafür von anderswoher kommen muss. Daher sind diese Themen für die Bücher *De arcanis aeternitatis* und *De Fato*, nicht für die gegenwärtige Diskussion geeignet.

Was aber zu dieser Abhandlung passt, ist die Frage, warum ein Traum eine viel längere Zeit einzunehmen scheint, als er in Wirklichkeit in Anspruch nimmt. Einmal schien es mir, als ob ich in einer einzigen Stunde von Mailand in eine unbekannte, 300 Meilen entfernte Stadt ginge, und in der Zwischenzeit durch andere Städte und so viele Berge, Täler und Ebenen reiste, dass man sie kaum in sechs Tagen durchqueren könnte. Dies ließ mich glauben, dass ich viel geschlafen hatte, aber der Klang der Glocken teilte mir mit, dass es nicht einmal eine ganze Stunde lang war. Der Grund dafür ist, dass die Tätigkeiten ohne körperliche Anstrengung und daher sehr schnell verrichtet werden. Das Urteil ergibt sich aus der Berechnung der Zeit der körperlichen Arbeit auf einer Skala, die während des Schlafes verändert ist. Diejenigen, die sich solche Dinge im Wachzustand vorstellen, erhöhen daher nicht die Zeit, da sie erkennen, dass diese Ereignisse nicht wirklich stattgefunden haben, sondern nur geistig erdacht wurden, ein schneller Prozess. Im Gegensatz dazu verkürzt sich die Zeit während des Schlafes, da man entweder nicht oder nur wenig träumt, ohne sich zu bewegen. Das Maß ist die Zeit der Bewegung.

Aber was ist Zeit? Obwohl nichts von ihr jemals existiert, existiert doch alles in ihr, und sie ist immer und mit jedem präsent. Auch bringt sie alles hervor und tötet alles ab, sie ist verantwortlich für Leben und Tod. Und so wie das Warten auf sie sehr lange dauert, so ist auch die Erinnerung an sie sehr kurz. Und obwohl sie uns immer begleitet, erkennen wir sie dennoch nicht. Und obwohl es einen so großen Vorrat an ihr gibt, wird kein Ersatz für sie gewährt; daher ist die Verschwendung von nichts anderem größer und verächtlicher. Es hat mir geholfen, dass ich mir dessen wohl bewusst bin. Aber manches passt in diesen Zusammenhang, manches in den, der am engsten damit verbunden ist. Denn es lohnt sich, darüber zu staunen, dass etwas nicht Vorhandenes sich so weit fortbewegen kann.

Wir erfassen also nicht die Zeit selbst, sondern das, was in ihr ist und geschieht und weitergeht. Die Zeit an sich ist den Sinnen unbekannt; was uns bekannt ist, existiert in der Vorstellung. So werden Wunder nicht nur im Traum, sondern auch im Wachzustand dargestellt. Und hier gibt es einen dreifachen Zustand: Man ist mittendrin, wie in einer **Trance**. Andreas Osiander (ein in jeder Art von Literatur sehr gelehrter Mann, Bürger von Nürnberg, Theologe, ein Freund von mir) ist es einmal passiert, wie er mir an anderer Stelle brieflich mitteilte, dass er als Jugendlicher, als er an einem quartären Fieber litt, während der Zeit des Ausbruchs sich in einem Wald zu befinden schien und Ziel von wilden Tieren und Schlangen verschiedener Art war, was ihn sehr beunruhigte. Und er konnte sich nicht davon überzeugen, dass er zu Hause war, noch dass dies nur Einbildung war. Bei der Ankunft seines Vaters nahm er jedoch sofort wieder seinen ursprünglichen Zustand an und erkannte sein Haus, sein Schlafzimmer und seine Freunde ohne jegliche Angst. Doch als sein Vater abreiste, begannen diese Erscheinungen wieder vor seinen Augen zu huschen, und alle Phantome kamen zurück. Dieser Zustand hielt so lange an wie das Fieber, das ihn lange Zeit quälte.

Ich denke, dass dies größtenteils so ist, wie das, was vor langer Zeit den Einsiedlern erschien, die in einer Wüste lebten. Es ist wohl so, dass den Heiligen einige Dinge von Gott oder von Dämonen eingegeben werden, Dinge, die zu der Zeit Dämonen oder Gott in Erinnerung riefen. Obwohl diese Dinge vielen anderen widerfahren, kann man sie weder Gott noch Dämonen anlasten, zumal sie sagen, dass sie alles, was sie wollen, durch die Einbildung ins Gedächtnis rufen können, auch gegen unseren Willen. Und ich würde nicht glauben, dass so viele ernsthafte Menschen nach einem Leben, das sie in so intensiver Arbeit und in Einsamkeit verbracht haben, aus einem so geringen Grund lügen würden. Aber die Einsamkeit an sich und ein von der Arbeit und dem Fasten kranker Geist und ein durch die ländliche Kost verändertes Temperament veranschaulichen in diesem Fall die Macht des melancholischen Humors.

Es gibt eine **zweite Art von Wachtraum**, bei der nur das Funktionieren der Seele beeinträchtigt ist und ihre Kraft bestehen bleibt; ich glaube, es war diese Art, an die ich mich erinnere, die mir drei Jahre lang widerfuhr. Das war von meinem vierten bis zu meinem siebten Lebensjahr, immer von der zweiten bis zur vierten Stunde des Tages, oder wenn ich langsam aufwachte: Ich sah am Fuß des Bettes Bilder, als wären sie in kleinen Ringen und ständig in der Luft, von Bäumen, Tieren, Menschen, Dörfern, Schlachtreihen, Militär- und Musikinstrumenten und andere Dinge dieser Art; Figuren, die auf- und abgingen, wobei eine auf die andere folgte. Und da ich mich als kleiner Junge sehr für diese Dinge begeisterte und sie immer wieder aufmerksam betrachtete, fragten mich meine Mutter Clara und meine Tante Margareta manchmal forschend, ob ich etwas sehe. Aber obwohl ich noch recht klein war, war ich mir bewusst, dass es sich um eine Erscheinung handelte, sodass ich ständig Nein sagte, weil ich befürchtete, dass, wenn ich es verraten hätte, die Erscheinung mich verlassen oder mir ein Unglück zustoßen würde, weil ich ein Geheimnis preisgegeben hätte. Ich weiß, dass Galen diese Bilder mit einer Subtilität der Empfindung erklärt, aber nicht diese, die lange andauerten, in einer bestimmten Reihenfolge wiederkehrten und so absolute Formen zeigten.

Ich werde nun die Erklärung nach Averroes offenbaren: Als sieben Jahre vergangen waren und mein Zuhause gleichzeitig gewechselt hatte, verließen mich solche Erscheinungen völlig. In seinen *Collectanea* scheint mir Averroes die Erklärung sehr schön zu formulieren, und zwar wie folgt:

> Wenn der Geist im Dienste der Einbildungskraft durch Einbildung Formen eines Geräusches oder einer Eigenschaft empfangen hat, um sie durch Geruch oder Berührung zu erkennen, sei es von einem Toten oder einem Dämon, und der von dieser Eigenschaft durchdrungene Geist auf die Empfindung übertragen wird, die in der Wirkung, im Falle von Gerüchen dem spezifischen Instrument des Geruchs, im Falle des Gehörs den Ohren, im Falle des Sehens den Augen entspricht, wird er riechen oder hören oder sehen müssen, ohne dass ein Gegenstand vorhanden ist. Denn wenn das Sehen nichts anderes ist als die Wahrnehmung einer Art durch den Geist im Augapfel, ob diese Art nun durch den Gegenstand abgegrenzt ist oder nicht, so ist es klar, dass, wann immer dies geschieht, der Mensch wirklich sieht.

Und so kommt es vor, dass man im Wachzustand Dämonen und Tote sieht, aber auch die Stimmen seiner Bekannten hört, ihren Geruch wahrnimmt und sie berührt, wie bei Succubi und Incubi. Deshalb werden diese Dinge seltener gesehen als gehört oder berührt. Bei den anderen Sinnen genügt es, ein einziges Unterscheidungsmerkmal wahrzunehmen, so kann ein einziger auf die Empfindung übertragener Geist dies mit dieser Gestalt darstellen, aber bei den Augen sind mehr Unterscheidungsmerkmale erforderlich, Größe, Form, Farbe, daher müssen mehr Geister übertragen werden. Folglich hat auch die Natur die Nerven, die zu den Augen führen, hohl gemacht, und sie sind die einzigen, die so sind, weil sie in ihren Funktionen viele Geister brauchen. Und so ermüdet man durch das scharfe Schauen viel mehr, als wenn man einen der anderen Sinne benutzt.

Daraus ergibt sich die Antwort auf viele Probleme, und obwohl sie sehr wahr sind, erschöpfen sie doch die meisten Menschen so sehr, dass sie nicht zögern, sie in die Kategorie der Wunder zu verschieben, oder einige Leute verschieben sie auf Dämonen, und einige leugnen sie. Zum Beispiel etwas, das sich in Island ereignet hat, einer Insel jenseits Britanniens und in der Nähe von Norwegen (ich befasse mich im Moment nicht damit, ob es sich um Thule oder eine andere Insel handelt): Die Leute sagen, dass sie verstorbene Familienmitglieder sehen, die sich umarmen, und dass sie mitten in diesen Umarmungen verschwinden. Diese Insel ist ganz voll Pech, und noch jetzt leben die Menschen von Äpfeln, Wurzeln, Fischen und Wasser, denn da sie in einem eisigen Meer liegt, macht die große Kälte den Anbau von Feldfrüchten (geschweige denn von Wein) unmöglich. Daher ist ihr Geist wegen der Nahrung sehr dick, und die Luft ist es auch, wegen des Bodens und der Kälte. Wegen der Dicke der Luft und der durch die Kälte erstarrten Dämpfe wandern Bilder wie in den Wolken umher, und da sie durch Irrtum, Furcht und Gedanken erdacht werden, werden sie von einem dichten und erdigen Geist festgehalten, und zwar in einem solchen Ausmaß, dass dieser Geist auf die Sinne übertragen wird. Dann reden sich die Bewohner ein, dass diese sichtbar sind, und sie sprechen sie an. Sie meinen, bekannte Tote zu sehen, weil sie wissen, dass es dort keine Lebenden gibt, und weil sie in einer Umarmung verschwinden. Niemand denkt sich eine unbekannte Gestalt in den Wolken aus, wie eine Chimäre oder einen Hippocentauren, die ganze Übertragung bezieht sich auf bekannte Dinge.

Aber warum antworten diese Gespenster, dass sie auf dem Weg zum Berg Hekla sind?

Hekla ist ein Berg auf dieser Insel und brennt in regelmäßigen Abständen, so wie Aetna auf Sizilien. Man ist seit langer Zeit der Überzeugung, dass sich dort die Seelen reinigen und zur Ruhe kommen können, und verbinden die eine leere Fabel mit einer anderen, damit sie glaubhaft erscheint. Solche Dinge kommen nicht nur in Island vor, sondern überall, wenn auch nicht oft. Im vergangenen Jahr wurde der Leichenzug eines Mailänder Plebejers zum Osttor von Mailand herausgetragen, in der Nähe einer großen Kirche an einem Marktplatz. Ein Bekannter von mir kommt heran und ich frage, wie es Ärzte tun, an welcher Krankheit der Tote gestorben ist. Er antwortet, dass der Mann gewöhnlich um die dritte Stunde der Nacht von seiner Arbeit nach Hause kam. Eines Nachts sah er ein Gespenst, das auf ihn zukam und er versuchte, ihm zu entkommen und rannte los. Aber das Gespenst holte ihn ein, und er wurde auf die Erde geschleudert. Er bemühte sich, aufzuschreien, konnte es aber nicht. Schließlich wurde er, nachdem er sich einige Zeit zusammen mit dem Gespenst auf dem Boden gewälzt hatte, von einigen Passanten gefunden und halbtot nach Hause getragen. Als er wieder zu sich kam, wurde er befragt und gab diesen erstaunlichen Bericht. Er gab die Hoffnung auf seine Seele auf und konnte weder von Freunden noch von Ärzten oder Priestern davon überzeugt werden, dass diese Erzählung unbegründet war, und starb nach acht Tagen. Ich hörte nachher auch von seinen Nachbarn, dass niemand, der von einem Feind angegriffen worden war, so beharrlich über seinen Angreifer ausgesagt hat wie dieser Mann, dass er von einem Toten auf dem Boden gewälzt worden sei. Als die Leute ihn fragten, was dann geschah, nachdem sie auf dem Boden gerollt sind, antwortete er, dass der tote Mann ihn an der Kehle gepackt habe, um ihn zu erwürgen. Er habe keinen Widerstand geleistet, sondern sich nur mit den Händen geschützt. Als andere Leute ihn fragten, ob er dies nicht eher von einem Lebenden erlitten habe, und fragten, an welchen Merkmalen er den toten Mann von einem lebenden unterscheiden könne, war seine Erklärung: Er sagte, er habe sich wie Stoff angefühlt und er habe kein Gewicht gehabt, wenn er ihn nicht niederdrückte.

Die Welt ist groß und die Zeit lang, und Irrtum und Angst beeinflussen die Menschen in hohem Maße. Wie in Island so auch dort, wo die Sonne in den Wüsten Ägyptens, Äthiopiens und Indiens brennt, treiben oft dieselben Gestalten und Gespenster ihr Unwesen mit Reisenden. Ich habe viele Menschen gekannt, die solche Begegnungen hatten, ich habe sie an anderer Stelle beschrieben. In ähnlicher Weise verhalten sich Frauen, die gemeinhin Unholdin[16] genannt werden, selbst in der Nachtwache ungehört und ungesehen. Sie ernähren sich von Kastanien, Wurzeln und Wasser und wohnen in Tälern, wo die Luft sehr unruhig ist. Aristoteles erwähnt, dass es Menschen dieser Art gibt, die in Ohnmacht fallen, weil sie einen Erhängten erblickt haben.

Bei Kranken ist es ein sehr schlechtes Zeichen, wenn sie im Delirium sogar Tote sehen. Es signalisiert eine so starke Phantasie, dass der auf das Auge übertragene Geist beibehält, was er von der Phantasie erworben hat. Dies kann aber nur geschehen, wenn sie z. B. schlafen und die Sinne ruhen, oder wenn sie durch eine übermächtige Krankheit geschwächt sind, oder wenn sie eine starke Gedanken- und Vorstellungskraft haben. Wenn sie weder schlafen noch sich wegen ihrer Schwäche etwas scharf vorstellen können, bleibt ihre ganze Empfindungskraft wegen ihrer Schwäche ungenutzt. Der Philosoph erklärte an anderer Stelle, dass dies die Unmittelbarkeit des Todes bedeute, indem er die folgende Meinung äußerte: Wenn ein Kranker so schwach ist, dass er nicht mehr sehen und hören kann, ist der Tod schon nahe.

[16] »strigas«.

Es gibt noch einen weiteren Punkt in der vorliegenden Darstellung: dass mutige Menschen selten oder nie Gespenster sehen, weil sie sich selbst kaum solche beängstigenden Dinge vorstellen. Mehr als alle anderen Emotionen schafft die Angst dauerhafte Bilder in uns; danach kommt die Liebe. Diese sind also erstens das Vorrecht der Ängstlichen und zweitens der Liebenden. Aber sehen sehr raue Menschenfresser[17] nächtliche Ungeheuer? Es ist eine schlechte Eigenschaft der Regionen und eine sinnlose Grausamkeit, wenn Menschen, die niemanden verletzen wollen, dort solche Dinge sehen. Die Skythen, die Menschen als Opfer schlachten, sind von Natur aus und in ihren Praktiken hart und sehen daher weder Tote noch Gespenster[18]. Auch Diebe sehen keine Toten und keine Geister. Denn diese Übel sind nicht natürlich; sie scheinen solche zu sein, wenn Fische andere ihrer Art fressen, und Mäuse und andere Tiere dasselbe tun. Und wenn diese Übel von Natur aus existierten (d.h. entgegen den Gesetzen der Natur, da nach dem Tod nichts außer dem Verstand überlebt, und dieser könnte keine Bewegung hervorrufen), könnten die Toten nicht erscheinen und die Lebenden nicht in Angst und Schrecken versetzen.

Die dritte Art des Wachtraums ist rein und einfach, aber es geschehen in ihr zahlreiche Wunder; zum Beispiel, wenn ein **Echo** nachhallt, sodass Töne manchmal siebenmal wiederholt werden. Das führt besonders nachts zum Staunen und könnte erschreckend sein, wenn es nicht bekannt wäre; es gibt die Töne manchmal sehr deutlich und verzögert zurück. Die Erklärung dafür ist, dass die Luft von ebenen Flächen und Hohlräumen reflektiert wird. Es handelt sich nicht um Hall, es sei denn, es gibt Höhlen oder Mauern; sie hallt von alten Mauern, und zwar mehr aus der Ferne als aus der Nähe. Die Stimme verschwimmt in einem Echo und wird von einer dazwischenliegenden geraden Fläche reflektiert, und sie wird besser an einem hohen Ort und in einer geraden Linie wiedergegeben. Wenn es Nacht ist und eine Brise weht, ist die Resonanz so deutlich, dass ein Freund von mir, der an einem Fluss unterwegs war und die Furt nicht kannte, anfing zu rufen: Oh! Zufällig gab es dort ein Echo, er hörte das Oh! In der Annahme, es sei eine Person, fragt er, wo die Stelle sei, an der er hinübergehen könne, und hört: Hinüber? Die Antwort passt besser auf Italienisch: Unde debo passa? Passa? Dann rief er: Qui!, und die Antwort kam: Qui! Das heißt: Hier. Aber da war ein Strudel, und das Wasser machte einen außerordentlichen Lärm; er erschrak und fragte erneut auf Italienisch: Debo passa qui? Das Echo antwortete: Passa qui. Da er ziemlich oft fragte, antwortete es immer wieder mit diesen Worten. Mein Freund schwankte zwischen Angst und Not und Verwunderung, denn er musste die Reise machen, die Nacht war dunkel, er hörte, wie es ihn drängte, dort hinüberzugehen, wo die Strömung am stärksten war, und bemerkte nicht an seinem Akzent, dass es ein Echo war. Als er sagte: Debo passa, kam es mit einem starken Akzent heraus, und wenn eine Person geantwortet hätte, hätte die Antwort einen scharfen Akzent wie diesen gehabt: Passa. Da es sich aber um ein Echo handelte, kam es mit einem starken Akzent zurück, den er gehört hatte. So kehrte Augustinus Lavizarius von Como, so hieß er, und das war die Heimatstadt meines Freundes, mitten in der Nacht um.

Als junger Mann erzählte er mir, dass er einige Tage zuvor durch die Überredungskünste eines Dämons fast in einen Wildbach gestürzt wäre. Da begann ich genau nachzufragen, wie es dazu gekommen war, erkannte die Aufrichtigkeit und Ehrlichkeit des Mannes und begriff schließlich, dass es sich um ein Echo gehandelt hatte, durch das er irregeführt worden war, während er sich in beträchtlicher Gefahr befand und sein Geist sehr aufgewühlt war.

[17] »anthropophagi«.

[18] »lemures«.

Obwohl sie zahlreich sind, sind die Echos nirgendwo häufiger und deutlicher als in Pavia. Aus einer Reihe von Echos seien hier nur zwei berühmte erwähnt. Das eine befindet sich in der Nähe der Kirche St. Paul vor den Mauern, das gleichzeitig mit der Stimme selbst zu hören ist. Ein Echo zeichnet sich durch drei Merkmale aus: es antwortet schnell, es gibt eine lange Reihe von Wörtern vollständig wieder, und es wiederholt dasselbe ziemlich oft, wobei der Ton abfällt. Es lässt gewöhnlich die erste Silbe aus, weil sie durch den folgenden Klang verdeckt wird; so kommt es, dass umgekehrt die letzte Silbe am besten gehört wird. Die Silbe, die am genauesten in einer geraden Linie liegt, wird unterdrückt, daher empfängt sie nicht jeder an der gleichen Stelle. Und nicht zu nah, da sie durch die schnelle Rückkehr von der eigentlichen Stimme, deren Abbild sie ist, verdeckt wird. Und nicht in einem engen Raum, wo die Luftbewegung zu Verwirrung führt. Das Echo wird von gealterten Wänden besser wiedergegeben, nicht nur weil sie trocken sind, sondern auch wegen der Luft, die in ihnen enthalten ist; die eingeschlossene Luft verhält sich wie eine Trommel. Und die Trockenheit ist für den Klang das, was die Helligkeit für das Licht und die Spiegelbilder ist; in der Klarheit der Stimme und der Schnelligkeit der Reaktion ist diese Trockenheit so bemerkenswert, dass jeder Zuhörer aufhört, sich zu wundern, dass unser Freund sich für den Spielball eines Dämons hielt.

Es wird von einem Stück alter Mauer wiedergegeben, das etwa zwanzig Handbreit lang und etwas weniger hoch ist. Ein anderes an derselben Stelle hallt schräg von der Mauer eines Wildgeheges wieder, das Barcum genannt wird, und ich habe bemerkt, dass es zehn verschiedene Stimmen von einem Hornstoß wiedergibt. So kann nichts aus jeder Richtung perfekt sein. Die erste wurde genau, vollständig und auf einmal zurückgegeben, aber nicht mehr oder öfter; die nächste mehr, aber nicht öfter oder so prompt. Das dritte ist mehrfach. In der Stadt, die einige Leute Ticinum nennen, nach dem Fluss Ticino, in der großen Basilika (die Italiener nennen sie Sala) gibt es eines, das neben der Zitadelle der Stadt Stimmen von ihrer Tür so oft zurückgibt, dass sie nicht zu zählen sind, zuweilen bis zu dreizehn Mal. Es gab viele Zeugen dafür, unter anderem einen angesehenen Professor der Kunst der Medizin, Melchior Malheuser Germanus, ein Schüler von uns. Man könnte meinen, man würde eine Antwort von jemandem erhalten oder sich etwas einbilden; die Stimmen verklingen langsam und hören auf. Daher wird »Ahime«, das im Lateinischen wie »heu« klingt, wie die verklingende Stimme eines Sterbenden zurückgegeben. Diese Kirche ist quadratisch, hat viele offene Fenster und wird im oberen Teil von den Seiten her beleuchtet. Die Vorderseite und die gegenüberliegende Wand sind jedoch unversehrt, mit Ausnahme einer Tür an der Vorderseite. Die Länge beträgt etwa 100 Fuß, die Breite etwa 25, die Höhe schätze ich noch einmal halb so viel wie die Breite (sie ist in der Tat hoch). Ich habe mich entschieden, dies recht sorgfältig zu beschreiben, damit jeder, der will, weiß, wo er eine Erklärung entwickeln und ein Muster suchen kann. Eine vielfältige Stimme erklingt, wenn man an der Wand gegenüber der Tür steht, und sie scheint aus dem oberen Teil der Tür zu kommen. Und so erklingt eine Stimme von beiden Seiten und vor allem für Menschen, die außerhalb der Tür selbst stehen, aber nicht in der Mitte. Es besteht also kein Zweifel, dass es sich entweder um einen Dämon oder um einen Betrug handelt; ein Echo ist kaum glaubwürdig, denn alle Stimmen sind so deutlich, schnell, oft und in einer bestimmten Reihenfolge zu hören. Ich habe dies von Anwesenden gehört: der Bogen eines Portikus aus der Nachbarschaft war einst vor der Tür angebracht, und ein guter Teil davon ist noch erhalten. Die normalen Stimmen wurden denjenigen, die vor der Tür, unter dem Bogen standen, viel besser, reicher und mit größerer Verstärkung wiedergegeben, sodass sie bei Gelegenheit dreißig Mal erklangen. Sie wird sicherlich schneller, lauter und mit einer konzentrierteren Stimme erzeugt und dadurch klarer und wiederholter wiedergegeben. Dies geschieht genauso wie die mehrfache Reflexion von visuellen Bildern. Ein Echo kann man also eine Art Reflexion nennen, auch wenn seine Erklärung weniger klar ist.

Es gibt noch andere Umstände, die uns gewöhnlich in die Irre führen, aber auf eine andere Weise: Wenn ein Echo und ein Spiegel sehr selten wären, wer wäre dann nicht zu Recht erstaunt? Seltenheit an sich ruft gewöhnlich Erstaunen hervor. Wenn ein Säugling spricht, obwohl er erst vor kurzem geboren wurde, ist es natürlich, und doch wird es für ein Zeichen gehalten, weil es selten ist, und es wird immer für ein sehr großes Zeichen gehalten. Aristoteles erklärt, wie dies auf natürliche Weise geschehen kann: Da das Sprechen von der Stärke der Zunge und der Intelligenz abhängt und die Intelligenz in den meisten Fällen vor der Stärke der Zunge eintritt, ist das Ergebnis, dass die Sprache mit unvollständiger Intelligenz als ein Wunder erscheint. Wenn aber die Zungenkraft zuerst vollendet ist, wenn der Mensch von Natur aus zum Sprechen vorbereitet ist, warum wiederholt er dann nicht das Gehörte, das er nicht versteht, wie der Specht und der Papagei? Ist das so, damit er durch eine gewisse Anstrengung und Sammlung der Gedanken das, was er jetzt verstanden hat, der Zunge präsentieren kann? Der Beweis ist, dass dies vor allem im Schlaf geschieht, und zwar deutlicher, denn dann bewegt sich das, was im Schlaf gesehen und gehört wird, mehr, und es gibt eine größere Fülle von Geistern, und die Zunge ist durch die lange Ruhezeit kräftiger geworden. Das Staunen tritt also entweder auf, weil das Ereignis selten ist, oder seine Ursache unbekannt, oder aus beiden Gründen. Es kommt recht oft vor, dass die Seltenheit einer Wirkung die Unkenntnis ihrer Ursache erklärt. Manche Dinge sind ungewöhnlich, sodass sie für die Art, jene für die Gattung ungewöhnlich sind; so zum Beispiel die Pupille der Katze, die manchmal schiffsförmig, manchmal halbmondförmig, manchmal aber auch noch enger ist, da dieses Tier seine Iris verschiedenartig zusammenzieht und ausdehnt, seine Hornhaut aber sehr dick ist. Deshalb sieht sie, wenn man sie mehr von der Seite betrachtet, vielgestaltig aus, von vorne aber eher rundlich, wie bei uns. Es gibt allerdings Leute, die zu behaupten wagen, was ich an anderer Stelle gesehen habe, dass sich nicht nur die Pupillen dieser Geschöpfe, sondern auch die des Menschen im Verhältnis zum Mondlicht erweitern oder verkleinern. Das hat aber wenig mit der Rundheit zu tun. Wie auch immer der Blickwinkel variieren mag, er trägt viel zur Veränderung der Form des Dings bei. Wenn Edelsteine von einem Winkel aus betrachtet werden, sehen sie länger aus, aber sie sehen quadratisch aus, wenn man sie aus der Nähe betrachtet, da man weder die beträchtliche Größe der längeren Seiten noch die Kleinheit der kürzeren erkennen kann; daher sieht es aus der Ferne nach einem verworrenen dreieckigen Muster aus.

Der Beweis ist wie folgt. AB sei eine Seite eines vierseitigen Edelsteins, BC ein Fünftel davon, man ziehe sie an die Seite und teile sie gleichmäßig bei D, man ziehe DB,

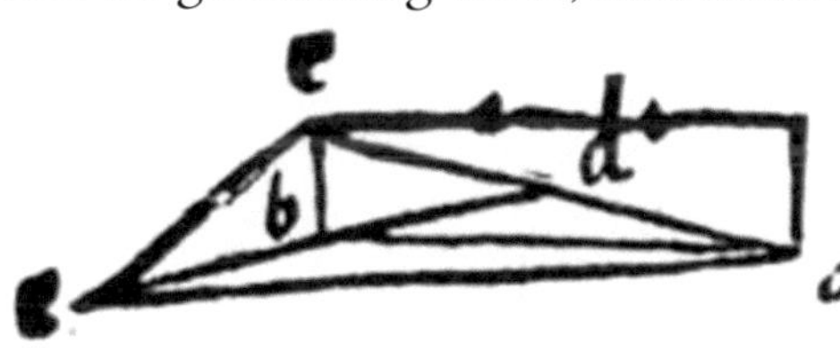

und man richte das Auge auf E, man ziehe AE und CE; dann ergibt sich ein Winkel CED, der größer ist als DEA; folglich erscheint CD größer als DA, und BC erscheint fast gleich BA und näher; offensichtlich ist es umso höher, je weiter E von A und B entfernt ist.

Da es also **viele Dinge gibt, die unsere Sinne täuschen**, erscheinen sie uns wundersam. So dass man sagt, dass der selige Antonius es richtig ausgedrückt hat: dass diejenigen, die ihre intakten Sinne benutzen, die Erleuchtung, die aus der Literatur kommt, eigentlich nicht brauchen. Er pflegte zu sagen, dass die Sinne nicht nur die inneren Sinne sind, sondern auch der Verstand und das Gedächtnis, und dann die Vernunft. Wenn der Verstand von den Fesseln der Fehler und Bedingungen befreit ist, weiß er vieles, was für andere Menschen wunderbar aussieht. Wenn Angst und Zufall denen, die nachts wandern, viele Dinge zeigen, sollte also nichts Wunderbares erscheinen: nämlich Feuer am Himmel, Sternschnuppen, Strudel, tanzende Flammen, Schatten, Gespenster, unbegründete Geräusche, Heulen, wilde Tiere, Schlangen, Räuber, Diebe, Leichen, Geister, Teufel, Flüstern, Stöhnen der Bedrängten, tollwütige Hunde und, wie gesagt, Schrecken ohne offensichtlichen Grund. Diese beweisen jedoch nicht, dass es sich um Dämonen handelt.

Buch XIX: Über Dämonen

Es besteht also eine große Unklarheit in Bezug auf die Dämonen, und mir scheint, dass die Menschen, die glauben, dass sie existieren und mit uns verkehren, ihre Ankunft von der göttlichen Eingebung und der Verbindung mit den Engeln auf diese Weise unterscheiden: Da die menschliche Seele von Natur aus vor Dämonen zurückschreckt, ist der Verstand selbst durch ihre Anwesenheit verwirrt, schreckt zurück und hat Angst vor etwas, das er noch nicht kennt. Böse Gedanken schleichen sich gewöhnlich in böse Handlungen oder in den Verrat, den wir planen, ein. Sie erzeugen oder hinterlassen auch üblen Gestank und verworrene Geräusche. Misstrauen oder Verzweiflung bleiben nach ihrem Rückzug bestehen, wie es über den Genius des Brutus[1] berichtet wird. Aber wenn eine göttliche Eingebung oder ein Engel in Erscheinung tritt, sie zeigt sich nur denen, die mit einem tugendhaften Geist ausgestattet sind, und nähert sich allmählich und ohne Getöse, erheitert die Seele und gibt Zuversicht und ausgezeichnete Hoffnung. Ein ruhiges Gemüt wird zu dieser Zeit in ausgezeichnete Gedanken hineingezogen und sogar zur Liebe zu höheren Dingen genötigt. Er nimmt Rücksicht auf himmlische Dinge und tritt in einen Menschen ein, der gute und heilsame Pläne hat. Und die Seele, die durch ihre plötzliche Ankunft aufgeschreckt war, beruhigt sich sofort wieder. Der selige Antonius, der auf diesem Gebiet ausgezeichnet war, hat es uns erklärt. Wir werden die Unterscheidung zwischen den tödlichen und den heilsamen Vorwarnungen der Seele unerschüttert beibehalten, auch wenn wir behaupten, dass nur die letzteren durch die Kraft der Natur geschehen; wenn wir für Engel und Dämonen heilbringende und feindliche Sterne annehmen, so werden bei beiden derselbe Grund und dieselben Zeichen dienen.

Es gibt also viele Leute, die versuchen, **die Existenz von Dämonen** anhand von Zaubersprüchen zu beweisen; ob wir uns nun auf die Erfahrungen von Constantinus[2] verlassen, der in seinen Büchern über Landwirtschaft das Fangen von Fischen und das Einmachen von Wein beschreibt, oder ob wir uns auf das Ziehen von Pfeilen, das Lindern von Zahnschmerzen oder das Stillen von Blutungen verlassen, was wir sogar an uns selbst festgestellt haben.

Aber lassen wir das beiseite und berichten wir von dem Wunder, das wir im letzten Jahr erlebt haben. Eine Frau von patrizischer Abstammung litt an brennendem Urin und dem unaufhörlichen Drang, ihn zu entleeren. Alle berühmten Ärzte unserer Stadt waren herbeigerufen worden, nicht weniger als sieben, und auch andere von außerhalb, und eine Reihe von Chirurgen, und auch ich war anwesend. Aber wir waren uns nicht einig über die Ursache der Krankheit: Stein, Erysipel, Geschwür, Skirrhus, Karzinom, Phlegmone, Blasen. Einer nach dem anderen nahm Stellung, und keines der Mittel half, obwohl eines nach dem anderen versucht wurde. Und als die Blasen mit heißen Bädern angeregt und eingeschnitten wurden, kam zu der üblichen Schlaflosigkeit und Qual noch unwillkürlicher Harnabgang durch den Einschnitt hinzu. Dann hatte sie zwei Krämpfe, mit Zusammenbruch des Pulses und Kraftlosigkeit. Nachdem sie sieben Monate lang von

[1] Plutarch, *Life of Marcus Brutus*, 36, 3-4;

[2] Vermutl. ist Constantinus Africanus gemeint.

der Krankheit und den Medikamenten gequält worden war, war sie gesundheitlich am Ende, und alle verließen sie. Es bestand keine Möglichkeit, dass sie die Krankheit nur vortäuschte, denn sie trank so viele bittere Medikamente und ertrug so viele Schürungen und Ausräucherungen, unterzog sich Spiegelkontrollen durch so viele Ärzte und ertrug so lange Fasten, Blasenschnitte, vernarbende Medikamente, Verätzungen.

Und so kam ich, obwohl wir müde und nicht zuversichtlich waren, zu meiner Meinung, die (wie sich später herausstellte) absurder war als alle anderen: dass die Krankheit sich mit jedem Mittel verschlimmern würde. Der Schmerz war an der Stelle, wo der Blasenhals in die Gebärmutter übergeht, hartnäckig, und jetzt gab es die äußerste Auszehrung des ganzen Körpers; und das hippokratische Antlitz und der unwillkürliche Urinabgang und ständige Wachheit waren eingetreten. Überall waren nun Geschwüre, teils durch die Hitze und die Schärfe der Medikamente, teils durch die unerbittliche Anwendung des Brenneisens entstanden. Aber das Brennen durch den Urin hielt nicht nur an, sondern verstärkte sich noch, und es bestand ein so unaufhörlicher Harndrang, dass einige Leute dachten, es läge ein Blasenstein vor. Doch das Legen eines Katheters widerlegte diese Ansicht. Als die Notlage der Kranken bekannt geworden war, erschien Josephus Niger, ein angesehener Professor der griechischen Sprache, der sie offiziell unterrichtete, der aber von Medizin keine Ahnung hatte. Die Leute hielten ihn für einen Zauberer und bewandert in der bösen Zauberei. Diese Frau hatte einen zehnjährigen Sohn, den Josephus anwies zu sagen, dass er in der Gegenwart seiner Mutter drei schreckliche Dämonen in einem dreieckigen Kristall sehe, den er mitgebracht hatte. Nachdem er dem Jungen weitere Worte ins Ohr geflüstert hatte, behauptete der Junge, er sehe einen anderen Dämon, einen Reiter, der viel größer sei als die ersten, mit einem Dreizack, und der fessle die drei ersten Dämonen, einen nach dem anderen, und kette sie an und führe sie alle auf seinem Sattel fort. Dann gab er die Anweisung, den Kristall zu bewachen.

Um es kurz zu machen: Die Frau war von diesem Verfahren überzeugt und schlief ein. Die Schmerzen, das Brennen und der Harndrang hörten auf. Ihre lebendige Farbe kehrte zurück, sie kam zu Kräften, sie wurde schwanger, sie wurde wieder ganz gesund. Ich habe alle Männer und Frauen der Familie und alle Ärzte, die herbeigerufen wurden, als Zeugen dafür. Und jeder kann sehen, wie es tatsächlich war, denn damals war sie todkrank, und jetzt ist sie gesund. Die Frau wurde also entweder durch einen Dämon oder durch Einbildung und Glauben geheilt, da es kaum möglich ist, eine andere dritte Ursache neben diesen zu finden. Wenn der Junge die Wahrheit wiedergab und Josephus die Wahrheit aus Furcht vor dem Gesetz verheimlichte, wurde sie durch einen Dämon geheilt. Wenn der Junge durch ein Wort von Josephus dazu gebracht wurde, zu behaupten, dass er das sah, was Josephus ihn fragte, setzte er eine Prozedur zum Wohle der Gesundheit seiner Mutter in Gang; sie wurde eindeutig durch Einbildung und Glauben gesund.

Außergewöhnlich ist, dass er, falls es sich um einen Betrug handelte, jede Belohnung ablehnte. Aber egal, ob er Erfolg hat oder nicht, könnte für ihn nicht eine erhebliche Schande entstehen? Daher ist es wahrscheinlich, dass sie von einem Dämon geheilt wurde, und dass es tatsächlich Dämonen gibt, die umherwandern. Plutarch beschreibt zu Beginn seines *Leben des Kimon* im Zusammenhang mit Damon außergewöhnliche Dinge, die diese Ansicht untermauern; auch über Pausanias und Kleonike, die byzantinische Jungfrau, die er unbedacht tötete, obwohl er sie liebte. Auch Plinius berichtet im siebten Buch seiner Briefe von einem Gespenst, das ständig in einem Haus in Athen zu sehen war. Auch über Knaben, denen die Haare abgeschnitten wurden, ohne dass jemand es tat. Wiederum bei Sueton, im Fall des getöteten Caligula, dessen Haus viele Jahre lang von Erscheinungen heimgesucht wurde, bis es durch ein Feuer zerstört wurde. Marco Polo aus Venedig berichtet, dass Tartarien (ein Wort, das früher einen Teil Skythiens und einen Teil Parthiens bezeichnete) so sehr von den Wundern der Dämonen bevölkert ist, dass sie die Dunkelheit herbeiführen können, wann und wo sie wollen, und dass jeder, der durch diese Technik von Räubern überfallen wird, kaum entkommen kann. Als Autorität dafür steht ein Mann von Gewicht, Haitonus, in seiner Geschichte der Sarmaten[3], der einen Bericht darüber schrieb, wie die Kampflinie in der Schlacht ins Wanken geriet, aber durch einen Zauber des Fahnenträgers der Tataren, der die schwärzeste Finsternis verbreitete, wiederhergestellt und siegreich gemacht wurde.

Aber ich füge die bemerkenswerteste aller Geschichten an, die ich nicht nur einmal, sondern mehrmals von meinem Vater, Facio Cardano, gehört habe, der zu behaupten pflegte, er habe etwa dreißig Jahre lang einen Familiendämon gehabt. Als ich schließlich nachsah, was er geschrieben hatte, fand ich das, was ich schon oft gehört hatte, schriftlich und zu Protokoll niedergelegt:

> Am ersten August 1491, als ich um die zwanzigste Stunde des Tages die religiösen Riten vollzogen hatte, erschienen sieben Männer, die wie üblich in Seidenkleidung gekleidet waren, mit einem Gewand, das einem griechischen glich, mit purpurnen Stiefeln (wie es schien), Westen mit glänzenden und rötlichen Brustteilen, sodass sie von einem Hemd zu sein schienen, von einer Form, die schmaler war als die übliche, und ziemlich auffällig. Sie waren nicht alle so gekleidet, sondern zwei, die man für die wichtigsten von ihnen hielt; ein anderer war größer und hatte ein frisches Gesicht, und zwei andere waren seine Gefolgsleute; ein anderer war eher blass und von kleinerer Gestalt; drei andere.
>
> Sie waren also insgesamt sieben.

Der schriftliche Bericht lässt offen, ob sie etwas auf dem Kopf trugen oder nicht. Ihr Alter lag um das vierzigste Lebensjahr, aber nicht unter dem dreißigsten. Auf die Frage, wer sie seien, antworteten sie, sie seien sozusagen Menschen der Luft, die selbst geboren werden und sterben, aber ihr Leben sei viel länger als das unsere, sodass es 300 Jahre erreichen könne. Auf die Frage nach der Unsterblichkeit unserer Seele erklärten sie, dass von der eigenen nichts übrig bleibe. Sie selbst stünden den Göttern viel näher als dem Menschengeschlecht, seien aber dennoch durch eine fast unendliche Kluft von ihnen getrennt. Im Vergleich zu uns seien sie entweder glücklicher oder unglücklicher, wie wir im Vergleich zu den Tieren. Nichts von den versteckten sei ihnen verborgen, also weder Bücher noch Geld; und ihr niedrigster Teil ist vergleichbar dem Genie der bedeutendsten Menschen, so wie die wertlosesten Menschen die Trainer der besten Hunde oder Pferde sind. Sie sagten, dass sie, da sie selbst sehr flüchtig sind, uns nichts zu unserem Vorteil oder Nachteil bringen können, außer Gespenstern und Schrecken; und Wissen.

Es gab andere, die eine kleinere Anzahl von 300 Schülern hatten, und weitere 200 in einer öffentlichen Akademie. Beide unterrichteten professionell in der Öffentlichkeit. Mein Vater fragte, warum sie die Schätze nicht an die Menschheit weitergeben, da sie sie doch kannten? Sie antworteten, dass es nach ihrem eigenen Recht unter hohen Strafen verboten sei, dies zu tun.

Sie blieben mehr als drei Stunden bei ihm und debattierten währenddessen über seine Frage nach der Erklärung der Welt. Der Größere leugnete, dass Gott die Welt von Ewigkeit her erschaffen habe; ein anderer hingegen fügte hinzu, dass Gott die Welt in

---

[3] Hayto von Gorhigos, *Flos historiarum terre orientis.*

jedem Augenblick so erschaffe, dass, wenn er auch nur einen Augenblick innehalten würde, die Welt sofort vergehen würde. Er schöpfte noch mehr aus den Disputationen des Averroes, obwohl dieses Buch noch nicht gefunden worden war. Er nannte die Namen einiger Bücher, von denen ein Teil gefunden wurde, ein Teil aber noch unentdeckt ist. Dennoch waren dies alles Werke von Averroes; er nannte sich offen Averroist. Ob dies nun Geschichte oder Fabel ist, so war er. Was wie eine Fabel aussieht, muss genug Beweise bekommen, weil diese Ansichten nicht ausreichend mit der Religion übereinstimmen, und weil mein Vater mit seinen Dämonen in keiner Hinsicht glücklicher oder reicher oder beliebter war als ich, der nie irgendwelche Dämonen gesehen hat.

Darauf erwiderte er, dass er eine Reihe von Dingen vorausgesagt habe, die ohne die Hilfe von Dämonen nicht so lange im Voraus gewusst werden konnten; zum Beispiel, dass der Kaiser schließlich in Italien siegen würde, was kaum 30 Jahre später eintrat; dass Dämonen im Vergleich zum Wort der Wahrheit Lügner seien, und (sagte er) er sei der Vater der Lügen. Dass er sich wenig um Reichtum und Ehre gekümmert habe, nach denen ich mehr strebte; dass er aus bescheidenen Verhältnissen stamme und dies am Anfang hinderlich war. Schließlich sei mein Genie vielleicht größer als das der anderen, doch auch wenn sie sich mir nicht zeigen, mangele es ihnen doch nicht an der Gelegenheit, jedem Einzelnen zu helfen. Er offenbarte sich anderen nicht, entweder weil es für ihn bequem war oder weil er besser war und einen reineren Geist hatte. Er war der Beste und darüber hinaus und auch nach diesen der Religiöseste. Vielleicht weil er sich einer Sache bediente, die er von einem sterbenden Spanier erhalten haben soll; es ähnelt dem, was über die vorherseherischen Kräfte von Kindern, Krügen oder Fingernägeln gesagt wird. Wir haben dies an anderer Stelle als Unwahrheit widerlegt. Was jedoch seltsam erscheint, ist das, was dem Kaiser Didius Julianus widerfuhr, als ein Kind einen Spiegel benutzte, um vorherzusagen, welche Feinde kommen würden und von wem er getötet werden würde. Und Leo Africanus erzählt, dass in der Stadt Fessa ein Seher einen Tropfen Öl in ein Gefäß mit Wasser goss, und als es nicht mehr trüb war und klar wurde, gaben Kinder Antworten über die Zukunft und behaupteten, dass sie Kompanien von Soldaten im Wasser sehen. Es ist jedoch nur das, was die einfachen Leute dort zu wissen behaupten; sie haben die Angelegenheit nicht genauer untersucht.

Es gibt noch weitere Hinweise auf Dämonen: die Antworten der **Orakel.** Zum Beispiel berichtet Theophrast über den wilden Olive bei Megara. Es wurde gesagt, wenn dieser auf dem Marktplatz gefällt würde, würde die Stadt eingenommen und geplündert, was sich bewahrheitete. Aristoteles und Plutarch bemühten sich bei einigen Fällen um eine Erklärung. Es scheint auch Telchinen zu geben, unterirdische Dämonen, die durch ihr Graben Unheil anrichten oder die Menschen mit einem feurigen Geist ersticken.

Im Zusammenhang mit den Orakeln haben sich viele Menschen gefragt, ob sie ein Betrug der Priester waren; andere meinen, dass es eine besondere Beschaffenheit dieser Orte gibt, durch die sozusagen eine Krankheit übertragen wird. Die Ekstase ist eine Art Krankheit, und das Orakel geschieht nicht ohne Ekstase, aber auch nicht immer mit ihr. Es besteht also große Unsicherheit in diesen Punkten. Dazu kommt Pausanias, ein zuverlässiger Mann (wie gesagt) in dem, was er berichtet, was er selbst gesehen hat. In dieser Frage gibt es niemanden, der vertrauenswürdiger ist, denn er hatte persönliche Erfahrungen. Ich möchte seine eigenen Worte einfügen:

> Er steigt in die Höhle des Trophonius auf folgende Weise hinab. Sie bringen den Mann, der hineingehen will, bei Nacht zum Fluss Hercynus, und dann wird er mit Öl gesalbt und von zwei

Jungen, Söhnen von Bürgern, im Alter von etwa dreizehn Jahren (sie werden Hermas oder Mercurius genannt) gewaschen. Sie waschen ihn, während er hinabsteigt, und leisten ihm wie Sklaven jeden notwendigen Dienst. Dann wird er nicht sofort zum Orakel gebracht, sondern von den Priestern zu den Wasserbrunnen geführt, die in der Nähe miteinander verbunden sind. Dort soll er das sogenannte Wasser des Vergessens trinken, damit er alles vergisst, was er vorher gedacht hat. Danach trinkt er ein anderes Wasser, das Wasser der Erinnerung, um sich an das zu erinnern, was beim Abstieg erscheint. Danach betrachtet er ein Bild, von dem man sagt, es sei ein Werk des Daedalus, und die Priester zeigen es niemandem außer denen, die zu Trophonius hinabsteigen. Nachdem er es angebetet hat, erweist er ihm seine Ehrerbietung und geht zum Orakel, bekleidet mit einer leinenen Tunika und mit Bändern um die Tunika und mit Sandalen, die zu diesem Ort gehören. Das Orakel befindet sich oberhalb eines Waldes auf einem Berg. Sein Sockel ist in einem Kreis mit glänzenden weißen Steinen besetzt. Der Umfang des Sockels ist wie ein kleiner Altar. Seine Höhe beträgt etwas weniger als zwei Ellen. Auf dem Sockel stehen Messingstangen, die durch Ketten miteinander verbunden sind. Innerhalb des Kreises sind Türen angebracht, die durch sie hindurchführen.

Der Abgrund wurde nicht zufällig oder von der Natur geschaffen, sondern durch technisches Geschick und sorgfältige Konstruktion errichtet. Die Form des eigentlichen Bauwerks ähnelt einem Ofen, mit einer Breite (soweit man das erahnen kann) von etwa vier Ellen, und die Tiefe geht nicht über acht hinaus. Ein Abstieg wurde nicht gebaut, aber wenn jemand zu Trophonius kommt, gibt man ihm eine leichte, schmale Leiter, die sich innerhalb des Bauwerks befindet. Die Öffnung, durch die er zu Trophonius hinabsteigt, hat eine Breite von anderthalb Fuß und eine Höhe von einem dreiviertel Fuß.

Auf dem Weg nach unten legt er sich anfangs auf dem Rücken auf dem Boden, hält Honigkuchen in der Hand und steckt zuerst seine Füße in den Abgrund, dann nach und nach seine Knie. Dann wird der Rest seines Körpers auf einmal hineingezogen, wie ein großer, schnell fließender Strudel, der den Mann mit seinem Wirbel schnell einsaugt.

Nicht alle, die das Heiligtum betreten, werden auf die gleiche Weise über die Zukunft belehrt, sondern einige sehen sie vielleicht, während andere sie hören. Diejenigen, die hinabsteigen, kehren durch dieselben Engstellen zurück, wobei sie zuerst ihre Füße und dann den Rest ihres Körpers ausstrecken. Wir haben nicht gehört, dass jemand gestorben wäre, der den Weg hinein genommen hätte, außer einem der Gefolgsleute des Demetrius, der ohne jegliche Riten und ohne Gott zu befragen hinabgestiegen war, in der Hoffnung, mit Gold und Silber herauszukommen. Man sagt, dass sein Leichnam nicht durch die heilige Öffnung hinausgeworfen wurde, sondern anderswo wieder auftauchte. Deshalb habe ich berichtet, was mit ihm geschah, als er den Ort betrat und was geschah, als er eintrat, denn es ist erwähnenswert. Die Priester empfangen jeden, der von Trophonius zurückkommt und setzen ihn auf einen Thron, der Thron der Erinnerung genannt wird; er steht ganz in der Nähe des Heiligtums. Während er dort sitzt, befragen sie ihn über das, was er gesehen und gehört hat. Danach vertrauen sie ihn denen an, die sich um ihn kümmern sollen. Sie bringen ihn in das Gebäude, in dem er die vorige Nacht inmitten von Glück und guten Genien verbrachte, und er ist immer noch von Angst ergriffen und kann

> weder sich selbst noch die Menschen in seiner Nähe erkennen. Nachdem er darüber nachgedacht hat, genauso wie über das, worüber er vorher nachgedacht hat, bricht er in Gelächter aus.[4]

Ich berichte nicht, was ich vom Hörensagen weiß, sondern ich habe es einmal gesehen und selbst das Orakel des Trophonius befragt. Und ich wollte den Bericht eines vernünftigen und wahrhaftigen Mannes, der an den Ereignissen teilgenommen hat, als einen ungewöhnlichen und zuverlässigen Bericht beifügen. Denn es gibt nur wenige Menschen, die an solche Orte vorgedrungen sind, und die meisten von ihnen sind dumm, und die übrigen denken, dass die Lüge ein Ersatz für den Ruhm ist; deshalb habe ich diese Geschichte hier eingewoben. Wie groß auch immer die priesterlichen Tricks sein mögen, die man erfinden kann, es kann nicht auf einen Trick zurückgeführt werden, dass der Besucher wie von einem Strudel hineingerissen und mit den Füßen hinausgeworfen wird. Wenn dies auf die Beschaffenheit des Ortes zurückzuführen ist, dann ist das, was er hörte, sicher nicht durch eine List zustande gekommen, denn an einem Ort von solcher Gewalt könnte niemand eine List aushecken. Sie werden aber sagen, dass die Antworten der Orakel zweideutig sind. In dem Buch *De Fato* ich gezeigt, dass Orakel keine Orakel wären, wenn sie nicht zweideutig wären. Dasselbe gilt für die Vorhersagen der Mathematiker, aber nicht aus demselben Grund und auch nicht für alle von ihnen. Wie ich bereits sagte, wurde dies bereits an anderer Stelle bewiesen.

Aber was Philipp Melanchthon im zweiten Buch seiner *Progymnasmata Physica* darlegt, ist sehr klar. Er berichtet, dass 1530 in Nürnberg ein Dämon einem Priester in einem Kristall den Ort eines verborgenen Schatzes gezeigt habe, in einer Grabstätte in der Nähe der Stadt. Er nahm einen Freund mit (der später die Geschichte erzählte), und sie sahen eine Truhe, neben der ein schwarzer Hund lag, der sie bewachte. Der Priester hatte den Mut, hineinzugehen und wurde sofort von herabstürzenden Felsen überwältigt und begraben. Hier ist nichts weiter nötig als Vertrauen in die Person, welche Melanchthon dies berichtet hat, denn Melanchthon sagt nicht, dass er selbst dabei gewesen ist. Man ist sich einig, dass er in Sachsen oder jedenfalls weit von Nürnberg entfernt gelebt hat; wir haben keinen Zweifel an seiner Zuverlässigkeit.

Aber es gibt noch andere Erfahrungen zu diesem Thema: Ich möchte aus seinen Briefen zwei von Erasmus von Rotterdam einfügen, einem gelehrten Mann und fast frei von Aberglauben[5], sodass er sogar in seinem *Spectrum* frei über solche Dinge spottete. Das Dorf, von dem Sie erfahren, wird von den Deutschen Schiltach genannt. Es ist acht lange deutsche Meilen von Freiburg entfernt, und ich wage nicht zu beurteilen, ob alle die Geschichten darüber wahr sind. Was sehr wahr ist, ist, dass alles plötzlich in Flammen aufging, und eine Frau gestand und bestraft wurde. Die Feuersbrunst ereignete sich am zehnten April, also am Donnerstag vor Ostern, im Jahre 1533 nach Christus. Einige Bürger dieses Dorfes erzählten vor dem Magistrat dieser Stadt diese Begebenheit als Tatsache, und zwar so, wie Henricus Glareanus sie mir berichtete, soweit ich mich erinnern kann. Ein Dämon gab ein Signal durch einen Pfiff aus irgendeinem Teil des Hauses. Der Wirt, der einen Dieb vermutete, kam herauf, fand aber niemanden. Aber das gleiche Signal wurde noch einmal von einem höher gelegenen Dachboden gegeben. Der Gastwirt machte sich auf den Weg dorthin, um den Dieb zu verfolgen. Als auch dort niemand zu sehen war, ertönte der Pfiff von der Spitze einer Rauchkammer. Sofort kam dem Wirt der Gedanke, dass es sich um etwas Dämonisches handelte; er befahl seinen Leuten, auf der Hut zu sein. Zwei Priester wurden herbeige-

[4] Pausanias, *Beschreibung Griechenlands*, 9, 7–14.

[5] »minimè superstitioso«.

rufen, ein Exorzismus wurde durchgeführt. Es antwortete, dass es ein Dämon sei. Auf die Frage, was er dort wolle, antwortete er, er wolle das Dorf niederbrennen. Als die Priester ihm drohten, erwiderte er, dass er sich nicht um ihre Drohungen kümmere, weil einer von ihnen mit Prostituierten verkehre und beide Diebe seien. Etwas später war da eine Frau, mit der er vierzehn Jahre lang verkehrt hatte, obwohl sie in der Zwischenzeit jedes Jahr beichtete und die Eucharistie nahm; er hob sie in die Luft und setzte sie auf den Dachfirst der Rauchkammer. Er reichte ihr einen Krug und sagte ihr, sie solle ihn anzünden und ausgießen. Das tat sie, und innerhalb einer Stunde war das ganze Dorf niedergebrannt. Ich habe nicht mit Sicherheit gehört, ob der Dämon das Dorf zerstörte und die Frau verließ, weil er empört war über den Sohn des Gastwirts als seinen Rivalen. Die Erzählungen der Nachbarn über diesen Vorfall sind so beständig, dass er nicht erfunden sein kann. Es gibt noch andere Vorkommnisse dieser Art, aber ich ziehe es vor, Ihre Ohren nicht mit den Erzählungen der einfachen Leute zu ermüden. In diesem Fall ist die Grundlage nicht zweifelhaft. Man könnte sagen, dass es sich um einen Trick der Frau handelte und um einen Akt der Verzweiflung. Aber alles scheint so gut zusammenzupassen, dass man es kaum glauben kann, denn der Dämon konnte die Stadt nicht verbrennen, aber er konnte das Gefäß liefern und die Frau überreden.

Hören Sie sich eine andere Geschichte dieser Art an. Letztes Jahr beauftragte ein Verbrecher[6] in Mehun-sur-Yevre (einem kleinen Dorf in der Nähe von Orleans) seine Frau, dass er alles, was er an Zauberbüchern und sonstigen heiligen Werkzeugen hatte, an einen Bürger von Orleans zu übergeben, damit dieser bald umkommen würde, weil er ihn für einen Mitwisser und Mitschuldigen an einem Verbrechen hielt. Er verlegte all dies nach Orleans. Nun vollzieht der Priester seines Hauses seit drei Jahren einen abscheulichen Ritus, der um so abscheulicher ist, als er eine Art von Götzenanbetung betreibt, und zwar mit dem Einverständnis seiner Frau und mithilfe seiner jungfräulichen Tochter. In welchen Riten und Ritualen dieses Sakrileg bestand, will ich kurz erwähnen, da ich es von sehr zuverlässigen Leuten gehört habe. Den verehrten Leib unseres Erlösers hatte er in einem Kästchen aus Weidenholz versteckt, das er unter seinem Bettzeug aufbewahrte. O göttliche Geduld! Während ich die Geschichte erzähle, schüttelt ein kalter Schrecken meine Glieder. Er hatte es drei Jahre zuvor von irgendeinem ausgezehrten und gottlosen Opferpriester gekauft (von dieser Sorte gibt es zu viele), und zwar, glaube ich, für weniger, als die Juden einst für Christus gezahlt hatten, sodass dieser entsetzliche verbrecherische Priester für uns nicht nur wiederholte, was Judas getan hatte, sondern ihn sogar noch übertraf. Und das Gerücht besagt, dass er die Strafe für seine Gottlosigkeit mit einem plötzlichen Tod bezahlte. So pflegte dieser Schurke jedes Mal, wenn er sich nicht zu göttlichen, sondern zu teuflischen Geschäften aufmachte, das himmlische Geheimnis mit profanen Händen hervorzuholen, und es wurde vom Bettzeug gerissen und entblößt zur Schau gestellt. Die Tochter, die noch Jungfrau war, hielt ein gezücktes Schwert in der erhobenen Hand, denn diese Rolle konnte nur von einer Jungfrau ausgefüllt werden, und richtete die Spitze auf den heiligen Körper, wie jemand, der ihn bedroht. Dann wurde ein Kopf aus irgendeinem Material hergestellt, in den ein dreifaches Gesicht eingraviert war, das die dreifache Einheit und die heilige Dreifaltigkeit darstellte. Er war von einem neunmal verkleinerten Kreis umgeben. Darin waren tausend Figuren des Tau[7] zu sehen, auf denen die unbekannten Namen der Engel eingraviert waren; danach ebenso viele Kreise von Kakodämonen mit abscheulichen Na-

[6] »maleficus«.

[7] »figurae Tau«.

men. Als diese so versammelt waren, kamen die bösen Priester mit aufgeschlagenen Büchern und jenen Gebeten der Verwünschung. Hekate rief zuerst die ehrwürdige Dreifaltigkeit an und sehr viele Engel, jeder in seinem Chor. Dann rief er die sechshundert Namen der Kakodämonen an und hörte nicht auf, bis der jeweilige Dämon zur Stelle war und auf seinen Ruf reagierte. Er konnte große Schätze herstellen, oder zumindest zu ihnen führen. Dieser Verbrecher hatte dem Priester Berge in Persien und eine Menge Reichtümer versprochen, blieb aber so weit hinter seinen Versprechungen zurück, dass der Priester begann, seine seit drei Jahren andauernden Bemühungen zu bereuen. Und so sucht er seinen Auftraggeber mit den üblichen Bitten auf und schimpft, er habe sich nur von der Hoffnung leiten und verführen lassen und nichts erreicht, was sich lohne. Der andere beteuert und entschuldigt sich, indem er sagt, es sei nicht seine Schuld. Aber es fehle etwas in den Riten, wozu er einen Gelehrten brauche; wenn er einen finden könne, werde er auf Schätze hinweisen, die sich niemand erträumen könne.

Und auf die anschließende Frage, wer am besten für diese Sache zu gewinnen wäre, schlägt er den Prior des Dominikanerklosters vor, das hinter den Mauern von Orleans liegt. Er solle dorthin gehen und den Mann vorsichtig aushorchen. Dieser Mann ist ein Baccalaureus der Theologie (wie man sie nennt), von einigem Ansehen unter den einfachen Leuten, und keineswegs der schlechteste Debattierer, wie es Theologen heutzutage sind. Aber, wie ich später dachte, sehr gierig nach Berühmtheit (und so sind sie im Allgemeinen). Ich versuche nicht einmal zu erraten, worauf dieses böse Genie aus war, um seinen Priester (der bereits daran gedacht hatte, sich aus der Sache ganz zurückzuziehen) geradewegs ins Verderben zu stürzen; oder ob er sich wirklich versprach, dass der Charakter eines Theologen durch eine hohe Belohnung korrumpiert werden könnte. Dabei denke ich an das, was Vergil über die göttliche Inspiration schrieb:

Die verfluchte Gier nach Gold zwingt
die Herzen der Sterblichen zu allem.

Dann gibt es, wie die Leute sagen, diejenigen, die mit dieser Art von Menschen ganz vertraut sind, und unter diesen Kapuzen und dem Ruf der Mittellosigkeit lauern manchmal höchst skandalöse Gemüter, die vor unerträglicher Überheblichkeit und grenzenloser Geldgier nur so strotzen. Aber wir lassen das unentschieden. Nachdem der Mann überzeugt worden ist, trifft er den anderen, und um dessen Verstand nach und nach zu prüfen, gibt er vor, er habe zu Hause einige Manuskripte, die für ihn als Ungebildeten wertlos, für einen Gebildeten aber äußerst nützlich seien. Er fragt ihn, ob er welche kaufen wolle. Der Theologe bittet darum, dass sie ihm vorgelegt werden, um sie sich anzusehen. Er holt ein Altes Testament hervor, das gemeinhin als Bibel bezeichnet wird und ins Französische übersetzt ist. Nachdem der Theologe von diesem Manuskript wenig angetan ist und fragt, ob er noch andere habe, holt er ein weiteres hervor, und zwar widerwillig und so, als würde er es geringschätzen. Er schlägt es auf und bemerkt, dass es das Werk eines Meisters der anrüchigen Künste ist. Ich weiß leider nicht, ob er von seiner Neuheit angetan war (was vorkommt) und es mit mehr Interesse betrachtete, oder ob er den Trick, den man ihm vorspielte, sofort durchschaute. Auf die Frage, ob es ihn interessiere, antwortete er, dass ihm das Buch als etwas Böses erscheine. Der andere bittet inständig um Verschwiegenheit und sagt, er habe zu Hause einige Bücher derselben Art, die aber der Aufmerksamkeit eines Gelehrten bedürften, da in diesen Büchern große Schätze zu finden sein könnten.

Der rechtschaffene Theologe bittet ihn, ihm auch diese zur Einsichtnahme zu bringen. Er sagt, diese Angelegenheit liege ihm am Herzen und er werde über einer solchen göttlichen Verhandlung nicht ermüden. Und er habe die sichere Erwartung, dass es gut ausgehen werde. Nach dem Austausch eines Handschlags bringt der Unglückliche die restlichen Bücher, der Theologe fischt weiter Informationen heraus, bis er sich über die Absichten des Burschen im Klaren ist und dieser sich zu allem äußert, und endlich auch zum Leib Christi. Darüber scheint er sehr froh zu sein und drängt darauf, dass ihm solch wichtige Dinge gezeigt werden, und sagt, dass er mit ganzem Herzen über das reifende Geschäft nachdenkt. Der Mann nimmt ihn mit in sein Haus und bittet seine Frau, das geheime Ding und die anderen Geräte für die schadenbringende Magie herauszuholen. Sie werden herausgebracht und untersucht.

Der Theologe gibt vor, noch etwas anderes erledigen zu müssen (wie er selbst sagt), aber er meldet die Angelegenheit direkt dem richtigen Beamten, einem Mann von vollkommener Integrität[8], der für seine Rechtschaffenheit und Klugheit gleichermaßen geschätzt wird. In einer so außergewöhnlichen Angelegenheit wollte er keinen Aufschub dulden und warf sogleich den Mann mit dessen Frau und Tochter ins Gefängnis. Sofort eilte man zur Kirche. Das ehrwürdige Geheimnis wurde mit gebührender Ehrfurcht gewahrt, und der restliche Tag und die ganze Nacht wurden von den Geistlichen und den Mönchen (die Wachen hielten) mit feierlichen Gesängen und Gebeten begangen.

Am nächsten Tag wurde ein feierliches Bittgebet verkündet; die Straßen waren auf dem Hin- und Rückweg zur Kirche auf beiden Seiten mit Fahnen geschmückt. In jeder Kirche der Stadt läuteten die heiligen Glocken. Alle Geistlichen zogen mit ihren eigenen Reliquien los, und die ganze Stadt strömte zu diesem Anblick herbei. Mit gebührendem Prunk wurde das Sakrament aus dem Haus des Verbrechers geholt und in eine Kirche gebracht, die dem heilbringenden Kreuz geweiht war. Dort schilderte der Theologe vor einer Versammlung, die so voll war, wie man sie angeblich noch nie gesehen hatte, die ganze Angelegenheit, wobei er sich den Verdacht der Prahlerei zuzog. Er beteuerte wiederholt, dass der Leib Christi dort unter freiem Himmel gezeigt worden sei, so wie er aus dem Haus des Verbrechers entfernt worden war. Was er getan habe, werde er am nächsten Tag wieder tun, und zwar nacheinander, und er würde diese Dinge, die ihm vertraulich mitgeteilt wurden, täglich dem Volk berichten. Und ich glaube, er meinte, ein sicheres Mittel zur Erlangung der Unsterblichkeit an der Hand zu haben, aber der Beamte war kein Narr und zwang den Theologen, der bereits im windigen Wagen der Eitelkeit flatterte, zum Schweigen.

Die Gefangenen wurden von Theologen, die zu diesem Zweck nach Paris berufen wurden, sorgfältig untersucht und befragt, und auch zwei Juristen waren anwesend. Der Beamte erzählte uns, dass der Mann bei der Vernehmung einige sensationelle Dinge preisgegeben habe, die aber noch nicht als sicher gelten könnten. Was er sagte, war noch nicht sehr schlüssig, dass nämlich eine Frau nachts von einem Kakodämonen auf elende Weise gequält, gestochen, geschnitten, weggezerrt und fast getötet wurde. Aber die Tochter, die sich ihrer selbst sicher war, ließ sich von der Angst vor Strafe nicht beirren, denn jeden Tag, wenn das Tageslicht kam, erschien jemand, der sie beruhigte, ihr alle Angst nahm und ihr sagte, sie solle ruhig bleiben.

Die Witwe des Magiers, den ich erwähnt habe, wird in Magdunum festgehalten. Dies ist, was er sagte. Man könnte in der Tat bezweifeln, dass der unglückliche Magier jemals einen Dämon rufen könnte, und dass jemand, der nach einem Gespräch mit seiner Frau vermutet, dass etwas fehlt, riskieren würde, gehängt zu werden. Denn wenn der Dämon sich an ihn wandte, hätte er ihm sagen können, was zum Scheitern verurteilt ist, und ihn nicht ins Verderben schicken, da er

[8] »integritas«.

ihm bereits gehörte. Und wenn er aufgehört hätte, würde er nicht besser werden, denn er würde nicht zu Gott gelangen oder ihn suchen, sondern den Dämon im Groll verlassen. Aber der Dämon ist ein Verräter und lässt seine Anhänger im Stich. Das sei zugestanden; aber niemand ist so schlecht, dass er sein eigener Widersacher ist. Dies sollte die Menschen davon abhalten, den bösen Künsten nachzugehen und darauf zu achten, was er so dringend verlangt. So zweifelhaft diese Dinge auch sein mögen, so lassen sie doch den Verdacht aufkommen, dass nichts zum Trost der Tochter geschah. Aber sie hätten vieles tun können. Es scheint also, dass Gott wollte, dass wir in diesen Dingen in zweierlei Hinsicht einem Risiko ausgesetzt sind.

Pausanias berichtet, dass in Attika in jeder Nacht auf dem Feld von Marathon, wo Miltiades vierhundert Jahre zuvor hunderttausend Perser niedergemetzelt hatte und wo auch König Ikarus getötet worden war,[9] das Wiehern von Pferden und der Kampfeslärm von Kriegern zu hören sind. Aber nicht diejenigen, die sich die Mühe machen, den Schauplatz zu besuchen, können dies hören, sondern nur diejenigen, die zufällig dorthin gelangen. Es scheint, dass der Höchste Handwerker uns so völlig im Zweifel lassen wollte, dass die Belohnung des Glaubens den Guten, die Strafe aber den Bösen und Ungläubigen ereilt. Aber wenn die Seelen der Perser dort überhaupt einen Lärm verursachten, hätten auch die Seelen der Pferde, die wieherten, überleben müssen. Wahrscheinlicher ist also, dass kurz nach diesem entscheidenden Kampf durch irgendeine natürliche Ursache eine Sage entstanden ist, die bis heute erzählt wird, sodass die Menschen jede Art von Geräusch dem verwirrten Wiehern von Pferden und dem Aufeinandertreffen von Kämpfern zuschreiben konnten. Bei jedem nächtlichen Geräusch, das von der Erde kommt, gibt es gewöhnlich einen tieferen und einen höheren Teil. Der tiefere Teil wird auf die Begegnungen und das Stöhnen von Menschen zurückgeführt, der höhere Teil auf das Wiehern von Pferden. So kommen wir von den antiken Beispielen zu einigen aus unserer Zeit.

Niccolò di Conti berichtet in seiner Geschichte Indiens, dass ein indischer Seekapitän bei einer Windstille den Gott Mutthian, wie er ihn zu nennen pflegte, anrief, und dass schließlich dieser Gott in einen Araber hineinfuhr, und besessen von dem Gott, schrie der Araber auf und rannte am Schiff entlang zu einem Tisch, der aus diesem bösen Grund aufgestellt worden war. Es wird erzählt, dass er auch die Kohle verschluckte, die dort lag, und dass er das Blut eines Hahns aussaugte, nachdem er ihn erwürgt hatte; dann fragte er, was sie wollten. Als der Kapitän antwortete: »Winde, und zwar aus dem Westen«, versprach er, sie innerhalb von drei Tagen zu liefern. Er ermahnte sie auch, dass sie für die Gelegenheit bereit sein sollten. Als der Zauber vorbei war, erinnerte sich der Araber an nichts von dem, was er gesagt oder erlebt hatte. Doch als die Zeit gekommen war, traf alles ein, wie er es vorhergesagt hatte.

Es hat also den Anschein, als könnten Dämonen etwas vorhersagen, aber viele Dinge wurden aus Geringschätzung vergessen. Die Geringschätzung ist entstanden, weil die meisten Menschen, die auf diese Fähigkeiten vertraut haben, nicht nur ein schlechtes Ende genommen haben, sondern auch nichts Nennenswertes mit ihrer Fähigkeit erreicht haben. Dies geschah nicht so sehr, weil die Fertigkeit oberflächlich ist, sondern wegen der Unbesonnenheit ihrer Ausübenden, die sich allein durch dieses Mittel viel versprochen haben. Diejenigen aber, die sich durch Waffen, Gelehrsamkeit oder andere Fertigkeiten auszeichnen, scheinen aus diesen Praktiken einen bedeutenden Nutzen gezogen zu haben. So soll Pietro d'Abano, genannt der Schlichter, jemand

[9] Laut Forrester gibt es für die Episode über Ikarus keinen Beleg.

sein, der mithilfe von Geisterbeschwörungen ewigen Ruhm erlangte, wie er selbst behauptete. **Er wäre ein ausgezeichneter Mann gewesen,** wenn er diesen Makel nicht gehabt hätte.

Diese Fertigkeit war einst in Spanien sehr verbreitet und wurde an der Akademie von Salamanca öffentlich gelehrt. Sie ist inzwischen durch die Gesetzgebung abgeschafft worden, aber es gibt dort noch einige Beispiele für diese Fähigkeit. Don Constantinus Fontanus, ein spanischer Theologe, erzählte mir unter Berufung auf den Prinzen Philipp von Spanien, dass er, als er in der spanischen Stadt Pinthia oder Valleoleta (ihr üblicher Name ist Valladolid) im Haus eines Druckers wohnte, wegen der nächtlichen Geräusche schlecht schlief und in der ersten Nacht einen Inkubus spürte. Da er aber zum Abendessen schwarze Oliven gegessen hatte, hielt er dies für natürlich. In der nächsten Nacht sah und hörte er Katzen auf dem Bett schreien, was ihm zwar bedrückend erschien, aber dennoch möglich, und so hielt er auch dies für natürlich. In der dritten Nacht, bevor er einschlief und über diese Ereignisse nachdachte, hörte er einen Trompetenstoß, der klang, als wäre er in seinem Ohr. Er hielt dies für eine Art Zischen und sah Kinder dastehen und lachen. Dann begann diese Stimme, sich im Schlafgemach zu bewegen, und als sie einen Kreis vollendet hatte, verlagerte sie sich unter das Bett und schrie eine Zeit lang weiter, aber zu sehen war nichts.

Nirgendwo sind **Spuren von Dämonen** oder Toten so sehr zu sehen oder zu hören wie in der Umgebung von Sterbenden, nach großen Katastrophen oder in Zeiten der Pest. Diese Dinge geschehen auf zwei Arten, wenn Menschen sterben: Die erste ist, dass sie den Menschen selbst widerfahren. Jeder, der etwas sieht, bevor er stirbt, ist erschrocken, und den Anblick überlebt er nicht. Obwohl es natürlich sein mag, ist es dennoch bemerkenswert. Ich habe einen sehr angesehenen Mann gesehen, der so weit war, dass er sich nicht mehr bewegen konnte, und sich dennoch fast aus dem Bett stürzte, und die Pfleger flohen, da dies mitten in der Nacht geschah. Diese Dinge geschehen gewiss auch bei anderen Menschen. In der Tat, für Fürsten sind Blitze und Kometen und ein Stern am Himmel Vorboten des Todes, und verworrene Geräusche sind dasselbe für gewöhnliche Menschen. Ich habe dergleichen oft gesehen und gehört und von anderen davon erfahren. In den Fällen, denen ich begegnet bin, habe ich mich in der Tat nicht getäuscht. Auch dort, wo viele menschliche Leichen schlecht begraben liegen, gibt es sicherlich einige schreckliche Anblicke, aber dafür gibt es eine natürliche Erklärung. Außerdem habe ich in meinen Büchern *De rerum varietate* von diesen Ereignissen gesprochen, von den seltsamen Stimmen der Pest und von den ähnlichen Bildern mit Wagen, die man sieht und die sozusagen plötzlich umgeworfen werden, mit Knallen und Krachen. Für den Moment reicht es aus, zu warnen; Experimente überzeugen, sind aber kein Beweis. Und das ist die Art der Erörterung, sodass es für die Befürworter immer eine Ausflucht und einen Konflikt mit der Gegenpartei geben wird. Dagegen ist für die Leugner die Erfahrung da, sodass diese Ereignisse nicht genug zu sein scheinen, um die Ansicht der Gelehrten über die Dämonen zu bestätigen. Was die Telchinen betrifft, können wir sagen, dass sie mit der Beschaffenheit der Steine zu erklären sind, die entweder zu zerbrechlich sind oder durch verdorbenen Geist überfüllt mit Schwefel und verbrannt mit Pech.

Was mich mehr verwundert, ist, dass die Luft und der Äther von solcher Größe sind und die betreffende Region so reizvoll ist, und wir sehen, dass die Erde ihre Lebewesen, Metalle, Steine und Pflanzen und das Wasser seine Fische besitzt und die unterste Luft, die die Tiere atmen. Und so scheint es kaum wahrscheinlich, dass es einen solchen Raum dort oben gibt, der völlig ohne Leben ist. Wir sollten vielmehr glauben, dass es dort Lebewesen gibt, die diese unteren so sehr übertreffen, wie die Gegend dort klarer und reiner ist als diese untere. Ja, wie ich sagte, da wir sehen, dass die Natur dies bei den anderen Elementen befolgt hat (und nicht nur bei ihnen, sondern auch im Himmel), sollten wir glauben, dass diese ganze Umgebung der oberen Luft voll von diesen Lebewesen ist, die wir gleichsam weise Dämonen nennen.

Die Ausgewogenheit dieser Dinge würde mich nicht sehr interessieren, wie Porphyr, Psellus, Plotin, Proclus und Iamblicus, die ausführlich über das geschrieben haben, was sie nicht gesehen haben, als ob sie einen Bericht darüber abgeben würden, wie die Dinge sind. Ich bin Philosoph und halte mich so weit wie möglich an die Ansichten der Peripathetiker. Sie lassen keine Dämonen zu, und die Ansicht, welche sie in so großer Menge annimmt, ist unwahrscheinlich. Sie wären wie die Vögel hier, sogar viel zahlreicher, und doch erscheint kaum eine Spur in einer ganzen Provinz und über mehrere Jahre. Auch Fürsten, deren Glück darauf hindeutet, dass sie die weisesten aller Sterblichen sind, verachten diese und ähnliche Ansichten. Dies wird viele bewegen, dass sie, wenn sie ihr erstes Leben oder ihren Geist erkennen, sowohl sterblich als auch unsterblich sein werden, was nicht sein kann.

Wenn nicht, was hindert sie daran, die Menschheit zu vernichten, da sie unsichtbar und von niemandem zu kontrollieren sind? Es ist gut zu wissen, dass kein ehrlicher Mensch behaupten kann, Hilfe von Dämonen in Anspruch zu nehmen, selbst wenn es Dämonen gibt, unter Missachtung von Gott, dem besten Wohltäter und der Quelle von allem, was wir erhalten, und auf unsere eigene Entscheidung hin. Dies ist sicherlich die Handlung eines völlig undankbaren Menschen, und wir können die Menschen sehen, die sich für solche Dinge interessieren, oder diejenigen, die durch ihre trügerische Überzeugung in den Wahnsinn getrieben werden. Aus religiöser Sicht ist klar, dass sie sehr böse sind. Wenn es überhaupt etwas anderes gibt, dann dass sie sehr ehrgeizig sind, wie ihre Opfer und ihre Art und Macht zeigen. Und wenn diese Dinge mit Gottes Zustimmung geschehen, gehorchen seine Diener ihrem König. Es ist also generell trügerisch und gefährlich, auf die Hilfe von Dämonen zu setzen, es ist immer das Verhalten eines bösen oder dummen Menschen. In Wirklichkeit ist alles von Gott. Alle Vorhersagen betreffen die Seele oder den Körper. Es ist anzunehmen, dass sie ihre Macht dem gegenseitigen Einverständnis verdanken, denn die Seele ist mit der Seele verbunden.

Viele schrecken vor dem Rest zurück, weil sie ihn für gottlos halten, aber ich wünschte, es wäre wahr. Denn jetzt besteht keine Gefahr des Götzendienstes, sondern wir laufen eher Gefahr, Epikuräer zu sein. Wenn es also nur um Worte ginge, vor allem um solche, die den Namen Christi enthalten, um Fische zu holen oder Wein in Krügen aufzubewahren, oder um einige Dämonen, wie könnte man das Menschengeschlecht besser an seine Pflicht erinnern? Im Übrigen ist in unseren Büchern über *Theonoston* genug über Dämonen und die Unsterblichkeit der Seele gesagt worden.

Es gibt Zweifel daran, ob die Toten glücklicher sind als die Lebenden. Die weise Antwort lautet: weder noch. Die Toten ruhen auf ewig im Schatten des Todes und sind für immer frei von allen Schmerzen und Bedrängnissen, sie befinden sich in angenehmer Ruhe und ewigem Frieden. Dementsprechend heißt es auch: »Selig sind die Toten, die im Herrn sterben.« Dies ist also die endgültige Glückseligkeit unseres Geistes. Wer tot ist, kann also nicht unglücklich sein; wer lebt, kann glücklich sein. Der Zustand der Sterbenden ist schlimmer: Sie sind alle allein, auch wenn sie Könige sind und mit vielen Menschen zusammen fallen. Jeder stirbt und man sieht, dass er allein stirbt. Die Einsamkeit, verbunden mit bitterer Trauer, ist sehr quälend und unerträglich. Es ist ein Trost für die Unglücklichen, dass andere ihre Strafe teilen. Aber jemand, der stirbt, kann, selbst wenn er mit tausend anderen zusammen ist, keinen Gefährten haben. Es herrscht dann eine große Leere und eine elende Einsamkeit. Die größte Freude der Lebenden liegt also in der Gesellschaft. Man sagt, dass die Menschen lebendig sind, die im Einklang mit der Tugend leben und die ganze Zeit über lebendig sind. Ein böser Mensch lebt keine wirkliche Art von Leben; Götter leben beide Arten. Daher kann nur der ehrliche Mensch glücklich sein, wenn es so etwas gibt, und unter allen Sterblichen den Göttern selbst am nächsten stehen und ihnen am ähnlichsten sein. Viel seliger als ein guter Mensch ist ein guter Herrscher, denn er kann mit Gott verglichen werden.

Buch XX: Über Primäre Substanzen oder Lebewesen

Das Leben der Götter ist also glücklich, sorglos und ewig; das Leben der Menschen ist kurz, unglücklich und voller Misstrauen und Angst, sodass er von vielen besonderen Tätigkeiten ausgeschlossen ist. Die Zeit zermalmt, was sie antreibt, und je weiter sie fortschreitet, desto mehr zermalmt sie. Je schneller die Schläge, desto mehr Schaden richten sie an. Nichts scheint für die Sterblichen bitterer als der Mangel an Zeit: Er drückt, er behindert, er ängstigt, er macht Errungenschaften unvollständig. Dagegen haben **die Götter** nichts, was sie bedrücken könnte, sondern durchleben alles in ungebrochener Glückseligkeit. Je langlebiger der Intellekt ist, desto verdünnter ist er; je verdünnter seine Substanz ist, desto näher ist er der primären Ursache. Möge sich jeder wahre Intellekt der ewigen Ruhe, der glücklichen Sicherheit, des völligen Glücks, des unermesslichen und ewigen Lichts und einer solchen Klarheit erfreuen, dass es sich ein Mensch, selbst im tausendsten Teil, nicht vorstellen kann: Die Sonne gibt dem Verstand Licht und ist sozusagen eine Seele für ihn. Aber wenn der Verstand davon abweichen könnte, würde die Sonne nicht anders scheinen als die Erde. Es gibt aber einen großen Unterschied zwischen diesen Leben und uns, und zwischen diesen Leben untereinander einen noch größeren: Bei uns kann das Bedeutendste nicht verstanden werden; was aber nicht verstanden werden kann, geht ins Unendliche. Denn da unser Auge das Licht unserer Seele so wenig erleuchtet, wie sollen wir dann den Glanz jener Wesen betrachten, mit deren Helligkeit der Mond, die anderen Sterne und noch viel mehr die Sonne leuchtet?

Es besteht Unklarheit darüber, **wie sie Freude empfinden können**. Alle Freude kommt, wie wir zuvor gesehen haben, nach Traurigkeit oder Schmerz. Andernfalls können sie sich nicht verändern, während sie Freude erleben. Aber wenn die Freude dem Kummer folgt, scheint es angemessen, dass sie auch Kummer erleben. Wenn sie sich aber während des Vergnügens nicht verändern, gibt es kein Vergnügen; was sich nicht verändert, fügt nichts hinzu und ist so, als ob es nicht existieren würde. Und wenn es sich immer weiter vergrößert, würde es dann unendlich werden und könnte sich nicht mehr vergrößern? Aber die Unendlichkeit ist Gott allein zugeordnet. Wenn jedoch die Freude zu- und abnimmt, wird dies zusammen mit dem Kummer geschehen. Kummer oder Trauer kommen nicht nur mit dem Auftreten von Schaden vor, sondern auch mit der Verminderung von früherem Glück, wie bei Menschen, die bei ihrem Fürsten oder einem Freund in Ungnade gefallen sind. Aber wenn sie kein Vergnügen erleben, können sie nicht glücklich sein, und das wird sich kaum von der Nichtexistenz unterscheiden. Diejenigen, die leugneten, dass die da oben glücklich sind, waren ebenso Atheisten wie diejenigen, die leugneten, dass die da oben existieren.

Es muss also zwei Möglichkeiten geben: entweder, dass unsere Freude, die mit Bewegung verbunden ist, nur ein Abbild der Freude ist, oder dass die Freude in diesen Fällen zwar ganz ohne Bewegung ist, aber von Dingen herrührt, die sich ständig verändern. Vielleicht ist unsere Freude immer mit Bewegung verbunden, weil auch wir immer mit ihr verbunden sind. Aber bei denen, die sich nicht bewegen, fehlt das Entzücken, weil sie selbst ohne jede Bewegung sind. Ein schwaches Abbild dieser Situation haben wir hier in der Liebe, in der wir ohne jegliches Gefühl der Veränderung auch nicht das Vergnügen des Begehrens hätten. Wenn aber die Dinge sich verändern, merken wir, dass die Lust eintritt; wenn wir etwa einen Edelstein nach dem anderen betrachten, so sind unsere Sinne und unser Geist von der neuen Erscheinung durchdrungen, und doch ist der Reiz derselbe, ohne dass die Lust unterbrochen oder vermindert wird. Aber die Dinge, an denen sie Freude haben, sind ihnen eigen, nicht das, was hier verhandelt wird.

Wir können sagen, dass kindliche Dinge für Kinder, unbedeutende für gewöhnliche Leute, öffentliche für Magistrate, territoriale für Könige von Interesse sind; so ist es auch mit den Göttern. Im Lateinischen kann man (auch wenn es auf die Homonymie zurückzuführen ist, mehr und ohne Anbetung) von Genii, Divi, Dia-Ve, Geistern, Intellekt, Intelligenzen oder Engeln sprechen. Aristoteles nennt sie Ursubstanzen, Prinzipien oder Seelen. Aber nach einer richtigen lateinischen Interpretation, wenn auch einer ungewöhnlichen, können wir sie Intelligenzen[1] nennen. Wie das Licht nichts anderes als Helligkeit und die Beleuchtung nichts anderes als Klarheit ist, so ist Gottes Intelligenz (da er besonders im Dasein ist und es fortsetzt, wie eine Substanz) eine Substanz. Wenn das Sehen eine Substanz wäre, wären das Sehen und das, was es sieht, dasselbe Ding. Wir werden mit Recht die Leben als ewig und unsterblich bezeichnen, die wirklich aus sich selbst heraus leben, im Gegensatz zu uns, die wir immer zwischen Tod und Leben, zwischen Schatten und Körper, zwischen Erleuchtung und Dunkelheit und in unsicherem Licht sind. Ihre Zahl ist nicht klein oder mäßig, wie es uns scheint, sondern sie sind zahllos. Alles, was so ist (und es ist viel), hat einen Anteil an der Göttlichkeit, und es scheint keine Grenzen zu geben für ihre Unterscheidung oder Klarheit oder Helligkeit und andere gute Seiten (und ihre verschiedenen Arten sind jenseits unserer Erkenntnis). Von denjenigen, die hier entstehen, gibt es weder Wissen noch Unwissenheit; sie sind ein Teil derjenigen, an denen sie selbst Gefallen finden, da sie in einer besseren Weise existieren, bevor sie entstehen.

Aber welche Stellung hat dies in allem und an allem und über allem? Das gehört zu einer anderen Abhandlung. Dionysius Areopagites hat sie in neun Hierarchien eingeteilt: Engel, Erzengel, Throne, Herrschaften, Tugenden, Fürstentümer, Mächte, Cherubim und Seraphim. Die Kirche verehrt diese Namen in den Ritualen der Messe. Und eine jede von ihnen unterscheidet sich mehr von der anderen, als **der menschliche Verstand** von der letzten von ihnen, da es keiner von ihnen in Bezug auf die Vollkommenheit an etwas mangelt, da sie in verschiedenen Arten angeordnet sind. Auch kann der höchste von ihnen den Glanz Gottes kaum besser erfassen als unser Verstand; die Göttlichkeit selbst ist nämlich durch einen unendlichen Abstand (sogar vom ersten Verstand selbst) getrennt. Der einzige bedeutende Unterschied besteht darin, dass unser Intellekt nur ein untrennbares Abbild des wahren Intellekts ist, aber kein wahrer Intellekt. Es besteht in der Tat ein größerer Unterschied zwischen einem sehr kräftigen und einem sehr faulen Pferd als zwischen dem sehr faulen und dem Bild eines solchen. Auch wenn das sehr kräftige das sehr faule um mehr als das Doppelte übertrifft; und doch ist jedes von ihnen ein wirkliches Pferd, aber das Bild eines solchen ist überhaupt kein Pferd. Wenn wir es nach unserem Verständnis als Pferd darstellen, wissen wir nichts über den höchsten Gott: Wir streben nach dem, der ihm am nächsten steht. Wenn man ihn vergleicht, wird man klar verstehen, dass unser Verständnis nur eine Art Schatten

[1] »intelligentias«.

ist, dass es das einzige uns mögliche Verständnis ist.

Obwohl unser Intellekt von der Darstellung der Dinge selbst ein gewisses Bewusstsein erhält, bleibt er voller Unklarheit, Irrtum und Zweifel. Und er bleibt nicht immer bei seiner Aufgabe, auch nicht für eine lange Zeit. Aber diese höchsten Intellekte, klar, sicher, rein und beständig, leben in fleißiger und gesegneter Tätigkeit.

Jemand wird sich fragen, inwiefern einer von ihnen vollkommener sein kann als ein anderer. Die Antwort muss lauten: So wie jemand, der weiß, dass eine Sechs eine vollkommene Zahl[2] ist, ohne einen Beweis zu haben. Das ist eine Frage für unseren Verstand: Er hat ein schwaches Wissen, zögert, und er besitzt nur einen Schatten der Dinge. Und wie die Sinne der Tiere nur die äußere Hülle wahr, während die menschlichen Sinne den Kern wahrnehmen; genauso steht unser Intellekt im Gegensatz zum wahren Intellekt. Ebenso kann jemand vor einem schönen Palast stehen und ihn besichtigen, und doch nichts von seinem Inhalt oder dem, was darin vor sich geht, erfahren, so groß und schön er auch ist. So betrachtet und bestaunt unser Verstand das bloße Äußere dieses berühmten göttlichen Kunstwerkes, erreicht aber nicht den Kern der Dinge.

Stellen Sie sich wiederum vor, dass jemand der Erklärung folgt, dass die Sechs eine vollkommene Zahl ist, und da alles zum genauen Lernen zur Verfügung steht, ist das Wort »vollkommen« angemessen. Aber sie ist noch perfekter, wenn man den Punkt aus der Erklärung erreicht hat, dass sie, mit sich selbst multipliziert, mehr als zehn ergibt. Und dazu kommt, dass es eine bemerkenswertere als die zweite gibt, indem man die Kubikzahlen durch sich selbst dividiert und ihre Seiten belässt. Und noch besser ist es, durch Erklärung zu wissen, dass, wenn man die Sechsermengen von der Einheit ausgehend aneinanderreiht, die entstehenden Zahlen, wenn man sie wieder in der gleichen Reihenfolge aneinanderreiht, immer Kubikzahlen ergeben:

1	1	1	.	1
6	7	8	.	2
12	19	27	.	3
18	37	64	.	4
24	61	125	.	5
30	91	216	.	6

Es ist also klar genug, dass unser Verstand schwach ist. Wir haben aber noch nicht erklärt, warum. Aber Gott war nicht in der Lage, einen besseren zu machen, nicht weil er es nicht konnte, sondern weil er es für besser hielt, dass es so ist.

Um also die Natur dieser Intellekte kennenzulernen, müssen wir die Kräfte der Körper kennen, die von ihnen kontrolliert werden: Der Mond regiert die Elemente und die Körper der belebten Wesen. Über ihn herrschen die **Engel**, d.h. die Boten. Ihr Oberhaupt ist Gabriel, das bedeutet die Kraft Gottes. Denn durch die Erleuchtung des Mondes wird uns alles vom Himmel übermittelt, und zwar in kraftvollem Leben. Merkur ist für den Intellekt und alle Sinne zuständig. Die Tugenden sind dem Merkur unterstellt; Raphael ist für die Tugenden zuständig, das heißt, er ist die Medizin Gottes. Denn die Medizin der Sterblichen sind die Sinne in Verbindung mit dem Intellekt, durch den die Tugenden in uns gesammelt werden. Venus ist die Mutter der Lust und des Vergnügens und vereint uns zur Vermehrung der Nachkommenschaft. Über ihr stehen die Herrschaften, die tatsächlich die Macht haben, die Gattung der Individuen zu schützen. Der Schutz wird durch die Erzeugung erreicht, die Erzeugung durch den Beischlaf, der Beischlaf durch die Liebe. An der Spitze der Herrschaft, die für die Venus zuständig sind,

[2] Vollkommene Zahlen sind solche, deren Teile addiert wieder sie selbst ergeben, bei der 6 also 1 + 2 + 3 = 6. Die nächste ist die 28, dann die 496.

steht Anael, das heißt, er wird durch die Gnade Gottes angerufen. Denn es ist die Gnade Gottes, zu lieben und geliebt zu werden, fruchtbar zu sein und Kinder zu zeugen, ebenso wie die Schönheit selbst und die Anmut.

Alles Leben bietet sich der Sonne dar; über ihr steht **die Ordnung der Erzengel**, d.h. »der wichtigsten Boten«. Alle Tugend wird von der Sonne durch den Mond herabgesandt. Von diesen ist Michael der Fürst, sein Name bedeutet »Wer ist wie Gott?« Es gibt nichts, was der Sonne (= »sol«) gleicht, daher wird sie auch als allein (=»solus«) beschrieben. Mars sorgt für Mut und Tapferkeit, sonst wären wir in ständiger Angst. Seine Sphäre wird von den Mächten beherrscht; im Mut liegt Macht, und der Mut ist mit Macht verbunden. Der Fürst der Mächte ist Samael, d.h. »das Gehör Gottes«; denn Kraft und Mut liegen im Gehör Gottes. Jupiter ist es, der alles vermischt und anregt, daher kommen die Fähigkeiten und Kräfte; von ihm geht die Ordnung dieses Reiches in Mäßigung und Enthaltsamkeit aus. Der Fürst dieser beiden ist Sachiel, d.h. »die Ruhe Gottes«, denn in der Mäßigung und im Maßhalten erlangen wir die Ruhe. Sachiel ist verantwortlich für Zeiten der Ruhe, des Friedens und des Glücks.

Saturn trägt zur Beständigkeit bei, und auch er reguliert, fast allein, die Feuchtigkeit und die Hitze der anderen und gilt wegen seiner Kälte und Trockenheit als Herr des Todes und der Toten. Throne[3] bewachen ihn, denn Königreiche werden von ihm gestützt, und alles, was ein langes Leben hat: ein Thron ist nämlich auch ein Sitz. Und so wird dessen Herr Cassiel genannt, d.h. »die Hoffnung Gottes«; langes Leben bringt Hoffnung und Sicherheit.

Die Seraphim (d.h. »die Brennenden«) regieren die achte Sphäre; es gibt so viele Lichter dieser Sphäre, die in Flammen zu stehen scheinen. Die Cherubim (d.h. »die Wissenden«) aber regieren den ersten Himmel; wer weiß denn wirklich, außer denen, die Gott am nächsten stehen und ihn anschauen? Aber es ist schwer, die Zahl der Intelligenzen zu bestimmen, denn der ganze Himmel ist intelligent, und eine große Zahl scheint nicht immer notwendig zu sein. Wenn es nur wenige sind, erscheint es widersprüchlich, auf so engem Raum so vielen Sterblichen Leid zuzuteilen, aber auf so weitem Raum so wenigen Glück zu gewähren. Eine unendliche Menge also, die nicht in einer Ordnung und auch nicht in vierundvierzig Ordnungen enthalten ist. Aber wie groß auch immer ihre Zahl sein mag, man sollte sie in Ehren halten. Sie sind zwar viel verehrungswürdiger als Eltern, Könige und Götter, die wir normalerweise verehren, aber man sollte sie nicht anbeten. Das ist die größte Frucht der menschlichen Weisheit, wenn wir die Seelen, die mit den Körpern verbunden sind, erkennen und lieben und verehren, aber nicht die Körper selbst für sich allein.

[3] »Throni«, ebenfalls eine Klasse von Engeln.

Buch XXI: Über Gott und das Universum

Bis jetzt haben wir über die Teile des Universums und seine Akzidenzien gesprochen; jetzt bleibt nur noch, über **die Natur des Ganzen und einige verborgene Prinzipien** zu sprechen; dann über Gott, der, da er der Urheber von allem ist, zu Recht einen eigenen Platz und eine eigene Abhandlung verdient. Wir haben also von oben angefangen und gezeigt, dass die Luft im oberen Teil, wo sie nicht durch die reflektierten Strahlen der Sonne erwärmt wird, kalt ist. Dies muss die Anhänger des Aristoteles, die behaupten, dass die Luft in diesen Sphären heiß ist, in große Zweifel bringen. Denn da sich diese Dinge von einem Ende zum anderen allmählich ändern, das heißt, sie sind weiter voneinander entfernt, werden sie weniger von der Qualität der Hitze beeinflusst. Je höher also der Teil ist, in dem sich die Luft befindet, desto kälter ist sie, es sei denn, dass sie durch ihre Leichtigkeit und Verdünnung einem temperierten Zustand sehr nahe gekommen ist. Da sich die Luft durch die von der Erde reflektierten Strahlen erwärmt, wird es im oberen Teil kälter sein als in der Mitte. Und so ist es am besten, im Winter in Wohnungen in der Mitte zu wohnen, im Sommer aber in höheren. Im Sommer gibt es doppelt so viel fetten und dicken Wasserdampf, aus dem Tau gemacht wird. Daher werden die Felder durch den Tau stark gedüngt, und er steigt wegen seiner Dicke nicht auf.

Wenn es besser zusammengebraut ist, wie es in heißen Regionen vorkommt, kondensiert es durch die Kälte auf den Pflanzen und wird **Manna** genannt. In der Wüste von Targa wird von der Bevölkerung Libyens, besonders in der Nähe der Stadt Agadez, an einem Tag so viel davon gesammelt, dass eine Menge von achtundzwanzig Unzen für zwei Asse[1] zu haben ist. Durch seinen Gebrauch leben die Menschen dort sicher, obwohl die Luft verpestet ist. Er wird in klaren Nächten gesammelt, weil sie kühler sind und weil der Tau sich nicht in Wolken verwandeln kann; er wird, wie gesagt, durch die Kälte kondensiert. Wenn also Regen entsteht, kann es keine große Kälte geben; der Dampf wird von der Hitze fortgetragen und von der Kälte verdichtet. So kann es Regen mit Kälte geben. Wenn Hitze erzeugt wird, muss sie aktiv sein. Deshalb gibt es in bewölkten Nächten wenig oder gar kein Manna, und noch viel weniger, wenn es regnet: Dann schmilzt es. Es gibt drei Arten von Manna: Das beste ist das, was sich in den Blättern, das mittelmäßige das, was sich auf den Zweigen und das schlechteste das, was sich auf dem Boden sammelt.

So geht der fettere Teil der Dämpfe in Tau über; was aufsteigt, kondensiert durch die Kälte in der dünnen Luft und wird zu **Regen.** Im Sommer regnet es nicht viel, weil die Hitze weniger abtransportiert als trocknet. In unserer Gegend zieht die schwache Hitze allmählich die Dämpfe an sich, die von der Trockenheit aufgenommen werden, bevor sie zu Regen werden. Wenn es also regnet, geschieht es plötzlich; wenn die Wolken die Zeit überdauert haben, werden sie von der Trockenheit der Sonne beseitigt.

Aber nicht im Winter, der Dampf wird nicht angezogen, wenn die Sonne schwach ist, und so gibt es klares Wetter. Oder wenn er angezogen wird, wird er nicht sehr weit hochgezogen, sodass, selbst wenn die neblige

[1] Ein As ist eine kleine Münze.

Luft höher angezogen wird, der leichteste Teil der einzige ist, der aufsteigt, und er wird nicht kondensiert, weil die Luft dick und der Dampf dünn ist. Die Luft ist dicker, weil sie kalt ist. Da sie also nicht kondensiert, entsteht **Schnee**, denn Schnee ist das Gefrieren des nicht kondensierten Dampfes wegen der Dünnheit seiner eigenen Substanz und der Dicke der Luft. Schnee entsteht also auf einer höheren Ebene als **Frost** und aus dünnerem Dampf; daher ist Frost kälter als Schnee. Deshalb tötet er die Bäume und ihre Knospen mehr als der Schnee, und auch deshalb, weil der Frost später eintritt. Denn Schnee kommt nur im Winter vor, weil diese dünne Substanz nicht leicht gefriert. Der Tau aber gefriert leicht, weil er erdig ist, und so kommt der Frost später als der Schnee.

Warum sage ich »später«? Die Zeit für Frost beginnt früher und endet später als die für Schnee. Das ist offenbar der Fall, weil sich Frost am Boden entwickelt, da er sich in Häusern an feuchten Wänden bildet. Im Winter bildet sich Frost anstelle von Tau. Folglich verwandeln sich weder Schnee noch Frost in Eis und auch nicht in **Hagel**; Dampf muss kondensieren, um Hagel und Eis zu bilden, aber in Schnee und Frost ist Luft enthalten, sodass weder Schnee noch Frost, solange sie noch vorhanden sind, in Eis oder Hagel übergehen können. Hagel entsteht auf einer höheren Ebene als Schnee, sowohl weil im Sommer eine größere Höhe benötigt wird, auf der es kälter werden kann als im Winter (dies wurde zu Beginn erklärt), als auch weil im Sommer die Dämpfe aufgrund der dünnen Luft, ihrer Hitze und Subtilität sowie der Kraft der Sonne höher getragen werden. Und beim Hagel muss eine Kompression stattfinden, um ihn zu Eis zu formen. Der Hagel ist manchmal so groß, dass er mit großen Steinen zusammenstößt, Lasttiere tötet und Häuser niederreißt. In gewöhnlicher Größe kann er Baumfrüchte und Ernten zerbrechen, abschlagen und zerstören. Aber die Erzeugung von Hagel ohne Winde ist nicht möglich. Wenn die Luft dünn ist, ist sie nicht kalt, sodass der Dampf nicht gefrieren kann, wenn dicker Dampf ohne Winde nicht kondensiert werden kann. Und für Hagel muss der Dampf kondensiert werden, damit sich kein Schnee oder Frost bildet, und er muss gefrieren, damit sich Wasser und Regen bilden. Daher ist es kaum möglich, dass sich Schnee und Hagel gemeinsam bilden. Beides kann mit Regen in Verbindung gebracht werden, denn was nicht gefriert und kondensiert, wird zu Regen, nicht zu Hagel. Was kondensiert, während die Luft zu dünn ist, um jede Kontraktion zu verhindern, verbindet sich mit Schnee, wie es mit Regen geschieht. Es ist also klar, dass die größte Kälte bei Schnee und Hagel auftritt, so wie es bei Regen im Winter eine milde Hitze gibt, sonst gäbe es Schnee.

Sie werden aber fragen, wie sich **auf den Berggipfeln Schnee** bilden und wie es dort sehr kalt werden kann, da dort die Reflexion vom Berg stattfindet. Aber es ist kein Wunder, dass die größte Kälte gerade auf dem Berggipfel herrscht, denn wenn die Luft von Natur aus extrem kalt wird, ist doch der Ort, von dem die Strahlen reflektiert werden, ungleichmäßig, sodass sie nicht an dieselbe Stelle reflektiert werden. Er ist auch spitz zulaufend, sodass es wenig Reflexion gibt; außerdem ist er an sich natürlich kalt, da er steinig ist, und ein Teil des Berges liegt im Schatten. Und der wichtigste Punkt: Die Umgebung des Gipfels ist sehr kalt, da sie weit vom Talboden und der Ebene entfernt ist. Da die Luft also parallel zu den wehenden Winden mitgeführt wird, muss es auf den Gipfeln erstaunlich kühl sein – wir haben das in unseren *Problemata* gezeigt.

Wenn aber **Nebel** von einem Gebirgskamm aufsteigt, obwohl er nicht mehr als zweitausend Schritte vom Boden entfernt ist, ist er viel weiter vom Boden entfernt, da er vom Kamm ausgegangen ist. Ähnlich verhält es sich, wenn ein Berg fünftausend Schritte hoch ist und die Wolken bei siebentausend Schritten manchmal kaum über dem Boden sind. Aufgrund der übermäßigen Höhe des

Nebels bildet sich dann selbst in einem warmen Winter Schnee oder im Sommer Hagel. Ein gemeinsames Merkmal von Schneestürmen, Hagel und Wolken ist, dass sie sich auf zwei Arten entwickeln: entweder durch Dampf, der am selben Ort aufsteigt, oder durch Dampf, der sich anderswo bildet und von den Winden dorthin getragen wird. Wo auch immer sich Hagel bildet, geschieht dies nicht ohne Wind, sondern meist mit mehreren Winden, dic miteinander kämpfen.

Wasser steigt nur schwer in die Höhe, weil es kondensiert und weil es sich, da es schwer ist, von selbst nach unten bewegt, wenn es nicht durch Winde aufgehalten wird. Dies geschieht jedoch bei Hagel, der sich nur im kondensierten Zustand entwickelt, sodass er sehr oft durch Glockengeläut zerstreut wird. Die Luft, die durch einen leichten Aufprall nach oben getragen wird, verhindert die Kondensation des Dampfes. Wenn aber die Dämpfe kondensiert sind, bewegen sie sich unter dem Einfluss der Schwerkraft und der Winde nach unten. An einer Stelle, wo sie die Luft spalten, werden sie flacher und weißer, sodass sie eine Tonsur zu haben scheinen, und die müßige Menge nimmt dann an, dass der Fall auf priesterliche Zaubersprüche zurückzuführen ist. Wenn feuriger Dampf mit großer Kraft auf kondensierte Wolken trifft, entstehen Blitze und durch ihren Fall Donner.

Aber wenn die Nebel, die Schnee enthalten, nicht kompakt sind, können sie nicht durch einen Aufprall zerrissen werden. Daher gibt es weder Blitz noch Donner, wenn Schnee fällt, und auch nicht im Winter. Wenn es aber im Winter blitzt und donnert, fällt Regen, nicht Schnee, und sehr oft Hagel, wie im Dezember des vergangenen Jahres, und während des Nebels. Der Grund dafür ist, dass sich der heiße Dampf beim Aufsteigen in diesem Gebiet erwärmt hatte. Im Winter kommt es nur selten zu **Regenfällen** und im Sommer sind sie selten und kurz. Im Frühjahr, wenn der folgende Tag früher beginnt als der vorhergehende (ein späterer Tag ist im Frühjahr heißer und hat eine kürzere Nacht), regnet es aus diesem Grund weniger als im Herbst, aber länger als im Sommer und häufiger als im Winter.

Daraus geht hervor: Je mehr es im Winter regnet, desto wärmer wird der kommende Winter und desto ungesünder. Wenn dies im Sommer geschieht, ist die Luft feucht und daher ungesund ist; wenn im Frühling, ist es ein kalter Frühling. Im Herbst kommen die stärksten und längsten Regenstürme zustande, sodass man dies dem Aufgang des Arktur zuschreibt, aber fälschlicherweise. Denn da die Sonne im Herbst noch stark ist, werden viele Dämpfe nach oben gezogen. Wenn aber der folgende Tag eine längere Nacht hat als der vorhergehende, und der Tag auch kühler ist, muss der Dampf kondensieren und folglich herabsinken. Der herabgefallene Wasserdampf wird wieder vom feuchten Boden angezogen und bleibt an der Erdoberfläche haften, und auch etwas Tieferes wird mitgeführt, sodass nicht nur Regenschauer und -stürme, sondern auch Wolkenbrüche auftreten. Dies geschieht vor allem dann, wenn Wolken, die der Wind von einem feuchteren Ort herbeigeführt hat, den Beginn eines Regengusses bilden; andernfalls verdichten sie sich langsamer und nehmen allmählich zu. Werden sie von einem anderen Ort herbeigeführt, beginnen sie plötzlich groß zu werden.

Wenn es keinen Regen gibt, hat das einen von drei Gründen: entweder, weil er nicht anfängt, und dann ist der Herbst ganz und gar sehr trocken; oder weil die Winde sie, nachdem sie am Anfang gefallen sind und sich die Wolken wieder gesammelt haben, anderswohin bringen, und dann ist dieser Herbst windig; oder weil die Hitze trockener ist, und dann ist sie pestilent und führt zu bösen Krankheiten. So kann auf den Bergen Afrikas und Äthiopiens Schnee entstehen, da der Wasserdampf dort hochgezogen werden kann, sodass er durch die Kälte der Luft kondensiert, gefriert und in Schnee übergeht. Er hält sich dort, wo die Sonne nicht hinkommt, unter Bäumen und auf Felsen. In Äthiopien bleiben die südlichen Teile der Berge, die im südlichen Teil Äthiopiens liegen, und die nördlichen Teile der Berge des Nordens von der Sonne unberührt, besonders wenn sie sich nähert und weit entfernt ist.

Schnee ist an sich sehr weiß, weil er Luft enthält. Eis ist dunkler, weil es sich aus Wasser bildet, in dem keinerlei Luft enthalten ist. Hagel liegt in der Mitte, da er aus Wasser besteht, aber aus kondensiertem Wasser, also nicht frei von Luft ist. Weißer Hagel ist also weniger kalt, tritt bei milderen Winden auf und fällt in einer niedrigeren Höhe. Wenn trockener und kaum trockener Wasserdampf aufsteigt (ein seltenes Ereignis), entsteht eine Lücke. Denn wenn man einen dunklen Fleck in einem Bild gemacht hat und weit weg steht, sieht man an dem Fleck eine Lücke oder Dunkelheit, weil die Farbe in der Lücke und in Öffnungen ähnlich ist. Aber zurück zum Schnee: Warum ist er im Sommer auf den Gipfeln meist weniger zu sehen als in der Mitte? Es gibt keine andere Erklärung als die, dass der Gipfel der Sonne ausgesetzt ist, die den Schnee zum Schmelzen bringt; die übrigen Teile, vor allem die sonnenabgewandten, sind vor ihr sicher.

Lassen Sie uns nun zunächst erklären, warum einige Teile der **heißen Zonen** bewohnbar sind und andere nicht. Die bewohnten Teile liegen dort, wo es Flüsse gibt oder wo es regnet. Die Teile aber, denen beide Vorteile fehlen, sind völlig unbewohnt, abgesehen von kleinen Marktflecken und sonst nichts, ohne Orte in der Nähe, ohne Behausungen, und auch schlecht versorgt. Aber warum sind diese Teile trocken, die anderen aber feucht von Regenschauern? Die Erklärung muss sorgfältig gesucht werden. Da, wie bereits erwähnt, damit es regnen kann, braucht es feuchten Dampf. Er bleibt bestehen, weil er nicht durch die Hitze zerstreut wird. Bei uns bleibt er nicht oder nur selten im Sommer bestehen, weil er (wie erwähnt) durch die Schwäche der Sonne und die kurzen Nächte allmählich erschöpft wird. Aber in der heißen Zone, wenn die Sonne mit großer geballter Kraft über uns steht, entsteht eine riesige Menge an Dampf, weil die Sonne so stark ist, und er kann nicht zerstreut werden, sowohl weil die folgende Nacht lang ist als auch weil der Dampf reichlich vorhanden ist. So sammelt er sich und kommt als Regen herunter. Denn da ein Feuer nicht viel Wasser zerstreuen kann, es sei denn über eine sehr lange Zeit, was soll man dann von der Kraft der Sonne sagen, die dem Feuer beim Trocknen weit unterlegen ist? Wiederum können die Sonnenstrahlen wegen der Menge und Dicke der Dämpfe nicht eindringen, und so wird nur ein Teil der oberen Dämpfe verzehrt, der Rest bleibt bestehen und kommt als Regen herunter. Obwohl die Kraft der Sonne ziemlich stark ist, wird das, was gefallen ist, wieder aufgefangen, und es wird etwas aus dem Innersten der Erde, dem Meer, den Flüssen oder den angrenzenden Bergen nachgeliefert. So regnet es noch am selben Tag erneut, und oft sogar in größerer Menge. An manchen Orten hält er vierzig Tage lang an, an anderen sechzig, an wieder anderen sogar drei Monate lang. Starke Winde müssen also abwesend sein, und das sind sie auch, denn eine kräftige Sonne kann dünne Ausdünstungen auflösen, aber keinen dicken. Und wenn Winde vorhanden sind, gibt es einen so starken ständigen Grund für die Erzeugung von Regen (wie erwähnt), dass, obwohl sich ein klarer Himmel zwei oder drei Tage öffnet, der Tag sofort in Regenschauer umschlägt. Wenn also die Sonne über dem Himmel steht, regnet es in Äthiopien und Indien drei oder vier Tage lang; das sind die Namen der Teile der Welt, über denen die Sonne senkrecht steht.

Aber es ist nicht klar, ob es überall regnet; wenn es überall regnen würde, gäbe es keine Wüsten und Sandflächen; sie existieren, also regnet es auch nicht überall. So regnet es an manchen Orten nicht, weil das Meer und die Flüsse und die Berge weit weg sind. In den Bergen muss es regnen, sonst würde die

Hitze der Sonne sie in Sand verwandeln. Dann, wo die Sonne ziemlich lange verweilt, fallen unaufhörliche Schauer. Wenn sie sich zurückzieht, trocknet die Erde aus, weil sie mehr brüchig als zusammengezogen wird, denn die Hitze ist mäßig und zieht allmählich an, und was angezogen wird, wird zerstreut. Der zerstreute dünne Dampf geht in die Luft über, und so wird zuerst die Luft trocken, und dann wird die Erde durch die Luft und die Sonne getrocknet.

So geschehen in der heißen Zone zwei Dinge, die gegensätzlich sind zu dem, was es in dieser Region gibt. Erstens, dass mit der Annäherung der Sonne Regenstürme entstehen, und mit ihrem Rückzug trocknet die Erde aus. So ist der **Sommer** nass und der **Winter** trocken. Aber hier ist umgekehrt der Sommer trocken, mit wenig Regen, und der Winter ist regnerisch oder schneereich und nass. Die zweite Sache, die sich aus der ersten ergibt, ist folgende: Bei der Annäherung an die Sonne haben sie den Winter, wir aber den Sommer; bei der Entfernung von der Sonne haben sie den Sommer, wir aber den Winter. Aber auf der Insel St. Thomas, die dem König von Portugal gehört, die unter dem Äquator liegt, wehen die südlichen Winde, wenn die Sonne in den nördlichen Zeichen steht, die sogenannten Auster, Sirochus und Garbinus, die Regen bringen, weil sie nass sind. Boreas, Graecus und Magister (die Namen dieser nördlichen Winde) wehen dort nicht, sodass sie zwei Winter haben: wenn die Sonne auf den Tagundnachtgleichen und wenn sie über dem Himmel ist. Und von März bis August gibt es Kälte mit Wind, und danach ist es Frühling. Wenn die Sonne in den südlichen Zeichen steht, von der Sonnenwende an, also im Dezember, Januar, Februar, ist es Sommer. Auch wenn sie sich vor der Sonnenwende in den südlichen Zeichen befindet, ist der Winter länger. Der am weitesten entfernte Teil, in dem es reichlich regnet und der dennoch wärmer ist, wird als Herbst bezeichnet. Die Jahreszeiten sind also in umgekehrter Reihenfolge angeordnet: Der Frühling geht dem Winter voraus, der Herbst dem Sommer. Und dort, wo es nicht häufig regnet, gibt es aufgrund der Bewegung der Sonne acht Jahreszeiten: einen Doppelfrühling, wenn die Sonne die Tagundnachtgleichen ansteuert, und zwei Sommer, wenn sie sich von ihnen entfernt. Dann, wenn sie sich auf die Sonnenwenden zubewegt, zwei Herbste, und wenn sie vorbei sind, die gleiche Anzahl von Wintern, aber keine kalten. Wo die Gewässer in der Nähe sind und die Luft frei ist, gibt es nur vier Jahreszeiten: zwei Winter unter den Tagundnachtgleichen und dazwischen einen doppelten Frühling, sodass man mit Recht von einem gemäßigten und glücklichen Wohnort unter dem Himmelsäquator spricht.

Was in unseren Regionen vor sich geht, bedarf keiner Beschreibung; es ist jetzt angebracht, zu erklären, was in Äthiopien geschieht, wo die Winter um die Sonnenwenden herum sind, da es unter dem Wendekreis des Steinbocks liegt. Wenn sich also die Sonne dem Äquator nähert, wird, wie gesagt, der Wasserdampf in einem Körper angezogen, und da er so reichlich vorhanden ist und zwischen der Erde und der Sonne liegt, kühlt er die Luft mäßig ab und befeuchtet sie kräftig. Dieser Zustand wird mit Recht Winter genannt. Er beginnt also zu der Zeit, wenn die Sonne auf ihrem Höchststand ist. Daher tritt der Winter nach der Annäherung der Sonne ein, und der Sommer und der klare Himmel nach ihrem Weggang, wie wir sagten. Diese Ereignisse sind in den Bergen stärker und deutlicher als in der Ebene. Dies verdeutlicht, dass, wenn die Sonne in derselben Region ruht (dies ist vor allem zwischen Assuan und Meroe der Fall), die Regenfälle so zahlreich sind, dass die Flüsse anschwellen und ihre Betten verlassen, um die Erde zu bewässern. Daher kommt es zu Überschwemmungen.

Warum setzen diese Regenfälle dann sofort nach der Sommersonnenwende ein und nicht früher, da die Zwillinge, die ab dem 11. Mai beginnen, in der gleichen Entfernung vom Äquator liegen wie der Krebs, in denen sich die Sonne vom 11. Juni bis zum 11. Juli befindet? Die Erklärung dafür ist, dass die Erde durch den langen Rückzug der Sonne bereits ausgetrocknet ist und die Anziehungskraft erst dann wieder auflebt, wenn die Sonne eine kräftige Hitze erzeugt hat. Dies geschieht bei uns nicht vor der Sonnenwende. Und das ist der Grund, warum wir vor der Sonnenwende keine heftige Hitze haben, und aus diesem Grund beginnt der Sommer und auch nicht der Winter. Der Anfang der Vollkommenheit ist immer aus dem vollkommensten Zustand heraus. Aber dies geschieht zu den Sonnenwenden, wobei sich die eine in Richtung Hitze und die andere in Richtung Kälte bewegt; zu diesen Zeiten ist die Sonne quasi stationär. Die starke Anziehung beginnt also erst, wenn die Sonne die Sommersonnenwende erreicht hat, und damit auch der Regen. Die angezogenen Dämpfe werden vorher durch die Trockenheit der Luft zerstört. Daher beginnt dieser Regen in Äthiopien mit der Sommersonnenwende und hält vierzig Tage lang an. Warum wird er nicht fortgesetzt, bis die Sonne den Beginn der Waage erreicht hat? Die gleiche Erklärung, die gewöhnlich für die Grenzen des Sommers gegeben wird, trifft auch auf diesen Fall zu: Wenn die Sonne die Mitte des Löwen erreicht hat, trocknet sie die Erde bereits aus und übt allmählich eine solche Anziehungskraft aus, dass auch die Regenfälle mit dem Verbrauch des Dampfes aufhören. Wenn also die Sonne vom Anfang des Krebses bis zur Mitte des Löwen vorgerückt ist, treten in Äthiopien ununterbrochene Regengüsse auf, und wenn die Sonne sich an der Spitze befindet, kommt der Winter wegen der Fülle des Wassers. Nicht aber, wenn die Sonne über dem Äquator steht. Zwar kann sie auch dort die Dämpfe heben und der Himmel Wasser freigeben; da sie sich aber alle fünf Tage fast zwei Grad vom Äquator entfernt, wird die Anziehungskraft in einzelnen Bezirken geschwächt, sodass es weder Schauer noch Wolkenbrüche noch Stürme gibt, nur etwas Regen. Wenn sich die Sonne dem Wendekreis des Krebses nähert, entfernt sie sich in vierzig Tagen kaum um einen Grad nach beiden Seiten. Folglich gibt es nicht mehr Regen und Schauer, sondern Wolkenbrüche und Stürme.

Wie ich sagte, treten **Blitze** bei Wolkenbrüchen auf, denn wie ich sagte, muss der Regen, solange er da ist, die Wolken kondensieren; aber in einer kondensierten Wolke wird der schwefelhaltige Dampf entzündet, wie bei der Militärartillerie. Und da er in diesem Zustand mehr Raum einnimmt, zerreißt er die Wolke durch seinen gewaltigen Aufprall, und (wie ich sagte) die Natur duldet nicht, dass zwei Körper denselben Raum einnehmen; und so wird eine kompakte Wolke durch diesen Aufprall zerrissen, und der Blitz leuchtet auf. Infolgedessen wird die Wolke plötzlich zerrissen und gibt den bekannten großen Lärm von sich, den man **Donner** nennt und der bei vielen Tieren (besonders Schafen) und sogar einigen Frauen zu einer Frühgeburt führt. Da nicht die ganze Explosion auf einmal ausbrechen kann, wie es bei der Artillerie der Fall ist, sondern einige Teile davon allmählich, aber schnell ausbrechen (weil die Wolke hoch oben ist) und in einem einzigen Zeitraum zerschmettert werden, hat dies zur Folge, dass der Donner nicht nur ein lang anhaltendes Geräusch wie die Artillerie mit einem abnehmenden Ton erzeugt, sondern dass das Hauptgeräusch des Donners verschiedene Teile hat, sodass sogar die Teile der Wolke nacheinander durch das herabfallende Feuer zerrissen werden.

Aber wenn der Blitz aus Feuer besteht, warum steigt er herab, während es die Eigenschaft des Feuers ist, aufzusteigen? Die Ursache liegt darin, dass der erste Einschlag von einer kompakteren Stelle ausgeht. Manchmal kommt es vor, dass die kompaktere Wolke eher oben als unten ist, und das passt zur Theorie, weil, wie ich schon sagte, der höhere Teil der Luft kälter ist als der untere, besonders im Sommer, wenn die Blitze besonders häufig auftreten. Dies ist wie bei nach unten geneigten Kanonen; die Kugel wird nach unten und das Feuer weiter nach unten getrieben, da der anfängliche Stoß aus dem oberen Teil erfolgt.

Es kommt auch manchmal vor, dass der Blitz in den Himmel einschlägt, da eine Wolke oben dünner ist als unten. Dies ist ein weiterer Grund, warum Schnee ohne Blitze auftritt, denn der schwefelhaltige Dampf ist nicht so kondensiert, dass er sich entzünden könnte, und selbst wenn er es wäre, kann er, wie gesagt, in einer ziemlich dünnen Wolke keinen Einschlag erzeugen.

Und warum taucht dieser bekannte feurige Dampf immer bei Schauern auf, die von Winden begleitet werden? Das liegt daran, dass auf der Erdoberfläche etwas Schwefelhaltiges vorhanden ist, das im Sommer von der Kraft der Sonne erfasst wird. Und das ist der dritte Grund, warum bei Schneefällen keine Blitze niedergehen. Die schwache Kraft der Sonne kann den Erddampf nicht in die Höhe ziehen. Und wie kann er entzündet werden, obwohl er dünn verteilt ist? Während die gewaltige Kraft der Winde den wässrigen Dampf forttreibt, wirft sie den schwefelhaltigen Teil zu Boden, wo der äußere Teil leicht wie Kalk befeuchtet und der innere getrocknet wird; so entzündet er sich durch den Gegensatz von Kälte und Feuchtigkeit und findet den unteren Teil verdünnter, während er in Flammen aufgeht, und kommt herab wie das Feuer, das durch geneigte Artillerie zur Erde getrieben wird.

Abschließend bleibt noch ein weiteres Problem: Wenn die Sonne in der Nähe des Wendekreises des Steinbocks oder des Krebses ruht, warum ruft sie dann nicht auch dort **Überschwemmungen** hervor? So wird es in Indien und Äthiopien ab Mitte Dezember Stürme geben; auch diese Regionen liegen im Kreis des Krebses. Dies sollte man so sagen, es sei denn vielleicht, die Sonne steht dann näher an der Erde, da sie in dieser Zeit, im Perigäum, wegen der starken Austrocknung keine Regenfälle verursacht. Aber wenn diese Regenfälle nur dort stattfinden, so liegen sie jenseits der Nilquellen. **Der Nil** ist der größte im Goianischen Königreich von Äthiopien (das von dem Priester Johannes regiert wird, der in seiner eigenen Sprache Neguz genannt wird).[2] Er entspringt aus zwei Seen, die aufgrund ihrer Größe mit dem Meer verglichen werden, bei sechs Grad oder ein paar mehr südlich des Äquators, nach der Ansicht des Ptolemäus, der dort auch das Mondgebirge[3] beschreibt. Dort kommt er von den höchsten Stellen und stürzt mit gewaltigem Getöse hinab, und zwar zweimal. Diese werden Katarakte genannt; es sind die höheren Punkte der Berge, von denen der Fluss in gewaltigem Schaum hinabfließt. Der eine wird der große und der andere der kleine Katarakt genannt. Danach dehnt er sich wie ein riesiger See aus, der siebenhundert Inseln umfasst. Die größte davon heißt Meroe, etwa neun Grad jenseits des Wendekreises des Krebses in Richtung Äquator; dort befindet sich auch eine Stadt gleichen Namens. Dann sammelt er sich wieder und kehrt in sein Bett zurück, um durch sieben Mündungen ins Meer zu münden; von der Quelle bis zum Meer verläuft er gerade von Süden nach Norden.

Der Nil hat nur wenige oder gar keine Nebenflüsse. Aber am siebzehnten Juni, nachdem die Sonne ihren höchsten Stand erreicht hat, beginnt er anzuschwellen und verlässt sein eigenes Bett. Er überflutet und bedeckt das Land Ägypten, sodass die meisten wilden Tiere sterben und sich die Lasttiere und Menschen auf höher gelegene Orte retten. Diese Überschwemmung nimmt vierzig Tage lang zu, und zwar bis die Sonne die Mitte des Tierkreiszeichens Löwe erreicht; von diesem Tag an nimmt sie für dieselbe Anzahl von Tagen ab und lässt Ägypten trocken.

---

[2] »Nilus enim fluvius maximus in Goiano Aethopiae regno, quod sub Presbytero Iano est Neguz lingua propria vocato«.

[3] »montes Lunae«.

So verhält es sich mit diesen Dingen. Doch bevor wir nach einer Erklärung suchen, müssen wir nach dem **Grund für Überschwemmungen im Allgemeinen** suchen. Es gibt andere Flüsse, die Land überschwemmen, wie der Po in Italien und der Hister oder die Donau in Pannonien. Die Ursache jeder Überschwemmung ist entweder, dass die Flussufer niedrig sind oder dass das Wasser übermäßig vorhanden ist oder dass es Wind gegen den Strom gibt (oder sogar quer dazu) oder eine hohe Flut und ein Rückstau, der das Wasser daran hindert, ins Meer zu fließen. Die Ufer werden niedrig, wenn die Erde aufbricht. Übermäßig viel Wasser entsteht entweder durch das Anschwellen der Quelle, durch die Schneeschmelze oder durch Regen. Wenn Winde gegen die Strömung des Wassers wehen, verhindern sie seinen Abfluss und zwängen ihn ein, sodass der Fluss anschwillt und das Wasser manchmal sogar von recht hohen Ufern herunterläuft. Aber jeder Wind bewegt das Wasser, weil er entweder abwärts oder gerade weht. Wind, der sich abwärts bewegt, wie bei AC, stört das Wasser, denn während er es nach unten in Richtung E drückt, nimmt der Teil, der den Raum CE einnimmt, EF ein, sodass der Teil EF zu FG ansteigt, und so schwillt das Wasser an und

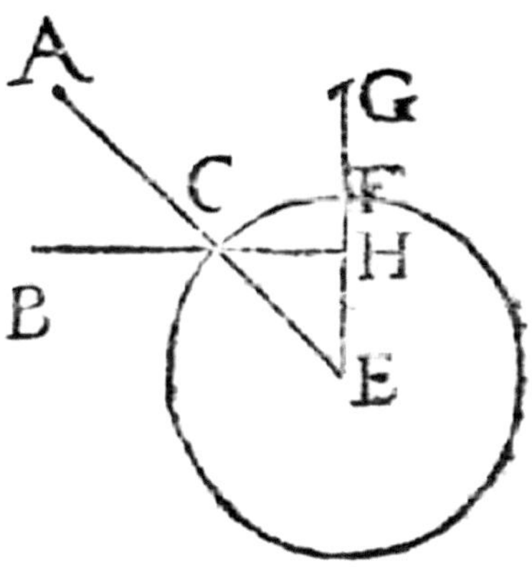

läuft über. Wenn aber der Wind von BC aus geradeaus geht, dann wird das Wasser, weil der Punkt F höher liegt als H, mitgerissen; das Wasser wird abgerundet, wie man es in Krügen sieht. Der Grund dafür, dass wir Flüsse und Seen aus der Ferne sehen können, ist entweder, dass wir aus der Höhe schauen und so das Wasser sehen können, oder dass wir von der Ebene aus schauen und es auch sehen, da das Wasser gerundet ist. Es ist klar, dass die geradlinige Bewegung eine doppelte ist: eine Komponente ist die mathematische, die entlang der kürzeren Linie stattfindet, und das geschieht durch den Aufprall, und so werden die Winde bewegt. Die andere entspricht der Natur, und das ist die Art und Weise, wie sich das Wasser entlang des Umfangs eines Kreises bewegt. Obwohl sich das Wasser also kreisförmig bewegt und der Wind sich auf einer geraden Linie bewegt, wird das Wasser durch jeden Wind gestört.

Die Rundung des Wassers ist **die Ursache für Stürme.** Wenn der Wind von der Seite oder gegen die Bewegung des Wassers weht und es ein starker Wind ist, gibt es eine Flut, und wo es eine Breite gibt, einen Sturm. Auf einem Fluss weht immer ein Wind aus irgendeiner Richtung, entweder gegen die Strömung oder von der Seite, weil sich die Strömung windet, wie es Schlangen tun. Daher wird es irgendwo eine Überschwemmung geben, es sei denn, der Wind ist sehr schwach oder das Wasser ist spärlich. Wenn zum Beispiel ABC ein Fluss ist und ein Wind von DE her weht, wird er bei FGH quer wehen. Wenn es viel Wasser gibt, wird er eine Überschwemmung hervorrufen, aber sonst nicht. Aber der Wind von D nach C, der sich gegen die Bewegung des Wassers richtet, wird unweigerlich eine Flut erzeugen. Deshalb gibt es, wenn der Wind weht, an manchen Orten eine Überschwemmung,

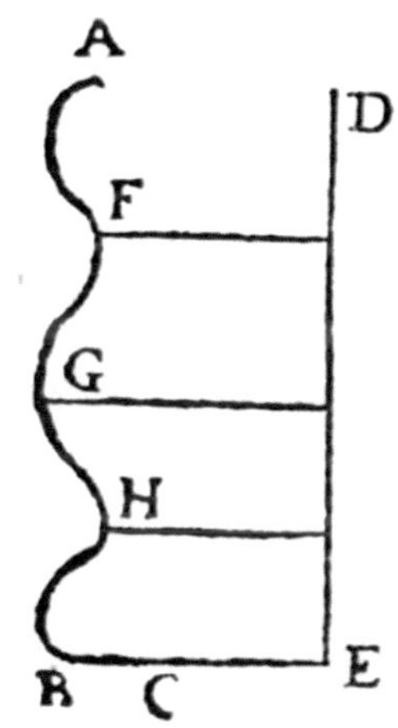

an anderen trocknen die Flüsse aus, sodass es eine größere Überschwemmung gibt, entweder wegen des übermäßigen Wassers oder wegen des starken Windes, oder weil er von oben kommt und das Wasser durch seine Kraft vorantreibt und sich so verhält, als würde er sich in das Wasser eingraben und es entwässern. Die Grundlage für Stürme und ihre Größe ist offensichtlich die Fülle des Wassers, sodass ein Sturm auf dem Meer größer ist als in Sccn, in Seen größer als in Flüssen und in großen Flüssen größer als in kleinen Flüssen.

Wenn es also einen einzigen Wind gibt, der sich gerade bewegt, wie die Linie BC in der vorherigen Abbildung, wird es keine Überflutung geben. Wenn er aber schräg ist, d.h. von oben kommt, dann rollt er eine große Menge Wasser mit sich und schafft große Gefahr. Und wenn die beiden entgegengesetzt sind, wie AF und BF, wird das Schiff untergehen, da es nicht vorankommen kann, wenn einer von ihnen gegen es stößt; und wenn das Schiff von C nach F durch Winde getrieben wird, die gegen seine Seiten schlagen, wird es kentern. Es ist besser für das Schiff, von D nach AF getrieben zu werden, wo der Wind AF stärker ist als BF. Ein Schiff ist immer sicherer, das mit dem stärkeren Wind mitgeführt wird, als eines, das sich gegen ihn bewegt.

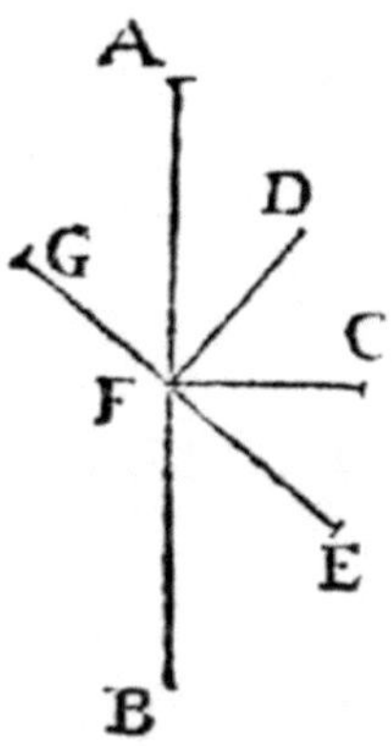

Und wenn es drei Winde gibt, AF, BF und EF, und einer von ihnen kommt von oben, und AF ist der stärkere, dann ist es unvermeidlich, dass das Schiff untergeht, denn es kann nicht mit DF ausweichen, weil es von dem Wind aus EF umgeworfen würde. Es kann auch nicht mit EF ausweichen, denn es wird von AF umgeworfen; es kann auch nicht mit GF ausweichen, denn FE widersteht. Auch im Ozean ist es so, dass die einzelnen Winde wegen der Gezeiten das Verhalten von zwei Winden annehmen, wobei der Wind von oben und die Flut von unten das Schiff hin und her werfen, aber nicht so gefährlich. Wir haben nun die gefährlichen Stürme beschrieben und wie man ihnen entkommen kann.

So wie Überschwemmungen vorübergehende Seen sind, so sind Seen permanente Überschwemmungen. Die **Entstehung von Seen** erfolgt aus fünf zusammenhängenden Ursachen. Die erste ist, dass ein Fluss in eine Nachbarschaft überläuft. Große Seen aus großen Flüssen, wie der Bodensee, der wegen des Rheins sehr groß ist, der Genfer See wegen der Rhone, der Verbano-See wegen des Ticino, und kleine aus kleinen Bächen, wie der Eupilus in Italien. Das Wasser muss von der Höhe von Bergen oder Hügeln gesammelt werden, und so liegt jeder See zwischen Bergen oder Hügeln, sonst würde das gesammelte Wasser verlaufen und sich zerstreuen. Außerdem muss die Lage zwischen den Flanken und tiefer als das Flussbett sein; wenn sie höher ist, trocknet der See aus. Wenn der Fluss zeitweise austrocknet, was oft vorkommt, dann ist es kein See mehr, sondern ein Sumpf oder Moor. In der Tat ist es kein See, wenn er oft austrocknet und wenn er nicht genug Wasser hat, um ständig zu fließen, und wenn er regelmäßig durch Stürme gestört wird. Wenn er ruht, ist er ein Sumpf und kein See. Es ist auch wichtig, dass das Ufer auf der Seite, die dem Einlauf des Flusses gegenüberliegt, höher ist, sonst läuft alles ab und es entsteht eine Überschwemmung und kein See. Schließlich muss das tief liegende Gebiet schmal gehalten sein, und der Fluss muss abfließen. Denn wenn er das nicht tut, wird das Wasser verdorben, und es entsteht ein Meer, kein See, auch wenn es eine Flut und Stürme gibt. Es fließt also kein Fluss aus dem Meer; selbst wenn er es täte, stünde er in keinem Verhältnis dazu.

Sie haben die Unterschiede zwischen Seen und Meer, Sümpfen und Überschwemmungen kennengelernt. Kehren wir nun zu den Ursachen für die **Überschwemmungen des Nils** zurück. Der Grund dafür ist, dass der bereits erwähnte Sturm am elften Juni in Äthiopien seinen Anfang nimmt. Der Fluss schwillt sofort an, wie es auch bei uns der Fall ist, wenn es viel Wasser gibt, und der Nil läuft über auf die Felder. Es ist kein Hindernis, dass Äthiopien weit von Ägypten entfernt ist. Wenn das Meer inmitten des Rückflusses von Wasser wegen der Gezeiten ansteigt, wie wir oben erklärt haben (denn es gibt einen Wasserfluss und eine andere Anschwellung: wobei die Anschwellung durch Kompression auf einmal von einem Ende zum anderen geht) ist es kein Wunder, dass der Nil, obwohl er langsam fließt, innerhalb von vier Tagen von einem Ende zum anderen anschwellen kann. Wenn Sie beim Glasblasen das Glas an einem Ende zusammendrücken, werden Sie sehen, dass es ohne übrige Bewegung anschwillt. Wenn dann der Regen aufhört und der Nil sich immer weiter ins Meer ergießt, wird er wieder schmaler und kehrt an seinen Platz zurück. Vielleicht trägt auch die Tatsache dazu bei, dass, wie ich sagte, das Wasser des Südlichen Ozeans drei oder vier Monate lang nach Süden gedrückt wird, mit dem Ergebnis, dass wenn die Quellen des Nils zusammengedrückt werden und das Wasser zu stark überläuft, der Nil gezwungen ist, anzuschwellen und sich in die Überschwemmungsebene zu ergießen.

Ich habe oben bereits erklärt, dass süßes und salziges Wasser zusammenfließen. Denn am Ende ist es das Beste, dass diese Regenfälle die Sonne begleiten: Zunächst wird das salzige Wasser aus dem Meer in süßes umgewandelt, und der Kreis schließt sich, indem sich so viele Flüsse ins Meer ergießen und ihr süßes Wasser in salziges verwandeln.

Wenn es also eine **Verteilung** geben soll, die von Dauer ist, muss es viel Wasser aus Niederschlägen geben, um den Verlust aus allen Flüssen, die ins Meer münden, auszugleichen. Eine zweite Notwendigkeit ist, dass die Luft selbst gemäßigt ist, damit die Region bewohnbar ist. Drittens, dass der Boden von Feuchtigkeit durchdrungen ist und er Früchte und Feldfrüchte trägt, sodass Tiere und Menschen darin leben können und kein großer Teil der Erde unbrauchbar wird. Es wurde zuvor mit gegenteiligen Gründen gezeigt, dass der Boden sogar unter den Polen kultiviert wird. Viertens muss verhindert werden, dass sich die trockene Erde nicht in der Mitte auflöst und so das Ganze zugrunde geht, solange Gott diesen Teil unbeachtet lässt. Aufgrund all dieser und auch anderer Umstände kam es, dass die Sonne ständig von Wolken begleitet wurde.

Und es ist nicht so, dass der Wasserdampf so lange erhalten bleibt, bis die Sonne vom Tierkreiszeichen Zwillinge in den Krebs übergeht, sondern die Luft wird in der Zwischenzeit nur befeuchtet: der vorhergehende Tag hilft dem folgenden, indem er Wasser verstreut, während die Sonne im Krebs steht. Deshalb sieht man im weiten Atlantik[4] auf dem Gipfel des Berges, der Sierra Leone[5] heißt, eine dichte Wolke, es blitzt immer, und der Donner ist fünfzig Meilen weit zu hören. Da die Hitze der Sonne und die Feuchtigkeit des Berges dort immer aktiv sind, erzeugen sie eine ständige Wolke. Der Berg muss also immer sehr feucht sein, wozu auch das nahe Meer beiträgt, denn der Berg verdient seinen Namen nicht einfach als Berg, sondern ist, da er seine Wurzeln ins Meer hinausstreckt, eher ein Vorgebirge.

Aus diesen Dingen, die in unseren Tagen bekannt geworden sind, geht nun hervor, dass **die Erde nicht von einem Ozean umgeben** ist, sondern dass der Ozean wie eine Art See ist, der zwischen den Ländern liegt, mit auf der einen Seite unsere bewohnbare Region, auf der anderen Nortica, Brasilien in der Mitte und Amerika im Norden. Im Ozean selbst gibt es überall Inseln, eine unglaubliche Anzahl, man sagt, es seien mehr als zehntausend. Deshalb ist das Meer der See

[4] »Atlantis maioris«.

[5] Laut Forrester wahrscheinlich Teneriffa.

der ganzen Erde, nicht die Erde eine Insel des Meeres. Da die Inseln reich an Wasser sind, sind sie der Beweis dafür, dass es nicht in ihnen erzeugt wird, sondern durch sie hindurchsickert. Wie könnte es sonst sein, dass Irland fünfzehn Flüsse hat, wenn sie nicht aus vom Meer gereinigtem Wasser stammen würden? Süßwasser ist nicht nur auf diesen Inseln vorhanden, sondern auch auf sehr kleinen Inseln, wie zum Beispiel der Insel, die drei Grad hinter dem Äquator liegt, etwa zweitausend Meilen von jeglichem Land entfernt, acht Meilen lang und vier breit, grün und mit viel Süßwasser.[6] Das Wasser muss dort entspringen, da die Insel auf dem Gipfel eines Berges liegt; der Berg, der vom Meer umgeben ist, erfrischt das Salzwasser, indem er es filtert. Es gibt dort verschiedene Vogelarten, die sich gerne fangen ließen, da sie die Fallen der Menschen nicht kannten. **Woher kamen die Vögel also?** Sie konnten weder über eine solche Entfernung fliegen, noch aus verrottender Materie entstehen. Entweder war die Insel einst bewohnt, und die Vögel wurden hinübergetragen, und später war sie nicht mehr bewohnt, aus Angst oder wegen eines Anstiegs des Meeresspiegels. Oder die Vögel stiegen bei der Vorbeifahrt von Schiffen aus und begannen an diesem sicheren Ort zu leben. Noch heute setzen die Spanier Schweine auf einsamen Inseln aus, um sie bei irgendeiner Gelegenheit zu nutzen.

Es gibt drei Elemente: Das dichteste ist die Erde, das nächste ist das Wasser und die Luft ist das am meisten verdünnte; sie sind alle kalt. Aber die Luft, die verdünnt ist, ist weniger kalt. Da sie sich in der Nähe des Himmels befindet, wird sie durch ihre ständige Bewegung auf wunderbare Weise weiter verdünnt, und diese Luft wird Äther genannt, der durch seine Verdünnung so wenig kalt ist, dass er einem temperierten Zustand am nächsten kommt. Da der Himmel viel dünner ist als der Äther, ist er sehr gemäßigt, entweder einfach oder unter allen Körpern. In der Tat wird er im einfachen Sinne ewig sein, wie Aristoteles meint. Wenn er so einfach unter den übrigen Körpern ist, wird er selbst irgendwann ein Ende haben, wie unser Gesetz besagt, wir haben darüber in unseren Büchern *De arcanis aeternitatis* gesprochen.

Aber wir haben oben erklärt, dass sowohl das Licht als auch die Erleuchtung heiß sind. Die **Substanz des Himmels** ist also sehr dünn; nicht überall gleich, aber so wie ein Licht klarer ist als ein anderes Licht, so ist auch seine Substanz dünner. Alles, was nicht in sich selbst ewig ist, breitet sich aus, in manchen Fällen als Substanz, in anderen als Akzidenz. Wiederum gibt es Dinge, die sich fortpflanzen, indem sie etwas Gleichartiges und Gleiches erzeugen, wie ein Pferd ein Pferd erzeugt; andere, die etwas Gleichartiges, aber nicht Gleiches erzeugen, wie das Licht die Beleuchtung erzeugt. Denn die bedauernswerte Natur ist nicht in der Lage, sich im Einzelnen für ewig zu behaupten, und macht dies durch Generationen wett. Wenn es einmal geboren wurde, kann es nicht zu mehr zurück, denn es ist ewig.

Der Teil der **Ewigkeit**, der Vernunft hat, enthält unendliche Zeit; wenn er in hundert Jahren wieder und wieder auftauchen würde, wäre er gleichsam unsterblich. Aber dennoch würde unsterblich nicht Ewigkeit bedeuten, denn jede Zeit enthält Unendlichkeit. Und alles, was mit dem Unendlichen multipliziert wird, ist unendlich. Es gibt hier noch eine weitere, größere Gefahr, denn das, was erzeugt wird, muss aus irgendeiner **Materie** erzeugt werden. Denn wenn es nicht aus Materie erzeugt werden kann, wird entweder etwas erzeugt, das nicht erzeugt werden kann (dies enthält einen Widerspruch), oder es wird ohne Materie erzeugt und ist kein Kompositum[7]. Die Materie ist also etwas, aus dem das, was erzeugt werden soll, erzeugt wird. Sobald sie erzeugt worden ist

[6] Nach Forrester vermutlich Ascension.

[7] »compositum«.

und fortbesteht, ist ihre **Potenzialität** zum Stillstand gekommen und in die Wirklichkeit umgewandelt worden. Entweder ist also eine andere Potenzialität in derselben Materie zurückgeblieben (und solange sie vorhanden ist, kann die Erzeugung von neuem beginnen, was unmöglich ist; das, was erzeugt wird, ist nicht in derselben Materie), oder diese Potenzialität ist in einer anderen Materie oder einem Teil der Materie zurückgeblieben.

Da dies nun der Fall ist, werden diese beiden, von unserer Annahme ausgehend, eins sein, und es wird immer noch möglich sein, dass das eine verdorben wird und das andere fortbesteht, und somit zu existieren und nicht zu existieren, verdorben und nicht verdorben zu sein, ein Körper an zwei Orten zu sein, und andere grobe Absurditäten ohne Zahl. Es ist auch absurd, dass eine verderbte Potenzialität nach ihrer Entstehung zu derselben Potenzialität zurückkehrt, nachdem sie verdorben wurde. Sie wird lediglich die Potenzialität einer Potenzialität sein und kann nur in derselben Materie erzeugt werden, was ziemlich lächerlich ist, da sie in die kleinsten Teile zerstreut ist und, da sie kontinuierlich ist, niemals zu demselben Zustand zurückkehrt. Und wenn sie so wäre, könnte sie nicht überall verbreitet werden.

Und so kann etwas, das einmal entstanden ist, größer wiederkehren. Aber nicht auf gleiche Weise. Von den **Dingen, die erzeugt werden**, vermehren sich einige spät und nicht viel, wie Tiere und Pflanzen; andere tun es sehr schnell, erzeugen aber nicht viel, wie Feuer. Feuer erzeugt sofort Feuer, und dieses Feuer erzeugt ein anderes, und auf diese Weise wächst es riesig, wenn kein Mangel an Materie besteht. Die Körper vermehren sich nicht ins Unendliche, weil der Raum in der Welt endlich ist. Aber die einfachen Dinge tun dies ziemlich schnell, und so tun es auch die weniger vollkommenen Geschöpfe unter den Komposita, wie die Fliegen und Würmer, und unter diesen die, die die wertlosesten von Eltern abstammenden sind, wie Mäuse und Kaninchen. Entsprechend dem Grad der Vollkommenheit jedes Geschöpfes vermehrt es sich weniger und später; und was tatsächlich vollkommen ist, tut es überhaupt nicht.

Da das Licht kein Körper ist, sondern aus einem Körper hervorgeht, erzeugt es Gleiches, aber nicht dasselbe in seiner Vielfalt, und das, was erzeugt wird, kann auch kein anderes erzeugen. Seine Ausbreitung ist jedoch unendlich, denn das, was erzeugt wird, ist keine Substanz. Denn wenn die Sonne aufgeht, sind seine Arten unzählig (ich meine die des Lichts, nicht die der Sonne). Was immer auf diese Weise erzeugt wird, wird sofort durch sich selbst verdorben. Da ein Intellekt eine Substanz ist, aber eine ohne Körper, wird er sehr schnell endlos vermehrt. Alle, die zuhören, verstehen, und wenn umgekehrt diejenigen sprechen, die zuvor hörten, würden die anderen ebenso verstehen. So wird ein Intellekt unendlich oft vermehrt, vorausgesetzt, es gibt kein Hindernis.

Dasselbe Prinzip gilt für alle Substanzen, die verstehen, aber nicht auf dieselbe Weise; wie gesagt, unser Verstand ist unser eigener, geschützter Bereich. Und der Verstand unterliegt nicht dem Lauf der **Zeit**, sondern er stellt sich den Raum vor, in dem er verharrt, und nennt ihn Zeit. Er ist wie der Mittelpunkt eines Kreises; er bezieht sich auf jeden Teil des Kreises, und wenn sich der Kreis dreht, bleibt der Mittelpunkt unbewegt, so wie die Zeit in der vergehenden Zeit und in der ewigen Zeit[8] unbewegt bleibt. Deshalb verlängern sich die Zeitalter weder, noch vergehen sie, sondern bleiben ewig. Einige Leute sind der Meinung, dass daraus folgt, dass die Zeit zyklisch verläuft, aber dazu ist in den Büchern *De arcanis aeternitatis* genug gesagt worden. Ob man sich nun auf die Zeit der Zeitalter bezieht oder nicht, sie ist ohne Teilung. Ich weiß, dass die Lateiner unter

[8] »tempus«, »aevum«, »sempiternus«.

diesem Namen etwas anderes verstehen, aber wir haben dargelegt, was wir wollen; es geht hier um die Dinge, nicht um deren Namen. Dieses Zeitalter, in der der Verstand fortbesteht, muss entweder geschaffen oder ewig sein; denn unter den ewigen Dingen muss das sein, was ist; was nicht ist, kann nicht sein. Denn die sterbliche Natur ist nicht mehr zur Unsterblichkeit fähig als die unsterbliche zur Sterblichkeit. Gott ist etwas Besseres als alles, und ist weder in der Zeit noch in der vergehenden Zeit. Die **Ewigkeit** ist das, was in sich selbst beständig ist; was fortläuft und bleibt, ist Zeit; was nicht bleibt und fließt, ist die vergehende Zeit. Da also das Universum als bleibend angesehen wird, ist es in der Zeit, und die vergehende Zeit ist im Universum. Der beste Teil des Universums wird **Paradies** genannt, das ist ein bepflanzter Garten, ein überaus reizvoller Ort, ein Ort des Vergnügens. Es gibt zwei: ein himmlisches Paradies der Seligen und ein irdisches Paradies. Die Insel Ceylon in der Nähe von Calicut wird als ein Paradies angesehen. Sie ist in der Tat der angenehmste Ort auf der Welt, wegen der gesunden Luft, der Langlebigkeit (die Menschen werden dort bis zu 150 Jahre alt), der Quellen, Wälder, Wiesen, Ernten, Früchte, Tiere, Elefanten, Fische, Düfte, Perlen, Edelsteine, des Goldes und des Silbers. Dies ist der überragendste Ort der Welt, aber nicht des Universums; der beste von denen hier unten, aber schlechter als alle, die oben liegen.

Dazwischen liegen einige Bewegungen, die wir **Aktionen** nennen. Es gibt drei Arten von Aktionen. Die erste ist die von Körper zu Körper und wird Veränderung[9] genannt. Die zweite ist ein Einströmen[10]; sie geht in einen Körper hinein, aber nicht von einem Körper aus, nach einem verborgenen Prinzip. Die dritte ist diejenige, die weder vom Körper noch in ihm geschieht, sondern im Geist, und wird Anhauchen, Inspiration[11] genannt. Bei jeder Veränderung ist das, was die aktive Rolle spielt, der Vergänglichkeit ausgesetzt. Das Einströmen geschieht aus einem unsterblichen Körper, das Anhauchen aber aus etwas Unsterblichem, das aber kein Körper ist. Und darin unterscheiden sich diese drei voneinander. Außerdem belehrt das Anhauchen, das Einströmen aber treibt an. Die Frage, ob das Zentrum des Himmels dasselbe ist wie das des unendlichen Universums, wird in meinem Buch *De arcanis aeternitatis* verhandelt.

Die **Ordnung des Universums** kann nicht ohne Gott existieren, denn wenn die Materie nur durch den Zufall gelenkt würde, könnte sie die langfristige Abfolge der Dinge nicht aufrechterhalten. Eine so erlesene, so perfekte und für jeden Zweck geeignete Ordnung bedurfte unbedingt eines Handwerkers, der nicht nur so klug, sondern auch so weise ist wie Gott. Es gibt auch eine Ordnung in jeder Art von Ursache, die niemand anderer als Gott erreichen kann. Und diese drei Gedankengänge zeigen nicht nur schlüssig, dass Gott existiert, sondern auch, dass er sehr weise und allwissend ist. Es gibt vieles, was uns davon überzeugt: zum Beispiel die Wunder, die die Zukunft offenbaren, die nur von dem ausgehen können, der weiß, was kommen wird; und zum Beispiel der Ursprung des menschlichen Geistes, der von einem besseren Handwerker stammt. Es gibt nichts Höheres als einen Geist, der alles versteht. Und das Bewusstsein von Taten, das die Menschen quält, als hätten wir eine angeborene Angst und eine Ehrfurcht vor einem besseren Handwerker und Herrscher. Ohne eine göttliche Macht wären die Bündnisse der Städte nicht so dauerhaft, und diejenigen, die sie verletzen, würden nicht von der göttlichen Macht bestraft werden. So unterschiedlich die Meinungen über das Wesen

[9] »mutatio«.

[10] »influxus«.

[11] »afflatus«.

Gottes auch sein mögen, so ist doch in jedem Menschen eine Vorstellung und Verehrung Gottes allgemein verankert, und zwar durch das Gedächtnis der Welt[12]. Auch die Unterscheidung zwischen dem Ehrenhaften und dem Schändlichen, zwischen Gut und Böse, zwischen Tugend und Laster, und auch eine so große Reihe und wunderbare Ordnung der Zahlen haben ihren Ursprung in einem primären Geist, in einem primären Guten, in einer primären Ordnung.

All dies ist so vielfältig und so groß, dass es nicht nur zeigt, dass Gott existiert, sondern auch seine Eigenschaften und seine Größe. Und wenn Er sich nicht um jedes Ding kümmert, da es keine anderen Dinge als die einzelnen gibt, wird mit dem Vergehen der einzelnen Dinge auch die Art untergehen. Es kann also sein, dass die einzelnen Dinge von einer Ordnung des Universums gestützt werden, die wir als Schicksal bezeichnen. Oder wenn nicht, wird die Art in der Lage sein, sich aus dem Verfall neu zu bilden. Die wahrscheinlichere dieser Alternativen ist, dass alles durch Gottes Kenntnis der einzelnen Dingen in einer Ordnung des Universums fortbesteht, da es für die Philosophen absurd ist, dass Arten vergehen sollten.

Gott weiß also alles. Aber was bestimmt das Los oder die Lose? Kommt es von ihm oder durch irgendeine Inspiration? Das Gesetz besagt, dass unsere **Schicksale** Gott unterworfen sind und von ihm regiert werden. Es ist gestattet, Verleumdungen oder Beleidigungen zu vermeiden, wenn es einen Streit unter Gleichen gibt. Eine wichtige Art der Vorhersagen ist die Geomantik, die auf einer wunderbaren Grundlage beruht und über die berühmte Bücher von Pietro d'Abano in Umlauf sind. Und wenn auch Freunde von uns in Glücksspielen gut abgeschnitten haben, indem sie sich dieser Mittel bedienten, sei es durch Vertrauen, sei es durch ihren eigenen Stern zur Weissagung oder durch den Beistand von Dämonen, so haben wir doch in unserem vierten Buch *De Sapientia* die Ungereimtheit all dieser Mittel dargelegt. Diogenes pflegte zu sagen:

> Wenn ich dieses Geschlecht der Propheten oder Zukunftsvorhersager betrachte, denke ich, der Mensch unterscheidet sich kaum vom Tier, der Arzt und der Maler kaum von den Göttern.

Das ist es, was wir über **die Natur aller Dinge** gesagt haben, nicht um das meiste oder einen großen Teil von ihnen zu erfassen, sondern um sozusagen Beispiele, Samen und Prinzipien von ihnen allen zu erklären. Wenn nämlich jemand begreift, dass das, was sein Verstand nicht zu verfolgen vermag und was er für eine außerordentliche Kunstfertigkeit hält, von der Natur ganz leicht und, wenn ich so sagen darf, ohne Kunstfertigkeit ausgeführt werden kann, dann wird er nicht nur endlos staunen, sondern er wird aus einem einzigen Beispiel viel lernen. Er wird auch von den Werken der Natur zu ihrer Kunstfertigkeit übergehen und selbst ohne große Anstrengung Werke schaffen, die andere bewundern werden. Aber es sollte ein solches Beispiel für sehr viele geben.

Sehen Sie sich die Flügel der Schmetterlinge an, wie schön und genau sie mit Farben gezeichnet sind. Dann das Fell von Leoparden, Panthern, Katzen und so vielen anderen Tieren, was die Kunstfertigkeit unserer Zeit zu imitieren beginnt, während die Menschen die Felle der Wiesel, die sie als bunt bezeichnen, mit einem violetten Farbton färben, die sie nicht nur angenehm, sondern auch gesund finden. Aber ich kehre zu meinem Thema zurück. Warum sind so viele Blumenarten mit so großer Vielfalt entwickelt, dass kein Maler sie alle erfassen kann? Was ist dann darüber zu sagen, ob die Dinge, die der Empfindungskraft, und zwar einer sehr reinen, zu entsprechen scheinen, von der Natur (der Natur, dem Handwerker ohne Verstand und Empfindungskraft) geschaffen worden sind oder sein könnten? Oder ob

[12] »orbis memoria«.

die Sorgfalt des höchsten Handwerkers für solch kleine und zahlreiche Dinge bestimmt ist? Wird er für uns die Alpenveilchen, die Jupiternelke, die Iris, die Herbstzeitlose, das Heidekraut, das Bilsenkraut und so viele andere Kräuter unterscheiden? Wird er für uns die Stängel der weißen Christrose oder schließlich die ganze Pfingstrose pflücken? Vergesst den Gedanken! Aber begreift, wie ein solches Meisterwerk ohne jede Kunstfertigkeit zustande kommen kann. Dinge, die der Zufall durcheinander gebracht hat, wie auch immer sie sich farblich unterscheiden, und ohne jeden Plan, ob sie sich vermehren oder gleichmäßig geteilt oder aufgeblasen sind, zeigen eine mit Farben gezeichnete Form und sind im Detail verschönert und überaus schön gefärbt. So sind Schmetterlingsflügel und Blumenblätter geteilt, vergrößern sich und schwellen an wie Glasgefäße. Wenn ein Klumpen sozusagen nebenbei mit Weiß gezeichnet und aufgeblasen wird, bringt er diese Farben in gleichen Abständen hervor. Nun siehst du, dass, wenn jemand eine bemalte Tafel und eine bunte Mosaikarbeit machen will, indem er Farben verwendet, die zufällig in die Masse gemischt werden, und die Masse quer in gleiche Schichten geteilt wird, die gehärteten Scheiben die Form einer sehr schönen Tafel wiedergeben und das Werk langlebig machen, da sie sich nicht wie Farben auswaschen. Ihr seht also, wie darin ein Abbild des Universums aufleuchtet: Vieles kann aus einem entstehen, Ungleiches aus einem Gleichen, Geschicktes aus Zufälligem, Geordnetes aus Ungeordnetem. Ebenso geht mit leichter Ausgeglichenheit vieles aus dem einen Gott hervor, dem obersten und vertrauenswürdigsten Handwerker von allen. Und von einer Einheit geht zuerst ein Paar aus, wie man am Himmel sehen kann; ein einzelnes Ding kann nicht so einfach existieren, dass es unmöglich ist, zwei primäre Bewegungen in ihm zu formen oder zu erwägen. Aber damit werde ich mich an anderer Stelle befassen.

Nicht nur das, was sich in den Formen verbirgt, sondern auch das, **was sich in den Zahlen verbirgt,** hat eine Gesetzlichkeit. Zum Beispiel ist auf den Molukkeninseln die Ernte von Gewürznelken in einem Vierjahreszyklus reicher und erfolgreicher. Das Wasser der Thermalbäder verschlechtert sich in demselben Zyklus; es soll in Schaltjahren schädlich sein. Es gibt auch eine Art Fieber, das jeder kennt und das seinen Namen von diesem Zyklus hat. Diejenigen, die es der Macht der Sterne zuschreiben, machen Saturn dafür verantwortlich und rufen damit größere Ungewissheit hervor als sie auflösen: nämlich welchen Zusammenhang die Sterne mit einem Viererzyklus von Tagen oder Jahren haben. Es wäre besser, die Abfolge der Dinge selbst zu betrachten, die sich **in einer dreiteiligen Ordnung** vollzieht: Anfang, Mitte und Ende; oder unvollkommen, vollkommen und vollständig. Oder Positiv, Komparativ und Superlativ. Da diese Stufen in allem, ob gut oder schlecht, vorhanden sind, wird, wenn sich die Abfolge wiederholt, die vierte der ersten am ähnlichsten sein, die fünfte der zweiten, die sechste der dritten, und wiederum die vierte der siebten, und so weiter und so fort. Auf diese Weise wird der vierjährige Zyklus deutlich und seine Ursache klar. Über diese Ursache pflegten sich einige Leute zu wundern, weil sie abergläubisch sind, während sich andere ausführlich damit befassten, z. B. dass bei Gewürznelken ihre Kraft im ersten Jahr schwach, im zweiten besser, im dritten ausgezeichnet sein muss, im vierten erschöpft sie sich wieder, sonst wäre ihr Ertrag unendlich. In ähnlicher Weise ist die Kraft der Thermalbäder im ersten Jahr nutzlos, im zweiten Jahr gut, im dritten Jahr ausgezeichnet, im vierten Jahr wieder nutzlos. Die Menschen nennen es ungesund und schädlich, denn wenn es nichts nützt, schadet es. Betrachtet man die Wellen des Meeres, so nehmen sie zunächst zu, dann tosen sie, nachdem sie ihren Scheitelpunkt erreicht haben, und nehmen alsbald ab und kehren in derselben Ordnung wieder zurück, sodass ich zu sagen wage, dass alles, was aus großen Ursachen entsteht, durch diese Ordnung gebändigt wird. Wir wollen uns aber nur mit Fragen befassen, bei denen diese Ordnung Tage oder Jahre und nicht einzelne Schritte betrifft; dann, wenn drei Jahre oder Tage erforderlich sind, erklärt man es zu einem Viererzyklus. Die Dinge, die abwechselnd zusammenbrechen und vollendet werden, folgen einem entsprechend Dreierzyklus; die, die sich wenig oder gar nicht verändern, unterliegen einem täglichen Zyklus. Und das ist der offensichtlichste Grund für ein solch schwieriges Problem.

Jetzt muss die Diskussion in eine andere Richtung gehen. Denn Sie werden sagen: **Warum, wenn Gott der Urheber aller Dinge ist, übertreffen die bösen die guten Dinge** an Geschwindigkeit, Leichtigkeit, Häufigkeit und Ausmaß? Wir werden in einer Stunde, ja in einem Augenblick, betrübt und behindert; um dagegen reich oder von einer Krankheit geheilt zu werden, braucht man viel Zeit. Ein großes Übel kommt zufällig, mit einem Wort; selbst viele Freunde und deren Hilfe können uns nicht davor bewahren. Kurz gesagt, es gibt so viele Unglücke, Sorgen, Sorgen, Krankheiten, Schande, unerwiderte Liebe, Wut, Angst, Armut, und nur eine einzige gute Sache: nicht in Not zu sein. Daher scheinen die Epikureer Recht gehabt zu haben, als sie sagten, dass die Abwesenheit von Schmerz das Ziel eines guten Lebens ist.

Welches Vergnügen kann mit der Qual, welche Hoffnung mit der Angst, welches Glück mit der Trauer, welche Annehmlichkeit mit der Gefangenschaft, welche Gesundheit mit der Krankheit, welcher Reichtum mit der Last der Armut, welche Ehre mit der Verachtung oder dem Spott verglichen werden? Schließlich gibt es noch das letzte aller Dinge, den **Tod,** und selbst die Freuden von tausend Leben können nicht mit seiner Betrachtung verglichen werden. Er hat das Gute, dass er allen anderen Sorgen ein Ende bereitet. So wie wir den Tod verabscheuen, so lieben wir unsere Söhne, weil sie unser anderes Ich geworden sind, sozusagen die einzige Hilfe gegen dieses unausweichliche Ende. Sie sind ein Produkt von uns, bewahren unser Ebenbild und reproduzieren uns. Folglich lieben wir sie mehr als unsere Geliebten[13], auch wenn um der Söhne willen mehr von unserem Samen zugrunde geht. Der Handwerker hat **die Freuden der Venus** um der Nachkommen willen angenehmer gemacht, denn die Körper sind miteinander vermischt, und das, was erregt, ist sehr intim und ohne Qualen, obwohl es sich um ein Kribbeln und eine Art Schmerz handelt, ist dieses Gefühl doch angenehmer. Nachdem dies gefunden war, trug es als Hauptursache zur dauerhaften Zukunft der belebten Dinge bei.

Im Ablauf der Dinge unterscheiden sich **die Ursache, das Prinzip und die Gelegenheit**, und zwar nicht nur in der Natur: Wir sagen, dass die Ursache für Alexanders Zug nach Asien der leichte Triumph der Athener über Artaxerxes und Xerxes war; dann die Expedition von Agesilaus; darauf baute Alexander seine Hoffnungen. Ein Prinzip ist das, was Könige benutzen, um den Anschein von Habgier und Ehrgeiz zu verbergen: zum Beispiel der Übertritt der Perser nach Griechenland und die Ermordung der persischen Gesandten durch die Makedonier. Eine Gelegenheit war der Tod Philipps, der kriegerische Heere und ein zermürbtes Griechenland hinterließ, sodass sich sein ganzes Volk aus Dankbarkeit oder Furcht auf die Seite Alexanders stellte.

Aber **Gott ist anders**, er ist die Ursache, der Ursprung, die Quelle und das Prinzip aller Dinge im Universum. Er ist die ganze Unermesslichkeit und die äußerste Vollkommenheit und betrachtet nichts als sich selbst. Er erleuchtet diese und jene Welt und alles,

[13] »scorta«.

was sich innerhalb der Grenzen der Sphären befindet, mit einem solchen Licht und einer solchen Klarheit, dass nur Er es erfassen kann; unbewegt und unveränderlich, und kein Sterblicher könnte Seinen Glanz auch nur einen Augenblick lang ertragen oder auf Seine Helligkeit blicken. Es wäre leichter, die sommerliche Mittagssonne das ganze Jahr über in den Augen zu haben, als als Mensch das Licht Gottes für einen kleinen Augenblick mit dem Verstand zu betrachten. Und doch ist man, wenn man zu ihm hingeführt wird, für einen Augenblick sehr selig. Dies ist in der Tat die Ekstase, die nur den Ehrlichen und Weisen zuteil wird, sie ist besser als jedes menschliche Glück. Er ist von sehr dünner Substanz und daher immer in Ruhe; denn Dinge, die sehr fein sind, sind entweder in ständiger Bewegung, wie der Himmel, oder immer in Ruhe, wie der Intellekt. Gott aber ist kein Intellekt, sondern etwas viel Besseres, Gesegneteres, Mächtigeres, Würdigeres als ein Intellekt. Du fragst: Was ist Er dann? Wenn ich das wüsste, wäre ich Gott, denn es gibt niemanden, der Gott kennt, und niemand weiß, was Er ist, außer Gott allein. Da wir nicht wissen, was Er ist, ist es uns noch viel weniger vergönnt, seinen wirklichen Namen zu kennen. Er gehört aber nicht zu den übrigen Prinzipien, denn weder Gott noch sie haben einen Namen, sondern wir gebrauchen Namen, die wir je nach der Auffassung, die wir von ihnen haben, entweder von ihrer Macht oder von ihrer Besonderheit oder von ihrer Stellung anwenden. Wiederum ist viel von bösen Menschen erfunden worden, die es gewagt haben, sogar über Gott zu lästern, wie sie es über jeden von uns tun könnten. Aber die Namen werden von der Natur, den Kräften und den Eigenschaften der Dinge, wie wir sie kennen, übernommen. Wir haben erklärt, dass die Seelen im Himmel und ihre Natur und (noch viel mehr) die Natur Gottes oben unserem Verstand in allen Teilen unbekannt sind, und wie soll es dann einen Namen für die Götter geben, oder wird es möglich sein, ihnen einen zu geben?

All diese ausführliche und umfassende Darstellung der Subtilität würde denen genügen, die sich mit ihr nach Arten und Gattungen befassen; die eigentlichen Einzelheiten würden zu keinem Ende führen und sind doch unter diesen Überschriften enthalten. Was hier an Beispielen aufgeführt wird, ist eingefügt, teils um die Erfahrung zu erweitern, teils weil es von der Wirklichkeit abgehobener erscheint, teils weil es selten ist, teils weil es schwierig ist. Man kann von diesen zu anderen derselben Art übergehen, indem man von der Ähnlichkeit und dem Gegensatz und den Folgen und von den Bestandteilen der Erklärung ausgeht. Das Größere und Bemerkenswertere aus seiner Zusammensetzung erhält man aus den Einzelheiten, aber mit mehr Mühe. Setzen wir hier also ein Ende.

So bist Du, höchster Gott, von dem alles Gute ausgeht, auf dessen Wink alles bewegt wird, dessen Macht durch keine Grenzen begrenzt ist, unendliche Helligkeit, der Du allein für wahre Erleuchtung sorgst, der Du allein wahrhaft ewig bist, vollkommen in Dir selbst, nur Dir selbst bekannt, dessen Weisheit alles Denken übersteigt, allein und ohne Gleichen, außerhalb dessen es nichts gibt, der Du mich wie einen Regenwurm im Schatten der Erkenntnis geleitet hast, dem ich alles verdanke, was hier geschrieben steht und wahr ist; die Fehler sind das Ergebnis meines Ehrgeizes, meiner Unbesonnenheit und meiner Eile, verzeih mir. Und erleuchte meinen Geist in Übereinstimmung mit Deiner unermüdlichen Großzügigkeit und wende ihn zu besseren Dingen. Da es Dir an nichts fehlt und ich nichts hinzufügen könnte, was die Himmel und die Kräfte der Himmel, die Materie und die Erde und die Gesamtheit der Teile des Universums selbst machen, bringe ich Dir ewige Dankbarkeit für Deine unendlichen Wohltaten an mir dar.

Register

Viele Begriffe und Namen, die nur einmal auftauchen, wurden nicht in das Register aufgenommen; durch die Übersetzung sind zudem unvermeidlich begriffliche Unschärfen entstanden.

Inhalt